U0244605

经时济世

继往开来

贺教育部

重大攻关项目

成果出版

李岚清

时年八十有八

教育部哲学社會科学研究重大課題攻関項目

“十四五”时期国家重点出版物出版专项规划项目

企业环境责任与政府环境责任协同机制研究

RESEARCH ON THE SYNERGY MECHANISM OF CORPORATE ENVIRONMENTAL RESPONSIBILITY AND GOVERNMENT ENVIRONMENTAL RESPONSIBILITY

胡宗义 等著

中国财经出版传媒集团

经济科学出版社
Economic Science Press
·北京·

图书在版编目（CIP）数据

企业环境责任与政府环境责任协同机制研究/胡宗义等著. --北京：经济科学出版社，2023.12
教育部哲学社会科学研究重大课题攻关项目 “十四五”时期国家重点出版物出版专项规划项目
ISBN 978-7-5218-5435-0

Ⅰ.①企… Ⅱ.①胡… Ⅲ.①企业环境管理-企业责任-研究-中国 Ⅳ.①X322.2

中国国家版本馆 CIP 数据核字（2023）第 247866 号

责任编辑：孙丽丽 胡蔚婷
责任校对：隗立娜 郑淑艳
责任印制：范 艳

企业环境责任与政府环境责任协同机制研究
胡宗义 等著
经济科学出版社出版、发行 新华书店经销
社址：北京市海淀区阜成路甲 28 号 邮编：100142
总编部电话：010-88191217 发行部电话：010-88191522
网址：www.esp.com.cn
电子邮箱：esp@esp.com.cn
天猫网店：经济科学出版社旗舰店
网址：http://jjkxcbs.tmall.com
北京季蜂印刷有限公司印装
787×1092 16 开 46 印张 880000 字
2023 年 12 月第 1 版 2023 年 12 月第 1 次印刷
ISBN 978-7-5218-5435-0 定价：185.00 元
（图书出现印装问题，本社负责调换。电话：010-88191545）

课题组主要成员

首席专家 胡宗义

主要成员 李　毅　黎晓青　周积琨　刘佳琦
何冰洋　张　青　李　好　胡人婧
王弘毅　项　從　杨　晨　乔弘宇

总 序

哲学社会科学是人们认识世界、改造世界的重要工具，是推动历史发展和社会进步的重要力量，其发展水平反映了一个民族的思维能力、精神品格、文明素质，体现了一个国家的综合国力和国际竞争力。一个国家的发展水平，既取决于自然科学发展水平，也取决于哲学社会科学发展水平。

党和国家高度重视哲学社会科学。党的十八大提出要建设哲学社会科学创新体系，推进马克思主义中国化、时代化、大众化，坚持不懈用中国特色社会主义理论体系武装全党、教育人民。2016年5月17日，习近平总书记亲自主持召开哲学社会科学工作座谈会并发表重要讲话。讲话从坚持和发展中国特色社会主义事业全局的高度，深刻阐释了哲学社会科学的战略地位，全面分析了哲学社会科学面临的新形势，明确了加快构建中国特色哲学社会科学的新目标，对哲学社会科学工作者提出了新期待，体现了我们党对哲学社会科学发展规律的认识达到了一个新高度，是一篇新形势下繁荣发展我国哲学社会科学事业的纲领性文献，为哲学社会科学事业提供了强大精神动力，指明了前进方向。

高校是我国哲学社会科学事业的主力军。贯彻落实习近平总书记哲学社会科学座谈会重要讲话精神，加快构建中国特色哲学社会科学，高校应发挥重要作用：要坚持和巩固马克思主义的指导地位，用中国化的马克思主义指导哲学社会科学；要实施以育人育才为中心的哲学社会科学整体发展战略，构筑学生、学术、学科一体的综合发展体系；要以人为本，从人抓起，积极实施人才工程，构建种类齐全、梯队衔接的高校哲学社会科学人才体系；要深化科研管理体制改革，发挥高校人才、智力和学科优势，提升学术原创能力，激发创新创造活力，建设中国特色新型高校智库；要加强组织领导、做好统筹规划、营造良好学术生态，形成统筹推进高校哲学社会科学发展新格局。

哲学社会科学研究重大课题攻关项目计划是教育部贯彻落实党中央决策部署的一项重大举措，是实施“高校哲学社会科学繁荣计划”的重要内容。重大攻关项目采取招投标的组织方式，按照“公平竞争，择优立项，严格管理，铸造精品”的要求进行，每年评审立项约40个项目。项目研究实行首席专家负责制，鼓励跨学科、跨学校、跨地区的联合研究，协同创新。重大攻关项目以解决国家现代化建设过程中重大理论和实际问题为主攻方向，以提升为党和政府咨询决策服务能力和推动哲学社会科学发展为战略目标，集合优秀研究团队和顶尖人才联合攻关。自2003年以来，项目开展取得了丰硕成果，形成了特色品牌。一大批标志性成果纷纷涌现，一大批科研名家脱颖而出，高校哲学社会科学整体实力和社会影响力快速提升。国务院副总理刘延东同志做出重要批示，指出重大攻关项目有效调动各方面的积极性，产生了一批重要成果，影响广泛，成效显著；要总结经验，再接再厉，紧密服务国家需求，更好地优化资源，突出重点，多出精品，多出人才，为经济社会发展做出新的贡献。

作为教育部社科研究项目中的拳头产品，我们始终秉持以管理创新服务学术创新的理念，坚持科学管理、民主管理、依法管理，切实增强服务意识，不断创新管理模式，健全管理制度，加强对重大攻关项目的选题遴选、评审立项、组织开题、中期检查到最终成果鉴定的全过程管理，逐渐探索并形成一套成熟有效、符合学术研究规律的管理办法，努力将重大攻关项目打造成学术精品工程。我们将项目最终成果汇编成“教育部哲学社会科学研究重大课题攻关项目成果文库”统一组织出版。经济科学出版社倾全社之力，精心组织编辑力量，努力铸造出版精品。国学大师季羡林先生为本文库题词：“经时济世　继往开来——贺教育部重大攻关项目成果出版”；欧阳中石先生题写了“教育部哲学社会科学研究重大课题攻关项目”的书名，充分体现了他们对繁荣发展高校哲学社会科学的深切勉励和由衷期望。

伟大的时代呼唤伟大的理论，伟大的理论推动伟大的实践。高校哲学社会科学将不忘初心，继续前进。深入贯彻落实习近平总书记系列重要讲话精神，坚持道路自信、理论自信、制度自信、文化自信，立足中国、借鉴国外，挖掘历史、把握当代，关怀人类、面向未来，立时代之潮头、发思想之先声，为加快构建中国特色哲学社会科学，实现中华民族伟大复兴的中国梦做出新的更大贡献！

教育部社会科学司

前　言

气候变暖、极端天气频发等一系列现象表明，生态环境问题已成为困扰人类的全球性问题。为了应对生态环境问题，中国政府积极作为，在联合国大会上做出实现“双碳”目标的庄严承诺。然而，生态环境治理的复杂性和系统性表明，单靠政府的力量难以彻底打赢这场污染防治攻坚战，生态环境治理需要社会各界的共同参与。因此，构建多主体共同参与的环境治理体系，促进企业环境责任与政府环境责任协同成为中国经济社会发展过程中亟待解决的一个现实问题。有鉴于此，本书综合运用统计学、计量经济学、仿真博弈模型和问卷调查等方法，对企业环境责任与政府环境责任协同机制进行了深入探索。

本书内容分为专题篇和总体篇，其中，专题篇之一为企业环境责任研究，该篇在科学界定企业环境责任理论内涵的基础上，构建企业环境责任履行水平测度体系，系统评估中国重污染行业上市企业环境责任履行水平的时空演化特征；基于文献研究与贝叶斯模型平均方法识别企业环境责任的驱动因素，据此重点考察环境规制、媒体关注、环保背景高管与财务绩效对企业环境责任履行的影响效应与作用机制。专题篇之二为政府环境责任研究，在科学明晰政府环境责任的理论内涵和制度保障的基础上，构建政府环境责任履行水平测度体系，系统评估中国环保重点城市的政府环境责任履行水平的时空演化特征；重点考察政府环境责任分别对环境质量、居民健康、绿色经济和政府治理能力的影响效应与作用机制。总体篇为企业环境责任与政府环境责任协同研究，基于前两篇专题研究的内容上，在科学界定环境责任协同理论内涵的基础上，构建企业环境责任与政府环境责任协同水平测度体系，系统评估中国城市企业环境责任与政府环境责任协同水平的时空演化特征；运用演化博弈与社会网络分析方法探讨企业环境责任与政府环境责任协同的影响因素，重点分析代表动员式治理的中央环保督察与代表常规式治理的环境司法对企业环境责任与政府环境责任协同的影响效应与作用机制。

党的十九大将生态文明建设纳入新时代中国特色社会主义思想和基本方略，给新时代生态文明建设和生态环境保护体制机制建设带来了新的机遇和提出了新的挑战。党的十九大报告中重点提到构建政府为主导、企业为主体、社会组织和公众共同参与的环境治理体系。在中国特色社会主义进入新时代的关键时期，需要我们加快推进生态文明、建设美丽中国、实现中华民族伟大复兴的中国梦这一历史使命。按照加快生态文明制度建设的指导思想、目标任务、重大原则，将党中央提出的建设系统完整的生态文明制度体系，战略重点、主攻方向、工作机制，一项一项落到实处，掀起社会主义生态文明建设的新高潮，开创生态文明现代化建设新格局。

协同各方生态环境保护责任是推动绿色发展机制良性运转的必然选择。党的十八届三中全会首次将推进国家治理体系和治理能力现代化作为全面深化改革的总目标。国家治理体系及治理能力现代化建设将成为我国深化改革和推进改革历史进程的方向指引。在中国语境和背景下，治理是执政党、政府、社会及市场各种主体各自发挥自身的优势，各就其位，各尽其责，针对复杂的公共事务问题开展协同合作，共同实现治理目标的过程。在国家治理的宏观命题下，政府治理、社会治理等概念是政府治理的结构模块；协同治理是国家治理体系和治理能力现代化的功能模块，影响和制约着治理体系效能的整体提升。本书通过分析目前中国环境治理模式，基于外国环境治理模式的发展经验及治理现状，结合中国经济制度的实际特征，采用协同机制理论以及演化博弈理论分析中国环境治理中各个主体之间的相互关系，推进企业环境责任与政府环境责任协同机制，形成政府环境管理、市场驱动、公众参与三种协同机制，压紧压实各方生态环境保护责任，协同推进经济高质量发展和生态环境高水平保护。

正确的认知来源于实践，反过来又推动实践的发展。本书对中国的生态文明建设进行了阶段性的理论探讨与认知总结，但中国的生态文明建设实践仍存在较大的推进空间。由于认知水平有限，本书仅为团队成员的一得之见，还望有更多的专家学者能不吝赐教，提出宝贵的意见，让我们一道为推进中国生态环境治理体系与治理能力现代化建言献策。

摘 要

党的二十大紧紧围绕推动绿色发展，促进人与自然和谐共生，对新时代新征程生态文明建设做出重大决策部署，提出要健全现代环境治理体系，这既是推动绿色发展、建设美丽中国的必然要求，也是推进国家治理体系和治理能力现代化的题中应有之义。现代环境治理体系的健全意味着社会各个主体积极履行环境责任，其中，政府和企业是履行环境责任的关键主体。然而，长期以来，中国环境治理仅仅依靠政府履行其本身的环境责任，企业环境责任的履行意愿较低，政府与企业环境责任的履行情况不相协调，从长远来看这不利于现代化环境治理体系的建设。因此，对于什么是政府环境责任的内涵，什么是企业环境责任的内涵，如何构建政府环境责任与企业环境责任协同机制，回答这些问题是健全现代环境治理体系的基础。

本书通过环境经济学、资源经济学、可持续发展理论等理论的梳理，分析政府环境责任、企业环境责任以及政府环境责任与企业环境责任协同的思想渊源、演进历程，明确了其内涵和相关特征。同时，考虑到研究主体的不同，基于企业环境责任研究、政府环境责任研究两个专题篇探讨企业环境责任与政府环境责任的相关内容，利用总体篇探讨政府环境责任与企业环境责任协同机制构建的相关内容，为充分推动政府与企业履行环境责任，实现政府环境责任履行与企业环境责任履行相协同，提供相关理论与实践参考。

首先，在企业环境责任研究的专题篇部分，对企业环境责任的理论内涵进行清晰界定，并据此构建出企业环境责任履行水平测度体系，基于中国A股重污染上市企业2006～2019年的企业微观数据，系统评估中国重污染行业上市企业环境责任履行水平的时空演化特征。同时，利用文献研究与贝叶斯模型平均方法，识别出企业环境责任的核心驱动因素，据此重点考察了环境规制、媒体关注、环保背景高管与财务绩效对企业环境责任履行的影响效应与作用机制。此外，对美国、欧盟、日本等发达国家地区的企业环境责任制度进行了考察，从市场制度、企业环境保护法律、公众监督体系、多区域合作等角度进行了经验总结。进一步地，根据企业环境责任专题篇的研究内容，从政府监管、媒体监督、企业履行的角度，进行有针对性的政策建议，提出政府应当完善相关法律法规、完善多元主体企业环境责任驱动体系；媒体需加强舆论引导与监督作用、提高环境监督意识和能力；企业自身需要强化环境责任理论、完善管理层治理结构以及探索可持续经营模式。

其次，在政府环境责任研究的专题篇部分，对政府环境责任的内涵进行了深入探讨，明晰核心内容，构建政府环境责任指标体系，并以中国120个环保重点城市2008～2019年数据为研究样本，对指标体系进行信效度检验，重点分析了中国地方政府环境责任履行水平的时间演化、空间演变和动态演进的三大特征。同时，重点考虑政府环境责任履行对环境质量、居民健康与绿色经济的影响，并以流域治理为视角，探讨政府间环境责任履行的空间协作内容。此外，对日本、新加坡、美国等发达国家的政府环境责任制度进行了考察，从法律制度层面对其特征进行了详细的分析。进一步地，根据政府环境责任研究内容，对提升中国政府履行环境责任提出了相关建议，即丰富综合环保立法、完善环境赔偿立法，创新环境管理模式、实行污染跨域治理分区与实行方案，扶持中国特色环保产业、合理运用行政命令与市场激励型的环境规制手段。

最后，在政府环境责任与企业环境责任协同机制研究的总体篇部分，对环境责任协同的思想渊源与演变历程进行了详细的介绍，并概括其基本特征，即总行为控制主义、综合治理、公民权保护、环境目标责任制、责任共同体的五大特征。针对政府环境责任与企业环境责任协同的现状，指出当前环境责任协同具有环保合理不足、生态环境权益不公等现实问题，也具有国家宏观政策导向加强、环境公平正义深入人心等发展机遇。在现实测度部分，基于相关理论基础，从政府环境责任、企业环境责任的主体角度，利用协同度模型和企业、政府层面的环境责任履行数据，测度中国各地区政府环境责任履行与企业环境责任履行协同程度，进行描述性统计。同时，基于中国城市多元主体环境责任协同水平，从社会关联网络视角出发，探究多元主体环境责任协同的空间关联特征。为了加强政府环境责任与企业环境责任的协同履行，还从司法制度与环境保护压力制度的层面，探讨政府环境责任与企业环境责任的协同机制。此外，对美国、德国、日本等发达国家政府环境责任与企业环境责任协同机制的特征、经验等内容进行了总结归纳。进一步地，根据专题篇与总体篇的有关研究内容，提出完善政府环境责任与企业环境责任协同机制的相关政策建议，即深入贯彻习近平生态文明思想、完善多元主体环境责任协同机制、完善跨区域多元主体环境责任协同机制、完善纵向干预下多元主体环境责任协同机制以及完善相关法律司法机制。

Abstract

The 20th National Congress of the Party focuses closely on promoting green development and fostering harmonious coexistence between humans and nature. It has made significant decisions and arrangements for the construction of ecological civilization in the new era, emphasizing the need to strengthen the modern environmental governance system. This requirement is not only necessary for promoting green development and building a beautiful China but also essential for the modernization of the national governance system and governance capacity. The establishment of a sound modern environmental governance system means that all social entities actively fulfill their environmental responsibilities, with the government and enterprises being key actors in this regard. However, for a long time, environmental governance in China has heavily relied on the government, while the willingness of enterprises to fulfill their environmental responsibilities has been relatively low. This lack of harmony between government and enterprise environmental responsibilities is detrimental to the long-term development of a modern environmental governance system. Therefore, it is essential to define the connotations of government and enterprise environmental responsibilities and construct a synergistic mechanism between them as the foundation for building a modern environmental governance system.

This book, through a review of theories such as environmental economics, resource economics, and sustainable development, analyzes the intellectual origins and evolutionary processes of government environmental responsibility, enterprise environmental responsibility, and the synergy between them in the context of ecological civilization construction. It clarifies their connotations and related characteristics. Additionally, it considers the different research subjects and explores the content related to enterprise environmental responsibility research, government environmental responsibility research, and the construction of a synergistic mechanism between government and enterprise environmental responsibilities in separate sections. It provides theoretical and practical references to fully promote the fulfillment of environmental responsibilities by the government and enterprises and achieve the coordinated fulfillment of government and enterprise environmental responsibilities.

Firstly, in the dedicated section on enterprise environmental responsibility research, the theoretical connotations of enterprise environmental responsibility are clearly defined, and a measurement system for assessing the level of enterprise environmental responsibility performance is constructed. By utilizing micro-level data from heavily polluting companies listed on the A – share market in China from 2006 to 2019, the spatial and temporal evolution characteristics of environmental responsibility performance by these companies in the heavily polluting industry are systematically evaluated. The core driving factors of enterprise environmental responsibility are identified using literature research and Bayesian model averaging methods. The study focuses on examining the effects and mechanisms of environmental regulations, media attention, environmental background of top management, and financial performance on enterprise environmental responsibility performance. Furthermore, the research investigates the systems of enterprise environmental responsibility in developed countries such as the United States, European Union, and Japan, summarizing their experiences from the perspectives of market institutions, environmental protection laws for enterprises, public supervision systems, and multi-regional cooperation. Based on the research content of enterprise environmental responsibility, targeted policy recommendations are proposed from the perspectives of government regulation, media supervision, and enterprise performance, emphasizing the need for the government to improve relevant laws and regulations, establish a multi-entity enterprise environmental responsibility driving system, strengthen media guidance and oversight, enhance environmental supervision awareness and capacity, and encourage enterprises to strengthen their understanding of environmental responsibility, improve management governance structures, and explore sustainable business models.

Secondly, in the dedicated section on government environmental responsibility research, the connotations of government environmental responsibility are thoroughly discussed, and its core content is clarified. A government environmental responsibility index system is constructed. Using data from 120 key environmental protection cities in China from 2008 to 2019, the validity and reliability of the index system are tested, focusing on analyzing the temporal evolution, spatial variation, and dynamic development of local government environmental responsibility performance in China. The study also considers the impacts of government environmental responsibility performance on environmental quality, public health, and green economy, with a particular focus on spatial cooperation in intergovernmental environmental responsibility performance from a watershed governance perspective. Additionally, the research examines the government environmental responsibility systems of developed countries such as Japan, Singapore, and the United States, conducting a detailed analysis of their characteristics from the perspective of legal systems. Furthermore, based on the research on government environmental responsibility, relevant suggestions are put forward to enhance the fulfillment of environmental responsibilities by the Chinese government. These suggestions include the need to enrich comprehensive environmental protection legislation, improve legislation on environmental compensation, innovate environmental management models, implement pollution cross-regional governance zoning and action plans, support the development of China's distinctive environmental protection industries, and employ a combination of administrative orders and market-based environmental regulatory measures.

Finally, in the overall section on the study of the synergistic mechanism between government environmental responsibility and enterprise environmental responsibility, the intellectual origins and evolutionary processes of environmental responsibility synergy are introduced in detail, summarizing their fundamental characteristics, including overall behavioral control, integrated governance, protection of citizens' rights, environmental target responsibility system, and the concept of shared responsibility. Considering the current status of the synergy between government and enterprise environmental responsibilities, it is pointed out that there are practical issues such as insufficient rationality in environmental collaboration and unfair distribution of ecological and environmental rights. However, there are also developmental opportunities, such as the strengthening of national macro-policy guidance and the growing public awareness of environmental justice. In the section on empirical measurement, based on relevant theoretical foundations, the synergistic degree between government environmental responsibility and enterprise environmental responsibility is measured descriptively from the perspectives of government and enterprise-level environmental responsibility performance using a synergy degree model and data on environmental responsibility performance. The research also explores the spatial correlation characteristics of multi-entity environmental responsibility synergy from the perspective of social network analysis of urban areas in China. To strengthen the synergistic fulfillment of government environmental responsibility and enterprise environmental responsibility, the study further discusses the synergistic mechanism from the perspectives of judicial systems and environmental pressure systems. Additionally, it summarizes the characteristics and experiences of the synergistic mechanism between government environmental responsibility and enterprise environmental responsibility in developed countries such as the United States, Germany, and Japan. Based on the research content of the specialized and overall sections, relevant policy recommendations are proposed to improve the synergistic mechanism between government environmental responsibility and enterprise environmental responsibility. These recommendations include implementing Xi Jinping's thought on ecological civilization, improving the synergistic mechanism of multi-entity environmental responsibility, enhancing the cross-regional multi-entity environmental responsibility synergy mechanism, improving the vertical intervention-based multi-entity environmental responsibility synergy mechanism, and enhancing relevant legal and judicial mechanisms.

目录

Contents

总体篇

Contents

专题篇一

企业环境责任研究

第一章

绪 论

第一节 研究背景与意义

一、研究背景

党的十八大以来，党中央着眼于中华民族永续发展以及构建人类命运共同体的宏大视野，把生态文明建设纳入“五位一体”总体布局中，以高度的现实紧迫感和强烈的世界意识，推动生态环境保护工作迈上新台阶。国民经济和社会发展“十四五”规划强调，“持续改善环境质量，深入打好污染防治攻坚战”。这表明在今后很长的一段时期内，强化生态环境治理将是中国经济社会发展的一项重点任务。与此同时，中国经济正处在转型升级的关键时期，逐步从重视经济规模的“高增速”转到提升质量和效率上来，实现“高质量”发展成为新的主题。面对生态环境治理与经济转型升级的双重压力，迫切需要各经济主体的积极参与。企业既是推动经济高质量发展的重要力量，也是生态环境治理体系中的主体角色。然而一直以来，企业过分注重经济利益，忽视环境污染治理的职责，致使经济发展的同时带来了严重的生态环境问题。因此，企业履行环境责任是中国经济社会进入新阶段的基本要求，为推进生态文明建设和实现经济高质量发展提供切实可行的途径。

生态环境保护是一项长期紧迫、艰巨而复杂的任务，需要多方利益主体的共同参与和协同合作。党的十九大报告适时提出，“构建政府为主导、企业为主体、社会组织和公众共同参与的环境治理体系”，为环境治理工作的开展指明了方向。但是中国现行的环境治理格局依然是以政府行政干预的单中心治理为主，企业、公众以及社会组织的参与严重不足。《中国企业公民报告（2009）》蓝皮书认为，工业企业是中国环境污染的主要源头，约占总污染比重的70%。因此，让企业成为环境治理中的主体力量对于促进环境质量改善具有决定性意义。中国政府对环境监管执法趋严趋实，采取停产、限产等措施约束企业排污行为，企业随意或恶意排污会使其面临合法性危机。环保法庭、环境督查等新型环境维权途径争相涌现，公众对环境保护的参与度不断提高，通过采取合法方式对企业污染行为进行投诉，根据《中国环境年鉴》的数据粗略统计，公众环境举报数由2006年的60万余件逐步增加到2019年的100万余件。随着公众环保意识不断增强，对美好生态环境的需求日益增长，企业环境失责会给自身发展带来极大的负面效应。2013年武汉晨鸣汉阳纸业股份有限公司被曝出环境污染问题，随即公司遭到30多家基金公司减持，其市场表现不尽如人意，公司业绩因此一蹶不振①。综上所述，企业履行环境责任是强化生态环境治理的应有之义和促进自身良性可持续发展的内在要求。

近年来，中国企业的环境责任意识不断增强，诸多企业纷纷发布环境责任报告，但是整体而言仍存在较大提升空间，就沪深上市企业来看，将近3/4的企业还没有公开披露自身环境责任信息。此外，已发布的环境责任报告存在格式不规范，披露内容大多为文字性描述，量化信息较少且内容缺乏相关性和可比性。因此，部分企业还心存侥幸，对环境责任的履行不主动、不充分，企业环境责任成为一个“黑匣子”，无法真正了解其真实情况。这导致大部分企业对自身环境责任履行水平缺乏准确的认识，公众也无法客观评价企业的环境表现，进而难以促进企业提升环境责任履行水平。有鉴于此，准确测度企业环境责任履行水平便成为亟须解决的现实问题。与此同时，在全面了解企业环境责任履行水平的基础上，打破企业环境责任的“黑匣子”，为发挥企业在环境治理中的重要作用，实现自身可持续发展具有重要意义。

二、研究意义

当前，中国经济已由高速增长阶段转向高质量发展阶段，需要推动经济发展

① 包装印刷网：《晨鸣纸业深陷污染恶名 被指靠政府补助度日》，https：//www.ppzhan.com/company_news/detail/12746.html。

与环境保护协同共进。企业作为微观经济活动的主体，在肩负经营生产任务的同时，应切实履行相应的环境责任。为打破当前以政府行政单一主体的环境治理格局，习近平总书记在全国生态环境保护大会上指出："协同推动经济高质量发展和生态环境高水平保护、协同发挥政府主导和企业主体作用、协同打好污染防治攻坚战和生态文明建设持久战。"这充分表明绿色发展理念下生态文明建设和治理责任主体应当呈现多元化格局，因此如何发挥企业在环境治理中的主体作用便成为中国生态文明建设中的重要议题。为回答这个问题，首先要客观评价当前企业环境责任履行情况，进而深入了解影响企业环境责任履行的重要因素，最后据此提出相应的对策。本书以企业环境责任为研究对象，以文献研究为基础，以理论分析为中心，以实证检验为特色，对企业环境责任履行的水平测度与驱动机制进行深入系统研究，为企业的环境责任建设提供相应的政策建议，为加快推进生态文明建设提供理论借鉴与经验参考。研究意义体现如下：

（一）理论意义

（1）深化企业环境责任的相关研究，拓宽现有文献的研究视角。已有对企业环境责任的研究大多从环境保护角度基于道德和法律的应然性阐述，而从企业自身决策的角度对企业环境责任问题进行系统研究的文献暂付阙如。诚然，企业环境目标必须通过企业自身的决策来实现。本书基于外部压力和内部特征两个方面，分别考察环境规制、媒体压力、高管背景特征与企业财务绩效对企业环境责任履行的影响效应与作用机制，采用理论分析与实证检验相结合的方法揭示企业环境责任履行的驱动机制，深化环境责任的研究。从内外因素视角探讨企业环境责任的驱动机制，系统考察企业履行环境责任的动因，拓宽研究视角。

（2）构建科学、合理的企业环境责任履行的测度指标体系，客观评价企业环境责任履行情况，完善现有研究存在的不足。目前国内外学者对企业环境责任履行进行系统全面的评价还比较少，大部分将环境责任作为社会责任的一部分进行评估。这使得指标的全面性、针对性大大降低，评价结果很难引起企业对环境责任的充分重视。此外，鲜有文献就指标体系的信度和效度进行检验，降低了指标体系的科学性，阻碍指标体系的应用和推广。因此，本书从企业环境责任的内涵出发构建环境责任履行的测度指标体系，并以中国重污染上市行业企业数据为样本，对指标体系进行信效度检验，确保指标体系的一致性和有效性。这为企业环境责任研究的深入开展提供了方法参考与数据支持。

（3）搭建企业环境责任影响因素的量化分析框架，为后续研究开展提供方法借鉴与理论支撑。因果推断是社会科学研究的主要任务之一，为得出可行且真实的因果效应，本书综合运用多种前沿计量经济学方法识别相关因素与企业环境责任履行之间的因果关系。例如，将媒体负面新闻报道视为一个外生冲击，采用双重差分方法识别媒体关注与企业环境责任履行之间的因果关系，并利用 Heckman 两阶段模型消除样本选择偏误；考虑到企业环境责任与财务绩效两者可能存在互为因果关系，通过面板向量自回归模型探究财务绩效对企业环境责任履行的影响。这些量化研究方法为探究企业环境责任的影响因素提供了可信的经验证据和经济学解释。这是对现有相关研究的一个有益补充，为后续研究开展提供方法借鉴。

（二）现实意义

（1）为促进企业低碳可持续发展，实现经济转型升级提供重要的决策依据。中国经济的“转型升级”刻不容缓，迫在眉睫。经济转型升级的基础是企业，没有企业的转型升级，无论转方式还是调结构，都只是空中楼阁。以往企业将追求商业利润最大化为唯一目标，忽视了对生态环境的保护，履行环境责任的动机不足。本书对企业环境责任的驱动机制进行探讨，找出推动企业履行环境责任的深层原因，为企业低碳可持续发展提供内在动力。企业的低碳可持续发展将会催生新一轮的技术革命，为经济发展提供新的增长点。中国经济正在进入重要转折期，表面上看是从高速增长向中高速增长转变，实质是从资源要素投入驱动向创新驱动转变。中国经济转型的成功与否在于能否走上创新驱动的发展道路，形成新的核心竞争力。企业是创新的主体，自主创新的国家战略最终要落实到企业行为，唯有企业迸发强大的创新动力，中国的经济转型升级才能成功。

（2）有助于中国企业清晰定位自身环境责任履行水平，为提升企业的国际竞争力提供新的契机和思路。国际社会责任运动浪潮此起彼伏、声势浩大。社会责任运动要求企业活动不能单纯以营利为目的，更要承担相应的社会责任，而环境保护责任是社会责任的重要方面。作为对此运动的响应，国际上很多国家正提升产品的环保标准，并逐渐替代关税，构建出国际贸易的“绿色壁垒”。然而，由于中国在长期发展过程中对产品的“绿色成分”关注过少，国内许多出口产品无法达到要求而销售受阻。因此，中国企业应当顺应时代潮流，积极履行环境责任。这不仅是承担社会责任的硬性要求，更是企业在国际上占据市场份额的必要条件。企业对产品环保力度的加强，将转化为绿色产品的市场份额，实现成本效应补偿，达到环境与竞争的双赢局面。

（3）为促进体制机制创新，推进生态文明建设，提供可资借鉴的参考和建议。体制机制创新是推进生态文明建设的突破口，企业环境责任以规范企业生产行为为切入点，以建立完善顶层制度为着力点，发挥市场在资源配置中的决定性作用，促进政府机构改革和职能转变，推动行政管理制度的创新。企业环境责任要处理好政府和市场的关系，建立“政府负责政策制定，市场负责自发运行”的体系，促进市场运行和政府政策设计的良性互动，为体制机制创新探索新的道路。因此，本书以企业环境责任为研究对象，深入探讨企业环境责任履行的驱动机制，能够以点带面为促进体制机制创新和推进生态文明建设提供参考和建议。

第二节 文献综述

伴随着工业化和城市化进程的不断加快，人类对资源的消耗和废弃物的排放急剧增长，造成严重的环境污染和生态破坏。企业是微观经济活动的主体，也是环境污染的制造者，在发展经济和保护环境的双重压力下，企业需要主动承担环境治理责任。学术界对企业环境责任的研究也日渐增多，结合需要解决的问题，与本书研究密切相关的学术文献主要有三个方面，包括企业环境责任的演进历程与内涵界定、企业环境责任履行水平的探讨、企业环境责任履行的影响因素识别。

一、企业环境责任的演进历程与内涵界定研究

企业环境责任概念的形成并非一蹴而就，而是经过漫长的演变发展而来。学者们对企业责任的认识，先后经历了企业经济责任、企业社会责任与企业环境责任的变化。对企业经济责任的研究始于18世纪中叶，当时资本主义的生产方式初步建立，在欧洲大陆涌现了大量现代企业的前身——小工厂、小作坊。原先的经济理论已经难以适应新型的生产方式，迫切需要新的经济理论指导生产实践。为此，以亚当·斯密的《国富论》面世为标志，古典经济学应运而生。古典经济学派认为，企业的唯一责任是盈利，这也是企业产生的原因所在，即单个人的工作无法满足市场的需要，为满足市场需求出现了以专业化协作为特征的手工工场（Goodpaster，1983）。两次世界大战给世界各国人民带来巨大的伤害，人民对和谐社会的向往日益强烈，企业社会责任的研究呼之欲出。谢尔顿（Sheldon，1924）提出，企业不应只实现所有者的经济利益，而且还应对其他实体、环境和社会所造成的负面影响负责。这是学术界最早提出企业社会责任概念，但由于该观点超越当时那个时代的认知，并没有引起足够重视。鲍恩（Bowen，1953）认为社会责任是一种社会期望和价值，企业在经营过程中有义务将整个社会的目标和价值考虑在内。卡罗尔（Carroll，1979）提出了企业社会责任四维度金字塔模

型，认为企业社会责任主要包括经济责任、法律责任、道德和慈善责任四个维度，并依次阐释各维度责任的含义。这一定义进一步明确了企业社会责任的内涵，获得学术界的广泛认同。20 世纪 80 年代后，企业社会责任逐步与利益相关者理论相融合，两者的融合使得学者们开始关注企业社会责任的具体研究对象，如企业社会责任与企业财务表现、技术创新之间的关系（Awaysheh et al.，2020；Broadstock et al.，2020）。

随着世界各地污染问题日益严重，学者们逐渐关注企业环境责任。关于企业环境责任的出现，可追溯到 1971 年，美国经济发展委员会发表《企业的社会责任》报告，要求企业承担污染防治及资源保护的环境责任。2000 年 7 月在联合国总部启动“全球协议”，该协议号召企业遵守关于社会责任的九项基本原则，其中最后三条明确包含了环境责任。因此，一部分学者将企业环境责任视为社会责任的一个维度，如德斯贾丁斯（DesJardins，1998）将企业环境责任定义为企业履行环境责任行为中与预防污染和清洁生产有关的部分；艾尔·阿拉古等（El Ghoul et al.，2018）认为企业社会责任包含经济、文化、政治和环境方面的责任，其中，环境责任是指通过消耗较少的自然资源和减少废弃物排放，致力于可持续发展。然而，随着环境保护观念不断深入人心以及企业在环境治理体系中的重要角色，企业环境责任被诸多学者当作一个独立要素进行研究。现有文献对企业环境责任的概念还未形成明确的界定，大部分研究将企业环境责任宽泛地理解为企业为了提升环境质量而牺牲利润的行为（Nie et al.，2019）。李万正等（Lee et al.，2018）认为企业环境责任是指企业在经济生产活动中考虑自身生产行为对生态环境的影响，并尽力将环境负外部性降低至最低水平；赞苏仁等（Tsendsuren et al.，2021）提出企业履行环境责任是企业对环境相关资源要素进行整合的过程。此外，还有部分学者分别从法学、社会学等角度对企业环境责任的内涵进行界定（Bisschop，2010；Jacka，2018）。由于环境保护与经济增长之间存在相互制衡的固有逻辑，早期学者对企业环境责任的研究大多从公共产品视角进行讨论，并认为企业环境责任是政府对环境保护干预的有力补充力量而非替代力量（Reinhard and Stavins，2010）。与此不同，基茨米勒和希姆沙克（Kitzmueller and Shimshack，2012）指出，环境问题产生的根源在于生产效率低下，企业没有充分利用环境资源。这一观点明确了企业在环境治理中的重要作用，认为企业能够通过有效的环境管理和清洁生产等环境保护行为来提高生产效率，从而解决环境问题。

国内学者关于环境责任的研究起步较晚，对企业环境责任的界定主要从利益相关者理论的角度进行阐释，认为企业环境责任是企业在追求自身利润最大化和股东利益最大化的过程中，对周边生态环境进行维护中所应承担的责任（田虹等，2015；孙玥璠等，2021）。部分学者通过对责任内涵的探讨将企业环境责任进行分类。马燕（2003）基于产生的原因将责任分为法律责任、政治责任和道德责任，以此为依据，将企业环境责任分为企业环境义务责任、企业环境后果责任和企业环境道德责任；刘萍（2011）将企业的环境责任分为强制性责任、倡导性责任与道德责任。由于生态环境具有典型的公共物品属性，企业进行环境治理表现出成本与收益非对称性，如果仅仅出于自身短期利益考虑，企业将不会参与环境保护。因此，企业履行环境责任更多是基于法律和道德的约束，据此，光阳（2012）将企业环境责任分为企业环境法律责任和环境道德责任。

综上所述，企业环境责任的重要性得到了学术界的广泛认可，相关研究也如雨后春笋般争相涌现。然而，现有研究仍较为浅显，没有形成系统的研究理论与体系，目前有关企业环境责任的理论基础大多沿用企业社会责任领域的相关理论。企业环境责任与企业社会责任两个概念虽有一定相似性，但企业环境责任更侧重企业在环境治理时表现出的态度和动机。此外，国内研究较为匮乏，亟须在广泛吸纳国外优秀经验的基础上，建立本土化的企业环境责任标准。

二、企业环境责任履行水平的测度研究

随着环境问题的日益严峻和公众环保意识提升，企业环境责任逐渐成为社会关注的焦点和学术界研究的热点。在概念界定基础上，对企业环境责任进行度量是使企业环境责任研究更加全面的重要标志（孙涛和赵天燕，2014）。为直观了解企业环境责任的履行水平，学者们或采用单个指标或构建指标体系进行测度。

由于缺乏足够的数据资料，早期研究采用企业年报中有关环境规制或环境行动的词频数衡量企业环境责任表现（Deegan and Gordon，1996；Gray，2001）。随着企业环境责任意识逐渐增强，企业年报中披露的环境信息也越来越多，部分学者利用内容分析法对环境信息披露程度进行评分，以此表示企业环境责任水平（Braam et al.，2016；Devie et al.，2019）。陈春硕等（Chen et al.，2018）指出，由于数据来源和指标不同，基于各企业年报获得的环境信息对企业环境表现进行测度可能会存在一定偏差。为统一衡量标准，便于各企业之间的横向比较，雷拉等（Rela et al.，2021）以《可持续发展报告指南》为原则构建企业环境责任履行的评价指标体系，通过 KLD 社会评价数据库获取相应指标的数据，进而测度企业环境责任。还有部分学者利用 ISO 14031 标准或官方机构提供的指标体系进行衡量（Tung et al.，2018；Reilly and Larya，2018）。国内研究由于起步较晚，尚未构建专门的环境责任数据库，因而大多数学者采用单个指标衡量企业环境责任履行水平。周卫中等（2017）使用企业治理环境污染投入作为企业环境责任的代理变量；张弛等（2020）采用营业收入排污费率衡量企业环境责任，并认为该

指标越小，企业环境责任履行水平越高。由于数据可得性限制，部分学者还采用问卷调查法衡量企业环境表现（龙昀光等，2018；田虹和田佳卉，2021）。何枫等（2020）认为内容分析法和问卷调查法过于主观，为此提出运用包含非期望产出的 SBM 超效率模型评估企业在环境方面的投入产出状态，并将评估结果表示企业环境责任履行水平。孙涛和赵天燕（2014）利用投入产出方法与影子价格方法相结合的综合方法测度企业排污的环境责任，首次从价值角度衡量企业环境责任履行。

企业环境责任是一个复杂的系统，包含企业环境行为的诸多方面（Li et al.，2020），因此，采用单个指标衡量企业环境责任可能过于片面，需要构建指标体系进行综合测度。利用指标体系进行综合评价，就需要选择合适的赋权方法。目前主流的赋权方法主要有如下几种：层次分析法（卢洪友等，2017；Karaman and Akman，2018）、主成分分析法（随洪光等，2017；陶静等，2019）、熵权 TOPSIS 法（魏敏和李书昊，2018；欧进锋等，2020）、纵横向拉开档次法（聂长飞和简新华，2020）、二次加权因子分析法（李旭辉等，2019）。不论何种赋权方法，都具有一定的局限性。师博和任保平（2018）指出，层次分析法属于主观赋权法，结合专业知识和专家经验来确定指标权重，评估结果具有一定权威性，但受主观因素影响。施建刚和李婕（2019）发现主成分分析法和二次加权因子分析法能克服主观因素的影响，根据数据特征进行客观赋权，但是会造成原有数据信息的丢失或浪费，使得原有指标的经济意义发生变动。熵权 TOPSIS 法将熵权法和 TOPSIS 法的优点相结合，降低了指标赋权时人为因素的干扰，然而李旭辉等（2018）发现当指标相关性较强时，采用熵权 TOPSIS 法得出的评价结果相对较差。纵横向拉开档次法是一种适用于面板数据的客观赋权法，适合动态评价。不足之处在于指标规范化方法存在缺陷，评价结果在横向上的排序关系还能保持，却破坏了纵向上的排序关系，以此结果做进一步的分析可能会得出错误的结论（王常凯和巩在武，2016）。因此，选择合适的指标赋权方法至关重要。

学者们采用不同的指标体系与赋权方法对企业环境责任的履行情况进行测度，针对中国企业而言，大部分研究表明上市企业的环境责任得分普遍偏低，环境保护方面仍存在较大的上升空间（Chen et al.，2020；Liu et al.，2021）。杨爱梅和刘文林（Yang and Liu，2018）利用跨国企业数据发现国外企业在履行环境责任方面明显优于国内企业。还有学者认为，企业环境责任的履行情况和行业有关，制造业企业在履行环境责任方面明显弱于非制造业企业（叶俊宇和梅强，2018）。曾艳琪等（Zeng et al.，2020）以 2001～2017 年中国上证 A 股制造业企业为研究样本，发现重污染行业企业的环境责任履行情况要好于非重污染行业企业。从时间演变来看，陈克敬等（Chen et al.，2021）以 2007～2016 年中国 A

股上市企业为研究样本，发现中国上市企业的环境责任表现呈先降后升的趋势，拐点出现在 2012 年前后。总体而言，多数研究表明中国企业环境责任履行水平呈上升态势，但整体水平偏低，具有较大的提升空间。

上述研究对企业环境责任的履行水平做了诸多有益探索，对客观评价中国企业环境责任履行水平具有重要意义。但是，现有研究存在如下可进一步拓展的空间：第一，针对中国企业的环境责任履行测度的文献仍较为匮乏，没有结合现有数据资料构建测度体系全面、准确地反映环境责任履行情况；第二，现有关于测度体系构建的文献，鲜有就指标选取的科学性和有效性进行检验；第三，中国企业的环境责任履行情况仍不甚明朗，已有研究缺乏对其进行系统评估与深入分析。

三、企业环境责任履行的影响因素研究

关于企业环境责任的影响因素，学者们从不同的视角展开论述。归纳而言，主要基于利益相关者理论从外部压力和内部特征两个方面选择相关因素进行研究。外部因素主要包括来自投资者、消费者、媒体以及政府等方面的环境诉求与制度压力，内部因素则是指企业管理者特征和财务状况、规模等企业自身特征。

企业是一个特殊的社会组织，与政府、消费者、投资者以及媒体等利益相关者一起构成整个社会系统（Gambeta et al.，2019）。系统中的各组成部分相互依赖和影响，消费者、媒体等的环境诉求以及政府的规制压力会对企业环境行为产生重要作用。因此，从外部压力视角来看，现有文献主要考察投资者、消费者、媒体以及政府等主体对企业环境责任的影响。投资者方面，由于机构投资者是上市企业的一类特殊投资者，其所具备的资金和专业优势使其一方面有能力对上市企业信息进行收集和解析，另一方面因为大量的持股动机通过积极行为获得监督收益（谭劲松和林雨晨，2016）。大量研究表明机构投资者对上市企业治理具有显著影响（周绍妮等，2017；代昀昊，2018；Pathan et al.，2021）。随着全社会环保意识的增加，学者们考察了机构投资者与企业环境责任之间的关系，大体上发现机构投资者持股与企业环境责任之间呈正相关关系（周方召等，2020；全晶晶，2022；Nofsinger et al.，2019）。加西亚·桑切斯等（García－Sánchez et al.，2020）进一步将机构投资者进行分类，发现国外机构投资者和养老基金与企业环境表现正相关，但政府与金融机构投资者对企业环境表现没有显著影响。姜广省等（2021）聚焦绿色投资者，发现绿色投资者能够显著提升企业绿色治理绩效，促进企业履行环境责任。消费者方面，消费者是企业利润的源泉，消费者的消费行为对企业生产决策具有重要影响。诸多研究表明消费者环境意识与企业环境表

现正相关，绿色消费能促进企业履行环境责任（何昊等，2017；Jiang et al.，2018）。然而，端木静霖等（Duanmu et al.，2018）却持不同看法，认为消费者对企业环境表现并不看重，企业履行环境责任无助于其市场竞争力的提升。媒体方面，由于各利益相关者与企业之间存在信息不对称，媒体作为信息传递的重要渠道，对企业环境行为具有重要影响。现有研究主要探讨媒体报道对环保投资、环境信息披露等方面的影响，结果表明媒体报道有助于促进企业增加环保投资和提升环境信息披露水平（王云等，2017；杨广青等，2020）。坎帕（Campa，2018）认为相较于正面报道，负面报道对企业环境表现的影响更为显著。

政府作为企业特殊的利益相关者，既是市场规则的制定者，也是市场公平的维护者。环境问题的根源是市场“选择性”失灵，因此需要政府适时地介入，通过制定环境规制来进行调节。关于环境规制实施效果的讨论由来已久，具体到对企业环境行为的影响，目前主要形成了如下两种观点：第一种是“促进论”观点，认为环境规制是企业开展环境保护的外在驱动力（许文博等，2021），环境规制通过“成本效应”与“资源再配置效应”促使企业进行治污，履行环境责任（韩超等，2021；王丽萍等，2021；Wang et al.，2018）。第二种是“不确定论”观点，李瑞茜和拉马纳坦（Li and Ramanathan，2018）指出，不同类型的环境规制对企业环境表现的影响不同，环境规制与企业环境表现之间可能存在非线性关系，这使得环境规制对企业环境表现的影响面临“不确定性”。部分学者发现市场型环境规制与环境表现存在倒“U”型关系，而命令控制型环境规制与环境表现之间不存在非线性关系（邱金龙和潘爱玲，2018；Zhou et al.，2019）。托尔米等（Tolmie et al.，2020）发现非正式环境规制对环境表现的影响不明显，而正式环境规制表现出显著的促进作用。

企业高管是企业战略决策中的关键角色。根据高层梯队理论，高管对事物的理解受认知能力和价值观引导，其背景特征对企业经营决策有着深刻的影响（Tran and Pham，2020）。高管背景特征包括年龄、性别、学历、过往经历等。年龄方面，通常而言，人的阅历会随着时间的增长而增加，年纪越大，人会越理性，管理者会更加积极地承担社会责任，即高管年龄与企业环境责任履行呈正相关关系（Huang，2013；Shahab et al.，2020）。对此，也有学者提出不同的看法，认为年龄小的管理者更加关注道德伦理问题且具有更强的社会责任意识，进而促进企业履行环境责任（Tran and Pham，2020）。性别方面，学者们一致认为女性企业家倾向于追求企业的长期稳定增长，考虑问题更加细致、周全与谨慎，为实现企业的长期利益会使企业有更好的环境责任表现（孟晓华等，2012；Elmagrhi et al.，2019；Wang et al.，2021）。学历方面，大部分研究表明团队的学历程度越高，在复杂决策中可能会更加理性和客观，更能把握和理解国家政策方针与利益相关者诉求，因此会在企业环境责任方面表现更好（Katmon et al.，2019；Shah et al.，2021）。过往经历方面，文雯和宋建波（2017）指出，高管的过往经历构成其经验、情感偏好和认知的一部分，由此工作中会不可避免地带有其以往经历的取向。学者们分别考察了高管公职经历（王鸿儒等，2021）、海外经历（Xu et al.，2021）、贫困经历（Xu and Ma，2021）等对企业环境行为的影响。

作为一个以营利为目的的经济组织，企业履行环境责任的根本动因源于经济效益的提升。污染防治、低碳发展等需要大量资金投入，经济效益好的企业更有可能积极履行环境责任，形成环境责任与经济效益的良性互动。现有文献主要从财务绩效角度考察企业履行环境责任产生的经济效益，研究结论可分为如下两类：第一类是认为企业履行环境责任有助于财务绩效提升（Li et al.，2017；Li et al.，2020）。希鲁尼亚维帕达和熊贵阳（Hirunyawipada and Xiong，2018）指出，企业履行环境责任是企业获得合法性的重要途径，能够赢得各利益相关者的支持与认可，从而增强竞争优势，提升自身财务绩效。第二类是认为企业履行环境责任对财务绩效没有显著影响或呈负向影响（王景峰和田虹，2017；李百兴等，2018；Awaysheh et al.，2020）。帕萨等（Parsa et al.，2015）研究发现消费者并不总是愿意为绿色产品或服务支付溢出价格。同时，阿莱克索普洛斯等（Alexopoulos et al.，2018）研究表明拥有更高财务绩效的企业，其环境表现也更好。这说明企业环境责任与财务绩效之间可能存在相互促进的关系。企业规模一定程度上反映企业的经济实力，因此部分学者探究企业规模对环境责任的影响。德伦佩蒂克等（Drempetic et al.，2020）发现规模大的企业往往在环境责任履行方面做得更好。

总而言之，学者们对企业环境责任的影响因素这一主题从不同角度进行了探讨，获得了一批丰硕的成果，为本书提供了深刻的洞见。但是，仔细剖析，现有文献还存在如下可进一步研究之处：第一，已有研究仅从某一视角考察企业环境责任的影响因素，所得结论大相径庭，没有形成统一的认识，究其原因在于缺乏系统、全面的研究体系，没有将企业环境责任的内涵界定、量化评估与影响因素纳入统一分析框架。第二，外部影响因素方面，政府和媒体作为两个主要的外部监督主体，现有关于环境规制与媒体关注对企业环境责任影响的研究仍较为缺乏，所得结论存在较大分歧，亟须在指标选取与模型构建上进行调整与优化，为明确环境规制与媒体关注对企业环境责任的影响提供充分的理论依据与实证经验。第三，内部影响因素方面，高管的从业经历是影响企业决策的重要因素，就企业环境策略而言，拥有环保工作经历的高管显然会对其更加敏锐，但鲜有研究考察环保背景高管对企业环境责任的影响；此外，企业环境责任与财务绩效存在交互影响，现有研究仅从单向视角考察企业环境责任对财务绩效的影响，忽略了两者之间的互动关系，导致研究结论莫衷一是。

第二章

企业环境责任的思想渊源与现实演进

第一节 企业环境责任的思想渊源

一、中国传统文化的环境哲学思想

（一）儒家环境哲学思想

自汉武帝的“独尊儒术”开始，儒家思想在中国传统文化思想中就占据核心地位，其环境哲学思想对中国古代乃至现代的环境思想都产生了深远影响。研究儒家的环境哲学思想，对于理解企业环境责任以及建立有中国特色的企业环境责任制度具有重要意义。儒家既主张“天人合一”“人与天地为一体”，又看中人的主观能动性，强调“赞天地之化物”的重要性；不仅称赞人作为生命个体的意义，还赞扬人之外的“物”存在的意义以及对于人生存的重要性。在儒家思想中，“天人合一”是儒家思想的核心，是一种整体主义，其有如下几个特点。首先，儒家环境哲学思想不是人与自然相对立的二元论，而是人与自然和谐共处的整体思想论。“天人合一”思想奥义博大精深，其中，人与自然和谐共处是企业环境责任思想的起源。无论是孔子的“畏天命”，还是孟子的“尽心、知性、知天”，抑或宋明理学的“理本”“气本”论，都强调人与自然是同源的，就像来自同一个母体，是相互联系、相互影响的，因此人应该尊重自然、保护自然。其次，儒家主张“人为贵”“天人兼顾”。尽管人是万物之灵，但是也应该保证世间万物“遂其生”。最后，儒家讲究的“仁”并不是单单针对人的交际而言，也指对世间万物需要保持“仁爱”的心态，关心爱护人的生存环境。

此外，儒家除了“天人合一”的重要观点，还充分肯定了自然界的“厚生”“治世”“审美”等价值。“厚生”一词首次出现在《尚书》一书中，根据明代夏良胜所言：“厚生者，衣帛食肉不饥不寒之类，所以厚民生者。”这句话是说，自然界能够滋养人类，满足人类生活之所需。因此，人类应当尊重自然、爱护自然、敬畏自然。“治世”是说自然界还对经济发展、社会稳定、军事行动等方面具有重要的意义。其中，孟子的“天时地利人和”论是自然界“治世”的重要代表。“审美”充分肯定了自然界给人类带来的美学价值，例如孔子的“智者乐水，仁者乐山”。

儒家的思想学说在企业环境责任思想当中具有重要的借鉴价值。例如企业应当认识到环境“厚生”“治世”“审美”的价值，树立“天人合一”的思想观念，明白自然环境与经济利益的追求是一个整体，从而积极承担环境责任。

（二）佛教环境哲学思想

佛教是世界三大宗教之一，也是中国儒释道三个传统文化流派之一。佛教起源于印度，开创者为释迦牟尼，于汉朝时期传入中国。佛教对中国传统文化具有深刻的影响，其与环境有关的思想也是中国传统环境哲学思想不可或缺的一部分，这些思想精髓对当前企业环境责任的研究具有重要的启示意义。

佛教的佛性平等理念、因果相依理念、慈悲护生理念对生态文明建设和企业环境责任都有重要的参考价值。佛性平等理念肯定世间万物的出现和发展都具有一定的规律，这是共性所在，因而世间万物是有相通性的。人类追求和完善生命状态的心性是相同的，因此具有同等的权力，而其他万物之间相互依存、相互影响，存在的意义和价值没有高低之分。因此，世间万物都被当作一个生命个体看待，肆意剥夺它们的生存权利是极为不合理、不人道的。对于企业来说，应当承认其他人类个体和世间万物都具有平等生存的权利，在生产经营时，不应该以损害他人的生存环境作为代价牟取自身利益，这是企业环境责任的基本思想内涵。因果相依理念即缘起论，是佛教理论的基石。因果相依理论认为，任何事情的结果并非随意产生，而是有出现的原因，这个原因就是事物出现的“因”，相应的结果就是事情的“果”。例如，当一个人做错事情，就必然要受到惩罚，做错事情就是受到惩罚的“因”，受到惩罚就是做错事情的“果”。正所谓“有如是因得如是果”，佛教思想认为，若一个人心地善良、乐善好施，必将获得美好的果报；若一个人无恶不作，则必将招致堕落的果报。对企业来说也是如此，若企业积极承担环境责任这个“因”，不仅能够实现环境保护和经济利益的双赢，而且能够获得消费者认同和青睐的“果”。

慈悲护生理念是指对世间万物拥有同情心和慈悲心，从而关心、爱护世间万物。慈悲是大乘佛教的精神旗帜，大乘佛教倡导把对方的痛苦呻吟当作自己内心的痛苦去感受，从而从内心生出一种同情和慈悲之情。世间任何个体都有着维护自己利益的生理本能，这无可厚非，对于企业来说，就是追求企业的利润最大化。然而，企业是一个由若干利益相关者构成的共同体，当企业为生产经营破坏生态环境，这会对自然界以及其他个体带来恶劣的负面影响。作为社会经济环境系统中的一员，企业应当具有将心比心的同情心和慈悲心，在实现自身利益最大化的同时，切实履行环境责任保障其他个体的环境权益。

（三）道家环境哲学思想

相较于儒家的环境哲学思想，道家的哲学思想在中国传统文化的环境哲学思想中发挥着更大的作用。道家的环境哲学思想是围绕“道”展开的。“道”是生化万物的前提，“道法自然”“无为而治”“道通万一”不仅是处理人与自然关系的根本原则，还反映了万物平等观和一切生命都具有存在的权力。

其中，“道法自然”和“无为而治”是道家环境哲学思想的精华，它指出人的一切思想和行为应该效仿自然，与自然保持一致，要顺应自然、尊重自然，不应该破坏自然。“道法自然”和“无为而治”的思想起源于老子，老子在道德经中写道：“人法地，地法天，天法道，道法自然。”这句话的意思是说人类的行为应该效仿滋养万物的大地，而地效仿天的辽阔高远、润泽万物，天则效仿道的清静不言，道性自然无所法也。总的来说，它包含三层意思：一是反对人类自命为自然界的主人，去统治自然；二是要求人类要尊重自然、顺应自然；三是要求人类“见素抱朴，少私寡欲”。庄子继承了老子“道法自然”和“无为而治”的思想，但庄子不认为人的“无为”一定是被动、消极的，而是强调“原天地之美，达万物之理”。“达万物之理”是说要通达世间万物的演化规则，尊重客观的自然规律，拥有“无以人灭天、无以故灭命”的态度。因此，庄子告诫我们，与自然界相处时要在尊重客观规律的基础之上，充分发挥人的主观能动性，这样才能真正做到“无为而治”。

作为中国传统文化的思想结晶，道家的“道法自然”和“无为而治”尽管蕴含着对事物听之任之的消极态度，但是其表现出顺应自然、尊重自然的思想与企业环境责任思想高度吻合。企业是以营利为目标的经济性组织，追求利润无可厚非，但是企业在生产经营的过程中，若不尊重自然、不注重环境保护，最终可能会付出更大的代价。因此，企业应该革新发展理念，明白只顾眼前经济利益，而不考虑环境承载能力，必将失去消费者的青睐，走向“无人问津”的破产边缘。

二、西方文化的环境哲学思想

（一）西方古典文化的环境哲学思想

自古希腊以来，西方传统文化中，人类中心论价值观一直以来都占据主流，影响西方文明的进程。西方古典文化的环境哲学思想也蕴含着人类中心论的观点，人类中心论的环境哲学思想主要受到基督教和古希腊思想的影响。

在基督教中，大自然并非自我产生的客观物质世界，而是由所谓的上帝制造出来的。尽管人与大自然都是上帝创造出来的产物，但是只有人类是上帝按照自己的形象制造出来的，因此只有人类才具有灵魂，是唯一能够获得上帝拯救的个体。根据《圣经·创世纪》的描述：“我们按照我们的形象、按照我们的样式造人，使他们管理海里的鱼、空中的鸟、地上的牲畜和地面上爬行的一切昆虫。”由此可知，基督教认为人类是大自然的主宰，自然的一切生灵所存在的意义就是为人类服务。此外，基督教将死后进入天国看作自己人生的最终归宿，而地球只是自己受磨难的地方，一切洪水、灾荒都是人类应该经历的惩罚，上帝最终要毁灭这个世界。在这样的思想影响之下，基督教徒不太可能去关心、改善生态环境。从这个角度来看，基督教将人与自然一分为二，将人当作自然界主宰的思想是近代环境生态造成破坏的罪魁祸首，与以这种世界观为基础的科技革命共同促成了工业革命时期企业对自然资源环境的无情掠夺和肆意破坏。

古希腊思想也是人类中心论的环境哲学思想来源之一。在古希腊思想中，人被定义为理性的存在，“我思故我在”就是对理性的生动诠释。古希腊思想认为，人类和其他生灵的区别就是人类可以通过自己的智慧去把握、控制世界。亚里士多德在《政治学》中指出：“植物的存在就是为了动物的降生，其他一切动物又是为了人类而生存，驯养动物是为了便于使用和作为人们的食品，野生动物，虽非全部，但其绝大部分都是作为人们的美味，为人们提供衣服以及各类器具而存在。”15 世纪的西方文艺复兴运动更是使理性获得高度赞扬，例如西方哲学家笛卡尔认为，人类与自然界其他的生灵相比，不仅拥有具体还拥有高贵的灵魂，正因如此，人类可以随意地对待自然界而不需要担心造成伦理上的问题。

正由于基督教和古希腊思想的影响，人类中心论一直以来都在西方的环境哲学思想中占据主流，在该思想引导下的科技革命造成了企业对环境资源的肆意掠夺，导致企业环境责任缺失。

（二）西方近现代文化的环境哲学思想

在西方工业革命中，西方传统文化的人类中心理论为企业大肆攫取自然资源和损害环境的行为提供了理论辩护。随着工业革命的深入推进，环境污染问题从原先的散发式污染演变为点状式污染，最后发展成为大区域性的污染，例如1873年出现的伦敦大雾。在此背景下，环境污染问题受到西方各界的日益重视，西方开始反思传统文化中的人类中心理论思想，并逐渐形成了以现代人类中心理论为核心的近现代西方文化环境哲学思想。

现代人类中心理论是指由于人类具有特殊的文化、知识和创造能力，因此人类自身的利益高于其他非人类的利益。此外，应当承认人类对于大自然的依赖，自然环境对人类来说是至关重要的。现代人类中心理论是当前西方环境保护运动的主导理念，它突破了传统人类中心理论自私、狭隘的局限，在承认人类的中心利益、人类的价值高于自然的价值前提下，充分肯定大自然对于人类的重要性，认识到人类并不是独立存在的个体，而是和大自然相互联系、相互影响，人类理应承担起爱护环境、保护环境的道德义务和现实义务，而企业作为人类利用和消耗资源的组织，更应当承担起环境责任。

现代人类中心理论具有诸多的合理性，能够为企业承担环境责任提供理论支撑。首先，在人与自然的利益冲突中，坚持以人类利益作为价值评价的基本尺度符合生物一般的发展规律。自然界、人类及人类以外的生灵，都是以自身的利益为行动基础，这既是生物生存的基本条件，也是生命力的表征，这对于企业来说也是如此。现代人类中心理论充分肯定企业作为人类组织需要满足自身的利己性，这种利己性是企业进行经营和生产的基础。其次，充分肯定大自然对人类的重要性、将人类和自然看成密不可分的整体，强调了人保护大自然的重要性和企业承担环境责任的必要性。人类保护环境就是在保护自身的利益，大自然的破坏必将给人类带来恶劣的后果，企业作为人类攫取环境资源的组织，更应当承担起环境责任，否则将会威胁人类自身的生存发展。

三、马克思主义的环境哲学思想

马克思主义是人类文明的伟大成果，对近代哲学思想具有至关重要的影响。虽然关于马克思主义思想的著作中并没有明确“环境哲学”这一词汇，也没有对“环境哲学”这一概念进行具体阐述，但是马克思与恩格斯在思考人类文明发展规律的过程中，对于人与大自然关系的思考并不罕见，其中许多对于人与大自然的思考蕴含着丰富的环境哲学，值得后人深思和借鉴。因此，本书将马克思主义中的本体论维度、价值论维度、方法论维度、认识论维度这四大维度作为研究视角，挖掘马克思主义蕴含的环境哲学思想，并探讨这些环境哲学思想对于企业环境责任的重要启示。

马克思主义本体论对人和自然的本质进行了论述，是价值论、认识论等维度的研究基础。马克思主义认为，人是“自然的存在物”“社会的存在物”“能思想的存在物”“类的存在物”“劳动的存在物”。其中，“自然存在物”是指人是自然界自我进化、自我发展而成的。“社会的存在物”是指人并不是一个单个的抽象物，而是一切社会关系的总和。“能思想的存在物”指的是人是有意识的存在物，正是人的意识和人的对象性活动相互作用，才造就了人和动物生命活动的直接区别。“类的存在物”是指人是自由的、普遍的存在物。“劳动的存在物”是指劳动是人的本质规定性，为人的最高也是最后的本质。马克思主义的自然观认为，大自然可以看作“异化的自然”和“属人的自然”。“异化的自然”肯定了大自然是先在的、系统的、自己发展自己的，即大自然的存在具有客观性，是大自然本来就固有的。“属人的自然”是指大自然会受到人类活动的影响，与人类各种活动息息相关。

马克思主义价值论对自然具有的价值进行反思，回答了人类为什么要呵护环境。在自然的价值论上，西方哲学一直都有着激烈的争论：非人类中心论认为自然具有先在性、系统性、自组织性，且不随人类的意识而转移，即“内在价值论”。人类中心论认为人是自然价值的唯一评判者与赋予者，自然只具有相对于人的需要而言的工具价值，即“工具价值论”。大自然的内在价值和工具价值似乎一直都是对立的，当人类想要使用大自然的内在价值就必须放弃工具价值，而想要使用大自然的工具价值时就必须放弃内在价值。马克思主义哲学认为，内在价值和工具价值都统一于对象性活动的价值，两者作为“事实性存在”都根源于对象性活动对人的“意义性存在”。总的来说，自然是人类社会存在的基础，是对象性劳动的对象和物质前提。

马克思主义的方法论为如何处理人与自然的关系提供了方向，马克思主义处理人与自然的关系是“有所作为”和“有所不为”的统一，它既是对人类中心主义中“控制自然”的扬弃，又是对非人类中心主义中“顺其自然”的修正。一方面，人应当对自由“有所作为”，在对大自然客观规律正确把握的基础上，合理利用相关规律去改造大自然为人类所用。因为大自然不会主动去适应人类的文明发展，它具有自己的演化规律，而人类应当做的就是在尊重客观规律的基础上能动地改造大自然。另一方面，人类应该要“有所不为”，正因为大自然具有自身的演进规律，所以人类在改造大自然的过程中，要尊重规律，这样才能保持人与大自然的动态平衡，实现相互之间的可持续发展。若违背这一规律，人类与大自然都将要受到损害。因此，马克思主义方法论指导人类应该如何去处理本身和大自然的关系，即应当要“有所作为”也要“有所不为”。

马克思主义认识论为人类如何认识和解读人和大自然的关系提供理论指导，即人类究竟该以何种思维方式去认识和解读大自然，这是环境哲学思想中最基本的问题之一。在当代西方环境哲学的认识论中，普遍赞同整体主义的思维方式，即“生态主义”，而反对近代以来的科学主义思维方式，即“笛卡尔主义”。整体主义范式和科学主义范式被认为是现代认识论中的两极，整体主义是指将自然界看成一个有机整体，这个整体包括人类在内。有机整体是不可以分解、分细的，这就要求人类只能从整体性的角度去看待问题，不能单独观察或者进行试验。而科学主义是主客二分法的主要体现，它认为自然界可以从各个小的部分去观察，并通过数学或者物理试验方法去找到规律，实现认识从复杂到简单的过程。马克思主义认为，科学主义和整体主义都是人类把握规律的有效手段，是相辅相成的，统一于对象性活动的思维方式，即实践的思维方式。

马克思主义蕴含着丰富的环境哲学思想，其中的本体论、价值论、方法论、认识论对于人类如何处理大自然和人类本身的关系具有重要的指导意义。企业作为人类活动的重要社会组织，是资源消耗的重要主体，因此马克思主义能够为企业如何平衡好生产和环境之间的关系提供理论指导，为企业环境责任提供系统、全面的理论支撑。例如，就认识论而言，企业在履行环境责任时应当正确把握整体主义与科学主义，一方面，企业是人类生产活动的组织，属于大自然的一部分，企业在生产的过程中，要有整体意识，明白“牵一发而动全身”，保护环境是不容忽视的；另一方面，企业能够通过科研创新活动去发现规律，从而提高资源利用效率和践行可持续发展理念，将保护环境和经营发展统一在绿色生产的实践中。

第二节　中国现代企业环境责任的形成与历史演变

20 世纪 60 年代到 80 年代末，中国经济体制以社会主义计划经济为主，现代化的企业制度尚未建立，自然也不存在企业环境责任这一说法。这种情况在 20 世纪 90 年代初得到改变，党的十一届三中全会将党的工作重心转移到经济建设上来，提出要进行社会主义现代化建设，建立社会主义市场经济制度。在此之后，中国社会主义经济制度不断完善，建立了以公有制为主、多种所有制并存的经济制度，同时鼓励、推进非公有制经济的发展，现代企业制度也在此基础上不断完善发展，企业环境责任在此过程中逐渐被社会各界所重视。梳理发现，中国企业环境责任的演变可分为四个阶段：缺失、萌芽、发展和成熟。如图 2－1 所示。

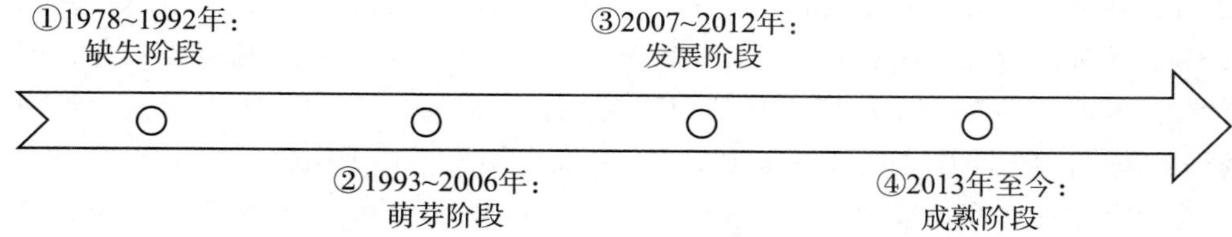

图 2－1　中国企业环境责任现实演变过程

一、企业环境责任缺失阶段

1978～1992 年是中国企业环境责任缺失阶段。在此期间，国有企业和民营企业表现出不同的特征。国有企业改革以“放权让利”为核心，“企业本位论”为明确企业的经济角色提供理论基础。由于国有经济在 1978 年之前一直担负着社会治理职能，因此尽管企业角色定位模糊，但国有企业仍然被认为需要承担环境责任，此时的环境责任倾向于政府环境责任，并非实际意义上的企业环境责任。此外，由于这一时期中国经济处于恢复起步阶段，发展经济成为全社会工作的重心，企业环境责任意识淡薄。政府对企业的要求更多体现在经济层面，例如，1986 年国务院出台的《关于深化企业改革增强企业活力的若干规定》、1988 年颁发的《全民所有制工业企业法》、1992 年颁发的《全民所有制工业企业转换机制条例》等，这些政策文件都旨在促进国有企业履行经济责任，对企业环境责任没有任何提及。

1978～1992 年，计划经济体制濒临消失，民营企业得到快速发展。1988 年 6 月国务院发布《中华人民共和国私营企业暂行条例》以及 1993 年国家工商行政管理局发布《关于促进个体私营经济发展的若干意见》等一系列政策条例与指导意见的出台为民营企业的快速发展提供了政策支持。然而，尽管这一时期民营经济得到快速发展，民营企业数量不断增加，民营企业主要承担对政府依法纳税的责任，环境方面的责任极度缺失，许多民营企业经营者根本没有环境责任这一重要概念。

二、企业环境责任萌芽阶段

1993~2006年，中国企业环境责任处于萌芽阶段，此时企业环境责任意识仍不强，但国有企业和民营企业都在进行企业环境责任的探索，为企业环境责任的发展和成熟奠定基础。在此阶段，国有企业主要有两个特点：一是社会治理和企业经营职能相重叠，导致国有企业中同时具有政府责任和企业责任，政府环境责任和企业环境责任在国有企业中无法区分；二是国有企业环境责任意识淡薄，履行能力较弱。而在企业环境责任的萌芽阶段，政府对国有企业的职能进一步明确。1993年11月通过的《关于建立社会主义市场经济若干问题的决定》提出现代企业制度体系建设成为国有企业改革的主要方向，其中，产权清晰、政企分离等是国有企业改革的重点方向。此后，国有企业从政府治理的职能中脱离出来，走向自负盈亏的现代化企业经营之路，与此同时，国有企业环境责任也成为真正意义上的企业环境责任。然而，随着《中华人民共和国公司法》的出台，国有企业经济经营职能的进一步确立，绝大部分国有企业仍以利润最大化为唯一目标，环境责任履行意愿较低。因此，尽管国有企业环境责任的界定和概念变得越来越明确，但履行情况依然不容乐观。

在此期间，中国民营企业得到快速发展，尤其是在《中共中央关于建立社会主义市场经济体制若干问题的决定》颁布后，民营企业作为社会主义基本经济制度的重要参与者，经济利益得到了极大提高，成为经济发展的“生力军”。民营企业开始关注自身社会责任，环境责任作为社会责任的一部分也逐渐受到重视。例如，2005年在上海召开的“全球契约”峰会，其主旨是号召企业积极承担起环境责任等有关的社会责任，中国多家民营企业积极参加。然而，相对企业环境责任的缺失阶段，尽管民营企业开始关注经济利益之外的责任，但是一方面，民营企业对于环境责任的重视程度依旧不够，环境责任只是被归为企业社会责任的一部分。另一方面，由于传统发展思想的影响，民营企业履行环境责任的积极性并不高，许多民营企业依旧缺乏环境责任意识。

三、企业环境责任发展阶段

2007~2012年，中国企业环境责任的快速发展阶段。许多重大环境污染事件的集中爆发引起了社会公众对环境问题的广泛关注和担忧。例如，2006年的河北白洋淀死鱼事件，素有“华北明珠”美誉的华北地区最大淡水湖泊——白洋淀，接连出现大面积死鱼现象，污染面积到达9.6万亩。事后调查发现，主要原因在于企业环保意识淡薄，存在大量偷排偷放污染物的行为。类似的事件屡见不鲜，2007 年暴发的太湖水污染事件、巢湖和滇池蓝藻暴发也与企业消极地履行环境责任息息相关，这给公众心头蒙上阴影，呼吁企业承担环境责任的呼声日益迫切。因此，中国企业环境责任经历快速发展阶段，环境责任受到各界广泛的重视。①

2008 年国务院国有资产监督管理委员会出台了《关于中央企业履行社会责任的指导意见》，对国有重点骨干企业率先提出履行环境责任的要求，该意见指出，“加强资源节约和环境保护，认真落实节能减排责任，带头完成节能减排任务。发展节能产业，开发节能产品，发展循环经济，提高资源综合利用效率。增加环保投入，改进工艺流程，降低污染物排放，实施清洁生产，坚持走低投入、低消耗、低排放和高效率的发展道路。”这是首次出台加强国有企业环境责任建设方面的中央文件，对于促进国有企业的环境责任建设具有重要意义。因此，国有企业环境责任进入了快速发展阶段，国家电网、中国石油等众多重污染行业大型国有企业纷纷响应号召，积极履行环境责任。例如，国家电网在 2011 年发布的《社会责任报告》中显示，国家电网统调水电厂节水增发电量从 2005 年的 90 亿千瓦时上升到 2011 年的 151.03 亿千瓦时。

民营企业环境责任也在该时期得到快速发展，民营企业作为上市公司的重要群体，2008 年出台的《上市公司环境信息披露指南》（以下简称《指南》）对于民营企业的环境责任建设具有重大意义。一方面，《指南》指出火电、钢铁、水泥、电解铝等 16 类重污染行业上市公司应当发布年度环境报告，定期披露污染物排放情况、环境守法、环境管理等方面的环境信；另一方面，《指南》对发生突发环境事件的上市公司以及受到环保处罚的上市公司后续整改作出了具体的要求。《上市公司环境信息披露指南》对于民营企业的环境责任建设具有重要意义，使民营企业的环境责任意识得到大幅提高。

四、企业环境责任成熟阶段

2013 年至今是企业环境责任的成熟阶段。党的十八大以来，生态环境保护得到了前所未有的重视，习近平总书记提出的“绿水青山就是金山银山”“生态兴文明兴，生态衰文明衰”等一系列重要论断给中国环境建设指明了方向。企业作为环境资源的主要消耗者，督促企业积极履行环境责任是打好污染防治攻坚战，建设现代化美丽中国的关键所在。因此，随着外界监督力量不断加强以及企

① 央视国际网：《谁谋杀了白洋淀？水污染使“华北明珠”渐失光芒》，https：//news. cctv. com/society/20060714/103993. shtml。

业自身努力，企业环境责任意识普遍提高，环境责任建设得到社会各界的广泛认可，企业环境责任进入成熟阶段。[①]

2014 年颁布的《中共中央关于全面推进依法治国若干重大问题的决定》，首次将企业环境责任上升到战略层次；《环境保护法》等法律文件将企业履行环境责任列为重点内容。同时，随着国务院《关于深化国有企业改革的指导意见》出台，国有企业改革进入全新阶段，国有企业被分为商业类国有企业和公益类国有企业，“营利性”与“公益性”相剥离使得国有企业的功能定位更为清晰，环境责任的重要性进一步凸显。在此背景下，国有企业环境责任意识不断提高，履行环境责任逐渐成为普遍共识。在中国企业评价协会联合万里智库发布的国内首个绿色企业报告以及 2018 年中国绿色企业 100 优名单上显示，国有企业均表现亮眼。

同时，随着全面深化改革不断推进，关于非公有制经济发展的政策措施更加完善，这一时期民营企业在党和政府的领导下不仅营商环境得到大幅度优化，可持续的绿色经营能力也得到提高，这使得民营履行企业环境责任越来越积极。2020 年 1 月 8 日，隆基绿能科技股份有限公司率先发布《绿色供应链减碳倡议》，积极响应党中央打好污染防治攻坚战的号召；2020 年 11 月 1 日，天津荣程集团成立绿色氢能冶金“产学研”战略合作联盟，为“钢铁 + 氢能”的绿色尖端技术研发贡献智慧。根据中国绿色制造联盟—绿色制造公共服务平台的数据，在绿色工厂方面，民营企业占比 54.9%，而国有企业占比 23.5%；在打造绿色供应链方面，更是民营企业占比 61.9%，占据了绿色供应链的绝大多数。

---

① 中共中央宣传部、中华人民共和国生态环境部：《习近平生态文明思想学习纲要》，人民出版社 2022 年版。

第三章

企业环境责任的相关概念与理论研究

第一节　企业环境责任的相关概念与内涵

一、企业环境责任的相关概念

（一）企业的界定

本书以企业环境责任为研究对象。在部分关于企业环境责任、企业社会责任或企业责任的文献中，时常将“企业”与“公司”两个概念交叉使用，并未对两者进行严格区分。但是严格来说，企业与公司是有区别的。“企业”与英文“enterprise”一词相对应，在中国计划经济时期，是与“事业单位”平行使用的常用词语。根据《辞海》（2020）的解释，企业是指从事生产、流通或服务活动的独立经济核算单位。按照组织形式的不同，可划分为公司制企业与非公司制企业。公司主要来自对英文“corporate”一词的翻译，《辞海》（2020）将其解释为，一种工商组织，经营产品的生产、商品的流转或某些建设事业等。依照《中华人民共和国公司法》的规定，公司是指有限责任公司和股份有限公司，具有企业的所有属性。因此，凡公司均为企业，但企业未必都是公司，公司只是企业的一种组织形态。在法律的语境中，公司与企业有着严格的界限，两者存在明显的差异。

虽然公司只是现代企业的一种组织形式，但是这种组织形式已经逐步成为占绝对统治地位的企业形态，在政治、经济、文化和社会生活中扮演着重要的角色，致使“企业”与“公司”的界限逐渐模糊。在经济学上，并没有将企业与公司进行严格区分。现代经济学理论认为，企业本质上是“一种资源配置的机制”，能够实现整个社会经济资源的优化配置，降低整个社会的交易成本。新古典学派赋予企业“经济人”的含义，认为企业是使得厂商在经济活动中具有完全的理性，并掌握完全的信息，不断追求利润最大化。我们认为，企业是指依法运用资本成立的，在承担经营风险条件下为社会提供产品和服务，以求得自身经济效益的经济实体。本书中的“企业”更多是在经济学意义上使用，主要强调其经济实体性，可以与“公司”一词通用。因此，“corporate environmental responsibility”一词在本书中被译为“企业环境责任”。

（二）环境的理解

环境，笼统地讲，是指涵盖与人类有关的一切事物，可进一步分为自然环境和社会环境。其中，自然环境既是人类生存和生活的场所，也是向人类提供生产和消费所需资源的供应基地，主要以空气、水、土地、植物、动物等物质因素为内容。而社会环境是指人类生存及活动范围内的社会物质、精神条件的总和，以观念、制度、风俗等非物质因素为内容。本书所研究的对象——企业环境责任中的“环境”是指“自然环境”。自然环境是以人为中心的人类生存环境，关系到人类的生存与发展。在《中华人民共和国环境保护法》中，明确指出“环境”是指影响人类生存和发展的各种天然的和经过人工改造的自然因素，包括与人息息相关的大气、水、海洋、土地、矿藏、森林、自然遗迹、人文遗迹等。

值得注意的是，本书重点讨论的是“企业”的环境责任，因此，文中所谈及的环境是指自然环境，同时又特指与企业行为及活动相关的自然环境因素或环境问题。原因在于：一方面自然环境中的部分构成因素与企业没有直接关联，如自然遗迹、人文遗迹等；另一方面并非所有与自然环境相关的环境问题都是由企业引起的，如人为破坏造成的森林资源锐减、土地荒漠化、物种灭绝等。本书对环境一词的使用，在无特别说明的情况下，均指与企业行为直接或间接相关的“自然环境”。文中出现与环境相关的专有名词，如“环境战略”“环境责任”，意指企业面向环境保护、环境污染、生态危机等环境议题有关的战略和责任。

（三）责任的解析

自人类社会产生以来，责任就和人的生产生活密切相关，反映了人的生存和发展状况，蕴含着丰富的内涵。《汉语大词典》认为“责任”包含如下三种含义：其一，分内应该做的事，如“岗位责任”“尽职尽责”等，表示一种角色的义务；其二，特定的人对特定事项的发生、发展、变化及其后果负有积极的主张义务，如“担保责任”“举证责任”等；其三，因没有做好分内的事或没有履行主张的义务而应承担的不利后果，如“违约责任”“赔偿责任”等。不论“责任”一词含义有多丰富，但归结起来不外乎实质和形式两方面的要素。其中，实质要素包括客观要素和主观要素。所以，责任的概念应当由客观、主观和形式三要素组成。

客观要素即义务，责任是义务未履行的结果，责任的前提是义务，没有义务就没有责任，因此，义务是责任的客观要素。乔治·恩德勒在《经济学伦理大辞典》一书中指出，与责任相关的义务包括两种：一种是消极的义务，此义务要求行为不直接伤害他人；另一种是积极的义务，包括严格的积极义务和广义的积极义务，前者要求履行已经承担的角色义务，后者则倡导行善。在上述两种义务中，消极义务是普遍适用的，代表了社会大众赖以生存的最低界线；在形式上，严格的积极义务也是普遍适用的，但它的内容根据不同的文化和角色发生变化，并且受社会变迁的制约，严格的积极义务要求采取行动而不是单纯的不做；广义的积极义务不具有严格的约束力，是人们主动采取的相应行动。主观要素即归责，违反义务会引起责任的产生，这取决于行为上有无过错，也取决于社会对其行为的评价。形式要素即为约束力，它是责任实质要素的外在表现形态，是责任得以存在和实现的要素。根据义务的性质、规则要求和约束力形式的不同，“责任”可以是违反法律义务而以国家强制性为表现形式的法律责任，也可以是违反道德义务而以社会心理意识约束力为表现形式的道德责任。

（四）企业环境责任的定义

自 1924 年美国学者奥莉弗·谢尔顿（Oliver Sheldon）在其著作 *The Philosophy of Management* 中提出“企业社会责任”的概念以来，围绕着企业社会责任的讨论与日俱增。就企业社会责任的概念而言，国际组织和诸多学者对企业社会责任的定义多达十余种，但是关于企业环境责任的定义暂付阙如。原因在于早期人们普遍认为，企业环境责任是企业社会责任中的一部分，没有必要进行单独讨论。然而，20 世纪 60 年代后，资源枯竭、环境恶化、生态失衡直接威胁着人类的可持续发展，企业作为环境污染的主要来源，在应对环境危机中的作为事关子孙后代的生存与发展。在实践中，由于对企业环境责任的理解不一，为企业逃避责任、成本外部化留下余地。严格对企业环境责任的界定有助于加强管理，控制企业向社会外化环境成本，推动企业发展循环经济。目前对企业环境责任的界定主要有两种倾向：一种是狭义的企业环境责任观，片面地强调强制性的环境法律责任；另一种是广义的企业环境责任观，认为企业环境责任既是一种法律责任，同时也是一种道德责任。

企业的环境法律责任是指法律明确规定的企业在成立、生产、经营和销售等过程中所必须遵守的环保法律、法规义务，并承担一定的法律后果。企业环境法律责任具有法定性和可实施性（Kim et al.，2017）。法定性是指法律层次的环境责任是公司必须履行的，否则要承担不利的环境后果。可实施性是指承担相应环境责任的行为可能性，即如果企业违反了法律所规定的强制性义务，则能够使其承担环境法律责任的行为在现实中是可行的。《环境保护法》中规定污染物排放必须进行总量控制，如果企业超量排污，就要承担相应的法律责任，如缴纳罚款，而罚款行为在现实中是可能的。企业道德责任是指企业受环境伦理或者社会舆论的影响，企业自愿承担的环境责任，而非强制性义务。与企业环境法律责任不同，环境道德责任主要是人们对于环境保护的道德期望产生的，不具体存在于法律规则之内的行为和活动，因此，违背环境道德则并不会给企业带来直接的不利后果。

我们认为，对于企业环境责任的内涵认识应该同等重视法律责任与道德责任的内容。一方面，法律是最低限度的道德，如果企业连基础性的环境法律责任都不履行，那么企业道德责任也就失去了存在的基础条件，此时片面地强调道德责任便成为不切实际的空谈。另一方面，环境法律责任反映的仅仅是“条块”化的道德伦理，只关注环境法律责任无法全面涵盖社会对于企业在环境议题方面的期待行为。因此，本书对企业环境责任的界定为：企业在全生命周期过程中需遵守的有关环境法律、法规的要求，为自身的环境行为承担义务，尽量减少资源消耗和污染排放，促进经济与环境协调发展的一种强制性与自愿性相结合的行为规范。

二、企业环境责任的系统特征

系统辩证学认为，系统具有要素、结构和功能等因素，它们是系统存在的基本方式和属性（Adorno，2017）。企业环境责任是一个系统，具有独特的要素、结构和功能，并在一定的原则下动态发展。从资本的属性特征来看，企业环境责任的要素包括社会资本和自然资本，其中，社会资本是指企业内部和外部的人力资本。企业内部的人力资本包括企业高管、生产人员等；企业外部的人力资本主要指与企业密切相关的利益相关者，包括政府、媒体、社区等。自然资本是指企业用于生产的能源和材料，有些能够通过财务信息反映出来，如材料、折旧、人工等；有些则需要通过经营、采购和监控等方式表明企业对环境的影响。在系统的视角下，企业环境责任的要素包含内部和外部两个方面，如图 3－1 所示。

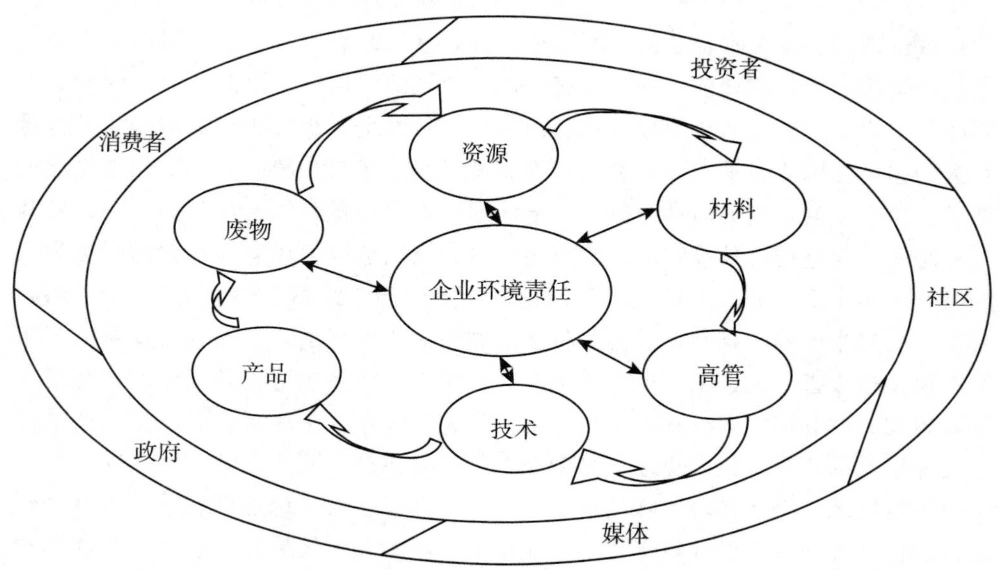

图 3－1　企业环境责任的要素

根据图 3－1 可知，企业环境责任的内部要素主要指企业高管、资源、材料、技术等，企业环境责任的外部要素则包括政府、媒体、消费者、投资者等。

参考卡罗尔（Carroll，1991）提出的企业社会责任金字塔结构模型，我们将企业环境责任分为法律和道德两个层次，每一个层次都有其特定的功能。企业履行环境法律责任是内化其经营活动所产生的环境成本，其表现形式有：排污缴费、恢复环境原貌、环境损害赔偿等。环境法律责任以环境法律规范的强制性环境义务为前提，义务的设定是为了限定企业的行为在合理的范围之内。如果企业违反法律义务，就会得到否定性的法律评价，承担相应的法律后果。企业履行环境法律责任能够有效控制外化环境成本的行为。生态环境具有公共物品属性，在无任何约束的情况下，企业本着利益最大化原则对污染行为放任不管，甚至刻意隐瞒其污染行为。针对企业听任环境污染行为的发生，需要制定相应惩罚措施，此时环境责任的形式应以罚款为主，让企业承担恢复环境原貌的费用，从而让公司因放任排污行为而付出一定的代价。对于企业的隐瞒行为，应对企业规定相应的法律义务，让企业在一定周期内公开其环境相关信息，并对因隐瞒造成的损失进行赔偿。企业环境法律责任是企业必须履行的环境责任，事关企业的合法性问题，也是整个环境责任系统中最为基础的部分，位于“金字塔”的底层（Masoud，2017）。

法律是企业活动的底线，但仅仅遵守法律要求对于一个负责任的企业来说还远远不够。道德要求不仅是客观事实，也是每个主体必须遵守的原则，因此环境道德责任是比环境法律责任更为严格的环境责任。环境道德责任，是从经济伦理和环境伦理的层面考察企业的环境责任。程晨等（2021）提出企业遵循伦理规范的社会责任是为伦理责任，然而，我们认为伦理的对象是社会群体而非个体，个体的行为规范是道德，企业环境责任的研究，是以企业作为活动主体研究其自身行为的担当，因此，采用“道德责任”的表述会更有针对性，也体现出对企业的要求。以企业对外投资活动为例，环境问题一直是最普遍的道德问题之一。尤其是在跨国企业进行海外投资活动中更为明显，当东道国的环境标准比母国更为宽松时，为实现更低的生产成本，获得竞争优势，部分跨国企业会进行生产转移，将重污染的生产线转移到东道国。虽然这种做法或许合法——没有违反东道国法律，但是却侵害了东道国的生态环境，破坏了人类共同的宝贵环境资源，违反了社会道德，没有切实履行环境责任。因此，相较于环境法律责任，环境道德责任是更深层次的环境责任，更多依赖于企业的自觉履行，而非强制性的义务。

不难发现，企业环境责任的两个层次——法律层次、伦理层次，是由基础到高级的渐进发展，企业环境责任的功能也随之不断升级扩展。企业的环境法律责任与道德责任的内容不是一成不变的，随着环境保护日益受到重视，环保方面的法律、法规逐步建立并完善，越来越多的道德责任被规范为法律责任。

第二节　理论基础

一、社会契约理论

契约是现代经济活动的必要环节，被定义为企业与其他利益集团之间自愿并相互受益的一系列安排（Kaplan and Strömberg，2003）。据此定义，可以认为履行与各种利益集团的契约义务是企业的责任。由于契约强化了企业对诸多社会因素的义务，因此契约也被视为企业责任的一个扩展概念。伦理学家们一致认为，每一个社会都隐含地存在着一种社会契约，在契约框架内，人们放弃了不受约束的自然状态，而进入一种受约束的人为状态，服从于统一的领导与安排。这也是政府起源的一种理论解释。人们将个人的影响力转交给政府当局，作为回报，希望政府对公共物品进行有效控制，从而使他们的权力与财富得到保障。从某种意义而言，现代市场经济就是契约经济，通过契约建立经济关系与实现资源配置（Jahn and Brühl，2018），也是自由市场制度的关键所在。

企业是社会的产物，同时又依赖社会获得生存和发展，其经营运作必须对社会整体发展有利，充当好服务社会的角色。一旦企业无法满足社会的需要，那么会面临被淘汰或改组的风险。如今，社会公众对美好生态环境的需求日益强烈，给企业带来了更高的环保要求，促使企业不断提高自身环境责任履行水平。社会契约理论对企业环境责任履行具有重要的指导意义。首先，社会契约赋予企业道德基础使企业履行环境责任有据可依。企业履行某种社会责任，是为了达到社会大众对企业的期望。生态环境保护的观念逐渐演变成人们的普遍信念，从而形成环境道德。企业作为社会的一分子，也必须遵守环境道德，从而履行相应的环境责任。其次，社会契约规范企业环境责任的行为和提高其效率。经济共同体的运行建立在道德伦理的基础上，明确的要求会让企业有的放矢开展环境行为。较高的道德要求会减少机会主义现象，同时增加利益相关者对企业的信心，从而提高企业的效率。社会契约理论阐释了企业履行环境责任的社会原因。

二、外部性理论

马歇尔（Marshell，1890）首次提出“外部经济”概念，指企业外部的包括市场区位、市场容量、地区分布等因素所导致的生产费用的减少和收益的增加。庇古（Pigou，1920）从福利经济学的角度系统研究了外部性问题，在马歇尔（Marshell，1890）提出的“外部经济”概念的基础上扩充了“外部不经济”的概念和内容，使外部性问题的研究从外部因素对企业的影响转向企业或居民对其他企业或居民的影响。所谓外部性，是指一个经济主体的行为直接影响到另一个经济主体，却没有给予相应支付或得到相应补偿。从影响效果来看，外部性可分为正外部性和负外部性。正外部性是某个经济主体的活动使其他经济主体受益，而受益者无须花费代价；负外部性是某个经济主体的活动使其他经济主体受损，却无须为此遭受惩罚。庇古提出了私人边际成本和社会边际成本、私人边际收益和社会边际收益等概念作为理论分析工具，形成了静态外部性理论分析的框架。由于私人边际收益与社会边际收益不一致，完全依靠市场机制实现资源最优配置从而达到帕累托最优是不可能的，因此政府干预成为解决外部性问题的必要手段。

环境问题是典型的外部性问题。在现有生产方式和技术条件下，环境外部性问题随处可见。以企业排污为例，在缺乏监管的情况下，企业为追求利益最大化选择不治污，将污染排放到自然环境中，而这会破坏生态环境，给全社会带来损失。为纠正环境负外部性，需要政府加强监管，对企业排污行为进行处罚，将排污成本内化为企业生产成本，以此改变企业的环境行为。外部性理论为国家环境立法和政府环境干预提供了理论依据，通过政府的环境规制手段将企业排污带来的外部成本内部化，使企业从成本角度衡量环境失责与履责的成本，从而做出相应的举措。因此，外部性理论是搭建环境规制与企业环境责任关系纽带的基础理论，也是企业履行环境责任的经济学基础。

三、利益相关者理论

弗里曼（Freeman，1999）将利益相关者定义为能够影响企业绩效或被企业实现目标所影响的个人或团体。利益相关者理论认为，利益相关者通过控制关键资源的获取影响企业生产行为，企业应以利益相关者为中心，以谨慎负责的态度进行商业判断和开展生产经营。任何企业的生存和发展都离不开各利益相关者的投入和参与，企业要提高对利益相关者期望的回应质量，兼顾各方的利益，确保获取由利益相关者控制的战略资源，进而保障企业的长远发展。利益相关者对企业的影响力取决于其掌握的资源。依据所掌握资源的特征，琼斯等（Jones et al.，2018）将利益相关者分为如下几种类型：所有权型利益相关者，主要包括董事会成员、监事会成员、总经理等；经济依赖型利益相关者，主要包括员工、债权人、消费者等；社会关注型利益相关者，主要包括政府、媒体、社区等。

利益相关者理论围绕企业“生存”问题展开研究。企业的生产经营活动并不是孤立的，在充分考虑股东利益时，利益相关者在现代市场中的地位也越来越重要，因为利益相关者的某些行为将直接影响企业战略选择。如果企业的生产经营活动有损利益相关者的利益，那么利益相关者往往会采取“用脚投票”的方式抛弃企业（Xu et al.，2019）。从企业环境表现来看，不良的环境表现会破坏企业与利益相关者之间的关系，对企业生产经营造成负面影响。第一，企业价值可能会因不良环境表现的负面信息曝光而降低，使企业投资者遭受损失（Nishitani and Kokubu，2020），这会让投资者在投资过程中要求更高的风险回报或撤资以此表达不满。第二，生态环保已成为新的普世价值观，消费者愿意更多地购买绿色环保产品，而抵制破坏环境的企业产品，使环境表现差的企业面临市场份额不断缩减的局面（Singh et al.，2020）。第三，政府是环境治理的主导力量，也是企业环境行为的监管者，对于环境表现差的企业，政府会通过环境规制将污染成本内化为企业生产成本，甚至采用限产、停产等手段（Peng et al.，2018），使环境表现差的企业可能面临合法性危机。综上所述，利益相关者理论在企业环境责任领域意义重大，在探索企业环境行为的动机、后果等方面具有重要指导作用。

四、合法性理论

合法性理论最早由苏克曼（Suchman，1995）提出，是指一个实体组织的行为在一个包含规范、价值、信念和定义的社会系统中是合意和恰当的。合法性的内涵不仅包含法律法规，还包括长期形成的行业标准和道德价值观等，且并非一成不变，而是动态调整的，即社会的共同期望是在不断变化中，企业需要即时根据其所在社会环境作出相应调整，以达到合法性要求（Nishitani et al.，2021）。企业会与它所在环境中的利益相关者构成社会契约关系，企业的某些行为可能会增加其合法性，进而增强利益相关者对企业的认可度，使企业获得更多的社会资源。同时，企业的某些行为可能与合法性要求存在差距，意味着企业和利益相关者之间形成的契约关系会遭到破坏，企业的合法性受到威胁，从而不利于企业发展。因此，合法性不仅是企业生存的必然要求，也是企业获取社会资源的基本条件。

在环境领域，企业的环境行为合法性受到广泛关注。在20世纪60～70年代，西方等发达国家存在大量企业为追求自身效益不惜以损害环境为代价的现象，引发了社会公众对企业的价值观应与社会的价值观保持一致的呼吁，这是合法性理论的萌芽阶段。随着该理论的不断成熟与发展，学者们对如何促使企业构建与利益相关者相一致的价值体系达到"合法化"进行了大量研究。根据合法性理论，企业的生产经营必须依赖其所处的经济社会环境。企业的活动会受到政府、社会公众等外界利益相关者的广泛关注，并且会感受到来自社会和政治等多方压力，因而其经营活动需要满足社会的期望才能保持长期稳定发展。随着社会公众对环境质量要求的不断提高，企业履行环境责任向利益相关者展现出绿色环保形象，是企业为达到合法性的一种方式。通过履行环境责任发挥企业在环境治理中的主体作用，满足社会公众对美好生态环境的渴求，以此提高自身环境行为的合法性，进而获得更多的战略资源。随着国家对生态环境治理力度的不断加大，一系列严格的政策规制陆续出台，"史上最严"的新《环保法》出台，对环境污染"零容忍"，在此背景下，企业履行环境责任是实现合法性的必然选择。此外，媒体通过信息传递的方式缓解企业与各利益相关者之间的信息不对称，缩小企业不合法行为的存在空间，为企业规范自身环境行为带来压力，迫使企业出于合法性压力履行环境责任以满足社会公众对环境质量的要求。因此，合法性理论是揭示企业履行环境责任的外在压力和内部动因的重要理论基础。

五、高层梯队理论

高层梯队理论由汉布里克和梅森（Hambrick and Mason，1984）提出，首次将研究重点从CEO个人转向整个高管团队。该理论的核心观点是高管团队成员自身的价值观、认知能力以及相关经验等决定了其对周围环境的洞察力，由于不同高管人员的背景特征存在差异，面对相同状况时不同高管的反应大相径庭，基于有限理性作出选择，最终影响企业的战略决策。高管在面临超出他们理解范围的复杂环境时，往往会利用过往经验和认知水平来洞悉周围变化，进而通过管理感知上的判断来制订出战略计划。由于高管团队成员的价值观、认知水平等难以测量，高层梯度理论提出以人口统计学特征为切入点进行研究。因此，高层梯队理论蕴含两个基本假设：一是高管团队的心理结构能够影响其行为选择，进而影响企业战略决策的过程；二是高管团队的人口统计特征可以用来表示其心理结构进行相关研究。

图3－2为高层梯队理论的示意图，可以发现，高管团队的个人特征受客观环境的影响，客观环境是由内外环境共同作用的，也会影响企业绩效；高管团队的个人特征会影响企业的战略决策，心理特征难以直接衡量，采用人口统计学特征进行替代；高管的个人特征通过影响企业战略选择间接影响企业绩效。高层梯队理论为研究高管的个人特征对企业行为决策的影响提供理论基础。高管团队是企业的掌舵者，决定了企业的决策行为。高层梯队理论为研究高管背景特征与环境责任履行之间关系奠定了坚实的理论基础。

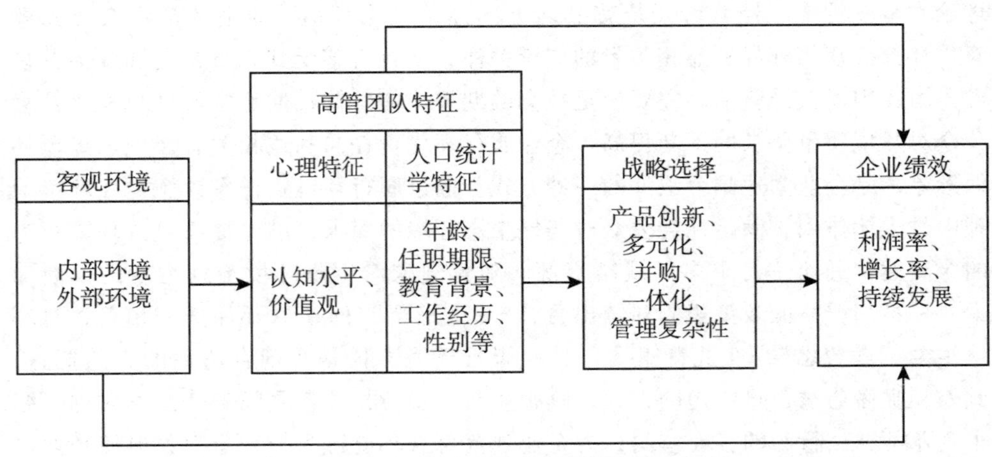

图3－2　高层梯队理论示意图

第四章

企业环境责任履行测度体系构建与水平评价

第一节 问题提出

“构建政府为主导、企业为主体、社会组织和公众共同参与的环境治理体系”是生态文明建设的重要内容。党的十九大报告明确提出，生态环境治理需要多元主体参与，但是中国现行的环境治理格局仍然以政府中心治理为主，企业参与度严重不足。企业是社会商品的生产者，同时也是环境污染的制造者，其生产行为将直接影响到环境质量。发挥企业在环境治理中的主体作用，要求企业率先把绿色发展理念融入生产经营活动中，通过生产方式的绿色变革，助推全社会产业生态化、消费绿色化、资源节约化。要实现这一目标，最有效的抓手是强化企业环境责任，引导企业在追求自身利益最大化的同时兼顾生态环境保护。企业履行环境责任不仅有利于生态环境改善，还有利于其自身的长远发展。随着居民环保意识不断增强，企业的环境行为越来越受到人们关注，企业主动履行环境责任迎合了大众的绿色消费需求，能够让企业的产品赢得消费者青睐，快速占领市场，从而促进企业发展。

20 世纪 30 ~ 60 年代，震惊世界的环境污染事件在发达国家频繁发生；2013 年中国遭遇史上最严重的雾霾天气，波及十余个省市，环境保护运动逐渐由发达国家蔓延至中国。在环境保护浪潮的冲击下，全社会开始关注企业的环境责任。近年来，关于企业因环境污染造成的社会问题屡见不鲜，追求经济利润最大化的企业在环境污染中扮演着重要的角色，在自然资源使用、污染物排放、生态修复等方面，企业肩负着不可推卸的责任。因此，企业承担环境责任显得尤为重要，从企业环境责任内涵出发，构建企业环境责任履行测度体系对于强化企业环境责任的承担具有重要的现实意义。然而，目前国内外学者及科研机构主要将环境责任作为社会责任的一部分进行评估，这使得在构建企业环境责任履行指标体系时，指标的全面性、针对性被大大降低，评价结果难以引起企业的充分重视。因此，对企业环境责任履行进行系统、独立的评估十分必要，设计科学、合理的测度指标体系能进一步完善和补充现有相关文献，具有重要的理论价值。

随着人们对企业环境责任认识的不断深入，有关环境责任履行的测度指标研究也逐渐增加。企业环境责任履行的测度指标构建是一项重要的基础性工作，能够客观衡量企业环境责任履行水平，为企业决策者和利益相关者提供更加可靠、一致且准确的企业信息（Du et al.，2014）。何塞和李尚梅（Jose and Lee，2007）根据《国际银行间资金划拨和补偿指导方针》（*Guidelines on International Interbank Funds Transfer and Compensation*）和《可持续发展报告指南》（*Sustainability Reporting Guidelines*）将企业环境责任表现分解为 7 个维度 34 个具体指标，为企业环境责任的量化评估提供了重要的理论参考。但是遗憾的是，关于指标的衡量方式和数据来源缺乏详细的说明，没有达到测度指标体系公开透明的要求（Rahman and Post，2012）。为弥补现有研究的不足，克拉克森等（Clarkson et al.，2008）邀请全球报告倡议组织（The Global Reporting Initiative）的专家以《可持续发展报告指南》为指导原则，从企业的可持续发展报告中选取企业环境责任履行的测度指标，保证指标数据的可获得性。有学者采用内容分析法从企业年度报告获取相关环境信息，以此衡量企业环境责任履行水平（Cai et al.，2016；Li et al.，2017）。随着社会各界对企业环境责任关注度不断提高，相关机构开始对企业环境责任履行水平进行测度，并形成了一批具有较大影响力的数据库，如沃顿研究数据中心（Wharton Research Data Services）开发的 KLD 数据库、《新闻周刊》（*Newsweek*）发布的企业绿色排行榜。部分研究借助上述数据库提供的相关指标衡量企业环境责任履行水平（García - Sánchez et al.，2019；Tsendsuren et al.，2021）。然而，现有数据库主要针对美国企业，中国企业环境责任的研究起步较晚，企业环境责任的数据获取难度较大，因此学者们开始探索中国企业环境责任履行的测度体系构建。李正辉等（Li et al.，2020）、刘跃等（Liu et al.，2021）从法律意识（legal consciousness）、社会评价（social evaluation）、绿色管理

(green management) 等五个维度衡量企业环境责任履行水平，采用二元计分对各指标进行赋值，若企业履行环境责任，则取值为 1，否则取值为 0。韩少珍等 (Han et al.，2021) 指出二元计分是一个直观的评价方法，它只需研究者根据企业相关数据做出是或否的判断，极大地降低评估结果的主观偏差。

现有研究对企业环境责任履行水平测度进行了诸多有益的探索，这为本研究提供了深刻的洞见，具有重要的借鉴意义。但是综合来看，仍存在如下几个方面有待进一步深入拓展：第一，企业环境责任的研究在如火如荼地开展，但是对企业环境责任的履行评价并未形成统一的认识，国内研究大多将企业环境责任当作企业社会责任的一个组成部分，缺乏独立的测度体系；第二，少量关于企业环境责任履行的测度体系的文献，没有对指标体系的信度和效度进行检验，降低了指标体系的科学性，阻碍指标体系的应用和推广；第三，为确保指标公开、透明，同时也限于数据的获取难度大，学者们主要以数据的可获取性为原则进行指标选取，缺乏相应的理论分析，使测度结果大相径庭。

有鉴于此，本章基于企业环境责任的内涵及构建企业环境责任履行测度指标体系，以 2006 ~ 2019 年中国重污染上市企业为研究对象，就指标体系的信度和效度进行检验，同时对中国重污染行业上市企业环境责任水平进行测度，重点分析企业环境责任水平的时空演化特征和差异来源，了解中国重污染上市企业的环境责任履行情况，为后文研究企业环境责任的驱动因素提供事实依据和数据支持。

本章的研究贡献体现在如下三个方面：第一，结合现有公开资料与企业环境责任内涵，构建企业环境责任履行的测度指标体系，为准确、客观度量中国企业环境责任履行水平提供方法和工具，弥补了现有文献基于发达国家数据库选取相应指标，但无法获取中国企业数据的不足 (Du et al.，2014；Wong et al.，2018)，首次系统评估中国重污染行业上市企业环境责任履行水平，进一步完善和补充了现有关于上市企业环境责任的研究。第二，采用信效度检验方法验证指标体系的准确性和客观性。已有研究大多从指标数据的可获取性和既有经验选取指标 (Li et al.，2020；Han et al.，2021)，鲜有研究对指标选取的合理性进行相应检验，这大大降低了指标体系的科学性，因此以 2006 ~ 2019 年中国重污染上市行业企业数据为样本，对指标进行信效度检验。第三，为企业清晰定位自身环境表现，为有的放矢地开展环境保护行动提供决策依据。目前，中国企业环保投入严重不足，环境失责行为屡禁不止，主要原因之一在于企业对自身环境责任表现认知不深，缺乏客观公正的评价机制进行公开评比，无法激发企业履责的积极性。通过构建评价指标体系，系统评估了 2006 ~ 2019 年中国重污染上市行业企业环境责任履行水平，就其时间演化趋势和空间特征展开分析。

第二节　测度体系构建与数据来源

一、测度逻辑与指标选取

基于企业环境责任的内涵，我们将企业环境责任分为企业环境法律责任和企业环境道德责任两类，据此依类选择对应指标。指标选取原则上遵循客观性、必要性、可比性、普遍性、可操作性，确保指标体系能够真实反映环境责任表现。

企业环境法律责任相关指标的选取依据是国家有关法律、法规及相应文件对企业环境行为的规定，因此企业环境法律责任指标是重要的基础指标。综合数据可得性和指标代表性，分别选取法律意识、环境管理和环境影响三个方面反映企业环境法律责任。具体来讲，第一，法律意识反映一个企业对环境法律、法规及相关文件的遵守程度，也表明该企业依法进行环境保护的决心。随着全社会对生态环境保护的重视，进行依法建设是企业响应时代要求和保障自身可持续发展的应有之义。"是否发生环境违法事件""是否执行'三同时'制度"以及"是否对国家及地区相关文件规定的环境信息进行公开"，能够直接反映一个企业对法律、法规的遵守情况。考虑到目前企业环境信息主要通过企业自主披露，为确保信息真实可信，需考察"企业参照 GRI《可持续发展报告指南》的情况""环境信息审验情况""环境责任报告可靠性情况"，这间接体现一个企业的法律意识情况。因此，选取上述六个方面的指标表示企业法律意识。第二，环境管理是企业在生产过程为保护环境作出的相应举措，反映一个企业的环境行为是否符合规定。"是否建立突发环境污染事件应急预案""是否进行排污申报、排污许可证领取及排污费缴纳""是否按规定实施强制性清洁生产"，这些都是企业应按规定实施的环保举措，体现企业对法律法规的执行情况。故选取以上三个方面的指标表示企业环境管理情况。第三，环境影响是对企业守法行为的结果评价，直接反映企业履行环境法律责任的情况。"是否获得外部的环境绩效奖励或被纳入可持续发展指数"，这个指标反映企业因环保行为获得的外部评价。"是否由于环境问题引发环境信访事件""是否发生重大环境污染事件"，体现企业违反法律法规带来的环境后果。因此选取以上三个方面的指标衡量企业环境影响情况。

企业环境道德责任涵盖范围较广，不仅包括相关法律法规规定的部分倡导性责任，还包括企业主动承担的部分责任。第一，环境建设是企业为保护环境采取的相应措施或制定的相关制度。“是否建立环境责任领导机构或有明确的环境责任主管部门”“公司主页是否设置环境责任专栏”，能够反映企业管理层对环境保护的重视程度。制度是企业环保行为的行动指南，“制定相关环境管理制度”“实施 ISO 14001 环境标准”，能够为企业开展环保行动提供制度保障。“对员工进行相关环保教育与培训”有利于在企业内部形成浓厚的环保意识。有鉴于此，选取上述五个方面的指标表示企业环境建设情况。第二，企业战略是决定企业发展方向的重要依据，环境战略表示企业对环境保护的理念、愿景及未来目标等的说明。为此，选取“企业对环境责任的理念、愿景或价值观的说明情况”“对企业环保理念、环境方针、环境管理组织结构的说明情况”“对企业过去环保目标完成情况及未来环保目标的说明情况”，衡量企业环境战略情况。第三，绿色经营是企业为保护环境采取的措施，反映企业为履行环境责任作出的具体行动。选取“是否开发或运用对环境有益的创新产品、设备或技术”“是否采取减少废气、废水、废渣及温室气体的政策、措施或技术”“是否使用可再生能源或采用循环经济的政策、措施，采用节约能源的政策、措施或技术”“是否采取绿色办公政策或措施”，五个方面的指标衡量企业绿色经营情况。第四，环保绩效是企业主动向外界披露环境治理的详细程度，反映企业履行环境责任的意愿大小。选用“废气、废水、粉尘（烟尘）治理情况”“固废利用与处置情况”“噪声（光污染、辐射）等治理情况”“清洁生产实施情况”六个方面的指标衡量企业环保绩效情况。具体指标及相关说明如表 4－1 所示。

表 4－1　　企业环境责任履行的测度体系

一级指标	二级指标	符号	指标说明
法律意识	1. 是否发生环境违法事件	K11	反映企业自觉遵守环境法律的情况；是得分为 0，否得分为 1
	2. 是否执行“三同时”制度	K12	反映企业对环境管理制度的执行情况；是得分为 1，否得分为 0
	3. 是否对国家及地区相关文件规定的环境信息进行公开	K13	反映企业对环境法规的遵循情况；是得分为 1，否得分为 0
	4. 是否参照 GRI《可持续发展报告指南》	K14	反映环境信息披露的规范性与全面性；是得分为 1，否得分为 0
	5. 环境信息是否经过第三方机构审验	K15	反映企业环境信息披露的真实性；是得分为 1，否得分为 0

续表

一级指标	二级指标	符号	指标说明
法律意识	6. 环境责任报告是否具有可靠性保证	K16	反映企业环境信息披露的可靠性；是得分为1，否得分为0
环境管理	1. 是否建立突发环境污染事件应急预案	K21	反映企业对环境事件处理的能力；是得分为1，否得分为0
	2. 是否进行排污申报、排污许可证领取及排污费缴纳	K22	反映企业排污处理的合法性；是得分为1，否得分为0
	3. 是否按规定实施强制性清洁生产	K23	反映企业生产经营的合规性；是得分为1，否得分为0
环境影响	1. 是否获得环境表彰或者其他正面评价	K31	反映企业因遵法守规获得的外部评价；是得分为1，否得分为0
	2. 是否由于环境问题引发环境信访事件	K32	反映企业环境问题引起的公众负面影响；是得分为0，否得分为1
	3. 是否发生突发重大环境污染事件	K33	描述企业发生的重大污染事件；是得分为0，否得分为1
环境建设	1. 是否建立环境责任领导机构或有明确的环境责任主管部门	K41	反映企业管理层对环境保护的重视程度；是得分为1，否得分为0
	2. 公司主页是否设置环境责任专栏	K42	反映企业对环境责任的建设情况；是得分为1，否得分为0
	3. 是否制定相关环境管理制度	K43	反映企业对环境管理的严格程度；是得分为1，否得分为0
	4. 是否实施 ISO 14001 环境管理标准	K44	反映企业环境管理的规范性；是得分为1，否得分为0
	5. 是否对员工进行相关环保教育与培训	K45	反映企业对环境保护的人力投入；是得分为1，否得分为0
环境战略	1. 是否对环境责任理念、价值观等进行说明	K51	反映企业对环境责任的认识程度；是得分为1，否得分为0
	2. 是否对企业环境方针、环境管理组织结构等进行说明	K52	反映企业对环境保护的顶层设计；是得分为1，否得分为0
	3. 是否对企业过去环保目标完成情况及未来环保目标进行说明	K53	反映企业环保目标制的可行性；是得分为1，否得分为0

续表

一级指标	二级指标	符号	指标说明
绿色经营	1. 是否开发或运用对环境有益的创新产品、设备或技术	K61	反映环境有益的产品；是得分为1，否得分为0
	2. 是否采取减少废气、废水、废渣及温室气体的政策、措施或技术	K62	反映企业减少“三废”的措施；是得分为1，否得分为0
	3. 是否使用可再生能源或采用循环经济的政策、措施	K63	反映企业实施循环经济的情况；是得分为1，否得分为0
	4. 是否采用节约能源的政策、措施或技术	K64	反映企业为节约能源作出的努力；是得分为1，否得分为0
	5. 是否采取绿色办公政策或措施	K65	反映企业绿色办公的举措；是得分为1，否得分为0
环保绩效	1. 废气减排治理情况	K71	反映企业废气治理信息的披露程度；无描述得分为0，定性描述得分为1，定量描述得分为2
	2. 废水减排治理情况	K72	反映企业废水治理信息的披露程度；无描述得分为0，定性描述得分为1，定量描述得分为2
	3. 粉尘、烟尘治理情况	K73	反映企业粉尘、烟尘治理信息的披露程度；无描述得分为0，定性反映得分为1，定量描述得分为2
	4. 固废利用与处置情况	K74	反映企业固废处置与利用信息的披露程度；无描述得分为0，定性反映得分为1，定量描述得分为2
	5. 噪声、光污染、辐射等治理情况	K75	反映企业噪声等治理信息的披露程度；无描述得分为0，定性描述得分为1，定量描述得分为2
	6. 清洁生产实施情况	K76	反映企业实施清洁生产信息的披露程度；无描述得分为0，定性描述得分为1，定量描述得分为2

二、数据来源

上述指标数据主要来自中国研究数据服务平台（CNRDS）和国泰安数据库（CSMAR）的企业社会责任数据库。选择 A 股重污染上市企业 2006～2019 年的数据作为样本[①]，原因在于重污染企业是环境污染的主要源头，也是供给侧性改革“三去一降一补”的对象，考察重污染企业的环境责任具有较强的现实意义。选择 2006 年作为研究期限的起点是出于如下方面的考虑：2006 年 1 月 1 日正式实施《中华人民共和国公司法》修订案，其总则中明确规定企业要承担社会责任，这代表着中国企业社会责任发展进入新纪元，环境责任作为社会责任的重要组成部分，自此受到各方关注，因此将 2006 年作为样本的起始年份。

第三节　信效度检验与描述统计

一、企业环境责任履行测度指标体系的信效度检验

本书采用常用的克朗巴哈（Cronbach’s alpha）系数进行信度检验。检验结果显示，法律意识维度六个指标的克朗巴哈系数为 0.7308，环境管理维度三个指标的克朗巴哈系数为 0.7985，环境影响维度三个指标的克朗巴哈系数为 0.7661，环境建设维度五个指标的克朗巴哈系数为 0.7780，环境战略维度三个指标的克朗巴哈系数为 0.7105，绿色经营维度五个指标的克朗巴哈系数为 0.8131，环保绩效维度六个指标的克朗巴哈系数为 0.8920。不难发现，企业环境责任七个维度的，克朗巴哈系数均大于 0.7，表明各维度的指标具有一致性。

采用探索性因子分析进行结构效度检验。首先进行 KMO 检验和 Bartlett 球形检验，验证数据是否适合因子分析。经检验，KMO 检验的统计量为 0.955，Bartlett 球形检验的卡方值为 318 315.325（P=0.000），表明数据适合进行因子分析。利用

① 重污染行业选取：根据原中华人民共和国环保部（现为中华人民共和国生态环境部）发布的《上市公司信息披露指南》中所规定的重污染行业，结合证监会 2012 年版行业分类标准，选用的重污染行业包括：采矿、纺织、造纸及纸制品、石油、化工、化学纤维、黑色金属冶炼加工、有色金融冶炼加工、橡胶塑胶、医药制造、皮毛制品。

主成分分析法，以特征值大于 1 为标准提取公共因子，通过方差最大化正交旋转，明确公共因子的实际意义。结合特征值大于 1 的标准和碎石图结果分析，最终提取 7 个公共因子，累计方差解释为 82.824%。根据旋转后的因子载荷矩阵（见表 4-2），不难发现，因子 1 的特征值为 11.648，方差解释率为 37.575%，在指标 K61、K62、K63、K64、K65 上的载荷值都很大，这些指标是反映企业绿色经营方面的重要内容，因此，因子 1 可以表示绿色经营。因子 2 的特征值为 5.255，方差解释率为 12.499%，在指标 K71、K72、K73、K74、K75、K76 上的载荷值较大，这些指标是企业环保绩效的主要体现，因此，因子 2 可以代表环保绩效。因子 3 的特征值为 3.662，方差解释率为 8.361%，在指标 K31、K32、K33 上的载荷值较大，这些指标是衡量环境影响的重要方面，因此，因子 3 可以表示环境影响。因子 4 的特征值为 3.551，方差解释率为 8.002%，在指标 K11、K12、K13、K14、K15、K16 上的载荷值较大，这些指标归属于企业环境责任的法律意识维度，因此，因子 4 可以表示法律意识。因子 5 的特征值为 1.969，方差解释率为 6.126%，在指标 K51、K52、K53 上载荷值较大，这与环境战略下指标内容不谋而合，因此，因子 5 可以表示环境战略。因子 6 的特征值为 1.856，方差解释率为 5.762%，在指标 K21、K22、K23 上载荷值较大，这些指标综合反映环境管理，因此，因子 6 可以表示环境管理。因子 7 的特征值为 1.075，方差解释率为 4.499%，在指标 K41、K42、K43、K44、K45 上载荷值较大，因此因子 7 可以表示环境建设。综上所述，探索性因子分析结果显示，31 个指标恰好被提取为 7 个公共因子，且每个公共因子的实际意义可分别通过企业环境责任指标的 7 个维度进行解释。据此，可以认为本书设计的企业环境责任履行水平测度指标体系是有效的。

表 4-2　企业环境责任履行测度指标的探索性因子分析结果

指标符号	因子 1	因子 2	因子 3	因子 4	因子 5	因子 6	因子 7
K11	0.088	0.284	0.170	0.921	0.012	0.112	0.032
K12	0.130	0.036	0.097	0.522	0.164	0.374	-0.035
K13	0.308	0.356	0.024	0.700	-0.003	0.086	0.022
K14	0.284	0.157	0.035	0.723	0.167	-0.009	-0.007
K15	0.061	0.043	0.013	0.858	0.135	0.021	-0.018
K16	0.141	0.040	0.013	0.853	0.110	-0.006	-0.017
K21	0.239	0.271	0.413	-0.032	0.231	0.375	-0.332
K22	0.338	0.224	0.177	0.017	0.056	0.403	0.110
K23	0.259	0.217	0.417	-0.014	0.287	0.697	-0.363

续表

指标符号	因子 1	因子 2	因子 3	因子 4	因子 5	因子 6	因子 7
K31	0.022	0.088	0.558	-0.068	0.176	0.034	-0.241
K32	0.089	0.299	0.921	0.018	0.017	0.111	0.029
K33	0.088	0.298	0.921	0.018	0.017	0.112	0.029
K41	0.262	0.158	0.033	0.011	0.162	0.088	0.723
K42	0.023	0.195	0.107	0.069	0.181	-0.019	0.667
K43	0.300	0.012	0.371	0.013	0.092	0.215	0.528
K44	0.133	0.052	0.265	0.010	-0.022	-0.059	0.731
K45	0.074	-0.010	0.233	-0.012	0.084	0.163	0.534
K51	0.079	0.235	0.176	0.003	0.825	0.113	0.137
K52	0.332	0.133	0.340	0.014	0.480	0.202	-0.053
K53	0.353	0.137	0.131	0.014	0.454	0.142	-0.168
K61	0.668	0.109	0.082	0.055	0.157	0.131	0.030
K62	0.840	0.283	0.133	0.045	0.067	0.049	-0.005
K63	0.681	0.201	0.056	0.117	0.133	-0.018	-0.004
K64	0.785	0.153	0.107	0.094	0.086	0.026	0.012
K65	0.883	0.088	0.112	-0.072	0.284	-0.006	0.308
K71	0.229	0.795	0.315	0.025	0.079	0.002	-0.022
K72	0.234	0.778	0.348	0.029	0.039	0.053	-0.013
K73	0.240	0.738	0.139	0.046	0.086	-0.071	-0.054
K74	0.223	0.741	0.262	0.045	0.120	0.059	-0.024
K75	0.118	0.708	0.096	0.027	0.027	0.079	0.144
K76	0.259	0.698	0.203	0.047	0.033	0.081	-0.030
特征值	11.648	5.255	3.662	3.551	1.969	1.856	1.075
方差（%）	37.575	12.499	8.361	8.002	6.126	5.762	4.499
累积（%）	37.575	50.074	58.435	66.437	72.563	78.325	82.824

二、企业环境责任履行测度指标的描述性统计分析

为进一步了解重污染上市企业环境责任相关指标的情况，采用描述性统计分析进行说明，具体结果如表 4-3 所示。不难发现，从法律意识维度来看，样本期间内，企业环境违法事件呈“高频”态势，有近一半的样本发生过环境违法事

件。一方面是由重污染行业的行业特征所致，重污染企业在生产中会产生大量的环境污染物，处理不当便会造成环境违法现象。另一方面，国家对生态环境保护日益重视，环境立法不断完善，环境执法持续强化，逐步实现“有法可依、执法必严、违法必究”的生态环境保护制度。重污染行业对“三同时”制度的执行不彻底，有大约90%的样本企业没有执行“三同时”制度。同时，对环境信息公开有待进一步加强，一半以上的样本企业没有按规定进行环境信息公开。此外，企业编制的环境责任报告及公开的环境信息的规范性和可靠性有待进一步提高。从环境管理维度看，建立突发环境污染事件应急预案的样本企业数量占比15.46%，仅有20.19%的样本企业主动进行排污申报或申领排污许可证，按规定实施强制性清洁生产的样本企业数量占比21.48%。以上统计结果表明，中国重污染企业的环境管理工作实施不到位，企业主动进行环境管理的责任意识有待加强。从环境影响维度看，仅有少量重污染企业曾获得环境表彰或其他环境正面评价，占总样本的4.69%。同时，大量重污染企业由于环境问题引发环境信访事件，并发生过重大环境污染事件，这两类企业分别占总样本的52.66%、52.55%。这意味着，目前重污染企业对生态环境仍存在较大的负面影响，应鼓励企业切实履行环境法律责任。

表4-3　　企业环境责任履行测度指标的统计特征

符号	指标内容	均值	标准差	最小值	最大值
K11	是否发生环境违法事件	0.4699	0.4991	0	1
K12	是否执行“三同时”制度	0.0856	0.2798	0	1
K13	是否对国家及地区相关文件规定的环境信息公开	0.4181	0.4933	0	1
K14	环境责任报告是否参照GRI《可持续发展报告指南》	0.0273	0.1630	0	1
K15	环境信息是否经过第三方机构审验	0.0033	0.0574	0	1
K16	环境责任报告是否具有可靠性保证	0.0042	0.0650	0	1
K21	是否建立突发环境污染事件应急预案	0.1546	0.3615	0	1
K22	是否进行排污申报或申领排污许可证等	0.2019	0.4015	0	1
K23	是否按规定实施强制性清洁生产	0.2148	0.4107	0	1
K31	是否获得环境表彰或者其他环境正面评价	0.0469	0.2114	0	1
K32	是否由于环境问题引发环境信访事件	0.4744	0.4994	0	1
K33	是否发生突发重大环境污染事件	0.4745	0.4994	0	1

续表

符号	指标内容	均值	标准差	最小值	最大值
K41	是否建立环境责任领导机构或有明确的环境责任主管部门	0.0244	0.1543	0	1
K42	公司主页是否设置环境责任专栏	0.0739	0.2617	0	1
K43	是否制定相关环境管理制度	0.2022	0.4016	0	1
K44	是否实施 ISO 14001 环境管理标准	0.1259	0.3317	0	1
K45	是否对员工进行相关环保教育与培训	0.1512	0.3583	0	1
K51	是否对环境责任理念、价值观等进行说明	0.1308	0.3372	0	1
K52	是否对企业环境方针、环境管理组织结构等进行说明	0.1752	0.3801	0	1
K53	是否对企业过去环保目标完成情况及未来环保目标进行说明	0.0866	0.2813	0	1
K61	是否开发或运用对环境有益的创新产品、设备或技术	0.0675	0.2509	0	1
K62	是否采取减少废气、废水、废渣及温室气体的政策、措施或技术	0.1248	0.3305	0	1
K63	是否使用可再生能源或采用循环经济的政策、措施	0.0668	0.2497	0	1
K64	是否采用节约能源的政策、措施或技术	0.0893	0.2852	0	1
K65	是否采取绿色办公政策或措施	0.0305	0.1720	0	1
K71	废气减排治理情况	0.3209	0.6158	0	2
K72	废水减排治理情况	0.3475	0.6348	0	2
K73	粉尘、烟尘治理情况	0.1802	0.4892	0	2
K74	固废利用与处置情况	0.2572	0.5511	0	2
K75	噪声、光污染、辐射等治理情况	0.1184	0.3580	0	2
K76	清洁生产实施情况	0.1631	0.4108	0	2

考察企业环境道德责任的四个方面：环境建设、环境战略、绿色经营以及环保绩效。就环境建设而言，大部分企业没有建立环境责任领导机构或明确的环境责任主管部门，公司主页也少有设置环境责任专栏，这表明重污染企业的管理层对生态环境保护的重视程度不够，没有将环保行为落实到日常工作。仅有

20.22%的样本企业制定相关环境管理制度，实施ISO 140001环境管理标准和对员工进行环保教育、培训的企业分别占总样本的12.59%、15.12%。从环境战略维度来看，对环境责任理念等进行说明、对企业环境方针等进行说明以及对企业过去环保目标完成情况及未来环保目标进行说明的样本企业分别占总样本企业的13.08%、17.52%和8.66%。可以发现，目前大部分重污染企业不管是对环境责任、环境方针还是环保目标都缺乏清晰、明确的说明，这极大地阻碍了企业环境责任的履行。针对绿色经营维度来说，开发对环境有益的产品（设备或技术）、使用可再生能源或采用循环经济的政策（措施）、采用节约能源的政策（措施）、采取绿色办公的政策或措施等绿色经营手段的重污染企业不多，分别占总样本的6.75%、6.68%、8.93%和3.05%。稍有好转的是，部分企业为减少废气、废水、废渣及温室气体排放采取了相应措施，这类企业约占总样本的12.48%。从企业环保绩效来看，企业污染治理情况的得分均值小于1，表明绝大部分企业对污染治理情况的信息披露还远远不够，这也从侧面反映企业环境治理情况不容乐观。一般而言，为赢得声誉，若具有良好的环境表现，企业往往主动进行信息披露，且披露质量与其环境表现呈显著正相关（朱炜等，2019）。另外，企业对清洁生产情况的披露也需进一步加强，平均得分仅为0.1631，说明企业清洁生产的实施不甚理想。

第四节　企业环境责任履行水平测度与事实描述

一、企业环境责任履行水平的时间演化分析

利用箱型图观察历年企业环境责任履行水平的相关统计特征，具体情况如图4-1所示。可以看出，企业环境责任履行水平随时间推移呈现出“鸿沟”和“增长”的二维特征。首先，在样本期间的初始阶段，企业的环境责任意识薄弱，全社会营造的生态环保氛围不浓厚，企业的环境失责甚至是环境违法的成本过低，绝大部分企业一味追求经济利益而忽视环境保护，此时企业环境责任履行水平表现出整体“贫瘠”的阶段性特征。此后，随着国家对生态环境重视程度的提高和社会公众环保意识的增强，为契合时代发展需要，实现自身长远可持续发展目标，部分企业逐渐自觉履行环境责任，其环境责任得分屡创新高。但是，与此同时，仍有一部分企业并未就此觉醒，其环境责任履行明显不

足。因此，企业环境责任履行水平的内部差异不断拉大，具体表现在企业环境责任得分箱型图的箱子高度随时间推移呈现增大的趋势，这体现出企业环境责任履行水平的“鸿沟”特征。其次，从整体来看，得益于全社会生态环境保护氛围日渐浓厚和部分企业环境责任意识的觉醒，企业环境责任履行水平呈上升趋势，在图 4－1 中表现为箱型图的中位数线条随时间发展在不断上升，说明企业环境责任履行水平的数据整体在不断增大，因此，可以认为企业环境责任履行水平具有“增长”特征。

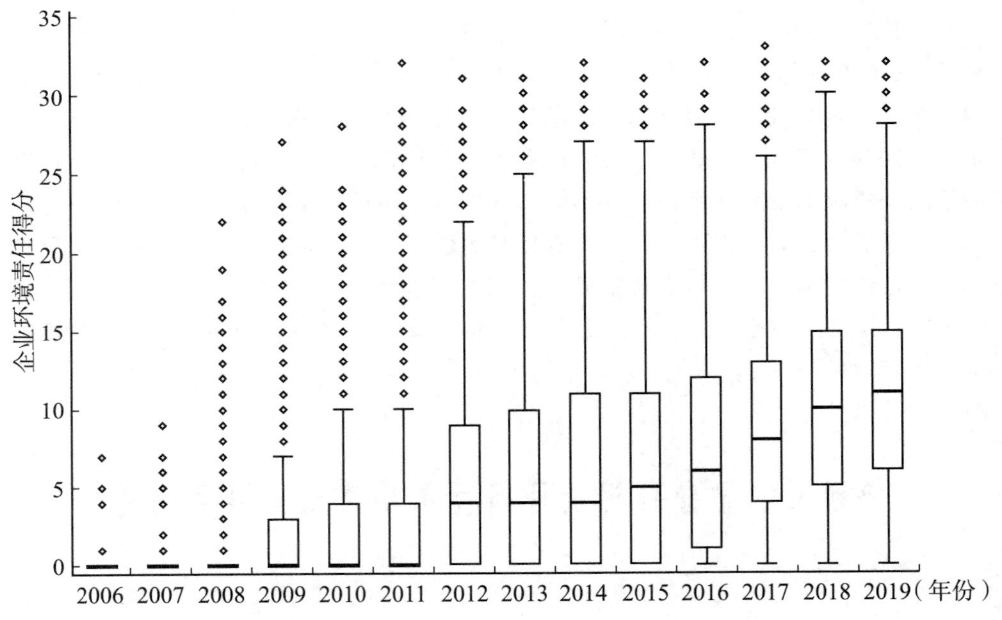

图 4－1　企业环境责任履行水平的箱型图

为深入了解企业环境责任履行水平的时间演变趋势，绘制了企业环境得分的散点图及其历年均值的走势图，如图 4－2 所示。

不难发现，企业环境责任履行水平的增长趋势可分为两个阶段：第一阶段为缓慢增长阶段，时间范围是 2006～2011 年；第二阶段为快速增长阶段，时间范围是 2012～2019 年。以 2012 年为转折点的可能原因是，为满足公众的环境知情权，督促上市企业积极履行环境保护的社会责任，2010 年中华人民共和国生态环境保护部（原中华人民共和国环境保护部）出台《上市公司环境信息披露指南》，首次规定从 2011 年起，重污染行业上市企业应当定期披露环境信息，由于政策实施效果的滞后性，上市企业的相应举措会有所延迟，这可从主动披露环境责任相关信息的上市企业数量的变化看出，如图 4－3 所示，数据来源于巨潮资讯网。此外，从企业环境责任得分的绝对数值来看，整体水平依旧偏低，2019年的企业环境责任得分均值仅为11.40，未达“及格线”。

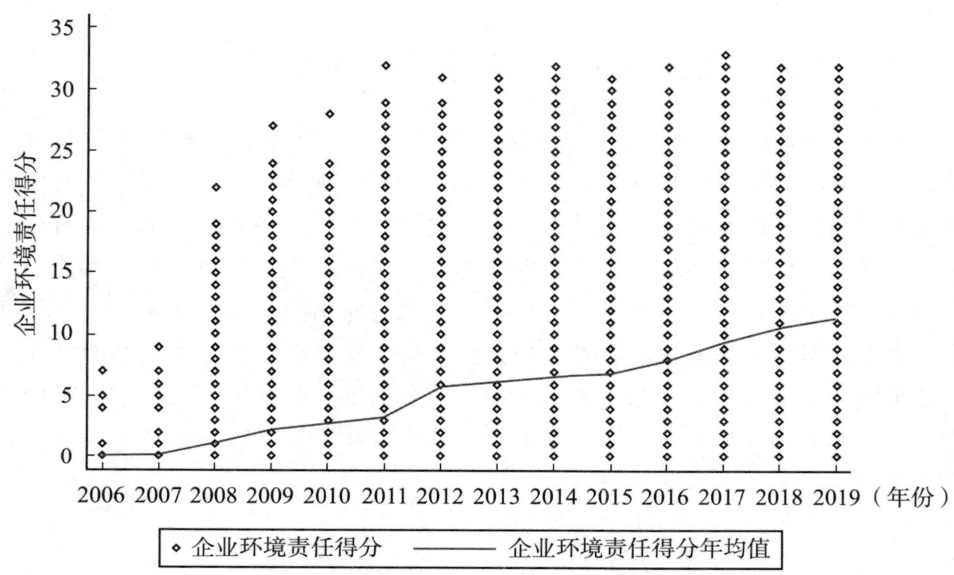

图4-2　企业环境责任履行水平的时间趋势图

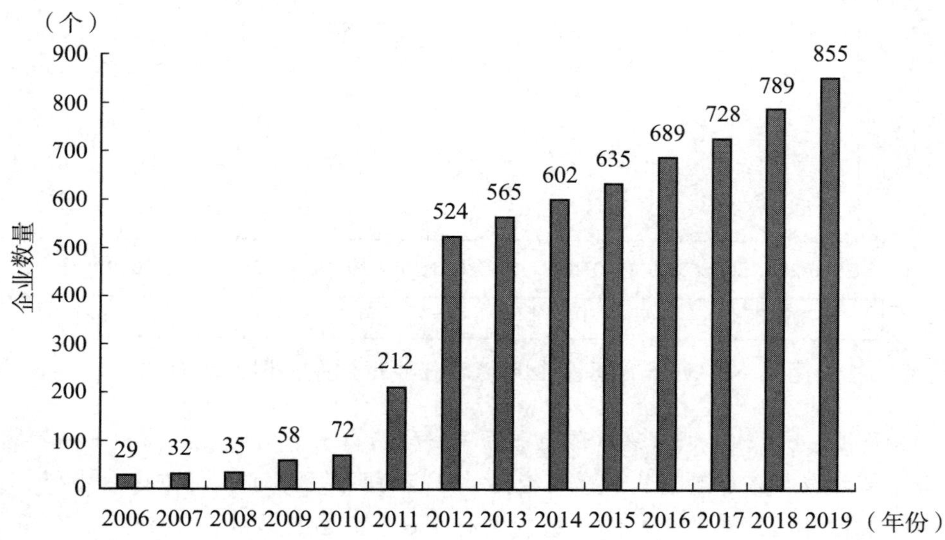

图4-3　主动披露环境责任信息的重污染行业上市企业数量时间趋势图

由图4-3可知，主动披露环境责任信息的重污染行业上市企业数量在2012年出现大幅增长。2010年为72家，2011年增长到212家，2012年猛增到 524 家，并从此维持较高水平，这说明大部分企业在 2012 年才有意识地重视环境责任。

二、企业环境责任履行水平的空间分布分析

中国幅员辽阔，各地区经济发展差异较大。改革开放以来实施的行政分权，使得经济发展权转移到地方。中央的决策意图依赖地方政府的贯彻落实，但在之前很长一段时间内，促进经济增长成为地方政府的主要任务，部分地区甚至一度出现以牺牲环境为代价来发展经济。因此，虽然中央一再强调生态环境保护的重要性，但是地方出于自身利益考虑会作出不一致的举措。为观察企业环境责任履行水平的地区差异，根据企业所在地对企业环境责任履行水平进行分组统计，地区划分依照国家统计局的划分标准，将中国内地 31 个省（市、自治区）划分为东部、中部、西部和东北部四大地区，图 4 - 4 展示了相应的统计结果。

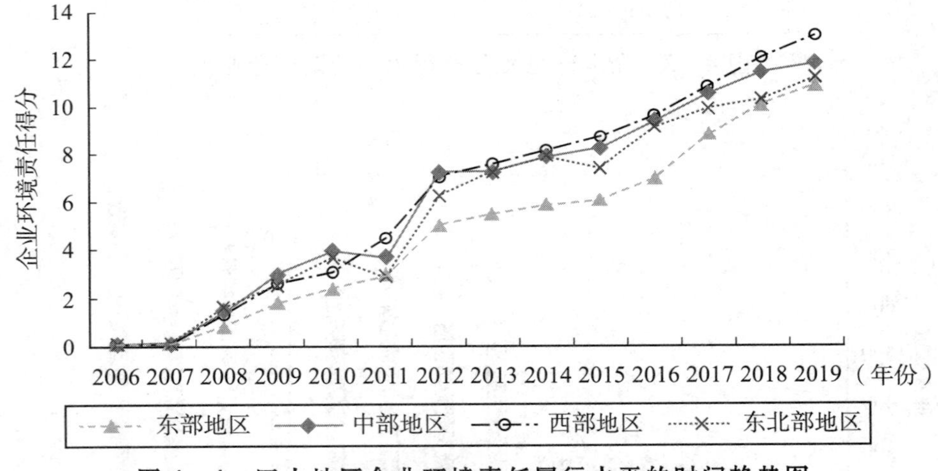

图 4 - 4　四大地区企业环境责任履行水平的时间趋势图

由图 4 - 4 可知，四大地区的企业环境责任履行水平呈现“西部和中部领跑、东北部紧跟以及东部追赶”的空间特征。可能的原因是，研究样本中，中部、西部和东北部地区的样本企业大多数为国有企业，其占比均超过 50%；而在东部地区的样本企业大多为民营企业，其占比超过 60%。与民营企业相比，国有企业的环境责任履行水平更高，如图 4 - 5 所示。

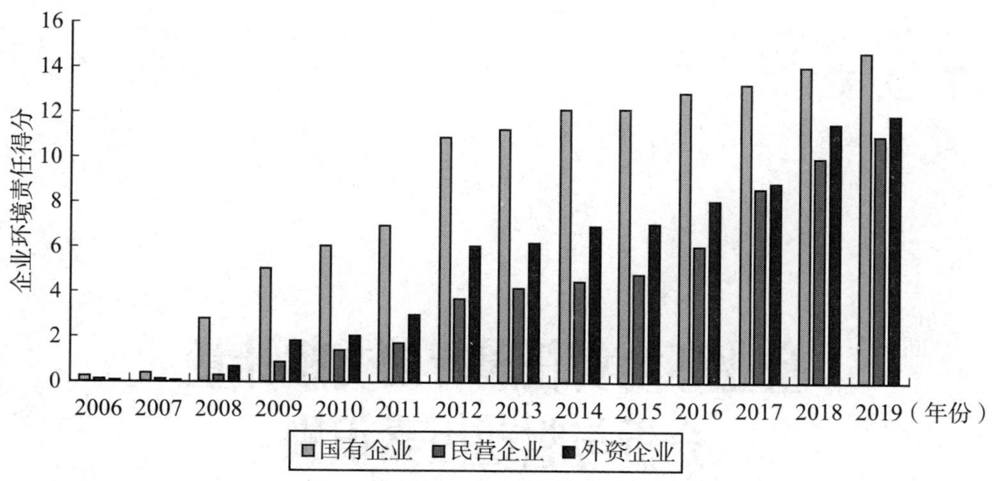

图 4－5　不同性质企业的环境责任履行水平柱形图

根据图 4－5 的结果可以发现，国有企业的环境责任履行水平远高于民营企业和外资企业，民营企业的环境责任履行水平处于末尾位置。这与已有研究结论相吻合。沈洪涛等（2018）认为，中国政府对经济资源具有较强的控制权，国有企业凭借自身独特的政治优势，与政府建立起“休戚与共”的紧密关系，能够获得更多的经济资源，从而可以更好地履行环境责任。此外，近年来，中国将生态环境保护提升到国家战略高度，以前所未有的决心和力度加强环境保护，为坚守正确的政治定位，国有企业因其具有政治组织的属性，会更加坚决地贯彻和落实中央的决策部署（朱炜等，2019），因此，在当前背景下，国有企业会表现出更高的环境责任履行水平。但是，值得注意的是，就单个企业而言，环境责任履行水平排名较高的企业大部分位于东部地区，主要是集中在北京市、上海市、浙江省和江苏省，以大型国有能源企业、有色金属冶炼企业为主。同时，环境责任履行水平较低的企业大多也处在东部地区，以化工企业、医药制造企业和橡胶塑胶企业为主。因此，不难发现，东部地区企业环境责任履行水平的内部差异较大。进一步研究显示，标准差由 2006 年的 0.3491 提高到 2019 年的 6.9521，意味着东部地区的内部差异随时间推移表现出逐步增大的趋势。该结论表明企业环境责任履行水平呈现出两极分化的现象，主要原因在于，目前企业履行环境责任主要依靠企业自觉行为而非强制规定，不同经营理念的企业在环境责任履行上自然会显示出较大差距。这也从侧面解释了虽然大部分环境责任水平高的企业位于东部，但整体而言，东部地区的环境责任履行水平均值仍处于较低。

第五章

企业环境责任履行的文献计量分析与驱动因素识别

第一节 问题提出

习近平总书记曾指出："企业既有经济责任、法律责任，也有社会责任、道德责任。任何企业存在于社会之中，都是社会的企业"。① 这表明中国的生态环境改善离不开企业的积极参与。然而，企业作为最大化经济利益的群体，履行环境责任往往意味着需要付出一定的经济代价，这使得在通常情况下，企业并不会积极履行环境责任。因此，考虑到政策导向及环境治理的紧迫性，如何驱动企业积极履行环境责任，日益受到学术界和实务界的关注。在影响企业环境责任履行的外部因素方面，卢欢（2021）利用 2011～2017 年沪深 A 股主板上市企业财务数据，发现环境规制因素能够显著提高企业环境责任的履行水平。刘传俊等（2020）则从市场的角度，发现市场环境能对企业环境责任的履行产生重要影响。在影响企业环境责任履行的内部因素方面。周敏奇等（2020）利用高层梯队理论与问卷调查数据，发现高管环保意愿对企业环境责任的履行有重要影响。徐细雄等（2018）则从高管性别的角度出发，发现女性高管能够促进企业环境责任履行。

① 中共中央党校（国家行政学院）：《习近平：在企业家座谈会上的讲话》，http：//theory. people. com. cn/GB/n1/2020/0806/c40531 －31812095. html。

从上述分析可以看出，企业环境责任的驱动因素复杂且繁多，目前学界对此研究多集中于某一个单个因素对企业环境责任的影响且未能反映各指标的相对重要性，这不利于构建企业环境责任的驱动体系。据此，以企业环境责任驱动为视角，通过中国知网数据库和 Web of Science 数据库搜索到 133 篇国内企业环境责任影响因素与 988 篇国外企业环境责任影响因素的文献，利用文献分析法对国内外企业环境责任影响因素研究论文的发文趋势、研究主题以及该领域的研究方法演变历程等内容进行描述性统计分析。同时，以 133 篇国内企业环境责任影响因素与 988 篇国外企业环境责任影响因素的文献为基础，人工整理和总结出 22 个与企业环境责任相关的影响因素，利用重污染上市企业 2006 ~ 2019 年的面板数据和贝叶斯模型平均方法找出企业环境责任影响因素中最重要和最稳健的因素。

与已有研究相比，本章的研究贡献体现在如下两个方面：第一，详细总结了国内外有关企业环境责任驱动因素的研究内容。利用中国知网和 Web of Science 网站，通过人工查阅和筛选的方式，选取国内外企业环境责任驱动因素的有关文献，对其发文趋势、研究主题和研究方法等内容进行详细的对比分析，总结其一般特征，从而对该领域的研究起到承上启下的作用。第二，识别企业环境责任驱动因素的相对重要性。本章选取现有文献中提及的企业环境责任主要影响因素，利用贝叶斯模型平均方法分析各种因素的相对重要性，为进一步探究企业环境责任的驱动因素指明方向。

第二节　研究方法

一、文献统计分析法

文献统计分析法旨在收集和整理前人所发表的论文，通过统计学等数据处理方法对其研究内容、发文趋势等方面进行探究，以此达到了解该领域研究发展有关情况的目的。该方法出现时间较短，但在研究中得到了广泛的应用（Homar and Cvelbar，2021；伍国勇等，2021）。本章拟通过文献统计分析法对企业环境责任影响因素的相关文献进行整理与分析，以此把握国内外企业环境责任影响因素的研究动态，从而为企业环境责任的驱动因素研究提供相关启示。涉及的中文文献来源于中国知网数据库，将检索的期刊条件确定为“CSSCI”“EI 来源期刊”“北大核心”以及“CSCD”。具体步骤如下：首先，在主题搜索中输入“企业环境责任”“环境责任”等关键词，截至2021年10月31日共检索到702篇不重复的优质论文。其次，对上述702篇优质论文进行人工筛选，找出企业微观视角下环境责任影响因素的相关论文，剔除不符合该主题的论文，共得到符合目标的文献133篇。英文文献来源于Web of Science网站，Web of Science作为著名的外文期刊检索网站，涵盖世界上绝大多数SCI以及SSCI期刊论文，具有权威性和代表性。本章将检索范围确定为SCI - Expended、SSCI、CPCI - S、CPCI - SSH、CCR - Expended、IC。首先，输入“Corporate's environmental responsibility”以及“Environmental responsibility”等英文关键词，共检索到1 993篇不重复的优质论文。其次，与中文文献的处理类似，对上述1 993篇论文进行人工筛选，找出企业微观视角下环境责任影响因素的相关论文，同时剔除不符合该主题的论文，共得到符合目标的文献988篇。

在文献分析部分将对符合本书研究目标的133篇中文文献以及988篇英文文献进行描述性统计分析，以此探究关于企业环境责任影响因素的研究历程、主题选择以及研究方法等。

二、贝叶斯模型平均法

贝叶斯模型平均法（BMA）旨在对模型不确定性进行建模，找到对于因变量具有影响的各自变量的相对重要性，其始于霍廷（Hoeting, 1999），目前在模型影响因素重要性的讨论中得到广泛的运用（Aller and Ductor, 2021；欧阳艳艳等，2020）。该方法是根据不确定性原理，对每个备选模型系数的后验概率进行加权平均，根据得到的后验概率分析出对因变量最重要的影响因素。模型形式如下：

$$Y_{ijt} = \beta_0 + \sum_{m=1}^{k} \beta_m X_{itm} + u_i + v_t + \eta_j + \varepsilon_{i,t} \tag{5.1}$$

其中，i代表企业个体，j代表企业所在的行业，t表示年份。Y表示企业的环境责任指标，X表示企业环境责任影响因素，β_m表示影响系数，u_i表示企业个体固定效应，v_t表示年份虚拟变量，η_j表示行业虚拟变量。当模型中有K个解释变量$\{X_1, X_2, X_3, \cdots, X_k\}$时，每个解释变量面临进入或者不进入模型两种选择，因此该方法将产生$M = 2^K$个可能的模型，依次对所有的模型进行回归估计。模型参数的后验概率为：

$$p(\beta \mid Y, X) = \sum_{n=1}^{M} p(\beta \mid M_n, Y, X) p(M_n \mid X, Y) \tag{5.2}$$

其中，$p(\beta \mid Y, X)$是参数的后验概率，是本书关注的重点，用于衡量某个解释变量对于因变量的重要程度，若其后验概率越接近于1，则该解释变量对于因变量的重要性也就越大。$p(\beta \mid M_n, Y, X)$ 表示第 n 个模型中系数的后验概率，根据模型 n 参数的先验分布得到，参数的先验分布设定一般由超参数 g 来衡量。g 代表对于参数 0 的确定程度，即对该解释变量不重要性的把握程度，当 g 的值越大则表示对于系数值为 0 的把握越小，在实际情况中一般设置为单位信息先验（UIP），表示解释变量出现的概率值 $p(M_n \mid X, Y)$ 来自后验概率，具体公式为：

$$p(M_n \mid X, Y) = \frac{p(Y \mid M_n, X)p(M_n)}{p(Y \mid X)} \tag{5.3}$$

其中，$p(M_n)$ 为模型的先验概率，一般而言，将其设定为均匀分布，即认为模型出现的概率是一样的。参数估计的后验均值为：

$$E(\beta \mid Y, X) = \sum_{n=1}^{M} E(\beta \mid M_n, Y, X)p(M_n \mid X, Y) \tag{5.4}$$

其中，β 为模型的参数，M 代表模型。根据阐述的后验均值与后验概率，可以计算出参数的后验方差：

$$\begin{aligned} Var(\beta \mid Y, X) = & \sum_{n=1}^{M} Var(\beta_n \mid M_n, Y, X)p(M_n \mid X, Y) + \\ & \sum_{n=1}^{M} E(\beta_n \mid M_n, Y, X)p(M_n \mid X, Y) - \\ & E(\beta \mid Y, X)^2 \end{aligned} \tag{5.5}$$

取后验方差的平方根得到实证回归中的后验标准差。可以看出，贝叶斯模型平均法的关键在于先验概率的设定，即模型出现的先验概率以及参数的先验分布。本章的实证回归将沿用常用做法，设定模型的先验概率服从均匀分布，并假定参数的先验分布服从单位信息先验分布（UIP）。为确保结果稳健，应在之后的稳健性检验中设定多个不同先验分布模型进行参数估计。

第三节　指标选择与变量来源

本节将分别对国内 133 篇有关企业环境责任影响因素的文献以及国外 988 篇有关企业环境责任影响因素的文献进行整理与分析。首先，对上述文献进行二次筛选，剔除无实际数据的理论类文章和问卷调查类实证文章，共得到 463 篇使用面板数据进行计量分析的实证类论文。其次，考虑到难以将所有影响因素全部加入分析框架，对在中英文文献中二次筛选后的 463 篇文献针对指标构建内容进行总结，将出现 1 次以上的变量作为候选变量，结合数据可获得性，最终确定 21 个影响因素。影响因素的名称和衡量方式如表 5 - 1 所示。

表 5-1　　企业环境责任履行的影响因素与衡量方式

序号	影响因素	衡量方式
1	环境规制	采用排污收费金额（*Charge*）、环保补助金额（*Subsidy*）衡量企业真实感受到的环境规制强度
2	媒体关注	采用企业当年受到媒体的环境事件报道次数表示（*Enews*）
3	高管从业经历	采用高管是否有环保工作经历表示（*Executive*）
4	高管薪酬	采用前三名高管薪酬总和的对数表示（*Stimulate*）
5	股权集中度	采用前五名股东的持股比例衡量（*Centre*）
6	独董比例	采用独立董事占董事会总人数的比例来衡量（*Indir*）
7	是否两职合一	采用虚拟变量 *Parttime* 表示，若总经理和董事长是同一人，则该值取 1，否则取值为 0
8	资产收益率	采用净利润与总资产的比值来衡量（*Roa*）
9	净资产收益率	采用净利润与净资产的比值来衡量（*Roe*）
10	资产负债率	采用负债与资产的比值来衡量（*Alr*）
11	成长能力	采用营业收入增长率来衡量（*Opicrt*）
12	机会成本	采用企业市值与总资产的比值来衡量（*TobinQ*）
13	现金流	采用企业期末现金及其等价物与总资产的比值来衡量（*Cash*）
14	利润率	采用企业利润总额与营业收入额的比值来衡量（*Profit*）
15	固定资产比率	采用固定资产与总资产的比值来衡量（*Far*）
16	资本密集度	采用固定资产总额与员工人数比值的对数来衡量（*Lev*）
17	资产的经营现金流量回报率	采用经营活动现金流量净额与资产总额的比值来衡量（*Cfo*）
18	企业规模	采用企业期末总资产的对数表示（*Size*）
19	企业年龄	采用企业的成立时间长度表示（*Age*）
20	研发投入	采用研发支出占营业收入的比值来衡量（*RD*）
21	融资约束	采用 SA 指数法测度企业融资约束程度，引入虚拟变量 *Fcons* 反映企业融资约束情况，若企业 SA 指数小于其总体中位数，则取值为 1，反之则取值为 0

第四节　文献计量分析

一、发文数量分析

首先对国内外企业环境责任影响因素的发文量按年度进行汇总，通过描述性统计分析来了解发文数量的相关情况，结果如图 5－1 所示。图 5－1 中虚线表示经过筛选整理后的国外 988 篇相关论文的年度发表情况，实线表示 133 篇国内相关论文的年度发表情况，由于期刊数据在时间上的可得性，以下可视化数据都截止到 2021 年 10 月 31 日。从图 5－1 中可以看出国内和国外关于企业环境责任影响因素的文献随着时间推移在不断增加，这反映出如何驱动企业积极履行环境责任的议题受到社会各界的重视。但是，从图 5－1 中也可以发现，国内与国外的发文数量增长趋势并不一致。就国外研究而言，在 2004 年之前，其年度发文量比较平缓，这表明企业环境责任影响因素的研究在此之前并未得到足够重视，而在 2004 年之后，研究企业环境责任影响因素的外文期刊发文数量呈现陡然上升趋势，尤其在 2007 年之后，呈现出明显的“J”形增加。反观国内，在 2009 年之前，企业环境责任影响因素的相关研究，发文数量几乎呈现一条水平直线，尽管 2009 年之后论文的发文数量开始明显提升，但其增长幅度依旧远低于国外。

从国内外期刊的发文数量来看，一方面，国内研究相比国外研究有些滞后，国外研究起步更早，研究更为细致和深入。另一方面，国外论文的发表数量也明显高于国内，尤其在近几年，发文量的差距在不断增大。这表明关于企业环境责任影响因素的研究，国内学者需要进一步深化和挖掘，以此应对日益重视的环境治理问题。

进一步对各个国家的发文数量进行分析。将 988 篇英文文献按照作者（包括合作作者以及通讯作者）的国别进行分类，筛选出发文数量最高的十个国家，对这十个国家的发文数量进行比较，如图 5－2 所示。可以发现，发文数量前十的国家分别为美国、英国、澳大利亚、中国、加拿大、德国、荷兰、法国、西班牙和意大利。其中，中国的发文数量在世界上所有国家排名第四，在排名前十位国家的总发文量中约占比 14%；发文数量最多的国家是美国，在排名前十位国家的总发文量中约占比 25%。可见，中国关于企业环境责任影响因素的研究在世界总体上位居前列，但与美国相比依旧存在较大差距。因此，在未来关于企业环境责任影响因素的研究中，不仅需要将研究推向中国本土化，还需要积极学习美国等的研究经验。

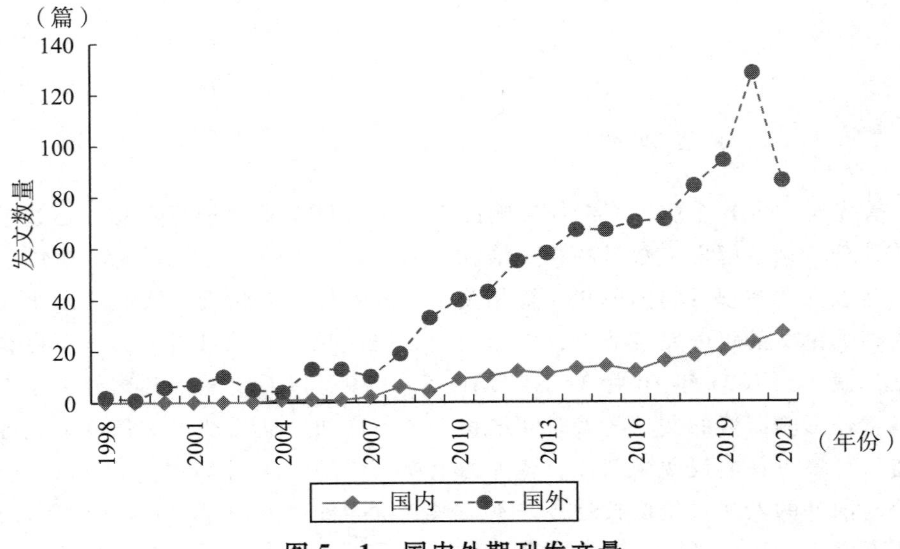

图 5－1　国内外期刊发文量

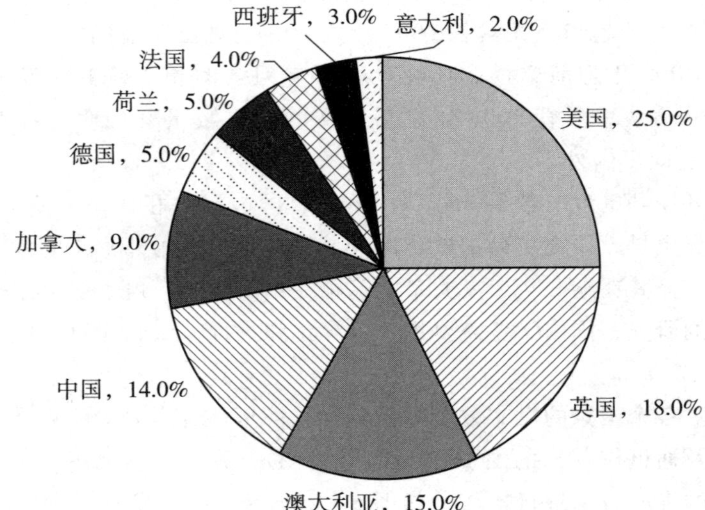

图 5－2　发文数量的国际比较

二、词云分析

接下来将对企业环境责任影响因素的相关论文进行关键词分析。文献中的高频关键词通常是该领域研究重点的集中表现，对关键词出现的频率进行分析能够了解该领域的一般性研究内容（梁睿昕等，2021）。因此，本章将对企业环境责任影响因素相关论文的关键词进行统计分析，以此掌握该领域的研究动态。为了有更加直观的视觉效果，将词汇出现的频率制作成词云图，如图 5－3 所示。

图 5－3 国外期刊关键词词云分析

首先，将 988 篇文献的关键词进行提取，将出现 3 次以上的词汇进行汇总并输出其描述性统计。从图 5－3 中可以看出“climate change”“China”和“executive”在图片所占的篇幅较大，出现的频率较高，这表明在国际研究中气候变化与企业环境责任的关系是研究热点，即企业作为主要的生产部门，如何在气候变化中积极承担环境责任，是国外研究的主题之一。同时，“executive”一词出现较为频繁，说明通过企业管理者促进企业环境责任履行已经引起国外学者重视。此外，“China”词汇出现的频率较高，说明中国企业环境责任影响因素的研究是一个重要的部分，许多学者将中国本土化的企业环境责任研究成果推向了世界。从图 5－3 中还可以发现，“Governance”“legitimacy”和“Stakeholder theory”等词汇出现的频率也较高，这表明政府的环境规制、法律以及利益相关者等因素对企业环境责任履行的影响是重要的研究方向。

然后，继续对中文期刊的关键词词频进行分析，将 133 篇国内文献的关键词进行提取，把出现 2 次及以上的词汇进行汇总并输出其描述性统计，结果如图 5－4 所示。从图 5－4 中可以看出，“环境规制”“利益相关者”词汇出现的频率较高，这表明政府环境规制与利益相关者是国内学者考察企业环境责任驱动因素的重要方面。此外，“媒体关注”“信息披露”等词汇出现的频率也较高，说明诸多学者已经利用外部力量督促企业履行环境责任。

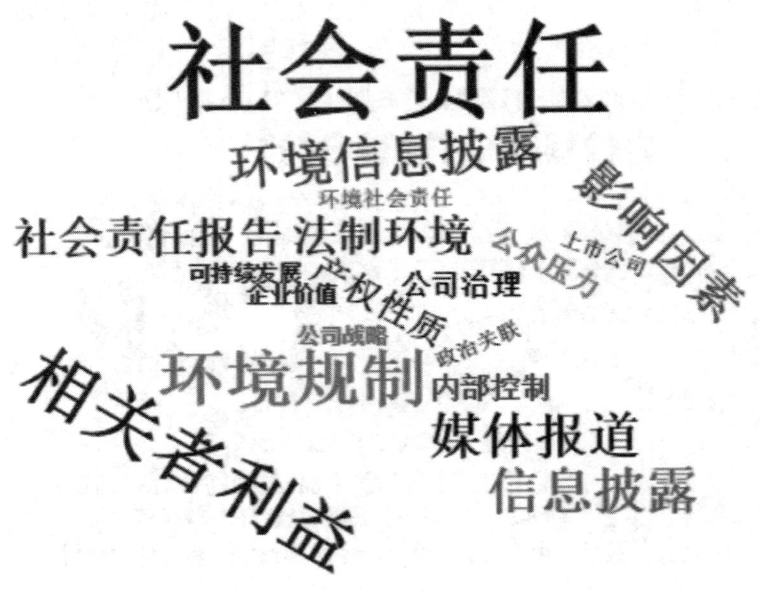

图 5－4　国内期刊关键词词云分析

通过分析国内外期刊相关文献的关键词，了解国内外研究的共同点及差异所在。不难发现，利益相关者在国内外研究中都属于热门话题，研究成果颇丰。然而，国内外研究偏好具有一定差异，国外除了利益相关者的研究外，也热衷于从企业内部的管理者特征入手，探究如何在管理者层面促进企业履行环境责任，而国内研究更倾向于从政府环境规制这一外部途径入手，探讨如何通过环境规制推动企业环境责任的履行。此外，国外对于如何在全球气候变化的背景下驱动积极履行企业环境责任也较为感兴趣，而国内对此话题重视程度不够。

三、研究类型与方法分析

为了更好地把握企业环境责任影响因素的研究情况，对国内 133 篇及国外

988篇相关文献的研究类型与研究方法进行总结，以此分析国内外对企业环境责任影响因素研究类型与方法的变动趋势。具体来说，将研究类型分为两类，一类是理论研究，即无任何实际数据，以理论分析为主。将其研究方法细化为两类：第一是企业环境责任影响因素的数理模型分析，将其划为数值模拟类；第二是对于企业环境责任影响因素进行纯文字阐述，将其划为理论阐述类。另一类是实证研究，即以问卷数据收集或数据库数据收集和计量回归为主。可将实证研究方法细化为两类：第一是通过问卷收集进行分析的问卷调查类，第二是以数据库收集进行分析的计量分析类。本章对国外988篇及国内133篇的目标论文进行人工分类，手动筛选分为两种研究类型以及四种研究方法。

（一）研究类型分析

研究类型的变化趋势图如图5-5所示，空白柱形图和网格柱形图分别为国外理论研究和实证研究的发文数量，实折线和虚折线分别为国内理论研究和实证研究的发文数量。单独从国内研究来看，在2011年之前，国内研究的类型主要以理论研究为主，实证研究较为缺乏，而在2011年之后，国内的实证研究开始快速增长，并逐步成为主流，尤其在2020年，企业环境责任影响因素研究的有关论文全部为实证性论文。单独从国外研究来看，2009年前，国外研究类型主要以理论研究为主，而2009年后，实证研究逐渐成为企业环境责任影响因素研究的主流。与此同时，国外的理论研究仍保持增长势头。

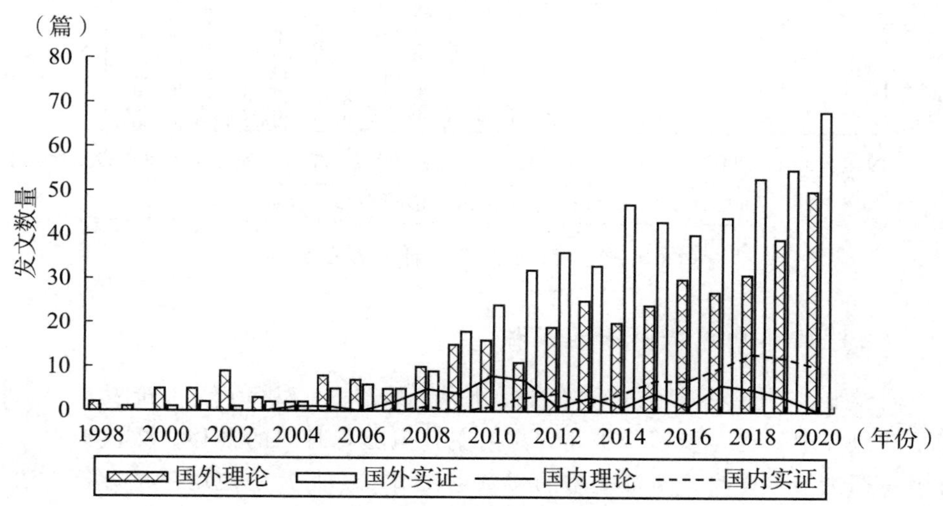

图5-5 研究类型变化趋势

综合已有研究类型来看，可以发现，一方面，国内外企业环境责任影响因素的研究都是逐步由理论过渡到实证，并逐渐以实证为主。同时，国内外企业环境责任影响因素研究类型的转换时间点都在2009～2011年。另一方面，在国外的研究中，尽管是以实证研究为主，但实证与理论的研究成果齐驱并进，而在国内，理论研究在近几年越来越少，甚至在2020年几乎销声匿迹。

（二）研究方法分析

进一步对研究方法进行人工核验与分类，将其划分为计量分析、问卷调查、理论阐述以及数值模拟四种方法。首先对国内期刊的研究方法进行分析，如图5－6所示。从图5－6可以发现，国内研究方法以理论阐述与数值模拟为主。但随着时间推移，使用问卷调查与计量分析方法的论文数量越来越多，尤其是使用计量分析方法的论文，一度成为企业环境责任影响因素研究的主流。

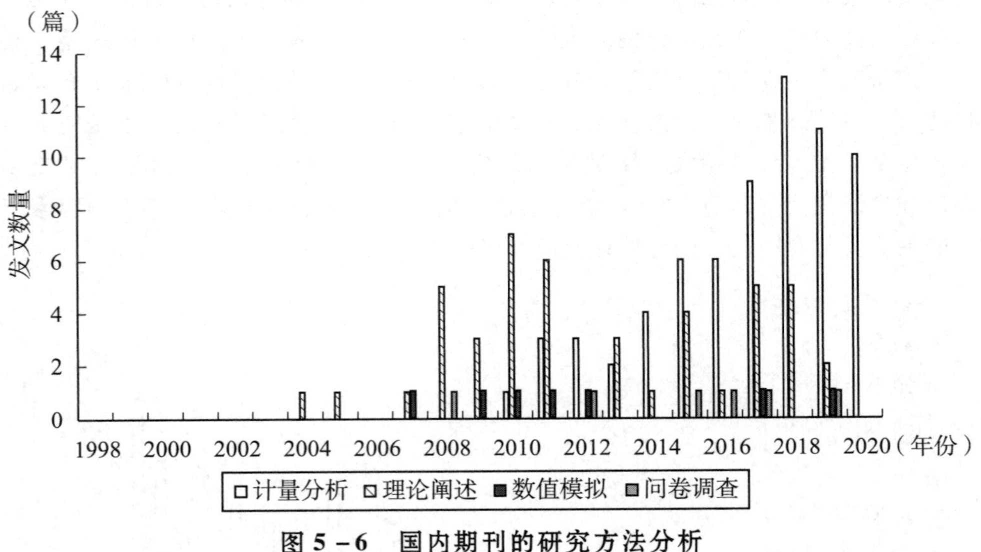

图5－6　国内期刊的研究方法分析

（三）国外期刊研究方法分析

同样地，对国外期刊的研究进行分析，如图5－7所示。不难发现，在国外早期研究中，也是以理论阐述方法为主，但随着时间的推移，数值模拟方法逐渐占据主导。同时，实证类型的文章也在增多，尤其是使用计量分析方法的文章。

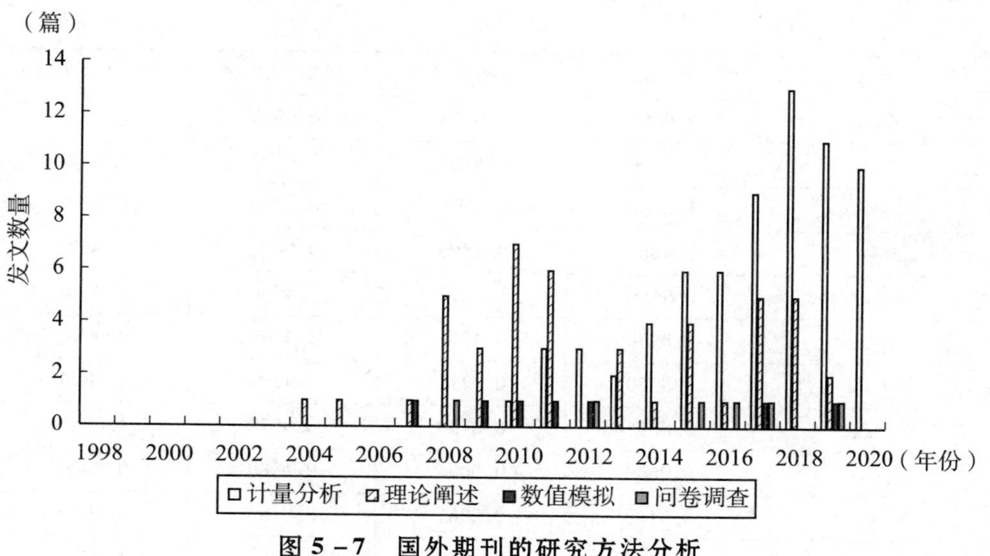

图 5-7　国外期刊的研究方法分析

第五节　因素识别

一、基准回归分析

表 5-2 展示了运用贝叶斯模型平均法的估计结果。模型通过去均值化以及加入行业和年份虚拟变量来控制个体效应、行业效应与时间效应。表 5-2 中第一列是指标名称；第二列是根据式（5.2）计算得到的后验概率值；第三列是基于式（5.4）计算得到的后验均值；第四列是根据式（5.5）计算得到的后验标准差；第五列是指标系数符号为正的概率。

表 5-2　企业环境责任总得分影响因素

指标	后验概率	后验均值	后验标准差	符号为正概率
Age	1.0000	1.1156	0.0225	1.0000
Roa	1.0000	0.5073	0.1307	1.0000
Roe	1.0000	0.2970	0.0362	1.0000
Charge	1.0000	0.1491	0.0127	1.0000

续表

指标	后验概率	后验均值	后验标准差	符号为正概率
Subsidy	1.0000	0.0393	0.0083	1.0000
Enews	1.0000	0.4163	0.0599	1.0000
Executive	1.0000	0.8598	0.1236	1.0000
TobinQ	0.9883	-0.2896	0.0466	0.0000
Lev	0.9660	1.4287	0.4560	1.0000
Fcons	0.8930	-0.4715	0.2144	0.0000
Indir	0.3360	-0.9216	1.4204	0.0000
Size	0.0693	0.0139	0.0579	1.0000
Far	0.0640	-0.0094	0.1380	0.0000
Stimulate	0.0490	-0.0061	0.0365	0.0000
RD	0.0360	0.1869	1.0986	1.0000
Profit	0.0273	0.0064	0.0743	1.0000
Centre	0.0090	0.0016	0.0560	1.0000
Alr	0.0057	-0.0002	0.0046	0.0000
Parttime	0.0040	-0.0000	0.0098	0.0000
Opicrt	0.0020	-0.0010	0.0493	0.0000
Cash	0.0020	0.0007	0.0270	1.0000
个体效应	Yes	Yes	Yes	Yes
行业效应	Yes	Yes	Yes	Yes
时间效应	Yes	Yes	Yes	Yes

由表5-2估计结果可知，资产收益（*Roa*）、净资产收益率（*Roe*）、排污收费（*Charge*）、环保补助（*Subsidy*）、媒体关注（*Enews*）、高管从业经历（*Executive*）以及企业年龄（*Age*）的后验概率均为1，后验均值均为正。这表明上述变量是影响企业环境责任的重要因素，对企业环境责任履行具有显著的正向影响。由于企业年龄是一个客观变量，无法进行人为干预。因此，将重点考察环境规制、媒体关注、高管从业经历与财务绩效对企业环境责任的影响。

二、稳健性检验

贝叶斯模型平均法（BMA）需要对不同模型的先验分布进行设定，以此验证结论的稳健性。这里对不同的模型先验分布进行设定，在基准回归中，先验分布是一致先验分布（Uniform），认为所有模型出现的概率是相同的。为了稳健起见，还选择固定先验分布（Fixed）和随机先验分布（Random）。固定先验分布假定模型的分布是二项分布，认为模型预计包含的系数个数是固定的，模型出现的概率也因此而变化。随机先验分布假定模型服从贝塔二项模型先验分布，该先验分布对模型结构的设定比较弱，因此能够有效降低模型变量个数设置失败的风险。我们得出三种先验分布设定的回归结果（见图5-8），以此探究其后验概率是否具有稳健性。图5-8为更换模型先验分布后企业环境责任影响因素的回归结果。其中，左边纵轴PIP表示系数的后验概率，固定先验分布的结果用三角形表示，一致先验分布用加号表示，随机先验分布用圆形表示。

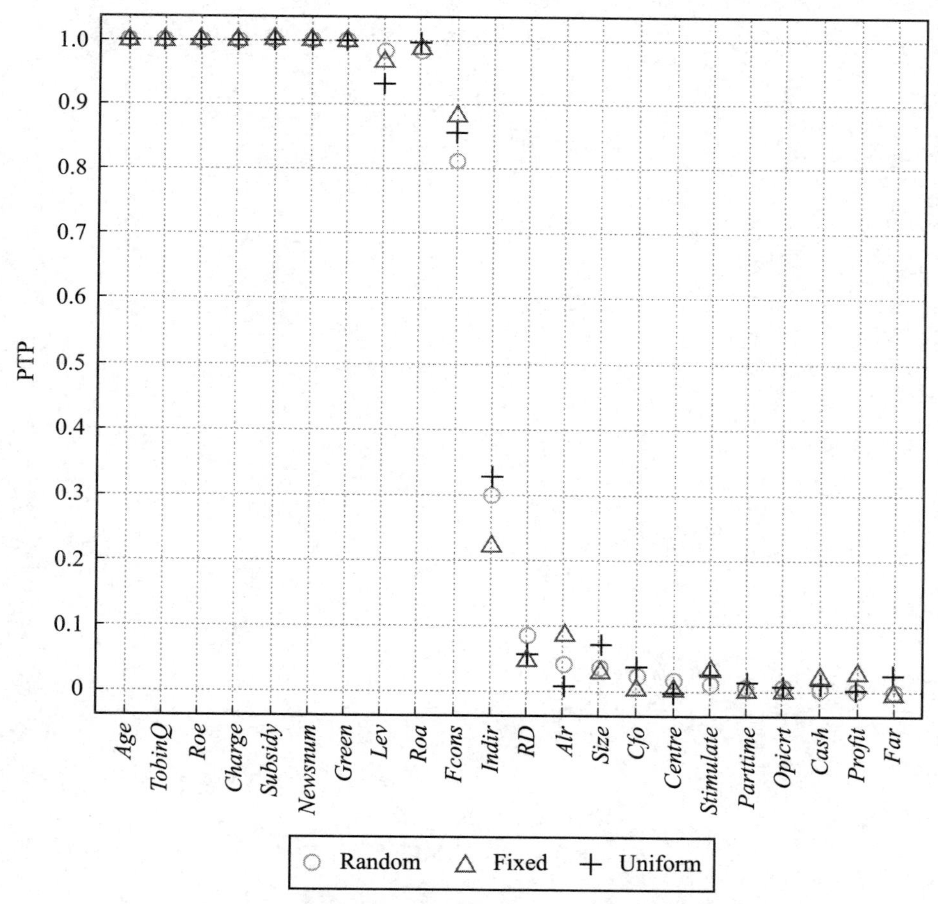

图5-8　更换模型先验概率—企业环境责任总得分

从图5-8可以发现，三种不同先验分布设定得到的后验概率接近，不存在较大出入，贝叶斯模型估计结果是有效的。根据贝叶斯模型的估计结果，企业环境责任履行最主要的影响因素可以概括为环境规制强度、媒体监督、管理层结构特征以及财务绩效四个方面。在了解企业环境责任履行受到的主要影响因素后，后续章节将从每个主要因素具体展开研究，以期进一步探究如何驱动企业积极履行环境责任。

第六章

环境规制对企业环境责任履行的影响研究

第一节　问题提出

坚定不移地走生态优先、绿色发展之路是中国实现经济转型的必然要求。2020 年，中国政府向全世界郑重承诺在 2030 年前实现碳达峰，努力争取在 2060 年前实现碳中和。“双碳”目标的提出彰显了中国积极应对气候变化、参与全球环境治理、走可持续发展道路的决心，同时也对国内节能减排工作提出了更高的要求。企业作为市场经济的主要参与者与推动者，带动着市场经济的快速发展，同时企业也是自然资源的索取者，承担着环境治理的主体角色。能否推动实现“碳中和、碳达峰”和生态文明建设，关键取决于企业对环境政策的回应策略。然而，现实中企业履行环境责任的现状不容乐观。在中央生态环保督查“回头看”的行动中发现，多地企业存在“表面整改”“敷衍整改”等虚假环保现象①。此外，主动披露环境责任相关信息的企业数目仍不尽如人意，截至 2019 年底，从巨潮资讯网整理统计，大约只有 1 006 家 A 股上市企业公开环境责任相关信息，仅占所有 A 股上市企业的 1/4。为此，深入探索企业环境责任的驱动因素是亟须解决的现实问题。环境规制作为政府参与环境治理的主要政策工具，对企业

① 资料来源：http：//politics. people. com. cn/n1/2018/0712/c1001 - 30143972. html。

环境行为具有重要影响（García-Marco et al.，2020）。但遗憾的是，现有关于环境规制的企业行为效应研究大多从地区层面的环境规制强度展开，鲜有文献精确匹配个体企业受到的环境规制，而企业行为直接取决于其成本收益大小。因此，基于企业层面衡量环境规制，进而深入探索企业如何应对环境规制，对于正确认识环境规制对企业环境行为的影响效应，以及实现企业可持续发展具有重要意义。

企业作为一个经济利益主体，环境责任履行有道德伦理的驱动，但追求利益最大化才是其根本目标。生态环境具有公共物品属性，在缺乏约束的情况下，私人部门缺乏动机改善生态环境。因此，将外部性问题内部化是激励企业参与环境治理的关键，如对排污行为进行收费和给治污行为提供补贴。排污收费和环保补助是中国现阶段环境规制体系的主要政策工具，能够直接影响企业的成本和收益，从而改变企业环境行为（Zhang et al.，2020）。值得注意的是，环境规制对企业环境表现的影响具有不确定性，李青原等（2021）认为，环境规制在实现节能减排、保护环境的同时，改变了经济资源分配的格局。支持环境规制有助于提高企业环境表现的观点认为，环境规制施加的外部压力能够“倒逼”企业进行绿色技术创新和产业结构升级，使企业走上可持续发展道路（Borsatto et al.，2019）。相反，支持环境规制无法提升企业环境表现的观点认为，环境规制的执行需要强有力的制度保障，然而在过去很长一段时间内，地方政府以经济利益为中心，常常运用行政手段干预环境规制的正常施行，导致企业没有受到应有的约束（Yang et al.，2018）。范子英和赵仁杰（2019）提出，环境司法不力严重影响了法治在环境污染治理中的作用，纵容了政府在环境污染治理上的“偷懒”行为。因此，考察环境司法对环境规制与企业环境责任履行关系的调节作用，对于充分发挥环境规制在企业环境责任履行中的积极作用具有重要启示意义。

本章立足中国生态文明建设和环境保护工作迈入新阶段的基本事实，结合现行环境规制体系的具体措施，从企业层面考察异质性环境规制对企业环境责任表现的影响效应，并进一步探究其作用机制与异质性，诠释环境规制如何促进企业环境责任履行，为构建“政府为主导、企业为主体”的环境治理体系提供了决策依据。本章的研究贡献体现在以下三个方面：第一，为厘清环境规制与企业环境责任履行的关系提供了中国的微观证据。现有关于环境规制对企业环境表现的研究仍存在一定争议，且大多从地区层面度量环境规制大小（张平等，2016），鲜有文献考虑环境规制作用于企业的异质性，缺乏从企业如何应对环境规制的角度进行考察。本章从企业财务报表中收集排污收费与环保补助数据，与企业环境责任表现数据进行精确匹配，系统研究异质性环境规制对企业环境责任履行的影响。本章研究发现环境规制对企业环境责任履行的影响具有不确定性，这种不确定性来自异质性环境规制对企业生产决策的差异化影响。第二，揭示了环境规制如何激发企业履行环境责任，拓展了环境成本内部化的理论外延。目前文献更多关注企业环境责任与企业环境表现以及企业价值的关系（Jo et al.，2015；Mukhtaruddin et al.，2019），对如何促进企业环境责任履行的探讨明显不足。环境规制是政府参与环保工作的主要政策工具，能够对企业形成一定的外部压力，然而现有研究关于环境规制对企业环境表现的影响莫衷一是。本章从环境规制工具的异质性视角，发现排污收费能够促进企业履行环境责任，而环保补助的促进作用不明显。第三，为现阶段政府如何发挥环境规制的作用，激发企业参与环境治理提供理论指导。本章建议政府应加强对企业环境污染行为的收费，充分发挥排污收费对企业环境责任的促进作用；同时，加快环境司法建设，弥补环境规制不足之处，形成环境司法与环境执法的良性互动，切实推进企业履行环境责任。

第二节　理论机理

排污收费和环保补助的政策依据是《排污费征收使用管理条例》《中华人民共和国环境保护税法》以及《关于加强环境保护补助资金管理的若干规定》。排污收费和环保补助旨在利用经济手段将环境外部性成本内部化，尽可能以最小经济成本督促企业自主治污。企业环境责任是指企业在经济生产活动中认真考虑自身行为对生态环境的影响，并且以负责任的态度将自身对环境的负外部性降至力所能及的水平，争取成为“资源节约型和环境友好型”企业。企业是市场经济的微观主体，也是环境污染的重要来源之一。企业切实履行环境责任能够实现环境保护与企业竞争力相协调的可持续发展。企业履行环境责任的程度，取决于管理者对环境履责成本和收益的判断。图6－1是本章的理论分析框架。

一、排污收费与企业环境责任履行

针对企业环境污染带来的负外部性，庇古（Pigou，1920）提出对企业的排污行为进行征税，使税收恰好等于排污行为的边际外部成本，以矫正企业的排污成本，使外部成本内部化，这种税被称为“庇古税”，这也是排污费的来源。新古典学派认为，环境规制增加了企业制度遵循成本，企业需为其生产过程中污染环境的行为缴纳排污费（Reynaert，2021；Wang，2021），因此加重了企业资金负担，挤占了企业用于提高环境责任履行水平的资源。而企业履行环境责任大多出于企业自觉行为，依赖企业长期大量资源投入，且对企业经营绩效提升、节能减排等积极影响需要较长时间才得以显现。在排污收费造成的短期业绩和现金流压力下，管理者缺乏主动履行环境责任的意愿和动力。综上所述，排污收费的"成本"效应会阻碍企业环保行为开展，不利于企业环境责任履行水平提高。

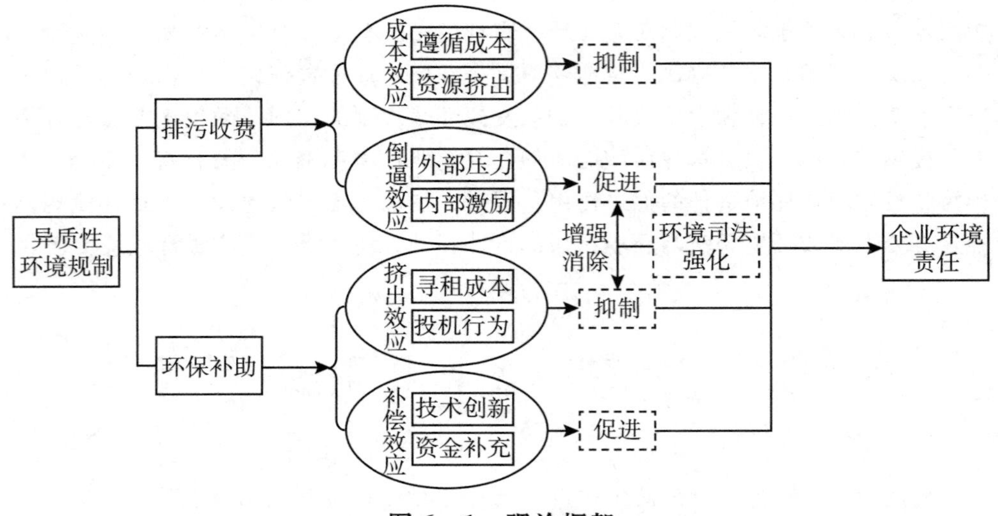

图 6－1　理论框架

"波特假说"认为，适宜的环境规制能够"倒逼"企业进行技术创新，形成超过环境规制遵循成本的"补偿性收益"（Porter and Van der Linde，1995）。企业将技术创新成果运用于生产经营、环境管理和污染治理等过程中，能够减少企业对原有污染型生产方式的依赖，有效减少资源消耗和污染排放，从而规避环境监管成本，促进企业履行环境责任。排污收费的"倒逼"效应主要体现在利益相关者的外部压力，以及企业内部的激励性因素。

就外部压力而言，企业履行环境责任是利益相关者对重污染企业的现实诉求。面对日益严峻的环境问题，以政府、媒体和公众等为代表的利益相关者对生态环境密切关注，督促企业积极主动地履行环境责任。以利益相关者理论为基础的诸多研究表明，利益相关者的环境诉求会迫使企业采取积极的环境战略，提高环境责任履行水平（Lee et al.，2018；Endo，2020）。政府作为特殊的利益相关方，通过制定环保法律法规规范企业排污行为，如 2003 年开始实施的《排污费征收使用条例》，以及 2018 年开始实施的《中华人民共和国环境保护税法》明确规定企业应按照污染当量缴纳排污费（环境税）。根据制度理论和合法性理论，企业行为只有符合合法性的要求，得到利益相关者的认可，才能正常经营，实现可持续发展（Ramanathan，1976；Han et al.，2021）。唐智和唐金同（Tang and Tang，2018）发现，来自利益相关者的压力会激励企业更好地参与环境管理活动，并影响企业对环境规制的响应方式；李建林等（Li et al.，2020）发现，企业积极履行环境责任有助于促进技术创新，并提高企业价值。因此，企业履行环境责任能够增强利益相关者对企业可持续发展的信心，满足人民群众的健康生态环境需要，提升企业产品价值和客户价值。一言以蔽之，在利益相关者压力下，排污收费能够促进企业履行环境责任。

就内部激励而言，履行环境责任固然是企业社会效益的体现，但作为利润的追求者，企业的核心目标是经济利益最大化。排污收费虽然增加了企业的生产成本，短期内会减少企业可实现的直接利润，但排污收费能促使管理者反思企业在环境治理方面的不足（Grossman and Helpman，2018），及时改进现有治理机制的固有缺陷，克服安于现状、不思变革的惰性（李青原和肖泽华，2020）。企业履行环境责任是实现可持续发展的重要方式，有助于提升企业价值。具体来说，企业履行环境责任既有利于节约能源，弥补环境成本损失；也有利于改善与监管部门的关系，降低环境诉讼风险；还有利于获得消费者青睐，进一步扩大市场份额。鉴于此，排污收费会促使企业激励管理者履行环境责任。

二、环保补助与企业环境责任履行

环保补助是为解决在当前经济和技术水平下企业无力承担环境治理成本的一种政府扶持行为。企业环境治理需要大量资源投入，资源约束和激励不足是制约企业履行环境责任的首要难题（Zhang et al.，2021），而政府补助为企业履行环境责任提供了资金来源，使企业环境治理所需资金匮乏的局面得到缓解，降低了企业履行环境责任的成本（Deng et al.，2020），有利于增强企业履行环境责任的积极性。诸多研究表明政府补助对企业技术创新和污染治理具有积极作用（Xie et al.，2021；Zhang et al.，2021），能够补充企业资金来源，消除企业履行环境责任的成本疑虑。因此，在政府扶持对环境治理的“资源补偿”效应理论框架下，环保补助缓解了企业受到的资源约束，企业得以将更多的资源用于履行环境责任。

环保补助作为政府向企业无偿转移的稀缺资源，行政的自由裁量权会对企业的补助额度产生不确定性。一方面，企业为了获得政府扶持，建立良好的政企关系，必然要承担一定的社会成本，例如，帮助政府解决就业问题、慈善捐赠。另一方面，政府为了自身的政治目标可能会与企业合谋，模糊补助标准。尤其是在缺乏专业评估人员的情况下，地方政府对于企业的生产能力、研发技术、盈利能力以及未来发展状况难以获知真实信息，更遑论做出精准的判断，这为企业通过迎合政府诉求，建立政企关联提供了实施空间和机会。社会成本和寻租成本“挤出”了企业用于履行环境责任的资源。此外，企业的环境责任表现存在着通过“多言寡行”的实践模式进行印象管理的可能（李哲等，2021）。出于公司股价、职业前景、社会影响等目的，管理层在信息披露过程中存在人为干预现象（Long et al.，2020；Wang et al.，2020；Luo et al.，2021）。中国目前对于环境信息披露没有统一的标准和规范，企业在发布环境报告时具有较大的信息操纵空间，环境报告很可能沦为企业粉饰自身环境表现、进行印象管理的工具。

三、地区环境司法强化的影响分析

从中国生态环境治理的历史经验来看，法治建设在污染治理中具有基础性作用，环境行政与环境司法的联动是推动中国生态环境治理目标实现的迫切需求（郭武，2017）。为提升环境司法效率，中国开始探索在法院原有审判组织体系中单独设立环境资源审判机构，促进环境司法专门化改革，其中最具代表性的就是设立环保法庭。以环保法庭为代表的环境司法专门化改革是推动法治发挥治污作用的重要制度探索。这一重要制度是践行习近平生态文明思想的举措，“只有实行最严格的制度、最严密的法治，方可为生态文明建设提供可靠保障”①。因此作为环境治理的重要手段，环境司法强化将深刻影响政府与企业的环境表现。

首先，环保法庭设立提高了地方政府对环境污染问题的关注度，强化了排污收费的“倒逼”效应。长期以来，由于环境法治建设相对滞后，在中国的环境污染纠纷裁决中，政府的行政处理一直占据着主要角色。但是，在地方政府经济竞争的背景下，政府对环境污染问题的关注明显不足，环境保护常常“让步”于经济发展与官员晋升等方面，环境规制的非完全执行现象普遍存在，导致对企业环境失责行为约束不足。通过设立环保法庭，环境司法效率的提升使得环境法治在环境保护中的角色越发重要，人们能够通过司法途径监督政府执法行为，提高政府对环境问题的关注度。政府作为市场规则的制定者和市场公平的维护者，对环境问题的重视会引发市场反应。一方面，给企业释放出环境违法必遭处罚的信号，增加企业环境违法代价，迫使企业进行技术创新，以此满足政府提出的合法性和合规性要求。另一方面，在环境法治秩序完善和环境执法力度趋严的背景下，企业管理者出于自身利益考虑，为保障企业平稳运行，会加快企业技术创新。

其次，环保法庭设立推动了地方政府环境处罚力度提升，消除了环保补助的资源“挤出”效应。环保法庭的审判结果具有法律强制性，环境规制部门必须按

① 中共中央宣传部：《习近平总书记系列重要讲话读本（2016 年版）》，学习出版社、人民出版社 2016 年版。

照法庭的审判结果对环境污染纠纷中责任方进行处罚，将直接推动政府环境行政规制和处罚力度提升，减少经济增长压力下地方政府与污染企业的合谋，因此环保补助的发放将会更加透明、合理，减少企业的寻租机会。再者，环保法庭设立为人民群众进行环境维权提供了新的途径，企业污染行为会被轻易发现，从而遏制企业进行环保形象的虚假宣传。归纳而言，环境司法强化在排污收费和环保补助与企业环境责任表现的关系中能够发挥正向调节效应。

通过以上理论分析可知，排污收费对企业环境责任履行可能表现为“成本效应”，又可能表现为“倒逼效应”；环保补助对企业环境责任履行可能表现为“挤出效应”，也可能表现为“补偿效应”；环境司法可能会强化排污收费的“成本效应”，减弱环保补助的“倒逼效应”。以上正是本章实证研究亟须验证的问题。

第三节　研究设计

一、变量定义与数据来源

为了探究环境规制对企业环境责任的影响，必须合理地选取相应指标，力求准确识别环境规制与企业环境责任之间的因果关系。具体变量定义如下：

企业环境责任（*Cer*）。根据前文构建的测度体系进行衡量，具体见表4-1。

环境规制。环境规制是影响企业环境行为的重要因素（Kraus et al.，2020；Lin and Chen，2020），从而会对企业环境责任履行产生影响。目前，关于环境规制的衡量基本从地区层面出发，将环境规制强度视为地区的环境变量，这一做法忽略了同一地区不同企业之间的差异。由于政企关系的复杂性（崔维军等，2021），同一地区不同企业实际面临的环境规制压力大相径庭。为消除数据不匹配带来的偏差，我们从企业层面选取相应指标衡量环境规制强度。排污收费和环保补助是政府直接针对企业实施的规制措施，能够较好地反映企业面临的环境规制强度。鉴于此，从重污染行业上市企业依据《上市公司环境信息披露指南》要求编制的年度环境报告以及财务报表附注中，收集整理排污收费、环保补助金额，将排污收费、环保补助金额取对数处理，分别记为*Charge*、*Subsidy*。在稳健性检验中，还将排污收费、环保补助占企业总资产的百分比作为替代变量进行回归。

环境司法强化。环保法庭设立是环境司法专门化的重要途径，标志着法治建设在污染防治中的作用逐渐显现。从2007年贵阳市中级人民法院成立环保审判庭开始，中国各地区纷纷效仿，环保法庭如雨后春笋般在神州大地争相涌现，这一“准自然实验”为研究环境司法强化对企业环境责任履行的影响提供了宝贵机会。基于此，以城市是否设立环保法庭这一虚拟变量（*Legal*）衡量环境司法强化，若该地级市在当年开始或者已经设立环保法庭，则赋值为1，否则赋值为0。

控制变量。为消除遗漏变量引起的回归结果偏误，参考现有关于企业环境责任影响因素的文献（Li et al.，2020；李哲等，2021），选取如下控制变量：企业规模（*Size*），表示企业的规模水平，用企业期末总资产的对数来衡量。企业年龄（*Age*），表示企业成立后的时间跨度，用企业的成立时间长度来衡量。资产负债率（*Alr*），表示企业资产负债水平，用负债与资产的比值来衡量。营业收入增长率（*Opicrt*），反映企业的成长能力，计算公式为（当期营业收入 - 上期营业收入）÷上期营业收入。资产收益率（*Roa*），反映企业的盈利能力，采用净利润和总资产的比值来衡量。企业价值（*TobinQ*），采用企业市场价值与资产重置成本之比来衡量。企业现金流（*Cash*），采用企业期末现金及其等价物与总资产的比值来衡量。研发投入（*RD*），采用研发支出占营业收入的比值来衡量。独董占比（*Indir*），采用独立董事占董事会总人数的比例来衡量。是否两职合一（*Part-time*），采用虚拟变量表示，若总经理和董事长是同一人，则该值取1，反之为0。股权集中度（*Centre*），采用前五名股东的持股比例来衡量。利润率（*Profit*），采用企业利润总额与营业收入额的比值来衡量。固定资产比率（*Far*），采用固定资产与总资产的比值来衡量。融资约束（*Fcons*），由于融资约束目前尚未有统一的衡量方法，借鉴哈德洛克和皮尔斯（Hadlock and Pierce，2010）的做法，采用SA指数法测度企业融资约束程度，引入虚拟变量反映企业融资约束情况，若企业SA指数小于其总体中位数，则取值为1，表明该企业受到严重的融资约束，反之则取值为0。资本密集度（*Lev*），采用固定资产总额与员工人数比值的对数来衡量。资产的经营现金流量回报率（*Cfo*），采用经营活动现金流量净额与资产总额比值表示。此外，还引入了一些地级市层面的控制变量。人均GDP（*Pgdp*），采用地级市当年人均GDP的对数来衡量。产业结构（*Stru*），采用地级市当年第三产业与第二产业比值来衡量。对外开放程度（*Open*），采用地级市当年实际外资使用金额的对数来表示。

本章以中国A股重污染行业上市企业2006～2019年的数据为样本。上述变量的数据来源如下：企业环境责任的数据来源于各企业历年公司年报、环境责任报告、社会责任报告以及可持续发展报告，通过人工手动收集整理得到。排污收费、绿色补助数据从上市企业年报的报表附注收集整理而得。环保法庭设立的数据根据法制网和各地级市中级人民法院网站信息手动整理而得。企业层面的控制变量来自国泰安数据库（CSMAR）和中国研究数据服务平台（CNRDS）。地级市层面的控制变量来自历年《中国城市统计年鉴》。在收集原始数据的基础上，对原始变量进行了如下处理：剔除样本期内被 ST 的企业；剔除变量观测值缺失的样本；控制极端值的影响，对所有连续变量进行上下 1% 的缩尾处理（Winsorise）。各主要变量的描述性统计如表 6 – 1 所示。

表 6 – 1　　主要变量的描述性统计

变量	样本数	均值	标准差	最小值	中位数	最大值
Cer	6 453	8.7870	7.0620	0	7	33
Charge	6 453	2.3390	5.4700	0	0	19.2250
Subsidy	6 453	4.6570	6.4770	0	0	21.4170
Legal	6 453	0.3010	0.4590	0	0	1
Size	6 453	22.0120	1.1860	19.5310	21.8580	25.8840
Age	6 453	17.5100	5.4040	7.0000	17.0000	36.0000
Alr	6 453	0.4080	0.1980	0.0450	0.4010	0.9920
Opicrt	6 453	0.1450	0.2760	−0.4670	0.1000	2.4280
Roa	6 453	0.0470	0.0510	−0.1990	0.0420	0.2200
Profit	6 453	0.0930	0.1090	−0.5480	0.0790	0.5940
Far	6 453	0.2890	0.1440	0.0260	0.2730	0.6910
TobinQ	6 453	1.8670	1.0810	0.0000	1.5530	7.6050
Cash	6 453	0.1470	0.1140	0.0070	0.1140	0.6220
RD	6 453	0.0240	0.0230	0.0000	0.0220	0.1320
Indir	6 453	0.3680	0.0470	0.2860	0.3330	0.5560
Parttime	6 453	0.2440	0.4300	0.0000	0.0000	1.0000
Centre	6 453	0.5290	0.1580	0.0000	0.5330	0.9110
Fcons	6 453	0.5040	0.5000	0.0000	1.0000	1.0000
Lev	6 453	12.4610	2.1640	0.0000	12.7490	14.9580
Cfo	6 453	0.0560	0.0620	−0.1430	0.0540	0.2480
Pgdp	6 453	10.7810	1.8590	6.7580	11.0960	13.0560
Stru	6 453	1.1340	0.7690	0.1340	0.9390	5.1680
Open	6 453	11.0120	2.9920	6.2790	11.5490	14.9410

二、模型设定

本章旨在检验异质性环境规制对企业环境责任的影响，由于影响企业环境责任的因素纷繁复杂，为尽可能消除因遗漏变量造成的内生性问题，选用面板数据模型作为基准回归模型，模型的具体形式如下：

$$Y_{i,t} = \alpha_0 + \alpha_1 X_{i,t} + \rho Z_{i,t} + \lambda T_{i,j,t} + \sum Year + \mu_i + \varepsilon_{i,t} \tag{6.1}$$

其中，i 表示企业，j 表示企业所在城市，t 表示年份，$Y_{i,t}$表示企业环境责任表现，$X_{i,t}$表示企业当年收到的政府环境补助金额的对数或者缴纳排污费金额的对数，$Z_{i,t}$表示企业层面的一系列控制变量，$T_{i,j,t}$表示地级市层面的控制变量，$Year$ 为年度虚拟变量，u_i 为企业个体固定效应，$\varepsilon_{i,t}$是随机扰动项。α_1 是主要关注的系数，若排污收费、环保补助对企业环境责任履行具有促进作用，那么应该会显示 α_1 显著为正，反之应该显示 α_1 显著为负。

为进一步探究环境司法强化对排污收费、环保补助影响企业环境责任的调节效应，在式（6.1）的基础上加入衡量环境司法的虚拟变量（*Legal*）和环境规制与环境司法的交互项（$X \times Legal$）。此时主要关注的系数是 α_3，如果 α_3 显著为正，表明环境司法对排污收费（或环保补助）与企业环境责任之间的关系具有正向调节效应；反之，若 α_3 显著为负，则意味着环境司法在上述关系中发挥负向调节作用。

$$\begin{aligned} Y_{i,t} = {} & \alpha_0 + \alpha_1 X_{i,t} + \alpha_2 Legal_{i,j,t} + \alpha_3 X_{i,t} \times Legal_{i,j,t} + \rho Z_{i,t} \\ & + \lambda T_{i,j,t} + \sum Year + \mu_i + \varepsilon_{i,t} \end{aligned} \tag{6.2}$$

第四节　实证检验与结果分析

一、基准回归分析

表 6-2 列示了排污收费和环保补助对企业环境责任履行表现的影响。为进一步有效控制地区层面的因素，在模型（6.1）的基础上添加地区哑变量和年份哑变量的交互项，考虑到自由度的影响，在省级层面进行地区类别考察，以使估计结果更加准确。各变量方差膨胀因子检验（VIF 检验）的结果表明，所有变量的 VIF 值均小于4，每个模型的整体 VIF 值最大为1.72，远小于10，故回归不存在严重的多重共线性问题。排污收费（*Charge*）的估计系数在1%的水平上显著为正，表明排污收费对企业环境责任履行发挥了“倒逼”效应，而非“成本”效应；环保补助（*Subsidy*）的估计系数均为负，但不显著，表明环保补助对企业

环境责任履行产生的效应复杂，“挤出”效应和“补偿”效应均存在，但以“挤出”效应为主。以第（2）列为例，排污收费提高1个标准差，企业环境责任履行表现的得分提高5.65%（0.0907×5.4700÷8.7870）。其他控制变量的回归结果表明，企业规模越大、成立时间越长、研发投入越大、资本密度越大，环境责任履行的表现越好；而营业收入率越大、企业价值越高，环境责任履行水平越低，表明目前大部分企业在发展过程中过度追求经济利益，忽略了环境责任的履行。

表6-2　　环境规制影响企业环境责任履行的回归结果

变量	(1)	(2)	(3)	(4)	(5)
	Cer	*Cer*	*Cer*	*Cer*	*Cer*
Charge	0.1029*** (0.0272)	0.0907*** (0.0274)			0.0897*** (0.0278)
Subsidy			-0.0046 (0.0130)	-0.0004 (0.0127)	-0.0011 (0.0127)
Size	0.5575** (0.2672)	0.5464** (0.2692)	0.5864** (0.2694)	0.5760** (0.2696)	0.5586** (0.2673)
Age	1.1419*** (0.0920)	1.7981*** (0.1820)	1.1710*** (0.0894)	1.8466*** (0.1910)	1.8360*** (0.1946)
Alr	0.1583 (0.8582)	0.4699 (0.8659)	0.3178 (0.8604)	0.5792 (0.8595)	0.6003 (0.8647)
Opicrt	-0.4382* (0.2290)	-0.4395* (0.2255)	-0.4189* (0.2290)	-0.4024* (0.2251)	-0.4303* (0.2279)
Roa	0.0358 (3.3116)	1.7305 (3.3614)	-0.4159 (3.3428)	1.4626 (3.4130)	1.6734 (3.3860)
Profit	-0.3373 (1.4265)	-1.3077 (1.5043)	-0.1537 (1.4398)	-1.1348 (1.5213)	-1.1708 (1.5145)
Far	0.0579 (1.0435)	0.9785 (1.0694)	0.2845 (1.0507)	1.2537 (1.0604)	1.1397 (1.0555)
TobinQ	-0.2876*** (0.0840)	-0.2976*** (0.0862)	-0.2924*** (0.0851)	-0.3012*** (0.0871)	-0.2949*** (0.0863)
Cash	0.0664 (0.9862)	0.7912 (0.9733)	0.0348 (0.9911)	0.7443 (0.9801)	0.7479 (0.9809)

续表

变量	(1)	(2)	(3)	(4)	(5)
	Cer	Cer	Cer	Cer	Cer
RD	5.3580 (5.9430)	12.4139** (6.1663)	6.4522 (6.0303)	13.9565** (6.2036)	13.3436** (6.2196)
Indir	-1.8490 (1.6130)	-1.3053 (1.7157)	-1.8354 (1.5957)	-1.3958 (1.7193)	-1.2792 (1.7241)
Parttime	-0.2374 (0.2267)	-0.2789 (0.2391)	-0.1879 (0.2300)	-0.2324 (0.2399)	-0.2730 (0.2402)
Centre	-0.3597 (1.0482)	-0.1941 (1.1011)	-0.6920 (1.0649)	-0.5269 (1.1182)	-0.2754 (1.1089)
SA	-0.4981** (0.2331)	-0.3477 (0.2414)	-0.5397** (0.2310)	-0.3838 (0.2371)	-0.3757 (0.2405)
Lev	0.4237*** (0.0897)	0.4183*** (0.0937)	0.4282*** (0.0904)	0.4231*** (0.0940)	0.4128*** (0.0928)
Cfo	0.8500 (1.1356)	0.4363 (1.1621)	0.6711 (1.1400)	0.2065 (1.1546)	0.3323 (1.1568)
Pgdp	-1.0544 (0.7107)	-1.2105 (1.1743)	-1.1023 (0.6923)	-1.2218 (1.1545)	-1.2672 (1.1799)
Stru	0.9159 (0.5573)	0.1558 (0.7688)	0.9031 (0.5558)	0.2459 (0.7701)	0.1987 (0.7705)
Open	-0.0516 (0.1294)	-0.0333 (0.1570)	-0.0365 (0.1264)	-0.0161 (0.1500)	0.0182 (0.1526)
Constant	-17.6831** (7.7854)	-30.3082*** (11.6792)	-18.2971** (7.7649)	-31.9735*** (11.6680)	-31.4582*** (11.8445)
年度、企业	Yes	Yes	Yes	Yes	Yes
年度×省份	No	Yes	No	Yes	Yes
样本数	6 453	6 453	6 453	6 453	6 453
Adj. R^2	0.5663	0.5821	0.5622	0.5793	0.5820

注：括号内为聚类到企业层面的标准误；*、**、*** 分别表示在 10%、5% 和 1% 水平上显著。

二、效应机制检验

根据前文的理论机理，排污收费的“倒逼”效应有助于提高企业环境责任表现，而环保补助的“挤出”效应会使企业环境责任表现有所下降。针对基准回归的结果，接下来将对排污收费的“倒逼”效应和环保补助的“挤出”效应进行实证检验，进一步揭示排污收费、环保补助对企业环境责任履行的效应机制。

（一）排污收费的“倒逼”效应检验

外部压力和内部激励是排污收费“倒逼”企业履行环境责任的具体表现。媒体报道会使企业受到更广泛的外部关注，影响着利益相关者对企业的评价，增加了企业受到监管的可能性，提升了管理者的危机意识（Wang and Zhang，2021），因此采用媒体报道作为外部压力的代理指标。为消除变量互为因果关系导致的内生性问题，引入虚拟变量 *Media*，如果企业当年被媒体报道数量大于样本中位数，则 *Media* 取值为 1，否则 *Media* 取值为 0。企业环境责任问题的实质是管理者如何处理与企业相关的环境问题，管理者是企业环境战略的制定者和发起者，而企业是否履行环境责任，在很大程度上取决于管理者受到的激励大小（蔡贵龙等，2018），因此采用前三名高管薪酬作为内部激励的代理指标。同样地，为控制内生性问题，引入虚拟变量 *Salary*，如果企业当年前三名高管薪酬大于样本中位数，则 *Salary* 取值为 1，否则 *Salary* 取值为 0。表 6－3 列示了回归结果。

表 6－3　　排污收费“倒逼”效应检验的回归结果

变量	外部压力：媒体压力			内部激励：高管薪酬		
	(1)	(2)	(3)	(4)	(5)	(6)
	Cer	*Cer*	*Cer*	*Cer*	*Cer*	*Cer*
Charge	0.0418*** (0.0160)		0.0398** (0.0158)	0.6552*** (0.2163)		0.5823*** (0.2173)
Charge × Media	0.0701*** (0.0217)		0.0660*** (0.0219)			
Media	0.5703*** (0.1924)	0.3274* (0.1848)	0.5875*** (0.2015)			
Subsidy		0.0772** (0.0320)	0.0779** (0.0321)		−0.5978 (0.4256)	−0.5320 (0.4244)

续表

变量	外部压力：媒体压力			内部激励：高管薪酬		
	(1)	(2)	(3)	(4)	(5)	(6)
	Cer	*Cer*	*Cer*	*Cer*	*Cer*	*Cer*
Subsidy × *Media*		0.0212 (0.0336)	0.0157 (0.0336)			
Salary				0.6396*** (0.2384)	0.4359* (0.2349)	0.6289** (0.2451)
Charge × *Salary*				0.0466*** (0.0155)		0.0415*** (0.0156)
Subsidy × *Salary*					0.0491 (0.0305)	0.0443 (0.0304)
Constant	4.9025 (13.6831)	5.3159 (13.9133)	5.3343 (13.9391)	10.3472 (14.1017)	8.0991 (14.2455)	10.1059 (14.3351)
控制变量	Yes	Yes	Yes	Yes	Yes	Yes
年度、企业	Yes	Yes	Yes	Yes	Yes	Yes
年度×省份	Yes	Yes	Yes	Yes	Yes	Yes
样本数	6 403	6 403	6 403	6 403	6 403	6 403
Adj. R^2	0.7225	0.7210	0.7227	0.7234	0.7211	0.7234

注：括号内为聚类到企业层面的标准误；*、**、*** 分别表示在10%、5%和1%水平上显著。

由表6-3的回归结果可得，*Charge* × *Media* 的回归系数均在1%水平上显著为正，意味着当企业面临较多媒体关注时，即企业外部压力较大时，排污收费对企业环境责任履行的“倒逼”效应越明显；*Charge* × *Salary* 的回归系数也均在1%水平上显著为正，表明对管理层的薪酬激励水平越高，排污收费对企业环境责任履行的“倒逼”效应越强。此外，*Subsidy* × *Media*、*Subsidy* × *Salary* 的回归系数在10%水平上均不显著。上述结论表明，外部压力和内部激励是排污收费“倒逼”企业履行环境责任的具体表现，并且上述效应在环保补助上不成立。

（二）环保补助的“挤出”效应检验

寻租行为与管理者投机行为是环保补助“挤出”企业环境责任履行的具体表

现。本章采用非生产性支出作为寻租行为的代理变量。由于中国行政权力配置社会资源的色彩并未褪尽，在企业的成本中，就蕴含着如何与政府及政府官员进行交易以获取更多资源（万华林等，2010）。这一成本属于企业的非生产性支出，会“挤出”企业用于生产经营的资源。如何度量非生产性支出一直是一个研究难题，原因在于这部分数据不会在企业的财务报表中直接披露，难以获得其真实数据。但是，非生产性支出往往隐藏于企业管理费用或销售费用之中，本章借鉴安德森等（Anderson et al.，2007）的方法，以企业调整后的营业管理费用衡量企业非生产性支出。具体计算公式为：调整后的营业管理费用 = 营业管理费用—高管薪酬—无形资产的摊销—当年计提（或转销）的坏账准备和存货跌价准备。由于政府与企业之间存在信息不对称，政府补助很有可能会被管理层用于牟取私利，同时在企业信息披露的过程中，往往存在夸大正面消息的情况，以获得良好的外界评价，从而拿到政府补贴。孔东民等（2013）指出，企业寻求政府补贴的一个重要动机是满足自身盈余操控的需要。陈罗杰和洪世伟（Chen and Hung，2021）发现盈余操控能够虚增企业价值，减轻社会责任表现带来的负面影响，使企业不积极地提高社会责任表现。操控企业生产经营活动是管理者实现短期利益目标的重要手段，罗乔杜里（Roychowdhury，2006）提出的真实活动操控模型被广泛用于刻画管理者的投机行为（孙庆文等，2020），即通过该模型计算企业对生产性活动的操控程度。为确保实证结果的稳健性，引入虚拟变量度量上述两个指标。对于寻租行为，设置虚拟变量 *SGA*，如果企业当年调整后的营业管理费用大于样本中位数，那么 *SGA* 取值为 1，否则 *SGA* 取值为 0。对于投机行为，设置虚拟变量 *ERM*，如果企业当年的真实活动操控模型回归残差大于样本中位数，那么 *ERM* 取值为 1，否则 *ERM* 取值为 0。回归结果如表 6 - 4 所示。

表 6 - 4　　　　环保补助“挤出”效应检验的回归结果

变量	寻租行为：非生产性支出			投机行为：生产性活动操纵		
	(1)	(2)	(3)	(4)	(5)	(6)
	Cer	*Cer*	*Cer*	*Cer*	*Cer*	*Cer*
Charge	0.1071*** (0.0315)		0.1030*** (0.0319)	0.0764*** (0.0285)		0.0711** (0.0290)
Charge × *SGA*	-0.0612* (0.0344)		-0.0518 (0.0354)			
SGA	-0.6553*** (0.2418)	-0.5782** (0.2450)	-0.6779*** (0.2446)			

续表

变量	寻租行为：非生产性支出			投机行为：生产性活动操纵		
	(1)	(2)	(3)	(4)	(5)	(6)
	Cer	*Cer*	*Cer*	*Cer*	*Cer*	*Cer*
Subsidy		0.0173 (0.0169)	0.0148 (0.0171)		0.0157 (0.0151)	0.0151 (0.0157)
Subsidy × *SGA*		-0.0511** (0.0198)	-0.0456** (0.0204)			
ERM				-0.1506 (0.1304)	0.0532 (0.1442)	-0.0049 (0.1468)
Charge × *ERM*				0.0259 (0.0217)		0.0337 (0.0223)
Subsidy × *ERM*					-0.0292** (0.0145)	-0.0298** (0.0151)
Constant	11.6081 (14.2186)	11.5268 (14.0513)	13.0177 (14.3328)	5.5221 (13.9081)	4.7564 (13.7215)	5.0402 (13.9929)
控制变量	Yes	Yes	Yes	Yes	Yes	Yes
年度、企业	Yes	Yes	Yes	Yes	Yes	Yes
年度×省份	Yes	Yes	Yes	Yes	Yes	Yes
样本数	6 403	6 403	6 403	6 403	6 403	6 403
Adj. R^2	0.7288	0.7296	0.7277	0.7245	0.7259	0.7239

注：括号内为聚类到企业层面的标准误；*、**、*** 分别表示在10%、5%和1%水平上显著。

表6-4显示 *Subsidy* × *SGA* 的系数均在5%水平上显著为负，说明样本企业的非生产性支出是环保补助“挤出”企业环境责任履行的表现，即企业寻租成本越高，环保补助用于企业环境管理方面的资金越少。*Subsidy* × *ERM* 的系数同样均在5%水平上显著为负，表明管理者投机行为同样是环保补助“挤出”企业环境责任履行的表现，管理层对生产性活动操控程度越高，环保补助的“挤出”效应越明显。*Charge* × *SGA*、*Charge* × *ERM* 的系数均不显著，说明“挤出”效应在排污收费中不存在。上述结果表明，寻租行为和投机行为是环保补助“挤出”企业环境责任履行的具体表现，而这一“挤出”效应在排污收费制度中不成立。

三、环境司法的调节作用

以环保法庭设立为代表的环境司法强化能够影响政府环境执法和企业环境行为，从而对排污收费、环保补助与企业环境责任履行之间的关系产生影响。为考察环境司法在排污收费、环保补助与企业环境责任之间关系的调节作用，在回归模型中引入环保法庭（*Legal*）与异质性环境规制（*Charge*、*Subsidy*）的交叉项，回归结果如表6－5所示。不难发现，在控制多重固定效应后，交叉项（*Charge*×*Legal*、*Subsidy*×*Legal*）的系数在5%水平上显著。这意味着环境司法增强了排污收费对企业环境责任表现的正向影响，发挥了正向调节作用。同时，环境司法消除了环保补助的“挤出”效应，对环保补助与企业环境责任表现的关系起到正向调节作用，即在环境司法强化下环保补助对企业环境责任的表现具有显著促进作用。

表6－5　　　　环境司法调节作用的回归结果

变量	(1)	(2)	(3)	(4)	(5)
	Cer	*Cer*	*Cer*	*Cer*	*Cer*
Charge	0.0905***	0.0867***			0.0883***
	(0.0294)	(0.0295)			(0.0299)
Charge×*Legal*	0.0953***	0.0694**			0.0652*
	(0.0300)	(0.0309)			(0.0355)
Legal	0.1959	0.2170	−0.0562	−0.0611	−0.0094
	(0.3020)	(0.3818)	(0.3120)	(0.3868)	(0.4007)
Subsidy			−0.0240	−0.0143	−0.0154
			(0.0150)	(0.0152)	(0.0153)
Subsidy×*Legal*			0.0719***	0.0513**	0.0530**
			(0.0242)	(0.0230)	(0.0237)
Constant	3.4784	5.1882	3.7219	4.7444	4.6096
	(9.1834)	(13.6977)	(9.1346)	(13.7191)	(13.9553)
控制变量	Yes	Yes	Yes	Yes	Yes
年度、企业	Yes	Yes	Yes	Yes	Yes
年度×省份	No	Yes	No	Yes	Yes
样本数	6 453	6 453	6 453	6 453	6 453
Adj. R^2	0.7167	0.7225	0.7147	0.7211	0.7229

注：括号内为聚类到企业层面的标准误；*、**、*** 分别表示在10%、5%和1%水平上显著。

该结果与本章理论预期相符，环境司法深化了以“政府为主导，企业为主体，社会组织与公众共同参与”的环境治理体系。一方面，司法权独立于行政权，并且对行政权具有监督制约作用，这极大地遏制了地方政府为片面追求经济增长而纵容企业环境污染的行为，迫使政府提高环境执法力度（Zhang et al.，2019），进而增加企业环境违法成本，“倒逼”企业提高环境责任表现。另一方面，环境司法为社会公众环境维权提供了新的途径，增强了企业环境违法的外部监督力量，减少了企业的环境投机行为（White，2017），同时环境司法能够增加生态环境领域的公益诉讼，是真正从环境保护的角度出发，使环保理念深入人心，企业管理层出于声誉与利益考虑，会促使企业履行环境责任（Hilson，2019）。

四、进一步分析

（一）内生性问题分析

排污收费和环保补助是中国现阶段环境规制工具体系中两个重要的政策工具，其目的是将环境成本融入企业管理者的成本与收益权衡中，激励企业积极开展履行环境责任的活动。从研究本身出发，环境规制将外部性问题内部化在一定程度上加剧了内生性问题，即企业缴纳排污费、获得环保补助是自身内生化决策的结果。此处构造工具变量，采用两阶段估计方法对内生性予以控制。由于企业的决策活动容易受到同行业、同地区其他企业相同活动的影响（Cao et al.，2019），为此分别计算同行业、同地区其他上市企业缴纳排污费（获得环保补助）的均值，作为企业缴纳排污费（获得环保补助）的工具变量。回归结果如表6－6所示。

表6－6　采用工具变量的回归结果

变量	(1)	(2)	(3)	(4)
	Cer	*Cer*	*Cer*	*Cer*
Charge	0.1893*** (0.0224)	0.1094*** (0.0237)		
Subsidy			－0.0016 (0.0139)	－0.0792 (0.0661)
控制变量	Yes	Yes	Yes	Yes
年度、企业	Yes	Yes	Yes	Yes

续表

变量	(1)	(2)	(3)	(4)
	Cer	*Cer*	*Cer*	*Cer*
年度×省份	No	Yes	Yes	Yes
样本数	6 101	6 101	6 115	6 115
Adj. R^2	0.4775	0.5147	0.4720	0.5133
Cragg-Donald Wald F	9 614.7740	8 148.9460	7 646.3490	9 601.2400

注：括号内为聚类到企业层面的标准误；*、**、*** 分别表示在 10%、5% 和 1% 水平上显著。

表 6-6 显示 *Charge* 的回归系数在 1% 的水平上显著为正，*Subsidy* 的回归系数为负，表明在控制内生性问题后，排污收费的“倒逼”效应和环保补充的“挤出”效应仍然成立。此外，Cragg-Donald Wald F 统计量的数值远大于 10，可以拒绝“存在弱工具变量”的原假设，表明工具变量是有效的。

（二）基于地区提高排污费标准的分析

为进一步确保因果效应识别的准确性，采用相对外生事件，使用准自然实验的方法，检验排污收费对企业环境责任履行的影响。中国现行的排污收费制度源于 2003 年 3 月国务院颁布的《排污费征收使用管理条例》，此后为完成“十一五”期间的节能减排目标，2007 年国务院颁布了《节能减排综合性工作方案》，将二氧化硫的排污收费标准在原有基础上提高一倍。该方案发布之后，各省（市区）陆续上调了排污费征收标准，截至 2019 年底，共有 15 个省（市区）全面调整了排污费征收标准。我们在研究中设置虚拟变量 *PDS*，表示具体省份排污费标准调整状况，对样本期内提高了收费标准的省份的观测值赋值为 1，其余赋值为 0。

表 6-7 中第（1）、（2）列对全部样本进行实证检验，第（3）、（4）列采用倾向得分匹配（PSM）方法，将处理组的样本与控制组的样本进行一对一匹配，保留满足共同支撑假设的样本进行检验。可以发现，第（1）、（3）列中 *PDS* 的回归系数为负，表明地区排污收费标准提高没有促进企业履行环境责任，原因可能是企业层面的异质性，虽然地区提高了排污费的标准，但并不是该地区的所有企业都对此敏感。鉴于此，引入虚拟变量 *Dummy_Charge*，表示企业是否缴纳排污费，如果企业缴纳了排污费，则 *Dummy_Charge* 赋值为 1，否则赋值为 0。第（2）、（4）列中交叉项 *PDS*×*Dummy_Charge* 的回归系数至少在 5% 水平上显著为正，表明当地区排污收费标准提高后，相较于没有缴纳排污费的企业，缴纳排污

费的企业在环境责任履行方面更加积极。该结果从外生事件视角证明排污收费存在的“倒逼”效应。

表6-7　　基于地区提高排污费标准自然实验的回归结果

变量	原始样本		PSM 匹配样本	
	(1)	(2)	(3)	(4)
	Cer	*Cer*	*Cer*	*Cer*
PDS	-7.8596*** (1.6705)	-0.8005*** (0.2371)	-3.5014* (2.0928)	-1.1966*** (0.4135)
Dummy_Charge		0.9589** (0.4275)		0.8922* (0.4897)
PDS × *Dummy_Charge*		1.2372*** (0.4146)		1.1873** (0.5441)
Constant	-1.5980 (7.6775)	-41.9631*** (3.7547)	-20.3287 (15.5056)	-55.6739*** (5.0133)
控制变量	Yes	Yes	Yes	Yes
年度、企业	Yes	Yes	Yes	Yes
年度×省份	Yes	Yes	Yes	Yes
样本数	5 158	6 220	1 857	2 994
Adj. R^2	0.7403	0.5624	0.7295	0.4970

注：括号内为聚类到企业层面的标准误；*、**、*** 分别表示在10%、5%和1%水平上显著。

（三）基于地区市场化水平的分析

企业履行环境责任的主动性与程度，往往与市场压力有关。在市场化程度较高的地区，政府对于经济活动的干预变少，市场中的消费者和投资者对企业经营决策的影响力较大。这将促使企业管理层从更长远角度思考企业环境责任政策，将积极履行环境责任纳入战略规划来实现差异化竞争，环境规制对企业环境责任的影响力将得到彰显。而在市场化程度较低的地区，管理层更倾向于把环境责任看作一个与支出相关、应对社会压力的门面工程，企业的履责行为可能更表现为与战略无甚相关的作秀之举，环境规制对社会责任履行的影响不明显。鉴于此，本章引入地区市场化水平（*Market*）变量，利用王小鲁等（2019）测算的分省市场化指数进行度量。回归结果如表6-8所示。

表 6-8　地区市场化水平影响的回归结果

变量	(1)	(2)	(3)	(4)	(5)
	Cer	*Cer*	*Cer*	*Cer*	*Cer*
Charge	0.1297	0.0692*			0.0176*
	(0.0903)	(0.0384)			(0.0959)
Charge × *Market*	0.0411	0.0299**			0.0412*
	(0.1304)	(0.0149)			(0.0226)
Market	-0.0893	-0.1094	-0.0599	-0.0339	-0.0871
	(0.0812)	(0.0911)	(0.2687)	(0.0241)	(0.0792)
Subsidy × *Market*			0.0017	0.0361*	0.0017
			(0.0076)	(0.0198)	(0.0075)
Subsidy			0.0050	-0.0301	-0.0167
			(0.0584)	(0.0573)	(0.0576)
Constant	-16.4791**	-27.7327***	-16.3996**	-36.1139***	-29.8581***
	(8.1480)	(10.3095)	(8.1224)	(12.0342)	(8.7892)
控制变量	Yes	Yes	Yes	Yes	Yes
年度、企业	Yes	Yes	Yes	Yes	Yes
年度×省份	No	Yes	No	Yes	Yes
样本数	5 988	5 988	6 004	6 004	5 942
Adj. R^2	0.5735	0.5909	0.5723	0.5914	0.5917

注：括号内为聚类到企业层面的标准误；*、**、*** 分别表示在 10%、5% 和 1% 水平上显著。

表 6-8 结果显示，第（2）、（5）列中 *Charge* × *Market* 的回归系数均至少在 10% 水平上显著为正，表明排污收费的“倒逼”效应在市场化水平高的地区更加明显。第（3）~（5）列中 *Subsidy* × *Market* 的回归系数为正，但是不显著，其没有支持市场化水平高的地区环保补助能够促进企业履行环境责任的结论。

（四）基于企业产权性质的分析

中国特有的经济体制赋予国有企业与生俱来的独特政治优势，相比于民营企业，国有企业与政府联系更加紧密，和环境监管部门的讨价还价能力也更强，能够避免环境违法处罚，同时，也能获得更多的政府补贴。但是，国有企业作为国民经济发展的中坚力量，其一举一动备受公众和社会舆论的关注，国家为保证国民经济的平稳运行，随着对环境治理问题的日益重视，国有企业可能会被率先整治，大量国有企业进入国家重点监控企业名单就是其中一个典型事例。因此，区分企业产权性质，比较分析排污收费、环保补助对企业环境责任履行影响的差异。设置虚拟变量（*Soe*），如果样本为国有企业，那么 *Soe* 赋值为 1，否则 *Soe* 赋值为 0。表 6－9 结果显示，*Charge* × *Soe* 的回归系数均不显著，表明在国有企业与民营企业中，排污收费"倒逼"效应没有显著差别。这其中的原因在于排污收费作为将污染成本内生化的重要措施，无论是国有企业还是民营企业的经营成本都将受到影响，这会促使企业思考更加可持续的经营决策，提高企业环境责任履行的积极性。*Subsidy* × *Soe* 的回归系数均在 1% 水平上显著为正，说明环保补助能够促进国有企业履行环境责任，这主要是由于相比于民营企业，国有企业能够更加容易地获得政府补助，同时，在得到补助后，为进一步加深政企关系，国有企业会积极响应政府号召，提高自身环境责任表现。

表 6－9　　　　企业产权性质影响的回归结果

变量	(1)	(2)	(3)	(4)	(5)
	Cer	*Cer*	*Cer*	*Cer*	*Cer*
Charge	0.0755 (0.0465)	0.0526 (0.0499)			0.0652 (0.0497)
Charge × *Soe*	0.0393 (0.0542)	0.0560 (0.0564)			0.0372 (0.0563)
Soe	0.6826 (0.6595)	0.4256 (0.6797)	0.4652 (0.6647)	0.1863 (0.6673)	0.0985 (0.6997)
Subsidy × *Soe*			0.0804*** (0.0242)	0.0907*** (0.0248)	0.0881*** (0.0245)
Subsidy			−0.0457*** (0.0166)	−0.0440*** (0.0169)	−0.0424*** (0.0164)
Constant	3.6740 (9.1495)	5.7931 (13.8114)	3.6740 (9.0984)	5.3568 (13.8625)	5.8635 (13.8300)
控制变量	Yes	Yes	Yes	Yes	Yes
年度、企业	Yes	Yes	Yes	Yes	Yes
年度 × 省份	No	Yes	No	Yes	Yes
样本数	6 101	6 093	6 053	6 043	6 043
Adj. R^2	0.7170	0.7246	0.7168	0.7249	0.7249

注：括号内为聚类到企业层面的标准误；*、**、*** 分别表示在 10%、5% 和 1% 水平上显著。

（五）基于管理者能力的分析

管理者能力的异质性对企业决策和绩效具有重要影响（徐宁等，2019；Cui and Leung，2020）。关鑫交等（Guan et al.，2018）发现高能力的管理者对企业经营环境的变化更加敏锐，会及时调整企业经营策略以规避潜在的风险。鉴于目前国家对生态环境保护重视程度的不断提高，高能力的管理者可能会积极推动企业进行绿色生产转型，实现企业可持续发展。但是，也有部分研究表明，高能力的管理者基于个人利益考虑，更有能力和动机表现出机会主义行为（Petkevich and Prevost，2018），如夸大企业环境表现以获取政府支持和消费者青睐（Baik et al.，2018）。为考察管理者能力如何影响异质性环境规制工具与企业环境责任履行的关系，引入虚拟变量 *Mability*，当企业当年的管理者能力大于样本中位数时，*Mability* 赋值为 1，否则 *Mability* 赋值为 0。其中，管理者能力采用德默吉安等（Demerjian et al.，2012）的方法度量。具体而言，主要分为两步：第一步，采用数据包络分析方法（DEA）分行业计算各企业的经营效率；第二步，利用 Tobit 模型，以第一步计算得到的企业经营效率为因变量，以企业规模、企业市场占有率、企业自由现金流的虚拟变量、企业上市时间、企业的产权属性、企业多元化程度以及年度固定效应为自变量进行回归分析，根据模型计算得到的残差代表管理者能力，主要回归结果见表 6－10。

表 6－10　管理者能力影响的回归结果

变量	(1)	(2)	(3)	(4)	(5)
	Cer	*Cer*	*Cer*	*Cer*	*Cer*
Charge	0.0915*** (0.0293)	0.0826*** (0.0289)			0.0847*** (0.0289)
Charge × *Mability*	0.0220 (0.0197)	0.0157* (0.0086)			0.0103* (0.0056)
Mability	−0.1292 (0.1720)	−0.0799 (0.1760)	−0.2646 (0.1951)	−0.2080 (0.1967)	−0.2471 (0.2006)
Subsidy × *Mability*			0.0382** (0.0155)	0.0344** (0.0155)	0.0306* (0.0160)
Subsidy			−0.0241 (0.0150)	−0.0181 (0.0147)	−0.0168 (0.0148)

续表

变量	(1)	(2)	(3)	(4)	(5)
	Cer	*Cer*	*Cer*	*Cer*	*Cer*
Constant	3.6017 (9.2051)	5.3025 (13.9291)	3.6354 (9.1221)	5.0016 (13.7192)	5.1254 (14.0029)
控制变量	Yes	Yes	Yes	Yes	Yes
年度、企业	Yes	Yes	Yes	Yes	Yes
年度×省份	No	Yes	No	Yes	Yes
样本数	6 100	6 092	6 114	6 104	6 042
Adj. R^2	0.7169	0.7244	0.7173	0.7260	0.7238

注：括号内为聚类到企业层面的标准误；*、**、*** 分别表示在10%、5%和1%水平上显著。

表6-10的结果显示，在控制多重固定效应后，*Charge* × *Mability*、*Subsidy* × *Mability* 的回归系数均至少在10%水平显著为正，说明对拥有高能力管理者的企业而言，排污收费、环保补助对其环境责任履行起到正向促进作用。

第五节　稳健性检验

一、克服样本选择偏误

考虑到并非所有企业都缴纳排污收费或获得环保补助，采用倾向得分匹配方法，对样本进行筛选以克服样本选择偏误。具体而言，首先针对排污收费、环保补助分别设置虚拟变量 *Dummy_Charge*、*Dummy_Subsidy*，当企业有缴纳排污收费时，*Dummy_Charge* 赋值为1，否则赋值为0；同理，当企业有获得环保补助时，*Dummy_Subsidy* 赋值为1，否则赋值为0。然后采用Logit模型，将所有特征变量（控制变量）分别对 *Dummy_Charge*、*Dummy_Subsidy* 进行回归，计算倾向得分值，保留仅满足共同支撑假设的样本。最后对筛选后的样本使用模型（6.1）重新进行实证检验。表6-11结果显示，回归结果没有改变前文的主要结论。

表 6-11　　克服样本选择偏误的回归结果

变量	(1)	(2)	(3)	(4)
	Cer	*Cer*	*Cer*	*Cer*
Dummy_Charge	0.0945***	0.1058***		
	(0.0316)	(0.0280)		
Dummy_Subsidy			-0.0015	-0.0023
			(0.0128)	(0.0132)
Constant	-16.4402	-11.9684	1.7835	3.0129
	(19.1153)	(12.2987)	(14.1003)	(9.4415)
控制变量	Yes	Yes	Yes	Yes
年度、企业	Yes	Yes	Yes	Yes
年度×省份	No	Yes	No	Yes
样本数	2 671	2 719	5 773	5 787
Adj. R^2	0.7235	0.7214	0.7212	0.7126

注：括号内为聚类到企业层面的标准误；*、**、*** 分别表示在 10%、5% 和 1% 水平上显著。

二、改变因变量度量方式

本章采用和讯网发布的企业社会责任报告中环境责任评分（*Cer_HX*）度量企业环境责任表现，并使用模型（6.1）重新检验，回归结果如表 6-12 所示。可以发现，改变因变量度量方式后，排污收费 *Charge* 的回归系数均显著为正，而环保补助 *Subsidy* 的回归系数均为负，表明排污收费对企业环境责任履行的“倒逼”效应显著存在，而环保补助对企业环境责任履行具有明显的“挤出”效应。该结果与前文的研究结论保持一致，说明前文结论具有稳健性。

表 6-12　　改变因变量度量方式的回归结果

变量	(1)	(2)	(3)	(4)	(5)
	Cer_HX	*Cer_HX*	*Cer_HX*	*Cer_HX*	*Cer_HX*
Charge	0.0145	0.0408**			0.0384*
	(0.0401)	(0.0194)			(0.0207)
Subsidy			-0.0253*	-0.0212*	-0.0122*
			(0.0153)	(0.01178)	(0.0064)
Constant	-17.8830	-19.2599	-17.3563	-16.4266	-18.1560
	(11.4265)	(17.6374)	(11.4721)	(17.9919)	(17.8974)

续表

变量	(1)	(2)	(3)	(4)	(5)
	Cer_HX	Cer_HX	Cer_HX	Cer_HX	Cer_HX
控制变量	Yes	Yes	Yes	Yes	Yes
年度、企业	Yes	Yes	Yes	Yes	Yes
年度×省份	No	Yes	No	Yes	Yes
样本数	4 995	4 990	5 017	5 010	4 947
Adj. R^2	0.4422	0.4633	0.4393	0.4596	0.4665

注：括号内为聚类到企业层面的标准误；*、**、*** 分别表示在10%、5%和1%水平上显著。

三、改变自变量度量方式

本章将排污收费和环保补助采用企业总资产标准化的计算方法，分别定义为排污费占企业总资产的百分比（*Charge_Ratio*）、环保补助占总资产的百分比（*Subsidy_Ratio*），使用模型（6.1）重新进行检验。表6-13结果显示，*Charge_Ratio* 的回归系数显著为正，而 *Subsidy_Ratio* 的回归系数显著为负。该结果没有改变本章的主要研究结论，再次证明前文回归结果具有稳健性。

表6-13　　改变因变量度量方式的回归结果

变量	(1)	(2)	(3)	(4)	(5)
	Cer	Cer	Cer	Cer	Cer
Charge_Ratio	0.2429* (0.1254)	0.1980** (0.0961)			0.2030* (0.1097)
Subsidy_Ratio			-0.0822 (0.0672)	-0.0480** (0.0233)	-0.0391* (0.0214)
Constant	3.9661 (9.1917)	6.1162 (13.7193)	3.7741 (9.1180)	4.9028 (13.7200)	5.8931 (13.8122)
控制变量	Yes	Yes	Yes	Yes	Yes
年度、企业	Yes	Yes	Yes	Yes	Yes
年度×省份	No	Yes	No	Yes	Yes
样本数	6 101	6 093	6 115	6 105	6 043
Adj. R^2	0.7151	0.7231	0.7171	0.7258	0.7224

注：括号内为聚类到企业层面的标准误；*、**、*** 分别表示在10%、5%和1%水平上显著。

四、替换计量模型

由于企业环境责任得分为非负整数，为控制左侧截取样本的偏误，本章采用Tobit模型进行稳健性检验。表6-14列出了分别采用混合Tobit模型和随机效应的面板Tobit模型的回归结果，其中第（1）、（3）、（5）列为混合Tobit模型的回归结果，第（2）、（4）、（6）列为随机效应的面板Tobit模型的回归结果。LR检验结果强烈拒绝“个体效应不存在”的原假设，最后以随机效应的面板Tobit模型的回归结果为准。结果显示，*Charge* 的回归系数均在1%水平上显著为正，*Subsidy* 的回归系数显著为负。该结果与本章研究结论保持一致。

表6-14　　采用Tobit模型的回归结果

变量	(1)	(2)	(3)	(4)	(5)	(6)
	Cer	*Cer*	*Cer*	*Cer*	*Cer*	*Cer*
Charge	0.1064*** (0.0299)	0.1132*** (0.0162)			0.0989*** (0.0296)	0.1130*** (0.0164)
Subsidy			-0.0484** (0.0198)	-0.0031 (0.0107)	-0.0416** (0.0198)	-0.0007 (0.0108)
Constant	-58.4125*** (5.4693)	-36.7450*** (4.0862)	-58.6353*** (5.4665)	-37.4195*** (4.1021)	-58.0662*** (5.4629)	-36.9321*** (4.0875)
控制变量	Yes	Yes	Yes	Yes	Yes	Yes
年度、企业	Yes	Yes	Yes	Yes	Yes	Yes
年度×省份	Yes	Yes	Yes	Yes	Yes	Yes
样本数	6 151	6 151	6 165	6 165	6 103	6 103
LR test [P-value]	2 169.4600 [0.0000]		2 149.1700 [0.0000]		2 118.3800 [0.0000]	

注：括号内为聚类到企业层面的标准误；*、**、***分别表示在10%、5%和1%水平上显著。

第七章

媒体关注对企业环境责任履行的影响研究

第一节　问题提出

近几十年来，环境问题日益严重，环境承载力正逼近极限，人与自然（环境）的关系成为当前全球面临的最为重要的议题之一，事关人类存续和世界各国的社会经济发展模式和方向。企业是创造社会经济财富的核心载体，也是自然资源的索取者，是协调经济发展与环境保护的关键因素（解学梅和朱琪玮，2021）。然而，长期以来，企业以经济利益为唯一目标，忽视了自身环境行为所应承担的责任，致使企业在促进经济腾飞的同时，其环境失责带来的大量环境污染问题成为民生之患，不但威胁着改革开放的经济成果，而且降低了公众的生活品质和工作幸福感（潘爱玲等，2019）。因此，在“绿水青山就是金山银山”的新发展理念下，如何推动企业履行环境责任，成为亟待研究的重要课题。

解决环境污染问题，除了政府监管外，媒体的环境治理功能也受到越来越多学者们的关注。拥有成熟市场的欧美发达国家较早地对媒体的环境治理功能进行了研究。艾德（Ader，1995）发现媒体对环境污染事件的报道数量与企业的污染减排力度呈正相关。巴洛利亚和希斯（Baloria and Heese，2018）区分媒体报道的内容与倾向，验证了舆论监督与企业环境行为之间的关系。威廉姆森（Williamson，2018）指出，媒体的环境治理功能建立在发达的市场经济上，需要有顺畅的信息传送渠道和完善的信息反馈机制。由于中国的市场经济起步较晚，信息流通不畅和相应奖惩机制不健全，国内学者对媒体环境治理功能的研究起步较晚。王云等（2017）以媒体对企业的负面报道表示媒体关注，发现媒体关注可以显著增加企业环保投资。季晓佳等（2019）研究发现，媒体报道数量越大，企业环境信息披露的内容越丰富，但信息披露质量并未得到提高。赵莉和张玲（2020）发现，媒体关注能够显著提高企业绿色创新投入，在市场化水平作用下，还能促进企业绿色创新产出。虽然国内外学者对媒体的环境治理功能进行了一些富有成效的研究，也为本章研究提供了深刻的洞见，但仍存在深入拓展的空间。大部分文献聚焦于媒体压力下企业某一方面环境行为的改变，如环保投资、绿色技术创新等，而缺乏对企业整体环境表现的系统评估，从而无法全面揭示媒体关注的环境治理效应。一些文献强调媒体关注能够促进企业绿色技术创新和提高环境信息披露水平，但并未真正厘清企业因媒体关注而改善环境表现的真正动机，这不利于发挥媒体的环境治理功能。有鉴于此，本章从企业环境责任的视角出发，考察媒体关注对企业环境责任的影响效应，并从公众压力、政府监管和管理层声誉三个方面探究媒体压力下企业履行环境责任的动机，为全面评估媒体环境治理功能提供经验证据。

与已有研究相比，本章的研究贡献体现在如下三个方面：第一，丰富了媒体环境治理功能与企业环境责任的相关文献。现有关于媒体环境治理功能的文献多集中于环保投资、绿色技术创新与环境信息披露等方面，随着环境污染治理工作进入“深水区”，企业作为环境治理体系中的“主体”角色，需要主动承担更多环境责任，本章在构建评价指标体系测度企业环境责任履行水平的基础上，首次系统评估媒体关注对企业环境责任的影响效应，为研究媒体的环境治理效应提供了新的研究视角。第二，揭示了媒体关注促进企业环境责任履行的作用机制，拓展了议程设置的理论外延。议程设置理论认为媒体虽然不能左右公众对某一件事的具体看法，但可以通过提供信息和安排相关议题来有效地左右公众关注某些事实（Bednar et al.，2013）。我们研究发现，媒体对企业负面环境事件的报道能够引发公众和政府关注，迫于公众压力和政府监管，企业会提高环境责任履行水平。此外，负面环境报道为公众提供了企业负面评价的议题，管理者基于自身声誉考虑，会积极采取措施督促企业履行环境责任。第三，为媒体环境治理功能是否存在提供增量的经验证据。虽然现有研究针对媒体的环境治理功能做了诸多探索，但多数文献采用媒体报道数量衡量媒体关注（王云等，2017；赵莉和张玲，2020；Cahan et al.，2015），而这会因变量间的互为因果关系使模型存在严重的内生性问题，导致估计结果偏误（Aher and

Sosyura, 2014)。此外，公众对新闻事件的反应更多来自事件本身的“爆炸性”。基于此，本章以媒体对企业的负面环境事件报道作为媒体关注的代理变量，利用事件研究法考察媒体关注对企业环境责任的影响，为控制样本选择偏误，采用 Heckman 两阶段模型进行实证检验。

第二节　理论机理与特征性事实

媒体作为上市企业有效的外部监督渠道，能够随时随地、无孔不入地曝光并跟进那些隐而未显的信息，为企业发展提供必需的制度框架和良好的市场环境（应千伟等，2017）。诸多研究表明，媒体关注主要通过信息传递机制和声誉机制影响企业行为（李培功和徐淑美，2013；Berkan et al.，2021）。为厘清媒体关注与企业环境责任之间的关系，本节就媒体关注影响企业环境责任的理论机理进行阐释，通过特征性事实对媒体关注与企业环境责任的相关关系进行初步评判。

一、理论机理

根据议程设置理论，大众传媒只要对某些问题予以重视，为公众安排议事日程，就能影响公众舆论（McCombs，2005）。传媒的新闻报道和信息传达活动赋予各种议题不同程度的重要性，影响着人们对周围事件及其重要性的判断。新闻媒体具有利益驱动性，通常会优先报道吸引公众注意力的新闻（Dyck et al.，2008）。随着公众环保意识的增强，读者会对影响到日常生活的企业活动产生极大的兴趣，因此，揭露企业污染行为的新闻就具有较高的报道价值。王纪伟和叶康涛（Wang and Ye，2015）指出，相对于正面消息，公众对负面消息的接收程度更高，回应更为迅速，更依赖于负面消息形成自己的判断。因此，新闻媒体更愿意去报道企业的负面消息。

企业履行环境责任是企业决策的一种，管理者通过权衡履行环境责任得到的收益与可能的损失来决定是否履行环境责任（Li et al.，2017）。逃避环境责任可能会给企业或决策者带来短期利益，但是，一旦环境污染行为被揭露，企业必须为此付出代价，例如遭受政府行政处罚，增加生产成本（Graf-Vlachy et al.，2020）；降低公众对企业的信任，增加融资成本（Byun and Oh，2018）。此外，媒体曝光对高管个人的负面影响也是决策者考虑的重要因素，负面报道可能会损害高管形象，直接影响其职业前途与薪酬。因此，媒体关注作为一种隐性的违规成本，是影响企业是否履行环境责任的重要因素。

根据信息不对称理论，在市场经济活动中，公众、政府与企业之间存在严重的信息不对称，媒体是传播信息的介质或载体，能够通过获取企业信息，影响公众投资决策和政府环境监管，从而改变企业的环保行为（García-Sánche and Noguera-Gámez，2017）。合法性理论认为，合法性是公众对企业的评价，在环境意识越来越强的情况下，公众能够通过政府、媒体、环保协会等多种渠道，利用法律法规约束、伦理道德规范、社会舆论监督等多种方式，增强企业的环保意识（Baik and Park，2019）。而这其中，媒体关注既是企业取得合法性的途径，又是企业合法性产生的危机来源。随着社会对环境问题的持续关注，企业履行环境责任已经成为企业合法性的一个重要方面。于洁琼等（Yu et al.，2017）认为，媒体负面报道会引发公众舆论压力，使企业形象受损，降低企业产品的市场认可度。周开国等（2016）指出，媒体曝光容易使企业的违规行为吸引监管机构注意，从而引起行政介入，可能的行政处罚将直接威胁企业的生产活动。再者，媒体对企业污染行为的报道会影响管理层声誉，艾尔·阿拉古等（El Ghoul et al.，2019）发现媒体的负面报道会给管理层声誉带来负面影响，使他们的职位和收入受到威胁。鉴于此，本章提出如下研究假说：

假说1：媒体关注对企业环境责任履行具有显著促进作用。

假说2：媒体关注通过公众压力、政府监管与管理层声誉影响企业环境责任。

作为一种外部治理机制，媒体主要通过曝光企业负面消息，降低市场上信息不对称，从而增强监督效果（王云等，2017）。那么，对于受媒体关注程度越高的企业，其信息传播速度会更快、传播范围也会更广，公众和政府因此能够相对容易地获知企业相关信息，尤其是负面信息，这极大地缓解了信息不对称，可以进一步加强公众和政府对企业的监督力度。此外，为吸引读者眼球，扩大市场影响力，媒体会倾向于报道“明星”企业的相关新闻，而某一企业受媒体关注程度越高自然会被归入到“明星”企业的范畴，媒体关注就会产生“滚雪球”效应，使企业更加“透明”地存在于市场之中（Dyck et al.，2010），进而迫使企业迎合公众需求，积极地履行环境责任。因此，提出如下研究假说：

假说3：受媒体关注程度越高的企业，媒体关注对企业环境责任履行的促进作用愈加明显。

二、特征性事实

在现实案例中，当一个企业被媒体报道负面环境事件时，会面临重大的声誉风险，使企业利益受损。为应对来自政府、公众等多方面的环保压力和挽回企业形象，企业会采取相应措施提高自身环境责任履行水平。比如，2010 年 10 月《中国经济时报》《证券时报》《中国新闻网》等主流媒体报道了晨鸣纸业的长期环保劣迹问题①，这给企业带来诸多不利的影响。为此，晨鸣纸业从长远利益出发，从 2011 年起，先后关停了齐河晨鸣、海拉尔晨鸣等一批效益良好而产能相对落后的子公司，陆续淘汰浆纸产能 270 多万吨，累计投入 80 多亿元开展绿色技术研发，走上绿色、清洁、低碳发展之路②。根据中华人民共和国国家知识产权局的上市公司专利数据统计，晨鸣纸业在 2006 ~ 2010 年，累计绿色专利申请数量为 32 个，年均申请数量为 6.4 个；而在 2011 ~ 2019 年，企业的绿色专利申请数量逐年上升，累计申请 135 个绿色专利，年均申请 15 个。种种举措表明晨鸣纸业对媒体负面报道做出了积极回应，在不断地提高其自身环境责任履行水平。根据第三章的测度结果，可以发现，2006 ~ 2010 年晨鸣纸业的环境责任得分的均值仅为 5.3，而在 2011 ~ 2019 年，其环境责任得分有了较大的提高，最低得分为 10，平均得分为 16.67。零星的个案背后是否存在普遍性的规律？为此，我们收集上市公司 2006 ~ 2019 年媒体报道环境负面事件和企业环境责任的相关数据，采用描述性分析获得一些初步证据。

本章利用 Python 爬虫技术从中国财经新闻数据库爬取出重污染上市企业关于环境表现的报道，结合公众环境研究中心（IPE）企业表现数据库所记录的污染事故新闻，经过人工核对与整理，最终获得企业负面环境事件的报道。借鉴李善军等（Li et al.，2019）的做法，采用事件研究法，通过比较媒体报道前后企业环境责任得分的差异，进而初步判断媒体关注对企业环境责任的影响。考虑到企业环境责任同时会受其他因素的影响，为准确识别媒体关注对企业环境责任影响的“净效应”，利用面板数据回归模型剔除个体效应、时间效应、地区效应以及协变量的影响，得到企业环境责任得分的残差，并以此绘制出媒体报道前后企业环境责任得分残差的时间趋势图，如图 7 - 1 所示。不难发现，企业被媒体报道环境负面事件后，企业环境责任得分的残差出现了较大的波动，呈现逐步增大的趋势，这表明在控制其他因素后，企业环境责任得分在媒体报道前后呈现出显著差异，因此，可以初步认为，媒体关注是提高企业环境责任得分的一个重要驱动因素。

① 参见《中国经济时报》，http：//jjsb. cet. com. cn/show_94220. html；中国新闻网，https：//www. chinanews. com/stock/2010/10 - 13/2583321. shtml。

② 参见 https：//baijiahao. baidu. com/s？ id = 1673712957687302016&wfr = spider&for = pc。

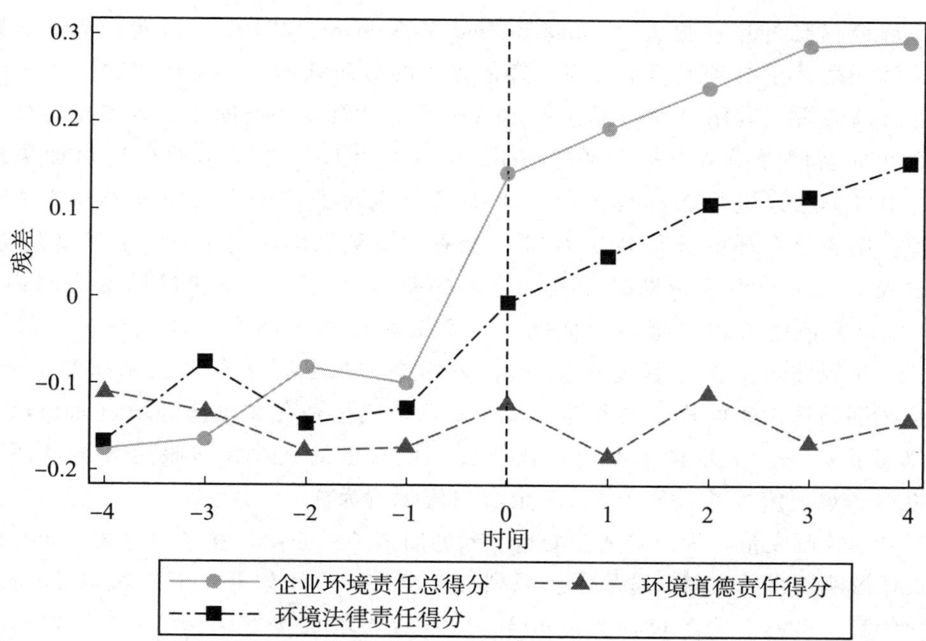

图7－1　媒体报道前后企业环境责任得分残差对比

第三节　研究设计

一、指标选取与数据来源

为实证检验媒体关注对企业环境责任的影响，需要选取相应指标对变量进行衡量，从而准确识别媒体关注对企业环境责任的因果关系，被解释变量、核心解释变量以及控制变量的相关指标选取及衡量方式如下：

企业环境责任（*Cer*）。根据前文构建的测度体系进行衡量。

媒体关注。现有文献对媒体关注的度量方法主要采用互联网的新闻搜索引擎对相关公司进行检索获得其新闻报道次数，这种方法虽然考虑了网络媒体是当今大众接收信息的主要渠道，但由于媒体报道的内容千差万别，不同的报道内容、报道倾向对受众的影响呈现显著差异，进而对公司治理呈现不同效应。由于报道繁多，网络搜索方法无法进一步对其内容进行识别。本章通过信息搜索发现媒体对上市公司正面报道极少，同时相比于正面环境活动信息，市场对负面环境信息的反应更大（Gamache and McNamara，2019），因此，本章对媒体关注的衡量主要考虑两个方面：媒体报道的负面倾向性和媒体报道的内容为企业环境表现。利用 Python 爬虫技术从中国财经新闻数据库爬取有关重污染上市企业的新闻报道，根据贾明等（Jia et al.，2016）总结出的环境负面关键词，对新闻报道进行筛选共获得 17 845 条与重污染上市企业环境表现相关的报道，结合公众环境研究中心（IPE）企业表现数据库所记录的污染事故新闻，经过人工核对与整理，剔除无关、重复的新闻报道，最终获得样本期间内 7 589 条负面环境表现的报道。据此，本章最后构建了两个媒体关注的代理变量：一是媒体负面报道程度 *Negnews*，采用媒体负面环境新闻报道次数表示；二是区别筛选出来的样本与其他样本，本章构建是否存在媒体环境负面报道的虚拟变量 *Cover*，表示样本期内存在负面环境报道的企业在被报道环境负面新闻之后的观测值，并赋值为 1，其余观测值赋值为 0。

其余控制变量。为消除遗漏变量引起的回归结果偏误，参考现有关于企业环境责任影响因素的文献，选取了一系列控制变量，具体如下：企业规模（*Size*）、企业年龄（*Age*）、资产负债率（*Alr*）、营业收入增长率（*Opicrt*）、资产收益率（*Roa*）、企业价值（*TobinQ*）、企业现金流（*Cash*）、研发投入（*RD*）、独董占比（*Indir*）、是否两职合一（*Parttime*）、高管激励（*Stimulate*）、股权集中度（*Centre*）、利润率（*Profit*）、固定资产比率（*Far*）、融资约束（*Fcons*）、资本密集度（*Lev*）、资产的经营现金流量回报率（*Cfo*）。地级市层面的控制变量，人均 GDP（*Pgdp*）、产业结构（*Stru*）、对外开放程度（*Open*）、环境规制（*Ers*）。其中，环境规制的衡量参考沈坤荣等（2017）的做法，基于二氧化硫去除率、工业烟（粉）尘去除率两个单项指标构建环境综合指数，以此衡量地级市环境规制强度。其他指标的衡量与前文一致。企业层面的控制变量来自国泰安数据库和中国研究数据服务平台，地级市层面的控制变量来自历年《中国城市统计年鉴》。

为消除变量的数据缺失和极端值的影响，在收集原始数据的基础上，本章对原始变量进行了如下处理：剔除样本期内被 ST 的企业；剔除变量观测值缺失的样本；控制极端值的影响，对所有连续变量进行上下 1% 的缩尾处理（Winsorise）。

二、实证模型设定

媒体对企业负面事件的报道往往具有“轰动”效应，极易引起社会公众的广泛关注，这对企业而言无疑是一个突发事件，迫使企业及时采取应对措施（熊艳等，2011），因此，本章采用事件研究法进行实证分析。但是，考虑到媒体选择曝光企业污染行为并不是随机的，而是受其他诸多因素影响。科尔等（Core et al.，2008）发现媒体更倾向于报道大规模企业的负面新闻。为消除潜在的样本选择偏误，本章构建 Heckman 两阶段模型作为基准回归模型进行实证检验。

根据 Heckman 两阶段法的思想，第一阶段选择方程的形式如下：

$$P(Cover_{i,t} = 1) = \Phi(\alpha_0 + \alpha Z_{i,t} + \mu_i + \sum Year + \sum Industry + \varepsilon_{i,t}) \tag{7.1}$$

其中，$P(Cover_{i,t}=1)$ 表示企业 i 在时刻 t 被媒体报道负面环境事件的概率；$Cover_{i,t}$ 表示企业 i 在时刻 t 是否被媒体报道负面环境事件，是取值为1，否取值为0；μ_i 表示企业个体效应；*Year* 是时间虚拟变量，*Industry* 是行业虚拟变量，分别表示时间效应和行业效应；$\varepsilon_{i,t}$是随机误差项；$Z_{i,t}$是影响企业被媒体报道的因素。根据已有文献，$Z_{i,t}$中主要包括前三名高管薪酬（*Stimulate*）、股权集中度（*Centre*）、企业规模（*Size*）、资产负债率（*Alr*）、企业所在地级市的互联网普及率（*Internet*）以及企业所在地级市的新闻媒体数量（*Media*）（杨道广等，2017；Baloria and Heese，2018）。为表述方便，令 $f = \alpha_0 + \alpha Z_{i,t} + \mu_i + \sum Year + \sum Industry + \varepsilon_{it}$。$\Phi(f) \sim N(0, \sigma^2)$，表示标准正态分布的累计分布函数。

根据式（5.1）估计得到相关参数，计算逆米尔斯比率，$IMR_{i,t} = \varphi\left(\frac{\hat{f}}{\hat{\sigma}^2}\right) \div \Phi\left(\frac{\hat{f}}{\hat{\sigma}^2}\right)$。其中，$\Phi\left(\frac{\hat{f}}{\hat{\sigma}^2}\right)$为标准正态分布的累计分布函数，$\varphi\left(\frac{\hat{f}}{\hat{\sigma}^2}\right)$表示标准正态分布的密度函数。将得到的逆米尔斯比率当作控制变量，建立第二阶段企业环境责任影响因素的回归模型，以此修正选择性样本问题带来的模型估计偏误，模型形式如下：

$$Y_{i,t} = \beta_0 + \beta_1 Cover_{i,t} + \rho\chi_{i,t} + \omega T_{i,j,t} + \psi IMR_{i,t} + \sum Year + \mu_i + \varepsilon_{i,t} \tag{7.2}$$

其中，i 表示企业，j 表示企业所在城市，t 表示年份。$Y_{i,t}$表示企业环境责任表现；$\chi_{i,t}$表示企业层面的一系列控制变量；$T_{i,j,t}$表示地级市层面的控制变量；$IMR_{i,t}$是逆米尔斯比率。*Year* 为年度虚拟变量。μ_i 为企业个体固定效应，$\varepsilon_{i,t}$是随机扰动项。同时，为进一步检验媒体关注程度对企业环境责任的影响，引入变量 *Negnews* 与 *Cover* 形成交互项，以该交互项作为核心解释变量重新进行回归分析。在 Heckman 两阶段模型中，为避免逆米尔斯比率与其他解释变量之间过高的多重共线性，通常需要施加“排除性约束”，换言之，Z_{it}必须有$\chi_{i,t}$和$T_{i,j,t}$没有的变量（Lennox et al.，2012）。企业环境责任表现主要受企业自身特征、战略决策以及外部监管环境的影响。互联网普及率和新闻媒体数量与企业环境责任不存在直接显著的关系。然而，新闻媒体数量越多的地区，企业的环境违规行会更容易被媒体发现和报道；同时，互联网的普及使信息传播更加迅速，企业环境违规一经发现，便能快速传送到新闻媒体手中，从而提高被媒体报道的概率。因此，互联网普及率和新闻媒体数量会影响企业被媒体报道的概率，但不会直接影响企业环境责任，满足“排除性约束”，因此仅出现在选择方程的解释变量中。

第四节 实证结果与讨论

一、媒体关注对企业环境责任履行的影响效应

表7－1列示了Heckman模型的一阶段回归结果。不难发现，企业规模（*Size*）、资产负债率（*Alr*）以及互联网普及率（*Internet*）的估计系数至少在5%水平上显著为正，新闻媒体数量（*Media*）的估计系数在10%水平上显著为正，表明这些因素均提高了企业被媒体报道负面环境事件的概率，媒体曝光这一事件并非随机发生，而是与企业自身特征和外部环境密切相关，因此，需要采用Heckman两阶段模型控制样本选择偏误。利用一阶段回归结果计算逆米尔斯比率，并将其加入二阶段回归模型，具体回归结果如表7－2所示。

表7－1　　　　基于Logit模型的一阶段回归结果

变量	系数	标准误	P值
Stimulate	0.5365	0.3510	0.1260
Centre	－8.4020***	1.8543	0.0000
Size	3.9546***	0.2777	0.0000
Alr	3.8137**	1.7282	0.0027
Internet	0.7267**	0.3322	0.0290
Media	0.0077*	0.0039	0.0520
常数项	－101.7243***	5.9340	0.0000
样本数	6 453		

注：*、**、***分别表示在10%、5%和1%水平上显著；回归结果中控制了个体、时间以及行业固定效应。

表 7－2　　媒体关注对企业环境责任履行影响的回归结果

变量	固定效应模型		Heckman 两阶段模型	
	(1)	(2)	(3)	(4)
	Cer	*Cer*	*Cer*	*Cer*
Cover	－0.5830 (0.4289)		2.2293*** (0.6342)	
Negnews × *Cover*		0.0052*** (0.0016)		0.0043*** (0.0016)
IMR			－0.5499*** (0.0868)	－0.3636*** (0.0582)
Size	0.8250*** (0.2579)	0.7621*** (0.2575)	0.5468** (0.2624)	0.5682** (0.2566)
Age	1.1178*** (0.0649)	1.1047*** (0.0639)	0.9810*** (0.0646)	1.0612*** (0.0624)
Alr	0.4632 (0.8517)	0.4866 (0.8481)	－0.1672 (0.8181)	0.1359 (0.8268)
Opicrt	－0.5132** (0.2215)	－0.5041** (0.2202)	－0.4190* (0.2164)	－0.4200* (0.2177)
Roa	－0.8888 (3.0238)	－1.4218 (3.0607)	－1.1621 (2.9236)	－0.9708 (2.9665)
Profit	0.3596 (1.2863)	0.5276 (1.2894)	0.5180 (1.2635)	0.3976 (1.2704)
Far	1.6559 (1.3368)	1.5922 (1.3395)	1.4084 (1.2693)	1.5767 (1.2789)
TobinQ	－0.2589*** (0.0793)	－0.2645*** (0.0795)	－0.2110*** (0.0796)	－0.2245*** (0.0791)
Cash	－0.2095 (0.9506)	－0.1269 (0.9472)	－0.2738 (0.9410)	－0.3356 (0.9399)
RD	－1.7893 (5.9703)	－2.0367 (5.9644)	－4.1296 (6.0132)	－2.7182 (6.0315)
Indir	－2.9086 (2.2416)	－2.7346 (2.2318)	－3.1382 (2.1901)	－2.8643 (2.2077)

续表

变量	固定效应模型		Heckman 两阶段模型	
	(1)	(2)	(3)	(4)
	Cer	*Cer*	*Cer*	*Cer*
Parttime	-0.0751 (0.2280)	-0.0755 (0.2283)	-0.0234 (0.2229)	-0.0438 (0.2239)
Stimulate	-0.5128** (0.2146)	-0.5212** (0.2144)	-0.4073* (0.2156)	-0.4399** (0.2160)
Centre	-1.6392 (1.1168)	-1.6644 (1.1095)	-1.1079 (1.1073)	-1.1661 (1.1173)
Fcons	-0.4798** (0.2298)	-0.4978** (0.2305)	-0.3778* (0.2218)	-0.4319* (0.2248)
Lev	0.0502 (0.2810)	0.0611 (0.2817)	0.0811 (0.2631)	0.0503 (0.2656)
Cfo	1.0882 (1.1253)	1.0976 (1.1296)	0.9472 (1.1042)	1.0724 (1.1218)
Pgdp	-0.0341 (0.0988)	-0.0334 (0.0987)	-0.0286 (0.0963)	-0.0320 (0.0975)
Open	-0.0044 (0.0372)	-0.0029 (0.0374)	-0.0127 (0.0373)	-0.0082 (0.0371)
Ers	-0.0117 (0.0273)	-0.0128 (0.0275)	-0.0115 (0.0273)	-0.0114 (0.0275)
Stru	0.8922* (0.4707)	0.9540** (0.4751)	0.9425** (0.4594)	0.9344** (0.4630)
常数项	-21.9858*** (6.0518)	-20.7722*** (6.0085)	-11.2885* (6.0084)	-16.3381*** (5.9206)
年度、企业	Yes	Yes	Yes	Yes
年度×省份	Yes	Yes	Yes	Yes
样本数	6 453	6 453	6 453	6 453
Adj. R^2	0.5672	0.5669	0.5762	0.5734

注：括号内为聚类到企业层面的标准误；*、**、*** 分别表示在 10%、5% 和 1% 水平上显著。

表 7-2 列示了 Heckman 模型的二阶段回归结果，同时为进行对比，还列出

了固定效应模型的回归结果。从第（3）、（4）列结果可以看出，逆米尔斯比率（*IMR*）的估计系数在1%水平上显著为负，说明存在明显的样本选择偏差，采用传统的面板数据模型会造成系数估计偏误。各变量方差膨胀因子检验（VIF检验）的结果表明，所有变量的VIF值均小于5，每个模型的整体VIF值最大为2.91，远小于10，故回归不存在严重的多重共线性问题。在修正样本选择偏差的问题后，媒体关注（*Cover*）的估计系数由-0.5803变为2.2293，且在1%水平上显著，表明负面环境事件报道能够促进企业履行环境责任，提高其环境责任表现。随着人们对美好生态环境需求的日益增长以及政府对环境监管的愈加严格，负面环境事件报道会给企业的合法性地位带来威胁（Kölbel et al.，2017），从而迫使企业采取措施以提高自身环境表现。第（4）列结果显示，交互项 *Negnews* × *Cover* 的系数为0.0043，且在1%水平上显著，表明受媒体关注程度越高的企业，媒体关注对企业环境责任履行的促进作用越明显。这主要是由于受媒体关注程度越高的企业，其信息传播范围更广，企业环境行为会被更多公众所了解，从而形成强大的外部监督力量，督促企业履行环境责任。周开国等（2016）发现，媒体关注可以威慑企业的违规决策，从而降低企业违规的可能性。控制变量的回归结果大体与第五章的回归结果保持一致，即规模越大、成立时间越长的企业，其环境责任履行水平更高；营业收入率越高、企业价值越高的企业，其环境责任履行水平反而更低。

二、媒体关注影响企业环境责任履行的机制分析

根据前文的理论分析，媒体关注通过三条路径影响企业环境责任表现，即公众压力、政府监管与管理层声誉。具体而言，首先，企业被曝出环境污染行为，当地居民为保护生态环境会迫使企业提高自身环境表现；其次，企业的环境违规行为会引起政府监管部门注意，提高政府环境监管力度，促使企业履行环境责任；最后，为维护自身声誉，企业污染行为被曝光后，管理层会积极采取应对措施提高企业环境责任履行水平。为证明上述机制的存在，本节利用计量模型进行实证检验。

（一）公众压力机制的检验

随着经济发展，中国社会主要矛盾已经转化为人民日益增长的美好生活需要和不平衡不充分发展之间的矛盾，人民对美好生态环境的向往日益强烈。因此，当地居民对企业污染行为的容忍度会越来越低，通过改变消费选择、进行环境维权等途径迫使企业履行环境责任（Campa，2018；Heyes and Kapur，2012）。一般

而言，企业面临的市场范围越小，受到当地居民的舆论压力也就越大，为保全有限的市场范围，企业必须满足当地居民提出的环保要求，积极履行环境责任。为验证这一机制，引入变量市场依赖度（*Mardep*），采用企业所在地营业收入占企业总营业收入比重进行衡量。企业所在地的营业收入占企业总营业收入比重越大，意味着企业对当地市场的依赖程度越大，更在意当地居民的环保态度。借鉴贾明等（Jia et al.，2016）的做法，根据企业所在地营业收入占企业总营业收入比重的大小，将样本分为上四位数样本和下四分数样本两组，比较两组样本下媒体关注对企业环境责任影响效应大小的差异，回归结果如表 7 - 3 所示。

表 7 - 3　　市场依赖度下媒体关注对企业环境责任履行影响的回归结果

变量	下四分位数样本	上四分位数样本	下四分位数样本	上四分位数样本
	(1)	(2)	(3)	(4)
	Cer	*Cer*	*Cer*	*Cer*
Cover	0.3900 (1.2781)	3.3330*** (1.2052)		
Negnews × *Cover*			0.0538 (0.0489)	0.1510** (0.0751)
IMR	-0.4160*** (0.1587)	-0.9110*** (0.2070)	-0.5830*** (0.1454)	-0.3840*** (0.0983)
常数项	-12.4741 (10.9557)	-16.2199 (13.9443)	-20.9727** (10.5106)	-16.9523 (14.3483)
经验 P 值	0.0840*		0.0670*	
控制变量	Yes	Yes	Yes	Yes
年度、企业	Yes	Yes	Yes	Yes
年度 × 省份	Yes	Yes	Yes	Yes
样本数	1 174	1 201	1 174	1 201
Adj. R^2	0.7467	0.7756	0.7733	0.7461

注：括号内为聚类到企业层面的标准误；*、**、*** 分别表示在 10%、5% 和 1% 水平上显著；经验 P 值用于检验组间系数差异的显著性，通过自抽样 1 000 次得到。

表 7 - 3 的结果显示，在上四分位数样本中，媒体关注（*Cover*）的系数为 3.3330，且在 1% 水平上显著，但在下四分位数样本中，系数大小仅为 0.3900。采用“自抽样法”来检验组间差异的显著性，该方法能够克服传统 Wald 检验的小样本偏误（连玉君等，2010）。从自抽样法得到的经验 P 值来看，两组样本

之间的系数差异在10%水平上显著异于零。同时，交互项（*Negnews* × *Cover*）的系数也呈现出同样的特征。这表明企业所在地的营业收入占企业总营业收入比重越大，媒体关注对企业环境责任履行的促进作用越明显。主要原因在于企业对单一市场的依赖程度越高，公众环境诉求带来的压力对企业的影响会越大。

从企业所在地区的居民环保意愿来看，居民环保意愿越强的地区，企业面临的公众压力会更大。鉴于此，考察不同程度的居民环保意愿下媒体关注对企业环境责任的影响，进一步证明了公众压力机制的存在。借鉴欧阳斌等（2015）的做法，运用中国综合社会调查（CGSS）的数据测度居民环保意愿。CGSS的城市居民问卷中有部分问题涉及受访者环保意愿，如表7－4所示。

表7－4　　居民环保意愿调查

序号	项目内容
1	您经常会特意将玻璃、铝罐、塑料或报纸等进行分类以方便回收吗？
2	您经常会特意购买没有施用过化肥和农药的水果和蔬菜吗？
3	您经常会特意为了环境保护而减少开车吗？
4	您经常会特意为了保护环境而减少居家的油、气、电等能源的消耗量吗？
5	您经常会特意为了环境保护而节约用水或对水进行再利用吗？
6	您经常会特意为了环境保护而不去购买某些产品吗？
7	为了保护环境，您在多大程度上愿意支付更高的价格？
8	为了保护环境，您在多大程度上愿意缴纳更高的税？

受访者选择“总是（非常愿意）”“经常（比较愿意）”“有时（既非愿意也非不愿意）”“从不（不太愿意和非常不愿意）”分别被赋值为4、3、2、1。根据CGSS的数据，获得受访者的环保意愿得分，并据此计算出样本所在城市的平均环保得分。以各市平均环保得分中位数为界，将样本区分为高居民环保意愿、低居民环保意愿两组，利用模型（7.2）重新进行回归，结果见表7－5。

从表7－5的结果可得，变量*Cover*在第（2）列中的系数为3.3529，大于第（1）列中的1.6590。自抽样法得到的经验P值来看，两组样本之间的系数差异在5%水平上显著异于零。这表明在居民环保意愿高的地区，媒体关注对企业环境责任履行的促进作用更为明显，印证了前文的理论分析。因此，可以认为，媒体对企业的负面环境事件报告能够通过公众压力迫使企业提高环境责任履行水平。

表 7-5　居民环保意愿下媒体关注对企业环境责任履行影响的回归结果

变量	居民环保意愿低	居民环保意愿高	居民环保意愿低	居民环保意愿高
	(1)	(2)	(3)	(4)
	Cer	*Cer*	*Cer*	*Cer*
Cover	1.6590** (0.8315)	3.3529*** (1.0051)		
Negnews × *Cover*			0.0052 (0.0043)	0.0260** (0.0124)
IMR	-0.5636*** (0.1334)	-0.5027*** (0.1374)	-0.4140*** (0.0958)	-0.2069** (0.0908)
常数项	0.6496 (9.5196)	8.7662 (10.4259)	-1.4730 (9.5181)	2.6068 (10.4258)
经验 P 值	0.0340**		0.0680*	
控制变量	Yes	Yes	Yes	Yes
年度、企业	Yes	Yes	Yes	Yes
年度 × 省份	Yes	Yes	Yes	Yes
样本数	2 635	2 598	2 635	2 598
Adj. R^2	0.7476	0.7197	0.7465	0.7154

注：括号内为聚类到企业层面的标准误；*、**、*** 分别表示在 10%、5% 和 1% 水平上显著；经验 P 值用于检验组间系数差异的显著性，通过自抽样 1 000 次得到。

（二）政府监管机制的检验

政府是企业行为的直接监督者，对企业环境污染行为的处罚是督促企业履行环境责任的重要手段（Karassin and Bar-Haim，2019）。企业环境违规行为一经媒体曝光，容易引起政府监管部门注意，针对负责任的政府而言，企业的污染行为会遭受行政处罚，从而迫使企业提高环境责任履行水平。然而，郑君君等（2021）发现，地方政府和污染企业有存在“合谋”的可能，为维持经济发展，地方政府会对企业污染行为无动于衷。为探究媒体关注通过政府监管影响企业环境责任，收集企业因环境违规而受到政府处罚的相关数据，据此将样本分为两组：无政府行政处罚和有政府行政处罚，利用式（7.2）进行回归，结果见表 7-6。

表 7-6　政府行政处罚下媒体关注对企业环境责任履行影响的回归结果

变量	无政府行政处罚	有政府行政处罚	无政府行政处罚	有政府行政处罚
	(1)	(2)	(3)	(4)
	Cer	*Cer*	*Cer*	*Cer*
Cover	0.5385 (1.2130)	2.7793*** (0.7293)		
Negnews × *Cover*			0.0046*** (0.0015)	0.0162*** (0.0046)
IMR	-0.2850* (0.1705)	-0.6258*** (0.1011)	-0.2420** (0.1188)	-0.3846*** (0.0668)
常数项	-9.1634 (18.4005)	-11.7474* (6.5295)	-9.4500 (18.2466)	-18.5280*** (6.3593)
经验 P 值	0.012**		0.0720*	
控制变量	Yes	Yes	Yes	Yes
年度、企业	Yes	Yes	Yes	Yes
年度×省份	Yes	Yes	Yes	Yes
样本数	1 215	4 023	1 215	4 023
Adj. R^2	0.5997	0.5710	0.6016	0.5662

注：括号内为聚类到企业层面的标准误；*、**、*** 分别表示在 10%、5% 和 1% 水平上显著；经验 P 值用于检验组间系数差异的显著性，通过自抽样 1 000 次得到。

由表 7-6 可得，媒体关注（*Cover*）及其交互项（*Negnews* × *Cover*）的系数在有政府行政处罚样本组中均在 1% 水平上显著为正，并且都大于在无政府行政处罚样本组中的系数。从自抽样法得到的经验 P 值来看，两组样本之间的系数差异至少在 10% 水平上显著异于零。这表明在政府监管下媒体关注对企业环境责任的促进作用更加明显，也反映出媒体关注可以通过加强政府监管促进企业履行环境责任。

从地区层面来看，地方政府对环境污染治理的力度越大，企业所面临的政府监管会越严，当企业的环境污染行为被曝光，政府会采取相应措施督促企业提高环境表现。为进一步阐释媒体关注通过政府监管提高企业环境责任履行水平，根据企业所在城市的环境污染治理力度将样本分为两组：一组为高政府治污强度，包括政府环境污染治理力度处在上四分位数的样本；另一组为低政府治污强度，包括政府环境污染治理力度处在下四分位数的样本。关于环境污染治理力度的衡量，借鉴陈春烁等（Chen et al.，2018）和陈诗一等（2018）的做法，采用政府工作报告中与环境相关词汇总字数占全文总字数的比例作为政府环境治理力度的代理变量。政府工作报告是依法行政和执行权力机关决定、决议的纲要，是指导政府工作的纲领性文件。因此，政府工作报告中与环境相关词汇出现频数及其比重更能全面地体现政府环境治理的力度，反映政府环境治理政策的全貌。收集全国地级市层面的政府工作报告，并计算环境保护、环保、污染、能耗、减排、排污、生态、绿色、低碳、空气、化学需氧量、二氧化硫、二氧化碳、PM10 以及 PM2.5 等词汇在政府工作报告中所占的比重，以此衡量政府环境污染治理力度。利用模型（5.2）对分组后的样本进行回归，结果如表 7－7 所示。

表 7－7　政府治污强度下媒体关注对企业环境责任履行影响的回归结果

变量	下四分位数样本	上四分位数样本	下四分位数样本	上四分位数样本
	(1)	(2)	(3)	(4)
	Cer	*Cer*	*Cer*	*Cer*
Cover	1.7867 (1.3896)	2.3690** (0.9659)		
Negnews × *Cover*			0.0091 (0.0074)	0.0365*** (0.0117)
IMR	－0.5330** (0.2092)	－0.6890*** (0.1633)	－0.3346** (0.1452)	－0.4884*** (0.1201)
常数项	12.8897 (36.8899)	－31.5092 (24.1514)	10.0940 (36.6056)	－34.5440 (24.4945)
经验 P 值	0.0510*		0.0430**	
控制变量	Yes	Yes	Yes	Yes
年度、企业	Yes	Yes	Yes	Yes
年度 × 省份	Yes	Yes	Yes	Yes
样本数	842	1 648	842	1 648
Adj. R^2	0.6607	0.7653	0.6615	0.7638

注：括号内为聚类到企业层面的标准误；*、**、*** 分别表示在 10%、5% 和 1% 水平上显著；经验 P 值用于检验组间系数差异的显著性，通过自抽样 1 000 次得到。

表 7－7 的结果显示，相比于低政府治污强度组，在高政府治污强度组下，变量 *Cover* 与 *Negnews* × *Cover* 的系数都更大，且均在 1% 水平上显著为正。经验 P 值的结果均至少在 10% 水平上显著，说明两组系数之间的差异非常明显。这进一步表明媒体关注能够通过政府监管提高企业环境责任履行水平。

（三）管理者声誉机制的检验

媒体对企业的负面报道会影响管理者声誉，出于自身利益考虑，管理层会积极推动企业提高环境责任履行水平。巴拉克里希南和福鲁迪（Balakrishnan and Foroudi，2020）发现，企业声誉是消费者购物选择时考虑的重要因素，而管理者声誉是企业声誉的一个重要方面。近年来，国际环境责任运动浪潮此起彼伏、声势浩大，很多国家要求企业提升产品的环保标准，积极履行环境责任，因此，国际化程度越高的企业，管理者会更注重声誉表现。鉴于此，选择国际化程度上四分位数样本和下四分数样本进行分组回归，比较两组样本中媒体关注对企业环境责任影响效应的差异。如果在国际化程度高的样本中，媒体关注对环境责任履行的促进作用更显著，那么说明管理者声誉机制是存在的。借鉴王海林和王晓旭（2018）的做法，采用企业当年海外实现的主营业务收入占当年主营业务总收入的比重衡量企业的国际化程度（*Frtr*）。利用模型（7.2）进行回归，结果如表7－8所示。

表7－8　国际化程度下媒体关注对企业环境责任履行影响的回归结果

变量	下四分位数样本	上四分位数样本	下四分位数样本	上四分位数样本
	(1)	(2)	(3)	(4)
	Cer	*Cer*	*Cer*	*Cer*
Cover	−0.7456 (2.5599)	2.2231*** (0.8130)		
Negnews × *Cover*			0.0029** (0.0014)	0.0231*** (0.0074)
IMR	−0.2385 (0.2618)	−0.5303*** (0.1254)	−0.2247 (0.1714)	−0.3371*** (0.0854)
常数项	−25.3104 (20.2616)	4.4216 (9.1261)	−25.0824 (21.2463)	0.7128 (8.9791)
经验P值	0.0420**		0.0780*	
控制变量	Yes	Yes	Yes	Yes
年度、企业	Yes	Yes	Yes	Yes
年度×省份	Yes	Yes	Yes	Yes
样本数	697	644	697	644
Adj. R^2	0.7943	0.7418	0.7955	0.7401

注：括号内为聚类到企业层面的标准误；*、**、***分别表示在10%、5%和1%水平上显著；经验P值用于检验组间系数差异的显著性，通过自抽样1 000次得到。

由表 7-8 结果可知，第（2）、（4）列中，核心解释变量 *Cover* 与 *Negnews* × *Cover* 的系数均在 1% 水平上显著为正，且都大于第（1）、（3）列中的系数。同时，从自抽样法得到的经验 P 值来看，两组样本之间的系数差异至少在 10% 水平上显著异于零。这说明对于国际化程度更高的企业，负面环境事件报道对推动其环境责任履行的作用更大。主要原因在于国际化程度高的企业，面对纷繁复杂的国际市场环境，为维持来之不易的国际市场，会积极响应国际大势，努力维护自身的良好声誉形象，一旦发生负面环境事件报道，便会及时采取措施提高环境责任履行水平。

在以公有制经济为主体、国有经济为主导的社会主义市场经济体制下，国有企业在促进国民经济发展和贯彻落实党的大政方针上具有举足轻重的作用，是国家重点关注的对象。因此，相较于私营企业的管理者，国有企业的管理者会更加在意自身声誉。为进一步检验管理者声誉机制存在于在媒体关注与企业环境责任的关系中，根据企业是否属于国有企业对样本进行分组回归，结果见表 7-9。

表 7-9　　政治关联下媒体关注对企业环境责任履行的回归结果

变量	非国有企业	国有企业	非国有企业	国有企业
	(1)	(2)	(3)	(4)
	Cer	*Cer*	*Cer*	*Cer*
Cover	1.6431 (1.0757)	2.1333*** (0.7826)		
Negnews × *Cover*			0.0034* (0.0018)	0.0193** (0.0096)
IMR	-0.4669*** (0.1312)	-0.4978*** (0.1223)	-0.2555*** (0.0905)	-0.3685*** (0.0765)
常数项	-12.8479* (7.4233)	-18.6593* (10.3821)	-18.4907*** (7.1238)	-21.4118** (10.3536)
经验 P 值	0.0410**		0.0480**	
控制变量	Yes	Yes	Yes	Yes
年度、企业	Yes	Yes	Yes	Yes
年度 × 省份	Yes	Yes	Yes	Yes
样本数	3 144	2 097	3 144	2 094
Adj. R^2	0.5052	0.6278	0.5031	0.6262

注：括号内为聚类到企业层面的标准误；*、**、*** 分别表示在 10%、5% 和 1% 水平上显著；经验 P 值用于检验组间系数差异的显著性，通过自抽样 1 000 次得到。

表7－9结果显示，针对国有企业而言，媒体关注（*Cover*）的系数为2.1333，在1%水平上显著为正；但针对非国有企业而言，媒体关注（*Cover*）的系数仅为1.6413，在10%水平上不显著。交互项（*Negnews* × *Cover*）的系数同样在国有企业样本组中更大。从自抽样法得到的经验P值来看，两组样本之间的系数差异均在10%水平上显著异于零。这表明国有企业的管理者更注重自身声誉，对企业负面环境事件的处理会更加及时、有效，有更加强烈的意愿促进企业环境提高。

三、稳健性检验

（一）改变企业环境责任度量方式

目前学界关于企业环境责任的衡量未达成一致，部分学者采用社会公益组织提供的环境责任评分数据进行表示（王薇，2020）。为验证表7－3回归结果的稳健性，采用和讯网的企业社会责任报告中环境责任评分（*Cer_HX*）度量企业环境责任履行水平，并将其代入模型（7.2）重新检验，结果见表7－10。

表7－10　　　　改变企业环境责任度量方式的回归结果

变量	固定效应模型		Heckman 模型	
	(1)	(2)	(3)	(4)
	Cer_HX	*Cer_HX*	*Cer_HX*	*Cer_HX*
Cover	0.2756 (0.7829)		1.4690*** (0.3967)	
Negnews × *Cover*		0.0624* (0.0335)		0.0221** (0.0110)
IMR			0.3241** (0.1597)	0.3587*** (0.1060)
常数项	－34.9511*** (7.6914)	－34.8814*** (7.7079)	－40.8918*** (8.4092)	－41.6083*** (8.0222)
控制变量	Yes	Yes	Yes	Yes
年度、企业	Yes	Yes	Yes	Yes
年度×省份	Yes	Yes	Yes	Yes
样本数	4 373	4 373	4 373	4 373
Adj. R^2	0.4641	0.4639	0.4645	0.4650

注：括号内为聚类到企业层面的标准误；*、**、***分别表示在10%、5%和1%水平上显著。

表7-10的回归结果显示，逆米尔斯比率（*IMR*）的系数至少在5%水平上显著为正，说明存在样本选择偏误问题，应采用Heckman两阶段回归模型进行分析。第（3）、（4）列结果中，变量*Cover*和*Negnews*×*Cover*的系数至少在5%水平上显著为正，表明媒体关注对企业环境责任履行具有显著促进作用，且受媒体关注程度越高的企业，媒体关注的促进作用越明显。该结果与本章主要结论保持一致。

（二）控制左侧截取样本偏误

考虑到企业环境责任得分为非负整数，为控制左侧截取样本的偏误，采用Tobit模型进行稳健性检验。LR检验结果均强烈拒绝“个体效应不存在”的原假设，因此，选择随机效应的面板Tobit模型作为最终回归模型，结果见表7-11。

表7-11　控制左侧截取样本偏误的回归结果

变量	固定效应模型+Tobit模型		Heckman模型+Tobit模型	
	(1)	(2)	(3)	(4)
	Cer	*Cer*	*Cer*	*Cer*
Cover	1.0175*** (0.2796)		2.1952*** (0.3972)	
Negnews×*Cover*		0.0040 (0.0036)		0.0097** (0.0041)
IMR			-0.3040*** (0.0701)	-0.1315*** (0.0496)
常数项	-40.5599*** (3.4379)	-42.6132*** (3.4252)	-34.5423*** (3.7259)	-41.7803*** (3.4984)
控制变量	Yes	Yes	Yes	Yes
年度、企业	Yes	Yes	Yes	Yes
年度×省份	Yes	Yes	Yes	Yes
LR test [P-value]	1 980.4400 [0.0000]	1 996.5900 [0.0000]	1 970.6400 [0.0000]	1 957.1700 [0.0000]
样本数	5 338	5 338	5 338	5 338

注：括号内为聚类到企业层面的标准误；**、***分别表示在5%和1%水平上显著。

表7-11中，第（3）、（4）列结果显示，逆米尔斯比率（*IMR*）的系数在

1% 水平上显著为负，且变量 *Cover* 和 *Negnews* × *Cover* 的系数至少在 5% 水平上显著为正，该结果与本章研究结论一致。

（三）调整样本范围

剔除前 10% 资产规模的企业样本，将剩余样本重新利用模型（7.2）进行检验。剔除资产规模过大的企业样本的原因在于，资产规模较大的垄断性企业由于缺乏竞争对手，往往不会在意媒体的负面报道，如中国石油（Jia et al.，2016）。此外，古鲁南达和巴特勒（Gurun and Butler，2012）研究发现，新闻报道对于小规模企业的影响更大。为获得稳健的回归结果，对样本筛选后重新回归，结果见表 7－12。

表 7－12　　剔除前 10% 资产规模企业的回归结果

变量	固定效应模型		Heckman 两阶段模型	
	(1)	(2)	(3)	(4)
	Cer	*Cer*	*Cer*	*Cer*
Cover	0.1589 (0.4275)		1.9913*** (0.6437)	
Negnews × *Cover*		0.0092 (0.0089)		0.0178** (0.0085)
常数项	－3.6578 (6.4212)	－3.3594 (6.4097)	2.1655 (6.5336)	－1.1357 (6.4109)
控制变量	Yes	Yes	Yes	Yes
年度、企业	Yes	Yes	Yes	Yes
年度 × 省份	Yes	Yes	Yes	Yes
样本数	4 707	4 707	4 707	4 707
Adj. R^2	0.7080	0.7073	0.7111	0.7086

注：括号内为聚类到企业层面的标准误；** 、*** 分别表示在 5% 和 1% 水平上显著。

由表 7－12 可知，在剔除资产规模过大的样本后，控制样本选择偏误，Heckman 两阶段回归模型的结果显示，变量 *Cover* 和 *Negnews* × *Cover* 的系数都至少在 5% 水平上显著为正，该结果与前文研究结论是一致的。

（四）区分媒体报道类型

接下来更换环境污染新闻报道的类型进行进一步分析，以验证新闻类型选择的合理性。构建非负面环境新闻报道占比变量（*Pnews*），计算方式为：（总环境新闻报道数量 - 负面环境新闻报道数量）÷总环境新闻报道数量。可以预见的是，若变量 *Pnews* 的系数不显著，则表明非负面类型的环境新闻对企业环境责任的影响不显著，选择负面新闻报道类型作为研究对象具有合理性。同时，考虑到模型中可能存在的内生性问题，采用两阶段工具变量进行回归，工具变量为地级市互联网普及率和地级市新闻媒体数量。回归结果如表 7 - 13 所示。

表 7 - 13　　　　更换环境报道新闻类型的回归结果

变量	固定效应模型		两阶段工具变量模型	
	(1)	(2)	(3)	(4)
	Cer	*Cer*	*Cer*	*Cer*
Pnews	-0.1750 (0.3173)	-0.0829 (0.3546)	0.2399 (0.2181)	0.1256 (0.1572)
控制变量	No	Yes	No	Yes
年度、企业	Yes	Yes	Yes	Yes
年度 × 省份	Yes	Yes	Yes	Yes
样本数	6 453	6 453	6 453	6 453
Adj. R^2	0.7231	0.7303	0.3396	0.4746
Cragg-Donald Wald			178.9980	125.6620
Sargan			11.8820	8.9850
P-value			0.5373	0.7042

注：括号内为聚类到企业层面的标准误。

从表 7 - 13 中可以看出，无论是固定效应模型还是考虑内生性的两阶段面板工具变量回归模型，其非负面类型环境新闻占比与变量前的系数均不显著，同时，工具变量的 Cragg-Donald Wald F 检验远大于 10，Sargan 检验也得到了通过。因此，从目前来看，非负面环境新闻报道无法促使企业履行环境责任，只有负面新闻才能够迫使企业改变原有的经营行为，促进其积极履行环境责任，本章选择负面环境新闻报道类型作为解释变量是合理的。

第八章

环保背景高管对企业环境责任履行的影响研究

第一节 问题提出

党的十九届五中全会提出要“深入打好污染防治攻坚战，持续改善生态环境质量”。环境保护是一项复杂的社会系统工程，需要各方共同努力，企业作为环境治理体系中的主体角色，积极履行环境责任是应有之义。从微观视角来看，对于决定企业的环境策略而言，企业家特征具有决定性作用。高层梯队理论认为，高管的工作经历深刻影响着高管的人格特征和行为模式，进而对其所领导企业的决策行为带来影响（张晓亮等，2019）。当前已有大量学者基于高层梯队理论，讨论了高管的特定职能背景对企业行为的影响，如周楷唐等（2017）研究了高管学术经历对企业融资行为的影响，王鸿儒等（2021）考察了高管公职经历对企业排污行为的影响，高等（Gao et al.，2021）探讨了高管从军经历对企业环境投资行为的影响。但是，已有相关研究更多关注董事长或总经理的职能背景，而对同样可能影响企业决策行为的其他高管缺乏关注。事实上，尽管董事长或总经理一般而言具有较大的话语权，然而在进行企业决策时，尤其是关于企业战略调整时，并非董事长或总经理的“一言堂”，在高管团队权力并不十分集中时，具有特定职能背景的高管在面对具体战略决策时可能更有发言权。在大力推进生态文明建设和实行最严格生态环境保护制度的背景下，企业实施绿色转型战略，积极履行环境责任是保障其生存、发展、壮大的必要条件。具有环保背景的高管此时凭借其敏锐的环境风险意识和专业的环境知识理应受到重视，并在环境策略决策时有一定话语权（毕茜等，2019）。另外，中国上市企业高管的职业背景千差万别（赵子夜等，2018），拥有环保背景的董事长或总经理数量并不多，仅占全部样本约2.08%。那么，随之而来的问题是：环保背景高管能否促进企业履行环境责任？其权力大小是否扮演着重要角色？

权力是高管团队结构的核心要素，能够揭示高管团队组成影响企业组织生产的逻辑链条（Hosain，2019）。企业的生产决策是在面临资源约束条件下寻求效益最大化的过程，而高管权力是决定资源分配的关键因素，因此，有环保背景的高管在管理团队中的权力不同，可能会影响到企业环境责任履行水平。然而，现有研究企业高管与企业决策行为之间关系的文献普遍按照“高管特征—行为后果”的逻辑展开，聚焦于董事长或总经理等少数核心高管的个人特征，讨论高管团队组成对企业决策行为的可能影响，缺乏关注权力这一重要因素，忽略了高管团队结构异质性对企业决策行为的影响。或是将关注点置于整个高管团队层面，仅仅将高管团队的整体权力的分布作为调节变量，考察高管团队权力差距或权力集中度对高管团队结构与企业生产绩效之间关系的调节作用（段梦然等，2021；Kong et al.，2021），缺乏对某一特定职能背景高管在团队结构中的清晰定位。目前，鲜有研究考察环保背景高管对企业环境责任履行的影响，更遑论准确区分不同权力大小的环保背景高管对企业环境责任履行的异质性影响。鉴于此，本章收集了企业高管背景的相关信息，基于企业年报中高管排名的数据，借助柯斌等（Ke et al.，2021）的方法，对环保背景高管在整个管理团队的相对权力进行测度，研究环保背景高管及其权力分布对企业环境责任履行的影响效应与作用机制。

本章的贡献主要体现在如下三个方面：第一，首次考察高管的环保经历对企业环境行为的影响，拓展了高层梯队的理论外延，丰富了高管特征与企业决策行为之间关系的相关文献。已有文献大多从高管的年龄、性别、教育背景、人格特征等视角研究高管个人特征对企业决策及其组织绩效的影响，区别于该类研究，本章基于高管职能背景角度，探讨环保背景高管对企业环境责任履行的影响，发现环保背景高管能够促进企业环境责任履行，并论证企业环境注意力提升和环境投资支出增加是环保背景高管影响企业环境责任履行的重要渠道。第二，以权力为切入点，探索了董事长和总经理以外特定职能背景高管对企业环境责任履行的影响，为研究其他特定职能背景高管与企业产出之间的关系拓展了思路。以往有关企业高管特定职能背景的研究大多仅关注董事长或总经理，简单地将董事长或总经理的特征作为整个高管团队特征的代理变量，这不仅违背了“民主集中制”

的议事原则，而且忽视了企业其他高管的作用。本章通过将环保背景高管的考虑范围扩大到所有高管团队成员，同时结合高管团队的权力分布情况，对不同高管的影响力进行区分，避免了默认高管团队权力集中于董事长或总经理，而且充分尊重了不同高管权力大小不同的客观事实，对现有研究进行了有益补充。第三，准确测度高管权力大小，区分环保背景高管与环保背景高管权力的不同影响，深化了现有关于高管特征的研究。以往相关研究未能关注权力作用的原因，一方面在于高管本身与权力的不可分割性，特定职能背景的高管既是经验和技术的载体，又是权力的载体，很难将高管的经验技术与权力在测度上进行区分；另一方面在于权力的测度是一件颇为困难的事情，已有研究大多采用多维度指标体系进行衡量（Beck and Mauldin，2014；方宏等，2021），各维度测量指标选取以及权重设置都具有一定难度，且主观性较强。鉴于此，本章基于企业年报中高管的排名信息，利用柯斌等（Ke et al.，2021）提出的权力测量方法并在此基础上进行去量纲化处理，以此作为高管权力的衡量指标，将权力单独分离出来作为核心解释变量，从而能够深入地解释环保背景高管透过团队结构影响企业环境责任履行。

第二节 理论分析与研究假说

高管团队是企业内部的主导联盟，在经营管理、战略制定以及实施变革等方面都发挥着重要的作用，是企业战略选择和发展走向的关键决定力（Hambrick and Mason，1984）。高层梯队理论认为，高管对事物的理解受认知能力和价值观引导，其个人特征对公司经营决策有着深刻影响。作为高管个人特征的一个重要方面，其职能背景对企业决策影响被广为关注（何瑛等，2019）。马奎斯和蒂尔西克（Marquis and Tilcsik，2013）认为，“焦点主体”（focal entity）都存在特定的“环境敏感期”（sensitive periods），这一时期的环境特征将对焦点主体产生重大影响并形成相应烙印，即使环境改变，烙印也不会随之消失。基于此，弗朗西斯等（Francis et al.，2015）提出，企业高管早期的独特经历会给其带来特殊烙印，而这一烙印将会影响他们的价值观、认知能力等方面，进而影响决策行为。因此，一个人早期对于环境的体验以及学习与工作的经历会塑造其环境价值观，企业高管成员的环保经历可能会使其形成相应的“环保烙印”，提高其环保意识，进而影响企业的环境决策。

环保背景高管是指企业管理层、董事会、监事会中存在从事过与环境保护相关工作的人员，如在政府的环保部门或环保协会担任过职务、参与过环保项目，取得与环保相关的学位证书或专利技术等。心理学研究发现，一个人对工作角色的不断参与必然伴随着交互作用而引起人格变化，工作内容的特殊性、复杂程度及工作中的成败经历对个体的归因倾向、智力灵活性、生活态度以及健康情绪均有不同程度的影响（Tasselli et al.，2018）。由于环境保护工作具有长期性、自主性，取得环保相关证书或专利技术需要专业性和创造性，因此，环保经历能够对个人的生态价值观和可持续发展理念形成具有重要影响（毕茜等，2019）。高管团队是企业决策的核心，环保经历会影响其人格特征进而影响企业的环境策略。当前，中国坚持“生态优先、绿色发展”的战略定位，人民群众对美好生态环境的需求日益强烈，企业履行环境责任，走绿色发展之路是应势而为，能够实现自身可持续发展。环保背景高管由于过往的环保工作经历，深知环境保护的重要性，会遵守国家环境政策，积极响应绿色发展战略，促进企业履行环境责任。

首先，环保背景高管提高了企业环境注意力。环保经历让企业高管认识到解决环境问题的迫切性，有助于塑造企业高管团队的可持续发展观，使其具有更高的道德水平和责任意识，进而提高企业管理团队的环境注意力。高管团队对环境污染问题和解决方案的关注决定了企业是否采取相应措施履行环境责任。注意力基础观认为，企业决策结果不仅取决于决策者的个人特征，也受其注意力等认知因素影响（Ocasio，1997）。当高管团队在环境相关议题中投入更多时间和精力时，企业会倾向于采取环境保护措施，其履行环境责任的意愿也会更加强烈（和苏超等，2016；Yang et al.，2019）。日益严峻的环境污染问题致使政府、公众等诸多利益相关者持续向企业施压，环保背景高管能够敏锐地感知环境压力对企业的影响，带动整个高管团队对环境问题的关注（曹洪军和陈泽文，2017）。

其次，环保背景高管增加了企业环境投资支出。企业履行环境责任具有正外部性，然而成本却要独自承担。为履行环境责任，企业不仅需要购买新的环保设备、打造绿色工艺流程、开展绿色技术创新，而且需要在生产结构、机器设备、员工培训等方面进行必要支出。哈桑（Hassan，2018）研究发现，环境投资短期内不利于企业价值的增加，因此，对于大部分企业而言，当下增加环境投资支出并非一个必选项。但是，从长远来看，为响应国家战略和顺应时代趋势，增加环境投资促使企业绿色转型又是必由之路。环保背景高管可以凭借其独特的环境知识与经验，降低企业环境投资的风险，从而促使企业增加环境投资支出，加快绿色转型步伐。此外，环保背景高管提高了企业环境风险感知，为避免环境问题引致的经营风险，其所在企业也会更愿意增加环境投资支出，减少重大环境问题发生的可能性，进而提高企业环境责任履行水平。由此，提出如下假说：

假说1：环保背景高管能够促进企业履行环境责任。

高管团队的内部权力分布并不均匀，这意味着高管团队中各成员之间话语权大小是不同的，拥有更高权力的高管，更有可能对公司决策产生更大的影响（张栋等，2021）。宋伟玲和温锦明（Song and Wan，2019）发现，权力更大的高管有更强的薪酬激励，在决策时会表现出更加强势的地位。从概念上看，权力是人与人之间的一种不对称关系，权力大的相对于权力小的拥有更多话语权，甚至在意见相左时可以坚持以自己的意见作为团队的最终决策结果。高管团队中的每个高管与其他高管之间均存在一定的权力关系，整个高管团队可以看作各位高管之间权力关系交织的网络。当环保背景高管在团队中的地位上升，权力增大时，其能够对高管团队的其他高管施加的影响力也随之上升，并能够将自身对环境问题的关注传达至整个高管团队，成为高管团队关注的重点问题。积极治污和绿色转型是企业履行环境责任的主要举措，而这些举措在短期内都具有高投入和低回报的特征。企业的投资决策是在面临一定资源约束条件下寻求最大收益的过程，因此企业高管团队在进行环境投资时会更为谨慎，高管们之间的意见分歧也会较大，具有环保背景的高管如果在团队中排名靠前，权力较大，那么影响其他高管甚至主导其他高管服从自己意志的能力会更强；同时，高权力带来的强话语权会进一步激发研发背景高管参与公司管理的积极性，在针对涉及企业发展战略的相关决策时会积极建言献策，从而促进企业履行环境责任。综上所述，提出如下假说：

假说2：具有环保背景的高管在高管团队中的权力越大，越能促进企业履行环境责任。

企业是决策者的注意力配置系统，高管团队在决策的过程中离不开组织环境的影响，因此，环保背景高管对企业环境责任的影响可能会在不同类型的企业中表现出差异。对于环境责任履行而言，企业组织环境的差异体现在环境战略上。企业环境责任履行的数据来自企业自主披露的相关信息，信号传递理论认为，企业环境表现与环境信息披露质量呈正相关关系（Ren et al.，2020）。道金斯和弗拉斯（Dawkins and Fraas，2011）提出，企业的环境信息披露行为可以视为企业的环境战略，根据环境信息披露质量的高低可分为积极型环境战略和防御型环境战略。环境信息披露质量高的企业会更加关注外部利益相关者，并积极履行环境责任以彰显良好的环境形象。然而，环境信息披露质量差的企业往往是由于自身环境责任履行水平低而选择少披露或含糊其辞地披露环境信息，试图用表面的文字调整来维持与利益相关者的良好关系。因此，相比于环境信息披露质量差的企业，环境信息披露质量高的企业会更加积极履行环境责任，对环境问题的关注和环境投资支出也会更多，但是，相比于环境信息披露质量差的企业，环保背景高管其权力对企业环境责任履行的促进作用却不一定在环境信息披露质量高的企业中更显著。这是因为，环境信息披露质量差的企业在整体上环境责任履行水平低，或者不如环境信息披露质量高的企业重视环境问题，此时环保背景高管的权力增大对企业环境责任履行的促进作用能够更加凸显；而在环境信息披露质量高的企业，由于自身重视环境问题，较好的“先决条件”可能会“遮盖”环保背景高管其权力对企业环境责任的影响。综上所述，提出如下假说：

假说3：环保背景高管权力对企业环境责任的影响在采取不同环境战略的企业间存在显著差异。

第三节 研究设计

一、样本选取与数据来源

改革开放四十多年间，以火电、钢铁等为代表的重污染行业在中国经济发展过程中发挥了重要作用，但是其粗放的发展方式积累了大量的环境污染问题，严重制约了经济的可持续发展。因此，我们选择重污染行业上市企业为研究对象，鉴于数据可得性，研究范围确定为2006～2019年，从而更有效地考察环保背景高管权力与企业环境责任之间的关系。在此基础上，对样本进行二次筛选：剔除样本期内被ST的样本以及关键财务数据缺失的样本。为消除极端值的影响，对主要连续变量进行上下1%的缩尾处理，最终获得6 453个公司—年度观测值。

本章的数据来源如下：(1) 企业环境责任的数据源于各企业历年年报、环境责任报告、社会责任报告以及可持续发展报告，通过人工收集整理得到；(2) 高管环保经历的相关数据源于各上市企业历年年报，经过人工收集而得；(3) 其余变量的数据源于国泰安数据库、中国问题研究数据库、历年《中国城市统计年鉴》。

二、模型设定与变量定义

以式（8.1）和式（8.2）两个模型对上文提出的研究假说进行检验。其中，式（8.1）主要判别高管环保工作经历对企业环境责任的影响。式（8.2）相较于式（8.1）对样本进行了限制，核心解释变量由式（8.1）中是否存在环保背景高管的哑变量 *Executive* 调整为环保背景高管的权力大小 *Epower*，由于只有在拥有环保背景高管的样本中，环保背景高管的权力才大于零，因此，环保背景高管的权力大小蕴含着更丰富的信息，能够反映环保背景高管在企业决策时的话语权。利用式（8.2）分别对全样本和仅包含环保背景高管的子样本进行回归，第1次回归用于判断环保背景高管权力对企业环境责任的影响，第2次回归用于判断控制环保背景高管对企业环境责任影响的情况下，其权力大小是否依然能够促进企业履行环境责任。

$$Cer_{i,t} = \alpha_0 + \alpha_1 Executive + \rho_n Controls + \sum Year + \mu_i + \varepsilon_{i,t} \tag{8.1}$$

$$Cer_{i,t} = \beta_0 + \beta_1 Epower + \lambda_n Controls + \sum Year + \mu_i + \varepsilon_{i,t} \tag{8.2}$$

在上述模型中，被解释变量 $Cer_{i,t}$ 为企业 i 在 t 年的环境责任履行水平，从企业环境责任的内涵出发，基于道德与法律两个层面，法律意识、环境管理等七个方面构建测度指标体系（各指标名称和衡量方式详见表 4-1），采用等权重赋值法加总各指标评分得到综合得分，以此度量企业环境责任履行水平。

解释变量为环保背景高管（*Executive*），以及环保背景高管的权力（*Epower*）。前者为哑变量，若公司当年高管团队中至少存在一位有环保经历的高管，则取值为1，否则取值为0。关于环保背景高管的定义，以企业年报中披露的高管名单作为高管的范畴，透过高管简历确定其是否有过环保工作经历。环保工作经历包括在政府的环保部门或环保协会担任过职务、参与过与环保相关的项目、取得与环保相关的学历证书或相关专利技术等经历（毕茜等，2019）。至于研发背景高管的权力（*Epower*），则借鉴柯斌等（Ke et al.，2021）的做法：首先以研发背景高管在整个高管团队中的排名为依据，按照式（8.3），计算出某个高管的权力得分。其中，*Tpower* 为某一个高管的权力得分，*Trank* 为该高管在年报披露的高管团队名单中的排名，*Tsize* 为该企业当年的高管团队规模。其次，考虑到一些企业中可能存在多名环保背景高管，将所有环保背景高管的权力得分 *Tpower* 进行加总，并将环保背景高管的权力得分除以高管得分总和进行量纲化处理，以消除不同团队规模和多个高管具有环保背景导致的测量误差。最后，得到环保背景高管权力 *Epower*。

$$Tpower = 1 - (Trank - 1)/(Tsize - 1) \tag{8.3}$$

为防止遗漏变量造成估计偏误，与前文一致，在回归方程中加入了一系列控制变量。企业层面考虑了企业规模（*Size*）、企业年龄（*Age*）、资产负债率（*Alr*）、营业收入增长率（*Opicrt*）、资产收益率（*Roa*）、企业价值（*TobinQ*）、企业现金流（*Cash*）、独董占比（*Indir*）、是否两职合一（*Parttime*）、高管激励（*Stimulate*）、股权集中度（*Centre*）、利润率（*Profit*）、固定资产比率（*Far*）、融资约束（*Fcons*）、资本密集度（*Lev*）、资产的经营现金流量回报率（*Cfo*）等；地级市层面选取了人均 GDP（*Pgdp*）、产业结构（*Stru*）、对外开放程度（*Open*）、环境规制（*Ers*）等；并对年份效应、企业效应以及省份随时间变化的趋势效应进行控制。控制变量数据来源于国泰安数据库、中国研究数据服务平台以及历年《中国城市统计年鉴》。

第四节 实证结果分析

一、基准回归结果

表8-1列示了本章的主要回归结果。其中，第（1）、（2）列是以企业当年是否存在环保背景高管的哑变量 *Executive* 为解释变量进行的全样本回归，第（3）、（4）列是以环保背景高管权力 *Epower* 为解释变量进行的全样本回归，第（5）、（6）列是以环保背景高管权力 *Epower* 为解释变量，但只在有环保背景高管（*Executive* = 1）的样本中进行回归，这样能够控制高管背景的存在对企业环境责任的影响，进一步揭示权力对环保背景高管影响企业环境责任的调节作用。

表8-1 环保背景高管权力对企业环境责任履行的回归结果

变量	(1)	(2)	(3)	(4)	(5)	(6)
	Cer	*Cer*	*Cer*	*Cer*	*Cer*	*Cer*
Executive	0.1607* (0.0913)	0.1482** (0.0702)				
Epower			0.5005* (0.2925)	0.4869*** (0.1612)	1.8950* (1.0706)	2.4276** (1.2312)
常数项	-1.5906*** (0.3270)	-24.2299*** (5.8331)	-1.5894*** (0.3271)	-24.2580*** (5.8368)	1.0505* (0.6148)	-29.3775** (13.7028)
控制变量	No	Yes	No	Yes	No	Yes
年度	Yes	Yes	Yes	Yes	Yes	Yes
企业	Yes	Yes	Yes	Yes	Yes	Yes
年度×省份	Yes	Yes	Yes	Yes	Yes	Yes
样本数	6 453	6 453	6 453	6 453	1 561	1 561
Adj. R^2	0.5501	0.5628	0.5500	0.5627	0.4288	0.4478

注：括号内为聚类到企业层面的标准误；*、**、***分别表示在10%、5%和1%水平上显著。

表 8-1 中第（2）列结果显示环保背景高管（*Executive*）的系数为 0.1482，且在 5% 水平上显著为正，说明环保背景高管能够显著提高企业环境责任履行水平。第（4）列结果显示环保背景高管权力（*Epower*）的系数为 0.4869，且在 1% 水平上显著为正，说明环保背景高管的权力越大，越能促进企业履行环境责任。在删除不存在环保背景的高管样本后，第（6）列结果显示，环保背景高管权力（*Epower*）的系数为 2.4276，且在 5% 水平上显著为正，说明在控制环保背景高管的情况下，其权力大小是影响企业环境责任履行的一个重要因素。不难发现，虽然环保背景高管（*Executive*）和环保背景高管权力（*Epower*）均能显著促进企业履行环境责任，但是，环保背景高管权力（*Epower*）的系数远大于环保背景高管（*Executive*）的系数，这表明低权力环保背景高管对企业环境责任施加的影响远小于高权力环保背景高管对企业环境责任施加的影响，环保背景高管权力对企业环境责任的影响相较于环保背景高管可能更有效。从模型拟合效果来看，第（1）~（6）列的调整后 R^2 均在 0.4 以上，表明模型拟合效果较好。

二、异质性分析

本章主要关注环保背景高管权力在采取不同环境战略企业之间的差异。关于企业环境战略的区分，以企业环境信息披露质量为标准进行划分，将环境信息披露质量高的企业视为采取积极型环境战略，环境信息披露质量差的企业视为采取防御型环境战略。采用社会"内容分析法"衡量样本企业的环境信息披露质量，具体做法如下：首先参考孔慧阁和唐伟（2016）的做法，根据《环境信息公开办法（试行）》中"国家鼓励企业自愿公开"的九项环境信息内容，结合上市企业年度的披露特点，设置样本企业环境信息披露内容；然后，采用霍拉和萨博拉曼尼安（Hora and Subramanian，2019）的方法，选择显著性、量化性和时间性三个维度进行评分加总①。为检验环保背景高管权力对企业环境责任的影响在采取不同环境战略企业上的差异，构造虚拟变量 *Ediz*，若企业当年环境信息披露质量得分大于样本中位数，取值为 1，代表采取积极型环境战略的企业，否则取值为 0，代表采取防御型环境战略的企业。表 8-2 汇报了区分企业环境战略后的环保背景高管权力对企业环境责任的影响结果，需要重点关注 $Executive \times Ediz$ 和 $Epower \times Ediz$ 的系数。

---

① 具体赋值依据如下：显著性：若环境信息仅在企业年报中披露，赋值 1 分；若在独立报告中披露，赋值 2 分；若在环境报告中披露，赋值 3 分；出现在两者或以上的部分披露，按最高得分计算。量化性：若披露的环境信息仅是文字性描述，赋值 1 分；若披露的是数量化但非货币化信息，赋值为 2 分；若披露的是货币化信息，赋值 3 分。时间性：若披露的是关于现在的信息，赋值 1 分；若披露的是有关未来的信息，赋值 2 分；若披露的是现在与过去对比的信息，赋值 3 分。

表8-2　　不同环境战略下环保背景高管权力对企业环境责任履行的回归结果

变量	(1)	(2)	(3)	(4)	(5)	(6)
	Cer	*Cer*	*Cer*	*Cer*	*Cer*	*Cer*
Executive	0.2666* (0.1456)	0.2424** (0.1122)				
Epower			1.5979** (0.6316)	1.4769*** (0.3496)	2.8878** (1.3732)	4.5794** (2.2863)
Ediz	0.2627* (0.1348)	0.2055* (0.1117)	0.2478* (0.1321)	0.1834** (0.0829)	0.2971** (0.1275)	0.4083** (0.2169)
Executive × *Ediz*	-0.0784** (0.0371)	-0.0737* (0.0392)				
Epower × *Ediz*			-0.1312*** (0.0368)	-0.3181** (0.1473)	-4.2164* (2.3015)	-6.3141** (3.1089)
常数项	8.6186*** (0.0827)	-7.2186 (6.8509)	8.6519*** (0.0790)	-7.2056 (6.8498)	9.0967*** (0.4074)	-9.7463 (14.1628)
控制变量	No	Yes	No	Yes	No	Yes
年度	Yes	Yes	Yes	Yes	Yes	Yes
企业	Yes	Yes	Yes	Yes	Yes	Yes
年度×省份	Yes	Yes	Yes	Yes	Yes	Yes
样本数	6 453	6 453	6 453	6 453	1 561	1 561
Adj. R^2	0.7142	0.7231	0.7141	0.7230	0.7253	0.7303

注：括号内为聚类到企业层面的标准误；*、**、***分别表示在10%、5%和1%水平上显著。

由第（1）、（2）列结果可以发现，*Executive* × *Ediz* 的系数在10%水平上显著为负，说明环保背景高管对企业环境责任履行的促进作用在采取防御型战略的企业中更为明显。第（3）~（6）列是考察在全样本中和仅存在环保背景高管的子样本中，环保背景高管权力对企业环境责任的影响效果在采取不同环境战略企业中的差异，结果发现，*Epower* × *Ediz* 的系数均至少在5%水平上显著为负，说明环保背景高管权力对企业环境责任履行的促进作用在采取防御型环境战略的企业中更为凸显。

异质性分析的回归结果表明，环保背景高管权力的发挥受组织环境的影响，在组织环境存在巨大差异的情况下，高管权力对组织产出的影响效果也将呈现出明显区别。这与企业的某些观点不谋而合，即高管的个人意志到最终形成高管团队决策，需要通过团队沟通、博弈等程序，由于采用不同环境战略企业的组织环境大相径庭，环保背景高管在与其他高管人员进行交流互动后的效果也将不同。采取防御型环境战略的企业相较于采取积极型环境战略的企业在环保意愿、环境投资支出等方面均存在显著差距，但这一情形恰好使环保背景高管对企业环境责任的促进作用得到凸显，此时环保背景高管权力的上升会直接地体现在企业对环境问题的重视与环保投入的增加。然而，与此相反的是，采取积极型环境战略的企业本身已经很重视环境问题，并积极履行环境责任，在高管团队对企业环境行为进行决策时，增加环境投资支出、加快绿色转型步伐等行为成为多数高管的普遍倾向，此时环保背景高管对促进企业履行环境责任表现并不突出。

三、稳健性检验

（一）更换被解释变量

以和讯网的企业环境责任报告中环境责任得分（*Cer_HX*）度量企业环境责任履行水平，将其代入式（8.1）、式（8.2）中进行回归，结果如表8-3所示。

表8-3　更换被解释变量的回归结果

变量	(1)	(2)	(3)	(4)	(5)	(6)
	Cer_HX	*Cer_HX*	*Cer_HX*	*Cer_HX*	*Cer_HX*	*Cer_HX*
Executive	0.1166* (0.0629)	0.1008** (0.0516)				
Epower			0.8932** (0.4207)	0.9050*** (0.2908)	3.3125* (1.7954)	2.5548** (1.1994)
常数项	2.0565*** (0.0598)	-31.3871*** (7.4613)	2.0677*** (0.0462)	-31.3539*** (7.4588)	3.0607*** (0.4442)	-32.3023* (18.5681)
控制变量	No	Yes	No	Yes	No	Yes
年度	Yes	Yes	Yes	Yes	Yes	Yes
企业	Yes	Yes	Yes	Yes	Yes	Yes
年度×省份	Yes	Yes	Yes	Yes	Yes	Yes
样本数	6 453	6 453	6 453	6 453	1 561	1 561
Adj. R^2	0.4544	0.4610	0.4544	0.4610	0.5814	0.5825

注：括号内为聚类到企业层面的标准误；*、**、*** 分别表示在10%、5%和1%水平上显著。

由表 8－3 可知，更换解释变量后，环保背景高管（*Executive*）和环保背景高管权力（*Epower*）的系数均至少在 5% 显著性水平上显著，这与前文的研究结论保持一致。

（二）更换权力的度量方式

在已有研究中，学者们采用多种方式度量高管权力大小，如通过高管薪酬、构建多维综合指标等（齐鲁光和韩传模，2015；Kong et al.，2021）。为确保回归结果的稳健性，除了高管排名外，还利用 4 种方法测度高管权力大小：从结构、所有权、专家、声誉四个维度构建权力测度 *Epower*1[①]；在 *Epower*1 的基础上增加性别、资历、政治形成七维度权力测度 *Epower*2[②]；以当年环保背景高管薪酬之和占所有高管薪酬总额比重衡量高管权力 *Epower*3；以环保背景高管薪酬之和与高管团队中薪酬前三位高管的薪酬之比衡量高管权力 *Epower*4。利用上述 4 种替代测度方法通过式（8.2）重新进行检验，回归结果见表 8－4。

表 8－4　　利用其他权力测度方式的回归结果

变量	(1)	(2)	(3)	(4)
	Cer	*Cer*	*Cer*	*Cer*
*Epower*1	0.1913** (0.0902)			
*Epower*2		0.0928* (0.0510)		
*Epower*3			1.4856** (0.7465)	
*Epower*4				0.0360*** (0.0101)
常数项	8.9504 (9.9219)	8.9026 (9.9179)	8.8440 (9.9547)	8.7553 (9.9536)

① 结构性权力：若环保背景高管为董事长或总经理，取值为 1，否则为 0；所有权权力：若环保背景高管持有公司股份，取值为 1，否则为 0；专家权力：若环保背景高管的学历为研究生，取值为 1，否则为 0；声誉权力，若环保背景高管同时在其他公司或机构兼职，取值为 1，否则为 0。

② 性别权力：若环保背景高管中男性，取值为 1，否则为 0；资历权力：若环保背景高管的年龄超过企业当年所有高管的中位数，取值为 1，否则为 0；政治权力：若环保背景高管现任或曾任人大、政协、政府、党委领导，取值为 1，否则为 0。

续表

变量	(1)	(2)	(3)	(4)
	Cer	*Cer*	*Cer*	*Cer*
控制变量	Yes	Yes	Yes	Yes
年度	Yes	Yes	Yes	Yes
企业	Yes	Yes	Yes	Yes
年度×省份	Yes	Yes	Yes	Yes
样本数	6 453	6 453	6 453	6 453
Adj. R^2	0.7259	0.7259	0.7258	0.7258

注：括号内为聚类到企业层面的标准误；*、**、*** 分别表示在10%、5%和1%水平上显著。

表8-4结果显示，除了*Epower2*的系数在10%水平上显著为正，其余三个系数均在5%水平上显著为正，说明环保背景高管权力能够显著提高企业环境责任履行水平，这进一步验证了结论的可靠性。

（三）调整研究样本

现有关于高管背景的研究大多以董事长和总经理的背景进行分析，本章的研究虽然将高管的界定范围拓宽至所有高管，然而其中也包含一定数量的董事长和总经理，尽管这一样本量仅占样本总量的2.08%，但按照本章的权力测度方法，董事长和总经理往往因排名高而权力得分高。因此，环保背景高管能够促进企业履行环境责任的作用可能主要来自董事长或总经理。为了消除这一顾虑，本章去除了董事长或总经理具有环保背景的样本，对剩余样本进行回归，结果见表8-5。

表8-5　　调整研究样本后的回归结果

变量	(1)	(2)	(3)	(4)	(5)	(6)
	Cer	*Cer*	*Cer*	*Cer*	*Cer*	*Cer*
Executive	0.2282** (0.1147)	0.2052** (0.0972)				
Epower			1.5071* (0.8272)	1.5899** (0.7159)	0.3468*** (0.1169)	0.6699** (0.3140)
常数项	8.7514*** (0.0454)	-7.6783 (6.8358)	8.7771*** (0.0368)	-7.6544 (6.8404)	8.9321*** (0.3445)	-14.4461 (14.7837)

续表

变量	(1)	(2)	(3)	(4)	(5)	(6)
	Cer	*Cer*	*Cer*	*Cer*	*Cer*	*Cer*
控制变量	No	Yes	No	Yes	No	Yes
年度	Yes	Yes	Yes	Yes	Yes	Yes
企业	Yes	Yes	Yes	Yes	Yes	Yes
年度×省份	Yes	Yes	Yes	Yes	Yes	Yes
样本数	6 319	6 319	6 319	6 319	1 300	1 300
Adj. R^2	0.7140	0.7230	0.7140	0.7230	0.7286	0.7326

注：括号内为聚类到企业层面的标准误；*、**、*** 分别表示在10%、5%和1%水平上显著。

表8-5中第（2）、（4）、（6）列的环保背景高管（*Executive*）和环保背景高管权力（*Epower*）系数均在5%水平上显著为正，这与前文研究结论保持一致。

（四）更换计量模型

在本章样本中，被解释变量企业环境责任得分为非负整数，为控制左侧截取样本的偏误，重新利用Tobit模型进行检验，结果如表8-6所示。

由表8-6可知，LR检验结果均强烈拒绝“个体效应不存在”的原假设，因此，选择随机效应的面板Tobit模型作为最终回归模型。第（2）、（4）、（6）列中环保背景高管（*Executive*）和环保背景高管权力（*Epower*）至少在10%水平上显著为正，说明环保背景高管权力能够有效促进企业履行环境责任，与前文主要结论一致。

表8-6　　基于Tobit模型的回归结果

变量	混合 Tobit	随机 Tobit	混合 Tobit	随机 Tobit	混合 Tobit	随机 Tobit
	(1)	(2)	(3)	(4)	(5)	(6)
	Cer	*Cer*	*Cer*	*Cer*	*Cer*	*Cer*
Executive	0.4702* (0.2763)	0.5175* (0.2753)				
Epower			0.2459** (0.1164)	0.5432** (0.2456)	1.9005*** (0.5897)	1.0059** (0.4767)
常数项	-69.4227*** (4.4604)	-50.7099*** (2.9881)	-69.4496*** (4.4762)	-50.7648*** (2.9904)	-76.2945*** (6.5407)	-66.5012*** (5.7410)

续表

变量	混合 Tobit	随机 Tobit	混合 Tobit	随机 Tobit	混合 Tobit	随机 Tobit
	(1)	(2)	(3)	(4)	(5)	(6)
	Cer	*Cer*	*Cer*	*Cer*	*Cer*	*Cer*
控制变量	Yes	Yes	Yes	Yes	Yes	Yes
年度	Yes	Yes	Yes	Yes	Yes	Yes
企业	Yes	Yes	Yes	Yes	Yes	Yes
年度×省份	Yes	Yes	Yes	Yes	Yes	Yes
LR test	2 325.9800		2 328.1600		319.6100	
[P-value]	[0.0000]		[0.0000]		[0.0000]	
样本数	6 453	6 453	6 453	6 453	1 561	1 561

注：括号内为聚类到企业层面的标准误；*、**、*** 分别表示在10%、5%和1%水平上显著。

第五节 关于其他问题的讨论

一、内生性问题的讨论

本章对企业高管环保经历及其权力大小与企业环境责任履行的关系进行探索，发现企业中具有环保经历高管且该类高管权力越大，企业环境责任的履行情况更好。然而，一方面，企业为了特定战略的实施，可能会优先聘用在特定领域具有任职经验的高管。例如，在推进生态文明建设和大力发展绿色经济的背景下，生态环境是重污染企业生产经营时不得不考虑的重要方面，此时，企业制定绿色经营策略时，很可能会优先聘用具有环保经历的高管。另一方面，环保背景高管由于具备敏锐的环境风险意识，在企业绿色经营战略的制定和实施中往往能够发挥更大的作用，而在目前的高管晋升机制中，高管晋升往往与企业绩效呈正相关（章琳一，2019），因此，在重污染企业中，环境责任履行越好的企业，环保经历高管的晋升机会越大，其权力也会越大。在上述两种情况下，不可避免会面临内生性问题，需要进一步通过实证安排来检验回归结论的稳健性。

鉴于此，通过寻找外生冲击的方法对具有环保经历高管的权力与企业环境责任履行之间可能存在的内生性问题进行了处理。具体思路如下：企业高管团队的成员构建情况具备一定变动性，其变动原因主要有两种：一种是企业为了适应经营战略的战略性变动；另一种是一些突发性事件引起的外生性变动，例如高管违法违规后的任免、高管的身体状况不适合继续担任或突发意外事故、国家政策性的安排等。在这两种情况下，高管团队成员的构成情况变动会导致高管团队规模的变化进而导致高管团队成员排名发生变动。由于高管权力大小的计算是根据高管在团队中的排名进行的，因此，第二种外生性高管团队变动能够在影响环保经历高管权力大小的基础上缓解内生性带来的影响。

据此，本章进一步收集了样本期间内，高管团队整体规模变动（成员扩大或缩小），但高管团队中具有环保经历的高管未发生变化的样本，最终得到该类样本 1 060 个，其中，高管团队整体规模变大的样本量为 487，规模变小的样本量为 623。在上述样本中进行回归，得到的回归结果如表 8 – 7 所示。

表 8 – 7　　　　基于团队规模变化的回归结果

变量	(1)	(2)	(3)	(4)	(5)	(6)
	Cer	*Cer*	*Cer*	*Cer*	*Cer*	*Cer*
Epower	8.8692*	2.8169**	3.3783**	4.0674*	3.5547**	1.4159***
	(4.8678)	(1.3414)	(1.6617)	(2.1948)	(1.6743)	(0.4375)
常数项	8.8754***	17.4964	9.3931***	38.6765*	9.0761***	12.9375
	(0.1429)	(33.1390)	(0.1377)	(19.6925)	(0.1005)	(14.3679)
控制变量	No	Yes	No	Yes	No	Yes
年度	Yes	Yes	Yes	Yes	Yes	Yes
企业	Yes	Yes	Yes	Yes	Yes	Yes
年度 × 省份	Yes	Yes	Yes	Yes	Yes	Yes
样本数	487	487	623	623	1 060	1 060
Adj. R^2	0.7721	0.7850	0.8066	0.8119	0.7840	0.7899

注：括号内为聚类到企业层面的标准误；*、**、*** 分别表示在 10%、5% 和 1% 水平上显著。

在表 8 – 7 中，第（1）、（2）列是高管团队整体规模变大但环保背景高管人物不变的样本回归情况，第（3）、（4）列是高管团队整体规模变小但环保经历高管不变的样本回归情况，第（5）、（6）列是高管团队整体规模变化（可能变大也可能变小）但环保背景高管人物不变的样本回归情况。从表 8 – 7 中可以发现，环保背景高管权力 *Epower* 的系数均至少在 10% 的水平上显著，这表明在企业高管团队中，具有环保背景高管的权力越大，越有助于企业实施绿色经营战略，提高环境责任履行水平。该检验结果能够在一定程度上缓解本研究可能存在的内生性问题，从而再次证明前文研究结果的稳健性。

二、机制检验

如前文所述，环保背景高管能够促进企业环境责任履行水平提高，且环保背景高管的权力越大，其促进作用越明显。那么，这种影响是通过何种渠道起作用呢？企业履行环境责任在短期内具有成本和收益不对称性，一方面，企业参与环境治理，积极履行环境责任，能够改善生态环境使周边其他企业共同受益，但成本却由自己承担；另一方面，企业无须为环境失责付出昂贵代价。因此，环境责任履行更多地依赖于企业自身对环境问题的关注和重视程度。此外，环境治理、绿色发展等都需要大量资金的支持，增加环境投资支出是保障企业履行环境责任的另一重要途径。鉴于此，分别以企业环境注意力 *Ea* 和环境投资支出 *Einv* 作为中介变量，检验研发背景高管权力作用于企业环境责任履行的机制通道。

关于机制检验的方法，参考温忠麟（2004）的做法，分三步识别企业环境注意力（环境投资支出）在环保背景高管权力与企业环境责任履行之间的通道作用：第一步，检验环保背景高管权力能否促进企业环境责任履行；第二步，检验环保背景高管权力能否提升企业环境注意力（环境投资支出）；第三步，检验环保背景高管权力与企业环境注意力（环境投资支出）同时对企业环境责任履行的影响。如果三步中所关心的核心解释变量均显著，则表明中介效应存在。

关于企业环境注意力的衡量，借鉴吴建祖和华欣意（2021）的做法，首先构建环境注意力关键词量表[①]；其次通过统计样本企业 2006～2019 年企业社会责任报告中与环境议题相关的关键词，将这些关键词作为企业环境注意力的代理变量。表 8－8 汇报了企业环境注意力机制的回归结果。

---

① 具体关键词如下：安全生产、保护、超标、臭氧层、除尘、大气、低碳、二氧化碳、防治、废气、废弃、废水、废物、废渣、粉尘、风能、锅炉、过滤、环保、环境、回收、甲烷、减排、降耗、降解、降噪、节能、节约、净化、可持续发展、可再生、空气、垃圾、浪费、流程再造、绿化、绿色、能耗、能源、排放、排气、排污、破坏、栖息地、清洁、燃料、三废、生态、生物质、水处理、酸性、太阳能、天然气、土壤、脱硫、脱硝、尾气、温室气体、污染、污水、无害、无纸化、物种、消耗、循环、烟尘、烟气、液化气、有毒、有机物、余热、再利用、噪声、重金属、自然资源。

表 8 - 8　　环境注意力机制的回归结果

变量	(1)	(2)	(3)	(4)	(5)	(6)
	Ea	*Cer*	*Ea*	*Cer*	*Ea*	*Cer*
Executive	0.0941* (0.0523)	0.1658* (0.0893)				
Epower			0.3021** (0.1432)	0.6921* (0.3776)	0.2367* (0.1257)	0.1835** (0.0869)
Ea		0.5936*** (0.1760)		0.5947*** (0.1760)		0.3152** (0.1419)
常数项	2.7538*** (0.5767)	-26.8150*** (5.8793)	2.7538*** (0.5767)	-26.8150*** (5.8793)	4.3359*** (1.6031)	-11.5958 (14.2778)
控制变量	Yes	Yes	Yes	Yes	Yes	Yes
年度	Yes	Yes	Yes	Yes	Yes	Yes
企业	Yes	Yes	Yes	Yes	Yes	Yes
年度×省份	Yes	Yes	Yes	Yes	Yes	Yes
样本数	6 413	6 413	6 413	6 413	1 358	1 358
Adj. R^2	0.5580	0.5640	0.5580	0.5639	0.6628	0.7312
Sobel Z	4.1990		5.6650		3.7830	
中介效应占比(%)	25.2009		20.6088		28.9057	

注：括号内为聚类到企业层面的标准误；*、**、*** 分别表示在 10%、5% 和 1% 水平上显著。

表 8 - 8 的回归结果显示，以企业环境注意力 *Ea* 为因变量，环保背景高管（*Executive*）和环保背景高管权力（*Epower*）的系数至少在 10% 水平上显著为正，说明环保背景高管权力能够提高企业环境注意力。以企业环境责任得分（*Cer*）为因变量，企业环境注意力 *Ea*、环保背景高管（*Executive*）和环保背景高管权力（*Epower*）的系数均显著为正，企业环境注意力显示出极强的中介效应，Sobel Z 值都远大于 0.97，总的中介效应占比分别约为 25.2009%、20.6088% 和 28.9057%。机制分析的结果表明，环保背景高管权力能够通过提高企业环境注意力促进企业环境责任履行。

环境投资支出衡量采用黎文靖和路晓燕（2015）以及崔秀梅等（2021）的做法，将与环境保护有关的在建工程借方增加额作为企业的环境投资支出，主要包括环境治理、污水处理、环保设计与节能、三废回收等，数据来自企业年报中在建工程附注。为消除异方差的影响，对其进行取自然对数处理。表 8 - 9 汇报了环境投资支出机制的回归结果。

表8-9　　　　环境投资支出机制的回归结果

变量	(1)	(2)	(3)	(4)	(5)	(6)
	Einv	*Cer*	*Einv*	*Cer*	*Einv*	*Cer*
Executive	0.2433* (0.1382)	0.3201*** (0.0899)				
Epower			0.4659** (0.2187)	0.7752** (0.3356)	0.1185*** (0.0379)	0.4103** (0.1935)
Einv		0.1582** (0.0742)		0.1631* (0.0896)		0.6043* (0.3315)
常数项	16.5165*** (0.8180)	1.2528 (9.3753)	16.5114*** (0.8180)	1.5429 (9.3510)	13.9355*** (2.5932)	3.0142 (21.5966)
控制变量	Yes	Yes	Yes	Yes	Yes	Yes
年度	Yes	Yes	Yes	Yes	Yes	Yes
企业	Yes	Yes	Yes	Yes	Yes	Yes
年度×省份	Yes	Yes	Yes	Yes	Yes	Yes
样本数	3 793	3 793	3 793	3 793	811	811
Adj. R^2	0.7781	0.7229	0.7781	0.7227	0.7369	0.7171
Sobel Z	7.3910		7.0490		6.1972	
中介效应占比(%)	10.7337		9.8024		14.8595	

注：括号内为聚类到企业层面的标准误；*、**、***分别表示在10%、5%和1%水平上显著。

表8-9中第（1）、（3）、（5）列的结果显示，无论是环保背景高管还是环保背景高管权力均能显著增加环境投资支出。第（2）、（4）、（6）列中中介变量 *Einv* 至少在10%水平上显著为正，表明环境投资支出存在明显的中介效应，Sobel Z值分别为7.3910、7.0490和6.1972，中介效应占比分别约为10.7337%、9.8024%和14.8595%。因此，环保背景高管权力通过增加环境投资支出提升企业环境责任履行水平。

第九章

企业财务绩效与环境责任履行的交互影响研究

第一节　问题提出

气候变化与环境恶化使得中国政府对生态环境问题给予了前所未有的高度重视。习近平总书记在多个重要场合反复强调，“绿水青山就是金山银山”，“生态文明建设就是关系中华民族永续发展的根本大计”。① 为贯彻这一新理念，中国政府实行了严格的生态环境保护制度，限制各经济主体的污染行为。企业作为微观经济主体，既是经济发展的承担者，也是各种资源的索取者和使用者，理应对其所处的环境履行相关责任（李维安等，2019）。然而，企业是一个营利性的经济组织，从长期来看，履行环境责任需要依赖经济激励，而非强制性的政策威压（何枫等，2020）。同时，企业履行环境责任要付出相应的成本，财务绩效好的企业才有可能提供充足的资金。那么，企业财务绩效与环境责任履行究竟存在何种关系？企业财务绩效能否促进环境责任履行？企业履行环境责任又能否改善财务绩效？正确认识和研究上述问题将有助于增强企业履行环境责任的意识和自觉性，促进形成生态环保与企业发展的良性互动关系，实现企业绿色可持续发展。

① 习近平：《论坚持人与自然和谐共生》，中央文献出版社 2022 年版。

企业环境责任在环境管理中扮演着越来越重要的角色，将环境因素纳入企业管理引起了近年来企业环境责任研究的显著增长，相关研究成果主要集中在如下三个方面：首先，考察企业环境责任的评价指标与履行水平，该类研究主要以国外学者为主，利用国外权威和完善的数据库，如沃顿研究数据中心（Wharton Research Data Services）开发的KLD数据库、《新闻周刊》（*Newsweek*）发布的企业绿色排行榜，选取相应环境指标综合测度企业环境责任履行水平（Rahman and Post，2012；Karassin and Bar - Haim，2016）；其次，探究企业环境责任与企业相关特征之间的关系，如董事会的社会关系（Zou et al.，2019）、企业高管团队特征（Meng et al.，2015）以及企业环境战略（Yu et al.，2014）等；最后，讨论企业环境责任的驱动因素，主要包括政府规制（Graafland et al.，2019）、利益相关者压力（Lee et al.，2018）和企业价值的利己动机（Xu et al.，2020）。归根结底，企业的主要目标是盈利，目前企业履行环境责任更多基于企业的自发和自愿行为，该行为对财务绩效的影响决定了企业是否履行环境责任的策略选择，因此，越来越多的文献研究企业环境责任与财务绩效之间的关系。

目前，关于企业环境责任与财务绩效之间关系的研究尚未形成一致的结论。一部分学者研究发现，企业履行环境责任能够提高财务绩效，两者存在显著正相关关系（Li et al.，2017；Xie et al.，2019）；另一部分学者的研究表明，企业履行环境责任增加了企业财务负担，反而恶化了财务绩效（Alexopoulos et al.，2018；Duque - Grisales and Aguilera - Caracuel，2021）；还有部分学者认为，企业环境责任与财务绩效之间并非存在线性相关性，还受其他因素的调节作用（Song et al.，2017；Hang et al.，2019）。造成上述研究结论不一致的原因主要在于：一是从研究视角上看，大部分研究仅从单向视角考察环境责任与财务绩效之间的关系，而忽略了二者之间可能存在的交互影响，无法全面掌握二者之间的真实关系。此外，交互影响带来的内生性问题影响了实证结果的可靠性。二是从企业环境责任衡量方面看，现有关于企业环境责任的测度研究具有一定的片面性或不可复制性，大多采用单个指标或基于国外数据库构建测度指标体系，无法全面客观衡量中国企业的环境责任履行水平，指标的测量偏差可能会影响研究结论的稳健性。三是从作用机理角度而言，现有研究仅简单地探讨了企业环境责任对财务绩效是否有影响，而没有进一步考察该影响的实现条件，使研究结论停留在表面，无法揭示其影响的内在机理，进而可能导致研究结果的不一致。

基于以上分析，本章以2006～2019年中国A股重污染行业上市企业数据为研究样本，从企业环境责任的内涵出发，基于中国现有数据，构建测度指标体系衡量环境责任履行水平，探讨企业财务绩效与环境责任之间的交互影响，并进一步分析其调节机制。与已有文献相比，本章的研究贡献主要体现在如下三个方面：第一，从双向视角系统考察企业财务绩效与环境责任之间的关系，拓宽了已有文献的研究视角，丰富了企业财务绩效与环境责任的相关文献。现有文献仅单向地分析企业财务绩效与环境责任之间的关系，且所得研究结论不一致，实际上，企业财务绩效与环境责任存在明显的双向互动关系，仅讨论两者之间的单向关系无法揭示其真实的影响效应，因此，采用面板向量自回归模型探究两者的交互影响。第二，分别以佛教寺庙数量和当年行业财务绩效均值为环境责任履行和财务绩效的工具变量，严谨而细致地识别环境责任与财务绩效之间的因果关系，为保证实证结果的可靠性提供方法和工具。以往研究忽略了环境责任与财务绩效之间的相互影响，没有解决由此带来的内生问题，从而降低了实证结果的可靠性。第三，探究了企业环境责任与财务绩效之间关系的调节机制，深化以往研究的内容，揭示企业环境责任促进财务绩效提升的实现条件。本章研究发现，企业环境责任对财务绩效的影响是非线性的，其影响效应受企业规模和企业年龄的调节，随着企业规模和年龄的增大，企业环境责任对财务绩效的正向作用才会逐渐显现。

第二节　理论分析与研究假说

财务绩效是环境责任履行的经济基础，环境责任履行反过来可能促进财务绩效提升，两者之间存在明显的交互影响。本节将对财务绩效与环境责任履行之间的关系进行理论剖析，并进一步分析相关因素对两者关系的调节作用。

一、企业财务绩效与环境责任的交互影响

根据资金供给理论和冗余资源理论，企业财务绩效是企业履行环境责任的经济基础（Preston and O'bannon，1997；Campbell，2007）。换言之，企业履行环境责任需要付出一定的财务成本，资金支持是其重要的基础条件。环境管理、绿色经营等环境责任履行措施都依赖企业长期且可持续的投入，这无疑会增加企业的成本负担，对于财务绩效差的企业而言，显然无力承担如此巨大的费用，而财务绩效好的企业，具备相对雄厚的资金实力，为寻求企业的长远可持续发展，会更倾向于履行环境责任。此外，阿斯拉姆等（Aslam et al.，2021）认为，财务绩效好的企业，具有较高的管理能力，且与利益相关者建立了良好的关系，因此，该类企业更有能力和意愿履行环境责任。根据上述分析，提出如下研究假说：

假说 1：企业财务绩效会正向促进企业履行环境责任。

反而观之，企业环境责任也可能会影响财务绩效。首先，随着政府和公众环保意识不断增强，企业履行环境责任有助于赢得利益相关者的信赖和支持，使企业获得良好的营商环境。根据利益相关者理论，企业是一个由利益相关者构成的契约共同体，包括企业的股东、消费者以及政府等（Freudenreich et al.，2020）。但是，由于信息不对称，利益相关者往往不清楚企业的真实情况，无法建立绝对的信任。此时，企业需要向利益相关者传递积极的信号，表明自身是值得信赖的。企业履行环境责任就是这样一种信号传递机制，迎合了政府和公众的环保需求，达到了股东规定的守法有为的基本要求，从而使企业与各利益相关方保持长期良好的合作关系，更为轻易地获得各种资源和良好的经营环境，最终提升企业财务绩效。其次，企业履行环境责任是获取合法性的重要途径，有助于提高交易的质量和效率。合法性理论认为，"合法性"是企业的一种战略性资源，能够帮助企业获得利益相关者的认可和支持，提高竞争优势（Ali et al.，2017）。"合法性"也是企业对外交易的首要前提，企业履行环境责任是企业获得合法性的一个重要途径，能够增强贸易伙伴对企业的认可，消除潜在的交易风险，从而提高交易效率和质量，最终助力企业提升财务绩效。最后，企业履行环境责任是实现可持续发展的重要方式，能够提升企业价值。大量研究表明，企业履行环境责任可以提高企业声誉、增强品牌忠诚度、降低融资成本等，从而降低企业的经营风险，创造更大的商业价值（Gangi et al.，2020；Noh and Johnson，2019；Shih et al.，2021）。因此，可以认为企业履行环境责任是一种长期的"投资"行为，能够给企业带来较好的财务收益。综上所述，提出如下研究假说：

假说 2：企业环境责任履行对财务绩效具有正向影响。

二、相关因素的调节作用

企业财务绩效与环境责任之间的关系会受其他因素的调节，其中政府的环境规制强度和企业的内部控制质量两个因素的影响尤巨（Li et al.，2017；Kim et al.，2017）。制度经济学认为，任何组合的行为选择都并非总是理性的，都要受到外部因素的影响和制约（Dorobantu et al.，2017）。韩超等（2021）认为，在企业环境保护方面，法律法规是对企业环境保护行为最显而易见的制度性解释，是最直接、最具威慑力的一种压力。近年来，随着中国政府对环境保护重视程度的不断提高，特别是 2015 年新的环境保护法实施之后，制定了"生态环境破坏终身追责"制度、划定了严守生态保护红线、开展了环境保护督察行动等系列举措。在这种高压下，企业为避免合法性危机，会加大环保投入，履行环境责任，此时，财务资源会被用于环境保护。鉴于此，提出如下研究假说：

假说 3：环境规制强度能够正向强化企业财务绩效对环境责任的促进作用。

内部控制作为企业重要的内部治理机制，对企业的经营效率、风险管理和代理成本都会产生影响。首先，内部控制的目标是保证企业经营合规合法，提高企业经营效率和效果，能够帮助企业在履行环境责任时获得更好的经济效益和社会效益。其次，内部控制作为企业识别风险和控制风险的制度体系，能够有效预防和降低企业经营中的各类风险（耿云江和王丽琼，2019），这将帮助企业识别一些对企业经营产生风险的环境行为，从而提高环境行为的可持续经济效益。最后，在现代企业中，企业的所有者与经理人之间存在代理冲突，而有效的内部控制体系能够很好地监督和约束“经济人”，抑制其道德风险和逆向选择行为（李志斌和章铁生，2017），从而确保实施最利于企业发展的环境战略。综上所述，加强内部控制也很可能是帮助企业实现环境责任与财务绩效建立良性互动效应的有效途径。基于此，提出如下研究假说：

假说 4：内部控制质量对环境责任与财务绩效之间的关系具有正向调节作用。

第三节　研究设计

一、变量定义与数据来源

企业环境责任（*Cer*）。根据前文构建的测度体系进行衡量，具体见表 4 - 1。

财务绩效。财务绩效是企业经营成果的集中反映。现有研究主要用资产收益率（*Roa*）与净资产收益率（*Roe*）衡量企业的财务绩效（张弛和张兆国，2020；Lin and Law，2019）。*Roa* 包含了生产能力、销售能力、增值能力以及盈利能力等信息，*Roe* 则包含了盈利能力、营运能力以及资本结构等信息，因此，这两个指标能够较好地反映企业财务绩效（李慧等，2021）。基于此，本章选择 *Roa*、*Roe* 来衡量企业财务绩效。

企业环境责任的工具变量。在单独分析企业环境责任履行对财务绩效影响时，为消除因互为因果造成的内生性问题，本章选取企业所在地一定范围内佛教寺庙数量作为企业环境责任的工具变量。一方面，对于企业来说，宗教所倡导的生态伦理会影响管理者的心理认知和决策偏好，瓦斯康塞洛斯（Vasconcelos，2010）发现宗教的“因果法则”会使人们不仅关心个人本身，而且也会对周围的环境给予同样的关心。因此，企业所在地的宗教氛围越浓，企业履行环境责任的积极性会越高（Du et al.，2014；Chen et al.，2021）。自古以来，佛教在中国各地都盛极不衰，人们的生活、工作、交往等方面都受到其影响。当一个区域内佛教寺庙数量越多，该区域内的宗教氛围也就越浓厚。另一方面，寺庙作为文化的重要组成部分，具有很强的锁定效应，一旦建立便不会被轻易改变，因此，寺庙数量相对于企业环境责任履行而言又具有很强的外生性（Chen et al.，2018）。样本企业中距寺庙最远的距离为300千米，为尽可能扩大样本容量，本章采用上市企业300千米范围内佛教寺庙数量的对数值（*Temp*）作为企业环境责任的工具变量。同时，由于在样本期间，各企业300千米范围内寺庙数量为一恒定值，不随着时间而变化。因此，参考孙传旺等（2019）的做法，将原变量与年度虚拟变量的交乘项作为工具变量引入模型，以解决工具变量不随时间变化的问题。

企业财务绩效的工具变量。本章对企业两个财务绩效的变量构建了工具变量，将行业当年的平均总资产回报率（*Troa*）作为企业当年总资产回报率的工具变量，将行业当年的平均净资产收益率（*Troe*）作为企业当年净资产收益率的工具变量。一方面，企业作为某一行业的构成个体，行业整体平均财务绩效和其息息相关；另一方面，行业总体财务绩效平均水平由许多个相似个体构成，其整体水平相对于企业个体其他的影响因素来说具有一定的外生性。因此，本章使用行业的平均总资产回报率与平均净资产收益率作为企业财务绩效的工具变量。

调节变量。本章的调节变量主要有环境规制强度（*Eri*）与内部控制质量（*Iqc*）。在环境规制的衡量方面，陈杰等（Chen et al.，2018）开创性地采用政府工作报告中与环境相关词汇总字数占全文总字数的比例作为政府环境治理的代理变量。政府工作报告是依法行政和执行权力机关决定、决议的纲要，是指导政府工作的纲领性文件。因此，政府工作报告中与环境相关词汇出现频数及其比重更能全面地体现政府环境治理的力度，反映政府环境治理政策的全貌。借鉴该方法，本章收集全国地级市层面的政府工作报告，并计算环境保护、环保、污染、能耗、减排、排污、生态、绿色、低碳、空气、化学需氧量、二氧化硫、二氧化碳、PM10以及PM2.5等词汇在政府工作报告中出现的词汇所占的比重（陈诗一等，2018），以此衡量政府环境规制强度。关于企业内部控制质量的衡量，参考杨德明和史亚雄（2018）、郑莉莉和刘晨（2021）等的研究，采用深圳迪博数据库中的内部控制指数作为量化内部控制质量的变量。

控制变量。为消除遗漏变量引起的回归结果偏误，参考现有关于企业环境责任影响因素的文献，选取了一系列控制变量，具体如下：企业规模（*Size*）、企业年龄（*Age*）、独董占比（*Indir*）、股权集中度（*Centre*）、融资约束（*Fcons*）。

本章以中国A股重污染行业上市企业2006~2019年的数据为样本。上述变量的数据来源如下：企业环境责任的数据来源于各企业历年公司年报、环境责任报告、社会责任报告以及可持续发展报告，通过人工手动收集整理得到。企业财务绩效数据以及其余控制变量数据均来源于国泰安数据库和中国研究数据服务平台，工具变量来源于国泰安数据库，通过人工整理获得。在收集原始数据的基础上，本章对原始变量进行了如下处理：剔除样本期内被 ST 的企业；控制极端值的影响，对所有连续变量进行上下 1% 的缩尾处理（Winsorise）。最终得到 6 913 个公司—年度观测值。各变量的描述性统计如表 9 - 1 所示。

表 9 - 1　　主要变量的描述性统计

符号	观测值	均值	标准差	最小值	中位数	最大值
Cer	6 913	8.5700	7.0470	0.0000	7.0000	33.0000
Roa	6 913	0.0470	0.0530	-0.1320	0.0420	0.1930
Roe	6 913	0.0800	0.1110	-0.5410	0.0780	0.4340
Temp	6 913	7.3030	1.0700	3.4660	7.2390	8.7980
Troa	6 913	0.0440	0.0280	-0.0390	0.0430	0.1130
Troe	6 913	0.0830	0.0500	-0.0880	0.0810	0.2310
Eri	6 031	0.0608	0.0222	0.0143	0.0597	0.1536
Iqc	6 374	6.3169	1.0719	5.0258	6.5144	6.9019
size	6 913	22.0100	1.1850	19.8590	21.8630	25.2070
Age	6 913	17.5480	5.3980	8.0000	17.0000	33.0000
Indir	6 913	0.3690	0.0500	0.2860	0.3330	0.5560
Centre	6 913	0.5310	0.1570	0.0000	0.5370	0.8750
Fcons	6 913	0.5090	0.5000	0.0000	1.0000	1.0000

二、模型设定

本章旨在探究财务绩效与企业环境责任的影响关系。一方面，企业财务绩效越好，企业越有可能去主动提高环境责任的履行程度，实施更加积极和可持续的发展战略。另一方面，企业环境责任履行可能会提高企业的形象和声誉，获得消费者的认同，从而具有更好的财务绩效，因此，首先需要对财务绩效与企业环境责任间可能存在的交互因果关系进行分析。面板向量自回归模型（PVAR）基于多元系统方程，不再区分内生变量与外生变量，能够有效探讨变量间的因果效应（刘翠霞，2017；苏屹和李丹，2021）。面板向量自回归模型设定如下：

$$Y_{i,t} = \alpha_0 + \sum_{p=1}^{k} \alpha_p Y_{i,t-p} + \sum_{p=1}^{k} \beta_p X_{i,t-p} + v_t + \mu_i + \varepsilon_{i,t} \tag{9.1}$$

其中，i 表示企业，t 表示时间，p 为滞后阶数。$Y_{i,t}$ 为包含企业环境责任和企业财务绩效两个变量的矩阵变量，$X_{i,t-p}$为包含控制变量 p 阶滞后项的矩阵变量。v_t 是时间固定效应，μ_i 是个体固定效应，$\varepsilon_{i,t}$为误差项。α_p 是主要关注的系数矩阵，若 β_p 中的元素均显著，则表明企业财务绩效与环境责任履行之间具有显著的交互影响关系；若 β_p 中的只有一列向量的元素显著或所有元素均不显著，则表明企业财务绩效与环境责任履行之间不存在显著的交互影响。

企业财务绩效与环境责任履行之间的关系可能还受其他因素的调节作用，构建固定效应模型进行实证检验，回归模型如下：

$$Cer_{i,t} = \beta_0 + \beta_1 Finp_{i,t} + \beta_2 Eri_{i,t} + \beta_3 Finp_{i,t} \times Eri_{i,t} + \phi Controls_{i,t} + v_t + \mu_i + \varepsilon_{i,t} \tag{9.2}$$

$$Finp_{i,t} = \delta_0 + \delta_1 Cer_{i,t} + \delta_2 Cer_{i,t} + \delta_3 Cer_{i,t} \times Iqc_{i,t} + \phi Controls_{i,t} + v_t + \mu_i + \varepsilon_{i,t} \tag{9.3}$$

其中，*Finp* 表示企业财务绩效，采用资产收益率（*Roa*）与净资产收益率（*Roe*）衡量；*Controls* 表示控制变量。其余符号含义与上文一致。本章主要关注系数 β_3、δ_3，若系数显著为正，则表明调节变量具有正向调节作用。为消除潜在的内生性问题，采用两阶段回归方法进行参数估计。

第四节　实证结果与分析

一、企业财务绩效与环境责任履行交互影响的回归分析

利用面板向量自回归模型对财务绩效与环境责任履行之间的双向因果关系进行检验，为保证数据的平稳性，对所有变量进行取对数处理。在进行参数估计前，首先需要对数据的平稳性进行检验，然后确定变量的滞后阶数。

（一）面板单位根检验

目前，面板单位根检验方法主要分为两类：一类是以 LLC（Levin et al.，2002）和 Breitung（Breitung，2000）检验为主的相同单位根检验；另一类是以 Fisher（Choi，2001）、IPS（Im et al.，2003）为主的不同单位根检验。出于稳健性考虑，本章分别进行了 LLC、Breitung、Fisher 和 IPS 四种单位面板根检验，具体结果如表 9－2 所示。从表 9－2 中可以看出，所有变量均在 1% 水平上通过显

著性检验，这表明所有变量均为平稳序列。

表 9－2　　面板单位根检验

变量	LLC 检验	Breitung 检验	IPS 检验	Fisher 检验
Cer	－58.4283***	－29.9209***	－5.4208***	－35.6890***
Roa	－39.6565***	－19.0327***	－4.7139***	－23.6001***
Roe	－7.7051***	－19.3405***	－8.6853***	－7.4149***
Size	－58.1362***	－13.6641***	－6.3185***	－10.5022***
Age	－31.4236***	－1.8971**	－4.0713***	－13.8763***
Centre	－12.2642***	－12.8328***	－4.8856***	－16.1423***
Indir	－60.4815***	－19.8336***	－4.9799***	－21.6575***
SA	－58.0866***	－18.9878***	－3.8933***	－22.7823***

注：*、**、*** 分别表示在 10%、5% 和 1% 水平上显著。

（二）滞后阶数选择

PVAR 模型滞后期数的选取会对模型中各统计量造成较大的影响，一般根据 AIC、BIC 和 HQIC 统计量最小准则选择滞后期数。检验结果显示，以 *Roa* 为财务绩效的代理变量时，BIC 和 HQIC 统计量支持滞后一期为最佳滞后期数，因此，选择滞后一期作为 PVAR 模型的最佳滞后期数；以 *Roe* 为财务绩效的代理变量时，AIC 和 HQIC 统计量支持滞后二期为最佳滞后期数，因此，此时选择滞后二期作为 PVAR 模型的最佳滞后期数（见表 9－3）。

表 9－3　　滞后阶数选择

变量	Lag	AIC	BIC	HQIC
Roa	1	2.8279	6.6980*	4.2264*
	2	2.6641*	6.9672	4.2267
	3	2.6974	7.5170	4.4569
Roe	1	6.8402	10.7103*	8.2387
	2	6.6268*	10.9299	8.1894*
	3	6.6321	11.4517	8.3916

注：* 表示在不同滞后期数下统计量所对应的最小数值。

（三）面板向量自回归模型估计结果

在选择的最佳滞后期数基础上对模型参数进行估计，结果如表 9－4 所示。

从表9-4可以发现，当以企业环境责任为因变量时，资产回报率的滞后一期（L. *Roa*）对企业环境责任影响的系数为0.4446，且在5%水平上显著；净资产收益率的滞后一期（L. *Roe*）与滞后二期（L2. *Roe*）对企业环境责任影响的系数在5%水平上显著为正，这表明财务绩效对企业环境责任具有显著的正向促进作用，即企业财务绩效越好，其环境责任履行水平越高。然而，当以财务绩效为因变量时，不管是企业环境责任滞后一期（L. *Cer*）还是滞后二期（L2. *Cer*）的系数尽管都为正，但在统计意义上均不显著且数值很小。此外，格兰杰因果检验的结果显示，企业环境责任对资产回报率和净资产收益率的卡方值分别为0.0130、2.3479，对应的P值分别为0.4637、0.1252，均没有拒绝"企业环境责任不是财务绩效的原因"的原假设。因此，这表明企业环境责任对财务绩效不存在显著的线性因果关系，即企业环境责任履行没有显著提升财务绩效。

表9-4　　　　面板向量自回归模型的估计结果

变量	(1)	(2)	(3)	(4)
	Cer	*Cer*	*Roa*	*Roe*
L. *Cer*	0.0602 (0.2605)	0.2449** (0.1007)	0.0001 (0.0002)	0.0011 (0.0015)
L2. *Cer*		0.1914*** (0.0709)		0.0013 (0.0012)
L. *Roa*	0.4446** (0.2124)		0.3810*** (0.1394)	
L. *Roe*		0.0626** (0.0312)		0.1144 (0.1204)
L2. *Roe*		0.0573** (0.0273)		-0.0146 (0.0620)
控制变量	Yes	Yes	Yes	Yes
个体效应	Yes	Yes	Yes	Yes
时间效应	Yes	Yes	Yes	Yes
样本数	5 247	4 481	5 247	4 481

注：括号中为聚类到企业层面的标准误；*、**、***分别表示在10%、5%和1%水平上显著。

上述结果表明，企业财务绩效与环境责任仅存在单向的因果关系，即财务绩效能够显著促进环境责任履行水平提高，但反之而言，环境责任履行还无法提升财务绩效。这验证了假说1，但与假说2有较大出入。可能原因在于，一方面，交易理论表明，企业的环境保护活动会消耗财务资源，从而降低企业经济效益，而环境保护活动的效益无法抵消所增加的成本（Brower et al.，2017）。另一方面，企业自愿性环境管理活动往往被视为一种慈善行为，与股东短期财富最大化的目标相冲突，因此，导致环境责任履行水平整体偏低，无法形成与财务绩效的良性互动。还有，企业环境责任对财务绩效的影响可能并非简单的线性关系，作为一种非生产性行为，其对财务绩效的影响并不是直接的，或许需要在满足其他条件时才能对财务绩效产生正向促进作用。有鉴于此，将会在后文中进一步讨论。

（四）脉冲响应图分析

PVAR 模型参数的 GMM 估计只能较为宏观地反映变量之间的动态模拟过程，还不足以反映经济变量之间的动态传导机制和影响路径。基于此，本章利用脉冲响应函数对各变量间的长期动态关系做进一步考察。为了刻画各变量之间的长期动态交互过程和效应，在进行蒙特卡洛（Monte - Carlo）1 000 次模拟的基础上，得到95%置信区间，滞后6期的脉冲响应图，如图9-1所示。

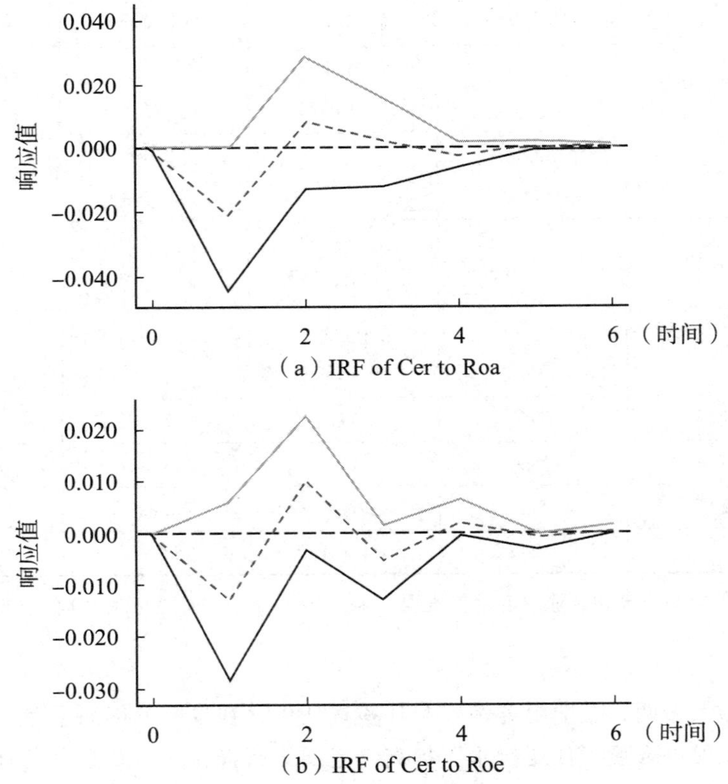

（a）IRF of Cer to Roa

（b）IRF of Cer to Roe

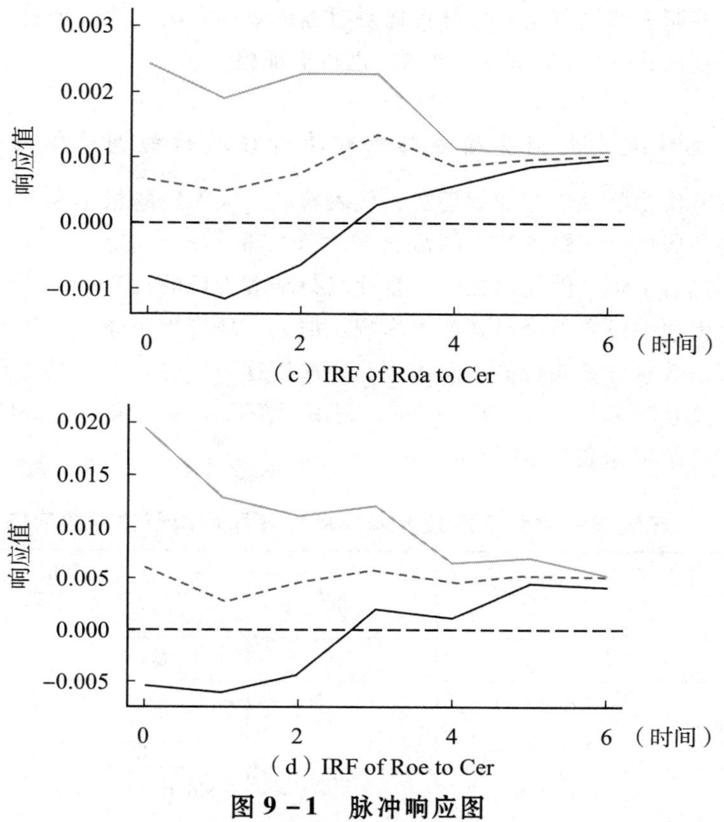

图9-1　脉冲响应图

由图9-1可知，资产收益率与净资产收益率对来自企业环境责任的冲击表现出先负后正的响应过程，但正向效应较弱。具体而言，在滞后一期时表现为负向响应，随后迅速减弱，在滞后二期时转为正向响应，之后其响应值趋于0值。这表明企业环境责任对财务绩效的促进作用还未得到凸显。主要原因在于，环境责任履行是一项高投入的非生产行为，在初始阶段会消耗企业大量财务资源，只有经过长期的积累，以环境责任履行为契机带动企业进行绿色可持续发展转型，企业经济效益才会实现新的增长。企业环境责任对来自资产收益率与净资产收益率的冲击都表现为显著的正向响应。这表明，财务绩效好的企业，其环境责任履行水平也越高，进一步印证了财务绩效是环境责任履行的经济基础这一观点。

二、调节作用的回归分析

根据前文理论分析，环境规制能够调节企业财务绩效对环境责任履行的影响，而内部控制能够调节企业环境责任对财务绩效的影响，为验证这一调节作用是否存在，利用式（9.2）和式（9.3）进行实证检验。

（一）环境规制对财务绩效影响环境责任履行的调节作用

中国政府作为公共事务的管理者，代表着最广大人民的根本利益。生态环境具有公共物品属性，在缺乏约束的情况下，私人部门没有动机改善生态环境，这时需要政府进行干预。因此，在促进企业履行环境责任的过程中，环境规制作为政府的主要干预手段自然会对其产生影响。那么，环境规制强度的提升能否进一步强化财务绩效对责任履行的正向作用？为回答这一问题，引入环境规制强度与财务绩效的交互项 $Eir \times Roa$、$Eir \times Roe$，利用两阶段最小二乘法（2SLS）进行参数估计，回归结果如表 9－5 所示。

表 9－5　环境规制对财务绩效影响环境责任履行调节作用的回归结果

变量	OLS		2SLS	
	（1）	（2）	（3）	（4）
	Cer	*Cer*	*Cer*	*Cer*
$Eir \times Roa$	0.0839* (0.0472)		0.1279** (0.0609)	
Roa	0.0513* (0.0285)		0.0454* (0.0252)	
Eir	8.0366** (4.0795)	5.0617 (3.5567)	19.3737** (7.8578)	16.3642*** (6.3784)
$Eir \times Roe$		0.0575 (0.0479)		0.0724** (0.0362)
Roe		0.0055** (0.0025)		0.0111* (0.0061)
控制变量	Yes	Yes	Yes	Yes
个体效应	Yes	Yes	Yes	Yes
时间效应	Yes	Yes	Yes	Yes
DWH 检验 [P value]			19.3902 [0.0000]	10.7349 [0.0000]
LM 检验 [P value]			92.4930 [0.0000]	101.1460 [0.0000]

续表

变量	OLS		2SLS	
	(1)	(2)	(3)	(4)
	Cer	*Cer*	*Cer*	*Cer*
C - D Wald F 检验			19.7630	15.0780
检验临界值			7.0300	7.0300
样本数	6 031	6 031	6 000	6 000
adj. R^2	0.7017	0.7020	0.6528	0.6815

注：DWH 检验为 Durbin - Wu - Hausman 检验统计量；LM 检验为 Kleibergen - Paaprk LM 检验统计量；C - D Wald F 检验为 Cragg - Donald Wald F 检验统计量；括号中为聚类到企业层面的标准误；*、**、*** 分别表示在 10%、5% 和 1% 水平上显著。

为进行对比，还列出了采用普通最小二乘法（OLS）进行参数估计的结果。由表 9 - 5 可知，采用 OLS 方法估计的第（1）、（2）列结果，交互项的系数在 5% 水平上均不显著，并且杜宾 - 吴 - 豪斯曼检验的结果显示，在 5% 水平上拒绝“所有解释变量均为外生”的原假设，即认为存在内生变量。因此，采用需要采用两阶段最小二乘法进行参数估计，结果见第（3）、（4）列。不难发现，交互项 $Eir \times Roa$、$Eir \times Roe$ 的系数均在 5% 水平上显著为正，这表明环境规制能够强化企业财务绩效与环境责任履行的促进作用。环境规制作为政府治理环境的重要政策工具，本身带有一定的强制性特征。当企业所在地区的环境规制越严格，企业为消极的环境行为付出的代价也就越高，甚至可能影响正常的生产经营。此时，企业为获得良好的经营环境，会在政府强压下履行环境责任。对于财务绩效好的企业而言，拥有更加厚实的经济基础，能够在短期内投入较多资源进行环境管理，从而在政府规制的引导下，表现出更高的环境责任履行水平。此外，有关工具变量的相关检验，如不可识别检验、弱工具变量检验均通过了检验，证明了结果的可靠性。

（二）内部控制对环境责任履行影响财务绩效的调节作用

环境行为面临诸多不确定性，同时需要大量的资金投入，短期内可能对企业财务绩效产生负向影响，如何改善这种状况便成为亟须解决的问题。内部控制是企业避免经营风险和控制成本的一种常用手段，那么，在内部控制质量高的企业是否能够实现环境责任对财务绩效的正向调节？为考察内部控制对环境责任影响财务绩效的调节作用，引入内部控制与环境规制的交叉项 $Iqc \times Cer$，利用式

（9.3）进行实证检验，结果如表9－6所示。

表9－6　　内部控制对环境责任履行影响财务绩效调节作用的回归结果

变量	OLS		2SLS	
	(1)	(2)	(3)	(4)
	Roa	*Roe*	*Roa*	*Roe*
Iqc × *Cer*	0.0026*** (0.0004)	0.0204* (0.0107)	0.0030*** (0.0005)	0.0173** (0.0073)
Cer	－0.0162*** (0.0031)	－0.1287** (0.0556)	0.0160* (0.0096)	0.1441 (0.1760)
Iqc				
控制变量	Yes	Yes	Yes	Yes
个体效应	Yes	Yes	Yes	Yes
时间效应	Yes	Yes	Yes	Yes
DWH 检验 [P value]			8.7453 [0.0000]	9.6105 [0.0000]
LM 检验 [P value]			213.0060 [0.0000]	213.5730 [0.0000]
C－D Wald F 检验			57.8850	77.8200
检验临界值			10.8900	10.8900
样本数	6 374	6 374	6 350	6 350
adj. R^2	0.2699	0.2260	0.2952	0.2596

注：DWH 检验为 Durbin－Wu－Hausman 检验统计量；LM 检验为 Kleibergen－Paaprk LM 检验统计量；C－D Wald F 检验为 Cragg－Donald Wald F 检验统计量；括号中为聚类到企业层面的标准误；*、**、*** 分别表示在10%、5%和1%水平上显著。

杜宾－吴－豪斯曼检验的结果显示，在5%水平上拒绝“所有解释变量均为外生”的原假设，即认为存在内生变量，因此，以两阶段最小二乘法的估计结果为准。第（3）、（4）列结果显示，不管是以资产收益率 *Roa* 还是净资产收益率 *Roe* 为因变量，交互项 *Iqc* × *Cer* 的系数至少在5%水平上显著为正。这表明，内部控制好的企业，环境责任履行对财务绩效具有正向促进作用。该结论意味着，企业环境责任履行并非与财务绩效提高相违背，企业为了实现环境保护与经济效益双赢应当完善企业内部控制，确保企业的环境行为能够产生良好的经济效益和社会效益。

三、稳健性检验

（一）改变环境责任衡量方式

关于企业环境责任的衡量学术界目前没有形成统一的标准，部分学者采用第三方机构的评价数据进行测度，为保证前文结论的可靠性，以和讯网的企业环境责任报告中环境责任得分（*Cer_HX*）度量企业环境责任履行水平，采用两阶段最小二乘法重新进行回归，回归结果见表9－7。

表9－7　　　　改变环境责任衡量方式的回归结果

变量	(1)	(2)	(3)	(4)
	Cer_HX	*Cer_HX*	*Roa*	*Roe*
Cer_HX			0.0149 (0.0135)	0.0973 (0.1081)
Roa	0.1766** (0.0841)			
Roe		0.3340* (0.1856)		
控制变量	Yes	Yes	Yes	Yes
个体效应	Yes	Yes	Yes	Yes
时间效应	Yes	Yes	Yes	Yes
LM 检验 [P value]	38.3180 [0.0000]	29.3830 [0.0000]	66.8230 [0.0000]	87.2780 [0.0000]
C－D Wald F 检验	23.6900	32.5200	31.1940	42.0252
检验临界值	16.3800	16.3800	11.4600	11.4600
样本数	5 652	5 652	5 652	5 652
adj. R^2	0.3513	0.3768	0.5356	0.4149

注：LM 检验为 Kleibergen－Paaprk LM 检验统计量；C－D Wald F 检验为 Cragg－Donald Wald F 检验统计量；括号中为聚类到企业层面的标准误；*、**、*** 分别表示在 10%、5% 和 1% 水平上显著。

由表9－7可知，更换企业环境责任的衡量方式后，当以企业环境责任为因变量时，资产收益率 *Roa* 和净资产收益率 *Roe* 的系数均至少在10%水平上显著为正；当以财务绩效为因变量时，企业环境责任 *Cer_HX* 的系数均不显著。这说明整体而言，财务绩效能够有效促进企业环境责任履行，然而，环境责任履行还无法转化为财务绩效的提升，这与前文主要结论保持一致。

（二）改变财务绩效的衡量方式

采用剔除盈余管理后的总资产收益率（*Adj_Roa*）和托宾 *Q* 值（*TobinQ*）来衡量财务绩效，采用两阶段最小二乘法重新进行参数估计，结果如表9－8所示。

表9－8　　改变财务绩效衡量方式的回归结果

变量	(1)	(2)	(3)	(4)
	Cer	*Cer*	*Adj_Roa*	*TobinQ*
Cer			0.0986 (0.0758)	0.0516 (0.1348)
Adj_Roa	0.1811*** (0.0268)			
TobinQ		0.6177*** (0.1468)		
控制变量	Yes	Yes	Yes	Yes
个体效应	Yes	Yes	Yes	Yes
时间效应	Yes	Yes	Yes	Yes
LM 检验 [P value]	26.9440 [0.0000]	19.3810 [0.0000]	138.1670 [0.0000]	206.5660 [0.0000]
C－D Wald F 检验	32.1270	23.6080	17.4630	18.1060
检验临界值	[16.3800]	[16.3800]	[11.4600]	[11.5200]
样本数	5 945	6 564	5 945	6 564
adj. R^2	0.3910	0.2048	0.6424	0.6698

注：LM 检验为 Kleibergen－Paaprk LM 检验统计量；C－D Wald F 检验为 Cragg－Donald Wald F 检验统计量；括号中为聚类到企业层面的标准误；*、**、*** 分别表示在10%、5%和1%水平上显著。

表 9-8 的结果显示，财务绩效对环境责任的影响依然显著为正，但环境责任对财务绩效的影响不显著，这与本章的主要结论保持一致。

（三）改变计量模型与估计方法

考虑到企业环境责任得分均不小于 0，具有明显的左截尾特征，因此，当被解释变量为企业环境责任得分时，采用面板 Tobit 模型进行检验，并采用两阶段最小二乘法进行参数估计。当被解释变量为企业财务绩效时，采用广义系统矩（GMM）方法进行参数估计，回归结果如表 9-9 所示。

表 9-9　　改变计量模型与估计方法的回归结果

变量	面板 Tobit 模型		GMM 估计	
	(1)	(2)	(3)	(4)
	Cer	*Cer*	*Roa*	*Roe*
Cer			0.0322 (0.0319)	0.0705 (0.0809)
Roa	0.9693*** (0.2584)			
Roe		0.7995*** (0.3538)		
控制变量	Yes	Yes	Yes	Yes
个体效应	Yes	Yes	Yes	Yes
时间效应	Yes	Yes	Yes	Yes
LM 检验 [P value]	45.6424 [0.0000]	41.4572 [0.0000]	209.9912 [0.0000]	211.9421 [0.0000]
C-D Wald F 检验	18.7310	16.8930	20.4440	18.6500
检验临界值	8.9300	8.9300	11.5200	11.5200
Hansen J 检验 [P value]			12.8260 [0.0000]	11.2290 [0.0000]
样本数	6 913	6 913	6 913	6 913

注：LM 检验为 Kleibergen-Paaprk LM 检验统计量；C-D Wald F 检验为 Cragg-Donald Wald F 检验统计量；括号中为聚类到企业层面的标准误；*、**、*** 分别表示在 10%、5% 和 1% 水平上显著。

根据表 9 - 9 的回归结果可以看出，当以企业环境责任为因变量时，财务绩效的系数在 1% 水平上显著为正；当以财务绩效为因变量时，企业环境责任的系数均不显著。这与前文的主要结论保持一致。

第五节 进一步分析

在前文回归结果中，发现企业环境责任履行与财务绩效并未形成良性互动效应，企业环境责任履行目前未能提高财务绩效。可能的原因在于，企业环境责任与财务绩效之间并非简单的线性关系，而是存在非线性关系。诸多学者认为企业环境责任对财务绩效正向作用的发挥还与企业特征密切相关，其中企业规模与年龄是最为常见的两个因素（Ding et al.，2016；D'Amato and Falivena，2020）。鉴于此，本章将对此进行深入探讨，进而揭示环境责任影响财务绩效的内在逻辑。

一、企业环境责任对财务绩效非线性影响的因素分析

针对企业规模而言，乌达亚桑卡（Udayasankar，2008）发现，企业规模大小与环境责任履行意愿呈"U"型关系；马可尼等（Makni et al.，2009）提出，相比于规模较小的企业，规模较大的企业能够从环境责任履行中获益更多。因此，洛佩斯 - 佩雷斯等（López - Pérez et al.，2017）认为，企业环境责任对财务绩效的影响在不同规模的企业中具有明显差异。主要原因在于：第一，相比于与小企业，大企业拥有更多的金融资源（Gupta，1969），因此，它们能够在环境责任履行方面投资更多，以此维系与利益相关者的良好关系，进而获得合法性和赢得声誉（Johnson and Greening，1999）。第二，企业环境责任履行本身是一项复杂且需长期投入的任务，需要配置专门的团队和资金进行长期管理，大企业在资源配置、人员结构等方面更具优势，因而能够表现得更好（Youn et al.，2015）。第三，大企业受到的公众关注更多，承受的利益相关者压力也更大（Abbas et al.，2020），因此，履行环境责任的意愿会更加强烈。根据以上分析，不难发现，小规模企业，环境责任履行对财务绩效可能具有负向影响；而规模大的企业，环境责任履行对财务绩效可能具有正向促进作用。

企业年龄是企业的人口统计学特征，能够反映企业与利益相关者的关系、企业市场份额、市场经验等（D'Amato and Falivena，2020）。一般而言，相比于老牌企

业，年轻企业需要更加努力地开拓市场，维系好与消费者之间的关系。德沃恩和利里（DeVaughn and Leary，2018）提出“新进入者劣势”（liability of newness）理论，即年轻企业由于市场经验缺乏、外部关系不牢和合法性不足等，会面临更多不确定性，因而相比老牌企业，其资源获取和品牌声誉建立的难度更大。因此，环境责任对财务绩效的影响可能会在不同年龄的企业上表现出显著差异。首先，由于成立时间较短，年轻企业在企业声誉与合法性方面略显不足，外部利益相关者对年轻企业的关注度不够，因此，其环境责任履行难以转化为财务绩效的激励因素（Withisuphakorn and Jiraporn，2016）。其次，老牌企业的管理经验丰富，人员架构合理，分工明确，能够更为有效地开展有关环境责任的相关活动，并从中获益；相反，年轻企业由于缺乏相应的经验以及人员配置不足，其环境责任履行意愿不强，并且履行成效不高，无法对企业财务绩效产生显著影响（Zhang，2017）。最后，从财务角度而言，年轻企业的现金流不稳定，更注重企业盈利能力的提高，因而在环境责任方面投资有限。与之相反，老牌企业拥有更加稳定的现金流和盈利来源，因此，能够在环境责任方面进行持续投资，进而让其产生的良好的效益（Shah et al.，2021）。综上分析，企业成立年限可能是影响环境责任与财务绩效关系的重要因素。成立时间短的企业，其环境责任对财务绩效可能具有负向影响；而成立时间长的企业，其环境责任对财务绩效可能具有正向促进作用。

二、企业环境责任对财务绩效非线性影响的实证检验

为探究企业环境责任对财务绩效的影响可能受企业规模和年龄的非线性调节，本章构建面板门槛模型进行分析，具体模型设定如下：

$$Finp_{i,t} = \alpha_0 + \alpha_1 I(q_{i,t} \leqslant \gamma) Cer_{i,t} + \alpha_2 I(q_{i,t} > \gamma) Cer_{i,t} + \beta W_{i,t} + v_t + \mu_i + \varepsilon_{i,t} \tag{9.4}$$

式（9.4）为单门限的面板门槛模型。其中，$Finp_{i,t}$ 表示企业财务绩效，$Cer_{i,t}$ 表示企业环境责任，$W_{i,t}$ 表示其他控制变量。v_t 为时间固定效应，μ_i 为个体固定效应，$\varepsilon_{i,t}$ 为随机误差项。$q_{i,t}$ 为门槛变量，γ 为门槛值，$I(\cdot)$ 为示性变量，当括号中的等式成立时示性变量取值为 1，否则取值为 0。双门限、三门限的面板模型构建与此类似，不再赘述，具体选择的门限个数将通过门槛效应检验确定。为消除模型内生性问题，采用卡内尔和汉森（*Caner and Hansen*，2004）的方法进行估计，具体步骤如下：首先，以内生变量 $Cer_{i,t}$ 为因变量，对所有外生变量（含控制变量）通过固定效应模型进行回归；其次，据此获得 Cer 的线性估计值；最后，将此估计值作为 Cer 的代理变量置于门槛模型中进行回归。

在进行面板门槛分析前，必须先进行面板门槛效应模型的检验，以此确定面板门槛模型的门槛数量，结果如表9－10所示。

表9－10　　面板门槛效应检验结果

门槛变量	因变量	门槛数	F值	P值	临界值		
					1%	5%	10%
Size	*Roa*	单一门槛	22.2600	0.0467	27.3906	21.3985	18.6255
		双重门槛	8.9800	0.3900	22.7439	17.0488	14.2517
	Roe	单一门槛	13.0300	0.0385	23.0193	11.1575	8.4396
		双重门槛	3.8500	0.3467	18.4239	10.3624	9.0569
Age	*Roa*	单一门槛	23.3900	0.0691	35.7767	25.2812	19.9950
		双重门槛	7.6500	0.4233	26.8514	19.2104	15.7383
	Roe	单一门槛	15.6300	0.0233	21.1655	9.7403	7.2350
		双重门槛	5.2100	0.1667	14.5420	8.9836	6.3405

从表9－10可以看出，分别以规模（*Size*）和年龄（*Age*）为门槛变量时，在5%的显著性水平上，F统计量在一门槛值模型中显著，而在双槛模型中不显著，因此，模型中只存在一个门槛值，表9－11给出了门槛值估计结果。

表9－11　　门槛值估计结果

财务绩效变量	门槛变量	门槛值	95%置信区间
Roa	*Size*	23.3261	(23.2615，23.3480)
Roe	*Size*	23.4297	(23.3347，23.4576)
Roa	*Age*	25.4137	(24.8322，25.9823)
Roe	*Age*	25.2675	(24.7769，25.7545)

在得出门槛值的同时，可求解出面板门槛模型中各参数的估计结果，具体见表9－12。可以发现，不管是以企业规模还是企业年龄为门槛变量，在门槛值前后，企业环境责任对财务绩效的影响均表现出显著差异，都经历了随着规模（年龄）增大，企业环境责任的系数由负向正转变的过程。因此，就现阶段而言，只有大规模企业和成立时间久的企业，其环境责任履行才能促进财务绩效提升，这与前文的理论分析相吻合，进一步厘清了企业环境责任与财务绩效之间的关系。企业履行环境责任并不一定会恶化财务绩效，从长远来看，企业履行环境责任是可持续发展的内在要求，是企业绿色转型的必经之路。

表 9-12　　面板门槛模型的参数估计结果

变量	(1)	(2)	(3)	(4)
	Roa	*Roe*	*Roa*	*Roe*
$Cer \times I\ (q_{i,t} \leq \gamma)$	-0.0291** (0.0146)	-0.0477*** (0.0154)	-0.0058** (0.0028)	-0.0356** (0.0169)
$Cer \times I\ (q_{i,t} > \gamma)$	0.0961* (0.0053)	0.1567** (0.0753)	0.0132* (0.0071)	0.0844** (0.0402)
常数项	0.0405*** (0.0080)	0.0217** (0.0106)	-0.0883 (0.2287)	-0.3472 (0.3016)
控制变量	Yes	Yes	Yes	Yes
个体效应	Yes	Yes	Yes	Yes
时间效应	Yes	Yes	Yes	Yes
样本数	2 352	2 352	2 352	2 352

注：括号中为聚类到企业层面的标准误；*、**、*** 分别表示在 10%、5% 和 1% 水平上显著。

第十章

企业环境责任履行的国际经验借鉴

第一节 美国企业环境责任制度考察

美国是较早重视环境和资源保护的国家之一，拥有完善的环境管理规章制度，在多年的实施运用中取得了显著的环保效果，能够为中国的环境管理提供宝贵的经验借鉴。本章主要从环境执法、法律保障制度、公众监督等方面考察美国的企业环境责任制度。

一、美国企业环境责任制度的内涵

（一）环境执法

目前，美国的环境行政结构比较完善，具备对企业的有效监督能力。美国对企业环境方面的环境执法体系由环保署、国会与司法机关共同构成，其中环保署是履行环境执法职能的主要机构。在广义上，美国环保署主要可以分为联邦政府一级的美国环境保护署和州一级层面的环保机构。联邦一级的美国环保署的历史可以追溯到20世纪美国尼克松总统任职时期。在20世纪中期，美国对企业的监管并没有专门的监督机构，监管职能主要分布在美国林业局、土地管理局、国家公园管理局以及美国鱼类与野生动物管理局等机构，这导致对企业的监管力度较为分散，部门之间也容易发生权责冲突。尤其在第二次世界大战后，越来越多的政府机构开始涉入环保领域，这加剧了环保机构之间的职能冲突。对此情形，时任美国总统的尼克松正式向美国国会提出建立国家环保署的构想，在经过多方协商和紧密筹建，美国国家环保署正式于 1970 年成立，并于当年 12 月 12 日开始办公，美国环保署的成立使得环境执法变得权责分明，极大提高美国对于环境执法的力度，增强了对企业的有效监督。经过几十年的发展，美国环保署已经成为美国一个成熟的政府机构部门，由总部机构以及外派机构组成。州一级的环保机构相对于美国国家环保署来说相对独立，他们的职能划分明确，共同协调工作，权责分工来自美国的最高法律——宪法。宪法对美国国家环保署的职责有明确规定，各州行使宪法规定的权力。一般来说，由于各州能够根据本地的具体情况拟定相关法律法规，并负责执行，因此对企业的执法监管权主要在地方环保局。尽管如此，州一级环保机构对企业出台的监管措施也必须得到美国国家环保局的审核，对于企业的监管信息需上报到联邦层面。因此，对于企业环境责任的主要监管机构而言，联邦一级的美国国家环保局和州一级的环保局既有从属关系，又相互独立，两者共同构成美国的环保监督机构。

国会是美国企业环境责任制度的一个部分，其主要承担的责任为环境保护方面的立法工作，将企业环境责任制度上升为国家的法律制度。例如，在美国的《国家环境政策法》的立法中，国会两院以压倒多数的局面快速通过了这项美国划时代的法案，标志着美国企业环境责任制度在法律层面走向成熟。司法机关也是美国企业环境责任制度的一个关键部分，对于企业环境违法行为的追究，尤其是追究企业的刑事责任，极大提高企业不履行环境责任的成本。在 1981 年后，美国环境保护局与司法部先后成立了有关环境犯罪的内设机构，专门负责调查和查处有关环境方面的企业违法行为。一般来说，美国对于违反环境法律法规的企业先由执法机构，例如美国环境保护局对环境犯罪的企业进行调查和起诉，再由美国司法部门进行受理和审判。随着美国对环境犯罪的执法力度越来越大，许多检察官将之前仅作为民事诉讼或没有进行起诉的案件重新受理，并追究有关企业的法律责任。在 1998 ~ 2013 年的短短 15 年时间内，美国环境执法部门与司法部门共对 373 家企业提起了刑事诉讼，加上被判处的有关自然法人，这些被告总共被判处超过 7.3 亿美元的刑事罚金和民事赔偿以及超过 730 年的监禁刑罚。

总的来说，美国通过行政、司法、立法三个方面的有机结合形成了较为完善的企业环境责任制度体系，其具体关系如图 10－1 所示。其中，美国国会主要负责环境法律法规的设立，确保企业环境责任制度有法可循、有法可依。美国环境保护局主要负责企业环境行为的监管，确保企业切实履行环境责任，对不履行环境责任的企业进行处罚，或对具有严重污染行为的企业提出法律诉讼。美国司法部主要是负责追究企业的法律责任，对于严重影响环境的企业甚至会追究其刑事责任。

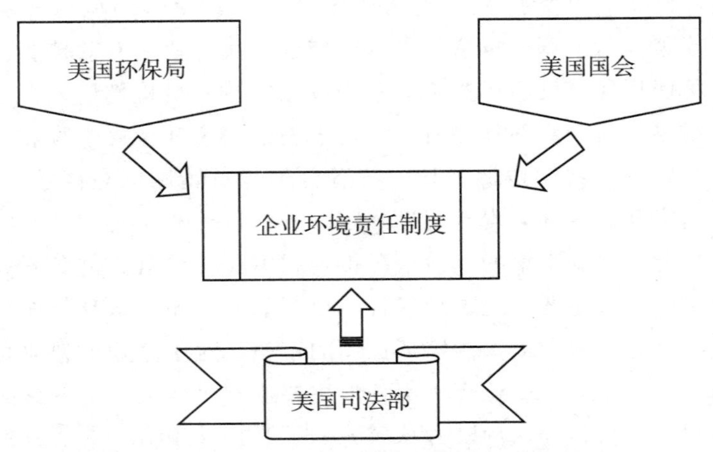

图 10－1　行政体系下美国企业环境责任制度的建立

（二）法律保障制度

美国除了在立法、执法、司法三个方面有机结合，形成了较为完善的企业环境责任制度体系外，其企业环境有关的法律制度也较为全面和完善。目前，美国建立了以《国家环境政策法》为指导、以《清洁空气法》和《联邦水污染控制法》等法律为具体执法准则、以《超级基金法》为辅的企业环境责任法律制度。

《国家环境政策法》始建于美国总统里根时期，它的建立标志着美国企业环境责任制度体系开始成立，企业环境责任制度开始上升为国家制度。《国家环境政策法》规定了联邦政府需要履行的职责为如下三点：首先，每一代人所履行的职责都是为下一代人保持一个良好的环境状况。其次，要确保全体美国公民享有一个安全的、健康的、有生产力的、美丽的和有文化内涵的生态环境。最后，要在不导致环境衰退、健康和安全风险或其他严重环境污染后果的前提下，实现环境资源效益的最大化。其中，由于企业是环境资源利用的主要群体，第三点实际上是对国家层面的企业环境责任做出了规范，并要求政府建立起有效的企业环境责任制度。因此，《国家环境政策法》对于美国企业环境责任制度的建立具有根本性的指导性意义，它规定了联邦政府有责任和义务去督促企业履行环境责任，从而达到保护国家生态环境的作用。

1955 年美国政府出台《空气污染控制法》，后经 1963 年和 1967 年的两次修改，才在 1970 年形成目前《清洁空气法》的法律主体，尽管后续进行了多次完善，但也只是对于法律细节的修补。《清洁空气法》是当代美国第一步控制具体环境污染物的法律，在这部法律中，不仅对空气质量提出了具体的要求，还出台了行政保障措施、民事诉讼和刑事保障措施，能够有效地促进企业履行环境责任。例如，在 2007 年 10 月 9 日，美国 8 个州以及 13 个公民团宣布，根据《清洁空气法》的有关条款规定，和美国电力公司（美国最大电力公司）达成和解协议，这项自 1999 年起，经历了 8 年的环境污染案件自此画上句号。该案件的和解协议意味着美国电力公司每年需要从 16 个火电发电厂中至少减排 813 000 吨的大气污染物，总共花费的成本超过 46 亿美元。因此，《清洁空气法》的实施有效提高了企业消极履行环境责任的成本，对于完善企业环境责任制度具有重要意义。

《联邦清洁水法》始于 1948 年，后经 1972 年的重大修改后，成为今天所实施的《联邦清洁水法》。《联邦清洁水法》采用各种管制与非管制工具减少直接向水体排放污染物，其实施大大增加了企业环境责任履行的消极成本。例如，1992 年 4 月 10 日，美国地球之友（FE）公益组织对美国莱德劳公司提起公民诉讼，认为它违反了《联邦清洁水法》中对汞排放的限制，将其上诉到最高法院。FE 组织最终获得了诉讼胜利，美国莱德劳公司最终被判处 10 万美元的罚款，表示将遵守排放限制条款。

《超级基金法》又称《综合环境反应补偿与责任法》，因该法案中要求设立治理环境污染“超级基金”而得名，其目的是建立一个迅速清除因事故性泄漏危险物质和处理倾倒危险废物的反应机制。《超级基金法》的成立年份为 1980 年，之后也经历了多次部分修改，它的成立和完善标志着企业环境责任法律制度的成熟。《超级基金法》与之前对于具体污染物做出规定法律，如《清洁空气法》《联邦清洁水法》等法律有所不同。首先，《超级基金法》并不是一部针对具体污染物出台的相关法律，它的涵盖范围覆盖所有可能对公众造成影响的污染物。其次，《超级基金法》侧重于市场手段，而《清洁空气法》《联邦清洁水法》等法律侧重于行政规制手段。《超级基金法》明确规定了环境污染中的责任主体来源，并利用资金支付手段来补偿那些受到环境侵害的被侵权人。例如，20 世纪中叶，美国帕尔默顿小镇因多年的锌金属冶炼，给周围环境造成了严重的危害。一方面，多年堆积的矿渣和雨水结合产生了高污染的渗滤液，严重影响附近河流与地下水；另一方面，由于冶炼需要，工厂经常通过烟囱排放高浓度重金属粉尘，全镇表层土壤受到严重污染，附近3000英亩山地也因此几乎寸草不生。小镇附近居民的生活健康问题受到严重威胁。1991年，美国环保局首先通过超级基金项目垫付，使修复得以启动。至今为止，小镇的生态环境得到了显著改善。据估计，环保局耗资逾千万美元。之后环保局开启追责程序，至2009年，环保局成功让5家主要责任公司埋单了约2 140万美元的赔偿金，大大强化了企业环境责任。

（三）公众监督体系

在美国企业环境责任制度中，除了较为完备的环境执法体系和环境法律制度保障，公众对于企业的监督也是企业环境责任制度中非常重要的一部分，很大程度上对企业环境责任制度的完善起到了重要的推动作用。例如，20世纪70年代，拉芙运河是纽约州尼亚加拉瀑布市的一处闲置地段，在1942～1953年，胡克化学公司经当局批准将一段废弃的拉芙运河当作垃圾填埋场倾倒了2万吨有毒有害的化学废物。在该地方变成居民住宅区后，居民开始发现房屋内具有化学异臭味，并有部分居民出现药物烧伤、产妇流产、婴儿畸形等化学伤害现象。到了1978年，随着媒体和社会组织的介入，该事件已经发展成为一桩全美关注的丑闻，尽管政府介入但却并未拿出可行的解决方案。迫于无奈，污染地区的居民把美国环保局的代表扣为人质，并要求白宫出面解决污染问题。戏剧性的是，居民的维权活动获得媒体的一致支持，媒体也发表文章谴责政府，呼吁政府公开相关环境信息和拿出解决方案。在这样的压力之下，美国国会迅速拟定并通过了《超级基金法案》，弥补了企业环境责任制度中的漏洞。

二、美国企业环境责任制度的特征

（一）从命令强制型手段过渡到市场手段

从命令强制性手段逐渐过渡到市场手段是美国企业环境责任制度的特征之一。广为人熟知的美国第一代企业环境责任制度为命令控制型手段，即通过政府出台有关严格政策来促进企业环境责任的履行。在美国企业环境责任制度建立的初期，美国生态环境面临着严重威胁，空气污染、土壤污染以及废弃物污染等环境问题已经严重影响到居民日常生活，美国迫切需要强有力的手段来遏制企业这种恶劣的资源利用形式。在这样的条件下，命令控制型的企业环境责任制度应运而生。不置可否，联邦政府强有力的干预缓解了空气污染、水污染等棘手的环境问题。然而，随着时间的推移，污染物的边际减排成本不断上升，命令控制型的企业环境责任制度弊端也逐渐显现——需要大量的社会成本和行政成本去保证它的实施。命令控制型的环境规制政策是一种典型的中央集权式的计划经济，它要求政府制定非常详细的硬性减排规定，并将该规定作用于企业。这样的弊端也就显而易见，企业在这样的环境责任制度下难以主动去积极履行环境责任。正因如此，美国的企业环境责任制度逐渐从以命令规制型为主转变为以市场手段为主。而在美国企业环境责任制度的市场化制度探索中，比较典型的就是排污权交易制度以及环境保险制度。

排污权交易制度的理论来源于威利斯（Willis）和达勒斯（Dales），他们认为排污权交易是在环境状况允许的条件下，将企业合法的污染物排放权利赋予商品属性，以允许这种权利像商品一样被买卖，从而达到控制污染物排放的目的。这个理论随后被美国环境保护局运用实践，并逐渐成为全球公认的有效市场化环境规制手段工具。

美国环境保险制度也是市场化环境规制手段的一个重要创新，《超级基金法》在其中起到了直接的推动作用。美国环境保险制度规定，在生产过程中会对环境造成污染的企业必须购买环境保险，这个措施强化了环境污染责任人的认定机制，推动污染补偿有关制度的完善，大大减轻了政府在污染治理和补偿中面临的压力，保证了公众的环境利益。

（二）具有较为完备的环境刑法体系

具有较为完备的环境刑法体系也是美国企业环境责任制度的特征之一。在环境执法的初期，美国环境违法的后果主要是行政处罚，即对环境相关违法行为主要是以行政罚金为主。然而，行政处罚手段往往会导致公司将该类成本转嫁到无辜的消费者身上，从而大大降低环境处罚带来的威慑力。同时，当环境违法罚金的缴纳小于企业为环境污染行为所付出的成本时，企业往往会倾向于选择进行环境违法以此获得更高的营业收入。正由于此，当时的美国企业环境制度并不完善，对违法企业并不能起到威慑作用，这时，美国开始将刑法手段融入企业环境责任制度，并逐渐形成一套完备的环境刑法制度。由于刑事责任的专属性特征，企业无法将刑事监禁等处罚转移到消费者身上，这大大提高了对于企业的环境违法的威慑力度。在 1998 年 1 月至 2013 年 6 月，共 15 年的时间内，美国司法部环境犯罪处共对 1 005 名自然人和 373 家企业提起了刑事诉讼，这些被告总共被判处超过 7.3 亿美元的刑事罚金和民事赔偿以及超过 730 年的监禁刑，其刑事数量和量刑程度远大于前 50 年。

（三）公众监督体系较为完善

公众环保意识较高、公众参与环保运动的多元化是美国企业环境责任制度显著的特征之一。一方面，在20世纪60年代，美国环境问题持续恶化，许多美国民众开始意识到环境问题的重要性，纷纷开始呼吁社会和政府关注环境污染问题，为公众广泛参与社会污染的监督提供了有利的社会基础。尤其是到了80年代后期，随着美国各种环境问题的频繁爆发，美国底层的平民纷纷觉醒，在上千个社区成立环保组织，坚决维护自己所住区域的生态环境。这一段时间轰轰烈烈的居民环境维权运动，超越了种族、肤色，是一种真正意义上的全民环境革命，有力推动了企业环境责任制度的完善。另一方面，美国公众参与环境保护运动的方式是多元化的，由主流环保组织与基层环保组织共同组成。非政府的环境保护组织是公众环保利益的代言人，在美国公众维护自己环境权利中发挥重要作用。在美国公众参与环保问题的早期，非政府环境保护组织通过与政府进行沟通、游说等形式推动政府完善企业环境责任制度。而随着时间的推移，一些非政府环境保护组织政治化色彩越来越浓厚，与污染企业之间的关系越来越密切，这引起了公众的不满，因此基层环保组织应运而生，这些基层组织多以社区为基础，主要依靠底层民众开展环保斗争，传达底层民众的环境诉求，在20世纪90年代，这样的基层组织就达到了1万多个。

三、美国企业环境责任制度的启示

（一）加强市场化环境规制建设

中国企业环境责任制度中市场化环境规制手段运用较早，但发展较为缓慢。例如，排污权交易制度起源于美国，在美国得到了广泛的运用。我国在20世纪末也开始探索使用排污权交易制度去治理企业二氧化硫污染问题，到目前为止，其实践已有20余年的历史。然而，由于相关法律法规缺失、污染物检测技术不成熟、污染物数量分配不合理等问题，我国排污权制度始终处于起步阶段，排污权制度尚未真正建立，我国企业环境责任制度依旧是以命令控制型规制手段为主。为进一步加强我国企业环境责任制度中市场化手段建设，一方面，我们必须要有意识引导环境规制手段从命令型向市场型转变，要以市场化手段为主、命令控制型手段为辅。另一方面，要逐渐建立充分开放、公平竞争的全国性统一大市场，促进排污权交易等市场化手段逐渐由试点向全国范围不断扩大。

（二）完善环境相关的刑法制度

刑法的主要手段是产生威慑作用，从而达到对犯罪行为的预防和阻止。若刑法产生威慑作用，就必须与犯罪的严重程度相适应。美国的企业环境责任制度的特点之一就是环境刑法制度较为完善，环境刑法与犯罪严重程度能够相匹配，从而加强了环境保护的最后一道防线，严厉打击了企业环境违法行为。党的十八大以来，尽管我国各级环境保护部门和公安部门对环境犯罪的追查力度不断升高，犯罪案件呈现“井喷”现象仍然不减。鉴于目前依旧不容乐观的生态环境形势，环境犯罪打击力度依旧不够大，量刑程度依旧不够深。因此，为了进一步加强企业环境责任制度的建设，进一步完善环境相关的刑法制度，一方面，需要提高“污染环境罪”这一基本犯罪法的定刑幅度，守护好环境保护的最后一道防线；另一方面，要充分发挥环境保护部门在环境犯罪行为鉴定的专业性作用，给予一定的环境犯罪协助调查权力，提高对环境犯罪的识别、处罚和审判力度。

（三）完善公众监督体系

美国企业环境责任制度之所以在 20 世纪 60 年代后得到了飞速的发展和完善，其根本原因在于公众生态意识的提高，公众积极呼吁政府履行环境义务，加强企业环境责任制度建设，严格督促企业履行环境责任，在民众的压力下，美国推进了企业环境责任方面的立法工作并提高了执法强度。因此，政府要积极宣传，引导人民环保意识进一步加强，树立“主人翁”精神，积极履行对企业的污染监管权力。另一方面，目前环保公益组织和基层组织还比较少，难以传达出不同地方居民的特定环境诉求，这不利于公众监督体系的完善。因此，首先，需要切实引导环保公益组织发展壮大，鼓励其监督企业环境责任履行。其次，加强基层环保组织建设，推广在社区等基层单位设立环保公益机构的做法，督促当地企业积极履行环境责任。

第二节　欧盟企业环境责任制度考察

欧盟是欧洲联盟的简称，正式成立于 20 世纪 90 年代末，是由多个国家组成的超国家国际联盟。欧盟实现了多个国家在政治、经济、环境保护等方面的密切合作，是一种制度创新。欧盟在环境保护方面的贡献是有目共睹的，对企业环境制度的探索走在世界前列。新时代下，以习近平同志为核心的党中央大力推进生态文明建设、完善企业环境责任制度，为了进一步加强企业环境责任建设，吸取国外优秀企业环境责任建设经验，有必要对欧盟的企业环境责任进行探讨并总结其成功经验。

一、欧盟企业环境责任制度的内涵

（一）关联机构

欧盟作为一个新型国际组织以及以可持续发展为目标的合作机构，与企业环境责任制度相关联的机构安排是较为成熟的。具体来讲，与欧盟企业环境责任制度相关联的机构主要有欧洲理事会、欧盟委员会、部长理事会、欧洲议会。欧洲理事会承担着掌管大局和方向的重要作用，对欧盟企业环境责任制度的发展具有决定性影响。欧盟委员会、部长理事会、欧洲议会三个机构与欧盟企业环境责任制度直接相关。

1. 欧洲理事会

欧盟是多个国家组成的超国家联盟，因此其环境责任制度并非自发形成的。欧盟的最高政策机构为欧洲理事会，是由各个国家元首组成的，因此又被称作欧盟首脑会或者欧盟峰会。欧盟所有重要的企业环境责任制度的推进都是在欧洲理事会发表声明和宣言之后发生的。欧洲理事会对欧盟的企业环境制度的成立和完善具有方向性的指引。欧洲理事会对企业环境责任制度的第一次贡献是在巴黎峰会之后。在 1972 年巴黎峰会后，欧洲理事会指出，经济发展的本身并不是目的，经济发展应该有助于生活质量的改善。这为最初欧洲整体企业环境责任制度提出了要求，即作为生产主体的企业，不能一味地追求经济效益，而应该把社会、生态效益也纳入自己的经营目标。在此要求之下，1973 年制定的《欧共体第一环境行动规划》中，污染者付费就是其中的重要原则。污染者付费原则采用企业付费手段刺激企业减少污染，寻求产品和技术的创新从而合理利用自然资源，这就是企业环境责任制度建立的缘起。而之后在 1988 年、1990 年、1992 年召开的欧洲理事会会议，更是对企业环境责任制度的完善方向做出了明确的指示。因此，欧洲理事会在企业环境责任制度中是实际上的最高决策机构，对欧盟企业环境责任制度起着推动作用。

2. 欧盟委员会

欧盟委员会简称欧委会，在企业环境责任制度建设中起着核心作用，它是在欧洲理事会的指导下进行工作的，其具有如下几项职责：（1）参与企业环境责任制度的完善和相关法律的制定。（2）企业环境责任制度相关政策的执行权和管理权。(3) 参与制定共同体的企业环境责任制度建设行动计划。欧盟委员会里有一名委员专门负责环境方面的事务，是欧盟环境总司的负责人，尽管欧盟委员会环境总司的主要职能是起草并制定企业环境责任制度的有关方案，但是它也有权要求企业积极履行环境责任，必要时能够对企业提起诉讼并将其告上欧洲法院。

3. 部长理事会

部长理事会又叫作欧盟部长理事会，是欧盟企业环境责任制度的主要立法机构，它的主要职责是在欧洲委员会提出的企业环境责任制度建设议案之上，通过立法将其上升为法律制度层次。

4. 欧洲议会

欧洲议会与部长理事会类似，在企业环境责任制度的制定中，也起到了至关重要的作用，尤其在1986年《单一欧洲法》生效后，欧洲议会的权力不断扩大，拥有对某些立法的批准、拒绝权力。而在1992年通过的《欧洲联盟条约》加强了环境方面的有关条款，给予了欧洲议会在环境法规方面更大的权力，欧洲议会由此成为欧盟企业环境责任制度建设中的重要机构之一。

综上所述，欧盟企业环境责任制度建设的机构安排较为合理，由欧洲理事会、欧盟委员会、部长理事会、欧洲议会等组成。首先，由欧洲理事会对企业环境责任制度的制定方面做出要求和制定方向；其次，由欧盟理事会对企业环境责任制度的具体实施提出可行方案和法令；最后，在该法令的基础之上，部长理事会和欧洲议会对欧盟理事会提出的可行方案和法令进行正式立法，将其正式上升为欧盟层面的企业环境责任制度，再促进各成员国积极督促各国企业履行相应的企业环境责任。

（二）法律制度

欧盟企业环境责任制度中的法律保障制度十分完善，在各个时期都有不同的法律制度来保障企业环境责任制度，督促企业积极履行环境责任。接下来，从欧盟企业环境责任的形成时期、发展时期、成熟时期三个时期来介绍各时期有关的法律制度保障。欧盟企业环境责任制度的形成时期在20世纪70~90年代，是和欧共体的确立与《罗马宣言》的生效直接相关的。在该时期，欧盟还未正式确立，主要是以欧共体的形式存在，因而欧盟的企业环境责任制度尚处在萌芽时期。不过，尽管欧盟还没有正式成立，但该阶段欧共体的环境共同行动计划中的一些理念，为后续欧盟企业环境责任制度的发展提供了基础。1973年欧共体出台第一个环境规划，明确提出了污染者付费的原则，即环境治理监督的主体必须落在污染者主体——企业身上，要让企业积极承担起治理污染、研发绿色技术的责任。而在欧共体第二个和第三个环境计划中，明确要求各国需要统一环境政策，形成统一的企业环境责任标准。

欧盟企业环境责任制度的发展时期在20世纪90年代至21世纪初期，在这个时期，欧盟正式成立，在1992年的《马斯特里赫特条约》中，明确将环境可持续发展思想确认为该组织的纲领思想，企业环境责任制度开始具有最高纲领的支持，这标志着欧盟的企业环境责任正式确立。在该阶段，欧盟的环境立法权力得到了扩大，企业环境责任制度的法律保障制度进一步得到了完善，其标志性的政策就是环境税政策，其旨在通过税收等市场化环境规制手段的方式促进企业积极履行环境责任。欧盟企业环境责任制度的成熟时期为21世纪初期至现今，在该阶段，欧盟进一步发展市场化环境规制手段，完善相关法律，注重提高政府、企业等多主体的协同治理意愿，形成了一套完善的企业环境责任法律保障制度。例如，欧盟进一步推出了能源税法令、能源效率指令以及碳排放交易制度，进一步对企业生产经营活动中的环境行为进行了激励。同时，欧盟还出台了《欧盟市长公约》，规定地方政府应该联合当地企业、居民一同在应对气候变化时采取行动，企业必须参与环境的协同治理。

二、欧盟企业环境责任制度的特征

（一）有效的区域合作

欧盟作为一个超国家性的国际联盟，其企业环境责任制度的建设之所以始终走在世界的前列，重要原因之一就是欧盟具有有效的区域合作。到目前为止，欧盟的成员国有27个，在欧盟的成员国中，大家既有共同的利益，也有自己特殊的国情，这就导致欧盟整体的企业环境责任制度必须通过区域通力合作进行完成，单靠某一个国家难以完成欧盟企业环境责任制度建设。欧盟在集体的利益之上充分考虑到各个国家的特殊利益，采取求同存异的方式，不断完善企业环境责任制度。各成员国有机会在最终确定欧盟整体的企业环境责任制度制定与修改之前对其进行建议、评论，以避免产生与其他成员国意见不一致的情况，并规避潜在的负面影响，确保共同实现目标。

（二）利益相关者广泛参与

欧盟企业环境责任制度的民主科学化进程不断提升有赖于多元利益主体的参与。欧盟委员会鼓励每个成员国应建立一个永久性的多层次、多主体的对话框架——将地方政府、民间社会组织、工商界投资者、公众以及其他利益攸关方聚集在一起，为企业环境责任制度的完善贡献集体的智慧。此外，欧盟还尤其重视企业环境责任制度中的公众参与，通过多种方式获取公众的真实心声，并且积极倡导充分发挥区域合作论坛以及环境保护第三方有关部门对企业的监督作用。

三、欧盟企业环境责任制度的启示

（一）加强区域合作

欧盟是一个超国家联盟，由多个不同的国家组成。因此，尊重各个地区的实际情况，求同存异，是欧盟企业环境责任制度的特征之一，也是欧盟企业环境责任制度获得成功的基础。对于中国来说，一方面，国家幅员辽阔，各省的经济、生态状况有所差异，为了实施更有效的企业环境责任制度，必须考虑到各个地区的实际差异。例如，对于当地企业来讲，政府是以规制型手段还是市场型手段为主，需要考虑当地的实际情况。另一方面，污染具有强大的转移性，对于污染企业来说也是如此，企业会倾向于从环境规制强的地区转移到环境规制弱的地区，此时，加强区域间合作，消除企业的投机意识，是完善企业环境责任制度的重要部分。

（二）加强多主体合作

尽管企业环境责任制度的核心主体是企业，但是与政府、公众、社会组织等主体是分不开的，各主体在明确自己的职责基础之上要加强合作，欧盟企业环境责任制度的成功与欧盟政府、公众、企业、团体组织等多主体有效的合作是分不开的。企业需要强化责任意识，树立新发展理念，明白绿色经营理念才是实现企业可持续之道，要积极向社会披露自己的环境责任履行情况。政府要切实担负起建设企业环境责任制度的主体责任，推进企业环境责任有关立法工作，做到有法可依，督促企业履行环境责任。同时，要强化公众的环境意识，提高对企业的督促能力。公众要强化主人翁意识，积极保障自己的环境权利，对于企业环境违法情况要及时向有关政府部门反映。

第三节　日本企业环境责任制度考察

日本成为发达资本主义国家，经济飞速增长的同时，也较我国更早一步触碰到了资源紧缺、环境污染等发展瓶颈和生态难题。面对这些难题，日本针对性出台了响应措施，积累了相应经验，从“公害大国”成为目前世界上著名的“环保大国”。如今，中国的发展也与日本一样，面临着可持续发展的难题，其中，对于资源的主要利用者——企业，更是迫切需要其积极承担环境责任，建立起全面、有效的企业环境责任制度。而日本与中国同属东亚文化圈，文化交流源远流长，因此，有必要对日本企业环境责任制度进行探究，借鉴其中的成功经验。

一、日本企业环境责任制度的内涵

日本并非一开始就有完善的企业环境责任制度，正如前文所述，日本曾经作为“公害大国”，企业常常会以牺牲环境为代价获得更高的经济利益，并不会去主动履行环境责任。然而，经过政府、企业、居民及社会团体等多主体的多方参与协同努力，形成了目前体系完善、积极有效的企业环境责任制度。接下来，将从演变历史、有关主体、法律体系三个方面对日本企业环境责任制度进行详细介绍。

（一）日本企业环境责任制度演变历史

日本近代污染事件的萌芽始于明治时期（1863 年左右），此时，由于日本闭关锁国的政策和对西方先进技术的渴望，日本开始重视矿山等资源的开采，在为日本大型企业财团的发展提供了基础的同时，也为日本往后的环境问题埋下了隐患。在明治政府的矿产业基础之上，日本在第一次世界大战后重工业快速发展，还形成了古河、住友、三井、三菱等大型企业财团，然而，这些企业的经营生产中并没有“环境友好”这一原则，这直接导致了铜矿山环境污染事件，最著名的是足尾铜山、爱媛别子铜山、日立铜山、小板铜山四大矿山污染。与此同时，不仅矿业造成了污染，大阪等地由于重污染企业的选址问题引起了严重的空气污染公害事件，其降尘量甚至超过了伦敦。正由于此，企业和民众的矛盾不断激化，政府也出台了《排烟防止指导纲要》等文件，但因第二次世界大战的影响，生产活动占据主导地位，这些措施难以有效遏止企业的环境污染行为，因此这些措施就此夭折。尽管如此，这也是日本对于企业环境责任制度的第一次尝试，但对后期日本推进企业环境责任制度的设立打下了基础。

第二次世界大战后，各国工业飞速发展，日本首当其冲，这时候的超大型重化工联合企业不断形成，以日本大型工业区为中心，企业排出的硫化物导致了大气污染、排出的废水造成了水质污染，这些污染造成了新的环境问题，而且规模远超从前。然而，该时期企业积极追求大规模生产的“规模经济”，政府追求税收和发展，对于一味追求经济效益造成的环境问题充耳不闻，民众在当时将工厂的烟尘当作城市发展的象征，并未形成广泛的社会舆论，因此，日本环境状况进一步恶化。例如，1970 年日本福冈县发布洞海湾水的调查结果显示，该海湾已经不具备大海的特征，连细菌都无法在这样恶劣的环境中生存。

这样的情况持续到 20 世纪 50 ~ 60 年代，以“痛痛病”为首的“四大公害病”使得社会开始重新反思企业生产模式，重视企业环境责任制度建设。1958 年，针对企业发生的污水事件，《公共水域水质保全法》等法律随之出台，这是日本现代企业环境责任制度建设的开端。1967 年，《公害对策基本法》颁布，其中明确了企业在公害防止方面的职责，企业环境责任据此有了明确的定义。1970 年 7 月，日本佐藤总理成立了直接隶属总理的公害对策总部，成立了环境厅，并开始重视对企业环境责任的法令颁布。尤其在 1993 年颁布的《环境基本法》，更是将“污染者付费”作为基本原则，极大推动了企业环境责任制度的建设，据此，企业环境责任制度正式确立。在此之后，基于《环境基本法》的指引，日本对企业环境责任制度进行了不断完善，形成了今天多方参与、协同有效的企业环境责任制度。

（二）日本企业环境责任制度有关主体

正如前文所述，日本企业环境责任制度是一个多方参与、协同有效的制度体系，它是由政府机构、企业、民众三个主体相互联系，相互配合形成的。日本企业环境责任制度中的政府机构可以分为中央政府机构和地方政府机构。中央政府机构指的是日本负责国家各项事务的机关，包括立法、执法、司法机关。中央政府机构是企业环境责任制度重要的一部分，它能够把企业环境责任制度通过国家立法等形式上升为国家制度。日本内阁是日本中央行政机关，其中 1971 年设立的环境厅是与企业环境责任制度最为密切的机构，环境厅在 2001 年最终升格为环境省（以下简称为环境省）。环境省主要是贯彻落实有关的企业环境责任制度，并对企业环境责任的实施情况进行监督。日本国会是日本的立法机关，主要是将企业环境责任制度上升为法律制度层面。地方政府机关主要指日本地方政府机构，它是日本企业环境责任制度具体实施的主体。长期以来，日本地方政府对上连接着中央政府的宏观环境政策，对下联系着各个微观企业，实施着比中央规定更加严格的措施。例如，日本北九州市在 1901 年国营八幡钢铁厂投建后，逐渐成为日本四大工业区之一，然而，正由于此，该地区从 20 世纪 50 ~ 70 年代，公害污染十分严重。在此情况之下，日本北九州市政府联合企业等团体共同应对污染，制定有效的治理措施。到 20 世纪 80 年代，日本北九州市环境状况大为改善。

企业是日本企业环境责任制度中最重要的主体，也是直接决定企业环境责任制度成效的主体。日本从臭名昭著的污染大国到赞不绝口的环保大国，日本企业做出了决定性的贡献。其中，日本经团联在推动企业履行环境责任中起到了关键作用。日本经团联组织成立于1946年，最初是为了“激发企业员工的事业心和创意、重建产业及金融组确保经济稳定”等目的而建立的企业联合团体组织，并没有聚焦于推崇企业环境责任。然而，随着20世纪50~60年代社会和企业由于环境问题日益激化的矛盾，经团联从企业团体代表的角度，积极参与了《公害对策基本法》《大气污染防止法》等重要法律的制定，同时还参与了公害救济制度等机制的策划和实施。在20世纪80年代左右，日本以“广场协议”为契机推动了日本企业快速的国际化，在日本国际化的机遇之下，各个走出日本国门的企业纷纷意识到，想要继续扩大生产、提高品牌效应，就必须在国内国际社会中树立良好的口碑，过去那种消极的企业环境责任态度是行不通的。因此，经团联在环境问题上代表日本企业做出了更为积极的努力，促使日本创立了预防公害被害事业基金，修改了公害健康补偿制度，并于1991年发表了《地球环境宣章》。同时，在1992年举办地球峰会后，经团联抓住这个契机，成功将日本企业树立为“积极践行企业环境责任、积极主动完善企业环境责任制度”的正面形象，并将此塑造为日本企业的名片。

民众是企业环境责任直接的感知群体，因此也是促使企业环境责任制度建立、完善的重要主体。20世纪中叶，日本环境污染经历了大爆发时期，日本的“四大公害病”更是引起了广泛的社会舆论和社会恐慌。同时，由于经济的飞速增长，人民越来越注意高质量的生活环境，人民保卫生活、保护环境的运动也越来越积极。例如，在1972年召开的联合国人类环境会议中，日本的水俣病患者也出席了该场会议，在会议中，病人讲述了自己的悲惨经历并对日本企业环境责任的缺失做出了控诉。这次会议，让世界为之动容，让日本政府为之羞愧，促进日本将每年6月定为“环境月”，积极举办环境保护教育活动。此外，随着民众环境运动的不断高涨，还诞生了许多与环境有关的非政府组织和非营利性组织。近年来，该类组织有14 000多个，约占日本所有非营利性组织和非政府组织的28%，可见日本民众的环保意识非常强烈，是促进日本企业环境责任不断完善的重要动力。

（三）日本企业环境责任制度法律体系

目前，日本企业环境责任制度的法律保障体系由《日本环境基本法》为基本纲领，综合环境法、地球环境保护法、公害规制法、废弃物及循环利用法、环境保护法、财政费用负担法以及公害救济与纠纷处理法七个类型的个别法组成。

《日本环境基本法》是日本环境领域的根本法，也是企业环境责任制度的原则性法律纲领，它的出台标志着企业环境责任制度的正式确立。在1991年出台的《日本环境基本法》中，对企业环境责任首次做出了具体的规定，在该法中，认为企业必须：（1）避免在生产活动中发生公害，要妥善保护自然环境。（2）要妥善处理好生产活动中出现的垃圾及其他有害物品。（3）要不断使用有利于环境的环保原材料。（4）努力降低因产品使用或废弃而造成的环境污染。（5）要致力于采取环境友好型生产行为。（6）协助各级政府采取合理有效的环境保护措施。同时，"污染者负担"和"扩大生产者责任"理念首次出现在日本的环境法律中，即造成污染的企业应当承担起治理由它引起的环境污染的责任以及作为生产者的企业必须在产品生产时、产品使用后都要承担其环境责任。《日本环境基本法》中的"污染者负担"和"扩大生产者责任"的原则也是后续企业环境责任制度具体法的制定理念。

综合环境法是对企业的环境责任进行更进一步的综合规定，较为著名的有《环境影响评价法》《化学物质审查规制法》。《环境影响评价法》规定了企业生产内容需要事先进行调查、预测与评估。即企业决定生产内容时不应该仅仅关心是否盈利，还需要关心该项生产是否会对环境产生影响，并在行动之前对其进行调查，将调查结果公之于众，然后听取地方政府和民众的意见。《化学物质审查规制法》是为了控制企业化学物质的生产，企业必须自行掌握对环境和居民健康有害的污染物的排放量和废物运输量，向国家提交报告并公开数据。

地球环境保护法主要是对企业在应对全球变暖方面的责任作出了具体规定。其中《地球温暖对策法》《关于能源合理化使用的法律》是该类法律主要代表。这部法律是《京都协议书》目标达成计划提出的，该法要求一定规模的温室气体排放企业必须报告温室气体排放量。《关于能源合理化使用的法律》进一步将消耗大量能源的企业工厂列为管理对象，每年需报告能源使用量和设备状况。

公害规制法主要是对企业在应对大气污染、水污染、土壤污染等具体污染方面应履行的责任做出了具体要求。日本的《大气污染防止法》出台于1968年，后经过了多次修订，规定企业必须掌握其经营生产活动向大气排放或散布有害污染物质的情况，并要予以恰当的清除。《水质污染法》对企业排放的水污染物质进行总量控制，并要求企业对造成污染的地下水采取净化措施。《土壤污染对策法》规定企业在废弃有害设备设施的同时必须对周围土壤污染的状况进行调查，若已经出现污染，则企业必须采取清除污染的责任。

废弃物及循环利用法主要是对企业进行废弃物处理做出了规定。在《废弃物处理法》中，与企业有关的废弃物是"产业废弃物"，即生产活动中所产生的污泥、残渣、废油等废弃物，这些废弃物必须由企业进行处理，禁止直接向环境中排放。而在《循环型社会形成推进基本法中》，更是要求企业要提高从生产、废弃等各个阶段物质使用效率和回收利用效率。

财政费用负担法是对企业在污染治理中应当担负的费用责任进行了规定。在《公害防止事业费用者负担法》中，明确规定了涉及污染企业的费用负担义务，即必须要为防止各种公害，担负起必要的政策制定费、环境复原费、受害者救济费。

公害救济与纠纷处理法是对企业在如何为污染物受害者提供经济补偿、何种情况需要承担污染物受害者经济补偿进行了规定，其中最具代表性的法律为《公害健康被害补偿法》《公害纠纷处理法》。《公害健康被害补偿法》对企业如何为污染物受害者提供经济补偿做出了规定。一方面，该法律要求企业必须在明确自身社会责任的基础上承担污染物受害者的救济费用。另一方面，该法律将地区分为两类，并对不同的地区要求企业采用不同的认定和费用负担标准。第一类地区是难以确定污染源与健康受损之间具有因果关系的地区。第二类地区是类似水俣病这种因果关系明确的疾病发病地区。《公害纠纷处理法》主要处理企业与民众的公害纠纷，对企业是否需要承担救济责任进行判定。该法律污染物内容涉及广泛、处理手段多样。

二、日本企业环境责任制度的特征

（一）支持政策机制完善

日本企业环境责任制度的重要特征之一就是日本政府对企业环境责任的支持机制是十分完善的，这也是日本企业环境责任制度建设取得重大成就的关键因素之一。日本政府对企业环境责任制度的支持主要有财政税收支持机制、环境经营支持机制、创造环保型产业需求、推动环保型技术的研发与普及。

财政税收支持机制主要包括低息融资、税制优惠、补助金三个方面的内容。低息融资指政府金融机构对企业实施公害政策提供金融支持。其中，较为著名的机构是日本开发银行，日本开发银行对防治公害的实际融资情况从 1970 年的 31 亿日元增长到 1975 年高峰期的 2 055 亿日元，关系到日本所有企业公害治理投资的 45% 左右。目前，随着时间的推移，绿色金融制度逐渐在日本得到了广泛应用，它是低息融资的进一步发展，它在低息融资的基础上，进一步吸收民间资本，以此提高环境金融的覆盖范围。税制优惠是指企业在实施满足政府所规定的环保行为后，可以获得政府特批的税收优惠，以此调动企业履行环境责任的积极性。例如，法人税特别折旧制度规定企业在进行公害防止设备投资时能够将这些资产的折旧提前纳入费用，企业可以以此享受这一期利息带来的收入。补助金是指政府对满足规定的环保型企业直接进行资金奖励，与税制优惠的目的类似。

环境经营支持机制是指政府出台推动企业向环保经营模式转变的有关支持机制。虽然 ISO4001 能够对企业生产经营的外部性进行权威认定，但是，ISO4001 认定对中小企业来说价格过于昂贵。因此，政府出台了“生态行动 21”计划，对有意愿进行认证的企业，政府提供低价咨询与认证服务。通过环境经营支持机制，日本政府极大提高了中小企业履行企业环境责任的积极性。

创造环保型产业需求指的是政府通过绿色采购、绿色合同等方式去支持企业履行环境责任、进行生产绿色转型。绿色采购是指政府主动采购企业所开发的新型绿色产品与绿色服务。由于政府行政机构需求在市场中占据相当大的比重，日本政府较早注意到该需求对于企业环境责任履行的促进作用，并率先在绿色采购方面进行了法治化。日本议会在 2000 年出台了《绿色采购法》，其中规定国家政府机构每个年度都需要制订绿色采购的清单计划并根据年度情况进行修改。同时，该法中还规定地方政府也要根据自身的情况制定绿色采购指南，实施绿色采购计划。绿色合同主要针对温室气体，规定政府在与企业签订绿色合同时，要优先考虑产生温室气体较少的产品的企业。例如，在 2007 年出台的《环境关怀合同法》中就指出，电力合同要对一千瓦时电量的二氧化碳排放量、可再生能源利用率等业绩进行评估，只有评分在一定程度以上的电力公司，政府才会考虑和其签订合同。

环境技术的研发和普及是指政府支持环境友好的绿色技术进行研发和普及。政府通过环境研究综合推动费以及税制政策等形式，对防止全球变暖、实现循环型社会、与自然环境共生等相关技术进行支持。而在面对先进环境技术普及产量少、成本高、普及难的状况，日本政府还相应建立了各种企业补助金制度。

（二）企业团体发挥主导作用

企业通过联合成立利益共同团体以应对环境问题也是日本企业环境责任制度的重要特征之一。在日本企业环境责任制度中，代表企业利益团体组织——经联团，一直发挥着主导作用，其不仅担负着呼吁和带领企业积极履行环境责任的责任，还担负着替日本企业界回应政府和公众的环境呼吁的责任。

在日本企业环境责任制度的早期，日本企业作为公害污染源，受到了日本政府和民众的大量谴责，而日本经联团组织作为日本企业的代言人，自然也受到了莫大的压力。尤其在 20 世纪 70 年代左右，社会公众和企业的环境矛盾达到了顶峰，各地对企业不担负环境责任的生产行为举行了多次群众抗议。这时候，经联团开始替日本企业的未来思考一条可行的出路。经联团在当时提出“在经济和社会自由的社会经济活动中的核心是企业，企业要充分认识到自己的责任”。同时，经联团多次参与《公害对策基本法》《公害被害救济及损害赔偿保障的新制度》等重要环境法律政策的制定，给全社会一种企业开始积极承担环境责任的新形象，此举得到了日本企业界的广泛认同和响应。

而在日本企业环境责任制度的完善期，经联团从企业自身利益的角度，基于公众和政府的要求，督促企业自主履行环境责任，同时，随着企业环境意识的提高，对于经联团的号召更加主动积极。在 1991 年经联团发表《地球环境宪章》后，主要企业立刻发表了自己的地球环境宪章。1997 年，经联团更是提出企业应当在环境责任制度中制订环境自主行动计划，主要行业纷纷响应制定本行业企业自身的计划，设定目标，并立即实施。这些积极履行环境责任的举措，让政府对日本企业在环境方面的直接干预停止了下来，有效地改善了日本企业的环境形象。

三、日本企业环境责任制度的启示

（一）完善我国企业环境责任制度政府支持机制

从日本企业环境责任制度中可以发现，日本政府对于企业的环境行为政策支持力度是非常大的，支持机制也是十分完善，其包括财政税收支持机制、环境经营支持机制、创造环保型产业需求、推动环保型技术的研发与普及。日本成功的绿色经济与政府的支持是直接相关的，政府一方面在制定严格的公害政策限制企业的公害排放，另一方面也不断通过各项市场创新手段激励企业履行环境责任的积极性。例如，在 2008 年的经济危机后，通过政府支持的方式，日本企业成功进行了转型，绿色产业成为日本经济新的增长点。

我国对于企业环境责任的市场化激励手段尽管目前已经开始广泛探索和使用，但仍旧面临机制不完善、覆盖面不广等多方面问题。同时，在绿色产业方面，目前也仍然处于探索阶段。因此，一方面，我国需要继续强化企业环境责任的政府支持力度，积极引导环保型产业发展，扩大环保型产业需求，做好绿色产业建设长期规划，引导企业积极投身于环保产业。另一方面，要完善各项支持机制，出台相关法律法规，构建具有中国特色的企业环境责任制度体系。

（二）鼓励相关企业团体履行环境监督责任

在日本企业环境责任制度的建设中，企业利益团体—经联团，在促进企业履行环境责任、完善企业环境责任制度、改变社会对企业的负面影响方面起到了至关重要的作用，这也是日本企业环境责任制度成功的重要因素。经联团在企业环境责任制度中的作用如图 10 - 2 所示。一方面，经联团站在企业的立场向社会公众与政府积极宣传企业环境责任履行情况，并代表企业参与企业环境责任制度的建设。另一方面，经联团呼吁与督促企业积极履行环境责任，由于经联团的主席团主要是日本前几个大型企业，因此其往往能够带领众多企业积极履行环境责任。

图 10 - 2　经联团在日本企业环境责任制度中的作用

这对于我国企业环境责任制度来说有重要借鉴意义，我国目前企业环境责任制度仍不完善，其需要社会、政府与企业各主体齐心协力，共克难关。然而，社会、政府与企业在企业环境责任制度中的协作仍然面临着许多问题，政府与社会公众的环境诉求难以得到企业界的有效回应、企业界对于环境责任并没有达成共识且形成合力。因此，我国可以参考日本的企业环境责任制度经验，设立类似于中国企业联合会的企业环境组织，制定环境责任共同纲领，一方面代表中国企业回应政府、社会的各项环境诉求，参与中国企业环境责任制度的完善；另一方面积极团结、呼吁中国企业界履行环境责任，提升企业团体内部的凝聚力。

第十一章

企业环境责任履行水平提升的政策建议

第一节　政府层面

一、提升政府现代化环境治理能力

加强政府生态环境综合治理意识。思想是行动的先导，要以习近平生态文明思想为指引，树立和践行绿水青山就是金山银山的新发展理念，实行最严格的生态环境保护制度，不断推动形成绿色发展方式，建设美丽中国。政府要转变传统的指令性企业管理方式，正确定位，处理好与企业之间的关系，构建服务型、激励型政府。政府既要对企业的生产经营活动进行监督管制，还应当采取积极措施支持企业发展，为促进企业循环经济的发展提供良好服务，运用市场激励机制鼓励企业主动实现环境保护责任。

完善多元化环境治理政策体系。第一，推广排污收费政策，全面实行排污许可证制度，实现所有固定污染源排污许可证核发，推动工业污染源限期达标排放，推进排污权、用能权、用水权、碳排放权市场化交易。第二，加大金融制度对企业环境治理行为的保障力度，完善绿色金融服务体系，加强绿色金融制度顶层设计，制定更为清晰透明的绿色金融标准；丰富绿色金融产品供给，以绿色股权投资、绿色并购基金、绿色信托计划等满足企业绿色发展的多元化资金需求。第三，完善政府环保补助制度，建立政府环保补助清单，对政府环保补助的资金使用流向进行全方位、全过程的监督。第四，建设环境治理政策联动体系，强化环境治理政策协同机制和协同效果，增强对企业环境责任履行的驱动作用。完善环境政策市场机制，充分发挥市场对环境资源配置的决定性作用。

完善企业环境保护行为的评估监督和污染处置机制。一是全面整治企业污染生产行为的乱象，随事制宜健全行政处罚裁量体系，提升企业污染生产行为的监察和处置能力，提高企业环境污染成本。二是强化重点区域、重点行业企业污染监控预警和反馈机制。建立环境污染事件发生后公众健康影响评估制度，探索企业环境污染赔偿基金制度，强化企业环境污染相关赔偿责任。加强企业绿色生产教育培训和宣传力度，提升企业生态环境意识。三是实施更为严格的企业环境信息披露制度，建立全流程、全要素的企业环境信息披露体系。四是推动国有企业探索中国特色企业环境责任制度，充分发挥国有企业“排头兵”作用。

二、建立健全生态文明法律法规

完善生态文明法律制度。第一，加快完善中国特色社会主义生态环境保护法律体系，增强立法的系统性、完备性和科学性，以“谁污染，谁治理”为导向，对噪声污染防治、海洋环境保护、环境影响评价、气候变化应对等“空白点”“薄弱点”的生态领域企业环境行为做出相应规定，做到全面监督企业环境责任履行有法可依。第二，健全环境刑法制度，提高“环境污染罪”量刑强度，加强环境司法的震慑作用，强化保护环境的“最后一道防线”。第三，鼓励地方根据当地的实际情况开展环境立法。地方充分发挥自身的主观能动作用，行使好掌握在手中的立法权，根据当地的经济发展状况、环境情况，制定具体的可操作的环境保护地方性法规，与新《环境保护法》建立有效衔接的配套机制，对企业造成的环境污染问题对症下药，对当地企业履行环境责任因势利导。

建立健全生态环境行政执法和司法联动机制。首先，加强环境行政执法和司法的协同效果，建立并完善联席会议制度和案件会商制度，推动信息共享，提高环境执法专业化、法治化，为督促企业环境责任履行构建有效的联合“屏障”。其次，针对环境污染的区域流动问题，加强跨区域环境行政司法联动机制，在“长三角”“京津冀”等地尝试跨区域环境行政司法联动试点，提高企业环境污染的违法成本。最后，充分发挥环境司法的作用，放宽原告诉讼资格，让一般民事诉状的主体均可提起环境诉讼，将企业环境行为置于司法监督之下。

完善生态环保督察制度。一是完善生态环境效绩评价考核和问责制度，强化领导干部环境生态责任，明确各级党和政府为督促企业履行环境责任的第一责任人。二是加大生态环境保护中央督察力度，强化政企例行督察、专项督察和“回头看”的监察效果。三是强化环保督察的人才队伍建设，大力培养和挖掘专业能力强和政治觉悟高的环保督察队伍，提高督察执法的整体水平。

三、完善多元主体企业环境责任驱动体系

建立健全多地区环境治理协同体系。第一，加强多地区环境协同治理意识，完善人才、信息、技术和资金领域的共享机制，构建跨区域的企业环境责任督察体系。第二，加强政府、企业、社会和公众共同参与的环境体系建设，厘清多元主体职责分工、创新生态服务投入机制、优化环境治理协同机制，充分发挥政府的主导作用、企业的主体作用、社会和公众的监督作用。

加强政府主导作用。第一，强化政府在企业环境责任驱动体系中的基础工作，完善企业环境责任监察机构和机制，推动企业环境责任检查专业化、信息化，为多元主体企业环境责任驱动体系的构建提供坚实基础。第二，推动多元主体企业环境责任驱动体系的制度建设，深入贯彻党的十九大精神，完善相关法律法规，建立高效透明的协同机制。第三，加强生态环境保护力度，实施严格的环境保护措施，营造爱护环境、绿色发展的社会氛围，为企业积极履行环境责任提供基础。

加强企业的主体作用。第一，明确企业环境责任的范围和内容，为企业环境行为划上不可逾越的“底线”。第二，加强对企业的宣传教育力度，提高企业环境保护主体意识，自觉接受政府和社会公众的监督。第三，加强宣传教育工作，政府要加强环境保护宣传，强调企业在生态环境保护工作中的关键作用，提高企业环境责任意识。

强化社会和公众的监督作用。第一，提高环保社会团体对于企业环境监督的参与力度，加大对环保社会组织的扶持力度和规范管理，进一步发挥环保社会组织的号召力和影响力。第二，加强生态环保宣传力度，提高社会公众主人翁意识，激发公民参与监督企业环境责任履行情况的热情。第三，完善公民意见反馈机制，拓宽企业环境行为的监督反馈渠道。

第二节 媒体层面

一、加强舆论引导与监督作用

公共媒体对于企业经营行为的关注会对企业的社会声誉和影响造成重要影响，甚至在一定程度上决定着企业经营战略决策的走向。一方面，媒体要积极宣传企业环境责任履行对生态文明建设的重要性，提高社会公众的环境保护和监督意识。另一方面，媒体要认识到社会舆论阵地对于企业环境保护行为的重要性，发挥舆论引导作用，积极披露企业环境责任行为，设置企业环境保护行动报道的方式来督促企业主动履行环境责任。

二、完善协同联动工作机制

充分统筹协调媒体的监督作用和政府的管理作用，在坚持党的集中统一领导基础下，媒体应当积极与各级政府建立长效协同机制，主动向政府有关部门披露企业负面环境行为，而对于媒体披露的负面企业环境行为，政府应当及时进行处罚和纠正。新闻媒体必须遵守新闻媒体的相关规定，客观中立地对企业环境信息予以合法公开披露，不得受外界压力的影响刻意隐瞒，必须使公众真实地了解企业在生产经营中是否有违法环境行为。政府要合理利用媒体对社会舆论进行正确引导，以主流的意见引导非理性的声音，形成有利于环境保护、促进企业履行环境责任的舆论导向。

三、提高环境监督意识和能力

提高媒体环境监督意识和能力。媒体新闻报道是社会公众获取企业环境行为相关信息的重要渠道，媒体自身的环境监督意识和能力对于充分发挥媒体对企业环境责任建设的推动作用具有重要影响。一方面，媒体要提高自己的环境保护意识，只有树立绿色发展至上的意识，才能充分挖掘企业环境行为的相关信息。另一方面，要提高自身环境监督的能力，通过面对面访谈、暗访等多种形式对企业环境行为进行全面监督，提高企业环境责任意识。

第三节　企业层面

一、强化企业环境责任理念

在当今时代，企业要谋求长远发展，必须以可持续发展理念为指导，增强企业的核心竞争力。因此，企业要转变传统的以牺牲环境为代价换取经济利益的思维观念，树立企业环境责任理念。企业文化是企业生产经营的价值指南和规范导向。首先，要将环保理念纳入企业文化中，加以重视。通过企业内网、内部刊物等多种形式对企业员工进行环境宣传教育，营造和谐的企业环境文化氛围，增强员工的环境责任意识，并使之得以内化转换成生产经营中的实际行动，采取措施保护环境，治理污染。其次，要把企业实现环境责任明确地载入企业章程，明确规定企业负有承担环境责任的义务。企业章程是规范自身行为和组织活动的宪章，是企业内部的自治法规和外部经营的基本法律依据，能有效地指导企业在生产经营，追求经济利润的同时，主动遵守其企业章程的规定，承担企业环境责任。并且，企业要加强员工的环境知识教育和技术培训，尤其是企业的管理人员和生产技术人员。只有使企业管理人员树立良好的环境责任意识，才能做出科学环保的企业生产经营决策和绿色发展战略。而对技术人员进行定期的环境教育，如定期开展环保教育讲座、环境技术培训，促使员工在生产过程切实贯彻清洁生产，从源头上开展环境保护，防治污染的工作，同时采用先进的环保技术能提高企业生产效率，增加企业的经济收益，形成企业经济效益和环境效益的互相推动，更好地实现企业环境责任。

二、完善管理层治理结构

管理层决定企业战略决策和未来经营走向，与企业是否履行环境责任有着最为直接的联系。首先，完善绿色管理体系。企业内部要以绿色管理为指导思想建立绿色设计与制造系统、绿色营销系统、绿色理财系统、绿色企业文化系统以及绿色管理战略，提高企业环境责任履行水平。提升高管团队绿色决策能力，通过优化高管认知水平来提高管团队绿色意识。其次，优化高管团队权力结构配置策略，在条件允许的情况下，优先聘用具有与生态环境相关任职背景的高层管理人员。最后，提升企业内部控制水平，提高企业战略决策的执行能力。

三、探索可持续经营模式

财务状况是企业履行环境责任的经济基础和内在动因，探索良性的企业环境责任制度需要企业统筹经济效益和生态效益。一方面，企业应当加大对环境责任的资金投入，促进企业环境责任履行水平的提升。另一方面，企业要探索环境责任履行转化为经济效益的可实现途径，如通过积极主动披露环境责任履行情况、加大绿色高端新型技术使用力度等方式夯实企业环境责任履行的经济基础，以此获得企业环境责任履行与财务绩效提升的良性互动，实现企业可持续经营。

四、发挥企业联合团体优势

企业建立环境责任联合团体不仅能够实现环境责任履行的经验分享和共赢互助，还能够实现企业间在环境责任履行方面的相互督促，从而提升中国企业环境责任的整体水平。第一，国有企业要充分发挥环境责任履行的“领头羊”作用，积极探索完善中国特色企业环境责任体系，带头全面提升中国企业环境责任履行水平。第二，建立企业环境责任协会制度，构建中国企业环境责任战略联盟。

专题篇二

政府环境责任研究

第十二章

绪　论

第一节　研究背景与意义

一、研究背景

生态文明建设是党和国家重大战略部署，是推进实现第二个百年奋斗目标的重要组成部分。党的十八大以来，中共中央和各级政府不断推进生态文明建设，采用最严格制度最严密法治保护生态环境，出台了包括《水污染防治法》等在内的10余部环保法律，创新性地制定了中央生态环境保护督察等多项制度。中国环境持续恶化的趋势得到初步缓解，但是整体环境形势依然相当严峻，粗放型经济增长方式长期累积的污染顽疾没有得到根治。根据《2020年全球环境绩效指数》的评估，中国环境治理水平仅以37.3分位列180个国家中的第120位，环境治理能力有待提升。同年，据《中国生态环境状况公报》显示，全国337个地级及以上城市的空气环境累积发生严重污染和重度污染天数分别为345天和1 152天，以PM2.5和PM10为首要污染物的天数分别占重度及以上污染天数的77.7%和22.0%，空气污染形势依旧严峻。在水污染方面，全年达到Ⅰ~Ⅲ类水质监测点和井的占比分别为13.6%和22.7%，水质达标率偏低，优质水源则更为稀少，同时跨域水污染问题严重致使地方纠纷不断、矛盾重重。另外，土壤污染状况调查显示，众多农业用地重金属、化工元素超标，影响土壤质量与粮食安全。总而言之，中国生态文明建设依然任重道远，生态环境保护形势复杂，需要继续坚定不移地深入贯彻习近平生态文明思想，充分发挥政府的主导作用。

不断满足人民群众对美好生活的需要是中国共产党的奋斗目标，也是中国各级政府的服务宗旨。环境恶化是市场失灵的表现，生态环境是典型的公共物品，追求私人利益的最大化有损公共利益，造成环境资源配置效率低。政府作为市场公平的维护者和市场机制的补充者，在面临市场失灵时，需要及时有效的干预与介入。为实现公共环境利益最大化，政府有责任运用自身权力对环境污染行为进行制止。因此，党的十九大报告中提出“构建政府为主导、企业为主体、社会组织和公众共同参与的环境治理体系”，进一步强调政府在环境保护中的主导作用。但就目前而言，重视政府经济责任而轻视政府环境责任的思想根基依旧牢固，学术研究中大多学者仍在经济发展的语境与视角下讨论政府环保，环保实践中不少官员在经济与环境的抉择中举棋不定。所以，对政府环境责任开展系统性研究尤为迫切，一方面为全面认识政府环境责任提供理论与实践经验的支持，另一方面对于推进生态文明建设具有重要的启示与借鉴意义。

二、研究意义

（一）理论意义

（1）拓宽现有文献的研究视角，深化政府环境责任的相关研究。已有对政府环境责任的研究大多停留在理论探讨与事实阐述阶段，而有关政府环境责任履行效应的文献却寥寥无几。为此，本部分首先从直接影响的视角探讨政府环境责任履行对环境质量提升的影响效应与作用机制，然后从间接影响的视角探讨政府环境责任履行分别对居民健康发展、绿色经济发展和政府治理能力现代化三个方面的影响效应与作用机制，采用理论分析、模拟仿真与实证检验相结合的方法进一步深化了政府环境责任的研究，拓宽研究视角。

（2）构建科学、合理的政府环境责任履行的测度指标体系，客观评价政府环境责任履行情况，完善现有研究存在的不足。目前，国内外学者对政府环境责任履行的系统性评价还比较少，大部分研究是从公共管理学和法学角度进行探讨，抑或是采用环境绩效或者是环境规制进行探讨，这大大降低了评判的全面性和针对性，难以调动政府承担环境责任的积极性。为此，本部分从政府环境责任的内涵出发构建环境责任履行的测度指标体系，以120个环保重点城市为研究样本，对指标体系进行信效度检验，确保指标体系的一致性和有效性。这为政府环境责任研究的深入开展提供了方法参考与数据支持。

（3）搭建政府环境责任影响效应的量化分析框架，为后续研究开展提供方法借鉴与理论支撑。本书综合运用多种前沿计量经济学方法和演化博弈方法研究政府环境责任履行的影响效应及其作用机制。采用面板固定效应模型和空间计量模型来分析政府环境责任履行对环境质量、居民健康和绿色经济的影响。另外，通过构建演化博弈模型来对流域水污染治理过程中所涉及的上游、下游政府之间的合作博弈行为进行分析，讨论其稳定策略和演化路径，通过模拟仿真来对上游、下游政府选择“积极履行”环境责任策略的行为影响因素展开讨论。这些量化研究方法为探究政府环境责任履行的影响效应提供可信的经验证据和经济学解释，是对现有相关研究的一个有益补充，为后续研究开展提供方法借鉴。

（二）现实意义

（1）为实现社会主义现代化强国目标、促进生态文明建设迈向新台阶提供重要的决策依据。建设生态文明，先进的生态伦理观念是价值取向，发达的生态经济是物质基础，完善的生态文明制度是激励约束机制，可靠的生态安全是底线，改善生态环境质量是根本目的，现代化政府治理是主导角色。因此，本书顺应新时代生态文明潮流，深入探究政府环境责任履行的影响效应，为建设美丽中国，走向生态文明新时代提供内在驱动力。

（2）有助于中国政府明晰自身环境责任履行水平，提升中国政府在生态环境治理方面的国际影响力。世界各国关于生态环境治理的讨论此起彼伏，而中国政府多年来通过提出一系列与生态文明建设相关的主要任务，致力于为全球环境治理贡献中国方案与智慧。为了顺应时代发展的潮流，中国政府提出了“健全现代环境治理体系”的远景目标，充分表明现代环境治理体系不仅是国家治理体系的重要组成部分，也是推进生态环境保护的基础支撑，为推动绿色发展，建设美丽新中国指明方向，实现环境保护与经济增长协调发展的双赢局面。

（3）厘清生态文明体制机制建设，助力新时代绿色发展。政府陆续颁布了一系列生态环境保护体系改革的政策方针，提出构建以政府为主导、企业为主体、社会组织和公众共同参与的多元环境治理体系，打出生态治理的“组合拳”。这充分表明绿色发展理念下生态文明建设应强调政府所扮演的主导作用，引领各治理主体共同参与生态环境治理。此外，不同的制度之间既存在互相支撑也存在互补协调的关系，在具体实践中，如何使这些制度成为因地制宜、具有活力的制度体系，如何实现制度之间的有效对接、协调推进都值得进行深入研究。因此，本部分以政府环境责任为研究对象，探究政府环境责任履行的影响效应及其作用机制，为促进生态文明体制机制创新和推进生态文明建设提供参考和建议。

第二节 文献综述

一、政府环境责任的演进历程与内涵界定研究

（一）政府环境责任的演进历程

党的十八届三中全会指出，全面深化改革的核心问题是处理好政府与市场的关系。为此，党的十八届三中全会将市场在资源配置中起基础性作用改为市场在资源配置中起决定性作用，全面深化改革的核心问题是如何发挥市场在资源配置中的决定性作用和如何更好地发挥政府的作用。根据《中华人民共和国宪法》的规定，中国政府的主要职能包括：一是政治职能（维护国家长治久安）；二是经济职能（组织社会主义市场经济建设）；三是文化职能（组织社会主义文化建设）；四是公共服务职能（提供社会公共服务）。与中国所实行的社会主义制度相比，西方国家大多实行资本主义制度，在政府职能方面，西方政府与中国政府存在较大的差异（王浦劬，2015）。西方国家普遍实行三权分立的政治制度，即行政、立法、司法三权相互独立，虽然该政治制度能促使三方面权力相互掣肘，防止行政权力泛滥，但也会导致各个部门之间各自为政、相互推诿，出现行政效率低下的问题。

不论是中国还是西方国家，政府环境责任充分体现在政府职能内，而在研究的早期，国内外学者们对政府环境责任履行的研究集中于环境规制的视角，主要探讨以行政命令型环境规制工具所发挥的主要作用，其中研究较为广泛的是对企业的发展作用，但结论莫衷一是，分别有三种观点：一是抑制说，新古典经济理论认为政府在强化环境规制时，变相了增加企业的人力、资源等成本，导致企业提高销售价格，企业竞争力下降（Ollivier，2016）。二是关系不确定说，由于环保支出占企业总成本的比例很小，因此，政府提升环境规制可能不会对企业产生统计学意义上的显著影响。“狭义波特假说”认为适度的环境规制会促进企业的创新，但这个度难以掌握。三是促进说，波特和林德（Porter and Linde，1995）认为，如果政府施加严格的环境规制，企业仍然按照“高投入，高排放，高产

出”的“三高”模式来组织生产，那么将会面临巨额罚款。一旦企业被施加巨额罚款，则会认真考虑其转型升级的可能性。因此，从动态角度来看，施加较严格的环境规制会促使企业向环保方面更多地投入研发资金，最终实现经济发展与环境保护的平衡。为此，政府环境责任的履行主要是通过立法或行政部门制定规章制度要求企业遵守，并处罚违反相应标准的企业（张国兴等，2021）。

虽然政府实施行政命令型规制在处理不可逆的严重环境影响颇有成效，但不仅对政府监管的要求较高，而且刚性较强，迫使企业没有“讨价还价”的余地。张坤民等（2007）和赵玉民等（2009）的研究发现，当前政府环境治理已经开始需要从行政命令型治理逐步转化为市场激励型治理，中国政府不断以政策试验的方式将市场激励型规制政策付诸实践，例如，1991 年，中国开始陆续在 16 座城市试行大气污染物许可证制度。随着市场经济的不断发展和完善，大多数研究发现市场激励型环境规制比行政命令型环境规制更加灵活（姚林如等，2017），薄文广等（2018）利用古诺双寡头模型分析得出政府制定较为宽松的环境规制有利于当地吸引外资，这从理论上证明了“污染物天堂”假说。赵霄伟（2014a）的研究发现环境规制对政府治理效用的影响存在地区异质性，中部地区呈现出“逐底竞争”现象，其可能的原因是中部地区作为承接东部产业转移的重要区域，地方政府希望借助政策倾斜吸引东部地区转移的产业。游达明等（2018）通过对中央和地方政府实现稳定演化策略的作用机制进行仿真发现，为实现博弈均衡，中央政府应当充分利用政绩考核体系中的竞争和奖励机制，通过制定高效措施激励地方政府积极履行环境责任。

随着研究的不断深入，理论界和实务界都逐渐发现如果需要彻底改善环境污染问题，仅仅依靠政府的行政命令手段和市场的激励型手段并不能完全解决生态环境问题。大多数研究发现采取多元化的手段，不断增加信息披露、生态教育、公众参与等类型的政策能够有效提升生态效率和促进经济增长质量（任小静和屈小娥，2020；李强和王琰，2019），例如《企业环境信用评价办法（试行）》（2013）、《国家重点监控企业自行监测及信息公开办法》（2014）、《全国环境宣传教育工作纲要（2016～2020 年）》和《环境保护公众参与办法》（2015）等政策的不断施行，不仅能规范企业的生产行为，同时也能促进公众参与的积极性，降低公众参与成本，更好地体现了政府环境责任履行在规制决策方面的科学性和合法性。

（二）政府环境责任的内涵界定

国内外学者对政府环境责任内涵进行了系统的研究。其中，国外学者对政府环境责任的研究起步早，英国思想家洛克根据社会契约理论指出，呼吸新鲜的空气、饮用清洁的水、享受无污染的环境是满足人类生存的基本需求（洛克，1964）。1970年美国萨克斯教授在关于环境保护问题的争论中，提出“环境公共财产”“环境公共信托”理论，并指出环境资源基于其自然属性和对人类社会的重要性来说，不是自由财产，因此任何人不能任意对其占有、支配和损害。环境是属于全体国民的公共财产，共有人将其委托给政府统一管理，政府需要承担共有人对环境管理的委托管理责任，须对全体国民负责，不能滥用委托权，这是对政府环境责任的一种直接诉求（汪劲，2000）。随后，在萨克斯教授的理论基础上，学者们提出公民享有在良好的环境中生活权利的基本原则，由此环境权被认为是公民享有的最基本权利之一，应受到法律的保护。英国社会学家格里·斯托克（1999）认为，虽然公众参与、市场机制等手段在环保中占据重要地位，但并不意味着政府应当履行的环境保护责任有所减少，而是政府必须依法积极主动地保护环境。

虽然国内关于政府环境责任方面的研究起步较晚，但呈现出良好的研究态势。蔡守秋（2008）主张的“两性说”认为：政府环境责任是依照法律规定的政府在环境保护方面被赋予的权利和义务，此为政府第一性环境责任。当政府违反上述权利和义务的法律规定时，因而承担相应的法律后果，此为第二性环境责任。也有学者以不同责任主体的划分为出发点来研究政府环境责任，在纵向设定上，张建伟（2008a）认为中央政府和地方政府都是环境责任的履行主体，由于地方政府不仅是地方利益的代表和维护者，也是国家利益在当地的代表和维护者，这种双重身份决定了只有在国家利益和地方利益完全契合的情况下，地方政府所面临的困境不会出现。李挚萍（2008）提出应该将地方政府的环境责任与其负责对应的环境质量结合起来，分为第一性法律责任和第二性法律责任。一是指地方政府通过对其辖区内的环境质量负责来体现出地方政府的职责；二是指当辖区内的环境质量无法达标或者出现环境质量严重恶化时，政府及其有关负责人应承担相应的法律后果。由于环境具有典型的公共品属性，单靠某一地方政府承担起全部的环境责任是不可能的，需要相邻政府及其政府部门在其各自的工作领域中承担起相应的环境责任。

综上所述，政府环境责任的内涵界定得到学术界广泛认可，相关研究也如雨后春笋般涌现。然而，现有研究并未形成一套系统的研究理论与体系，目前有关政府环境责任的理论基础大多沿用环境规制方面的理论。政府环境责任与环境规制两个概念虽有一定相似性，但环境规制更侧重于政府治理所采用的手段，因此政府环境责任是一个更为广泛的概念。此外，国内相关研究较为匮乏，亟须广泛吸纳国外相关研究，在扎根中国国情基础上，丰富政府环境责任中国化的内涵。

二、政府环境责任的测度研究

（一）基于环境规制视角的测度

学者们通过环境规制的视角来研究政府环境责任履行的问题。对于环境规制所开展的研究中，大多数学者对于其测度问题展开了详尽的讨论，目前主要采用如下三种衡量方法。

第一种是单一指标法，采用单独的一个指标来衡量环境规制强度，主要包括环境规制政策和环境治理投入和环境政策绩效等指标（徐佳和崔静波，2020），其中，部分学者采用环保机构的检测数等表示环境规制的有效实施情况（张华和魏晓平，2014）；季磊和额尔敦套力（2019）则采用工业污染治理投资额来衡量环境规制强度。另外，周沂等（2022）利用中国实施的清洁生产标准来对环境规制强度进行衡量。虽然这种单一指标方法的选择相对简单，但其具有统一的度量标注，便于国家和地区之间进行横向比较。第二种是综合指数法，学者们通常选择工业废弃物排放量、废弃物的治理投资额或者是污染物处理率的综合指数作为环境规制的衡量标准（赵霄伟，2014b），如张治栋和秦淑悦（2018）选取工业部门的工业三废排放量作为单项指标，构建综合指数来度量各城市的环境规制强度；张帆等（2022）利用废水、废气和固废投资额构建城市环境治理投入成本来反馈环境规制强度；李虹和邹庆（2018）、何雄浪和史世姣（2021）构建工业固废利用率、城镇生活污水处理率和生活垃圾无害化处理率来构建环境规制强度的综合指标。综合指数法较好地克服了单一指标法相对片面的缺陷，能够更加全面地展现出国家或地区的环境规制强度，增强了环境规制指标的现实解释力度。第三种是赋值评分法，学者们根据所选取指标的标准对环境规制的严格程度进行赋值，如李钢和刘鹏（2015）根据中国法律法规中钢铁行业环境标准，分别对钢铁行业在高炉、污染物、生产能力等八个方面的环境规制强度进行赋值，并对中国钢铁行业2000～2014年的环境规制强度变化情况展开分析。史敦友（2021）利用李克特量表法确定了环境规制指标的权重，分别对行政命令型、市场激励型和公众参与型环境规制强度展开测度。这种衡量方法具有一定的主观性，且受人为因素的影响大。总体而言，学者们针对环境规制的测度方法展开了诸多有益的探讨，这无疑为政府环境责任的测度研究提供了夯实的研究基础。

（二）基于环境绩效视角的测度

学者们除了聚焦于环境规制层面，也有部分学者基于环境绩效视角衡量政府环境责任履行状况和环保工作的效能（马波，2014）。为了能够科学评估各国政府在环境治理方面做出的贡献，国际标准化组织在ISO14031标准中给出了环境绩效的定义，即政府基于环境目标，对特定的区域或者对象进行环境管理活动所产生的可测量的环境改善效果。

学者们对环境绩效的认知众说纷纭。其中，国外较为权威的研究成果是耶鲁大学和哥伦比亚大学联合编制的环境绩效指数（EPI），主要分为环境健康和生态活力两大维度，共包含空气质量、饮用水资源和重金属污染等16项子指标。国内学者们借鉴国际研究思路，深入研究环境绩效评估体系，大部分学者着眼于区域层面来探讨中国各省或者地级市环境管理的情况，如张明明等（2009）结合生态环境建设内涵，分析生态建设规划纲要目标，将生态环境绩效指标体系分为环境健康、环境质量、生态系统健康和资源能源利用四个维度，对浙江省11个城市进行空间分析。彭靓宇和徐鹤（2013）构建生态活力、环境质量、资源利用效率、污染控制、环保基础设施、气候变化和环境治理七个维度的指标体系，测算天津市2006～2010年的环境绩效指数，从研究结论中发现天津市的环境绩效水平主要是由生态活力、环境质量和资源利用效率所主导。杨丽琼等（2015）以《西双版纳州“十一五”生态建设和环境保护发展规划》所提及的环境绩效指标体系为基础，基于“驱动—压力—状态—影响—响应”五个方面探讨了西双版纳州的环境状况并针对目前所存在的管理问题提出了相应的建议。董战峰等（2016）借鉴EPI的一级指标，采用主题框架法识别出目前中国存在的环境问题，利用熵权法评估2009年30个省份的综合环境绩效情况，其研究结论表明全国的综合环境绩效呈现出典型的区域空间分布格局，东部地区的综合环境绩效总体优于中部、西部地区。王婷和袁增伟（2017）依据压力—状态—响应（PSR）模型，将环境绩效分为环境效率、环境质量和环境治理三个维度，运用目标渐进法和均权法计算环境绩效指数。总体而言，学者们采用不同的指标体系与赋权方法来评估中国政府的环境绩效水平，其研究结论均表明当前中国政府环境责任履行水平呈现出上升的态势，但整体水平仍偏低，具有较大的提升空间。

上述研究对政府环境责任履行水平做了诸多有益探索，对客观评价中国政府环境责任履行水平具有重要意义。但是，现有研究存在进一步拓展的空间：首先，目前对于政府环境责任的研究主要是从公共管理学及法学角度进行探讨。而在量化研究领域，学者们更侧重于探讨环境规制这一相似概念，而环境规制与政府环境责任的主要差异体现在环境规制的约束性，是“依据一定规则对个人及主体进行限制的行为”，而政府环境责任是根据法律明确的政府对于环境负有的保护和治理责任的总和，相较而言，政府环境责任的概念更完整。其次，现有政府环境责任的水平测度构建的文献中，大多数研究选取环境绩效来衡量政府环境责任履行水平，缺乏对政府环境责任进行系统、科学的评价。因此，现阶段亟须构建政府环境责任水平测度的指标体系，对政府的环境责任履行情况进行多维度评估。

三、政府环境责任履行的影响效应研究

为了能够更好地研究政府环境责任履行所产生的影响效应，纵观国外相关文献，归纳起来主要分为四个方面：一是促进城市环境质量得到有效的改善；二是保障城市居民的健康发展需求；三是促进社会经济向绿色化转型道路发展；四是推动政府治理体系以及提升治理能力的现代化水平。

（一）政府环境责任履行对环境质量提升的影响效应研究

学者们对政府环境责任与环境质量之间的关系进行了系统的考察，既往文献主要包括三个方面的研究。首先，关于政府环境履行和环境质量提升的因果关系研究中，大部分学者认为政府履行环境责任所促成的最直接影响是改善环境质量，这一影响主要通过环境政策的实施与环境计划的落实达成（孙刚，2004）。但政府履责手段的不同会对环境质量改善带来差异化的结果（曾冰等，2016）。目前，大部分学者将目光聚焦于政府环境责任履行对环境质量提升的单向影响，鲜少探讨存在双向因果的可能性。针对这一问题，李国平和张文彬（2014）通过理论分析发现重大环境污染事件发生后，在中央政府的介入下，短期内地方环境责任履行水平会显著升高，并伴随着污染事件影响的衰退而降低。

其次，政府环境责任履行的治污效果评估中，大部分学者对政府环境责任履行的积极治理成效予以了肯定。李永友和沈坤荣（2008）在对工业污染控制政策的研究中发现，中国既往以排污费为主体的环境政策对环境污染起到了显著减排效果。另外，地方政府环境责任履行具有明显的政策溢出效应，会对邻近地区的污染治理决策带来深刻的影响。在对一系列政府环境政策实施效用的评价中，沈坤荣和金刚（2018）对政府水污染治理进行政策评估发现，河长制自分阶段逐步实施以来取得了初步治理成效，显著降低水体中主要污染指标的观测值，但水污染治理仍存在治标不治本的粉饰性行为。杨洪刚（2009）、王斌（2013）和汪伟全（2014）等对政府环境责任在大气污染治理层面的效用展开评估并肯定了现有的治污政策，但向俊杰（2015）、胡志高等（2019）提出现有大气污染防治政策忽视空气污染流动性特征，大气污染治理联防联控能力仍需提升。除了对特定污染物的治理效用评估外，政府履行环境责任对环境质量提升的进一步讨论也如雨后春笋般涌现。沈坤荣等（2017）对邻近城市环境规制与本地污染排放的因果关

系进行识别后发现，政府环境责任履行存在政策引起的污染就近转移现象，即污染基本就近转移到周边城市，显示出当前中国各地方政府短视性的履责手段不利于全局环境治理。

总体而言，学者们就政府环境责任履行对环境质量提升的影响效应展开广泛讨论，既往研究主要从二者的因果关系、政府环境责任履行的治污效果评价以及政府环境责任促进环境质量提升的实现机制三个层面展开了丰富的研究。

（二）政府环境责任履行对居民健康发展的影响效应研究

党的十九大报告中，曾多次提出“促进人的全面发展”，从个体层面来看，人的全面发展是指人的各种需求、潜能和素质得到充分发展，而保障人类健康发展才是满足这一要求的基础。现如今，中国正在大力推进“健康中国”的建设战略，努力提高全民族的健康水平。健康是促进人类全面发展的必然要求，是经济社会发展的基础条件。让人民生活幸福是“国之大者”，健康是人民幸福和社会进步的基础，而现阶段人民健康生活的更高需求与环境治理水平不充分发展的矛盾仍然十分突出，所以需要大力推进国家治理体系与治理能力的现代化，促使地方政府积极承担环境保护责任。这不仅是环境治理改善的应有之义，也是减少社会经济损失的必然要求，还是增强全体居民生态环保意识、实施健康中国战略的当务之急。

近年来，学者们关于政府环境责任影响居民健康的研究主要侧重于环境监管责任方面的探讨，而所得的结论也是莫衷一是。一方面，大部分国外学者为了解决环境和健康之间的内生性问题，往往采用准自然实验来加以解决，通过双重差分与断点回归等模型检验环境政策在降低污染水平的同时也能从不同程度上减低健康风险（Yang et al.，2017；Deschenes et al.，2017）。此外，国内学者的研究发现，“大气十条”政策的实施带来显著的健康效应，能有效控制与空气污染高度相关疾病的发病率和死亡占比（范丹等，2021）。并且强化环境监管水平能够优化人力资本，不仅对居民健康水平起到显著的改善作用（王洪庆，2016），还能提高居民的效用水平（纪建悦等，2019）。同时环境监管的提升能对环境质量和居民健康产生正向调节作用（宋丽颖和崔帆，2019），并缓解由于环境污染所造成的健康风险问题（张国兴等，2018），实现环境与经济的双重红利。另一方面，有部分学者认为二者之间可能存在非线性关系。闫文娟等（2012）的研究发现，较弱的环境监管能够促进就业，并通过收入效应改善居民健康水平。但增加环境监管强度就会降低就业率，不利于居民健康的改善。谢凡和杨兆庆（2015）的研究也表明环境规制与劳动生产率之间的非线性关系，进而对居民健康水平产生了非线性影响效应。秦天等（2019）的研究进一步表明环境监管与居民健康之间存在先正后负的倒"U"型关系，即提高环境监管强度可能会弱化居民健康的改善效应。总体而言，学者们关于政府环境责任履行对居民健康发展影响的研究主要集中于生态环境监管方面的探讨。通过上述分析发现，促进居民健康发展是政府环境责任履行所产生的第一类间接影响效应，也就是说，通过环境质量改善更能有效凸显居民健康发展水平的提升。

（三）政府环境责任履行对绿色经济发展的影响效应研究

政府环境责任的履行水平与绿色经济发展之间的关系是目前的热点研究问题，学者们通过不同视角来探究这两者之间的关系。首先，基于环境治理角度，大部分学者侧重对环境治理与绿色经济的关系进行探讨。但由于政府环境治理手段对绿色经济影响机制的复杂性，学者尚未形成统一的结论。大部分学者认为政府加强环境治理力度在一定程度上对绿色经济发展具有正向推动作用。宋等（Song et al.，2020）发现低碳城市试点政策显著地推动生态效率增长。雷汉云和王旭霞（2020）探究污染治理对经济增长的影响，验证加强政府环境治理能力对经济增长质量的促进作用，强调环境治理能激发企业技术创新，提高技术水平，完善产业结构，以期促进区域经济快速发展。而有少部分学者认为环境规制对绿色经济发展具有"制约作用"。侯等（Hou et al.，2020）基于二氧化硫排放交易制度，验证该政策对绿色经济的影响，研究表明该政策的实施可以显著减少环境污染，但无法同时促进绿色经济的增长。其次，基于环境监管角度，研究结论主要分为两种：第一种认为环境监督能促进绿色经济发展。郭等（Guo et al.，2017）从宏观微观视角系统地研究环境监管力度和就业之间的权衡关系，借鉴美国20世纪90年代在环境监管对就业增长的影响研究，提出就业增长与环境监管具有一致性，研究结果表明在长期作用下环境监管力度的加强抑制失业人数，进而对经济有正向影响。第二种认为环境监督还未对绿色经济表现出显著作用。李胜兰等（2014）的研究指出环境监督状况对生态效率的作用形态表现出"独立无效"，环境监督状况变量系数为负数，其"制约作用"并未表现出显著性。

最后，基于多元共治角度，其研究结论也大致分为两种。大部分的研究结论指出多元共治对绿色经济发展具有正向调节作用。有些学者构建政府环境宣传能力的评价指标体系，使用倾向得分匹配的差异检验法，发现政府环境宣传能力在一定程度上对企业绿色创新有正向推动作用，从而促进绿色经济发展水平的提升（Shima and Fung，2019）。张等（Zhang et al.，2022）研究环境信息披露与能源效率之间的关系，引入中国公共环境研究所发布的污染信息透明度指数（PITI）作为准自然实验对环境信息披露进行研究，发现PITI城市的能源效率平均值比非PITI城市的能源效率平均值高于21.11%，证明环境信息公开以及公众参与对绿色发展的重要性。而部分学者研究指出公众参与并未对绿色发展有显著作用（Xie et al.，2017；Wu et al.，2018；Li and Ramanathan，2018）。基于此，学者们针对政府环境责任履行影响绿色经济发展方面的研究展开了较为详尽的探讨，从政府履行环境责任的各个维度对促进社会向经济绿色化发展的道路提供了深刻的研究基础。通过上述分析发现，政府环境责任履行促进经济绿色化转型发展是其中一类间接的影响效应，即在环境质量得到有效改善的基础上，更能凸显经济绿色转型发展的有效提升。

（四）政府环境责任履行对政府治理能力现代化的影响效应研究

地方政府积极履行环境责任是完善地方治理体系中的关键一环，同时也对社会建设、经济发展和生态环境保护起到至关重要的作用，地方政府只有强化环境责任的履行水平，通过开展流域合作治理也是政府治理能力现代化的重要举措之一。有研究表明，地方政府治理能力的现代化主要体现在政治沟通上（王金水和高亚州，2021），不仅包含上下级政府之间的沟通，也包括平级政府之间的沟通合作，主要体现了政府在生态环境监管方面的责任。在中央政府的统一指导下，虽然中国各地方政府积极参与到环境保护的进程之中，但由于行政区域的分割性，强调属地管理责任，地区之间政府权力的分割导致治理范围、对象、方式和力度等方面都存在显著差异，造成“劲未往一处使”的尴尬局面（张义等，2019）。

纵观相关文献发现，大多数学者认为现如今的诸多地方性公共事务随着经济发展和社会变革（曹伊清和翁静雨，2017），正由“内部化”转向“外部化”，同时也呈现出“跨域性”和“无界化”的特征（操小娟和龙新梅，2019；王雁红，2020）。由于地方政府基于行政区划“各自为政、单打独斗”的碎片化公共环境治理模式对于跨域性环境治理显得束手无策，所以地方政府积极履行环境责任的同时也需要与相邻地方政府展开协同合作。鉴于此，从政府生态环境治理责任方面来看，徐娟等（2022）基于河长制研究了地方政府跨域协同治理问题，并指出河长制虽然确保了水资源的保护和管理，但是在跨区域之间还存在协同治理困境，为了达到跨域治理效果，需要组建地方政府间跨域整体性治理组织机构。陈华脉等（2022）的研究进一步表明优化各区域环保协同治理的顶层制度，破除地区间的环境治理壁垒，才能实现各区域间的绿色、动态、协调、可持续发展。周伟（2021）的研究也指出了建立协同机制的重要性，有利于相邻近地方政府之间形成在跨域性环境治理目标上的一致性，治理行动上的协作性和治理过程上的有序性，进而提高跨域性环境治理绩效。总的来说，学者们针对生态环境监管和生态环境治理方面阐述了政府环境责任履行对政府治理能力现代化水平的影响，但无论是从公共管理学或是法学视角，还是从大气污染治理或是流域水污染治理，都对通过府际合作实现的治理能力现代化提供丰富的研究基础。通过上述分析发现，只有政府间展开通力合作携手解决综合性、跨域性治理问题，实现环境质量得到改善，才能凸显政府治理能力现代化水平的提升。

综上所述，学者们对政府环境责任的影响效应这一主题从不同角度进行了较为深入的探讨，取得了一定的研究成果。为本书研究提供了深刻的见解，但是现有文献还存在如下可进一步研究之处：第一，针对政府环境责任的影响效应，研究成果多侧重于探讨环境规制这一相似概念所产生的影响，甚至出现了环境规制与政府环境责任概念混用的情况。随着政府环境保护和治理责任的增加与手段的更新，仅针对环境规制进行探讨略显单薄。第二，探讨政府环境责任对环境质量所产生的直接影响，大多数研究仅是针对大气、水或者是土壤这一种单一污染物的影响进行分析，并未针对污染物的综合指标进行研究，为此得出的结论不够全面。第三，探讨政府环境责任履行所产生的间接影响效应，大多数研究并未从居民健康发展、绿色经济发展和政府治理能力的角度进行分析，为此所得出的研究结论莫衷一是。

第十三章

政府环境责任的界定与理论基础研究

第一节 相关概念界定

一、环境责任

《现代汉语词典》中对“责任”的定义包含了两个方面的词义：一个是分内应做的事情，如“尽责”“岗位责任”等；另一个是没做好分内事而应承担的过失，如“追究责任”“责任人”等。从上述的定义中，“分内应做的事情”可以解释为个人或组织所应负责的事情，这类责任的划分主要依照社会的特定分工，如“传道、授业、解惑”是教师的责任，“维护公共治安”是警察的责任，这说明任何个人或组织必须承担起与其角色对应的责任，也称为第一性责任。而“没做好分内事而应承担的过失”这类责任通常体现在对所负责的事情没有尽到责任应承担不利后果，可称为第二性责任。具体来说，可根据政府作为行为主体违反不同类型法律所承担的相应后果，如政府环境宪法责任、行政责任、民事责任和刑事责任。另外，不同于《现代汉语词典》中关于“责任”的两种词义外，现代法律中对于责任的规定，一般指特定的人或组织对特定事项的发生、发展、变化及其成果负有积极助长的义务（邓可祝，2014），如《中华人民共和国担保法》中的“担保责任”；《中华人民共和国诉讼法》中的“举证责任”。

“环境”在人们的日常交流中经常提及，一般是指围绕某一中心事物的外部空间、条件或状态。不难发现，在《中华人民共和国环境保护法（2014）》中的第二条，通过概括和列举的方式对环境法中的“环境”进行了范围界定，这是中国现行环境法律中唯一对“环境”的概念描述。若按照属性进行分类，一般可分为人文环境和自然环境。人文环境表示人类创造的物质和非物质的成果总和；自然环境是指未经过人的加工改造而天然存在的环境，是客观存在的各种自然因素（如大气、水、土壤、地质和生物）的总和，也是人类赖以生存和发展的物质基础条件，因此自然环境被称为“生境”。而人类作为生存在自然环境中的高级智慧生命，对保护环境负有不可推卸的责任，但因为人们在社会中所扮演的角色差异，所承担的环境责任也有所不同。

根据“责任”这一上位概念，学术界目前广泛认为“环境责任”可以从如下三个方面进行界定：第一，保护环境要求所有个人或组织应该积极参与环境保护并预防环境问题发生，这是人类分内应做的事；第二，各类社会成员在社会活动中因没有保护好环境而应当承担所带来的不利后果；第三，在环境保护领域中的特定个人或组织对环境问题的发生、发展、变化和产生的相应结果负有积极的帮助义务。通过对环境责任概念的理解，本书认为环境责任要求人类在生产、生活活动中应遵守自然规律，不能突破环境承载力，既要满足自身的利益需求，但又不能侵害后代子孙的物质生存基础，不同的环境主体需履行各自保护环境的义务并承担与之对应的责任。由于当下的环境问题日益严重，社会群体在社会活动中都应当约束自身行为，对自然环境负责，并自觉参与保护环境的活动，承担起对环境保护的积极责任。

二、政府责任

根据《中华人民共和国宪法》规定，中国政府是由中央人民政府和地方各级人民政府组成的。国务院是国家最高行政机关，其管辖范围涵盖全国地区，代表中央人民政府；地方行政机关代表各级人民政府，其管辖范围只对应于相应的地方行政地区，但权限包含各个行政领域和各种行政事务。而学术界对政府的定义存在着不同的观点，普遍存在广义和狭义之分。广义的政府是指中央和地方政府全部的立法、行政和司法机关；而狭义的政府通常是指中央和地方的行政机关。考虑到环境资源作为公共品的特殊性，本章从狭义的角度进行考察，所研究的政府特指中央和地方政府的行政机关。

学术界对于政府责任的相关研究不胜枚举，其中张成福（2000）认为政府责任有多种层次的含义。从表现形式上来看，政府积极承担责任是指政府对社会民众的需求作出及时反馈，并采取积极的措施，公正且有效地实现民众的需求和利益。这表现出政府责任的主观性，强调的是各级政府及其工作人员从事某种行政行为时的内在驱动力。从广义上来看，政府责任意味着政府组织及其公职人员积极履行在社会中的职能和义务，也就是指法律和社会要求的义务。社会义务不仅需要政府不做法律禁止的事情，而且还要做促进社会和谐发展的事情。这表明了政府责任的客观性，即主要由法律、规章及社会义务等因素来决定其如何履行职权。从狭义上来看，政府责任意味着各级行政机关及其工作人员违法行使职权时，因违反法律规定的义务所承担的否定性法律后果，即法律责任。

综上所述，关于“责任”与“政府”的定义，学者们根据政府责任的性质将其划分为两个层面：一是积极的政府责任，表示各级政府及其公务人员在职权范围内承担与政府职能相对应的责任。二是消极的政府责任，各级政府及其工作人员因未规范履行其行政职责或未承担与其职责范围相对应的责任。例如，对公众的环境保护诉求态度漠视，对企业的环境污染行为“睁一只眼闭一只眼”，通常与违规、违法相联系，意味着国家对各级政府及其工作人员这类违法行为的否定性反应和谴责。这表明当各级政府及其工作人员对其违法行为承担法律后果时，政府责任才能得以最低限度地保证（许继芳，2010）。但值得强调的是，由于消极的责任更多时候被划分为失职，本书指的政府责任仅指积极的政府责任。

三、政府环境责任

国内外学者对政府环境责任概念的界定展开了较为丰富的研究。其中，钱水苗（2008）认为政府环境责任是指中央和地方政府及其公务人员，在环境保护领域根据环境保护的需要和政府的职能定位所确定的分内应做的事，以及没有做或者没有做好分内应做的事时所要承担的不利后果，主要分为积极和消极层面的政府环境责任，其中积极层面分别体现在政府提供环境公共产品和服务、在决策过程中执行环境影响评价并主动公开环境信息。张建伟（2008b）认为政府环境责任是一项环境义务，主要是为了满足社会公众的环境公共需求。而政府环境责任的履行需要有相应的政府能力作为支撑，当前出现的一系列环境问题，大部分原因在于“政府失灵”，所以需要加强政府环境第一性义务即政府环境职责来提升政府公信力，同时强化政府环境第二性义务即政府环境法律责任来增强政府执行力，从而减少“政府失灵”在环境领域的出现（张建伟，2008c）。邓可祝

（2014）从内容和形式两个方面来对政府环境责任进行阐述，从内容上的分类与张建伟的观点基本相同，提出政府的环境责任从第一性义务和第二性义务来进行分类，这样清晰地看出政府应积极地去做与保护环境有关的事情，以及需要承担应做而未做之事的不利后果。而从形式意义上的责任是指从责任的追究主体性质来决定责任的性质，比如法律责任是由法院来追究的责任，行政责任是由行政机关所追究的责任，而这些责任形式都具有法律效力，能产生法律效果。另外，由于社会责任和道德责任不是从追究主体而言且不具有责任的独立性，需要通过上述几种责任形式来明确其法律效果，否则不能产生真正的法律效力。杨启乐（2014）认为政府环境责任主要通过《环境保护法》来体现出积极和消极的层面，积极层面的政府环境责任主要从四个方面展现：一是提供环境公共产品和服务；二是担负起环境协调的职责；三是维护环境公平正义，促进公众环境参与；四是承担起防范环境风险职责。消极层面的政府环境责任涉及政府行政问责，即指特定的问责主体对各级政府及其工作人员承担的各种职责和义务的履行情况进行监督和审查，对不履行或不正确履行的，依据法定程序追究其责任，使其承担否定性后果。

总的来说，政府环境责任的界定在中外学者围绕责任主体、责任种类以及责任内容的广泛讨论下莫衷一是，本书立足中国国情，结合相关概念对政府环境责任予以界定。基于前文讨论，本书认为政府环境责任的施行主体为中央与地方各级政府，即国家各级行政机关。虽然责任的种类普遍存在第一性和第二性之分，但在政府环境责任语境下讨论政府因失职所承担的违法后果更倾向于环保失职，故不纳入本书的研究范围之内。综上所述，本书认为政府环境责任是指各级政府行政机关根据环境保护的需要和政府的职能定位所确定的分内应做的事，且依据政府环保业务的责任内容，可具体划分为生态环境治理责任、生态环境监管责任、生态多元共治责任三个部分。

第二节　政府环境责任的内涵研究

一、生态环境治理责任

环境资源作为一个具有公共性、非竞争性和非排他性的公共物品，往往会因毫无节制的开发而引发“公地悲剧”。生态环境治理的核心是政府、企业或者公众等主体对危害环境资源的物质进行管理和控制（朱旭峰和王笑歌，2007）。《斯德哥尔摩宣言》中强调政府具有改善环境质量的责任，应强化其自身环境管理的能力。所以政府作为管理者和协调者，需要履行自身的环境治理责任和义务，从而保护公众的环境利益最大化。为此，本书将从治理对象和治理手段两个方面展开对生态环境治理责任的探讨。

（一）治理对象

《中华人民共和国宪法》和《中华人民共和国环境保护法》确定污染和公害为政府环境治理的对象。根据《中华人民共和国环境保护法》第42条，主要污染物有"废气、废水、废渣、粉尘、恶臭气体等"。另外，环境意义上的"公害"概念在日本的《公害对策基本法》中被定义为"由于工业或人类其他活动所造成的相当范围的大气、水质、土壤污染、噪声、振动、地面沉降（采掘矿物所造成的下陷除外）以及恶臭，导致危害人体健康或者生活环境带来的损害的现象"。综合来看，污染与公害在内容上具有一致性，故政府生态环境治理责任的治理对象为环境污染，包括废水、废气等污染要素。

环境污染与公害具有三个主要的特征：首先，环境污染和公害是由某些生产活动或者自然灾害所引起的环境问题，而自然灾害引起的污染问题不属于环境立法所要控制的对象。因此，需要明确污染环境行为的主体以及区别自然灾害和人类生存活动所产生的污染。其次，环境为污染的媒介，当污染物质或能量超过环境承载的数量或浓度时会导致环境质量下降、生态系统受损，同时也会对人体健康、生命安全或者财产造成损害（汪劲，2011）。最后，环境污染和公害本质是一种具有潜伏期的损害，会因多种因素的蓄积且需长久的时间而形成，其不会因为停止环境污染行为而消失。

（二）治理手段

政府通过环境规制手段进行治理活动，规制起源于英文单词"regulation"，指通过规章制度等手段来加以管制或监管。许多学者从不同视角来定义规制。卡恩（Kahn，1970）认为规制是一种控制价格或者规定服务条件及质量的基本制度，这定义主要偏向规制的行为，而未指出规制主体和对象；《新帕尔格雷夫经济学大辞典》对于规制的定义为政府控制企业的生产、销售以及产品价格来惩罚企业不重视社会公共利益的行为所采取手段，该定义指出规制主体为政府而客体为企业；日本的经济学家植草益（1992）解释规制为社会公共机构依据一定的规则来限制经济主体的经济活动的行为；文学国（2003）将规制定义为政府及其部门依照法律法规干预市场主体而达到市场分配最优化的行为。

从以上学者解释的规制内涵可以发现，规制行为的主体是政府，一般情况下会对客体行为进行强制规制。政府规制按照规制方式的不同分为经济性规制和社会性规制。经济性规制是指政府及其行政部门规范企业市场的价格、产品质量等，从而维护市场有序竞争和资源优化配置。社会性规制是指政府为保护自然资源、增进社会福利和保障人民生命财产安全而对企业行为的规制。而环境规制作为社会性规制中重要的一部分，其主要目的是政府通过制定相应的政策和措施来约束企业环境行为，进而解决环境中的负外部性问题。根据政府环境治理手段的不同，环境规制主要分为行政管理型、市场激励型和社会参与型这三类，其中政府主要涉及前两种类型的环境规制，而社会参与型环境规制的参与主体主要是企业、公众和社会组织等。因此，本节主要讨论前两种环境规制。

行政管理型环境规制是一种传统的环境规制手段，是指政府的立法部门或者执法部门通过制定相关法律法规或者排污标准来规范环保表现，以达到环境治理的目标。它的基本特征是强制性以及命令性，为了保护环境，通过管控排污企业来减少污染，强制污染者遵守规章制度或者通过罚款方式来限制企业的污染物排放。一方面，行政管理型环境规制能够使环境质量一定时间内得到提高；另一方面，对企业而言，这种“一刀切”方式抑制了企业绿色创新的技术发展，降低企业效率，增加环保成本；而对政府来说，由于对其监管能力有较高的要求，增加执行成本。若政府的职能部门监管不严，还容易造成“寻租现象”，从而滋生腐败、产生“政府失灵”。目前，总览世界各国的环境规制手段，行政管理型环境规制的应用最广泛，尤其是处理一些紧急环境问题上有着明显的成效，这一方式包括直接管制措施，例如标准、许可证和使用限制等。

市场激励型环境规制则充分发挥市场“污染者付费原则”，倒逼企业开展技术创新活动，从而减少污染物排放，并激励企业降低排污水平，间接达到治理环境污染的目的。市场激励型环境规制手段是将环境外部效应内部化，从而解决环境污染问题，其基本理论依据为“庇古理论”和“科斯定理”。庇古在《福利经济学》中提出的“庇古理论”，表明在环境外部性问题存在的情况下，采取如征税等措施以达到边际私人净产值等于边际社会净产值，将外部问题内部化，从而有效解决外部性问题。而科斯定理是由科斯在《社会成本问题》中提出，与庇古的想法不同的是，其认为解决外部性问题的前提是厘清环境产权问题，提出在自由交易市场上双方可以通过互换交易来实现外部性问题内部化以达到环境资源的帕累托最优。常用的市场激励型环境规制手段如表 13 – 1 所示。

表 13-1　市场激励型环境规制应用举例

市场手段	实施主体	作用主体	相关案例
环境税费	地方政府	企业	二氧化硫排放费、碳税
补贴	地方政府	企业	燃油锅炉改造补贴、环保电价补贴、新能源汽车推广应用财政补贴政策
押金一返还	地方政府	企业	环境押金制度
排污交易	企业	企业	排污权交易制度

资料来源：笔者整理所得。

其中，值得强调的是外部性是由英国福利经济学家庇古和马歇尔提出的一个重要的经济学概念，指的是“某个经济主体的经济活动对其他经济主体的利益带来的直接影响，但这种影响不会给予其他经济主体赔偿或者补偿的现象”。根据对其他经济主体的影响，外部性分为负外部性和正外部性。正外部性（外部经济）指的是其他经济主体得到正向效益，例如教育、公共卫生等。而负外部性，即外部不经济性，意思是某一经济主体的行为让其他经济主体需要支付额外边际成本，但后者又无法收到相应的补偿。根据外部性理论，外部性会造成私人边际成本和社会边际成本产生差异，不能只依靠市场机制实现资源分配最优化，还需依靠政府干预手段。基于外部性理论的内涵，可知环境污染是一种典型的外部性问题，而单纯的市场机制无法激励私人主动开展环境保护活动并使社会福利最大化，需政府行使环境经济手段去解决外部性问题。

上述两种环境规制的不同之处，主要分为以下三个方面：从经济、人力成本和实现难易程度层面来看，行政管理型环境规制需要政府及有关部门花费经济、人力和时间成本，以及利用大量数据和信息去制定政策条例，但政策条例的出台可能会引起企业的不配合，产生某些反抗或不平衡情绪，影响该政策实施。而市场激励型环境规制不需要政府花费大量精力去调查研究，节省时间经济成本，当给予企业自主选择机会时，政策实行阻力较小。从激励层面来看，在行政管理型环境规制中，企业处于被动接受规章制度以及政策条例的境地，而市场激励型环境规制给予企业主动选择是否遵循环境政策，若企业积极执行政策或措施，将会得到相应的奖励。从实施效果来比较，若市场不健全，因某些市场激励型环境规制例如可交易排污许可证无法有效地发挥作用，且这些环境规制的实施成效具有时滞性，对环境改善的效果具有未知性，则实施行政管理型环境规制；若市场相对健全或政府宏观调控能力较弱，相比行政管理型环境规制，实施市场激励型对环境改善较为明显。

二、生态环境监管责任

生态环境监管责任是指国家机关履行环保职责所进行的环境监测、检察、预警等活动的总称。其中，政府履行环境监管责任主要是通过“技术监测”和“人力监察”两种实施手段（王美香和张永军，2010），而两者主要存在实施手段及主体上存在差异。在实施手段上，“技术监测”是指政府以及监管部门通过各种设施设备对环境进行监测，等同于环境监测。而“人力监察”是依靠人力去开展监督，例如，使用行政检查的方式，等同于环境监察。这两者的工作对象、目标、内容以及依据的法律法规一致，都是以保护环境为目的，以环境要素分类的污染防治为对象，以维护生态平衡和处理环境问题为职责。在实施主体上，环境监察的实施主体主要是政府行政机关，直接对个人和企业进行监督管理且对其行为进行干预和制约；环境监测的实施主体主要是政府下级的科技事业单位，对环境进行监测、分析和评价，但不会对公众的环境行为有所约束。环境监测和环境监察相辅相成，共同为环境保护献力。

（一）环境监测

环境监测是了解环境信息的主要方式和评估环境质量的基本手段，其主要通过科学技术手段来掌握环境现状以及预测未来的变化趋势，而监测中得到的各种数据能为政府相关部门提供有效参考。环境监测可以通过污染物和污染源的分布特征来分析环境质量和评价政府污染防治成效，又能为污染仲裁提供有效证据以及预测未来发生污染的可能性。依据《环境保护法》，环境监测的具体内容分为：其一，完善环境监测的运行机制。政府应结合生态文明建设战略来制定和完善有关环境监测的制度（李国刚等，2014）。其二，保障环境监测数据质量。环境监测数据是评价治理污染和环境保护成效、掌握环境质量和实施管理决策的基本依据。提高环境监测数据质量有助于提高环境管理水平，通过监测数据能掌握现行的环境情况，并了解环境变化趋势，从而能及时调整政策和出台措施去解决环境问题。其三，构建环境监测组织网络。政府应协调规划各部门的职责和任务，组建和完善环境监测网络框架。其四，支持和监管社会监测机构。目前，中国对环境监测的规模不断扩大，监测项目不断增多，监测要求不断提高（蔡守秋，2013）。由于政府监测站的工作量激增且人力资源有限，政府应积极鼓励和支持第三方环境监测机构，将部分的监测业务托付给社会环境监测机构。

（二）环境监察

依据《环境监察办法》，环境监察是指以国家环保法律法规、措施手段为依据，依法实施监督和检查的行为。环境监察的职能是依法监督检查所属行政区域内一切单位和个人，并依法处罚违法违规行为。例如，政府环保行政部门监督企业的排污申报和执行排污许可证的情况，或者对污染防治设施的运行进行检查。中国政府相继颁布了一系列有关环境监察的文件，例如，《全国环境监察标准化建设标准》《环境监察执法程序》等，提高环境监察的执法地位，使环境监察队伍逐渐扩大，成为一股强大且有助于环境执法的力量。另外，政府环境监察中的职责主要分为外部监察和内部监察，其中《环境保护法》规定外部监察职责为政府环保部门统一监察企业环境信用和处罚取缔违规企业等行政职权；而内部监察职责为大力落实环保目标责任制和考核评价制度等。

1. 外部监察

依据《环境监察办法》和《全国环境监察工作要点》发布的政府环境监察职责要求，政府及其环境监察机构需要以所在行政区域为工作范围，以环境保护工作任务为核心，根据污染源数量和类型等信息，以确定监察工作的计划和方案。政府环保部门需要严格执行监察计划，“全覆盖”抽查督查重点监控企业，通过“三查二调一收费”的方式来简化其监察工作，其中“三查”为污染源环境执法，信访调解和环境应急处置；“二调”主要为调查海洋和生态破坏事件以及处理环境纠纷；“一收费”指的是废水、废气和固体废物等超标排污费的征收工作以及处罚违法行为。

2. 内部监察

政府除了对外部各个社会主体监察，还需对内部监管，将生态文明建设纳入公务员考核评价是其中的重要举措。长期以来，环境保护工作变成两头难问题，瞻头顾尾的污染治理不仅会导致 GDP 下降，环保工作也收效甚微。并且唯 GDP 的政绩观已经渗透各级政府部门，地方政府为了维持 GDP 的增长而纵容污染企业，给予企业抵抗环境执法的“底气”。但是面对日益严峻的污染问题，急需完善的制度体系使政府以及各个部门同时接受监督。因此，生态文明建设被纳入公务员考核评价，中央政府也通过环境治理政绩来激励地方政府将工作重心转移到环境保护和生态文明建设上，对各级领导干部进行引导，确保生态文明建设政策执行的有效性。将生态责任纳入压力型目标传导和治理政绩考核机制，是破解地方政府轻环境、重 GDP 的重要创新，但是该机制存在的问题是容易造成地方政府间的“共谋”，在应对上级考核时容易出现“政绩造假”“数字掺水”现象。具体来说，生态绩效考核制度仍是一个单向自上而下的考核机制（盛明科和李代明，2018）。中央政府制定考核指标和标准，而将任务委托给省级政府，省级政府在将考核方案分给市县下级政府，形成一个从中央政府到地方政府的“委托—代理”关系，如图 13－1 所示。

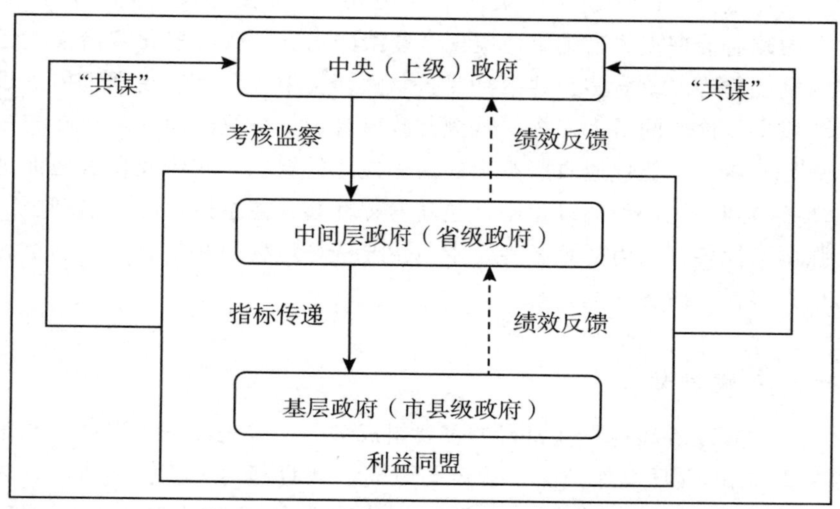

图 13－1　政绩考核中政府间“共谋”现象

政绩考核中政府间的共谋起源于环境信息不对等，上级政府会因追求高绩效政绩，而对下级政府的考核指标层层“加码”，造成下级政府无法完成考核方案。但中间层政府为了规避当地绩效和预期偏差带来的政绩影响，与基层政府结成利益共同体，采取“共谋”策略，默许基层政府以及相关部门进行环保数据的“美化”。环保督察作为另一重要监察手段致力于将考核监督压力直接向下传导至基层政府，曝光环保领域官员失职渎职的消极行为，成为调控环境治理节奏的显性机制和遏制“共谋”行为的重要制度。2015 年，中央政府颁布《环境保护督察方案（试行）》，首次表明环境保护“党政同责”，而督察的内容也由此从“查企”转变为“督政”。随着中央环保督察的深入开展，其督察力度、督察方式与督察效果都逐年增强。据统计第一轮环保督察已问责 18 199 人，罚款约 14.3 亿元。随着环保督察工作陆续开展，其已成为中央政府对地方政府环境治理和生态文明建设“问诊把脉”的重要措施，是预防环境领域“政企合谋”的关键手段，不仅为地方政府戴上了环保“紧箍咒”，更为环保目标绩效达成增添保障。

三、生态多元共治责任

习近平总书记在党的十九大报告中提出要“构建政府为主导、企业为主体、社会组织和公众共同参与的环境治理体系”，而推进生态多元共治局面形成是政府环境责任履行的重要内容，是实现生态长效保护的关键所在。长期以来，政府单中心治理模式引发了一系列问题，例如，造成单方面追求经济增长的环保形式主义，或在环境目标达成过程中采取“一刀切”“先关再说”的手段。由此可见，单一的政府治理模式已难以适应现今复杂的情况，政府多元共治模式已成环境治理的发展趋势。政府多元共治是要求兼顾社会中各个环境治理主体诉求，实现各个环境主体价值的最大发挥，既融合政府管理、企业治理和公众参与三种模式的优势与元素，又能规避政府单中心治理模式的缺陷。政府应积极地促进社会其他主体参与到环境治理的过程中，主动发挥社会其他主体在环境治理中的重大作用，强调发挥各方合力的重要性。本节主要从环境宣教和信息公开两个方面探究政府生态多元共治责任的内容。

（一）环境宣教

环境宣教是政府环境责任履行的重要组成部分，也是促进生态多元共治局面形成的必要举措。《环境保护法》规定了政府、教育部门、学校和新闻媒体关于宣传环保的职责，要求“各级人民政府应当加强环境保护宣传和普及工作”。《环境保护部宣传教育工作指导办法》要求政府部门在职责内加强环境宣教工作，并形成良好的节约环保社会风尚。《中共中央关于制定国民经济和社会发展第十三个五年规划的建议》提及了培养公民环境意识的重要性和推动绿色消费的迫切性。政府部门应积极主动倡导生态环境文明，其中的核心是增强公众的环保意识。环境宣传教育有助于提高公众的环境意识和促进公众积极参与环境保护。依据《全国环境宣传教育工作纲要》要求，政府主要从两个方面开展环境宣教工作：一方面，加强媒体宣传，唱响环境宣传主旋律。媒体是公众了解目前环境形势和环境政策的重要渠道。政府需利用好媒体这个“武器”，充分发挥媒体在宣教工作中的作用，利用媒体的广泛性进行宣传来提高宣传工作的时效性，营造正确和积极的舆论氛围，培育公众树立正确的环境观。另一方面，加大社会环保宣传力度，推进生态文明建设。生态文明建设是关系人民福祉、关系中华民族发展的长远大计。对于日益严重的环境问题，必须树立爱护自然、顺应自然的生态文明理念。

（二）信息公开

促进环境信息公开是政府重要的职责之一，也是推动公众参与环境保护的重要手段之一。据罗开艳（2020）的研究，政府信息公开水平的提升能直接或间接促进公众参与环境治理，从直接效应层面考虑，公众参与环境治理需要以“真实”环境信息作为基础（沈洪涛和黄楠，2018）。公众可以直接从政府环境质量监测信息中了解目前的环境状况和污染问题，也可从污染源监管信息中清楚污染企业的信息，这些信息能为公众直接参与环境治理提供便利性、点明方向性、降低难度性。从间接效应层面考虑，一方面信息公开有助于加强社会公众对政府的信任感。芮国强和宋典（2012）分析苏州政府信息公开水平对当地政府信用水平的影响，从公众调查数据中发现信息水平的提高有助于提升公众对政府的信任感。而公众政府信任感有助于提高公众参与环境保护的积极性。亚当·斯密在《道德情操论》中论述交易活动需要以相互信任作为支撑。何可等（2015）研究湖北农民环保意愿，发现农民参与环境治理的意愿和他们对基层干部的信任有关。另一方面，高质量环境信息能增强公众环境认知水平，公众从高质量的环境信息中明晰生态环境的内在价值、生态受损情况、环境污染带来的直接或间接危害以及治理环境污染的措施。而较高的环境认知水平与信息可得性是公众有效参与环境保护的前提。行为经济学和行为心理学表明，人的行为倾向会受到人的认知的影响。张化楠等（2019）研究生态认知对大汶河流域居民生态补偿参与意愿的影响时，发现生态认知和参与意愿有着“生态认知—行为意愿—参与行动”的逻辑关系，这表明若当地居民对生态认知水平更高，对生态补偿意愿会更强烈。由此可见，政府环境信息公开对公众参与环境治理意愿有正向影响。

第三节　政府环境责任的理论基础研究

一、生态文明建设理论

生态文明建设是以人与自然的和谐共生为核心，遵循自然规律，建立可持续生存和发展环境所进行的物质、精神、制度方面的总和（李佐军，2014），不仅需要合理开发和节约自然资源、保护和治理环境，还需要将生态文明建设融入经济、政治、文化和社会建设中。这种系统性的生态文明建设理论早已有之，西方有，中国也有（国务院发展研究中心课题组，2014）。

中国古代的易学、道家和儒家中包含了极其丰富的生态文明思想。比如，易学中提到的八卦和阴阳太极图是对宇宙万物和人类社会最简洁明了的表达，更演绎了宇宙之间的千变万化。《道德经》中有着“道生一，一生二，二生三，三生万物”“人法地，地法天，天法道，道法自然”的经典论述以及儒家提出的“万物并齐而不相害，道并齐而不相悖”“天人之际，合而为一”的优秀传统思想，充分肯定了人与自然的辩证统一，强调人与自然万物是同根同源的有机整体。这与毛泽东思想、邓小平理论、“三个代表”重要思想、科学发展观中关于人与自然和谐的思想一脉相承（闫坤和陈秋红，2018）。而习近平生态文明思想更是延续了“天人合一”的文化传承，并将浓郁的东方文化特质深深地注入其生态文明思想之中。

马克思主义者也坚持认为保持人与自然的平衡性是非常重要的。马克思指出人与自然是休戚与共的共同体，只有尊重自然规律，通过实践才能实现人与自然的和谐统一。恩格斯在《自然辩证法》中强调：“人类统治自然界，绝不能像站在自然界以外的人一样去支配自然界，而是置身其中”。所以人类的一切生活都离不开自然界，自然界不仅能满足人类生存的需要和探索的欲望，还能推动社会进步（刘涵，2019）。另外，伴随西方生态科学而兴起的生态哲学，也对人与自然的关系进行多方面的论述，其主张人与自然是一个有机联系的统一体，并将自然看作不断生成和发展的有机整体（颜运秋，2020），强调其内在价值，反对人类中心主义，甚至通过呼吁给予自然物法律权力和地位的方式，来突出人类对自然的义务和责任，主张改变不合理的社会结构，并从根本上解决环境问题。这种生态哲学不仅开创了新的世界观和价值观，同时也型塑了有机论、系统论和整体论的方法基础和思维特点（万健琳，2018）。

习近平生态文明思想是习近平总书记在深入研究当前中国生态文明建设与实际发展情况的过程中，重新阐述了人与自然的和谐共生关系并加以理论化，进而创造性地提出了一系列关于深入推进生态文明建设的新理论、新思想和新做法。这一价值理念始终贯穿中国传统文化之中，为习近平生态文明思想提供了道德价值层面的理论支撑，更是渗透到当前中国共产党治国理政的实践之中（黑晓卉，2019）。与此同时，习近平总书记也对马克思、恩格斯生态思想进行了继承和创新，例如，在人与自然的关系认知上，他深刻指出“生态是统一的自然系统，是相互依存、紧密联系的有机链条，山水林田湖草是一个生命共同体，这个生命共同体是人类生存发展的物质基础”①，充分体现系统性、整体性的生态世界观（钟贞山，2021），也就是利用系统工程的思维来认识和构建生态文明治理体系，高效地扩展生态容量和发展空间，全方位、全地域、全过程地开展生态文明建设（胡长生和胡宇喆，2018）。正如习近平总书记所说：“绿水青山既是自然财富，又是社会财富和经济财富”②，绿色发展才是促进人类文明不断进步的高效途径，坚持生态优先、绿色发展的必由之路是中国作为世界上最大的发展中国家充分展现大国担当的同时，也顺应了世界发展的潮流（郇庆治，2021）。虽然金山银山与绿水青山之间存在矛盾，但可以实现辩证统一。因此，只有深刻认识到“两山

①② 习近平：《论坚持人与自然和谐共生》，中央文献出版社2022年版。

论”的科学底蕴，人民群众的生态环境诉求和对美好生活的追求才能不断被满足，这体现了从关心民生福祉的高度来看待生态环境问题的重要性（王雨辰，2019）。然而随着中国社会的主要矛盾转变为人民日益增长的美好生活需要和不平衡不充分之间的矛盾，特别是中国的生态文明建设正步入“窗口期、关键期、攻坚期”的“三期叠加”新发展阶段，促使生态文明建设更加需要集中力量解决这一矛盾才能实现人民的生态福祉，这既是新挑战，也是重要机遇（陈俊，2020）。总而言之，习近平生态文明思想不仅着眼于人民关注的突出生态问题，而且立足于生态文明建设的新形势，具有历史必然性和时代使命性，不仅对中国“天人合一”的传统生态智慧进行深度挖掘，还对马克思主义的自然观和生态观进行继承和创新，同时也对西方的生态哲学展开借鉴启示，是中国特色社会主义理论的创新成果，不仅为全球生态治理理论和实践提供独具东方特色的中国方案，还为中国各级政府积极承担环境责任构筑了坚实的理论基础。

二、公共物品理论

根据现代经济学对人类生产生活的物品和服务的区分，其大致分为公共物品和私有物品两类，而区分这两类物品和服务的依据主要是“非排他性”和“非竞争性”（卢凌宇，2018）。所谓“非排他性”，是指当一个人对某种物品使用时，不能排除其他人也在使用这种物品，这表现出不同类型物品在使用上的不同性质，与“排他性”相反。“非竞争性”，萨缪尔森（P. A. Samuelson）对其解读为“使用者对某种物品和服务的享用并不减少它对其他使用者的供应”（缪勒，1999），与“竞争性”相对，换言之，就是指该物品的供给和消费所增加的边际成本为零。因此，具有收益上的“非排他性”和消费上的“非竞争性”物品和服务是属于公共物品，如灯塔、国防等，这表明公共物品在使用上既不会减少他人使用的机会，也不会阻止他人使用的权利（黄斯涅，2015）。不难发现，公共物品并不一定表示一种现存的有形物品，只要能够符合理性人对其的供给和消费逻辑，就可将其视为公共物品（李晓冬，2019）。因此，常见的环境资源具有最大的公共性，属于典型的公共物品，包括风景、空气、水、生态多样性（鲁冰清，2020）。相反地，具有“排他性”和“竞争性”的物品和服务则属于私有物品，这表明使用者拥有某一物品时，其他人无权使用该物品。值得一提的是，由于纯公共物品较为缺少，因此还存在一些物品和服务介于私有物品和公共物品之间。一类称为俱乐部物品，在消费上表现为“非竞争性”，不会因为新增加一个消费者而带来消费效用的下降抑或是增加额外的边际成本（宋妍等，2017），但又有一定程度上的“排他性”，如收费的高速公路、电影院等。另一类称为公共池塘资源物品，在收益上具有“非排他性”但又有一定程度的“竞争性”，比如孤儿院、养老院等社会福利服务。俱乐部物品和公共池塘资源物品统称为“准公共物品”或“混合公共物品”（叶海涛和方正，2019）。由于准公共物品只具备不完全“非排他性”和“非竞争性”，所以会出现拥挤的情况，即当消费者的数目不断增加使得准公共物品达到拥挤点后，每增加一个消费者，边际成本会出现大于零的情况，同时也会减少原有消费者的效用。

1968 年，美国生态学家与哲学家哈丁（Garrett Hardin）在《科学》上首次提出了“公众共用物悲剧”（“公地悲剧”）的观点，标志着公共物品理论的诞生（Garrett，1968）。他认为人类使用诸如水、空气等公共资源时，由于在同一系统中这些资源是免费的，所以使用者所获得的利益并未减少，就会诱使资源使用者挥霍更多的公共资源（Garrett，1977）。而曼瑟尔·奥尔森（Mancur Olson）的“集体行动逻辑”则系统地阐述了集体行动中的“搭便车”行为，由于集体行动成果所特有的公共性，促使所有成员都能从中获益（Olson，2009）。因此，在资源有限的世界中，若毫无节制地消费或者自由使用赖以生存与发展的公共资源，终将导致资源消耗殆尽并引发不良后果。公共物品之所以存在一系列问题，固然与其性质和特点密不可分，但也与人类对其态度与使用方式有关。美国法学教授卡罗尔·M. 罗斯（Carol，1986）提出了“公众共用物喜剧”的概念，他认为“公众共用物悲剧”是硬币的正面，那么反面就是“公众共用物喜剧”，主要体现公共物品给人类带来的正外部性和正效用以及物质基础得到满足后所带来的愉悦感，强调其对国家和社会的功能性和影响力。但他也指出当公共物品对公众开放时，需要利用法律设置相应的规则来规制公众行为，才能避免公共资源被过度使用或未充分使用的情形（潘凤湘和蔡守秋，2019）。但由于任何事物的双面性总是客观存在的，公共物品也是充满矛盾的结合体，因此美国学者唐纳德·艾略特教授认为，不论是哈丁的“公众共用物悲剧”还是罗斯的“公众共用物喜剧”，这两种图景都不是完全正确的，而应是“公众共用物悲喜剧”（Elliott，2011）。通过对环境历史充分了解以后，人类应对环境问题所获取的成功或失败的经验，并不能简单地被描述为悲剧或者喜剧。“公众共用物悲喜剧”这一描述不仅反映人类基于生存所需不断破坏自然世界而导致环境问题不能解决的一面，还反映出人与自然的和谐相处促进可持续发展的另一面（蔡守秋，2017）。

诚然，政府作为公共物品的管理者和提供公共物品的服务者，必须从各方面不断提升公共物品的有效供给能力。由此西方学者们从公共选择的视角出发来研究公共物品的供给问题（Fraser，1996；Warziniack，2010；Cerniglia and Longaretti，2015）。公共选择是国家治理中不可缺少的行动设计和制度安排，也是通过集体行动与政治过程来决定公共物品的产量和供需关系，集中体现了资源配置的非市场选择（谭晓丽，2019）。公共选择是现代经济学领域中较新的理论学说，主要包含三个因素：方法论的个人主义、经济人假设、交换政治学。其中，经济人假设表示政府中的组织与个人都将追求和实现利益最大化为首要目标和基本特征，而这种特征不会因环境、地位等方面的变化而发生变化（王爱琴，2014）。由于政府不仅承担着经济管理职能，也担负着环境治理职能，因此，在公共治理方面，政府若不能以公共利益为目标，这将对社会造成异常严重的负面影响。尤其是当地方政府盲目追求经济发展时，无视保护环境目标，以追求其财政收益的最大化，这将造成环境治理工作被动应对，导致“政府失灵”（李文钊，2021）。另外，公共物品的供求决策是通过政治制度来实现，而政府作为“经济人”，通常会利用权力进行政策、制度交换，所以公共物品的最优决策也是交易过程。因此，必须对政府的环境职责匹配相应的法律责任，防止政府权力被异化为商品，避免环境资源的供给违背大部分选票人的意愿，才能保障其有效供给，避免出现环境资源的公共选择失灵现象，实现社会福利的帕累托最大化（胡乐明和王杰，2020）。

三、公共信托理论

公共信托原则是指政府接受全体人民委托，对人类赖以生存的公共资源进行统一管理、合理利用，维护当代及后代普通公众权益。该原则将政府义务、公共信托财产和社会公众权益三者之间的相互关系作为进行不断调整的重要方向。若政府违反信托目的处理公共资源，社会公众作为受益人则有权要求政府撤销其不当行为，甚至可以索取相应的赔偿。

公共信托理论最早源于罗马法律上的公众共用物概念，根据《查士丁尼法学总论》所记载：“依据自然法，空气、流水、海洋及海岸为公众共有。因此，人人都有使用权利，只要不侵入住宅、纪念物和建筑物等不属于万民法的范围皆可”（Thomas，1869）。由此看出，公共信托观念在当时是以公众能够自由使用公共自然资源为侧重点。随后，英国将这种思想延续下来并将其逐步发展成为公共信托，普通法提出海洋及其底土和沙滩归国家所有的规定，国家享有航行、商业、捕鱼等公共使用上的信托，甚至包含国王的财产。虽然国家有权将其财政让渡给私人，但国家作为公共财产的受托人仅享有一些公共信托下的普通权利，这表明英国的公共信托理论主要是保障公众的可航水域捕鱼及商业利用的权利。后来公共信托又传入美国并落地生根，但在初期与英国类似，仅对捕鱼和航行等传统商业的利益进行保护，却鲜少涉及娱乐、美学或生态利益（李琳莎和王曦，2015）。但随着美国经济飞速发展，环境问题日益凸显，由此爆发了大规模的环保浪潮，而公共信托的适用范围也有了进一步的拓宽。其中，约瑟夫·萨克斯教授开创性地提出“环境公共信托论”，并指出“空气、阳光、水等环境资源是每一个公民赖以生存的必需品，所以它们并不是无主物，而是属于全体公民的公共财产，为了合理保护这些公共财产，全体公民将其委托给政府进行管理，从而公民与政府之间建立起了信托法律关系”。该理论与传统的公共信托准则相比，不仅范围有所扩展，而且基本功能也从商业利用变成环境保护，由此逐渐为其他国家所借鉴（Blumm and Guthrie，2011），如加拿大、巴西等美洲国家，印度、菲律宾等东南亚国家，南非、肯尼亚等非洲国家，都适用公共信托保护自然资源。

公共信托理论是将环境资源视为一种信托产品，并且满足公共信托的一般特性（徐祥民等，2010）。而信托成立的条件有四个方面：一是当事人之间的信任；二是合法的信托目的；三是确定的信托财产；四是当事人的真实意思表示。除此之外，对于公共信托还需要满足三个要素（向华，2012）：第一，目的公益性，公共信托是以维护人类共有基本权利而设立的，旨在保障人类的生存空间和社会价值。第二，公共利益具有整体性、普遍性和开放性的特点（林莉红，2008），主要表现为信托的社会利益和受益人的非特定性，社会利益表现为全体公民所具有的共同利益，非特定性是指所产生的利益并不是特定人所获取，进而满足个人的一己之利。第三，目的排他性，政府作为受托人需承担起保护信托财产的义务，不论信托财产出于某种特定的原因被私人所占有，政府对其信托义务也不得免除。其实环境资源的公共信托也符合上述条件（张颖，2011），政府对环境资源进行管理和保护，社会公众也可对其进行自由使用，若受托者因权力滥用而未尽其管理义务，或者对环境资源处理不当甚至破坏，或者未公平地对待大多数公众的权益，那么公众可以主张对不利于公共利益的行为进行干预，这类干预机制在美国体现为公民、环保团体提起的环境公民诉讼，请求政府履行受托人义务，为公众保护和改善公共环境（田勇军，2013）。

由此，公共信托理论清晰地阐明了政府和公众在环境资源上的双重所有权（王灵波，2014），即政府是名义上的所有权，而社会公众是拥有实质上的所有权。政府不仅具备了对环境资源的管理能力和保护意愿，同时作为人类环境共同体的成员之一，还承担着对共同体的续存和发展所应有的责任与义务，并且该项责任与义务既不能转让，也不能抛弃。另外，公共信托理论为环境资源的国家所有权的性质界定提供了强有力的理论支撑（陈仪，2015），从该理论的实施目的来看，充分保障了社会公众对特定的环境资源所享有不可被剥夺的公共权益，也表现为公众可以对生态环境损害提出实质性的赔偿诉求（王小钢，2018）。实际上环境资源的特定范围是一个动态变化的概念，也是随着公共信托理论的发展，正在不断地产生变化，主要体现在环境资源所涵盖的范围和作用途径的扩展上。

所以随着社会经济的发展和社会公众在需求层面上的变化，公共信托理论所表现的公共权益在不同的历史发展阶段都具有不同的表现形式（李冰强，2012）。但政府配置环境资源，既能受到信托的限制，也能受到法律保障，这一点是没有改变的。因此，公共信托理论对于中国的自然资源配置和管理具有借鉴和参考价值（王灵波，2018）。根据《中华人民共和国宪法》第九条第一条规定，矿藏、水流等自然资源属于国家所有，即是全体人民的共同财产。王涌（2013）认为可对该条款作公共信托理论式的解释，通过确立国家作为自然资源所有人的宪法义务，进而辨别清楚国家和人民对所有自然资源的权利和义务结构。信任不仅是信托的第一要素，也充分体现出人民对政府的依赖关系。本章认为政府作为国家所有权的代表，无权独享或者自由处理自然资源，资源的开发利用不仅要体现全民意志，其收益还要服务于全民利益，不得成为各级政府获取财政的工具和手段，而公共信托理论直接颠覆了“官本位”的思想，对于环境资源这一信托财产，政府应以公众利益最大化为原则来承担起环境责任。

四、环境权理论

环境权是环境法学的一大核心内容，是构建环境法理论体系的“权利基石”，也是环境法法典化的内在灵魂（杨朝霞，2020a）。早在1960年，德意志联邦共和国的一位医生向欧洲人权委员会针对北海倾倒放射性废物的问题提出控告，引发了是否应将公民环境权纳入欧洲人权清单的讨论。随后，美国的约瑟夫·萨克斯教授以“共有财产”和“公共委托”理论对环境权加以系统化，并以“公共信托理论”为依据，提出了公民应享有环境权的观点。同年，美国颁布的《国家环境政策法》和日本公布的《东京都防止公害条例》都纷纷明确规定了环境权。1970年，在日本东京发表的《东京宣言》正式将公民环境权作为基本人权在法律体系中确定下来。随后，联合国在瑞典斯德哥尔摩召开“人类环境会议”，会议通过了《联合国人类环境会议宣言》，并提出“人人有在尊严和幸福的优良环境里享受自由、平等和适当生活条件的基本权利”（朱国华，2016）。至此，环境权自20世纪60年代问世以来，有关环境权的探讨也不绝于耳，但至今尚无定论。

虽然有关环境权的研究最早集中在工业迅速发展的西方发达国家，但从20世纪80年代肇始，中国也掀起讨论环境权的热潮，并逐渐成为学术研究界和法律实务者争相讨论的重要议题。但时至今日，环境权的法律化工作依旧停留在政策宣示和理念确认的初级阶段，且未能够建立起规范化、体系化、可行使和能救济的环境权制度，因此并未得到法律上的认可（杨朝霞，2020b）。同时，在中国学术界的讨论中，关于环境权的属性、主体范围等基本构成要素都各执一词，缺乏权威的论断。其中，目前关于环境权属性的探讨主要存在如下几种观点：自然权说、人类权说、私权说、财产权说、人格权说、环境享用权说、用益物权说和社会权说等（王社坤，2013），上述这些探讨都是基于对该项权利的肯定，对环境权的定性讨论是一项核心问题，直接关系到环境权主体范围等内容的界定。而目前关于环境权主体的几种主流学说包含了国家和单位环境权说、人类和自然体环境权说、后代人环境权说、公民环境权说等观点。对上述观点的梳理发现，虽然环境权的探讨表现为百花齐放似的见仁见智，但却未能形成“真理越辩越明”的景象。

针对国内学者对环境权的既有研究，本章将其分为以下三类：一是，基于历史维度，凸显环境权在人类生产生活中的相关发展过程中所展现出的理性，该理性通常是一些学者事先借助于一些目的性概念通过外部植入的方式进入人类的发展过程中。比如，有学者曾指出从历史发展进程中发现，环境权是人类环境问题的必然产物，把环境权规定为国家和公民的一项基本权利也是世界各国法律发展的必然趋势（蔡守秋和张毅，2021）。二是，人类学的角度，通过强调人与环境的关系以及环境对于人类的影响，来证明环境权存在的必要性，并以人类中心论或生态中心论来解释环境权（吴卫星，2018a）。三是，立足于外国法律的证成视角，将其他国家的环境权作为既定事实与不容否定的前提，因为其他国家的公民享有环境权，所以中国公民也得具有环境权。虽然国外法律关于环境权的规范架构是值得全人类重视的研究成果，但针对本国国情，却不能作为有效的判别依据，需要对环境权的有效性进行判断（王小钢，2019）。

对于环境权的有效性判别，通过梳理现有研究发现，环境权作为一项新型权利被提出以后（蔡守秋，2018），环境法领域的学者除了探讨环境权的属性、主要内容外，也对环境权的内涵、特性等方面展开研讨。一些学者逐渐意识到政府环境行政权力和公众环境权利在环境保护方面都缺一不可。吕忠梅（2000）基于环境权力和环境权利的视角对环境法基本结构进行重构，从现实角度发现政府和市场的双重失灵是环境法产生的经济学原因，并指出发挥政府与市场在环境保护中所产生的共同作用的重要性，这种跨学科的研究视角也为后续“法权结构理论”的研究拓展思路。朱谦（2002）指出，虽然由政府主导的环境保护行为是最为通常的办法，但为避免“政府失灵”，应构建以国家环境行政权为主导，以公众环境权为补充的“权力权利”关系模式。纵然不少学者正尝试利用法权研究范式来对环境法现象进行系统解释，但相关研究仅是以环境权力、环境权利以及环境法权为基本概念构建环境法学的分析框架，并未深入探讨环境法权与环境利益、财产之间的关系，也未制定将环境权力和环境权利区分的标注（郭延军，2021）。

近年来，相当多的全国人大代表和政协委员提出环境权入宪的议案（吴卫星，2017）。其实，早在1982年宪法的制定过程中，有学者郑重建议在新宪法中应专门设定公民享有环境权的条款（凌相权，1981）。此后，关于公民环境权入宪的观点也逐渐被一些学者接受（吴卫星，2006；张震，2008）。吴卫星（2018b）通过提出环境权在中国的宪法化和民法表达的方式，指出环境权的研究应包含从程序权利到实体权利、从衍生权利到独立权利和从集体权利到个体权利的这三种转型。因此，关于环境权的研究，尤其是环境权入宪的研究是中国生态文明建设中一个难以回避的问题。随后在2018年宪法第五次修改之际，吕忠梅（2018）主张将公民环境权写入《宪法》第二章“公民的基本权利和义务”中。但最终修改后的宪法版本中并未增设独立的环境权条款，而是仅在原有环境条款的基础上增加了以下内容：在序言中，国家任务增加了发展生态文明、建设和谐美丽国家的内容，并在第八十九条规定的国务院职权中增加了领导生态文明建设的职权。此外，中国政府正通过制定并实施环境法的方式来对环境权力付诸实践，即构建以政府为主导、企业为主体、社会组织和公众共同参与的环境治理体系，旨在为生态文明建设提供制度保障。

五、环境治理理论

环境治理理论源自西方发达国家，为解决公共环境问题应运而生，是公共治理理论在环境领域的运用。自20世纪90年代开始，治理理论成为西方学界热议的理论之一，包括了多中心治理理论、协商民主理论、政策网络理论、社会资本理论、“第三条道路”理论等。为了更好地理解环境治理理论，本章根据《现代汉语词典》中对“治理”的定义，将其囊括为两个方面的词义：一是统治、管理，比如在政治学领域，国家治理表示政府如何利用国家权力来管理国家和人民；在商业领域，公司治理则指公司等组织中的管理方式和制度等。二是整治、改造，表示对客观对象的整修或处理，例如治理黄河水患等。另外，联合国全球治理委员会（Commission on Global Governance，CGG）给出的定义，治理是指各种公共或私人部门管理其共同事务的诸多方法的总和，使其相互冲突或不同利益得以调和，并采取联合行动的持续过程（包国宪等，2012）。

通过对环境治理相关文献的搜索，本章将国内学者关于环境治理方面的讨论分为两类：第一类是有关环境污染处理等自然和工程科学意义上的环境治理（汤惠琴和杨敏，2018；潘加军，2021），在这里可以理解为整治、处理的意思；第二类是公共管理学领域中的环境治理（邓辉等，2021），大多数学者认为环境是公共事务，而针对环境问题的解决方案主要强调多元主体的共同参与，这与CGG

给出的定义类似。本章所讨论的环境治理是第二种分类，也就是将环境治理理论视为一种理论范式（郭净和李鹏燕，2021），通过构建政府、市场和社会在环境治理问题中的行为模型，并将公民和私人部门也纳入主体范畴之间，来探索治理过程中各主体之间的持续互动过程。

一般而言，环境治理具有以下几个方面的特征：一是环境治理过程的综合性，其表现在环境治理中人口、经济、社会、资源和环境相协调发展的动态过程，这是一个诸多因素彼此依赖却又相互制约组成的有机整体。因此，政府也不再是传统意义上的唯一权力中心，而是会形成政府、市场、社会三个权力中心，共同承担环境治理职责。二是环境治理内涵与方式的动态性，首先是环境治理要素的扩充，从传统的水、大气等自然环境要素扩展至核辐射、电磁污染等新兴领域；其次是环境治理范围不断变大，环境问题从局部到区域，从国内到国际乃至全球，当前气候变暖、生物多样性锐减、臭氧层空洞等全球性环境问题，已然成为构建人类命运共同体理念的严重阻碍（李炜光等，2020）；最后是治理方式的不断调整，随着社会经济的快速发展和环境问题的实际情况，环境治理方式从以政府管制模式逐渐转变成政府、市场和社会的多元化环境治理模式。三是治理主体的平等性，在环境治理过程中，政府、市场与社会三者之间是平等合作的关系，需要通过不断协商、分工、合作才能达成环境治理目标。同时还需要专家学者和对环保事业积极热心的社会组织及个体的参与，通过推动政府搭建协同平台的方式，来疏通民意表达和信息传递渠道（葛俊良，2020）。

相较而言，生态环境的多元治理模式与单一的政府管控模式和市场调控模式相比，其主要优势如下：一是在环境治理目标层面的体现，多元治理模式通过有效发挥各治理主体的长处，形成合力来解决环境问题的同时也能大幅提升环境品质，显著降低各类污染物的排放量并促使生态环境得到有效保护。二是促进经济高质量发展层面的体现，即在实现保护环境目标的同时，还能加快实现经济的可持续发展，促使环境保护和经济发展能够实现同步推进（臧家宁，2021）。三是在提升全社会保护环境意识层面的体现，推广环境多元治理模式不仅能够通过日益广泛的社会参与来提升全社会的环境意识（史亚东，2019），还能倒逼政府与市场积极开展环境治理事务，同时也能满足全社会人民对美好生活的向往和期待。因此，谭娟和陈晓春（2011）的研究指出，环境治理不仅是环境问题的治理，还包含了经济问题和社会问题的妥善处理。

目前在环境治理多元主体方面的研究均已形成一致结论，也就是通过对政府所扮演的角色重新定位，将市场、社会组织和公民引入环境治理中，给予市场和社会充分的权利，不断发挥除政府以外的企业、社会和公民在环境治理中的作用，形成环境多元化治理模式，以期实现环境“善治”的总体目标（谭九生，

2012)。政府、企业、社会三个治理主体虽都能起到主要作用，但却不能离开其他两个治理主体的参与。比如，政府在执行重大环境决策时，需要企业和社会的参与；企业在生产经营时的排污决策，需要服从政府和社会的监管；社会组织在发起环境自治时，需要获得政府的支持和企业的参与等。因此，在环境多元治理模式中，三个相互独立的主体彼此都不能分开，三者之间需要合作博弈才能实现共赢的局面，不断减少政府或者市场“失灵”等各种治理模式的弊端。

六、责任政府理论

“责任政府”这一概念虽然最早是由西方国家的学者提出的，但在中国《辞海》中关于责任政府的解释是：责任政府是对其公共政策和行政行为的后果负责的政府，充分体现了现代民主政治（宋学文，2016）。所以责任政府既是一种民主理念，也是一种制度安排，政府必须以人民的利益为根本，不仅需要对自身行为负责，也需要接受相应的监督和制约，以此实现政府权力与责任的统一。

纵观历史发现，英国的责任内阁制是最早期的责任政府制度，就是传统的责任政府。1689 年《权利法案》的出台，宣示了责任政府理论的缘起，其基本观点主要指向两个层面：一是限制王权，使得“国王不会犯错”的权力逻辑得以扭转，明确了责任与权力相伴的一种新型权力关系；二是确立议会主权，内阁的组成需经过议会同意并对议会负责，负责的方式为内阁所做出的重大决策需由议会通过，若内阁成员因施政不当或违法需担当责任，甚至还包括成员在无法得到议会信任时辞职（顾肃，2017）。责任内阁制是一个“有权必有责”，强调权责统一的政府体制，虽然责任内阁制实现了对王权的限制，但随着资产阶级革命的盛行，社会各阶层的流动性也在日益增强，社会公众普遍接受了“天赋人权”的社会价值。而梅因的“人民主权”说和卢梭的“社会契约论”也为责任政府理论奠定了基础（翁倩玉，2020），这要求政府在获取权力时须考虑到社会各阶层的利益需求，并在行使权力时必须对人民负责。若政府未能履行自己的职责，违背约定的契约时，需要承担相应的责任。而伴随着社会经济的不断发展，社会新兴事物的不断涌现，政府的职权范围也在不断扩张，所要承担的责任也就越大（李碧然，2020）。

通过对西方国家的责任政府理论进行分析和总结后发现，中国的责任政府理论虽与其存在相似之处，但也存在本质上的差别。从中国最早期开始责任政府问题的研究中，张成福（2000）分别从理念和制度两个层面进行阐释：一方面责任来源于道义、政治和法律，不仅要求政府必须回应社会和民众的基本诉求，还应按照民众的诉求付诸行动，同时接受来自政府内、外部的监督，以此实现政府责任；另一方面，在现代政府体系中，责任政府是保障政府责任实现的责任控制机制，所以内部政府责任机制是指职业主义和伦理道德方面的控制机制，外部政府责任机制包括行政控制、立法监督和司法争议等内容。虽然上述关于责任政府的分析为国内学术界进一步研究责任政府理论提供了良好的基础，但国内学者对责任政府理论的理解和表述莫衷一是。在不同学科特性的研究视角下，有些学者认为“责任政府”是一个综合概念，应包含行政学、管理学、法学等不同学科特性，具有跨学科性。张贤明（2000）则从行政管理的角度认为责任政府应该是一个承担行政法律责任的政府，若要达到对其行政活动负责的状态，则应在设定行政权力时同时匹配相应的责任，若有渎职或者不法行为则必须受到控制和制裁。鲁彦平和肖娜（2003）认为应该将责任政府视为一种政府模式，即一种需要通过立法机构向全体民众解释其所在决策及其合理性的行政机构。另外，也有学者分别从广义和狭义的视角展开分析，从广义角度来看，责任政府是指政府积极回应或满足公民依法提出的合理要求；从狭义角度来看，责任政府是指能够对其法定职能负有执行责任，若有违法能够承担法律责任（卜广庆和韩璞庚，2020）。

诚然，相较于西方国家的内阁制或者三权分立制，中国实行在共产党领导下的多党合作和政治协商制度，具有中国特色的社会主义政党制度（邸乘光，2012）。因此，在政权稳定的前提下，责任政府不仅与国家的人民主权、法治理念、权力监督等密切相关，还与生态文明建设密不可分（孟泽茗，2020），即是通过政府与公民间的权责关系约定的制度性安排而形成的一种政府组织形式，其特征如下：一是需要树立“以人为本”的政府理念。二是通过法治化实现政府的权责统一，承担起应有的道德、政治与法律责任。三是需要以政治、经济、社会与生态的动态发展为目标（徐凌，2016）。自党的十八大以来，生态文明建设被提上新日程，生态环境工作也对责任政府建设产生重要影响，加入了“理性生态人”的行政价值理念（徐凌，2017）。由于环境质量与居民生活息息相关，发生环境污染事件时，不仅会造成广泛的社会影响，甚至有可能会造成群体性事件。另外，环境纠纷的形成机制复杂，需要长期的跨区联合治理，会对责任主体造成较大的社会压力（仲亚东，2015）。由此凸显出责任政府的重要性，既要承担对社会公共事务的义务，也要担负起对环境治理的责任，在法律的规制和引导下调节自然与人类两大系统之间的冲突（朱艳丽，2017）。在中国语境下的责任政府理论体现了从以政府为核心到以人民为核心的转变，展现了“为人民服务”的宗旨。

第十四章

政府环境责任的履行机制与保障研究

第一节 政府环境责任履行的法律依据

一、法律体系

中国的法律体系从性质上属于中国社会主义法律体系，是根据马克思主义原理产生于社会主义经济基础并为其服务的上层建筑。依据公丕祥（2002）和沈宗灵（1998）的观点，中国社会主义法律体系可根据法律效力级别将其分为五个部分，分别是宪法、法律、行政法规、地方性法规以及政策。具体而言，宪法是中国社会主义法律的主要渊源，它规定着国家和社会组成形式的基本制度、公民的基本权利和义务等涉及根本性和全局性的问题；法律则是指全国人大及其常务委员会根据特定的立法程序所制定的规范性法律文件，地位仅次于宪法；行政法规是指最高国家行政机关即国务院为实施宪法和法律制定的关于国家行政活动方面的规范性文件，其地位和效力仅次于宪法和法律，是国家通过行政机关行使行政权、施行国家行政管理的一种重要形式；地方性法规是指地方国家权力机关及其常设机关为保证宪法、法律和行政法规的遵守和执行，结合本行政区内的具体情况和实际需要，依照法律规定的权限通过和发布的规范性法律文件；政策是国家或者政党为实现一定历史时期的任务和执行其路线而制定的活动准则及行为规范（陈金钊，2002）。

二、中国环境法体系

中国环境法产生于20世纪70年代，并在50余年的发展完善过程中逐渐形成了目前的中国环境法体系（胡宝林，1993）。迄今为止，已经颁布了一部综合性环境保护法即《环境保护法》，在其下分别设立了6部污染防治单行法、10部自然资源和生态环境保护单行法、2部环境法基本制度、30多部环境保护与资源管理行政法以及数量庞大的环境标准及资源管理法规（陈海嵩，2014）。从数量上来看，中国的环境法体系已初步完备，而根据中国法律体系结构并参照不同类型法律的效力，可认为中国环境法体系由五个部分组成（景跃进，2016），分别为宪法、环境保护基本法、环境保护单行法、污染防治与环境保护基本制度、环境标准以及环境保护政策。

（一）宪法

宪法是国家的根本大法，在中国法律体系中具有最高的法律地位，因此宪法中关于环境保护的规定是环境法体系的基础，也是各种法律法规的立法依据。中国宪法对环境保护相关的规定主要在于三个方面。第一，宪法规定了国家具有环境保护的职责，并明确规定：“国家保护和改善生活环境和生态环境，防治污染和其他公害”，这项规定是国家关于环保的总政策，确立了环境保护是中国的基本国策，并确认环境保护是国家的一项基本职责，为国家进行环境保护立法、开展环境保护司法、执法活动奠定了宪法基础。第二，宪法赋予了公民的环境权利及义务。宪法不仅赋予了公民在良好的生态环境中生活、工作的权利，同时也规定了公民在环境保护中需应尽的义务，即不得侵占、破坏自然资源以及他人、社会、集体和国家的享受美好环境的权利。第三，宪法明确了环境保护的基本政策，分别规定了保障自然资源合理利用与保护动植物的基本政策。

（二）环境保护基本法

环境保护基本法是在宪法指导下确立的一部环境保护综合性法律，而《环境保护法》自1989年颁布以来即被视为中国环境保护基本法，经过不断地修改完善，该法已经对环境保护的重要问题作出了比较全面的规定，并涵盖6个方面的内容。《环境保护法》首先对中国环境保护立法的目的、范围、原则等作出了纲要性规划，并强调了环境责任主体，即地方各级人民政府对本行政区域的环境质量负责，而国务院环境保护主管部门对全国环境保护工作实施统一监督管理；其次，明确监督管理的职责，即规定各级人民政府依据国民经济和社会发展规划并结合本行政区情况制定当地环境保护规划，并进一步强调中央、地方建立全地域、全方面、全过程的环境监测网络的必要性；再次，明确政府保护和改善生态环境的职责，通过规定各级人民政府在保护环境中所需要履行相关义务的方式，来强调国家应建立、健全生态补偿制度；另外，规定政府防治污染和其他公害的职责，由于造成污染的主体多为企业，相关规定主要涉及对企业生产经营以及排污的规定，明确企业防治污染的责任，并对总量控制制度以及排污许可制度进行强调；与此同时，对各级政府的污染防治预警、管理工作作出规定，对突发事件处理进行安排；除此之外，明确公众与社会组织参与监督环境保护的权利；最后，明确违反行政、民事和刑事的法律责任。《环境保护基本法》居于中国政府履行环境责任中法律依据的核心地位，指导环境保护单行法及规章制度的制定。

（三）环境保护单行法

环境保护单行法是针对特定的环境要素而专门制定的法律，在环境法体系中占有重要地位。根据内容可将其划分为三类，分别为土地利用规划单行法、污染防治单行法以及自然资源和生态环境保护单行法（朱国华，2016）。土地利用规划单行法通过国土利用规划来实现控制环境污染与贯彻落实防重于治的环保目的，其内容主要包括国土整治、农业区域规划、城市规划与城镇规划等方面，分别对国土的开发利用与治理保护工作、各地区的农业生产布局和土地合理利用以及城镇和农村体系进行详细规划（余振国，2005）；污染防治单行法是环境法中最重要的部分，目前针对不同的环境要素，分别制定了关于大气、水、土壤、固废、噪声以及放射性污染的总共六部污染防治法；在与污染防治相对应的自然资源与生态环境保护领域，相关立法已基本完备，对水、森林、矿产等自然资源的开发利用也作出一系列相应法律规定（汪劲，2014），从资源的开发利用到污染防治的整个过程都有相应单行法予以规定。环境保护单行法作为针对特定环境要素所专门制定的法律，有效对宪法和环境保护基本法中框架性内容予以丰富补充，进一步保证了政府环境责任履行的有法可依。

（四）污染防治与环境保护基本制度

中国污染防治与环境保护基本制度主要包括环境影响评价制度、环境许可制度、环境调查与监测制度、环境税费制度以及治理、恢复与补救制度四类，这四类基本制度涵盖事前的监测、许可、影响评价到事中的税费以及事后的治理、恢复与补救环节，各个制度贯穿环境保护与治理的全过程各环节并支撑环境保护法律体系良好运行以及环保工作有序开展。在事前规制的环境保护基本制度中，首先，《环境影响评价法》和《规划环境影响评价条例》的颁布建立了环境与自然资源的开发建设项目的事前分析、预测和评估的规则体系；其次，环境许可制度则是指对环境有不良影响的各种建设项目，其建设者或经营者需要经过一系列审核已获取相应许可证后才能从事活动的行政许可规则体系，目前排污许可制度是环境许可制度最为广泛的应用，其对污染物排放种类、数量、浓度、期限和排放标准都予以规定（王金南，2016）；最后，污染调查与检测制度是对环境法上的污染源普查制度、自然资源调查和档案制度以及环境监测制度的概括，是为制定环境决策、加强执法管理、评价环境成本和跟踪预警突发事件提供重要依据的技术手段，并通过《全国环境监测管理条例》予以确立。

事中规制的税费制度源自经济学家提出的将环境负外部成本内部化的经济主张，这一制度为中国环境管理中环境税、环境费以及补贴等政策提供了规则体系（陈诗一，2011）。税费制度主要涵盖“税”和“费”两个方面，广义上来说，环境税是对以环保为目的向开发利用环境和自然资源征税的统称，而环境费则是指为保护和改善环境质量，对开发利用环境和自然资源征收的费用和损害填补费用总和（苏明和许文，2011）。在具体内容上，环境税包含环境保护税与资源税，以前环境费主要指排污费，但是随着 2018 年取消征收排污费并统一征收环境保护税开始，环境费现在仅指自然资源费。

事后规制的治理、恢复与补救制度是强制性整治环境破坏行为的行政命令措施。这些措施分为环境污染限期治理、自然资源与能源利用限期治理、综合治理与专项治理以及突发环境事件应急处理，涉及的法律囊括自然资源利用限期治理法律，例如《防沙治沙法》《草原法》《水土保持法》《节约能源法》以及一系列突发应急处理相关法律。污染防治与环境保护制度中所涵盖的事前、事中和事后规制贯穿着治理实践各过程，为政府环境责任履行增添保障。

（五）环境标准及环保政策

环境标准作为环境法体系中最为具体且数量最为庞大的部分，是指对环境保护领域中各种需要规范事项的技术属性所做的规定。经过近五十年的实践，中国的环境标准逐渐完善。根据生态环境部统计，截至 2021 年 7 月，中国共制定发布国家层面的环境标准近 2000 件，内容涉及各环境要素及环保制度落实的各个方面，支撑起中国环境保护法律体系的各项细则；环保政策则是指政府为实现环境目标而订立的计划，其大多以政府制定的《××意见》《××通知》《××工作方案》形式予以颁布，是党和政府集中意志的体现。由于法律法规与规章制度制定、审核时间较长，环保政策往往成为支撑环保工作最为直接的依据，近年国务院印发了一系列环保政策，指导并推动了全国环保业务的开展，例如《关于划定并严守生态保护红线的若干意见》《京津冀及周边大气污染防治工作方案》《大气污染综合治理攻坚行动方案》等政策都在近年污染治理过程中起到举足轻重的指导作用。总体而言，丰富的环境标准与环保政策为企业的排污行为提供参照标准，同时也为政府积极履行环境责任提供法律细则的依据。

第二节　政府环境责任落实的行政依托

一、政策执行体系

中国政策执行体系在中央与地方政府两大主体的基础上，遵循在中央的统一领导下，地方政府充分发挥地方主动性、积极性的原则设立行政机构并有序开展行政工作（景跃进等，2016）。本节在对环境政策执行体系的阐述中主要探讨执行过程中的三个环节，即政策的制定、中央到地方的政策执行以及中央与地方的关系。旨在为后文环境政策在行政机关的执行与博弈讨论提供现实铺垫。

（一）政策的制定

中国的法律法规、规章制度通过全国人民代表大会予以制定、修改和颁布，而人民代表大会制度是中国的根本政治制度，这一制度反映了国家的本质，从根本上实现了人民当家作主的权利，意味着权力来源于人民。因此，作为代议制的一种形式，人民代表大会与西方的议会具有同样的功能，都是民意机关和立法机关，而一项法律法规或规章制度的制定由人民代表大会的审议通过后方能进一步执行，继而将党的政策、国家意志由立法机关转向行政机关。

（二）中央到地方的政策执行

《宪法》规定，中华人民共和国国务院即中央人民政府是最高国家权力机关的执行机关也是最高国家行政机关，其中国务院组成部门是指在国务院统一领导下，负责领导和管理某一方面行政事务、行使特定的国家行政权力的行政机构。其内部设有发展改革委员会、科学技术部、生态环境部、人力资源和社会保障部等26个部门，分别执行具体的行政事务，而生态环境部主要负责执行资源开发利用与环境保护相关行政事务，以负责起草中央环境保护法律法规。

地方政府是中央法律法规、规章制度等的执行主体。其中，地方政府的权力结构中，在包含了地方党委、人大、政府等领导班子在内的地方党政体制中，地方党委是领导核心，具有“总览全局、协调各方”的作用（景跃进，2005）。地方政府的功能体现在两个层面，分别是职责同构与行政发包。具体而言，地方政府是中央政府具体法律和政策的执行者，承担了广泛的社会治理、经济管理等事务，各级地方政府在纵向的职责配置上高度一致并具有“职责同构”的特点（周黎安，2007），中央政府与地方政府管理的工作、机构设置大体一样，并形成条块交叉结构，中央政府往往主要是出政策，而地方政府，特别是省级以下地方政府则是政策的执行者（周黎安，2014）。政府机构改革以来，省级以下地方政府呈现财权上收事权下放的趋势，上级政府通过“属地化行政发包制”将行政和经济管理事务由中央逐级发包到基层（周振超和张金城，2018）。

地方政府的政策执行运作中有两个重要的机制。首先是压力型体制机制，体现为上级政府通过绩效考核、目标责任制、巡视、督办、运动性治理等来加大监控力度以实现政策的有效传导，并不断向下级政府施加压力来实现政策目标（冉冉，2013）。其次是下级地方政府形成共谋的选择性执行机制，造成“上有政策，下有对策”现象。在任务分配和监控过程中，下级政府往往也会采取修改统计数据和瞒报等方式来规避上级政府的监控，这让地方政府在政策执行过程中出现一个矛盾现象是：一方面，地方政府的政策执行存在夸大其词的现象，下级政府过度追求超量和超速地完成上级政府制定的指标任务，例如赶超GDP等；另一方面，下级政府对上级政府制定的许多政策以及提出的任务要求并不积极去执行。欧博文和马俊亚（2009）的研究发现，在政府目标管理考核责任制之下，政策执行的监控面临数据可得性难题，即过度强调“数字化标准”导致可以量化的“硬指标”层层加码，而无法量化的指标则难以得到执行。

（三）中央与地方的关系

中央与地方的关系遵循国家体制中纵向权力资源分配的基本关系，并兼顾横向与纵向权力分割条块关系（谢庆奎，2000）。这一分割关系是指中央到地方“条”状纵向管理体系与地方政府“块”状行政关系所组成的双重领导体制。中央可以通过在不同时期、不同工作上对“条”和“块”的偏重来发挥中央或是地方的积极性（周振超和黄洪凯，2022）。中央对地方以“条块”制度为基础的管理体系下，央地关系在立法、财税、人事以及事权四个方面相互交织，共同交互影响着关系的发展，四者也成为衡量中央与地方关系的重要维度。

中央与地方的立法关系上，依据宪法的规定中国实行二级立法体制，具体而言分为国家立法和地方立法，在国家层面主要是全国人大及其常委会进行的立法活动，创立宪法、基本法律以及其他法律，此外国务院及其所属部门根据授权可以进行行政立法活动，例如制定行政法规和部门规章。而在地方层面，根据地方立法主体的不同，可以在其权限范围内制定和发布规范性法律文件。

中央与地方的财税关系是衡量二者关系的重要维度，其中影响最为深远的是1993年分税制改革。分税制最为核心的内容在于采用相对固定的分税种来划分中央与地方的收入，在其实施之后的1994年，中央的财政收入在财政总收入中占比从1993年的31.6%上升到55%，此后一直保持在相当的水平（楼继伟，2022）。分税制改革后，中央宏观调控能力大幅增强，但也造成了地方财力吃紧。另外，分税制虽然只是对中央和省级的财政划分作出规定，但这种税收划分模式也由省一级延续到了下面各级政府，导致财税权的层层上收。张立承（2008）的研究表明，分税制的模式几乎完整地传递到县乡基层财政，各级政府呈统一态势。中央与地方的事权关系与财权相对应，指的是事务处理权，常常被拿来与财权并列讨论。各级政府的职责并没有明显的区别，地方政府的职能仅是中央政府职能的进一步延伸或者是分工的细化。

人事关系更是影响央地关系的重要组成部分，而人事关系的内容又有四个主要方面，分别为党管干部、下管一级、干部交流制度以及干部选任。首先，党管干部是中国干部管理体制的基本原则，这种领导包括对干部管理体制大政方针与总体走向的领导，也包括对重要干部的管理，干部的考察、考核、教育、提拔、任免、审查等工作均由各级党委按照干部管理权限负责（杨帆和王诗宗，2015）。其次，下管一级指的是中央负责管理中央国家机关部委级的领导干部，地方负责管理省、市、自治区一级的领导干部，省级党委负责管理省级、厅级领导干部，地方负责管理地级领导干部。另外是干部交流制度则是按照《党政领导干部交流工作规定》的要求，从中央到地方的党、人大、政府、政协的领导班子及职能部门负责人，以及纪委、法院、检察院的领导成员通过调任、转任工作岗位的制度。实施干部交流制度的目的是优化领导班子结构，提高干部素质和能力，加强党风廉政建设，促进经济发展以及加强党的领导。最后需要强调的是党政领导干部的选拔任用，这一议题更是党管干部的核心主题。

二、中国环境行政体系

（一）中央环境行政机关

在中央层面，国家最高行政管理机构为国务院，而中华人民共和国生态环境部作为国家生态环境保护的主管部门，自 2018 年组建以来成为中国最高环境行政机关，负责建立健全生态环境基本制度、重大生态环境问题的统筹协调和监督管理和监督管理国家减排目标的落实等十六项职责并制定出二十一项业务，而部门内部又设立二十三个机关司局、十九个派出机构以及二十四个直属单位。具体机构名称及主要职能如图 14－1、图 14－2、图 14－3 所示。

（二）地方政府环境行政机关

从理论层面看待地方环境行政机关，其行政机构的设立和职责上则根据“职责同构”与“行政发包”的特性与中央环境行政机构保持高度一致。一方面，就机构设立而言，各省生态环保厅内设二十余个处室，分别对应生态环境部二十三个司局及相关业务工作，并设立有一系列监测中心、检查办公室等直属单位。同样各市局也设立相应处室及直属机构，市局下有对应区县级分局，区县环保分局是中国环保行政体系中最为基层的机构。可见各级环保机关的设立遵循“上下对口、左右对齐”形式，与中央生态环境部保持高度一致性。另一方面，就机构职能上说，各级环保机关同样具有一致性，各省环保厅的职能除了“开展生态国际交流与合作”之外具备所管辖区域内与中央生态环境部相等同的职能，而市级区县级环保局则根据当地环境业务履行相对应的环境职责。并且各级环保机关遵循条块关系都附加履行“完成同级省委、省政府交办的其他任务”的职能，充分体现了中国“条块”制度的行政管理模式。

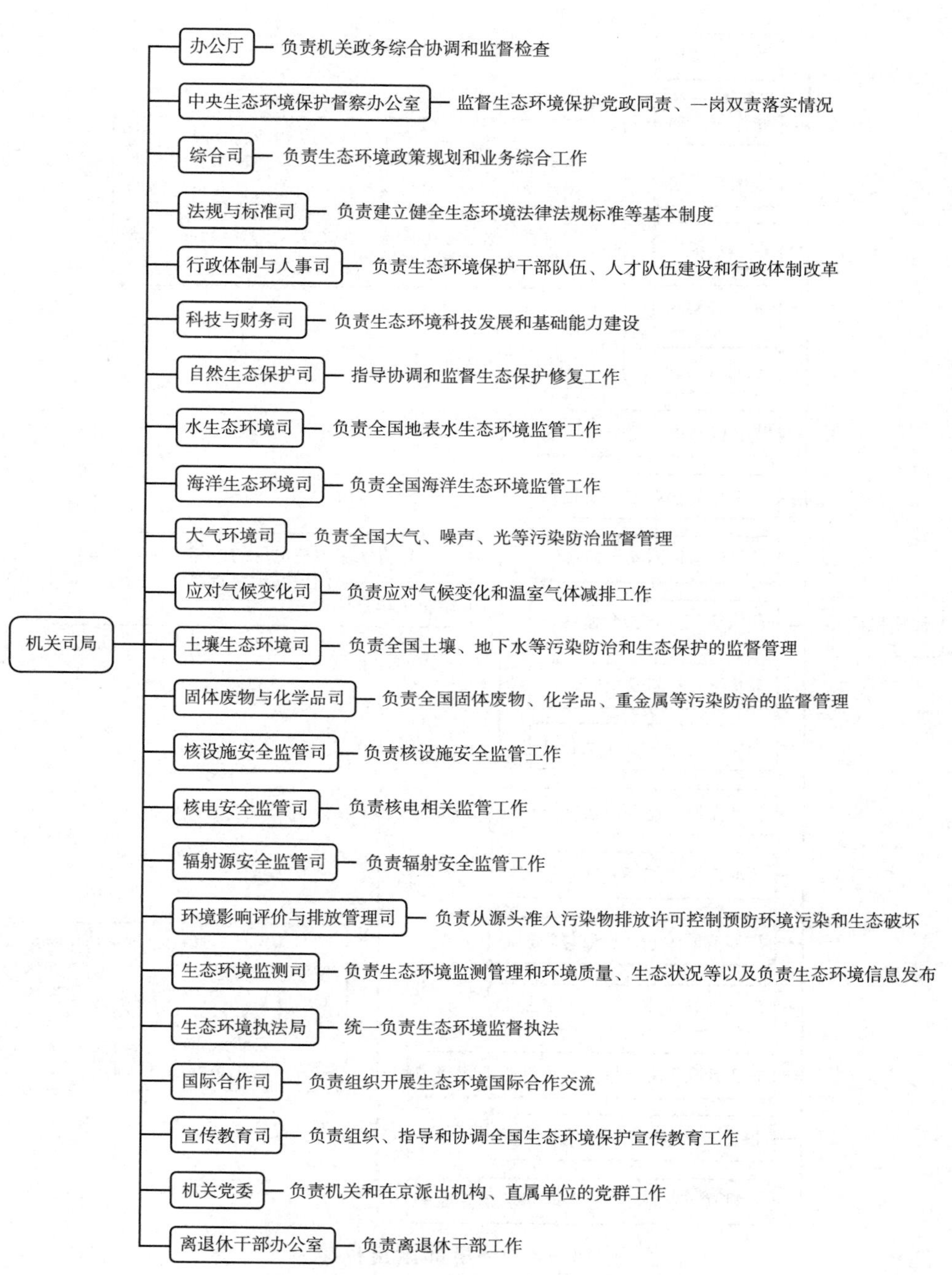

图 14－1　环境部机关司局图

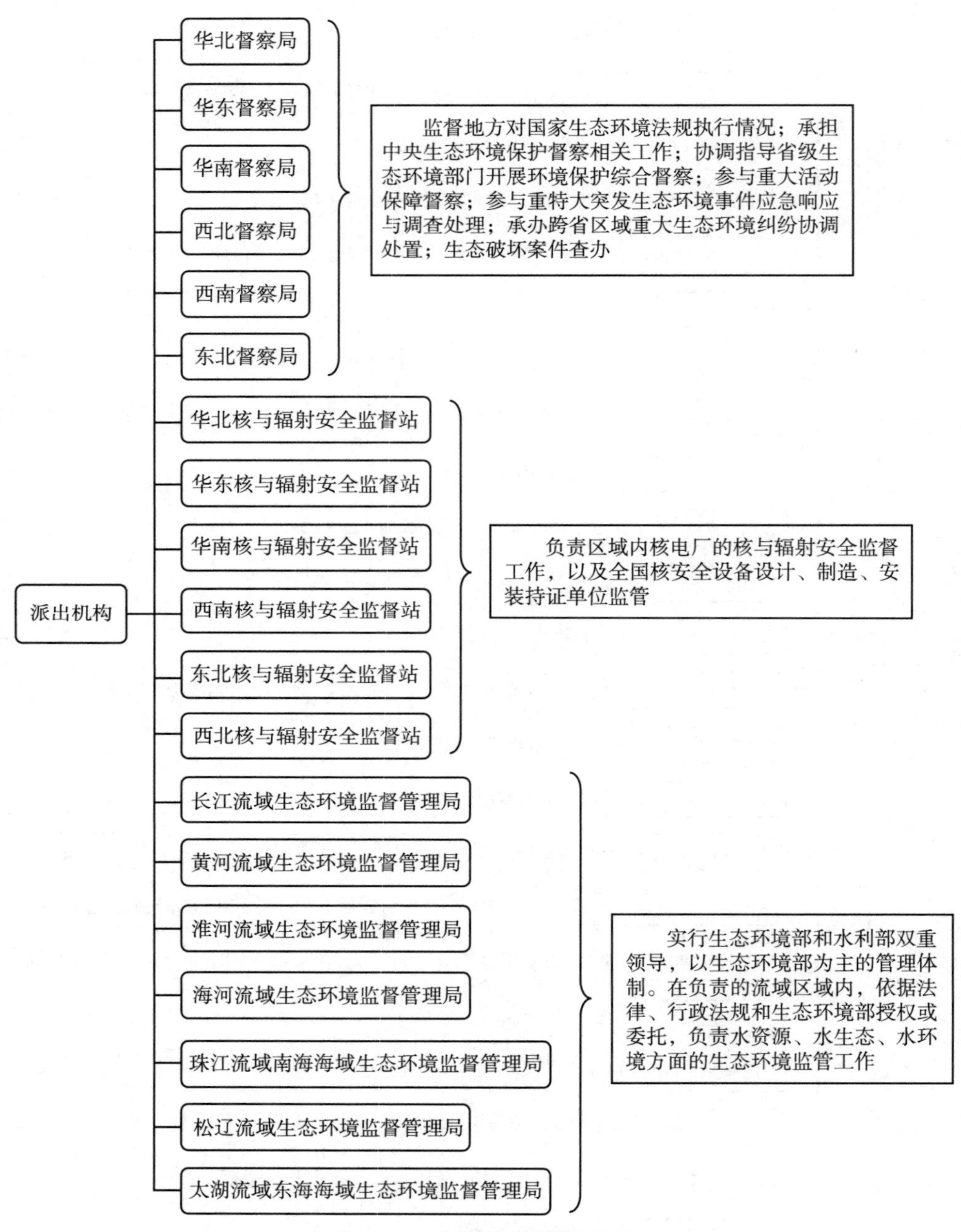

图 14-2　环境部派出机构

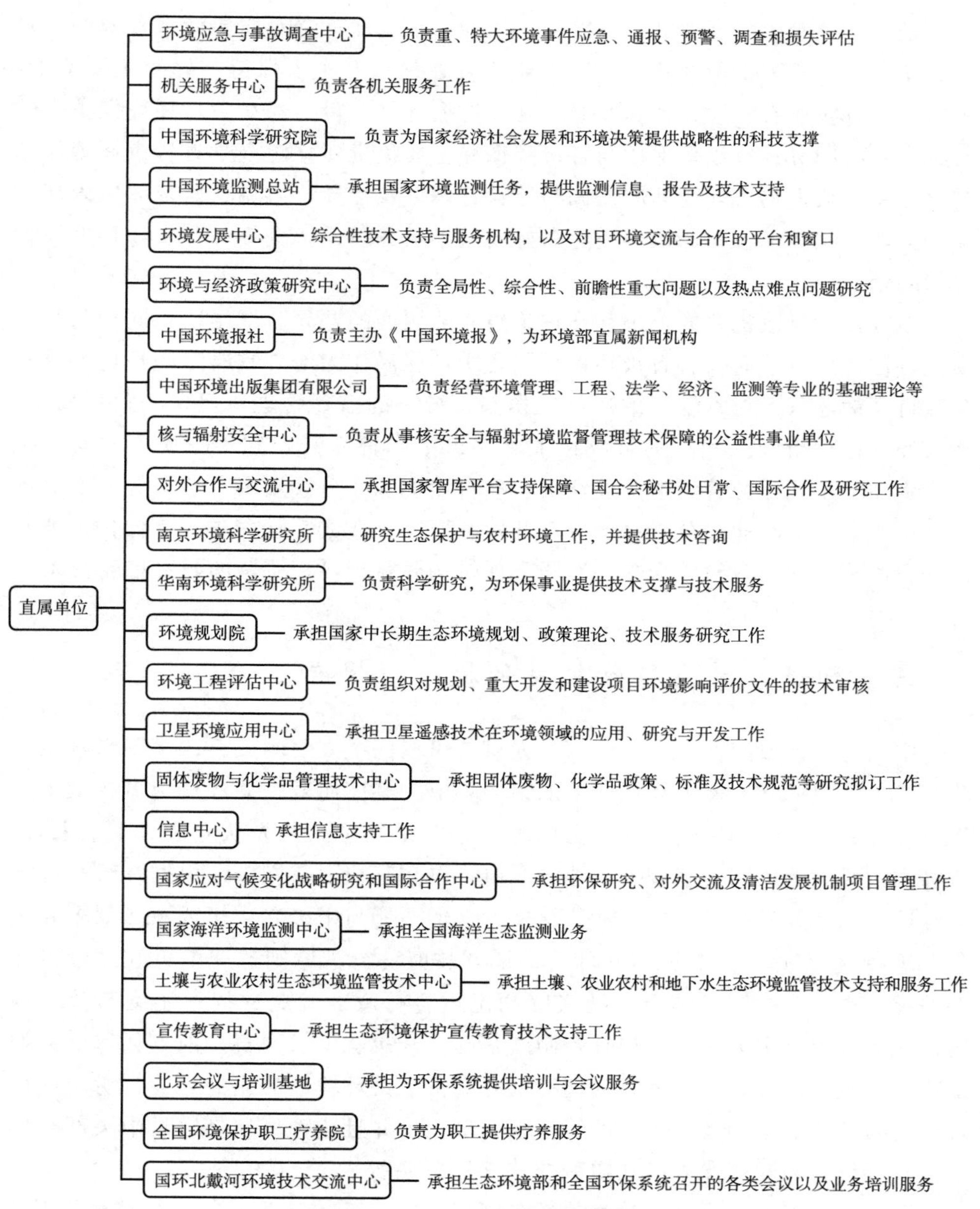

图 14-3　环境部直属单位

从实践层面看待环境行政机关，囊括县级以上人民政府的土地、矿产、林业、农业、水利等资源开发利用行政机构以及环境保护专职机构即省级环保厅及各级环保局。从职能区分来看，自然资源厅涉及全民所有土地、矿产、森林、草原湿地、水产以及国土空间开发等的管制职责，并负责国土空间生态修复等工作，是地方政府中综合性资源开发管理机构；水利厅负责专职保障水资源的开发与利用，并对相关生产经营、水利设施工程建设以及水土保持与修复工作负责；类似地，省农业农村厅、省林业局、省乡村振兴局等机构都在参与环境保护中履行各自专门职责；省级环保厅与各级环保局主要负责建立健全全省各市环境保护制度体系、负责重大环境问题协调与监督管理以及指导、协调、监督区域内环境保护工作，积极与各专职机构搭建良好沟通渠道并携手解决资源开发与环境保护中的问题。

地方环境行政机关的范围存在理论与实践层面的差异。依据职责同构与行政发包特性，地方政府仅有省级环保厅与各级环保局作为地方政府专职环境行政机关履行环保职责，对本辖区的环保工作施行统一的监督管理。但在实践层面中，参与环境保护与资源利用的行政机关众多，不同资源开发利用分属不同政府机构，例如，水利厅分管河道开发整治、省自然资源厅分管众多自然资源开发与国土利用规划、省林业局分管林木资源开发利用等，造成实际参与环境保护、涉及自然资源管理的行政机关众多，专职环保机构履行指导、协调的职责难度较大。

三、环境政策在行政机关的执行与博弈

中央与地方政府在立法、财权、人事与事权四个方面的关系，深刻影响地方政府履行环境职责、落实环境政策的诸多环节。具体而言，立法权与事权受中央生态环境部垂直管理影响更大，更体现“条”的特征，首先从立法关系上来讲，在遵循二级立法体制的基础上，地方政府可以在其权限范围内，根据本行政区域基本情况制定和发布环保规范性法律文件，但不能与中央立法相抵触（刘骥和熊彩，2015）。在这一立法原则基础上，地方政府的行事原则遵守中央政府法律文件的统一指示，并能够结合本地实际制定适合行政区发展的规章制度与政策制度，为切实履行中央文件精神打好制度基础。其次就事权而言，地方环保机关处于行政发包与职责同构的垂直管理特征并具备中央环境部对应的职能，对于本行政区内的环境要素都具有相应的管辖权与事权。并且这种事权是通过中央部委赋予，具有较高的职能优先级和明显的“条”的特征。

财权与人事则更受地方政府的横向管理影响，环境政策执行中更体现“块”的特征。首先从财权关系上来讲环保部门对当地政府的依赖度较大，具体而言，由于分税制改革，地方财权层层上收，中央政府通过财政补贴的再分配方式对财政状况较为困难的省份再施行税收返还，税收较好的省份对中央财政依赖度较低，但广大经济状况较为一般的省份则对中央财政依赖较大。而从环保财政资金上来讲，各级地方政府有多少财政资金能够用于环境改善与治理取决于当地政府

的整体发展规划与财政资金安排，由此各级环保机关在财权上更需要与当地政府进行协调，更注重“块”的关系。其次就人事来说，各地方政府环保机关的官员任命同样更依赖于当地党委及政府。人事关系“块”的特征明显，既是首长负责制的体现（张贤明，2012），也是为地方政府更好履行相应职责提供必要人事基础。

中央与地方政府的“条块”关系深刻影响着地方环保机构的职责履行，一方面基于“职责同构”与“行政发包”，地方环保机构具有各项亟须履行的环保职责与对应的规章制度制定策略，并在业务上对上级环保机构负责。而另一方面，环保机构的财权与人事权却更依赖于地方政府，从正向角度来看更有利于促进地方政府行政工作的开展与政策计划的施行。但从另一角度来说，由于财权、人事权与立法、事权的分割，中央的政策与制度的施行可能会在各级政府实际运行中产生偏差，环保极有可能会因各地发展重点不同让步于各级地方政府的实际规划。

第三节　政府环境目标达成的保障机制

一、法律惩治

法律惩治是保证环境政策和环境制度得到贯彻执行最有效的办法之一，行之有效的环保法律体系不仅需要对排污治污行为予以规定，还需要对执法主体进行约束。从法律层级看，本章主要探讨刑事和民事惩罚中对环境目标达成的保障手段。

（一）刑事惩罚

政府在环境保护方面因未履行、不适当履行或违反刑法、刑事诉讼法及司法解释这一法律事实将依照刑事法律法规承担赔偿、补偿或接受惩罚。刑法中主要对环境保护监督部门、自然资源管理部门、土地管理部门及动植物检验机关四个部门特别明确了其环境责任：环境保护监督管理部门不能因渎职造成重大环境污染，自然资源管理部门不能超过限额或违反规定发放自然资源使用许可证，土地管理部门不能非法批准或低价出售国有土地使用权等。同样，根据刑法通则，环境主管部门都有不可受贿、滥用职权、玩忽职守和尽职监察的责任。当任何政府部门未履行、不适当履行或违反上述义务时，相关追究主体有权依据刑法及刑法相关法对该政府部门追究政府环境刑事责任。个人名义承担的政府刑事责任从人员类型上包括主管人员及其他直接责任人员，从责任形式上包括经济刑、人身刑和附加刑，其惩罚力度随违反刑罚的情节恶劣程度和造成后果的程度逐渐加深。附加刑包括职业准入禁止和剥夺政治权利，剥夺政治权利一般是有期徒刑、无期徒刑和死刑的附加刑，当责任人员涉及利用职业便利或违反职业道德时，会附加职业准入禁止。经济刑包括罚金和没收财产，而除未造成经济后果且未有其他违法行为的渎职情形外，政府相关人员的任何法律行为都应当承担经济方面的政府环境刑事责任。

（二）民事惩罚

依据《民法典》规定，政府因未履行或不适当履行以及违反环境保护方面的民事法律法规依法承担补偿责任。作为民事主体，政府部门首先应当承担所有一般民事主体共有的环境法律义务，即从事任何民事活动时都应当以节约资源、保护环境和生态为前提。其次，在履行法律规定的对于集体所有的自然资源及国家所有的自然资源负有的管理、监督及增值义务时，不可造成损失或破坏，也不可参与个人或组织侵占、哄抢或私分，并对集体所有的自然资源负有保障集体成员知情权的义务。再次，对于依法取得自然资源用益物权的个人和组织的资源开发和环境保护等民事活动履行法律监管义务时，在用益物权人合法使用的前提下，没有干涉用益物权人的权利。最后，根据国家环境保护需要下达的任务与其他民事主体订立契约时，应当合法订立合同，并合法、合约履行合同。另外，资源浪费情况发生时，相关追究主体有权依据民事法律要求政府部门以个人名义或单位名义承担政府环境民事责任，其责任类型主要为经济责任，包括赔偿、补偿或接受惩罚。相较于政府环境刑事责任，政府环境民事责任主要为经济责任，体现了程度轻和种类单一的特征，但其判定标准偏重，将政府部门视为一般单位并对其环境保护侵权及破坏行为进行判定，具有范围广和标准低的特点。

二、行政约束

行政体系的内部约束同样是保障环保绩效达成的重要手段，而相比于法律惩治，行政约束往往更为有效。就具体约束手段而言，政府绩效考核由于关系升迁对官员工作具有重要引导作用，因此行政问责则是有法必依的重要保证，同时近年来兴起的环保督察更是加大了行政问责和处罚力度，确保了环境目标高效达成。

（一）政府绩效考核

政府绩效考核在中国的兴起源于中央为激发地方政府积极性与主动性所进行的改革，由于考核结果与干部晋升直接挂钩，绩效考核便成为干部选任的重要依据，更是确保中央规章制度及政策能够有效落实的重要保障。中国政府绩效考核制度始于《关于实行干部考核制度的意见》，在“对现代化建设所做贡献”这一评判指导方针下，确立了岗位目标责任制、效能监察、机关效能等多种绩效评估模式综合评价官员政绩。

环保绩效考核是指将环保指标、环保绩效等纳入政府官员绩效考核并设置相当权重的考核方式，自 2004 年首次将执行环保法律法规、污染排放强度、环境质量变化和公众满意程度四项环境保护指标列入各级地方政府干部的考核体系起，环保绩效考核实践已展开近 20 年。其内容可分为两个方面：一方面是污染物控制制度在行政层面落实的环保目标责任制，将环境保护工作成效与官员业绩有效挂钩，是落实各级政府领导干部对环境治理实行有效措施的保证，并理顺了上下级政府就环境污染治理问题的责任关系，利于环保目标在总量控制制度的背景下实现具体工作层层落实。另一方面为绿色 GDP 考核制度，随着政府绩效考核的丰富发展，“唯 GDP 论”的考核方式不再适合时代的发展和体制的完善，GDP 指标本身也得到了调整与完善，将环境指标纳入综合经济指标的绩效衡量中。政府绩效考核中对环境保护的越发重视以及与官员晋升与奖惩的挂钩，是实现环境保护工作在行政层面得到有效落实的保障。从程序上来说，政府绩效考核是控制和指导环保业务的重要检查程序，是合理配置人力资源、对公务员进行科学管理的重要环节。从方式上来说，绩效考核是优化环保业务公务员队伍的重要手段，能够保证以最高效的行政队伍来实现环保目标。同样，绩效考核也是加强公务员监督的重要手段，通过对绩效的考察，能够确保公务员切实认真履行环保职责。

（二）行政问责

行政问责内涵的界定，依照田侠（2009）观点指的是问责主体按照法定程序和规则，强制性地要求政府官员就其行政决策、行政行为和行政结果进行解释、正当性辩护和接受失责惩罚的制度。按照不同问责主体，又可将行政问责划分为政治问责，司法机关问责和政府机构内部问责。行政问责制经过了长期的发展，并在内容、程序上和方式上逐渐扩充（徐双敏，2020）。2001 年，国家制定了《国务院关于特大安全事故行政问责追究的规定》，紧接着又颁布了《党政领导干部选拔任用工作暂行条例》，明确提出党政干部辞职扩充为“因公辞职、自愿辞职、引咎辞职和责令辞职”，其中后三者都包含了追究行政问责的含义。另外，

《中国共产党纪律处分条例》《行政机关公务员处分条例》以及2006年开始实施的《公务员法》也对行政问责制进行逐步完善。至今各地方政府也在上述法律的指导及规定下陆续制定了各省、市的《领导干部、行政人员问责办法》。行政问责制对官员不良行为进行了约束，相关处置结果也进行了规定（余凌云，2013）。其中就问责的事项而言，主要涵盖有令不行、有禁不止、独断专行、滥用职权、违法行政、欺上瞒下、处置不当等20余项。而问责后的处置主要有行政谈话、取消评奖评优、责令书面检查、责令公开道歉、通报批评、调整工作岗位、停职检查、劝其引咎辞职、责令辞职以及建议免职等。政府在环境责任履行过程中，同样参照行政问责相关规定，参照一定程序对失职和未履责的官员进行处罚。

（三）环保督察

环保督察制度是中国对政府环境责任履行进行监管与行政约束的重要手段，经过三个阶段的持续发展，其对于环保工作行政层面的督察与惩治力度不断加强，是现今强力有效的约束手段之一。

环保督察制度在2014年以前长期以“督企”为核心。1989年《环境保护法》规定各级环境保护主管部门对所辖区域内的环境保护工作实施统一监督管理，并由各级环保部门成立专门机构负责环境执法与监督检查，成为中国环境监管执法的主要力量（陈海嵩，2017）。与此同时，考虑到环境问题的跨区域性，例如流域治理，大气治理等，原国家环保总局也建立了跨区域的环境督察机构，自2002年起，陆续设立了华北、华东、华南、西北、西南、东北督察局，共同组成按照地理区划设置的六大区域督查中心作为派出机构共同构成中国的环境监管体系（戚建刚和余海洋，2018）。环境监察局的主要职责是监督环境保护规划、法规及政策的执行效力以及解决跨区域环境问题纠纷处理及协调工作，同样六大派出机构作为生态环境部在地方的代表具有监督政策法规及业务落实情况的职责。而就监督对象来看，其包括地方各级人民政府以及排污单位，但从实践来说，2014年以前中国的环境监管主要针对企业的环境责任，忽视了政府在环境保护中的相应职责，因此被广泛认为该阶段以前是以“督企”为核心的监管体系。

环保督察在2014年后由“督企”向“督政”倾斜，这是由于长期以来欠缺对地方政府落实环境政策法规的有效监督，环保督察系统只有将督察核心转变为督政方能更有效推动地方政府切实履行职责（王岭等，2019）。环保部于2014年颁布综合督查的相关工作办法，明确指出环保督察向督政方向性转变的决议。与此同时，环保部扩大了原环保约谈制度的适用范围并发布《环境保护部约谈暂行办法》，明确对环境保护工作中办事不力、环境质量恶化的地方政府进行公开约谈，不仅对地区环保责任人进行约谈，六大区域环保督察中心还针对不同情况将履职不力人员移交纪检监察部门，采取挂牌督办、媒体披露等多样化措施强化督察效力，这在地方政府取得了良好成效，大部分地区环境质量普遍改善。

“督政”为核心的环保督察虽然自2014年施行以来成效明显，但是存在两个明显不足，一是对地方政府督察与约谈的强度有所欠缺，二是忽略了地方党委环保责任，单纯地督政并没有涉及党委相关责任，而行政体系广泛秉承首长负责制，对地方党委监督的疏忽容易造成治标不治本的结果。因此，从2016年后，环保督察将地方党委纳入督察范围，强调环境保护工作的“党政同责、一岗双责”，这一改革也是中国环境管理体系转型与制度建设的又一重大内容。

综合来看，行政约束作为行政层面政府环境目标达成的重要保障机制，有三个主要手段，即政府绩效考核、行政问责、环保督察，分别在环保工作的不同环节中起到约束作用并共同确保政府履行相关责任。首先是事前约束，即用政府绩效考核约束行政官员行为，从环保目标责任制逐级分派环保任务，并通过环保绩效考核等方式衡量官员、政府的环保责任履行情况。其次是事终的行政问责，即通过各项行政手段对环保工作不力的官员进行行政处罚。最后则是事后的阶段性环保督察，由于地方政府绩效考核和行政问责存在当地政府合谋的可能性，地方政府可能因为自身经济发展的需要没有很好履行环保责任，绩效考核与行政问责难以落在实处，所以开展环保督察显得尤为迫切与必要。

三、保障机制在行政和法律层面的疏漏

健全的行政与法律保障机制是政府环境责任最终能够踏实落地的支撑，但就目前而言，各式各样的相关疏漏造成保障机制成为政府环境责任中最为薄弱的环节。从行政约束层面来看，首先行政绩效考核仍存在“重政府经济责任，轻政府环境责任”现象，这并不意味着“绿色GDP”“绿色考核”形同虚设，而是指在整体考核标准体系下，环境保护所占比重仍然有限，“环境保护让渡于经济发展”的考核内核仍未改变。这造成地方政府及官员仍普遍效仿之前以经济发展绩效作为自己核心政绩的观念，在面对经济与环境矛盾时依旧对涉及环境违法的经济实体，对经济、财税、GDP贡献大户时，缺乏强制性制裁手段，造成环境责任履行大打折扣。其次对于行政问责，由于起步较晚，问责体系仍十分不健全，面临问责主体、问责客体、问责程序、问责幅度、问责层级等一系列系统性困境，而弥补措施不仅涉及法律法规的补充，还攸关行政体制改革，任务繁重。最后对于2018年以来取得重要惩治成果的环保督察行动，在肯定其成效之外，还应意识

到这一由上而下的监督管理手段的行政成本问题，还需对长期监督手段进行商榷与改进。从法律层面来看，主要面临两个方面的问题：一是第二性法律的不健全，大部分环境法律没有对照攸关政府环境职权和职责的法律条款，明确规定追究政府及官员环境法律责任的具体措施、程序和后果；二是政府官员问责依据不明确，造成官员不履责甚至违法行为发生时，不知是采用法律还是行政法规抑或是依照党内规章制度处理的现象时有发生。总体而言，完善政府环境责任保障机制的任务依旧繁重。

第十五章

政府环境责任履行的水平测度研究

第一节 问题提出

学界对政府环境责任评价指标体系研究尚处于起步阶段。其中，大部分的学者主要从环境绩效指标出发，使用环境质量指标代表政府环境责任的履行情况（张明明等，2009；董战峰等，2016）。还有少部分学者除了采用环境质量指标之外还考虑环境治理指标来衡量政府环境责任履行水平，许继芳（2010）将政府环境责任履行水平分为制度性维度、行为性维度和人员性维度；曹颖和曹国志（2012）基于中国国情，从环境健康、生态保护、资源可持续利用与气候变化以及环境治理能力四个方面来建立中国政府环境责任履行水平评估指标体系；颜金（2018）通过分析政府环境责任影响因素，构建了包括环境质量、污染控制、环境管理和环境建设四个维度的地方政府环境责任指标体系，并对其进行信效度检验。以上学者虽然考虑了政府环境治理行为这个影响因素，但对政府环境责任指标体系的构建，不仅缺乏指标衡量方式的描述，也未使用数据验证该指标体系是否具有可靠性和可行性。现有研究主要存在以下三个方面的不足：第一，对于政府环境责任的衡量并未形成一套完备且科学合理的指标体系，大部分研究仅用环境绩效来评价政府环境责任。第二，已有研究以定性分析为主，缺少数据支撑和检验分析，指标体系的科学性和可靠性难以得到保障。第三，由于现阶段与地级市有关的数据获取难度大，现有文献仅将单独的某一个城市或者是一些地区作为观察对象考察其政府环境责任水平。这类研究不仅无法对各个城市间政府环境责任履行情况进行横向比较，同时也缺少对政府环境责任履行水平的长期动态监测。

有鉴于此，本章基于政府环境责任的内涵，尝试构建政府环境责任评价指标体系，以 2008 ~ 2019 年中国地级市为研究对象，运用信效度方法对该评价指标体系进行检测，同时对中国各城市的政府环境责任履行水平进行测度；并从政府环境责任履行水平的时间演化、空间演变和动态演进三个方面展开分析，以期全面了解中国地级市的政府环境责任履行。本章的研究贡献体现在如下三个方面：第一，在现有研究基础上，构建政府环境责任履行情况的评价指标体系，评估中国地方政府的环境责任履行水平，为实现政府环境责任问题由定性研究转向量化分析奠定基础。第二，在研究方法上，本章采用的改进熵权法是依据样本数据包含的信息和考虑不同年份之间的差别来确定指标权重，使分析结果更具有客观性和合理性。第三，在研究样本上，已有的研究对象主要为特定省份或城市的截面数据，鲜有研究对全国长时间段的政府环境责任履行水平进行测度和比较。而本章对中国 120 个地级市的政府环境责任履行水平进行测度，不仅扩大了样本容量，并利用核密度估计方法、Dagum 基尼系数和莫兰指数等空间分析方法对中国政府环境责任履行情况进行系统的量化分析，揭示了中国政府环境责任水平的时间演化、空间演变和动态演进特征，为政府环境治理体系建设提供可靠的决策依据，拓展了政府环境责任的研究深度和广度，进一步丰富了政府环境责任的研究内容。

第二节　指标选取与数据来源

一、政府环境责任的模型刻画

基于政府环境责任的内涵，将政府环境责任分为生态环境治理责任、生态环境监管责任和生态多元共治责任三个维度，故政府环境责任的履行水平可表示为：

$$Ger = G(Gove, Supe, Mult), \tag{15.1}$$

其中，Ger 表示政府环境责任的履行水平，$Gove$ 表示生态环境治理责任的履行水平，$Supe$ 表示生态环境监管责任的履行水平，$Mult$ 表示生态多元共治责任的履行水平。

不妨假定，式（15.1）中的三个变量有如下性质：$Gove>0$，$Supe>0$ 和 $Mult>0$，且这三个变量的增大都会促进 Ger 正向提高，但正向作用呈现边际递减效应，即：

$$\begin{cases}\frac{\partial Ger}{\partial Gove}>0,\ \frac{\partial^2 Ger}{\partial Gove^2}<0,\\ \frac{\partial Ger}{\partial Supe}>0,\ \frac{\partial^2 Ger}{\partial Supe^2}<0,\\ \frac{\partial Ger}{\partial Mult}>0,\ \frac{\partial^2 Ger}{\partial Mult^2}<0\end{cases}\tag{15.2}$$

同时，假设式（15.1）的函数形式为柯布—道格拉斯型，并对其全微分可得：

$$dGer=\frac{\partial G}{\partial Gove}\times dGove+\frac{\partial G}{\partial Supe}\times dSupe+\frac{\partial G}{\partial Mult}\times dMult\tag{15.3}$$

对式（15.3）两边同时乘以$\frac{1}{Ger}$则函数可得：

$$\frac{dGer}{Ger}=\frac{\partial G}{\partial Gove}\times\frac{Gove}{Ger}\times\frac{dGove}{Gove}+\frac{\partial G}{\partial Supe}\times\frac{Supe}{Ger}\times\frac{dSupe}{Supe}+\frac{\partial G}{\partial Mult}\times\frac{Mult}{Ger}\times\frac{dMult}{Mult}\tag{15.4}$$

令 $f=\frac{dGer}{Ger}$表示政府环境责任履行水平的增长率；$\alpha=\frac{\partial G}{\partial Gove}\times\frac{Gove}{Ger}$，$\beta=\frac{\partial G}{\partial Supe}\times\frac{Supe}{Ger}$，$\gamma=\frac{\partial G}{\partial Mult}\times\frac{Mult}{Ger}$分别表示三个维度的贡献份额；$f_1=\frac{dGove}{Gove}$，$f_2=\frac{dSupe}{Supe}$，$f_3=\frac{dMult}{Mult}$分别表示三个维度的变化率，则式（15.4）可简化为：

$$f=\alpha\times f_1+\beta\times f_2+\gamma\times f_3\tag{15.5}$$

由式（15.5）可知，政府环境责任水平的提高源于生态环境治理责任履行水平、生态环境监管履行水平和生态多元共治履行水平三个维度协同改善。这不仅需要各个维度变化率 f_i 的正向促进，也需要各维度贡献份额的提高。

二、政府环境责任的指标体系构建

遵循构建指标体系所依据的客观性、科学性、可操作性等原则和考虑数据可获得性，基于前文的分析，本章分别从生态环境治理责任、生态环境监管责任和生态多元共治责任三个维度涵盖了 19 个指标来考察中国地级市的政府环境责任履行情况，具体的指标见表 15－1。

表 15 - 1　　　　政府环境责任评价指标体系

总指数	维度指数	分项指标	基础指标	符号	属性	权重均值
政府环境责任	生态环境治理	生态保育	人均绿地面积（平方米/人）	P11	正向	0.0809
			城市建成区绿化覆盖率（%）	P12	正向	0.0718
			园林绿化投资额（万元）	P13	正向	0.0271
			市容环境卫生投资额（万元）	P14	正向	0.0533
			节水措施投资额（万元）	P15	正向	0.0520
		污染治理	污水处理厂集中处理率（%）	P21	正向	0.0295
			生活垃圾无害化处理率（%）	P22	正向	0.0259
			治理废水完成投资额（万元）	P23	正向	0.0325
			治理废气完成投资额（万元）	P24	正向	0.0466
			治理固体废弃物完成投资额（万元）	P25	正向	0.0332
	生态环境监管	环境监测	环境空气监测点位个数（个）	M11	正向	0.0580
			地表水水质监测断面点个数（个）	M12	正向	0.0155
			市级监测站机构人数（个）	M13	正向	0.1012
		环境监察	污染源监督性监测的重点企业数（个）	M21	正向	0.0835
			排污费（环境税）收入（万元）	M22	正向	0.0614
			监察企业次数（次）	M23	正向	0.0565
			市级监察机构人数（人）	M24	正向	0.0580
	生态多元共治	环境宣传	组织环境宣传活动次数（次）	S11	正向	0.0587
		信息公开	污染源信息公开程度	S21	正向	0.0544

资料来源：笔者整理所得。

首先，生态环境治理责任是指政府运用经济、信息、法律等规制手段管理生态资源和防治环境污染，是一项重要的职责（范仓海，2011）。基于生态环境治理责任的内涵，将生态环境治理责任分成生态保护和污染治理两个方面进行考量。其中生态保护责任的重点是协调人与自然和谐共处，整合生态和城市的景观建设，主要考察绿地系统规划、市容环境美化和生态资源节约三个层面的状况。基于此，本章选取了人均绿地面积、城市建成区绿化覆盖率、园林绿化投资额、市容环境卫生投资额和节水措施投资额五个指标。污染治理责任侧重于统筹山水林田湖草系统治理，主要考察对大气、水体和土壤环境的污染排放治理力度。参考胡梅娟等（2021）的研究，选择污水处理厂集中处理率、治理废水完成投资额、治理废气完成投资额、治理固体废弃物完成投资额和生活垃圾无害化处理率五个指标反映政府的污染治理水平。

其次，政府承担生态环境监管责任是治理能力现代化的重要内容。根据《环境保护法》，生态环境监管责任规定政府应监察影响环境的行为和监测环境资源的变化（朱国华，2016）。依据《环境保护法》中规定的环境监管职责，将生态环境监管责任分为生态环境监测责任和生态环境监察责任两个方面，选择环境空气监测点位数和地表水水质监测断面点数来衡量生态环境监测网络完善情况。借鉴秦天等（2021）对环境监测指标的选取，选择监测机构人数来衡量政府在生态环境监测的投入情况。生态环境监察责任从生态环境监察水平和生态环境监察投入两个方面细分（白俊红和聂亮，2017；李光勤等，2020），具体指标由监察企业次数、排污费（环境税）收入、开展污染源监督性监测的重点企业数和监察机构人数所构成，以期反映出政府在环境监察方面的执法强度。

最后，生态多元共治责任是以“政府主导、企业主体和公众社会组织共同参与”的环境治理体系中的重要部分，应以“形成全社会共同建设美丽中国的行动观”为主要行动准则。生态多元共治责任是指政府应履行促进政府、企业和公众社会组织之间配合、协作以及共同参与环境保护的职责（谌杨，2020）。由此可见，政府不仅需要强化社会多主体环境保护意识，还需要关注社会多主体的环保治理意愿（何可等，2015；张化楠等，2019），选择政府组织环境宣传活动次数来表示生态环境宣传实施程度和污染源监管信息公开指数衡量生态环境信息公开程度。

三、数据来源和处理

一方面，本章涉及的污染源信息公开程度来源于公众环境研究中心（IPE）和自然资源保护协会（NRDC）共同发布的《城市污染源监管信息公开指数（PITI）报告》，其研究报告涵盖120个城市（以环保重点城市为主），考虑信息公开维度数据的可获取性，本章选取上述报告中的120个城市为研究样本。另一方面，由于《中华人民共和国政府信息公开条例》（以下简称《条例》）和《环境信息公开办法（试行）》于2008年5月1日起正式实施，《条例》明确规定政府应规范公开环境信息以及确保公众能依法获取信息。这代表中国环境管理进入从“管理”的一员主体变成“治理”的多元主体的新格局，政府履行环境责任的内容从单一污染控制向促进多主体协同治理转变，据此将样本的起始年份定为2008年。

本章的数据主要来源于《中国统计年鉴》、《中国环境统计年鉴》、《中国城市统计年鉴》、EPS数据库以及各个城市官方网站。对于部分指标没有数据或者缺失某些年份的数据，主要采取如下两种方法进行处理。一是对于部分指标缺失某些年份值采用插值法处理，例如，污染源信息公开程度从2013年才开始覆盖120个城市，而数据的时间范围为2008～2019年，故对个别城市缺失2013年以前的数据值使用插值法处理，进而保持数据一致性。二是部分指标受地级市数据限制，对于这部分数据采用估算方法。例如，市级监测站机构人数和市级监察机构人数来自《中国环境统计年鉴》省级指标。借鉴现有文献（范子英和赵仁杰，2019）推算市级环保问题上访人数的处理思路，用地级市工业总产值占本省工业总产值比重乘以省级数据，估算出地级市层面数据。

四、政府环境责任履行水平的测度方法

首先，不妨假设指标体系中，共有 m 个指标，其中包含了 n 个城市 t 年的数据，则 X_{ijk} 表示为城市 i 第 j 年的第 k 个指标值，由于本章选取的数据均为正向数据，所以对指标体系中各项指标值进行无量纲化处理时，其计算方法为：

$$X'_{ijk} = \frac{X_{ijk} - \min(X_{ijk})}{\max(X_{ijk}) - \min(X_{ijk})} \tag{15.6}$$

其中，X'_{ijk} 表示为 X_{ijk} 标准化处理后的取值。

其次，本章借鉴杨丽和孙之淳（2015）提出的改进熵值法，在传统熵值法思路上加入时间变量，利用指标在时间维度上的信息量，旨在有效区分评价对象在不同时间点指标上的差异。具体的计算步骤如下：

步骤一：构建规范化矩阵：$P_{ijk} = \dfrac{X'_{ijk}}{\sum_i \sum_j X'_{ijk}}$；

步骤二：计算熵值：$E_k = -\mathrm{Ln}(tn) \sum_i \sum_j [P_{ijk}\mathrm{Ln}(P_{ijk})]$；

步骤三：计算指标权重：$W_k = \dfrac{(1 - E_k)}{\sum_k (1 - E_k)}$；

步骤四：计算政府环境责任履行水平维度指数：$Ger_{ij} = \sum_k (W_k X'_{ijk})$。

根据上述计算步骤可以获得各基础指标的权重，其计算结果如表 15－1 所示。

第三节　信效度检验

一、信度检验

本章采用指标评价中最为常见的信度检测方法——克朗巴哈 α（Cronbach's

alpha）系数法。这种方法主要测定指标体系中内部结构的良好性和一致性，其系数计算公式为：$\alpha = \frac{kr}{1 + (k-1)\bar{r}}$，其中 k 为项数，$\bar{r}$ 为 k 个项目相关系数的均值。α 的取值范围为［0，1］，系数越接近 1，则表明该指标体系的可靠性越高。一般认为，克朗巴哈系数大于 0.7，则表明指标体系的内部一致性较好。因此，本节利用 SPSS 统计软件对样本进行可靠性分析，其结果见表 15－2。

表 15－2　信度检验

Cronbach's alpha	基于标准化项的 Cronbach's alpha	项数
0.739	0.7760	19

资料来源：笔者整理所得。

根据表 15－2 显示信度系数为 0.739，该系数大于 0.7 表示该指标体系测度结果具有较高的可靠性。根据表 15－3 中的 Friedman 检验结果，显示 Friedman 的卡方观测值为 21 194.0850，且 P 值为 0.000，表明结果具有显著性，可以认为指标之间存在显著差异。另外，肯德尔协同系数值 W 接近 1，这说明所构建的指标体系内部具有较强的一致性。

表 15－3　带有 Friedman 的 ANOVA

项目		平方和	自由度	均方	Friedman 的卡方	显著性
人员之间		43.5820	1 439	0.0300		
人员内部	项之间	919.5660[a]	18	51.0870	21 194.0850	0.0000
	残差	205.0470	25 902	0.0080		
	总计	1 124.6140	25 920	0.0430		
总计		1 168.1960	27 359	0.0430		

总平均值＝0.111966812610975

a. 肯德尔协同系数 W＝0.7870

资料来源：笔者整理所得。

二、效度检验

检测政府环境责任水平指标体系是否具有效度。效度检测是衡量筛选的指标反映政府环境责任履责情况的真实性的一种方法，效度越高表示指标与其评价对象一致性程度越高。本节采用探索性因子分析进行效度分析。在因子分析之前需要进行 KMO 检验和 Bartlett 球形检验。KMO 检验值为 0.7730（大于 0.7），Bartlett 球形检验卡方值为 6 032.8260，P 值为 0.0000，且小于 0.05，综上表示，指标体系效度较好，可以进行主成分分析。KMO 和 Bartlett 球形检验的结果具体见表 15－4。

表 15－4　　　　KMO 检验和 Bartlett 球形检验结果

Kaiser－Meyer－Olkin 检验值	0.7730	
Bartlett 球形度检验	近似卡方值	6 032.8260
	自由度	171
	显著性	0.0000

资料来源：笔者整理所得。

本节对指标体系中的 19 个指标进行主成分分析，并以特征值大于 1 作为标准来提取公共因子，通过方差最大化正交旋转来明确公共因子的实际意义。结合特征值大于 1 的标注和碎石图结果分析，最终提取了 6 个主成分，总累计方差贡献率为 58.7607%。

根据旋转后的因子载荷矩阵（见表 15－5），第一主成分旋转载荷较大的指标包括 M11、M12、M13，代表生态环境监管责任中环境监测维度，其方差贡献率为 15.0849%，特征值为 2.8661。第二主成分旋转载荷较大的指标包括 P21、P22、P23、P24、P25，代表生态环境治理责任中污染治理维度，其方差贡献率为 10.0266%，特征值为 1.9051。第三主成分旋转载荷较大的指标包括 M21、M22、M23、M24，代表生态环境监管责任中环境监察维度，其方差贡献率为 9.1110%，特征值为 1.7311。第四主成分旋转载荷较大的指标包括 P11、P12、P13、P14、P15，代表生态环境治理责任中生态保护维度，其方差贡献率为 8.4829%，特征值为 1.6118。第五主成分旋转载荷较大的指标包括 S11，代表生态多元共治责任中环境宣传维度，其方差贡献率为 8.4561%，特征值为 1.6067。第六主成分旋转载荷较大的指标包括 S22，代表生态多元共治责任中信息公开维度，其方差贡献率为 7.5992%，特征值为 1.4438。综上所述，19 个指标恰好被分成 6 个主成分而且正好对应指标体系中的 6 个维度，这表明该指标体系内部一致性程度高。据此，可以认为本章的政府环境责任履行水平测度指标体系是有效的。

表 15－5　　政府环境责任履行水平旋转因子载荷矩阵

指标符号	因子 1	因子 2	因子 3	因子 4	因子 5	因子 6
P11	0.027	0.075	0.1534	0.7536	0.0475	0.181
P12	0.0727	0.0023	0.2244	0.8539	0.0378	0.0623
P13	0.2447	0.0271	0.0225	0.7258	0.0526	0.4375
P14	0.3237	0.0257	0.1739	0.6158	0.0328	0.0178
P15	0.047	0.0842	0.4571	0.5926	0.0304	0.2075
P21	0.0319	0.7654	0.0153	0.0318	0.0315	0.0943
P22	0.021	0.6628	0.0103	0.0729	0.4293	0.1533
P23	0.0655	0.7981	0.1468	0.0275	0.0996	0.0189
P24	0.0364	0.6208	0.1067	0.0019	0.0544	0.0091
P25	0.1414	0.5895	0.09	0.0591	0.2426	0.041
M11	0.6018	0.0558	0.1244	0.2447	0.0517	0.0936
M12	0.7623	0.0406	0.2576	0.0761	0.4527	0.0152
M13	0.5778	0.5027	0.0566	0.0897	0.1177	0.0363
M21	0.4236	0.1248	0.4145	0.2005	0.2917	0.1496
M22	0.1277	0.0537	0.6881	0.1411	0.0574	0.2409
M23	0.3051	0.1832	0.6582	0.1907	0.1593	0.0157
M24	0.0007	0.2845	0.7488	0.0297	0.0278	0.0001
S11	0.1402	0.0427	0.0234	0.1994	0.7151	0.0362
S21	0.1678	0.1239	0.3481	0.0757	0.0351	0.6339
特征值	2.8661	1.9051	1.7311	1.6118	1.6067	1.4438
方差（%）	15.0849	10.0266	9.111	8.4829	8.4561	7.5992
累积（%）	15.0849	25.1115	34.2225	42.7054	51.1615	58.7607

资料来源：笔者整理所得。

第四节　政府环境责任履行的测度分析

一、政府环境责任履行水平的时间演化研究

依据前文设计的政府环境责任履行水平指标体系和测度方法，本节采用2008～

2019 年各地级市的指标数据，计算出中国 120 个城市的政府环境责任履行水平。为进一步直观展示中国政府环境责任水平的演变趋势，首先利用柱状图观察样本城市整体层面的政府环境责任均值水平的变化趋势。如图 15 - 1 所示，从整体层面来看呈现波动上升趋势，其中 2008 年的均值为 0.0914，到 2019 年增加到 0.1086，由此可以计算出 2019 年样本城市的政府环境责任水平综合指数相比 2008 年提升了 16%。这说明各样本城市的政府环境责任水平整体呈现出增长趋势。从具体的演变态势来看，主要呈现两个时期段特征，第一阶段的特征是先波动调整再持续上升，第二阶段的特征是先快速上升再波动调整。

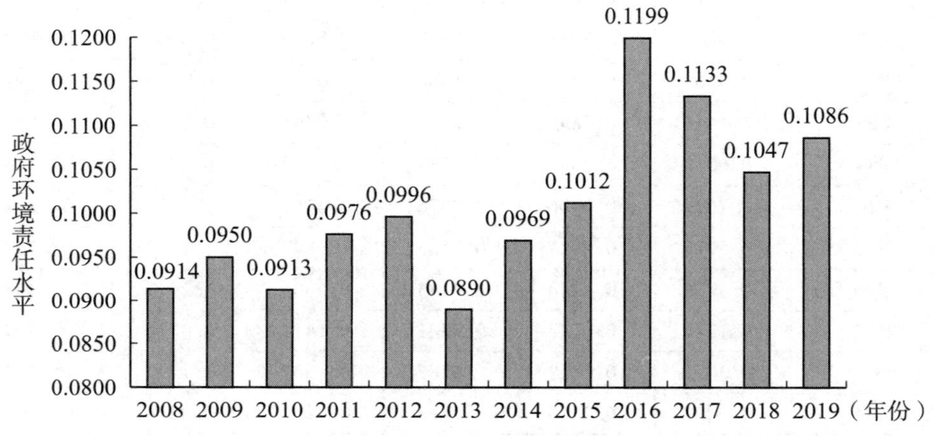

图 15 -1　2008 ~ 2019 年样本城市的政府环境责任水平均值

其中，第一阶段的时间跨度为 2008 ~ 2012 年。在该阶段，政府环境责任水平出现小幅度的波动上升，涨幅仅为 8%。由于 2001 年中国加入世界贸易组织，其经济发展呈现出快速增长态势。大规模的经济建设造成了严重的环境问题，对国内环境资源带来了巨大冲击。国家“十三五”规划的部分总量目标并未完成，其中主要目标二氧化硫排放总量未降反比 2000 年增加 27%。因此，面对日益增长的环境问题，环境保护被逐渐重视起来。2008 年，国家环境保护总局升格为环境保护部，强调政府环境监督执法等责任，为中国环境保护提供了有力的组织保障。国家“十一五”规划明确落实建设资源节约型环境友好型社会，推进发展循环经济。之后，中国提出了一系列重大环境创新决策部署。例如《节约能源法》的新修正法案规定政府应创建专项基金来支持节能设备，并为使用节能产品的企业提供财政补贴和税收优惠政策，这也是第一部将节能目标纳入政府官员绩效考核的法案，体现政府承担环境责任的重要性。2010 年中国公布了《第一次全国污染源普查公报》，这是首次将中国污染数据向全社会披露。而该公报显示出的排放量数据远远超出以往的公布数据，给各地政府敲响了环境问题的警钟，这也让社会公众逐渐关注起环境问题。2011 年，中国制定《全国环境宣传教育行动纲要（2011～2015 年)》，推进全民环境宣传教育行动计划，大力创办环境宣传活动，增加公众的环境参与性，这体现了生态多元共治的重要性，从而导致政府环境责任水平在 2010～2012 年出现了小幅度的上升。

第二阶段的时间跨度为 2013～2019 年。该阶段的政府环境责任水平大幅度上升，涨幅为 18%。一方面，2012 年以后大气、水和土壤等环境问题大面积爆发，特别是 2013 年中国出现大规模且长时间段的雾霾天气引发了公众舆论和政府危机意识，环境保护工作被提上重要议程。另一方面，中央政府相继出台并实施了《大气污染防治行动计划》《水污染防治行动计划》《土壤污染防治行动计划》等一系列污染防治计划。党的十八届三中全会全面深化生态文明制度改革，提出用制度保护生态环境的要求，实行最严格的生态环境保护制度如生态补偿制度等，该会也提出《中共中央关于全面深化改革若干重大问题的决定》，告诫地方政府不应过分追求 GDP 增长而牺牲生态环境。这些举措警示地方政府应积极提高履行环境责任水平，才能真正实现环境保护和经济发展的协调可持续发展。这也是 2013 年之后政府环境责任水平出现大幅度上升的主要原因。另外，2016 年政府环境责任水平明显提升，原因在于 2016 年开启第一轮生态环境保护督察。这是推进环境管理战略转型的重要探索，也是督促地方政府履行环境责任的有力抓手。

二、政府环境责任履行水平的空间演变研究

为了更清晰地讨论政府环境责任水平的空间演变过程，本节将分别从空间特征、空间差异和空间关联三个视角展开分析。

（一）政府环境责任履行水平的空间特征分析

按照国家统计局的划分标准，将 120 个样本城市划分为四大区域即东部、中部、西部和东北地区，图 15－2 列示了全国和四大区域的政府环境责任水平的变化趋势。

从图 15－2 看出，四大区域政府环境责任水平均值变化趋势整体呈现出“东部领先，中部、西部、东北地区追随”的空间特征。在研究时间段内，东部地区的均值明显远高于全国整体水平以及中部、西部、东北地区；并且中部、西部、东北地区的均值也一直低于全国整体水平；但西部地区的均值稍稍高于中部和东北地区，且这三个区域的整体水平差异一直在不断缩小。2019 年全国和各区域的政府环境责任水平相比 2008 年均有改善。西部地区的改善程度最为明显，增长率为 26%。中部地区和东北地区次之，增长率相似，约为 16%。东部地区的

增长率最低，约为9%。其原因可能是东部地区依靠本身区位优势和改革开放的发展优势，经济发展较好且科技较为发达，所以相对其他地区，环保治理投入更多。除此之外，中央政府首先对东部沿海地区进行一系列环保政策试点，东部地区享受政策红利，使其更加注重环境管理，基层环保人员也有较高的环保意识；西部地区生态环境形势较为严峻，国家提出西部大开发战略并以环境保护为重点，来抑制环境严重恶化的趋势。而所研究时间段为西部大开发奠定基础阶段向西部大开发加速发展阶段转变，中央政府不仅加大对西部地区生态的干预力度，将环境绩效纳入地方政府绩效考核，同时也赋予地方政府更多环保激励和政策扶持，使西部地区政府逐渐意识到环境保护的重要性，促使其政府环境责任履行水平从2008年的最低得分到2019年逐渐向最高得分靠拢；而中部地区和东北地区生态环境相对西部地区较好，但过于强调经济发展而忽视环境污染问题，造成政府环境责任水平低。

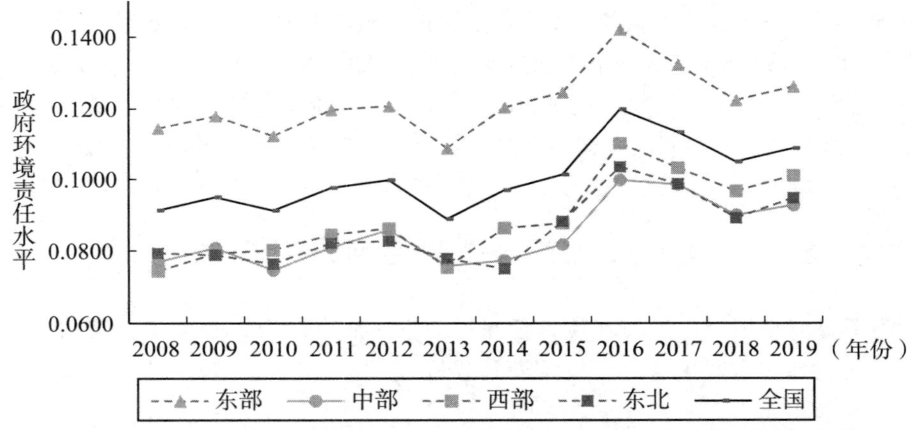

图15-2 2008~2019年全国及四大区域政府环境责任水平变化趋势

本章分别从生态环境治理、生态环境监管和生态多元共治维度探讨区域间的空间特征（见图15-3）。四大区域在三个不同维度的变化趋势都较为一致。在这三个维度，东部地区水平均高于其他三大区域，特别是生态多元共治责任维度。从2008~2019年，东部地区在生态多元共治责任维度得分基本上高于其他地区0.01分。研究显示，东部沿海地区公布环境排放数据的可能性更大（Liu and Anbumozhi，2008）。此外，在两次全国公众生态文明意识调查中发现，东部地区公众对生态文明建设的知晓度和践行度均高于其他地区，且环境科普宣传力度也大于其他地区。这表明东部地区在环境宣传和环境信息公开两个方面责任履行水平高于其他地区，所以东部地区生态多元共治责任履行水平较高于其他地区。在生态环境监管责任维度，四大区域均呈现“缓慢提升—稳定调整—快速提升—稳定调整”阶段性演化特征，可以发现在2015年之后生态环境监管责任履行水平明显提升，这与2015年出台《关于加强环境监管执法的通知》的时间高度一致。该政策全面加强环境监管执法，推动监管执法“全覆盖”，在此政策实施之后，各区域责任水平明显改善。在生态环境治理责任维度，四大区域没有明显的差异，可能原因在于四大地区在所研究时间段环境污染治理投资占GDP比重基本维持1%上下浮动，在环保投入方面没有明显的差异。

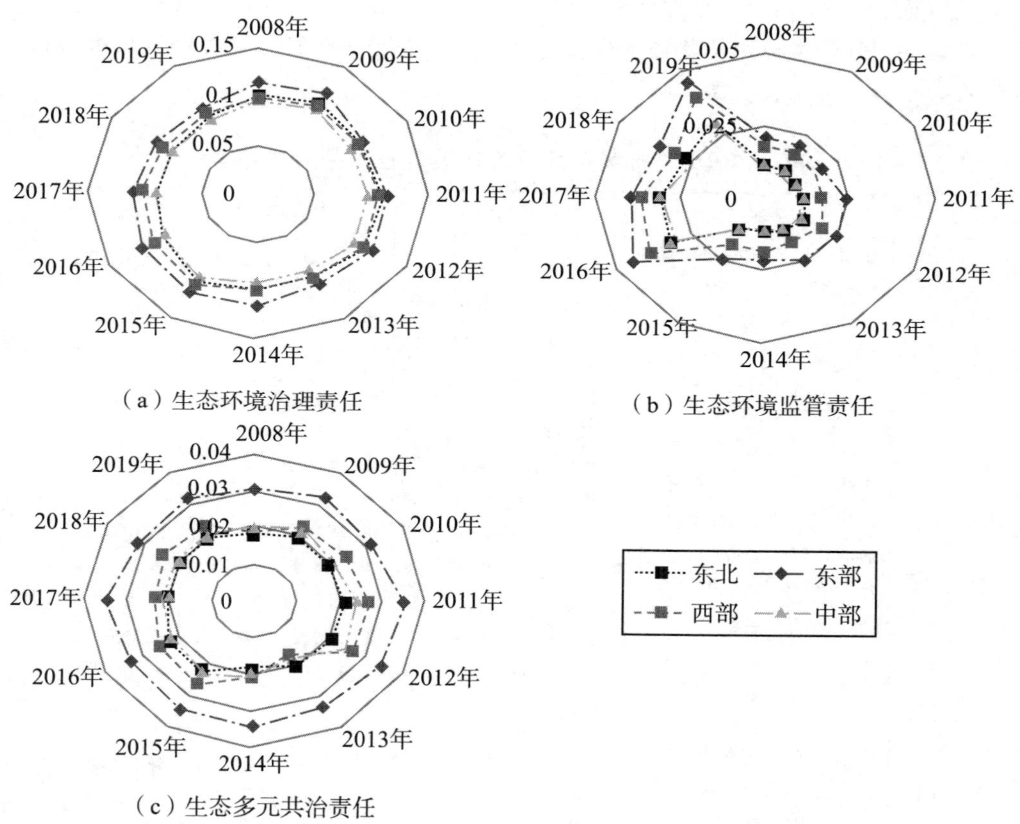

（a）生态环境治理责任

（b）生态环境监管责任

（c）生态多元共治责任

图15－3　2008～2019年四大区域政府环境责任水平的三大维度特征

然后，从城市层面来看，在样本期内全国政府环境责任水平呈现波动调整但持续上升态势，但不同地方政府环境责任履行水平的变化呈现不同的特征。从城市水平的演变趋势来看，120个样本城市的政府环境责任水平变化趋势具体来说可分为波动平衡、波动上升和波动下降（见表15－6），可以看出大部分城市的政府环境责任水平是有所上升，但是增长率都普遍偏低。政府环境责任水平增长率前五的城市分别为泸州、湛江、临汾、德阳和宜宾。这五个城市的政府环境责任水平大幅度增加的主导因素有所异同，五个城市在生态环境监管指标和生态环境治理指标上的得分都出现了大幅上升。除此之外，湛江的环境责任水平的提升还归因于生态多元共治这一维度。依照政府环境责任得分排名，这五个城市的得分在2008年处于末尾，但是在2019年，这五个城市排名上升了至少20位。其中的原因主要是五个城市在早期为工业城市，面临环境污染严重、资源约束趋紧等问题。但后期政府积极推进生态文明建设，吹响城市绿色转型号角，环境质量得到有效改善。例如，湛江积极使用清洁能源，加快绿色低碳科技革命，建成海上风电场项目94台风机全部并网发电，在2021年实现空气质量改善程度位于广东省第一，六项主要污染物浓度保持全面达标。因此，政府环境责任的积极履行能有效促进环境质量改善。

表15-6　2008~2019年市级层面政府环境责任水平变化态势

项目	东部城市	西部城市	中部城市	东北城市
波动平衡	徐州、苏州、扬州、温州、绍兴、台州、淄博、烟台、威海、广州、珠海、汕头、佛山、中山、海口	南宁、桂林、重庆、自贡、玉溪、金昌、银川	长治、马鞍山、郑州、平顶山、焦作、宜昌	
波动上升	北京、天津、石家庄、唐山、秦皇岛、邯郸、保定、上海、连云港、盐城、宁波、厦门、泉州、济南、青岛、枣庄、济宁、泰安、日照、湛江、东莞、嘉兴、潍坊、韶关	呼和浩特、包头、赤峰、柳州、北海、成都、攀枝花、泸州、德阳、绵阳、南充、宜宾、贵阳、遵义、昆明、曲靖、西安、铜川、宝鸡、咸阳、延安、渭南、兰州、西宁、石嘴山、克拉玛依、乌鲁木齐	太原、大同、阳泉、临汾、芜湖、南昌、九江、开封、洛阳、安阳、荆州、长沙、岳阳、常德、株洲、湘潭、张家界	沈阳、大连、鞍山、抚顺、本溪、锦州、长春、吉林、哈尔滨
波动下降	南京、无锡、常州、南通、镇江、杭州、湖州、福州、深圳		合肥、三门峡、武汉	齐齐哈尔、大庆、牡丹江

资料来源：笔者整理所得。

最后，从城市分布的空间格局来看，本章采用自然断裂法将120个城市的政府环境责任水平划分为4个等级，即低水平、中等水平、较高水平和高水平。根据图15-4所示，样本初期大多数城市履行政府环境责任程度为低水平，仅有小部分城市为较高水平或者高水平，如北京、上海以及一些东部沿海城市。之后的2011年与2008年政府环境责任水平空间分布类似，仅仅一些西部城市由中等水平转变为较高水平或者高水平，如重庆等。2015年政府环境责任水平的空间变化较大，政府环境责任水平较低的城市显著减少，大部分城市由低水平转变为中等水平。2019 年较高水平城市数量显著增加，大部分城市政府环境责任水平进入中等水平以上程度，除了东北和西部地区少量城市如牡丹江等仍然处于低水平。总体来说，从 2008 ~2019 年政府环境责任处于低水平的城市数量逐渐减少，而中等及以上水平的城市数量逐渐增多。

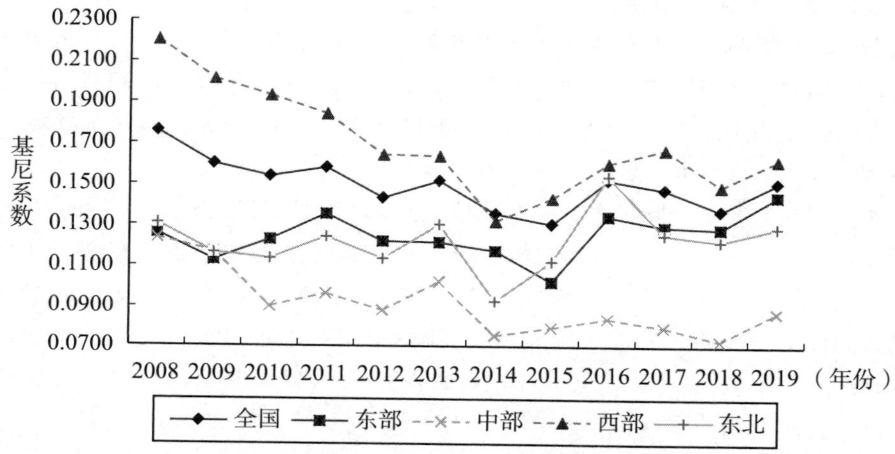

图 15 -4　中国政府环境责任水平全国及各区域基尼系数演变趋势

（二）政府环境责任履行水平的空间差异分析

从上文中能明显看出东部、中部、西部、东北地区政府环境责任水平存在显著差异，为进一步揭示四大区域的政府环境责任水平差异的演变特征及其来源，本章使用 Dagum 基尼系数及其分解法对政府环境责任水平差异的空间来源展开分析。

从总体层面来看，如图 15 -4 所示，样本期内 120 个样本城市总体呈现波动下降变化过程，2008 ~2014 年波动下降，2015 ~2016 年有所上升，2016 年以后呈现波动平衡的趋势。其中 2008 年基尼系数为 0. 1759，到 2019 年基尼系数为 0. 1511，下降幅度为 16%，说明样本城市的政府环境责任水平的区域差异正逐渐缩小。事实上，如今生态文明建设地位和作用日渐凸显，一方面，地方政府环保意识逐渐加强。另一方面，中部、西部和东北地区受益于多重环保政策激励和扶持，政府环境责任水平改善程度明显高于东部地区，四大区域间政府环境责任水平差异显著缩小。从区域层面来看，四大区域内部差异变化趋势明显不同。首先，东部地区内部差异变化出现与全国整体恰恰相反的上升态势，呈现“波动上升—持续下降—波动上升”的变化趋势。具体来看，基尼系数由 2008 年的 0. 1261 上升到 2019 年的 0. 1447，上涨幅度为 13%，相对其他地区，差异变化速度最慢，但其差异程度仍低于全国整体。而西部地区内部差异变化在 2014 年前呈现急速下降趋势，基尼系数由 0. 2205 下降到 0. 1323，由比较平均（指数等级低）逐渐变为高度平均（指数等级极低）。2014 年之后，呈现波动上升趋势，基尼系数达到 0. 1624，最终下降幅度为 36%。其次，东北地区内部差异变化呈现与全国整体变化相似。从演变趋势来说，大致分为三个阶段。2008 ~2014 年是波动下降趋势；2014 ~2016 年是急速回升阶段，2016 年为东北地区基尼系数最高点（0. 1307）；最后一阶段为波动下降阶段。东北地区和中部地区在 2014 年基尼系数上升的原因有可能是依托多重环保政策的扶持，这两区域在政府环境责任水平上升的同时，区域内差异变大。最后，中部地区呈现差异缩小的趋势，下降幅度为 42%，且相比其他区域基尼系数处于最低水平，这表明中部地区各城市政府环境责任水平较为相似。

如图 15 - 5 所示，除了东部—东北地区差异，其他 5 组区域间差异均呈现波动下降趋势。东部—东北地区间差异在 2008 ~2015 年呈现波动下降趋势，2015 ~2019 年呈现波动上升趋势。西部与中部、东部、东北地区的差异变化趋势基本一致，整体上呈现明显波动下降趋势，下降幅度分别为 32%、22% 和 18%，西部改善速度明显快于其他三个地区，导致西部地区与其他三个地区差异明显缩小，这与上文分析明显一致。东部—中部地区间差异虽然在 2014 年有明显的上升，但整体来说呈现波动平衡趋势，其区域内变化幅度最小，下降率为 7%。中部—东北地区的区域间基尼系数为样本期内最小，这表明中部和东北地区间政府环境责任水平差异明显小于其他区域间的差异，其演变趋势为“波动下降—波动上升”。虽然在 2013 年和 2016 年有过两次微小的上升但总体呈现波动下降趋势，下降幅度为 15%。整体来说，中国四大区域间政府环境责任水平的差距逐渐缩小。

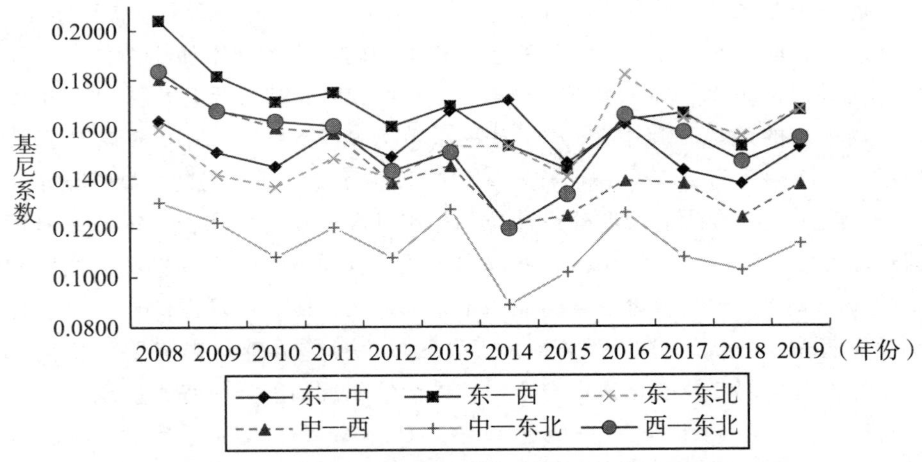

图 15 - 5　中国政府环境责任水平区域间差异演变趋势

依据Dagum基尼系数分解公式，探究政府环境责任水平地区内、地区间和超变密度贡献差异。通过三种差异来源贡献程度对比（见图15－6），在2012年之前政府环境责任水平超变密度贡献度最高。在2012年之后，地区间差异的贡献度最高，为71%。地区内差异贡献在样本期内贡献最小，贡献均值为41%。这表明地区间差异是目前中国政府环境责任水平地区差异的主要空间来源，其次才是超变密度，最后为地区内差异。若要缩小政府环境责任水平区域差距，应从地区间差距的角度出发，促进中国政府环境责任水平协调发展。从具体的时变趋势来看，首先，超变密度差异贡献率呈现"快速下降—波动上升"的趋势，波动区间为30%～69%。其次，地区间差异贡献度趋势与超变密度贡献度趋势大致相反，总体演变态势分为三个阶段，2008～2010年为持续下降阶段，2011～2013年为波动上升阶段，2014～2019年为波动下降阶段。表明地区间差异贡献度变化被超密度贡献度变化所吸收，显示出不同地区的政府环境责任水平的溢出效应。最后，地区内差距贡献度波动较为平缓，波动区间为35%～48%，总体演变态势大致为两个阶段，2008～2014年是缓慢下降阶段，2015～2019年是缓慢上升阶段。

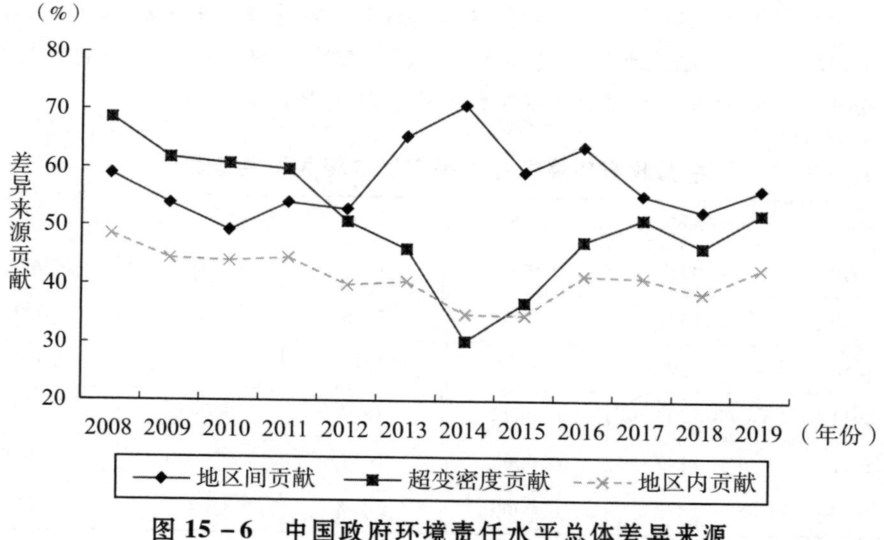

图15－6　中国政府环境责任水平总体差异来源

（三）政府环境责任履行水平的空间关联分析

地理学第一定律表示任何事物或属性在空间分布上存在特殊关系，且距离越近的事物空间关联性越强。为了探究各城市间政府环境责任水平是否具有空间相关性，掌握地方政府环境责任水平的分布格局和演变特征，本节采用空间计量经济学中广泛使用的莫兰指数（Moran's I）对120个样本城市的政府环境责任水平的空间相关特征进行分析。

测算全局莫兰指数来衡量样本城市的政府环境责任水平是否具有空间相关性和集聚性。全局莫兰指数的取值范围为［-1，1］，如果取值为正，说明各城市的政府环境责任水平存在空间正相关；如果取值为负，说明各城市的政府环境责任水平存在空间负相关；如果取值为0，说明各城市的政府环境责任水平不存在明显的空间相关性。其计算公式为：

$$I = \frac{\sum_{i=1}^{n}\sum_{j=1}^{n} W_{ij}(Ger_i - \overline{Ger})(Ger_j - \overline{Ger})}{S^2 \sum_{i=1}^{n}\sum_{j=1}^{n} W_{ij}} \tag{15.7}$$

其中，Ger_i为第i个城市的政府环境责任水平，$\overline{Ger}$和S^2分别为120个样本城市的政府环境责任均值水平和方差，n为城市数量，W_{ij}为空间权重矩阵，采用城市间的地理距离倒数来表示。由表15-7可以看出，从2008~2019年各年份全局莫兰指数均为正，显著性均在5%水平以下，这说明样本城市的政府环境责任水平之间存在外溢性和空间差异性，即各城市政府环境责任水平会受到邻近城市政府环境责任水平的影响。这与弗雷德里克森和米利米特（Fredriksson and Millimet，2002）得出的结论类似。具体而言，若某城市的政府环境责任的履行水平明显提升，其邻近城市的政府环境责任水平也将提升。

表15-7　　中国政府环境责任水平全局自相关莫兰指数

年份	Moran's I	P值	年份	Moran's I	P值
2008	0.0967	0.0000	2014	0.0893	0.0000
2009	0.1322	0.0000	2015	0.1488	0.0000
2010	0.1297	0.0000	2016	0.0577	0.0000
2011	0.1204	0.0000	2017	0.0470	0.0004
2012	0.1197	0.0000	2018	0.0450	0.0007
2013	0.1038	0.0000	2019	0.0272	0.0232

资料来源：笔者整理所得。

为了进一步判断本节研究的120个样本城市是否具有局部集聚效应，分别选择样本初期2008年、2011年、2015年和样本末期2019年作为代表年份并绘制其局域莫兰指数散点图来刻画和分析各城市政府环境责任水平的集聚特征，如图15-7所示。

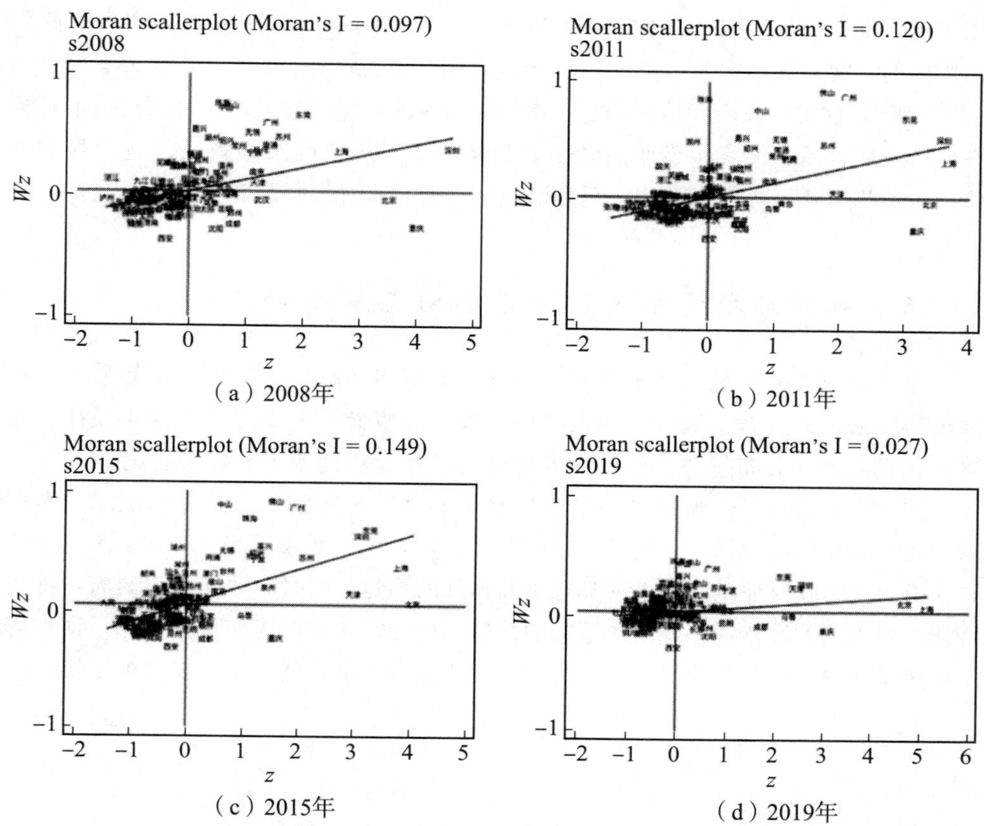

（a）2008年

（b）2011年

（c）2015年

（d）2019年

图 15-7　部分代表年份政府环境责任水平局域莫兰指数散点图

其中，大部分城市都位于第一象限和第三象限，表明政府环境责任水平存在“低—低”组合或者“高—高”组合的空间关联模式。一方面，“高—高”组合意味着政府环境责任水平较高的城市，其周边邻近城市的政府环境责任水平也较高。而大部分东部地区城市如广州、东莞、镇江和厦门等出现在第一象限，这说明东部地区大部分城市履行政府环境责任会受到相邻地方政府的环境责任水平影响。例如，江苏镇江率先探索一条绿色低碳的高质量发展道路，出台具有“中国特色”的区域考核制度。在镇江“低碳新路”的推动下，其他相邻城市如杭州、厦门等学习与借鉴其经验和做法，积极开展碳峰值研究，建立区域间环境管理合作和分享机制。另一方面，成都和重庆一直位于第四象限，表明这两个城市的政府环境责任水平均高于其他邻近城市。这可能是因为以双城为中心建立成渝城市群，是西部地区发展水平最高的区域，双城协同推进环境治理体系现代化，实现跨区域协同推进生态文明建设。根据以上分析可知，邻近城市的协同管理有利于双方城市的政府环境责任水平提升。同时发现城市的政府环境责任水平也会受到周边其他城市的政府环境责任水平影响。例如在 2008 年和 2011 年，北京的空间关联模式为“高—低”，而唐山的空间关联模式为“低—高”。而在 2011 年之后两个城市的空间关联模式为“高—高”。这说明政府环境责任水平高的城市也能带动周边城市积极履行政府环境责任。而比较四个代表年份政府环境责任水平，发现空间集聚特征没有明显的变化，表明政府环境责任水平的空间集聚特征不随时间变化而改变。

三、政府环境责任履行水平的动态演进研究

为了研究政府环境责任水平的空间分布形态和动态演进过程，本节采用非参数核密度估计来分析全国以及四大区域的政府环境责任水平的动态分布规律，具体从位置演变、分布态势、延展性变化以及极化趋势这四个方面来讨论。

图 15 – 8 刻画了全国政府环境责任水平的动态分布演变态势。依图 15 – 8 所示，地方政府环境责任水平曲线主峰位置小幅度右移，主峰高度上升，宽度逐渐收窄，说明全国政府环境责任水平具有逐渐提升的趋势。同时，分布曲线具有右拖尾特征，分布延展性拓宽，说明各城市的政府环境责任水平差距正逐渐缩小。从波峰位置演变来说，分布曲线只有一个主峰，表明政府环境责任水平呈现单极化特征。

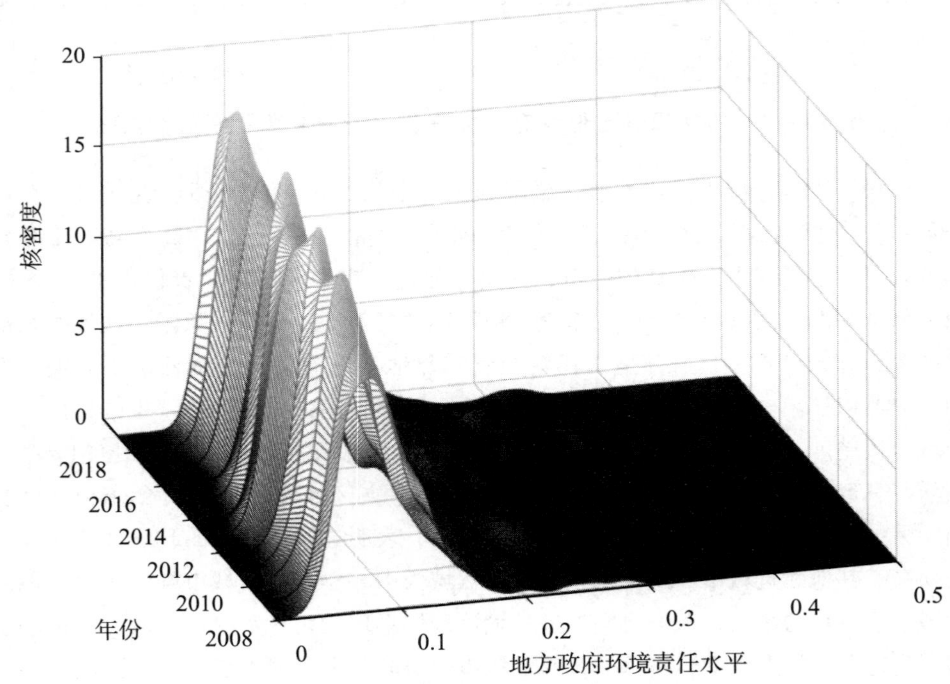

图 15 – 8　全国政府环境责任水平的分布动态

图 15 -9（a）、（b）、（c）和（d）分别刻画四大区域的政府环境责任水平的分布动态。四大区域的分布曲线存在一定的共性也表现出差异性。从分布位置演变来说，四大区域分布曲线主峰位置右移，且波峰高度逐渐上升，表示四大区域的政府环境责任水平均呈现上升趋势。从波峰位置演变来说，东部地区、西部地区以及东北地区个别年份出现两个或两个以上主峰，而中部地区分布曲线始终呈现单峰特征；其中东部地区分布形态逐渐由扁变尖，而在 2010 年和 2016 年均存在侧峰，与主峰的距离逐渐扩大。这说明东部地区的政府环境责任水平发展存在多极化趋势。但东部地区区域间差异正逐渐变大，这与上文基尼系数得出结论一致；西部地区与东部地区分布形态类似，但是西部地区分布曲线从单峰特征转变为双峰特征，侧峰与主峰的距离逐渐靠近，且侧峰的高度和宽度逐渐降低。这说明西部地区极化现象逐渐消失，西部地区区域间水平差异有缩小的趋势；东北地区波峰高度在个别年份如 2014 年下降，且出现一个侧峰，主峰移动位置为先右移后左移再右移，总体移动趋势为右移，说明东北地区的政府环境责任水平除个别年份外仍呈现上升趋势，且区域内部差异有缩小趋势；中部地区分布曲线主峰高度逐渐提高，说明中部地区政府环境责任水平明显提高且不存在极化现象。

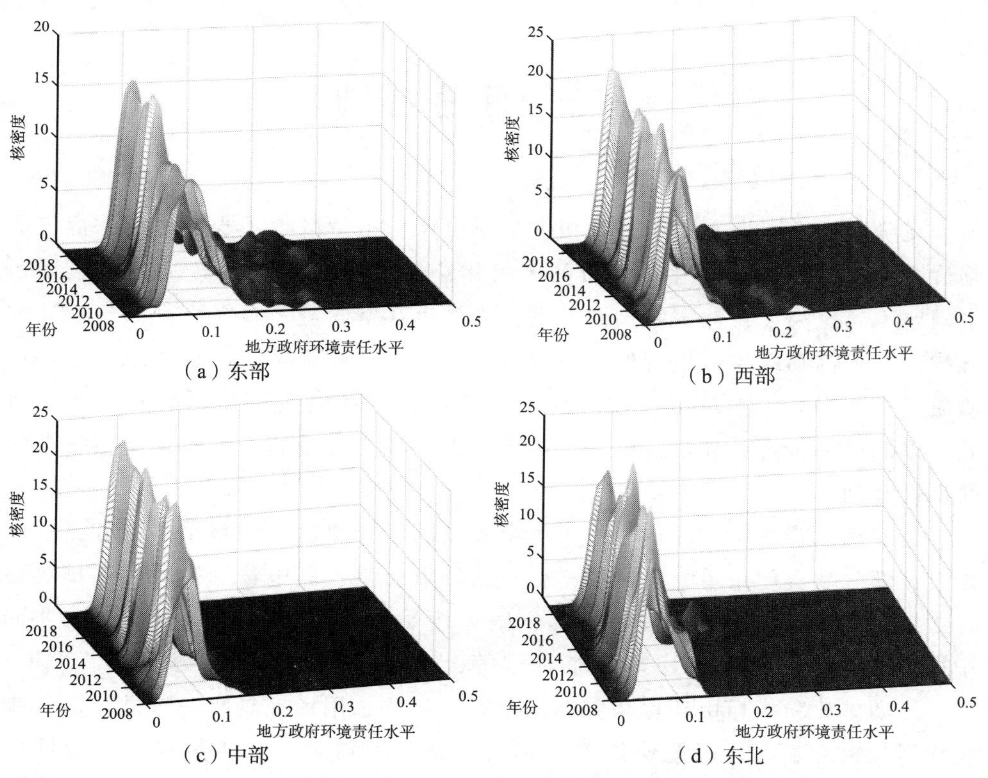

图 15 -9　四大区域政府环境责任水平的分布动态

第十六章

政府环境责任履行对环境质量的影响研究

第一节　问题提出

现阶段，中国生态文明建设和生态环境保护虽然取得了长足进展，但仍面临许多挑战。2021年，中国城市的大气污染超标率为35.7%，土壤重金属污染问题不容忽视，自然灾害加剧发生，人类生存空间进一步缩小。为应对这一挑战，应当推动政府环境责任的高效履行，深入打好污染防治攻坚战，促使环境质量不断提升。本章拟对政府环境责任履行对环境质量的影响效应展开研究，以期进一步提升环境污染治理绩效，促进政府环境责任——环境质量之间的良性互动。

通过梳理既往研究发现，关于环境质量的指标评价主要包括两个方面：一方面，部分学者使用单一排放物指标评估环境质量，其中常选择的污染排放物有二氧化硫（盛斌和吕越，2012）、固体废物（党琼，2020）、PM2.5（Han and Li，2021）、烟（粉）尘（李月娥等，2022）和废水（陈海波等，2020）等。污染排放物指标由环保相关部门统计，虽然选用标准具有一致性，但各排放物间却缺乏联系，因此使用单一排放物指标评估对环境质量缺乏系统性评价。另一方面，学者们使用综合评价指标来衡量环境质量，相关研究大多采用熵权 topsis 方法分别对水环境质量（王瑛和付艳淙，2022）、土壤环境质量（徐娅等，2016）、大气环境质量（王玲玲等，2014）、地区生态环境质量（程广斌等，2018）、产业生态环境质量（孙丽文和杜娟，2016）和整体生态环境质量（桂黄宝，2021）进行综合评价，由于熵权 topsis 法对样本数据没有严格的使用条件，可操作性强，因此能得到良好的评价结果。另外，为统一环境质量评估标准，生态环境部和公众环境研究中心分别推出了空气污染指数（API）、环境空气质量指数（AQI）和蔚蓝城市水质指数（BCWQI）三种权威的环境综合指标。其中，空气污染指数和环境空气质量指数旨在评价大气污染的综合水平，2013 年，生态环境部城市空气质量发布平台发布环境空气质量指数，并逐渐取代原空气污染指数。在水污染评价方面，2010 年，公众环境研究中心发布了蔚蓝城市水质指数，该指数根据生态环境部发布的水质自动检测数据计算所得。但在土壤污染评价方面，目前并无权威的环境综合指标。总体而言，虽然学者们对环境质量的评价采用了多种多样的衡量方法，并进行了大量的研究，为本章的研究提供了丰富的经验借鉴，但是大部分学者在对环境质量进行系统评价的过程中忽视了二氧化碳排放超标对环境的影响，为了更好地衡量地区环境质量，本书参考桂黄宝等（2021）将二氧化碳加入指标评价体系，全面评价地区环境污染水平。

本章以 2008～2019 年中国 120 个环保重点城市为研究样本，基于构建的测度指标体系衡量政府环境责任履行水平，研究政府环境责任履行对环境质量的影响，并进一步探究其影响机制与异质性，为落实“美丽中国”战略目标提供决策依据。相较以往文献，本章的主要贡献体现在如下两个方面：从研究方法上来说，本章从系统化和全局化角度入手，以熵权 topsis 法计算的环境污染指标为研究基础，选取典型排放物指标在相同标准下进行对比分析。结果显示两种方式得出的结论具有较强的一致性，这一结论回应了目前学者对综合评价指标的质疑，进一步支持了现有研究中运用综合评价指标的有效性，解决了环境质量研究中评价指标的选择问题。从研究内容上来说，本章在现有政府环境责任履行对环境质量的影响相关研究的基础上，进一步拓展了研究深度。本章发现政府环境责任履行和环境质量之间存在明显的双向因果关系，虽然政府环境责任履行水平提高能够推动环境质量提升，但是政府环境责任履行水平同时也受到前一期环境质量的影响。为解决这一双向因果造成的内生性问题，本章采用系统广义矩估计法（SYS－GMM）完善现有研究中对内生性问题的探讨。本章的研究对政府如何更好地履行政府环境责任，促使环境质量得到有效提升提供了经验证据和决策参考。

第二节 理论分析与研究假说

公共信托理论及环境权理论是与环境质量最为相关的经典理论，诠释了政府作为环境治理体系的主导者，受全体公民委托代理环境这一公共财产，具有保护公民环境权不被侵犯的义务。因此，政府环境责任履行的首要目标是防范和治理环境污染、保障生态环境质量。党中央、国务院面对当前污染治理形势，进一步提出了深入打好污染防治攻坚战的意见，这不仅强调了良好的生态环境才是实现中华民族永续发展的内在要求，同时也为今后解决突出生态问题提供了路线。各级政府只有通过不断提升生态环境治理水平、强化环境监管力度和促进公众参与的方式来积极承担其环境责任，才能高效履行其环境责任，最终实现生态环境质量的提升从“量变”到“质变”。政府环境责任履行影响环境质量提升的途径主要体现在以下两个方面：

第一，政府环境责任履行能够促进绿色技术创新，对推动环境质量的提升起到了关键作用。绿色技术创新是引领城市走绿色发展道路的动力源泉，也是走向碳中和的终极解决方案。政府只有通过积极履行环境责任，才能确保节能减排目标得以实现，同时也会通过政府行政管制和财政政策的施行支持并激励企业进行绿色生产工艺的研发和改造，对绿色技术创新存在长期的促进作用（陈思杭等，2022）。既有研究表明，绿色技术创新主要表现在绿色技术专利数量占比的提升（谢荣辉 2021），通过引入新型清洁技术和环保产品，能对环境质量的提升起到显著的促进作用，这意味着从“灰色经济”向“绿色经济”转型的国家经济发展目标得以实现，具有重要意义。由此可见，政府环境责任的履行通过推动企业绿色技术创新改进生产工艺和产品设计，降低污染排放，提升环境质量。

第二，政府环境责任履行能够优化产业结构来提升环境质量。优化产业结构是改善环境质量的直接途径，既有研究表明，产业结构优化对环境质量的提升起到了积极的影响作用（薛飞和陈煦，2022；郭炳南等，2022）。伴随着产业结构的不断优化，高污染、高耗能的传统产业将被淘汰，诸如环境友好型这一类的战略性新兴产业也将随之发展壮大，这也将成为中国加快转变经济发展模式、推动生态文明建设的重要举措。一方面，政府环境责任履行的加强会显著提升企业排污成本，降低高污染产业投资，促使产业结构优化（宋爽，2019）。另一方面，产业结构优化可以降低污染排放强度，从而起到环境质量提升作用（崔木花，

2020；叶翀和张铃宁轩，2021）。由此可见，政府环境责任的履行通过优化产业结构减少资源消耗和污染排放，达到提升生态环境质量的目的（见图16－1）。

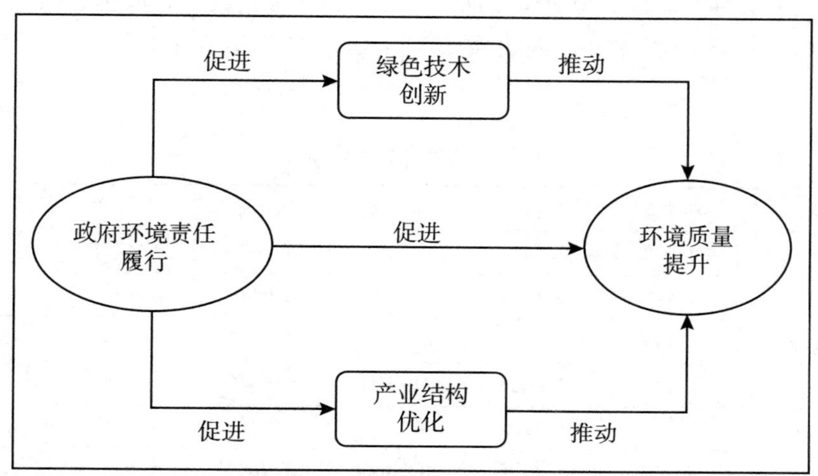

图16－1　政府环境责任影响环境质量改善的理论框架

基于以上分析，提出如下假说：

假说1：政府环境责任履行对环境质量提升具有显著的促进作用。

假说2：政府环境责任履行通过促进绿色技术创新和产业结构优化升级，从而提升环境质量。

第三节　研究设计

一、指标选取与数据来源

为了检验政府环境责任履行对环境质量的影响，必须合理地选取相应指标，力求准确识别两者之间的因果关系。具体变量定义如下：

政府环境责任（*Ger*）：依据前文的测度体系，具体指标见表16－1。

环境质量：本章研究的环境质量是该地区客观存在的自然因素（包括大气、水、土壤等）的优劣程度。为更好地评价环境质量水平，本章参考桂黄宝（2021）的做法，使用熵权topsis法计算环境污染综合指数（*Pol*）。从工业与生活中产生的污染物角度出发，本章分别选取废水排放量、固体废弃物产生量、二氧化硫排放量代表液态、固态、气态污染物构建环境污染综合指数。此外，二氧化碳虽然不属于污染物，但二氧化碳浓度超标产生温室效应且对环境产生严重危害，因此本章将二氧化碳排放量也加入环境污染综合指数。环境污染综合指数为负向指标，指标数值越大，表明城市当年的环境污染水平越严重，环境质量越低。

表 16-1　　主要变量的描述性统计

符号	样本数	均值	标准差	最小值	中位数	最大值
Pol	1 440	4.4413	0.1261	3.7676	4.4791	4.6010
Ger	1 440	0.1402	0.0355	0.0480	0.1337	0.2462
Pergdp	1 440	5.6780	0.7696	2.4632	5.7130	7.2478
Open	1 440	5.6035	1.4303	0.0440	5.9152	7.7626
Urban	1 440	1.7202	0.1849	1.3713	1.7514	2.0000
Pop	1 440	5.1595	0.8066	3.0007	5.0582	7.3468
Hr	1 440	0.0544	0.0437	0.0002	0.0442	0.1708
Pt	1 440	0.0794	0.0499	0.0042	0.0665	0.2153

控制变量：为消除遗漏变量引起的回归结果偏误，参考现有关于环境质量影响因素相关文献（朱宁和张茂军，2011；郑思齐等，2013；李茜等，2013；柯善咨和赵曜，2014；刘满凤和陈梁，2020；周宏浩和谷国锋，2020；胡宗义等，2022），选取以下控制变量：经济发展水平（*Pergdp*），区域经济发展水平与环境污染呈倒“U”型关系，伴随着人均收入的上升，环境污染应当先递增后递减，本章使用了人均 GDP 及其二次项表示经济发展水平，并对其进行对数化处理；对外经济开放水平（*Open*），在承接资源密集型和污染密集型产业的国家，对外经济开放水平与环境污染呈正相关——伴随着外商直接投资的上升，环境污染增加，本章使用当年实际使用外资金额表示对外经济开放水平，并对其进行对数化处理；城市化水平（*Urban*），本章以城区人口与城镇总人口之比表示城市化水平；人口规模水平（*Pop*），人口密度的增加会加大环境承载压力，同时人口的聚集会提升资源的使用效率，本章使用城市户籍人口密度表示人口规模水平，并对其进行对数化处理；人力资本水平（*Hr*），在保障地区生产总值增长、固定资本和技术水平稳定的条件下，人力资本的积累和人力资本素质的提升能够削弱对能源的依赖与使用，本章使用高等学校在校学生人数与城市人口之比表示人力资本水平；第三产业占比水平（*Pt*），低能耗、低排放（甚至零排放）的第三产业发展则对空气质量改善具有明显的效果，本章选取第三产业产值与 GDP 之比表示

第三产业占比。

基于数据可得性，本章以 120 个环保重点城市 2008 ~ 2019 年的数据为样本，上述变量的数据来源于《中国城市建设统计年鉴》、《中国城市统计年鉴》及生态环境部城市空气质量发布平台月报，通过人工收集整理得到，并通过客观赋值法计算。在收集原始数据的基础上，本章对原始变量进行以下处理：对月度环境数据取每年平均；对同城市数据多监测点位数据取平均值；使用随机回归插补法（PMM）对个别缺失值进行补全；对所有连续变量进行上下 1% 的缩尾处理。各主要变量的描述性统计如表 16 – 1 所示。

二、模型设定

本章旨在检验政府环境责任履行对环境质量的影响。由于影响环境质量的因素纷繁复杂，为尽可能消除因遗漏变量造成的内生性问题，本章选用面板数据模型作为基准回归模型。模型的具体形式如下：

$$Pol_{it} = \alpha_0 + \beta_1 Ger_{it} + \beta_2 X_{it} + city_i + year_t + \varepsilon_{it} \tag{16.1}$$

其中，下标 i 和 t 分别表示城市（$i = 1, \cdots, 120$）和年份（$t = 2008, \cdots, 2019$）；Ger_{it} 表示政府环境责任；Pol_{it} 表示环境污染综合指数；X_{it} 表示影响环境质量的一系列控制变量集；$city_i$ 表示城市固定效应；$year_t$ 表示年份固定效应，以控制不同客观因素在个体和时间上对环境质量的影响；ε_{it} 为随机扰动项。β 为回归变量的系数，其中 β_1 是本章主要关注的系数，若政府环境责任履行对环境污染有抑制作用，即对环境质量有提升作用，那么 β_1 应该显著为负，否则为正。

为了探究政府环境责任履行作用于环境质量的机制通道，本章通过中介效应模型来验证，根据前文所提到的理论机理分析，政府环境责任通过绿色技术创新和产业结构优化来提升生态环境质量。基于此，本章分别选取绿色技术创新（*Tech*）和产业结构优化（*Ins*）作为中介变量，考察政府环境责任通过其对环境质量所产生的间接效应。参照温忠麟等（2004）的研究方法，具体的中介效应模型如下：

$$Med_{it} = \alpha_1 + \beta_3 Ger_{it} + \beta_4 X_{it} + city_i + year_t + \varepsilon_{it} \tag{16.2}$$

$$Pol_{it} = \alpha_2 + \beta_5 Ger_{it} + \beta_6 Med_{it} + \beta_7 X_{it} + city_i + year_t + \varepsilon_{it} \tag{16.3}$$

其中，β_3、β_5 和 β_6 是本章主要关注的系数，β_3 表示政府环境责任履行 *Ger* 对中介变量 *Med*（*Ins* 或 *Tech*）的影响，β_5 表示政府环境责任履行 *Ger* 对环境质量影响的直接影响，β_6 表示中介变量 *Med*（*Ins* 或 *Tech*）对环境质量影响的影响。若政府环境责任履行通过绿色技术创新或产业结构优化来提升生态环境质量，β_5 和 $\beta_3 \times \beta_6$ 的值应该显著为负，否则为正。

第四节　实证结果与分析

一、基准回归分析

表 16－2 列示了政府环境责任履行对环境质量的影响。各变量方差膨胀因子检验（VIF 检验）结果表明，所有变量及模型 VIF 值远小于 10，模型不存在明显的多重共线性问题。F 检验、LM 检验及 Hausman 检验结果表明，模型存在明显个体固定效应，选用固定效应模型。为有效控制个体固定效应，模型加入城市固定效应和年份固定效应变量。第（1）列为未加入控制变量和双向固定效应的回归结果，第（2）列为仅加入控制变量的回归结果，第（3）列为仅加入双向固定相应的回归结果，第（4）列为同时加入控制变量及双向固定效应的回归结果。

表 16－2　　基准回归结果

变量	（1）	（2）	（3）	（4）
	Pol	*Pol*	*Pol*	*Pol*
Ger	－1.9505*** （0.0782）	－0.3288*** （0.1034）	－0.3284*** （0.0719）	－0.2744*** （0.0716）
Pergdp		0.2275*** （0.0282）		0.1179*** （0.0265）
$Pergdp^2$		－0.0208*** （0.0026）		－0.0110*** （0.0023）
Open		0.0056*** （0.0020）		0.0025* （0.0013）
Urban		－0.1070*** （0.0137）		－0.0539*** （0.0168）
Pop		－0.0415*** （0.0062）		－0.0292*** （0.0094）
Hr		0.0092 （0.0580）		－0.1773*** （0.0557）

续表

变量	(1)	(2)	(3)	(4)
	Pol	*Pol*	*Pol*	*Pol*
Pt		−1.1843*** (0.0664)		−0.2397*** (0.0744)
Constant	4.7147*** (0.0113)	4.3399*** (0.0897)	4.4873*** (0.0101)	4.4292*** (0.1068)
城市固定效应	No	No	Yes	Yes
年份固定效应	No	No	Yes	Yes
样本数	1 440	1 440	1 440	1 440
R^2	0.3022	0.5461	0.9293	0.9324

注：括号内是城市层面的聚类稳健标准误，***、**、*分别表示在1%、5%与10%的统计水平上显著。

从表16－2的基准回归结果来看，政府环境责任（*Ger*）的系数表明政府环境责任履行在1%显著性水平上与环境污染综合指数负相关，政府环境责任每提升1个单位，环境污染综合指数显著下降0.2744个单位。其他控制变量的回归结果表明，经济发展水平在1%水平上显著与环境污染综合指数呈倒“U”型相关，对外开放水平在10%显著性水平上与环境污染综合指数呈正相关，环境库兹涅茨假说与“污染天堂”假说在2008～2019年时期内的中国城市层面内适用；人口规模在1%的水平上显著与环境污染综合指数负相关，目前中国城市层面人口规模的聚集效应大于蔓延效应，人口的聚集有助于环境质量的改善；城市化水平和人力资本均在1%的水平上显著与环境污染综合指数负相关，城市人口比例和高校学生比例的上升会减小环境污染，提升生态环境质量；第三产业占比水平在1%水平上显著与环境污染综合指数负相关，这表明提高第三产业占比有利于减少污染物排放，提升环境质量。

二、稳健性检验

（一）改变环境污染综合指标的计算方式

除了以废水、固体废物、二氧化碳、二氧化硫排放量为因子来计算环境污染综合指数的方式外，以工业废水、工业烟尘以及工业二氧化硫排放量为因子计算环境污染综合指数的方式也被广泛运用在相关研究中（孔晴，2019；李强和刘庆发，2022）。与前一种方式相比，该方式降低了大气排放物在环境污染综合指数中的比重，进一步均衡评估了固、液、气三态的排放物，考虑到烟（粉）尘作为悬浮在气体中的固态微粒，其排放量对于固态污染的代表性不如固体废物产生量，因此本章在这一方法的基础上，选择以固体废物产生量替代工业烟尘排放量，最终以工业废水排放量、工业二氧化硫排放量和固体废物产生量为指标来计算第二种环境污染综合指数（Pol_2）。

再次通过模型（16.1）进行检验后，稳健性检验回归结果如表16－3所示，加入了控制变量、城市固定效应和年份固定效应后模型拟合优度提升，最后结果应以加入了控制变量、城市和年份固定效应的第（4）列为准。政府环境责任（*Ger*）的系数表明政府环境责任在1%水平上显著与环境污染综合指数（Pol_2）负相关，政府环境责任每提升1个单位，环境污染综合指数显著下降0.1882个单位，政府环境责任履行降低了环境污染，提升了环境质量，这一结果验证了基准回归结论。此外，控制变量回归系数的正负性也与前文保持一致，再次证明了基准回归结果的稳健性，详细回归结果限于篇幅原因进行省略。

表16－3　改变环境污染综合指标的计算方式稳健性检验结果

变量	（1）	（2）	（3）	（4）
	Pol_2	Pol_2	Pol_2	Pol_2
Ger	－0.6104***	－0.2658***	－0.2060***	－0.1882***
	（0.0333）	（0.0504）	（0.0424）	（0.0424）
Constant	0.7128***	0.6671***	0.6562***	0.5521***
	（0.0048）	（0.0438）	（0.0060）	（0.0632）
控制变量	No	Yes	No	Yes
城市固定效应	No	No	Yes	Yes
年份固定效应	No	No	Yes	Yes
样本数	1 440	1 440	1 440	1 440
R^2	0.1891	0.3100	0.8430	0.8485

注：括号内是城市层面的聚类稳健标准误，***、**、*分别表示在1%、5%与10%的统计水平上显著。

（二）使用权威环境综合指标

目前，熵权topsis法评价的环境污染综合指数得到了大量研究学者的认可，但权威部门和机构尚未对这一指数的评估体系制定统一的标准，各学者选用标准差异较大，因此，环境污染综合指数受到李月娥等（2022）的质疑。为保证本章结论的有效性，针对这一问题，本章采用环境空气质量指数和蔚蓝城市水质指数分别进行稳健性检验，探究政府环境责任履行对大气环境质量和水环境质量的提升作用。环境空气质量指数（*aqi*）自 2013 年开始逐渐替代空气污染指数，因此第（1）和第（2）列选取了 2014～2019 年的数据。蔚蓝城市水质指数（*bcwqi*）自 2010 年开始发布，因此第（3）和第（4）列选取了 2010～2019 年的数据。环境空气质量指数计算方式是先分别计算出本地区各污染物空气质量分指数（一氧化碳、二氧化硫、二氧化氮、臭氧和悬浮颗粒物），然后取其中最大一项污染物空气质量分指数的值。蔚蓝城市水质指数计算方式是分地表水指标、地下水指标和饮用水指标对水质指标数据进行分类，然后根据分类不同赋予各指标不同权重并加总。环境空气质量指数（或蔚蓝城市水质指数）的值越高，则代表大气（或水）环境污染越严重。综上所述，政府环境责任（*Ger*）的估计系数为负，代表政府环境责任履行有效降低环境污染，提升生态环境质量。

再次通过模型（16.1）进行检验后，稳健性检验的回归结果如表 16－4 所示，加入了控制变量、城市和年份固定效应后模型拟合优度提升，最后结果应以第（2）和第（4）列为准。政府环境责任（*Ger*）的回归系数表明政府环境责任与环境空气质量指数和蔚蓝城市水质指数均负相关，政府环境责任履行降低了环境污染，这一结论基本支持了前文的结论。其中政府环境责任履行对蔚蓝城市水质指数的影响在 10% 水平上显著，但政府环境责任履行对环境空气质量指数的影响不显著，这可能是由于在计算时，虽然参与环境空气质量指数评价的污染物种类更为全面，但环境空气质量指标的计算方式忽视了污染水平较低的排放物的变化情况，使这一指标在环境质量整体水平的评估中产生一定的偏差。

表 16－4　　使用权威环境综合指标稳健性检验结果

变量	(1)	(2)	(3)	(4)
	aqi	*aqi*	*bcwqi*	*bcwqi*
Ger	－0.1093 (0.1965)	－0.1673 (0.1971)	－1.5229* (0.8056)	－1.4739* (0.8179)
Constant	4.3041*** (0.0090)	3.1103*** (0.5930)	2.8072*** (0.1143)	1.6315 (1.3174)
控制变量	No	Yes	No	Yes
城市固定效应	Yes	Yes	Yes	Yes
年份固定效应	Yes	Yes	Yes	Yes
样本数	720	720	1 200	1 200
R^2	0.9514	0.9528	0.5826	0.5880

注：括号内是城市层面的聚类稳健标准误，***、**、* 分别表示在 1%、5% 与 10% 的统计水平上显著。

（三）调整样本研究年限

2015 年 1 月 1 日，《中华人民共和国环境保护法》正式施行。为进一步检验结果的稳健性，本章调整了样本研究年限，选取了中华人民共和国环境保护法施行时期（2015～2019 年）作为样本周期进行稳健性检验。探究中华人民共和国环境保护法施行时期政府环境责任履行对环境质量的提升作用。

再次通过模型（16.1）进行检验后，稳健性检验的回归结果表 16－5 显示，加入了控制变量、城市固定效应和年份固定效应后模型拟合优度提升，最后结果应以第（4）列为准。政府环境责任（*Ger*）的回归系数表明，政府环境责任与环境污染综合指数（*Pol*）在 10% 水平上显著负相关，政府环境责任履行每提升 1 个单位，环境污染综合指数显著下降 0.0552 个单位，政府环境责任履行降低了环境污染，提升了环境质量，这一结果再次验证了基准回归结论。

表 16－5　　调整样本研究年限稳健性检验结果

变量	(1)	(2)	(3)	(4)
	Pol	*Pol*	*Pol*	*Pol*
Ger	−1.9841***	−0.6841***	−0.1662**	−0.0552*
	(0.1098)	(0.1580)	(0.0768)	(0.0321)
Constant	4.7347***	4.4611***	4.4696***	0.7763***
	(0.0165)	(0.1588)	(0.0112)	(0.0991)
控制变量	No	No	No	Yes
城市固定效应	No	Yes	No	Yes
年份固定效应	No	Yes	Yes	Yes
样本数	600	600	600	600
R^2	0.3530	0.5137	0.9796	0.9826

注：括号内是城市层面的聚类稳健标准误，***、**、* 分别表示在 1%、5% 与 10% 的统计水平上显著。

（四）改变计量模型

由于政府环境责任是取值范围为［0，+∞）的归并数据，为控制样本偏误，本章使用 Tobit 模型进行稳健性检验。改变计量模型的稳健性检验结果如表 16－6 所示，其中第（1）和第（3）列为混合 Tobit 模型的回归结果，第（2）和第（4）列为随机效应的面板 Tobit 模型的回归结果。根据 LR 检验结果，强烈拒绝

"个体效应不存在"的原假设，最后以随机效应的面板 Tobit 模型的回归结果为准。根据表 16-6 的随机效应的面板 Tobit 模型的回归结果显示，无论是否加入控制变量，政府环境责任对环境污染综合指数的影响系数均在 1% 水平上显著为负。这表明政府环境责任履行有助于环境质量提升，这一结果与前文的研究结果一致，再次证明了前文回归结果的稳健性。

表 16-6　改变计量模型稳健性检验结果

变量	(1)	(2)	(3)	(4)
	Pol	*Pol*	*Pol*	*Pol*
Ger	-2.0328*** (0.4142)	-0.4236*** (0.0709)	-0.3551 (0.2772)	-0.3012*** (0.0701)
Constant	4.7238*** (0.0481)	4.5139*** (0.0142)	4.6528*** (0.4034)	4.6840*** (0.0953)
控制变量	No	No	Yes	Yes
城市固定效应	Yes	Yes	Yes	Yes
年份固定效应	Yes	Yes	Yes	Yes
样本数	1 440	1 440	1 440	1 440
LR test [P-value]	2 541.6700 [0.0000]		2 062.1700 [0.0000]	

注：括号内是城市层面的聚类稳健标准误，***、**、* 分别表示在 1%、5% 与 10% 的统计水平上显著。

第五节　进一步分析

一、克服内生性问题

政府环境责任对环境质量的影响可能存在内生性问题。在一定程度上，基准回归中使用的固定效应模型能够缓解样本选择偏误所造成的内生性问题，但仍不能完全解决模型内生性问题。虽然政府环境责任履行水平的提高会推动环境质量得到提升，但是一旦环境质量未得到更为实质性的提高，将会促使社会公众和第三方组织出于自身健康问题和生活质量保障来提升对环境问题的关注和讨论（如公众环保来信数量、环保来访数量、人大代表建议数量和政协委员提案数量的增加），进而促使政府积极履行环境责任。因此，前一期的环境质量水平可以通过当期的政府环境责任水平来对当期的环境质量水平产生影响，政府环境责任的履行水平和环境质量水平之间可能存在双向因果关系。为更好地解决模型存在的内生性问题，本章根据布兰戴尔和邦德（Blundell and Bond，1998）提出的动态面板模型系统广义矩估计法（SYS - GMM），加入环境污染综合指数的一阶滞后项排除前一期环境质量对当期环境质量的影响，再以政府环境责任滞后十期的水平项和差分项作为工具变量进行回归分析，并对这一模型进行序列自相关检验和过度识别检验。相较于差分广义矩估计法，系统广义矩估计法能最大限度地利用水平和差分方程的信息。

表16 -7表示采用动态面板模型系统广义矩估计法（SYS - GMM）的回归结果。其中，第（1）、（3）列为onestep - GMM的回归结果，第（2）、（4）列为twostep - GMM的回归结果。AR（1）检验P值均小于0.05，拒绝“随机干扰项不存在一节序列相关”原假设，AR（2）检验P值均远大于0.1，无法拒绝“随机干扰项不存在二阶序列相关”原假设，这说明随机干扰项存在一阶序列自相关，但不存在二阶序列自相关。由于方程存在异方差问题，因此过度识别检验应以Hansen检验结果为准。根据Hansen检验结果，第（1）~（4）列的值均小于0.25，模型不存在过度识别问题，第（3）、（4）列的值均远大于0.1，不能拒绝“所有工具变量均为严格外生”原假设，工具变量为外生变量。综上所述，第（3）、（4）列的变量选择更为恰当，模型满足系统广义矩估计法使用条件。根据第（3）、（4）列的结果显示，政府环境责任与环境污染综合指数在5%水平上显著负相关，这一结论与前文基准回归结果保持一致。此外，环境污染综合指数的滞后一期变量与环境污染综合指数当期值在1%水平上存在正相关，证明环境污染综合指数存在动态延续性，当期环境污染综合指数受到前一期环境污染综合指数影响。

表16 -7　采用动态面板模型系统广义矩估计（SYS - GMM）的回归结果

变量	(1)	(2)	(3)	(4)
	Pol	*Pol*	*Pol*	*Pol*
L. Pol	0.9217***	0.9149***	0.8838***	0.8561***
	(0.0230)	(0.0248)	(0.0435)	(0.0521)
Ger	-0.2367***	-0.2430***	-0.2107**	-0.2392**
	(0.0799)	(0.0895)	(0.0888)	(0.1085)
Constant	0.3844***	0.4157***	0.4833***	0.5414***
	(0.1109)	(0.1201)	(0.1764)	(0.1832)
AR（1）	0.0000	0.0000	0.0000	0.0000

续表

变量	(1)	(2)	(3)	(4)
	Pol	*Pol*	*Pol*	*Pol*
AR (2)	0.6430	0.6450	0.6590	0.6920
Sargan test	0.2620	0.2620	0.0890	0.0890
Hansen test	0.0870	0.0870	0.1470	0.1470
控制变量	No	No	Yes	Yes
城市固定效应	Yes	Yes	Yes	Yes
年份固定效应	Yes	Yes	Yes	Yes
样本数	1 320	1 320	1 320	1 320

注：括号内是城市层面的聚类稳健标准误，***、**、*分别表示在1%、5%与10%的统计水平上显著。

二、效应机制检验

前文的内生性检验再一次验证了本章的核心结论，政府环境责任履行能够有效地促进环境质量的提升。为进一步探讨政府环境责任履行对环境质量提升的作用机制，本节分别以绿色技术创新和产业结构优化作为中介变量，采用中介效用模型来进行检验。检验分为三个步骤：第一步，检验政府环境责任履行是否降低环境污染综合指数；第二步，检验政府环境责任履行是否促进绿色技术创新（产业结构优化）；第三步，检验政府环境责任履行与绿色技术创新（产业结构优化）是否同时对环境污染综合指数产生负向影响。如上述步骤中的核心解释变量系数均显著，则表明中介效应存在。

（一）绿色技术创新机制检验

绿色技术创新是政府环境责任履行推动环境质量提升的技术保障。政府通过提升企业污染排放成本（任胜钢等，2016）和降低企业绿色技术研发成本（高霞等，2022）的方式推动企业进行绿色技术创新，从而推动环境质量的提升（廖果平和秦剑美，2022）。关于绿色技术创新的计算，借鉴陈超凡等（2022）的研究方法，首先对国家知识产权局的专利数据进行统计，然后参考世界知识产权组织（WIPO）定义的绿色专利进行整理①，手动整理绿色实用新型专利信息，以

① 根据WIPO给出的绿色专利分类清单（IPC GREEN INVENTORY），主要包括七个大类：交通运输类（Transportation），废弃物管理类（Waste Management），能源节约类（Energy Conservation），替代能源生产类（Alternative Energy Production），核能发电类（Nuclear Power Generation），行政监管与设计类（Administrative Regulatory or Design Aspects）和农林类（Agriculture or Forestry）。

绿色实用新型占地区年度获得的实用新型总数百分比代表绿色技术创新水平。

本节针对基准回归结果，根据模型（16.1）~模型（16.3），以绿色技术创新为中介变量，进行政府环境责任履行对环境质量提升的作用机制检验。回归结果如表16－8所示，第（1）列中政府环境责任履行在10%水平上显著与绿色技术创新正相关，说明政府环境责任履行有效促进了绿色技术进步。第（2）列中政府环境责任履行和绿色技术创新在1%显著性水平上同时与环境污染综合指数负相关，Sobel Z值绝对值为1.5970，大于0.97，中介效应存在。政府环境责任履行通过鼓励绿色技术创新降低环境污染、提升生态环境质量。

（二）产业结构优化机制检验

产业结构优化是政府环境责任履行对高污染产业的“选择”结果。政府履行环境责任，提高环境税收水平，激励企业向环境友好型企业转型，吸引外商直接投资，推动产业结构升级（黄纪强和祁毓，2022）。产业结构优化提高企业资源利用效率，降低自然资源的消耗强度，抑制污染物排放，改善环境质量（崔木花，2020）。本书以工业产值与GDP之比代表产业结构优化水平。

本节针对基准回归结果，根据模型（16.1）~模型（16.3），以产业结构优化为中介变量，进行政府环境责任履行对环境质量提升的作用机制检验。回归结果如表16－8所示，第（3）列中政府环境责任履行在10%水平上显著与产业结构优化正相关，说明政府环境责任履行有效促进了产业结构优化。第（4）列中政府环境责任履行和产业结构优化在1%显著性水平上同时与环境污染综合指数负相关。Sobel Z值绝对值为1.5280，大于0.97，中介效应存在。政府环境责任履行通过优化产业结构降低环境污染、提升生态环境质量。

表16－8　　　　机制检验结果

变量	(1)	(2)	(3)	(4)
	Tech	*Pol*	*Ins*	*Pol*
Ger	0.0767* (0.0422)	－0.3102*** (0.1086)	－0.2280* (0.1378)	－0.2670*** (0.0716)
Tech		－0.3417*** (0.0807)		
Ins				0.0328** (0.1052)

续表

变量	(1)	(2)	(3)	(4)
	Tech	*Pol*	*Ins*	*Pol*
Constant	-0.1083** (0.0545)	4.4478*** (0.0946)	1.3140*** (0.2056)	4.3861*** (0.1083)
控制变量	Yes	Yes	Yes	Yes
城市固定效应	Yes	Yes	Yes	Yes
年份固定效应	Yes	Yes	Yes	Yes
样本数	1 440	1 440	1 440	1 440
Adj. R^2	0.5323	0.5593	0.7931	0.9326
Sobel Z	1.5970		1.5280	

注：括号内是城市层面的聚类稳健标准误，***、**、*分别表示在1%、5%与10%的统计水平上显著。

三、异质性分析

为探究异质性导致的政府环境责任履行对环境质量影响的差异，本章分别从排放物种类、财政科技支出和煤炭消费占比展开研究，以期进一步探索政府环境责任履行对环境质量提升的促进作用，为均衡各排放物去除效率、缩小地区间差异提供可参照的理论依据。

（一）基于排放物种类的分析

不同排放物受政府环境责任履行的影响可能存在异质性。为保证本章结论的有效性，本节进一步采用了六种典型排放物［包括工业废水、二氧化硫、二氧化碳、二氧化氮、烟（粉）尘和固体废物］分别作为环境质量的代理变量探究政府环境责任履行对环境质量提升的影响效应。

再次通过模型（16.1）检验后，回归结果如表16-9所示，对于所选取的各典型排放物，政府环境责任（*Ger*）的回归系数均为负，政府环境责任履行对各项排放物均具有减排作用，对环境质量具有提升作用，这一结论基本支持前文结论。其中，政府环境责任履行与工业废水排放量、二氧化硫排放量及二氧化碳排放量在1%水平上显著负相关，与二氧化氮排放量在5%水平上显著负相关，与烟尘排放量及固体废物产生量负相关但不显著，因此，还需加强烟尘排放与固体废物产生方面的监管力度。此外，相较于其他气态排放物指标，政府环境责任履行对二氧化碳排放量的影响系数较小，原因可能是二氧化碳并不属于《大气污染物综合排放标准》中确定的大气污染物，中国对于二氧化碳排放量的监管强化自2020年双碳目标提出后才进一步发展，因此在所选取的样本周期内，政府环境责任履行的过程中针对二氧化碳排放量减少的措施相对较少。

表16-9　　基于排放物种类分组回归结果

变量	(1)	(2)	(3)	(4)	(5)	(6)
	water	*dust*	*solidwaste*	SO_2	CO_2	NO_2
Ger	-0.0968***	-0.6204	-0.1286	-0.0656***	-0.0013***	-1.6279**
	(0.0305)	(0.4648)	(0.4450)	(0.0194)	(0.0003)	(0.7509)
Constant	7.3530***	4.8360***	6.0936***	7.2254***	0.0126***	4.9767***
	(1.0365)	(0.5906)	(0.6983)	(0.6601)	(0.0005)	(0.9540)
控制变量	Yes	Yes	Yes	Yes	Yes	Yes
城市	Yes	Yes	Yes	Yes	Yes	Yes
年份	Yes	Yes	Yes	Yes	Yes	Yes
样本数	1 440	1 440	1 440	1 440	1 440	1 440
R^2	0.9012	0.7536	0.9452	0.8718	0.9431	0.9209

注：括号内是城市层面的聚类稳健标准误，***、**、*分别表示在1%、5%与10%的统计水平上显著。

（二）基于财政科技支出的分析

财政科技支出是推动国家社会经济可持续发展的源泉、推力与保障（刘朔涛，2016）。财政科技支出的拨付为区域科技发展效率的提升提供有力的金融支撑（冀梦晅，2019），进而为政府监控环境质量、监管企业污染排放、履行环境责任提供了精准高效的技术工具。本章引入虚拟变量*Tinv*，若地级市财政科技支出大于样本中位数，则取1，否则为0。采用自抽样法检验组间差异的显著性，检验结果显示，经验P值为0.0130，两组样本之间的差异在5%水平上显著不为0。

分组回归结果如表16-10所示，第（1）、（2）列显示了不同财政科技支出水平下政府环境责任履行对环境质量的影响。财政科技支出高的城市，政府环境责任履行在1%水平上显著与环境污染综合指数（*Pol*）负相关，政府环境责任每提升1个单位，环境污染综合指数降低0.3678个单位。科技财政投入低的城市，政府环境责任每提升1个单位，环境污染综合指数仅降低0.1498个单位，且不显著。这说明政府财政科技支出越高的地区，政府环境责任履行对环境质量提升的促进作用越明显。其主要原因在于科技财政的支出大大提升了地区科技发展水平，提高政府环境监测及企业信息管理能力，加强政府环境责任履行的机制保障。

表 16－10　基于财政科技支出及煤炭消费占比分组回归结果

变量	财政科技支出低	财政科技支出高	煤炭消费占比低	煤炭消费占比高
	(1)	(2)	(3)	(4)
	Pol	*Pol*	*Pol*	*Pol*
Ger	－0.1498 (0.1013)	－0.3678*** (0.1020)	－0.1272 (0.1067)	－0.2393** (0.1017)
Constant	4.2868*** (0.1553)	4.7696*** (0.1735)	4.8618*** (0.1874)	4.1863*** (0.1562)
经验 P 值	0.0130**		0.0970*	
控制变量	Yes	Yes	Yes	Yes
城市固定效应	Yes	Yes	Yes	Yes
年份固定效应	Yes	Yes	Yes	Yes
样本数	712	708	702	711
R^2	0.9221	0.9319	0.9320	0.9372

注：括号内是城市层面的聚类稳健标准误，***、**、* 分别表示在 1%、5% 与 10% 的统计水平上显著；经验 P 值用于检验组间系数差异的显著性，通过自抽样 1 000 次得到。

（三）基于煤炭消费占比的分析

2022 年统计局公布数据显示，截至 2021 年，中国非清洁能源在能源消费中占比超过 70%，其中煤炭消费在能源消费中占比为 56.0%①。煤炭消费占比越高，污染排放强度越大，政府环境责任越重（安瑶和张林，2018）。本章的煤炭消费占比数据是根据《中国城市统计年鉴》和《中国能源统计年鉴》整理，对所有的能源消费量进行标准化折算后，获得煤炭消费量占能源消费总量之比。引入虚拟变量 *Estr*，若煤炭消费占比大于样本中位数，则取值为 1，否则为 0。自抽样法检验结果显示，经验 P 值为 0.0970，两组样本之间的差异在 10% 水平上显著。

分组回归结果如表 16－10 所示，第（3）、（4）列显示了不同煤炭消费占比下政府环境责任履行对环境质量的影响差异。煤炭消费占比高的城市，政府环境责任履行在 5% 水平上显著与环境污染综合指数（*Pol*）负相关，政府环境责任

① 资料来自中华人民共和国 2021 年国民经济和社会发展统计公报。

每提升 1 个单位，环境污染综合指数降低 0.2393 个单位。煤炭消费占比低的城市，政府环境责任每提升 1 个单位，环境污染综合指数仅降低 0.1272 个单位，且不显著。说明在煤炭消费占比高的地区，政府环境责任履行对环境质量提升的促进作用更为明显。其主要原因在于当煤炭消费占比高的地区，环境污染显著，政府履行环境责任的压力更大。而煤炭消费占比较低的地区，环境污染较低，政府环境责任履行对促进生态环境质量提升的边际效应较小。针对这一情况，地方政府应当因地制宜，结合本地区环境与能源消费现状推出更具有针对性的政策措施。

第十七章

政府环境责任履行对居民健康的影响研究

第一节　问 题 提 出

党的十九大报告做出了实施“健康中国”战略的重大决策部署，并指出人民健康是民族昌盛和国家富强的重要标志。而人民享有的健康福祉不仅与经济社会发展相关，也与生态环境紧密相连。长时间的粗放型经济发展模式，不仅导致生态环境恶化，还对居民的正常生产活动造成威胁。保护环境与居民健康之间的关系在人类高质量发展的新征程上具有目标一致性。政府作为生态多元治理体系中的主导者，应承担起保护环境的重要职责。基于此，在习近平生态文明思想的指导下，如何量化政府环境责任的健康福利效应，成为亟待研究的重要课题。

近年来，学者们出于研究目的不同，衡量居民健康水平的指标也是多种多样。通过梳理文献发现，健康水平的度量一般分为宏观和微观两个维度。其中，宏观层面的代理变量主要有地方财政医疗卫生支出占 GDP 的比重（王弟海等，2016）、老年人存活率（赵斌，2019）、人口死亡率（Zhao et al.，2018）、围产儿死亡率（佘静文和苗艳青，2019）和预期寿命（汪伟和王文鹏，2021）等，这是从国家或地区层面来对居民健康状况进行总体评价。另外，也有部分学者通过采用中国家庭追踪调查（CFPS）、中国健康与养老追踪调查（CHARLS）等数据库中的自评健康作为居民健康水平的衡量标准（冯科和吴婕妤，2020）。虽然自评健康状况是居民通过对自身客观健康状况进行的主观判断，能够很大程度上反映居民个人健康的综合性（连玉君等，2015），但自评健康状态极可能会受到居民个人的主观感受、认知框架和社会背景（范红丽等，2021）的影响，只能反映出居民当前的健康状态。总的来说，学者们利用不同研究方法对科学衡量居民健康水平做出较为丰富的研究，这无疑为探索居民健康水平的测度提供大量的经验借鉴。

基于以上分析，本章以 2008 ~ 2019 年中国 120 个环保重点城市为研究样本，基于构建的测度指标体系来衡量政府环境责任履行水平，探讨政府环境责任的履行对居民健康水平的影响效应，并进一步分析其作用机制，诠释政府环境责任履行如何促进居民健康产出，为落实“健康中国”战略目标提供决策依据。相比于以往文献，本章的研究贡献主要体现在以下三个方面：第一，丰富了政府环境责任的相关文献。现有文献多集中于环境规制、环境经济政策等方面来探讨政府环境责任的履行情况，而本章从政府环境责任的内涵出发，基于第四章所构建的指标体系衡量政府环境责任的履行水平。同时，在其基础上首次系统评估政府环境责任对居民健康水平的影响效应，为研究地方政府的环境治理效应提供新的研究视角。同时通过选择空气流通系数作为政府环境责任履行的工具变量，以此来解决可能存在的内生性问题，提高实证结果的可靠性。第二，揭示了政府环境责任促进居民健康水平的作用机制，拓展了环境治理与责任政府的理论外延。现有研究多集中于“政策—环境”和“环境—健康”的二维研究（陈海波等，2020；方黎明等，2019），而对“政府环境责任—居民健康”的中间作用机制分析得较少。本章分别从空气污染“减排”和医疗资源“优化”这两个角度来考察其中介作用，并将政府环境责任履行与居民健康状况进行有效结合。第三，为探究不同类型城市的政府环境责任履责水平对居民健康产出的促进作用。本章分别从区域绿色创新能力、数字经济发展和政府环保重视程度这三个方面展开探讨，为进一步激发政府环境责任履行促进居民健康水平的提升提供理论支撑。

第二节　理论分析与研究假说

格罗斯曼（Grossman）提出的健康需求理论是与居民健康最为相关的经典理论，该理论通过探究效用最大化来分析居民的最优健康需求。这与中国政府“为人民服务”的宗旨相契合，该宗旨旨在通过全方位、全地域以及全过程地履行其环境责任来展现出对国民生命安全和身体健康负责的理念，充分发扬中国政府的责任担当精神。因此，政府在生态环境的多元治理体系中作为主导力量，必须坚持科学施策、标本兼治、铁腕治理的理念，才能向人民群众交出一份合格的答卷。与此同时，通过明确政府在环境治理方面的公共责任，才能确保地方政府在环境保护、医疗保障等基本公共服务上的保底作用，并且还要积极将企业、社会组织和公众引入环境治理体系中，进一步激发企业转型升级的动力，调动社会组织和公众保护环境的参与度。只有当生态文明理念融入政府规划与监管、企业生产与经营、人民群众日常生活的全过程，整个社会才会更加积极地改善发展条件、转变发展方式，自觉推动绿色发展，进而不断提升人民群众的幸福指数，绘就出一幅全民健康的活力画卷。为了能够持续不断地提升中国居民的健康水平，推动经济社会的绿色发展，各级政府应当切实履行环境责任，牢牢守住生态红线，为生态富民奠定发展基础。有鉴于此，政府环境责任履行能够对居民健康水平的提升产生促进作用，其途径主要包括以下两个方面：

第一，政府环境责任履行能够减少空气污染，对居民健康水平的提升起到良好的促进作用。众所周知，在三大攻坚战中，污染防治是一大攻坚战。而空气污染鉴于其强流动性和外溢性，且对各阶层人群没有"歧视"性，并且在以环境要素分类的环境污染之中，其影响范围更广且负外部性更加明显。因此，加快改善生态环境尤其是空气质量，是人民群众的迫切愿望，也是可持续发展的内在要求。鉴于国内外空气污染事件频发，学界也逐渐展开空气污染与居民健康之间的讨论。有研究表明空气中的二氧化硫浓度（Peel et al.，2007）、二氧化氮浓度、总悬浮颗粒物浓度（Chen et al.，2013）和 PM2.5 浓度过高容易增加居民的生理健康负担，成为诱发呼吸系统、心脑血管相关疾病的主要原因之一（Cesur et al.，2018）。为了能够减少空气中的污染物对居民健康产出的负面影响，中央政府出台了"大气十条"等一系列污染防治措施。而学界关于环境规制强化所产生的污染"减排"效应也是研究热点，其中有研究表明，从环境立法建立到环境司法强化，随着环境规制的不断加强，空气环境质量也得到了持续的改善（包群等，2003；李毅等，2022）。范丹等（2021）的研究表明，"大气十条"的实施不仅能有效控制 PM2.5 浓度，还能协同减少二氧化硫、氮氧化物、烟（粉）尘等其他污染物的浓度，控制与空气污染高度相关疾病的发病率和死亡率。由此可见，政府环境责任履行的空气污染"减排"效应主要通过控制空气中污染物的排放水平来影响居民健康产出。

第二，没有全民健康，就没有人类的高质量发展。无论是经济发展，还是民生改善都离不开医疗卫生事业的蓬勃发展。以往鉴来，医疗卫生服务水平与亿万人民健康状况息息相关，而医疗卫生事业的发展模式则是执政党价值观的重要体现（费太安，2021）。尤其是继"新医改"之后，中央政府通过优化制度的顶层设计，不断完善各系统的内部治理模式，试图实现最佳的再分配效果（刘军强等，2015）。为满足人民群众对健康的新期盼，近年来各级政府不断发挥其在医疗卫生服务体系中的主导作用，通过对医疗卫生资源和政策的不断调整和优化，促使医疗卫生资源的可得性和公平性有了明显的提升（颜昌武，2019），居民健康水平也取得有目共睹的提升，中国人民健康总体水平已达到中高收入国家的平均水平。学界的研究表明，政府环境责任的提升不仅体现在环境污染减排上，还体现在医疗资源和公共卫生服务保障水平的提升上（罗静等，2021），提高医疗卫生资源可得性不仅能对居民健康状况起到良好的促进作用（王增文和胡国恒，2021），有利于缓解由于地区之间医疗资源的不平等所造成的居民健康不平等，同时还能实现对人类发展及其福祉的长效投资。

基于以上分析，提出如下假说：

假说1：政府环境责任履行对提升居民健康水平产生正向影响。

假说2：政府环境责任履行通过产生空气污染“减排”效应和医疗资源“优化”效应等途径推动居民健康水平提升。

现有理论表明，绿色创新是绿色发展和创新的循环促进共同体。鲍涵等（2022）的研究表明，创新通过技术进步等方式优化能源结构，推动企业在生产过程中进行节能减排，促进绿色发展；反之，绿色发展则需要科学技术的不断创新。绿色创新不仅能为消费者提供与之环保理念相契合的绿色产品，还能凭借其成果产业化周期短的特点，进一步地扩大市场份额，实现消费总量与质量的提升。首先，随着绿色创新所追求的经济与环境效益的协同发展，各地方政府的环境治理效能和环境责任履责水平也会随之得到提升。其次，数字经济作为现代技术与经济的有机结合体，其发展速度之快、辐射范围之广、影响程度之深是前所未有的。正因如此，数字经济作为当前的一种新型经济发展形态，依托数字平台和无所不在的互联网正与城市的各方面发展深度融合（刘新智和孔芳霞，2021），旨在实现社会资源的精准配置和新型社会化分工合作体系的重新构建，进而将传统的商业价值链发展为具有竞争力的商业价值网。另外，数字经济通过其自身优势，在环境治理、基础设施完善等领域发挥着重要作用，为各级政府的科学决策提供依据，逐渐成为促进政府环境责任履行的新动能。最后，需要不断提升地方政府在环境保护方面的重视程度，只有增加城市转型发展中的“含绿量”才能提升人民群众健康发展的“含金量”。地方政府在每年初的两会期间向大会报告过去一年的工作成绩和来年的工作计划，这一报告对其政府工作起到决定性的指引作用。因此，政府工作报告中关于环境保护的工作阐述得越具体、越全面，则表明地方政府对环境保护的重视程度越高，所获取的环保成效也就越明显。为此，人民群众的生产、生活环境得到了改善，这样人民群众的获得感、幸福感也就会更加充实有保障。这说明了以政府为主导的制度优势在生态多元治理体系中能充分转变为环境治理效能，进一步为促进政府环境责任的履行提供了新的指引方向。

基于以上分析，提出如下假说：

假说3：政府环境责任履行对居民健康水平的促进作用主要体现在强化绿色创新能力、发展数字经济产业和加强政府对环保重视程度三个方面。

综上所述，政府环境责任履行影响居民健康水平的理论框架如图17－1所示。

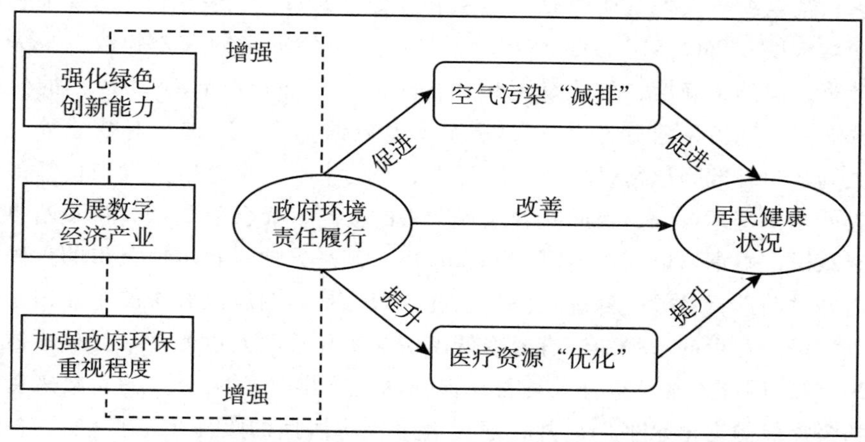

图17－1　政府环境责任履行影响居民健康水平的理论框架

第三节　研究设计

一、变量定义与数据来源

为了探究政府环境责任履行对居民健康的影响，必须合理地选取相应指标，力求准确识别两者之间的因果关系。具体变量定义如下。

政府环境责任（*Ger*）。依照前文的测度体系衡量，具体指标见表15－1。

居民健康。本章所研究的居民健康是指广义的健康，从群体的角度而言，不仅包含了特定人群的健康，更应包括所有人群的健康。其中不少学者参考贝尔曼和迪拉莱卡（Behrman and Delalikar，1988）提出的健康度量方法，选择人口死亡率、预期寿命等指标来衡量居民的健康状况，这是从宏观层面上对一个地区居民健康状况的总体评价。而与预期寿命相比，人口死亡率受政策变化影响的可能性更高，能够更为合适地反映出居民健康水平（周焕，2020）。所以本章使用人口死亡率（*Swl*），由地级市当年的死亡人数与总平均人数的比值来表示，其为负向指标，数值越大则表示该地区居民当年的健康水平越低。

控制变量。为消除遗漏变量引起的回归结果偏误，参考现有关于探讨居民健康影响因素的文章，选取如下控制变量：居民健康水平与自然环境有着密切的关系，由于大气污染对居民健康的影响不可小觑，可对人体机能造成短期乃至长期的损害，甚至缩短人均预期寿命（赵强和孙健，2021），因此本章选取细颗粒物年度平均浓度（PM2.5）。为了减少地面监测点可能带来的误差和数据缺失，并提高计算结果的精确度，借鉴李卫兵和张凯霞（Li and Zhang，2019）的研究方式，选取了基于卫星遥感监测的 PM2.5 浓度数据，并对其进行对数化处理，该数据更能客观且准确地衡量城市空气污染的平均水平。现有研究发现良好的健康与高收入水平密不可分，因此随着收入水平的提高，社会公众也会将不断提高健康保健意识，本章选取人均 GDP（*Pergdp*）及其平方项，表示地级市的人民生活水平，并对其进行对数化处理。医疗保健意识也是影响居民健康的重要因素，居民的医疗保健意识的增强能够有效降低由疾病所导致的人口死亡率（穆滢潭和袁笛，2018），因此，本章选择人均医疗保健消费支出（*Expense*）的对数来衡量地级市的医疗保健支出水平。另外，居民健康也与居民的工作生活环境紧密相连，中国以重工业为主导的工业化快速发展进程导致了大量的化石能源消费和污染排放（邵帅等，2019），由环境问题所诱发的居民健康损失已成为社会关注的焦点，其中最典型的就是城市空气污染所引发的居民健康问题（Guan et al.，2019）。为此，本章选择产业结构（*Second*），采用第二产业产值与 GDP 的比值来衡量城市居民的工作生活环境。城市规模的扩展也对居民健康产生了重要影响（丁玉龙和秦尊文，2020），而城市化进程中最典型的特征就是人口和空间的城市化（王耀中等，2014），本章分别采用城镇人口数占总人口数的比重（*Citizen*）和城市建设用地占市区面积比重（*Land*）来分别表示地级市当年城市化水平的二维特征。因为农村人口转变为城市人口导致非农业人口数量的增加，这是城市化最主要的表征之一，同时随着城市化的不断发展，使得建成区的面积也不断增加，表现为土地空间的城市化。另外，人口的过度密集也有可能会增加暴力事件和疾病传染的概率，本章选择人口密度（*Popdensity*），采用卫星遥感数据来计算各城市的人口规模情况，更能准确衡量城市的发展水平及其环境污染水平，大量研究指出日常生活和经济活动的聚集通常会加剧雾霾污染，进而对居民健康产生负向影响（梁昌一等，2021），具体的人口密度数据由 GIST（Geographic Information Science and Technology）提供的 1 千米 ×1 千米分辨率的 Land Scan 数据计算得到，并对其进行对数处理。健康水平还与教育程度不可分割，这两者通常是人力资本中不可或缺的组成部分，邹薇和宣颖超（2016）的研究指出教育的不断投入能够使得更高教育水平的人获得更多与健康相关的公共品，不仅能帮助个人养成良好的生活习惯还能消除社会的不平等，进而对居民健康水平产生重要的影响。本章选择受教育程度（*Leveledu*），由地级市当年的小学人数、中学人数、大学人数加权后的对数来衡量，表示地级市居民的文化层次水平；教育经费投入（*Investedu*），由地级市当年教育支出的对数来衡量，表示地级市居民的文化素质投入程度。

基于此，本章以2008～2019年中国31个省份的120个城市数据为样本，探究政府环境责任对居民健康影响，旨在从城市尺度上全面衡量政府环境责任的健康影响效应，同时针对不同类型城市对居民健康的影响展开横向比较，并对影响居民健康的机制路径展开讨论，进而为加强政府环境责任和推进健康中国建设提供决策参考，减少全社会的福利损失。上述变量的数据来源如下：《中国城市统计年鉴》《中国环境统计年鉴》《中国卫生和计划生育统计年鉴》。对于个别缺失值采用线性中值法进行插值处理，主要变量的描述性统计如表17－1所示。

表17－1　　主要变量的描述性统计

符号	样本数	均值	标准差	最小值	中位数	最大值
Ger	1 440	0.0391	0.0350	0.0040	0.0290	0.3910
Swl	1 440	2.7630	0.3270	0.8500	2.7900	4.1400
PM2.5	1 440	3.8050	0.3170	2.7800	3.8100	4.6500
Pergdp	1 440	10.8600	0.5830	8.7700	10.8800	13.0600
Expense	1 440	6.9660	0.4270	5.4600	6.9600	9.5300
Second	1 440	0.4940	0.1050	0.1600	0.5000	0.9100
Citizen	1 440	0.6130	0.1500	0.2100	0.6000	1.0000
Land	1 440	0.1280	0.1080	0.0100	0.1000	0.7400
Popdensity	1 440	6.0510	0.7710	3.6600	6.2500	7.8800
Leveledu	1 440	6.5790	0.7780	3.8400	6.6000	8.5800
Investedu	1 440	13.2300	0.9230	9.4300	13.2300	16.2500

二、模型设定

本章旨在检验政府环境责任对居民健康的影响，由于影响居民健康的因素纷繁复杂，为尽可能消除因遗漏变量造成的内生性问题，选用面板数据模型作为基准回归模型，模型的具体形式如下：

$$Y_{it} = \alpha_0 + \alpha Ger_{it} + \beta X_{it} + city_i + year_t + \varepsilon_{it} \tag{17.1}$$

其中，下标 i 和 t 分别表示城市（$i=1$，…，120）和年份（$t=2008$，…，2019），Ger_{it}表示政府环境责任水平，Y_{it}表示地级市当年的人口死亡率，X_{it}表示影响居民健康的一系列控制变量集，$city_i$ 表示城市固定效应，$year_t$ 表示年份固定效应，以控制不同客观因素在个体和时间上对居民健康的影响，ε_{it}为随机扰动项。α 和 β 分别对应回归变量的系数，其中 α 是本章主要关注的系数，若政府环境责任对城市当年的人口死亡率具有抑制作用，那么 α 应该是显著为负，否则就为正。

为了探究政府环境责任是如何影响居民健康，本章通过构建中介效应模型来进行验证。根据前文中的理论分析，地方政府通过积极履行环境责任，一方面能够实现空气污染物“减排”效应，改善空气环境质量；另一方面能够实现医疗资源“优化”效应，提高医疗卫生资源的可得性，进而不断提升居民的健康产出。基于此，本章参照温忠麟等（2004）的研究方法，分别选取经过计算得到的空气污染指数（*api*）和医疗卫生资源可得性（*healthcare*）作为中介变量，考察政府环境责任作用于居民健康的机制通道，具体的中介效应模型如下：

$$Med_{it} = \alpha_0 + \lambda Ger_{it} + \beta X_{it} + city_i + year_t + \varepsilon_{it} \tag{17.2}$$

$$Y_{it} = \alpha_0 + \delta Ger_{it} + \gamma Med_{it} + \beta X_{it} + city_i + year_t + \varepsilon_{it} \tag{17.3}$$

上式模型中各变量的含义与式（17.1）一致。其中，式（17.2）中 λ 表示政府环境责任表现 *Ger* 对中介变量 *Med*（空气污染指数 *api* 和医疗卫生资源可得性 *healthcare*）的影响；式（17.3）中 δ 表示政府环境责任表现 *Ger* 对居民健康影响的直接效应，系数 $\lambda\gamma$ 表示为政府环境责任表现 *Ger* 通过中介变量 *Med*（空气污染指数 *api* 和医疗卫生资源可得性 *healthcare*）对居民健康影响的间接效应。

第四节　实证结果与分析

一、基准回归分析

表 17 - 2 列示了政府环境责任履行对居民健康的影响。为进一步有效控制地区层面的因素，本章通过模型（17.1）来进行考察。各变量方差膨胀因子检验（VIF 检验）的结果表明，所有变量的 VIF 值均小于 3.20，每个模型的整体 VIF 最大值为 1.99，远小于 10，故回归模型不存在严重的多重共线性问题。

表 17 - 2　　基准回归结果

变量	(1)	(2)	(3)	(4)	(5)
	Swl	*Swl*	*Swl*	*Swl*	*Swl*
Ger	-3.5416 *** (0.4859)	-2.3678 *** (0.5167)	-2.9444 *** (0.5098)	-2.9939 *** (0.5122)	-2.3014 *** (0.5836)
PM2.5		0.3828 *** (0.0628)			0.3310 *** (0.0670)
Pergdp			-0.0947 *** (0.0256)	-0.5804 (0.4871)	-0.7331 * (0.4503)
$Pergdp^2$				0.0227 (0.0227)	0.0335 * (0.0214)
Expense					-0.0781 ** (0.0379)
Second					0.1439 (0.2196)
Citizen					0.3773 (0.3074)
Land					0.3322 (0.3317)
Popdensity					0.0251 (0.2105)
Leveledu					0.0205 (0.0086)
Investedu					0.0120 (0.0190)
Constant	2.9010 *** (0.0208)	1.3989 *** (0.2473)	3.9061 *** (0.2723)	6.4984 ** (2.6105)	5.6460 ** (2.6241)
城市固定效应	Yes	Yes	Yes	Yes	Yes
年份固定效应	Yes	Yes	Yes	Yes	Yes
样本数	1 440	1 440	1 440	1 440	1 440
R^2	0.0387	0.0651	0.0486	0.0493	0.0719

注：括号内是城市层面的聚类稳健标准误，***、**、*分别表示在1%、5%与10%的统计水平上显著。

从表 17－2 的回归结果来看，政府环境责任（*Ger*）的估计系数在无论是否加入控制变量都是在 1% 的显著性水平上为负，这表明政府环境责任能够有效降低人口死亡率，进而提高社会公众的健康，这也初步验证了前文提出的假说 1。其他控制变量的回归结果表明，PM2.5 的增加确实会显著提高人口死亡率，对社会公众的健康起到了抑制作用，这印证了范丹等（2021）的结论，诸如 PM2.5 这类空气污染物会导致人口死亡率的增加降低居民健康水平。人均 GDP 及其平方项的回归系数表明经济发展水平与居民健康之间的库兹涅茨效应在城市层面不成立，随着经济发展水平的提升会对人口死亡率起到显著抑制作用。从人均医疗保健支出的回归结果来看，提高居民健康保健意识能够显著提升居民健康状况。从城市化进程来看，地区第二产业的发展、城镇人口的增加、城市建设面积扩大以及人口密度的增加虽然都会对居民健康产生不良的影响，但其结果均不显著。最后，从教育发展水平来看，教育经费投入和受教育程度的回归结果也均不显著。

二、稳健性检验

（一）替换被解释变量

人口死亡率作为度量地区居民健康水平的重要指标，可以进一步分为围产儿死亡率、儿童死亡率（5 岁及以下）和孕产妇死亡率，因此围产儿死亡率与人口死亡率之间呈现出很强的相关性。联合国曾提出的千年发展目标是“降低儿童死亡率、改善产妇保健、与艾滋病毒及其他疾病作斗争”。但受限于数据的可获得性，本章选择围产儿死亡率（*Child*）作为人口死亡率的替换变量，也是负向指标，数值越大则表示各地级市居民的健康水平越低。围产儿死亡率是由孕满 28 周或出生体重大于等于 1 千克的胎儿（含死胎、死产）至产后 7 天内新生儿死亡数与活产（孕产妇）之比进行表示。选择围产儿死亡率是因为围产儿的出生和死亡不仅对空气污染程度的反应更为敏感，而且该指标可以有效排除其他影响健康（或人口死亡率）而无法控制的复杂因素的影响。

另外，平均预期寿命也是衡量居民健康水平的指标之一。长期以来，平均预期寿命不但是联合国开发计划署人类发展指数（HDI）所构建的三大基础变量之一，并且也是衡量中国国民经济和社会发展规划的一项重要指标。因此，本章借鉴王广州（2021）的计算方法，利用 Lee－Carter 模型对国家统计局发布的第五、第六次人口普查数据和各城市历年《统计年鉴》中的数据进行估计，为此获得了

2008～2019 年 120 个样本城市的人口平均预期寿命数据，将其对数化处理后，作为人口死亡率的替换变量进行稳健性检验。平均预期寿命（*Exlife*）是正向指标，数值越大在表示各地级市居民的健康水平越高。分别将围产儿死亡率（*Child*）和平均预期寿命（*Exlife*）再次通过模型（17.1）进行检验，其结果如表 17－3 所示。

表 17－3　　替换被解释变量

变量	(1)	(2)	(3)	(4)
	Child	*Child*	*Exlife*	*Exlife*
Ger	−3.7209***	−0.7043**	0.0057**	0.0059***
	(0.4432)	(0.3547)	(0.0023)	(0.0021)
Constant	1.3267***	12.2803***	0.0176***	0.0249**
	(0.0189)	(2.6963)	(0.0001)	(0.0118)
控制变量	No	Yes	No	Yes
城市固定效应	Yes	Yes	Yes	Yes
年份固定效应	Yes	Yes	Yes	Yes
样本数	1 440	1 440	1 440	1 440
R^2	0.0507	0.4480	0.0069	0.0333

注：括号内是城市层面的聚类稳健标准误，***、**、* 分别表示在 1%、5% 与 10% 的统计水平上显著。

表 17－3 的回归结果显示，第（1）、（2）列是以围产儿死亡率（*Child*）为被解释变量的回归结果，政府环境责任（*Ger*）的回归系数不论是否添加其他控制变量，分别在 1% 和 5% 的显著性水平上为负，该结果没有改变本章所研究的主要结论。第（3）、（4）列是以平均预期寿命（*Exlife*）为被解释变量的回归结果，政府环境责任 *Ger* 的回归系数不论是否添加其他控制变量，分别在 5% 和 1% 的显著性水平上为正，说明政府环境责任的强化有利于提高人口预期寿命，对居民健康水平的提升起到了促进作用，该结果也没有改变本章所研究的主要结论。另外三个重点观察变量（PM2.5、人均 GDP 及其平方项）的回归系数也与前文保持一致，再次证明了前文回归结果的稳健性，详细回归结果限于篇幅原因进行省略。

（二）调整样本研究年限

为了满足人民对美好生态环境日益增长的需求，党的十八大以来，各地级政府全面贯彻习近平生态文明思想，坚持节约资源和保护环境的基本国策，坚定走绿色生产、生态良好的文明发展道路。为此，本章根据第四章中的研究结论，选取了政府环境责任水平呈现大幅上升的时期（2013~2019年），旨在探讨随着政府环境责任履责水平的不断加强，居民健康水平的变化情况。

表17-4列示了2012年后研究样本的回归结果，其中被解释变量无论是人口死亡率（*Swl*）和围产儿死亡率（*Child*）还是平均预期寿命（*Exlife*），其回归结果与前文的研究结果均保持一致。另外，第（2）、（4）、（6）列分别是加控制变化后的回归结果，其中第（2）列的政府环境责任（*Ger*）系数绝对值比基准回归结果表17-2中第（5）列的数值要大；第（4）列是围产儿死亡率为被解释变量的回归结果，与表6.3中第（2）列的比较来看，回归系数绝对值也更大，且在5%的水平上显著；第（6）列是平均预期寿命为被解释变量的回归结果，与表17-3中第（4）列的比较来看，其回归系数变化不大，且在5%的水平下显著。因此，总的来说，强化政府环境责任的履责水平能够对居民健康水平起到良好的提升作用。

表17-4　　选取2013~2019年样本的回归结果

变量	(1)	(2)	(3)	(4)	(5)	(6)
	Swl	*Swl*	*Child*	*Child*	*Exlife*	*Exlife*
Ger	-6.0011***	-3.9075***	-1.3633**	-0.8668**	0.0056**	0.0050**
	(0.7866)	(0.8650)	(0.5216)	(0.4106)	(0.0026)	(0.0023)
Constant	2.9803***	0.0708	1.0720***	14.8607**	0.0175***	0.0426
	(0.0360)	(5.8076)	(0.0246)	(6.3476)	(0.0001)	(0.0280)
控制变量	No	Yes	No	Yes	No	Yes
城市	Yes	Yes	Yes	Yes	Yes	Yes
年份	Yes	Yes	Yes	Yes	Yes	Yes
样本数	840	840	840	840	840	840
R^2	0.0749	0.0989	0.0043	0.1328	0.0079	0.0387

注：括号内是城市层面的聚类稳健标准误，***、**、*分别表示在1%、5%与10%的统计水平上显著。

（三）改变计量模型

为控制左侧截取样本的偏误，本章采用Tobit模型进行稳健性检验。表17-5列示了分别采用混合Tobit模型和随机效应的面板Tobit模型的回归结果，其中第

(1)、(3)、(5) 列为混合 Tobit 模型的回归结果，第 (2)、(4)、(6) 列为随机效应的面板 Tobit 模型的回归结果。LR 检验结果强烈拒绝“个体效应不存在”的原假设，最后以随机效应的面板 Tobit 模型的回归结果为准。

表 17 – 5　　　　采用 Tobit 模型的回归结果

变量	(1)	(2)	(3)	(4)	(5)	(6)
	Swl	*Swl*	*Child*	*Child*	*Exlife*	*Exlife*
Ger	−0.5384*	−0.7561*	−2.0131***	−1.4937***	0.0034*	0.0041**
	(0.3969)	(0.4369)	(0.5077)	(0.4195)	(0.0021)	(0.0020)
Constant	3.4572	3.8405	12.9027***	14.5844***	−0.0071	0.0204**
	(2.3446)	(2.4067)	(2.6574)	(2.1279)	(0.0122)	(0.0101)
控制变量	Yes	Yes	Yes	Yes	Yes	Yes
城市固定效应	Yes	Yes	Yes	Yes	Yes	Yes
年份固定效应	Yes	Yes	Yes	Yes	Yes	Yes
样本数	1 440	1 440	1 440	1 440	1 440	1 440
LR test	70.8800		553.0800		820.8900	
[P – value]	[0.0000]		[0.0000]		[0.0000]	

注：括号内是城市层面的聚类稳健标准误，***、**、* 分别表示在 1%、5% 与 10% 的统计水平上显著。

根据表 17 – 5 的结果显示，分别以人口死亡率 (*Swl*)、围产儿死亡率 (*Child*) 和平均预期寿命 (*Exlife*) 为被解释变量，政府环境责任 (*Ger*) 的回归系数分别为 −0.7561、−1.4937 和 0.0041，分别在 10%、1% 和 5% 的水平上显著。这表明该结果与前文的研究结果保持一致，再次证明了前文回归结果的稳健性。

(四) 克服内生性问题

本章采用工具变量方法解决模型可能存在的内生性问题，因此选择合适的工具变量尤为重要。所要寻找的工具变量需要与核心解释变量 (政府环境责任) 高度相关，而又不直接影响被解释变量 (居民健康)。基于上述考虑，空气流通系数 (ln*VC*) 作为政府环境责任履行的工具变量，借鉴蔡熙乾 (Cai et al., 2016)、刘金焕和万广华 (2021) 的研究，采用欧洲中期天气预报中心的 ERA – Interim 数据库所提供的全球 0.75° ×0.75°网格 (约 83 平方千米) 的 10 米高度风速和边界层高度数据，可以根据公式空气流通系数等于风速乘以边界层高度来计算出空气流通系数值，然后根据经纬度将各网格与样本城市进行匹配，最终得到样本城市 2008～2019 年的空气流通系数。从杜龙政等（2019）的研究可知，当污染物的排放总量在相同的情况下，空气流通系数越小的地级市所监测到的污染浓度就会越大，地方政府则可能要加强环境责任表现，满足有效工具变量的相关性假定（Hering and Poncet，2014）。另外，空气流通系数仅由自然气候所决定，并不会对居民健康产生直接的影响，所以满足有效工具变量的外生性假定（Broner et al.，2012）。采用工具变量的回归结果如表 17－6 所示。

表 17－6　　　　采用工具变量的回归结果

变量	(1)	(2)	(3)	(4)	(5)	(6)
	Swl	*Swl*	*Child*	*Child*	*Exlife*	*Exlife*
Ger	−2.2123***	−2.0354***	−2.1487***	−1.8566***	0.0047**	0.0040**
	(0.5391)	(0.4925)	(0.5571)	(0.5152)	(0.0022)	(0.0019)
Constant	9.2032*	1.4583	2.4015	5.0474	0.0176***	0.0015
	(5.2841)	(5.1386)	(5.4680)	(5.3353)	(0.0001)	(0.0327)
控制变量	No	Yes	No	Yes	No	Yes
城市	Yes	Yes	Yes	Yes	Yes	Yes
年份	Yes	Yes	Yes	Yes	Yes	Yes
样本数	1 440	1 440	1 440	1 440	1 440	1 440
Adj. R^2	0.6107	0.6654	0.6107	0.6654	0.6066	0.6310
Cragg－Donald Wald	19.5740	18.6307	19.5740	18.6307	17.6660	15.7310

注：括号内是城市层面的聚类稳健标准误，***、**、*分别表示在1%、5%与10%的统计水平上显著。

尽管前文的基准回归分析控制了各城市的空气环境质量、经济发展及城市化水平、医疗卫生和教育发展水平，但反向因果和遗漏变量仍可能带来内生性问题，因此，本章选取各城市的空气流通系数（ln*VC*）作为政府环境责任表现的工具变量。表 17－6 显示分别以人口死亡率（*Swl*）、围产儿死亡率（*Child*）和预期寿命（*Exlife*）为被解释变量的回归结果，前 4 列中政府环境责任（*Ger*）的回归系数都是在1%水平上显著为负，后 2 列中政府环境责任（*Ger*）的回归系数在5%水平上显著为正。在控制内生性问题后，履行政府环境责任不仅能够有效降低地区居民死亡率和围产儿死亡率，而且还能提升地区居民的平均预期寿命，对其居民健康产出起到良好的改善作用。此外，Cragg－Donald Wald F 统计量的数值均远大于 10，可以拒绝“存在弱工具变量”的原假设，表明工具变量的选取是合理的。

第五节　进一步讨论

一、效应机制检验

如前所述，政府环境责任能够促进居民健康水平的提升，并且政府环境责任的履行水平越高，其促进作用越明显。为了验证这种影响的作用渠道，本章采用中介效应模型来进行检验，利用式（17.1）~式（17.3），分三个步骤来进行识别：第一步，检验政府环境责任履行能否促进居民健康水平；第二步，检验政府环境责任履行能否有效降低空气污染物的排放和提升医疗资源可得性；第三步，检验政府环境责任履行分别与空气污染减排和医疗资源优化同时对居民健康产出的影响。如果上述步骤中所关系的核心解释变量均显著，则表明中介效应存在。

（一）空气污染“减排”效应检验

根据前文的理论分析发现，政府环境责任的履行能够减少空气污染，对改善空气环境质量起到了良好的促进作用。且大量的研究表明（Qin et al.，2019；赵强和孙健，2021），空气污染减排有助于改善居民健康水平。鉴于此，本章针对基准回归结果，尝试以空气污染指数（*api*）为中介变量，将对空气污染“减排”效应进行实证检验，以期进一步揭示政府环境责任履行作用于提升居民健康产出的效应机制。表 17－8 列出了以空气污染减排为中介效应的回归结果。

关于以空气污染物为中介变量的选择，参考胡艺等（2019）、何等（He et al.，2022）的研究，本章采用空气污染指数（*api*）来表示空气环境质量。但 2012 年开始实行新的空气质量评价标准，将 PM2.5 纳入该评价标准。为了能继续沿用空气污染指数 *api*，本章重新计算了 2013 年以后的 *api* 年度均值，计算方式如下：

$$api = \max\left\{\frac{API_{high,i} - API_{low,i}}{BP_{high,i} - BP_{low,i}}(C_i - BP_{low,i}) + API_{low,i}\right\} \tag{17.4}$$

其中，*api* 是经计算得到的空气污染指数值，i 分别表示三种空气污染物 PM10、二氧化硫和二氧化氮；C_i 表示污染物 i 的年度平均浓度，$BP_{high,i}$ 和 $BP_{low,i}$ 分别表示表 17－7 中与污染物 i 的年度平均浓度 C_i 相邻的浓度值；$API_{high,i}$ 和 $API_{low,i}$ 表示与 $BP_{high,i}$ 和 $BP_{low,i}$ 分别对应的 *API* 指数参考值，最终对整理后的 *api* 值进行对数处理。

表 17－7　　　　API 指数参考值

API 指数参考值	0	50	100	150	200	300	400	500
PM10（μg/m^3）	0	50	150	250	350	420	500	600
SO_2（μg/m^3）	0	50	150	475	800	1 600	2 100	2 620
NO_2（μg/m^3）	0	80	120	200	280	565	750	940

资料来源：参考 2000 年第二次修订的《环境空气质量标准》。

表 17－8 的回归结果显示，第（1）列以空气污染指数（*api*）为因变量，政府环境责任履行（*Ger*）的系数在 5% 水平上显著为负，说明提高政府环境责任的履责水平能够有效降低空气污染，进而改善空气环境质量。第（2）列以人口死亡率（*Swl*）为因变量，政府环境责任履行（*Ger*）的系数在 1% 水平上显著为负，空气污染指数（*api*）的系数在 5% 水平上显著为正，空气污染指数显示出了

表 17－8　　　　中介效应的回归结果

变量	(1)	(2)	(3)	(4)
	api	*Swl*	*healthcare*	*Swl*
Ger	－0.5420** (0.2314)	－2.5763*** (0.6095)	0.7806** (0.1788)	－2.5631*** (0.6069)
api		0.6020** (0.2340)		
healthcare				－0.4842** (0.1052)
Constant	－7.2352* (4.0940)	6.8397** (2.9364)	1.5399 (1.3765)	6.7588** (2.9567)
控制变量	Yes	Yes	Yes	Yes
城市固定效应	Yes	Yes	Yes	Yes
年份固定效应	Yes	Yes	Yes	Yes
样本数	1 440	1 440	1 440	1 440
Adj. R^2	0.3784	0.0722	0.7075	0.0715
Sobel Z	－2.2580		－1.6090	
中介效应占比	14.1776%		16.4233%	

注：括号内是城市层面的聚类稳健标准误，***、**、* 分别表示在 1%、5% 与 10% 的统计水平上显著。

极强的中介效应，Sobel Z 值的绝对值为 2.2580，都远大于 0.97，总的中介效应占比约为 14.18%。中介效应的回归结果表明，政府环境责任能通过减少空气污染物排放来促进居民健康水平的提升。

（二）医疗资源“优化”效应检验

只有坚持基本医疗卫生事业的普惠性，才能让广大人民群众享有公平可及的健康服务。近年来，党和政府不断深化医疗领域的“放管服”举措，并持续增加医疗卫生资源的投入力度，促使居民健康水平得到了大幅提高（赵雪雁等，2017）。随着地区间医疗卫生资源可得性的差距不断缩小，为居民就医和获得更好的医疗条件提供便利（王玉泽等，2020）。鉴于此，本章针对基准回归结果，尝试以医疗卫生资源可得性（*healthcare*）作为中介变量，对医疗资源“优化”效应进行实证检验，以期进一步揭示政府环境责任履行作用于提升居民健康水平的另一重要途径。参考杨应策等（2021）的研究方法，本章选择医疗卫生可得性表示医疗卫生资源的可获取程度，采用地级市中每千人医院床位数、每千人执业医师数和每千人医院数标准化后等量加权后的结果来衡量。表 17 -8 汇报了以医疗资源优化为中介效应的回归结果。

表 17 -8 的回归结果显示，第（3）列以医疗卫生资源可得性（*healthcare*）为因变量，政府环境责任履行（*Ger*）的系数在 5% 水平上显著为正，说明提高政府环境责任的履责水平能够有效提升地区居民的医疗卫生资源的获取程度。第（4）列以人口死亡率（*Swl*）为因变量，政府环境责任履行（*Ger*）的系数和医疗卫生资源可得性（*healthcare*）的系数分别在 1% 水平和 5% 水平上显著为负，医疗卫生资源可得性表现出了极强的中介效应，Sobel Z 值的绝对值为 1.61，都远大于 0.97，总的中介效应占比约为 16.42%。中介效应的回归结果表明，政府环境责任能通过提高医疗卫生资源可得性来促进居民健康水平的提升。上述效应机制的检验结果验证了本书提出的研究假说 2。

二、地区异质性分析

（一）基于绿色创新能力的分析

绿色创新是双循环新发展格局下引领中国城市走绿色发展道路的第一动力（谢众等，2022）。绿色创新不仅体现在地方政府环境治理效能和环境责任履行水平的提升（郑飞鸿和李静，2022），还体现在地区绿色创新技术和能力的不断提升（马宗国等，2022）。关于绿色创新能力的研究表明（Bettencourt et al.，2007），用专利度量创新相比于投入端的创新水平度量（如 R&D 支出）更具优势，这是因为专利能直接且客观地评价城市的创新能力。与第六章类似，借鉴陈超凡等（2022）的研究方法，将获得的 120 个地级市的绿色专利授权量占地区当年专利总授权量的百分比作为地级市的绿色创新水平。为了消除变量互为因果关系导致的内生性问题，引入虚拟变量 *Paten*，若地级市的绿色创新水平值大于样本当年的中位数，则取 1，否则取 0。在 12 年的样本观察期内，若地级市的绿色创新水平值累积大于等于 6 次，则视为区域绿色创新能力强，*Paten* 取值为 1，否则取值为 0。其回归结果如表 17－9 所示。

表 17－9　　　　分组回归结果

变量	区域绿色创新强	区域绿色创新弱	数字化经济高	数字化经济低	环保重视程度高	环保重视程度低
	(1)	(2)	(3)	(4)	(5)	(6)
	Swl	*Swl*	*Swl*	*Swl*	*Swl*	*Swl*
Ger	−2.1685*** (0.6667)	−0.1657 (0.6954)	−1.6855*** (0.5314)	−0.5019 (0.8413)	−0.9516* (0.7430)	−1.7512 (0.6020)
Constant	0.6466 (4.6432)	9.2020** (4.5447)	−0.3029 (4.2427)	11.1557*** (3.8009)	6.3954 (4.4890)	3.6019 (3.9684)
经验 P 值	0.0260**		0.0780*		0.0978*	
控制变量	Yes	Yes	Yes	Yes	Yes	Yes
城市	Yes	Yes	Yes	Yes	Yes	Yes
年份	Yes	Yes	Yes	Yes	Yes	Yes
样本数	660	780	672	768	648	792
R^2	0.0936	0.0561	0.0747	0.0779	0.0641	0.0872

注：括号内是城市层面的聚类稳健标准误，***、**、* 分别表示在 1%、5% 与 10% 的统计水平上显著；经验 P 值用于检验组间系数差异的显著性，通过自抽样 1 000 次得到。

表 17－9 的第（1）、（2）列显示了不同程度的绿色创新水平下政府环境责任对居民健康的影响作用。本章采用“自抽样法”来检验组间差异的显著性，该方法能够克服传统 Wald 检验的小样本偏误（连玉君等，2010）。从自抽样法得到的经验 P 值来看，两组样本之间的系数差异在 5% 水平上显著异于零。从回归结果的系数大小来看，在绿色创新能力强的样本中，政府环境责任（*Ger*）的回归系数为 −2.1685，且在 1% 水平上显著，但在绿色创新能力弱的样本中，系数

大小仅为 -0.1657。这说明地级市当年的绿色发明占比越大，绿色创新水平越强，政府环境责任的履行对居民健康水平的促进作用越明显。其原因在于地级市的绿色创新水平越强，能不断提高环境治理体系中所涉及的规制技术、手段的科技含量，最大限度地释放地方政府的环境治理效能，成为促进政府环境责任履行的内驱动力。

（二）基于数字化经济发展水平的分析

数字经济是新时代赋能中国城市走向经济高质量发展的精兵利器，数字经济利用数字产业化和产业数字化的平台优势，高效提升各级政府资源整合、科学决策和环境监管的能力（许宪春等，2019），为地方政府履行环境责任、企业绿色生产经营、居民绿色生活出行，进而实现“双碳”战略目标提供了切实可行的手段和保障。参考赵涛等（2020）的研究方法，本章通过主成分分析的方法来对互联网普及率、互联网相关从业人员情况、互联网相关产出情况、移动电话普及率和数字普惠金融指数这五个方面的指标数据标准化后降维处理，最终得到 120 个样本城市 2011 ~2019 年的数字经济发展指数。其中，前四个方面指标的原始数据均可从历年《中国城市统计年鉴》中获得，而数字普惠金融指数是由北京大学数字金融研究中心和蚂蚁金服共同编制而成（郭峰等，2020），由于该数据的起始年份是 2011 年，所以本章所测算的数字经济发展指数也只能从 2011 年开始。同理，为控制内生性问题，引入虚拟变量 *Digital*，若地级市的数字经济发展指数大于样本城市当年的中位数，则取 1，否则取 0。在 9 年的样本观察期内，若地级市的数字经济发展指数累积大于等于 5 次，则视为数字化经济发展水平高，*Digital* 取值为 1，否则取值为 0。回归结果如表 17 -9 所示。

表 17 -9 的第（3）、（4）列显示了不同程度的数字化经济水平下政府环境责任对居民健康的影响作用。类似地，从自抽样法得到的经验 P 值来看，两组样本之间的系数差异在 10% 水平上显著异于零。从回归系数大小来看，在数字化经济发展水平高的样本中，政府环境责任（*Ger*）的系数为 -1.6855，且在 1% 水平上显著，但在数字化经济发展水平低的样本中，系数大小仅为 -0.5019。说明数字化经济发展水平越高的地区，政府环境责任履行对居民健康水平的促进作用越明显。主要原因在于数字化经济发展水平高的城市能够通过云计算、工业互联网等技术产生技术创新效应（徐维祥等，2022），实现地方政府对产业的污染治理策略和能源使用效率的全方位优化，为提升政府环境责任的履责水平提供更为坚实的基础。

（三）基于政府环保重视程度的分析

根据前文分析可知，各地方政府工作报告中与环境保护相关词汇越多表明地方政府对于环境治理的力度及其重视程度越强（陈诗一和陈登科，2018）。本章通过手动搜集120个地级市2008～2019年的政府工作报告，利用Python对其文本进行分词处理，并统计出与环境保护相关词汇所出现的频率来表示环保词频①。为控制内生性问题，引入虚拟变量*Er*，若地级市当年政府工作报告中的环保词频大于样本城市当年的中位数，则取1，否则取0。在12年的样本观察期内，若地级市当年政府工作报告中的环保词频大于等于6次，则为环保重视程度高，*Er*取值为1，否则取值为0。回归结果如表17－9所示。

表17－9的第（5）、（6）列显示了，在不同的政府环保重视程度下，政府环境责任对居民健康的影响作用。类似地，从自抽样法得到的经验P值来看，两组样本之间的系数差异在10%水平上显著异于零。从回归系数大小来看，在政府环保重视程度高的样本中，政府环境责任（*Ger*）的系数为－0.9516，且在10%水平上显著，但在政府环保重视程度低的样本中，系数大小为－1.7512，但不显著。这说明政府环保重视程度越高的地区，政府环境责任的履行能够对居民健康水平起到明显的促进作用。主要的原因在于，地方政府对环境治理的力度及其重视程度越强，则地方政府所获取的环保成效也会越发明显，同时也能为居民提供更多的外出活动的机会，进而增加了社会交往的概率，促进居民开展更多的健康活动。上述三个维度的实证结果验证了政府环境责任对居民健康水平的影响具有地区异质性，进一步验证了本章的研究假说3。

① 关键词汇具体如下：环境保护、环保、污染、排污、减排、生态、绿色、雾霾、温室气体、扬尘、PM2.5、PM10、二氧化硫、二氧化碳、化学需氧量、低碳、脱硫、脱销、绿水、青山、清洁、能耗、降解、燃煤、废气、废水、尾气、风能、回收、消耗、细颗粒物、氮氧化物。

第十八章

政府环境责任履行对绿色经济的影响研究

第一节 问题提出

中国过去主要以要素驱动和投资拉动为特征的外延式发展方式，虽然在过去的40多年里经济取得了高速增长，但同时也伴随着日益严重的资源浪费和环境污染问题（史代敏和施晓燕，2022），促使以高投入、高消耗、高排放且低效率为特征的粗犷型增长模式难以为继。随着中国经济进入新常态，加快转变经济发展方式，提高资源配置效率，突破新旧动能转换瓶颈是实现以绿色发展为目标的重要抓手（周晓辉等，2021）。党的十八届五中全会提出五大发展理念，并在党的十九大报告中将绿色发展提升到国家发展战略的新高度。因此，在中国面临经济增长转换的关口期，如何高效解决环境与经济高质量发展间日益凸显的矛盾是持续推动以生态文明为内核的绿色发展方式的关键所在。政府作为环境资源的管理者和人民利益的代表，理应寻找一条适合新发展格局的绿色发展道路，进而满足人民日益增长的环境需要和对美好生活的向往。基于习近平生态文明思想，如何实现政府环境责任履行激发出的环境与经济间的双重红利，成为当下备受瞩目的核心议题。

由于中央政府不断强调经济发展与环境保护“双赢”协同发展的重要性，当前已有大量学者讨论政府环境责任履行对绿色经济的影响，但基于研究视角和模型设计的不同，所得结论也莫衷一是。首先，地方政府积极履行环境责任能有效提升绿色经济发展水平。原毅军和谢荣辉（2015）发现政府环境责任履行水平的提升对绿色全要素生产率存在滞后的促进作用，且对沿海地区的正向效应更加明显。刘和旺等（2019）指出政府环境责任的强化能倒逼污染企业进行产业转型升级，促进绿色发展。其次，政府环境责任履行水平的提升对绿色经济发展造成负向影响。周等（Zhou et al.，2017）的研究发现，随着政府环境责任履行水平的提高，私营企业并不能第一时间享受政策红利，迫使企业不得不提高生产成本，同时也有可能导致企业向政府环境责任履行水平低的地区转移，对当地的绿色经济发展产生不利影响。最后，政府环境责任履行未能对绿色经济发展产生显著的影响。张建鹏和陈诗一（2021）认为政府环境责任的强化虽然能够显著降低地区污染水平，但并不能对经济效益产生强烈的冲击。纵观上述参考文献发现，虽然对于政府环境责任与绿色经济发展之间关系的理论与实证研究都取得了较为丰硕的成果，但仍有进一步的研究空间。

基于此，本章采用 120 个环保重点城市 2008～2019 年的面板数据，对政府环境责任履行与绿色经济发展之间的关系进行实证检验，在其基础上考察政府环境责任的履行水平对绿色经济发展的滞后期影响，并从多维度视角考察政府环境责任履行是否真正实现经济发展与生态保护的双赢。与以往的研究相比，本书的研究贡献主要体现在如下三个方面：第一，本章从政府环境责任的视角出发，运用动态空间模型考察政府环境责任履行对绿色经济发展的影响效应和溢出效应；从政府环境责任的内涵出发，分析不同维度的政府环境责任对绿色经济发展的影响效应，深化政府环境责任履行与绿色经济发展的相关研究。第二，由于现有文献主要集中在研究政府环境责任履行作用于企业生产活动来影响绿色经济发展（李鹏升和陈艳莹，2019；廖文龙等，2020），为进一步挖掘政府环境责任对绿色经济发展的促进效应，本章分别从企业和公众的视角来考察其传导机制，对政府环境责任履行与绿色经济发展之间的中介效应展开系统性探索，并综合考察城市间的异质性特征，分别从政治约束、市场化水平的两个视角来探讨政府环境责任履行对绿色经济发展的作用关系，为各地区强化政府环境责任的履行水平提供决策参考。第三，本章构建以生态环境治理、生态环境监管和生态多元共治三个维度的政府环境责任水平指标体系，对政府环境责任履行水平进行测度。这一衡量方式与目前但多数文献所采用的单一指标相比，能更为全面地反映中国地方政府的环境责任履行水平，为获得更为有力的经验证据提供数据支撑。

第二节　理论分析与研究假说

习近平生态文明思想得到深入贯彻，生态环境保护也逐步上升至与经济高质量发展并重的地位，党的十九届六中全会进一步强调，绿色是高质量发展的普遍形态。为此，在探索绿色发展与推进生态文明建设的实践道路上，均离不开地方政府环境责任的高效履行（李小建等，2020），不难发现，政府履行环境责任是实现绿色可持续发展的重要推手，也是强化生态文明建设的“催化剂”，其能促使“唯 GDP”增长发展模式向高质量发展转变，推进生态环境保护与经济增长之间的协调耦合发展，实现环境问题日益显现向绿水青山转变（宋德勇和张麒，2022）。另外，基于地方政府竞争理论，地方政府之间的环境责任存在标尺竞争机制（周业安和宋紫峰，2009）。这表明市场耦合、地理相近的政府之间会产生环境政策传导效应，地方政府为追求经济利益和环境利益共赢，通过相互模仿、学习等手段来提升自身环境责任的履行水平，进而推动地区间的绿色经济发展从“以邻为壑”走向“互利共赢”之路（Holzinger and Sommerer，2011；王为东等，2018）。综上所述，本章提出如下研究假说：

假说 1：政府环境责任履行对绿色经济发展具有显著促进作用，且具有正向空间溢出效应。

地方政府作为环境保护的重要主体，不仅承担着生态环境治理责任，同时也肩负起环境监管和多元共治的重责，这无疑不体现出政府环境责任的多样性特征。其中，就生态环境治理这方面来说，其主要侧重于污染治理和环境整治，致力于改善生态环境质量，打造和谐共生的生态画卷；地方政府在生态环境监管方面的责任主要体现在监测环境质量的动态变化、借助各类规制手段促使企业进行污染减排，其目的在于掌握环境质量现状和落实企业履行环境责任；而以开展环保宣传教育和完善信息公开制度等为手段的生态多元共治责任，其目的在于促进公众广泛参与环境治理、牢固树立绿色发展理念、协助政府监督企业污染排放行为。政府环境责任在上述三个维度上，出于关注重心和实施目的的不同，对绿色经济发展水平所造成的影响也不尽相同。综上所述，本章提出如下研究假说：

假说 2：不同维度的政府环境责任对绿色经济发展的作用效果具有显著差异。

地方政府履行环境责任主要通过发挥“倒逼效应”和“引导效应”促进地区绿色经济发展。一方面，政府环境责任的履行可以发挥倒逼效应对绿色经济发展产生影响。绿色技术创新是政府平衡生态环境质量改善和经济增长的有效方式，也是企业减少污染成本的有力手段（汪明月等，2020）。其原因在于，地方政府积极履行环境责任将极大提高企业的生产成本和生存门槛，迫使企业进行转型升级，积极实现技术革新，践行绿色发展的理念，进而推动地区绿色经济发展（王芝炜和孙慧，2022）。另一方面，政府环境责任的履行可以发挥引导效应，通过引导公众积极参与生态环境监督，夯实绿色发展的群众基础（Fu and Geng，2019），促进地区绿色经济发展。在地方政府不断提升其环境责任履行水平的过程中，绿色发展理念也将深入人心，公众的环保意识也将不断增强，主要表现在对绿色产品的选择偏好上，通过对市场需求的影响，促使企业进行产品转型和绿色化生产，进而促进绿色经济发展水平（陈斌和余曼，2020）；另外，促进公众参与能充分发挥其环境参与权使政府制定的环境决策更加合理，或者利用监督权通过媒体向“三高”企业进行施压，迫使其自愿解决环境问题，实现政府、企业和公众协同推动机制，提升地区绿色经济发展水平。综上所述，本章提出如下研究假说：

假说3：政府环境责任履行主要通过“倒逼效应”和“引导效应”等途径促进绿色经济发展。

综上所述，政府环境责任履行影响绿色经济发展水平的作用机制，如图18-1所示。

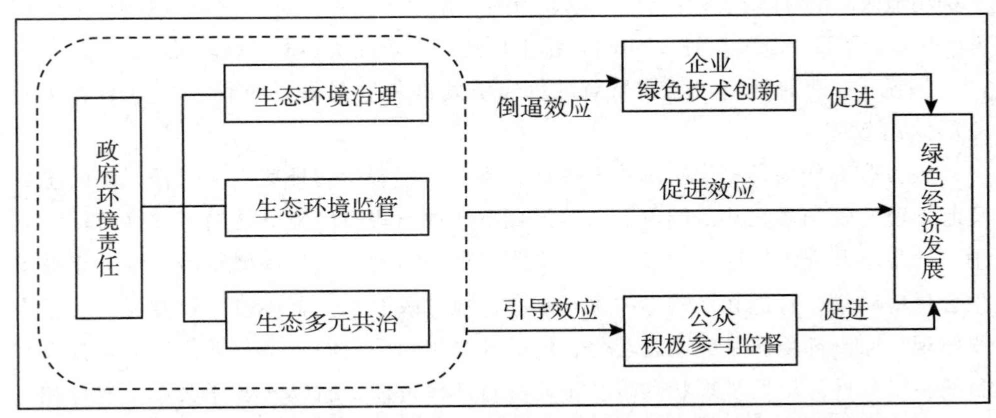

图18-1　政府环境责任履行影响绿色经济发展水平的作用机制

第三节　研究设计

一、变量定义与数据来源

为实证检验政府环境责任对绿色经济的影响，必须合理选取相关指标，从而准确识别政府环境责任与绿色经济之间的因果效应。本章选的指标定义如下：

政府环境责任（*Ger*）。依照前文的测度体系衡量，具体指标见表 15 - 1。

绿色经济发展水平（*Gtfp*）。借鉴李江龙和徐斌（2018）和李毅等（2020）衡量绿色经济的方式，采用非径向非导向方向距离函数（Non-radial and Non-oriented Directional Distance Function）计算能源环境绩效和污染排放绩效，两者加权后的结果表示绿色经济发展水平，其数值越高，表示该城市的绿色发展水平越发达，具体的投入产出数据如表 18 - 1 所示。

表 18 - 1　　测度绿色经济水平的投入产出变量及其数据说明

类别	变量	数据说明
投入	劳动力（*L*）	采用各城市的年末从业人数
	资本存量（*K*）	借鉴张军等（2004）采用“永续盘存法”对各城市的资本存量进行估算
	能源消费（*E*）	采用各城市的电力消费数据来衡量能源消费
期望产出	GDP（*Y*）	采用各城市的地区生产总值来衡量
	烟尘（*D*）	采用各城市的工业烟（粉）尘排放量来衡量
	二氧化硫（*S*）	采用各城市的工业二氧化硫排放量来衡量
非期望产出	废水（W）	采用各城市的工业废水排放量来衡量
	PM2.5（*P*）	借鉴李卫兵和张凯霞（Li and Zhang，2019）的研究方式，采取基于卫星遥感监测的各城市 PM2.5 浓度数据来衡量

控制变量。为消除遗漏变量引起的回归结果偏误，参考目前关于影响绿色经济发展的文献（范丹和孙晓婷，2020；李毅等，2020），选取如下控制变量。产业结构（*Second*），较高的第二产业比重会对当地环境造成较大的压力，对绿色经济发展有一定的制约作用，本章选取第二产业产值与 GDP 的比值来衡量各城市的产业结构。城市化越高的地区往往在资源利用效率和污染治理水平拥有技术优势，但也会引发资源依赖等问题。因而，城市化水平对绿色经济发展水平可能产生正向或者负向的影响，而城市化进程中最典型的特征就是人口和空间的城市化（王耀中等，2014），本章分别采用城镇人口数占总人口数的比重（*Citizen*）和城市建设用地占市区面积比重（*Land*）这二维指标来表示地级市当年的城市化水平。政府科技支持力度（*Pertec*），政府增加科学投入是提升技术创新和绿色转型的重要方式和手段，有利于促进企业绿色技术创新，从而推动城市的绿色转型发展。借鉴王亚飞和陶文清（2021）的计算方式，本章采用人均地方财政科学支

出来表示，并对其进行对数化处理。对外开放程度（*Open*），目前学术界关于外商投资额促进经济增长的结论基本达成一致，但随着对外开放程度越高，会导致资源环境压力不断增大。因此对外开放程度对绿色经济的影响仍具有不确定性，本章采用各地区外商直接投资额占当年 GDP 的比重来表示。

基于此，本章以中国 120 个环保重点城市 2008～2019 年的数据为研究样本，从政府环境责任的三个维度出发，探究政府环境责任的不同维度对绿色经济发展的影响效应，并对其展开横向比较，深入研究其对绿色经济发展的影响机制，进而为强化政府环境责任履行和推进地区绿色发展的转型升级提供决策参考。上述变量的数据来源如下：《中国统计年鉴》《中国环境年鉴》《中国城市统计年鉴》。表 18－2 给出了主要变量的描述性统计。

表 18－2　主要变量的描述性统计特征

符号	样本数	均值	标准差	最小值	中位数	最大值
Ger	1 440	0.0391	0.0346	0.0036	0.0288	0.3911
Gtfp	1 440	0.1761	0.1682	0.0041	0.1305	1.0000
Second	1 440	0.4940	0.1050	0.1600	0.5000	0.9100
Land	1 440	0.1283	0.1080	0.0100	0.1000	0.7400
Citizen	1 440	0.6130	0.1500	0.2100	0.6000	1.0000
Pertec	1 440	4.8151	1.2839	0.0000	4.6423	9.4312
Open	1 440	1.8811	0.1373	1.3973	1.9004	2.1566

二、模型设定

（一）面板数据模型

设定未考虑空间效应的面板数据模型，模型形式具体如下：

$$Gtfp_{it} = \alpha_0 + \alpha_1 Ger_{it} + \alpha_2 X_{it} + city_i + year_t + \varepsilon_{it} \tag{18.1}$$

其中，下标 i 和 t 分别表示城市（$i = 1, \cdots, 120$）和年份（$t = 2008, \cdots, 2019$），Ger_{it}表示各城市的政府环境责任水平，$Gtfp_{it}$表示各城市的绿色经济发展水平，X_{it}表示影响绿色经济发展的一系列控制变量，$year_t$ 和 $city_i$ 分别表示年份和城市固定效应，以控制不同客观因素在时间和个体上对绿色经济发展的影响，ε_{it}为随机扰动项。α_1 和 α_2 分别对应变量的回归系数，其中 α_1 是本章主要关注的系数，若政府环境责任履行能促进绿色经济发展，那么 α_1 应该是显著为正，否则为负。

（二）空间面板模型

由于各城市之间存在较为紧密的经济联系，特别是相邻地区之间的经济活动会更为密切。同时，地方政府之间履行环境责任存在明显的策略互动行为（Konisky，2007），即空间关联地区会互相学习和模仿其环境治理政策，从而加强邻近地区经济行为的空间联动性。若忽视城市间的空间关系，不仅与现实经济行为相悖，还会引发模型的估计偏误问题。有鉴于此，对其可能存在的空间关联性进行检验，将空间效应纳入面板数据模型对政府环境责任与绿色经济发展之间的关系进行实证检验，进而识别政府环境责任履行影响绿色经济发展的空间效应。此外，为探究绿色经济发展所呈现的路径依赖特征，在空间面板模型的基础上加入绿色经济发展水平的滞后一期。因此，本节构建如下空间动态面板模型：

$$\begin{aligned} Gtfp_{it} = {} & \eta_0 + \eta_1 Gtfp_{i,t-1} + \rho \sum_j w_{ij} Gtfp_{jt} + \eta_2 Ger_{it} + \eta_3 X_{it} \\ & + \eta_4 \sum_j w_{ij} Ger_{jt} + \eta_5 \sum_j w_{ij} X_{jt} + city_i + year_t + \varepsilon_{it} \end{aligned} \tag{18.2}$$

其中，ρ 表示空间滞后系数，η_1 为绿色经济发展的滞后一期项系数，η_4 和 η_5 分别为空间解释变量系数和空间控制变量系数，w 为空间权重矩阵。参考韩峰和阳立高（2020）的做法，本章使用的空间权重矩阵为地理邻接矩阵，其中相邻城市 w_{ij} 为 1，非相邻城市 w_{ij} 为 0。

为探究政府环境责任履行对绿色经济发展的影响机制，本章选用中介效应模型来进行实证检验。根据前文的理论分析，地方政府积极履行环境责任，一方面通过刺激企业进行污染治理和技术创新等“真绿”行为，改善地区环境质量；另一方面通过增强公众环保意识和环境污染治理的积极性，让绿色理念深入人心。参考郭卫香和孙慧（2020）的研究方法，分别选取绿色技术创新（*Innovation*）和公众环保意识（*Public*）作为中介变量，考察政府环境责任作用于绿色经济发展的机制通道，具体中介效应模型如下：

$$\begin{aligned} Med_{it} = {} & \eta_0 + \rho \sum_j w_{ij} Med_{jt} + \eta_1 Ger_{it} + \eta_2 X_{it} + \eta_3 \sum_j w_{ij} Ger_{jt} \\ & + \eta_4 \sum_j w_{ij} X_{jt} + city_i + year_t + \varepsilon_{it} \end{aligned} \tag{18.3}$$

$$\begin{aligned} Gtfp_{it} = {} & \eta_0 + \eta_1 Gtfp_{i,t-1} + \rho \sum_j w_{ij} Gtfp_{jt} + \eta_2 Ger_{it} + \eta_3 Med_{it} + \eta_4 X_{it} + \eta_5 \sum_j w_{ij} Ger_{jt} \\ & + \eta_6 \sum_j w_{ij} Med_{jt} + \eta_7 \sum_j w_{ij} X_{jt} + city_i + year_t + \varepsilon_{it} \end{aligned} \tag{18.4}$$

式（18.3）和式（18.4）中的变量定义与式（18.2）一致。其中，式（18.3）的 η_1 表示政府环境责任履行对中介变量 *Med*（绿色技术创新 *Innovation* 和公众环

保意识 *Public*）的影响。若 η_1 显著，表明政府环境责任履行对中介变量有显著影响。若式（18.4）的 η_2 和 η_3 显著，则反映中介变量在整个模型中起到了中介效应作用。

第四节 实证结果与分析

一、空间相关性检验

在进行参数估计前，首先需要采用莫兰指数（Moran's I）和吉尔里指数（Geary's C）对绿色经济发展空间溢出效应的显著性予以判断。从结果显示，全局莫兰指数为0.196（大于0），吉尔里指数为0.582（小于1），且二者均在1%的水平上强烈拒绝了无空间相关性的原假设，则表示绿色经济发展具有空间溢出效应特征。其次，还需判断空间关联性是以空间误差项还是以空间滞后项存在，需要进行拉格朗日乘数（LM）和稳健统计量（R－LM）检验。然后使用Wald和LR检验判断空间杜宾模型（SDM）是否弱化为空间误差模型（SEM）或者空间滞后模型（SAR）（Elhorst，2003）。最后，对模型进行Hausman检验，以判断选择模型的固定效应还是随机效应。

从表18－3结果可得出，SEM模型和SAR模型的LM和稳健性LM检验均通过1%的显著性检验，说明政府环境责任履行对绿色经济发展的影响具有显著的空间相关性。除此之外，Wald检验和LR检验也均通过1%的显著性检验，说明SDM模型无法简化成SEM模型和SAR模型，并且Hausman检验结果为32.94（P＝0.0000），因此本章选用双重固定效应的空间杜宾模型作为空间面板模型。

表18－3　　　　空间计量检验结果

检验方法	χ^2 统计量	P值	检验方法	χ^2 统计量	P值
LM error	33.3200	0.0000	Wald error	29.5600	0.0000
R－LM error	4.1200	0.0400	LR error	30.0500	0.0000
LM lag	81.9100	0.0000	Wald lag	30.3600	0.0000
R－LM lag	52.7200	0.0000	LR lag	30.0500	0.0000

二、基准回归分析

（一）政府环境责任对绿色经济的影响

表18-4列示了政府环境责任履行对绿色经济发展的影响，依次列出了OLS静态模型（1）和动态模型（2）以及基于地理邻接矩阵建立的政府环境责任与绿色经济发展水平之间关系的空间静态模型（3）、空间动态模型（4）的估计结果。

表18-4　　基准回归结果

变量	(1)	(2)	(3)	(4)
	Gtfp	*Gtfp*	*Gtfp*	*Gtfp*
L. Gtfp		0.8900*** (0.0589)		0.1201** (0.0581)
Ger	0.9417*** (0.2733)	0.3827*** (0.1027)	0.6353*** (0.1251)	0.6623*** (0.1307)
Second	-0.1590** (0.0734)	-0.0305 (0.0320)	0.0413 (0.0567)	0.0256 (0.0623)
Citizen	-0.1525 (0.2374)	-0.0785 (0.0934)	-0.6345*** (0.1040)	-0.6797*** (0.1173)
Land	-0.0058 (0.1914)	0.0010 (0.0914)	0.0522 (0.0803)	0.0334 (0.0917)
Pertec	0.0036 (0.0066)	0.0013 (0.0026)	-0.0053 (0.0048)	-0.0016 (0.0050)
Open	-0.0510 (0.2039)	-0.0948 (0.0726)	0.3151** (0.1542)	0.2954* (0.1674)
W × Ger			0.5444*** (0.1607)	0.4647*** (0.1677)
W × Second			-0.2032** (0.0825)	-0.1784* (0.0915)
W × Citizen			0.4192*** (0.1375)	0.4545*** (0.1577)

续表

变量	(1)	(2)	(3)	(4)
	Gtfp	Gtfp	Gtfp	Gtfp
$W \times Land$			-0.0096 (0.1117)	0.0559 (0.1272)
$W \times Pertec$			0.0104 (0.0068)	0.0099 (0.0073)
$W \times Open$			-0.0860 (0.2103)	-0.1051 (0.2235)
ρ			0.0961*** (0.0284)	0.0613* (0.0362)
σ^2			0.0047*** (0.0002)	0.0042*** (0.0002)
城市固定效应	Yes	Yes	Yes	Yes
年份固定效应	Yes	Yes	Yes	Yes
样本数	1 440	1 320	1 440	1 320
R^2	0.3543	0.7313	0.7305	0.7370

注：括号内是城市层面的聚类稳健标准误，***、**、*分别表示在1%、5%与10%的统计水平上显著。

由表18-4的第（3）和第（4）列可知，空间自回归系数ρ显著为正，说明绿色经济发展水平存在显著正向空间关联效应和集聚效应，若使用OLS模型忽视地理因素和空间互动行为，容易造成估计偏误。而绿色经济发展水平的一阶滞后性系数均显著为正，说明被解释变量存在路径依赖效应。相比面板数据模型和空间静态模型，空间动态模型（4）更具有模型解释力，再次证实在政府环境责任与绿色经济影响效应的计量模型中引入空间效应和滞后项的必要性。

埃尔霍斯特（Elhorst，2014）指出SDM模型的空间溢出效应是全局效应，若根据全局效应得出的结果分析各因素的边际影响，会导致偏误产生。为准确识别解释变量和控制变量影响绿色经济的本地、邻地溢出效应，基于勒萨热和佩斯（Lesage and Pace，2009）提出的分解方法，采用本地效应和邻地效应来讨论各变量对绿色经济发展的不同作用。表18-5列出解释变量与控制变量的本地和邻地效应。结果显示，无论短期效应还是长期效应，政府环境责任对绿色经济发展水平的作用基本一致。政府环境责任（*Ger*）的估计系数均在1%水平上显著为正，这表明各地区绿色经济发展的变化既受到本地区政府环境责任履行的正向影响，也受到邻近地区政府环境责任履行的溢出影响，这也印证何爱平和安梦天（2019）的说法，强化政府环境责任的履行水平，有助于改善环境质量、促使本地经济的可持续发展，与习近平总书记提出的“绿水青山就是金山银山”理念不谋而合。另外正所谓“近朱者赤”，邻近地区也容易受到“关联效应”或者“示范效应”的间接影响。这是由于政府环境责任具有正向的空间溢出效应，即随着邻近地区加强其环境责任履行水平，会导致地区之间产生“逐顶竞争”效应，促进邻近地区的政府环境责任履行水平提升，进而对其绿色经济发展水平产生正向影响。另外，从表18-5结果的回归系数可知，政府环境责任的长期效应大于短期效应，说明政府环境责任对绿色经济发展的本地和邻地效应随着时间推移逐渐增强。原因在于，空间邻近地区有相似的宏观环境和政策背景，容易受到“边界效应”的影响，不断强化邻近地区之间的空间协同性（赵磊和方成，2021）。其他控制变量的回归结果表明，从产业结构来看，第二产业比重会对本地和邻地绿色经济产生抑制效应，但是本地效应结果不显著，这与第二产业中大部分产业具有高排放和高消耗特征相关。从城市化进程来看，城市建设面积的结果不显著，但城镇人口的增加能够显著抑制本地经济发展，对邻近地区的绿色经济发展有促进作用，其可能的原因是随着城镇人口的不断增加，城乡二元结构和城市户籍制度等一些失调现象抑制绿色经济发展，同时一些被迫“入城”的群体因技能不足等原因造成“非自愿”失业也会降低绿色经济发展水平。就政府科技支持力度而言，随着科学投入越多，本地绿色经济发展水平并没有提高，具有“遮掩效应”。从对外开放程度来看，外商投资额的提高会对本地绿色经济有显著正向促进作用，而对邻近地区绿色经济并无显著作用，这意味着对外开放程度加强有利于本地的技术进步，迈向创新型高质量发展，促进绿色经济发展水平提高。

表18-5　　政府环境责任与绿色经济的空间效应分解

解释变量	短期效应		长期效应	
	本地	邻地	本地	邻地
	(1)	(2)	(3)	(4)
Ger	0.6703*** (0.1264)	0.4718*** (0.1511)	0.7039*** (0.1284)	0.5942*** (0.1672)
Second	-0.0280 (0.0593)	-0.1594* (0.0824)	-0.0191 (0.0592)	-0.1704* (0.0888)

续表

解释变量	短期效应		长期效应	
	本地	邻地	本地	邻地
	(1)	(2)	(3)	(4)
Citizen	-0.6717*** (0.1124)	0.3722*** (0.1411)	-0.6565*** (0.1109)	0.3253** (0.1497)
Land	0.0366 (0.0881)	0.0589 (0.1211)	0.0404 (0.0890)	0.0686 (0.1321)
Pertec	-0.0012 (0.0048)	0.0085 (0.0062)	-0.0008 (0.0049)	0.0091 (0.0068)
Open	0.2938* (0.1748)	-0.0700 (0.2060)	0.2924* (0.1751)	-0.0413 (0.2227)
控制变量	Yes	Yes	Yes	Yes
城市固定效应	Yes	Yes	Yes	Yes
年份固定效应	Yes	Yes	Yes	Yes
样本数	1 320	1 320	1 320	1 320
R^2	0.3370	0.3370	0.3370	0.3370

注：括号内是城市层面的聚类稳健标准误，***、**、*分别表示在1%、5%与10%的统计水平上显著。

（二）政府环境责任的不同维度对绿色经济发展的影响

按照前文政府环境责任的内涵，政府环境责任主要体现在生态环境治理责任、生态环境监管责任和生态多元共治责任这三个维度，为此分析上述三个维度分别对绿色经济发展的影响，有助于补齐短板弱项，稳固地板，持续提升政府环境责任的履行水平，其本地、邻地效应的回归结果如表18-6所示。

表18-6　政府环境责任的不同维度对绿色经济影响的回归结果

项目	解释变量		生态环境治理责任	生态环境监管责任	生态多元共治责任
			(1)	(2)	(3)
短期效应	本地	*Ger*	0.9470*** (0.1918)	0.3852* (0.2187)	0.0211 (0.3041)
	邻地	*Ger*	0.8037*** (0.2394)	-0.2750 (0.2592)	0.0767 (0.3927)

续表

项目	解释变量		生态环境治理责任	生态环境监管责任	生态多元共治责任
			(1)	(2)	(3)
长期效应	本地	*Ger*	0.9950*** (0.1935)	0.3696* (0.2243)	0.0157 (0.3006)
	邻地	*Ger*	0.9649*** (0.2600)	-0.2465 (0.2977)	0.0828 (0.4282)
	ρ		0.0622* (0.0361)	0.0655* (0.0362)	0.0658* (0.0362)
	σ^2		0.0052*** (0.0002)	0.0054*** (0.0002)	0.0054*** (0.0002)
	控制变量		Yes	Yes	Yes
	城市固定效应		Yes	Yes	Yes
	年份固定效应		Yes	Yes	Yes
	样本数		1 320	1 320	1 320
R^2			0.3263	0.3131	0.3059

注：括号内是城市层面的聚类稳健标准误，***、**、*分别表示在1%、5%与10%的统计水平上显著。

其中，表18-6的第（1）列显示生态环境治理责任与政府环境责任的表现一致，在1%水平上显著为正，表明其能促进本地和邻地的绿色经济发展水平。根据生态环境治理责任的内容来看，生态环境治理责任着重于矫正粗放型经济发展方式，管理和指导经济发展中出现的问题，并对环境资源进行约束。政府强化其生态环境治理责任是改善环境质量的主要途径，也能间接促进绿色经济发展水平的提升。此外，生态环境治理责任履行水平的提升产生了正向空间溢出效应。这是由于自然环境存在动态性等特点，会使邻近地区环境也存在受益现象，从而促进邻近地区绿色经济发展。第（2）列表示生态环境监管责任的强化对本地的绿色经济发展水平具有显著提升作用，对邻地的绿色经济发展水平具有抑制作用，但是未通过10%显著性水平检验。从对其内容进行考察发现，生态环境监管包括技术监测和人力监管，其中人力监管涉及对企业生产活动的监督执法。随着生态环境监管责任履行水平的增强，企业进行污染治理和绿色技术创新，间接改善环境质量，从而促进绿色经济发展水平的提升。但高强度的生态环境监管责任容易引发“污染避难所”效应，高污染企业向邻近地区产业转移，可能会对邻地的绿色经济发展水平具有制约作用。最后，第（3）列表示生态多元共治责任对本地绿色经济发展水平的提升作用不显著，且对邻近地区绿色经济发展水平的正向溢出效应也不显著。其中的原因可能是生态多元共治责任主要关注于公众环保意识的增强，但目前公众的环保意识尚未形成，由此政府环境责任在生态多元共治的维度上对绿色经济发展的正向影响和溢出效应难以显现。

三、稳健性检验

（一）替换被解释变量的度量方式

在已有研究中，除了本章所使用的方向距离函数测量绿色经济发展水平外，常用方法还有采用 SBM - Malmquist - Luenberger 指数法来测算。参考李小胜和安庆贤（2012）以及史丹和李少林（2020）的研究，使用劳动力、资本和能源作为投入，GDP 作为期望产出，“三废”排放量作为非期望产出，构造 SBM - DEA 模型度量绿色经济发展水平，并通过式（18.2）重新检验，其回归结果如表 18 - 7 所示。

表 18 - 7　替换被解释变量的回归结果

解释变量			政府环境责任	生态环境治理责任	生态环境监管责任	生态多元共治责任
			（1）	（2）	（3）	（4）
短期效应	本地	*Ger*	0.9745*** （0.2690）	1.2205*** （0.4243）	0.8579* （0.4819）	0.8232 （0.6500）
	邻地	*Ger*	0.9418*** （0.3363）	1.7002*** （0.5370）	-0.0320 （0.6129）	0.5577 （0.8927）
长期效应	本地	*Ger*	1.4223*** （0.3841）	1.2675*** （0.4286）	0.8643* （0.4916）	0.8110 （0.6512）
	邻地	*Ger*	1.5141*** （0.5125）	1.8373*** （0.5642）	-0.0325 （0.6628）	0.5305 （0.9436）
	ρ		0.1854*** （0.0287）	0.1894*** （0.0288）	0.1980*** （0.0288）	0.1967*** （0.0288）
	σ^2		0.0243*** （0.0009）	0.0253*** （0.0009）	0.0255*** （0.0009）	0.0255*** （0.0009）

续表

解释变量		政府环境责任	生态环境治理责任	生态环境监管责任	生态多元共治责任
		(1)	(2)	(3)	(4)
长期效应	控制变量	Yes	Yes	Yes	Yes
	城市固定效应	Yes	Yes	Yes	Yes
	年份固定效应	Yes	Yes	Yes	Yes
	样本数	1 320	1 320	1 320	1 320
R^2		0.2701	0.1035	0.1020	0.1062

注：括号内是城市层面的聚类稳健标准误，***、**、*分别表示在1%、5%与10%的统计水平上显著。

从回归结果表18－7中看出，第（1）、（2）列的政府环境责任和生态环境治理责任的系数均在1%水平上显著为正，说明政府环境责任和生态环境治理责任均能显著提升绿色经济发展水平。生态环境监管责任的本地效应系数在10%水平上显著为正，而邻地效应系数为负，但不显著，该回归结果与前文保持一致。生态多元共治责任系数为正，但均不显著，结果也再次证明前文结果的稳健性。

（二）更换空间权重矩阵

前文分析了空间权重矩阵为地理邻接矩阵的回归结果，但空间计量模型对于空间权重矩阵的选择具有敏感性。为此，使用基于城市间经纬度距离构建相应的地理反距离矩阵替换前文所用的空间权重矩阵。地理反距离矩阵设定如下：

$$w_{ij}=\begin{cases}\dfrac{1}{d_{ij}}, & i\neq j\\ 0, & i=j\end{cases} \tag{18.5}$$

其中，d_{ij}表示城市i和城市j之间的经纬度坐标距离。表18－8列出了在地理反距离矩阵下的政府环境责任及其三个维度对绿色经济发展的空间溢出回归结果。从表18－8的回归结果看出，政府环境责任和生态环境治理责任对绿色经济存在明显直接效应和空间溢出效应，并且溢出方向与前文的回归结果一致。而生态环境监管责任对本地绿色经济影响的回归系数在1%显著水平上为正，但对邻地绿色经济发展无明显效果。最后，生态多元共治责任的回归系数也是均为正，但均不显著，这与前文的研究结果保持一致，故认为本章的基准回归结果是稳健的。

表 18-8　　替换空间权重矩阵的回归结果

解释变量	W = W距离			
	政府环境责任	生态环境治理责任	生态环境监管责任	生态多元共治责任
	(1)	(2)	(3)	(4)
L. Gtfp	0.8319** (0.3716)	0.6796* (0.3703)	1.5223*** (0.0206)	1.4800*** (0.0206)
Ger	0.7568*** (0.1335)	1.0402*** (0.2056)	6.5559*** (1.0730)	0.1097 (0.2038)
W × Ger	3.1759*** (1.1285)	0.8953* (0.5390)	-0.1233 (0.1491)	1.8240 (1.2264)
ρ	0.0318** (0.0148)	0.0038* (0.0019)	3.4541*** (0.1366)	1.8309*** (0.1369)
σ^2	0.0054*** (0.0002)	0.0022*** (0.0001)	0.0054*** (0.0002)	0.0022*** (0.0001)
控制变量	Yes	Yes	Yes	Yes
城市固定效应	Yes	Yes	Yes	Yes
年份固定效应	Yes	Yes	Yes	Yes
样本数	1 320	1 320	1 320	1 320
R^2	0.3003	0.2323	0.1050	0.1780

注：括号内是城市层面的聚类稳健标准误，***、**、* 分别表示在 1%、5% 与 10% 的统计水平上显著。

（三）克服内生性问题

本章所构建的模型可能存在反向因果，即存在高水平的绿色经济发展反向促进本地政府环境责任履行水平提高的担忧。为保证实证结论的可靠性不会受到联立内生性问题的影响，借鉴韩枫等（Han et al., 2018）以及韩峰和阳立高（2020）的做法，选取合适的工具变量，利用系统 GMM 方法，以地理邻接矩阵的空间动态模型重新对基准模型进行估计。基于系统 GMM 方法的宽松假设，首先采用解释变量的三期滞后项作为工具变量。为控制政府环境责任的内生性，除了使用时间滞后变量作为工具变量之外，还参考董直庆和王辉（2019）的做法，采用地区降水量作为政府环境责任的工具变量。根据康恒元等（2017）和周景坤

（2017）的研究发现，地区降水量与当地的环境质量存在显著的正向相关关系。理论上认为，降水量小的城市，其城市的大气污染越严重，进而倒逼地方政府强化其环境责任的履行情况，因此认为政府环境责任的履行水平与降水量存在相关性。降水量仅受自然环境的影响，明显外生于绿色经济发展水平。而降水量的大小除了通过政府环境责任履行水平进而影响绿色经济发展水平，与绿色经济发展之间不存在其他作用机制，满足工具变量法的排他性。系统 GMM 估计结果如表 18－9 所示。

表 18－9　　　空间动态面板系统 GMM 的回归结果

解释变量	时间滞后变量为工具变量	时间滞后变量和外生性指标为工具变量
	（1）	（2）
L. Gtfp	0.9901 *** （0.0061）	0.9909 *** （0.0061）
Ger	0.0129 *** （0.0034）	0.0131 *** （0.0034）
W × *Ger*	0.1831 *** （0.0540）	0.1534 *** （0.0511）
ρ	2.3976 *** （0.3692）	2.6949 *** （0.3335）
AR（1）	0.000	0.000
AR（2）	0.309	0.299
Hansen test	0.353	0.322
控制变量	Yes	Yes
城市固定效应	Yes	Yes
年份固定效应	Yes	Yes
样本数	1 320	1 320

注：括号内是城市层面的聚类稳健标准误，***、**、* 分别表示在 1%、5% 与 10% 的统计水平上显著。AR（1）、AR（2）和 Hansen test 分别为 Arellano－Bond test for AR（1）、AR（2）和 Hansen test 的概率值。

根据表 18－9 的结果可知，AR（1）的检验统计量的 P 值小于 0.05，但 AR（2）的检验统计量的 P 值大于 0.1，说明不存在二阶自相关。Hansen 检验统计量的 P 率值大于 0.1，说明所选择的工具变量是有效的。可见空间动态面板系统 GMM

的回归结果具有合理性和可靠性，选取的工具变量也具有可取性。从表 18－9 的第（1）和第（2）列来看，无论选取解释变量的三期滞后项还是选取时间滞后项和外生性指标同时作为工具变量，政府环境责任与前文的基准回归结果保持一致，进一步论证前文的研究结论是稳健的。

第五节　进一步讨论

一、效应机制检验

根据前文的理论分析，政府环境责任的履行水平通过两条路径来影响绿色经济发展，即政府环境责任的“倒逼效应”和“引导效应”。一方面，政府环境责任的强化会诱发企业进行绿色技术创新，在一定程度上迫使企业提升生产效率，增强产业竞争力，推动绿色经济发展。另一方面，政府通过信息公开和环境宣教等手段，增强公众的环保意识，提高对环境风险的识别能力，积极行使其监督权，间接给“三高”企业施压，遏制环境污染，促进绿色经济发展。为证明上述机制的存在，本章采用中介效应模型进行实证检验。

（一）政府环境责任的“倒逼”效应检验

企业是创造经济财富的核心载体，也是协调经济发展和环境保护的重要主体。政府环境责任是如何通过影响企业行为来促进绿色发展，也是如今的重点关注问题。从前文的理论分析可知，政府环境责任的强化会使得企业承担高昂的环境遵循成本，进而“倒逼”企业通过提升绿色创新能力的方式来改良生产工艺，从源头控制环境污染，降低经济活动对生态环境的损害。为此，本章采用世界知识产权组织（WIPO）公布的绿色专利标准，在国家知识产权网站手工收集 120 个城市的绿色实用专利授权量（*Innovation*），并对其对数化处理，以此衡量城市的绿色技术创新能力。具体回归结果如表 18－10 所示。

根据表 18－10 的回归结果可知，第（1）列是政府环境责任履行对绿色技术创新的影响机制，政府环境责任（*Ger*）的回归系数在 5% 显著水平上为正，说明地方政府积极履行环境责任能激励企业开展绿色创新活动。第（2）列表明，加入绿色技术创新变量后，政府环境责任（*Ger*）和绿色技术创新（*Innovation*）的估计系数均在 1% 水平上显著，政府环境责任的估计系数小于基准回归中政府环境责任的估计系数，说明绿色技术创新在整个模型中起到部分中介效应。上述结论表明，政府环境责任通过“倒逼效应”促进绿色经济发展水平的提升。

表 18－10　　政府环境责任效应机制的回归结果

变量	(1)	(2)	(3)	(4)
	Innovation	*Gtfp*	*Public*	*Gtfp*
Ger	0.0579** (0.0261)	0.4261*** (0.1275)	0.4490* (0.2363)	0.6348*** (0.1247)
Innovation		0.0257*** (0.0041)		
Public				0.0006*** (0.0002)
W × *Ger*	−0.0885** (0.0349)	0.5074*** (0.1667)	0.1573 (0.1856)	0.5109*** (0.1603)
W × *Innovation*		−0.0060 (0.0060)		
W × *Public*				−0.0005** (0.0002)
ρ	0.1616*** (0.0302)	0.0971*** (0.0284)	0.3360*** (0.0237)	0.0985*** (0.0284)
σ^2	0.0763*** (0.0029)	0.0046*** (0.0002)	0.0104*** (0.0004)	0.0047*** (0.0002)
控制变量	Yes	Yes	Yes	Yes
城市固定效应	Yes	Yes	Yes	Yes
年份固定效应	Yes	Yes	Yes	Yes
样本数	1 440	1 320	1 440	1 320
R^2	0.1984	0.1384	0.1004	0.1322

注：括号内是城市层面的聚类稳健标准误，***、**、* 分别表示在 1%、5% 与 10% 的统计水平上显著。

（二）政府环境责任的“引导”效应检验

在中国社会科学院社会所公布的《全国公众环境意识调查报告》中显示环境

污染为目前公众关注的四大问题之一，表明生态文明理念在全社会得到普及，公众绿色化理念明显加强，与国家以及地方政府大力宣传生态文明理念密切相关。一方面，公众参与环保活动积极性变高，既能协助政府监督企业的生产活动行为，又能避免地方政府给企业当“保护伞”的行为；另一方面，公众环保意识的增强给“三高”企业带来巨大的舆论压力，迫使企业绿色转型，促进绿色技术的发展。为检验政府环境责任水平对公众参与的效应机制，参考蔡乌赶和李青青（2019）与张国兴等（2019）的研究，使用公众环境信访量（*Public*）并对其进行对数化处理来代表公众参与度。表 18 - 10 列出了以公众参与为中介变量的回归结果。

根据表 18 - 10 第（3）列的结果显示，以公众参与（*Public*）为被解释变量，政府环境责任履行水平（*Ger*）的估计系数为 0.4490，并在 10% 水平上显著，说明政府环境责任的强化能有效促进公众参与。根据第（4）列的结果，政府环境责任（*Ger*）与公众参与（*Public*）的系数均为正，且在 1% 水平上显著，说明公众参与（*Public*）起到部分中介效应。由此可见，政府环境责任通过动员公众参与各类环保活动，积极使用其监督权，推动绿色经济发展。

二、地区异质性分析

（一）基于政治约束的分析

在中国现有的城市体系中，省会城市和直辖市往往受到更强的政治约束。主要原因在于，一方面，直辖市受到中央政府的直接管控和监督，其政治性比其他城市更强；另一方面，省会城市往往也会受到省级政府的过度关注（李鹏升和陈艳莹，2019）。相比于其他地级市，直辖市和省会城市面对中央政府的环境政策号召，往往要先做出表率，其环境责任履行力度更加严格。基于此，通过构造政治约束的虚拟变量（*Level*），若该城市为直辖市或省会城市，则为强政治约束城市，*Level* 取值为 1；反之为弱政治约束城市，取值为 0。在基准回归中加入政府环境责任与政治约束虚拟变量的交互项，探究城市的政治约束性对政府环境责任与绿色经济发展关系所产生影响，结果如表 18 - 11 所示。

根据回归结果显示，第（1）、（2）、（4）列中 $Level \times Ger$ 的回归系数分别在 1% 和 5% 水平上显著为正，而第（3）列交互项的回归系数不显著，这说明在省会城市和直辖市，政府环境责任履行水平对绿色经济发展的正向影响更明显。从政府环境责任的三个维度来看，政治约束强化能够影响生态环境治理责任和生态多元共治责任对绿色经济发展的提升，而政治约束力强的地区在生态环境监管上并未促进绿色经济发展水平。其主要原因在于强政治约束城市的行为准则会受到上级政府的约束和社会舆论的高度重视。这类城市环境偏好性会更强，城市居民的环境行为参与度会更高（席鹏辉，2017），自身的政府环境责任履行水平也高于其他非直辖市或者省会城市。政府环境责任、生态环境治理责任和生态多元共治责任在政治约束强的城市对绿色经济发展的影响更强。

表 18-11　　政治约束影响的回归结果

解释变量	政府环境责任	生态环境治理责任	生态环境监管责任	生态多元共治责任
	(1)	(2)	(3)	(4)
L. Gtfp	0.1345** (0.0580)	0.1147** (0.0579)	0.1630*** (0.0584)	0.1370** (0.0585)
Ger	0.3180* (0.1843)	0.1967 (0.3244)	0.4495* (0.2703)	-0.4820 (0.3847)
Level × *Ger*	0.6029*** (0.2319)	0.8399** (0.3305)	-0.3720 (0.4747)	1.4378** (0.6295)
ρ	0.0627* (0.0361)	0.0701* (0.0360)	0.0695* (0.0362)	0.0659* (0.0362)
σ^2	0.0052*** (0.0002)	0.0051*** (0.0002)	0.0053*** (0.0002)	0.0054*** (0.0002)
控制变量	Yes	Yes	Yes	Yes
城市固定效应	Yes	Yes	Yes	Yes
年份固定效应	Yes	Yes	Yes	Yes
样本数	1 320	1 320	1 320	1 320
R^2	0.1675	0.1419	0.1019	0.1045

注：括号内是城市层面的聚类稳健标准误，***、**、* 分别表示在 1%、5% 与 10% 的统计水平上显著。

（二）基于市场化水平的分析

市场化程度影响企业的生产活动和政府的政策制度。市场化水平高的地区有着良好的资源配置环境，提供积极的外部环境，减少企业环保不作为乱作为的行为（李毅等，2020）。由于市场化涉及经济、社会等全方面变革，为刻画地区市场化水平，采用王小鲁等（2019）所测度的市场化指数，以衡量地方政府的市场化水平（*Market*）。为考察不同地区的市场化水平，其政府环境责任对绿色经济发展的异质性影响，在式（18.2）中加入市场化水平与政府环境责任的交互项 $Market \times Ger$，回归结果如表 18－12 所示。

表 18－12　　　　市场水平影响的回归结果

解释变量	政府环境责任	生态环境治理责任	生态环境监管责任	生态多元共治责任
	(1)	(2)	(3)	(4)
L. Gtfp	0.1039* (0.0578)	0.1040* (0.0581)	0.1489** (0.0583)	0.1229** (0.0583)
Ger	－1.2466** (0.5296)	－1.9755** (0.8784)	－0.4493 (0.7601)	－4.1280*** (1.3881)
$Market \times Ger$	0.1491*** (0.0403)	0.2145*** (0.0632)	0.0761 (0.0686)	0.4011*** (0.1307)
ρ	0.0618* (0.0361)	0.0632* (0.0361)	0.0677* (0.0362)	0.0666* (0.0361)
σ^2	0.0052*** (0.0002)	0.0052*** (0.0002)	0.0053*** (0.0002)	0.0053*** (0.0002)
控制变量	Yes	Yes	Yes	Yes
城市固定效应	Yes	Yes	Yes	Yes
年份固定效应	Yes	Yes	Yes	Yes
样本数	1 320	1 320	1 320	1 320
R^2	0.1361	0.1232	0.1140	0.1142

注：括号内是城市层面的聚类稳健标准误，***、**、* 分别表示在 1%、5% 与 10% 的统计水平上显著。

从表 18－12 的第（1）列结果显示，$Market \times Ger$ 的回归系数为 0.1491，在 1% 水平上显著，意味着市场水平高的城市，政府环境责任履行水平对绿色经济发展具有更加明显的正向促进作用。第（2）～（4）列显示政府环境责任的三个维度的回归结果，其中生态环境治理责任和生态多元共治责任与市场化水平的交互项的估计系数在 1% 水平上显著为正，说明市场化水平促进生态环境治理责任水平和生态多元共治责任水平对绿色经济发展的正向效应。而生态环境监管责任与市场化水平的交互项的回归系数不显著，表明市场化水平未能在生态环境监管责任与绿色经济发展水平之间存在促进作用。这可能是因为随着地区市场化水平的提高，一方面企业受到政府干预变少但市场主体会对企业经营决策影响变大，意味着地方政府积极履行环境责任会导致公众对生态环境要求的提高，从而遏制企业的污染行为，对绿色经济发展产生积极效应；另一方面，市场化水平提高会凸显日益严重的环境问题，政府为了营造良好的环境而不断加大环境治理力度，改善生态环境治理，从而促进绿色发展水平的提升（郭爱君和张娜，2020）。

第十九章

府际流域治理中政府环境责任的演化博弈研究

第一节 问题提出

推进国家治理体系和治理能力现代化建设是中国全面深化改革的目标，履行政府环境责任作为国家治理体系的重要组成部分，政府开展协同治理是实现国家治理能力现代化的必然要求。为不断深化地方政府的环境责任履行水平，提升区域综合治理能力，中央政府针对跨域环境污染问题相继发布《关于推进大气污染联防联控工作改善区域空气质量的指导意见》《国家环境保护“十三五”规划》等综合性文件（李辉等，2021）。如在《大气污染防治行动计划》中明确指出“建立京津冀、长三角区域大气污染防治协作机制，由区域内省级人民政府和国务院有关部门参加，协调解决区域突出环境问题”。国务院在《中华人民共和国国民经济和社会发展第十四个五年规划和2035年远景目标纲要》中也提出：“深入打好污染防治攻坚战，继续开展污染防治行动，坚持源头防治、综合施策，强化多污染物协同控制和区域协同治理，完善水污染防治流域协同机制”的指导方针。为了切实改善水流域的环境质量，激发地方政府落实流域保护治理责任的积极性和主动性，国务院出台的《“十四五”重点流域水环境综合治理规划》，进一步明确了“构建流域上下游、左右岸协调联动机制，深化流域协同治理”的目标。

根据《中国环境公报》披露的数据考察流域水污染现状。2008年，中国境内七大水系中的409个断面中，Ⅰ～Ⅲ类、Ⅳ～Ⅴ类和劣Ⅴ类的水质断面比例分别为55.0%、24.2%和20.8%，这表明全国有近半数的水质断面检测结果不达标。截至2019年，在全国1 931个水质断面中，Ⅰ～Ⅲ类的水质占比达74.9%，Ⅳ～Ⅴ类和劣Ⅴ类占比分别为21.7%和3.4%，这期间水质未达标比例从45.0%缩减到25.1%，表明国家自从渐进性推行河长制后，水污染治理强度也不断提升，十多年的治水过程取得了阶段性成功。然而总体水质的改善却难以掩盖部分流域水污染依旧严重的状况，如七大水系中松辽、海河以及淮河流域中的Ⅳ、Ⅴ和劣Ⅴ的断面比例分别为45.7%、48.1%和36.4%。同时跨域面积广的流域中不同河段的水质情况天差地别，如长三角、黄河中下游污染严重，远远高于全国平均污染水平。自从2008年江苏省政府率先在太湖流域推广河长制，取得成功先例后，一方面全国诸多省份相继学习治水经验，河长制逐渐推广施行。另一方面，法律法规也日趋完善，2008年《中华人民共和国水污染防治法》修订法案正式颁布施行，并随着环境影响评价制度及排污许可制度的逐步完善，共同组成中国流域水污染治理框架的中流砥柱。至此，中国的流域水污染治理从无序状态逐渐趋于有法可依、秩序井然、权责清晰的状态。2018年，中央政府将原环境保护部的全部职责和其他六部门职责整合，组建生态环境部，并依据《关于全面推行河长制的意见》①，在中国31个省份全面推行河长制，明确建立省、市、县、乡、村的五级河长体系，旨在打通河长制的“最后一公里”。

以河长制为代表的属地治理模式在学界展开了广泛的讨论，沈坤荣和金刚（2018）利用地方政府渐进性推行河长制这一行为作为准自然实验，选取国控断面的2006～2016年数据，运用双重差分法评估河长制在地方治水实践过程中的水污染治理效果。其研究结果表明，河长制能够显著提升水中的溶解氧、缓解水体黑臭等问题，达到了初步的水污染治理效果，但并未有效降低水中的深度污染物。这意味着流域水污染问题未从根本上得到解决，究其原因可能是地方政府的粉饰性治污行为。李强和王琰（2020）分析长江经济带的城市面板数据表明河长制对环境污染具有明显的抑制作用，能够显著改善生态环境质量，同时也存在明显的区域异质性，为此提出构建长江流域上中下游差异化的环境管理网络，逐步完善全域生态分权治理体系。与其类似的是，王班班等（2020）对于河长制的研究表明河长制实施在不同政策扩散模式下所产生的效果不同，在“向上扩散”和“自发首创”地区主要通过降低企业产出而不是增强废水处理能力的方式来实现

① 国务院办公厅：《关于全面推行河长制的意见》，2016年12月11日。

减排效果，这意味着地方政府需要切实落实治污配套设施，将减排压力转化为流域水污染的治理能力。而在“平行扩散”地区既不能降低企业产出，也不会产生减排效应。这表明在平行政府之间仅愿意付出较小的经济成本，导致总体治污效果不显著。整体而言，虽然以河长制为支柱的水污染治理体系存在缺陷与漏洞，但仍存有变革与提升的空间。

地方政府在流域水污染问题上的属地治理模式存在缺陷，这致使流域合作治理成为必然。一方面，由于水资源具有流动性、流域面积具有发散性，与此相对应的水污染也同时具有流动性和外溢性，其遵循污染排放由上游累积到下游，由污染源扩散到周边的自然规律。其影响范围往往突破行政边界，蔓延到其他行政区，甚至由于行政区域内水源构成错综复杂，省际以及城际间的水污染交互影响，造成水污染治理难度不断增加（Cai et al.，2016）。另一方面，河长制究其根本还是一种属地治理模式，在这一背景下，水污染的外溢性会造成区域水污染治理的责任界定模糊（任敏，2015）。基于此，中国以河长制为支柱的水污染治理模式之所以出现流域内跨行政区的“搭便车”现象以及流域综合治水不力等问题，原因是存在水污染跨行政区域外溢性与河长制属地治理这一根本矛盾。而只有突破行政边界，形成流域内上游与下游，中心与周边的合作治理模式，才能从根本上解决流域水污染问题。

2008 年《淮河、海河、辽河、巢湖、滇池、黄河中上游等重点流域水污染防治规划（2006～2010 年）》正式实施，流域联合治水初次被纳入防治计划①。而后 2011 年“十二五”规划再次强调重点流域内的水污染防治与联防联控，随之《水污染防治法》修改以及 2015 年《水污染防治计划》相应出台，提出完善流域协作机制，建立健全部门、区域、海域水环境保护议事协调机制。其中重点要求建立京津冀、长三角、珠三角等区域水污染防治联动协作机制。相应地，在法律法规、政策文件的指引下，2008 年至今，京津冀蒙、长三角、宁陕晋、川渝、两广等地区都进行了不同程度的流域水污染合作治理的初步试验②。但是王班班等（2020）的研究指出，目前现有的法律法规政策等仅是框架性文件，并未对流域内区域、省份进行详尽部署，也未将协调与合作具体机制进行安排，促进流域水污染合作治理的作用有限③。同时根据生态环境部发布的要闻动态来看，省份、城市间关于流域水污染合作治理的次数依旧有限，仍处于起步阶段，合作

---

① 2006 年起，国家每五年出台一部《重点流域水污染防治规划》。就 2016～2020 年最新的《重点流域水污染防治规划》来看，中国正积极构建全流域、全地域、全过程的流域水污染协同防治规划。

② 参见生态环境部、各省生态环保厅关于联合治水公告等。

③ 以 2016～2020 年《重点流域水污染防治规划》长江流域规划分区为例，该分区涵盖了流域内所有 17 个流经省份、628 个控制单元。现有分区体现了初步规划中流域划分的全面性，但同时欠缺相应的针对性。

治理的深度和广度有待提升。不难发现，整体性的回应诉求与碎片化的行政阻滞是目前中国流域水污染治理过程中的一对现实张力，而整体性治理所主张的价值取向、运行机制能够有效解决行政治理的碎片化问题，破除“单打蛮干”的独赢思维，不断增进流域内政府间的合作博弈共识（肖攀等，2021）。

本章基于流域水污染治理视角来探析政府在履行环境责任过程中的合作治理问题，试图构建府际演化博弈模型对流域水污染治理过程中所涉及的上游政府、下游政府之间的合作博弈行为进行分析，对其稳定策略和演化路径进行模拟仿真，并讨论影响上、下游政府选择“积极履行”环境责任策略的因素。通过分析中国境内流域的水质状况，本章对水质较差的流域或地区提出相应的省际流域合作治理分区方案，着力解决中国目前以河长制为支柱的水污染属地治理模式所难以解决的“搭便车”、治理不力等问题。本章的研究贡献主要如下：第一，结合现有公开资料，构建府际合作视角下的流域水污染治理的演化博弈模型，通过演化博弈的分析范式进一步阐明上、下游政府均“积极履行”环境责任才是稳定的策略组合。第二，基于所构造的博弈模型进行模拟仿真，对上、下游政府在流域合作治理过程中履行环境责任的影响因素展开深度探析。第三，针对中国目前以河长制为支柱的流域水污染治理模式，所出现的流域内跨行政区的“搭便车”现象以及流域综合治理不力等问题，本章提出七个省际合作治理的分区方案，以期不断优化和完善中国省级政府之间的流域水污染合作治理方案。

第二节　府际合作治理的演化博弈行为分析

一、府际合作治理的演化博弈假设讨论

（一）流域环境容量有限性假设

流域水资源的环境容量是指流域水资源环境在保持自身平衡条件下，所具有将污染物转化为无害物的容量限度。由于流域水资源的环境容量有限，一旦超过其能承受的最大限度，会造成环境恶化，且这种恶化不可逆。正是因为流域水资源环境容量的有限性（李胜和陈晓春，2011），流域内的上、下游政府在合作治理过程中经常存在相互竞争和博弈的场面。也就是说，当流域内上、下游地区的

污染排放量超过该流域的环境容量限度时，上、下游地区对于环境资源的需求也将逐步增大，也就会导致其稀缺性越发明显。

另外，由于流域内上、下游政府间存在同向外部效应，也就是说，任意一方对流域水生态环境造成破坏，需要双方都承受所造成的危害；反之，一方政府履行了环境责任，则双方共同受益（钱忠好和任慧莉，2015）。在这种复杂背景下，地方政府履行环境责任的行为博弈策略也就存在多种可能。根据流域内的上、下游政府是否履行环境责任，本章将其选择策略集分为｛积极履行，消极履行｝两种。虽然实际情况可能存在多主体共同进行博弈，为简化分析，本章只讨论某一流域内存在两个相邻地区的情形，其行政主体分别是上游政府和下游政府，并在中央政府监督下，上、下游地方政府进行合作博弈。不妨假设，L_1 和 L_2 分别表示上、下游政府“积极履行”环境责任后污染物的减排量。H_1 和 H_2 分别表示上、下游政府“消极履行”环境责任后污染物的增排量。当上游政府选择不同的环境保护行为时，θ 为上游政府对下游政府的外部效应（何奇龙等，2020）。

（二）政府政治经济人假设

亚当·斯密在《国富论》中指出：“我们每天需要的食物和饮料，不是出自屠户、酿酒家和面包师的恩惠，而是出于他们自利的打算”。这表明社会中的每一个人都是经济人，其行为和思考都是在经济理性的驱使下来实现个体利益的最大化目标。而政府作为社会公共意志的代表，同时也被认为是公共利益的代表。但布坎南却率先对“仁慈政府”的假设提出疑问，指出政府是政治经济人的代表，是追求自身利益最大化的组织。与单一维度的经济个体相比，政府所追求的不仅包含财富的积累还包括政治地位的晋升。不难发现，每一级政府都是一个利益集团，一方面需要完成辖区内的经济任务，履行社会管理职责，另一方面，又需要在仕途上获得晋升和政治支持最大化（李胜，2017）。

基于上述思想，不妨假定流域内的上、下游政府独立于环境保护策略的基础收益分别为 R_1 和 R_2。C_1 为上游政府履行环境责任的成本，其中包括组织、人力成本，也包括履行环境责任在短期内对经济增长的一些负面作用。C_2 为下游政府履行环境责任的成本，包括组织和人力成本以及对上游政府的监督成本。当地方政府积极履行环境责任，实施流域保护策略后，上、下游政府所获取的生态收益分别为 ΔR_1 和 ΔR_2。另外，下游地区因经济发展和生活水平的需要，对水质环境的要求较高且在一定程度上愿意付费（郑密等，2021）。自从党的十八大以来，针对流域生态保护提出了建立并完善流域生态补偿机制的要求，如“推动建立跨区域、跨流域生态补偿机制”“落实生态补偿和生态环境损害赔偿制度”等，旨在从根本上调整上、下游地区的利益关系（王宏利等，2021）。因此，本章假定当上游政府积极履行环境责任后，下游政府会对上游政府进行生态补偿，其生态补偿费用为 E。马骏等（2021），刘春芳等（2021）的研究发现，建立健全流域生态补偿机制是促进流域内上、下游地区之间协同合作的主要保障，也是实现流域生态环境保护效益和经济效益的“双赢”途径。

（三）参与主体有限理性假设

在跨行政区流域水污染合作治理过程中，地方政府作为博弈参与者会受到所处环境、自身认知能力等因素影响，难以作出完全理性的最优策略选择。如西蒙（Simon，1957）所言，在一般情况下，“完全理性”难实现，“有限理性”比“完全理性”更贴近现实情形，应以目标函数达到“满意”而非“最优”作为行为决策的准则（孙学涛等，2018），因此，地方政府之间很难实现完全理性。另外，地方政府的收益不仅取决于自身行为策略，也会受到邻近政府的行为策略影响。当上、下游政府都采取“积极（消极）履行”环境责任的保护策略时，流域水生态环境的提升（下降）所带来的收益（损失）存在协同放大效应，此时，中央政府会对上、下游政府进行奖励（处罚）。当上、下游政府分别采取不同的环境保护策略时，积极履行环境责任的一方不仅需要承担流域水污染治理的成本，还需要承担相邻政府所产生的污染物带来的负外部效应，而消极履行环境责任的一方，不仅没有流域水污染治理所产生的成本负担，还能坐享相邻政府积极履行环境责任的正外部效应，容易产生“公地悲剧”问题。

另外，由于水污染治理具有无边界性，流域内任一方治理后，其他地区也受益，这为地方政府创造了“搭便车”的条件。因此，中央政府为避免此类问题的发生，仅对上、下游政府中积极履行环境责任的一方，进行奖励，记为 J；相应地，仅对上、下游政府中消极履行环境责任的一方，进行惩罚，记为 P。相反，若上、下游政府都采取“积极（消极）履行”环境责任的保护策略时，流域水生态环境的提升（下降）所带来的收益（损失）存在协同放大效应，W 表示中央政府对上、下游政府进行额外的奖励（处罚）。同时，《环保法》明确规定了地方政府需对本区域的环境质量负责，为了推动地方政府积极履行环境责任，便于中央政府通过纵向问责机制的方式考察，η 表示地方政府环境责任履行绩效考察在中央政府政绩考核体系中的占比。基于上述三个方面的假设，本章列出上、下游政府间的演化博弈模型中所涉及的相关损益参数假设及含义，如表 19 - 1 所示。

表 19-1　上、下游政府间演化博弈的损益参数指标

参数指标	指标含义
C_1	上游政府履行环境责任的成本
C_2	下游政府履行环境责任的成本
R_1	上游政府独立于环境责任策略的基础收益
R_2	下游政府独立于环境责任策略的基础收益
ΔR_1	上游政府积极履行环境责任后所新增的生态收益
ΔR_2	下游政府积极履行环境责任后所新增的生态收益
E	下游政府给予上游政府的生态补偿
L_1	上游政府积极履行环境责任后污染物的减排量
L_2	下游政府积极履行环境责任后污染物的减排量
H_1	上游政府消极履行环境责任后污染物的增排量
H_2	下游政府消极履行环境责任后污染物的增排量
θ	上游政府对于下游政府的外部效应系数
η	政府环境责任履行绩效在中央政府政绩考核体系中的占比
P	上、下游政府中有且仅有一方消极履行环境责任时受到的惩罚
J	上、下游政府中有且仅有一方积极履行环境责任时受到的奖励
W	上、下游政府同时积极（消极）履行环境责任时受到的奖励（惩罚）

根据利益最大化原则，本章列出了上、下游政府“积极履行”和“消极履行”环境责任这两种情形下的演化博弈支付矩阵，结果如表 19-2 所示。其中，每个表格中的第一个函数项表示上游政府的收益，第二个函数项表示下游政府的收益。

表 19-2　上、下游政府间履行环境责任的演化博弈支付矩阵

演化博弈双方及其策略		下游政府	
		积极履行	消极履行
上游政府	积极履行	$R_1+\Delta R_1-C_1+E+\eta L_1+W$, $R_2+\Delta R_2-C_2-E+\eta(L_2+\theta L_1)+W$	$R_1+\Delta R_1-C_1+\eta L_1+J$, $R_2+\Delta R_2+\eta(-H_2+\theta L_1)-P$
	消极履行	$R_1+E-\eta H_1-P$, $R_2-E-C_2+\eta(L_2-\theta H_1)+J$	$R_1-\eta H_1-W$, $R_2-\eta(H_2+\theta H_1)-W$

二、府际合作治理的演化博弈模型构建

（一）演化博弈模型构建

纳什均衡问题（Nash equilibrium problem，NEP）是现代博弈论的核心问题之一，也是最早囊括较完整的演化博弈思想的理论结果。演化博弈理论是把博弈理论分析和动态演化过程分析结合起来的一种理论。在演化博弈模型中不要求每个决策者都完全理性，也没有要求具备完全信息的条件，通过对每个决策者之间的不同决策进行动态分析，最终产生决策之间的相互作用演化的决策组合。地方政府作为有限理性的主体，在流域生态环境治理中通常是以自身利益最大化为出发点，经过反复博弈后选择其中一种最优策略。不妨假设，上游政府选择“积极履行”环境责任的概率为 x，选择“消极履行”环境责任的概率为 $1-x$；下游政府选择“积极履行”环境责任的概率为 y，选择“消极履行”环境责任的概率为 $1-y$，其中 x、$1-x$、y 和 $1-y$ 均在［0，1］区间内，且是关于时间 t 的函数。借助支付函数矩阵（见表 19-2），用复制动态方程模拟上、下游政府在有限理性条件下区域环境合作策略的重复博弈过程，结果如下：

上游政府选择“积极履行”环境责任行为策略时，期望收益 U_{11} 为：

$$U_{11}=y(R_1+\Delta R_1-C_1+E+\eta L_1+W)+(1-y)(R_1+\Delta R_1-C_1+\eta L_1+J) \tag{19.1}$$

上游政府选择“消极履行”环境责任行为策略时，期望收益 U_{12} 为：

$$U_{12}=y(R_1+E-\eta H_1-P)+(1-y)(R_1-\eta H_1-W) \tag{19.2}$$

由式（19.1）和式（19.2）可得，上游政府采取混合策略时，平均收益 U_1 为：

$$U_1=xU_{11}+(1-x)U_{12} \tag{19.3}$$

根据演化博弈理论，上游政府履行环境责任的复制动态方程 $F_1(x)$ 为：

$$\begin{aligned}F_1(x)=\frac{\mathrm{d}x}{\mathrm{d}t}&=x(U_{11}-U_1)=x(1-x)(U_{11}-U_{12})\\&=x(1-x)[\Delta R_1-C_1+\eta(L_1+H_1)+W+J+(P-J)y]\end{aligned} \tag{19.4}$$

同理，下游政府选择“积极履行”环境责任行为策略时的期望收益 U_{21} 为：

$$\begin{aligned}U_{21}=&x[R_2+\Delta R_2-C_2-E+\eta(L_2+\theta L_1)+W]\\&+(1-x)[R_2-E-C_2+\eta(L_2-\theta H_1)+J]\end{aligned} \tag{19.5}$$

下游政府选择“消极履行”环境责任行为策略时，其期望收益 U_{22} 为：

$$U_{22}=x[R_2+\Delta R_2+\eta(-H_2+\theta L_1)-P]+(1-x)[R_2-\eta(H_2+\theta H_1)-W] \tag{19.6}$$

由式（19.5）和式（19.6）可得，下游政府采取混合策略时的平均收益 U_2 为：

$$U_2 = yU_{21} + (1-y)U_{22} \tag{19.7}$$

根据演化博弈理论，下游政府履行环境责任的复制动态方程 $F_2(y)$ 为：

$$\begin{aligned} F_2(y) &= \frac{dy}{dt} = y(U_{21} - U_2) = y(1-y)(U_{21} - U_{22}) \\ &= y(1-y)[-C_2 - E + \eta(L_2 + H_2) + W + J + (P-J)x] \end{aligned} \tag{19.8}$$

（二）演化博弈稳定策略分析

根据演化稳定策略的性质可知，当处于稳定状态时，演化稳定策略的点对微小扰动具有稳健性，即如果某些博弈方偶然发生了错误偏离，复制动态方程仍然会使其恢复到稳定点（宋妍等，2020）。由此对于上游政府而言，根据复制动态方程（19.4）可以得到相应的策略选择。本章将对其分别展开讨论，不妨令 $F_1(x)=0$，分别有 $x=0$，$x=1$，$y^* = \frac{C_1 - \Delta R_1 - \eta(L_1 + H_1) - W - J}{P-J}$这三个可能的稳定点。

（1）当 $y=y^*$ 时，且当 $0 \leqslant y^* \leqslant 1$ 成立时，即始终有复制动态方程 $F_1(x)=0$ 成立。此时不论下游政府选择何种策略，上游政府“积极履行”和“消极履行”环境责任的收益相等，即所有 x 都是上游政府的稳定状态，这不符合前提假设。

（2）当 $y \neq y^*$ 时，令复制动态方程 $F_1(x)=0$，此时有 $x=0$ 和 $x=1$ 两个潜在的稳定点。对复制动态方程（8.4）求偏导，可得：

$$\frac{\partial F_1(x)}{\partial x} = (1-2x)[\Delta R_1 - C_1 + \eta(L_1 + H_1) + W + J + (P-J)y] \tag{19.9}$$

情形一：当 $y>y^*$ 时，若 $P>J$，则 $F_1'(0)>0$，$F_1'(1)<0$，此时 $x=1$ 是上游政府的演化稳定策略；若 $P<J$，则 $F_1'(0)<0$，$F_1'(1)>0$，此时 $x=0$ 是上游政府的演化稳定策略。因此，当下游政府以 $y>y^*$ 的概率采取策略时，要使上游政府从“消极履行”转向“积极履行”，这就要求总体满足 $P>J$ 以达到双方利益均衡。

情形二：当 $y<y^*$ 时，若 $P<J$，则 $F_1'(0)<0$，$F_1'(1)>0$，此时 $x=0$ 是上游政府的演化稳定策略。也就是说，当下游政府选择“消极履行”环境责任的概率小于 y^* 时，要使上游政府的策略趋向“积极履行”，这就要求总体满足 $P<J$ 以达到双方利益均衡。

但在流域水污染府际合作治理的过程中，只有上、下游政府都选择“积极履行”环境责任的策略才能实现流域合作共赢，为此，下游政府采取“积极履行”策略的概率趋向 1，若 $0<y^*<1$ 成立，则 $y>y^* = \frac{C_1 - \Delta R_1 - \eta(L_1 + H_1) - W - J}{P-J}$

必然成立，即如果要实现上、下游政府间的流域合作治理，这就要求 $P > J$。

同理，对于下游政府而言，由复制动态方程（8.8）可知，令 $F_2(y)=0$，分别有 $y=0$，$y=1$，$x^*=\dfrac{C_2+E-\eta(L_2+H_2)-W-J}{P-J}$是可能的稳定点。

（3）当 $x=x^*$ 时，且当 $0\leqslant x^*\leqslant 1$ 成立时，有复制动态方程 $F_2(y)=0$ 恒成立。此时不论上游政府选择何种策略，下游政府"积极履行"和"消极履行"环境责任的收益相等，即所有 y 都是下游政府的稳定状态。

（4）当 $x\neq x^*$ 时，令复制动态方程 $F_2(y)=0$，此时有 $y=0$ 和 $y=1$ 是可能的稳定点。对复制动态方程（8.8）求偏导：

$$\frac{\partial F_2(y)}{\partial y}=(1-2y)[-C_2-E+\eta(L_2+H_2)+W+J+(P-J)x] \quad (19.10)$$

情形一：当 $x>x^*$ 时，若 $P>J$，则 $F_2'(0)>0$，$F_2'(1)<0$ 可知，即 $y=1$，"积极履行"环境责任是下游政府的演化稳定策略；若 $P<J$，则 $F_2'(0)<0$，$F_2'(1)>0$。此时 $y=0$ 是下游政府的演化稳定策略。因此，当上游政府以 $x>x^*$ 的概率采取策略时，要使下游政府的策略会从"消极履行"转向"积极履行"，这就要求总体满足 $P>J$ 以达到双方利益均衡。

情形二：当 $x<x^*$ 时，若 $P<J$，则 $F_2'(0)<0$，$F_2'(1)>0$，即 $y=0$，"消极履行"环境责任是下游政府的演化稳定策略。也就是，当上游政府选择"消极履行"环境责任的概率小于 x^* 时，要使下游政府的策略会逐渐转向"积极履行"状态，这就要求总体满足 $P<J$ 以达到双方利益均衡。

同理，下游政府的演化稳定过程中，上游政府采取"积极履行"的概率趋近于1，若 $0\leqslant x^*\leqslant 1$ 成立，则 $x>x^*$ 必然成立，即如果要实现上、下游政府间的合作治理，这就要求 $P>J$ 才能实现最优解。

（三）演化博弈的路径分析

根据上述分析结果，为了简化运算过程，本章分别对式（8.4）和式（8.8）进行简化，不妨令 $\omega_1=\Delta R_1-C_1+\eta(L_1+H_1)+W+J$，$\omega_2=-C_2-E+\eta(L_2+H_2)+W+J$，$\omega_3=P-J$，则可得：

$$\begin{cases}F_1(x)=x(1-x)[\omega_1+\omega_3 y]\\F_2(y)=y(1-y)[\omega_2+\omega_3 x]\end{cases} \quad (19.11)$$

此时，x^* 和 y^* 可分别表示为：$x^*=-\omega_2/\omega_3$，$y^*=-\omega_1/\omega_3$。

$F_1(x)$ 和 $F_2(y)$ 构成了府际演化博弈的复制动态系统，进一步通过雅克比（Jacobi）矩阵分析局部均衡点的稳定性，其雅克比矩阵的形式如下：

$$J=\begin{bmatrix}\frac{\partial F_1(x)}{\partial x} & \frac{\partial F_1(x)}{\partial y}\\ \frac{\partial F_2(y)}{\partial x} & \frac{\partial F_2(y)}{\partial y}\end{bmatrix}=\begin{bmatrix}(1-2x)(\omega_1+\omega_3 y) & x(1-x)\omega_3\\ y(1-y)\omega_3 & (1-2y)(\omega_2+\omega_3 y)\end{bmatrix} \tag{19.12}$$

该矩阵的行列式和迹可分别表示为：

$$\begin{cases}Det.\ J=\frac{\partial F_1(x)}{\partial x}\times\frac{\partial F_2(y)}{\partial y}-\frac{\partial F_1(x)}{\partial y}\times\frac{\partial F_2(y)}{\partial x}\\ \quad =(1-2x)(\omega_1+\omega_3 y)(1-2y)(\omega_2+\omega_3 x)-xy(1-x)(1-y)\omega_3^2\\ Tr.\ J=\frac{\partial F_1(x)}{\partial x}+\frac{\partial F_2(y)}{\partial y}=(1-2x)(\omega_1+\omega_3 y)+(1-2y)(\omega_2+\omega_3 x)\end{cases} \tag{19.13}$$

又根据式（19.4）和式（19.8）可知，动态演化博弈系统的5个局部均衡点分别为$A(0,\ 0)$、$B(0,\ 1)$、$C(1,\ 0)$、$D(1,\ 1)$、$E(x^*,\ y^*)$。若此时的均衡点满足由弗里德曼（Friedman）提出的雅克比矩阵稳定情形，则可判断该点为系统演化动态过程中的局部稳定点，它也就对应为府际博弈的局部演化稳定策略（*ESS*）。各均衡点的雅克比矩阵行列式和迹如表19－3所示。

表19－3　各均衡点的行列式和迹及其稳定性情况

均衡点	Det. J	符号	Tr. J	符号	稳定性
$A(0,\ 0)$	$\omega_1\omega_2$	+	$\omega_1+\omega_2$	+/−	不稳定
$B(0,\ 1)$	$-(\omega_1+\omega_3)\omega_2$	+	$\omega_1-\omega_2+\omega_3$	+	不稳定
$C(1,\ 0)$	$-(\omega_2+\omega_3)\omega_1$	−	$\omega_2-\omega_1+\omega_3$	+/−	鞍点
$D(1,\ 1)$	$(\omega_1+\omega_3)(\omega_2+\omega_3)$	+	$-\omega_1-\omega_2-2\omega_3$	−	*ESS*
$E(x^*,\ y^*)$	$-\omega_1\omega_2\left(\frac{\omega_3-\omega_1}{\omega_3}\right)\left(\frac{\omega_3-\omega_2}{\omega_3}\right)$	+	0	0	鞍点

本章旨在通过讨论参数的方式用以考察稳定策略的实现条件，首先对局部均衡点的行列式和矩阵迹进行分析。因为上游政府不断趋近“积极履行”环境责任的策略，下游政府也趋近“积极履行”环境责任的策略，这才是社会所期盼的合作治理模式，即需要满足局部均衡点$D(1,\ 1)$是动态演化博弈的演化稳定均衡点。而雅克比矩阵稳定需要同时满足$Det.\ J>0$和$Tr.\ J<0$两个条件，这就要求：

$$\begin{cases} Det.\ J = (\omega_1 + \omega_3)(\omega_2 + \omega_3) \\ \qquad = [\Delta R_1 - C_1 + \eta(L_1 + H_1) + W + P][-C_2 - E + \eta(L_2 + H_2) + W + P] > 0 \\ Tr.\ J = -(\omega_1 + \omega_3) - (\omega_2 + \omega_3) \\ \qquad = -[\Delta R_1 - C_1 + \eta(L_1 + H_1) + W + P] - [-C_2 - E + \eta(L_2 + H_2) + W + P] < 0 \end{cases}$$

也就是说，$\begin{cases} \omega_1 + \omega_3 = \Delta R_1 - C_1 + \eta(L_1 + H_1) + W + P > 0 \\ \omega_2 + \omega_3 = -C_2 - E + \eta(L_2 + H_2) + W + P > 0 \end{cases}$同时成立。

另外，由于（x^*，y^*）介于（0，1）区间内，此时有$0 < x^* < 1$和$0 < y^* < 1$同时成立，即可得到：$0 < C_2 + E - \eta(L_2 + H_2) - W < P$和$C_1 < \Delta R_1 + \eta(L_1 + H_1) + W + J$。不难发现：在上述约束中，后者说明上游政府在“积极履行”环境责任策略下的成本需要低于上游政府所获得的收益。而前者说明下游政府在“消极履行”环境责任时所受到的惩罚需要高于其“积极履行”环境责任时的成本。同时，将上述约束条件再代入各局部均衡点，考察其稳定性（见表 8－3）。由此可知$D(1, 1)$为该系统的稳定策略组合，$C(1, 0)$和$E(x^*, y^*)$是鞍点，其余两种情况均不具有稳定性。根据均衡状态可得出上、下游政府的复制动态相位图，如图 19－1 所示。

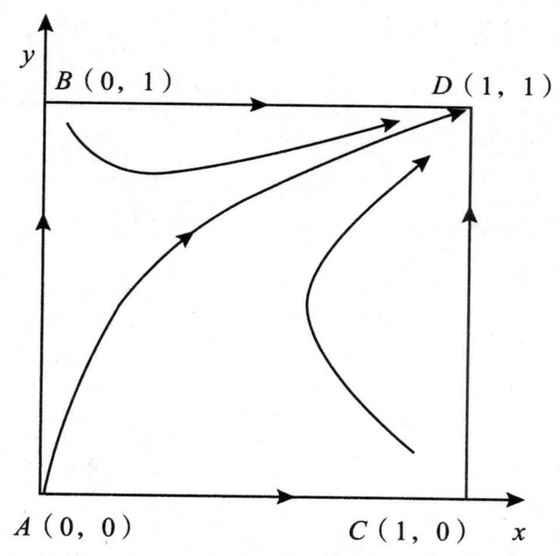

图 19－1　上、下游政府复制动态相位图

不难发现，在该博弈模型中仅存在唯一的均衡点是$D(1, 1)$，这表示上、下游政府双方最终还是会选择“积极履行”环境责任的合作策略。上、下游政府在现实中都会根据对方的选择策略和自身的收益情况不断调整自身的选择策略，从而重新作出判断以实现其收益最大化。根据前文的分析，当地方政府获取的补偿收益或者惩罚金额较大时，双方政府都会选择“积极履行”环境责任的合作策略，且适度的偏好异质性有利于提高博弈双方履行环境责任的积极性。

第三节　府际合作治理的演化博弈仿真模拟

对于上、下游政府的｛积极履行，积极履行｝环境责任的演化稳定策略而言，上游政府积极开展流域生态保护工作，发展生态经济，调整产业结构，跳出“粗放发展—环境破坏”之间的恶性循环发展模式。下游政府积极开展生态补偿工作，承接并培育绿色科技产业，打造绿色产业链的同时也能为上游地区的居民提供更多的就业机会。为了更为直观、清楚地模拟稳定策略下的演化路径，本章使用 MATLAB 软件进行数据仿真。为满足演化稳定策略的条件，取定 $\Delta R_1 = 4.8$，$C_1 = 12$，$C_2 = 3.5$，$E = 4$，$\eta = 0.4$，$L_1 = 2.5$，$H_1 = 1.5$，$L_2 = 2.8$，$H_2 = 1.5$，$W = 2$，$J = 4.5$，$P = 6$，上、下游政府“积极履行”环境责任的初始概率分别为 0.2 和 0.4，具体演化路径（见图 19-2）。随着时间的推移，上游政府的演化速度小于下游政府，即上游政府的行为存在时滞。当时间超过 5 期后，上、下游政府的｛积极履行，积极履行｝环境责任的稳定策略得以实现，这证明上游政府履行环境责任的行为与下游政府履行环境责任的策略息息相关。

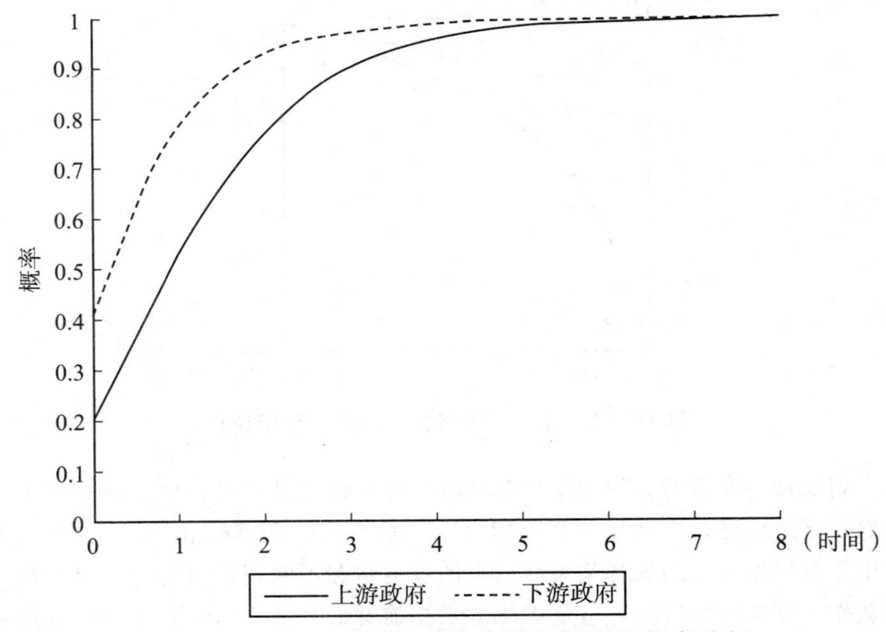

图 19-2　上、下游政府演化博弈的模拟仿真分析

为进一步探讨参数变化对各主体策略选择的影响，本章以图 19－2 为基础，分别从上游政府、下游政府以及中央政府监管这三个方面考察相关变量的变动情况对演化均衡策略的影响及演化轨迹变化情况。

一、上游政府的影响因素分析

首先，从上游政府的履行环境责任成本和履行环境责任所带来的新增生态收益这两个变量的变化来考察其演化轨迹的变动情形。

从图 19－3 中可以看出，图（a）表示上游政府履行环境责任成本 C_1 的变化对演化策略的影响。不难发现，随着上游政府履行环境责任的成本不断降低，提高了上游政府“积极履行”环境责任的选择策略机会。但是随着履责成本的下降，上游政府选择“积极履行”环境责任的边际增速却呈现放缓的趋势，这意味着不能一味地追求降低履责成本的方式来激励上游政府选择“积极履行”环境责任的策略，也就是说，通过减少履责过程中的组织、人力等成本方式来刺激上游政府更快捷地选择“积极履行”环境责任的策略并不是长久之计，不能实现治污能力的有效提升。相反地，若上游政府的履责成本 C_1 一旦超过其所能承受的阈值，上游政府就会选择“消极履行”环境责任的策略。图（b）表示上游政府履

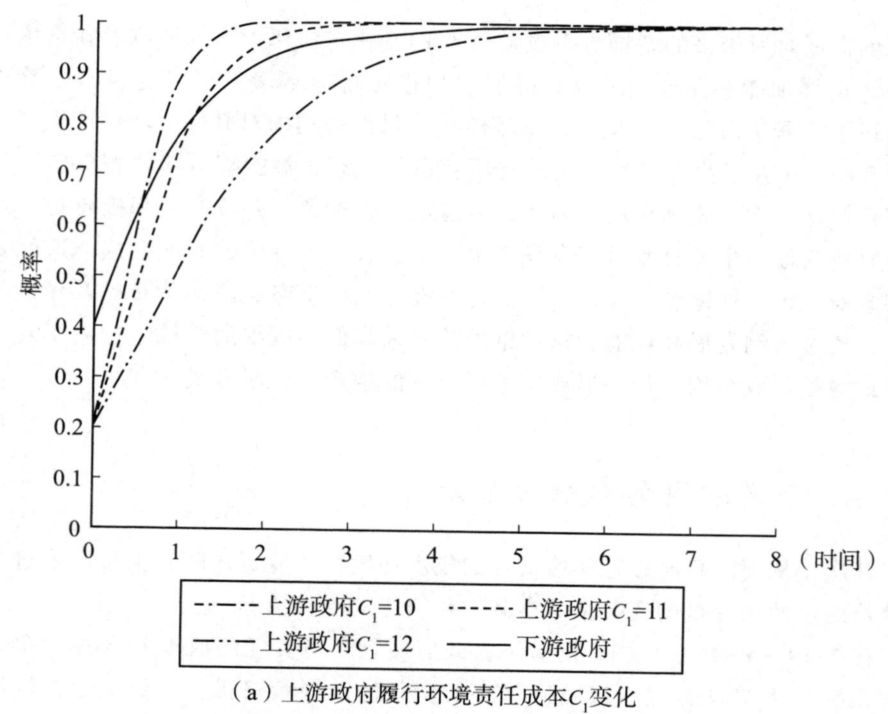

（a）上游政府履行环境责任成本 C_1 变化

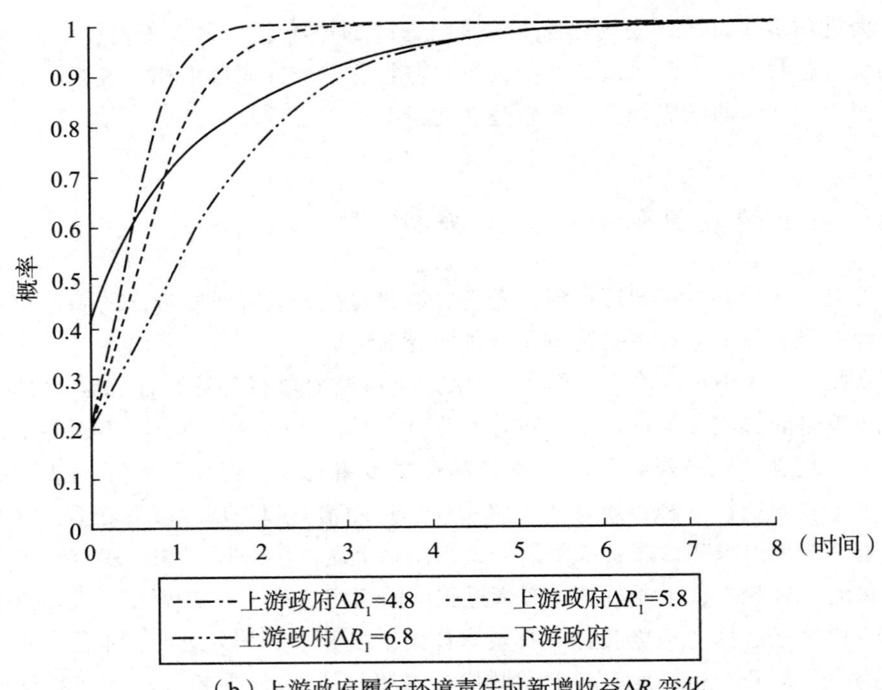

（b）上游政府履行环境责任时新增收益ΔR_1变化

图 19-3　上游政府不同条件下的均衡策略演化路径

行环境责任时所带来的新增生态收益 ΔR_1 的变化对演化策略的影响。新增生态收益 ΔR_1 的增加能够促进上游政府更加“积极履行”环境责任，这表明上游政府在选择了“积极履行”环境责任的策略后，虽然短期内对其经济增长产生了一些负面影响，但从长期来看，上游政府所获取的生态收益能够对其“积极履行”环境责任产生长效的激励作用。因此，可通过持续扩大上游政府“积极履行”环境责任时所获取的生态收益对其自身产生一个长久且可持续的发展模式。这就要求上游政府积极开展绿色产业，扩大绿色产能，发展生态经济，不断提升绿色生态效率，通过限制发展高耗能、重污染的产业来降低污染物的排放，进而不断优化上游地区的产业结构，加快形成绿色可持续的生产、生活方式。

二、下游政府的影响因素分析

其次，从下游政府履行环境责任的成本和履行环境责任时对上游政府进行生态补偿的这两个变量的变化来考察其演化轨迹的变动情况。

在图 19-4 的（a）中，随着下游政府履行环境责任的成本 C_2 不断下降，也呈现出提高下游政府“积极履行”环境责任的选择策略机会，但与上游政府不

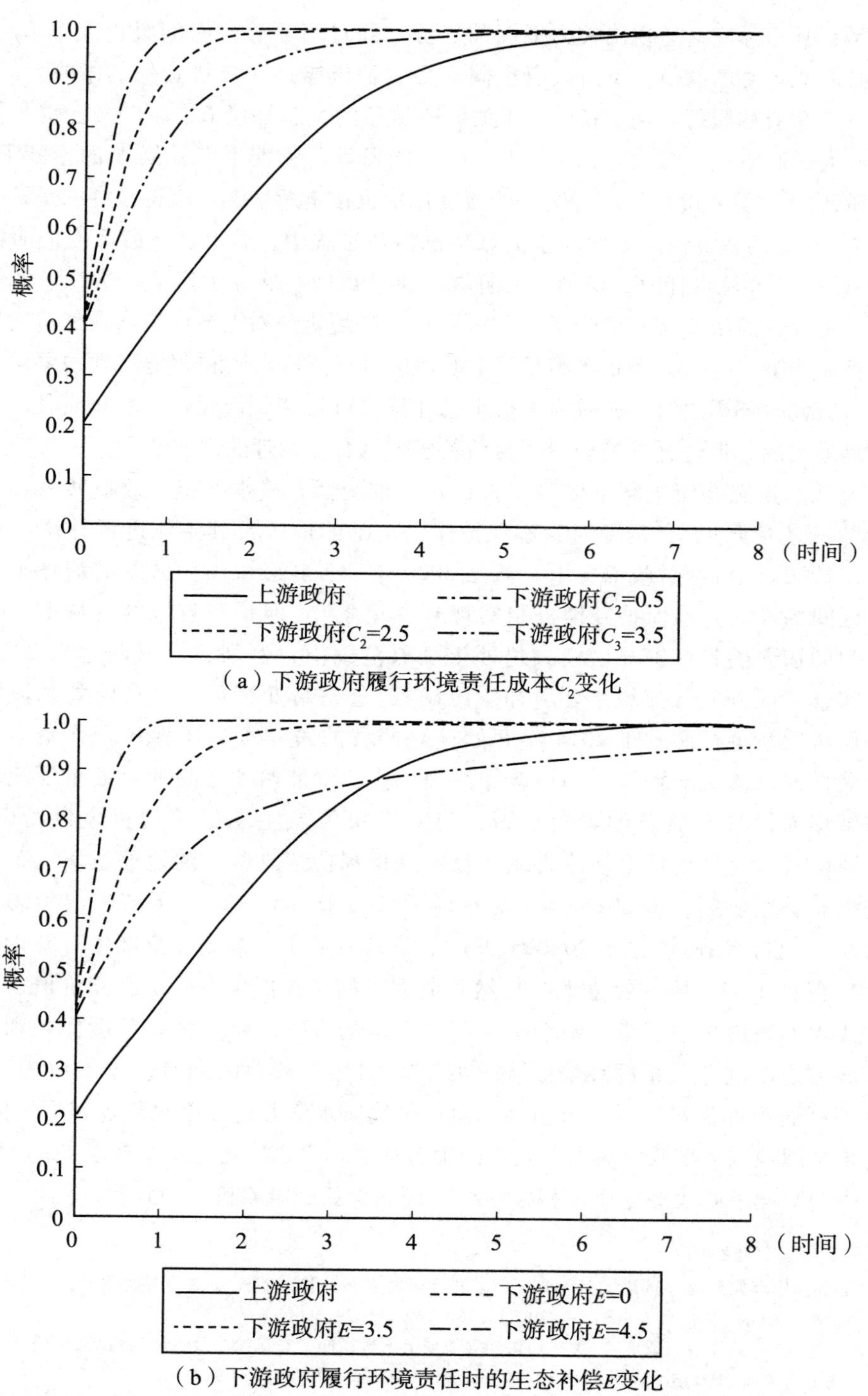

（a）下游政府履行环境责任成本C_2变化

（b）下游政府履行环境责任时的生态补偿E变化

图 19-4　下游政府不同条件下的均衡策略演化路径

同的是，其边际增速呈现出较为平缓的态势。并且当下游政府的履责成本 C_2 一旦超过其所能承受的阈值，下游政府也同样会“消极履行”环境责任的策略。另外，虽然下游政府在履行环境责任时对上游政府给予的生态补偿 E，从广义上也可作为下游政府的履责成本。而且从图（b）中也能发现，随着生态补偿 E 的不断下降，对下游政府“积极履行”环境责任的激励作用也在不断增强。值得注意的是，生态补偿 $E=0$ 时的特殊情形表明在水流域生态治理过程中，若上、下游政府同时都在“积极履行”环境责任时，例如，上游政府通过积极开展绿色产业、优化产业结构等方式来促进经济增长，消除了“积极履行”环境责任对上游政府产业经济发展方面的负面影响。同时，也基本满足了下游地区对于流域水质和环境治理的要求，若下游政府此时不需要对上游政府进行生态补偿，对其“积极履行”环境责任的激励作用是最大的，但这并不符合中国目前关于流域合作治理的现实情形。

流域的生态补偿机制是依照“谁保护，谁受偿、成本共担、效益共享、合作共治”的基本原则[①]，需要对生态保护作出贡献的地区及其主体进行补偿（沈满洪等，2020）。根据财政部要求，截至2020年，各省区域内所涉及的流域上、下游地区间的横向生态保护补偿机制实现基本建立[②]。但是跨省域的流域上、下游地区间的横向生态保护补偿模式仍处于试点范围内，例如，皖浙两省于2012年正式实施了《新安江流域水环境补偿协议》，这是新安江首次试点跨省的流域生态补偿机制。粤桂两省于2014年开始设立两省的跨省水环境保护合作资金，专项开展九州江流域的跨省水污染合作治理工作。贵湘两省之间针对赤水河流域的生态转移支付具有显著的减污成效，有效解决流域生态保护的资金供给问题。冀、津两省市为了确保水质维持基本稳定并得到持续改善，两地通过深化跨省流域的生态补偿机制，于2016年共同签订了《关于引滦入津上下游横向生态补偿的协议》，目前该协议也于2020年进入了第二期工作。诚然，流域生态补偿是一种“以保护生态环境、促进人与自然和谐为目的，根据生态系统服务价值、生态保护成本、发展机会成本，综合运用行政和市场手段，调整生态环境保护和建设相关各方之间利益关系的环境经济政策[③]”。虽然下游地区的经济发展更为迅速，且该地区居民不仅对物质要求更高，而且对优质水资源的需要也更加强烈，但是，也应该合理控制下游政府对上游政府的生态补偿。反之，随着生态补偿 E 的不断增加，也会减缓下游政府选择“积极履行”环境责任的策略机会。因此，一旦下游政

① 原国家环保总局（现生态环境部）：《关于开展生态补偿试点工作的指导意见》，中国政府网，http：//www.mofcom.gov.cn/article/b/g/200712/20071205286821.shtml

② 中华人民共和国财政部：《关于加快建立流域上下游横向生态保护补偿机制的指导意见》，中国政府网，http：//www.mof.gov.cn/gkml/caizhengwengao/201708/t20170807_2667947.htm.

③ 习近平：《决胜全面建成小康社会夺取新时代中国特色社会主义伟大胜利——在中国共产党第十九次全国代表大会上的报告》，中国政府网，http：//www.gov.cn/zhuanti/2017-10/27/content_5234876.htm.

府所要承担的生态补偿过大，下游政府也会出现“消极履行”环境责任的情形。

三、中央政府监管的影响变化分析

从中央政府监管的角度来考察其分别对上、下游政府履行环境责任的影响变化情况。

从图 19－5 中的图形来看，在图（a）中，η 表示上、下游政府环境责任履行绩效在中央政府政绩考核体系中的占比。不难发现，绩效占比 η 的提升对双方“积极履行”环境责任都有明显的激励作用，但从边际增速来看，对上游政府的激励作用则更为明显。从图（b）中可以看出，在上、下游政府同时选择“积极履行”（或者“消极履行”）环境责任时所得到的奖励（惩罚）变化情况对刺激双方政府都有明显的正向作用，这表明中央政府的奖惩机制能够有效促进上、下游政府履行环境责任，实现流域生态环境的改善。但是随着奖励（惩罚）W 的不断提高，对于上游政府的正向激励作用要比下游政府更为明显。通过前面两幅图的比较发现，在水流域环境治理中，随着中央政府对流域监管的加强，对上游政府的正向激励作用更为明显。

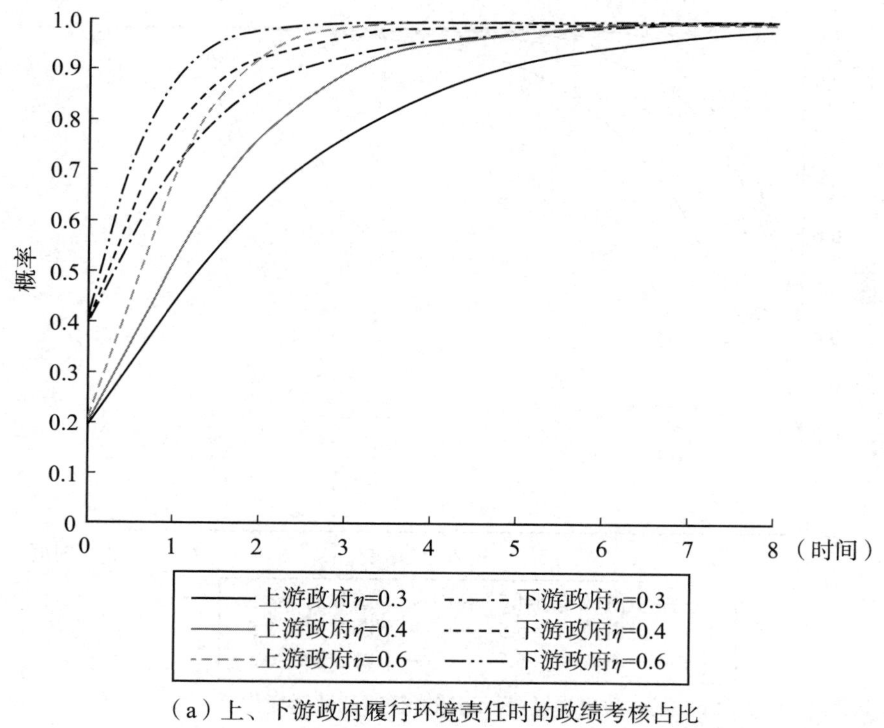

（a）上、下游政府履行环境责任时的政绩考核占比

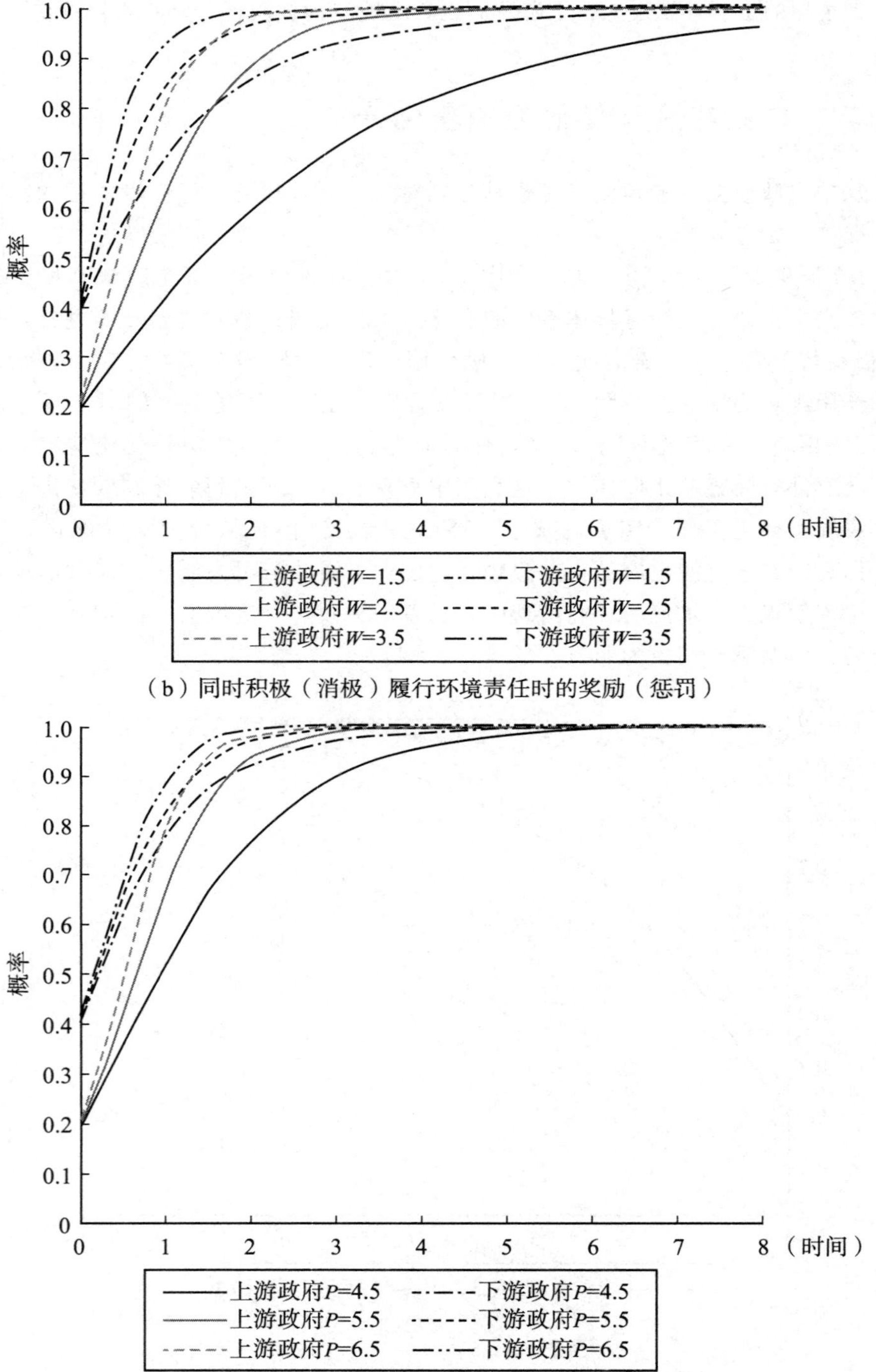

（b）同时积极（消极）履行环境责任时的奖励（惩罚）

（c）某一政府消极履行环境责任时的惩罚变化

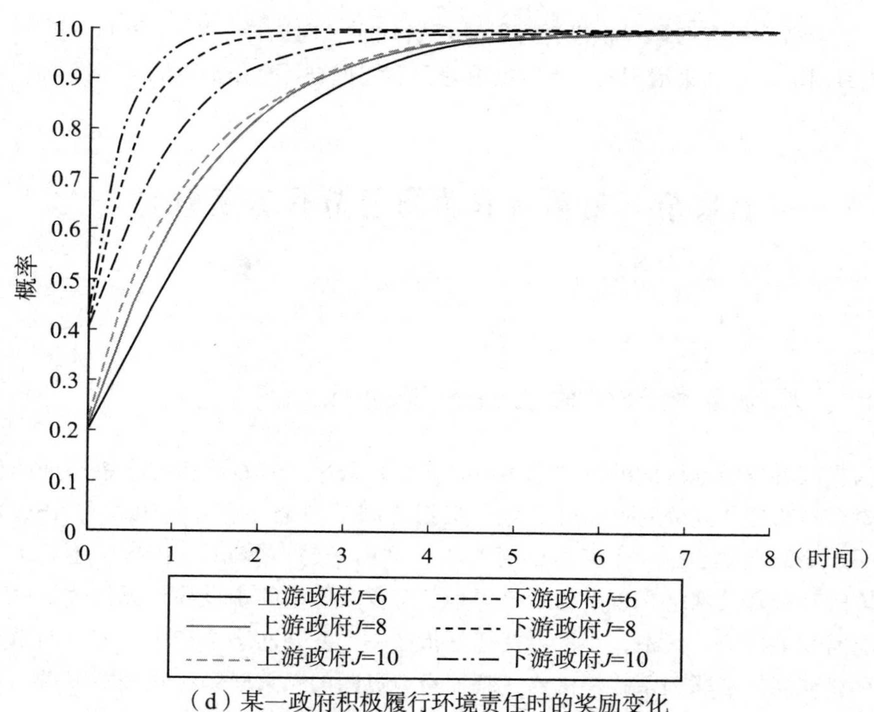

（d）某一政府积极履行环境责任时的奖励变化

图 19－5　上、下游政府受中央政府监督时的均衡策略演化路径

其次，图（c）则表示仅有一方选择“消极履行”环境责任时，所受到的中央政府的处罚变动情况对演化策略的影响。当上游政府选择“消极履行”环境责任时，随着所受处罚 P 的不断增加，能够促进上游政府的选择策略更加迅速地从“消极履行”转向为“积极履行”。但是从边际增速来看，却呈现出放缓的趋势，这也表明虽然中央政府适度的惩罚能够对上游政府起到正向激励作用，但是一旦惩罚过度，对上游政府从“消极”转为“积极”履行的刺激也就不再明显了。另外，从下游政府对中央政府的处罚 P 的反应来看，随着处罚 P 的增加，虽然对下游政府从“消极履行”转向为“积极履行”的正向激励作用也在加强，但是从曲线的变化情况来看，其正向激励作用并不是特别明显。与之前不同的是，从图（d）中发现，当仅有下游政府选择“积极履行”环境责任的策略时，随着所获得中央政府的奖励 J 的不断增加，对下游政府“积极履行”环境责任的激励作用也在不断增强。反之，仅有上游政府时所获得的中央政府的奖励对其激励作用表现得不太明显。通过下面两幅图的对比分析发现，在水流域环境治理中，当上、下游政府选择不同的策略时，上游政府对中央政府处罚的灵敏性更强，下游政府则表现为对中央政府奖励的灵敏性更强。

总而言之，通过上述对府际合作治理下的演化博弈模型进行模拟仿真后发现，只有当上、下游政府都选择“积极履行”环境责任时，即选择策略为$D(1, 1)$时，双方政府针对流域水污染治理的一系列问题才具有实现进行合作治理的可能性。

第四节　府际合作治理的分区方案制定

一、府际合作治理的区划特征分析

为提高各省份地区间的流域水污染合作治理效率，本章将探究省级层面的流域水污染合作治理区划分的可行性方案。根据协同学理论，哈肯（Haken，1987）认为协同产生的载体是在一个开放的系统中，同时沃特（Watts，1998）也认为，一切系统的基础都是网络，较大的系统更具备有复杂网络的小世界、无标度、择优连接、脆弱性等特征。其中，小世界特征是指在一个复杂网络系统中，节点与节点之间，存在较高的互联关系；择优连接特征指节点间的频繁联系存在利益相关、渠道相通、距离相近等偏好原则；无标度性特征指不同节点在复杂网络系统中的地位与作用存在差异，一般性节点的随机消失不会影响整个系统的结构和秩序；最后脆弱性特征指中心节点在复杂网络系统运转中处于支配作用，而当其出现较严重问题时，系统将土崩瓦解（Gray，1991）。因此，根据复杂网络系统所具备的四个特征准则，本章认为流域水污染的合作治理区应具备如下四个区划特征：

首先，流域一致。根据“小世界特征”，省份、地区之间要在水污染治理这一议题上存在联系，而水资源是以流域为单位，水污染的流动更是根据其扩散的自然规律，从上游排放到下游，由支流汇入干流，由干流最后统一从入海口排出。由此水污染合作治理区划分的必要条件是省份、地区须同属相同流域。

其次，规模适当。根据“小世界特征”与“无标度特征”，合作治理区若要保持更高强度的联系与协同水平，其规模不宜过大。奥尔森（Olson，2009）在集体行动理论的研究中发现，大的集团比小的集团更难以管理，原因在于三个方面，一是容易出现“搭便车”现象，这也与水污染治理的现状相一致。二是随着规模的扩大，节点之间的沟通、协同决策以及监督等活动的成本将呈现非线性剧增，不利于整体效用的优化。三是系统内的统一行动需要一致的思想基础与意识形态，而过大的集团则会导致意识形态模糊。因此，要保障在思想、沟通、决策、监督的高效协同，流域水污染合作治理区不适合涵盖过多的省份或地区。

再次，联系紧密。根据“小世界特征”和“鲁棒性特征”，合作治理区内的省份、地区在地理上须邻近，节点之间才具备联系紧密的优势，地域范围的接壤无疑是这一要素的最佳表现方式。若节点间的距离过长，则不利于合作治理活动的开展与实施，因此只有利益相关，联系紧密的节点所组成的合作治理区才更为高效。基于此，本章认为合作治理区不仅需要在地理空间上存在行政边界的两两相接或具有共同相邻的省份，在经济发展上还需要具备更高的关联程度。其中的原因分为两个方面，一是经济联系度高的地区之间进行合作治理的效率更高，在宏观层面上，这些省域地区之间不是互为原料供应地、市场销售区，就是交通枢纽地，因此地区间的政策合作更容易带来产业、地区经济的绿色发展，由此带动周边流域水污染的合作治理；在微观层面上，政策的协同不易造成污染排放企业从合作治理区内一个省份转移到另外省份的现象，由此企业只有改革创新的绿色发展之路可行，从而带动流域水污染的高效合作治理（胡志高等，2019）。

最后，中心确定。“无标度性”“鲁棒性”“脆弱性”这三个复杂网络系统的特征都强调了“中心节点”的重要性，这意味着合作治理区内需要中心省份，其更高的政治经济地位具有更强的合作治理能力。合作治理区的中心可通过区位因素高、财税实力强以及市场容量大等能力引导周边省份的水污染合作治理行动。反之，对于没有确定中心的合作治理区，其结构不仅脆弱，而且合作治理效率低。因此，流域水污染的合作治理区划方案的最后一步就是确定区内的中心省份。该中心处于合作治理区的领导地位主要源于三个方面：一是政治影响力，这不仅体现在决策上可以引导和推动流域水污染合作治理的行动方案制定、实施计划以及具体的工作分配，还体现在施行过程中能够督促邻近省份在行政上高效且及时地完成合作治理区的任务，实现流域合作治理的共同目标。二是经济实力，一方面强大的财政资金带来了区域内流域治理的转移支付的便捷性，另一方面较强的市场辐射力也为区域合作提供物质保障。三是自然规律上的合理性，这体现为流域内的水污染从上游累积到下游的自然规律。所以合作治理区的下游省份有权要求上游政府加强水污染治理。根据政治经济学原理中的经济基础决定上层建筑，并且经济发展水平也在一定程度上反映出地区的政治领导力。因此，本章从经济发展和地理区位两个层面来选取流域合作治理区的中心省份或地区。

二、府际合作治理的区划范围设定

根据前文的分析发现，流域水污染合作治理的必要性源于水资源的流动性、流域面积的发散性、污染的外溢性及其污染源的混合性，但这些特征并不意味着中国境内所有流域的地表水、地下水、湖泊等都要纳入合作治理的行动之中。坎特（Kanter，1994）在治理理论中提出协同合作治理的首要条件是各主体目标的一致性，因此本章需要同时对各流域的污染程度与治理现状这两个因素进行考量，例如，该流域内的“搭便车”现象的普遍程度，由此所造成结果的严重程度等。但是从流域水污染的治理结果上来看，中国境内的九条流域，即淮河流域、长江流域、东南诸河、海河流域、西北诸河、黄河流域、珠江流域、松辽流域、西南诸河内，各流域总体的污染程度不一，单个流域内的上、中、下游或区域间的水质情况判若云泥，存在少部分地区“搭便车”、流域治理不力等问题。总的来说，从流域治理的结果上，可以充分肯定现今水质优良地区的治理政策成效。但是与其他污染严重地区的目标不一致，从根本上就难以进行合作治理，所以这部分地区需要排除在合作治理区之外。因此，本章首先根据各流域的污染程度制定了统一的标准，然后对需要纳入合作治理的流域进行划分。

根据公众环境研究中心发布的2019年“城市水质指数（CWQI）”指标，该指标综合评价了城市的地表水、地下水与集中式饮用水水源地，而与生态环境部所公布的城市水质指数不同的是，生态环境部公布的指标仅涵盖地表水国控断面数据。同时，由于南北地区水源的差异，存在北方以地下水为主，南方以地表水为主的现象。因此，本章认为选取用代表城市综合水质的指标CWQI作为衡量不同流域内的城市水污染程度将更为全面。基于此，本章以城市水质指数为基准，对流域内所有城市的水质指数和面积进行加权得到相应流域水质指数，具体结果如表19－4所示。

表19－4　　　　十二流域的水质指数

流域	流经省份及地区	流域水质指数
松辽流域	蒙黑吉辽	17.70
海河流域	京津冀晋蒙鲁豫	17.46
淮河流域	苏皖鲁豫	14.54
黄河上游	青甘宁蒙	8.63
黄河中下游	蒙宁陕晋鲁豫	15.98
长江上游	青藏川滇渝鄂	9.62
长江中游	鄂湘赣	10.02
长江下游	皖苏浙沪	15.58
珠江片区	闽赣湘粤桂贵滇琼	11.58
西南诸河	滇藏	7.91
东南诸河	浙皖闽	11.09
西北诸河	蒙甘青疆	9.46
均值		12.46

资料来源：笔者整理所得。

由于长江黄河两大河流流域面积广，各河段水质不一，将其分段测算后中国总共12个流域水质指数如表19－4所示。其中，全国平均水质指数为12.46。本章将此平均值为标准，若流域水质指数大于该均值，则意味着流域的污染水平超过全国平均水平，应将其纳入合作治理区。经数据整理发现，松辽流域、海河流域、淮河流域、黄河中下游、长江下游这五个流域因整体水质较差需要纳入合作治理的区划范围内。然后，对于剩下暂未纳入协同治理的七个流域中，筛选流域内水质指数较差的跨省级行政区的区域纳入考察范围。经整理，如表19－5所示。基于此，根据表19－4和表19－5所给出的结果确定中国境内需要进行合作治理的流域及地区分别包括，流域：松辽流域（蒙黑吉辽）、海河流域（京津冀晋蒙鲁豫）、淮河流域（苏皖鲁豫）、黄河中下游（蒙宁陕晋鲁豫）、长江下游（皖苏浙沪）；地区：川渝（长江上游）、桂粤（珠江流域）。综上所述，为此本章划定了七个流域水污染合作治理区，分别是松辽流域合作治理区、海河流域合作治理区、淮河流域合作治理区、黄河中下游合作治理区、长江上游合作治理区、长江下游合作治理区、珠江流域合作治理区。

表19－5　　剩余七流域水质超标区域

流域	超标区域	水质指数	是否跨省
黄河上游	无		
长江上游	川渝	13.80	是
长江中游	武汉及其周边	16.75	否
珠江片区	两广珠江流域沿海地带	17.20	是
	海南全省	16.64	否
西北诸河	内蒙古中部	17.19	否
西南诸河	云南玉溪	19.26	否
	新疆阿里地区	14.65	否
东南诸河	无		

资料来源：笔者整理所得。

三、府际合作治理的区划成员及中心确立

根据污染程度、地理邻近标准以及经济关联度来对上述七个流域水污染合作治理区内所包含的省份进行划分。先将存在跨流域流经的省份，即内蒙古、山东、河南、安徽、山西、江苏进行单独比较分析。鉴于这些省份的不同河流流经不同城市，各流域省内面积同样存在差异，将不同河流省域流经面积及流经地水

质指数进行加权得出见表19-6。

表19-6　　跨流域六省各河流流域面积及经过地水质指数

省份	河流	省内流域面积（平方千米）	水质指数
内蒙古自治区	海河	347 251	20.74
	黄河	1 098 090	11.05
	松辽流域	471 026	22.52
山东省	淮河	119 752	16.91
	海河	36 644	20.34
	黄河中下游	35 701	15.60
河南省	淮河	112 283	13.05
	长江中下游	60 361	11.46
	海河	26 117	15.79
	黄河中下游	65 284	14.34
安徽省	淮河	96 605	15.02
	长江中下游	97 406	12.43
山西省	黄河中下游	217 661	18.69
	海河	91 901	15.83
江苏省	淮河	77 792	13.79
	长江下游	46 638	16.91

资料来源：笔者整理所得。

根据表19-6的结果依次展开分析，首先内蒙古的情况较为复杂，省内黄河流域面积最大，但流经地区的加权水质指数仅为11.05，水质良好，在全国平均线以下，故将内蒙古排除划入黄河中下游合作治理区。而反观内蒙古境内的海河和松辽流域的水质指数都超过20.00，存在严重的河流污染现象。但是，从这两条河流在内蒙古境内的流域面积来看，两者相差较小，不能作为划分的最终依据，故先将内蒙古暂且同时划分在松辽流域合作治理区与海河流域合作治理区。山东省境内淮河与海河都属于较差水质的前提下，淮河的省内流域面积是海河的3倍，故将山东划归淮河流域合作治理区。类似地，将河南和安徽都同时划归淮河流域合作治理区，将山西划归黄河中下游合作治理区。江苏省从流域面积上来看，淮河省内流经面积显著大于长江，而水质指数层面，长江与淮河都为较差，彼此之间的差距难以区分，故暂且同时划归长江下游和淮河流域合作治理区。由此，区划成员暂定为：松辽流域合作治理区（蒙黑吉辽）、海河流域合作治理区（京津冀蒙）、淮河流域合作治理区（苏皖鲁豫）、黄河中下游合作治理区（宁陕晋）、长江下游合作治理区（苏浙沪）、长江上游合作治理区（川渝）、珠江流域合作治理区（桂粤）。

根据暂定的流域合作治理区发现，区域内部的成员都满足地理邻近的条件，因此需要通过测算区内各省经济关联度来决定最终合作治理区成员。根据测算结果，内蒙古对京津冀的经济关联度高于黑龙江、吉林、辽宁三省，江苏对浙江、上海的经济关联度高于安徽、山东、河南。故将内蒙古划分到海河流域合作治理区，江苏划分到长江下游合作治理区，本章最终对中国境内的流域水污染合作治理区划制定如下：

组一：松辽流域合作治理区（黑吉辽）、组二：海河流域合作治理区（京津冀蒙）、组三：淮河流域合作治理区（皖鲁豫）、组四：黄河中下游流域合作治理区（宁陕晋）、组五：长江下游合作治理区（苏浙沪）、组六：长江上游合作治理区（川渝）、组七：珠江流域合作治理区（桂粤）。

最后，根据经济实力和地理位置选择合作治理区的中心省份。本章选取2019年各省的人均GDP作为经济实力衡量指标，结合合作治理区域内省份流域上下游位置选取出各合作治理区的中心省份或地区，人均GDP结果见表19－7。

表19－7　　各流域合作治理区内的省份2019年人均GDP

流域	省份	人均GDP（元/年）
松辽流域合作治理区	黑龙江省	36 183
	吉林省	55 611
	辽宁省	57 191
海河流域合作治理区	北京市	164 000
	天津市	120 711
	河北省	46 348
	内蒙古自治区	67 852
淮河流域合作治理区	安徽省	58 496
	山东省	70 653
	河南省	56 388
黄河中下游合作治理区	宁夏回族自治区	54 217
	陕西省	66 649
	山西省	45 724

续表

流域	省份	人均 GDP（元/年）
长江上游合作治理区	四川省	55 774
	重庆市	75 828
长江下游合作治理区	江苏省	123 607
	浙江省	107 624
	上海市	157 300
珠江流域合作治理区	广东省	94 172
	广西壮族自治区	42 964

资料来源：笔者整理所得。

对比经济实力和上下游位置，符合条件既处于流域最下游的地理位置同时具备最强经济实力的合作治理区中心省份有五个。分别是以辽宁为中心的松辽流域合作治理区、以山东为中心的淮河流域合作治理区、以上海为中心的长江中下游合作治理区、以重庆为中心的长江上游合作治理区和以广东为中心的珠江流域合作治理区。而黄河中下游合作治理区与海河流域合作治理区情况较为复杂，首先在黄河中下游中，处于该区域河段中部的陕西拥有最强的经济实力而最下游的山西却经济实力最弱，考虑到这一情况，秉承地理就近原则和经济实力依然选取陕西作为黄河中下游流域的中心；同理，考虑地理就近原则、经济实力、政治影响力，选取北京为海河流域合作治理区中心。

综上所述，依步骤规划合作治理区范围、成员和中心后，本章对中国境内的流域水污染合作治理区划制定已完成，分别为：以辽宁为中心的松辽流域合作治理区（黑吉辽）、以北京为中心的海河流域合作治理区（京津冀蒙）、以山东为中心的淮河流域合作治理区（皖鲁豫）、以陕西为中心的黄河中下游合作治理区（宁陕晋）、以上海为中心的长江下游合作治理区（苏浙沪）、以重庆为中心的长江上游合作治理区（川渝）和以广东为中心的珠江流域合作治理区（桂粤）。值得注意的是，本章最终所确定的合作治理区与中国“十四五”规划中提及的规划方向较为一致，也与存在过污染治理和合作的省域较为一致。这一方面体现了环境治理层面的政策直觉与学术研究高度吻合，另一方面也从现实角度印证了本章的研究结果具有一定的合理性。因此，根据本章所制定的流域合作治理分区方案能够从整体上保障跨流域合作治理的平稳运行，同时也能够敦促各地区政府通过积极履行环境责任的方式，从而实现流域环境保护的总体目标。

第二十章

政府环境责任履行的国外经验借鉴

第一节　日本政府环境责任履行研究

一、日本政府环境治理进程

日本自1945年战败后开启了国家振兴和持续经济发展计划，在不断追求经济目标过程中伴随着严重的环境污染，而政府环境治理也随着国家经济发展的阶段及环境污染程度的变化不断展开并完善直至体系建立。日本在整个战后的70余年中，政府环境治理的过程大致可分为公害控制和综合环境保护两个阶段。

（一）公害控制时期

日本第二次世界大战后作为战败国首先开启了国家复兴目标下产业复兴计划，在1945～1955年的十年时间里完成战后产业经济恢复工作，并带动1955～1973年持续近20年的经济高速发展。起初，在以发展煤炭和钢铁增产作为最高指令的背景下，政府通过统制经济政策将资金、原材料、劳动力等生产要素重点投向煤炭、钢铁生产和重工业制造领域中，并在战败后第八年将矿业工业生产总值恢复到第二次世界大战前最高水平（刘昌黎，2008）。而后，完成产业经济恢复后的日本迎来钢铁、石油化工为轴的重工业发展阶段，在这一过程中诸多超大型重化工联合企业形成，并开设四大工业区为中心的工业发展格局，火力发电厂和石油化工厂争相建立。在国民经济发展层面，1955～1973年的GDP年平均增长率超过10%，并于1968年超过德国，其经济规模提升至世界第二。最后，这一持续的经济高速增长以20世纪70年代两次石油危机为终点画上句号（关雪凌和丁振辉，2012）。总的来看，在1945～1973年的战后经济恢复与高速发展阶段，日本实现了较为宏大的经济目标，钢铁石油化工行业发展壮大带动着能源消耗指数成倍增长。

经济粗放式高速发展阶段中，高污染行业的肆意生产导致大量的环境污染公害事件发生。这一时期表现最为严重的是石油化工行业排放煤中的硫氧化物导致严重的大气污染以及造纸工业污水排放造成的水质污染，北九州地区由于工业废气无节制的排放，天空一年四季呈现灰黑色，被媒体称为煤烟城市（卢洪友和祁毓，2013）。除了对环境的损害之外，污染物无节制排放对附近居民身体健康造成了不可逆的影响，较为严重的有熊本水俣病、新泻水俣病、富士县痛痛病等水污染公害事件，先后造成数百人感染，对居民健康损害造成的医学影响震惊世界各国媒体。与此同时，大气污染所造成的哮喘病、镉慢性中毒、亚砷酸中毒等公害更是让数万人深受其害，另外汽车尾气、城市噪声等都不同程度影响了居民的健康与生活质量（包智明，2010）。一系列的公害事件引发群众的抗议，自20世纪60年代后半期，受害者对广大排污企业提起诉讼并要求赔偿损失，并相继对昭和电工、三菱油化、三井金属矿业、氮肥股份等公司提出诉讼，造成强烈的社会反响。至1970年，日本环境厅的民众调查显示，超过45%的民众反对经济高速发展，支持的比率仅为33%（王长汶和李云，2008），日本政府开展环境保护举措迫在眉睫。

日本第二次世界大战后环境保护基本制度建设在公民环保运动的推动下如火如荼地展开，20世纪70年代出现日本历史上污染防治立法的兴盛时期，政府环境治理基础制度开始建立。随着公害问题司法审判对公民环境危机意识的唤醒、科技发展带来公民科学素质的提高以及在经济发展与环境保护问题上自下而上所形成共识，环保立法运动随之开展。其中最具代表性的实践是1970年底召开的64届临时国会，一次性制定并通过了《公害对策基本法》并统领之后污染防治法律体系，另外颁布《公害防治事业费用企业负担法》等总共14部污染防治法律对企业排污行为进行约束，被称为“公害国会”（大冢直等，2017）。除了法律建设，日本在这一时期相应成立环境厅以及公害对策本部，总管全国环境保护与治理工作，至此日本政府环境治理工作有了基本的法律体系框架以及初具规模的执行机关。

（二）综合环境保护阶段

日本政府在公害控制时期通过强有力的环境法律体系建设，在较短的时间内遏制了污染的扩散并加强了污染治理能力，但20世纪70年代两次石油危机使政府发展经济的压力增大，政府工作重点的再次转移使环境立法及行政的发展出现停滞状态。直至20世纪90年代，经济高速增长时期遗留的产业公害基本平息，曾经围绕公害防治和自然环境保护的法律制度体系难以解决时代发展所陆续产生的新型环境矛盾，如城市规模急速扩大而产生的大量生活污水、城市汽车尾气以及未受审查规制的化学污染物质等问题。由以地球峰会为契机，日本政府针对变化的环境问题开启了新一轮规模庞大的环境治理改革。

城市人口的加速扩张催生出一系列城市型与生活型公害。首先在大气污染防控上，尽管施行较严格的大气排放标准，但东京、大阪、横滨等大城市巨大的汽车保有量依旧造成汽车尾气中含有的氮氧化物超标（罗丽，2000），由此1992年政府制定了《关于在特定地区削减汽车排放氮氧化物总量的特别措施法》来对汽车尾气排放进行管制，并带动了日本特色节能化汽车产业的发展。其次在土壤污染方面，尽管《污染防治法》对土壤污染的环境标准予以规定但长期未能落实，且对象仅为农用土地，因此1991年制定了相应的土壤环境标准并后续出台《土壤污染对策法》（罗丽，2013）。最后在垃圾问题处理方面，由于当时日本繁荣的经济形势和发展预期，“大量生产、大量消费、大量废弃”的社会经济模式基本确立下来，如家电、塑料瓶、铝罐等难以处理的垃圾大量产生。在这一背景下，政府重新审视垃圾政策，将减少垃圾排放量、推行垃圾分类、贯彻资源再利用纳入政策并制定了《资源有效利用促进法》《容器包装回收利用法》《家电回收再利用法》等（杜欢政和张旭军，2006）。

应对气候变化问题是当时日本政府乃至现今各国综合环境保护的重要议题。日本于1997年作为主席国在京都召开关于气候变化框架公约第三次缔约国会议并通过《京都议定书》（鲍健强等，2008），同年日本政府设立地球温暖化对策推进总部，不仅制定《地球温暖化对策推进法》，还对《关于合理利用能源法案》进行了修订。另外于2008年通过“建设低碳社会行动计划”，陆续普及可再生能源的电力固价收购制度以及引进碳水并推动氢能源有效利用等的研发。此外，日本作为一个资源匮乏型国家，其发展循环型社会的压力是综合环境保护又一重要议题。为改变经济发展过热带来的资源消耗与浪费并减少环境负担，日本于2000年制定《循环型社会形成推进基本法》，成为日本垃圾回收利用法律的框架法。同年，日本政府还对建筑工程用料、建筑废物、食品废物、绿色采购等相关内容进行了立法。总体而言，日本政府在综合环境保护阶段经过20世纪七、八十年代末的调整再到90年代至今的持续发展，其环保重点逐渐由污染防治和自然环境保护向综合环境保护转变，立法及组织结构的改变都是为了适应经济和社会所不断提出的新型环境挑战（刘小林，2012）。日本政府基本平息公害污染后，对城市型和生活型污染、应对气候变化、发展循环经济发展模式予以重点关注。为此，日本政府修改总领环保工作近20年《公害对策基本法》和《自然环境保护法》，并将环境厅提升为环境省，进一步从行政层面统领国家环保工作。

日本第二次世界大战后70余年的环境治理过程取得了阶段性的成就，从治理成效上来看，不论是公害防治还是综合环境治理都卓有成效，并让日本跻身于世界环境保护前列国家。回顾日本早期公害时期的历史，总结出两点环境严重污染的原因：一是早期法律法规的欠缺导致企业排污活动肆意妄为。日本公害的大量囤积主要发生于第二次世界大战后前20年，也是日本大力举行战后恢复重建的时期，由于国家发展目标紧盯经济效益的畸形发展模式，不论实业界或政界都选择牺牲一切代价来复兴经济，相关的法律法规长期处于混沌状态（Broadbent，2003）。并且值得强调的是，当时的环境治理不仅是无法可依，甚至许多环境法律的出台都会受到工商界甚至政界的极力抵触，早期普遍的民调也是普遍认为经济发展与环境保护是不相容的议题，为了发展经济甘愿牺牲环境。可以看到在《公害对策基本法》《自然环境保护法》出台之前日本环境每况愈下，在没有环保基本法统领下环境法律体系的缺失造成公害的大肆蔓延。二是“经济与环境协调政策”的存在（Arimura and Iwata，2015），这一政策对社会产生了深刻影响。首先在实践层面，由于“环境政策的施行需要与经济发展相协调”条款的存在，诸多既有的环保法律都难以施行，这让日本的环境保护工作形同虚设（宋敏，2004）。其次，在企业的生产经营方面，让大量高污染企业特别是公害时期的诸多超大型重化工联合企业例如三菱化工、昭和电工等抱着有恃无恐的心态排放污染，宁愿牺牲民众身体健康甚至性命也在所不惜，甚至左右议会立法阻碍多部法律的颁布与施行。最后，在社会生活方面给民众也造成了经济发展必须牺牲环境的错误认知，直至1970年左右民调才认识到环境保护的重要性，这无非减缓了民众环保意识的觉醒。

长期囤积而来的环境污染迫使日本政府基于内部和外部压力开启各阶段环保举措。具体而言，公害防治阶段的开始起源于民众对排污企业的诉讼，张冬梅（2021）认为20世纪60年代末的四大诉讼直接推动“环保议会”的开展和环保基本法律体系的建立。而综合环境保护阶段的开展不仅来自气候变化的国际压力，也来自不断更新变化的社会环境所产生的内部压力。经过20世纪70年的实践，日本也证明了“环境保护并不会阻碍经济发展”这一重要议题（Hamamoto，

2006）。日本通商产业省的《产业与公害》报告指出“进行公害防止投资与不进行公害防止投资相比，国内生产总值的损耗仅占国内生产总值的1%以下”。另有环境省《环境白皮书》披露“公害防止投资对国民经济整体来说并未产生强烈冲击”，这一结果也被OECD报告予以证实。总的来说，日本政府的环境治理过程，由于初期法律法规的欠缺以及畸形的国家经济发展方式造成了大量公害污染，但基于内部和外部压力，日本政府经过公害防治阶段以及此后至今的综合污染治理阶段，目前取得了显著的环境保护成就。

二、日本政府环境责任履行的特征分析

日本政府环境责任履行具有三个主要特征，分别为注重全面性法律制度框架的体系建设、强调环境与经济效益相结合的发展路线以及偏好分散式环境行政管理的组织模式。

（一）注重全面性法律制度框架的体系建设

日本自1970年《公害对策基本法》制定以来，经历50余年的环境立法探索实践目前已制定出一套完整的环境法律体系。现在，日本的环境法体系是以1993年制定的《日本环境基本法》为基本纲领，以及《公害对策基本法》和《自然环境保全法》另外两部基本法与多部个别法构成，基本法主要提供制度框架，而单行法则规定具体的政策措施、预算措施以及实施行政纲要。日本法律体系中单行法种类齐全，可分为七个部分，即综合性环境法、应对全球环境问题保护法、公害规制法、废弃物及循环利用法、环境保护法、费用负担与财政措施法以及被害救急与纠纷处理法。而日本法律体系完备的特征则体现在两个方面：分别是第一性立法的全面性和污染者负担原则下补偿赔偿立法的健全。

日本第一性立法的全面性不仅体现在个别法涉及层面的广度上，也体现在其立法设置深度上。从广度上来看，日本环境法单行法设置七个部分，对事前预防、事中处理以及事后赔偿补救都作了明确规定，并且对所有环境要素例如动植物、自然公园、狩猎活动都发布了相应指导性法律法规。另外从立法深度来看，日本单行法体系也十分完善，以回收利用相关的法律体系为例，在《回收利用法》的主导下分别制定有关容器包装、家电、食品、建筑、汽车以及小型家电的再生利用法，在整个体系下将可回收利用的基本所有物品基本囊括并最后增设《绿色采购法》，将回收利用的采购全过程予以完整规定。日本环境法体系同时具有以污染者负担为原则的特征，并辅以相应健全的补偿、赔偿立法（刘兰秋，2020）。污染者负担原则指的是将环境承载力看作可消耗的资源，而将破坏环境

承载力的行为成本内化到污染者生产经营中的一项基本原则。日本的污染者负担原则在公害治理阶段就已初步建立并在后续立法过程中逐渐确立，较早的实践有民众公害诉讼所推动日本“公害国会”的举行以及相关法律的制定，日本的污染者付费原则不仅要求污染者承担治理费用，还应承担对遭受公害损害者的救济费用等。《环境基本计划》对污染者负担原则作出了强调，规定“社会经济发展应当充分考虑环境，促进合理利用珍稀的环境资源的最基本方针就是将生产和消费过程中造成环境污染代价内化到市场价格中”。而为贯彻污染者负担原则，一系列补偿、赔偿立法也相继制定。日本的补偿与赔偿制度通过《公害防止事业费事业者负担法》予以确立，明确了排污单位相关责任，并强调污染者负担必要的政策制定费、环境复原费以及受害者救济费等（见表20－1）。

表20－1　　日本主要单行法明细表

单行法类别	主要单行法
综合性环境保护	环境影响评价法、环境教育促进法、公害组织法、下水道法、工厂立地法
地球环境保护	地球温暖化对策推进法、关于能源合理化使用的法律
公害规制	大气污染防止法、水质污浊防止法、土壤污染对策法
废弃物及循环利用	循环型社会推进形成基本法、废弃物处理法、利用的法律、国家等调配环境物品等推进法
环境保护	自然环境保护法、自然公园法、鸟兽保护及适度狩猎法
费用负担	公害防止事业费事业者负担法
财政措施	支特别措施法、独立行政法人环境再生保全机构法
被害救济与纠纷处理	公害健康被害补偿法、公害纠纷处理法的公害犯罪处罚法

资料来源：笔者整理所得。

（二）强调环境与经济效益结合的发展路线

环保政策、环境投资与技术开发之间依据国情不同存在实践上差异化的辩证关系，日本所施行的模式是制定最为严苛的环境保护惩罚与赔偿制度，使得企业不采取环保措施的代价高于进行环保投资的成本，迫使企业进行环境投资并进行技术革新（唐杰英，2017）。政府在综合环境治理阶段进行大量环境基础设施建设投资，并建立有效的企业资金援助机制，由此创造对环境技术的市场需求，激发日本环境技术及产业的蓬勃发展。日本的环境投资主体，分为中央政府、地方政府和企业。其中大部分环境投资主体为地方政府，负责环境基础设施建设的投资（王岩和高鹤，2013），而企业负责内部污染控制投资并承担部分基础设施建设费用。从投资方向上来看，日本环境投资的重点领域在城市化环境问题的环境基础设施的建设中。另外，就投资总量上来看，由于公害防治阶段特别是大气污染防治的费用基本由企业自行承担，大量的政府环境投资发生综合环境治理阶段，占国家财政预算的4%左右。而自综合治理开展以来，日本中央政府预算的80%左右都用于环境基础设施建设，另外20%政府预算包含环境标准制定、环境监测、污染防治补助、自然保护等。根据各年《日本环境白皮书》所给出的报告，中央的环境基础设施建设投资中，污水处理占比达到70%，其次为噪声污染防治、生活垃圾处理和农村下水道管网建设。总的来说，政府作为日本环境投资最为重要的主体，其主要财政支出在于环境基础设施建设，而其中绝大部分资金都投入了水污染治理与生活垃圾处理中。

日本政府环境保护财政支出在具体分配上体现较强的经济关联性，针对性地带动了相关环保产业的发展，从《日本环境白皮书1992～1995》披露当时处于“综合环境治理时期”的日本污染防治支出显示，20世纪90年代近七成的污染防治投资集中于水污染处理，同时催生并引导出一批水污染处理的技术专利及产业，并在持续不断的政府财政扶持与政策引导下成为日本环保产业中支柱行业。时隔20年后，从近年的“日本公共事业关系费”的披露中可以看出，由于相应的自然资源治理产业规模化、饱和化的发展状态且环境状况稳定，日本政府已将污染防治项目中的“治山治水对策事业费”降低并稳定到总环保支出的38%左右，同比新增且占有重要比重的为“农林水产整备事业费”以及“住宅都市环境整备事业费”，分别占比31%和23%，由此对应的是日本近年对于农业农村环境、城市环境问题的重点关注并在这两个领域中持续开发环境技术以及催生新的环境产业。

日本政府秉承“产业环保化，环保产业化”的发展战略，在其环境责任履行过程中注重经济效益相结合原则大力发展环保产业（Sueyoshi and Goto，2012）。在资金使用上，日本政府注重采用预算补贴、税收支持等方式鼓励企业发展节能环保技术，对于重大环保项目政府还予以资金支持；在政策上，日本政府相继通过《循环法》《绿色采购法》等引导市场发展资源循环利用产业，鼓励市场优先购买绿色生产标示的企业产品（Broadbent，2003）。同时，日本政府注重产学研相结合的方式加快环保研究项目进程，在强化产学研过程中，日本政府设立九州岛“绿色之都”为环保先行城市，并在全国增设诸多环保产业园。以九州岛为例，当地政府依托北九州岛市立大学、英国格连菲尔德大学、北九州岛研究所等多家科研机构及研发企业，吸引国内外科研人员进行环保技术研究，将创新成果输送到技术实验室并最后在产业园内投入使用（柯冬兰，1989）。目前，九州岛环保学术科研城已有近百家企业，与世界各国名校建立合作关系，并通过各种机构合作将自身环保技术和产品推广到其他国家，助力环保产业成为日本的三大产业之一。

（三）偏好分散式环境行政管理的组织模式

日本政府的环境管理体制是一种典型的“分散式管理”结构。除了主管部门环境省之外，各个省厅等也同时分工负责行政范围内的环保工作（McKean，2020）。具体而言，除了环境省之外，还有20个省厅具备一定的环境职能，而在具体的环境业务中，环境省主要负责环境政策及计划的制定，统一监管全国环保工作，而其他相关省厅负责本部门具体的环保工作。当各部门在具有一致认识并且沟通协调效果较好的情况下，环保业务能形成齐管齐抓的局面，否则在协调上将会造成很大的沟通成本及阻力。

“分散式管理”在日本政府环境责任履行中造成了两方面影响。一方面，由于权力的分散，各参与环境保护与治理的机构与部门享有较高的自主权、财权、人事权来开展环境保护工作，能将环保业务做到精益求精。从这一角度来看，日本的“分散式管理”将环保业务精细化，让各个行政部门各司其职、具体业务专人专项，由此每个业务的相关管理部门都能发挥其最大的主观能动性去履行环境职责，实现环保效益。另一方面，权力的分散容易造成日本政府宏观调控能力的下降（伊藤康，1994），不论是从近年来日本政府屡次改革重组、日本首相短期任命即辞职等事件，还是说在环境管理领域福岛核电站污水处理事件日本政府的无所作为都已显示出“分散式管理”的弊端。在环境保护与治理这一综合性跨部门议题上，较弱的“齐管齐抓”能力让日本政府在诸多事项的行动中捉襟见肘。

日本政府特色鲜明的“分散式管理”在长期的环境治理发展过程中为日本带来了深刻影响，正是基于精益求精的行政风格，日本环境保护法律体系才得以细致入微、面面俱到，为此，日本绝大部分环保业务都取得了卓尔不凡的成效，同样环保产业也呈现欣欣向荣的发展态势。而对于分散式管理带来的弊端，日本政府在20世纪末期便意识到行政体制所带来的问题，已于2001年将环境厅升格为环境省，除继续履行环境厅已有的职责外，还加强了统一管理的职能，并且强调了与其他部门协调合作管理能力。但如今环境问题已经逐渐转变为“全球治理”阶段，核安全、二氧化碳、温室气体排放和生活型环境问题等正逐渐成为世界环境保护的主题，这些议题要求世界各国政府在环境问题处理上需要具备较强的宏观调控能力，这也为日本政府环境管理体制上的变革带来越来越大的压力与挑战。

第二节　美国政府环境责任履行研究

一、美国政府环境治理进程

美国从英属殖民地到现今现代化程度最高国家的短短二百余年发展历程，实现了其他国家数百千年的现代化改造自然、现代化推进历程。从人类发展的角度来看不失为一番功绩，但若从环境的角度来看北美大陆，美国在取得巨大经济成就的同时，不仅使环境发生翻天覆地的变迁，同时也造成了巨大的资源浪费与环境污染。尽管关于现代化的研究中无可避免地会涉及人与自然的关系，学者们也大多偏好以发展的眼光、人类进步的角度去看待两者关系，例如亨廷顿（Huntington，2008）曾指出“人类发展到现今阶段，区分现代社会与传统社会的主要差异在于现代人对自然环境和社会环境具有更强的控制能力”，这种广泛的思想支撑着人类在现代化进程中将“征服自然为己任”发挥得淋漓尽致。但若从环境的角度看待这一思想，它甚至是造成当今全球性环境问题的根源：即过度宣扬人类的主观能动性，过分的欲望扩张与畸形的消费观，短视地将经济发展等同于文明进步，最后造成人与自然关系的紧张。从现代化进程中这一角度来看，既然西方国家现代化历程是一部人类对自然肆意征服的历史，那被视为现代化“样板”的美国，在人与自然关系对立进程中同样是值得研究的“样板”。

美国的现代化进程可以分为三个阶段（付成双，2018）：第一阶段是从传统社会步入19世纪90年代现代化社会阶段，第二阶段是19世纪90年代至20世纪60年代后现代主义兴起前的过渡阶段，最后是20世纪60年代至今的后现代主义发展阶段。而纵观美国环境史，在现代化社会建成过程中的第一阶段付出了惨痛的环境代价，甚至可以毫不过分地说美国现代化的历史就是一部征服史，既是白人征服印第安人的历史，也是白人征服自然的历史（侯文蕙，1995）。美洲殖民者将机械主义改造、政府自然的观念带到美洲大陆，并成为美国在内的欧美国家文化主导观念（Taylor，2009）。机械主义自然观一方面是人类认识自然的巨大进步，但由于隐藏着非生态导向，也是导致现代化过程中人与自然关系紧张的首要原因。在这一观念的主导下，直至19世纪末期，美国人陆续通过破坏北美原始生态环境、西部大开发、东部工业化以及一系列政策来对美洲大陆进行贪婪的改造。而后美国依旧是片富饶的土壤，只是不再具备它曾经丰富多样的生态环境，而是一个欧洲殖民者熟悉的生态系统（Crosby，2004）。

（一）传统社会到现代化社会的自然改造

19 世纪 90 年代，美国已通过长期的自然改造从传统社会步入现代化社会，例如，破坏北美原始生态环境、西部大开发、东部工业化以及一系列行动和政策（何顺果，1992）。据《弗吉尼亚通史》记载，美洲大陆曾是一片资源极其富饶、物种十分丰富的地区。面对如此丰富且原始的自然环境，美国人开拓新世界并建立一个动植物欧洲化的世界。大面积森林被大火夷为平地并开垦，其中的树木则源源不断地销往英国；毛皮业务的发展造成惊人的物种灭绝，猪牛羊马这些欧洲人熟悉的动物不断侵占代替美洲的生态系统；另外瘟疫更在短时间内对北美环境进行了改造，天花、霍乱、和痢疾等欧洲旧世界的各种病菌使得印第安人面临着灭顶之灾，造成了 65% 以上原住民的死亡（徐新建，2012）。

美国现代化的两大动力是以西进运动为代表的边疆开发和以东部的产业升级为代表的工业化（刘祚昌，1994）。西部大开发与东部工业化相辅相成，边疆开发为东部工业化提供源源不断的原料和不断扩大的国内市场，东部工业化又通过不断的技术创新和扩大生产而刺激边疆的进一步发展。在这一现代化进程中同样伴随着无休止的资源浪费与环境破坏和污染（贺缠生等，2005）。以加利福尼亚淘金热为先导，采矿业在美国西部山区发展起来并成为支撑美国发展的重要行业并引起了社会巨大变化，为美国带来了惊人的财富。不仅黄金白银，采矿业、冶金业的兴盛发展对自然造成严重的破坏，建筑、机械、道路、矿渣、引水和表层开挖、流水淘金、水力采矿等都对地形地貌、河流污染，陆地植被造成了恶劣影响。采矿和冶金业的发展在给当时美国经济提供强大物质基础的同时，也损害了矿区的自然环境，这并不是说经济发展的必然性造就的结果，而是当时不计环境代价的发展观念指导埋下的祸根。同时，西部开发促使美国清理了 80 万平方英里的森林，使东部和中西部失去几乎所有的原始森林（黄贤全和杜洋，2001），另外西部边疆在经历了野牛灭绝、畜牧业灾难性后果后，疯狂的开发还造成了严重的水土流失和沙尘暴等自然灾害。

联邦政府的资源开发政策是现代化进程中自然资源无节制开发得以顺利推行的保障。受机械主义自然观和重商主义思潮的影响，美国政府对北美自然资源采取功利主义的自由放任态度，制定了以促进拓殖为中心的联邦公地政策和以先占权为基础的资源开发政策。其中在土地政策的基本出发点是尽快将土地转移到耕种者手中，鼓励人们从土地中获取财富（何顺果，2000）。这造成了疯狂的土地投机行为，以至于在西部开发过程中参与者都只聚焦于最大化开发西部资源及获取利润。另外，从环境史的角度来看，疯狂的土地投机实际上纵容了人们对土地功利主义的态度，以先占权为基础的资源开发政策更是无节制开发浪费行为在制度上的罪魁祸首。1872 年《采矿法》规定所有联邦公地上的矿产资源都“允许勘探，自由买卖，免费开放，先占者划定联邦土地界限后获得全部所有权”，1844 年水资源使用中先占权也得以确立，规定“第一个修建堤坝的所有者有权保有堤坝，并对上下游的所有者持有排他权”（李梦，2014）。这一系列先占权为特色的资源利用政策对美国西部开发的顺利进行和边疆的快速推进发挥了积极的推动作用，但它们在最大限度上调动人们积极性的同时，把个人贪欲充分释放出来从而导致严重的资源浪费和环境问题。

总之，对北美丰富自然资源进行系统开发是美国现代化取得成功的重要经验之一，通过对原始生态的改造、西部与东部的开发与拓张，并辅以联邦政府公地及先占权资源开发政策等，美国快速实现现代化。这一过程中，充分调动了人们的积极性，同样付出了惨痛的代价。

（二）后现代化主义兴起前的功利性环保

美国在 19 世纪迈入现代化所发生的诸多变化如城市化、工业化和西部开发所导致的资源耗竭和环境问题，是导致美国人环境观念产生变化的直接原因。在民众觉醒、民间保护力量的推动以及政府的联合作用下，美国于 19 世纪末至 20 世纪上半叶掀起了资源保护运动，该运动于进步主义时期开花结果，又在罗斯福新政时期走向成熟。按照当时保护主义的说法，资源保护的目的就是“最长时间内为最大多数人提供最大限度的利益”（王治河，1995），在这种功利主义资源保护思潮下，谋求经济利益的同时兼顾环境利益，美国进入现代化发展第二阶段。

美国进步主义时期的资源保护运动将“自然资源保护问题列到了头等重要的位置”，各项环境保护事业逐渐开展施行。其中的措施主要包括三个方面（尹志军，2005）分别是加强对矿产资源的管理、对水资源的综合开发和利用、建立国家公园与国家纪念地等自然文化遗产保护项目（高科，2017）。西奥多·罗斯福担任总统期间是美国环境保护运动第一次高峰，开创了联邦政府干预经济发展、承担环境保护责任的先例（马骏，2008），但是进步主义时期的资源保护运动由于时代局限性，许多政策和机构尚处于初级阶段，直至 20 世纪 30 年代为应对经济和环境双重危机，富兰克林罗斯福总体采取了一系列保护主义政策，将资源保护运动时期设想付诸实践，并迎来环境保护运动的第二波高潮。在措施上，扩大国家森林、国家公园和野生动植物保护区面积、综合开发水利工程等，大部分资源都被纳入保护主义的考虑范畴，更为重要的是，罗斯福环境新政通过综合措施的应用，不仅实现环境治理还提升了就业（杨目等，1998）。

美国后现代主义兴起前的环保举措，贯穿其中的是整个资源保护运动中的实用性极强的功利主义保护原则，它的根本出发点是为了解决美国所面临的资源浪费和短缺的困境，也就是为了能够从资源开发中谋求更多的利益，其中贯彻着浓厚的人类主义的优越感。对当时的美国社会来说，对人类有用的自然资源值得保护，而对人类没有任何用途的其他事物未被列入保护的考虑范围之内。通过这一时期轰轰烈烈的资源保护运动，美国社会已改变了过去不计环境代价成本的滥垦滥挖式的粗犷发展模式，但由于这个时期以美国功利主义保护思想对人类有用性为最高指导原则，并不尊重自然客观规律，结果许多保护措施并未收到实效，甚至导致环境进一步恶化。

（三）后现代主义时期的生态中心新趋势

美国在其现代化进程中，从最开始"征服自然"为特色的发展方式转变到功利性环保阶段，推进了进步主义时期资源保护运动，并实现巨大思想和实践上的进步。面对这一难以衡量的准则以及日益繁杂的环境问题和生态灾难，人类中心主义的环保准则被广泛质疑，美国社会呼吁将自然的利益放到更高的位置。经济的腾飞、科技的发展使人们的劳动时间越来越少，普遍的富裕和媒体广告中的宣传改变着人们的价值观念，消费主义和物质至上的观念流行起来，人们不再以勤俭为美德，而是以享乐为根本。尤其在生活理念上追求生活质量，衣食住行不再是关注的重点，而卫生健康、环境质量、社会福利、教育程度、休闲娱乐成为衡量生活质量的重要指标。而对其追求中，环境质量被提出了更高要求，环境除了提供资源应用性价值，人们也关注其美学及休闲价值。人们的健康观念也发生改变，从强调降低死亡率到强调降低发病率，环境中的有毒有害物质对人体健康的危害引起社会的普遍关注（孙玉伟，2013），到20世纪六、七十年代，美国人对空气、水污染的担心已经替代了对化学污染、核污染等的恐惧。在这样的背景下，后现代主义的美国社会逐渐改变人类中心主义的自然环境观念，开始进化出生态中心主义的美国现代化新趋势，即迈入发展让步于环保的环境保护主义新时代。

二、美国政府环境责任履行的特征分析

美国政府的环境责任履行具有三个主要特征，分别为积极运用市场化环境规制手段、广泛开展环境教育与立法实践以及大力推动公众与环保组织参与。

（一）积极运用市场化环境规制手段

政府往往通过行政命令型环境规制与市场型环境规制来履行其环境责任。不同国家由于国家政体、市场程度、行政能力、污染程度等基本国情而采用差异化的环境规制政策组合。美国作为一个市场化程度极高且拥有丰富自然资源的联邦制国家，通过积极运用市场化环境规制手段和环境经济政策，使得在完善市场化环境政策体系过程中取得显著的治理成效。美国政府的市场化环境规制手段囊括环境税收、排污权交易以及生态补偿等制度，并积累了特色的美国市场化规制经验（马允，2018）。在环境税收领域，美国形成了以污染控制税、消费税、开采税、环境收入税为主的环境税收体系，这一体系被世界各国广泛采纳并形成了以资源税和环境税为主的两大环境保护税种；排污权交易政策的实践最早在美国开展开来并已具备完善体系，其制度内容主要包括泡泡政策、补偿政策、净得政策和排污量存储政策四类政策在内的排污权交易体系（胡彩娟，2017）。该体系遵循总量控制的思路，以泡泡政策为核心并在补偿、净得领域予以补充说明，其中值得强调的是排污量储存政策，即是将产生的削减量以信用的形式进行确认并储存起来留作将来使用或交易，该政策从法律上承认工厂企业的剩余排污权，利于交易活动正常进行和工业部门发展新生产工艺等（宋皓，2016）。

（二）广泛开展环境教育立法与实践

美国是世界上最先开展环境教育的国家之一，美国于 1970 年制定了世界上第一部《环境教育法》，并在之后长期发展过程中使美国环境教育具有三个方面显著特征。首先是法制化程度高，除了有 1990 年美国《国家环境教育法案》的专门保障外，还有一系列公益诉讼等配套法律为教育法案的开展提供必要基础。其次是政府、企业和非营利性组织多方参与，各司其职。其中美国政府通常不以行政力量直接干涉环境教育的发展，而是以服务者和监督者的身份参与其中，手段包括立法、日常管理、项目贷款、免税政策等（章柯，2015）。再次，美国企业则是在绿色消费的影响下，侧面推动环境教育的发展并成为环境教育的忠实拥护者和资金提供者；而非营利组织在环境教育事务中通过广泛的社会支持以及民众基础，在宣传与思想普及上发挥重大作用（李洪荣，2021）。最后，美国建立了较为完善的三维全民环境教育体系，在时间、空间、形式上都各具特色。从时间维度上来说，美国环境教育已经成为涵盖各年龄阶段的终身教育过程，可以划分为中小学生、高等教育以及终身环境教育；从空间维度上说，环境教育贯穿校园、家庭与社区；相应地，形式上环境教育也包含课程内授课形式以及课程外的教育形式。总体而言，美国的环境教育法律体系相对完备，实践中各主体参与配合环境教育较为密切，并形成较为全面的全民环境教育体系。

（三）大力推动公众与环保组织参与

美国公众参与环境管理的半个多世纪以来，政府与公众及环保组织通过长期协作形成了良好的环境治理格局，公众及环保组织因政府提供的法律、组织管理以及一定经济支持得以茁壮发展，美国政府也因公众参与提升了环境决策的科学性并且获得社会舆论的支持（胡乙，2020）。美国公众正式参与环境治理始于1969年《国家环境政策法》的颁布，首次确定了公众参与环境影响评价的时间、途径及政府的职责。而后20世纪下半叶一系列的国际与国内的环保运动推动环保法律逐渐完善，并将公众的环境知情权、参与决策权和诉诸司法权逐步规定下来。

公众环境权的制度化使得美国环保运动在公众热情中进入高潮，环保组织热衷于与企业之间密切合作，倾向于通过协商解决与污染者之间的纠纷。另外，公众环境参与的制度化建设也是美国政府多中心治理的基础性举措，美国政府还通过完善公众参与途径、完善信息公开制度等逐步建立健全公众与环保组织环境参与的体系（王名等，2014）。公众参与途径上，美国政府通过召开环境事务审议会、组织鼓励环境科学研究、环境影响评价征求公众意见以及环境管理机构给公众代表提供席位等方式丰富公众参与途径；完善信息公开上，美国政府通过立法逐步推行政府和企业的环保领域信息公开，引入环境审计和会计工作、推广上市公司在年报中环境信息披露以及对企业和政府进行环境信息化公开评级等举措。

第三节　新加坡政府环境责任履行研究

一、新加坡政府环境治理进程

新加坡是位于东南亚的城邦岛国、城市国家，由于岛内自然资源匮乏，大部分生活物资甚至连水资源都依赖进口。自1965年建国以来，李光耀领导的新加坡政府便按照“可持续发展新加坡”的战略目标，力图建设“自然环境最优美的亚洲国家”（张雅丽和黄建昌，2008），并遵循经济上着重发展航运业、金融业、旅游业的同时，持续推进“花园城市”的建设。基于可持续发展的战略目标，新加坡政府于1968年便开始推行了清洁和绿色政策，将公共卫生法律予以尽早制定，并于随后数年内成立反污染署、环境发展部等环境保护行政机构，将环境保护法律依据及行政依托在第一时间予以建立（Perry and Sheng，1999）。在良好的制度框架下，一系列环境保护运动开展于20世纪七、八十年代，为应对城市发展所出现的环境问题层出不穷，各种运动督促新加坡民众保持厕所、工厂、公交站等公共场所的清洁，并在追求细节的道路上不断提出更高要求。同时期，李光耀颁布一系列命令对破坏城市环境行为施行最为严格的惩罚，乱扔垃圾、公共场所吸烟等的细微行为都施以超额罚款（Han，2017）。进入21世纪，综合环境保护问题成为了新加坡政府所聚焦的重点，将能源消耗、废物再循环以及填海造陆等纳入“永续新加坡发展蓝图”。在应对气候变化问题上，新加坡政府深知海平面上升对岛国的危害，在国际交流中同样发挥宣传教育、技术共享、环保产业合作等作用来履行其环境保护职能。

二、新加坡政府环境责任履行特征分析

新加坡政府的环境责任主要有三个特征，分别为城市规划突出环保优先、城市污染聚焦垃圾处理以及环境执法追求严刑峻法。

（一）城市规划突出环保优先

新加坡城市规划制定过程中，自建国以来便将“可持续发展新加坡”的目标要求贯彻到规划制定的方方面面。在可持续发展的环保优先理念指导下，政府相继提出“洁净的饮水、清新的空气、干净的土地、安全的食物、优美的居住环境和低传染病率”等环境目标。在城市规划的具体操办上，政府将全国分成若干区域后优先规划绿地和集水区，在确保生态环境建设和水资源保护的基础上开展城市规划与分工，另要求工业发展规划需与环境规划紧密衔接，在独立工业区内发展集约型工业，并将工业区设立在下风区的西南区域（郭静和郭药，2009）。另外在城市建设过程中，新加坡优先规划建设绿地、集水区域自然保护区，对于可供开发的区域优先对道路、绿带、雨水管网、污水管网等基础设施进行建设，以确保城市排污问题得以妥善解决（秦海旭等，2014）。最后，对于城市建设项目的审批同样坚持环保优先原则，在整个审批过程中，国家环境局在各类项目中都发挥重要作用，特别是环境影响较大的项目，都按规定要求出具审议危险性定量分析报告以及污染控制方案，在得到审批部门深入

讨论论证后，才予以批准（毛大庆，2006）。归纳而言，新加坡充分吸取发达国家“先污染后治理”模式的教训，在环境保护工作中事先搭建好制度框架的基础，在城市规划过程中未雨绸缪，充分体现了可持续发展的环保思路，并在规划的制定、实施、审批中逐一落实。

（二）城市污染聚焦垃圾处理

新加坡国人口密度达到 8357.6 人每平方公里位于世界第一，在如此密集的生活空间中垃圾处理成为城市环境管理最为棘手的问题。在新加坡垃圾总量的统计中，显示出排名前三的垃圾为建筑垃圾、黑色金属和生活垃圾（杨一博和宗刚，2012）。首先，针对建筑垃圾的回收中，新加坡政府在源头上对建筑材料的成分予以规定说明，皆采用环保和节能材料修建，将环境友好、可持续发展概念贯彻到工程建设阶段中，产生的建筑垃圾大部分采用再回收方式投入建设（吕秋瑞等，2017）。其次，随着信息化、智能化的发展，新加坡每年产生数以万吨的电子垃圾。若手机、电器等电子垃圾未进行分类便混入垃圾填埋场填埋，将导致无法降解和回收，会造成极大的危害。为此，新加坡电信和邮政推出了电子垃圾回收计划，可将废弃的电子设备通过社区特定的回收桶进行回收。最后针对数量庞大的生活垃圾，新加坡首先通过制定严格的法律法规来保障垃圾分类的实施，出台了一系列管理条例并形成了良好的社会氛围，对于未进行垃圾分类的住户，垃圾回收员可以选择罚款或者一个月时间不回收该住户垃圾的方式，社区物业也可进行停电、停水等举措对违反规定的家庭起到警示作用。另外值得强调的是，新加坡对生活垃圾的处理主要采取焚化和填埋方式。由于新加坡国土面积小，便主要采取垃圾填埋的方式填海造陆，并对“垃圾岛”进行绿化种植与改造（韩蕙等，2018）。总体而言，新加坡对于城市垃圾所采取的回收处理方案主要分为两个方面：一方面，对于非生活垃圾采取环保使用与便民回收的处理路线；另一方面，对于生活垃圾则以最为严苛的规章制度及惩罚约束居民垃圾分类投放行为，并对回收后的垃圾主要进行绿化填埋处理。

（三）环境执法追求严刑峻法

新加坡环保法律法规体系建立与以李光耀为首的执政党积极推进“新加坡式”的环保建设息息相关，受第二次世界大战时期驻新加坡日军的治安政策影响，李光耀推崇严刑峻法、重刑重罚的法治理念（李路曲和赵莉，2004）。经过长时间的法制实践，新加坡社会形成了“法律之上没有权威，法律之内最大自由、法律之外没有民主以及法律面前人人平等”的观念，政府环保部门也由此按照法律法规严格执法，对破坏生态环境的行为作出严厉的处罚，开出巨额罚单或勒令停产整顿。为此，新加坡被誉为“罚款国家”。正是由于新加坡政府的环保法令十分严苛，不仅在公众场所随处可见关于随地吐痰或乱扔烟头将要面临数千新加坡元惩罚的提醒，也有可能由于毁坏一棵树将要面临数万至上百万元的罚款。同样地，若企业超标排放也将面临严峻的司法控诉，让企业感受到其刑罚的严厉。因此，只有严格的环境管理政策才能保障“清洁和绿色”的生态环境（赵洁敏，2011）。

第二十一章

提升中国政府履行环境责任的对策建议

第一节　完善法律体系建设

一、丰富综合环保立法

中国具备相对完整的环境法律体系，长期以来推动资源开发与环保工作有序开展并取得了良好成效，但与法律体系更为健全、环境管理更为高效的诸多发达国家相比，中国的综合环保立法仍需在广度与深度上予以扩充。

补充和完善环境保护基本法是丰富中国综合环保立法的首要举措。中国环境保护法律体系是在一部综合性环境保护基本法即《中华人民共和国环境保护法》综合规划下，通过三类环境保护单行法即土地利用规划类单行法、污染防治类单行法以及自然资源和生态保护类单行法所组成的近二十部环境保护单行法，另外囊括基本制度立法、环境保护与资源管理行政法规以及数百部环境标准和法规组成。而在基本法层面，以日本为例则包含三部环境基本法，具体而言《公害对策基本法》强调对公害问题进行规制，《自然环境保全法》则主要针对自然环境特别是自然资源区的保护规定，两者规制的对象都具有单一性，是分别强调污染防治与自然环境保护的基本法。中国的《环境基本法》则是一部囊括环境保护、污染防治以及自然资源开发利用的综合性法律，其基本包含日本三部基本法所涉及的主要内容，但相比而言仍缺失“合理开发利用自然资源”部分内容（王韬和张立新，2018）。且由于自然资源的开发利用与污染防治在环境保护中属于同等重要的环节，甚至就程序上来说，源头上合理开发相比于事后治污更重要，环境保护基本法关于此项内容的缺失造成环境保护法律体系的系统性缺陷，亟须弥补。

中国环境保护单行法需扩充广度与深度。一方面在单行法涵盖内容的广度上，中国单行法仅有土地利用单行法、污染防治单行法以及自然资源和生态保护单行法三类，而法律体系较为健全的日本环保单行法则囊括综合性环境法、应对全球环境问题保护法、公害规制法、废弃物及循环利用法、环境保护法、费用负担与财政措施法以及被害救急与纠纷处理法。需要强调的是，并不是说中国缺乏相关的法律规定，例如在废弃物及循环利用领域中国制定了《循环经济促进法》《清洁生产促进法》《节约能源法》，而费用负担以及纠纷处理领域有相应的《刑法》《民法》予以支撑，但由于法律效力存在差异，没有较为全面系统的单行法作为支撑，整个环境保护法律体系就仍有完善的空间。因此，补充“废弃物及循环利用”“费用负担”以及“被害救急与纠纷处理”方面的单行法极为迫切。另一方面从单行法深度上来看可以详细补充单行法下具体法律以提升单行法的可落实程度，特别是在资源回收利用与循环经济法下，针对各类资源的资源利用规定仍较为匮乏，环境单行法深度还有相当大的完善空间。

从法律建设的长远角度来看，对比发达国家环境保护法律体系的经验具有一定启示意义，主要体现在如下三方面：首先，完善《中华人民共和国环境保护法》这一综合性环境保护基本立法，对“合理开发利用自然资源”“全球环境问题”等进行补充规定。其次，在环境保护单行法层面，拓宽目前单行法种类与类别，重点补充“废弃物及循环利用”“费用负担”以及“被害救急与纠纷处理”等的环境保护单行法体系。最后，在前两项工作的基础上，精益求精、着眼当下、放眼未来，从更为细致的角度补充各单行法下法规、标准的制定。

二、完善环境赔偿立法

污染付费原则阐明环境赔偿与补偿制度在立法理念上的正确性，同样强调其作为第二性立法在法律体系建设中的重要性。而在实践层面，由于中国环境赔偿立法的欠缺，环境损害维权事件无法可依、担责主体违法成本过低等现象频发，环境损害事件难以得到有效遏制，并严重影响环境保护法律及政策的落实力度，而完善环境赔偿制度与实践体系是充分发挥政府环境规制作用的关键

(王金南, 2016)。目前，中国环境立法与环保实践过程中正逐渐强调环境损害赔偿，2014 年修订的《环境保护法》明确新增公益诉讼条款，而后 2015 年颁布的《生态环境损害赔偿制度改革试点方案》中对损害修复、公益诉讼、侵权纠纷等作出司法解释，着重强调赔偿程序，并在全国 7 个省市开展广泛试点。该试点方案的出台是中国首次以制度化的形式对环境赔偿进行系统性规定，对基本内容如损害赔偿的原则、范围及程序等进行了初步规定。但同时也应注意到“规范统一仅是前提，细化落实才是保障”，而在中国环境赔偿体系中，仍有诸多方面亟须完善。

推进完善生态环境赔偿制度建设中，由于 2015 年颁布的《生态环境损害赔偿制度改革试点方案》的法律效力层级不高，难以指导全国整体性环境赔偿工作，首先，需要加快制定中国“生态环境损害赔偿法”来对一系列原则性以及基本问题予以确定。其次，构建诉讼制度，完善环境赔偿过程中协商程序与诉讼程序的协调，对鉴定评估制度予以强化是进一步完善环境赔偿制度体系的重要组成部分。最后，从世界范围内已开展了数十年的生态环境损害赔偿实践中总结出的经验，仍需强化诉讼体系中的公众参与，不仅要调动公众与社会组织作为原告对排污单位进行起诉的积极性，同时也要发挥公众强有力的监督作用。生态损害赔偿体系的完善是一个长期且艰巨的过程，在这一进程中不仅需要健全损害赔偿制度，民法体系中赔偿条款也需相应完善，另外民众维权意识的觉醒带动诉讼流程的有序化同样是生态损害赔偿的重要推动因素。

第二节　提升环境治理能力

一、打造集中与分散相结合的环境管理模式

当今环境保护已迈入“全球治理”阶段，减少温室气体的排放、开发清洁能源及利用、核安全等已成为世界各环保大国集中关注的议题。这一系列综合性环境保护问题要求世界各国政府及其环保机构具有较强的宏观调控能力，以集中式环境管理模式齐管齐抓、高效有力地处理日益复杂的环境问题。中国政府在行政管理中具有良好的集中式管理传统与经验，近年来不论是在共产党成立 100 周年之时全面建成小康社会的壮举，还是面对突如其来新冠疫情时以全球首屈一指的全民凝聚力、行政机构效率遏制疫情扩散，都充分彰显了党全心全意为人民服务

的宗旨以及国家制度的优越性。同样在集中式管理模式下的中国环境保护也取得了非凡成就，在党的十九大报告中，习近平总书记提出“坚决打赢防范风险、精准脱贫、污染防治三大攻坚战”后，历经五年中国环境质量得到了显著提升，空气、水质达标率分别达到 87% 和 83.4%。

但同时也应注意到，面对日益错综复杂的环境问题，越来越精细化的环保业务分工，中国政府在环境行政管理方式上应做到灵活多变，打造集中式与分散式管理模式相结合的组织方式。一方面，在应对综合性、跨域性环境问题例如大气、河流污染治理，应秉承集中式管理的传统，跨部门通力合作，齐管齐抓；而另一方面，在诸多细致的环境问题处理，特别是经济关联度较高的环保业务上应适当调整管理组织结构，在一定程度上放开管理权限，积极调动相关部门管理的积极性，充分打开专人专项、各司其职的环保业务新局面。当前中国经济形势稳中向好，经济由过去粗放型发展带来的急剧增长转变到高质量发展背景下的稳定健康增长，而把握好长期经济推动增长点，支持相关产业发展显得尤为重要。近年来，随着新能源的高速发展，环保相关产业有望成为今后中国经济稳增长的发力点之一，在市场化背景下更要求相关政府部门做到分散式专人专项管理相关业务，以期调动市场最大积极性发展环保产业，助力中国经济新的增长点。

二、着重制定污染跨域治理分区与实行方案

跨域治理水平是体现国家环境治理能力现代化的重要维度。中国环境行政管理具有属地治理特征，短期内取得了良好的治理成效，但随着污染溢出、污染避难所效应对环境治理的影响逐渐被认知，国家政策以及学术探讨层面对区域污染联合治理的呼声同样水涨船高，开展跨域治理迫在眉睫且分区设计被提上议程。从实践层面来看，中国法律法规、政策文件涉及跨域治理相对较晚、内容尚欠完善、实践相对匮乏，其中在水流域污染治理方面，2008 年《淮河、海河、辽河、巢湖、滇池、黄河中上游等重点流域水污染防治规划（2006～2010 年）》正式实施，流域水污染联合治理才初次被纳入水污染防治计划，此后每五年，国家出台一部《重点流域水污染防治规划》，流域水污染协同治理方案方才逐步改进。在大气污染治理方面，2010 年 5 月，国务院办公厅转发的《关于推进大气污染联防联控工作改善区域空气质量的指导意见》才首次提出要用联防联控的方式解决区域大气污染问题，而到目前为止仍未对全国范围内大气联防联控作出具体安排。同时王班班等（2020）指出，目前现有的法律、法规和政策等仅是框架性文件，没有对跨域治理中区域、省份进行详尽部署，划区方案缺乏针对性，也未将

协调与合作具体机制进行安排，对污染协同治理作用有限。另外，根据生态环境部发布的要闻动态来看，省份、地区间污染协同治理次数及频率依旧有限，处于起步阶段，合作程度尚浅，协同状况有待提升。

分区方案的设计应解决两个层面的现实问题。首先需要针对不同污染物设定差异化的跨域治理分区方案，欧阳帆（2011）指出水污染与大气污染同根同源，周宏春（2021）进一步指出减污降碳手段与水污染、大气污染减排手段高度重合，各类污染物协同治理是成本最优化的选择。其次是划分范围的选择问题，胡志高等（2019）在对大气污染联防联控分区方案的研究中筛选出全国七大污染联防联控区，胡宗义等（2022b）在对水污染协同治理的研究中仅将水污染严重地区纳入考量，也有学者建议设立统一的全范围跨域治理方案，而最终选择建立全国范围内的跨域治理体系还是针对性设立联合治理区仍需进一步讨论。

跨域治理的实施仍任重道远，首先，应持续推动建立以政府为主导，企业为主体，社会组织与公众共同参与的水污染治理新格局，加快针对各主体的污染综合治理强度指标体系建设，并以此为基础构建跨域污染协同治理指标体系。其次，改变长期以来 GDP 至上的行政激励机制，矫正地方政府短视行为，从行政主体内部推动环境治理的改革与进步。另外，推动各级政府加深跨域污染协同治理的合作，在确立区划的基础上，鼓励地方政府进行合作协议的磋商、联防联控方案的制订以及联合治污实践的开展，加深协同区的合作。与此同时，针对已经开展过联合治理的区域，根据现有污染情况进行适当调整。最后，加快全国产业结构转型，提高研发投入、淘汰落后产能，推动绿色经济可持续发展并缩小协同区内产业结构的差异，防止高污染排放企业的污染转移，让跨域治理取得实质性提升。

第三节　发展高质量绿色经济

一、扶持中国特色环保产业并强化优势与宣传

各国学者在环境保护与经济发展关系的讨论以及对库兹涅茨曲线的验证中纷纷表明，扶持环保产业促进绿色技术创新是推动库兹涅茨拐点尽快到来，实现经济与环境双赢局面形成的重要驱动之一，而中国政府在加强环境规制的同时，也

应同时兼顾经济效益大力发展环保产业。日本作为环保产业大国，在数十年的环保过程中，同时兼顾环保效益与经济效益的道路上总结出了独特的手段与经验来扶持环保产业发展，诸多举措值得中国借鉴学习，同时可以通过比较来取长补短以分析未来中国在环保产业中聚焦的方向。

环保财政投入顺应市场化要求，针对发展前景广阔的环保产业。环境产业的发展绕不开技术壁垒与经验问题，中国政府在促进环保产业发展过程中，一方面要博采众长广泛学习借鉴各方经验技术，更为重要的是找到自身特色，将资金集中突破于新的环保技术领域。中国环境预算中除“污染防治费”以外，“能源节约利用支出”占有较大比重，这显示了中国政府对能源节约与开发利用相关产业的重视，近年广泛带动新能源产业、绿色环保产业的茁壮发展，同时也应认识到社会、经济、环境发展的趋势，今后城市、人口和绿化等问题带来的充沛市场需求及发展趋势，由此进一步平衡环境预算并在一定程度上借鉴日本经验，提高都市环境问题、农林水产环境改善等相关财政支出比例，促进环保产业发展。对比中日两国的环境预算占总财政预算，中国近年长期稳定在2.5%左右并高于日本2.3%的占比水平，这显示出中国政府对环境保护及环境投资的极高重视，而为力求实现环保效益与经济效益的更好结合并促进环保产业的发展，中国政府应平衡环境预算结构，做到顺应市场化要求，突出重点并充分体现中国特色。

加强环保产业宣传以及产业文化对外输出。中国政府应通过形象宣传、经验交流、提供技术设备及服务等方式不断扩充海外业务并逐步将环境产业发展成为重要行业。具体而言，在宣传上，应效仿发达国家常设“促进国际交流合作”机构，并在各国合作设立诸多环境交流中心等，同时可借鉴日本“生态工业园”模式。据统计2014年全日本已设立120个生态工业园认证地区，园区内不仅环境上追求零排放，在经济发展模式上也因地制宜发展不同循环经济和环保产业。在环保产业的宣传上，以九州岛为例，当地政府依托北九州岛市立大学、英国格连菲尔德大学、北九州岛研究所等多家科研机构及研发企业，吸引国内外科研人员进行环保技术研究，将创新成果输送到技术实验室并最后在产业园内投入使用。目前，九州岛环保学术科研城已有近百家企业，与世界各国名校建立环保合作关系，并通过各种机构合作将自身环保技术和产品推广到其他国家，环保产业的国内外市场持续扩充。除此之外，中国政府还应积极组织行政官员环保产业经验交流，不仅要推动省与省之间的环保工作交流，也应鼓励国家与国家之间的经验交流。

中国的环保产业正逐渐发展壮大，截至2020年，中国境内已注册11 229所环保企业，环境产业营业利润总额达到1 496亿元，产业按营收分布显示，近四成为固废处置与资源化环保产业企业，近三成为水污染防治相关环保产业企业，并且随着“大气污染防治计划”“碳达峰与碳中和目标”的持续推进，中国大气污染防治产业的企业数量及营业利润也在持续攀升。[①] 在这一环保产业茁壮发展趋势下，中国政府可以吸纳各发达国家先前对于环保产业促进过程中的经验，首先合理平衡环境预算并在一定程度上提高都市环境问题、农林水产环境改善相关的财政支出比例，促进相关环保产业发展；其次，突出中国环保产业特色，加大对相关领先行业的投资，以形成新的市场优势；另外，积极推动国内外环保产业交流活动，充分展现近年来污染防治攻坚战取得的成果、发明的技术以及先进的环保产品；最后，在此基础上，积极推动设立环保产业园、环保产业区、环保美好城市等示范区，广泛试点社会经济环境协调发展的和谐发展模式，并推动具有地方特色的环境产业发展并广泛邀请国内外学者、政府官员共同交流学习，带动中国特色的环保产业“站起来，走出去”。

二、综合运用行政命令与市场激励型规制手段

中国长期以来以行政命令为主的环境规制手段施行过程中，总结出了特有的中国经验并取得阶段性成果，经过实践的反复证明，其的确能在初期较短时间内实现环境目标。但由于管理费用、行政运营成本过高等特点，易造成社会治污资源分配的低效，与此同时，行政手段在许多领域作用有限甚至可能阻碍经济发展而被广为诟病。随着中国特色社会主义市场经济体制改革的有序推进，中国市场逐渐完善，相应的环境政策也适时进行了调整，能够以较低成本实现环保目标的经济手段也在实践中需要得到更为广泛的应用。根据福利经济学理论，相比于传统行政手段的强制命令的“外部约束”，环境经济政策具有解决污染负外部性的“内在约束”力量，矫正经济机制的“失灵”现象，由此促进经济增长与环境保护的协调发展。可以预见，随着生态文明体制改革的不断深入以及市场在资源配置中决定性作用的发挥，环境经济政策将成为中国环境治理的中流砥柱。

中国对现有环境经济政策体系的完善中，首先应丰富环境经济政策的深度而非一味追求广度。中国目前为止经过数年探索已初步形成包括庇古手段、科斯手段为主的基本的环境经济政策体系，而潘岳（2007）指出虽然国际上衍生出一系列多样的环境经济手段，但真正能够施行并取得效果的只有环境税收、

① 中华人民共和国生态环境部：2020 中国环保产业发展状况报告，https：//www.mee.gov.cn/ywgz/kjycw/tzyjszd/hbcy/202011/P020201106355662242838.pdf.

环境收费、超标罚款、绿色金融、财政补偿与排污权交易，因此切实巩固探索好适合中国国情的环境经济政策具有更重要的现实意义。其次，应减少直接的行政干预，培育和完善市场机制。以排污权为例，本身政策的作用就是运用市场配置资源的机制，但现今排污权交易试点工作中关于排污权的定价、交易的撮合过程中，仍不乏见到政府定价、组织双方参与交易的现象。就目前而言，中国环境规制手段体系依然是以行政命令为主，且市场激励型手段难免带有行政色彩，市场机制难以充分发挥。最后，应广泛推行基于市场的环境政策。行政命令型环境政策一方面增加了政府的财政负担，另一方面不利于帮助企业树立环境责任感和调动环保积极性。为此多采用鼓励性预防政策，使企业能自觉地参与环境保护活动，增加企业对环境产品和技术的市场需求，从而带动环境产业的发展并取得环保效益。

总体篇

企业环境责任与政府环境责任协同研究

第二十二章

绪　论

第一节　研究背景与意义

一、研究背景

改革开放四十多年来，中国经济保持近 10% 的年均增速，对世界经济增长贡献率超过 30%。但是在高速增长中，传统经济增长模式导致生态环境承载能力接近上限，经济社会发展与生态环境保护之间的多重矛盾交织。在“为发展而发展”思想的影响下，生态环境污染事件层出不穷。[①] 根据生态环境部的统计结果，中国从 2000～2020 年共发生突发环境事件 17 444 起，生态环境问题更是牺牲了 3% 左右的国内生产总值，成为新时代中国迈入新发展阶段的关键阻力。尤其是近年来经济增速逐步放缓，已然不再是一个单纯的经济周期现象，而是结构变动与增速换挡的综合体现。故此，党的十八大以来“生态文明建设”“美丽中国”“绿水青山就是金山银山”等一系列方针政策陆续提出，亦欲推动经济高质量

---

① 中国共产党新闻网：《中国是全球经济稳定增长的重要引擎》，http：//theory. people. com. cn/n1/2024/0605/c40531－40250454. html。

增长与环境高标准保护协同发展。在现阶段，中国既要减污治污实现绿色发展，又要减污降碳，实现“碳达峰、碳中和”目标。面对经济下行压力、减污降碳目标、社会利益诉求多元化等诸多挑战，生态文明建设迫切需要全社会共同参与。

随着污染问题的日益严重，中国各级政府积极采取各项措施予以缓解。比如，生态补偿制、排污权交易制、排污许可制、环境保护税制、环境监察预警制等多项长效机制在全国范围内相继落地生根。然而，大多数环境政策以政府行政为主导，作为市场经济主体的企业并未充分履行其治理职责，甚至存在侥幸与观望的心态逃避治污减排的责任。对于环境污染源头的企业而言，环境治理责任不仅是新《环境保护法》规定的企业环境保护的九大法律责任以及社会公认的社会责任，而且是人类生存与发展的现实需求。根据近 20 年的生态环境部的平均数据，工业废水排放量、工业化学需氧量排放量、工业二氧化硫排放量和工业烟尘排放量分别占各自污染物排放总量的 40%、31%、85% 和 78%。但是，工业治污投资额长期被城市环境基础设施建设挤占，仅占全国环境治污投资总额的 12% 左右，并且逐年下降，这无疑间接加深了持续性环境污染。与此同时，随着环境认知度的提升，社会组织和公众通过环境协商交流、环境信息公开、环境网络投诉等多种方式积极参与环境治理和环境监督的工作颇有成效。但是，在中国生态保护与环境治理格局中，政府长期处于支配地位，牢牢控制着主动权。处于相对弱势地位的社会大众则极易形成一种依赖政府的环保意识，通常只是被动参与其中。“搭便车”和“囚徒困境”思想更是禁锢公众对共同环境利益的主动保护。除了公众主观思想因素外，制度不健全、信息不对称和参与途径少等外部因素也制约公众有效地参与环境治理。

尽管党的十九大强调“构建政府为主导、企业为主体、社会组织和公众共同参与的环境治理体系”，并随后出台了相关指导性文件，但是在中国长期以来形成的“一元主体”环境治理模式造成了在环境治理中出现多元主体环境责任协同水平较低、环境相关利益主体参与度不足、生态环境保护成效不稳固等诸多问题。在此背景下，单一的环境治理方式或机制已无法解决日益复杂多变的生态环境问题。只有采取一种多方位、多层次、多主体的环境协同治理模式，环境问题才能得到有效缓解和根治。因此，在准确测度政府、企业、社会组织和公众的环境责任协同水平的基础上，建立健全中国特色的多元主体环境责任协同机制以及生态环境治理模式是目前亟须探索的现实问题。

二、研究意义

现代环境治理体系要求在环境治理过程中强化政府的主导作用，夯实企业主体责任，激发社会组织和公众环境参与热情，构建多元环境治理共同体。因此，如何在环境治理过程中实现政府、企业、社会组织和公众协同治理新格局便成为中国生态文明建设的重要议题。为回答这一问题，首先要厘清各个环境责任主体之间的关系，客观评价当前它们之间的协同水平，进而深入分析影响协同水平的主要因素，最后提出相应的对策。鉴于此，本书以各个环境责任主体协同为研究对象，结合文献研究、理论分析和实证检验，注重多学科交互融合，系统探讨多元主体环境责任协同模式、作用机制和水平测度，为健全现代环境治理体系、推动生态文明建设提供理论借鉴与经验参考。

（一）理论意义

从多主体的视角，探讨政府、企业、公众与社会组织环境责任协同机制，厘清不同环境责任主体之间的利益关系，进一步丰富协同治理理论在生态环境方面的理论研究。虽然已有很多学者分别围绕环境责任和协同治理进行了大量研究，但是鲜有学者研究多元主体环境责任协同机制。因此，本书延展环境主体视角，从多元主体出发探究环境责任协同，明晰生态责任和明确功能定位，基于不同利益诉求探索多元主体协同治理的实现路径。

从各主体环境责任的内涵和协同的理论框架出发，构建政府、企业、公众与社会组织等多元主体环境责任协同水平的指标体系，填补现有研究的空白。目前，国内外学者鲜有对多元主体环境责任协同水平进行系统全面的评价，大部分停留在理论探讨与事实阐述。因此，本书在生态环境协同治理机制的基础上，采用改进的二阶熵值法和协同度模型，客观评价中国多元主体环境责任协同水平，为形成一种运转有序、利益共享与责任共担的多元协作机制提供了新思路。

搭建多元主体环境责任协同的量化分析框架，建立全地域、全方位多元主体协同治理机制和保护制度体系，为后续探究提供理论支撑。本书一方面从全地域多元主体环境责任协同出发，分析区域内演化博弈和跨区域社会关联网络结构；另一方面，从全方位多元主体环境责任协同出发，探索环境司法和中央环保督察对多元主体环境责任协同的影响。同时，本书综合运用多种计量方法，深入探讨内在机制和异质性差异，为推进环境司法体制改革和中央环保督察制度提供理论借鉴，扩宽现有文献的研究视角。

（二）现实意义

优美的生态环境是人类生存和生活的先决条件。随着绿色发展迫在眉睫，保护生态、降污减排和遏制环境持续恶化已经上升为全社会的共同使命。“绿色经济”“循环经济”“低碳经济”已成为中国新时代生态文明思想下的经济发展新模式。同时，环境保护的相关法律法规的完善、多项生态文明建设的改革方案的公布、数条环境整治行动计划的出台都无一不体现改善生态环境质量的重要性和迫切性。因此，本书顺应新时代生态文明潮流，探讨多元主体环境责任协同模式，为走向生态文明新时代提供内在动力。

生态文明体制改革既是新时代全面深化改革的着力点，又是生态文明走向新时代的关键。政府陆续颁布了一系列改革生态环境保护体系的方针政策，出台了建立健全多元主体共治的环境治理体系指导意见。这充分表明绿色发展理念下生态文明建设应鼓励引导多元主体参与，展现多元化格局。此外，主体之间利益的差异性致使需要寻求各个环境责任主体在绿色发展中的利益平衡点，以实现政府引导、企业治理、社会力量参与的生态环境协同治理模式。因此，本书响应全面深化改革号召，探究政府、企业、社会组织和公众共建共治共享的协同治理新格局，有利于推进生态文明体制改革。

虽然“十三五”期间中国生态环境质量取得突破性进展，但是环境质量并没有根本性好转，环境保护工作仍然艰巨。“十四五”时期作为迈入第二个百年奋斗目标的开局期，肩负实现美丽中国建设目标、贯彻新发展理念、全面开启社会主义现代化的重任，那么建立多元环境协同治理体系、完善生态环境保护的责任机制、形成多元主体环境保护格局是这一时期的重点任务。因此，本书有助于各主体明晰自身环境责任和协同作用，为完成“十四五”生态环境保护规划提供新思路。

第二节　文献综述

一、环境责任的内涵界定及演进历程研究

环境责任概念经过漫长的演进，主要从政府和企业两个角度认识。国外政府环境责任集中体现在政府环境治理中的法律责任。由于大多数发达国家已经制定了较为完善的环境法体系，政府环境责任的基本内容和实现途径已达成共识。比如，美国 1969 年实施的《国家环境政策法》指出，政府须拟订环境条例、成立环境质量委员会、树立环境影响评价标准等（Haider and Teodoro，2021）；日本 1993 年颁布的《环境基本法》规定，政府应每年将环境质量及其措施的文书、环境保护的基本规划和标准、应对环境污染的对策等报告递交给国会（Alh et al.，

2020）；瑞典1999年出台的《环境法典》提出，政府应承担审查环境案件与事项、监督环境活动、颁布环境指令等职责（Johansson and Henriksson，2020）。现如今，法律不再是环境监管机构的中心舞台，而只是环境监管机构的一种工具（Gunningham，2009）。国外学界将更多的注意力集中在政府环境执法和环境监管两方面（Kulin and Sevä，2019）。

直到20世纪70年代，中国才逐渐认识到生态环境问题的严峻性，开启环保立法之先河。1978年《宪法》明确提出“国家保护环境和自然资源”，1979年颁布《环境保护法（实行）》。之后，中国推行以《环境保护法》为基础法，囊括环境保护、防污治污以及专门事项的环境法体系（吕忠梅和吴一冉，2019）。随着环境立法、执法和司法的推进，国内学者开始从环境法学、环境治理、生态型政府等视角，研究政府环境责任的含义。其中从法学角度，政府环境责任既包括政府应承担环境法律明文规定的义务，也包含由于不积极履行这些环境使命或违法而应担负的法律后果（张建伟，2008）；从环境治理角度，政府主要承担环境治理中财务支出、制度供给、监督以及管理等责任（范仓海，2011）；从责任型政府角度，政府应承担生态环境保护责任，履行环境管理和保护生态环境的职责（闫胜利，2018）。总之，政府环境责任起源于政府履行职责中核心价值的蜕变（朱艳丽，2017）。

企业作为环境污染的始作俑者，其环境责任是学者们研究的重点。企业环境责任最早由谢尔顿（Sheldon，1924）提出，是指企业充分满足所处行业内外各类人员的各项需求。之后，随着研究的逐渐深入，学者们对企业社会责任的认识也日渐深刻。企业社会责任是指企业积极响应政府社会治理的号召，作出与社会宗旨、价值相配的决定和举动（Bowen，1953），并且具体包含经济责任、法律责任、道德责任以及慈善责任（Carroll，1979）。由于环境问题的日益突出和严峻，企业不仅应该承担经济繁荣、公平正义的责任，也应具有保障环境质量的责任担当（Elkington，1997）。加之1992年联合国环境与发展会议中提及可持续发展，企业环境责任逐渐形成独立、成熟的概念。越来越多的学者们认为，企业在生产经营中应该自愿承担污染防治、节约资源、开发绿色产品以及环境信息披露等环境保护工作，这不但能改善生产技术和提高资源利用率，而且能产生明显的行业竞争优势（Gunningham，2017）。因此，企业环境责任作为企业成功与长久生存的关键因素（Tsalis et al.，2020），具体包含投入、内部过程和产出的环境责任行为链（Kasych et al.，2020）。

相比国外而言，国内学术界关于企业环境责任的研究启动稍迟。直到20世纪80年代，国内经济与环境矛盾的日益尖锐促使学者们关注企业环境责任。企业环境责任是社会责任的重要组成部分，要求其在实现经济高效益的同时自发实施环境保护行动（方世南，2007）。企业作为社会共同体的一种行为主体，既拥有合理利用生态资源的权益，也需承担破坏环境所带来的后果，所以在外生、内生的双重作用下企业选择履行环境道德责任（曾建平，2010）。在认知环境道德责任的前提下，企业通过改善生产流程、开发环保型产品以及提高资源利用率等形式，取得生态改善和治污减排的环境绩效，并达到企业对环境的管理效果（龙成志和 Bongaerts，2017）。但是，企业的环境法律责任并没有在《公司法》中明确阐述，而主要是由环境法律法规从行政责任、民事责任和刑事责任三个角度进行规定（白平则，2004）。当然，也有少数学者认为企业环境责任仅仅限定于法律上的强制和规范，不应依靠环境道德制约和引导（贾海洋，2018）。

综上所述，学界主要从政府、企业的环境责任分别探讨各个环境主体的环境责任。然而，现有文献仅单独讨论某一个环境治理主体的责任问题，忽略了各个环境责任主体之间的内在关联，并且缺乏系统地探究多元主体环境责任的内涵。其次，环境责任的研究大多以社会责任、法律责任、行政责任作为责任的切入点。虽然这些责任之间具有一定的相似性，但是环境责任更注重环境治理过程中的态度、意识和行为。此外，国内外对公众与社会组织环境责任内涵的研究都较为匮乏，亟须在国内外优秀经验的基础上，建立中国特色的政府、企业、公众与社会组织环境责任标准。

二、环境责任履行的水平测度研究

在环境责任内涵界定的基础上，如何衡量环境责任履行情况成为了学术界另一研究的热点。同样，环境责任履行的水平测度也主要围绕政府环境责任、企业环境责任的度量方式。对于政府环境责任的衡量，国外学者们通常采用环境违法处罚、环境规制、监管权力等单一变量。首先，对环境违法行为的处罚主要是通过法律处罚、监管处罚和声誉处罚，但是企业对环境违法行为的声誉担忧并不能起到相当大的威慑作用，因此声誉处罚并不可取（Karpoff et al.，2005）。法律惩罚的力量可以威慑潜在违法者，使他们接受社会规范和避免违法，但是犯罪后被抓获的概率相对低，这就抵消了罚款的效果（Seror and Portnov，2020）。实际上，人们对环境污染犯罪行为的类型、被告受到刑事起诉或受到的制裁知之甚少（Johnson et al.，2020）。其次，由于存在环境政策目标与经济发展目标之间的冲突、缺乏执行环境政策的动机以及未能将目标传达给主要利益相关者等关键因素，环境政策一直未能达到预期的目标（Howes et al.，2017）。这就要求同时考虑效率、效力、公平和合法性，使政策问题处在一种跨学科的环境决策分析框架中理解（Adger et al.，2003）。最后，政府监管必须依赖于规定的规则，避免非正式的或临时的决策，以免企业掌握监管过程（Spence，2001）。至于监管权力，学者们认为中央政府将资源和环境管理应该更多地分权和下放给地方政府，这样更有利于当地的可持续发展（Berkes，2010）。

国内学者则大多通过构建指标体系对政府环境责任进行测度，认为建立系统、科学的考核评价体系是政府价值取向和利益导向的“指挥棒”（马波，2014）。目前，学术界存在三种体系构建方法：（1）二维法，即从政绩考核、环境绩效两个维度量化政府履行环境职责的情况（马波，2014）；（2）三维法，即能源合理利用、生态环境保护，以及绿色协调可持续发展（俞雅乖等，2019）；（3）四维法，即环境配置、环境监管、污染调控、环境质量（颜金，2018）。

关于企业环境责任的测量，目前国外学界还没有形成一个共同的概念框架和明确的定量指标，主要通过以下几种方式度量企业环境责任：（1）从公司报告、网站、专有数据库中获得直接和间接的环境数据，比如利用上市企业的环境信息披露数据（Jenkins et al.，2006）或者从 CSRHub（Cordeiro et al.，2020）数据库中收集环境信息；（2）企业是否通过国际环境标准的认证，如 ISO14000 或 ISO14001 环境证书（Wahba，2008）；（3）从不同维度构建测度指标体系，比如从战略部署、组织结构、管理运行、业绩评估、外部回应等方面设立评分系统（Kang and Byun，2020）、从环境绩效和环境管理两个维度研究（Williamson et al.，2006），或者从企业环境认知、环境情感以及环境行为等多维度构建评估标准（Daprile and Talo，2014）；（4）向企业、部门机构发电子邮件进行调查问卷，通过数据收集生成样本数据，但是这种抽样方法在本质上存在一定的代表性偏差（Lee et al.，2018）。

在此基础上，国内研究者们建立了符合我国国情、环境情况和公司特点的企业环境责任评价标准和方法。目前，学者们度量企业环境责任主要有以下几种（崔春，2018）：（1）基于企业年报的内容分析法，即通过公司财务报告、社会责任报告中公开披露的环境责任履行情况，构建环境责任评价指标体系或环境信息披露指数（张萃等，2017）；（2）基于问卷调查的知觉测量法，如通过设计关于企业与政府、合作企业、同行等之间在环境问题上的互动、企业内部的环境管理和环境理念等一系列指标的问卷测量表（王红，2008）；（3）基于网站、专门机构提供的数据，其中和讯网的企业社会责任报告中环境责任评分使用最广泛（周方召和戴亦捷，2020）；（4）以治污成本（周卫中和赵金龙，2017）、排污征费（张兆国等，2020）等单一指标作为代理变量；（5）基于企业环境守法守规、环境管理防治、节能减排等方面的责任，构建企业环境责任评价体系，以综合得分评价公司环境责任表现（贺立龙等，2014）。

综上所述，学者们着眼于政府环境责任和企业环境责任的内涵，对环境责任履行水平做了诸多探讨。然而，现有研究存在以下可以进一步拓展的空间：(1) 针对中国政府、企业、公众与社会组织环境责任履行测度的文献较为匮乏，尤其缺少衡量公众与社会组织环境责任履行情况的研究；(2) 现有环境责任的指标体系构建的文献中，鲜有对指标体系的有效性和科学性进行系统检验；(3) 中国各环境治理主体的环境责任履行情况模糊不清，缺乏对其系统、全面、深入的评估。因此，国内研究亟须构建多主体环境责任的评价指标体系，对环境治理过程中政府、企业、公众与社会组织的环境责任履行情况进行系统评估。

三、环境责任协同的影响因素研究

目前，环境责任协同研究主要围绕政府、企业、公众与社会组织的环境协同治理展开，而其影响因素的研究主要基于单个主体的环境责任的影响因素。首先，对于环境协同治理，国外学者认为环境协同治理是让不同的政策参与者参与制定和实施达成共识的政策和管理信度（Koebele，2020）。在向网络化环境治理的转变中，国家、市场和社会力量之间产生了新的联系来寻求地方实施灵活性和执行标准稳健性之间的平衡（Paloniemi，2015）。作为一种学习和知识共同产生的机制，协同恰好能实现这种平衡（Berkes，2017）。美国自建立森林景观恢复计划以来，长达十年的计划增加了合作伙伴的信任和影响力，减少了环境诉讼和冲突（McIntyre and Schultz，2020）。然而，另一些学者指出协作对环境结果并不是有效的，甚至表现出潜在负面影响。鉴于公司与社会团体之间具有资源互补性，两者合作更能使其充分、高效发挥各自的实力，但是它们的关系通常是互不信任的（Rondinelli and London，2003）。除此之外，主体之间的合作往往只是作为宣传其自身价值的方式，存在不同程度的搭便车思想和知识需求，以至于协作最后难以形成实质性的结果，或仅仅产生象征性的结果（Bodin，2017）。总而言之，环境治理的挑战往往是跨越地理和部门边界（Bell and Scott，2020），而成功合作的关键正是跨部门协调、合作以及适应和进化（Schoon and Cox，2018）。国内学者则认为生态环境资源具有非竞争性和公共性，极易造成资源配置中的市场失灵和政府失灵，而环境多元共治模式能够突破“自上而下”治理机制的局限性（罗良文和马艳芹，2022）。针对当前在环境治理中存在治理主体力量失衡、治理组织结构碎片化、政府公共管理失灵等弱化治理共生水平的问题，地方政府、企业、社会组织、公众等多元主体协同治理的新模式应运而生（谭爽和张晓彤，2021）。

其次，对于环境责任的影响因素，学者们同样侧重于政府和企业两个方面。其一，落实政府环境责任可能存在两条路径：强调“问责”的政治化和“依法”

的法制化（马波，2016）。具体来说，学者们分别从科学划分责任主体、健全政府环境责任机制以及审计监管等角度，研究政府环境责任的健全举措。责任主体问题是健全政府环境责任的关键，也是先决条件（唐瑭，2018）。我国采取“会战式”的政府单中心模式，政府承担财务支出责任、制度责任和监督责任，但是存在责任主体边界模糊、“越位”“错位”“缺位”等问题（陈晓永和张云，2015）。因此，厘清各个环境责任主体的事权与支出责任是保障地方环境保护财政支出与管辖权力相匹配的基本条件（陆成林，2012）。其二，企业履行环境责任主要从内外两个方面进行驱动。其中，外部因素主要从法律、制度、政府监管等层面进行剖析（Karassin and Barhaim，2016）。不同的法律制度下企业在环境责任活动上也有所差异，具体来说，大陆法系国家的公司比英美法系国家的公司更愿意在环境保护上投资（Kim et al.，2017）。同时，通过分析不同国家和不同行业的企业环境责任，学者们发现环境政策、不同利益相关者、经济自由等因素决定企业的环境绩效（Shubham et al.，2018）。此外，内部因素主要是企业所有者权结构、企业高管特征、企业文化理念和企业战略等（Haider et al.，2020）。企业通过鼓励员工在工作中采取有利于环境的行为（Ruepert et al.，2017），或任命一位认知型 CEO 等方式提高企业环境责任的参与度（Sarfraz et al.，2020）。企业社会责任战略的有效性、企业规模、董事会结构等直接影响企业环境绩效，成为企业履行环境职责的“催化剂”（Orazalin and Baydauletov，2020）。同样，影响因素也是国内学者研究企业环境责任的一大重要课题。企业是否履行环境责任和履行力度受到政府规制、利益相关者、政治关联以及经济绩效等外部因素的影响（聂嘉琪，2018）。政府补贴和中央环保督察的实施提升企业注重环境保护的积极性（李哲等，2022）。地方政府领导干部晋升制度和政治激励也是促进企业履行环境责任的一种手段（孙玥璠等，2021）。关于内部因素，国内学者也认为企业组织结构和组织行为影响企业环境管理行为的决策。如企业高管特征、环保意愿以及能力等（何枫等，2020）。

最后，对于环境协同治理的影响因素研究，总体上处于探索阶段，主要关注环境协同治理的理论和案例探讨。其一，理论分析。各个治理主体内部和治理主体之间基于理性选择而达成一系列有约束力的协议，确保治理主体在博弈中保持平衡、在合作中保持独立（李礼和孙翊锋，2016）。由于价值、措施、法制、管理、地域和追责等方面的摩擦，企业与政府在环境责任方面表现出“非协同性”（颜运秋，2019）。实际上，环境多元共治模式遭遇环境权力功能配置异化、信息资源共享有限、政府环境规制乏善可陈、企业治理主体意识匮乏、社会力量参与水平偏低等诸多挑战（詹国彬和陈健鹏，2020）。为推动环境治理体系现代化和提高政企协同性，公众和社会组织成为环境治理中不可或缺的主体（曹海林和赖慧苏，2021）。其二，案例分析。主要从环境协同治理机制、治理困境、治理效果以及制约因素等视角进行研讨，深入探讨各大城市群和农村的环境协同治理模式。比如，作为生态资源超负荷和环境污染最严重的区域之一，京津冀地区存在资源管理体制不统一、地方利益追求与治理成本不对等、环境治理系统不完善等问题（王喆和周凌一，2015）。为解决农村环境问题失序和环境污染转移扩张等问题，学者们建议采用政府、市场、大众与社会团体“四中心”的环境协同保护方式（汪泽波和王鸿雁，2016），进而将城乡协同共治模式打造成农村环境治理的新范式。

综上所述，学者们从不同维度对环境责任协同的影响因素进行了较为深入的探讨，取得了一定的研究成果。但是，现有研究只考察单一主体环境责任的影响因素，或者从理论和案例方面认识环境治理的影响因素，缺乏对多元主体环境责任协同影响因素的系统认识，也没有将多主体环境责任的内涵界定、水平测度、作用机制和影响效应统一纳入研究框架中。此外，现有研究鲜有对多元主体环境责任协同机制进行实证检验，亟须挖掘政府、企业、公众与社会组织环境责任协同的影响因素，并对其进行理论分析和实证研究，为推动现代环境治理体系的构建提供理论参考和实证经验。

随着环境污染、资源枯竭和生态破坏的日益严重，生态环境保护越来越受到各界的重视，尤其是高度关注企业环境责任、政府环境责任以及多元主体如何协同环境治理。企业是排污的主要源头，也是治污的重要主体。因此，企业在实现利益最大化的同时，必须积极参与和履行保护环境的社会责任，这既是环境道德责任，也是环境法律责任。目前，国内外企业环境责任研究均从企业社会责任出发，引申出环境责任的含义、测量方法、影响因素、经济后果等方面的研究。

政府是公共政策的制定者，也是环境治理的主导者。因此，政府应该承担完善环境立法、严格环境执法、引导环境治理等环境责任。国外政府环境责任通过趋于完善的环境法律体系划清其责任范围，从如何加强环境执法和优化环境监管两方面展开具体研究。相比之下，国内研究更多关注于政府环境责任的内涵和形式、缺失和原因、健全的路径和举措等。

环境治理是一个系统工程，存在政府、企业、公众及社会组织多个主体。因此，企业环境责任和政府环境责任协同是解决环境问题的最优选择，也是大势所趋。国内外研究多数围绕环境协同治理延伸，其中国外研究更重视社会公众参与，并提出了相应的对策。国内研究主要从理论和案例上研究多主体环境治理问题成因、治理困境以及治理对策等具体问题。

国内外在环境责任内涵界定、履行水平测度以及协同环境治理等方面都进行了大量的研究工作，取得了一定的研究成果。然而，目前在该领域的研究主要存在以下问题：第一，现有文献仅单独讨论各个环境治理主体的责任问题，忽略主体之间的内在关联，对多主体参与下企业环境责任与政府环境责任协同的作用机制和影响效应等缺乏系统探究；第二，针对多元主体环境责任协同水平测度的文献仍然匮乏，对企业、政府、社会组织和公众的环境责任及其协同水平欠缺系统定义与测算；第三，已有文献大多从定性、理论视角研究多主体环境责任协同，鲜有研究对其进行实证分析。针对以上不足，本书基于环境责任内涵，划清各个环境主体责任范围，系统研究多元主体参与下协同治理环境内涵、协同履行环境责任，以及平衡经济发展与环境保护等问题。

第二十三章

环境责任协同的思想渊源

第一节 中国传统文化的环境协同思想

中国古代的环境协同智慧一方面集中体现在对“天人”关系的哲学思考，另一方面还体现在农业实践中总结得出的生态环境协同智慧。中国古代社会以农耕经济为主，开展农业劳作是获取自然资源的一种途径。中国古人以“天人合一”为基础的生态智慧，包含着“顺应自然”与“利用自然”的双重内涵。

在道德理想方面，中国古代思想家们将“人”纳入“天地”的系统当中，以达到“天人相通”“天人相类”的境界。在这种理念的作用下，他们追求一种纯粹的人与自然的和谐。萌芽于夏商之前，形成于周秦之际，至两汉时期成为一种完整思想体系的“三才”理论，就体现了天、地、人相通相融的思想。《吕氏春秋》有“夫稼，为之者人也，生之者地也，养之者天也”的说法（徐小蛮，2016）。董仲舒在《春秋繁露》中说：“天地人，万物之本也。天生之，地养之，人成之”（苏舆，2015）。中国古代的“三才”理论并不专属于某一特定的思想流派，它是诸家学说普遍采用的思想框架，并成为中国古代社会的建设思想纲领。如此，“三才”作为中国传统哲学的一种宇宙模式，把天、地、人看成是组成宇宙的三大要素，人们也习惯用天时、地利、人和这种通俗的语言来描述它。但当我们讨论“天人合一”的生态智慧时，我们取义“自然之天”，即自然界，那么此处的“天”就已经包含“天与地”的含义了。

道家的“天”是自然之天，它比其他学派更深刻地强调人与自然的统一。《老子》说：“有物混成，先天地生。寂兮寥兮，独立而不改，周行而不殆，可以为天地母。吾不知其名，强字之曰‘道’，强为之名曰‘大’。大曰‘逝’，逝曰‘远’，远曰‘反’。故道大，天大，人亦大。域中有四大，而人居其一焉。人法地，地法天，天法道，道法自然”（饶尚宽，2016）。老子认为在天地形成以前就已经存在一个浑然而成的东西。它循环运行永不衰竭，不依靠任何外力且独立长存永不停息，可以视作万物的根本。这种东西寂静空虚，我们既听不到它的声音，也看不见它的形体。这种东西勉强被称为“道”，老子称它为“大”。它广大无边、运行不息；运行不息、伸展遥远；伸展遥远又返回本原。所以说道大、天大、地大、人也大。宇宙间有四大，而人居其中之一。人取法地，地取法天，天取法道，而道取法自然。在此，“道”含有规律、道理、道术等多重意义，在“道”的基础上，天、地、人成为统一的整体。

孔子言：“知者乐水，仁者乐山。知者动，仁者静。知者乐，仁者寿”（皇侃，2014）。孔子用水来比拟聪明的人，这些人反应敏捷思想活跃，有如水一样流动不停。用山来比拟仁厚的人，他们仁慈宽容不宜冲动，有如山一样稳重不迁。因此在孔子看来，作为自然的产物，人与自然是一体的，山与水的特点也反映在人的素质之中，以自然作比从而实现天人合一。《论语》说：“子钓而不纲，弋不射宿”（皇侃，2014）。孔子提倡用鱼竿钓鱼而不是用渔网捕捞，用射杀的方法获取猎物但从来不射杀休息的猎物。这不仅是说孔子有仁爱之心，他不杀生、不乘危，也体现了孔子对待自然的态度，即人与自然的和谐相存。

在君王立政方面，天人合一要求君王顺应自然规律，“不违农时”。《逸周书》称：“山林非时不升斤斧，以成草木之长；川泽非时不入网罟，以成鱼鳖之长；不麛不卵，以成鸟兽之长。畋渔以时，童不夭胎，马不驰骛，土不失宜”（黄怀信，1995）。这是周文王在受命的第九年向太子姬发传授的治国经验。山林不到季节就不要拿斧子去砍伐，这样可以保证草木的生长；河流湖泊不到季节就不要下渔网捕捞，这样可以成就鱼鳖的生长；不要吃鸟卵和幼兽，这样可以成就鸟兽的生长。狩猎要按照季节来进行，不可杀小羊、不杀怀胎的羊，不驱赶马驹奔跑；要保持土地肥沃的状态，各项活动也要符合自然万物生长的规律。在周文王看来，这些是身为“人君”所要坚守的德行，他希望姬发可以继承下去并把它们流传给子孙后世。

在农事发展方面，先秦思想家们认为经济生产一定要与资源条件相适应。山林川泽资源不仅关乎国计民生，而且对抗御自然灾害、百姓度荒保命有特殊的意义。据《国语》记载，单襄公说：“国有郊牧，疆有寓望，薮有圃草，囿有林池，所以御灾也”。同时，人们也认识到山林川泽资源并非取之不尽、用之不竭。例如，在法家经典《韩非子》中引述雍季的话：“焚林而田，偷取多兽，后必无兽”。《吕氏春秋·有始览·应同》有“夫覆巢毁卵，则凤凰不至；刳兽食胎，则麒麟不来；干泽涸渔，则龟龙不往”（徐小蛮，2016）。《孝行览》引雍季的话：“竭泽而渔，岂不获得？而明年无鱼。焚薮而田，岂不获得？而明年无兽。诈伪之道，虽今偷可，后将无复，非长术也”等（徐小蛮，2016）。思想家们明确指出了“取用有节”的重要性，过度消费既违背上天生生之德，也会使山麓川泽失去繁育能力，樵采捕猎生产难以为继。

在清代，浙江为了适应明清以来对山林资源不断深入开发的经济形势，在竹笋开发方面出现了“大年留笋，小年采笋”的生态思想。大年指的是竹笋产量高、长势壮的一年，相对的小年就是竹笋产量低，不旺盛的一年。因为竹材与竹笋是人们追求的两项主要的竹产品，但养竹成材与掘竹食笋却相矛盾，于是“大年留笋，小年采笋”的方法在一定程度上解决了两者的矛盾，这也是山林保护的一项措施。同治年间《安吉县志》记载道：“毛笋有大年小年，小年听他人挖掘，若大年则全赖冬笋，春笋稍一掘之，便难成林，乡民生产无著。故乾隆十六年，绅士吴洪范等，嘉庆十年绅士张晋辅等，迭次以偷笋呈控县宪刘洪、府宪德善、臬宪德张，迭奉批准勒石严禁，石碑现在县署大门外。附注于此以昭法禁”（王利华，1993）。最终到清代乾嘉时期，“大年留笋，小年采笋”的习俗作为一种制度在浙江地区以地方法规的形式确立下来。

在日常生活方面，“顺应天时”“顺天而动”的思想处处体现在人们的日常生活中。《诗经》中就有关于古时农民顺时节劳作的叙述：正月修理劳动工具，二月开始下地劳作，三月则采桑养蚕……我们从中可以看出当时已经出现了农家“月历”。通过《诗经》我们也可以看到以自然万物为师，掌握事宜、顺时而动的农业社会生活模式已初具规模。《夏小正》则以草木和动物的行为作为时节标识，阐述了各种社会活动与自然时节间的对应关系，实际奠定了古代物候历的基础，这也体现了社会节奏顺应自然节律的精神。

上述有关“天人合一”思想的几个方面，实际是紧密关联的，它们具有特殊的时代性与历史性，人与自然和谐相处的道德理想是指导行动的思想本源。在中国古代农业社会，对“天”的重视主要体现为对“天时”的重视，而“天时”与“农时”又密切相关。受国家重视“农本”与山林川泽资源控制的经济导向的影响，无论是孟子还是荀子所谏言的“治国之道”，都体现出当时思想家们对“农时”的重视。同时，在思想家们看来，保证自然资源的永续留存可以上升到“王道”与“王制”的高度，关乎君王是否可以长期有效地治国理政。此外，这种以“农时”为主的“天时”也影响了人们的日常生活。人们会按照农业经验制定节气，农谚也体现了日常生活经验与农事经验的结合，如“清明难得晴，谷雨难得雨”的古谚，流传至今。

同时，诸子百家“天人合一”的目标不尽相同。有的纯粹是为了追求“天人和谐”的理想，也有的是为了保证政治、经济长期有序发展而追求环境与资源平衡。纵观中国古代“天人合一”思想，人类的生存必须仰仗自然资源，因此只有更好地探求自然规律才可以更好地利用资源。于是，当时“天人合一”的生态理念便有了“天道是实现人道的尺度”的意味。但不论这些理念的出发点如何，这些理念都有助于维护当时的生态秩序，而且这种顺应自然规律、节制的发展理念对于当今建设生态文明社会的思想有很大启发意义。我国古代“天人合一”的传统智慧，是中华文化遗产的重要组成部分，为生态文明理念的形成打下了坚实的基础。

第二节　西方现代文化的环境协同思想

自人类诞生以来，关于人与自然关系的探讨在西方学术界就从未中断过。从最开始的人类中心主义，再到人与自然和谐相处的思想观念，对于人与自然关系的看法主要分为两类：一类是追求理性、鼓励开发利用自然资源的人类中心主义；另一类是追求浪漫主义，强调自然内在价值属性的非人类中心主义。在历史的长河中，这两种思想既有对立矛盾之处，又有统一融合的态势。生态马克思主义的出现，就是学术界对这两种思潮发展的一种回应。时至今日，人类越发意识到生态文明的重要性，人与自然和谐相处也成为人与自然关系的主流。

一、人类中心主义

关于“人类中心主义”的概念，主要有以下三个层面的解释：第一，强调人在宇宙中的中心地位；第二，人是评价万物的尺度；第三，依据人类的经验来解释或认识世界（余谋昌和王耀先，2004）。在西方文明中，人类中心主义经历了四个发展阶段。

第一种观点始于古代，即自然目的论。亚里士多德曾明确指出，“植物存在的价值在于供养动物，而动物存在的价值则在于供养人类……动物是大自然为人类的存在而创造的”（亚里士多德，1997）。“大自然是为人类而创造的”这一观点对后世影响深远，即使到了19世纪，许多学者仍然对这一观点表示赞同。这一观点将动植物视为人类的工具，并认为动植物的存在是依附于人类的。

第二种观点始于近代，其目的是破除对神学的迷信。随着启蒙运动的兴起，理性主义得到广泛传播，人类逐渐将关注的重点由神转向人自身，突出强调人的思想理性与主体地位。这一方面的代表人物是笛卡尔，他认为人类不仅拥有躯体，而且拥有灵魂，因此人类是高于动植物的存在。动植物没有灵魂与感知，人类可以肆意对待它们。

第三种观点是属于近代人类中心主义，即强人类中心主义。近代人类中心主义认为，在不对他人利益造成损害的前提下，人类对自然具有绝对的支配、统治、处置权。由此可见，征服自然、主宰自然就成为近代人类中心主义的主旨，从而实现摆脱自然对人的奴役的最终目标。但是，这种人类中心主义是十分危险的，其必将导致资源和环境的危机，将人类引向自我毁灭的灾难。

第四种观点是现代人类中心主义，即弱人类中心主义。该学说的产生与发展伴随着现代生态伦理学的发展。现如今生态危机日趋严重，人类开始怀疑自身在宇宙中的中心地位，重新审视自身与自然的关系。现代人类中心主义主张一切以人为本，以人类的生存和可持续发展为最终目标，以全人类的利益为衡量一切行为的标准，重视整体利益和长远利益，要考虑子孙后代的发展前景，使后代人能够稳定、持续发展，将人类文明延续下去。

二、非人类中心主义

在漫长的人类中心主义统治时代，人类的生存环境也逐渐恶化，许多人开始站出来反思人与自然的关系，呼吁人与自然的和谐相处。由哲学家、思想家、文学家引领的非人类中心主义生态伦理浪潮，成为历史上浓墨重彩的一笔。

18 世纪浪漫主义初期，梭罗较早提出了“回归自然”的口号，他的呼吁对后世影响深远。梭罗在其著作《瓦尔登湖》中抒发了对自然的热爱，阐述了人与自然的和谐关系，这些生态含义为生态伦理提供了重要素材。在其影响下，约翰·缪尔（John Muir）成为自然保护的先锋。除了从事自然保护运动，缪尔也在生态理论方面颇有建树。在缪尔的自然保护主义中，他渴望以万物关联的生态意识来重新定位人与自然的关系，用生态学的话语来阐释万物平等的理念。法国哲学家施韦泽提出了“敬畏生命”的生态思想，并将其付诸实践。敬畏生命的基本含义是：对人类以及一切有生命的物体，都必须持一种敬畏的态度，即善待一切生物。美国著名的思想家、环保主义理论家奥尔多·利奥波德关于土地伦理的论述，成为美国环保主义运动的思想火炬。具体来说，土地伦理学包含三个方面的含义：第一，利奥波德对土地的概念进行了界定。他通过赋予土地新的意义使人类重新审视与土地的关系。第二，道德情感与土地伦理之间的关系。第三，他提出了“土地金字塔”的概念。利奥波德的土地伦理“是现代生物中心论或整体主义伦理学中最重要的思想源泉”（罗德里克·纳什，1999）。挪威奥斯陆大学教授阿伦·奈斯（Arne Naess）是一位享誉世界的生态哲学家，他首次提出了“深层生态学”的概念，开始进行生态理论方面的探究。深层生态学认为人与环境是紧密联系的，它承认非人类生物也同样拥有内在价值，打破了人类中心主义的思想枷锁，对现代社会提出疑问。和其他一些深层生态学家一样，奈斯也反对西方社会的消费主义生活方式，倡导勤俭节约的生活方式，这也为“绿色消费”提供了重要的理论基础。科罗拉多州立大学的教授霍尔姆斯·罗尔斯顿（Holmes Rolston）撰写了多篇重要的学术论文，为生态伦理学的发展作出了重要贡献。罗尔斯顿的环境伦理学从内在价值和环境整体主义两个方面证明了自然的价值所在，论证了人类与自然的和谐关系，是一种相互促进、协同进化的共生关系，而不是征服与被征服的敌对关系，这是可持续发展观的理论基础之一。

对比中外的生态思想，两者的思想渊源大相径庭。中国古代的生态思想一方面集中体现在对“天人”关系的哲学思考，另一方面还体现在农业实践中总结得出的生态智慧。中国古代社会以农耕经济为主，开展农业劳作是获取自然资源的一种途径，中国古人以“天人合一”为基础的生态智慧，包含着“顺应自然”与“利用自然”的双重内涵。人类对工业革命的反思酝酿了西方生态思想。工业革命带来了物质经济与科学技术的迅猛发展，同时也造成了严重的环境与资源问题，伴随着人口暴涨、竞争加剧等社会矛盾与冲突。当时西方所流行的是以“天人相分”“主客体相离”为基础的人类中心主义自然观，认为人类是一切价值主体的承担者和创造者，而自然并不存在价值。但少数有识之士沿着非人类中心主义的思维路径，苦苦思索如何将人类从工业社会中解放出来，回归并融入自然之中。

第三节　马克思主义文化的环境协同思想

从20世纪六、七十年代开始，以美国为首的欧美资本主义国家兴起大规模的环境保护，在这一背景下，批判资本主义发展模式的现代生态学也应运而生，并引起人们的普遍关注；而立足于马克思主义的生态马克思主义学说也蓬勃兴起。学者们放弃了从伦理层面探讨人类中心主义与非人类中心主义“孰轻孰重”，更多地转向探究资本主义的制度危机、文化危机，对这两种思潮所关注的“人与自然关系”问题进行反思和重构。总体来看，生态马克思主义是这两种思潮的进一步完善和发展。他们试图将现代生态学与马克思主义结合起来以提出一种能够指导解决生态危机以及人类自身发展问题的“双赢”理念。生态马克思主义的形成大致经历了法兰克福学派的酝酿、本·阿格尔的确立以及奥康纳、福斯特等的发展阶段（马万利和梅雪芹，2009）。

西方马克思主义者对生态学的关注最初来自法兰克福学派。起初，根据马克思的论断，科学技术和生产力发展到一定程度会出现新的力量推翻现有的社会制度，最终走向社会主义和共产主义。但伴随着时间的推移，资本主义国家采取了一系列缓和阶级矛盾的措施，加强了对工人权益的保护，工人阶级也避免了陷入极端贫困的境地；在科学技术快速发展的情况下，人类的自由并未得到扩展，反而受到了更强的奴役与约束；无论是资本主义国家还是社会主义国家，都发生了不可逆的生态灾难。鉴于此，法兰克福学派开始重新审视科学技术的作用（梁苗，2013）。

法兰克福学派的代表人物包括马克斯·霍克海默（M. Max Horkheimer）、狄奥多·阿多诺（Theodor L. W. Adorno）以及赫伯特·马尔库塞（Herbert Marcuse）。法兰克福学派揭示了当代西方社会日益走向物欲化和消费主义的倾向，且对“科学技术的资本主义使用”提出了质疑。法兰克福学派学者们指出，资本主义环境危机的根源是由科学技术引发的人与自然关系的异化。法兰克福学派对马克思主义经典的生态学解读，虽然带有强烈的“技术色彩”，但为构建生态马克思主义的理论体系奠定了基础。

本·阿格尔（Ben Agger）在其代表作《西方马克思主义概论》中首次明确提出了“生态马克思主义”一词，对生态马克思主义的内涵作出了开创性的论述。阿格尔的生态马克思理论提出了“消费异化”这一概念，他认为当代资本主义国家的最根本矛盾在于生态危机而不是经济危机。阿格尔的主要观点包括以下三个方面：第一，资本主义社会的消费是一种异化消费。在他看来，由于劳动的异化，人类在劳动活动中无法实现自由，于是人类开始在消费领域追逐自由。在察觉到人们追逐消费自由的普遍倾向后，资本家开始有意识地制造各种“虚假需求”，将消费变成了一种具有较强的隐蔽性和实用性的社会控制工具。第二，重新构建资本主义危机理论。他认为，生态危机植根于资本主义社会的基本矛盾。故此，他主张在生产领域进行按需生产，以缓解生态危机。第三，提出了生态危机的解决方案。阿格尔提出，生态危机已成为目前西方发达国家所面临的最严重的危机。他认为，解决生态危机的关键在于消除“消费异化”。

美国著名生态学家詹姆斯·奥康纳（James O'Connor）提出的“生产性正义”概念是其生态学社会主义理论的核心概念。奥康纳直指资本主义的双重矛盾，而正是这种矛盾性催生了一系列经济危机与生态危机。他将生态危机与马克思主义的核心理论结合起来，拓展了马克思主义的生态批判视野，也为我国的生态文明建设事业提供了重要参考。

21 世纪初，美国著名生态马克思主义理论家约翰·贝拉米·福斯特（John Bellamy Foster）在《马克思的生态学：唯物主义与自然》一书中，系统研究了马克思主义的生态思想。福斯特认为，如今的生态危机已经严重威胁着地球的生命，而这种危机是由资本主义经济发展导致的。在对马克思主义理论进行生态化梳理之后，福斯特将马克思主义理论蕴含的深刻生态思想展示出来，并以此来揭示当代全球生态危机的根源——资本主义制度。他认为有必要建立一套合适的生态伦理观，并以这套生态伦理观作为人类在地球上生存发展的指引，实现人与自然的和谐发展。

西方生态思想的演变过程，也是西方人逐步深入并认识自然的过程。先是人类中心主义与非人类中心主义的争论，再到生态马克思主义的提出，西方哲学家、伦理学家们构建了宏大的生态思想体系。这一体系不仅为“动物权利”“生态危机的渊源”“环境正义与环境权利”等问题提出了富有洞见的思考，也影响了中国知识分子尝试利用西方生态思想分析视角重新看待人和自然的关系。

第四节　习近平生态文明思想

一、习近平生态文明思想的理论内涵

习近平生态文明思想作为一个系统全面的理论体系，深刻回答了“为什么建设生态文明、建设什么样的生态文明、怎样建设生态文明”的重大理论和实践问题，是“建设富强民主文明和谐美丽的社会主义现代化强国的宏伟蓝图”的根本遵循，确保到 2035 年生态环境质量实现根本好转、基本实现美丽中国以及到本世纪中叶人与自然和谐共生、建成美丽中国的目标。

（一）生态自然观

“人与自然是生命共同体，人类必须尊重自然、顺应自然、保护自然。”“坚持人与自然和谐共生。”生态和谐共生观是习近平生态文明思想的一个基础性观念，是对马克思主义关于人与自然关系的新发展，深刻揭示了人与自然之间的内

在共生关系，为生态文明建设提供了理论依据（姚修杰，2020）。人与自然是相互依存、紧密联系的整体，并非人类中心主义所谓的以人类作为自然的主宰肆意践踏自然，也非自然中心主义空幻的放弃人类社会发展和文明成果。习近平援引《庄子·齐物论》“天地与我并生，而万物与我为一”和《荀子·天伦》“万物各得其和以生，各得其养以成”的观点，指出“生态环境方面欠的债迟还不如早还，早还早主动，否则没法向后人交代。你善待环境，环境是友好的；你污染环境，环境总有一天会翻脸，会毫不留情地报复你。这是自然界的客观规律，不以人的意志为转移。因此，对于环境污染的治理，要不惜用真金白银来还债。”①这实际上要求人类既要尊重自然、顺应自然、保护自然，也要遵循经济规律的科学发展、遵循自然规律的可持续发展以及遵循社会规律的包容性发展（张宿堂等，2014）。

“山水林田湖草是一个生命共同体，要统筹兼顾、整体施策、多措并举，全方位、全地域、全过程开展生态文明建设。”在自然界，任何生物群落都不是孤立存在的，它们通过能量和物质的交换与其生存的环境共同形成了一个相互联系、不可分割的整体。山水林田湖草之间相互依存、相互影响，有机构成一个生命共同体，并且通过相互作用达到一个相对稳定的平衡状态。“人的命脉在田，田的命脉在水，水的命脉在山，山的命脉在土，土的命脉在林和草。”由此可见，山水林田湖草不能实施分割式管理，“如果种树的只管种树，治水的只管治水、护田的单纯护田，很容易顾此失彼，最终造成生态的系统性破坏。”因此，“由一个部门负责领土范围内所有国土空间用途管制职责，对山水林田湖进行统一保护、统一修复是十分必要的。”山水林田湖草的开发利用、修复治理应该形成整体保护、系统修复、综合治理的协调机制，要从系统工程和全局角度寻求治理之道。

（二）生态经济观

我们既要绿水青山，也要金山银山。宁要绿水青山，不要金山银山，而且绿水青山就是金山银山。“绿水青山”是指优质的生态环境，以及与优质生态环境相关的生态产品，体现的是自然环境的生态价值；“金山银山”是指经济收入，以及与收入和增长水平相关的民生福祉，体现的是自然环境的经济价值。“绿水青山既是自然财富、生态财富，又是社会财富、经济财富，保护生态环境就是保护自然价值和增值自然资本，就是保护经济社会发展潜力和后劲，使绿水青山持

① 新华网：《系统学习习近平总书记十八大前后关于生态文明建设的重要论述》，http://www.xinhuanet.com/politics/2015-03/30/c_127636177.htm.

续发挥生态效益和经济社会效益。”当今时代，我国社会的主要矛盾已经发生转变。“我们要建设的现代化是人与自然共生的现代化，既要创造更多物质财富和精神财富以满足人民日益增长的美好生活需要，也要提供更多优质生态产品以满足人民日益增长的优美生态环境需要。”发展依然是当代中国共产党执政兴国的第一要务，但是“如果仍是粗放发展，即使实现了国内生产总值翻一番的目标，那污染又是一种什么情况？届时资源环境恐怕完全承载不了。”因此，发展必须是遵循自然规律的可持续发展，是环境保护与财富增长相互促进的高质量发展，绝不是“以牺牲生态环境为代价换取经济的一时发展”。

“两山论”极大推进了马克思主义生产力理论。马克思把生产力划分为“劳动的自然生产力”和“劳动的社会生产力”，即生产力不仅包括蕴藏人类生存依托和劳动对象的自然界，而且包括人改造自然而获得物质财富的能力。但是，长期以来我们习惯把人和生产工具当作社会生产力，并把生产力理解为人们征服和改造自然的能力（何自力，2019）。“两山论”从根本上突破了生产力的狭隘观念，认为生产力发展与生态建设是一种相生而非相克、协调而非对抗的关系，即生产力的发展需要外部生态环境提供基础，生态环境保护也需要经济发展提供保障。生态系统容量有限，人类的经济活动也因此受到制约。人类必须使自身的经济活动水平保持一个适当的“度”，以实现生态经济系统的协调发展（沈满洪，2009）。也正是在此意义上，习近平强调：“破坏生态环境就是破坏生产力，保护生态环境就是保护生产力，改善生态环境就是发展生产力。”从而，“我们要构筑尊崇自然、绿色发展的生态体系。人类可以利用自然、改造自然，但归根结底是自然的一部分，必须呵护自然，不能凌驾于自然之上。”①

（三）生态社会观

“生态兴则文明兴，生态衰则文明衰。生态环境是人类生存和发展的根基，生态环境变化直接影响文明兴衰演替。”生态文明兴衰论立足于人类文明兴衰的高度来审视生态环境问题，既是对马克思主义生态文明观的理论创新，也是对生态文明与人类文明发展规律的精辟诠释（宋献中和胡珺，2018）。以史为鉴，可以知兴替。人类社会发展史就是一部人与自然的关系史。古埃及文明和古巴比伦文明兴于森林茂密、水草丰美、田野肥沃之地，衰于无边荒漠、万顷流沙、成片秃岭之下。“现在植被稀少的黄土高原、渭河流域、太行山脉也曾是森林遍布、山清水秀。”也就是说，文明的兴衰与生态环境状况息息相关。正如恩格斯所言，

① 中国政府网：《共同构建人与自然生命共同体——在“领导人气候峰会”上的讲话》，https://www.gov.cn/gongbao/content/2021/content_5605101.htm。

“我们不要过分陶醉于人类对自然界的胜利。对于每一次这样的胜利，自然界都会对我们进行报复。”只有充分遵循自然界本身的规律，才能保持自然系统内部的稳定有序。毋庸讳言，“我们在生态环境方面欠账太多了，如果不从现在起就把这项工作紧紧抓起来，将来会付出更大的代价。”

“良好生态环境是最公平的公共产品，是最普惠的民生福祉。”“环境就是民生，青山就是美丽，蓝天也是幸福。发展经济是为了民生，保护生态环境同样也是为了民生。”当前，我国的环境保护治理工作的重点是“解决突出生态环境问题作为民生优先领域”，重点强化水、大气、土壤等方面的污染防治，坚决打赢以大气、水、土壤为标志性的三大污染防治攻坚战。生态环境作为最公平的公共产品，事关每一个人、每一代人的生存发展，保护生态环境是所有人义不容辞的责任；生态环境作为最普惠的民生福祉，直接影响人民群众的“获得感”、“幸福感”。大气污染、水污染、土壤污染等各类环境污染事件频发，农药化肥滥用、食品有害有毒物质残留超标等问题屡见不鲜，这使优质生态产品已然成为影响全面建成小康社会的“短板”。为此，“小康全面不全面，生态环境质量很关键。”

二、生态文明思想与社会责任

（一）环境治理是一个系统工程

生态保护与环境治理是生态文明建设的重要内容，也是一项复杂、艰难、长期的工程。“生态环境保护是一个长期任务，要久久为功。”“环境治理是一个系统工程，必须作为重大民生实事紧紧抓在手上。”为此，在环境治理中，一定要从对象的整体性出发，统筹山水林田湖草系统治理，一定要树立大局观、长远观、整体观。这就是说，环境治理要坚持统筹兼顾、协调好常态治理与应急治理、做到本地治理与区域治理相互促进，多地联动，全社会共同行动（潘家华，2019）。在生态文明建设的具体实践中，既需要坚持保护优先、自然恢复为主的基本原则，加大环境污染综合治理，也需要从大的方面统筹谋划，搞好顶层设计，整体推进生态文明建设。

环境保护与环境治理是系统工程，在治理过程中要始终坚持德治与法治并重，即“只有实行最严格的制度、最严密的法治，才能为生态文明建设提供可靠保障。”通过最严密的环境立法建立系统完整的生态文明制度体系，实行最严格的环境保护制度，划定生态保护红线，深入实施大气、水、土壤污染防治行动计划，并且将政府的行为完全置于法律的管制之下，实行省以下环保机构检测监察执法垂直管理制度。

（二）最严格制度最严密法治保护生态环境

环境问题是局部也是整体，是眼前也是长远，是经济、民生也是政治的问题。从“先污染，后治理”“边治理，边污染”到“谁开发，谁保护”“谁污染，谁治理”，中国逐渐走向生态文明建设国家治理体系和治理能力现代化的新道路。国家治理体系是在党领导下管理国家的一整套紧密相连、相互协调的制度体系，本质就是关于经济、政治、文化、社会和生态等各领域的制度体系的总和（叶冬娜，2020）。国家治理现代化是指政府、企业、社会组织或公众等治理主体结构的利益相关方，在经济、政治、文化、社会和生态文明等治理客体结构，进行制度体系建设、执行和创新的过程。推进生态文明国家治理体系和治理能力现代化，需要站在全局高度强化依法治理、系统治理、综合治理。

只有实行最严格的制度与最严密的环境法治，才能对违背环境保护与环境治理的行为进行严格的责任追究，确保环境保护的目标实现、环境公共资源的合理配置、社会利益关系的有效调整，最终达到各方利益主体履行各自的环境责任、享有公正的环境权利的目的。“地方各级党委和政府主要领导是本行政区域生态环境保护第一责任人，各相关部门要切实履行生态环境保护职责，使各部门守土有责、守土尽责、分工协作、共同发力。”党在生态治理制度建设上处于领导地位，各级党委对生态文明建设负有义不容辞的责任。一方面，要将生态文明建设状况纳入经济社会发展考核评价体系，建立健全生态环境损害党政领导干部责任追究制度；另一方面，要进一步完善环境保护督察机制，建立健全从中央到地方的环境保护督察体系，打破地方环境保护的封闭系统。

（三）全社会共同参与生态文明建设

从新中国成立初期的以污染源开展简单的“点对点”治理模式、改革开放后的政府主导与市场基础性作用的二元治理模式到党的十八届三中全会确立的政府、市场和社会协调推进的三元治理新局面，我国开启了生态治理现代化的新时代。“构建政府为主导、企业为主体、社会组织和公众共同参与的环境治理体系。”这就要求强化党在生态治理过程中的领导，发挥政府的主导作用，压实企业主体责任，广泛动员社会组织与公众参与，形成环境治理共同体。为此，“建立生态文明建设目标评价考核制度，强化环境保护、自然资源管控、节能减排等约束性指标管理，严格落实企业主体责任和政府监管责任。”

严格的制度和严密的环境法治在外在上约束主体的生态环境行为，但只有将生态保护与环境治理内化为主动的自觉行动才能实现治理效应最大化。因此，生态文明建设必须“在全社会牢固树立社会主义生态文明理念，形成全社会共同参与的良好风尚”，倡导“生态治理，人人有责”的生态治理思维，强调“生态文明建设同每个人息息相关，每个人都应该做践行者、推动者”。引导社会树立节约能源的消费观，营造节能减污的良好社会风尚。对于企业，节能减排做得如何就是对企业承担社会责任的检验。对于政府，不仅要强化生态环境保护宣传教育，促使社会形成生态、环保共识，而且要身体力行将社会主义生态文明融入政策、决策、实践之中，使生态文明思想内化为整个社会的价值取向，外化为政府、产业部门、企业等全社会的自觉行动。承担环境治理主体责任是各级政府的基本义务、重要功能，必须以提前规划、引导的自觉将绿色化要求贯穿经济社会治理全过程。

三、生态文明思想与环境责任协同

习近平生态文明思想，是人类生态文明建设思想史上的一次伟大创新。其思想深度及广度，其具体措施和理论体系，是人类文明发展史上的一大理论创新。它充分吸收了中国古代传统生态智慧和近代西方生态思想中的合理要素，为人与自然能否和谐相处这个古老话题赋予了新的实践意义，实现了马克思主义理论本土化、世界化的理论更新迭代。习近平生态文明思想，是实现中华民族伟大复兴的指路明灯，是建设人类命运共同体和生命共同体的行动指南。能够为我国乃至世界各国构建“美丽中国”和“美丽地球”提供新的认识视角和实践范式。

（1）习近平生态文明思想所追求的发展目标——建立“美丽中国”，也是企业环境责任与政府环境责任协同的目标追求。美丽中国，是时代之美、社会之美、生活之美、百姓之美、环境之美的总和。实现美丽中国，经济持续健康发展是重要前提，人民民主不断扩大是根本要求，文化软实力日益增强是强大支撑，和谐社会人人共享是基本特征，生态环境优美宜居是显著标志。应当说，这些方面是建设美丽中国的必备要件，缺少任一要件都是不美丽的。其中，优美宜居的生态环境最为重要。优美的生态环境，有利于增强人民群众的幸福感，有利于增进社会的和谐度，有利于拓展发展空间提升发展质量，从而实现国家的永续发展和民族的伟大复兴。推动经济高质量发展与生态环境高水平保护，推进美丽中国建设既是习近平生态文明思想的发展目标，也是企业环境责任与政府环境责任协同的目标追求。

（2）习近平生态文明思想所蕴含的科学内涵，为企业环境责任与政府环境责任协同奠定了方法论基础。推动形成绿色发展方式和生活方式，统筹山水林田湖草综合治理，遵循生态系统的内在规律开展生态文明建设。习近平强调，生态是统一的自然系统，是相互依存、紧密联系的有机链条；山水林田湖草是生命共同体，这个生命共同体是人类生存发展的物质基础。① 这些重要的论述，为推进企业环境责任与政府环境责任协同提供重要的方法论。这要求我们必须从系统工程和全局角度推动企业环境责任与政府环境责任协同，统筹兼顾、整体施策、多措并举，全方位、全地域、全过程地推进企业环境责任与政府环境责任协同，推动长江经济带发展要坚持“共抓大保护，不搞大开发”，推进黄河流域生态保护和高质量发展要做到“共同抓好大保护，协同推进大治理”。

（3）习近平生态文明思想为企业环境责任与政府环境责任的协同提供了理论支撑，也为推进企业环境责任与政府环境责任协同指明了方向，即秉承“绿水青山就是金山银山”的发展理念，协同推进经济发展与生态保护。实现企业环境责任与政府环境责任协同的重要前提之一就是解决好传统的经济发展与生态保护之间的观念冲突，而习近平生态文明思想中的“两山论”通过对金山银山和绿水青山辩证关系的论证，深刻阐述了经济发展与环境保护之间的辩证统一关系，为企业环境责任与政府环境责任协同扫清了观念障碍。在过去的生产、生活实践中，人们往往只看到了经济发展与生态保护之间的对立面，而没有看到两者之间的统一面。纵观改革开放以来中国走过的发展历程，人们先是用牺牲“绿水青山”的巨大代价来换取“金山银山”的短暂收益；随着物质生活水平的提高，人们逐渐意识到既要获得“金山银山”，又要想办法留住“绿水青山”。党的十八大以来，以习近平同志为核心的党中央顺应时代发展需要、关注人民现实需求、关注民族长远利益，提出“绿水青山就是金山银山”的生态理念，将“绿水青山”与“金山银山”之间的冲突转化为互促互生的关系，也为企业环境责任与政府环境责任协同指明了方向。

① 习近平：《论坚持人与自然和谐共生》，中央文献出版社 2022 年版。

第二十四章

环境责任协同的理论研究

第一节　环境责任协同的内涵

一、环境责任及其协同的相关概念

（一）企业环境责任

自 1924 年美国学者（Oliver Sheldon）在其著作 *The Philosophy of Management* 中提出“企业社会责任”的概念以来，围绕着企业社会责任的讨论与日俱增。就企业社会责任的概念而言，国际组织和诸多学者对企业社会责任的定义多达十余种，但是对企业环境责任的定义暂付阙如。原因在于早期人们普遍认为，企业环境责任是企业社会责任中的一部分，没有必要进行单独讨论。然而，20 世纪 60 年代后，资源枯竭、环境恶化、生态失衡直接威胁着人类的可持续发展，企业作为环境污染的主要来源，在应对环境危机中的作为事关子孙后代的生存与发展。在实践中，由于对企业环境责任的理解不一，这为企业逃避责任、将环境成本外部化留下余地。严格对企业环境责任的界定有助于加强管理，控制企业向社会外化环境成本，推动企业发展循环经济。目前学者对企业环境责任主要有两种定义：其一是把企业的环境法律责任视为企业环境责任；其二则是在前一种定义的基础上，把企业环境道德责任也加入企业环境责任的定义之中。

企业的环境法律责任是指法律明确规定的企业在成立、生产、经营和销售等过程中所必需遵守的环保法律、法规义务，并承担一定的法律后果。企业环境法律责任具有法定性和可实施性（Kim et al.，2017）。法定性是指企业必须履行的基于法律层面的环境责任。可实施性是指承担相应环境责任的行为可能性，即如果企业违反了法律所规定的强制性义务，则能够使其承担环境法律责任的行为在现实中是可行的。《环境保护法》中规定污染物排放必须进行总量控制，如果企业超量排污，就要承担相应的法律责任，如缴纳罚款，而罚款行为在现实中是可能的。企业道德责任是指企业受环境伦理或者社会舆论的影响，企业自愿承担的环境责任，而非强制性义务。与企业环境法律责任不同，环境道德责任主要是基于人们对美好生态环境的向往，不存在类似法律环境责任中对企业强制性的规范规定，企业具有较高的自主性。因此，违背环境道德则并不会给企业带来直接的不利后果。

本书将环境法律责任和环境道德责任共同纳入企业环境责任的内涵界定中。一方面，法律是最低限度的道德，如果企业连基础性的环境法律责任都不履行，那么企业道德责任也就失去了存在的基础条件，此时片面地强调道德责任便成为不切实际的空谈。另一方面，环境法律责任反映的仅仅是“条块”化的道德伦理，只关注环境法律责任无法全面涵盖社会对于企业在环境议题方面的期待行为。因此，本书对企业环境责任的界定为：企业在全生命周期过程中需遵守的有关环境法律、法规的要求，为自身的环境行为承担义务，尽量减少资源消耗和污染排放，促进经济与环境协调发展的一种强制性与自愿性相结合的行为规范。

（二）政府环境责任

由于环境具有典型的公共品属性，地方政府不仅扮演了公共品管理者的角色，还具有“经济人”属性。政府环境责任是以公众的需求和利益为指南，政府对公众的环境利益需求的回应为其直接体现，通过公民和政府的共同努力对公众的环境利益予以认定，也是公民和政府所期待的共同愿景，主要体现为政府承担提供环境产业和服务的一种责任。

关于政府环境责任的含义，国外对于政府环境责任方面的研究起步很早，也是一个相当热门的话题，具有很多值得学习和借鉴的地方。1970 年美国萨克斯教授在一场关于环境保护问题的争论中，提出环境资源不是自由财产，不能被任何人任意占有、支配和损害（Sax，1970）。这种“环境公共财产”“环境公共信托”理论认为环境是属于全体国民的公共财产，共有人将其委托给政府进行管理，政府需要承担共有人对环境管理的委托管理责任。之后，学者们提出了公民享有在良好的环境中生活权利的基本原则，而世界各国纷纷加强了环境保护的立法工作。这不仅对政府提出需要加强提供环境公共品和环境服务方面责任的目标，也进一步明确和强化了政府环境责任。

虽然国内关于政府环境责任方面的研究起步较晚，但呈现出良好的研究态势。蔡守秋教授主张的“两性说”认为：政府环境责任是依照法律规定的政府在环境保护方面被赋予的权利和义务，此为政府第一性环境责任；当政府违反上述权利和义务的法律规定时，需要承担相应的法律后果，此为第二性环境责任。钱水苗和沈玮（2008）认为政府环境责任是指中央和地方政府以及在环境保护领域履行公共职责的人员，应根据环境保护的需要和政府职能的定位，做好自己的本职工作，同时也有相应的惩戒机制。大致上政府环境责任主要包含积极和消极两个层面。其中，积极层面的责任体现在政府提供环境公共产品和服务、在决策过程中执行环境影响评价并主动公开环境信息三个方面。

总之，根据《宪法》的第26条第1款规定：“国家应保护和改善生活环境和生态环境，防治污染和其他公害”和《环境保护法（2014）》规定：“保护环境是国家的基本国策，环境保护坚持保护优先、预防为主、综合治理、公众参与、损害担责的原则”，政府环境责任是指各级政府行政机关在环境保护方面承担与其职能相对应的责任，即对于社会公众在环境保护方面的利益和需求作出及时的回应，并采取有为的方式解决生态环境问题，是一种积极肯定性的环保角色定位。根据政府部门的环保业务范畴具体分为监督管理责任、环境质量责任、社会整合责任三个部分。与其他学者持不同观点的是，本书认为政府环境责任的第二性，也就是各级政府行政机关因未规范履行其环保职责所需要承担的违规或违法后果属于环保惩戒范畴，这是一种环保失责。因此，不在本书所要研究的范围之内。

（三）企业环境责任与政府环境责任协同

“协同”（collaboration）概念的内涵直接决定“协同治理”（collaborative governance）的内涵。因此，本书首先对“协同”进行概念内涵的界定。对于协同理论的概念界定，不同的学者在不同的研究阶段有不同的看法。国内，赖先进（2015）认为协同是指为了实现共同目标，两个或两个以上主体各自发挥优势，通过建立长期的合作伙伴关系，并综合运用各种工具和手段，放大合作整体功效的过程，其强调主体间的合作关系和组织使命的一致性。蒋敏娟（2016）认为协同不仅有协调合作的含义，而且强调由于协调合作产生新的结构和功能以及协同合作的结果，即通过集体行动和关联实现资源最大化利用和整体功能放大效应。李辉（2010）则认为，各种相互联系的方式都可能产生协同，判断协同的标准不在于具体的联系形式，而在于是否形成彼此啮合、相互依存的状态。张贤明和田玉麒（2016）归纳出协同的五个特征，分别是参与主体目标一致、资源共享、互利互惠、责任共担和深度交互。

在国外，唐纳森和科左尔（Donaldson and Kozoll，1999）将协同定义为所有形式的组织一起共事以达成各种目标。万根和赫克萨姆（Vangen and Huxham，2005）将协同定义为人们为了实现积极的目标而进行跨部门合作的所有情况，这三位学者对协同的定义简单易懂。哈代和菲利普斯（Hardy and Phillips，1998）将协同界定为各方自愿参加的互动策略，强调行动者的主动性。劳伦斯等（Lawrence et al.，1999）将协同定义为跨组织的一种既不依靠市场也不依靠官僚机制控制的关系，在这种关系中各组织在一个持续的过程中不断进行沟通。马特西奇和蒙西（Mattessich and Monsey，1992）将协同界定为一种持久且为成员所共同深信的关系，诸多个别组织相邀融入一个相互承诺达成共同任务的结构中，这些关系的维持依赖于参与的组织提出的计划与明确可信的沟通管道，强调行为者之间的相互信任与分析。希梅尔曼（Himmelman，2002）在前人定义的基础上增加了责任分担的内容，将协同定义为一个组织之间互换信息、改变行为、共享资源、提高各自能力的过程，在这一个过程中共同承担责任、共同分享利益，最终实现共同目标。彼得斯（Peters，1998）则从五个方面来定义协同，一是协同包括两个或多个成员；二是每个成员均是主角；三是成员间存有持久的关系及持续的互动；四是每个成员对协同必须提供一些物质或非物质的资源；五是所有成员对协同的成果都有各自的责任。

环境作为社会公共产品，在某种程度上很容易成为经济发展的牺牲品，环境问题的日益严峻和公众意识的提升，企业和政府环境责任履行的有关问题逐渐成为社会关注的焦点和学界研究的热点。把握环境经济价值和生态价值，企业和政府都需要承担相应的环境责任，企业环境责任和政府环境责任的协同运行将有益于国家和企业的长远和可持续发展。企业是由诸如出资人、职工、债权人、社区、政府等具有某种利益关联性的主体形成的契约式社会组织体。企业在进行经营决策的过程中，应当综合考虑这些利益相关者的利益诉求，不应一味地追逐利润最大化。企业除了考虑自身的财政和经营状况外，也要加入其对社会和自然环境所造成的影响因素。雅各布斯（Jacobs，1997）提出，应该明确环境和后代人都是重要的利益相关者，并建议成立一个具有特别责任的“环境董事会”，来关注企业对环境和后代人的影响。玛尼和惠勒等（Mani and Wheeler et al.，1998）也认为，自然环境、人类后代和非人类物种是企业的利益相关者。另外，政府在人类社会发展进程中同时扮演着保护环境与破坏环境的双重角色，负有不可推卸的环境责任。政府承担环境责任，既有理论依据，更有现实意义。作为公共产品提供者的政府，有义务向公民提供适合生存的环境，同时政府在保护环境质量方面能够发挥最重要作用。蔡守秋（2008）认为，政府环境责任的缺陷和不足，是环境保护领域政府失灵、环境法律失灵的一个重要原因。政府履行保护环境责任，执行相关法律，通过环境规制达到生态环境保护的作用会给很多方面带来积极的影响。波特假说认为，政府制定合理的环境规制不仅可以通过“新补偿”效应弥补企业的“遵循成本”，还能提高企业的生产力和竞争力，促进企业创新升级。由于环境污染治理是一个复杂的大工程，单靠政府或企业单兵作战无法真正做到打赢污染防治攻坚战。因此，政府和企业应当协同推进污染防治工作，实现“1 +1 >2”的效果。我国的环境法治建设始于1979年颁布的《环境保护法（试行)》，早期我国环境治理的重心是“治企”，即主要关注企业的环境责任，在之后的实践探索中，政府环境责任逐渐进入视野，我国的环境治理重心逐步过渡到兼顾政府环境责任阶段。同样地，政府环境责任也从最早的只关注生态环境部门责任转向了侧重“党政同责”，自此我国的环境法律大体建构出了“三角结构”：作为维护环境公共利益的被委托人，政府成为环境规制的主导者；作为自然资源消耗和污染物排放的核心主体，企业成为环境规制的主要承受者；作为同时担当污染者和受害者的特殊主体，公民成为环境规制的次要承受者和主要监督者。

总之，协同是指为了实现共同的目标，两个或两个以上的主体各自发挥自己的优势，通过建立长期的合作伙伴关系，并综合运用各种工具和手段，放大合作整体功效的过程。协同治理是指在整个社会系统中，各利益相关方通过合作治理参与公共管理，借助系统中的诸要素间非线性的相互协调、共同作用，调整系统有序，实现治理效能最大化。环境协同治理倡导政府、企业、社会组织和公众等多元治理主体在资源与利益相互依赖的基础上共同参与环境治理，并逐渐形成多元主体协同机制的环境公共治理模式。

二、企业环境责任与政府环境责任协同的层次划分

由上一节的论述可知，在环境危险、风险、剩余风险三阶段，企业环境责任与政府环境责任的协同分别表现为纵向协同与横向协同。

（一）企业环境责任与政府环境责任的纵向协同

在环境风险和环境危险阶段，企业环境责任与政府环境责任协同表现为纵向协同。这是因为企业是引发环境风险的核心主体，而政府是规范企业环境行为的

管理者，政府有责任管理企业承担强制性环境法律义务。此阶段，政府是环境公共事务的管理者，而企业则是环境公共事务的被管理者。因此，企业环境责任与政府环境责任协同表现为纵向协同。当作为被管理者的企业违背环境法律设定的第一性环境义务，则需要承担第二性的环境法律责任。同理，当作为管理者的政府因履职不当或怠于履职而违背了环境法律为其设定的第一性环境义务，则需要承担第二性的环境法律责任。在环境风险和环境危险的预防阶段，企业环境责任与政府环境责任的协同为纵向协同，即作为积极义务主体的政府与作为消极义务主体的企业承担“共同但有区别”的环境法律责任。

（二）企业环境责任与政府环境责任的横向协同

在环境剩余风险阶段，企业环境责任与政府环境责任协同表现为横向协同。政府作为环境权保护的积极义务主体，肩负着“环境品质不倒退”和“积极改善受损害环境”的双重义务。但企业依法享有自然资源和环境容量，其造成的环境剩余风险属于法律赋予的权利，并不会引起法律层面的否定评价。因此，在剩余风险阶段，企业环境责任与政府环境责任协同表现为横向协同，即政府与企业不再是管理者与被管理者的关系，负有治理义务的政府只能通过运用经济激励、道德评价等手段引导企业遵守较之一般环境责任更为严格的道德责任，而企业也可能基于经济利益或社会期望去履行这种道德责任。在企业环境责任与政府环境责任的横向协同中，企业与政府承担的协同责任均属于第一性环境责任。

第二节　环境责任协同的理论基础

一、协同理论

协同理论（synergetics）作为一门以系统论、控制论、信息论、突变论为基础的自然科学和社会科学交叉的新兴学科，由德国著名物理学家赫尔曼·哈肯在20世纪70年代创立，又称作“协同学”或“协同论”。协同理论旨在研究一个非平衡状态下复合开放的系统在不断与外界进行物质和能量交换的过程中，如何通过各子系统之间相互作用实现从“无序”走向“有序”或从“有序”走向“更有序”状态的轨迹问题。

哈肯教授从物理学到社会学的许多领域中发现系统都是由大量的子系统组

成，当某种条件改变时，一个系统可以从无序—有序、有序—有序转化，并在《协同学导论》《高等协同学》等著作中详细阐述了这一演变过程。之后经过多年的发展和研究，协同理论逐渐应用于其他自然科学、人文学科甚至哲学等多个学科领域，用以解释多学科的相互作用和影响。目前，协同理论的核心内容包括协同效应、支配原理和自组织原理。

（一）协同效应

协同效应是指复杂开放系统中存在大量子系统，这些子系统及其内部各要素之间相互影响、相互作用而产生的整体或集体效应（曹雪琴，2019）。简言之，协同效应就是“1+1>2”的效应，也是系统达到有序状态的一种内部驱动力。在复合系统中，各要素起初势均力敌，但是在外界能量作用或物质聚集达到某一临界值时，所有子系统或要素之间就会产生协同作用。这种协同作用使系统在临界点发生质变，并且产生协同效应，从而使得系统从无序变为有序，从混沌无序中产生某种稳定有序结构。这不是简单的相加之和，而是各子系统及其各要素之间相互作用过程中所产生的“1+1>2”的整体效应。因此，系统内部的各子系统之间或子系统内部各要素之间的相互协同是系统运行、更新和提升的根本原因。

（二）伺服原理

伺服原理又被称为支配原理，是指一个复杂开放的系统在发展演化过程中，快变量服从慢变量，序参量支配子系统行为（白列湖，2007）。这意味着快速衰减组态被迫跟随于缓慢增长的组态，即通过系统内部各因素之间的相互作用，系统在接近不稳定点或达到临界点时，数量相对较少且增长速度慢的慢参量支配系统的变化，而非数量占优势且衰减快的快参量。慢变量在临界点附近迅速成为主导力量，打破原有的平衡，推动系统走向新的有序。哈肯教授将这种慢变量称为序变量。因此在临界点上，序参量一旦占有优势，就会以“雪崩”之势席卷整个系统并趋向主导地位，迫使其他变量作出相应的调整以服从序参量的支配，最终主宰系统演化的整个过程，支配系统行为。

（三）自组织原理

自组织是相对于其他组织而言，指在没有外界干预的条件下，子系统之间能够按照某种准则自发进行协同合作，推动整个系统达到一个新的有序状态。自组织原理主要是为解释系统从无序的不稳定状态向有序的稳定状态演化的过程，其实质上就是系统内部进行自组织的过程。这一自组织过程是一个动态、复杂、有序、非平衡的自发演化过程，不受任何外界环境的影响。在演化过程中，子系统好像由一只无形之手促使其自行安排，这只使一切事物有条不紊地组织起来的无形之手便是在系统自组织过程中提供信息的序参量（李曙华，2002）。因此，系统想从无序向有序发展，充分发挥整个系统的功能和实现长远发展，那么自组织是实现目标的根本途径。

协同理论不仅是发现自然界中的一般规律，而且搭建了无生命自然界与有生命自然界之间的一道桥梁，试图寻找它们之间的共同规律。协同论认为所有的处于有生命的自然界中的系统都是开放系统，并且在系统演化过程中各个集体运动形式决定了某种结构最终实现。因此，协同论所揭示的是结构形成的一般性原理和规律，为自然现象、生物进化乃至社会经济文化等复杂性事物的演化发展规律提供了新的视角和新的范式。

从协同论的应用范围来看，它已被广泛应用于众多领域，从物理学领域中大气湍流问题、化学领域中化学波和螺线的形成，到经济学领域中城市发展的协同效应、社会学领域中舆论形成模型等。经过几十年的发展，协同理论已得到不同领域众多学者的认可。因此，作为一门研究不同学科中共同存在的本质特征的系统理论，协同论的普适性是显而易见的（郭烁和张光，2021）。正是由于它的普适性特点，环境责任研究中引入协同论，必将对环境责任的研究发展起到推动作用，为解决当前环境治理领域中的问题提供新的理论视角。

根据协同理论，系统由大量不同性质的子系统构成，在与外界持续不断进行能量、信息或物质交流过程中演化发展。因此，系统具有复杂性、开放性、非线性的特性。环境责任的特性正好与协同理论研究范式相匹配。

环境治理体系是一个开放性系统。它的开放性主要体现在环境治理需要不断地与外界进行能量、物质与信息的沟通和交流。通过不断接收各种信息，经过整理加工后，系统将生态环境保护和治理对象所需的信息输出。在不断地接收信息和输出信息的过程中，环境治理体系向有序化方向完善。此外，环境治理成本高、多元主体间协调难度大、信息不对称等客观情况也要求构建开放的系统，以保持系统生机和活力。

环境治理体系内部各子系统之间是非线性关系，并且具有随机涨落特征。环境治理体系涉及生态环境、经济、社会、文化等各个方面的子系统，而这些子系统又包含资源、组织、技术等无数相互影响的要素。它们之间的相互联系和作用并不是简单的线性关系，而是表现出极其丰富的层次性和交叉性。除此之外，它们之间任意一个要素的变动将影响整个系统的涨落，最终使环境治理系统经常处于不平衡和波动起伏的状态。现阶段，我国政策调整、体制创新、贸易合作以及人员交流等情况将使得环境治理体系处于涨落变化过程之中。

二、治理理论

（一）公共治理理论

在社会资源配置的研究过程中，学者们发现仅凭市场机制无法达到帕累托最优，而单靠政府手段也难以实现资源配置最优。因而，面对市场失灵和政府失灵，学者们于20世纪90年代提出了“治理”概念，并且逐渐成为公共问题理论与实践中的关注点之一。

不同于统治，治理是政府与社会关系的调整趋势，其主体不仅是公共机构，还可以是非政府机构（王浦劬和臧雷振，2017）。治理认为政府并不一定是唯一的权利中心，这是对传统政府权威的挑战。在意识到各主体之间差异性的前提下，治理更强调政府、企业、社会之间的新组合。除此之外，治理还被看作社会政治体系中新出现的管理模式，是众多参与者共同努力的结果。这种模式的形成不是来源于外部力量，而是来自系统内部的诸多参与者的协作。因此，治理实际上是一个各方主体不断竞争与合作的互动过程，这与协同论的观点不谋而合。

（二）多中心治理理论

英国哲学家博兰尼为证明自发秩序的合理性以及阐述社会管理可能性，在《自由的逻辑》一书中最早提出“多中心”的概念。他认为，社会中的自发秩序体系通过体系内多中心性要素相互作用而自发实现，并非通过公共性团体有意形成。20世纪70年代，美国学者艾莉诺·奥斯特罗姆和文森特·奥斯特罗姆夫妇将“多中心”概念引入公共事务治理领域，进而发展成为多中心理论，特别强调了国有化和私有化之间存在其他多种可能有效运行的治理方式。多中心治理理论以“多中心”概念为基础，依赖多个社会治理主体而非依赖单一的治理主体参与公共事务治理，促使合理、有效和持续利用公共事务，满足相关各方的利益需求（熊光清和熊健坤，2018）。

由于在“囚徒困境”“公地悲剧”“搭便车”等情况下单纯的政府或市场行为难以奏效，多中心理论认为公共事务的治理应该摒弃政府或市场单一中心的治理思想，主张建立“政府—市场—社会”三维框架下的“多中心”治理模式。奥斯特罗姆夫妇将社群利益和多中心秩序关联起来，冲破了公共资源只有完全私有化或政府才能有效管理的传统观念，强调同时充分发挥政府集中性、权威性的优势和有效利用市场高效性、灵活性的特点。由此可见，政府在多中心治理中不再是单一主体，而更多的是一个制定宏观框架和行为规制、服务其他参与主体的中介者。此外，多中心治理提出了政府与市场以外的治理公共事务的新的可能性，并引入了除政府、市场以外的第三个中心。奥斯特罗姆夫妇提出制度的自发秩序、复合层级、单元交叉、多中心体制是复合的适应性系统，并且注意到同一层级多中心和不同层级之间多中心的重要性。也就是说，多个权力中心通过竞争与协作形成自主秩序，减少“搭便车”行为，避免政府失灵和市场失灵。

多中心理论的主要目的在于构建多中心的治理结构，完善公共服务体系。“多中心”意味着决策中心在形式上是相互独立的，通过竞争和协作允许多层次、多权威中心、多服务中心并存。多中心治理意味着公共产品的生产、公共事务的管理和公共服务的提供中存在政府、企业、社会组织等多个主体。由于利益和需求多样性，不同行为主体之间资源竞争与流动，迫使产品生产者、事务管理者和服务提供者增强自我约束、提高质量和效率。当然，多中心治理最重要的是制度规制的制定。

（三）环境协同治理理论

作为协同学与治理理论的交叉理论，协同治理理论具有其独特的理论范式，包括治理主体多元化、子系统协同性、系统动态性以及自组织协调性等内容。协同治理是在治理理论上强调多主体合作治理的协同性，故而治理主体的多元化是协同治理的基本前提。在协同治理中，治理主体不仅指政府，还包括非政府组织、企业和个人等参与公共事务治理的其他行为主体。由于具有不同的价值判断、利益诉求和社会地位，它们之间存在竞争和合作。此外，协同治理理论从系统角度看待环境治理，认为环境治理体系是包含若干个子系统的开放大系统。在生态环境总系统中，各个子系统或组织也掌握不同的资源和力量，它们之间通过不断协商来交换这些资源。在此过程中，不但要依靠政府的强制力，更多的却是需要政府与企业、社会组织之间的对话和合作。这是因为伙伴关系在管理公共事务中能形成各子系统、各因素的协同性，以便更高效地处理社会系统的复杂性和多样性。简言之，协同治理是一个所有公共事务利益相关者为解决共同环境污染问题的合作的过程。

环境治理系统具有复杂性、动态性和多样性。其一，环境治理是一项错综复杂的系统工程，不仅环境污染来源广、区域污染差异大、区域间污染物相互影响等客观情况复杂，而且多元主体之间更是充满矛盾和利益冲突。因此，环境治理不单是生态环境保护问题，而是与经济治理、社会治理、文化治理等方面紧密相关。其二，环境治理体系是动态性的，具有随机涨落的特征。环境治理体系包括经济、社会、生态环境等多个子系统，每个子系统又包括无数个要素。每一个要素的变动都将影响整个环境治理体系的变动，使其处于波动起伏的状态。其三，环境治理体系是开放性、多样性的系统。造成环境治理效能较低的原因主要是环境政策执行过于依靠政府，并且没有充分调动企业、公众和社会组织的参与。协同治理正好强调多元主体间的互动与合作，同样也适用于环境治理过程。因此，协同环境治理理论在环境领域中的应用将平衡利益相关者之间的关系，继而有助于生态环境治理效果的改善。

总之，传统的环境治理模式主要依靠政府部门，存在治理主体单一、监管返利、利益分配不均等问题，导致政府环境污染治理的低效率。然而，多元主体协同治理强调治理主体的多元性，明确主体的权责关系，并且结合各主体力量形成治理合力，构建一个多元机制下的环境治理模式。

三、利益相关者理论

20 世纪 60 年代利益相关理论逐渐发展，并且开始影响公司治理模式、企业管理方式的选择。1963 年斯坦福研究院首次提出利益相关者的定义，之后瑞安曼（Rhenman，1964）将单边利益相关者扩展为双边关系，强调企业和利益相关者之间的相互作用。弗里曼（Freeman，1984）从战略管理的角度，提出利益相关者不仅包括影响公司目标的个人和群体，而且还包括受这种实际影响的个人和群体。不难发现，利益相关者是指与企业的生存和发展息息相关的交易伙伴、压力集团以及其他直接或间接影响企业经营活动的客体（李维安和王世权，2007）。这些利益相关者打破传统的股东至上主义，明确在管理活动中只有通过共同参与公司治理，才可以实现企业和利益相关者的共同利益最优化（Evan and Freeman）。

20 世纪 90 年代，利益相关者理论从最初的企业治理开始延伸至经济、环境领域。环境问题涉及多个利益相关者，包括政府、企业、公众和社会组织（沈费伟和刘祖云，2016）。然而，这些利益主体有着不同的现实利益诉求和行为逻辑，也有着不同的社会地位和身份。总的来说，政府追求经济增长与社会公共利益，企业谋求最大限度地获取经济利润，公众重视生计和寻求幸福感，社会组织则力求环境善治。各个利益主体在角色定位、责任承担和功能作用等方面都有所不同，从而在环境保护和治理过程中，它们之间相互博弈、协调与合作。因此，如何协同不同利益相关者之间错综复杂的关系是多主体共同实现保护环境目标的重要议题。

环境治理是一项复杂的系统工程。它既涉及宏观层面上的跨国、跨行政区域的环境治理，又包含微观层面上的单个个体的环境治理。环境治理的复杂性具体表现在三个方面：其一，环境污染问题的复杂性。我国大气、水、土壤污染的来源多，不同的区域污染物相互影响，区域污染状况差异大，并且各地经济发展和能源结构不平衡。就单一大气污染治理而言，既要治理一次污染物，又要控制二次污染物；既要治理二氧化硫、氮氧化物等常规污染物，还要治理细颗粒物PM2.5污染。其二，主体利益的复杂性。环境治理主体包括政府、企业、公众和社会组织等。各主体的物质利益和精神利益的多元性编织成一张错综复杂的利益网，其中短期利益和长期利益、个人利益和集体利益、地区利益和国家利益相互交织。各主体必然为了满足各自利益进行博弈，造成环境治理过程中缺乏协调合作的问题。其三，综合治理的复杂性。环境治理与政治治理、经济治理、社会治理、文化治理之间紧密联系（李乐，2017）。作为国家治理体系的一部分，环境治理需要处理好经济建设、政治建设、文化建设、社会建设以及生态文明建设的辩证关系，并且综合考虑经济社会可承受、区域差异化、环境指标可行可达、公众环境治理诉求等因素。在当前的时代背景下，环境治理已经不再是简单的环境保护问题，而是涉及国家和民族可持续发展的问题。

四、演化博弈理论

演化博弈理论源于以静态分析为方法论的20世纪中叶，在以均衡、稳定、决定性为主的经济理论分析中依旧占据一隅之地。阿尔钦（Alchian，1950）建议在经济研讨中以自然抉择替换利益最大化，并且指出每个行动主体根据社会的演化压力和适度的竞争状态，选择符合各自生存与发展的策略，即形成动态选择机制，最终达到演化均衡，即“群体行为解释”理论中的纳什均衡。纳什（Nash，1950）将这一思想理论化，认为参与主体既不需要假设充足的博弈常识，也不需要强大的逻辑推算技能，只需假设其具有积累在行动被实施时的比较优势信息的实力，纳什均衡仍然可以实现。之后，史密斯和普莱斯（Smith and Price，1973）在此基础上提出演化稳定策略，将完全理性转移到有限理性上，打破传统博弈理论的思维局限，从而将演化博弈理论延伸到经济学、金融学、管理学、证券学等不同领域，开展了深度与广度上的广泛应用。

演化博弈理论将团体策略的调节过程视为一个时刻变化的动态系统，单独描述参与个体的行为以及与其他个体之间的关联，纳入从个人行为决策到集体行为决策的实现机制，形成一个微观与宏观相结合的演化模型。在认识论上，传统的博弈理论一直假设行为主体具有完全的理性思想，即所有参与主体永远追求自身价值最大化，在博弈过程中也能保持冷静的思考能力与理智的预测能力。这一假设在现实社会中通常难以得到保证，为此演化博弈理论冲破完全理性假设的束缚，倡导行为主体存在有限理性，并不需要具备“全知全能”。参与者采用某一既定行为，并且随着相对较长时间的推移，在演变过程中不断修正与改进自身的行为规律和策略判断，成功的策略与行为相继被效仿，新的行为标准也陆续被制定。该演化过程既受选择策略而显现出来的惯性影响，又与个体的随机突变有关。

总之，多元主体环境责任协同是一个政府、企业、公众与社会组织的环境责任动态博弈过程。在这个过程中，各个环境责任主体通过不断试错、学习和模仿，选择不同策略，进而形成一种均衡状态，实现协同发展。其中，环境责任主体状况的演变与其开始之时的情况紧密相关。

五、社会网络理论

1940 年英国学者布朗（Brown）教授首次提出“社会网”的概念，认为社会网络是既定的社会行动者由于彼此间的关系纽带而形成的稳定社会关系，即“社会结”（Wellman and Berkowitz，1998）。目前，社会网络关系主要分成三个核心理论：弱连接理论、结构洞理论和社会资本理论（吴益兵等，2018）。

弱连接理论认为社会关系包括两种：强连接和弱连接。其中，强连接是一种稳固但散播受限的社会关系，存在于组织内部；弱连接普遍存在于社会关系和组织之间（Granovetter，1985）。组织与组织之间通过弱连接这座“桥”，相互之间进行资源交换，拥有不同信息和资源，从而形成社会关系网络的信息、资源、技术的溢出。其次，结构洞理论认为非多余的行动主体被结构洞相连，形成一种具有竞争优势的网络关系（Burt，1992）。具体而言，盘踞结构洞越充裕的行动主体，网络中心度越高，获取信息和资源的途径越快，在社会关系网中拥有更高的地位，同时能获取更高的利益回报。最后，社会资本理论认为社会资本是各个行动者构成一个复杂的社会关系网络的资源，即个人或组织为共同目标而积累的能力（Moon and Coleman，1990）。

总之，通过社会网络的强弱连接，不同环境责任主体在不同区域之间不断获取信息和资源，促进彼此交流与合作，形成信息、知识、技术以及资源溢出效应。在此过程中，各行动者或地区为了保持自身竞争和发展优势，必须与其他环境责任主体建立非冗余的联系，以得到要素收益和掌控利益。同时，通过环境责任主体自身庞大的社会关系网络，集聚可利用的社会资源和名誉声望。

第三节　环境责任协同的机理分析

一、协同主体

中国目前已形成一种以政府、市场和社会为主体的相互独立、分工合作的多元环境治理结构（张同斌等，2017）。由于环境物品的公共属性和外部特征，企业作为造成环境污染的主要来源，存在市场失灵。作为公共利益的受托人和权威象征的政府加入环境治理中，并且以行政和命令手段进行环境治理。随着工业化的高速发展，政府的行政手段开始失灵，以公益性、非营利性等为特点的环境社会组织加入环境治理中。然而，中国的社会组织存在监督机制不畅、区域差异性大、组织内部管理混乱等问题，在政府和社会中缺乏公信力，因而出现一定程度的志愿失灵的现象。同时，随着环境污染事件对人们生活的影响日益加重，公众也越来越多地自发参与到环境治理中，但是由于公众环境权力的保障不足、参与渠道有限等原因，环境权益难以实现。因此，在多中心生态环境协同治理中，优化的权责体系是提升资源配置和取得协同效应的前提条件（曹姣星，2015）。环境治理主体的多元化意味着利益诉求的多元化，这必然会带来多种形式的利益冲突和矛盾。明确各个环境治理主体的权利和责任有利于提升环境治理的可问责性，也有助于激发社会力量。

（一）政府

在多中心环境治理体系中，尽管政府单一治理、自上而下的垄断地位被打破，但是作为这个系统中重要的构成要素，政府仍然承担主导性的角色。环境的公共品属性使任何人都可以无偿地从环境中受益，但是对于环境污染问题又常常出现无人问津的情况。由于环境产权不清晰、环境治理效益的滞后性和长期性等特征，单个个人和企业既没有能力也没有动力去主动进行环境治理。此时，政府作为公共收入的使用者，有责任针对公共事务的环境问题进行治理。根据全球治理经验，治理并不意味着政府的隐退，即一个强有力的政府恰好是保障治理有效性的基础条件，并且能够在生态环境协同治理的过程中发挥引导作用（Jordan，2005）。

在多中心环境治理中，政府的引导作用主要突出表现在三个方面：一是“设计者”，即政府在宏观层面提供理想化的制度安排，从环境领域的法律法规、市场标准规范等制度规范和约束各主体行为，构建适合多主体协同治理的制度框架；二是“指引者”，即政府在微观层面集中力量确保环境执法到位、公平公正，引导企业、公众和社会组织等其他主体积极参与生态环境治理；三是“培育者”，即政府运用行政手段积极为治理主体搭建合作与交流的平台，适当在资金、技术、人才等方面扶持和帮助社会组织、民间团体、科研院校等社会力量。总之，政府是多中心治理体系中最核心的主体，对生态环境治理负有不可推卸的责任。

（二）企业

基于社会领域中的外部性行为，企业在保障自身盈利的同时，还需要承担相应的环境责任（李立青和李燕凌，2005）。企业既是环境污染的主体，也是环境治理的主体。为此，这种环境责任是企业作为市场主体在生态环境领域内对自身行为后果的回应义务，也是推动生态环境可持续发展的内生动力。

企业环境治理是指企业调整其与环境污染相关的生产和经营行为，实现企业生产运行与环境的协调发展。然而，作为一个以追求盈利最大化为目的的经济组织，企业初始热衷经济效益，疯狂掠夺生态环境资源，以生态环境问题作为其财富的代价。随着外部压力（政府与社会力量）的持续加大，企业的环境责任感不断增强，并且逐渐在生态环境治理中发挥积极作用。在此过程中，企业将可持续发展、生态文明建设理念融入生产运营和自我管理中，逐渐完成从受管制者向积极参与者、从受规制者向自我规制者、从被动守法者向主动守法者的转变，促使企业在日常经营活动中不以经济利益最大化为唯一目标，最大限度地实现经济利益和环境利益的高效融合，对潜在的环境污染行为做好预防和治理准备。因此，对于尚处于摸索阶段的企业环境治理，企业环境污染的外部化行为内生化是环境污染治理中的关键环节。

（三）公众

作为生态环境治理的第三方力量，公众是生态环境问题的最终承受者，诚如美国政府治理专家彼得斯所言“在这样一个时代里，如果没有公众的积极参与，政府很难使其行动合法化”。在市场失灵和政府失灵的情况下，没有公众的参与，环境状况很难得到根本的改善。

公众作为一种非政府力量，有助于政府的正确决策和避免决策中的失误，有利于政府重新定位自身的责任。同时，通过培育公众的环保价值观、环保理念、环保技能等一系列的环境素养，环保意识深入人心，并且以个人参与、集体推动、社会舆论等方式付诸行动。如果公众都能够意识到“健康源于环境”，遵循“消费为环境负责”的态度，这将会对生产方式的改变产生巨大的影响，继而引导企业进行污染治理和减排技术的研发。此外，以知情权为基础的公众参与，在生态环境治理行动中形成一股强大的社会舆论声势，对环境违法与环保执法过程中的权力寻租行为产生巨大的压力，迫使环境污染的行为得到改正，实现环境治理和生态改善的目的。作为环境治理中最直接的利益相关者，公众有权监督环境治理的相关法律、法规和制度的制定和实施，并且监督制定和实施的情况。

（四）社会组织

环境社会组织是指以环境保护为主旨，不以营利为目的，不具有行政权力并为社会提供环境公益性服务的社会组织。随着环境污染问题日益严重，公众环保意识逐步觉醒，在环境资源同时面临市场失灵和政府失灵时，环境社会组织在生态环境保护中的重要地位也愈加凸显。

作为政府、企业、公众三者之间沟通的桥梁，环境社会组织既能减少环境治理过程中政府与社会之间产生的分歧、摩擦和冲突，又能够凭借强大的网络组织优势和广泛的公众基础将单个民众组成一个有机整体，对政府和企业实施有效的监督。环境社会组织通过开展环境保护宣传教育主题教育活动，推动公众养成绿色、环保、健康的生活方式和消费模式，从而促使公众从追求经济利益的经济人成长为注重生态利益的生态人。与此同时，环境社会组织倚仗自身专业技术的优势，为政府、企业、公众提供专业信息和技术咨询，并逐渐成为治理环境问题的新兴力量和公众在环境问题方面诉求的代言人。因此，社会组织凭借自身的灵活性和机动性的特征，聚合散布在社会的各种零散的资源，在生态环境保护方面发挥着至关重要的作用。

二、协同动因

公共事务管理过程中存在多个相互独立的决策主体，每个主体通过沟通、对话和协调，调和不同利益（魏俞满，2013）。社会治理和生态环境治理存在一定的共性，生态环境问题的自身特点客观要求多中心治理，这也是为了顺应人类生态环境治理的发展规律。

（一）根本动因

在工业化社会，官僚制组织范式席卷全球社会各领域，占据组织模式的主导位置。20 世纪 70 年代以后，在科学技术和产业变革推动下，人类社会从工业社会向后工业社会转型。社会结构改变带来的复杂性和不确定性使得传统的以政府为中心、以控制为导向的线性治理结构难以适应，并且呈现出政府习惯性迟滞、经济间歇性失控和社会危机频发等局面（托克维尔，1995）。政府在高度复杂的公共问题上绕开公民公众的垄断应对已制约着政府公共危机治理的能力（哈贝马斯，2014）。为实现后工业社会治理方式与社会的复杂性同步匹配，多中心治理应运而生。此外，后工业化进程是一场意义深远、范围广泛、程度深邃的社会变革运动，既有网络政治的兴起，又有公民社会的崛起，使得经济、政治、社会等多个层面多元化日益凸显。多元化的社会在社会网络结构中形成了多元化行动主体，呈现出多元因素并存的社会格局。这种多元化社会的存在直接导致了社会治理模式的变革，这种变革不是继续维护垂直组织架构或线性结构模式，而是开创以政府、市场、社会等多元治理主体的网络化结构模式。

20 世纪中叶，“比利时马斯河谷烟雾事件”“美国多诺拉事件”“伦敦烟雾事件”等重大环境事件促使公众参与到环境领域中。特别是 20 世纪 80 年代以来，随着在美国兴起的一场以实现环境平等权为主旨的基层群众运动（滕海键，2007），越来越多的社会力量开始参与治理。以此为契机，生态环境治理领域开始突破政府和市场单一主导和二元对立的治理模式，多中心治理模式成为大势所趋。与此同时，奥斯特罗姆夫妇将环境治理自治机制、自组织、参与机制等被提上环境治理的议程，并且以政府、市场与社会作为平等的生态环境治理主体。多元治理主体摆脱政府强制或市场激励的支配，自主追求和实现人与自然和谐的生态价值理性为导向，这必将打破传统以科层制组织为基础的线性治理结构，进而推动形成以多元主体为特征的网络化治理结构。

我国环境治理结构的变迁大致分为三个阶段：以政府行政手段为主导的一元治理阶段；政府行政和经济手段并存的二元治理阶段；政府、市场、社会合作的多元治理阶段。1973 年，全国首次环境保护会议的召开掀开了我国具有开拓性意义的环境治理新篇章。我国意识到环境问题的严峻性和环境治理的艰巨性，工业污染治理从无到有，环境治理范围从城市污染治理扩张到农村环境保护，治理方式从单一源头治理发展到综合防治，并且形成了以政府为主导自上而下的环境治理格局。随着可持续发展的国家战略确定，环境治理与经济发展进一步融合，但环境污染并没有因环境治理政策的完善而得到有效解决，甚至污染事故频发。在唯 GDP 标准的官员考核与晋升下，中央环境政策被地方政策逐级消解，无法得到良好的贯彻与落实。20 世纪末期，在权威型国家治理体系下，公众被限制参与公共事务，并且在以经济建设为中心的国家发展格局引导和市场经济诱惑下，民众忽视环境治理甚至无视环境恶化。与此同时，国家开始注重整合社会力量共同治理生态环境，形成多元环境治理模式。

（二）直接动因

生态环境兼有纯公共物品和准公共物品的特征，即公共利益相关性、消费非竞争性和供给排他性。这一特征揭示社会的任何主体与生态环境资源休戚相关，即因良好的生态环境受益，既不可能离开环境而生存，也需承担保护环境的责任。另外，作为一个系统的有机整体，生态环境中各个要素之间存在相互影响、相互依赖的有机联系，这直接造成了环境的外溢性特征，即一个地区的生态环境污染不可避免地对周边地区的环境状况产生巨大影响（王帆宇，2021）。同时，生态系统的整体性也决定了环境要素之间存在复杂的关联性，这使得生态环境不能以行政边界而人为地划分为独立个体。只有在尊重生态环境的自然规律基础上，通过多中心治理的方式集合利益相关者的力量，“公地悲剧”才能避免。

生态环境问题具有复杂性，即呈现出“无序性”“不可预见性”“随机性”以及“长期潜伏性”。生态环境问题的复杂性既表现在环境污染的来源、类型、范围特征的多样性，也表现在环境污染之间存在非线性的相互关系。比如核辐射和固体废物污染导致局部性环境问题，水资源污染具有区域性，气候变暖则是全球性。此外，生态环境问题并不是孤立存在的，包含政治、经济、文化和社会等诸多问题，并且在一定程度上互为因果。在这种内在关联度紧密的复杂背景下，生态环境治理必然涉及不同层面的利益问题。单一靠政府或市场的力量无法有效解决复杂的环境问题，反而可能导致政府环境治理能力下降。因此，生态环境治理需要生态环境相关的各种主体共同参与，充分承担环境利益维护者的责任，构建生态环境的多中心治理模式。

生态环境问题具有外部性：积极的外部性和消极的外部性。其中，消极的外部性表现为企业污染物排放造成该地区大气、水、土壤等要素污染，这不仅对本地区的居民和自然生态体系造成不良影响，也会影响周边地区的居民；积极的外部性表现为植树造林、退耕还林、封山育林等生态环境保护行动不仅改善当地自然生态环境，提高空气质量，也有益于周边地区的大气质量和水质量的改善。由于存在外部性，私人的成本或收益偏离社会的成本或收益，造成资源配置低效和职能缺失。为促使外部性内在化、资源有效配置，政府、市场和社会会逐渐形成一种相互融合又相对独立的治理结构。

总之，由于利益主体与利益诉求的多元化，不同利益主体有各自的利益追求和行动策略选择，那么构建多元化复杂利益关系的合理协调机制是避免主体间发生冲突的关键。随着社会结构变迁、利益诉求改变和环境恶化加剧，传统的利益协调机制已无法适应这些变化，建立以制度协调为中心的生态治理参与机制、生态补偿机制和监督制约机制。生态治理参与机制是指在明确环境治理主体权责的基础上，通过不断地沟通和协商，多元治理主体形成以生态利益为基本原则的治理共识，最终共同参与生态保护和环境治理。生态补偿机制按照“谁开发谁保护、谁破坏谁恢复、谁受益谁补偿”的原则，建立政府引导、市场推进、社会参与的利益驱动机制，从根本上激发各个治理主体协同合作解决经济与环境的矛盾。监督制约机制是运用法律和行政等手段规范主体的环境治理行为，约束政府过分追求环保政绩、企业隐瞒生态责任、社会组织夸大环保形势等不合理行为，从而确保生态治理效果。

三、协同过程

（一）协同模式

环境协同治理是指政府、企业、社会等子系统构成开放的复杂系统，法律、货币、知识、伦理等作为控制参量，凭借系统中各要素之间非线性的相互作用，调节系统可持续运行的结构，产生子系统所需的新能力，促使整个系统在高级序参量水平上共同治理环境事务，最终达到增加公共利益的目的（郑巧和肖文涛，2008）。由此可见，环境协同治理模型主要分为环境协同治理形成机制、环境协同治理实现机制以及环境协同治理约束机制（见图 24 - 1）。

首先，环境协同治理形成机制作为整个协同模型的起点，主要解决“为什么”的问题，即确定环境协同治理的目标。目标昭示前进方向，是国家和人民的理想追求的体现（郭烁和张光，2021）。只有明确目标，环境协同治理才能以目标为依据进行科学设计、谋划思路、提升效能。在此过程中，为评估系统是否实现“1 + 1 > 2”的效果，审视由各子系统或要素组成的环境协同治理体系的运行现状是必经之路。因此，环境协同治理形成机制根本上是为解决观念协同问题。其次，环境协同治理实现机制主要回答“怎么实现”的问题。通过环境协同治理体系中要素协同状况的识别、序参量的选择和管理以及要素的整合配置，系统各要素之间发生联系和变化，系统从平衡状态走向不平衡状态，但由于序参量的伺服原理主导系统的发展，最终达到协同效应。在系统产生整体功能倍增时，还需要与环境协同治理体系的目标进行比照，辨别环境协同治理结果与目标是否一致，即是否实现环境治理的协同效应。因此，环境协同治理实现机制关键在于序参量的选择和管理。最后，环境协同治理约束机制主要解决“约束或控制”问题。为确保系统向有序的方向发展，约束和控制贯穿环境协同治理全过程，是环境协同治理过程中不可分割的一部分。因此，三大机制相互联系，相互影响，各自发挥作用，共同推动环境协同治理体系朝着可持续方向发展，实现“1 +1 >2”的效果。

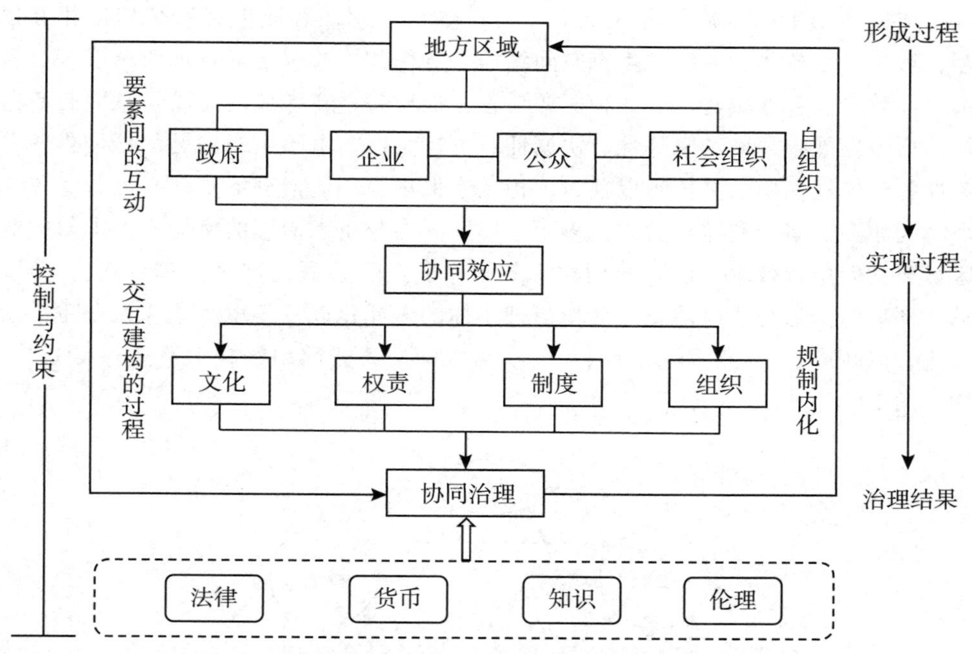

图 24 -1　企业环境责任与政府环境责任协同模式

具体而言，协同效应、自组织原理和序参量共同构成了环境协同治理分析框架的核心思想基础。在环境治理体系中，地方区域在特定层面上扮演了序参量的角色，划定了主体行为的规模边界（杨华锋，2011）。从公共资源及其活动对环境的影响和从管制后果的及时反馈等方面来看，地方控制能够对公共资源的集体安排起到更为有效的作用。同时，政府、企业、社会等要素之间相互影响、相互作用，当这种复合互动行为达到一定程度时，具有合作形态的结构性要素便应运而生，即协同效应的集中体现。这是一个自生自发秩序的形成过程，也就是自组织。在这一过程的基础上，政府、企业和社会在环境治理层面建立了良好的合作关系，相互之间出现行为互动，正好契合合作主义的思想。这种行为互动过程就是不断引导区域中的文化系统、权责配置、制度网络、组织结构等子系统在合作主义下相互建构与演化，逐渐趋于模式化和协同化，从而最终实现协同治理。当协同治理的价值目标实现时，新的序参量产生，循环往复支配子系统交互建构，再一次演绎协同治理的过程。

（二）实现机制

1. 多元共治的网络互动机制

依据“山水林田湖草是一个生命共同体”理念，区域生态系统内部相互依存，形成一个整体、系统的生态空间结构。合作共治通过统筹各地改革发展、各项区际政策、各领域建设、各种资源要素，促使要素在区域间流动，从而打破藩篱，增强发展统筹度和整体性、协调性、可持续性。由于生态问题的区域性、系统性和整体性，单一主体难以独自承担生态保护与环境治理的责任。此外，鉴于环境问题涉及多个利益相关方，多元主体共同参与生态治理的格局不仅能够提高区域要素间配置效率，而且能构建平等合作、互利共赢的网络治理结构。因此，随着环境污染形势的严峻化、环境治理主体的多元化以及环境政策作用范围的扩大化，以政府、企业、社会组织和公众为主的交叉式网络结构关系也逐渐形成。详见图24－2。

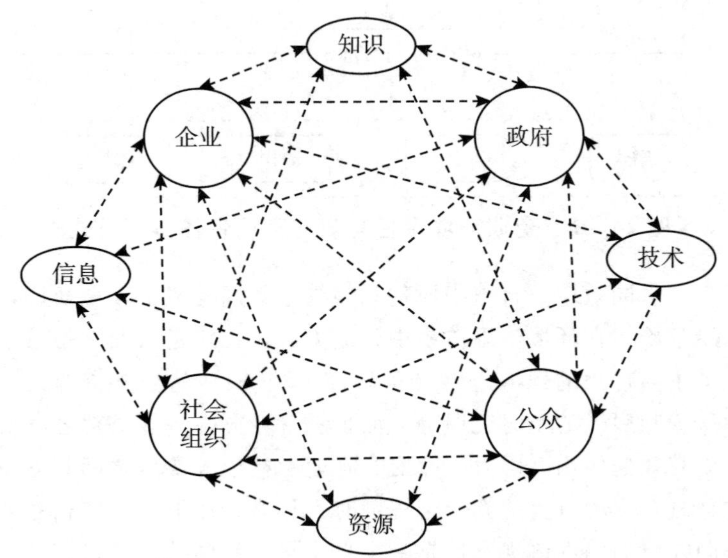

图24－2　多元共治的网络互动机制

作为构建生态共同体的重要措施，协同共治是对传统官僚制“命令—服从”的自上而下的层级组织结构的否定，要求建立平等合作、上下结合的多元互动网络化参与结构。为了充分发挥各个治理主体的优势，政府遵循“双向协调＝平等合作”理念，改革权力集中管理体制，向市场、社会组织、公众等其他主体放权或分权，建构权力运行多维互动网络。不同治理主体之间通过对话、沟通、协商等良性互动形式，交流专业知识、环境信息、治理资源和环保技术，在动态平衡的环境中实现共同收益。在信息公开的基础上，各主体之间保持环境信息交流通畅，建立相互信任的桥梁，并以此为契机发挥各自优势，突破各自为政的“主体困境”，最终共同解决复杂的环境问题。这种自上而下与自下而上相结合的网络化互动机制有利于缓解环境利益冲突，防止政府与市场结合对公众环境利益进行侵害，并且有利于公众环境参与权、知情权和监督权的有效实现（潘加军和刘焕明，2019）。

2. 和谐共生的利益协调机制

生态治理共同体是利益的聚合体，即不同治理主体的利益诉求和利益关系决定了共同体的性质，利益的变化也推动着共同体的发展（张卫海，2020）。改革开放以来，我们经济建设颇有成效，人民物质生活水平大幅提升，但是快速发展的工业文明导致我国生态系统出现环境污染、生态破坏、能源消耗等严峻生态问题。我国一些现代化城市持续遭遇雾霾袭击，大气污染、水资源污染、土壤污染等各类环境污染呈高发态势，然而优良的空气、干净的水源、清洁的土壤已成为人民生活的奢侈品。习近平总书记指出“生态环境在群众生活幸福指数中的地位会不断凸显”[①]，这表明人民对生态环境的诉求越来越多。“雾霾少一点”“河湖清一点”“垃圾焚烧不要有损健康”等美好意愿成为社会公众对提高环境质量的普通诉求。“良好的生态环境是最普惠的民生福祉”积极回应公众的生态诉求，旨在使人们能够呼吸清新空气、喝上干净饮用水、吃上健康食品，满足美好生活的需要。在此过程中，政府作为主导者，运用行政、法律、经济、财政等多种手段，积极引导企业、社会组织和公众共同推动生态文明建设。因此，政府、企业、社会组织和公众最初以经济利益为共同利益，逐渐形成以人与自然和谐相处的幸福生活为基础的共同体，同时清醒认识到保护生态环境、治理生态环境污染的紧迫性和艰巨性以及加强生态文明建设的重要性和必要性。

由于利益主体与利益诉求的多元化，不同利益主体有各自的利益追求和行动策略选择，那么构建多元化复杂利益关系的合理协调机制是避免主体间发生冲突的关键。随着社会结构变迁、利益诉求改变和环境恶化加剧，传统的利益协调机制已无法适应这些变化，建立以制度协调为中心的生态治理参与机制、生态补偿机制和监督制约机制。生态治理参与机制是指在明确环境治理主体权责的基础上，通过不断的沟通和协商，多元治理主体形成以生态利益为基本原则的治理共识，最终共同参与生态保护和环境治理。生态补偿机制按照“谁开发谁保护、谁破坏谁恢复、谁受益谁补偿”的原则，建立政府引导、市场推进、社会参与的利

① 习近平：《论坚持人与自然和谐共生》，中央文献出版社 2022 年版。

益驱动机制，从根本上激发各个治理主体协同合作解决经济与环境的矛盾。监督制约机制是运用法律和行政等手段规范主体的环境治理行为，约束政府过分追求环保政绩、企业隐瞒生态责任、社会组织夸大环保形势等不合理行为，从而确保生态治理效果。

3. 公平正义的政策协同机制

生态公平正义的核心在于环境权力与环境义务、环境收益与环境责任的均衡协调与共建共享共担。“人民幸福生活是最大的人权”“协调增进全体人民的经济、政治、社会、文化、环境权利，努力维护社会公平正义”等论断从人权高度保障全体人民环境权利，以“环境民生论”“生态产品优质论”作为环境权利的价值目标，这标志环境权利在维护公平正义中发挥的导向作用（崔建霞，2020）。城乡经济水平、环境治理机制、地理环境等方面的差异化导致城乡之间存在生态环境不公平现象。党的十九大报告中明确提出乡村振兴战略，强调改善农村人居环境，建设“产业兴旺、生态宜居、乡风文明、治理有效、生活富裕”的美丽乡村。建设美丽乡村必须打通城乡二元社会结构，尤其是建立健全城乡融合发展体制机制和政策体系，加强城乡良性互动，从而彻底改变城乡利益失衡格局。故而，公平分配生态产品，“提供更多优质生态产品以满足人民日益增长的优美生态环境需要”，让老百姓获得绿水青山所带来的金山银山，进一步实现社会公平正义。

环境污染的外部性、跨区域性、复杂性、系统性等特点要求治理主体协同合作提升整体环境治理绩效。在环境政策实践中，自然资源有城镇、农村、生态三类空间和生态保护红线、永久基本农田、城镇开发边界三条控制线，而生态环境部门有资源利用上线、环境治理底线、生态保护红线三条控制线和环境准入负面清单，它们没有统摄性指标予以贯彻，缺乏多部门的协同性。环境政策体系作为调节和分配环境公共利益的重要手段，以公平公正为价值导向分别从部门不同政策之间、不同区域政策之间以及不同部门政策之间有机统一和协调配合。这不仅能消除不同政策之间的矛盾，突破局部利益或部门利益的限制，而且能从根源上解决城乡、跨区域生态不平等现象，调动各个治理主体的积极性。大气污染联防联控、流域环境综合治理、流域生态补偿等跨区域联防联控协调机制在法律、政策和区域实践层面都取得了一定成效，这进一步证实了生态环境治理是系统工程，并且需要区域统筹协调治理以及跨区域的政策协同。此外，虽然各个治理主体拥有共同的生态利益基础，但是它们之间依旧存在长期利益与短期利益的冲突。“司法是维护社会公平正义的最后一道防线”，公平正义是法治的基本精神与首要任务。故此，以协同合作为导向的政策体系构建必须依靠法律和权威，增加逃避环境责任、“搭便车”的成本，保障环境利益最大化。

第四节　环境责任协同的基本特征

企业环境责任与政府环境责任协同强调的是共同但有区别的责任。企业社会责任不单是企业自身的问题，而是关系整个社会的全局性问题。以往的单一视角方法无法彻底解决企业社会责任问题，必须同时带动政府和社会，实现和谐共赢，促进整个社会的协同互动。其中，企业的努力、政府的监督和引导以及社会的参与缺一不可，把企业社会责任问题视为全局性的社会问题。

企业环境责任与政府环境责任协同强调政府、企业、公众等多主体合作进行环境治理，以实现环境治理效益的最大化，最大限度地维护和增进公共利益。因此，它既不同于传统的以政府行政和命令手段的为主的单中心治理模式，更不同于一般意义上的政府和私人组织合作的模式，它具有自身独特的基本特征。

一、环境责任协同具有总行为控制主义特征

我国现行的环境法律对企业引起环境风险的行为不能起到良好的警戒作用，这是由我国环境法律的模式特点决定的——“不法行为惩罚主义”。法律前半部分规定公民行为准则，后半部分规定违反准则应承担的相应惩罚。这个模式特征的法律体系在环境治理领域收效甚微。因为现代企业在消耗环境的同时生产并提供了增进社会福祉的工业副产品，把环境治理单独拎出来不具有合理性。因此，“不法行为惩罚主义”模式下的法律体系并不必然带来社会期望生态环境品质的改善。

生态文明是一种整体主义的方法论，新时代生态文明建设应当契合生态规律。“负载有额”是生态学的基本规律，其核心要义在于生态系统所能承受的外来干扰（规模、强度）存在一个阈值，超过这个阈值生态系统就会被损伤、破坏，以致瓦解，而且科学证明生态系统不会迫于人类活动的压力而改变自身的规律。因此，以生态系统承载能力为基础，将辖区的政府、企业和个人统筹协调，建构整体主义的环境责任体系就成为提升环境治理绩效、弥合“不法行为惩罚主义”的最优解，本节将这一基于环境极限而衍生出的规制环境总行为的治理思想称为“总行为控制主义”。

企业环境责任与政府环境责任协同的制度建构应当以“总行为控制主义”为指导思想，即在环境极限思维下，环境治理的核心并非单个义务人的排污行为，

而是无数义务人所带来的环境总行为。在这种整体主义视角下，环境治理要将不同社会主体所共同施加的“总行为”置于资源环境承载能力范围之内，政府将承担基于整体环境质量不达标而产生的第二性环境责任，涉事企业将承担其超出限度进行环境使用从而突破“总行为控制”的法律责任；与此同时，其他无明显过错的企业，在“总行为超标”的情况下，其环境使用行为也会基于公共利益的需要而受到禁限，这是造成环境治理上政府与企业的关系从“猫捉老鼠”到“公私协力”转换的内在缘由。可见，“总行为控制主义”既是环境责任“政企协同”生成之因，也是环境责任“政企协同”实施之果，由“总行为控制主义”作为环境责任“政企协同”的指导思想具有理论和实践上的可行性。

二、环境责任协同具有综合治理特征

企业环境责任与政府环境责任的协同以“综合治理原则”为统摄，即用系统论的方法来处理环境问题。“综合治理原则”的含义包括以下几个方面：一是治理对象的综合性。在以往的环境治理实践中，环境问题治理往往是侧重于某一污染物的“单任务”治理。如针对水污染、大气污染与土壤污染等问题，我国设置了不同的监管部门，实施了不同的治理策略。“单任务”治理的好处在于：污染物治理的针对性较强，易达到“立竿见影”的效果。但“单任务”治理的弊端也显而易见：治理效率低下，容易造成污染物治理的顾此失彼。鉴于生态环境系统的复杂性以及环境问题的严峻性，结合中国生态文明建设的背景，多种污染物综合治理成为现阶段环境问题治理的应有之义，即环境治理对象应由以往的“单一性”向“综合性”转变。二是治理主体的综合性。在综合治理原则下，环境治理的模式不应是政府为主体、其他主体响应，以自上而下的行政命令为主要手段的单中心治理模式；而应是以政府为主导、企业为主体、社会组织和公众共同参与的多主体共同治理模式。环境问题的日趋严重，根本原因在于污染物排放的外部性问题没有得到解决。一方面，代表公共利益的政府和环境组织存在职能缺失和错位；另一方面，代表私人利益的公众和企业缺乏有效的激励来参与环境治理。因此，在生态环境治理过程中引入多元主体，既是保障公共环境权利的先决条件，同时也是政府在环境治理领域上展现其治理能力现代化的重要表现；三是治理手段的综合性。除传统的行政管理手段外，环境治理应积极探索多样化的市场激励手段，从而在更大程度上调动政府、企业、社会组织以及公众参与环境治理的积极性。换言之，企业环境责任与政府环境责任的协同制度安排应当在“总行为控制主义”思想的指导下，秉承“综合治理”的基本原则，综合运用行政管理与市场激励以及自发性管理等多种手段，协调好经济发展与环境保护之间的冲突，以走好人与自然和谐共生的新时代生态文明建设之路。

三、环境责任协同具有公民权保护特征

若把企业和政府作为两个单独的主体，那么每个主体的理论基础都无法推导出为何另一方需要承担协同责任。因此，本节基于公民环境权理论，旨在推导和证明履行环境行为需要企业和政府双方协同发力，而环境责任追究也并非在企业和政府间做出非此即彼的专断抉择。

诚如论者所言，每个时代都有彰显时代特质的标志性权利，农业文明时代的标志性权利是地权，工业文明时代的标志性权利是知识产权，而生态文明时代的标志性权利则是环境权。环境权是指“自然人享有对既有的环境品质不发生严重倒退的权利”。这一权利的最初来源和最终指向都是公众的环境利益，而义务主体则包括三类，分别是政府、企业和个人。鉴于对自然资源之上的资源利益和生态利益的耗损根据性质的不同可以分为“生存型使用”和“发展型使用”，而较之于企业的发展型使用行为，公民个人的生存型使用行为具有不证自明的正当性，且将个人作为治理对象存在技术和行政管理等方面的困难，因此本节重点探讨政府与企业在环境权理论中的责任构成逻辑。虽然政府和企业均是环境权的义务主体，但是在具体分工上，前者是环境权的积极义务主体，后者则是环境权的消极义务主体。

人类文明社会的发展进程是一个利用自然、改造自然的过程。一方面，企业在生产工作中不可避免地造成了污染环境和破坏生态的行为，但另一方面，企业又是随着人类社会不断发展自然而然产生的，是人类高度分工的载体和具体呈现。因此，企业作为社会的一员同样享有使用自然资源和环境容量的权利，这在环境法律中有着明确的规定。但任何权利的使用都需要保持在一定的范围内，超出这个范围就应当承担事先规定的否定性后果。倘若将这一推论置于德国的“危险、风险、剩余风险”三分理论，则表现出企业这一环境权利的消极义务主体，在环境危险和风险中负有法律规定的预防义务，承担着强制性的环境法律责任，而在剩余风险层面，基于企业生存需要，其并不负有消除对环境产生影响的强制性义务，但是基于环境公共利益保护的需要，其承担着一种柔性的旨在进一步减少对环境产生影响的道德义务，承担的是一种道德责任。

政府之所以成为环境权保护的积极义务主体，可以从社会契约论中推导。当自然状态中不利于人类生存的障碍，在阻力上超过了个人为了自存所能运用的力量，自然状态便会被社会状态所取代。人民签订“社会公约”形成国家，政府对人民的利益诉求予以考量并根据社会承受能力对至关重要的利益予以保

障，政府保障的利益会不断根据社会情势而缩减或扩张。公民环境权实质上是一个从环境伦理观念（保护生态环境）向环境法具体制度过渡的桥梁，其通过将环境公共利益转换为人的权利，从而实现对环境利益的直接关照。可见，政府作为公共物品的管理者，是环境权的积极义务主体。这一积极义务根据性质的不同，又可以区分为管理义务和治理义务，前者是指政府对违背环境法律强行性规定行为的管理职权和职责，后者是指政府对私主体应当容忍的剩余风险具有的积极治理和改善义务。学者就此指出“政府责任并非仅指一个狭义上的事后负责的法律态度，它更大程度上意味着政府对公众需求的积极回应”。综上所述，在环境权理论视角下，企业作为消极义务主体肩负法律义务和道德义务。政府作为积极义务主体肩负管理义务和治理义务。企业环境责任和政府环境责任存在两个层面的协同：在危险和风险阶段的纵向协同以及在剩余风险阶段的横向协同。

政企责任的纵向协同发生在环境风险和环境危险阶段，企业在这一阶段作为引发环境风险最核心的主体，需要承担基于生态规律而衍生出的强制性环境法律义务；与此相对应，作为环境公共事务的管理者，政府承担着规范企业承担环境法律义务的管理义务。在政企责任的纵向协同中，政府是管理者，企业是被管理者，当作为被管理者的企业违背环境法律设定的第一性环境义务，则需要承担第二性的环境法律责任。同理，当作为管理者的政府履职不当或怠于履职，则因触犯环境法律为其设定的第一性环境义务而需要承担第二性的环境法律责任。所以，积极义务主体政府与消极义务主体企业在风险预防和危险防御阶段，各自承担的是一种“共同但有区别”的环境法律责任。

政企责任的横向协同发生在环境剩余风险阶段，政府肩负“环境品质不发生倒退”和“积极改善受损害环境”的双重管理治理义务；但企业依法享有自然资源和环境容量，其造成的境剩余风险属于法律赋予的权利，并不引起法律层面的否定评价。因此，在剩余风险阶段，就生成了一种政府与企业责任的横向协同，即两者不再是管理与被管理者的关系，负有治理义务的政府只能通过经济激励、道德评价等手段，引导企业遵守较之常态环境责任更为严格的道德责任，而企业也可能基于经济诱因或社会期望去遵守这种道德责任，因此企业与政府形成了一种不存在隶属关系的横向协同。在横向协同的情形中，政府与企业承担的协同责任在性质上均属于第一性环境责任。

概言之，在环境权的视域下，“政企同责”不仅具有操作上的实效性，而且具有理论上的正当性，其核心要义在于，“不再使管理者和被管理者成为利益对立的双方，而是改变政府单纯的控制或管理角色，通过角色转换，政府运用多种治理方式，在保障整个社会环境利益的同时，让企业成为同行者，而非对立方”。

唯有如此，方能消解横亘在政府环境责任与企业环境责任之间的隔阂，形成一种融贯性的环境责任追究，最终助力新时代生态文明建设。

四、环境责任协同具有环境保护目标责任制特征

明责知责是尽责的前提。实现企业环境责任与政府环境责任的协同，首要前提是企业和政府明晰各自的责任与担当。首先，明晰各级政府的财政事权和支出责任，真正在生态环境保护中形成权责清晰、上下协调、空间均衡、分配有效的生态公共品供给制度。由于生态产品与服务的受益范围差异大，并且具有强烈的外部性，中央政府应主导全国性和跨区域的生态产品与服务供给，明确中央对地方一般转移支付的事权范围和财政支出责任；在地方上下级政府和地区之间的纵向事权与横向责任的界定上也要按照匹配原则明确省以下一般转移支付和地区间横向转移支付支出责任的落实，明确制定不同层级政府的事权清单和与之对应的支出责任清单。通过财政支出的数量对支出责任进行量化，更加精准地落实和评价生态环境保护责任制度。其次，明晰市场主体社会公众的责任。企业是法律法规规定的污染防治责任主体，承担了生态环境保护的主体责任。社会组织和公众既是生态环境保护中的直接实施者，也是社会秩序的监督者、组织者，对政府、企业的行为起到监督作用。最后，科学界定政府和企业在生态环境保护中的边界。特别是要健全自然资源资产产权体系，明确产权主体，完善自然资源资产价格形成机制。通过在实物量统计核算比较精准的基础上科学编制自然资产负债表，既可以明晰地方政府部门以及主要责任人的自然资源保护的保值增值责任，又可以体现市场主体、社会公众作为产权主体时的保护成效。

追责问责是尽责的制度保障。新修订的《环境保护法》首次明确规定了地方政府的环境保护目标责任制，地方政府作为辖区环境质量的主管机关，当辖区内环境质量下降甚至触发了法律所规定的追责机制，地方政府及辖区内企业均可能面临区域环评限批或限制生产、停止生产等否定性后果。环境保护目标责任制对促进企业环境责任与政府环境责任协同具有重要意义。首先，它明确了“谁对环境质量负责”这一重要问题。具体来说，地方政府对本辖区的环境质量负责，排污企业法人对本企业的排污负责，排污企业法人要确保企业排污量控制在要求规定的范围内。其次，环境保护目标责任制将环境保护责任的各项指标层层分解，并将任务压实到各级政府与有关部门，使环境保护工作由以往的环境部门单打独斗向多部门乃至企业团结协作转变。因此，落实环境保护目标责任制对推进企业环境责任与政府环境责任协同具有重要意义。

五、环境责任协同具有“一荣俱荣、一损俱损”特征

企业环境责任与政府环境责任协同即指在环境治理议题上“政企同责”，其中企业指的是广义上的企业，不仅包括《公司法》中的有限责任公司和股份有限公司，而且包括合伙企业、个人独资企业、外资企业等营利性组织。环境治理中，“责任”包含两个层面：一是政府与企业负有的保护环境和公众环境权益的义务，即第一性环境责任，其中政府的环境义务衍生出政府的环境职权，政府环境义务（政府环境职责）是本位、是“体”，政府环境权力（政府环境职权）是义务的衍生、是“用”；二是政府与企业因违背第一性责任而应当承担的否定性后果，即第二性环境责任。环境治理中企业与政府的责任协同类似于“政企同责”，其中“协同”即系统的结构、特性和行为并非子系统的结构、特性和行为的简单或机械的总和，而是子系统之间有调节的、有目的的、自己组织起来的相互竞争、相互合作的状态。

环境议题上“政企协同”是我国在环境治理领域的一项创新，其核心在于将企业环境责任与政府环境责任进行“打包式”处理，使地方政府与地方企业在环境议题上呈现“一荣俱荣、一损俱损”的态势。在“政企协同”的制度框架下，政府与企业不再是管理者与被管理者的关系，而是共同承担环境责任、开展环境治理的协同主体。企业环境责任与政府环境责任协同可以理解为企业与政府基于环境保护的需要，在承担第一性环境责任以及违背第一性环境责任而应承担第二性环境责任时相互牵制、相互配合。

第二十五章

环境责任协同的现实困境及机遇研究

第一节　环境责任协同的战略举措

从1978年实行改革开放以来，我国的经济发展取得了世界瞩目的成就，国内生产总值从1978年的3 645亿元到2020年的1 015 986亿元，翻了279倍，一跃成为世界第二大经济体。但是在实现这一伟大奇迹的过程中，许多问题也逐渐浮出水面，其中，最主要的问题是环境质量急剧下降。[①] 对此，自党的十八大以来，我国不断加强环境相关立法，修订和出台了多部法律，明确规定了环境保护的行为规范，如：《水污染防治法》在水环境责任、水生态保护、地下水污染防治、饮用水保护等重点领域规定了一系列新的制度措施，并进一步加大了对违法行为的处罚力度；《土壤污染防治法》划分了13类责任主体，将农用地分3类分别制订风险管控和修复方案，对建设用地实行多种制度管控污染风险，并明确规定了多种法律责任。此外，党的十九大报告明确指出，"必须坚持节约优先、保护优先、自然恢复为主的方针，形成节约资源和保护环境的空间格局、产业结构、生产方式、生活方式……持续实施大气污染防治行动，打赢蓝天保卫战。加快水污染防治……加强农业面源污染防治……加强固体废弃物和垃圾处置……构

① 中国政府网：《中华人民共和国2020年国民经济和社会发展统计公报》，https：//www. gov. cn/xinwen/2021－02/28/content_5589283. htm。

建生态廊道和生物多样性保护网络……开展国土绿化行动，推进荒漠化、石漠化、水土流失综合治理和恢复，强化湿地保护和恢复，加强地质灾害防治。完善天然林保护制度，扩大退耕还林还草。严格保护耕地……”。在我国不断加强重视环境保护的背景下，许多环境问题都有了明显的改善，多项指标说明我国的环境问题正在逐步好转，中国的经济也在加速从高速发展阶段向高质量增长阶段转变。

一、组织管理

随着我国对环境、经济、社会问题认知与研究的深入，环境治理体制、机制和政策不断创新和优化。一方面，环境治理制度顶层设计日益完善。党中央、国务院、各部委制订了生态文明建设目标评价考核、生态环境损害责任追究、环境保护监测等多项环境保护与治理的改革方案，大力推进排污许可制、河长制、划定并验收生态保护红线等环境治理措施，同时加快实施绿色金融发展、生态补偿、环境保护税征收等环境经济政策。目前，我国已成立国家大气污染防治攻关联合中心，在国家层面统一协调和联合国家多部委共同防治大气污染。另一方面，区域污染防治联动机制不断建立和成熟。通过统一规划、统一标准和统一防治，京津冀、长三角、珠三角等区域成立污染防治协作小组，建立大气污染、水污染联防联控机制。具体而言，这些重点区域分区域、分流域、分阶段根据自身区域环境特征和问题，制定环境治理目标，实行各区域污染防治、考核奖惩、环境保护协同发展等方案，针对性采用联合执法、信息共享、监测预警、定期会商等具体防治措施。

从环境战略政策的演变历程和体系来看，我国环境治理从最初的政府管理型一元治理方式逐渐转化为以政府主导、市场推动、企业为主、公众和社会组织协同参与的多主体环境治理模式。新修订《环境保护法》中明确规定政府、环保部门和企业环境责任，之后《关于构建现代环境治理体系的指导意见》从横向和纵向上进一步阐明监管者环境责任，提出“党政同责、一岗双责”“中央统筹、省负总责、市县抓落实”和“中央和地方财政支出责任”。同时，各地方政府相继出台环境保护工作责任规定，明确环境保护和环境治理中领导责任、监管责任、企事业单位责任等主体责任，同时建立环境保护监察、环境治理通报、排名奖惩等制度。

目前，多地政府已持续开展重点区域、重点行业大气、水、土壤等污染治理行动。其中，2019 年中央财政安排专项资金 532 亿元，完成治理散煤 700 余万户、依法查处 1 466 个黑加油站点、消除 2 513 个黑臭水体以及公开污染物自动检测数据等多项任务。同时，有毒、有害污染物排放标准的严格执行、企业环境信息的公开和环保信用信息的评价都倒逼企业承担环境保护责任。此外，通过建立“12369”环保举报平台、举办环境保护宣传活动、建设生态环境信息化数据库等措施，共同推进环境保护、环境影响评价和环境监管公众参与。

生态环境部实行统一制定规划标准、统一监测评估、统一监督执法和统一督察问责，建立污染防治与生态保护中源头严控、过程严管、后果严惩的全过程监管体系，以实现监管目标从排污总量控制到以提高环境质量为核心的转变。目前，中央环保督察小组采用督查"五步法"，已完成31个省市区的第一轮全覆盖式环保督察和6省市第二轮环保例行督察，已累计受理约19万件群众举报问题，明确3 000余项整改任务。生态环境部设立七个流域海域生态环境监督管理局和六个地区督察局，实行省级以下环境监测监察执法的垂直管理，建立全国污染源监测信息管理与共享平台。部分省区市为实现各部门生态环境监测数据共享，开展污染物排放清单研究，建立生态环境监测网络。市县级生态环境部门建立"双随机、一公布"制度，大力推行行政执法公示、执法全记录等具体政策。

除执法监督管理外，公众参与环境监督也至关重要。随着《环境保护公众参与办法》、各省市环境保护公众参与条例相继出台，公众参与环境监督渠道多样化。其一，采取座谈会、听证会、论证会等形式征求公众对制定环境标准与规划、审批环境影响评价报告书的意见。其二，公众通过环境信访、政府网站、环保举报热线、新闻媒体等途径，举报地方政府不依法履行环境职责，曝光单位和个人污染环境行为。其三，公众和环保组织利用民事公益诉讼，保护社会环境权益，迫使企业防污治污。

二、利益协调

（一）财政补贴

节能环保支出是政府承担环境保护与环境治理责任的主要手段，主要用于能源节约利用、污染防治、生态保护、可再生能源开发等。因此，生态文明建设和防污治污工作都离不开财政支出的支撑。从图25－1可知，近十年我国节能环保资金支持力度持续加大，占全国一般公共预算支出的2.5%左右。尤其是实施新修订的《环境保护法》和全面推进"十三五"环保规划以来，节能环保支出有较大提高，2019年首次超过7 000亿元。可见我国政府、财政对节能环保的重视，但就比重而言，节能环保支出应有更大的空间。

虽然近十年节能环保支出增速高于同期财政支出的增速，2015年增速高达25.87%，但是增速不稳定，并且2016年出现负增长。这种波动性可能影响到资源配置的稳定性。此外，地方在全国节能环保支出总额中占比均值高达94.69%，远远高于中央占比。这些说明其中地方政府是落实节能环保政策的主体，中央政府发挥宏观调控、整体布局的作用。

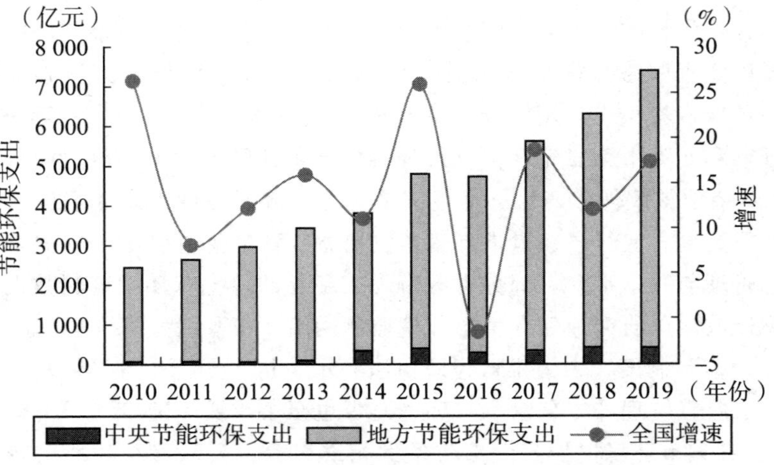

图 25－1　2010～2019 年全国财政节能环保支出

从节能环保支出的结构分析，近十年来我国节能环保资金主要用于污染防治（30.68%）、能源节约利用（14.82%）、污染减排（8.13%）、退耕还林（7.62%）、自然生态保护（7.32%）以及其他节能环保支出（7.62%）。其中，2019 年污染防治、自然生态保护和其他节能环保支出分别比 2000 年增长了 2.65 倍、6.66 倍和 12.70 倍。但是，退耕还林支出逐年递减，占比也持续走低，同时能源节约利用和污染减排支出波动较大，增速低于节能环保支出平均增速。可见，我国重视大气、水、土壤等事后污染防治和生态保护事中控制，但对事前支出不足。

（二）环境保护税

1979 年，我国开始排污收费试点，以促使企业加强环境管理、减少污染物排放。但是在实际执法过程中，存在执法刚性不足、地方政府干预等问题。因此，我国提出用严格的法律制度保护生态环境，并于 2016 年颁布《环境保护税法》，2018 年正式将环境保护费改为环境保护税。环境保护税本着“多排多缴、少排少缴、不排不缴”的原则，通过税收杠杆的绿色调节作用，引导排污单位提升环保意识和加快转型升级。

为了让排污单位承担必要的污染治理和环境损害修复成本，我国各省制定了符合本地区环境状况和经济社会发展现状的差异性环保税政策。例如，部分省市提高了原有的排污费征收标准，其中北京市统一按法定幅度的上限执行；河北省分为三档，与北京市相邻的县市执行档最高；广东、山东、河南等地区的税额标准是法定税额下限的数倍。同时，吉林、陕西、甘肃等省市区沿用原排污费的征收标准。此外，为实现环境保护税制平稳转换，各地区出台了环境保护税配套政策。因此，自正式征收两年多来，环境保护税平稳实现了“费改税”，税收收入稳步增加，由 151.38 亿元增加至 221 亿元。

（三）污染治理投资

随着我国对环境问题的重视程度提高，国务院、生态环境部、发展改革委员会等相关部门相继出台一系列环境保护政策，不断加大环境保护和治理的力度，鼓励环境污染治理投资。从 2007 年第一次全国污染源普查到 2017 年第二次全国污染源普查，环境污染投资总额总体呈现波浪式增长，2014 年达到峰值，之后略有下降，2016 年再次回升，年均增速 11.09%（见图 25－2）。但是，环境污染治理投资占国内生产总值比重整体呈下降态势，2010 年最高比重不足 2%，与《全国城市生态保护与建设规划（2015～2020）》中占国内生产总值 3% 以上的目标之间存在一定的差距，同时远低于国际水平。因此，我国环境污染治理存在较大的投资空间。此外，环境污染治理倾向于环境基础设施建设。在环境污染治理投资的三大板块中，占比最高的城市环境基础社会建设投资同样震荡式上升，年均增长率 15.18%，占比也提高近 20 个百分点；工业污染源治理投资除 2013～2015 年有较大波动外，总体增长相对平稳，但是占比有所降低。

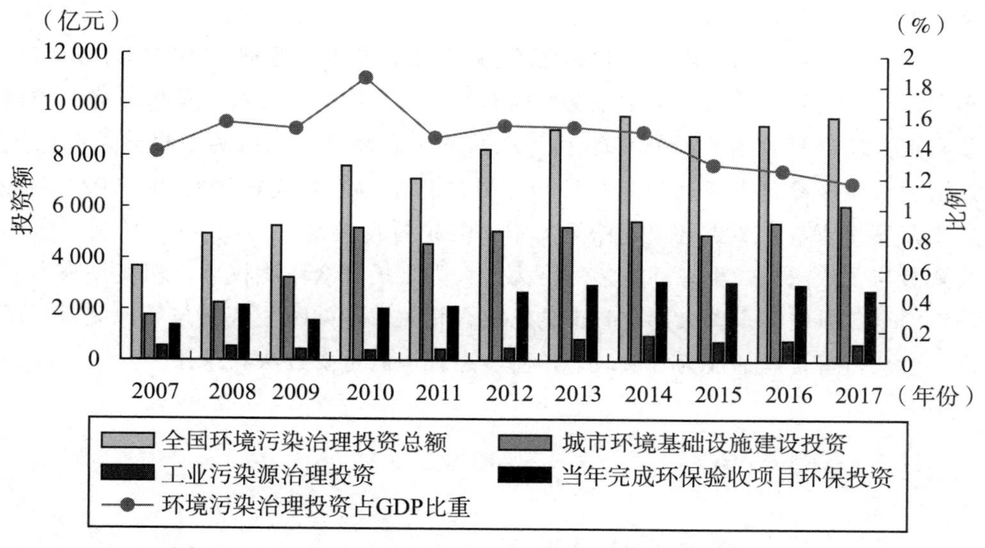

图 25－2　2010～2017 年我国环境污染治理投资情况

（四）排污权交易

排污权交易是在控制污染物排放总量下，利用市场机制买入和卖出污染排放物权利。排污权交易制度既是降低治污社会成本的有效手段，又是提高资源配置效率的长效机制。20 世纪 80 年代上海市、嘉兴市等城市率先开展污染物排放指标有偿转让，开始排污权交易的探索。2007 年，嘉兴市建立我国首个排污交易机构，同时，天津、浙江、江苏、湖南等 11 个省市区开展排污权有偿使用和交易试点。

目前，我国共有 28 个省市区开展排污权有偿使用和交易试点。在纳入行业方面，湖南、河南、江苏等大多数试点省市选取工业行业作为交易行业，只有少数分省区市将所有行业纳入排污交易体系中。其次，在污染因子方面，大部分试点地区以化学需氧量、氨氮、二氧化硫和氮氧化物作为排污权交易标的，少部分地区根据当地污染情况将烟粉尘、重金属、挥发性有机污染物纳入其中。再次，在交易市场方面，各试点省份交易集中于排污权有偿使用初次转让的一级市场，较少通过企业间相互交易的二级市场。各试点地区基本成立排污权交易管理机构，排污权交易工作稳步推进，但是尚未形成推广全国范围的统一排污权制度与方法。

（五）公众环保奖励

公众是对生态环境质量较为敏感的主体，参与环境监督至关重要。2015 年《环境保护公众参与办法》出台，指出对保护和改善环境有显著成绩的单位和个人依法给予奖励，鼓励县级以上环境保护主管部门推动有关部门设立环境保护有奖举报专项资金。

此后，各省市相继出台办法鼓励公众参与生态环境保护。2019 年，山东省出台《山东省环境违法行为举报奖励暂行规定》，鼓励公众积极参与环境保护监督管理。2021 年江西重新修订印发《江西省生态环境违法行为举报奖励办法》，鼓励公众积极参与生态环境保护工作，依法打击生态环境违法行为。2022 年青岛市印发《青岛市生态环境违法行为举报奖励暂行规定》，强化社会监督，鼓励公众参与，依法惩处生态环境违法行为，大力维护群众环境权益，切实保障生态环境安全。目前，全国大部分省市均已出台相关政策鼓励公众参与环保监督，反之，公众监督也愈加成为各级政府监管生态环境的重要方法和途径。

三、产业调整

（一）节能环保产业

节能环保产业是我国战略性新兴产业，主要涵盖能源节约、污染防治、环境监测、环境修复等领域。随着环保意识的增强和环保政策法规的加码，我国节能环保产业快速增长，产值从2010年2万亿元增长至2018年的7.3万亿元，年均增速逾15%，增加值占国内生产总值2%～3%[①]。《“十三五”节能环保产业发展规划》预计2020年节能环保产业将成为一大支柱产业，增加值占国内生产总值将超过3%。

从经营情况来看，我国环保产业营业收入从2016年约1.15万亿元增长至2019年1.78万亿元，年均增长率15.63%，其中环境服务营业收入年均增速超过20%[②]。但是根据2016～2019年统计范围内相同样本企业数据，环保业务营业收入同比增幅放缓，利润率略有下滑。从企业规模来看，近四年小、微型企业数量占比保持在70%左右，大型企业仅占约3%，其中营业收入1亿元以上的企业贡献90%以上的营业收入，但其数量占比仅约10%。从地域分布来看，近半数环保企业聚集在东部地区，同时贡献了一半以上的营业收入。

（二）产业协同发展

区域内各省市各自扬长，推动产业协同协作，形成分工合理和优势互补的产业协同发展格局。作为我国经济发展引擎，京津冀、长三角和珠三角地区的产业协同发展初显成效。

由于京津冀三地经济发展差异较大，产业转移和协同发展是推动京津冀协同发展的关键支撑。根据第四次全国经济普查，北京产业趋于高端化，高技术服务业、文化产业比重增加，而传统产业地位下降；天津高技术服务业增长快速，金融和交通运输业优势明显；河北先进制造业发展迅速，承接大部分属于非首都功能且不宜在首都发展的产业，如北京大红门批发市场、北京生物医药项目等。此外，区域内跨省市设立产业活动单位数量比实行一体化战略前增长近2倍，其中现代服务是投资重点领域。

长三角产业协同发展是长三角区域一体化的重要一环。由于土地资源约束、投资门槛提高、环保“一票否决制”等因素以及便利的区位交通，低端产业纷纷从上海转移至南通、滁州、嘉兴等周边城市，但是具有自主创新实力的高端产业不断迁入。为打造“一区一核多园”总体布局，苏州工业园区、上海松江经开区、上海张江高新科技园等尝试异地合作。比如，“嘉昆太”发挥各自优势，共享研发成果，联合创建科技企业孵化器和共同打造汽车产业链；“G60”科创走廊战略合作，推动区域产业一体化；环淀山湖战略协同区不着力打造长三角“水乡文化”示范区。

---

① 资料来源于中国国家信息中心和中国前瞻产业研究院。

② 资料来源于《中国环保产业发展状况报告》。

珠三角产业格局初步形成三大发展圈层：港深广珠澳的现代服务业内核层、莞佛中的先进制造业辐射层以及惠江肇特色产业的外缘层。一方面，港澳台产业资本进入广深珠高新技术产业和金融服务业，带动先进制造业、高技术制造业、战略性新兴产业蓬勃发展。另一方面，广东以深圳为中心，辐射东莞、惠州等珠江东岸城市的电子信息业发展；以佛山、珠海为核心，带动中山、江门等珠江西岸城市的先进制造业建设。

（三）科技协同创新

科技创新是环境协同治理中的关键一环，也是提高环境质量的驱动因素。《国家环境保护“十三五”科技发展规划纲要》和一系列污染控制与治理技术目录与实施办法构建了我国生态环境科技规划政策与体制。目前，国家环境保护重点实验室和科技观测研究站依托科研院所、高等院校、监测机构等单位已陆续建成，并成为环境保护工作的重要科技平台。同时，生态环境部启动国家科技成果信息服务平台，汇集环境保护与治理的科技成果数据以保障科技成果转化；上线国家生态环境科技成果转化综合服务平台，利用大数据、整合信息来实现污染防治技术的落地应用；举办生态环境科技成果推介活动，有针对性设置技术交流会和筛选使用的科技成果，以便满足不同企业的科技需求。

就区域间生态环境科技合作而言，京津冀、汾渭平原、关中地区等城市大气污染治理开展“一市一策”驻点跟踪研究与技术指导，同样对长江流域城市生态环境保护修复联合研究派驻专家团队提供水环境治理技术。此外，京津冀结合中关村企业的技术优势，搭建智慧环保和绿色金融服务平台，实现区域环境保护与生态建设一体化。

四、信息共享

（一）环境信息公开机制

环境信息公开是指政府、企业以及其他社会行为主体向社会大众公开各自的环境信息和环境行为，从而不仅有利于公众参与和监督环境保护，还有助于推动环境监督执法和提升环境管理水平。

自《环境信息公开办法（实行）》实施以来，我国环境信息公开机制逐渐完善。各级政府通过政府网站、微信公众号和官方微博等多种途径主动公开环境质量信息和环境监管信息。比如，生态环境部每年发布我国生态环境状况公报，并且2019年其官方网站、微博和微信公众号分别公开政府信息7 299条、4 234条和3 070条。其中，除了公开发布337个地级以上城市的空气质量指数、污染物实时监测数据等环境质量信息，生态环境部还及时公开中央生态环境保护督察信息、曝光超标排放企业及环境违法行为、公布突发环境事件处置信息等环境监管信息。此外，各省级生态环境厅（局）网站信息公开具有地域差异性，2017年省级生态环境厅（局）网站平均绩效77.55分，信息公开指标平均等分率83.12%，其中天津、西藏、甘肃等10个省份得分率低于平均得分率。

根据《企业事业单位环境信息公开办法》，重点排污单位应当通过网站、企业事业单位环境信息平台、新闻媒体等方式公开排污信息、防治污染设施的建设和运行情况、突发环境事件应急预案等内容。上市公司是我国企业公开环境信息主体，2018年国内企业发布环境责任报告共1 646家，其中上市公司928家，占比56.38%，但是沪深股市共3 567家上市公司，已发布环境信息披露相关报告的企业仅占26.02%，其中只有18家发布环境报告。可见，目前上市公司环境责任信息披露还处于发展阶段。其次，企业环境责任信息披露指数具有行业、地域差异性。具体而言，京津冀地区高于其他地区，第一、第二产业优于第三产业。再者，从环境信息披露形式而言，上市公司主要采用补充报告模式，但具有一定的主观随意性，没有形成规范的范式。这致使披露内容缺乏数据支撑，披露信息难以完整。从而，上市公司环境信息披露质量出现良莠不齐的现象。

（二）环境监测预警机制

随着我国部分地区生态环境承载能力接近上限，建立生态环境监测预警机制迫在眉睫，也将起到有效约束环境行为和合理控制开发资源的作用。2017年《关于建立资源环境承载能力监测预警长效机制的若干意见》明确细分生态环境预警为五个等级，并建议建立监测站网协同布局机制、一体化监测预警评价机制等管理机制。目前，北京、江西、湖北等省市地方政府已开展环境监测预警、环境监测网络建设等实践工作，其中安徽省黄山风景区建成国内首个生态环境及生态功能监测站。

除各地方政府建立本地区环境监测预警机制之外，区域间环境监测合作、预警会商和应急联动机制也逐步推进。其中，京津冀区域成立首个区域性环境气象预报预警中心，并且率先实行统一的重污染天气预警分级标准。目前，京津冀地区已成立大气污染协作小组，共同推进落实区域环境信息共享、预报预警、应急联动等工作。同时，通过评估重点区域热点网格，“千里眼计划”能定期排查京津冀地区的污染源及其类型。另外，京津冀为加强水污染监测预警机制，建立水环境监测网定期监测饮用水水源，并且向社会公布饮用水安全状况信息。借鉴重污染天气预警的经验，三地环保部门还就重点流域突发水环境事件成立应急预案和开展应急联合演练。

总体而言，我国目前的环境治理结构不再是政府管理一元治理方式，取而代之的是更加科学有效的政府主导、企业为主、市场推动、公众和社会组织协同参与的多主体环境治理模式。其中，政府和企业是两个主要的主体，政府和企业的环境行为也将最直接地影响环境表现和质量。首先，中央政府通过逐步完善环境治理制度顶层设计，不断建立区域污染防治联动机制，不断优化环境治理体制、机制，为构建现代化环境治理体系提供战略政策支持；其次，地方政府划定环境保护工作主体责任，同时建立更加具体有特色的环保制度。相应地，企业将会根据相关环保政策的调整加强环境管理，比如环境保护税和排污权交易制度会促使企业承担必要的污染治理和环境损害修复成本，从而达到减少污染物排放、加快企业转型升级的目的；财政补贴和污染治理投资会给予某些环境友好型、生产过程绿色的企业财政支持，从而间接提高了污染型企业的生产成本，促使这些企业转型升级，最终达到优化资源配置、清洁生产过程的目的。在地区和产业层面，基于相关政策的重视和倾斜，近几年节能环保产业在我国高速发展，区域间产业协同发展不断加强，科技创新驱动环境质量提高，企业主动披露环境信息和环境行为，政府和企业协同协作、各司其职，形成一股合力，共同致力于改善生态环境质量。

第二节　环境责任协同的初步成效

一、大气污染协同治理成效

根据《大气十条》，京津冀、长三角和珠三角是大气污染防治的三大重点区域。自 2013 年三大重点区域相继开展大气污染联防联控行动以来，大气环境持续改善，减排成效明显。

作为大气污染最严重的地区，京津冀三地的各项污染物浓度显著下降，重污染发生频次和持续时间快速下降，“蓝天”日渐增多。2019 年京津冀三地平均优良天数 228 天，较 2013 年上升 49.24%；重污染天数为 12 天，较 2013 年下降 80.75%；PM2.5 平均浓度 47.73 微克/立方米，较 2013 年下降 51.21%。此外，通过三地联合管控和协同治理，京津冀地区取得 APEC 蓝、阅兵蓝、全运蓝等各种“蓝”，其中 2014 年 APEC 会期北京市空气质量指数基本保持优良，2015 年阅兵期间北京 PM2.5 平均浓度仅 8 微克/立方米。

自大气污染防治协作小组成立以来，长三角区域优良天数显著增加，PM2.5 浓度明显下降。2019 年长三角三省一市平均优良天数比 2013 年增加 12.56%，PM2.5 平均浓度比 2013 年下降 40% 左右；41 个城市平均优良天数比例同比上升 2.4 个百分点，严重污染比例同比下降 1.3 个百分点，PM2.5 平均浓度降至 41 微克/立方米，其中部分城市已率先实现 PM2.5 浓度达标。此外，长三角地区灰霾频次持续减少，公众蓝天获得感大幅提高。根据中国气象局的数据，长三角区域平均霾日数从 2013 年 89 天减少至 2019 年 35 天左右，其中 2014 年青奥会期间南京市空气质量持续 26 天优良，比赛首日污染指数仅 38。

根据《“十三五”生态环境保护规划》，珠三角已不再成为大气污染防治的重点区域。自 2015 年起，珠三角区域持续实现整体达标，其中 PM2.5 年均浓度近六年均低于中国国家标准，并且保持下降趋势；平均优良天数保持在 85% 左右，少数年份达到 90%；重污染天气状况罕见。就具体城市而言，广州污染物浓度连续三年稳定达到我国国家标准，持续两年未出现重污染天气，成为 9 个中心城市中空气质量最优城市。在我国 168 个重点城市空气质量排名中，珠海、深圳和惠州三个城市一直保持前十。

二、水污染协同治理成效

由于水资源具有流动性和跨区域的特点，流域水污染协同治理尤为重要。通过不同区域、不同部门和不同主体的合作，我国京津冀、长江经济带等地区的水污染治理取得了一定成效。

京津冀以及周边地区 2016 年成立水污染防治协作小组，着力改善水质，综合治理白洋淀、海河、渤海等流域。2016 年海河流域是七大流域中水质质量唯一为重度污染的流域，劣Ⅴ类水质占比高达 41%，远高于全国平均值 9.1%。经过四年多的修复和治理，2019 年海河流域整体轻度污染，滦河水系水质为优；优良水质比例达到 51.9%，高于 2016 年 14.6 个百分点；劣Ⅴ类比例 7.5%，比 2016 年降低 33.5 个百分点。此外，2019 年渤海近岸海域国考点位水质达到优良标准，国考入海河流入海口断面水质已消除劣Ⅴ类。

长江经济带 11 省市自 2016 年开始协同修复长江生态环境，全面建立和运行全流域、多层次省际协商合作机制。通过实行渔业禁捕、关停散乱企业、清理整治船只等一系列措施，长江经济带水环境质量持续改善。2019 年长江流域优良水质比例达到91.7%，优于全国平均水平12.6个百分点，比2016年上升近10个百分点；劣Ⅴ类比例仅0.6%，优于全国平均水平2.4个百分点，比2016年下降2.9个百分点；干流和主要支流水质均为优，尤其是干流无Ⅳ类、Ⅴ类和劣Ⅴ类断面。

三、土壤污染协同治理成效

2013年之前我国除涝面积以大约10万公顷/年的速率增长，而2013年之后增长速度达到了大约40万公顷/年，截至2020年底我国累计除涝面积为2 458万公顷。水土流失治理方面，我国每年新增水土流失治理面积为400万～500万公顷，且逐年都有增加的趋势，截至2020年底我国累计水土流失治理面积为14 312万公顷。这基本反映了我国企业环境责任与政府环境责任的协同在土壤污染治理方面取得了初步的成效。更细致地说，我国每年造林面积都超过了700万公顷，种草面积超过100万公顷，草原改善面积超过200万公顷。①

重点工程的建设情况良好，其中，三北、长江流域等重点防护林体系工程每年都有将近90万公顷的造林面积，其中主要造林方式是人工造林和封山育林；京津风沙源治理工程每年有20多万公顷造林面积，主要方式也是人工造林和封山育林。2020年石漠化治理工程量为13万公顷，国家储备林建设工程在全国范围内造林5万多公顷。②

第三节　环境责任协同的现实困境

一、环保主体合力不足

（一）主体利益诉求各异

生态环境治理作为一项复杂的系统工程，需要多个主体齐心协力、协同治理，形成整体环境保护合力。环境保护合力不仅取决于政府、企业、公众等主体

①② 中华人民共和国生态环境部：《2021中国生态环境状况公报》，https：//www.mee.gov.cn/hjzl/sthjzk/zghjzkgb/202205/P020220608338202870777.pdf。

之间的协同行动，还取决于主体内部的协同行动。但是，由于环境问题外部性、环境治理公共性、环境资源的稀缺性等特点，各主体以及主体内部存在不同利益诉求和目标追求，继而导致生态环境保护内聚力不足（闫亭豫，2015）。

中央政府越来越重视生态保护和环境治理，在全国范围内接连开展了多轮中央生态环保督察、重点区域强化督察、环保督察“回头看”等专项行动。但是，作为政治人和经济人的地方政府在“唯 GDP 论”的提拔晋升机制下，更注重招商引资、地方经济发展，忽视企业经济活动造成的环境破坏。例如，在 2017 年陕西宁强汉中锌业铜矿排污致嘉陵江四川广元段“铊污染事件”中，当地政府及有关部门对企业违法建设、违法生产、违法排污承担履行监管责任不到位、监管失职等责任，造成监管上的缺位。近年来，在中央持续环保高压态势下，一些地方政府为追求快速解决环境问题，由“重经济、轻环保”转变为“一刀切”式的监管，以责令停产停业等简单粗暴的执法方式“先听再说”“一律关停”排污企业，误伤一大批环境合规企业（谌杨，2015）。

企业作为理性经济人，追求利益最大化是其最根本的属性，而其本身并不愿意参与减排降污的行动。在逐利本性的驱使下，一些企业铤而走险，采用偷排偷放的违法方式，规避治污责任。根据生态环境部发布的《2020 年中国生态环境状况公报》，2020 年全国下达环境行政处罚决定书 12.61 万份，罚没款数额总计 82.36 亿元。此外，一些从事环境治理工作的第三方服务企业，在利益的驱使下，受委托企业的贿赂而出具不实的报告或篡改数据信息，从而帮助其逃避环境监管。企业的经济利益追求与政府的以 GDP 为主导的政绩考核导向在一定程度上契合。地方政府为缓解财政压力和完成政绩指标，可能放松环境规制标准，允许环保不合规的企业继续生产，从而形成政企共谋的局面。

公众参与环境治理的动机主要经历了利益获取、维护公民权益和维护人类环境可持续发展三个取向（曹海林和赖慧苏，2021）。早期，公众为保护濒临灭绝的动植物，主动投身于保护大熊猫、金丝猴、藏羚羊等公益活动中。但是，随着生态环境恶化和社会环境矛盾凸显，不同群体之间的多重利益诉求导致公众参与演变为环境群体性事件。从“厦门 PX 事件”到杭州“‘5·12’垃圾焚烧发电厂事件”，公众以游行、示威、抗议等极端的方式维护环境正义。此后，为响应政府环境治理政策，越来越多的公众热衷于公共事务，维护公共环境利益。经过长时期的环境教育与宣传后，绿色生活和绿色需求成为了社会大众的常态。然而，在政府部门、地方政府、企业、公众等不同主体的利益和权利博弈中，公众的环境权益往往成为了牺牲品，难以实现不同主体的利益诉求的平衡。

（二）主体功能发挥失灵

地方政府环境治理行动出于自身区域的利益考虑，对资源占有与环境治理各自为政。特别在处理跨行政区域的生态问题上，这种地方保护主义将导致地方政府之间相互推诿责任，分散行动，从而使得跨行政区域的生态环境治理行动陷入僵局。同时，地方政府作为环境治理的直接责任主体，由于自身环保监管能力的局限性和环保监管问责机制的不健全，造成地方政府监管的缺失。随着环保部门职能、地位和权利的提升，环保官员的寻租与腐败行为也随之增多。

企业作为污染排放的主体，在生态保护和环境治理中有着不可推卸的责任，并应该成为环境治理过程中的积极参与者和主动规制者。但事实上，长期以来企业一直处于被管制地位，受制于政府制定的各项环境治理规章制度，被动遵守法律法规，参与环境治理的热情并不高。污染防治的技术能力和技术手段不足、环保意识缺乏、环境责任缺失、政企共谋等因素造成了企业在环境治理的被动作为。

虽然公众参与环境保护意识不断提高，但如何有效激励公众参与行为依旧面临不少困难。一方面，公众参与意愿有限，存在“搭便车”的机会主义行为。长期以来形成的一种“政府是环境保护的主体”的固定思维模式，使得公众对自身环境权利和主体地位认识不足，甚至对环境治理怀着“事不关己，高高挂起”“你种树来我乘凉”“视邻避设施而动”等的思想观念，缺乏主动参与生态环境治理的意识。除非环境污染事件严重损害其个人利益，否则这种自利心态产生的环保惰性，将导致集体的非理性（闫亭豫，2015）。另一方面，公众参与环境治理的机制不够健全，缺乏常态化沟通平台和畅通的反馈渠道（张志彬，2021）。虽然法律法规的颁布为公众参与提供了合法性基础，但是公众参与环境治理行动的广度和深度受到限制，环保权利范围并没有在实际运行中得到应有的确认。即便是参与环境标准制定的学者、专家，受部门利益、地方利益、机构利益等因素的影响，选择集体缄默，从而间接促使环境治理中政府与企业的“政商同盟”共谋。

环保社会组织为特定的环境保护目的而发起，但对多元共治的认知有限，并且资金与技术缺乏，这使得其难以独立自主开展环境活动，整体组织体系松散，往往屈从于权威而甘愿放弃监督权。环保组织的“失语”不仅揭示了环境信息不对称的现实，还说明环保组织不独立的特点。

（三）主体权责配置失衡

改革开放以来，中国逐步形成以政府为主导的单一化管制型环境治理模式，并长期以来成为解决环境污染问题的主流模式。这种模式导致在环境治理中过分依赖于政府的管理职能，强调政府的主导地位，继而忽视企业、社会组织、公众等其他环境治理主体的作用。因此，在此模式下，政府是环境治理的主导者，也是环境标准制定、环境监督管理、环境决策等环境治理的主要权力掌握者，而其他环境治理主体参与度有限，从而导致政府、企业和社会等主体所承担的权责不一致，且每个主体的权力和责任相对分离（杨美勤和唐鸣，2016）。

企业作为排污治污的主体，承担着不可推卸的环境责任。《环境保护法》明确规定企业应清洁生产、依法采取措施防止污染物排放，严格按照排污许可制排污，主动防污治污，并遵循环境影响评价。然而，由于追求利益最大化，部分企业环境责任履行不到位。根据中央生态环境保护督查制度以来的督查结果，一些企业存在违法采石采矿、违法污染排放、环境基础设施建设滞后、虚假敷衍整改等突出生态环境问题。此外，企业生态环境治理责任大于其权力。在环境治理过程中，政府和社会通常强调企业的节能减排、减污治污责任，而较少考虑企业的环境收益权，从而导致企业缺乏主动投身于环境治理行动中。

公众和社会组织的主体权责长期被忽视，局限于参与环保组织的宣教、公益活动等单一参与方式。长期以来，公众将治理责任归于政府，政府则视为己任。以长江流域治理为例，“岳阳苯酚沉江事件”、“湘江镉污染事件”、“盐城酚污染事件”等水污染事件引起了公众对流域安全的担忧，但这种政府主导的认知造成公众参与环境治理的意识淡薄，或采取非理性方式表达其利益诉求（王树义和赵小姣，2019）。尽管《环境保护法》明确了公众的参与权，但由于中国现行立法聚焦于权利外在形态，公众参与权在法律实践中遭遇阻滞（章楚加，2021）。

二、生态环境权益不公

（一）城乡间环境权益不公

我国城乡经济建设取得显著成就，但城乡发展水平存在巨大差异且城乡差距持续扩大，同时城乡环保形势严重失衡，城乡环境利益分配不均。自20世纪80年代，随着农村实施联产承包责任制的普遍实行，乡镇企业陆续成立，并且逐步融入民营经济的浪潮中。在农村工业化的进程中，乡镇企业遍地开花，彻底改变工业化与农村断裂性格局。同时，随着城市环境保护监管的加强和产业布局的优化，一些环保标准不达标、污染严重的城市工业企业向急迫发展生产的农村转移。这些使得城市环境趋于好转，而农村原本山清水秀的生态环境日益恶化。这种城乡环境非公平正义的形式出现，意味着农民在生态环境保护中受到了差别化的待遇，在享受环境保护成果、分担环境风险、分配环境责任时并没有得到与城市居民同等的关注。

造成城乡环境利益分配失衡的根源是我国“城市中心主义”的环境立法。在我国立法机构里，农村代表偏少，话语空间狭小（杜健勋，2013），因此农村资源向城市转移，但城市污染向农村转嫁。以《中华人民共和国大气污染防治法》为例，有19处提到“城市”，从城市大气环境质量到城市污染防治作了详细的规定，而只有1处提及“农村”，为农村集体经济组织和农民专业和组织提供财政补贴。《中华人民共和国水污染防治法》专设“农业和农村水污染防治”一节，但只是原则性的规定，可操作性有限。固体废物是农村生态环境的主要污染源之一，但《中华人民共和国固体废物污染环境防治法》中仅有几处提及农村生活以及污染环境的防治规定。《中华人民共和国土壤污染防治法》中多次提道“农村”，对农用地农药和化肥使用总量、农田灌溉用水、农业投入品等做了详细规定。这是因为土地是农村和农业的根本，土地污染破坏的是农村的根基。根据国家法律法规数据库，截至2021年8月，包括有效和已失效的法律文件中，各级立法主体一共颁布包含“城市”作为标题的法律法规共817部，而包含“农村”作为标题的法律法规共201部。由此可见，我国现行的环境法律法规着重反映城市的生态环境保护需求，适用对象主要针对大中城市和大中企业，实施条件和形式也是为大中城市和大中企业的污染防治设计（密佳音，2010）。倾斜性环境立法不仅影响环境治理主体权利和责任的分配，还容易诱发环境污染转嫁与风险外溢，导致农村成为城市的“污染避难所”（李奇伟，2018）。

国家资源分配和制度安排存在“城市偏向”。城市建立相对完善的环境管理机构，拥有较为完善的环保基础设施，但农村环境管理机构不足，环保设施滞后。由于缺乏地方财政的支持，多数农村没有设立专门的环保机构和队伍，更没有形成完善的环境监测网络体系。这使农村地区无法进行全面的、实时的污染源监督监测，处于环保监管的“真空”地带。根据《全国农村环境综合整治“十三五”规划》，我国仍有40%的乡村没有垃圾收集处理设施，78%的乡村未建设污染水处理设施，38%的农村饮用水水源地未划定保护区，并且约90%乡镇没有专门的环保工作机构和人员。此外，农村环保资金投入明显薄弱，环境污染得不到有效治理。根据《中国环境年鉴（2019）》，2018年城市环境基础设施建设投资5 893.20亿元，但是农村环境整治资金60亿元。乡镇工业分散性分布、难以形成产业集聚和集中污染治理的特征进一步加剧农村环境治理投资困难（何慧爽，2014）。由此可见，政府环境投资中的“城市中心主义”明显，环保资金绝大部分投向城市，农村污染治理投资匮乏。

虽然我国城乡改革先后进入“城乡统筹”“城乡一体化”“城乡融合”阶段，但皆以政府为主导，“以城带乡”“以工促农”缩小城乡差距。这使在实践过程中环境立法、环境管理机构设置和环保投资依旧呈现出“以城市为中心，以增长为导向”的发展态势，城乡环境利益分配未能充分体现生态公平正义理念（岳文泽等，2021）。城乡融合发展重点仍局限于土地制度改革，城乡需求结构的差异和农村有限的发展资源并没有实质性的改变。城市利用农村的生产剩余取得有限发展，用经济利益换取农村的环境利益，而农村急需生产资源实现经济追赶，为解决农村剩余劳动力就业不得不承载城市高污染高能耗的产业转移，以生态环境利益换取经济发展利益（李雪娇，2018）。生态环境转移负担不但加速农村生存环境恶化，而且还迫使农村自愿成为农村生态环境污染的“合谋者”（范和生和唐惠敏，2016）。

（二）区域间环境权益不公

区域间环境公平是指发达地区和欠发达地区享受清洁环境而不遭受环境污染的权利，并且肩负相对应的环境保护义务，包括环境质量公平和资源环境公平（武翠芳等，2016）。通常来说，我国发达地区和欠发达地区是指东部地区和西部地区。区域环境不公具体表现为东部地区和西部地区在享有自然资源权利、获取生态资源利益和承担生态环境责任的不对等（李霞和张惠娜，2017）。自然资源禀赋优势地区具有先发优势，但是实践证实自然资源禀赋优势地区反而落后于自然资源禀赋较差的地区，陷入“资源陷阱”（杜健勋和陈德敏，2010）。更有趣的是，经济发展水平超前的东部地区，享受更多的环境权益，分享到更多的环境资源；反之，经济发展水平落后的西部地区，享受较小的环境权益，却承担更重的环境责任（胥留德和胡晓，2012）。

倾斜性国家政策造成东西部地区环境权益不公。改革开放以来，东部地区勇立潮头、率先发展，相应的优惠政策和财政资金相继实行。为缓解东部地区资源紧缺的局面，国家启动西气东输、西电东送等重大能源工程。西部地区没有在这一过程中得到相应的收益和补偿，反而随着大规模的能源、铁路、管线工程等开发，西部原本脆弱的生态环境面临巨大的压力，甚至已经对沿线地区生态环境造成了不可逆转的影响。获得大量资源的东部地区也没有给予西部地区足够的补偿，使两者处于资源收益与补偿不平等地区（张登巧，2005）。西部大开发之后，具有得天独厚的自然资源禀赋优势的西部迎来了快速发展，12 个西部省市地区生产总值从 1999 年的 1.5 万亿元增长至 2019 年的 20.5 万亿元，832 个贫困县全部摘帽，人民生活水平持续提高。但是，西部地区多以煤炭、矿产等资源禀赋为依托的高能耗、高污染、高耗材的产业为主，产业结构相对单一。特别是西北干旱区、内蒙古高原区和黄土高原区的生态环境较脆弱，无法承担环境破坏的压力，“资源陷阱”加剧这些地区的环境问题，进而形成区域间环境权益不公。

区域间环境权益不公还表现在东西部地区环境责任和义务分配不平等。西部地区拥有全国50%以上的矿产资源、57%的耕地后备资源和80%以上的水资源，是生态多样性最丰富地区，同时也是植被覆盖率低、水土流失和土地荒漠化的地区。为解决经济发展和环境问题，针对西部地区生态环境问题的政策不断出台，提出西部地区退耕还林（草）、设置自然保护区、保护天然林等措施。经过20年的西部大开发，退耕还林还草1.37亿亩，森林覆盖率持续提高。西部地区这些生态系统的有效恢复和环境质量的改善在一定基础上牺牲了区域的部分经济利益，而有些保护成果却被东部地区无偿享有，没有在真正意义上做到“谁收益谁补偿”的环境正义原则。

纵观我国地区生产总值、自然资源地区分布与环境污染地区，东部地区生产总值最高，但是自然资源禀赋处于劣势；西部地区生产总值较低，但是自然资源禀赋处于优势。东部地区和西部地区生态环境污染大体相当，均表现为资源约束加剧和环境质量下降。“向东倾斜梯度推进战略”下，一切经济要素向东部地区转移，财富也源源不断由西部地区流向东部地区。以资源开发型产业为主的西部地区不仅环境遭到污染，而且需要承担不公平的环境责任。此外，随着东部地区加强污染防治，西部承接东部产业转移，西部地区的经济质量稳步提升，但由于资源型工业转移规模加大、承接方式粗放和投资环境建设落后等问题，西部地区资源日益枯竭，严重影响当地的生态环境（汪涛，2015）。

（三）阶层间环境权益不公

从不同阶层来看，环境非正义主要表现为富裕阶层与贫困阶层环境权益与环保义务不对等。随着城乡二元化和贫富差距的加剧，不同社会阶层在环境资源占有程度大相径庭。富裕阶层追求高质量生活，关注身边的环境质量，并迁出环境污染的地区；贫困阶层忙于提升物质生活品质，牺牲生态环境获取工作机会，极有可能陷入“贫困—污染—疾病”的恶性循环之中（曹卫国，2018）。这一结论在本溪市得以证实，工人和一般干部居住在环境严重污染地区的概率明显高于领导干部，环境污染程度较低的地区领导干部的比例更高（卢淑华，1994）。

温茨认为成本效益作为公共政策的决定因素是导致环境非正义的关键因素（温茨，2007）。具体来说，相较于贫困阶层，富裕阶层具有更强的环境支付意愿，在根据支付意愿而衡量的净社会效益最大化的政策下，更多环境利益将向富裕阶层倾斜，而更多环境负担向贫困阶层倾斜，从而加剧环境利益与负担分配的不公平（刘海霞和于恬，2020）。当贫困地区的政府面对经济发展与环境保护的选择时，由于经济社会发展机会有限，往往被迫采取环境掠夺式扶贫战略，难以做到两者兼顾。同样，贫困阶层面临生存与生态的选择时，由于就业机会的限制，通常选择在高污染、高能耗的行业就业（何慧爽，2014）。

经过深入推进精准扶贫工作，脱贫攻坚战取得了决定性进展。2018 年末，全国农村人口数减少至 1 660 万人，贫困发生率下降至 1.7%，比 2012 年分别减少了 8 239 万人和 8.5 个百分点。但是，脱贫攻坚的任务依然艰巨，因病、因残致贫占比提高，而且“三区三州”深度贫困地区贫困状况仍然是脱贫攻坚战的短板，其中青海省藏区、甘肃省甘南州等地区由于生态脆弱的原因，扶贫项目建设用地申报、审批困难。这些处于生态环境脆弱区、特殊生态敏感区和自然灾害频发区的深度贫困阶层往往是生态破坏和环境污染的直接受害者，应对环境污染造成的身心健康损害表现得无能为力，往往陷入“发展滞后—区域贫困—生态恶化—发展停滞不前—贫困继续升华—生态持续恶化”的恶性循环模式（郑继承，2021）。反之，富裕阶层虽人均资源消耗量高、人均污染排放量多，但享受着高质量的医疗卫生保健和良好的居住环境（龚天平和刘潜，2019）。因此，环境问题与贫富差距紧密结合在一起，为生态扶贫、精准扶贫和精准脱贫带来了很大的挑战。

生态公平正义的核心在于环境权力与环境义务、环境收益与环境责任的均衡协调与共建共享共担。“人民幸福生活是最大的人权”“协调增进全体人民的经济、政治、社会、文化、环境权利，努力维护社会公平正义”等论断从人权高度保障全体人民环境权利，以“环境民生论”“生态产品优质论”作为环境权利的价值目标，这标志环境权利在维护公平正义中发挥的导向作用。城乡经济水平、环境治理机制、地理环境等方面的差异化导致城乡之间存在生态环境不公平现象。党的十九大报告中明确提出乡村振兴战略，强调改善农村人居环境，建设“产业兴旺、生态宜居、乡风文明、治理有效、生活富裕”的美丽乡村。建设美丽乡村必须打通城乡二元社会结构，尤其是建立健全城乡融合发展体制机制和政策体系，加强城乡良性互动，从而彻底改变城乡利益失衡格局。故而，公平分配生态产品，“提供更多优质生态产品以满足人民日益增长的优美生态环境需要”。[①] 让老百姓获得绿水青山所带来的金山银山，进一步实现社会公平正义。

三、国际环境压力剧增

（一）全球生态危机

在长久以来的历史中，全球保持着一定水平的碳氧平衡，但是从工业革命以来，人类为满足自身日益膨胀的物质需求和追求物质成果，过度掠取自然资源，

① 习近平：《论坚持人与自然和谐共生》，中央文献出版社 2022 年版。

压缩生态环境空间，最终造成气候异常、土地荒漠化、环境污染等问题（刘海涛和徐艳玲，2021）。1960～1992年大气二氧化碳浓度以每年7.0×10^{-7}毫克/升的速率增长，2001～2011年增长速率急剧加快，达到每年2.0×10^{-6}毫克/升，2013～2019年超过了4.0×10^{-4}毫克/升（杨敏慎等，2021）。自2020年以来，极端天气和自然灾害频发。澳大利亚森林大火肆虐数月，美国加州多地发生山火，野火更是遍布全球各地的数千万公顷的森林，从而释放出大量的温室气体，影响局部区域的气候稳定。2020年是有记录以来最热的一年，南极洲的温度接近21摄氏度，极有可能造成海平面的大幅上升。同时，2020年也是史上大西洋飓风季最活跃的一年，有30个被命名的风暴，其中13个达到飓风级别，而过去平均每年出现的飓风数量仅为6个。此外，日本福岛核电站周边地下水检出超量放射物，并且宣布将于2022年起将上百万吨核污染水降低放射浓度后排入太平洋，将严重污染周边海洋生态环境。

政府间气候变化专门委员会（IPCC）发布的《气候变化2021：自然科学基础》指出，如果不加限制地排放温室气体，未来全球变暖会进一步加剧，且大多是地区的强降水事件很可能变得更加频繁和强烈，海平面继续上升，冰层继续融化。IPCC认为，如果按照当前全球气候变化的趋势，人类将在21世纪末期陷入大饥荒状态（张宁，2021）。突如其来的新冠疫情肆虐全球，严重威胁到数千万人的生命健康安全，再一次让人类为侵略自然付出惨痛的代价。为应对气候变化和推动经济增长，欧盟发布的《绿色新政》提出2030年减排目标从40%提高到50%～55%，2050年实现碳中和。此外，美国重返《巴黎协定》，推动2050年实现碳中和。当前，全球已有114个国家宣布将提出强化的自主贡献目标，121个国家承诺2050年实现碳中和。

（二）绿色贸易壁垒

1992年，安德森（Anderson）最早提出绿色贸易壁垒概念，认为国际贸易需要优先考虑生态环境保护，甚至应该禁止进口造成环境污染的产品（Anderson and Blackhurst，1992）。绿色贸易壁垒又称为环境贸易壁垒，是为了保护本国生态环境而直接或间接地设置各种贸易保护措施、法规和标准（李冬梅和祁春节，2019）。为达到贸易保护主义的目的，部分发达国家专门制定过于苛刻、高水平的绿色贸易技术标准，从生产、加工方法、包装材料等全方位限制外国商品进入本国市场。相对于传统贸易壁垒，绿色贸易壁垒虽然是一项非关税措施，但其实质依然是以维护本国经济利益为目的的贸易保护手段。《京都议定书》首次在全球范围以强制性法规的形式限制温室气体的排放，之后各国为履行减排承诺，采取一系列的低碳政策，也产生了新的绿色贸易壁垒。英国于2007年率先在国内推行碳标签制度，并且在2008年颁布《产品与服务生命周期温室气体排放评估规范》使碳足迹计量标准具体化（戴越，2014）。随后，十余个国家纷纷效仿，各国先后出台碳标签政策。碳标签制度也从原来的企业自愿认证向强制施行转化，并逐渐形成国家统一化的碳标签认证制度。碳标签制度对技术和资金提出了更高的要求，这在无形中加大了不具备实施该制度国家的贸易阻力，抬高了其对外贸易的门槛。此外，碳标签既增加了出口厂商的碳足迹研究、测定以及生产条件升级的成本，也提高了进口国申请碳标签的时间成本。欧盟申请碳标签的费用在300～1 300欧元，使用年费以在欧盟市场销售额的一定比例缴纳（申娜，2019）。

中国作为全球最大的产品出口国，外贸产品碳排放量较高，同时出口国大多是环保技术先进的发达国家，碳标签制度将对出口贸易带来根本性的阻力。在短期内，我国产品的技术难以提升到碳标签制度中所要求的水平，而低成本优势无法发挥，从而导致出口市场份额的削减（尹忠明和胡剑波，2011）。若碳关税征收机制在全球范围全面启动，中国产品将面临26%的平均关税，出口量也将下滑21%（赵丹，2012）。碳关税征收对不同行业的影响不同，其中受负面影响最大是化学纤维制造业、纺织业等碳排放强度较大、出口依存度较强的行业。中国在2018年开始推动“碳足迹标签”计划，相继发布《中国电器电子产品碳标签评价规范》《LDE道路照明产品碳标签》等六项电子电器的团体标准，并且于2021年在邹平市启动了首个“企业碳标签”项目。未来，碳标签认证将从电子电器产品扩展到日常生活中的每一类产品，计划在2025年之前完成10个行业100类产品和服务的碳标签评价标准的制定（胡文娟，2021）。

（三）中国环境外交

由于生态环境问题是全人类面临的共同挑战，环境外交与一般外交活动略有不同，应该考虑国家安全、国家利益与国家责任三个因素（马跃堃，2016）。1972年，首次联合国人类环境会议在瑞典召开，生态环境问题正式被纳入外交议题范畴。中国政府始终高度重视应对气候变化和环境污染治理，将其作为可持续发展的重要举措，也是推动人类命运共同体的责任担当。中国作为负责任的发展中大国，最早参加《气候变化框架公约》的缔约谈判，并推动达成《京都议定书》。2007年制定的《中国应对气候变化国家方案》从国家战略层面开始部署应对气候变化的措施。党的十八大以来，中国将环境外交融入中国特色大国外交战略布局中，主动为全球环境治理汇聚力量，推动构建人类命运共同体。习近平在联合国大会、巴黎气候大会、金砖国家领导人会晤和二十国集团领导人峰会等多个国际重要场合发表重要讲话，提出“实现公约目标、引领绿色发展，凝聚全球力量、鼓励广泛参与，加大资金投入、强化行动保障，照顾各国国情、讲求务实有效”的四点倡议，并且向国际社会郑重宣布中国力争2030年前实现碳达峰、2060年前实现碳中和的目标和愿景①。

目前，中国已成立碳达峰碳中和工作领导小组，建立了全球规模最大的国内碳市场，开展低碳城市试点和气候适应型城市试点。通过推进新型基础设施建设、加速产业转型升级、发展绿色产业等一系列积极的政策行动，中国在应对气候变化中取得了显著成效，2019年单位GDP二氧化碳排放比2005年下降了48.1%，提前完成2020年前承诺的目标。此外，中国作为全球环境合作中的参与者、贡献者和引领者，通过建立“一带一路”绿色发展国际联盟，深入推进绿色“一带一路”建设，推动实现联合国2030年可持续发展目标。截至2020年底，中国已与100多个国家开展生态环境国际合作与交流，与60多个国家、国际及地区组织签署了约150项生态环境保护合作文件，并且已签约加入50多项与生态环境有关的国际公约和议定书（于宏源，2021）。

第四节　环境责任协同的机遇

一、国家宏观政策导向加强

（一）生态战略升级

2012年11月，党的十八大首次将建设美丽中国确定为生态文明建设的目标，明确提出要“全面落实经济建设、政治建设、文化建设、社会建设、生态文明建设五位一体总体布局”。自此，中国进入生态文明社会的全面建设阶段。党的十八大后，习近平总书记从战略全局出发，对我国生态文明建设提出了一系列的新思想、新论断和新要求，详细规划了生态文明建设的实践路径，为我国发展指明了正确的方向（陈首珠，2017）。

2013年4月，习近平总书记首次将生态环境问题上升为政治高度，认为“这既是重大经济问题，也是重大社会和政治问题”。② 同年7月，“中国梦”的生

① 习近平：《论坚持人与自然和谐共生》，中央文献出版社2022年版。

② 习近平总书记全面从严治党重要论述数据库，十八届中央政治局常委会会议上关于第一季度经济形势的讲话，https://people.ccdi.gov.cn/detail/563?route=database，databaseTitle&databaseFlag=true&subjectId=555。

态内涵予以拓展，提出“走向生态文明新时代，建设美丽中国，是实现中华民族伟大复兴的中国梦的重要内容”。[①] 接下来的十八届三中全会提出“建设系统完整的生态文明制度体系，用制度来保护环境”[②]“山水林田湖是一个生命共同体”[③]。

2014 年 4 月，十二届全国人大常委会第八次会议表决通过环境保护法修订草案，将“推进生态文明建设，促进经济社会可持续发展”列入立法目的，并将保护环境确立为基本国策、“保护优先”作为第一基本原则、“生态红线”首次写入法律。同年 10 月，党的十八届四中全会提出加快建立生态文明法律制度，用严格的法律制度保护生态环境。

2015 年 10 月，党的十八届五中全会创造性提出“创新、协调、绿色、开放、共享”的五大发展理念，标志着绿色发展理念的正式确立。绿色发展理念作为中国经济发展的行动指南之一，其核心是正确处理经济发展与生态环境保护之间的关系。同时，“美丽中国”首次被纳入“十三五”规划之中。

2016 年 12 月，十二届全国人大常委会第二十五次会议通过《环境保护税法》，成为我国第一部专门体现“绿色税制”、推进生态文明建设的单行税法。同时，习近平总书记作出重要指示：生态文明建设是“五位一体”总体布局和“四个全面”战略布局的重要内容，应尽快把生态文明制度的“四梁八柱”建立起来[④]，将其纳入制度化、法治化轨道。

2017 年 7 月，习近平总书记在中央全面深化改革领导小组第 37 会议上提出“坚持山水林田湖草是一个生命共同体”，拓展了生命共同体的内涵。同年 10 月，党的十九大将“坚持人与自然和谐共生”作为新时代坚持和发展中国特色社会主义的基本方略之一，提出“美丽”作为社会主义现代化强国的重要目标，并且强调“建设生态文明是关系中华民族永续发展的千年大计”。

2018 年 3 月，党的十三届全国人大一次会议首次将“生态文明”写进宪法，将生态文明建设上升为国家意志。同年 5 月，全国生态环境保护大会确立了习近平生态文明思想，提出了生态文明建设的“坚持人与自然和谐共生、绿水青山就是金山银山、良好生态环境是最普惠的民生福祉、山水林田湖草是生命共同体、用最严格制度最严密法治保护生态环境、共谋全球生态文明建设”六项重要原则，

---

① 中央政府门户网站 2013 年 7 月 20 日，《习近平致生态文明贵阳国际论坛 2013 年年会的贺信（全文）》，https：//www. gov. cn/ldhd/2013 - 07/20/content_2451855. htm。

② 中央政府门户网站：《中国共产党第十八届中央委员会第三次全体会议公报》，https：//www. gov. cn/jrzg/2013 - 11/12/content_2525960. htm。

③ 中央政府门户网站：《习近平关于全面深化改革若干重大问题的决定的说明》，https：//www. gov. cn/ldhd/2013 - 11/15/content_2528186. htm。

④ 中国政府网：《习近平李克强对生态文明建设作出重要指示批示》，https：//www. gov. cn/xinwen/2016 - 12/02/content_5142200. htm。

并且首次强调加快建设“生态文化体系、生态经济体系、目标责任体系、生态文明制度体系和生态安全体系”的生态文明体系。

2019 年 10 月，党的十九届四中全会要求坚持和完善生态文明制度体系，提出“实行最严格的生态环境保护制度、全面建立资源高效利用制度、健全生态保护和修复制度、严明生态环境保护责任制度”的四项制度体系。

2020 年 10 月，党的十九届五中全会提出“推动绿色发展，促进人与自然和谐共生”，并且将“生态文明建设实现新进步”作为“十四五”时期经济社会发展主要目标之一。同时，《中共中央关于制定国民经济和社会发展第十四个五年规划和二〇三五年远景目标的建议》明确提出 2035 年“美丽中国建设目标基本实现”的社会主义现代化远景目标。

（二）经济发展方式转变

2007 年“次贷”危机之后，西方发达国家的经济受到了不同程度的重创，而新兴经济体国家保持了相对稳定的经济增长。从经济总量上来看，中国在 2010 年后超过日本，成为世界第二经济体；从对外出口量看，中国在 2009 年后超过德国，成为世界第一大出口国；从对外投资来看，中国在 2018 年成为世界第二大对外投资国（林鹭航等，2021）。但是，中国经济持续增长建立在粗放型的经济增长方式之上。这种以追求 GDP 为目标的传统增长方式通过生产要素的大量投入和扩张提高产值，表现为高污染、高能耗、高排放和低产出、低质量、低效率的特征，这势必导致生态环境不断恶化和能源资源的过度消耗，尤其是部分地区生态环境承载能力已临近界限值（喻包庆，2013）。因此，党中央为改善环境质量提出了以人与自然和谐共生为价值取向的绿色发展理念，全方面、全过程遵循生态经济规律，最终实现经济发展和环境保护的“双赢”（秦书生和王新钰，2021）。

经济发展方式转变的核心在于经济结构调整优化、绿色技术创新驱动和社会福利共享（刘海英等，2015）。长期以来，中国经济发展引擎是以重化工业投资拉动为主的高污染产业，而这些产业的生产、加工、消费过程直接或间接的造成环境污染问题。首先，通过淘汰、限制或整合高污染、高能耗、高排放的企业、开放利用可再生新能源、大力发展高技术产业和现代服务业等措施，构建节能型产业体系，优化产业结构和调整能源消费，推动转型发展，最终减少“工业三废”的排放。其次，由于科学技术是第一生产力，绿色技术创新关乎中国经济转型和绿色发展的成败。诚如合作组织（OECD）研究表明，创新已经成为部分国家至关重要的经济增长助推器。绿色技术是以节约能源和资源、减少环境污染为目的，实现经济价值与生态价值并重。因此，绿色技术创新作为经济发展方式转变的内在动力，既要保证技术的创新性，也要确保平衡商业价值与生态价值的关系，坚持在保护中开发、在开发中保护的原则。最后，根据联合国环境规划署（UNEP）的研究结果，政府如果将生态环境保护措施加入经济刺激计划中，并且在可再生能源生产和房屋建造中发展劳动力密集型产业，那么可以创造更多的就业机会和减少贫困（卢伟，2012）。事实上，绿色发展可以为低收入阶层抵御经济冲击和自然灾害提供安全网。例如，云南普洱市作为我国唯一国家绿色经济试验示范区和云南脱贫攻坚的主战场之一，坚持“生态立市、绿色发展”战略，有机结合绿色产业与脱贫致富，初步形成了一条绿色产业增收致富的可持续发展的新路子。“十三五”期间，普洱市60万贫困人口全部脱贫，9个贫困县摘帽，761个贫困村出列。截至2020年6月末，普洱市共有157家企业获得中国有机产品认证，认证基地面积达43.21万亩，并且15.6万户建档立卡与2 494个贫困主体、176家企业、749个合作社建立了利益联结机制（李强，2021）。

（三）改革政策引领

2013年底，中央全面深化改革领导小组正式成立，其中排第一位的便是经济体制和生态文明体制改革专项小组。之后，全面深化改革领导小组通过多项生态文明制度改革系列文件，从生态补偿到生态环境损害赔偿、从目标评价考核到规定严守生态红线、从环境监测到环境执法出台了详细的执行方案。

在全面深化改革的大背景下，产业政策作为政府与市场关系的集中体现，以《产业结构调整指导目录》为基本依据，充分发挥政府在资源配置中的作用（吴昊和吕晓婷，2021）。新修订的《产业结构调整指导目录（2019年本）》支持821条鼓励类项目投资生产，控制215条限制类项目产能，禁止441条淘汰类项目新建，并且鼓励制造业高质量发展，明确将制造业高端化、绿色化、服务化作为重点发展方向。此外，为淘汰落后产能和化解过剩产能，国务院发布《关于化解产能严重过剩矛盾的指导意见》，并且专门针对钢铁和煤炭两个行业发布了化解过剩产能实现脱困发展的政策文件。

党的十八大以来，各级价格主管部门积极推进资源环境价格改革，相继推行燃煤机组超低排改造和北方地区清洁供暖价格政策，对高能耗、高污染行业用电实行差别化电价政策，推行居民用电、用水、用气阶梯价格制度，出台奖罚结合的环保电价和收费政策。为进一步深化价格改革、创新和完善价格机制，国家发展改革委出台了《关于创新和完善促进绿色发展价格机制的意见》，从完善污染处理收费政策、健全固体废物处理收费机制、建立有利于节约用水的价格机制、健全促进节能环保的电价机制等方面构建绿色发展的间隔机制、价格政策体系。

自2014年以来，消费税改革全面开启，高污染、高能耗、高消费产品被纳入征收范围，节能减排的积极信号不断释放。2016 年 7 月 1 日，资源税改革全面推开，21 种资源品目实施从价计征，扩大资源税征收范围，促进资源节约集约利用和生态环境保护。2018 年 1 月 1 日，环境保护税正式开征，建立“多排多征、少排少征、不排不征”的正向激励机制，推动企业向绿色、生态、健康转型。此外，政府通过财政补贴政策和税收优惠措施，鼓励企业绿色生产，激发企业研发及利用节能技术，从而有效促进绿色低碳发展。我国财政环境保护支出投入强度持续加大，2019 年同比增长 17%，达到 7 390.2 亿元。

2015 年 9 月，《生态文明体制改革总体方案》明确指出建立绿色金融体系，标志绿色金融正式成为我国的国家战略。之后，2016 年 6 月，《关于构建绿色金融体系的指导意见》从国家层面总体规划了绿色金融体系，以此激励社会资本投入绿色产业。2021 年 3 月，作为我国首部绿色金融法律法规的《深圳经济特区绿色金融条例》正式实施。该条例以金融创新为基准，持续推动绿色产业发展。2021 年 7 月，全国碳排放权交易市场正式开市，是利用市场机制控制碳排放、推动绿色经济发展的重要制度创新。截至 2020 年末，我国已初步形成绿色信贷产品体系，环境污染牵制责任保险已覆盖 20 多个高环境风险行业，国内 21 家主要银行绿色贷款余额为 11.59 万亿元，规模居世界第一，并且绿色不良贷款率下降 1.65 个百分点（信瑶瑶和唐珏岚，2021）。

2020 年 3 月，《关于构建现代环境治理体系的指导意见》提出建立健全环境治理的领导责任体系、企业责任体系、全民行动体系、监管体系、市场体系、信用体系和法律法规政策体系，为我国构建党委领导、政府主导、企业主体、社会组织和公众共同参与的现代环境治理体系勾画了蓝图。2021 年 2 月，《国务院加快建立健全绿色低碳循环发展经济体系的指导意见》提出，通过推进工业绿色升级、加快农业绿色发展、壮大绿色环保产业等，健全绿色低碳循环发展的生态体系；通过打造绿色物流、加强再生资源回收利用、建立绿色贸易体系，健全绿色低碳循环的流通体系；通过促进绿色产品消费和倡导绿色低碳生活方式，健全绿色低碳循环发展的消费体系；通过鼓励绿色低碳技术研发和加速科技成果转化，构建市场导向的绿色技术创新体系；通过强化法律法规支撑、健全绿色收费价格机制、加大财税扶持力度、大力发展绿色金融等，完善法律法规政策体系。

二、环境公平正义深入人心

（一）生态文明法治体系进一步完善

“法律是治国之重器，良法是善治之前提”，生态文明法治为生态文明保驾护航。2013 年 5 月，习近平总书记在中央政治局第六次集体学习时，强调“保护生态环境必须依靠制度、依靠法治只有实行最严的制度、最严密的法治，才能为生态文明建设提供可靠保障。”之后，生态文明建设逐步走上法治化轨道，基本形成了“四梁八柱”性质的法律法规和规章制度体系。党的十八届三中全会将生态文明建设制度化，指出“建设生态文明，必须建立系统完整的生态文明制度体系，实行最严格的源头保护制度、损害赔偿制度、责任追究制度，完善环境治理和生态修复制度，用制度保护生态环境。”2019 年 10 月，党的十九届四中全会通过《中共中央关于坚持和完善中国特色社会主义制度推进国家治理体系和治理能力现代化若干重大问题的决定》，指出坚持和完善中国特色社会主义法治体系，坚持和完善生态文明制度体系，促进人与自然和谐共生。

目前，中国的生态环境立法已经初步形成以宪法为依据、以环境保护法为领头羊和以污染防治与生态保护单行法为支柱的生态环境立法体系，以及以民法典绿色化、刑法生态化、诉讼法协同化的生态文明建设法律规范体系（吕忠梅，2021）。2018 年 3 月，《宪法修正案》中明确了建设生态文明的重要地位和发展方向，规定了生态文明建设的根本行动准则。2020 年 5 月通过的《民法典》大约有 30 个关于自然资源和生态环境保护的条款，“绿色原则”被纳入总则中，并且在物权、合同和侵权责任篇中形成了“绿色条款体系”。《环境保护法》深刻阐释了生态文明建设的价值理念，确立了保护红线制度、企业环境信用评价制度的框架，并且规定了生态环境多元共治模式以及环境行政责任。此外，《刑法》增加了破坏生态罪，《民事诉讼法》明确了生态公益诉讼制度，以及《企业法》和《公司法》增加了法定代表人保护生态环境的责任。

（二）公众环保意识不断提高

公众是生态治理的社会参与力量。习近平总书记强调“生态文明是人民群众共同参与共同建设共同享有的事业，要把建设美丽中国转化为全体人民自觉行为。每个人都是生态环境的保护者、建设者、受益者，没有哪个人是旁观者、局外人、批评家，谁也不能只说不做、置身事外。”① 作为生态文明建设的重要实践者和监督者，公众应具有生态环境信息知情权、监督权、参与权。为推动公众依法有序参与生态环境保护，《环境保护法》《环境影响评价法》《森林法》等多部法律鼓励公民参与生态环境保护，并明确公民依法享有获取环境信息、参与和监督环境保护的权利。《教育法》增设了学习生态文明建设和生态环境保护的教育教学内容，强化培养学生的生态环境保护自觉意识和实践能力。此外，生态环

① 习近平：《推动我国生态文明建设迈上新台阶》，载于《求是》2019 年第 3 期。

境部先后发布《环境保护公众参与办法》《环境影响评价公众参与办法》《关于推动生态环境志愿服务发展的指导意见》等，规范引导公众依法依规参与环保事务，并支持公众对环保事务进行舆论监督和社会监督。

近年来，我国公众环保意识有明显的提高。首先，对生态环境问题的关注度加大。根据生态环境部2014年发布的《全国生态文明意识调查研究报告》中，99.5%的受访者高度关注党的十八大报告中提出的“美丽中国”战略，并有78%的受访者认为建设“美丽中国”是每一公民的事情。在对闽西（王连芳和梁雨，2017）、长沙（唐柳荷，2015）两地的大学生进行生态文明意识调查中，分别有67%和72.33%的大学生认为生态问题严重与每一公民息息相关，并表示十分担忧目前的生态环境状况。其次，公众环保参与意识增强。《全国生态文明意识调查研究报告》显示，积极配合参与“垃圾分类”、参与“光盘行动”、主动宣传环保知识的受访者分别占83.2%、73%和77%。最后，争取认识人与自然关系。闽西、长沙高校85%以上的大学生认为，人类应合理利用自然，打破“人类中心主义”，实现人与自然和谐共处（郭志全，2018）。

（三）国际生态环境合作加强

在无政府状态，国家间的合作是解决全球生态环境问题的主要途径，而合作的前提是国际环境正义原则，特别是对权利与利益、风险与负担的分配诉诸正义（寇丽，2013）。由于在国际生态环境合作中不具备超国家机关的强制手段，正义就在促进各国环境合作中起到了根本性作用（Grasso，2010）。事实上，国际环境正义是抽象且无法确定的，难以在多维性国际条约中直接应用，只能被分解成更易适用的原则或者规则，以便在各国在环境谈判中博弈并达成共识（Honkonen，2009）。为此，以主权平等、共同责任为前提的共同但有差别责任原则被提出。

《里约宣言》第7项原则指出，各国应本着全球伙伴的精神进行合作，以维持、保护和恢复地球生态系统的健康和完整，并对于全球环境退化负有不同程度的共同责任。世界各国都应对全球生态环境问题承担平等的责任，但这种平等并不意味着平均，而是与环境影响和应对能力相匹配的差异性对待。《联合国气候变化框架公约》在此基础上，规定各缔约方应在公平的基础上，根据共同但有区别的责任和各自的能力保护气候系统，并要求作为温室气体主要排放者的发达国家除采取减排措施外，还需向发展中国提供资金。之后，《京都议定书》明确规定了发达国家减排的定量目标，但并未限定发展中国家的温室气体排放量，以多边协定的方式约束气候治理合作的国家；《巴厘路线图》首次明确发展中国家承诺有条件的减排行动；《巴黎协议》在最大限度地考虑了各国的国情的基础上，实现最广泛的国际生态环境合作。

通过国际环境交流与合作，中国日益走向全球生态环境治理的中心，并在其中发挥大国作用和引领作用（汪万发和于宏源，2018）。党的十九大明确提出推动构建人类命运共同体，共同建设清洁美丽的世界。在全球环境治理中，中国坚持共商共建共享原则，以确保各国在环境治理中的广泛利益，共同推进全球环境治理机制的完善。合作共赢是中国构建新型国际关系的核心，也是加强各国间环境治理合作的重要途径。目前，中国已与100多个国家开展环保交流合作，与60多个国家和国际组织签署环保合作文件，与多个国家、国际或区域组织建立合作机制，打造合作平台，已经形成了高层次、多渠道、宽领域的合作局面。借助“一带一路”“南南合作”等多边合作机制，中国为发展中国家生态环境治理提供支持，倡议建立绿色发展国际联盟，努力构建地球命运共同体。在金砖国家、上合组织、亚太经合组织等区域次区域合作框架下，中国积极参与区域环境合作倡议，开展广泛合作交流。

环境污染的外部性、跨区域性、复杂性、系统性等特点要求治理主体协同合作提升整体环境治理绩效。在环境政策实践中，自然资源有城镇、农村、生态三类空间和生态保护红线、永久基本农田、城镇开发边界三条控制线，而生态环境部门有资源利用上线、环境治理底线、生态保护红线三条控制线和环境准入负面清单，它们没有统摄性指标予以贯彻，缺乏多部门的协同性。环境政策体系作为调节和分配环境公共利益的重要手段，以公平公正为价值导向分别从部门不同政策之间、不同区域政策之间以及不同部门政策之间有机统一和协调配合。这不仅能消除不同政策之间的矛盾，突破局部利益或部门利益的限制，而且还能从根源上解决城乡、跨区域生态不平等现象，调动各个治理主体的积极性。大气污染联防联控、流域环境综合治理、流域生态补偿等跨区域联防联控协调机制在法律、政策和区域实践层面都取得了一定成效，这进一步证实了生态环境治理是系统工程，并且需要区域统筹协调治理以及跨区域的政策协同。此外，虽然各个治理主体拥有共同的生态利益基础，但是它们之间依旧存在长期利益与短期利益的冲突。“司法是维护社会公平正义的最后一道防线”，公平正义是法治的基本精神与首要任务。故此，以协同合作为导向的政策体系构建必须依靠法律和权威，增加逃避环境责任、“搭便车”的成本，保障环境利益最大化。

三、生态经济价值驱动发展

（一）生态经济体系构建加速

习近平总书记在2018年召开的全国生态环境保护大会上，提出加快构建生态文明建设五大体系，其中明确指出构建“以产业生态化和生态产业化为主体的生态经济体系”。生态经济体系是一个遵循生态学规律和经济规律，在不影响生态系统稳定性的前提下保持较高的经济增长的经济体系（陈洪波，2019），具体包含产业生态化和生态产业化。产业生态化要求按照生态化的理念，改造提升三次产业，加快传统产业绿色转型升级；生态产业化要求按照社会化和市场化理念，推动生态要素向生产要素转变，创造生态经济价值（黎元生，2018）。

产业生态化和生态产业化作为一个整体，给环境与经济之间的协同互动指明方向（文传浩和李春艳，2020）。产业生态化强调产业升级和改造，以创新技术为支撑，将经济发展对环境的破坏降到最低值，优化三次产业结构。具体包含三个层次：一是发展生态效益好、资源利用高的新兴产业；二是采用创新技术改造传统产业；三是构建产业生态链弥合平台（尚嫣然和温锋华，2020）。通过严格环保执法和提高污染物排放和能耗标准，落后与过剩产能被淘汰。

生态产业化侧重于生态资源的合理开发，在保护中科学利用山水林田湖草，实现生态效应与产业化过程有机结合。其实质是建立生态建设与经济发展之间的良性循环机制，既实现绿水青山向金山银山的直接转化，又完成以良好的生态条件带动其他产业发展的间接转化。通过发展生态工业、生态农业、生态旅游业以及相互融合的生态经济业态，将生态资源优势转化成经济优势、竞争优势、发展优势（杜强，2020）。

作为“绿水青山就是金山银山”理念的发源地，浙江省安吉县余村是全国美丽乡村建设的最早实践样本。2005 年之前，余村主要从事石灰岩矿开采，虽年纯收入 100 万~200 多万元，成为远近闻名的首富村，但村民被飞沙走石、泥浆般河水所害。为此，村里相继关停矿山和水泥厂。习近平总书记在考察时给予了高度评价，并提出了“两山”理念。十多年来，余村以蓝天白云、绿水青山作为优良资源，招商引资，发展旅游，成为浙江省最早发展农家乐的地区之一，并逐渐探索形成“余村模式”。2020 年，余村集体经济收入 724 万元，增长 38.9%，人均纯收入达到 55 680 元，增长 12.3%。①

（二）资源利用效率提高

习近平总书记在中共中央政治局第四十一次集体学习时指出，“生态环境问题，归根到底是资源过度开发、粗放利用、奢侈消费造成的。资源开发利用既要支撑当代人过上幸福生活，也要为子孙后代留下生存根基。”这从最深刻的层面

① 中国农村网，《浙江安吉县余村　生态振兴带来绿色发展》，https://www.crnews.net/zt/snwy/wdcz/439943_20210802031351.html。

揭示了资源过度开发和过度消费是人类面临的根本性的生态环境问题。自党的十八大以来，资源利用问题从自然资源确权到资源有偿使用，再到资源循环利用等全过程考虑（李维明和高世楫，2020）。党的十九届五中全会指出，要全面提高资源利用效率。

全面提高资源利用效率，意味着以更少的自然资源资本投入获得更多的经济效益。资源消耗水平的降低促使经济产出的要素投入成本下降，这意味着在资源消耗保持不变的情况下，该国能创造出更多的社会财富。同时，由于污染排放端的生产率提升，污染排放量得以有效控制，进而在一定程度上缓解生态环境压力。此外，资源利用效率的全面提高必将依赖于新技术、新方法和新理念，特别是污染控制与管理、可再生能源利用、废物收集处理等领域。其中不仅可能创造更多的就业机会，也孕育着巨大的财富和经济增长机会。因此，全面提高资源利用效率是破解资源环境约束、提高生态经济效益的重要途径。

根据国家发展改革委的数据，2020 年与 2015 年相比，主要资源产出率提高了约 26%，农作物秸秆综合利用率达 86% 以上，大宗固废综合利用率达 56%，建筑垃圾综合利用率达 50%，废纸利用量约 5 490 万吨，废钢利用量约 2.6 亿吨，再生有色金属产量 1 450 万吨。绿色低碳循环发展已成为全球共识，美国、欧盟、日本等主要经济体已部署新一轮循环经济行动计划，并把发展循环经济作为破解资源环境约束、培育经济新增长点的基本路径。一方面，全球化遭遇波折，多边主义受到冲击，尤其是在多国肆虐的新冠肺炎疫情已造成惨重的经济损失；另一方面，中国正处于经济转型的关键时期，不断涌出一些深层次的问题和矛盾。因此，《“十四五”循环经济发展规划》以全面提高资源利用效率为主线，明确提出到 2025 年，主要资源产出率比 2020 年提高约 20%。“十四五”循环经济发展的主要任务是构建资源循环型产业体系，提高资源利用效率；构建废旧物资循环利用体系，建设资源循环型社会。

（三）绿色技术创新驱动

党的十九大首次提出“高质量发展”表述。这意味着中国经济发展从数量追赶转向质量追赶，从规模扩张转向结构升级，从要素驱动转向创新驱动，从高碳增长转向绿色发展（王一鸣，2020）。在低收入条件下，最初经济发展主要依赖土地、资源、劳动力等生产要素的投入，即要素驱动。随着生态环境约束强化，劳动年龄人口逐年减少，要素驱动难以为继。进入中等收入阶段，经济发展需要从要素驱动转向创新驱动，那么创新必须成为引领经济发展的第一动力（洪银兴等，2018）。

技术创新作为创新的核心，是推动经济高质量发展、推进生态文明建设的重要支撑。习近平总书记在2016年全国科技创新大会上指出，“生态文明发展面临日益严峻的环境污染，需要依靠更多更好地科技创新建设天蓝、地绿、水清的美丽中国”，“依靠绿色技术创新破解绿色发展难题，形成人与自然和谐发展新格局。”党的十九大报告提出“构建市场导向的绿色技术创新体系”，首次针对具体技术领域提出创新体系建设。绿色技术创新不再局限于单纯降低生产成本，强调通过建立经济、环境、资源的协调机制，推动生产过程绿色化和智能化，进而构建高效率、低能耗、低排放的生产模式，以弥补传统技术创新中忽视生态环境保护的缺陷。

近年来，中国实施创新驱动发展战略取得了积极成效，成为世界第二大研发经费投入国，2021年创新指数世界排名升至第12名（潘旭涛，2021）。根据国家知识产权局的数据，2014年以来，中国绿色技术创新发展迅速，绿色专利拥有量逐年提升，年均增速（21.5%）高于中国发明专利整体年均增速（17.8%）3.7个百分点。目前，中国绿色技术创新活动主要活跃在污染控制与治理、环境材料、替代能源、节能减排四个技术领域。面对中国巨大的绿色技术市场机会，日本、德国、美国、韩国等多国向中国提交绿色技术专利申请，中国市场对全球绿色技术创新日益重要。

总而言之，党的十八大以来，我国生态环境战略不断升级，从把生态文明建设纳入“五位一体”总体布局，把生态环境问题上升为政治高度，到将“生态文明”写入宪法，将生态文明建设上升为国家意志，并在“十四五”规划中提出2035年“美丽中国建设目标基本实现”的社会主义现代化远景目标。党中央提出的绿色发展理念关乎中国经济转型和绿色发展的成败，因此我国政府和企业都应把绿色技术创新作为经济发展方式转变的内在动力。从全面深化改革以来，我国通过完善生态文明法治建设，出台多项相关政策和执行方案，为我国生态文明保驾护航。在举国上下保护生态环境的背景下，我国公众的环保意识大幅提高，进一步为改善生态环境打下了广泛的群众基础。在国际环境合作与交流中，中国发挥大国作用和引领作用，逐步走向全球生态环境治理的中心。在具体实践中，遵循生态学规律和经济学规律，坚持生态产业化和产业生态化，在不影响生态系统稳定性的前提下保持较高的经济增长；全面提高资源利用效率，建设资源循环型社会；实施创新驱动发展战略，通过绿色技术创新推动生态文明建设。

第二十六章

环境责任协同水平的测度研究

第一节 问题提出

《关于构建现代化环境治理体系的指导意见》旗帜鲜明地指出在环境治理中应强化政府主导地位，深化企业主体作用，发动社会组织和公众共同参与，并且进一步明确了政府、企业、公众与社会组织等治理主体的环境权责。到 2025 年，创建完善生态保护与环境治理的领导责任体系、企业责任体系、全民行动体系等多主体环境责任体系，夯实各个治理主体的环境责任，激励社会力量参与环境保护，从而形成履行有力、鼓励奏效、交流协作的现代环境治理体系。

在推动环境治理能力现代化的战略部署下，环境治理多元共治模式应运而生，环境治理协同评价指标的构建逐渐受到学者们的关注。多元主体环境责任协同的评价指标构建作为一项重要的基础性工作，能够客观衡量多元主体参与的环境责任协同水平，为政府、企业、公众与社会组织等利益相关者提供可靠的信息（穆东和杜志平，2005）。目前，学术界主要从绿色发展、排污治污、生态保护、资源配置、生态文化、公众参与等多个维度，构建全国、区域、省域、流域等环境治理协同评价指标体系。例如，郭春娜等（2020）从空气环境、流域环境、绿色环境、土壤环境、污染处理和居民生活六个维度构建了中国生态治理评价指标体系，并认为各个维度在生态环境治理发展水平中的贡献是完全一致的；付达院和刘义圣（2021）选取节能减排、污染治理与环境质量三大指标，构建长三角区域生态一体化指标体系；段等（Duan et al.，2020）设计了一个涵盖政府、企业和公众三个维度的环境协同治理水平测度指标体系，并运用熵值法对2006～2015年我国30个省份进行测度；芮晓霞和周小亮（2020）采用激励机制、监管机制与协调机制，衡量闽江流域水污染协同治理系统。除此之外，关于协同水平的量化研究，学术界大多通过耦合协调度模型（任保平和杜宇翔，2021）、复合系统协同度模型（邬彩霞，2021）、灰色关联模型（Xu et al.，2021）以及DEA模型（Alfonso et al.，2010）来实现。例如，孙等（Sun et al.，2022）在"压力—状态—冲击—响应"框架下构建"社会—经济—自然资源—环境"耦合协调度模型，测算1978～2018年中国经济社会发展、自然资源消耗与环境污染协同度；李等（Li et al.，2021）从经济、社会、环境和技术四个维度，运用复合系统协调度模型分析京津冀复杂系统协调发展水平；李海东等（2014）借助灰色关联模型，测量皖江城市带协同度。

现有研究对多元主体环境责任协同评价进行了诸多深刻的探析，具有重要的参考价值。但是，综合来看，仍然存在进一步改进的空间。其中，对于环境责任主体，学者们聚焦于国家、区域以及行业层面，而研究多元主体间环境责任协同的较少；对于评价体系，已有研究集中于环境治理体系、生态一体化和生态文明建设质量体系方面，鲜有针对环境责任协同的评价体系；对于指标体系检验，现有文献主要通过构建指标体系评价环境治理协同水平，但缺乏相应的理论支撑、信效度检验，降低了评价指标体系的科学性。基于此，本章考虑到政府、企业、公众与社会组织等参与主体具有不同的治理目标和利益诉求，从环境责任角度构建多主体环境责任评价体系，以2008～2019年中国120个地级市及以上城市为研究对象，就指标体系的信度和效度进行检验。同时，对城市多元主体环境责任协同水平进行测度，重点分析多元主体环境责任协同水平的时空演化和差异来源，了解中国多元主体环境责任协同情况，为后文研究多元主体环境责任协同的机制检验提供事实依据和数据支持。

第二节　研究设计

一、指标体系构建

（一）政府环境责任

基于政府环境责任的内涵，政府环境责任包括积极环境责任和消极环境责任两大类。其中，政府积极环境责任包括国家行政机构在环境管理、环境决策、环境监管等活动中依法履行生态保护与环境治理的职责、主动调和生态环境保护与经济社会发展的关系，具体分为监督管理责任、环境质量责任和社会整合责任；政府消极环境责任是指应承担不履行或履行不当的道德谴责和法律后果，属于环境惩戒的范畴，难以进行客观公正的评价与测度。因此，本书侧重于研究政府积极环境责任。

（1）监督管理责任。根据《环境保护法》，监督管理责任是指政府监督和管理环境及影响环境的行为和事项，是一项法律赋予政府的基本责任（刘志坚，2014）。由此可见，政府环境监督管理的对象既包括生态环境，又包括影响环境的政府、企业和公众。环境空气监测点位个数、地表水水质监测断面数、市级监测站机构人数三个指标反映政府对生态环境的实时监管。市级监察机构人数和开展污染源监督性监测企业数量两个指标体现政府对所属行政机构、企业的监管情况。因此，本书选取以上四个指标衡量政府监督管理责任。

（2）环境质量责任。环境质量责任是指地方政府主导其行政区域范围内的环境利益配置，是一项重要的职责（黄信瑜，2017）。根据《环境保护法》中规定的环境保护领域，环境质量可以从生态和生活两个角度进一步细分（徐祥民，2019）。环境治理投资额占 GDP 比重、PM2.5 年均浓度、污水处理厂集中处理率以及单位耕地面积农药使用量体现政府分别从大气环境、水环境和土壤环境三个方面防治污染与生态损害，提高生态环境质量。生活垃圾无害化率、人均绿地面积以及建成区绿化覆盖率反映政府通过防治生活污染来改善生活环境质量。因此，本书选取以上七个指标衡量政府履行环境质量责任。

（3）社会整合责任。社会整合责任是指政府平衡政府、企业、公众等不同利益主体的环境利益诉求，将分散的利益偏好整合化（范仓海，2011）。政府环境信息公开是为了让政府、企业、公众等其他环境责任主体获得及时的环境动态，主动披露本地区的生态环境情况（刘满凤和陈梁，2020）。此外，生态环境宣传教育是新时代生态文明建设的基础性工作，也是鼓励公众参与环保、督促企业污染防治的重要抓手（任依依，2020）。因此，本书从环境信息公开和环境宣传教育两个方面，选取污染源监管信息公开指数、组织宣传活动次数两个指标衡量政府社会整合责任。

（二）企业环境责任

基于企业环境责任的内涵，本书将企业环境责任分为法律责任和道德责任两类，并据此选择对应指标。其中，企业环境法律责任是指相关环境法律法规强制的责任，具体表现为遵法守规责任；企业环境道德责任是企业为保护环境自愿承担的责任，具体分为绿色经营责任和环保绩效责任。

（1）遵法守规责任。遵法守规是企业履行环境责任状况最根本和最直接的体现。环境突发事件被认为是在短时期内对环境质量、生命安全、财产物资造成惨重后果的事故（Wan et al.，2018），而企业正是环境突发事件的主要制造者。企业作为环境风险防范和环境安全的责任主体，应依法合规生产经营，从源头遏制突发污染事件发生（袁鹏等，2013）。此外，排污费用反映企业是否按规定实施环保措施，是具有惩罚性质的费用（胡珺等，2017）。因此，本书通过环境突发事件数和缴纳的排污费用与 GDP 的比值两个指标反映企业是否遵守环境保护法律法规和支持环境保护的相关政策。

（2）绿色经营责任。绿色经营是企业为保护环境采取的具体措施。环境标志是一种以市场为媒介、环境达标为准则并自愿贴在产品上的特定标签，被视作实现绿色经营的重要因素（黄云，2011）。其次，所有企业都不可以怀揣侥幸心理肆意排污，应主动采用绿色创新技术防污治污，推进清洁生产，并提供资源节约、环境友好的产品（Li et al.，2017）。此外，企业环境责任的实质是对自然环境要素的科学配置与合理利用，那么生产过程中节能环保行为是绿色经营的重要表现（贺立龙等，2014）。因此，本书选取环境标志获证企业数量、绿色专利申请数量、单位 GDP 工业实际用水量以及单位 GDP 工业用电量四个方面衡量企业绿色经营责任履行情况。

（3）环保绩效责任。环保绩效是指企业在生产、管理活动中产生的环境效果和水平（甘昌盛，2012）。为改善周围环境质量和提升区域环境水平，企业应该积极采取各项措施减少废气、废物、废水的排放量，进而降低对周围生态环境的不良影响（Peng et al.，2018）。因此，本书选用废水、二氧化硫、二氧化碳和粉尘（烟尘）排放量、用水重复情况、固废利用情况六个维度衡量企业环保绩效情况。

（三）公众与社会组织环境责任

公众既是环境污染的直接受害者，直观感受身边环境问题的恶化，也是环境治理的最终受益者，享受绿色变革带来的成果（Yin et al.，2021）。良好生态环境作为最公平的公共产品，离不开公众的广泛参与，即做到“人人有责、人人尽责”[①]。根据马克思主义群众观，人民群众是推动社会变革与历史进步的决定性力量，公众是环境治理和绿色转型的基础力量（王芳和李宁，2018）。狭义上的“公众”，即公民，广义上的“公众”，包括社会组织的公众（郗芙蓉和赵紫薇，2021）。因此，本书将公众环境责任与社会组织环境责任合为一体，即“公众与

---

① 中央政府门户网站，《优质生态环境是最好的公共产品》，https：//www.gov.cn/xinwen/2014－07/22/content_2721914.htm。

社会组织环境责任”。

随着治理理论的兴起，公众作为重要的治理主体，日益受到学术界的关注。目前关于公众与社会组织环境责任的内涵，学者们定义了农户（张嘉琪等，2021）、游客（罗文斌等，2017）、消费者（王建华和钭露露，2021）以及大学生（柳红波，2016）等群体的环境责任，认为公民环境责任包括环境责任意识和环境保护行为，强调公民为共同环境利益的追求而牺牲自身意愿或偏好（谭爽和胡象明，2016）。其中，环境责任意识包括责任认知、责任归属以及行为担当（余威震等，2020）；环境保护行为是指公众意图保护环境而采取各种有利于环境的行为，其受环境责任意识的影响（崔亚飞和曹宁宁，2021）。

根据生态环境部、中央文明办、教育部、共青团中央和全国妇联五部门联合发布的《公民生态环境行为规范（试行）》，公众应遵循关注生态环境、节约能源资源、选择低碳出行、减少污染产生、参加环保实践、参与监督举报等“十条”行为规范。鉴于此，本书认为公众与社会组织环境责任主要包括绿色低碳责任、环保参与责任和环境监督责任三个方面。

（1）绿色低碳责任。绿色低碳是指公众由于切身利益，主动采取绿色生活和低碳出行的实际行动（Sardianou，2007）。其中，绿色生活倡导以较少的物质和能源消耗获取同样的生活品质（田华文和崔岩，2020）；低碳出行鼓励公众自发转变出行方式，即以公共交通工具替代私家汽车（Hu et al.，2021）。因此，本书从绿色生活和低碳出行两个层面，选取人均生活用水量、人均生活用电量、人均家庭天然气用量以及人均乘坐城市公共交通次数四个指标表示公众与社会组织绿色低碳责任。

（2）环保参与责任。环保参与是指公众通过一定的途径参与环保行动。随着互联网的普及，公众越来越多通过网络工具了解环境信息，关注环保动态。由于百度搜索引擎长期占据中国搜索引擎行业中的绝对领先地位，环境百度指数是公众对环保参与度的直接反映，其数值越大表示公众对环境保护的参与度越高（张志彬，2021）。考虑到网民数量、网络普及率都会影响到百度指数，本书用各城市每百万网民的年均“环保”搜索次数表示环保网络舆论指数（陆安颉，2021）。此外，环保社会组织作为环保行动中重要的社会力量，有利于推动社会资源参与环境保护（吴建南等，2016）。因此，本书选用环保网络舆论指数、申请公开政府信息数量、环保组织从业人数比例和每百万人口环保组织数量四个指标衡量公众与社会组织环保参与责任。

（3）环境监督责任。环境监督是指公众出于自身利益，通过不同渠道监督政府与企业的环境行为。环境举报是体现公众与社会组织履行环境监督责任的直接性指标，其数量越大表明当地公众与社会组织参与环境监管意愿越强（张国兴等，2019）。此外，根据宪法的规定，地方人民代表大会（以下简称“人代会”）是我国政治体系内部监督体制最高权威的监督机构，政治协商会议（以下简称政协）则被赋予“民主监督”的职能。人代会环保建议数和政协环保提案数分别反映具有社会影响力的公众通过人代会、政协间接实施环境监督（Zhang et al.，2019）。因此，本书选取以上三个指标刻画公众与社会组织环境监督责任（见表26－1）。

表26－1　多元主体环境责任协同的测度体系

目标层	要素层	指标层	代码	性质
政府环境责任U1	监督管理U11	环境空气监测点位个数（个）	X111	正向
		地表水水质监测断面数（个）	X112	正向
		市级监测站机构人数（人）	X113	正向
		市级监察机构人数（人）	X114	正向
		开展污染源监督性监测企业数量（个）	X115	正向
	环境质量U12	环境污染治理投资占GDP比重（%）	X121	正向
		PM2.5年平均浓度（微克/立方米）	X122	负向
		污水处理厂集中处理率（%）	X123	正向
		单位耕地面积农药使用量（公斤/公顷）	X124	负向
		生活垃圾无害化处理率（%）	X125	正向
		人均绿地面积（平方米/人）	X126	正向
	社会整合U13	建成区绿化覆盖率（%）	X127	正向
		污染源监管信息公开指数（分）	X131	正向
		组织宣传活动次数（次）	X132	正向
企业环境责任U2	遵法守规U21	突发环境事件次数（次）	X211	负向
		排污费（环境税）占GDP比重（%）	X212	正向
	绿色经营U22	环境标志获证企业数量（个）	X221	正向
		绿色专利申请数量占比（%）	X222	正向
		单位GDP工业实际用水量（立方米/万元）	X223	负向
		单位GDP工业用电量（千瓦时/万元）	X224	负向
	环保绩效U23	单位GDP工业废水排放量（吨/万元）	X231	负向
		单位GDP工业二氧化硫排放量（吨/亿元）	X232	负向
		单位GDP二氧化碳排放量（吨/亿元）	X233	负向
		单位GDP工业烟（粉）尘排放量（吨/亿元）	X234	负向
		工业用水重复利用率（%）	X235	正向
		一般工业固体废物综合利用率（%）	X236	正向

续表

目标层	要素层	指标层	代码	性质
公众与社会组织环境责任 U3	绿色低碳 U31	居民人均生活用水量（吨/人）	X311	负向
		居民人均生活用电量（千瓦时/人）	X312	负向
		人均家庭天然气用量（立方米/人）	X313	正向
		人均乘坐公共交通次数（次/人）	X314	正向
	环保参与 U32	环保网络舆论指数	X321	正向
		申请公开政府信息数量（条）	X322	正向
		环保组织从业人数占从业总人数百分比（%）	X323	正向
		每百万人口环保组织数量（个/百万人）	X324	正向
	环境监督 U33	每万人口环境保护举报件数量（件/万人）	X331	正向
		人大环保意见数量（件）	X332	正向
		政协环保提案数量（件）	X333	正向

上述指标数据主要从统计年鉴、统计公报和网络数据库等渠道获得。其中，统计年鉴包括《中国统计年鉴》（2009～2020）、《中国环境统计年鉴》（2009～2020）、《中国城市统计年鉴》（2009～2020）、《中国环境年鉴》（2009～2020）以及各省市统计年鉴等；统计公报包括《中国生态环境状况公报》（2009～2020）和各省市生态环境状况公报等；网络数据库包括生态环境部网站、中国研究数据服务平台（CNRDS）、EPS数据库、中国社会组织政务服务平台等。受城市数据的限制，公众环境监督的部分数据来自省级指标，借鉴范子英和赵仁杰（2019）的做法，计算出城市层面的指标。

本书选取2008～2019年120个地级市及以上城市的数据作为样本，原因在于《政府信息公开条例》和《环境信息公开办法》都于2008年正式实施，并且城市污染源监管信息公开指数仅覆盖了120个环保重点城市。此外，本书对个别城市缺失数据采取插值法处理，保证数据的一致性。

二、研究方法

（一）标准化方法

在综合指标评价中，每一个指标呈现不同的归属形式，将影响综合评价的测算结果。针对各个指标具有不同度量单位和正逆表现形式，评价指标需要进行标准化处理，使其同一趋势化，并且可以在同一指标层进行比较。为防止0值出现，本文借鉴张晓燕（2021）的做法，利用改进的Min－max标准化法对上述指标数据进行无量纲化处理，计算过程如式（26.1）所示。

$$u_{ijgdk}=\begin{cases}\dfrac{x_{ijgdk}-\min(x_{ijgdk})}{\max(x_{ijgdk})-\min(x_{ijgdk})}+0.01 & \text{正向指标}\\ \dfrac{\max(x_{ijgdk})-x_{ijgdk}}{\max(x_{ijgdk})-\min(x_{ijgdk})}+0.01 & \text{负向指标}\end{cases} \tag{26.1}$$

其中，i表示城市，j表示年份，g表示目标层，d表示要素层，k表示指标层（$i=1, 2, \cdots, m$；$j=1, 2, \cdots, n$；$g=1, 2, 3$；$d=1, 2, 3$；$k=1, 2, \cdots, h$）。

（二）二阶段熵权法

为了保证权重确立的客观性和满足面板数据的特征，本节采用客观赋权法中二阶段熵权法（崔蓉和李国锋，2021），即通过测算指标层中指标的赋权，计算要素层中指标的熵权和要素层的评价值，以此运算目标层的综合评价值，具体计算过程如下：

$$p_{ijgdk}=\frac{u_{ijgdk}}{\sum_{i=1}^{m}\sum_{j=1}^{n}u_{ijgdk}} \tag{26.2}$$

$$e_{jgdk}=-\frac{1}{\ln(m)}\sum_{i=1}^{m}p_{ijgdk}\ln(p_{ijgdk}) \tag{26.3}$$

$$w_{jgdk}=\frac{1-e_{jgdk}}{\sum_{k=1}^{h}(1-e_{jgdk})} \tag{26.4}$$

$$u_{ijgd}=\sum_{k=1}u_{ijgdk}w_{jgdk} \tag{26.5}$$

$$e_{jgd}=-\frac{1}{\ln(m)}\sum_{i=1}^{m}\frac{u_{ijgd}}{\sum_{i=1}^{m}u_{ijgd}}\ln\left(\frac{u_{ijgd}}{\sum_{i=1}^{m}u_{ijgd}}\right) \tag{26.6}$$

$$w_{jgd}=\frac{1-e_{jgd}}{\sum_{d=1}^{3}(1-e_{jgd})} \tag{26.7}$$

$$u_{ijg}=\sum_{d=1}^{3}y_{ijgd}w_{jgd} \tag{26.8}$$

其中，p_{ijgdk}为第i个城市第j年第g个目标层第d个要素层第k项指标的比重，e_{jgdk}和w_{jgdk}分别为第j年第g个目标层第d个要素层第k项指标的加权熵值和熵权系数，u_{ijgd}第 i 个城市第 j 年第 g 个目标层第 d 个要素层的评价值，e_{jgd}和 w_{jgd}分别为第 j 年第 g 个目标层第 d 个要素层的加权熵值和熵权系数，u_{ijg}为第 i 个城市第 j 年第 g 个目标层的环境责任履行水平。

（三）协同度模型

基于协同度概念和模型（姜磊等，2017），测算中国多元主体环境责任协同水平，具体计算过程见式（26.9）至式（26.11）。其中，C_{ij}，T_{ij}和 D_{ij}分别为第 i 个城市第 j 年多元主体环境责任的耦合度、综合评价指数和协同度。φ_g 为待定系数，即综合评价指数的权重。此外，根据党的十九大报告中提出的“构建政府为主导、企业为主体、社会组织和公众共同参与的环境治理体系”，本书认为政府、企业、公众与社会组织在多元主体环境责任协同中起到的作用程度不同（Duan et al.），因此 φ_g 分别取值为 1/3、1/2 和 1/6。

$$C_{ij} = \sqrt[3]{3 \times \prod_{g=1}^{3} u_{ijg} / \sum_{g=1}^{3} u_{ijg}} \tag{26.9}$$

$$T_{ij} = \sum_{g=1}^{3} \varphi_g u_{ijg} \tag{26.10}$$

$$D_{ij} = \sqrt{C_{ij} \times T_{ij}} \tag{26.11}$$

（四）Dagum 基尼系数及分解方法

为解释中国多元主体环境责任协同水平的差距大小及其来源，本书采用 Dagum 基尼系数及分解方法（Dagum，1997），测算中国四大区域对多元主体环境责任协同水平的基尼系数。总体基尼系数 G 定义式为：

$$G = \frac{\sum_{j=1}^{k} \sum_{h=1}^{k} \sum_{i=1}^{n_j} \sum_{r=1}^{n_h} |D_{ji} - D_{hr}|}{2n^2 \overline{D}} \tag{26.12}$$

其中，j、h 为地区划分个数，i、r 是地区内的城市个数，n、k 分别为城市个数和地区个数，$n_j(n_h)$ 表示 $j(h)$ 地区内的城市个数，$D_{ji}(D_{hr})$ 代表 $j(h)$ 地区内 $i(r)$ 城市的多元主体环境责任协同水平，$\overline{D}$ 为所有地区多元主体环境责任协同水平的均值。

根据 Dagum 基尼系数分解方法，上述多元主体环境责任协同水平的总体差距 G 分解为：地区内协同水平差距 G_w、地区间协同水平差距 G_{nb} 和超变密度 G_t。具体计算公式如下：

$$G_{jj} = \frac{\sum_{i=1}^{n_j} \sum_{r=1}^{n_j} |D_{ji} - D_{hr}|}{2n_j^2 \overline{D}_j} \tag{26.13}$$

$$G_w = \sum_{j=1}^{k} G_{jj} p_j s_j \tag{26.14}$$

$$G_{jh} = \frac{\sum_{i=1}^{n_j} \sum_{r=1}^{n_h} |D_{ji} - D_{hr}|}{2n_j n_h (\overline{D}_j + \overline{D}_h)} \tag{26.15}$$

$$G_{nb} = \sum_{j=2}^{k} \sum_{h=1}^{j-1} G_{jh}(p_j s_h + p_h s_j) B_{jh} \tag{26.16}$$

$$G_t = \sum_{j=2}^{k} \sum_{h=1}^{j-1} G_{jh}(p_j s_h + p_h s_j)(1 - B_{jh}) \tag{26.17}$$

其中，$p_j = n_j/n$，$s_j = n_j\overline{D}_j/n\overline{D}_j$；$B_{jh}$ 表示地区 j 和 h 协同水平的相对影响。式（26.13）、式（26.14）分别表示 j 区域的协同水平基尼系数 G_{jj} 和地区内协同水平差距贡献 G_w；式（26.15）、式（26.16）分别 j 地区、h 地区的表协同水平基尼系数 G_{jh} 和地区间协同水平净值差距贡献 G_{nb}；式（26.17）表示超变密度贡献 G_t。

（五）核密度估计方法

核密度估计方法以连续的密度曲线刻画随机变量的动态分布，被广泛应用于不均衡分布情形，是一种最流行的非参数估计方法（Kumar and Russell，2002）。假定 $f(x)$ 是随机变量 X 的密度函数，计算公式见式（26.18）。其中，X_i 代表独立同分布的观测值，x 则是其均值；N 表示观测值数量；h 表示带宽；$K(\cdot)$ 代表核函数。此外，本书选择普遍运用的高斯核函数，计算公式见式（26.19）。

$$f(x) = \frac{1}{Nh}\sum_{i=1}^{N} K\left(\frac{X_i - x}{h}\right) \tag{26.18}$$

$$K(x) = \frac{1}{\sqrt{2\pi}}\exp\left(-\frac{x^2}{2}\right) \tag{26.19}$$

第三节　信效度检验与描述统计

一、信效度检验

为确保指标设计的可靠性和稳定性，本书利用常用的克朗巴哈（Cronbach's alpha）系数对多元主体环境责任指标体系进行信度检验，判断各目标层内部的一致性水平。检验结果显示，政府环境责任维度十三个指标的克朗巴哈系数为0.6541，企业环境责任维度十三个指标的克朗巴哈系数为0.6559，公众与社会组织环境责任维度十一个指标的克朗巴哈系数为0.6575。不难发现，多主体环境责任的克朗巴哈系数均大于0.6，并通过信度检验，意味着各维度的指标测度结果具有一致性。

为确保指标设计的有效性和准确性，本书对多主体环境责任指标体系进行效度检验：收敛效度和区别效度，具体检验结果见表26－2。其一，采用平均方差提取量（AVE）与组合信度（CR）进行收敛效度分析。根据第2列与第3列的结果，各要素层变量的AVE数值均超过0.5，并且CR数值均大于0.7。其二，采用AVE根号值和Pearson相关系数的关系进行区别效度检验（李裕瑞等，2020）。检验结果表明，AVE根号数值均大于该指标与其他指标的Pearson相关系数值。据此，可以认为本文设计的多元主体环境责任协同指标体系是有效的。

表26－2　多元主体环境责任协同测度指标的效度检验结果

要素层	收敛效度		区别效度								
	AVE	CR	U11	U12	U13	U21	U22	U23	U31	U32	U33
U11	0.644	0.899	0.802								
U12	0.503	0.876	0.075	0.709							
U13	0.557	0.715	0.457	0.054	0.746						
U21	0.548	0.708	0.204	0.369	0.183	0.740					
U22	0.569	0.840	0.095	0.062	0.022	0.143	0.754				
U23	0.501	0.856	0.221	0.255	0.181	0.143	0.112	0.706			
U31	0.576	0.841	0.200	0.082	0.311	0.237	0.098	0.134	0.759		
U32	0.568	0.836	0.336	0.164	0.169	0.159	0.366	0.114	0.460	0.754	
U33	0.706	0.871	0.394	0.023	0.343	0.206	0.042	0.108	0.053	0.080	0.840

二、描述性统计分析

为了进一步了解多元主体环境责任协同相关指标的情况，本文采用描述性统计分析进行说明，详细结果见表26－3。其一，政府环境责任。首先，就监督管理而言，环境监测点的数量整体偏少，其中34.58%、10.21%的样本环境空气监测点、地表水水质监测断面的数量低于10个。随着政府对生态环境保护的日益重视和环境制度的逐步完善，环保工作趋于复杂和繁重。然而，环境监测站人员和监察机构人员不足，部分样本城市人数低于5人，难以完成对成千上万家企业的有效、实时监督。其次，从环境质量层面来看，生态与生活两个方面的环境质量均有所提升，仅5.49%的样本PM2.5平均值为轻度污染，且65.83%样本的人均绿地面积处于国家生态园林城市的层次。但是，农药单位面积使用量近一半的样本高于世界平均水平，环保投资占GDP仅3.47%的样本达到环境污染控制的目的，说明政府应继续加强防污治污，推动环境质量持续好转。此外，就社会整合而言，政府信息公开进展缓慢，近80%的样本污染源监管信息公开指数未达到及格线。同时，作为生态文明建设的前沿阵地，生态环境宣传教育稳步推进，舆论引导成效显著，但仍有6.67%的样本未组织过一次环境宣教活动。这意味着政府应继续加大防污治污力度，强化企业、公众与社会组织的环境责任意识。

表26-3　　多元主体环境责任协同测度指标的统计特征

变量	说明	均值	标准差	最小值	最大值
X111	环境空气监测点位个数	18.4833	19.2824	1.0000	220.0000
X112	地表水水质监测断面点	57.8792	93.1960	1.0000	1 200.0000
X113	市级监测站机构人数	94.3868	157.0694	1.0000	1 243.0000
X114	市级监察机构人数	9.9174	15.7023	1.0000	196.0000
X115	开展污染源监督性监测企业数量	254.9060	460.8235	3.0000	8 828.0000
X121	环境污染治理投资占GDP比重	0.2112	0.3517	0.0003	4.9636
X122	PM2.5年平均浓度	47.1979	14.9105	16.1808	104.8209
X123	污水处理厂集中处理率	84.4099	15.0696	13.2500	100.0000
X124	单位耕地面积农药使用量	9.1233	11.3612	0.0418	49.1218
X125	生活垃圾无害化处理率	91.4916	15.7712	10.4200	100.0000
X126	人均绿地面积	20.7445	19.5565	2.1418	104.8215
X127	建成区绿化覆盖率	40.8008	4.9500	20.6800	68.9400
X131	污染源监管信息公开指数	44.3534	16.9604	8.3000	88.0000
X132	组织宣传活动次数	90.1313	208.0628	0.0000	3 749.0000
X211	突发环境事件次数	0.5757	1.0694	0.0000	14.0000
X212	排污费（环境税）占GDP比重	0.0457	0.0584	0.0003	1.0182
X221	环境标志获证企业数量	41.3444	121.9512	0.0000	1 759.0000
X222	绿色专利申请数量占比	11.3814	3.7348	3.5400	45.0450
X223	单位GDP工业实际用水量	27.9577	61.8215	0.0096	666.8536
X224	单位GDP工业用电量	484.3155	541.0452	12.8717	4 593.7490
X231	单位GDP工业废水排放量	3.7346	3.3109	0.1106	23.4808

续表

变量	说明	均值	标准差	最小值	最大值
X232	单位 GDP 工业二氧化硫排放量	37.0927	58.6753	0.0267	645.2222
X233	单位 GDP 二氧化碳排放量	91.3866	436.0187	0.1558	6 155.4080
X234	单位 GDP 工业烟（粉）尘排放量	18.3740	27.5666	0.0101	252.4065
X235	工业用水重复利用率	71.9868	24.4563	3.1100	100.0000
X236	一般工业固体废物综合利用率	80.1152	22.3590	13.0900	100.0000
X311	居民人均生活用水量	44.4369	33.3022	6.7676	304.9281
X312	居民人均生活用电量	902.5229	566.8304	129.0262	4 575.3890
X313	人均家庭天然气用量	48.5191	48.4191	0.0014	462.6748
X314	人均乘坐公共交通次数	165.7219	109.8777	18.5276	968.6573
X321	环保网络舆论指数	221.9956	158.1753	0.0000	1 240.0130
X322	申请公开政府信息数量	20.2014	44.1460	0.0000	494.0000
X323	环保组织从业人数占从业人数比重	1.4352	0.7473	0.4649	5.9067
X324	每百万人口环保组织数量	4.0119	4.7577	0.0000	42.7778
X331	每万人口环境保护举报件数量	20.7238	19.5675	0.1182	160.6001
X332	人大环保意见数量	29.8721	32.3726	0.0000	309.0000
X333	政协环保提案数量	39.6537	41.1884	0.0000	424.0000

其二，企业环境责任。首先，从遵法守规方面来看，样本期间内企业突发环境事件呈“低频”态势，34.65%的样本发生过突发环境事件，但是仍有0.97%的样本发生次数超过5次，这些基本是企业在生产中处理环境污染物不当所造成的。政府为倒逼企业绿色转型升级，逐步将排污费改征为环保税。企业积极缴纳环保税，32.99%的样本城市缴纳环保税占当地GDP的0.0457%以上。根据“多排多征、少排少征，不排不征”的原则，企业通过环保税的调节作用，自觉关注污染物排放，主动承担环境责任。其次，从绿色经营维度来看，大约80%的样本城市具有环境标志获证企业，绿色专利占比平均达到11.81%，由此可见企业有一定的环保意识，但是超过一半的样本仅有5个以下的环境标志获证企业，并且7.85%、9.31%的样本在实现1万元生产总值时耗费水量、电量分别超过100立方米和1 000千瓦时。这说明企业绿色经营手段不足，主动参与环境治理有限。此外，就环保绩效而言，单位GDP工业废水、工业二氧化硫、二氧化碳、工业烟（尘）排放量差异较大，超过其均值两倍的分别占总样本11.46%、12.50%、5.83%和13.13%。企业在水资源重复利用、固体废物综合利用方面的实施较为

理想，其中13.61%、31.60的样本水重复利用率、一般固体废物综合利用率超过95%。这意味着，目前企业对生态环境仍产生较大的负面影响，应加强环境法律责任和道德责任的履行。

其三，公众与社会组织环境责任。首先，针对绿色低碳维度来说，31.04%的样本人均生活用电量超过1 000千瓦时，达到世界发达经济体人均生活用电水平。然而，作为洁净能源，34.24%的样本人均天然气消费量低于25立方米，远低于世界人均消费水平。随着机动车拥有量的快速增加，公共交通出行比例逐年下降，并且低于私家车出行比例。这意味着清洁能源发展空间巨大，节能减排、绿色低碳的任务依然艰巨。其次，就环保参与而言，公众与社会组织参与生态环境保护在广度与深度上都有限，16.11%的样本网络舆论指数低于100，并且46.25%的样本申请公开政府信息数量少于5次。同样，环保组织参与环保行为力量不足，24.51%样本环保组织人数占比不到1%，且19.93%的样本百万人口拥有不到1个环保组织。这表明公众与社会组织参与环境保护缺乏深度和广度，仍然需要政府正确引导和广泛宣传，以促进其有效、持续、快速发展。另外，从环境监督层面来说，每万人当中至少环保举报投诉过一次的占样本98.611%，但人大环保意见数量、政协环保提案数量小于10次分别占到样本的21.39%和12.57%。这意味着公众环保监督意识有所增强，但是影响力有限，有效性不足。据此，目前公众与社会组织参与环境治理还不甚理想，政府应大力推进其参与环境监督和环境保护，引导其以切实行动履行环境责任。

第四节　环境责任协同水平测度与事实描述

一、多元主体环境责任协同水平的测度结果

为了了解多元主体环境责任协同水平的时间演变趋势，本书绘制出2008～2019年中国多元主体环境责任协同水平的散点图及其历年均值的走势图（见图26－1）。

总体来看，中国多元主体环境责任协同水平随时间呈现不规则的“N”型增长的特征，但是各城市协同度均偏低，基本处于非协同状态。在样本初期，各主体环境责任意识都相对淡薄，生态环境保护氛围欠佳。以2008年北京绿色奥运为契机，降污减排取得了突破性进展，企业环境绩效评估、环境信息披露、融资

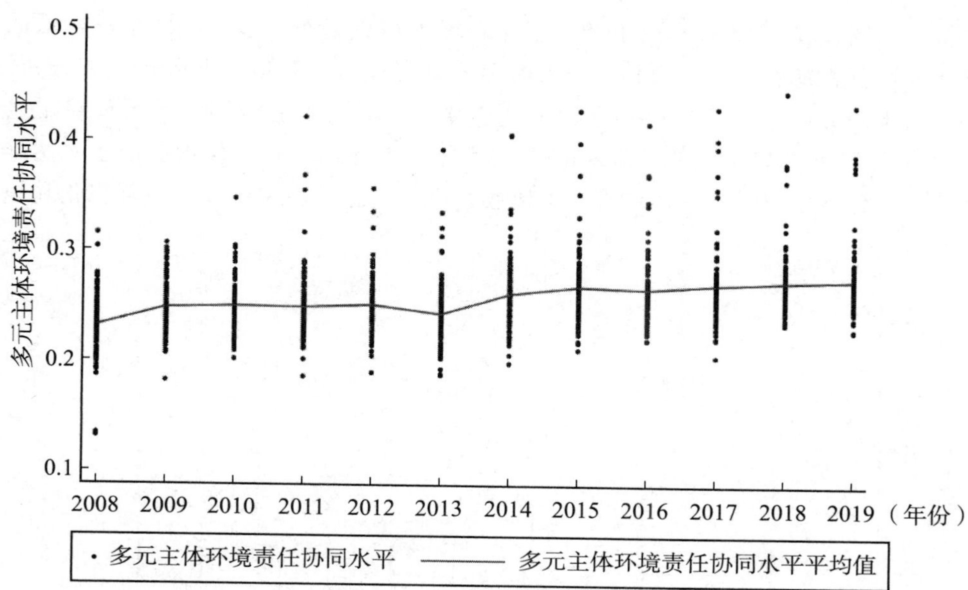

图 26－1 多元主体环境责任协同水平的时间趋势

环保核查等工作成为执法监督的重点，因此 2009 年多元主体环境责任协同水平有较大幅增长。之后，环境准入标准提高，防污治污工作迈上了新台阶，协同水平稳步提升，但是 2013 年出现明显下降。本书认为这种下降的原因在于 2012 年底，生态文明建设正式纳入“五位一体”总体布局，新时代多元协同治理拉开帷幕。2013 年，59.17% 的样本地方政府加强了监督管理，45.00% 注重环境质量改善。同时，随着地方生态环境政策的趋紧，57.50% 的样本企业反应快速，积极制定了有效的应对策略，企业环境责任履行得分持续增长。通过各种媒介，56.67% 公众与社会组织知晓了环境治理的“中国决心”，主动承担环境职责。但是，政府促进社会整合效果甚微，社会整合得分增长的城市仅占样本的 7.50%。这可能是由于 2013 年污染源监管信息公开指数的评价项目及权重进行了部分修订，增加了 3 个评分项。其中，环评信息公开除昆明市和广东部分小城市以外，其余城市只得 1 分甚至为 0 分。这直接导致了 120 个城市的总体得分显著下降，进而影响了当年社会整合责任得分和政府环境责任履行水平，最终降低了各环境责任主体之间的协同度。

本书采用箱型图，进一步观察城市内部协同水平的整体时间变化趋势，如图 26－2 所示。不难发现，中国多元主体环境责任协同水平呈动荡走向平稳的发展态势，具体分为两个阶段。第一阶段（2008～2015 年）为波动增长阶段。其中，上限、上四分位和下四分位除了 2011 年和 2013 年略有下降外，其他年份均呈现逐年上升的态势，说明协同水平最高、较高和较低的城市以波动上升为主要变化趋势；下限仅在2013年有所下滑，整体表现出增长状态，表明协同水平较低的城市发展进程加快。第二阶段（2016～2019年）。这一阶段，上限、上四分位、均值、下四分位以及下限均呈平稳上升态势，说明城市的协同水平维持稳定发展。以2015年为转折点的可能缘由是：随着2015年新《环境保护法》正式实施和中央环保督察启动，各环境责任主体逐渐形成生态保护与环境治理常态化和规范化。

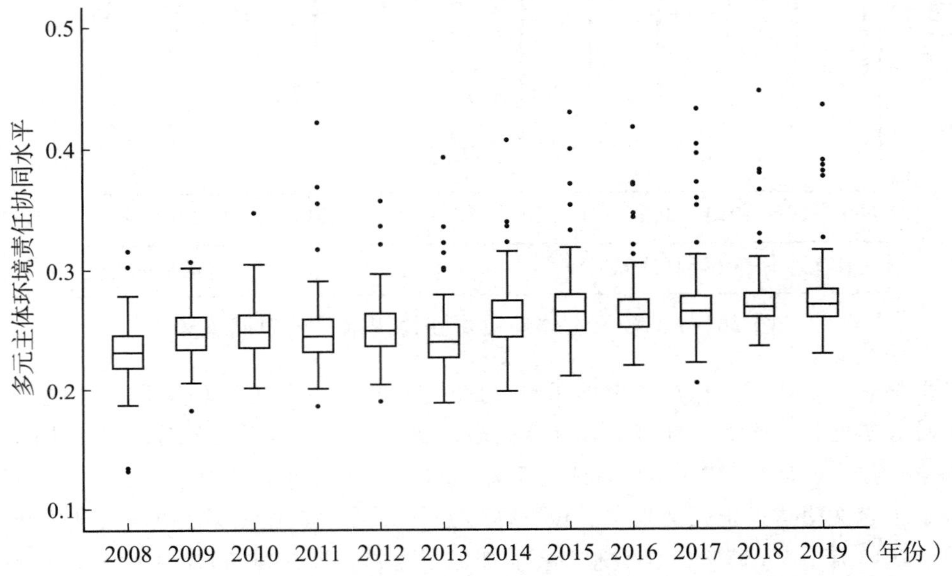

图26－2　多元主体环境责任协同水平的箱型

为观察中国多元主体环境责任协同水平的地区差异，本书根据城市所在区域对协同水平进行分组统计。依据国家统计局的划分标准，中国内地城市划分为东部、中部、西部和东北四大地区，具体统计结果见图26－3。

整体来看，四大地区的多元主体环境责任协同水平呈“东部和西部领跑、东北紧跟、中部追赶”的空间特征。其中，东部、西部的政府、企业和公众环境责任指数均保持较高水平，尤其是2013年提出“京津冀、长三角区域大气污染防治协作机制”之后，京津冀、长三角、粤港澳大湾区等东部地区先后建立区域环境治理联防联控机制，持续强化各主体环境责任，从而促使各主体间协同合作，形成共建、共治、共享的生态环境治理格局。相比之下，东北和中部城市的政府、企业或公众环境指数一般处于较低水平，并且各主体之间可能相互掣肘、离散或冲突。其中，中部城市污染强度在全国平均水平之上，特别是水污染。但是，流域上中游治理主体的利益诉求不同，处于黄河、长江中游的中部城市群难以形成高效的流域治理合作机制，流域生态环境治理任务仍然负重致远。

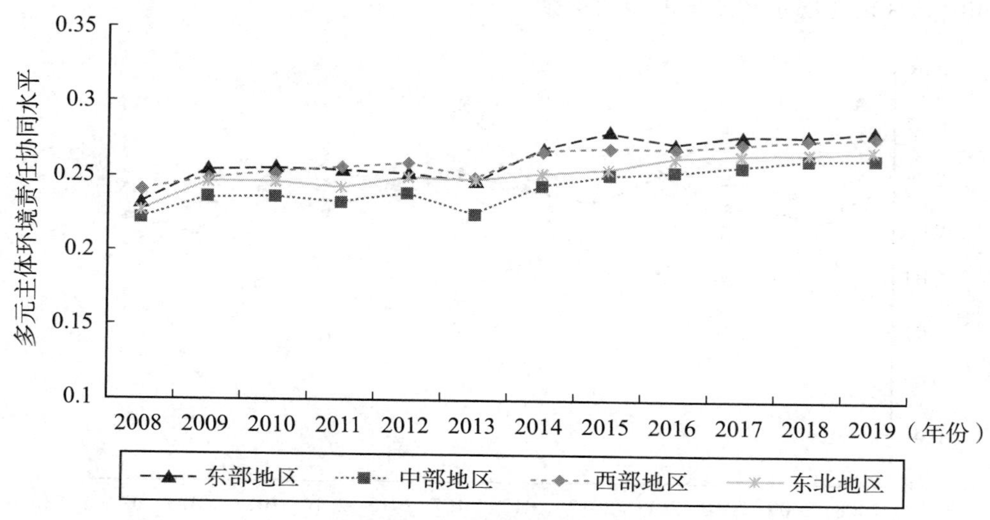

图 26－3　四大地区多元主体环境责任协同水平的时间趋势

二、多元主体环境责任协同水平的差异来源

为进一步刻画多元主体环境责任协同的区域差异，本书采用 Dagum 基尼系数，分别测算 2008～2019 年城市多元主体环境责任协同水平的基尼系数。图 26－4 刻画了 2008～2019 年全国、东部、中部、西部以及东北部多元主体环境责任协同水平差异的时变趋势。在样本考察期内，中国多元主体环境责任协同水平总体差异呈现波浪式下降的态势，2018 年达到波谷（0.0478）。四大地区的多元主体环境责任协同水平在总体规模上存在显著差异。其中，东部地区高居榜首，基尼系数除 2017 年外均超出全国平均水平；西部地区紧跟其后，略高于全国均值（0.0550），尤其是 2017 年远超东部地区；其他两个地区协同水平地区内基尼系数均低于协同总体水平，均值在 0.0376 左右，但是东北地区在考察期末快速增长，呈超越之势。从演变趋势来看，四大地区的基尼系数波动变化明显。具体而言，西部和东部协同水平差异变动相对较小，极差值分别为 0.0167 和 0.0210，其中西部地区基尼系数呈现曲折式增长趋势；中部地区的基尼系数基本保持下降态势，年均下降率 3.41%；东北地区的内部差异波动增长，极差值最大（0.0313），年均增长率 8.38%，尤其是 2016 年后逐渐接近全国平均水平。由此可见，当前中国多元主体环境责任协同水平差异主要存在于东部和西部地区，但是东北地区的波动增长不容小视。这意味着在继续缩短

东部和西部两个地区多元主体环境责任协同水平差异的同时，还需要有效控制东北地区内协同水平差异的持续扩张。

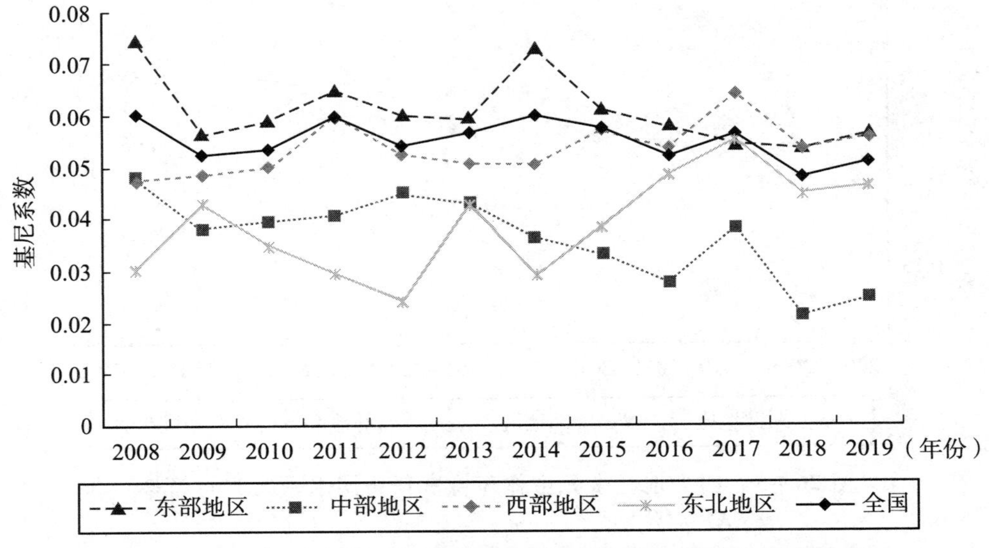

图 26－4　多元主体环境责任协同水平区域内差异的时变趋势

为深入探讨区域间差异，本书采用 Dagum 基尼系数分解方法，分析了多元主体环境责任协同水平区域间差异的时变趋势，具体情况见图 26－5。总体而言，东部与中部、东部与西部之间的环境责任协同水平差异较大，年均值均在 0.0584 以上。其中，东部与中部之间波动较大，极差值最大 0.0264，且在 2014 年后大幅缩小，而东部与西部之间缓慢波动起伏较小，在均值上下徘徊。东部与东北、中部与西部紧跟其后，基尼系数均超过 0.0530。其中，东部与东北之间的差异在 2012 年达到波谷后不断上升，然而中部与西部地区之间的趋势恰好与之相反，下降幅度明显，年均下降率 1.22%。中部、西部与东北地区间差异相对较小，年均值都低于 0.0500。其中，中部与东北地区差异波动较大，极差值达到 0.0223，但是西部与东北地区差异缓慢增大，年均增长率仅 2.28%。由此可见，东部与其他三个地区之间的多元主体环境责任协同差异是当前生态环境治理中面临的一大挑战。尤其是东部与西部、东北两大区域之间的环境责任协同水平长期处于空间非均衡状态。同时，西部与东北之间的差距在考察后期大幅上升，曾一度赶超其他地区之间的差异。这意味着上述地域间多元主体环境责任协同水平差距的控制是当前生态环境协同治理的重点，也是生态环境保护“十五”规划的任务之一。

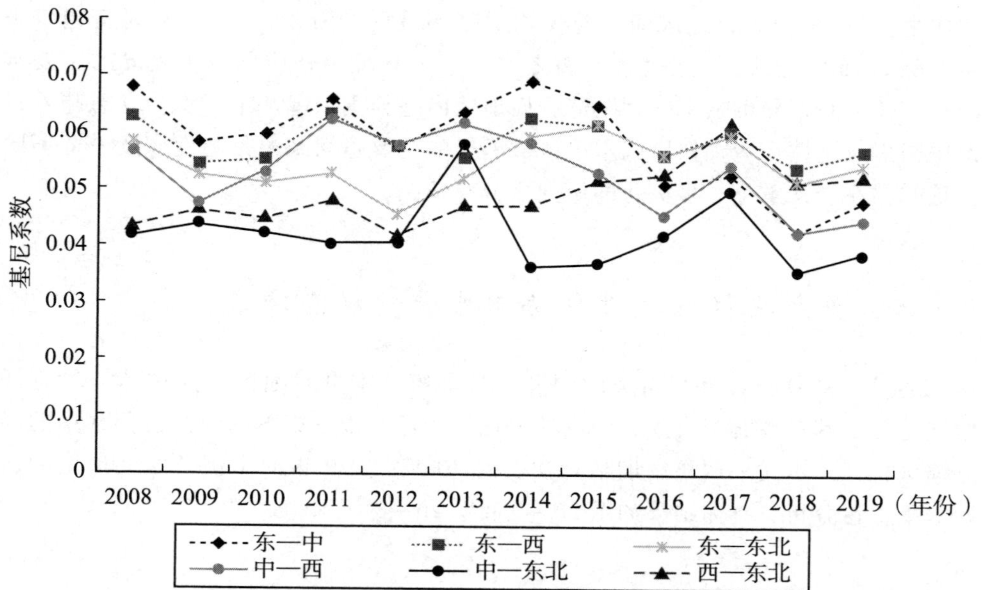

图 26－5　多元主体环境责任协同水平区域间差异的时变趋势

由图 26－5 结果可知，中国多元主体环境责任协同水平存在显著差异。为进一步分析这差异来源，本书通过 Dagum 基尼系数分解方法，刻画了多元主体环境责任协同水平空间差异贡献率的时变趋势，具体情况见图 26－6。多元主体环境责任协同水平的超变密度年均贡献率最高，年均值 41.40%；地区间差异年均贡献

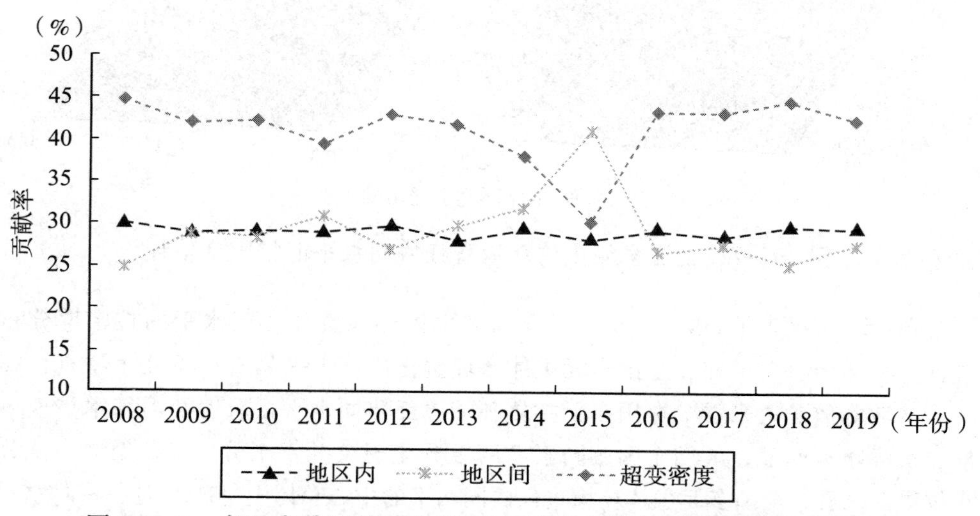

图 26－6　多元主体环境责任协同水平空间差异贡献率的时变趋势

率次之，为 29.31%；地区间差异年均贡献率最低，为 29.29%。从时变趋势来看，除 2015 年之外，超变密度一直是多元主体环境责任协同水平差异的主要来源，与地区间差异贡献率交替跌涨，而地区内差异贡献率基本平稳。这意味着目前中国多元主体环境责任协同水平区域差异的主要空间来源是超变密度，即不同区域间存在交叉重叠、多极化的协同度分布情况。

三、多元主体环境责任协同水平的动态演进

通过上文 Dagum 基尼系数的测算及其分解，本书对地区多元主体环境责任协同差异及其来源有了直观、深刻的认识。为进一步考察不同地区协同水平的动态演进特征，本文采用核密度估计法，对 2008～2019 年的全国及四大地区的协同水平进行分析，具体结果如图 26－7 和图 26－8 所示。

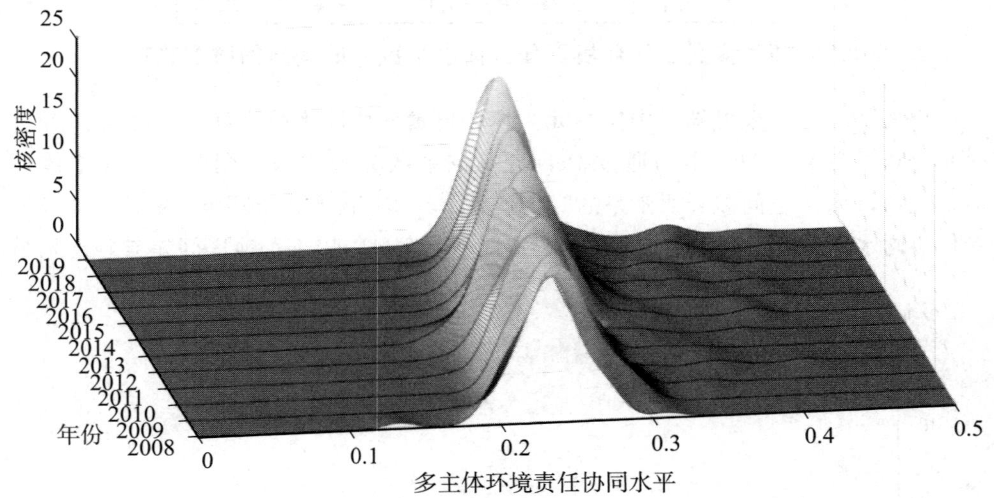

图 26－7　全国多元主体环境责任协同水平的核密度估计

图 26－7 报告了 2008～2019 年全国多主体环境责任协同水平的核密度分布情况。从图 26－7 可知，全国多元主体环境责任协同水平具有以下几个特点：第一，从波峰数量上来看，全国多元主体环境责任协同水平在考察期内基本呈现单峰，次峰略有凸显，表明全国协同水平两极分化现象并不十分明显。第二，从分布位置上来看，全国多元主体环境责任协同水平的中心总体上呈现“向右—向左—向右”移动的趋势，表明全国协同水平呈现先增长后降低再增长的发展态势，这与前文分析相吻合。第三，从分布形态上来看，全国多元主体环境责任协同水平

的密度曲线峰值呈现"上升—下降—上升"交替变化的趋势，曲线宽度变化不明显，表明地区间协同水平绝对差异在考察期末有所缩小。由此可见，如何平衡不同地域环境责任协同水平一直是生态环境政策制定需要重视的问题。第四，从分布延展性上来看，全国多元主体环境责任协同水平的核密度分布从左拖尾演变为右拖尾状态，并且拖尾期逐渐延长，表明全国多元主体环境责任协同水平的空间差距在逐步扩大。

图 26－8 描述了东部、中部、西部和东北部四大地区多主体环境责任协同水平在考察期内的动态演进过程。由图 26－8 可知，四大地区多元主体环境责任协

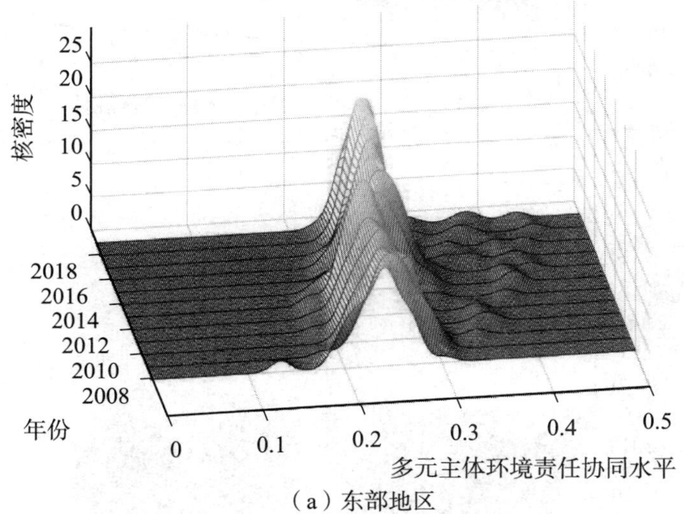

（a）东部地区

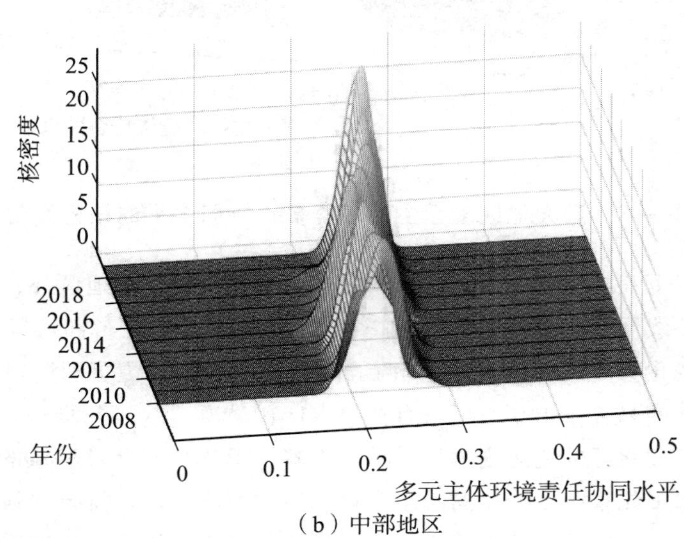

（b）中部地区

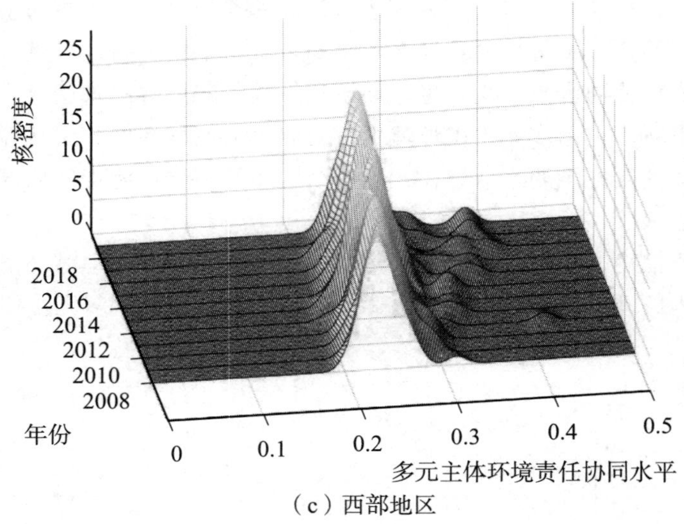

（c）西部地区

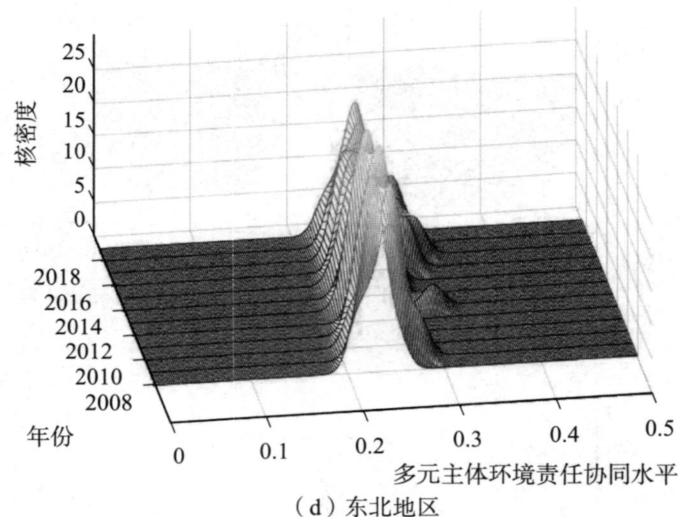

（d）东北地区

图 26-8　四大地区多元主体环境责任协同水平的核密度估计

同水平具有以下几个特点：第一，从波峰数量来看，除中部地区外，其余地区的协同核密度曲线展现出“双峰”或“多峰”分布。其中，东部地区和西部地区协同水平的变化为“双峰—多峰”，两地区的协同水平经历了从两极分化逐渐演化为多极分化的趋势；中部地区只有在样本期初呈现“双峰”形态，之后变化为单峰形式；东北地区的变化则为“单峰—双峰”状态，显示该区域的多元主体环境责任协同水平先集中后分化的动态变化态势。因此，未来需要加强东部、西部和东北部三个区域内城市的多元主体环境责任协同水平的均衡化发展。第二，从分布位置来看，四大地区的协同核密度曲线中心总体上均向右侧移动。其中，东部和中部的中心右移幅度较大，协同度提升幅度明显；东北地区的曲线中心左右摇摆，协同水平有明显波动。因此，西部和东北地区的多元主体环境责任协同水平的提升发展是未来生态环境建设的重点工作。第三，从分布形态来看，除东北地区以外，其余三大地区协同水平分布核密度曲线演进趋势大体相同，均呈现出“上升—下降—上升”的周期性态势。东北地区表现出相反的态势，即“下降—上升—下降”。这说明东北地区的协同水平绝对差异目前正处于扩大阶段，应持续缩小区域内部环境责任协同水平发展差异。第四，从分布延展性来看，东部地区随着时间的推移，呈现出明显的右拖尾状态，表明该地区不同城市间的多元主体环境责任协同水平相对差异在逐渐扩张。

第二十七章

环境责任协同机制的演化博弈研究

第一节　问 题 提 出

习近平总书记指出："建设生态文明是中华民族永续发展的千年大计"①。目前，中国环境污染呈现出区域性、集聚性、周期性、多元性等复杂的特征，政府主导的单一环境治理模式已无法适应当前严峻的形势。为实现经济绿色发展，企业必须开展环保技术的开发与创新、生产设备的研发与更新、生产技艺的改进与提高等一系列绿色化和清洁化工作，这意味着企业将增加额外成本。当生态补偿或财政补贴无法弥补企业的利益损失时，企业参与污染防治的行动力锐减，执行力也随之大打折扣。然而，地方政府难以维系各方利益分配的绝对公平，也无法满足其他利益相关主体的合理环境利益诉求（Li and Xu，2018）。加之面对不完善的生态补偿机制，环境补偿群体有效获知环境政策和环境信息的途径十分有限，间接致使公众缺乏环境保护的热情、冷漠疏离环境治理。同时，由于长期以来在环境保护与治理过程中主体地位不平等、分工不明确以及各项制度不完善，多元主体间驳杂繁复的利益关系通常难以平衡。因此，环境治理已进入以相关利益为中心的政策博弈阶段，主要集中于利益相关者之间的矛盾处理和环境政策的实施

① 中国政府网，《习近平在全国生态环境保护大会上强调：全面推进美丽中国建设　加快推进人与自然和谐共生的现代化》，https：//www. gov. cn/yaowen/liebiao/202307/content_6892793. htm。

效果。为有效避免政府和市场的“双重失灵”现象，政府、企业、公众与社会组织的环境协同治理迫在眉睫。

各个环境责任主体之间的博弈关系从来都是错综复杂的。首先，环境规制对企业环境治理起到积极作用（叶莉和房颖，2020），其效果受到企业收益与成本的约束（Chen et al.，2019）。但是，环境税制对形成政企环境协同治理机制具有一定门槛效应，而且与行政规制强度存在紧密关系（罗明等，2019）。当然，中央政府与地方政府的环境规制策略具有差异性，以避免规制失灵（王欢明，2017）。中央政府、地方政府和企业存在多种演化稳定策略，其中在｛低财政分权度、积极治理、治污达标｝情境下最先达到稳定均衡状态（王育宝和陆扬，2019），排污企业绿色技术创新的成本是各个利益相关方选择演化博弈策略的重要因素（聂丽和张利江，2019）。其次，公众与社会组织作为防污治污的参与主体，不仅以健康损失和迁徙损失为代价要求政府监管企业节能减排（初钊鹏等，2019），而且促使工业三废排放量显著降低，这在某种意义上能弥补政府环境监管缺失（赵黎明和陈妍庆，2018）。尤其是在农村环境治理行动中，农户参与意愿越高，三方实现共同治理越容易（许玲燕等，2017）。最后，同样作为社会力量的非营利组织，社会组织的声誉评价可以实现声誉效应，提高政企合作水平（Luo et al.，2020）。

上述研究虽然从城市、农村、大气污染、水资源等方面分别讨论了政府、企业和社会力量在环境治理方面的博弈，但是未对多元主体环境责任协同的博弈机制及影响因素进行深入探讨。结合前文的环境责任内涵，企业作为污染排放的主要根源，应该担负遵法守规、绿色经营、环保绩效等环境责任；政府作为环境规制的制定者，应该承担监督管理、环境质量、社会整合等环境责任；公众与社会组织作为环境治理的重要参与者，应承担绿色低碳、环保参与、环境监督等环境责任。鉴于此，本章基于多主体环境责任的博弈机制，构建区域内地方政府、企业、公众与社会组织三方的环境责任协同博弈模型，探讨多主体环境责任的演化博弈过程和局部均衡点。同时，通过数据仿真模拟，分析不同环境责任主体之间的动态演变特征，寻求影响演化博弈策略的关键因素，以期为后文多元主体环境责任协同提供有力依据。

第二节　理论机理

根据习近平生态文明思想，政府、企业、公众和社会组织对于生态保护与环境治理具有不可推卸的责任。同时，在环境协同治理中每个利益相关者具有不同的角色地位，即政府是统领者与主导者、企业是关键主体、公众与社会组织是最终获益者。这些主体都以不同形式作用环境污染问题，同时也以不同方式协同治理环境，详细关系见图 27－1。

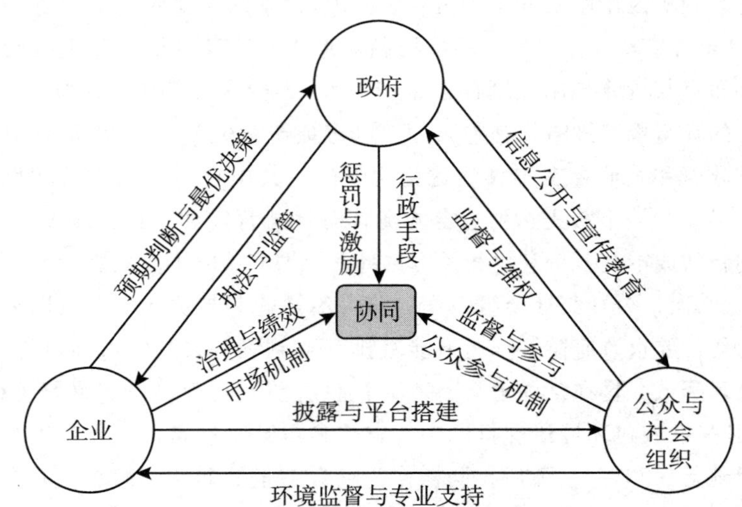

图 27－1　基于演化博弈的多元主体环境责任协同机制示意图

在环境协同治理过程中，政府是法律法规的执行者，有责任对企业的环境违法违规行为进行依法查办和惩治，监督企业依法治污、依法排污。根据前文政府环境责任的含义，政府为推进高效执法和提升管理水平，还有义务向社会公开环境信息，并且接受社会的监督，建立良好的环境公开沟通机制。同时，环境治理是一项系统性的公共事务，需要政府财政资金的大力支持。通过合理运用财政资金，社会资金和市场资源配置被充分调动，激励企业加大环境治理科研投入，并且助推社会组织的环保事业。因此，政府在防污治污过程中利用行政手段惩罚污染行为、激励环保事业，具有主导与统驭的作用。

再者，企业是耗能排污的制造者，也是举足轻重的治污者。然而，作为市场经济的主体，企业经营管理活动的根本目标是寻求收益最大化。那么，如何在确保效益的同时最大限度地降污减排是企业环境治理的难题。企业通过市场机制明确资源产权，明晰利益关系，使达到资源最优配置。同时，这只"看不见的手"引导企业生产绿色产品、创新绿色技术以及投资环保产业，促使企业内生性环境治理。在此过程中，企业与社会公众不可避免地具有直接的利益关系。企业通过披露环境信息与生产绿色产品，获得公众认同，取得公众信任，进而无意中为其带来了收益。环境市场的诞生与壮大不仅推动了环境治理的产业链，还为环保社会组织搭建了环境治理的交流与合作的平台。总之，企业在环境协同治理中发挥着无可替代的作用。

此外，作为雾霾酸雨的直接受害者和降污减排的最终受益者，公众与社会组织积极参与环保事业是刻不容缓的。由于公众与社会组织是一股非政府力量，公众参与能有效提高政府执法效果，弥补政府失灵，以及监督政府环保工作的公正性和公平性。通过提升自身环保意识，公众消费更倾向于健康食品、环保服饰、绿色出行等，这迫使企业放弃粗放型生产，促使其实现产业结构升级。同时，通过环境保护公众参与制度，社会大众有权依法参与环境规章制度的制定，利用环境公益诉讼平台，最大限度保障公众的环境利益。总之，公众与社会组织参与环境协同治理有利于政府、企业、社会之间的相互监管。

事实上，多主体环境协同治理过程中存在一定的博弈困境，亟须有效解决。在多元主体环境协同治理中，各主体治理目标、利益诉求和治污意识具有差异性。在公共物品管理中政府长期扮演控制者与命令者的角色，形成较强的主导意识。这导致政府需要比较长的时间实现从“管理”到“治理”的理念转变，并且很难让政府主动与其他环境责任主体协同合作。同时，过度强调政府的管理职能导致政府环境治理认知长期停留在管理层面。这不但抑制政府职能的行使，而且容易忽视其他主体在环境治理中起到的作用。对于其他主体而言，市场、公众和社会组织参与公共事务程度有限，处于被动参与的地位。其中，企业以营利为目的，本身并不愿意为环境治理增加额外成本；公众与社会组织由于环境的公共物品特性，参与环境整治行动的主动性也十分有限。这些都直接导致政府与企业、企业与公众、企业与社会组织等之间合作受到限制。除此之外，政府短期内角色观念转变困难的问题也影响其他环境治理主体参与环境治理的态度。公众和社会组织习惯跟随政府完成环境治理工作，其中公众因缺乏对公共资源监督意识而甘愿服从权威；社会组织则作为政府的依附者，也难以取得与政府平等地位。因此，多元主体之间地位不平等，难以达成一致的治理目标和利益诉求，导致环境治理中缺乏内聚力。鉴于主体之间存在不同的利益需求，合理收益分配与风险承担是各主体积极主动参与环境治理的关键。

第三节 研究设计

一、模型假设

在有限理性的区域内防污治污博弈中，各个环境责任主体通过相互模仿、彼此学习和反复调整，各自寻求最优的均衡策略。在此过程中，主要涉及地方政府、企业、公众与社会组织等多个环境责任主体。他们通过扮演不同的权利角色，参与环境治理中的利益分配，导致相互之间的博弈形式盘根错节。简单而言，政府、企业、公众与社会组织分别是环境规制的拟定者与实施者、环境污染的排放者与治理者、环境问题的受害者与获益者，都是防污治污博弈过程中的参与人。故此，本书提出以下研究假设：

假设1：在多元主体环境责任协同中，政府、企业、公众与社会组织均具有有限理性。其中，企业为参与者1，追求自身收益最大化；政府为参与者2，以社会效益最大化为目标；公众与社会组织都向往适宜生存的生态环境，被视为同一类参与者3。在有限理性的条件下，环境责任主体之间都了解对方的收益支付和策略选择，并且通过反复博弈后取得最优策略。因此，多元主体环境责任协同是一种多主体之间相互作用的非对称博弈。

假设2：每次博弈都是各个环境责任主体之间随机配对进行生态环境治理博弈，没有先后顺序。企业是排污耗能的关键源头，也是防污治污的中流砥柱。企业防污治污需要付出人力、技术和资金成本，其中以利益至上、顾忌治污成本的企业继续污染或消极治污；考虑政府处罚、环境效益和社会声誉的企业则选择积极履责，即企业的策略为｛积极履责，消极履责｝。政府作为环境规制的执行者，不仅面临地方经济发展、绩效考核的双重压力，而且需要负担环境监督成本。为此，政府选择消极履责策略。但是，顾忌社会声誉、以人为本和社会效益，政府严格实行限制生产、超排罚款和财税补贴等环境规制手段。因此，政府的策略为｛积极履责，消极履责｝。公众和社会组织参与环境保护行动需要付出资金和时间成本，但是能够从环境质量改善中的直接受益。因此，公众与社会组织的策略为｛参与环保，不参与环保｝。

假设3：企业积极履责的概率为x，则消极履责的概率为（$1-x$）。政府积极履责的概率为y，则消极履责的概率（$1-y$）。公众与社会组织参与环保的概率为z，不参与环保的概率为（$1-z$）其中，x、y、z的取值范围均为$[0, 1]$。

二、参数设定

根据上述假设，本书结合各个环境责任主体的利益诉求和利益关系，设置了多主体环境责任演化博弈的损益参数指标，具体指标见表27-1。

对于企业而言，企业积极履责的成本为C_1，综合税率为t。受资金和技术的限制，治污对企业造成的经济损失为ΔV_1，同时获得政府补贴B、税率减免δ、

环境收益为 V_2 和社会声誉收益 V_3。企业消极履责时，治污力度为 α，获得经济收益为 V_1。此时，企业不仅面临地方政府的行政处罚 F，而且造成社会声誉损失 S_1 和环境损失 S_3。

表 27 - 1　　多元主体环境责任演化博弈的参数指标

损益参数指标	含义
C_1	企业治污成本
C_2	政府监管成本
C_3	公众与社会组织参与成本
V_1	企业消极履责获得的经济收益
V_2	企业积极履责获得的环境收益
V_3	企业积极履责获得的社会声誉
V_4	政府积极履责获得的社会声誉
V_5	公众与社会组织参与环保获得的精神收益
ΔV_1	企业积极履责造成的经济损失
S_1	企业消极履责造成的声誉损失
S_2	政府消极履责造成的声誉损失
S_3	企业消极履责造成的环境损失
B	政府积极履责给予积极履责企业的补助
F	政府积极履责给予消极履责企业的处罚
H	政府积极履责给予参与环保公众的奖励
α	企业治污力度
β	政府监管力度
γ	公众与社会组织参与力度
δ	政府积极履责给予积极履责企业的减免税率
t	企业综合税率
θ	政府政绩考核中环境质量指标的权重系数
π	公众与社会组织从环境中受益（受害）程度

对于政府而言，积极履责须建立在人力、物力和财力等诸多要素的消耗上，即积极监管综合成本为 C_2。政府通过有效的监管在社会群体中的公信力得以提

升 V_4，并且在政绩考核体系中生态保护与环境治理指标的权重为 θ。同时，政府给予积极履责的企业环境治理补贴 B 和税率减免 δ，以及公众与社会组织的环保参与行为奖励 H，并且对企业消极履责处以行政处罚 F。政府消极履责时，监管力度为 β，受到社会声誉损失 S_2。

对于公众与社会组织而言，参与环保行动的成本为 C_3，参与力度为 γ。同时，公众与社会组织从环境中受益或者受害的程度为 π，并且其参与环境环保行动获得精神收益 V_5 和物质奖励 H。在公众和社会组织参与下，企业消极履责被发现的概率升至 $\beta^{1-\gamma}$，环境恶化而产生的环境损失 S_3。

三、模型构建

基于上述多主体环境责任的博弈模型假设与相关参数设定，政府、企业、公众与社会组织环境责任之间的博弈将形成 8 种可能的结果，具体的支付矩阵如表 27－2 所示。在生态环境协同治理中，政府、企业、公众与社会组织作为有限理性的环境责任主体，它们以自身效益最大化为出发点，通过不断调整、反复博弈的演化过程，最终选择最优策略。借助支付函数，分别构建政府、企业、公众与社会组织履行环境责任的复制动态方程，并且通过求解复制动态方程，寻求各个环境责任主体的演化稳定策略。

表 27－2　　多元主体环境责任演化博弈的支付矩阵

参与方及策略		政府			
		积极履责 y		消极履责 $1-y$	
公众		参与环保 z	不参与环保 $1-z$	参与环保 z	不参与环保 $1-z$
企业	积极履责 x	$(1-t\delta)(V_1-\Delta V_1)-C_1+\gamma V_3+B$ $t\delta(V_1-\Delta V_1)-C_2+\theta V_2+\gamma V_4-B-H$ $\gamma V_5-\gamma C_3+\pi V_2+H$	$(1-t\delta)(V_1-\Delta V_1)-C_1+B$ $t\delta(V_1-\Delta V_1)-C_2+\theta V_2-B$ πV_2	$(1-t)(V_1-\Delta V_1)-C_1+\gamma V_3$ $t(V_1-\Delta V_1)-\beta C_2+\theta V_2-\gamma S_2$ $\gamma V_5-\gamma C_3+\pi V_2$	$(1-t)(V_1-\Delta V_1)-C_1 t(V_1-\Delta V_1)-\beta C_2+\theta V_2 \pi V_2$
	消极履责 $1-x$	$(1-t)V_1-\alpha C_1-\gamma S_1-F$ $tV_1-C_2+\gamma V_4-\theta S_3+F-H\gamma V_5-\gamma C_3-\pi S_3+H$	$(1-t)V_1-\alpha C_1-F$ $tV_1-C_2-\theta S_3+F$ $-\pi S_3$	$(1-t)V_1-\alpha C_1-\gamma S_1-\beta^{1-\gamma}F$ $tV_1-\beta C_2-\gamma S_2-\theta S_3+\beta^{1-\gamma}F$ $\gamma V_5-\gamma C_3-\pi S_3$	$(1-t)V_1-\alpha C_1-\beta F t V_1-\beta C_2-\theta S_3+\beta F-\pi S_3$

企业采取“积极履责”和“消极履责”行动策略时，其期望收益为 U_{11}、U_{12}：

$$U_{11}=y\{z[(1-t\delta)(V_1-\Delta V_1)-C_1+\gamma V_3+B]+(1-z)[(1-t\delta)(V_1-\Delta V_1)-C_1+B]\}$$
$$+(1-y)\{z[(1-t)(V_1-\Delta V_1)-C_1+\gamma V_3]+(1-z)[(1-t)(V_1-\Delta V_1)-C_1]\} \tag{27.1}$$

$$U_{12}=y\{z[(1-t)V_1-\alpha C_1-\gamma S_1-F]+(1-z)[(1-t)V_1-\alpha C_1-F]\}$$
$$+(1-y)\{z[(1-t)V_1-\alpha C_1-\gamma S_1-\beta^{1-\gamma}F]+(1-z)[(1-t)V_1-\alpha C_1-\beta F]\} \tag{27.2}$$

企业采取混合策略时，平均期望收益为：$\overline{U}_1=xU_{11}+(1-x)U_{12}$。根据式（27.1）、式（27.2），企业采取“积极履责”策略的复制动态方程为：

$$\begin{aligned}F_1(x,\ y,\ z)=\frac{\mathrm{d}x}{\mathrm{d}t}&=x(U_{11}-\overline{U}_1)\\&=x(1-x)\{-(1-t)\Delta V_1-(1-\alpha)C_1+\beta F\\&\quad+y[t(1-\delta)(V_1-\Delta V_1)+B+(1-\beta)F]\\&\quad+z(\gamma V_3+\gamma S_1-\beta F+\beta^{1-\gamma}F)+yz(\beta F-\beta^{1-\gamma}F)\}\end{aligned} \tag{27.3}$$

同理，政府采取“积极履责”策略的复制动态方程为：

$$\begin{aligned}F_2(x,\ y,\ z)=\frac{\mathrm{d}y}{\mathrm{d}t}&=y(U_{21}-\overline{U}_2)\\&=y(1-y)\{-(1-\beta)C_2+(1-\beta)F\\&\quad+x[-t(1-\delta)(V_1-\Delta V_1)-B-(1-\beta)F]\\&\quad+z(\gamma V_4+\gamma S_2-\beta^{1-\gamma}F+\beta F-H)+xz(\beta^{1-\gamma}F-\beta F)\}\end{aligned} \tag{27.4}$$

同理，公众与社会组织采取“参与环保”策略的复制动态方程为：

$$F_3(x,\ y,\ z)=\frac{\mathrm{d}z}{\mathrm{d}t}=z(U_{31}-\overline{U}_3)=z(1-z)(\gamma V_5-\gamma C_3+yH) \tag{27.5}$$

第四节　演化博弈分析

一、演化博弈局部均衡解

根据上述分析，企业、政府、公众与社会组织环境责任演化博弈的三维动力系统的表现形式为：$\{F_1(x,\ y,\ z),\ F_2(x,\ y,\ z),\ F_3(x,\ y,\ z)\}$。为了简化运算的过程，令 $e_1=t(1-\delta)(V_1-\Delta V)_1+B+(1-\beta)F$，$e_2=\beta^{1-\gamma}F-\beta F$，$w_1=$

$-(1-t)\Delta V_1-(1-\alpha)C_1+\beta F$，$w_2=-(1-\beta)C_2+(1-\beta)F$，$w_3=\gamma V_5-\gamma C_3$，其中 $e_1>0$，$e_2>0$。因此，多主体环境责任的复制动态方程组简化为以下方程组：

$$\begin{cases} F_1(x, y, z)=x(1-x)[w_1+ye_1+z(\gamma V_3+\gamma S_1+e_2)-yze_2] \\ F_2(x, y, z)=y(1-y)[w_2-xe_1+z(\gamma V_4+\gamma S_2-e_2-H)+xze_2] \\ F_3(x, y, z)=z(1-z)(w_3+yH) \end{cases} \quad (27.6)$$

企业、政府、公众与社会组织在履行环境责任时，动态调整其策略选择和环境治理行为，直至达到纳什均衡。令 $F_1(x, y, z)=0$、$F_2(x, y, z)=0$ 和 $F_3(x, y, z)=0$，可得 9 个可能的均衡点：(0, 0, 0)、(0, 0, 1)、(0, 1, 0)、(1, 0, 0)、(1, 1, 0)、(1, 0, 1)、(0, 1, 1)、(1, 1, 1)、(x^*, y^*, z^*)。

二、均衡点的稳定性分析

根据李雅普诺夫稳定性理论，雅可比矩阵的特征值可以确定局部均衡点的渐进稳定性，从而寻找出演化稳定策略（ESS）。对于雅可比矩阵的特征值而言，若均具有负实部时，该均衡点为系统的演化稳定点；若均具有正实部时，该均衡点为系统的不稳定点；若具有一正实部和一负实部时，该均衡点为系统的鞍点。因此，根据式（27.6）复制动态方程组，分别对 x，y，y 求偏导，得到企业、政府、公众与社会组织环境责任的雅可比矩阵，具体公式如下：

$$J=\begin{bmatrix} \frac{dF_1(x, y, z)}{dx} & \frac{dF_1(x, y, z)}{dy} & \frac{dF_1(x, y, z)}{dz} \\ \frac{dF_2(x, y, z)}{dx} & \frac{dF_2(x, y, z)}{dy} & \frac{dF_2(x, y, z)}{dz} \\ \frac{dF_3(x, y, z)}{dx} & \frac{dF_3(x, y, z)}{dy} & \frac{dF_3(x, y, z)}{dz} \end{bmatrix} \quad (27.7)$$

为判断均衡点是否能表征行为策略为演化稳定策略以及具备演化稳定性的条件，本节利用雅可比矩阵（见式 27.7），全面分析上述 9 个可能的局部均衡点的稳定性，详细结果见表 27－3。

表 27－3　　多元主体环境责任的演化稳定性分析

均衡点	演化结果	形成条件
A(0, 0, 0)	ESS	$-(1-t)\Delta V_1-(1-\alpha)C_1+\beta F<0$ $-(1-\beta)C_2+(1-\beta)F<0$ $\gamma V_5-\gamma C_3<0$

续表

均衡点	演化结果	形成条件
B(0, 0, 1)	ESS	$-(1-t)\Delta V_1-(1-\alpha)C_1+\beta^{1-\gamma}F+\gamma V_3+\gamma S_1<0$ $-(1-\beta)C_2+(1-\beta^{1-\gamma})F+\gamma V_4+\gamma S_2-H<0$ $\gamma V_5-\gamma C_3<0$
C(0, 1, 0)	ESS	$(1-t\delta)(V_1-\Delta V_1)-(1-t)V_1-(1-\alpha)C_1+F+B<0$ $(1-\beta)C_2-(1-\beta)F<0$ $\gamma V_5-\gamma C_3+H<0$,
D(1, 0, 0)	ESS	$(1-t)\Delta V_1+(1-\alpha)C_1-\beta F<0$ $-t(1-\delta)(V_1-\Delta V_1)-(1-\beta)C_2-B<0$ $\gamma V_5-\gamma C_3<0$
E(0, 1, 1)	ESS	$(1-t\delta)(V_1-\Delta V_1)-(1-t)V_1-(1-\alpha)C_1+F+B+\gamma V_3+\gamma S_1<0$ $(1-\beta)C_2-(1-\beta^{1-\gamma})F-\gamma V_4-\gamma S_2+H<0$ $\gamma C_3-\gamma V_5-H<0$
F(1, 0, 1)	ESS	$(1-t)\Delta V_1+(1-\alpha)C_1-\beta^{1-\gamma}F-\gamma V_3-\gamma S_1<0$ $-t(1-\delta)(V_1-\Delta V_1)-(1-\beta)C_2-B+\gamma V_4+\gamma S_2-H<0$ $\gamma V_5-\gamma C_3<0$
G(1, 1, 0)	不稳定	任何条件下都不稳定
H(1, 1, 1)	ESS	$(1-t)V_1-(1-t\delta)(V_1-\Delta V_1)+(1-\alpha)C_1-F-B-\gamma V_3-\gamma S_1<0$ $t(1-\delta)(V_1-\Delta V_1)+(1-\beta)C_2+B-\gamma V_4-\gamma S_2+H<0$ $\gamma C_3-\gamma V_5-H<0$
I(x^*, y^*, z^*)	鞍点	任何条件下都是鞍点

由表 27 - 3 可知，在多主体环境责任的博弈中，博弈各方的初始状态和相关参数直接影响到各个环境责任主体的演化稳定策略，即不同的参数和状态会驱使企业、政府、公众与社会组织的博弈结果向不同的方向演化，具有不同的博弈行为以及策略选择。

对于均衡点 A(0, 0, 0) 而言，当 $w_1<0$，$w_2<0$，$w_3<0$ 时，该均衡点为演化系统的稳定点，即 $-(1-t)\Delta V_1-(1-\alpha)C_1+\beta F<0$，$-(1-\beta)C_2+(1-\beta)F<0$，

当 $\gamma V_5-\gamma C_3<0$ 时，演化稳定策略为｛消极履责，消极履责，不参与环保｝。此时，企业治污成本大于消极履责的违法成本，同样政府监管成本超过积极履责所获得的收益，即市场失灵和政府失灵的情况。同时，公众参与环境治理成本大于精神收益。在这种情况下，生态环境质量将严重恶化，“公地悲剧”越来越严峻，最终不适宜人类生存居住。

对于均衡点 B(0，0，1）而言，当 $w_1+e_2+\gamma V_3+\gamma S_1<0$，$w_2-e_2+\gamma V_4+\gamma S_2-H<0$，当 $-w_3<0$ 时，该均衡点为演化系统的稳定点，即 $-(1-t)\Delta V_1-(1-\alpha)C_1+\beta^{1-\gamma}F+\gamma V_3+\gamma S_1<0$，$-(1-\beta)C_2+(1-\beta^{1-\gamma})F+\gamma V_4+\gamma S_2-H<0$，当 $\gamma V_5-\gamma C_3<0$ 时，演化稳定策略为｛消极履责，消极履责，参与环保｝。此时，政府严格执行环境规制的成本高，各项收益之和小于监管成本。在政府执法意愿不足时，企业环境污染行为被监管发现的违法成本低于积极治污成本。但是，随着习近平生态文明思想的传播和公众参与力度的加大，各级政府逐渐取消以地区生产总值作为唯一的考核标准，并相继推行生态优先、民生优先的政绩考评方式。因此，在当前生态文明建设下，政府更倾向于以巨大监督成本换取更多的社会公众声誉回报。

对于均衡点 C(0，1，0）而言，当 $w_1+e_1<0$，$-w_2<0$，$w_3+H<0$ 时，该均衡点为演化系统的稳定点，即 $(1-t\delta)(V_1-\Delta V_1)-(1-t)V_1-(1-\alpha)C_1+F+B<0$，$\gamma V_5-\gamma C_3+H<0$，当 $(1-\beta)C_2-(1-\beta)F<0$ 时，演化稳定策略为｛消极履责，积极履责，不参与环保｝。企业是营利性组织，积极履责的收益大于治污成本，即 $(1-t\delta)(V_1-\Delta V_1)>C_1$；消极履责的收益也大于其成本，即 $(1-t)V_1>\alpha C_1$；而积极履责势必会造成人力、物力和财力等资源的消耗，综合成本猛然升高，即 $C_1>\alpha C_1$。由于政府对污染物排放量的严格监管，高能耗、高排放的企业被限制生产，甚至停产整治，这将导致企业经济效益的降低。与此同时，各地政府纷纷出台较大力度的节能环保补贴政策。比如，广州市对重点污染源防止项目最高奖励金额不超过 500 万元；杭州市的污染治理单个项目最高不超过 300 万，不超过实际投资总额的 30%；佛山市为改善空气治理，设立最高奖励 200 万元的大气污染防治技改项目和每年 6 000 万元的环保扶持奖励专项资金。除环保补贴和奖励外，企业积极履责将获得增值税、企业所得税、资源税等税种的优惠政策，而消极履责受到行政罚款。此时，企业积极履责的整体盈利远超过企业消极履责的盈利，即 $(1-t\delta)(V_1-\Delta V_1)-C_1+B>(1-t)V_1-\alpha C_1-F$，企业将选择积极履责策略。

对于均衡点 D(1，0，0）而言，当 $-w_1<0$，$w_2-e_1<0$，$w_3<0$ 时，该均衡点为演化系统的稳定点，即 $(1-t)\Delta V_1+(1-\alpha)C_1-\beta F<0$，$-t(1-\delta)(V_1-\Delta V_1)-(1-\beta)C_2-B<0$，当 $\gamma V_5-\gamma C_3<0$ 时，演化稳定策略为｛积极履责，消

极履责，不参与环保}。此时，政府严格规制的成本高，企业积极履责所发生的成本较低，并且公众参与环境治理收益低于成本。在没有政府严格监管和公众监督下，企业自觉地积极履责，这是一种理想情况。当企业在察觉到政府监管松懈后，积极履责造成的经济损失大于消极履责的行政罚款，即 $(1-t)\Delta V_1>\beta F$。此时，企业不再积极履责，而是转向消极履责的策略。

对于情形 E(0，1，1) 而言，当 $w_1+e_1+\gamma V_3+\gamma S_1<0$，$-(w_2-e_2+\gamma V_4+\gamma S_2-H)<0$，当 $-(w_3+H)<0$ 时，该均衡点为演化系统的稳定点，即 $\gamma C_3-\gamma V_5-H<0$，$(1-t\delta)(V_1-\Delta V_1)-(1-t)V_1-(1-\alpha)C_1+F+B+\gamma V_3+\gamma S_1<0$，当 $(1-\beta)C_2-(1-\beta^{1-\gamma})F+H<\gamma V_4+\gamma S_2$ 时，演化稳定策略为 {消极履责，积极履责，参与环保}。此时，企业积极履责的净收益小于消极履责的净收益，而政府严格监管能取得比成本高的较好收益，公众参与治理也能获得一定收益。虽然政府严格监管，但是由于违法成本较低、公众参与度较低或者治污成本较高，企业并没有放弃消极履责的策略。当政府意识到环境监管的不到位时，行政处罚力度不断加强。此外，随着公众参与环境治理的力度加大，企业还将遭受巨大的社会声誉损失。企业消极履责的成本远高于积极履责造成的经济损失和治污成本，即 $F+\gamma V_3+\gamma S_1>(1-t)\Delta V_1+C_1$，这将会促使企业改变策略。

对于情形 F(1，0，1) 而言，当 $-(w_1+e_2+\gamma V_3+\gamma S_1)<0$，$w_2-e_1+\gamma V_4+\gamma S_2-H<0$，当 $-w_3<0$ 时，该均衡点为演化系统的稳定点，即 $(1-t)\Delta V_1+(1-\alpha)C_1-\beta^{1-\gamma}F-\gamma V_3-\gamma S_1<0$，$-t(1-\delta)(V_1-\Delta V_1)-(1-\beta)C_2-B+\gamma V_4+\gamma S_2-H<0$，当 $\gamma V_5-\gamma C_3<0$ 时，演化稳定策略为 {积极履责，消极履责，参与环保}。此时，公众环境责任收益大于参与成本时，更倾向于参与环境保护的策略。当公众参与度保持不变时，政府消极履责所造成的公信力降低幅度与积极履责所引起的公信力提升幅度基本一致，即 $\gamma V_4=\gamma S_2$。政府积极履责的成本大于消极履责的成本（$C_2>\beta C_2$），同时由于企业积极履责和公众参与环境治污，政府积极履责的财政净收益却小于消极履责的财政净收益，即 $t\delta(V_1-\Delta V_1)-B-H<t(V_1-\Delta V_1)$。但是，政府出于“生态环境是最普惠的民生福祉”的政治绩效考核诉求，将竭尽所能维护自身社会声誉以及提高其公信力，即 $t\delta(V_1-\Delta V_1)-B-H-C_2+\gamma V_4>t(V_1-\Delta V_1)-\beta C_2-\gamma S_2$。此外，公众的参与力度有限，无法达到政府监管的效果。也就是说，企业消极履责所造成的声誉损失无法超过积极履责的成本和经济损失。因此，当企业察觉到政府的消极履责策略时，依然会改为消极履责的策略。

对于情形 H(1，1，1) 而言，当 $-(w_1+e_1+\gamma V_3+\gamma S_1)<0$，$-(w_2-e_1+\gamma V_4+\gamma S_2-H)<0$，$-(w_3+H)<0$ 时，该均衡点为演化系统的稳定点，即 $\gamma C_3-\gamma V_5-H<0$，$(1-t\delta)\Delta V_1-(1-\delta)tV_1+(1-\alpha)C_1-F-B<\gamma V_3+\gamma S_1$，当 $t(1-\delta)$

$(V_1-\Delta V_1)+(1-\beta)C_2+B+H<\gamma V_4+\gamma S_2$ 时，演化稳定策略为｛积极履责，积极履责，参与环保｝。此时，企业消极履责需要付出较高的违法成本，净收益远远小于积极履责的净收益。政府从严管控获得的政治收益大于其监管成本、企业补贴成本和公众激励成本的总和。公众参与环保的额外收益大于付出的成本。这时，各主体都将在环境治理中有利可图，从而达到协同治理。随着公众参与环境治理的不断深入，政府宽松监管和企业消极履责都将会遭受严重的声誉损失，同时企业违法成本也水涨船高。因此，这使在有限理性条件下，企业、政府、公众选择｛积极履责，积极履责，参与环保｝的稳定策略是现实的最佳情形。

第五节　数值模拟与仿真分析

为了各个环境责任主体行为的演化趋势可视化，本节通过数据模拟，仿真检验前文的多主体环境责任演化博弈模型及相关结论。对于｛积极履责，积极履责，参与环保｝的演化稳定策略而言，政府加大对企业环境治理的监管力度，实施严格的奖惩政策，引导公众积极参与环保；企业违法成本大幅提高，并且通过政府治污奖励政策弥补其利益损失；公众通过积极参与环境治理，获得物质奖励和成就感。为了更清晰明了地模拟稳定策略下的演化路径，本书采用 MATLAB 软件对式（27.6）进行数据仿真。根据前文演化稳定策略的条件，取 $\alpha=0.3$，$\beta=0.4$，$\gamma=0.4$，$\delta=0.2$，$t=0.4$，$C_1=4$，$C_2=3$，$C_3=1$，$V_1=15$，$\Delta V_1=4$，$V_3=6$，$V_4=10$，$V_5=4$，$S_1=6$，$S_2=10$，$B=0.4$，$F=0.2$，$H=0.1$，企业治污、政府监督、公众参与的初始概率分别为 0.3、0.5 和 0.4，具体演化路径见图 27－2。随着时间的推移，政府、企业、公众的演化速度依次递减，企业和公众的行为存在时滞。当 $t=5$ 时，｛积极履责，积极履责，参与环保｝的稳定策略得以实现。这充分证实企业的治污行为和公众的参与行为都与政府的监管策略息息相关。此外，本节基于初始模型，从政府环境规制、企业环境治理、公众与社会组织环境参与三个角度，分别探讨不同因素对该演化博弈模型的影响程度。

一、政府环境规制的动态影响

监管成本 C_2、监管强度 β、处罚力度 F、环境补贴 B、参与奖励 H 和税收优

惠 δ 等变量的变化表征政府环境规制对多主体环境责任演化均衡策略的影响，具体演化路径见图 27－3。随着政府监管成本的下降、监管强度的加深、处罚力度的加强、环保补贴的增加、参与奖励的提高和税收优惠的加大，企业策略收敛到积极履责的速度增快，而公众只受到环保奖励的影响，即随着环保奖励的提高，环保参与度不断提升。此外，这些因素对政府策略演化的影响有限，大致分成两类：其一，监管成本的降低、监管强度和参与奖励的提高加速收敛到积极履责；其二，处罚力度、环境补贴和税收优惠的增加降低收敛到积极履责的速度。

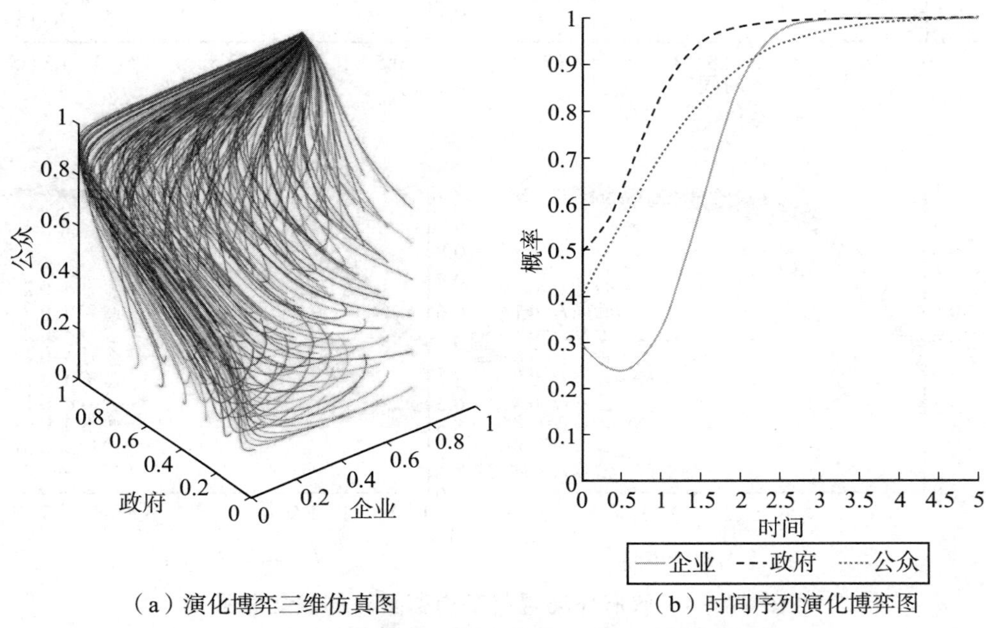

（a）演化博弈三维仿真图　　（b）时间序列演化博弈图

图 27－2　多元主体环境责任演化博弈的数据仿真图

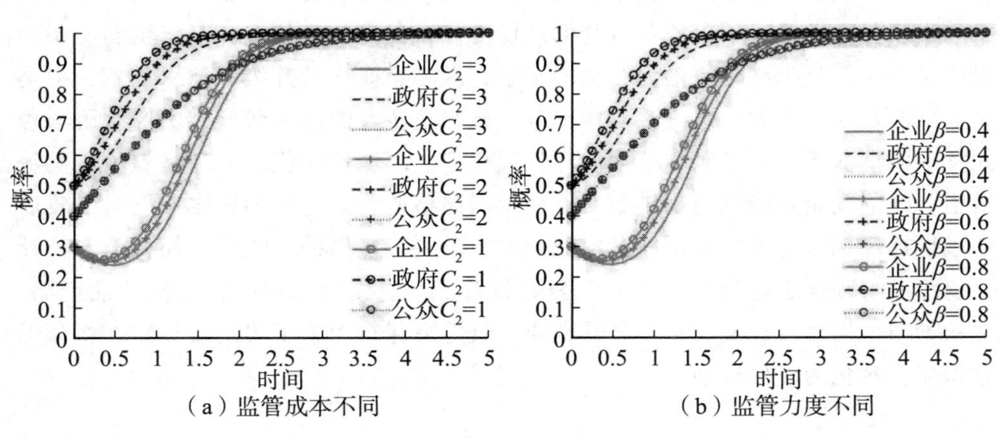

（a）监管成本不同　　（b）监管力度不同

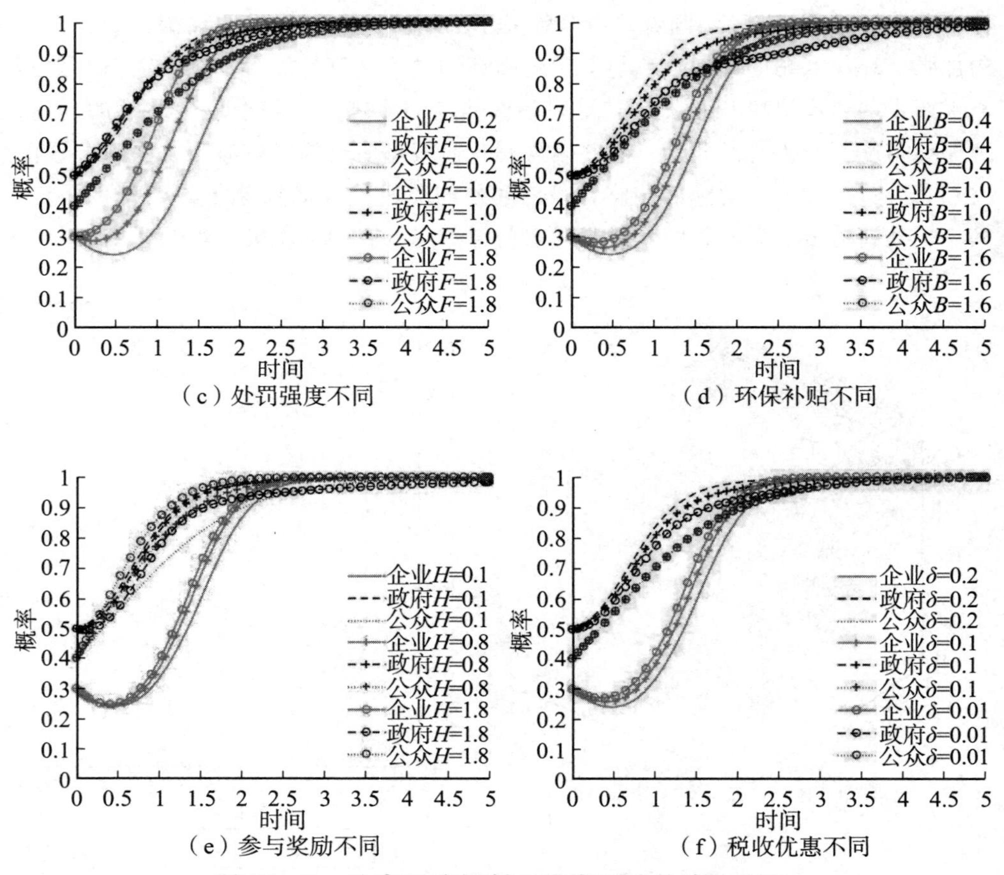

（c）处罚强度不同　　（d）环保补贴不同

（e）参与奖励不同　　（f）税收优惠不同

图 27-3　政府环境规制下均衡策略的演化路径

由此可见，政府通过降低监管成本、加强环境监管处罚力度以及完善环保补助和税收优惠政策，不仅履行自身的环境责任，提高监管效能，坚定生态文明建设的决心，而且弥补企业治污资金的不足，激励企业产品升级和技术创新，提高企业环保自律。比如，地方政府在充分考虑当地企业的排污状况、生产水平与税收标准的情况下，通过制定合理的环保税税率、环境税收优惠、环保专项奖励等措施，既降低企业绿色转型压力，也减少因严格监管而付出的成本。同时，政府通过推行环保行为奖励机制，激发公众参与生态环境保护的热情，挖掘公众与社会组织参与环保事业所蕴藏的巨大公共收益潜力。比如，对购置低碳节能产品、主动参与生活垃圾分类、乘坐公共交通工具等环保行为给予奖励或补贴，将环保意识切实转化为环保行动。

二、企业环境治理的动态影响

治理成本 C_1、治污力度 α、经济收益 V_1 和治污亏损 ΔV_1 四个变量的变化表征企业环境治理行为对多元主体环境责任协同演化均衡策略的影响，具体演化路径见图 27－4。企业治污盈利、治污力度对企业和政府的策略演化影响明显，而对公众的策略演化未产生任何作用。其中，随着治理盈利和治污力度的提高，企业均衡策略收敛的速度加快，但是政府策略演化速度有所放缓。此外，在企业高治污力度和高治污盈利下，企业的演化速度将超过政府，即企业率先作出积极履行环境责任的决策行为，而政府在权衡利弊之后再作出积极履责的策略选择。

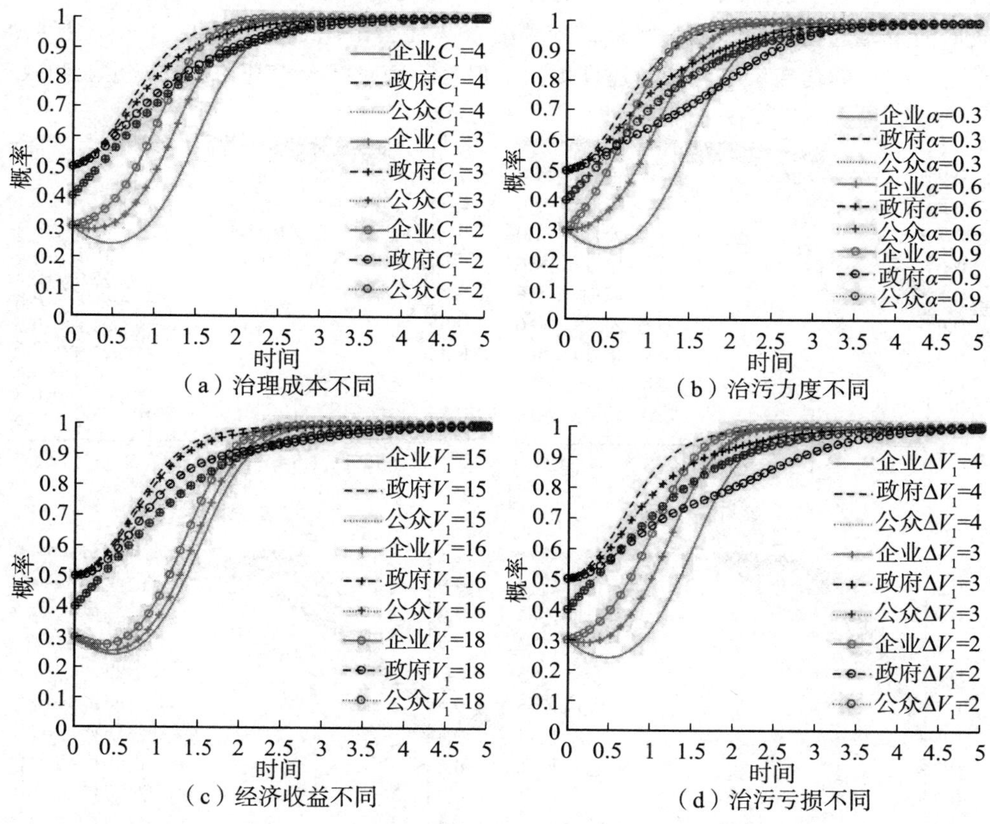

（a）治理成本不同　（b）治污力度不同

（c）经济收益不同　（d）治污亏损不同

图 27－4　企业环境治理下均衡策略的演化路径

由此可见，治污的盈利状况直接关联到企业策略的选择，那么企业如何降低治污成本和提高治污经济收益是其选择积极履行环境责任的关键之处。因此，企业面对成本和环保双重压力，应紧跟新时代绿色发展趋势，精准把握新时代生态文明建设的发展机遇，及早意识到绿色转型升级的潜在收益，为降低治污成本和提高产品效益主动寻求绿色技术创新和绿色产品创新，进而推动企业走向绿色高质量发展的良性循环。

三、公众与社会组织环境参与的动态影响

参与成本 C_3、参与力度 γ、精神收益 V_5、企业社会声誉（V_3 和 S_1）和政府社会声誉（V_4 和 S_2）等变量的变化表征公众与社会组织环境参与行为对多元主体环境责任协同演化均衡策略的影响，具体演化路径见图 27－5。公众与社会组织参与环保成本的降低、精神收益的提高都加速公众、企业均衡策略收敛，但对政府的策略选择影响不大。另外，随着公众与社会组织参与力度的加大，企业、政府、公众的均衡策略收敛的速度加快。但是，面对社会声誉的提升，企业和政

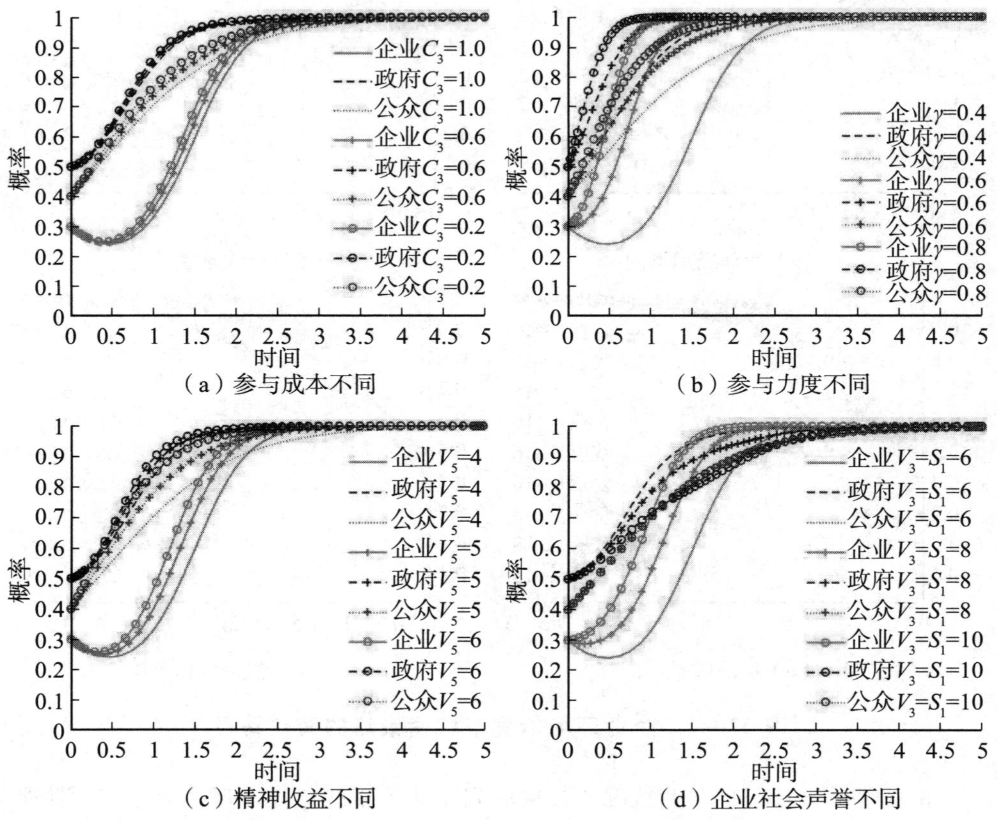

（a）参与成本不同　（b）参与力度不同
（c）精神收益不同　（d）企业社会声誉不同

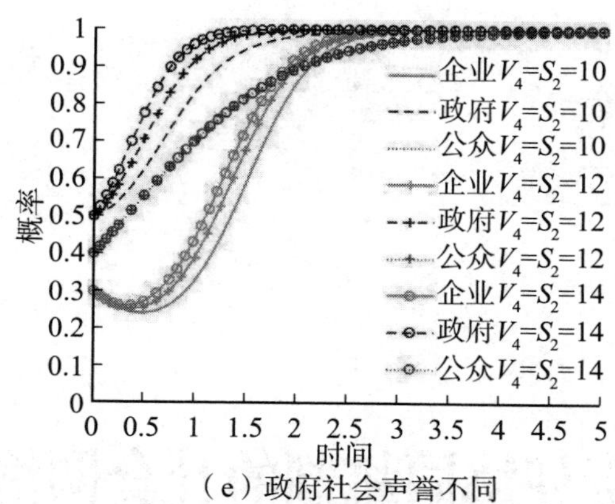

（e）政府社会声誉不同

图 27－5　公众与社会组织环境参与下均衡策略的演化路径

府的策略演化路径大相径庭。其中，企业社会声誉的提高加速企业均衡策略收敛，降低政府均衡策略选择速度；政府社会声誉的提高既加速了企业均衡策略收敛，也加速了政府均衡策略收敛。

由此可见，公众与社会组织参与环境治理不仅有利于政府环境责任的落实，也有助于企业环境责任的履行。由于参与生态保护和环境治理是法律赋予每位公民的权利，公众与社会组织有权监督其他环境责任主体，并且了解它们的环境决策与环境信息。同时，随着中央推进生态文明建设的指导思想，公众参与环境治理的基本要素日益完善，节约意识、环保意识、生态意识逐渐形成。这种爱护生态环境的良好风气促使地方政府在经济发展中引入绿色 GDP 概念，改变盲目追求虚高 GDP 而放任环境违法违规的做法。与此同时，由于公众践行绿色消费的提高，绿色产品和绿色服务的市场需求日益增大。这种公众选择无公害商品的情形迫使生产企业在产品研发和制造中减少有害、有毒物质的摄入，提高其绿色产品供给质量。此外，社会组织通过组织治理大气与流域污染活动、普及生活垃圾分类知识、介入环境公益维权等专项环保举措，搭建政府与公众之间的互动交流桥梁，对环境监管的政府、治污减排的企业、环境参与的公众都具有一定的助推作用，从而在一定程度上遏制“政府失灵”和“市场失灵”现象频发。

第二十八章

环境责任协同机制的社会网络研究

第一节 问题提出

绿色发展、循环发展、低碳发展是中国经济高质量发展的内在要求和根本保障。中国政府向国际社会郑重承诺“2030 年前实现碳达峰、2060 年前实现碳中和”的双碳目标。减污降碳成为了“十四五”期间生态环境保护的主要目标，环境治理事业开启了一个全新的发展模式。诚然如此，雾霾、沙尘、污染物泄露等各类突发环境事件屡见不鲜，二氧化硫排放量持续上升。政府、企业、公众和社会组织作为生态环境治理的相关利益者，应在环境保护中承担相应的责任。根据第四章的演化博弈分析结果，政府环境规制、企业环境治理和公众环境参与能够有效推动区域内多元主体环境责任协同。然而，面对生态环境系统性、要素流动性等特征，单纯区域内防污治污的成效十分有限，难以根本性改善环境质量。这进一步推动多元主体环境责任协同跨越区域界线，拓宽至全地域。因此，深入探讨跨区域多元主体环境责任协同社会关联网络的结构特征既对提升环境治理效率具有现实意义，又对促进全地域环境保护协同具有战略意义。

网络普遍存在于社会活动和生态环境之中（范如国，2014）。结合前文论述，多元主体环境责任协同实质上是一个开放而复杂的演化网络系统。政府、企业、公众和社会组织在该系统中处于截然不同的位置，目标和利益的差异性阻碍它们之间协同、自组织（Qin et al.，2019）。政府的环境决策责任促使企业履行环境责任，政府与企业有效的合作有利于固体废物排放（Chen et al.，2020）。同时，政府环境税收正向激励企业承担环境责任，促进绿色创新能力提升（张安军，2022）。多元共治模式力图弥补单一治理机制的不足，最大限度产生多元协同治理效应。但是，受治理主体权力结构分散化、部门间信息共享性有限、社会力量参与有效性低等现象的影响，多元环境共治模式低效运转（詹国彬和陈健鹏，2020）。区域环境治理模式由单核凸显型向多元协同型演变，逐渐形成区域环境共治网络（锁利铭等，2021）。

根据第二十六章多元主体环境责任协同水平的测度结果，各城市协同水平存在空间差异性特征，但是传统的空间计量方法难以揭露多主体环境协同空间关联网络的结构特征。随着城市之间经济、社会、生态等事务联系日益紧密，跨区域空间关联逐渐显现出繁杂多变的网络结构形态，从空间关联网络出发研究生态环境问题成为新趋势。因此，结合政府、企业、公众与社会组织的环境责任内涵和协同理论，本章基于多元主体环境责任协同空间关联网络，以2008～2019年中国120个地级市及以上城市为基础，运用改进的引力模型，建立中国多元主体环境责任协同空间关联网络矩阵，并采用社会网络分析方法，深度剖析该社会关联网络的结构特征及其影响因素，为现阶段促进跨区域环境责任协同提供理论依据与经验证据。

第二节　理论机理

根据社会网络理论，环境责任主体在不同区域之间通过社会网络的强弱连接，不断获取信息和资源，进而通过彼此交流与合作，形成信息、技术、知识以及资源的溢出效应，最终构成一个庞大而复杂的空间关联网络。同时，根据协同治理理论，多元主体环境责任协同被认为是一个错综复杂且开放互联的系统，由政府、企业、公众与社会组织等环境责任主体子系统构成，这既是各个子系统之间合作，也是各个子系统内部之间的合作协同。另外，根据各个主体利益关系及其诉求，多元主体环境责任协同的关键在于调和不同利益主体之间的矛盾。社会关联网络强调信任与协作，不同于等级制的统制与市场制的角逐（竺乾威，2016），而是通过各个责任主体之间的相互沟通、相互协调，有效化解上述冲突与矛盾，从而构建一种紧密耦合的多元协同体系。

依据“山水林田湖草是一个生命共同体”，跨区域多元主体环境责任协同系统内部互相依赖，形成一个完整的、系统的环境责任空间布局。作为创建多主体环境责任共同体的关键举措，协同共治是通过推翻传统模式中自上而下的等级结构，建立上下平等合作的多元网络参与机制，以此克服政府命令与企业服务治理方式的弊端（潘加军和刘焕明，2019）。为了充分发挥各个治理主体的优势，政府恪守“双向协调、平等协作”理念，革新权力集中管理制度，放权或分权于企业、公众、社会组织等其他环境责任主体，建立权力运转的多元联动网络。随着环境治理主体的多元化以及环境政策作用范围的扩大化，以政府、企业、社会组织和公众为主的交叉式网络结构关系也逐渐形成（见图 28－1）。

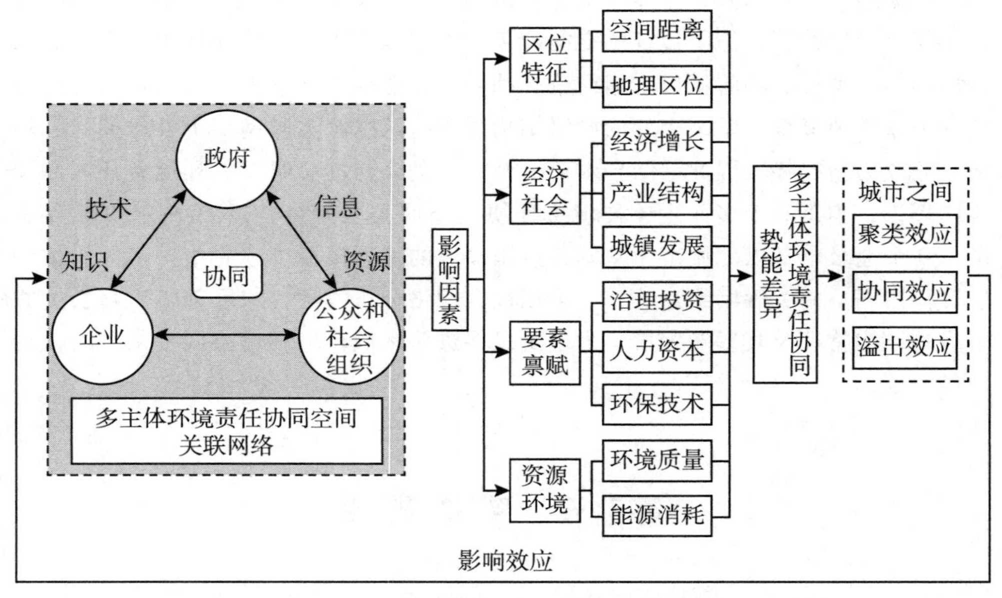

图 28－1　基于社会网络的多元主体环境责任协同机制示意

不同环境责任主体之间通过对话、沟通、协商等良性互动形式，交流专业知识、环境信息、治理资源和环保技术，在动态平衡的环境中实现共同收益。在信息公开的基础上，各主体之间保持环境信息交流通畅，建立相互信任的桥梁，并以此为契机发挥各自优势，突破各自为政的“主体困境”，最终共同解决复杂的环境问题。这种自上而下与自下而上相结合的网络化互动机制有利于缓解环境利益冲突，防止政府与市场结合对公众环境利益进行侵害，并且有助于公众与社会组织高效行使其环境参与权、知情权和监督权。

基于社会网络理论，各城市多元主体环境责任协同的空间关联网络是由信息流、资源流、技术流、知识流等要素空间流动而逐渐形成的。在这种情况下，城市的区位特征、经济社会发展水平、要素禀赋和资源环境质量共同影响环境质量协同复杂空间网络的结构（赵林等，2021）。正是由于上述因素在城市之间存在差别，多元主体环境责任协同水平呈现势能差异性。在各要素资源不断空间流动的过程中，城市之间通过聚类效应、协同效应和溢出效应，相互学习，彼此产生“化学反应”，最终形成多元主体环境责任协同的空间关联网络。随着空间关联网络的形成，信息、资源、技术和知识等要素资源在城市之间进一步流通、聚合以及扩散，从而对多元主体环境责任协同以及其空间关联网络产生影响效应，周而复始促进多元主体环境责任协同空间关联网络的演变，最终实现跨区域多元主体环境责任协同体系。

第三节 研究设计

一、变量定义与数据来源

为探究多元主体环境责任协同空间关联网络的结构及其影响因素，必须合理选取相应的引力矩阵。根据前文的社会网络机制分析，本章选取以下引力矩阵：

多元主体环境责任协同空间关联关系矩阵。本章根据第二十六章测算出的中国 120 个城市多主体环境责任协同度衡量多元主体环境责任协同水平。在此基础上，根据修正的引力模型（见式 28.1），建立多元主体环境责任协同的空间关联关系矩阵 Y。

空间关联关系的影响因素矩阵。基于图 28－1 的理论机理分析，本章从区位特征、经济社会、资源禀赋和资源环境四个方面出发，选择空间距离、地理区位、经济增长、产业结构、城镇发展、治理投资、人力资本、环保技术、环境质量和能源消耗十个指标差异矩阵作为影响因素矩阵。根据现有文献，区位因素影响空间关联关系。毗连城市之间具有地理位置、区位关系等天然优势，也许更易产生空间关联性和溢出效应（潘文卿，2012）。经济社会发展差异影响城市间关联网络联系的形成，一般来说，资源要素的流动通常发生在经济社会发展水平基本对等的城市间（邵海琴和王兆峰，2021）。此外，资源禀赋、资源环境差异较大的城市之间存在不同的关联（范如国等，2019）。本章分别选择城市之间空间相邻关系、地理区位关系、GDP、第三产业总产值占 GDP 比例、城市化率、环境污染治理投资额、环境系统人员数、R&D 经费支出、空气质量指数和能源消耗总量度量各指标。

鉴于此，中国城市间多元主体环境责任协同的空间关联 Y 的影响因素分别为空间相邻关系 GD、地理区位关系 GL、经济增长差异 ED、产业结构差异 IS、城镇发展差异 UI、治理投资差异 GI、人力资本差异 HC、环保技术差异 RD、环境质量差异 EQ 和能源消耗差异 EC。其中，空间相邻关系 GD 中若城市间地理邻接，则取 1，否则取 0；地理区位关系 GL 中若两个城市同属一个经济带（东部、中部、西部与东北地区），则记为 1，反之记为 0。此外，对其他自变量指标分别取各城市在样本考察期的平均值，计算各城市之间平均值的绝对差值，建立相应变量的差异矩阵。

以上指标数据主要来源于《中国城市统计年鉴》（2009 ~ 2020 年）、《中国环境统计年鉴》（2009 ~ 2020 年）、中国研究数据服务平台（CNRDS）。其中，城市之间的地理距离采用 ArcGIS 软件计算而得。此外，本文对个别城市缺失数据采取插值法处理，以保证数据的一致性。

二、研究方法

社会网络分析方法基于关系数据，综合多个学科方法，广泛应用于经济学、政治学、贸易学等诸多领域，并且成为了研究经济系统、金融市场、区域发展的新范式（李敬等，2014）。比如，刘华军和贾文星（2019）从经济增长、资本积累、金融创新和贸易发展四个角度出发，研究区域经济增长的空间关联网络结构特征；李岸等（2016）认为股票网络具有小世界性，其网络联动性往往与金融危机有关。区域环境治理涉及区域之间关系的变量，网络分析方法比传统经济学方法能更有效地度量这种关系（范如国等，2019）。徐等（Xu et al.，2020）、（Chen and Lo，2021）基于网络分析方法，分别勾画区域生态效率溢出网络、排污权试点组织网络，认为生态环境系统是具有空间关联的网络系统。因此，本节采用社会网络分析方法，探究多元环境责任协同社会网络的结构特征。

（一）关联网络的构建方法

关联网络的构建是网络分析法的基础，主要方法有：VAR 格兰杰因果检验方法（周游和吴钢，2021）、相关系数法（李守伟等，2020）、引力模型（刘华军等，2015）。VAR 模型对于滞后阶数比较敏感，相关系数法也对时间序列长短有一定的要求（范如国等，2019），都适用于时间跨度较长的数据。引力模型则充分考虑了经济地理距离的有效影响，广泛应用于绿色发展研究领域（刘佳和宋秋月，2018）。因此，本书采用改进的引力模型，构建 120 个地级市及以上城市之间多元主体环境责任协同的空间关联网络，具体公式如下：

$$Y_{ij} = \frac{D_i}{D_i + D_j} \times \frac{\sqrt[3]{P_i E_i D_i}\sqrt[3]{P_j E_j D_j}}{\left(\frac{R_{ij}}{e_i - e_j}\right)^2} \tag{28.1}$$

其中，i、j 代表不同城市；Y_{ij}代表城市 i 和城市 j 多元主体环境责任协同水平之间的引力；D_i、D_j 分别代表城市 i 和城市 j 的多元主体环境责任协同水平；P_i、P_j 分别代表城市 i 和城市 j 的年末总人口数；E_i、E_j 分别代表城市 i 和城市 j 的 GDP；e_i、e_j 分别代表城市 i 和城市 j 的人均 GDP；R_{ij}代表城市 i 和城市 j 之间的地理距离。

根据式 28.1，本章计算出城市间多元主体环境责任协同水平的引力矩阵，将每行均值视为本行的阈值。具体而言，引力大于本行阈值时，取值为 1，表示该行城市对该列城市多元主体环境责任协同具有关联关系；反之，引力小于本行阈值时，取值为 0，表示该行城市对该列城市多元主体环境责任协同不存在关联关系。由此，本章构建多元主体环境责任协同水平的有向空间二值矩阵，为进一步探究空间关联结构特征的依据。

（二）空间关联网络的特征分析

在构建空间关联网络的基础上，本章重点考察中国多元主体环境责任协同的整体空间网络特征、各节点网络特征、空间聚类特征，并且揭示各个城市在协同空间关联网络中的角色定位。

（1）整体网络特征分析。整体网络结构从密度、关联度、等级度和效率等方面刻画，取值范围均为 [0，1]。其中，网络密度 ND 描述协同关联网络的疏密情况，其数值越大，说明跨区域多元主体环境责任协同之间的相关关系越紧凑；网络关联度 NC 衡量协同关联网络的稳定性，其数值越大，意味着各城市在环境责任协同空间关联网络中连接方式和连接数量越多，整体网络的稳健性越好；网络等级度 NH 刻画各城市在环境责任协同空间关联网络中的支配地位，其数值越大，表明协同关联网络中城市之间的等级组织越森严；网络效率 NE 反映协同关联网络中各个城市之间的联结效率，其数值越小，说明多元主体环境责任协同之间存在越多的连接线，空间溢出途径越多，社会关联网络越稳固。具体计算公式如下：

$$ND = L/[N \times (N-1)] \tag{28.2}$$

$$NC = 1 - V/[N \times (N-1)/2] \tag{28.3}$$

$$NH = 1 - K/\max(K) \tag{28.4}$$

$$NE = 1 - M/\max(M) \tag{28.5}$$

其中，N 为关联网络规模，L、V、K 和 M 分别为社会关联网络中实际连接数、不可达的点对数、对称可达的点对数和冗余线数，$\max(K)$、$\max(M)$ 分别为最大可能的对称可达的点对数和最大可能的冗余线数。

（2）节点网络特征分析。节点表示数据集中的变量，边表示数据中变量之间的成对关联（Borsboom et al.，2021）。为了描述每个节点在社会网络中的地位，节点特征以度数中心度、中间中心度、接近中心度等指标描述。其中，度数中心度 DC 体现某节点与其他节点在社会关联网络中直接相连的情况，其数值越大，说明该城市在环境责任协同空间关联网络中与其他城市之间的联系越多，其网络位于权力中心位置越凸显；中间中心度 BC 衡量该城市对位于网络中其他节点的"中间"程度，其数值越大，表明该城市控制其他城市环境责任协同之间相互行动的程度越大，网络中心角色越明显；接近中心度 CC 反映在社会关联网络中某个节点不被其他节点驾驭的能力，其数值越大，证明该城市多元主体环境责任协同与其他城市之间的差距越小，越能起到中心行动者的作用。具体计算公式如下：

$$DC = n/(N-1) \tag{28.6}$$

$$BC = \frac{2\sum_{i}^{N}\sum_{j}^{N} g_{ij}(k)/g_{ij}}{N^2 - 3N + 2} \tag{28.7}$$

$$CC = \frac{N-1}{\sum_{j=1}^{N} d_{ij}} \tag{28.8}$$

其中，n 为社会关联网络中某一节点与其他节点直接连接的数量，g_{ij} 为 i 节点和 j 节点之间存在的捷径数，$g_{ij}(k)$ 为 i 节点和 j 节点之间存在经过 k 节点的捷径数，d_{ij} 为 i 节点和 j 节点之间的捷径距离。

（3）空间聚类特征分析。聚类系数是衡量空间关联网络的集聚特性，其数值越大，则说明网络聚类程度越大。i 节点的聚类系数 SC_i 公式如下：

$$SC_i = \frac{2k_i}{n_i(n_i - 1)} \tag{28.9}$$

其中，n_i 为与 i 节点相连的节点数，k_i 为与 i 节点相连的连边数。社会关联网络平均聚类系数 SC 是由多元主体环境责任协同网络中整个节点聚类系数的算术平均值计算得出。

同配系数 SA 描画空间关联网络中度值邻近节点之间的彼此相关性（Newman，2002），取值在［-1，1］，计算公式见式（28.10）。具体而言，若同配系数大于 0，则为同配网络，即网络中度值大的节点通常与度值较大的节点相近，度值小的节点更偏向于关联度值较小的节点。反之则为异配网络。式（28.10）

中，M 为空间关联网络中边总数，a_i、b_i 分别为空间关联网络中第 i 条边所连接节点的度。

$$SA = \frac{2M^{-1}\sum_i a_i b_i - [M^{-1}\sum_i 1/2(a_i + b_i)]^2}{M^{-1}\sum_i 1/2(a_i^2 + b_i^2) - [M^{-1}\sum_i 1/2(a_i + b_i)]^2} \tag{28.10}$$

（4）块模型分析。为进一步揭示多元主体环境责任协同空间关联网络的内部结构，本章利用块模型分析，将社会关联网络分解成若干板块，进而将错综复杂的社会网络转化为简易模型，即块模型和像矩阵。根据多元主体环境责任协同空间关联网络的角色定位，可以将社会关联网络分成以下四类板块：一是净（主）受益，此板块的关系中内部互联、接收外部较多，但是对外溢出较少；二是净溢出，此板块向外传递的联系数多于从外接收数，并且内部互联较少；三是双向溢出，此板块对板块内外都发出较多联系，但接收较少；四是经纪人，此板块既传递又吸收外部联系。

（三）网络 QAP 分析法

中国城市多元主体环境责任协同空间网络关联性及空间溢出效应受到多方面因素的影响。传统统计检验方法的基本条件是解释变量之间相互独立，避免存在多重共线性而影响回归结果。因此，本章选用社会网络分析中的量化方法：二次指派程序（QAP），即一种验证各个关联矩阵之间关联的实证方法，具体包括 QAP 相关分析法和 QAP 回归分析法。其中，QAP 相关分析法检验社会关联矩阵与其他影响因素矩阵是否相关；QAP 回归分析法用以探究被解释变量矩阵与其他解释变量矩阵之间的回归关系。具体公式如下：

$$Y = f(X_1, X_2, \cdots, X_n) \tag{28.11}$$

其中，被解释变量 Y 为多元主体环境责任协同空间关联关系矩阵，解释变量 X_i 为协同空间关联关系的影响因素矩阵。

第四节　实证结果与分析

一、多元主体环境责任协同网络的建立

基于修正的引力模型（见式 28.1）和关联度阈值，本节构建 2008～2019 年

中国120个城市间多元主体环境责任协同的空间关联矩阵。为了直观地揭示空间关联网络结构形状与特征，本节运用UCINET 6绘制了多元主体环境责任协同空间关联网络图。由于篇幅限制，本节只报告了2008年和2019年的多元主体环境责任协同空间关联网络图，具体如图28－2所示。

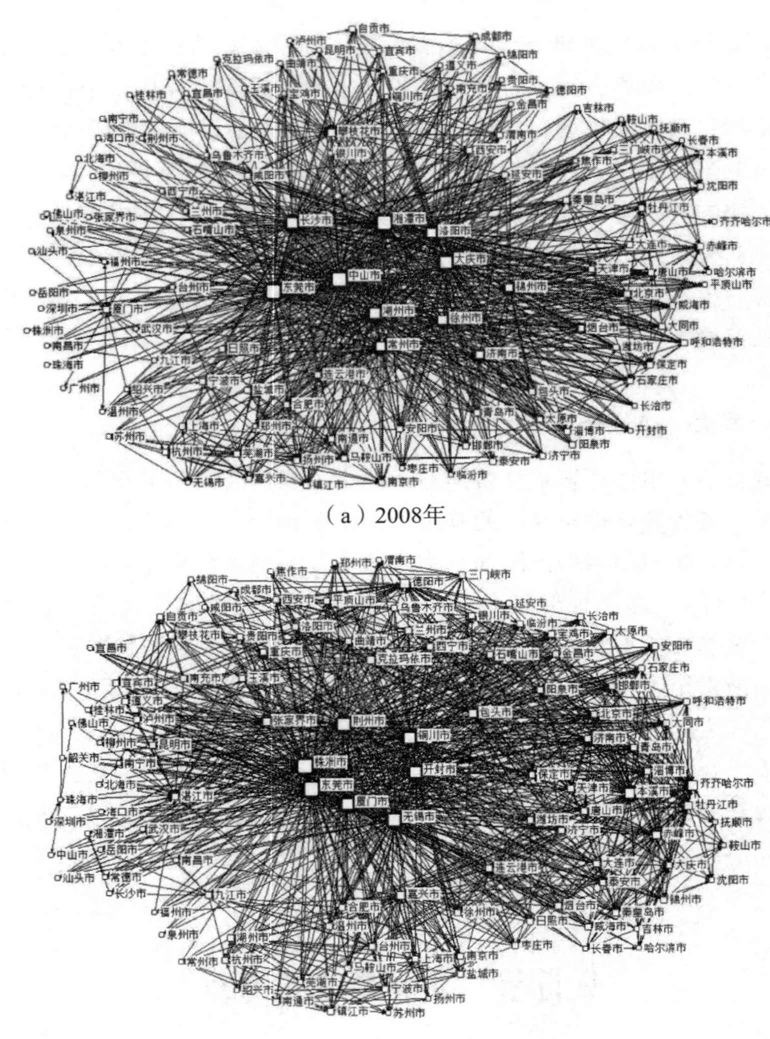

（a）2008年

（b）2019年

图28－2　多元主体环境责任协同的社会网络图

由图28－2可知，空间关联网络的节点代表120个城市，节点大小与其成正比。各城市之间有方向的边线表示网络关联程度和空间溢出关系方向，2008年、2019年实际存在关系数分别有1 231和1 470条。这些纵横交错的关联关系将120个城市连接在一起，构成多线程、多流向的多元主体环境责任协同空间关联网络。在这空间关联网络中，每个城市最少具有1个以上的空间关联，多元主体环境责任协同的城市间空间关联具有普遍性。此外，这一空间关联网络整体呈现出“东密西疏”的结构形态。东部和中部地区的城市网络稠密程度远高于其他地区，处于空间网络的核心位置，而西部地区的城市构成网络的边缘区域。

二、多元主体环境责任协同网络的特征分析

（一）整体网络特征分析

根据式（28.2），计算出中国多元主体环境责任协同空间关联网络的密度，具体结果见图28－3。结果显示，2008～2019年中国多元主体环境责任协同的空间关联强度整体呈现波动增长趋势。其中，网络关联关系数由2008年的1 231上升至2019年的1 470，网络密度从2008年的0.086增长至2019年的0.103。2010年，空间关联网络密度增速最快，之后稳步增长，于2012年达到峰值（0.127）。2012年之后，空间关联网络密度持续下降，2016年略有上升，之后逐渐趋于平稳。这可能的原因是：2010年正式提出区域联防联控的概念，2012年制定重点区域大气污染联防联控机制，2016年明确提出跨省市区域生态环境治理规划，各城市的多元主体环境责任协同空间关联越来越紧密。

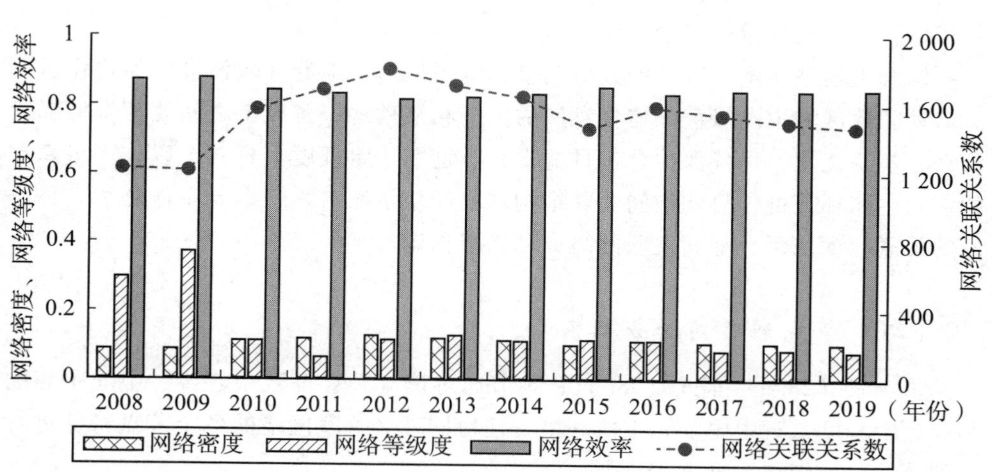

图28－3　多元主体环境责任协同网络的整体网络特征

虽然样本考察期内协同网络密度整体表现出增长态势，但是就具体数值而言，城市之间多元主体环境责任协同空间关联的密切程度偏低，120 个城市之间的最大可能关联数量一共 14 280 个，而实际存在的关联数量最大值只有 1 808 个（2012 年）。因此，多元主体环境责任协同空间关联性依然存在较大提升空间，应注重各城市之间普遍存在的空间溢出现象。随着现代环境治理体系的构建，多元主体环境责任协同空间关联关系将在一定程度上增强，网络密度也有所提高。在此过程中，协同网络中的多余连接线可能递增，甚至超出网络容纳范围。这势必间接导致城市之间要素交流的成本剧增、环境治理效率下降，从而抑制多元主体环境责任协同水平。因此，只有保持合理的关联网络密度和改善多元主体环境责任协同的空间结构，环境责任主体在区域间联动效应才能得以实现和提升。

为了进一步刻画多元主体环境责任协同空间关联的网络关联性，本节基于式（28.3）至式（28.5），分别测算社会关联网络的关联度、等级度和效率，具体结果见图 28－2。结果显示，2008～2019 年中国多元主体环境责任协同空间关联网络的关联度均为 1，说明中国城市多元主体环境责任协同之间存在普遍的空间关联性、通达性和空间溢出效应。其次，网络等级度在样本考察期内呈现阶梯式下滑态势，其中，2009 年之前维持在 0.335 左右，2010～2016 年大幅下降到 0.107 左右，2016 年之后小幅下降并稳定在 0.081。这表明多元主体环境责任协同空间关联结构逐步突破等级森严的桎梏，城市之间的联系更加紧密，并且在不同多元主体环境责任协同水平上可能相互产生溢出效应。此外，网络效率在观察期内呈现波动下跌趋向，从 2008 年的 0.875 下降至 2019 年的 0.848。这一结果表明中国多元主体环境责任协同社会关联网络的稳定性在样本期内逐步提升，但是依旧存在一定数量的冗余连线。

综合上述整体网络特征的分析结果，本书认为，随着区域污染防治协作机制的启动，跨区域生态绿色一体化发展的举措相继落地，各城市之间要素资源畅通流动、整合优化，环境保护合作日益提升。这在一定程度上打破了以往等级森严的多元主体环境责任协同空间关联结构，也促使了城市之间多元主体环境责任协同的关联程度加深、空间关联网络逐渐趋于稳定。

（二）节点网络特征分析

基于式（28.6）至式（28.8），本节通过依次计算度数中心度、中间中心度和接近中心度，对中国多元主体环境责任协同社会关联网络的各个节点特征进行详细分析，详细结果见表 28－1。

表 28-1　　多主体环境责任协同发展的节点网络特征分析

序号	度数中心度				中间中心度		接近中心度	
	城市	点出度	点入度	中心度	城市	中心度	城市	中心度
1	东莞市	6	104	87.395	东莞市	16.961	东莞市	88.148
2	株洲市	4	102	85.714	株洲市	15.777	株洲市	86.861
3	荆州市	19	83	72.269	无锡市	7.83	荆州市	77.778
4	无锡市	15	82	68.908	荆州市	7.827	无锡市	72.121
5	开封市	16	79	66.387	开封市	5.833	开封市	70.414
6	铜川市	8	71	59.664	厦门市	5.164	厦门市	68.786
7	厦门市	9	67	58.824	铜川市	4.415	铜川市	65.027
8	本溪市	3	59	49.58	本溪市	4.163	包头市	59.500
9	齐齐哈尔市	22	46	40.336	齐齐哈尔市	2.371	嘉兴市	58.621
10	德阳市	7	46	38.655	德阳市	1.683	张家界市	58.333
11	包头市	32	32	35.294	张家界市	1.214	本溪市	58.049
12	嘉兴市	17	36	31.933	嘉兴市	1.186	赤峰市	57.212
13	张家界市	19	32	31.933	牡丹江市	1.065	克拉玛依市	57.212
14	克拉玛依市	35	1	29.412	包头市	1.027	潍坊市	55.869
15	牡丹江市	20	27	27.731	湛江市	0.963	保定市	55.607
16	赤峰市	27	16	25.21	克拉玛依市	0.899	阳泉市	55.607
17	湛江市	15	22	23.529	赤峰市	0.801	连云港市	55.607
18	潍坊市	23	13	21.008	秦皇岛市	0.616	济南市	55.607
19	保定市	21	13	20.168	锦州市	0.57	湛江市	55.607
20	阳泉市	23	12	20.168	兰州市	0.399	北京市	55.093
21	连云港市	23	10	20.168	大庆市	0.365	天津市	54.839
22	济南市	19	17	20.168	潍坊市	0.349	唐山市	54.839
23	北京市	20	12	18.487	保定市	0.329	秦皇岛市	54.587
24	大庆市	10	18	18.487	台州市	0.303	兰州市	54.587
25	天津市	20	10	17.647	九江市	0.283	邯郸市	54.091
26	唐山市	20	9	17.647	上海市	0.28	大同市	54.091
27	秦皇岛市	19	8	16.807	唐山市	0.262	青岛市	54.091
28	九江市	16	9	16.807	天津市	0.239	淄博市	54.091
29	重庆市	12	14	16.807	北京市	0.237	济宁市	54.091
30	兰州市	19	1	16.807	连云港市	0.224	石嘴山市	54.091

（1）度数中心度。根据表 28－1 中度数中心度的结果，多元主体环境责任协同的度数中心度平均值为 16.667，其中 30 个城市高于均值，在协同社会关联网络中与其他城市的关系数较多。在这 30 个城市中，近一半的城市属于东部经济发达地区，表明东部地区对整体环境责任协同空间关联具有较强的影响力。其中，东莞市的度数中心度最高，达到 87.395，说明东莞市的协同水平与其他 119 个城市中的 104 个城市之间均存在空间关联，位于空间关联网络的中心方位。另外，从点出度和点入度的计算结果来看，点出度均值为 12.25，点出度大于平均水平的城市有 61 个，其中 27 个城市位于东部地区，对其余城市产生较为明显的环境责任协同溢出效应；点入度的均值为 12.25，22 个城市的点入度高于全国平均水平。在这些城市中，17 个城市的点入度大于该城市的点出度，大多位于长江经济带、珠三角、黄河流域等环境协同治理地区，容易受其他城市环境责任协同的推动作用，有效转化资源要素。75.76% 的西部城市溢出关联关系大于受益关联关系，这可能是由于当地政府环境规制力度较小，企业污染治理水平较低，公众与社会组织参与环保力度不大，导致多元主体环境责任协同水平的分布不均衡。

（2）中间中心度。根据表 28－1 中中间中心度的结果，多元主体环境责任协同的中间中心度平均水平为 0.759，高于这一均值共有 17 个城市。这 17 个城市在多元主体环境责任协同空间关联网络中驾驭其他城市环境协同治理的能力较强，起到重要的中介和传导的作用。另外，排名前 11 位城市的中间中心度之和占总量（91.115）的 80% 以上，4 个在东部，5 个在中部，2 个在西部。这表明西部地区在空间关联网络中处于劣势地位，而中部和东部占据中国大部分要素资源，并且承担多数环境责任协同联系。由此可见，在多元主体环境责任协同社会关联网络中 120 个城市的中间中心度高低不一，具有非均衡性。

（3）接近中心度。根据表 28－1 中接近中心度的结果，多元主体环境责任协同的接近中心度平均值为 53.393。其中，41 个城市高于平均水平，在多元主体环境责任协同空间关联网络中能够在较短时间内与其他城市取得空间联系，处于“中心行动者”的地位。上述城市绝大多数位于东部和中部地区，与其他城市之间的要素交流效率更高。其中，东莞市和株洲市的接近中心度分别达到 88.148 和 86.861，远高于其他城市，说明这两个城市与其他城市在协同空间关联网络中最为接近。

（三）空间聚类特征分析

为反映城市间的空间聚类程度，本节基于式（28.9），测算多元主体环境责任协同空间关联网络的聚类系数，具体结果见图 28－4。结果表明，2008～2019

年多元主体环境责任协同空间关联网络中的各城市聚类系数参差不齐，即只有一部分城市间相互聚集成团。同时，多元主体环境责任协同发展的影响能力（节点度）与聚类系数成反比，即节点度增大，聚类系数减小。这说明多元主体环境责任协同发展的影响力虽然在不断提升，但是城市之间的相互影响能力并未同步增长。这一现象在 2019 年有所缓解，城市之间的相互影响能力的差异性小幅缩小。

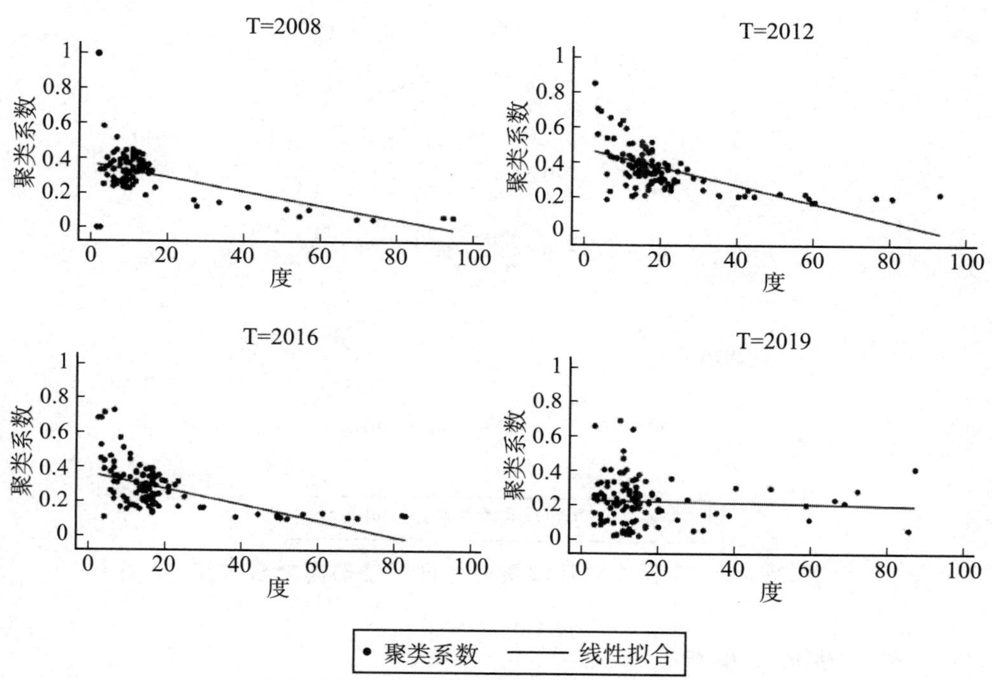

图 28 - 4　多元主体环境责任协同网络的空间聚类特征

从各个年份 120 个城市关联网络的平均聚类系数来看（见图 28 - 5），2008 ~ 2019 年中国多元主体环境责任协同空间关联网络的平均聚类系数整体呈现下降的态势，说明空间关联网络整体的聚类程度减弱，城市之间相互影响作用减小。值得注意的是，2019 年平均聚类系数小幅上升，表明随着现代环境治理体系的构建和区域环境协同治理的完善，城市间相互借鉴环境治理经验，环境意识不断提升，聚类效应逐渐体现。

为了进一步探究多元主体环境责任协同空间关联网络中城市之间相互偏好情况，本节基于式（28.10），测算不同年份空间关联网络的同配系数，具体结果见图 28 - 5。测算结果表明，2008 ~2019 年中国多元主体环境责任协同空间关联网络的同配系数均为负值，说明空间关联网络具有异配性，即多元主体环境责任协同影响力较大的城市更倾向于与影响力较小的城市形成空间关联关系。本节认为空间关联网络呈现出异配现象，其主要的原因是：在多元主体环境责任协同较高的城市中，政府、企业、公众和社会组织积极承担环境责任，环境治理技术先进，并且环保意识较强。这些城市通常是多元主体环境责任协同水平较低的城市学习与模仿的对象，它们之间相互作用与影响，资源要素不断流动，最终形成涓滴效应。

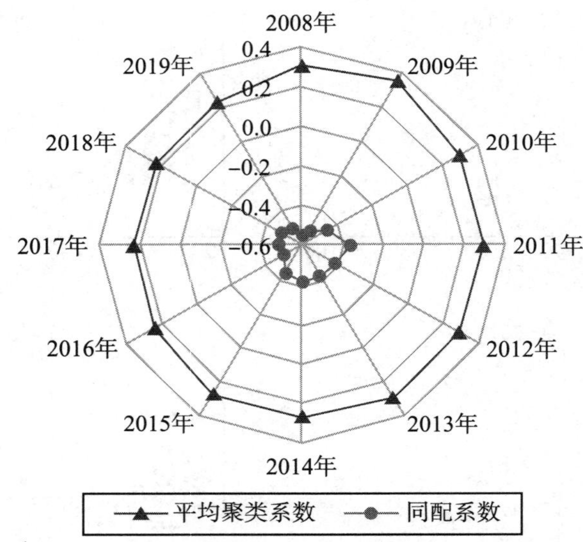

图 28－5　多元主体环境责任协同网络的同配系数雷达

（四）块模型分析

为深入揭示多元主体环境责任协同空间关联网络中板块内部与板块之间的空间关联特征，本节利用迭代相关收敛方法（CONCOR），选取最大分割深度为 2、收敛标准为 0.2，将中国 120 个城市划分为四大板块。因篇幅限制，本节只报告了 2019 年的块模型分析结果，具体结果见表 28－2。其中，第一板块的成员有 52 个，主要分布在环渤海和黄河流域地区；第二板块的成员有 52 个，主要分布在东南沿海和长江流域地区；第三板块的成员有 6 个，主要分布在松花江流域和辽河流域地区；第四板块的成员有 10 个，主要分布在长江中上游和珠江中上游地区。

在 1 470 个空间关联关系中，四大板块内部关系数 321 个，各个板块之间关系数 1 149 个，说明板块之间多元主体环境责任协同水平具有显著的空间溢出效应。由表 28－2 可知：（1）第一协同板块发出关系数共 784 个，其中 198 个归于板块内部，112 个源于接收其他板块；期望内部关系比例为 42.86%，实际内部关系比例为 25.26%。结合上文的板块特征描述，该板块在保证板块内部充分互联的同时对剩余板块产生协同溢出效应，溢出明显大于受益，即为“净溢出”板块。（2）第二协同板块的发出关系共464 个，其中 113 个属于板块内部，141 个出自接收外部板块；期望内部关系比例为 42.86%，实际内部关系比例为 24.35%。由此可见，第二板块不仅内部互联较多，而且向其他板块溢出关系比例较多，即为“双向溢出”板块。（3）第三协同板块的发出关系 104 个，其中 3 个归属于板块内部，215 个源自接收其他板块；期望内部关系比例为 4.20%，实际内部关系比例为 2.88%。这表明该板块内部关系比例较低，但向板块外发出、接收的联系均较多，即为“经纪人”板块。（4）第四协同板块的发出关系 118 个，其中 7 个来源于板块内部，681 个来自外部板块；期望内部关系比例为 7.56%，实际内部关系比例为 5.93%。可见，该板块吸收关系数明显多于发送关系数，受益远大于溢出，即为“主受益”板块。

表 28 - 2　　多元主体环境责任协同网络的溢出效应结果

板块	接收关系数		发出关系数		板块成员数目	期望内部关系比例（%）	实际内部关系比例（%）	板块特征
	板块内	板块外	板块内	板块外				
第一板块	198	112	198	586	52	42.86	25.26	净溢出
第二板块	113	141	113	351	52	42.86	24.35	双向溢出
第三板块	3	215	3	101	6	4.20	2.88	经纪人
第四板块	7	681	7	111	10	7.56	5.93	主受益

为了直观地描述四大板块之间的溢出关系，本节绘制了多元主体环境责任协同空间关联板块之间的溢出关系图，详细结果见图 28 - 6。结合上文结果可知，中国多元主体环境责任协同水平整体上呈现非均衡性，大部分东部、中部城市属于溢出板块，大多数西部城市属于受益板块。京津冀、长三角、珠三角等城市群率先建立大气、水污染区域防治协作机制，多元主体环境协同治理具有一定的经验，被后续开展联防联控的西部城市借鉴与吸收。

为了挖掘板块之间多元主体环境责任协同的关系，本节基于空间关联关系板块的溢出效应，测算出上述四大板块的网络密度矩阵，并且以 2019 年中国多元主体环境责任协同空间关联的网络密度（0.103）作为密度矩阵的阈值。具体而言，若板块的网络密度大于阈值，则该板块为 1，否则为 0，从而将密度矩阵转变为二值像矩阵。具体结果见表 28 - 3。

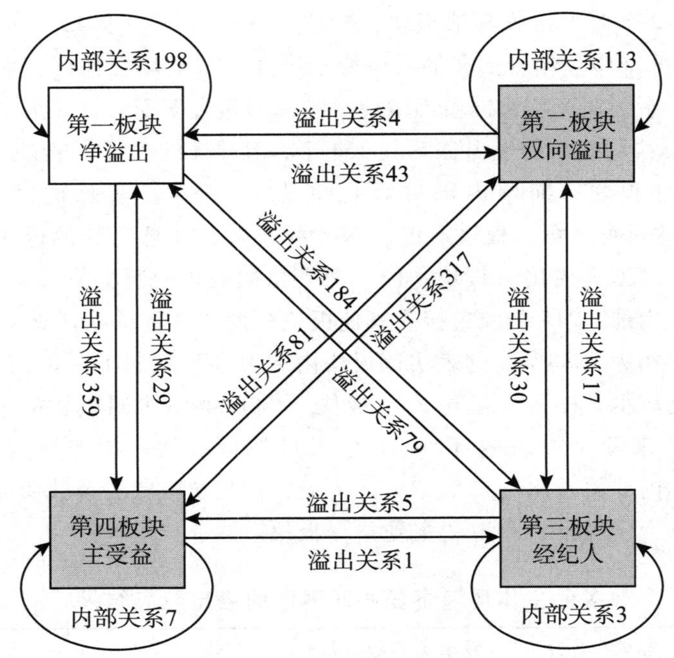

图 28－6　多元主体环境责任协同网络的溢出关系

表 28－3　多元主体环境责任协同空间关联板块的密度矩阵与像矩阵

矩阵	板块	第一板块	第二板块	第三板块	第四板块
密度矩阵	第一板块	0.075	0.016	0.590	0.690
	第二板块	0.001	0.043	0.096	0.610
	第三板块	0.253	0.054	0.100	0.083
	第四板块	0.056	0.156	0.017	0.078
像矩阵	第一板块	0	0	1	1
	第二板块	0	0	0	1
	第三板块	1	0	0	0
	第四板块	0	1	0	0

结合图 28－6 和表 28－3 可知，四个板块在多元主体环境责任协同空间关联网络中扮演不同的角色。首先，四大板块对各自板块内部城市的关联关系并不显著，板块内部的城市之间的联动性具有巨大的提升空间。其次，第一板块向第三板块和第四板块不断溢出环境协同治理的要素资源，逐渐成为中国城市多元主体环境责任协同空间关联网络的核心。同时，第二板块与第四板块双向溢出，两个

板块之间的环境协同治理联系较多，表明随着长江经济带发展的不断推进，重点节点城市之间的环境协同治理要素相互流动，空间关联联动显著。另外，板块间空间关联网络还存在第三板块向第一板块的溢出，说明蕴藏丰富生态环境资源的地区为京津冀及周边地区提供生态环境资源。这些充分表明中国多元主体环境责任协同空间关联板块各自发挥比较优势，空间联动效应和溢出效应显著。

第五节 进一步讨论

一、多元主体环境责任协同网络的影响因素相关分析

为检验因变量与各个自变量之间的相关关系，本节采用 QAP 相关分析方法，选取随机置换 5 000 次，测算出多元主体环境责任协同空间关联矩阵与其影响因素间的相关系数，具体结果见表 28 -4。

表 28 -4 多元主体环境责任协同网络与影响因素的 QAP 相关结果

变量名称	实际相关系数	显著性水平	相关系数均值	标准差	最小值	最大值	P≥0	P≤0
GD	-0.235	0.000	-0.000	0.024	-0.075	0.120	1.000	0.000
GL	0.176	0.000	0.000	0.013	-0.050	0.045	0.000	1.000
ED	0.008	0.335	-0.001	0.031	-0.080	0.146	0.335	0.665
IS	0.001	0.445	0.000	0.026	-0.086	0.100	0.445	0.555
UI	-0.017	0.226	0.000	0.022	-0.063	0.086	0.775	0.226
GI	-0.011	0.385	0.000	0.030	-0.078	0.139	0.616	0.385
HC	0.037	0.122	0.000	0.032	-0.071	0.168	0.122	0.878
RD	0.067	0.047	0.000	0.032	-0.066	0.174	0.047	0.953
EQ	-0.128	0.000	0.000	0.024	-0.071	0.092	1.000	0.000
EC	-0.057	0.084	0.001	0.038	-0.173	0.105	0.916	0.840

表 28 -4 相关分析的结果表明：多元主体环境责任协同空间关联关系矩阵与环境质量差异 *EQ*、能源消耗差异 *EC* 之间的相关系数分别在 1%、10% 的水平上显著为负。这表明各城市之间环境质量、能源消耗不利于推进城市间多元主体环

境责任协同社会关联网络的形成，可能是因为生态资源好、环境质量高的城市并没有处于多元主体环境责任协同关联网络的核心位置（范如国等，2019）。其次，空间邻接关系 *GD*、地理区位关系 *GL*、环保技术差异 *RD* 的相关系数都至少在5%的水平上显著为正，表明各城市之间地理邻接性、空间区位性、环境治理技术水平能有效构建多元主体环境责任协同社会关联网络。此外，经济增长差异 *ED*、产业结构差异 *IS*、城镇发展差异 *UI*、治理投资差异 *GI*、人力资本差异 *HC* 与空间关联网络 *Y* 的相关系数均不显著，说明这些经济社会发展因素对多元主体环境责任协同空间关联网络的关联关系影响不显著。造成这一结果可能的原因是：这些指标主要受城市内部因素的影响，而对城市间空间网络关联无显著影响（李敬等，2014）。

二、多元主体环境责任协同网络的影响因素回归分析

为了进一步分析空间关联矩阵与影响因素之间的回归关系，本节基于式（28.11），采用 QAP 回归分析方法，选择随机置换 5 000 次，测算出多元主体环境责任协同空间矩阵与影响因素的回归系数，具体结果见表 28－5。QAP 回归分析调整后的判定系数 R^2 为 0.223，说明空间相邻关系、地理区位关系、环保技术差异、环境质量差异和能源消耗差异五个矩阵变量可以解释中国城市间多元主体环境责任协同空间关联关系的 22.3%，且在 1% 的水平上显著。这也进一步论证了上述 QAP 相关分析的结果。

表 28－5　多元主体环境责任协同网络与影响因素的 QAP 回归结果

变量名称	非标准化回归系数	标准化回归系数	显著性概率值	P	P
截距	0.189	0.000	—	—	—
GD	0.520	0.226	0.000	0.000	1.000
GL	0.089	0.130	0.000	0.000	1.000
RD	0.000	0.376	0.032	0.032	0.968
EQ	－0.510	－0.319	0.000	1.000	0.000
EC	－0.001	－0.057	0.089	0.911	0.089

第二十九章

环境责任协同机制的环保督察研究

第一节 问题提出

“十三五”以来，中国加大了污染防治力度，生态环境改善取得阶段性成果。关于生态环境治理，中国政府从多方面着手进行了发力。1988年中国设立直属国务院的国家环境保护局，此后地方政府也陆续设立地方环境保护机构。在环境治理具体工作上，中国先后推行了“三河”与“三湖”水污染防治，“两控区”大气污染防治等一系列防污治污工作。然而，从根本上看，中国的生态环境改善并未实现从量变到质变的转变，依旧存在收效甚微，环境治理投入与治理收益严重不匹配等问题。环境作为一种典型的公共品或准公共品，其问题的产生具有明显的动态性与复杂性。环境问题的产生涉及多方主体的利益，且各主体间处在行为相互影响与动态博弈的过程中，仅仅依靠政府治理显然难以实现环境供给的供需平衡。其次，作为重要的社会成员，企业在通过生产经营活动与其他社会主体进行互动的同时，还应当承担一定的社会责任，而环境治理责任就是其中之一。此外，环境治理离不开公众的积极参与。公众作为独立于政府与企业的第三方力量，既可以对企业与政府的环境行为进行监督，又可以从消费端倒逼企业实行绿色生产，从而对环境治理发挥积极影响。然而，在环境治理实务中，地方政府主导环境政策的执行并往往以强制性手段推进政策的实施（娄成武和韩坤，

2021)，企业消极治理，而公众参与的积极性不高。多元主体环境责任协同不足，这无疑严重影响了中国的环境治理效率。

作为在环境治理过程中调适央地关系、提高政策执行一致性的重要手段，中央环保督察对压实地方政府环境监管责任，强化企业环境治理主体责任，动员公众积极参与，促进多元主体环境责任协同具有重要意义。各环境责任主体的参与程度与主体间的协作程度具有显著的正向关系（杜辉，2013）。就地方政府而言，中央环保督察实行督察与自查相结合，通过中央督查组与被督察地方部门的双向互动，有效传导环境保护压力，强化了地方环境治理的刚性约束，压实了地方政府的环境保护责任。就企业而言，一方面，中央环保督察下地方政府强化环境政策的实施对企业的环境行为产生重要影响；另一方面，通过对典型企业开展督察与曝光，中央环保督察对压实企业环境保护责任发挥了直接影响。就公众而言，通过受理群众信访举报、要求信息公开、进行实地暗访等手段，中央环保督察在一定程度上改变了公众的信息弱势，同时降低了公众的参与成本。

习近平总书记指出，“中央环境保护督察制度是推动地方政府及其相关部门落实生态环境责任的硬招实招”①。理论上，中央环保督察通过广泛动员，对多元主体环境责任协同发挥积极影响。然而，纠正地方政府“偏离失控”的中央环保督察是否能促进多元主体环境责任协同，中央环保督察如何影响多元主体环境责任协同，这些问题鲜有学者探讨。因此，为探析中央环保督察对多元主体环境责任协同的影响及其内在作用机制，本章基于中央环保督察影响多元主体环境责任协同的作用机制，从政府、企业、公众与社会组织三个视角，利用中国120个地级市及以上城市2008～2019年的数据，采用渐进双重差分模型，实证检验环保督察如何影响多元主体环境责任协同水平，为构建中央政府、地方政府、企业、公众与社会组织环境协同治理机制提供有力的参考依据。

第二节　理论机理

中国经济正处于从追求增量到强调质量与增量并重的转换时期，良好的生态环境是验证高质量发展的关键标准之一。在此背景下，“十四五”规划提出健全现代环境治理体系，切实提升治污减排的能力与水平。由此可见，目前多主体协同治理的压力主要来源于我国自上而下、高度集中的政府管理模式。这种政治体

① 习近平：《推动我国生态文明建设迈上新台阶》，载于《求是》2019年第3期。

制下，公共治理的决策者是政府，而且主要由中央政府担任领导。不管是社会大众，还是企业和非政府组织长期以来也都形成了“国家治理”的思想。国家制定环境治理的战略和布置治污减排的方针对地方政府和企业产生了紧迫感和使命感，促使它们走向环境协同治理。同时，由于各自的立场与利益诉求差异，政府、企业与公众的行为逻辑不可避免存在冲突，导致多元主体环境责任协同动力不足的问题。在此情况下，中央环保督察充分动员各主体参与，无疑会对多元主体环境责任协同发挥积极影响，具体作用机制见图 29 - 1。

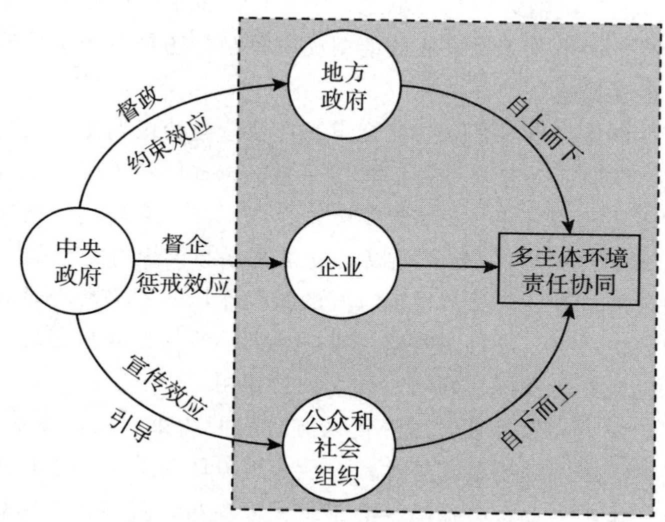

图 29 - 1　基于环保督察的多元主体环境责任协同机制示意

首先，中央环保督察对地方环境规制的影响主要通过约束效应来实现。在常规的科层式治理模式下，中央政府作为组织内部的最高权威，名义上拥有对国家事务的绝对主导权。地方政府作为中央政府的代理人，在中央政府的委托下从事具体的治理事务（周雪光和练宏，2012）。但在实践中，幅员辽阔以及组织机构庞大放大了央地间的信息不对称，中央政府对地方政府只能发挥有限的约束。因此，地方政府的“偏离失控”行为普遍存在，环境治理中的政府失灵就是具体表现之一。为此，中央环保督察通过动员式治理的压力传导，突破信息传递的藩篱，强化对地方政府的约束，从而压实了地方政府的环境保护责任。具体而言，一是上收发包给地方政府的检查验收权，二是强化奖惩兑现。通过以上两方面的措施，中央政府对地方政府的约束得以强化，环境治理中地方政府的“偏离失控”行为得以纠正。

其次，中央环保督察通过惩戒效应对企业的环境治理行为产生影响。一方面，中央环保督察强化了中央对地方政府环境管理工作的监管，企业的环境违法成本随地方惩戒力度提高而上升。另一方面，中央环保督察通过对典型企业进行督察与曝光，直接对企业的生产经营行为产生影响。在问责压力传导机制下，环境治理压力从地方政府转向相关企业，对相关环境违法企业发挥了较好的震慑作用（王强等，2019），而难以达到相关生产标准的企业可能会选择退出市场（龙小宁和万威，2017）。这种被动型反应策略，无疑是从源头上减少了企业污染的生产。除此之外，当面临更严格的环境标准时，企业还可能采用主动型策略，如加大治污投资、实行技术革新。此种策略下，企业的环境治理效率会得到提升，无疑会促进企业的环境治理行为。总之，中央环保督察的惩戒效应下，作为环境污染的主要生产者，企业无论采取被动型反应策略，还是主动型反应策略都会对环境治理产生重要影响。

此外，中央环保督察对公众与社会组织环境参与的影响主要通过引导效应来实现。广义上，政府面向公众进行信息传递与舆论宣传的过程可以被视为政治动员，即为了实现特定的目标，政府提供激励，以引导公众向利于既定目标实现的方向前进（孔繁斌，2006）。政府可以通过拓宽参与渠道并给予适当的反馈，提升公众参与的预期，对公众参与发挥较好的激励作用。中央环保督察下，强化信息公开、受理信访举报、进行明察暗访等一系列手段为公众参与环境治理提供了激励，这将对公众参与发挥较好的引导与动员作用。

综上所述，中央环保督察通过强化地方政府的约束、发挥企业的惩戒效应、引导公众与社会组织的环境参与等途径，压实地方政府的环境治理主导责任，强化企业环境责任承担，动员公众与社会组织积极参与，对多元主体环境责任协同发挥积极影响。

第三节 研究设计

一、变量定义与数据来源

为了探究中央环保督察对多元主体环境责任协同的影响，须谨慎地选取相关变量，以精准识别中央环保督察与多元主体环境责任协同之间的因果效应。具体而言，本书变量定义如下。

被解释变量。对于多元主体环境责任协同，现有研究未达成一致的测度方法。本章以三个层面九个维度综合构建政府、企业、公众与社会组织环境责任的评价指标体系（见表26-1），利用二阶段熵值法和协同度模型测算出多元主体环境责任协同度，以此度量多元主体环境责任协同水平（*Syn*）。

核心解释变量。本章以中央环保督察作为外生冲击，即当某一城市在某一年受到了中央环保督察政策冲击，则取值为1，反之则取值为0。由此构建是否存在中央环保督察的虚拟变量（*Treat*）。

其他相关变量。为消除遗漏变量引起的回归结果偏误，参考现有关于多元主体环境责任协同影响因素的文献，本章控制以下相关变量：经济发展（*Pgdp*），表示地方的经济发展水平，用人均生产总值来衡量。教育水平（*Edu*），表示地方人口的平均受教育程度，参考铁瑛等（2019）的做法，以所在城市不同教育层次的在校人数乘以相应的权重并求和得出。市场化指数（*Market*），表示地方的相对市场化发展水平和程度，参考樊纲等（2011）的市场化指标，结合各城市相关数据计算得出。科技投入（*Techgov*），表示地方在科技上的投入水平，用人均政府科技财政支出来衡量。产业结构（*Industry*），表示不同产业在地方经济结构中所占的比重，用地区第二产业产值与地区生产总值的比重来衡量。金融发展（*Ploan*），表示地方的金融规模，用人均金融机构贷款来衡量。

囿于相关指标数据的可获得性，本章以中国120个地级市及以上城市为研究样本，样本期间为2008~2019年。上述变量的指标数据主要来源于《中国城市统计年鉴》、EPS数据库、中国研究数据服务平台（CNRDS）。中央环保督察数据根据生态环境部公开的相关信息收集所得。主要变量的描述性统计如表29-1所示。

表29-1　主要变量的描述性统计

变量	说明	观测数	均值	标准差	最小值	最大值
Syn	多元主体环境责任协同度	1 440	0.2575	0.0314	0.1318	0.4465
Treat	环保督察政策虚拟变量	1 440	0.2896	0.4613	0.0000	1.0000
Pgdp	人均GDP的对数	1 440	10.9059	0.7873	7.6735	14.1945
Edu	加权教育年限的对数	1 440	6.5309	0.7665	3.8149	8.5294
Techgov	人均政府科技支出的对数	1 440	4.8219	1.2721	1.8947	9.4312
Ploan	人均金融机构贷款的对数	1 440	10.8769	1.0848	7.9791	13.8971
Industry	第二产业总产值/GDP	1 440	49.2231	10.5871	14.7400	90.9700
Market	市场化指数	1 440	10.8472	2.3492	3.9306	18.2590

二、模型设定

本章旨在检验中央环保督察对多元主体环境责任协同的影响。由于中央环保督察是在多省市分批次展开，各省市受到政策冲击的时点并不完全一致。模型选择上，本章采用渐进双重差分方法进行实证估计。该模型在经典双重差分（DID）模型的基础上衍生而来，也被称作多期双重差分、异时点双重差分等。具体而言，本章的基准回归模型设定如下：

$$Syn_{it} = \alpha_0 + \beta Treat_{it} + \theta Control_{it} + \mu_i + \rho_t + \varepsilon_{it} \tag{29.1}$$

其中，i 表示所在城市，t 表示年份。Syn_{it} 表示城市多元主体环境责任协同度，$Treat_{it}$ 为本文的核心解释变量，若 i 城市在 t 时间受到了环保督察，则取值为 1，反之则取值为 0。$Control_{it}$ 表示城市层面的一系列控制变量，μ_i 为城市固定效应，ρ_t 为时间固定效应，ε_{it} 为随机扰动项。β 为本文核心解释变量的回归系数，若中央环保督察对多元主体环境责任协同具有显著的正向作用，则 β 显著为正，反之则 β 显著为负。

第四节　实证结果与分析

一、基准回归分析

鉴于控制变量中，经济发展与教育水平、产业结构、市场化指数等存在一定相关关系，为了避免对回归结果造成影响，模型估计时，采用逐步回归法进行估计，具体结果见表 29 - 2。其中，列（1）、列（2）分别是加入经济发展水平一次项与二次项的回归结果，列（3）、列（4）分别是依次加入控制经济发展水平、其他控制变量的回归结果。

表 29 - 2　　环保督察对多元主体环境责任协同的回归结果

变量	(1)	(2)	(3)	(4)
	Syn	*Syn*	*Syn*	*Syn*
Treat	0.0175*** (11.1429)	0.0174*** (11.1457)	0.0174*** (11.1408)	0.0140*** (0.0012)
Pgdp	0.0094*** (6.7641)		0.0019 (0.0761)	-0.0345 (-1.4297)
$Pgdp^2$		0.0004*** (6.7437)	0.0003 (0.3108)	0.0016 (1.4804)

续表

变量	(1)	(2)	(3)	(4)
	Syn	*Syn*	*Syn*	*Syn*
Edu				-0.0015** (-2.1758)
Techgov				0.0011 (0.6269)
Ploan				0.0124*** (3.8360)
Industry				-0.0007*** (-3.2463)
Market				0.0017 (1.2675)
常数项	0.1504*** (9.9841)	0.2012*** (26.5666)	0.1911 (1.4416)	0.3266** (2.5326)
年份	Yes	Yes	Yes	Yes
城市	Yes	Yes	Yes	Yes
样本数	1 440	1 440	1 440	1 411
R^2	0.1338	0.1342	0.1342	0.3658

注：括号中为 t 值，***、**、* 分别表示在 1%、5% 和 10% 水平上显著。

由表 29-2 的结果可知，列（1）中央环保督察（*Treat*）的系数在 1% 显著性水平上显著为正，说明中央环保督察能够显著促进多元主体环境责任协同水平提升。经济发展水平（*Pgdp*）的系数也在 1% 显著性水平上显著为正，说明经济发展水平越高，越能促进多元主体环境责任协同。列（2）中，中央环保督察的系数无论是符号方向还是显著性水平都与列（1）一致，经济发展水平二次项的系数为正，且在 1% 的水平上显著，说明经济发展水平与多元主体环境责任协同之间并非简单的线性关系，可能为非线性关系。经济发展水平提升的同时，多元主体环境责任协同度可能呈现先下降后上升的变化趋势。为此，列（3）同时加入经济发展水平一次项与二次项。结果发现，中央环保督察的系数依然在 1% 的水平上显著为正。经济发展水平的一次项与二次项回归系数均不再显著，不存在正"U"型或倒"U"型关系。在此基础上，列（4）同时加入所有控制变量。回归结果显示，中央环保督察的系数依然在 1% 的水平上显著为正。就其他控制变量而言，金融发展（*Ploan*）的系数在 1% 的水平上显著为正，说明金融发展水平的提高会显著促进多元主体环境责任协同水平的提升，可能的原因在于：金融发展丰富了环境治理的资金来源渠道。教育水平（*Edu*）、产业结构（*Industry*）的系数分别在1%、5%的水平上显著为负，说明教育水平的提高、第二产业比重的上升并不促进多元主体环境责任协同。造成这一结果可能的原因是：第二产业比重的提高通常伴随工业污染排放的增加，而教育水平提升尚未促使各主体在环境治理上达成共识。科技投入（*Techgov*）、市场化指数（*Market*）的系数均不显著，对多元主体环境责任协同的影响不明显。可能原因在于：目前中国的财政科技投入与市场化水平还未达到一定高度，对多元主体环境责任协同的正向效应尚未完全显现。

二、作用机制检验

根据中央环保督察的作用机制分析，中央环保督察通过分别对政府、企业以及公众环境责任履行产生影响，进而促进多元主体环境责任协同。具体而言，在政府层面，中央环保督察通过强化中央政府对地方政府的控制，纠正地方政府的环境政策选择性执行问题，压实地方政府环境保护责任；在企业层面，中央环保督察通过对企业开展督察，并通过对典型企业的问责与曝光，强化企业的污染治理主体责任；在公众层面，一方面，中央环保督察通过直接干预，促使地方政府提高对公众参与的开放度；另一方面，中央环保督察通过多种途径接收群众信访举报，拓宽公众参与环境治理的渠道。为验证中央环保督察分别从以上三个方面促进多元主体环境责任协同，本节利用计量模型分别进行机制检验。

（一）政府规制机制检验

环境治理是国家治理的重要组成部分。根据运行逻辑、权力结构、运行动力等的不同，国家治理模式可以分为常规式治理与动员式治理（盛科明和李代明，2018）。对应到环境治理领域，常规式治理与动员式治理也是政府环境治理的两种常见模式。作为典型的动员式治理模式，中央环保督察通过自上而下的政治压力传导，强化对地方政府环境政策执行的刚性约束，进而压实地方政府的环境治理责任。为考察中央环保督察对地方政府环境治理的影响，本节分别选取环境规制与环境处罚力度两个指标来表征地方政府的环境治理行为：其一，环境规制强度（*Govern*），参考叶琴等（2018）的做法，通过三废排放量、GDP计算出各样本城市的单位GDP污染物排放量，以衡量环境规制强度，具体的回归结果见表29－3中列（1）和列（2）；其二，环境处罚力度（*Penalize*），采用政府查处的环境违法企业数来衡量，从公众环境研究中心数据库中手工收集整理所得，其回归结果见表 29 - 3 中列（3）和列（4）。

表 29 - 3　　中央环保督察对政府规制的影响结果

变量	(1)	(2)	(3)	(4)
	Govern	*Govern*	*Penalize*	*Penalize*
Treat	-0.0028 (-0.0618)	-0.0628 (-1.0149)	1.9040*** (27.4358)	0.5329*** (4.9048)
常数项	0.1916*** (15.3933)	-0.1767 (-0.1106)	4.5008*** (266.3057)	-5.0096* (-2.5822)
控制变量	No	Yes	No	Yes
年份	Yes	Yes	Yes	Yes
城市	Yes	Yes	Yes	Yes
样本数	1 383	1 357	1 199	1 185
R^2	0.0001	0.0031	0.1671	0.6177

注：括号中为 t 值，***、**、* 分别表示在 1%、5% 和 10% 水平上显著。

由表 29 - 3 可知，列（1）和列（2）的中央环保督察 *Treat* 对地方政府环境规制强度 *Govern* 的回归系数不显著，说明中央环保督察的实施并未显著促进地方政府提升环境规制强度。列（3）和列（4）的中央环保督察 *Treat* 对地方政府环境处罚力度 *Penalize* 的回归系数在 1% 的水平上显著为正，说明中央环保督察的实施有效促使地方政府强化了环境处罚力度。由此可见，中央环保督察在督促地方政府积极履行环境责任上，主要是通过促使地方强化环境处罚力度，而非提高环境规制强度来实现，这与现实情况相吻合。常规模式下，地方政府按既定制度实行环境治理，使地方政府的环境规制强度具有一定的稳定性。在“动员式”治理的中央环保督察下，比起提升环境规制强度，地方政府在强化环境处罚力度上具有更大的行动空间。

（二）企业治理机制检验

根据企业在面对环境问题时所采取的态度，沙玛和弗里登堡（Sharma and Vredenburg，1998）将企业的环境治理行为分为“反应型”和“前瞻型”两类。顾名思义，“反应型”治理行为指企业面对外部压力时被动采取环境治理措施，包括但不限于减少生产、进行末端治理等。而“前瞻型”治理行为则指企业主动进行的污染前端防治行为，如增加环保投资等。中央环保督察下，地方政府强化了对相关企业的监管以及对环境违法行为的执法力度。当面临更大的外部监管压力，企业为了维持生存的合法性会采取一定的治理措施。为了检验中央环保督察的企业治理机制，本书分别以企业环保投资（*Einvest*）和企业排污水平（*Pollutant*）代表企业的“前瞻型”环境治理行为与“反应型”环境治理行为，检验中央环保督察对企业防污治污的影响，详细的回归结果见表29－4。其中，企业排污水平以工业污染排放总指数表述，即根据城市工业三废数据以熵值法求权重后加权平均而得出。

表29－4　　　中央环保督察对企业治理的影响结果

变量	(1) *Einvest*	(2) *Einvest*	(3) *Pollutant*	(4) *Pollutant*
Treat	1.0557*** (4.2787)	0.3568 (1.2277)	－0.0370*** (－11.9479)	－0.0260*** (－8.9525)
常数项	8.2445*** (67.8398)	13.8723 (1.3641)	0.1064*** (118.5477)	0.1981*** (2.7969)
控制变量	No	Yes	No	Yes
年份	Yes	Yes	Yes	Yes
城市	Yes	Yes	Yes	Yes
样本数	402	399	1 440	1 411
R^2	0.1893	0.2014	0.3358	0.3587

注：括号中为t值，***、**、*分别表示在1%、5%和10%水平上显著。

根据表29－4中列（1）和列（2）的回归结果，在控制其他因素的影响后，中央环保督察*Treat*对企业环保投资*Einvest*的回归系数不再显著，说明中央环保督察对企业环保投资并不存在显著影响。列（3）和列（4）的回归结果显示，以企业污染排放指数*Pollutant*为被解释变量，中央环保督察*Treat*的回归系数为负，且至少在5%的水平上显著，说明中央环保督察对企业污染排放产生了显著的负向影响。总而言之，中央环保督察通过促进企业的“反应型”环境治理行为而不是“前瞻型”环境治理行为来持续强化企业环境治理。这也说明，中央环保督察对企业环境治理行为的影响更多的是“惩戒效应”而不是“激励效应”。

（三）公众参与机制检验

较高的环境维权成本以及地方政府的强控制是阻碍公众参与环境治理的两大重要因素。在维护自身环境权益的合法抗争中，公众面对高额的环境维权成本，沉默是大多数的选择（冯仕政，2007），而地方政府为企业充当“保护伞”又进一步提高了公众环境维权难度。此外，从程序设置到决策拍板，地方政府的“家长”作风与控制倾向也对公众参与产生了“挤出效应”（娄成武和韩坤，2021）。在中央环保督察的纵向干预下，一方面，公众与地方政府的对话能力得到改善，地方政府对公众参与的“挤出”得到弱化；另一方面，通过设置多元化的参与渠道以及对公众参与给予及时反馈，公众参与环境治理的成本得到降低。因此，为了检验中央环保督察对公众参与的作用机制，本书分别以环境公益诉讼（*Litigation*）和环保举报作为公众参与（*Report*）的代理变量，考察中央环保督察对公众参与的影响。其中，环境公益诉讼数据从中国裁判文书网中手工收集整理而得。囿于城市层面的环保举报数据缺乏，本节使用城市所在的省份数据来替代，包括来信、电话以及网络及其他渠道的数据。

表 29 - 5 报告了中央环保督察对公众参与的影响。列（1）和列（2）为以环境公益诉讼为被解释变量的回归结果，列（3）和列（4）为以环保举报为被解释变量的回归结果。根据表 29 - 5 中列（1）和列（2）的回归结果，中央环保督察对环境公益诉讼的回归系数为正，但在控制其他因素的情况下未通过显著性检验。列（3）和列（4）的回归结果显示，以环保举报件数为被解释变量，中央环保督察的回归系数为正，且在 1% 的水平上显著，说明中央环保督察对动员公众参与环保监督发挥了正向影响。由此可见，在中央环保督察的干预下，受理信访与网络举报、进行信息公开、开展实地走访等方式增强了公众参与环境治理的可及性，降低公众参与环境治理的成本。

表 29 - 5　　　　中央环保督察对公众参与的影响结果

变量	(1)	(2)	(3)	(4)
	Litigation	*Litigation*	*Report*	*Report*
Treat	0.0337 ** (2.0400)	0.0103 (0.8568)	0.7479 *** (13.5401)	1.6447 *** (18.2278)
常数项	0.0048 (1.0075)	0.0241 (0.1600)	8.9133 *** (729.4260)	20.0544 *** (8.8390)
控制变量	No	Yes	No	Yes
年份	Yes	Yes	Yes	Yes
城市	Yes	Yes	Yes	Yes
样本数	1 440	1 411	1 320	1 291
R^2	0.0064	0.0130	0.1006	0.3872

注：括号中为 t 值，***、**、* 分别表示在 1%、5% 和 10% 水平上显著。

三、稳健性检验

（一）平行趋势检验

双重差分方法的基础是：平行趋势假定。为此，本节参照贝克（Beck et al.，2010）的做法，设置中央环保督察政策冲击前的虚拟变量并对其进行回归，考察是否满足平行趋势假定。具体而言，对中央环保督察地区设置督察前虚拟变量，其中督察前一年（*Treat_pre*1）表示当前是否处于中央环保督察政策冲击的前一年，督察前二年（*Treat_pre*2）表示当前是否处于中央环保督察政策冲击的前二年，以此类推。本书分别在式（29.1）中加入中央环保督察政策冲击前五期的虚拟变量。依据相应的平行趋势检验理论，若研究样本及变量满足平行趋势假设，则相应的政策冲击前虚拟变量回归系数应不满足统计上的显著性。平行趋势检验的具体回归结果见表 29-6。

表 29-6　　　　平行趋势检验结果

变量	(1)	(2)
	Syn	*Syn*
*Treat_pre*5	-0.0722** (-2.1472)	-0.0591 (-1.4542)
*Treat_pre*4	-0.0500** (-2.0217)	-0.0403 (-1.3419)
*Treat_pre*3	-0.0325** (-1.9886)	-0.0258 (-1.3121)
*Treat_pre*2	-0.0151* (-1.8653)	-0.0122 (-1.2701)
*Treat_pre*1	0.0137 (1.6176)	0.0103 (1.0507)
常数项	0.2314*** (7.5082)	0.3815*** (5.1240)
控制变量	No	Yes
年份	Yes	Yes
城市	Yes	Yes
样本数	1 440	1 411
R^2	0.4519	0.4595

注：括号中为 t 值，***、**、* 分别表示在 1%、5% 和 10% 水平上显著。

根据表 29－6 的结果，无论是否加入控制变量，中央环保督察的政策冲击检验变量均不具备统计上的显著性。这说明，本书的研究样本及变量满足平行趋势假设，中央环保督察的政策效应通过了支持采用双重差分方法的平行趋势检验。

（二）更换计量模型

为了控制样本选择偏差及其导致的内生性问题，本书更换计量模型，使用倾向得分匹配双重差分（PSM－DID）模型进行估计，即先采用倾向得分匹配方法将处理组与控制组进行匹配，而后采用匹配后的样本进行渐进双重差分模型估计，具体的回归结果见表 29－7。由表 29－7 可见，无论是否加入控制变量，中央环保督察政策变量的回归系数均为正，且在 1% 的水平上显著，说明中央环保督察对多元主体环境责任协同具有显著的促进作用，与前文的基准回归结果一致。

表 29－7　PSM－DID 回归结果

变量	(1)	(2)
	Syn	*Syn*
Treat	0.0197*** (12.2584)	0.0173*** (11.0337)
常数项	0.2517*** (553.0127)	0.1897 (1.2898)
控制变量	No	Yes
年份	Yes	Yes
城市	Yes	Yes
样本数	1 391	1 411
R^2	0.2053	0.2444

注：括号中为 t 值，***、**、* 分别表示在 1%、5% 和 10% 水平上显著。

（三）排除其他相近时期政策的干扰

在考察中央环保督察对多元主体环境责任协同的影响时，相近时期的其他政策可能也会对多元主体环境责任协同产生干扰，从而使中央环保督察的政策效果估计产生偏差。自 2016 年起，省以下环保监测监察执法垂直管理改革在中国开始实施。改革着眼于压实地方政府与相关排污者的环境保护责任，这将对多元主体环境责任协同产生一定影响。考虑到省以下环保监测监察执法垂直管理改革可能会对评估中央环保督察的多元主体环境责任协同效应造成干扰，本书将地方环保执法变量（*Reform*）纳入基准回归模型并重新进行估计，以控制环保执法垂直管理改革对多元主体环境责任协同的潜在影响，具体的回归结果见表 29－8。其中，列（1）为未控制其他变量的结果，列（2）为控制其他变量的结果。

表 29－8　　控制其他政策干扰的回归结果

变量	(1)	(2)
	Syn	*Syn*
Treat	0.0058** (2.3517)	0.0062** (2.2608)
Reform	0.0027*** (3.0229)	0.0026*** (3.0050)
常数项	0.2619*** (41.9945)	0.4424** (2.9206)
控制变量	No	Yes
年份	Yes	Yes
城市	Yes	Yes
样本数	1 199	1 185
R^2	0.3594	0.3710

注：括号中为 t 值，***、**、* 分别表示在 1%、5% 和 10% 水平上显著。

根据表 29－8 的结果，在控制环保执法垂直管理改革的潜在影响后，无论是否加入其他控制变量，中央环保督察政策变量的回归系数均显著为正，且在 10% 的水平上显著，这充分表明本书的基准回归结果是稳健的。

第五节　进一步讨论

一、基于政治约束的分析

中国环境治理不仅与政府治理模式密切相关，而且受其组织运行逻辑的影响。常规式治理与动员式治理作为两种常见的中国政府治理模式，前者的运行逻辑为基于政府科层组织的行政逻辑，而后者的运行逻辑为基于最高层权威的政治逻辑（盛明科和李代明，2018）。常规式治理依靠既定制度来推进，而动员式治理则依靠高层的政治权威来推进。中央环保督察作为典型的动员式治理制度安排，通过组织动员与层层压力传导，将信号传递到各级部门，实现跨部门与跨层级的力量与资源整合，以期产生立竿见影的治理效果。然而，在实际运行过程中，政治压力的传导不免会在层层组织结构中有所差别。相较于下级组织部门，更高级别的组织部门通常面临更强的政治约束。因此，与一般城市相比，省会城市与副省会城市具备更好的要素资源与更高的政治权力，同时也面临更强的政治约束（席鹏辉和梁若冰，2015）。基于此，本节为讨论不同强度政治约束下中央环保督察的异质性政策效应，构造城市级别虚拟变量（*Level*），即若某一城市为省会城市或副省级城市，则赋值为1，反之则为0。之后，通过在基准回归（式29.1）中加入政策变量与城市级别变量的交互项，重新进行模型估计，具体结果见表29－9。

表29－9　　政治约束下中央环保督察的政策效应结果

变量	(1)	(2)
	Syn	*Syn*
Treat × Level	0.0135*** (3.8675)	0.0150*** (4.3857)
Treat	0.0157*** (9.6840)	－0.0047** (－2.1170)
常数项	0.2518*** (597.0831)	0.1402*** (5.2095)
控制变量	No	Yes
年份	Yes	Yes
城市	Yes	Yes
样本数	1 440	1 411
R^2	0.2279	0.3857

注：括号中为t值，***、**、*分别表示在1%、5%和10%水平上显著。

从表29－9中的回归结果来看，无论是否加入其他控制变量，城市级别与中央环保督察政策变量的交互项系数均为正，且在1%的水平上显著，这说明在政治约束更强的省会城市及副省会城市，中央环保督察对多元主体环境责任协同的正向效应更为明显。本书认为，出现这种差异的原因可能在于：多元主体环境责任协同类似于一种集体行动。由于政府、企业与公众等主体有着差异化的立场与利益诉求，各主体的行为不免存在利益冲突。换而言之，多元主体环境责任协同面临主体间激励不相容的问题，需依赖外部约束的干预实现。中央环保督察下，地方面临的政治约束越强，地方政府越倾向于与其他主体进行协作，多元主体环境责任协同度也就越高。因此，与其他城市相比，中央环保督察在省会及副省会城市对多元主体环境责任协同的影响更强。

二、基于财政压力的分析

财政是影响多元主体环境责任协同的重要因素。从国家层面而言，财政是国家治理的前提条件和关键支柱，而防污治污是国家治理的重要内容之一。作为地方政府提供污染治理的物质基础，财政收入直接影响地方政府环境治理行为。财政压力是阻碍地方政府提升防污治污效率的重要原因（包国宪和关斌，2019）。当面临较大的财政压力时，一方面，地方政府无法为降污减排提供充足的人力、物资保障；另一方面，地方政府出于扩大税基的考虑，会倾向于放松对工业企业的环境管制（席鹏辉等，2017）。因此，财政压力不仅是影响地方政府环境治理行为的直接因素，更会通过影响政府行为对企业的环境行为产生重要影响。鉴于此，本书采用中央环保督察之前各城市财政支出与财政收入比值的平均值，以衡量地方政府的财政压力（*Finance*）。为考察不同财政压力下环保督察对多元主体环境责任协同的异质性政策效果，本节在式（29.1）中加入环保督察与财政压力的交互项，重新进行回归估计，具体结果见表 29－10。

表 29－10　　财政压力下中央环保督察的政策效应结果

变量	(1)	(2)
	Syn	*Syn*
Treat × Finance	-0.0032*	-0.0043**
	(-1.7461)	(-2.4481)
Treat	0.0257***	0.0083**
	(6.1644)	(2.0885)
常数项	0.2518***	0.1375***
	(563.1572)	(5.2030)
控制变量	No	Yes
年份	Yes	Yes

续表

变量	(1)	(2)
	Syn	*Syn*
城市	Yes	Yes
样本数	1 440	1 411
R^2	0.2115	0.3683

注：括号中为 t 值，***、**、* 分别表示在 1%、5% 和 10% 水平上显著。

从表 29-10 可知，在加入控制变量后，财政压力与中央环保督察政策变量的交互项系数为负，且在 10% 的水平上显著，说明在财政压力越大的地方，中央环保督察对多元主体环境责任协同的影响效应越弱。本书认为，对于财政压力较大的地方，地方政府进行环境治理的积极性不高，且更易被企业纳税贡献所绑架而"软化"环境规制政策，因此中央环保督察对多元主体环境责任协同的影响更弱。

三、基于污染水平的分析

依据合法性理论，地方进行环境合法性管理的动机与其污染水平正向相关。在中央政府强化环境治理的背景下，地方政府会调整其环境策略，竞相向环境治理卓有成效的地区看齐（张文彬等，2010）。污染水平越高的地方，其相对于其他地方的环境合法性越低，面对的上级政府压力与约束也越强。在中央强化环境治理的情况下，为了获得中央的认可以维持合法性，污染水平更高的地方进行环境合法性管理的意愿会增强。此时，地方政府会倾向于强化环境治理，以缓解来自上级的压力与约束。而地方企业出于制度遵循与社会认可的需要，也会迎合地方政府的意向进行环境合法性管理（马文超和唐勇军，2018），履行相应的环境保护责任。因此，本书在基准回归中加入地方的污染水平变量（*Contam*）与中央环保督察政策变量（*Treat*）的交互项，以捕捉环境污染水平下可能存在的异质性政策效应，回归结果见表 29-11。

根据表 29-11 的结果，无论是否控制其他因素，污染水平与中央环保督察政策变量的交互项系数均为正，且在 1% 的水平上显著。这说明在污染水平更高的地方，中央环保督察对多元主体环境责任协同的正向效应越强。本书认为，可能的原因在于，污染水平更高的地方在遭受政策冲击时进行环境治理的意愿越强烈，因而中央环保督察的政策效应更明显。

表 29 - 11　　环境污染下中央环保督察的政策效应结果

变量	(1)	(2)
	Syn	*Syn*
Treat × *Contam*	0.0092 *** (4.0173)	0.0084 *** (3.2524)
Treat	0.0178 *** (6.3027)	-0.00253 (-0.7682)
常数项	0.2339 *** (64.3525)	0.1126 *** (4.2633)
控制变量	No	Yes
年份	Yes	Yes
城市	Yes	Yes
样本数	1 440	1 411
R^2	0.2205	0.3650

注：括号中为 t 值，***、**、* 分别表示在 1%、5% 和 10% 水平上显著。

第三十章

环境责任协同机制的环境司法研究

第一节　问题提出

生态环境法治化是防污治污的基础，也是中国实现经济高质量发展的必然要求。自1978年“环境保护”写入《宪法》、1989年正式颁布《环境保护法》以来，中国逐步完善环境保护法律体系。根据生态环境部的数据，截至2019年7月，我国实施了13部环境保护法律、上百件行政法规和部门规章、千余部地方性环境法规与环境规章，并且从环境污染防治、自然资源保护、环境行政管理等方面全方位构成了中国环境保护法律规范体系。依据以上环保法规，各个环境责任主体在防污治污中，应遵循“保护优先、预防为主、综合治理、公众参与、污染者担责”的环保准则。此外，“生态文明”于2018年上升至宪法层面，充分体现了我国防污治污的国家意志，为环境法治建设增加了重磅筹码。因此，探究环境法治化背景下多元主体环境责任协同对推动生态文明建设法治化具有重要的现实意义。

环境司法作为维护环境公平正义的保障，通过规定政府、企业、公众与社会组织的环境义务与环境权利，规范和约束责任对象的环境行为，进而影响多元主体环境责任协同水平。随着2007年贵阳市设立首个生态保护法庭，中国环境污染治理逐渐形成环境行政与环境司法的联动机制。2014年7月最高人民法院成立环境资源审判庭，意味着中国环境审判专门化体系正式确立，环境司法专门化从理论推向实践。根据《中国环境司法发展报告（2020）》，相比于2019年同期，2020年全国环境资源专门审判机构数量、生态环境损害赔偿一审收案数量、环境公益诉讼收案数量分别提高47.30%、48.98%和68.05%。这说明环境司法改革稳步推进，不仅提高了环境司法效率，而且增强了环境司法威慑力与感召力，从而抑制企业排污行为、鞭策政府监督管理、促进社会力量参与环保。

党的十九大明确指出，“完善党委领导、政府负责、社会协同、公众参与、法治保障的社会治理体制”。政府、企业、公众与社会组织作为生态环境治理的主体，肩负生态环境保护与治理责任。然而，环境司法是否能够促进各主体积极履行其环境责任，是否能够有效推进多元主体环境责任协同发展，目前鲜有学者开展相关研究。因此，为了探究环境司法对多元主体环境责任协同的影响及其内在作用机理，本章基于环境司法影响多元主体环境责任协同的作用机制，从政府、企业、公众与社会组织三个视角，利用中国120个地级市及以上城市2008～2019年的数据，采用面板数据模型，对环境司法专门化、环境公益诉讼体制等环境司法改革举措如何影响多元主体环境责任协同水平进行实证检验，为建立立法、司法、执法、守法联动机制提供理论支撑与实证经验。

第二节　理论机理

生态文明法治为新时代生态文明建设保驾护航，诚如“法律是治国之重器，良法是善治之前提”。环境司法参与环境治理以环境司法功能的发挥为前提，即环境司法能动建立在环境司法功能充分发挥的基础上（蒋银华，2017）。实际上，环境司法具有政治功能，服务于国家宏观战略，是国家意志的一种表现。在现代化环境治理体系的目标下，首先，环境司法积极参与环境治理，走向环境司法专门化的道路。其次，环境司法是公平正义的重要体现，具有民主功能。为切实保障人民环境权益，环境司法机构以法律为准绳，以生态破坏与环境污染事实为依据，惩治生态环境违法行为。最后，环境司法核心的功能是环境法律功能，通过人民法院的审判和人民检察院的检察工作而得以实现。环境法律功能是实现社会控制和调整，具体分为两个方面：其一，保护生态环境、惩罚污染制造者、监督污染排放者、预防环境污染等；其二，评价各主体环境行为、引导公民保护环境、教育公民守法守规、预测环境破坏行为（孙岳兵，2016）。因此，从法理学角度，环境司法通过对地方政府的政策实施进行司法保障、设置底线给企业行为预期和增强公众环保意识，发挥保障助推、惩罚制约、教育引导等功能，促进政府、企业、公众与社会组织等主体履行环境责任，进而推动多元主体环境责任协同发展。

在现有环境法治制度下，地方政府行政部门作为环境执法的主体，依法监管其他环境责任主体，对环境污染企业或个人实行行政处罚，与环境司法机关处于分立状态。当环境司法发现行政部门环境执法缺位时，通过环境公益诉讼制度，检察机关遏制行政部门在环境污染治理中的懒惰行为，强化对其的监督，与环境资源审判专门化制度形成叠加效应。同时，环境司法通过司法机关与政府部门的联动作用，既直接促使地方政府采用较强的环境规制政策，又间接提升其环境执法能力，从而减少 GDP 目标下地方政府与企业的合谋（刘伟和范文雨，2021）。在成本与收益原则下，企业面临两种选择：其一，选择积极履行环境责任，根据波特假说，企业积极参与环境治理不仅能增加其社会声誉，而且能增强其竞争优势，从而给企业带来经济增量收益；其二，选择消极履行环境责任，根据资源基础理论，在资源有限和宽松法律环境的情况下企业为实现利润最大化，不愿主动采取环保行动，仅仅只达到法规的最低要求（翟华云和刘亚伟，2019）。随着环境司法进入“执法必严，违法必究”的阶段，环境司法强度和执行力度迫使企业承担环境责任。此外，为推进公众有条有理地参与生态环境治理，《环境保护法》《环境影响评价法》《森林法》等诸多法律鼓励公民参与生态保护，并明晰公民能依法行使环境信息获取、环境治理参与和监督的权利。同时，通过环境司法机关通过广泛开展警示教育，充分发挥其感召效应，彻底打消生态环境污染犯罪行为。因此，环境司法对各个主体环境责任履行具有重要的推动作用，引导环境责任主体共同参与环境治理，进而有效推动多元主体的协同规则和实现协同路径。

司法机关在狭义上指作为国家审判机关的人民法院，广义上还包括行使国家检察权的人民检察院。根据上述分析，本书构建环境司法影响多元主体环境责任协同的作用机制，详细情况见图 30－1。

作为推行习近平生态文明思想的关键措施，环境司法改革将深刻影响政府、企业、公众与社会组织的环境行为，进而推动多元主体环境责任协同发展。首先，环境司法提高了政府对环境保护与治理的重视度，保障环境政策的有效实施，形成环境司法与环境行政的联动效应。其次，环境司法通过法律强制性功能，惩罚环境污染企业，增加企业环境违法代价，形成环境惩治的倒逼效应。最后，环境司法不仅为公众环境维权提供了新的途径，而且通过环保宣传教育，引导公众环境表现，对污染行为产生感召效应。

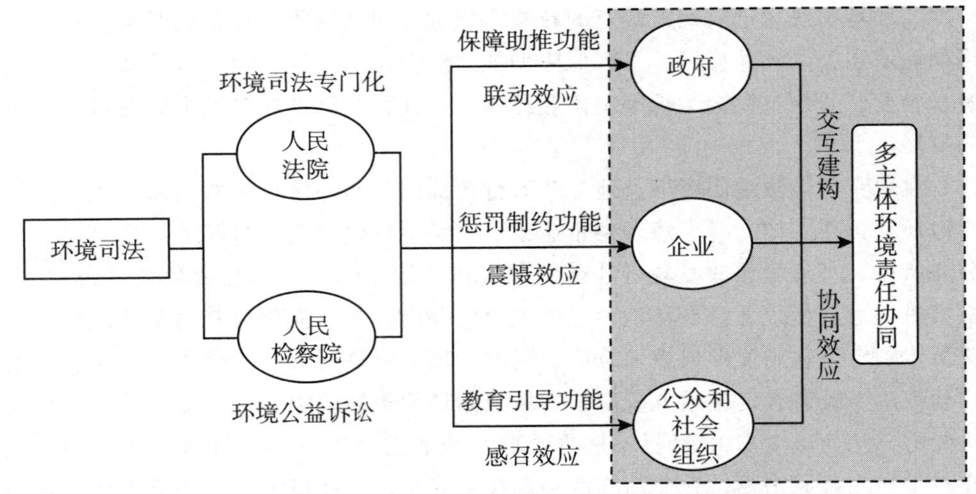

图 30－1 基于环境司法的多元主体环境责任协同机制示意图

在传统环境法治下，地方政府迫于经济增长的压力，与当地企业形成合谋之势，致使环境治理难见成效。环境公益诉讼制度以强化环境司法监督为逻辑主方向，通过人民检察院、人民法院与行政部门联动，打破环境司法与环境行政的僵化局面。具体而言，一方面，当企业或个人出现环境污染与生态破坏行为时，当地检察机关向人民法院提起环境民事公益诉讼，依法追究其生态环境修复责任；另一方面，当地方政府环境执法缺位而损害社会公共利益时，当地监察机关有权对地方行政机关提起环境行政公益诉讼，依法追究政府官员的失职渎职责任。因此，环境公益诉讼制度不但加强了对企业和公众环境污染行为的震慑力，而且大力制止了地方政府庸政懒政的行为，在环境监督治理中形成叠加效应。

第三节 研究设计

一、变量定义与数据来源

为了实证检验环境司法对多元主体环境责任协同的影响，本章结合机理分析，选取以下指标衡量各个变量：

被解释变量。多元主体环境责任协同水平（*Syn*）由前文构建的多元主体环境责任协同指标体系测度而来，具体参见第二十六章。

核心解释变量。由于司法机关从广义上分为人民法院和人民检察院，本章从环境诉讼情况（*Suit*）和检察环境公益诉讼情况（*Gsuit*）两个方面来衡量环境司法水平。其中，环境诉讼情况采用各城市中级人民法院审理的生态破坏与环境污染的案件数量表示。由于检察机关提起的行政公益诉讼案件数量远多于民事公益诉讼数量（秦鹏和何建祥，2018），检察环境公益诉讼情况采用各城市人民检察院向法院提起的环境行政公益诉讼案件数量表示。

中介变量。司法机关通过依法督促行政执法部门履行环境监督职责，促使环境行政机关从严从实规范执法，以此实现司法与执法联动效应。同时，司法机关通过严厉惩处环境污染、生态破坏犯罪行为，约束环境破坏行为，促使企业降污减排和公民节能低碳，最终达到惩前毖后的预期效果。因此，中介变量包括以下三个：其一，政府环境执法从行政执法强度出发，采用各个城市当年的环境行政处罚案件数量（*Punish*）来表示。其二，企业环境治理从污染治理角度考虑，选用工业废水、工业二氧化硫、工业烟尘的排放总量（孙晓华等，2020），利用第四章的熵值法计算得出各个城市当年环境污染综合指数（*Pollut*）。其三，公众环境行为从节能生活维度分析，根据折标煤系数、生活用电量和家庭用气量计算出各个城市当年居民人均能源消耗量的对数（*Energy*）。

控制变量。为减少遗漏变量的影响，本章参考相关文献资料，选择以下变量作为计量模型的控制变量：经济发展（*Pgdp*）、技术水平（*Tech*）、产业结构（*Indust*）、金融水平（*Ploan*）、开放程度（*Open*）、人口密度（*Dense*）、失业率（*Unemp*）。其中，经济发展、技术水平和金融水平分别采用人均 GDP、专利申请数量和人均金融机构贷款金额的对数衡量；产业结构和开放程度分别采用第二产业、实际使用外资使用金额与 GDP 的比值衡量；人口密度用每平方公里常住人口数量表示；失业率利用失业人数与劳动人口数量比值表示。

上述变量数据主要来源于《中国城市统计年鉴》（2009～2020）、中国研究数据服务平台（CNRDS）和国泰安数据库（CSMAR）。环境诉讼案件数量、检察环境公益诉讼数量和环境行政处罚案件数量均从中国裁判文书网和北大法宝法律数据库上手动整理而来。本章各主要变量的描述性统计如表 30－1 所示。

表 30－1　　　　主要变量的描述性统计

变量	说明	样本量	均值	标准差	最小值	最大值
Syn	多元主体环境责任协同水平	1 440	0.2575	0.0314	0.1318	0.4465
Suit	环境诉讼案件数量（百件）	1 440	0.6583	1.7988	0.0000	30.3700
Gsuit	检察环境公益诉讼数量（件）	1 440	0.0757	0.9158	0.0000	31.0000
Punish	环境行政处罚案件数量（百件）	1 440	1.1329	4.0846	0.0000	53.2000

续表

变量	说明	样本量	均值	标准差	最小值	最大值
Pollut	环境污染综合指数	1 440	0.0957	0.0839	0.0106	0.8602
Energy	居民人均能源消耗量的对数	1 440	6.0218	0.8757	3.5511	8.7981
Pgdp	人均 GDP 的对数	1 440	10.9075	0.7830	7.9463	14.1945
Tech	专利申请数量的对数	1 440	8.0387	1.6667	3.1781	12.1161
Indust	第二产业总产值/GDP	1 440	0.4922	0.1058	0.1474	0.9097
Ploan	人均金融机构贷款金额的对数	1 440	10.8633	1.0933	7.9300	13.8971
Open	实际使用外资使用金额/GDP	1 440	0.0241	0.0295	0.0000	0.5823
Dense	每平方公里常住人口数量的对数	1 440	6.0499	0.7790	3.6908	8.9524
Unemp	失业人数与劳动人口数量比值	1 440	0.0518	0.0347	0.0030	0.5599

二、模型设定

为了研究环境司法能否促进多元主体环境责任协同发展，本章综合考虑时间效应和个体效应，选用面板数据模型作为基准回归模型，模型的形式如下：

$$Syn_{it} = \alpha_0 + \alpha_1 X_{it} + \alpha_2 Control_{it} + \sum Year + \mu_i + \varepsilon_{it} \tag{30.1}$$

其中，i 表示城市，t 表示年份；*Syn* 表示多元主体环境责任协同水平；X 表示环境司法的两个指标：环境诉讼数量 *Suit* 和检察环境公益诉讼数量 *Gsuit*；$Control_{it}$ 表示影响多元主体环境责任协同水平的控制变量；*Year* 为年度虚拟变量；μ_i 为 i 城市不可观测的个体固定效应，ε_{it} 为随机扰动项。α_1 是本章主要关注的回归系数，其中若显著为正，说明环境司法促进多元主体环境责任协同；反之，若显著为负，说明环境司法抑制多元主体环境责任协同。

在此基础上，本章进一步探讨环境司法对多元主体环境责任协同的作用机制。根据前文的机理分析，环境司法可以通过政府环境执法、企业环境治理和公众环境行为三个途径影响多元主体环境责任协同。因此，本章选用中介效应模型，分别实证检验以上三个路径的作用机制，具体计量模型如下：

$$Syn_{it} = \alpha_0 + \alpha_1 X_{it} + \alpha_2 Control + \sum Year + \mu_i + \varepsilon_{it} \tag{30.2}$$

$$Z_{it} = \beta_0 + \beta_1 X_{it} + \beta_2 Control + \sum Year + \mu_i + \varepsilon_{it} \tag{30.3}$$

$$Syn_{it} = \gamma_0 + \gamma_1 X_{it} + \gamma_2 Z_{it} + \gamma_3 Control + \sum Year + \mu_i + \varepsilon_{it} \tag{30.4}$$

其中，Z 表示中介变量，包括政府环境执法 *Punish*、企业环境治理 *Pollut* 和公众环境行为 *Energy*；α_1、γ_1 和 $\beta_1\gamma_2$ 分别表示环境司法的总效应、直接效应和中介效应。式（30.2）反映环境司法对多元主体环境责任协同的影响；式（30.3）反映环境司法对中介变量的影响；式（30.4）反映环境司法与中介变量对多元主体环境责任协同的影响。

第四节　实证结果与分析

一、基准回归分析

在实证检验环境诉讼和检察环境公益诉讼对多主体环境责任发展水平的影响之前，本节首先对各变量进行方差膨胀因子检验（VIF 检验），结果表明所有变量的 VIF 均小于 5，每个模型的平均 VIF 最大为 2.27，不存在严重的多重共线性问题。其次，分别利用 F 检验、LM 检验和 Hausman 检验面板数据模型，结果发现这三种检验均拒绝原假设。因此，本章选定双向固定效应模型，具体的回归结果如表 30 - 2 所示。

表 30 - 2　　环境司法对多元主体环境责任协同的回归结果

变量	(1)	(2)	(3)	(4)
	Syn	*Syn*	*Syn*	*Syn*
Suit	0.0023*** (5.0907)	0.0023*** (5.0280)		
Gsuit			0.0020*** (6.1763)	0.0020*** (5.7749)
Pgdp		0.0037** (2.0860)		0.0034* (1.9485)
Tech		0.0047** (2.4477)		0.0059*** (2.9260)
Indust		-0.0638*** (-4.0636)		-0.0815*** (-5.0003)
Ploan		0.0076*** (3.3785)		0.0071*** (3.0004)
Open		0.0530** (2.0374)		0.0359 (1.5119)

续表

变量	(1)	(2)	(3)	(4)
	Syn	*Syn*	*Syn*	*Syn*
Dense		0.0035 (0.5292)		0.0062 (0.7732)
Unemp		-0.0108 (-0.5522)		-0.0121 (-0.5890)
常数项	0.2318 *** (135.9649)	0.2218 *** (3.4610)	0.2318 *** (134.5089)	0.2216 *** (2.9173)
年份	Yes	Yes	Yes	Yes
城市	Yes	Yes	Yes	Yes
样本数	1 440	1 440	1 440	1 440
R^2	0.4629	0.4685	0.4454	0.4515

注：括号中为 t 值，***、**、* 分别表示在 1%、5% 和 10% 水平上显著。

由表 30-2 回归结果可知，无论是否加入控制变量，环境诉讼 *Suit* 和检察环境公益诉讼 *Gsuit* 的回归系数都在 1% 的水平上显著为正，表明环境司法确实对多元主体环境责任协同具有促进效应，这与前文的机理分析结果保持一致。换而言之，人民法院和人民检察院不仅共同保障社会公平正义，推动社会和谐稳定发展，而且能协调环境治理责任主体之间的矛盾，增进多元主体利益共容。从控制变量的回归结果来看，经济发展 *Pgdp*、技术水平 *Tech*、金融水平 *Ploan* 和开放程度 *Open* 的回归系数均至少在 10% 的水平上显著为正，即这些变量的提高能够明显促进多元主体环境责任协同发展。这表明在这些地区，政府、企业、公众与社会组织在环境污染治理上更容易达成共识，形成协同效应。此外，产业结构 *Indust* 的估计系数在 1% 的水平上显著为负，表明第二产业比例增加不利于多元主体环境责任协同发展，可能的原因是：工业的废水、废气、废渣的排放是造成环境污染的始作俑者，与工业规模密切相关，与环境协同治理目标相悖。

二、作用机制检验

（一）政府环境执法机制检验

表 30-3 报告了环境诉讼、检察环境公益诉讼通过政府环境执法影响多元主

体环境责任协同的机制检验结果。列（1）和列（4）分别为环境诉讼 *Suit* 和检察环境公益诉讼 *Gsuit* 的总效应，均在1%的水平上显著，表明可以进一步进行中介效应分析。列（2）和列（5）结果表明，环境诉讼和检察环境行政诉讼的回归系数分别在1%和10%的水平上显著为正，说明环境司法强化增加环境行政处罚案件数量，促使环境行政部门加强环境执法力度，进而有效避免地方政府的懒政怠政。列（3）和列（6）结果表明，加入中介变量之后，环境诉讼和检察环境公益诉讼的估计系数均在1%的水平上显著，并且小于总效应的估计系数，说明政府环境行政处罚为部分中介变量。因此，环境司法不仅为地方政府提供坚强执法保障，而且助推地方政府加强执法力度，形成司法与执法联动效应，进而推动多元主体环境责任协同发展，即存在"环境司法→政府环境执法→多元主体环境责任协同"的传导机制。

表30－3　　政府环境执法中介检验的回归结果

变量	(1)	(2)	(3)	(4)	(5)	(6)
	Syn	*Punish*	*Syn*	*Syn*	*Punish*	*Syn*
Suit	0.0023*** (5.0280)	1.0090*** (3.8324)	0.0016*** (3.8142)			
Gsuit				0.0020*** (6.1763)	0.4634* (1.7846)	0.0016*** (6.0358)
Punish			0.0006** (2.1911)			0.0009*** (3.1827)
常数项	0.2218*** (3.4610)	10.7389 (0.5953)	0.2149*** (3.7943)	0.2216*** (2.9173)	12.1896 (0.4747)	0.2108*** (3.5587)
控制变量	Yes	Yes	Yes	Yes	Yes	Yes
年份	Yes	Yes	Yes	Yes	Yes	Yes
城市	Yes	Yes	Yes	Yes	Yes	Yes
样本数	1 440	1 440	1 440	1 440	1 440	1 440
R^2	0.4685	0.3505	0.4771	0.4515	0.2203	0.4713

注：括号中为t值，***、**、*分别表示在1%、5%和10%水平上显著。

（二）企业环境治理机制检验

表30－4显示了环境诉讼、检察环境公益诉讼通过企业环境治理影响多元主体环境责任协同的机制检验结果。根据列（1）和列（4）的结果，环境诉

讼和检察环境公益诉讼的估计系数均在1%的水平上显著，说明可以进一步对环境司法影响多元主体环境责任协同进行中介效应分析。列（2）和列（3）结果表明，环境诉讼数量与企业环境污染指数显著负相关，并且其估计系数在加入中介变量后略有下降。这说明环境司法强化明显倒逼企业减少污染物排放，约束企业环境污染行为，产生环境司法震慑效应，从而进一步推动多元主体环境责任协同发展，即存在“环境司法→企业环境治理→多元主体环境责任协同”的传导机制。

表30-4　企业环境治理中介效应检验的回归结果

变量	(1)	(2)	(3)	(4)	(5)	(6)
	Syn	*Pollut*	*Syn*	*Syn*	*Pollut*	*Syn*
Suit	0.0023*** (5.0280)	-0.0031* (-1.7925)	0.0022*** (4.8316)			
Gsuit				0.0020*** (6.1763)	-0.0004 (-0.4200)	0.0020*** (6.1792)
Pollut			-0.0328* (-1.8569)			-0.0395** (-2.0370)
常数项	0.2218*** (3.4610)	0.0170 (0.1157)	0.2223*** (3.5435)	0.2216*** (2.9173)	0.0087 (0.0558)	0.2219*** (3.0233)
控制变量	Yes	Yes	Yes	Yes	Yes	Yes
年份	Yes	Yes	Yes	Yes	Yes	Yes
城市	Yes	Yes	Yes	Yes	Yes	Yes
样本数	1 440	1 440	1 440	1 440	1 440	1 440
R^2	0.4685	0.3521	0.4731	0.4515	0.3456	0.4584

注：括号中为t值，***、**、*分别表示在1%、5%和10%水平上显著。

然而，由表30-4列（5）结果可知，检察环境公益诉讼的估计系数无法通过显著性检验。为此，本节进一步对检察环境公益诉讼影响多元主体环境责任协同水平进行Bootstrap抽样法检验，结果表明0位于间接效应的置信区间内，即中介效应无法成立。这可能的原因是：检察环境公益诉讼主要由环境行政公益诉讼组成，而环境行政公益诉讼制度是检察机关专门为环境行政机关违法或不作为而设立，对企业的震慑作用有限，难以有效制约企业的环境污染行为，也无法促使企业主动降污减排。

（三）公众环境行为机制检验

表30－5给出了环境诉讼、检察环境公益诉讼通过公众环境行为影响多元主体环境责任协同的机制检验结果。根据列（1）和列（4）的结果，环境诉讼和检察环境公益诉讼的估计系数均在1%的水平上显著，说明可进一步进行中介效应分析。列（2）和列（5）结果显示，环境诉讼和检察环境公益诉讼都在1%的水平上显著为负，说明环境司法对公众能源消耗量具有抑制作用，即环境司法能够有效引导公众减少生活能源消耗量，引导其养成节约用水用电的良好习惯。由列（4）和列（6）结果可知，加入中介变量之后，环境诉讼和检察环境公益诉讼的估计系数均在1%的水平上显著，并且小于总效应的估计系数，说明公众能源消耗为部分中介变量。环境司法通过推动法治思想深入人心，降低公众能源消耗量，形成法治文化感召效应，进而推动多元主体环境责任协同发展，即存在“环境司法→公众环境行为→多元主体环境责任协同”的传导机制。

表30－5　　　　公众环境行为中介效应检验的回归结果

变量	(1)	(2)	(3)	(4)	(5)	(6)
	Syn	*Energy*	*Syn*	*Syn*	*Energy*	*Syn*
Suit	0.0023*** (5.0280)	－0.0190*** (－2.8949)	0.0021*** (5.0785)			
Gsuit				0.0020*** (6.1763)	－0.0135*** (－2.8120)	0.0018*** (5.6867)
Energy			－0.0075** (－2.6119)			－0.0087*** (－2.8607)
常数项	0.2218*** (3.4610)	6.2165*** (3.4467)	0.2686*** (4.4820)	0.2216*** (2.9173)	6.2070*** (3.2560)	0.2755*** (3.9098)
控制变量	Yes	Yes	Yes	Yes	Yes	Yes
年份	Yes	Yes	Yes	Yes	Yes	Yes
城市	Yes	Yes	Yes	Yes	Yes	Yes
样本数	1 440	1 440	1 440	1 440	1 440	1 440
R^2	0.4685	0.5804	0.4753	0.4515	0.5757	0.4607

注：括号中为t值，***、**、*分别表示在1%、5%和10%水平上显著。

综上所述，环境诉讼和检察环境公益诉讼在作用多元主体环境责任协同的过程中，都受到政府环境执法和公众环境行为的影响，即环境司法通过提高政府环境执法水平、引导公众环境保护行为，间接促进多元主体环境责任协同发展。此外，环境诉讼还通过约束企业环境污染行为，促使企业加强环境治理，进而推动多元主体环境责任协同发展。因此，在构建多元主体环境责任协同体系中，除了强化环境司法外，提升政府环境执法效率、企业环境治理能力和公众环境保护意识对形成政府、企业、公众与社会组织环境责任协同效应具有重要意义。

三、稳健性检验

（一）改变环境司法的度量方式

环境司法水平和效率主要取决于资源配置，而司法的资源配置关键是市场和制度（黄薇和杨杰，2018）。其中，律师是市场化的重要司法力量，环保庭的设立和检察公益诉讼制度的实施是推动环境司法改革的具体举措。鉴于此，借鉴范子英和赵仁杰（2019）的做法，本书从市场和制度两个角度测度环境司法水平：其一，从每万人拥有律师数量、每万人拥有律师事务所数量构建市场化环境司法指数（*Suit_lawyer*）；其二，以是否设立环保法庭的虚拟变量衡量环境司法专门化（*Suit_court*），其中各城市人民法院当年设立或已有环保法庭，取值为1，否则为0；其三，以是否实施环境公益诉讼的虚拟变量衡量检察改革（*Suit_procua*），其中各城市人民检察院当年实施或已有环境公益诉讼制度，赋值为1，否则为0；其四，以是否同时设立环保法庭和是否实施检察环境公益诉讼的虚拟变量衡量法检协同模式（*Suit_courtpro*）。利用以上4种替代测度方法，通过式（30.1）重新进行检验，回归结果见表30－6。

表30－6　　　　改变环境司法度量方式的回归结果

变量	(1)	(2)	(3)	(4)
	Syn	*Syn*	*Syn*	*Syn*
Suit_lawyer	0.0170** (2.5504)			
Suit_court		0.0046* (1.8167)		
Suit_procua			0.0004* (2.3889)	

续表

变量	(1)	(2)	(3)	(4)
	Syn	*Syn*	*Syn*	*Syn*
Suit_courtpro				0.0051* (1.8619)
常数项	0.2002*** (3.0166)	0.2389*** (3.0467)	0.2288*** (2.8863)	0.2405*** (3.0506)
控制变量	Yes	Yes	Yes	Yes
年份	Yes	Yes	Yes	Yes
城市	Yes	Yes	Yes	Yes
样本数	1 440	1 440	1 440	1 440
R^2	0.4534	0.4481	0.4448	0.4487

注：括号中为t值，***、**、*分别表示在1%、5%和10%水平上显著。

从表30－6结果中可以看出，市场化环境司法指数、环境司法专门化、检察改革和法检协同的变量均至少在10%的显著性水平上显著为正，表明环境司法能够显著促进多元主体环境责任协同发展水平，进一步验证了本书结论的可靠性。此外，法检协同的系数比环境司法专门化和检察改革的系数大，说明法检协同模式有利于两个司法机关在环保问题上达成共识，共同维护司法公正，形式法院和检察院环境保护的司法叠加效应。

（二）更换计量方法

考虑到环境司法对多元主体环境责任协同的影响可能具有滞后性，以及基准模型可能的内生性问题，本章选取核心解释变量的最高三阶滞后项作为工具变量，利用差分GMM方法和系统GMM方法，以动态面板数据模型重新对基准模型进行稳健性检验，具体结果如表30－7所示。

由表30－7可知，所有模型的AR（2）和Hansen检验均不能拒绝原假设，而且工具变量数都小于截面数（120），满足拇指规则，则说明GMM估计的工具变量都有效，并且残差均不存在二阶自相关。这表明差分GMM和系统GMM估计结果都具有可靠性和有效性。从两个模型的回归结果来看，环境诉讼 *Suit* 和检察环境公益诉讼 *Gsuit* 的系数至少在10%的水平上显著为正，均表明环境司法能够有效促进多元主体环境责任协同发展，与前文主要结论保持一致。

表 30－7　　　　更换计量方法回归结果

变量	差分 GMM		系统 GMM	
	(1)		(2)	
	Syn	*Syn*	*Syn*	*Syn*
L. syn	0.1276 ** (2.1100)	0.3134 * (1.6947)	0.7461 *** (8.9571)	0.6036 *** (9.1864)
Suit	0.0020 * (1.8381)		0.0020 ** (2.5367)	
Gsuit		0.0027 * (1.7623)		0.0012 *** (3.0183)
常数项	— —	— —	0.0527 * (1.8707)	0.0632 *** (2.7386)
控制变量	Yes	Yes	Yes	Yes
年份	Yes	Yes	Yes	Yes
城市	Yes	Yes	Yes	Yes
样本数	1 200	1 200	1 320	1 320
工具变量数	66	43	73	49
AR（2）	0.756	0.441	0.972	0.781
Hansen	0.227	0.119	0.221	0.134

注：括号中为 t 值，***、**、* 分别表示在 1%、5% 和 10% 水平上显著。AR（2）和 Hansen 分别为 Arellano－Bond test for AR（2）和 Hansentest 的概率值。

（三）调整研究样本

民族自治地区具有一定的自治权，有权依据当地民族的政治、经济和文化等特点制定环境保护与治理的自治条例和单行条例。相对于非民族自治地区，民族自治地区司法机关具有人员构成和工作原则两个方面的特殊性（曹旭东，2014）。故此，为了消除民族自治地区的环境司法特殊性的影响，本书剔除位于少数民族自治区的样本城市，对其余样本重新进行检验，结果见表 30－8 中列（1）和列（2）。此外，在样本研究时期内，2015 年和 2018 年分别实施了新《环境保护法》和《环境保护税法》，可能对多元主体环境责任协同产生影响。因此，为排除这两项政策的可能干扰，本书还去除了 2015 年和 2018 年的样本，利用式（30.1）重新进行回归，结果见表 30－8 列（3）和列（4）。

表 30 - 8　　调整研究样本的回归结果

变量	剔除位于少数民族自治区的城市		排除 2015 年和 2018 年样本	
	(1)	(2)	(3)	(4)
	Syn	*Syn*	*Syn*	*Syn*
Suit	0. 0024 *** (5. 0962)		0. 0025 *** (4. 5603)	
Gsuit		0. 0019 *** (5. 8720)		0. 0018 *** (6. 0616)
常数项	0. 2405 *** (3. 5930)	0. 2408 *** (3. 0146)	0. 1991 *** (3. 3575)	0. 2010 *** (2. 8541)
控制变量	Yes	Yes	Yes	Yes
年份	Yes	Yes	Yes	Yes
城市	Yes	Yes	Yes	Yes
样本数	1 308	1 308	1 200	1 200
R^2	0. 4734	0. 453	0. 4474	0. 4294

注：括号中为 t 值，*** 、** 、* 分别表示在 1% 、5% 和 10% 水平上显著。

表 30 - 8 结果显示，环境诉讼 *Suit*、检察环境公益诉讼 *Gguit* 的回归系数均在 1% 的水平上显著为正，表明剔除位于少数民族自治区的城市和样本研究期间的重要环境政策时间的影响后，回归结果仍然与基准回归结果保持一致，排除城市特殊性假说和替代性假说，从而进一步证明前文研究结论是稳健的。

第五节　进一步讨论

一、基于法治水平的分析

由于各个城市的司法机关主导当地的司法管辖权，不同地区的法治环境在一定程度上具有差异性。一般而言，在良好法律环境下环境保护的法律体系更加完善和科学，环境执法水平、遵法依法、维权意识的自觉性都较高（方红星等，2017），并且企业合理预期环境司法对环境污染违法零容忍和较高的违规成本。鉴于此，本书借鉴郑方辉等（2019）的做法，从北大法宝法律数据库中收集各个城市环保法规的相关数据，根据是否具有立法权和是否颁布地方性环保法规构建法治环境指数，并据此计算出各个城市的法治环境指数。以各个城市法治环境指数的平均值为界，将样本分为两组：良好法治环境、不良法治环境，利用式（30.1）重新进行回归，结果见表30-9。

表30-9　不同法治环境下环境司法对多元主体环境责任协同的回归结果

变量	法治环境较差	法治环境较好	法治环境较差	法治环境较好
	(1)	(2)	(3)	(4)
	Syn	*Syn*	*Syn*	*Syn*
Suit	0.0021 (0.9985)	0.0019*** (4.5381)		
Gsuit			0.0002 (0.1098)	0.0016*** (4.9075)
常数项	-0.0017 (-0.0126)	0.3212*** (3.1204)	-0.0066 (-0.0469)	0.3475*** (3.2288)
控制变量	Yes	Yes	Yes	Yes
年份	Yes	Yes	Yes	Yes
城市	Yes	Yes	Yes	Yes
样本数	960	480	960	480
R^2	0.4548	0.5162	0.4523	0.4982

注：括号中为t值，***、**、*分别表示在1%、5%和10%水平上显著。

表30-9的结果显示，列（2）和列（4）中，环境诉讼和检察环境公益诉讼的回归系数都在1%的水平上显著为正。这表明在法治环境较好的地区环境司法对多元主体环境责任协同的促进作用更为明显，即良好的区域法治环境能够助力环境司法建设推动多元主体环境责任协同体系。因此，颁布具有地方性特征的环保法规有利于各地区结合自身环境污染问题全面规范环境治理责任，进而有效落实属地环境责任。

党的十八大明确指出，“科学立法、严格执法、公正司法、全民守法”。立法为司法提供法典根据，司法则为立法蕴蓄实践依据。它们之间相互依存、相互促进（高昊宇和温慧愉，2021）。作为“史上最严厉”的环保法，新《环境保护法》不仅推动了环境司法不断改革，而且规范了各个环境责任主体的法律行为。故此，以是否正式实施新《环境保护法》（2015年）为界，将样本分为两组：新环保法实施之前、新环保法实施之后，采用式（30.1）重新进行回归，具体回归结果见表 30－10。

表 30－10　不同环境立法下环境司法对多元主体环境责任协同的回归结果

变量	新环保法实施之前	新环保法实施之后	新环保法实施之前	新环保法实施之后
	(1)	(2)	(3)	(4)
	Syn	*Syn*	*Syn*	*Syn*
Suit	0.0026 (1.2350)	0.0007*** (2.7703)		
Gsuit			0.0004 (1.2533)	0.0016*** (4.9075)
常数项	0.1957*** (3.0842)	0.1503 (1.1355)	0.1665*** (2.9831)	0.0180 (0.1463)
控制变量	Yes	Yes	Yes	Yes
年份	Yes	Yes	Yes	Yes
城市	Yes	Yes	Yes	Yes
样本数	840	600	840	600
R^2	0.2682	0.1172	0.2017	0.1533

注：括号中为 t 值，***、**、* 分别表示在 1%、5% 和 10% 水平上显著。

从表 30－10 的结果可知，核心变量 *Suit* 和 *Gsuit* 分别在列（2）和列（4）中的估计系数在 1% 的水平上均显著为正，表明新《环境保护法》实施之后，环境司法对多元主体环境责任协同发展的推动作用更明显。由此可见，科学立法与公正司法的良性互动不仅有助于提升司法公信力和诉讼效率，而且有利于各个环境治理主体积极履行环境责任，形成立法、执法、司法和守法的协同效应，进而促进多元主体环境责任协同发展。

二、基于环境维权的分析

随着公众对美好生态环境的日益向往，公众环境保护意识逐渐提升，对环境污染行为的容忍度不断降低。根据中国综合社会调查的数据，公众认为空气污染日益严重，环境保护与治理迫在眉睫（王玉君和韩冬临，2019）。一般来说，公众环境维权意识越高的地区，政府和企业面临的公众压力更大。人民网《领导留言板》作为全国唯一的官民交流平台，汇集了全国人民向各级领导干部提出的意见和问题，为环境维权拓展了新渠道。鉴于此，本书借鉴王蓉娟和吴建祖（2019）的方法，利用 Python 爬虫技术从人民网中爬取出地方领导留言信息，并对环保留言进行筛选，计算出样本所在城市的环保留言数量。以环保留言数量平均值为界，将样本区分为公众积极环境参与、公众消极环境参与两组，利用式（30.1）进行回归，具体结果见表 30－11。

表 30－11　不同环境参与下环境司法对多元主体环境责任协同的回归结果

变量	环境参与消极	环境参与积极	环境参与消极	环境参与积极
	(1)	(2)	(3)	(4)
	Syn	*Syn*	*Syn*	*Syn*
Suit	0.0009 (0.6755)	0.0015*** (4.3020)		
Gsuit			0.0042*** (2.8240)	0.0011*** (4.3376)
常数项	0.1137 (1.2986)	0.4149*** (3.7716)	0.1201 (1.3786)	0.4479*** (3.9046)
控制变量	Yes	Yes	Yes	Yes
年份	Yes	Yes	Yes	Yes
城市	Yes	Yes	Yes	Yes
样本数	960	480	960	480
R^2	0.4572	0.5592	0.4594	0.5489

注：括号中为 t 值，***、**、* 分别表示在 1%、5%和 10%水平上显著。

表 30－11 的结果显示，环境诉讼在公众环境参与积极样本组中在 1%的水平上显著为正，表明在公众积极参与生态保护与主动维护环境权益的情况下，环境司法对多元主体环境责任协同具有更加明显的促进作用。然而，检察环境公益诉讼的回归系数在两组中均在 1%的水平上显著为正，并且公众环境维权消极组的系数更大。主要原因在于公众环境参与度较低的地区，检察环境公益诉讼制度通过为民服务和维护社会公平正义，充分调动公众环境参与的积极性，对环境守法起到了强有力的补充作用。

公众参与环境维权除受本身环境维权意识的影响外，还受环境信息来源的束缚和环境维权途径的限制。目前，环境信息来源于政府环境信息公开、企业环境信息披露、新闻媒体报道等；公众环境维权的途径则主要包括与环境污染制造者协商、向当地环保行政机关举报、向新闻媒体反映、提起诉讼等。在环境维权过程中，57.69%通过新媒体寻求关注，几乎得到中央媒体高度关注，可见媒体扮演着举足轻重的作用（樊攀和郎劲松，2019）。鉴于此，本书为考察不同环境信息获取与环境维权的便利程度下环境司法对多元主体环境责任协同的影响，借鉴刘飞和王欣亮（2021）的做法，利用互联网、移动电话普及率的相关数据，并根据熵值法计算出各个城市的维权环境指数。以各城市维权环境指数为界，将样本分为良好维权环境和较差维权环境两组，利用式（30.1）进行回归，具体结果见表30－12。

表30－12　不同维权环境下环境司法对多元主体环境责任协同的回归结果

变量	维权环境不佳	维权环境良好	维权环境不佳	维权环境良好
	(1)	(2)	(3)	(4)
	Syn	*Syn*	*Syn*	*Syn*
Suit	0.0015 (0.9669)	0.0020 *** (3.5764)		
Gsuit			0.0020 (1.2546)	0.0018 *** (5.0172)
常数项	0.0622 (0.6550)	0.3376 ** (2.0704)	0.0560 (0.5859)	0.3912 ** (2.3293)
控制变量	Yes	Yes	Yes	Yes
年份	Yes	Yes	Yes	Yes
城市	Yes	Yes	Yes	Yes
样本数	971	469	971	469
R^2	0.4544	0.5138	0.4526	0.4981

注：括号中为t值，***、**、*分别表示在1%、5%和10%水平上显著。

从表30－12的结果显示，相比于维权环境不佳组，在维权环境良好组下，环境诉讼和检察环境公益诉讼的系数均在1%的水平上显著为正。这表明环境司法能通过对维权环境良好地区的多元主体环境责任协同产生更大的正向影响，即地区的维权环境对环境司法的多元主体环境责任协同效应产生了重要影响，维权环境良好的地区才实现环境司法促进多元主体环境责任协同的作用。

三、基于地区差异的分析

根据多元主体环境责任协同发展的区域差异分析和网络关联结构分析，各个地区多元主体环境责任协同发展存在差异性。同时，由于地区环境保护政策、社会状况、经济发展水平的差异性，环境司法具有地方性特征（马国洋和丁超帆，2021）。先行法治化理论认为，经济与社会发达的地区率先开展司法建设，环境司法水平相对较高（笑侠和钟瑞庆，2010）。基于此，本书进一步检验环境司法在不同地区的多主体环境协同发展差异，把样本城市分为四大区域：中部、东部、西部和东北，利用式（30.1）进行回归，具体结果见表30－13。

表30－13　区域差异下环境司法对多元主体环境责任协同的回归结果

变量	东部	中部	西部	东北	东部	中部	西部	东北
	(1)	(2)	(3)	(4)	(5)	(6)	(7)	(8)
	Syn	*Syn*	*Syn*	*Syn*	*Syn*	*Syn*	*Syn*	*Syn*
Suit	0.0027*** (4.2193)	0.0015*** (4.0912)	0.0019 (0.9390)	0.0031** (2.4164)				
Gsuit					0.0018*** (6.8130)	0.0042* (1.9394)	0.0102 (1.6195)	0.0013 (0.2656)
常数项	0.4511*** (3.0669)	0.4183* (2.0102)	0.2310 (1.4411)	－0.2624 (－0.7606)	0.5234*** (3.2728)	0.3420 (1.6155)	0.1812 (1.1895)	－0.3694 (－1.1777)
控制变量	Yes	Yes	Yes	Yes	Yes	Yes	Yes	Yes
年份	Yes	Yes	Yes	Yes	Yes	Yes	Yes	Yes
城市	Yes	Yes	Yes	Yes	Yes	Yes	Yes	Yes
样本数	576	312	396	156	576	312	396	156
R^2	0.5257	0.5858	0.4130	0.5643	0.4985	0.5787	0.4123	0.5584

注：括号中为t值，***、**、*分别表示在1%、5%和10%水平上显著。

表30－13的结果显示，相较于西部地区和东北地区，环境司法在东部地区和中部地区对多元主体环境责任协同具有更好的促进效应。主要原因在于东部地区的环境监管力度日益加大，环境司法部门和环境执法部门的环保先行，全民遵法守法意识较高。随着污染密集型产业由东部地区向中西部地区转移，中部地区为发展地方经济承接了大部分重度污染密集型企业，政府环境执法力度有限。由第二十五章的图25－3可知，中部地区多元主体环境责任协同的初始水平较低，相较于其他地区，检察公益诉讼制度的促进效应更加明显。此外，经济发展与法治发展通常呈正相关关系（刘伟和范文雨，2021），西部经济发展落后，而东北地区经济增长缓慢，环境司法对这两个地区城市多元主体环境责任协同的影响有限，这也与先行法治化理论基本相符。

第三十一章

发达国家环境责任协同机制研究

第一节 发达国家环境责任协同的变迁

一、美国环境责任协同的变迁

美国的环境运动兴起较早。19 世纪末到 20 世纪中叶，工业化在美国得到快速发展，美国完成从农业国向工业国的转变。伴随着工业化与城市化的快速推进，美国的生态环境也急剧恶化。严峻的环境污染给大众的生存与发展带来了巨大挑战，成为了不可忽视的现实问题。为此，美国社会各阶层开始积极为环境保护发声。

1962 年，蕾切尔·卡逊尔出版了《寂静的春天》一书，其主题是污染整治以及综合防治，该书的出版是美国民众呼唤健康生活环境的标志性事件。1970 年《国家环境政策基本法》出台，美国开启了环境保护的时代。为了解决环境污染问题，美国政府制定了一系列强化企业环境责任的环境规制政策。同时，美国的环境规制也经历了由传统的命令控制型到以市场为基础的环境规制、自愿性合作伙伴制度以及公众参与制度的转变。在传统的命令控制型环境规制政策下，企业的环境管理行为属于政府监督下的被动行为。企业主动开展环境污染治理的积极性不高，从而导致环境技术革新进程缓慢。与此同时，有限的政府机构与行政人员去监督数量相对庞大的企业也给政府的监督工作带来了挑战，导致政府行政成本大幅上升。因此，以市场为基础的环境规制政策在美国应运而生。该政策主要用鼓励或限制手段促使企业进行污染治理与技术研发，常见的该类型政策有：排污收费、补贴、押金返还、排污许可交易等。与行政命令型的环境规制政策相比，以市场为基础的环境规制能有效降低政府行政成本，促使企业主动控制污染物的排放，激励企业自觉履行环境责任。

20 世纪 70 年代是美国全面整治环境污染的重要时期，在这一时期，联邦政府制定与出台了大量有关环境保护的法律法规，为规范企业环境保护行为奠定了法律基础。20 世纪 80 年代以后，联邦政府加强了对前期环境保护策略的审查与调整，并加大了对环境违法行为的惩治力度。如 1986 年颁布的《综合环境响应、补偿和责任法》中，对相关环境违法当事人的连带责任做了规定。20 世纪 90 年代，美国通过了《污染预防法》，该法规定企业需在产品设计、原材料选择等环节就考虑可能产生的环境影响。《污染预防法》的出台标志着环境保护理念由末端治理向源头防治的转变。此后，美国开始推行一系列自愿性伙伴合作计划。该计划将企业意愿及可承受的环境标准与政府环保目标相结合，通过企业与政府的双方沟通达成相关环境管理的协议。综合来看，美国的自愿伙伴合作计划可以分为三类，其中有利于加强政企合作的为自我承诺改进的综合性计划，该计划以非命令型和非对抗性的方式处理环境污染问题，使政府与企业在环境议题上的关系由纵向的上下级关系逐渐转变为横向的平等协作关系。

20 世纪 90 年代以后，随着社会公众环境保护意识的增强，美国国内民众要求控制环境污染的呼声日益高涨，美国企业社会责任的发展也进入了一个新时期，即企业环境社会责任备受瞩目的时期。总体而言，关于环境保护问题，美国制定与出台了一系列的法律法规，为促使企业承担相应的环境责任发挥了积极作用，如环境信息公开制度。此外，美国在世界上首创了环境公益诉讼制度，该制度也称环境公民诉讼制度。经过 40 多年的发展，美国的环境公民诉讼制度已成为联合公众群体和各级政府对抗环境公益违法行为的有效机制，该制度通过赋予公民和社会公益组织权力，通过法院制裁环境污染者的违法行为和行政职能机关不作为的环境保护失职行为。

二、日本环境责任协同的变迁

第二次世界大战以后，为了快速恢复国民经济，日本秉承“产值第一主义”的发展策略，片面追求经济增长而忽视生态环境保护。在此背景下，经济的发展虽然在一定程度上提高了日本人民的生活水平，但与此同时，对公害问题的严重性估计不足导致生态环境遭到严重破坏。

早在 20 世纪 50 年代末，日本政府便制定了一系列保护水质和空气质量的法律，比如《水质综合法》《工厂排水法》《烟煤控制法》等，但由于“产值第一主义”的盛行，相关环境保护法律并未得到严格执行。1970年左右，日本在重化学领域实现了全面工业化，这种以重工业和重化学为核心的产业结构进一步催生了能源结构的调整。从20世纪50年代起，日本国内的主要燃料从煤炭向石油转变，直至1960年末流体能源全面取代固体能源。伴随着产业与能源结构的双重调整，日本的环境污染问题也越发严峻。此外，城市化的推进与劳动密集工业的发展造成的环境压力也超出了环境的自净能力。因此，至六、七十年代，环境问题的恶化造成社会矛盾进一步激化。日本民众通过发起反公害运动向政府施加压力，迫使日本政府出台相关法律以控制公害。从20世纪70年代，日本政府开始实施一项企业环境管理制度——“企业公害防止管理员”制度。在该制度的规范下，企业需设立专业的环境监督组织机构，并配备具有相关专业技能的工作人员。此外，政府还会对这一制度的具体实施状况进行检查与公开。在企业内部管理上，日本政府也对企业的环境会计与环境报告作了相应规定，出台了一系列法律法规促进企业披露环境会计信息。

总体而言，日本企业对环境问题的认识经历了三个阶段。第一阶段是20世纪70年代早期，日本发生了一系列引起公众高度关注的污染事件，导致了全民对工业污染危机的觉醒，日本政府也制定了一系列的环境保护法案。第二阶段是20世纪70年代中期，虽然“石油恐慌”引起了经济衰退，但日本企业仍把对节能技术的支出放在重要位置。第三个阶段是在20世纪80年代末期，一些日本企业的领导层纷纷加入世界可持续发展工商理事会，并与许多绿色环保团体结成伙伴关系。日本企业重视环境问题主要是出于两方面的考虑：一方面是出于企业声誉的考虑，另一方面是市场对相关环境产品和服务需求的增加。

三、德国环境责任协同的变迁

自20世纪70年代起，德国政府基于国内和国际政治发展开始重视生态环境保护，生态环境保护被认为是政府的核心任务之一。在此背景下，德国政府投入大量资金对其废弃的工业厂区进行生态环境修复，并先后关闭了一批重污染企业，如煤炭、化工等企业。此外，随着工业化向信息化转变，生物、信息与环保技术等在德国快速发展，社会经济发展对生态环境的污染破坏程度得以大幅下降。在经济发展与环境保护的关系上，德国政府从一开始就明确了环境保护的进行不能过度影响国民经济运行的原则，指出环境保护需要通过财政和税收政策上的措施以及基础建设来加以促进和引导。自20世纪90年代起，德国秉承并践行“可持续发展理念”，将节约自然资源作为环境政策的核心问题。经过30多年在环境与生态保护管理上的不懈努力，德国的生态环境得到很大的改善。德国现已成为世界上生态环境保护最好的发达国家之一。德国在环境污染治理方面主要经历了三个阶段：由末端治理到源头控制再到强调预防优先。德国对待环境与发展的关系从相互对立转变为相互促进。进入 21 世纪后，以德国为代表的发达国家几乎完全解决了工业化发展时期造成的污水、废气、固体废弃物等传统的环境污染问题。

在相应的社会政策方面，在 20 世纪 70 年代德国就开展了社会环境运动，而第二次世界大战中核威慑带来的后果以及环境问题在工业化进程中被进一步激化。同时，西方社会舆论就增长极限的讨论也极大地刺激了德国公民对环境的敏感性。德国的环境运动从 20 世纪 70 年代出现，一直延续至今，快速制度化是其重要特点之一。从某种角度来说，德国的环境议题在不到 10 年的时间内就得到了德国立法与政府决策的认同与支持。

总的来讲，德国的环境政策演进主要经历了以下四个阶段：

第一阶段是从 16 世纪至 1968 年。随着德国的经济快速增长，其环境污染也日益严重，但是环境污染问题并未得到足够的重视。在这一时期，德国无论是在工业化发展观上，还是在文化观念上，对生态环境问题均未足够重视。第二阶段是从 1969～1974 年。在这一时期，德国的生态环境问题日趋严峻。与此同时，德国的环境运动兴起。德国政府开始推行一些环境经济政策，而这也是当时政治机遇的产物。第三阶段是从 20 世纪 70 年代中期到 90 年代初期。在此期间，德国经历了重大环境灾害的发生、国内舆论压力的增加、生态哲学的发展以及绿党的崛起。德国的环境政策也经历了停滞、转型与巩固等阶段。第四阶段是从 20 世纪 90 年代至今。在此阶段，由于绿党和社民党联合执政的政治推动力以及胡贝尔现代生态理论的共同作用提出了“社会市场经济生态化”、走生态现代化道路等方案。

第二节　发达国家企业环境责任与政府环境责任协同及案例分析

一、美国环境责任协同

（一）美国环境保护管理体制

根据联邦环境保护法，环境保护法制定权与环保行政执法权归联邦环境保护局所有。联邦环境保护局独立于政府其他行政机构，直接对总统负责。联邦环境保护局通过环保执法以及实施环保计划促进环境质量的提高。除联邦政府外，美国州政府也设有环境保护部门，州政府的环境保护部门也拥有环境保护的立法与执法权限。

美国实行联邦制，除联邦环境保护局外，各州也设有环境质量委员会与环境保护局。州级环境保护机构是美国环境保护工作的主要承担者。由于各州政府独立管理各自州内事务，拥有较全面的自主权。州政府与联邦政府不存在隶属关系，体现在环境治理上，州级环境保护局并不受联邦环保局的领导和管理。联邦环境保护局与州环境保护局就环境保护事务主要采取合作管理模式，只有跨区域的环境保护事务才由联邦环境保护局管理。尽管州环境保护局与联邦环境保护局不存在隶属关系，联邦环境保护局仍拥有惩罚不配合环境计划执行的州政府的权力。此外，若州环境保护局不能正常履行环境保护职能，联邦环境保护局可以代其履职。总体而言，经过多年的实践，美国的联邦环境保护局与州环境保护局基本实现了权力的平衡。

从环境治理的参与主体来看，美国的环境治理参与主体包括政府、企业与各类环保团体。其中企业与环保团体在环境治理中拥有广泛的参与渠道，参与较为积极活跃。美国企业在参与环境治理上，一方面，通过游说等方式参与环境立法与环境标准的制定；另一方面，美国企业的环境自守法程度也较高。而美国环保团体通过游说国会、行政机构、议员和官员等，发起环境社会运动和环境公民诉讼，开展相关生态环保项目等深度参与美国环境治理的方方面面。

（二）美国环境责任协同案例

打赢水、大气、土壤三大污染防治攻坚战，提升环境治理水平是中国环境治理事务的重点议题。本小节以美国的水、大气、土壤三大污染防治战役为背景，选取美国在大气污染防治上企业环境责任与政府环境责任协同，以及多元主体参与的典型案例进行分析。在此基础上，为中国促进企业环境责任与政府环境责任协同，优化环境治理体系提供可借鉴的建议与参考。

1. 案例背景

州实施计划（State Implemetation Plan，“SIP”）是美国大气环境治理中的重要元素。SIP 建立了联邦政府和州政府在大气环境治理上的合作模式，既能发挥地方政府的主动性，又能让中央政府实现整体环境目标，开创了美国现代环境治理的新模式。在本节的案例分析中，选取圣华金河谷（San Joaquin Valley，“河谷”）的大气管理计划进行案例分析。选取河谷地区进行典型案例分析的原因在于：首先，从污染物来看，该地区的主要大气污染物为氮氧化物。污染物的来源多样，既有固定源，也有移动源。其次，从参与主体来看，该地区大气污染治理过程中，各主体的参与度较高，在多主体协作上具有一定的参考性。最后，该地区的大气污染治理成效较好，具有一定的可复制性。

美国于1970年出台了《清洁空气法》。《清洁空气法》要求各州制定和实施SIP，为此，加利福尼亚州政府建立了大气资源局（State Air Resources Board，ARB），作为SIP的管理部门。加利福尼亚州有35个地方大气管理区域（Local Air Districts），各地方区域，特别是空气质量未达标区域，要向ARB提交地方大气管理计划。ARB在协调和分配各地方空气治理责任，将各地方计划融入州SIP后，提交联邦环保署审核。

2. 大气管理计划的制定和实施

1997年，美国环境保护局（Environmental Protection Agency，EPA）设立了联邦细颗粒物（PM2.5）标准，即年均值不高于15微克/立方米，24小时均值不高于65微克/立方米（SJVUAPCD，2012①）。据此标准，河谷地区被联邦政府列入第一批空气不达标的地区，其污染主要来自区域内及邻近湾区和萨克拉门托（Sacramento）地区的固定污染源和移动污染源（SJVUAPCD，2012）。河谷地区的细颗粒物（PM2.5）、可吸入颗粒物（PM10）和氮氧化物（NOx）等严重超标，威胁着区域内居民的健康，使该区域内居民的呼吸道疾病和肺癌发病率极高（SJVUAPCD，2012）。为处理大气环境治理问题，河谷地区成立了由15位代表组成的空气治理理事会，代表从区内八个县的县议会中选出。另外，理事会中的健康和科学委员由州长指派，物理学家则由州长和五个城市的城市代表共同任命（San Joaquin County，2016）。通过公众参与和各方讨论，理事会于2007年与2008年分别出台了臭氧治理计划（2007 Ozone Plan）和PM2.5（2008 PM2.5 Plan）治理计划（2008 PM2.5 Plan），以期在2015年4月前，达到EPA1997年设立的PM2.5标准（SJVUAPCD，2012）。

为了处理大气环境治理问题，河谷地区成立了由15位代表组成的空气治理理事会，代表从区内八个县的县议会中选出。另外，理事会中的健康和科学委员由州长指派，物理学家则由州长和五个城市的城市代表共同任命（San Joaquin County，2016）。

2006年，联邦政府更新了PM2.5标准，规定24小时内PM2.5均值不得高于35微克/立方米（SJVUAPCD，2012）。2009年，联邦环保署宣布这一新标准将适用于河谷地区。因此，该地区理事会在2008年PM2.5治理计划的基础上，于

① 注：SJVUAPCD，2012指于2012年发布的圣华金河谷联合空气污染控制区执行摘要（Executive Summary of San Joaquin Valley Unified Air Pollution Control District）。

2012 年修订并发布了新版的 PM2.5 治理计划，大力鼓励企业、公众及利益相关方积极参与，强调了公共健康与卫生应当作为首要考量，并保证按时达标。

据 2012 年 PM2.5 治理计划，2014～2015 年度河谷地区用于空气治理的经费总计为 4 930 万美元，其中的 63% 来自固定污染源排污许可证费，24% 来自车辆管理局（Department of Motor Vehicles）机动车辆注册费，剩余的 13% 则为联邦政府、EPA 和 ARB 的专项拨款（San Joaquin County，2016）。

3. 大气治理计划的主要措施

2012 年 PM2.5 治理计划对颗粒物的排放、控制和防治等进行了严格的规定。为直接减少河谷地区 PM2.5 的排放，NOx 被列为颗粒物污染治理的重点，原因在于 NOx 是 PM2.5 的主要组成成分，且 NOx 也是区域臭氧治理计划的主要对象。治理计划中的主要措施和政策包括（SJVUAPCD，2012）：第一，制定明确和详细的固定源排放限值。治理计划中详细规定了锅炉和蒸汽发生器、内燃机、玻璃熔炉等大型固定污染源的排放量。此外，针对一般公众、雇主和小企业，则主要规定了住宅木材燃烧、通勤、商业烹饪等小型排放源的排放限值。第二，优先考虑了快速达标、减少污染的方案，尽快创造最利于公众的健康环境，获得民众对减排政策的大力支持。第三，针对不在区域管辖权力范围内的移动污染源，如越野车等，制订合理有效的减排激励方案。第四，加快零排放或近零排放技术的开发。第五，投入力量研究和发展与节能减排相关的课题，为节能减排政策的制定提供更科学的依据，提高政策的执行率及效率。第六，从政策和立法上协调和调动地方、州及联邦各级的可调配力量。与此同时，强化公众教育，赋予公众参与治理和监督的权利，从而调动社会普通公众的力量，共同参与污染治理。

4. 各主体参与情况

河谷地区在大气治理计划的制订和实施过程中，进行了充分的公众参与，征集了公众意见，并进行了采纳。针对治理计划实施过程中可能涉及的利益相关者，理事会在制订计划的一年时间中面向公众、环保团体、公民委员会、智库等召开了一系列听证会，并且在 2015 年举办讲座，向公众介绍区域大气污染现状、实施计划的内容、执行实施计划的挑战等。在这些听证会和讲座中收集的口头建议及书面建议在经过理事会认真考虑、论证后，被有选择地采纳，反映到计划调整上，并及时将这些改动与合作机构和社区团体进行分享。

理事会还对一些备受关注的建议给出了相应答复。例如，公众提出该区域计划重点是 NOx 污染，却忽视了氨的影响。因此，理事会向公众解释其背后理论依据及模型结果，证明减少 NOx 对 PM2.5 浓度达标更加有效，以此论证计划的合理性。

河谷地区空气治理理事会与加州 ARB 及其他环保机构紧密合作，使得计划具有强有力的科学基础，并得到了科学的综合评估和效果验证。在日常运行中，理事会固定每月举行一次听证会，广泛邀请地区的民众参与到计划的制订和实施中来。为保证民众与政府间交流渠道的畅通，所有重要意见及理事会对意见的反馈都被发布在政府网站上，以便民众能够及时了解计划的修订进展。而政府机构在执行中收集民意并进行反馈，也是法律所要求的。

5. 大气环境治理成效

河谷地区大气治理计划实施后，NOx 排放量减少了 41%，挥发性有机物排放量减少了 38%，二氧化硫的排放量锐减 75%（SJVUAPCD，2012）。从大气环境质量看来，河谷地区的一氧 e 化碳浓度已经达标，到 2008 年，PM10 也达标。目前，该地区在制订针对臭氧和 PM2. 5 的治理计划，预计 2019 年达到联邦 PM2. 5 标准。

此外，据区域预算办公室估算，受益于颗粒物减排的成效，1999 ~ 2012 年，河谷地区减少了医疗、急诊和过早死亡等，节省了 10 亿 ~ 60 亿美元/年的成本（SJVUAPCD，2012）。

（三）美国企业环境责任与政府环境责任协同模式

据以上案例可知，在大气环境治理上，美国的企业环境责任与政府环境责任协同模式为地方政府合作治理绩效下的政府环境责任与企业环境责任协同。该模式以地方政府间的跨行政区合作为主，在污染治理过程中，广泛动员企业、公众与社会组织参与，通过协商合作的问责模式达到跨行政区污染治理的目的。具体而言，在本案例的大气环境治理中，州政府为环境治理的责任主体，负责制定大气污染治理的标准和管理污染源。此外，州政府还负责在企业、公众、社会团体之间进行协调互动。在环境治理标准的制定过程中，州政府充分考虑与协调各方的利益与诉求，以最大限度地动员各方参与环境治理。在完善与优化生态环境治理政企协同方面，美国州政府注重结果反馈。州政府根据生态责任目标的评估结果，对责任目标进行动态调整，并在州政府网站上公开责任绩效计划的改进，以便企业、公众等主体及时了解计划的执行进展。

二、日本环境责任协同

（一）日本环境保护管理体制

日本环境行政管理体制是政府行政管理体制的重要组成部分，与两级区划行政管理体制一样，日本的环境管理机构分为中央环境管理机构和地方环境管理机构。尽管日本环境治理方面的财政资金分散于 15 个省府，甚至在有些年份环境保护资金主要来自其他 14 个省府，但是负责牵头日本环境治理事务的依然是环境管理部门，主要是环境省和都道府县市町村所对应的环境管理机构。日本《省厅改革基本法》和《环境省设置法》特别指出，环境省有权通过强化相关行政之间的调整以及相互促进等以谋求环境行政的综合展开，而且对于其他府省所管辖环境事务及其事业，环境省可以从环境保护的角度给予必要的指导和帮助。

在 1971 年正式成立环境厅之前，日本的环境管理机构是以分散在政府内阁各省或以临时性应急机构的名义存在的。正式成立环境厅之后，伴随着生产生活环境问题和全球性环境问题的日趋凸显，环境厅的升格改革显得迫在眉睫。2001 年日本政府在中央省厅改革的进程中，根据《省厅改革基本法》和《环境省设置法》将原来环境厅升格为环境省，环境省长官在内阁中的地位进一步提升，成为内阁主要成员；人员编制也由原来的 969 人增加到 2011 年的 1 298 人。环境省的职权也由过去以控制典型七公害和保护自然环境为主，扩大到“良好环境的创造及其保全”等重要事务。目前日本环境省由大臣官房、废弃物再生资源利用对策部、综合环境政策局、环境保健部、地球环境局、水大气环境局、自然环境局、环境调查研究所、地方环境事务所等九大部门组成。伴随着中央政府环境保护机构的不断升格和健全，日本各地方政府也设立了相应的环保管理机构。但是地方环境管理机构只对当地政府负责，环境省与地方环境管理机构之间是相互独立的，没有上下级的领导关系。在多数情况下，环境省是将事务性工作交给地方政府进行，再在地方政府内部机构（包括地方环境保护管理机构）之间进行分配。换句话说，环境省是地方政府的上级机构，主要是在法定范围内对地方政府进行环境事务上的领导和监督。地方政府通常在国家环境法规的基础上，制定更加严厉的地方环境标准。尽管随着地方环境保护事务日益增多和标准越来越严格，日本地方环境管理和服务机构的人员并没有因此膨胀，而是呈现了不断减少的趋势。2007 年，都道府县地方公共团体中环境部分职员数为 81 417 人，到 2010 年下降至 69 668 人。其中负责清扫的人员数下降最多，而负责公害和环境保全的人员数并没有减少，人员机构的变化和数量的减少并没有影响到地方环境保护事务工作的开展。

日本在环境治理方面实行的是环境联邦主义管理体制，即地方政府在环境省的领导下，负责具体的地方生态环境治理工作。地方政府作为日本环境治理的排头兵，其主政官员的行政能力在很大程度上决定了区域污染治理的成败。至于环境治理的多主体协调，日本环境省制定的《环境基本法》指出，政府为综合有计划地推进有关环境保护的施政策略，须制订有关环境保护的基本计划。而生态环境保护责任目标的确立须建立在充分听取各方意见，协商议定的基础之上。其主要原因在于，环境联邦主义管理相比较环境集权管理更能够适应日本政治经济管理体制的需求和社会公众对环境质量的诉求。当然，为了解决环境治理当中的规模经济问题、协调跨界环境治理问题、环境污染外溢问题、环境竞次（Race to Bottom）所引发的公地悲剧问题，日本政府也非常重视中央对地方环境治理的监管指导以及中央政府与地方政府的环境治理互动。日本中央政府环境省专门在北海道地区、东北地区、关东地区、中部地区、四国地区和九州地区设立地方环境事务所，主要负责构筑国家和地方在环境行政方面的新的互动关系，作为环境省驻派地方的分支机构，根据当地的情况灵活机动地开展细致的施政，涉及广泛的业务。

综上所述，日本的环境管理体制可以总结为“中央协调、地方为主、社会参与、市场激励”，该制度安排由众多相互促进、相得益彰的分项制度安排有机组合而成。

（二）日本企业环境责任与政府环境责任协同案例

北九州市为日本九州人口规模第二大的城市、全日本第十三大城市。北九州市地处东京与上海之间，邻近中国的多座城市。早在1981年，北九州市与大连市就环境公海问题进行了首次交流与合作。之后，两市在环境问题上进行了长达多年的交流合作。在此基础上，北九州市与中国北方等一众城市在垃圾排放、生态城市等环保领域开展了一系列合作。以此为背景，本节选取北九州市大气污染治理实践作为典型案例进行分析，为中国在环境治理上实现企业环境责任与政府环境责任协同提供可借鉴的参考。

1. 案例背景

自20世纪初，国营八幡钢铁厂投产之后，钢铁、化学、水泥、陶瓷、电力等工厂也相继建立，北九州工业区逐步发展成为日本四大工业区之一，为日本的工业发展作出了重要贡献。与此同时，工业的发展也带来了一系列环境问题。20世纪50年代至70年代，北九州市的产业公害问题到了前所未有的严峻程度。在此情况下，公民、企业、政府等主体共同应对公害问题，制定综合性、规划性的治理措施并参与环境治理。到20世纪80年代，北九州市环境污染大幅改善，再次恢复了碧海蓝天。

2. 大气污染治理计划的制订和实施

根据《关于煤烟排放规则等相关法律》（以下简称《煤烟规制法》），1963年9月，北九州市等一众城市开始着手制定基于国家法律的大气污染对策。按照《烟煤规制法》的规定，由于紧急应对措施的实施权限掌握在福冈县知事手里，北九州市面临一系列问题，例如距离县厅远，难以迅速应对环境污染公害问题；没有气象局，很难掌握气象信息等。为此，作为“雾霾警报”的预防性措施，北九州市提前发布“雾霾语境”，并要求各工厂使用优质燃料，避免进行不紧急、不必要的燃烧等。以此为背景，1964 年 2 月，北九州市开始施行《北九州市雾霾紧急措施要领》。在“预警”阶段，由北九州市市长发布，具备法律效力的“警报”则由福冈县知事发布。

自 1964 年 7 月起，北九州市内设立了 3 个持续监测点。1967 年 8 月，日本制定《公害对策基本法》；1968 年 6 月，日本制定《大气污染防止法》。以上两项法律实施后，日本废除了《煤烟规制法》，开始真正加大力度采取大气污染防止对策。受国家层面的影响，北九州市也开始了真正意义上的大气污染防止对策。1969 年 5 月 8 日，北九州市在八幡等三地发布了首次“雾霾警报”，此次警报共持续了三天。警报发布后，一方面，市民和媒体对污染治理的关心度急剧高涨；另一方面，北九州市议会加强了指导，如讨论应对之策、完善政府行政组织和体制、强化对工厂的指导等。此外，企业也有组织地实施治污对策，例如，完善治污对策的体制等。

3. 通过风洞试验制订了大气污染改善计划

法律和条例（以下简称法律等）得到完善，相应的组织和体制也建立之后，终于开始了真正意义上的大气污染物（硫氧化物）削减工作。最初采取的措施就是监督指导固定发生源，让企业严守法律等规定的排放标准。

然而，即便各个工厂遵守法律等规定，也没能达到政府的行政目标——《关于硫氧化物的环境标准（1969）》（以下称为“旧环境标准”）。当时，以“旧环境标准”为标杆，如何才能达标成为政府的一大课题。

为此，1969 年 12 月，政府设定要在 1975 年度前重新达到“旧环境标准”的具体目标，同时开始进行“产业公害综合事前调查”。1971 年 9 月，正式报告汇总完成。政府通过气象调查收集的基础数据，进行风洞扩散试验，并实施计算机扩展运算。根据预测的污染结果，指导企业进行改善活动。

风洞试验是指在长 15 米，宽 2.5 米的风洞中，制作相当于 1/2 500 北九州地区的模型，根据气象调查所获得的基础数据，从模型的各个雾霾源逐一放飞标准物质，再测量地面浓度。同时，还进行了计算机扩展运算。其中，硫氧化物排放量（大于 10 立方纳米/时）大的 55 家工厂或多或少都接受了风洞试验。

试验结果显示，“旧环境标准”要求每家工厂的落地浓度应小于 0.025ppm，全部工厂的落地浓度总和小于 0.2ppm。根据各企业提出的 1975 年度计划，通过煤烟生成设备和燃料等资料进行风洞试验，结果表明，当刮西北风时，将会出现数个峰值地点，加总的落地浓度超过既定目标即 0.2ppm，最大落地浓度达到

0.39ppm。为此，一方面，规定各企业的落地浓度必须小于0.025ppm；另一方面，指导企业加高烟囱，将燃料转变为煤气、重油等含硫量低的燃料等。结果是，在西北风向下，落地浓度为0.158ppm，有望符合"旧环境标准"。

4. 关于硫氧化物的一揽子协议（第一次）

最初的计划是在1974年度前达到"旧环境标准"。北九州市为了在1973年提前达成目标，针对大规模发生源，基于《公害防止条例》运用缔结公害防止协定的手段，同54家工厂缔结了《硫氧化物公害防止协议》，实施大规模的硫氧化物减排工作。

基于风洞试验结果，要求主要的47家企业、54家工厂提出年度改善计划书。1972年3月30日，基于这些内容统一缔结《公害防治协议》，要求企业一方严格遵守。

协议附有《关于硫氧化物的改善计划书》，内容涉及1973年度和1975年度煤烟生成设备总数、不同种类燃料的定额使用量和平均含硫量以及硫氧化物的最大排放量等。为确保该协议的有效性，基于各企业改善计划书所涉及的基础设备的各项数字指标，让企业根据《大气污染防止法》提交有关煤烟生成设备的变更通知，政府部门根据通知的内容进行现场检查和指导。如果企业反对《关于硫氧化物的改善计划书》的内容，则必须提前跟政府进行协商并获得同意，因此这实际是许可制度。

此外，关于公害治理的一揽子协议，在全国也属首例，因此也成为北九州市大气污染防止行政史上划时代的产物，且成效显著。1973年，北九州市公害治理提前达到"旧环境标准"的要求。

5. 关于硫氧化物的一揽子协议（第二次）

1972年7月，受四日市污染公害裁判结果的影响，1973年5月，国家修订《关于硫氧化物的环境标准》（以下简称"新环境标准"），新的环境标准强度相当于在旧标准的基础上再削减2/3。北九州市为制订达到新环境标准的方案、对策，于1973年2月开始实施第2次风洞试验。运用1972年度的数据对污染气象信息进行解析，实施风洞试验和扩散模拟试验，以达到每日的平均值为目标，最终改善强风和微风状态下的污染状况。做法与上一次相同，先由企业拿出"1977年度（新环境标准目标达成年度）计划书"，进行具体预测。但是，由于所有地点均未能达到环境目标值，政府对企业进行了第二次指导。通过这一数值的预测结果发现，可以达到新环境标准，之后政府命令48家公司的57家工厂正式提交了"年度改善计划书"。

6. 削减硫氧化物排放量的要求

企业达到第一次风洞试验的削减目标不久，政府要求企业将排放量再削减

1/3，北九州市当下判定要想一次性达到削减目标存在困难。再加上1973年12月开始的第二次风洞试验是在两年以后得出结果，因此作为临时性措施，市政府决定每年阶段性地实施新环境标准的达标对策，风洞试验结果出台后，再根据其结果转换对策。

污染公害防止协议是北九州市实施硫氧化物对策的重中之重。1976年7月，户畑共同火力（株）为建设户畑火力发电厂1号机而与市政府进行联络。这被看作制定污染公害防止协议的契机。当时，根据1963年7月出台的《煤烟规制法》，限制火力发电厂等煤烟生成设备的权限掌握在通商产业大臣（现在的经济产业大臣）手里，地方自治体不能采取规制、入厂检查、紧急措施等公害对策。

为此，1967年9月，北九州市以市长名义向户畑共同火力（株）提出了指示书，内容涉及建造120米的多管烟囱、发布雾霾警报时将燃料转换为低硫重油（1.0%以下）、治理污水、定期进行燃料成分分析和排水检查等。对此，户畑共同火力（株）对于市长的书信给予回应，表明将拿出诚意遵守约定，两者之间通过往返书信的形式缔结了污染公害防止协议。这是北九州市第一个公害防止协议，同时也是污染公害防止协议被称为“君子协定”的原因。

基于《公害防止条例》的公害防止协议是北九州市市长与企业代表之间针对公害治理进行的约定，可补充完善法律的不足之处，作为扩充条例或替代条例得到运用。

从实践角度来看，通过移交法律权限、对未规制事项采取措施以及进行施工前的检查等，可以提高公害治理的可行性。横滨市与电源开发株（矶子火力发电所）缔结的协议是日本首例。实践证明，污染公害防止协议在北九州市污染公害治理中是一项高效的对策。

7. 大气污染治理计划的主要措施

北九州市始于20世纪60年代的大气污染治理计划对污染物的排放、控制和防治等进行了严格的规定。为了治理大气污染，硫氧化物被列为北九州市的大气污染治理重点。北九州市大气污染治理中采取的主要措施和政策包括：第一，五市合并，统筹推进大气污染物的治理。20世纪60年代初期，原八幡市城山地区等合并前的五个城市均面临着严峻的大气污染问题，五个城市针对大气污染分别采取了一定的治理措施。为了做到综合统一治理，北九州五市联合成立了大气污染调查会。1963年2月，门司市、小仓市等五市合并组成北九州市，在大气污染治理上对人、财、物的投入进行统一管理，结束了五市在大气污染治理上各自为政的情形。第二，实施特殊气象信息制度。通过掌握气象状况，提前减少固定排放源排放的硫氧化物来避免高浓度硫氧化物污染的产生。特殊气象信息规定，以下两种情况为特殊气象：一是出现逆温层或等温层；二是风速大约低于3米每秒。出现以上两种情况时，市政府相关部门则利用实时广播装置向企业发送通知。而当以上两种特殊气象持续发生，硫氧化物浓度超过0.07ppm时，市政府则会要求企业削减20%的硫氧化物排放量。第三，对污染固定排放源实行监视指导。北九州市自1963年3月起，以《煤烟规制法》中的设施等为对象，将市民投诉较多的工厂列为重点，在专业经验丰富的专家的指导帮助下，与福冈县共同调查设施的管理状况。根据调查结果得出“工厂诊断指导”，并用于指导固定排放源的污染处理。第四，制定阶段性削减硫氧化物排放量的要求。为了削减70%左右的硫氧化物排放总量，将硫氧化物浓度降至最初的1/3，北九州市制定了分阶段削减硫氧化物的目标：第一年削减总排放量的30%。第二年和第三年分别削减上一年度总排放量的20%。第五，与市内多家企业签订硫氧化物污染防止协定。1967年9月，北九州市以市长名义向户畑共同火力（株）提出了指示书，内容涉及加高烟囱、治理污水、控制污染物排放总量等多项要求。经过与政府进行一系列的协商，户畑共同火力（株）表示遵守约定。之后，两者以书信的形式签订了污染公害防止协议。

8. 大气污染治理各主体参与情况

在北九州市大气污染治理计划的制订和实施过程中，公民、企业与政府等各主体都积极参与，为污染治理贡献了自己的力量。20世纪60年代后半期，面对工业生产排放的烟尘等污染物，市民发起了大大小小的投诉案件，并开展了数起污染公害诉讼。之后，以妇女会为代表的市民组织开展了反对煤烟的运动，包括对烟煤发生实况进行调查、向工厂提出减少烟煤排放的要求以及与政府部门进行周旋等。1970年2月，部分大气污染防止法实施条例得到修正，此前属于福冈县知事的权限转移到北九州市市长手里。以此为契机，为了促进政府与企业之间的沟通交流，以有效推进大气污染的治理，北九州市成立了由北九州市、福冈县、福冈通商产业局和市内30多家企业共同组成的“北九州市大气污染防止联络协议会”。有了协议会的存在，针对污染源控制问题，企业和政府能够进行事前协商以及必要的意见交换，也为之后企业与政府污染公害防止协议的签订打下了基础。此外，企业对妇女会的要求进行积极回应，采取了相关应急对策，如安装集尘设备、进行热管理等。

政府层面，政府积极发展环保教育事业，为公民提供环保教育，进行环保知识的普及；作为对市民投诉的积极回应，北九州市政府除了在白天进入工厂进行现场检查之外，还增加了夜间和假日污染公害巡逻。在污染公害问题上，公民与企业之间容易矛盾激化，政府部门的介入推动了两者协商的进展，促使双方最终达成和解。总体而言，为了改善北九州市的大气环境，公民、政府、企业等各主体分别采取了一些措施。表31-1对北九州市大气污染治理的过程中各主体的参与举措进行了概括。

表 31 - 1　　北九州市大气污染治理中各主体参与的主要举措

企业	政府	公民
与妇女会达成和解； 安装集尘设备； 调查原因、采取应急对策； 进行热管理； 与政府签订公害防止协议	发展社会教育事业； 根据市民投诉，对企业进行指导； 参与污染公害防止调停； 委托专家调查中小型工厂	发起污染公害诉讼； 妇女会反污染公害运动； 提交煤烟等污染投诉报告； 与水泥工厂等开展谈判

9. 大气污染治理成效

北九州市大气污染治理计划实施后，降尘从 24 吨/（平方公里/月）下降为 6 吨/平方公里/月，下降了 75%。硫氧化物浓度从最高时的 1.6 毫米/（平方厘米/日）下降为 0.1 毫米/（平方厘米/日）。从污染物的浓度来看，北九州市的大气污染治理取得了较好的效果。此外，经过一系列的治理，北九州市的环境发生了翻天覆地的变化。20 世纪 90 年代末，北九州市成为日本政府批准的首个地级生态城市。

（三）日本企业环境责任与政府环境责任协同模式

据以上案例可知，在环境治理上，日本企业环境责任与政府环境责任协同模式为政府主导下的多主体协同，该模式注重政府与社会多主体的互动。在该模式下，政府并不是环境治理的唯一主体，公民、企业以及相关社会组织均参与到环境治理过程中，发挥各自力量来促进区域环境治理绩效的提高。日本独特的环境管理体制决定了在区域环境治理中，环境责任的主体是区域内地方自治体以及相关利益者组成的协作机构，即日本的环境治理模式为多个行为主体共同分担环境责任的多中心治理模式。在环境治理过程中，积极引入除政府外的其他主体，注重治理主体间的环境合作与利益协调。

三、德国环境责任协同

（一）德国环境保护管理体制

就环境保护管理体制而言，德国的环境保护管理体制主要分为环境管理的权责体系与环境管理的运行机制两部分。

从权责体系来看，德国的环境行政管理体制分为联邦、州和地方三级。联邦政府主要负责一般环境政策的制定以及环境立法、环保国际合作等。州政府则负责环境政策的实施以及对各区的环境行为进行监督。在环境政策的制定与立法方面，联邦政府处于领导地位，州政府在联邦立法框架下对相关环境政策进行完善。地方政府则在遵循联邦与州规章的前提下，拥有处理当地环境事务的自主权。此外，地方政府也承担州政府直接分配的部分任务。

在立法权责方面，根据宪法规定，联邦是环境立法的主体。在联邦立法框架下，州与联邦共享立法权。州在某些领域拥有立法权，如水管理、自然保护和景观保护等领域。而在某些特定领域，联邦则拥有绝对的立法优先权，如核能的生产与利用、核辐射的防护、遗传信息的分析等领域。

具体而言，联邦、州与地方的环境管理权责划分主要体现在以下方面：

依据宪法，关于环境保护法律贯彻与执行，重要领域的环境监测、评估由联邦负责，而具体的环境政策由州负责执行。地方则负责辖区内环境项目的管理与影响评价，如水质与废弃物管理等。此外，污染监测以及再恢复的资金也由地方负责。关于环境规划，德国对联邦、州与地方的环境规划进行了分工，但并没有对相关的权责进行明确的划分。关于环境保护资金，德国坚持资金使用与责任承担相挂钩的原则。通常而言，联邦与州的环境保护资金分离。

总体而言，德国根据环境因子的外部性程度对联邦、州与地方政府的环境保护权责进行了划分。若环境因子所能产生的负外部性越大，则对其进行管理的机构行政级别越高，反之亦然。例如，空气污染能产生较大的负外部性，因此由行政级别较高的联邦环境管理机构负责对其进行管理；噪声污染能产生的负外部性较小，则由地方环境行政管理机构负责对其进行管理。

从环境管理的运行机制来看，德国的环境管理运行大致可以分为决策、执行、监督等几个方面。在决策方面，基本法的条款给公众广泛参与决策过程中的合作与政策协调提供了保障。在执行方面，联邦从宏观上把控大局，州和地方在实施上保留一定的灵活性。根据基本法的规定，州政府在其权责范围内执行联邦的法令与行政规章。在某些领域，州代表联邦执行联邦法律，但要接受联邦的监督。而一些重要领域，如基因工程等则由联邦管理。在管理模式上，州可以采取直管与委托管理两种模式。直管模式下，州环保机构在各区设立派出机构进行直接环境管理。委托管理模式下，州委托地方进行环境管理。在监督方面，州经上议院的批准实施相关环境政策与法规，而联邦则依据法律与司法对州的政策实施情况进行监督。一方面，州既是相对于联邦的被监督者；另一方面，州也是相对于地方的监督者。州既可以对地方的环境政策实施情况进行监督，又可以直接监督地方企业。此外，由于德国对相关环境信息进行公开，公众、媒体和社会组织也可以对其进行监督。在资金支持上，德国各级环境管理行政机构的资金均来自同级政府，而各级政府的财政预算则由法定的税收体系支撑。总体而言，联邦和州履行环境责任的资金由国税支撑，但依据“污染者付费原则”，污染者缴纳的排污费也是德国环保资金的一大来源。

（二）德国企业环境责任与政府环境责任协同案例

在环境问题上，德国是“先污染，后治理”的典型代表。尽管“先污染，后治理”的模式遭到广泛诟病，但在污染治理上，德国仍有许多值得中国借鉴的地方。原因在于，德国建立了政府规制、企业合作、公民参与有机协调的高效协同治理结构。有鉴于此，本小节选取德国在污染治理上的典型案例进行分析。

1. 案例背景

德国鲁尔区位于德国经济最发达的北莱茵－威斯特法伦州（简称北威州）的中部，是世界上最大的工业区之一。20 世纪 50 年代左右，德国 80% 以上的煤以及 70% 左右的钢铁均产自鲁尔区。以煤钢等为代表的重工业的发展为鲁尔区乃至德国的经济增长作出了重要贡献。然而，伴随重工业的发展而产生的工业废气给鲁尔区造成了严重的后果。20 世纪 60 年代开始，鲁尔区开始出现雾霾污染问题。经过多年的努力，鲁尔区的雾霾污染才被成功治理。

2. 鲁尔区治霾计划的制订与实施

鲁尔区的空气污染治理不仅得益于国内系统、严密的法律制定，而且还受益于国际层面的立法合作，国际国内的双重法律框架为鲁尔区成功治理空气污染提供了制度保障。

在立法层面，1974 年德国出台的《联邦污染防治法》、1979 年联合国欧洲经济委员会主导缔结的《关于远距离跨境大气污染的日内瓦条约》以及 1999 年欧洲国家、美国、加拿大共同签署《哥德堡协议》等三部法律分别对空气中主要污染物的含量、污染物的来源以及最高排放标准作了相应的规定，为空气污染治理明确了标准。

在治理实践层面，德国通过合适的产业政策、灵活的行政法规以及采用新兴技术等措施促进了治理计划的落地实施，如提出“鲁尔发展纲要”，对传统高污染与高能耗产业进行集约化改造；制定污染控制应急机制；研究相关除尘技术等。

3. 鲁尔区雾霾治理计划的主要措施

为了治理雾霾污染，根据雾霾治理计划，德国以及鲁尔工业区采取了一系列相关措施，主要包括出台相关政策法规、调整产业结构、建立监测网络与预警机制、环保教育与舆论宣传等。

第一，出台与制定相关法律法规及标准。20 世纪 60 年代，鲁尔区出现雾霾污染之后，德国各州陆续制定了控制雾霾的相关政策，规定在某些时刻，政府可采取限制企业生产以及限制车辆出行等措施。为了强化雾霾控制，1964 年，北威州设定了雾霾浓度预警值。此后，德国于 70 年代出台了针对大型工业企业的严格排放标准。

第二，发展现代服务业与高新技术产业。鲁尔区治霾成功的重要原因之一在于实现了产业结构调整。鲁尔工业区自 19 世纪中叶兴起后，在较长的时间内一直以发展煤炭、钢铁等重工业为主，以重工业为主的产业结构造成了该地区严重的雾霾污染。20 世纪 60 年代中期起，鲁尔区开始调整产业结构并进行生态环境综合整治。为了吸引信息技术等新兴产业到鲁尔区发展，鲁尔区制定资金优惠与技术援助措施，如给予新兴技术企业一定的经济补贴。

第三，与周边国家制定统一的环境政策。考虑到大气污染的流动性，人们意识到大气污染的防治需要区域联合治理。20 世纪 70 年代末，《关于远距离跨境大气污染的日内瓦条约》出台，该条约对区域大气污染防控作了相关规定。在此之后，欧共体针对废气的排放设定了更严格的限值，并要求排放企业配备废弃处理设施。至 80 年代末，鲁尔区的大部分发电厂均安装了相应的废气处理设施。1999 年，欧洲国家共同签署了联合减排的《哥德堡协议》。

第四，建立大气污染监测网络与预警机制。监控大气污染的变化情况，根据污染物的变化采取相应的应对措施，对改善大气污染具有重要意义。为此，德国逐步在境内建立了覆盖全境的空气质量监测网络。一旦监测到某一地区空气质量不达标，当地政府就会采取一系列的应对措施，包括但不限于限制部分企业生产、实施交通管控等。

4. 鲁尔区雾霾治理各主体参与情况

在鲁尔区大气污染治理过程中，政府、企业及公众积极参与，为鲁尔区大气环境改善贡献了各自的力量。首先，在治理计划的制订上，德国政府奉行立法先行、治理跟进。联邦政府与州政府负责治理计划与相关环保法律的制定，并提供一定的环保资金支持。其次，在治理计划的执行上，企业基于自愿的原则，与政府进行合作。企业充分发挥其在科技与经济方面的优势，深度参与大气污染的治理。最后，在相关环保规划的制定过程中，公众及环保组织充分发挥其独立性优势，自发进行相关环保知识的宣传与普及，并积极向政府建言献策，推动政府绿色决策。

5. 鲁尔区雾霾治理成效

在各方主体共同参与，治理计划稳步推进的情况下，鲁尔区的雾霾污染治理卓有成效。据鲁尔区所在的北威州环境部门统计，20 世纪 60 年代中期，鲁尔区空气中二氧化硫（SO_2）的浓度约为 206 微克/立方米，而在 2007 年时已下降到 8 微克/立方米，降幅达 96%。同时期，空气中悬浮颗粒物浓度也出现了较大幅的下降。根据监测数据，2012 年鲁尔区悬浮颗粒物年平均浓度最高值仅为 21 微克/立方米。

纵观德国整体空气质量情况，根据德国联邦环保局的报告，自 20 世纪 80 年代中期以来，德国空气中悬浮颗粒物逐渐减少，二氧化硫（SO_2）浓度由警戒值下降至正常范围内，二氧化氮（NO_2）超标地区面积不断缩小，臭氧（O_3）浓度也逐渐回归正常区间。

（三）德国企业环境责任与政府环境责任协同模式

据以上案例可知，在环境治理上，德国企业环境责任与政府环境责任协同模式为政府规制、企业合作与公民参与有机结合。在鲁尔区的大气污染治理过程中，地区政府将政府的直接行政管理与非政府力量参与相结合。为促进政企环境责任协同，政府制定相关政策与治理框架，同时积极引入市场与社会力量参与治理。例如，鲁尔区进行污染治理时，当地政府积极引入低污染企业，并引导居民实现就业转型。政府通过税收等手段促使企业在生产过程中减少对环境的危害。同时，德国政府也积极吸纳公众与社会组织发起的“草根环境运动”的影响，发挥其在环保知识普及与环保宣传监督等方面的作用。

第三节　发达国家环境责任协同模式比较

一、美、日、德环境责任协同模式比较

以上三个典型案例描绘了环境治理中企业环境责任与政府环境责任协同的实践过程。注重利益协调与责任共担是企业环境责任与政府环境责任协同的重要特征，美国、日本与德国的企业环境责任与政府环境责任协同治理实践充分体现了环境治理过程中各主体的利益协调与责任共担。在环境治理上，除强调政府的主导作用外，美国、日本、德国均注重鼓励利益相关方踊跃参与，注重多主体合力的形成。比较美国、日本与德国在环境治理上企业环境责任与政府环境责任协同的侧重差异，可以归纳出美、日、德三国各具特色的企业环境责任与政府环境责

任协同模式（见表31－2）。

表31－2　　美、日、德环境责任协同模式比较

项目	美国	日本	德国
责任主体	区域内地方政府组成的理事会	区域内地方自治体以及相关利益者组成的协作机构	地方政府
主体互动	注重地方政府间互动	政府与社会多主体互动	政府制定框架与政策，企业执行，公众参与
利益协调	协商为主，保障参与主体的权、责、利	行政管理与市场激励相结合	市场手段与伦理原则结合
绩效反馈	目标导向下的绩效反馈	社会导向下的绩效反馈	目标导向下的绩效反馈
模式总结	地方政府合作治理绩效下的政府环境责任与企业环境责任协同	政府主导下的多主体协同	政府规制、企业合作与公民参与有机结合

通过三个典型案例分析，本书将美、日、德三国企业环境责任与政府环境责任协同模式总结为地方政府合作下的政企协同模式、政府主导下的多主体协同模式，以及政府规制、企业合作与公民参与的多层次协同模式。

地方政府合作下的政企协同模式。该模式是地方政府在区域污染治理中享有平等的参与权，地方政府通过协商合作的方式共同参与环境治理。美国河谷地区空气治理理事会作为区域大气污染治理的协同主体，其成员来自区域内八个县的县议会。理事会负责协调地方政府利益，促进区域内地方政府在利益协调的基础上加强合作，统一行动，共同确保治理目标的达成。理事会负责区域污染治理计划的制订，并将计划传达给各地方政府，以保证计划的无偏执行。此外，理事会还与加州及其他地方的环保机构密切合作，以提升计划的科学性。同时，在政府合作为主的基础上，理事会还定期举行听证会，广泛邀请地方企业与居民参与计划的执行与调整中。地方政府在计划执行的过程中，也受地方企业、环保团体以及民众的监督。理事会认为，大气污染的治理除了要重视地方政府间的合作外，还需要企业、环保团体以及公众的广泛参与。以地方政府合作主导下的企业环境责任与政府环境责任协同模式，使得美国河谷地区的大气质量得以切实提升。

政府主导下的多主体协同模式。该模式打破了传统的单中心治理模式，政府不再是唯一的主体，社会、环保组织、公民都参与环境治理过程中，发挥社会各界的力量来提高政府跨行政区生态环境协同治理的整体绩效。日本独特的环境管理体制决定了在跨行政区生态环境协同治理中，生态责任的主体是区域内各地方自治体及其组成的跨区域协作机构。区域内各地方政府由于环境污染程度和经济发展水平等因素的差异，在责任目标分解中，往往采用协议会的形式将法律规定的整体责任目标转化为具体的政策方案，向上提交向下分解，既体现了责任目标分解的有序性，又保证了责任目标分解过程中的多方参与和互动。在多主体利益协调上，日本注重行政手段与市场激励相结合。为了鼓励公民参与，日本采用特定的参与式问责模式，增强地方责任制。日本多中心的治理模式有利于多个行为主体共同分担环境责任，引入政府之外的其他治理主体有利于弥补政府治理环境带来的不足。

政府规制、企业合作与公民参与有机结合模式。该模式强调市场手段与伦理原则相结合来进行污染治理，利用市场的力量提供公共服务，弥补政府财务和服务能力的不足。在该模式下，政府负责框架与政策的制定，同时在平等协商的基础上与企业进行合作，调动企业参与污染治理的积极性。在鲁尔区的生态环境治理中，德国政府综合运用生态税、排污许可证、政策订单等经济手段，支持环境友好型企业的发展。地方政府作为环境治理的重要责任主体，除了在政府主导、企业自愿的基础上与企业进行合作外，还充分发挥公民以及环保团体在环境治理中积极作用。

二、美、日、德环境责任协同经验借鉴

总体而言，美国、日本和德国在企业环境责任与政府环境责任协同治理实践与治理体系建设方面积累了较为丰富的经验，对于中国企业环境责任与政府协同责任协同治理体系建设具有一定的借鉴意义。

加强法治建设，完善企业环境责任与政府环境责任协同相关配套制度。法治化是确保企业环境责任与政府环境责任协同的根本保障。尽管美国、日本、德国在生态治理责任上的法治化程度存在一定差异，但均从全局视角对各协同治理主体的治理责任与目标作出了相应的规定，生态问责总体呈现出规范化与制度化的特征。在区域生态治理实践中，各生态责任主体依据区域污染状况与机构设置，在相关法律的指导下，共同制定以及完成统一的生态目标。而在我国，区域生态环境协同治理的目标以及整体方案均依据相关政府部门的政策文件，制度化与程序化程度不高，对各协同主体的激励与约束也不够，这就需要通过立法对各治理主体的行为进行硬性约束和规范，从而有效构建企业环境责任与政府环境责任协同制度。

明晰各主体的权责，成立由多主体构成的组织机构。在区域生态环境协同治

理实践中，美国、日本与德国均建立了相应的组织机构，并对各主体的权责进行了明确的划分，注重综合运用多种手段治理区域环境污染。目前，在我国的生态环境协同治理及绩效问责实践中，责任主体往往都是政府机构，企业履行环境责任的自觉性不高。在我国的政企协同治理实践中，企业与政府的合作往往是出于临时性的需要，政企协同治理的长效机制缺乏。鉴于我国的体制，较企业而言，政府拥有更高的权威。为了促进企业环境责任与政府环境责任协同，可以考虑建立由多主体组成的组织协调机构，同时明确各主体的权责边界。建立多主体协同治理机构，强化多主体协同治理的向心力以及协同履责的驱动力。

健全多主体利益协调机制，推动协同治理过程优化。多主体利益协调是企业环境责任与政府环境责任协同的重要前提，其核心取向是确保各主体参与环境治理的积极性与互动性。美国、日本、德国在生态环境治理的多主体利益协调上，虽各具特色，但总体上兼顾了各参与主体的利益。目前，我国在企业环境责任与政府环境责任协同的利益协调机制建设方面虽有一定的建树，但各主体的利益协调与信息共享机制建设仍存在较多不足之处。当前，我国可以通过构建公开透明的利益协调与信息共享机制，加强环境治理各主体间的协调互动，通过正式或非正式的协商会议等方式协调各主体的利益，从而推动协同治理过程的优化。

第三十二章

提升环境责任协同水平的政策建议

第一节　以习近平生态文明思想作为环境治理的根本遵循

思想是行动的先导。党的十八大以来，中国特色社会主义进入新时代。面对世界百年未有之大变局，以习近平同志为核心的党中央着眼于中华民族伟大复兴，坚持以人民为中心的发展思想，将生态文明建设纳入中国特色社会主义“五位一体”总体布局，创立了习近平生态文明思想。习近平生态文明思想以深刻的科学理性和科学思维，揭示了自然界与人类社会发展的客观规律，为新时代生态文明建设以及企业环境责任与政府环境责任协同提供根本遵循和行动指南。

一、坚持共商共建共享的价值实践

企业环境责任与政府环境责任协同，既要以政府为主导，企业为主体，也要公众与社会组织共同参与。习近平总书记指出：“生态文明是人民群众共同参与共同建设共同享有的事业，要把建设美丽中国转化为全体人民的自觉行动”。①构建以政府为主导，企业为主体，社会组织与公众共同参与的环境治理体系，要

① 习近平：《推动我国生态文明建设迈上新台阶》，载于《求是》，2019 年第 3 期。

增强各主体的节约意识、环保意识、生态意识，培育生态道德和行为准则，动员各主体以实际行动减少能源消耗和污染排放，为履行环境责任贡献自己的力量。

二、协调好政府、企业、社会组织与公众等各主体之间的价值关系

习近平总书记指出："良好的生态环境是最普惠的民生福祉"。[①] 政府、企业、社会组织与公众等各主体之间既存在客观上共同的生态利益，也存在一定的立场差异，维护共同的生态利益应成为企业环境责任与政府环境责任协同的基本价值取向。站在维护共同生态利益的角度，各主体在实现自身发展权益的同时，应积极承担相应的环境责任，这体现了权责匹配的原则。

三、推动生态环境资源的价值实现

习近平总书记强调，绿水青山就是金山银山。"两山论"深刻揭示了生态环境保护与经济社会发展之间的辩证统一关系，也体现了观念性价值向实体性价值转换的要求。促进企业环境责任与政府环境责任协同，要建立健全生态产品价值实现机制，使绿水青山持续发挥出其生态效益与潜在的社会经济效益，以满足人民群众对美好生活与优美生态环境的需要。

第二节　完善多元主体环境责任协同机制

党的十九大报告中指出"构建政府为主导、企业为主体、社会组织和公众共同参与的环境治理体系"。为贯彻落实党的十九大部署，2020 年 3 月，中共中央办公厅、国务院办公厅印发的《关于构建现代环境治理体系的指导意见》明确指出，"构建党委领导、政府主导、企业主体、社会组织和公众共同参与的现代环境治理体系"。在实际过程中，各个主体各司其职、各尽其责，确立角色定位、履行各自环境责任。与此同时，主体间应加强交流合作，共同发力，建立健全多元主体环境责任协同机制，推动我国生态环境根本好转。

① 中国共产党新闻网：《习近平在海南考察：加快国际旅游岛建设　谱写美丽中国海南篇》，http：//cpc. people. com. cn/n/2013/0411/c64094 -21093668. html。

一、科学施策，提高政府环境治理水平

以往我国的环境政策大多为命令控制型环境政策，这类环境政策依赖政府的行政权威和管理资源，对企业的环境行为采取强制性的规制措施，能够在促进企业加强环境管理、减少污染排放中起到一定作用，处理环境外部性导致的环境危害事件。然而，命令控制型环境政策存在较多局限，政策的效果取决于政府的执行力度和企业的接受程度。一方面，政府作为管控者对于政策执行和标准制定可能把握不准确，存在“管得过多，统得过死”的管理问题，同时政府肩负较重的环境责任，对于企业的某些环境污染行为可能疲于应付；另一方面，企业作为被管制者处于被动地位，关注自身环境行为只是出于应付政府环境规制，因此有的企业会想方设法地规避政府的环境规制，出现“上有政策，下有对策”的败德行为。

现阶段我国的环境政策工具已较为丰富，包括但不限于命令控制型、市场激励型、自愿协议型等环境政策工具。地方政府作为我国现代环境治理体系的主导者，应当充分利用多样化的环境政策因地制宜地针对当地环境问题进行环境管理、环境监督、环境惩处。从利益协调角度来看，地方政府可以从两个方面履行环境保护和环境治理的责任。一方面，地方政府应通过加强行政处罚力度、提升环境税率、加大排污收费等环境约束性措施，增加企业污染违规成本，倒逼污染企业升级创新，给予环境违法企业应有的惩处。2021 年全国共查处排污许可案件 3 500 多件，罚款超过 3 亿元，国家和地方持续通报违法典型案例，起到了比较好的震慑作用。2022 年茂名某温泉度假村因向河流违规排放污水废水被处罚 12 万元，河北某公司因未及时申请取得排污许可证排放污染物被处罚款 28 万元。目前仍有较多企业忽视保护生态环境的重要性，地方政府应当及时处罚造成环境污染的企业，让排污单位承担必要的污染治理和环境损害修复成本，从而促使排污企业降污减排。另一方面，地方政府应通过财政补贴、税收减免等环境补偿措施，降低企业治污成本，帮助企业实现绿色转型。比如 2022 年深圳第一批生态环境专项资金计划资助 58 个项目，总金额为 1 068.04 万元，其中包括资助污染处理设施提标更新项目、强制性清洁生产奖励扶持项目。目前，我国国家扶持环保项目主要包括环保产业、节能产业、循环利用产业，在以后可加大扶持力度，涵盖更多产业。除了增加扶持的广度，政府还应增加环保投资，2019 年我国环保投资仅占 GDP 约 0.6%，远低于发达国家占 GDP 2% ~ 3% 的比重。

地方政府还应充分考虑当地企业的排污状况和经营水平，结合中国整体经济

社会情况，制定科学、合理、实用的环境税收政策和环保奖励措施，杜绝出现政府“懒政”、环保“一刀切”现象，2020年国务院办公厅发布《关于生态环境保护综合行政执法问题的通知》，扎实推进生态环境保护综合行政执法改革，使行政资源与行政执法职能相匹配，避免多头重复执法问题的产生，规范执法行为。多地政府响应号召，发布文件减少对于环境污染行为过度的、重复的环境行政处罚。如江苏省生态环境厅发布的《关于在生态环境监督管理中加强企业产权保护的意见》严格控制了专项行动的次数，在环境污染突出、公众反映强烈的地区依法坚决调查处理，避免进行重复检查和过多的分散检查；山东省应急管理厅印发的《关于安全生产执法中禁止“一刀切”的九项措施》指出原则上不要求企业停工或停产，发生安全生产事故后，原则上不采用“一个企业及其他类似企业停产整顿事故”的简化处理方法。企业的污染违法行为具有异质性，单一的环境规制难以适应多样化的环境破坏等，因此各地政府应针对不同企业的不同环境行为采取多样化的惩处措施，达到鼓励企业清洁生产、转型升级的目的，而不是单纯地以禁止企业污染排放为导向。

二、创新驱动，提升企业履行环境责任能力

企业作为现代化环境治理体系的主体，应紧跟新发展潮流，充分利用环保政策红利，根据当地环境政策适时调整其经营管理策略。目前，我国多地政府都主动积极为当地企业争取资金扶持，帮助企业污染治理提质增效、组织排放管理、装备设施升级等深度治理方面减轻企业污染治理的经济负担。如河南省新乡市在近几年已经完成81个项目的申报工作，主要涉及重点行业超低排放改造、挥发性有机物深度治理、砖瓦窑煤气发生炉等工业炉窑淘汰等，获得中央大气污染防治资金1.84亿元，有力支持了新乡市工业企业的绿色发展。

企业履行环境责任涉及产品制造的方方面面，包括产品设计、材料选购、工艺制造、成品出厂等，应全过程严格按照国家执行标准。对于废气、废水、废物的治理，以减少污染和保护环境为导向，尽可能减少污染物的产生，避免对周边生态环境与居民的正常生活带来负面影响。在项目建设前，企业应该对可能产生的环境影响进行评估。在日常的生产中，企业应依据自身发展状况，积极采用先进的生产与管理技术以提升生产资源使用效率，建立健全节约型企业生产与发展机制，依靠持续的技术创新实现价值创造与价值增值；兼顾资源节约与废弃物的循环利用，以实现资源的充分使用。另外，企业应该积极寻求降低治污成本的有效方法，利用绿色信贷和绿色融资等手段，积极争取银行绿色信贷支持，充分利用相关银行推出的绿色信贷、发行企业的绿色债券、引入环保责任制制度以及发

起设立绿色产业基金等方式推进绿色融资，发展绿色技术创新，提高治污效益，以实现自主、自愿、自发履行环境治理责任。比如，通过PPP合作运行模式，当地政府、企业和社会资本之间形成一种风险共担的环境治理长效机制，政府将大量资金的筹备转移到社会资本中，减轻政府财政负担，而私人资本在政府的帮助下减小投资建设风险，这不仅有利于减轻当地政府治污的短期财政压力，而且有利于企业提高环境管理水平，实现多方共赢局面。

三、多措并举，推动公众与社会组织积极投入环境治理事业

公众与社会组织是现代化环境治理体系的重要主体。提高公民参与环境保护的意识是实现现代化环境治理体系公众参与的前提条件，公众应当积极融入环境治理实践中，树立环境保护理念，充分行使环境参与权和监督权。反之，如若公众对日益严峻的环境污染破坏现象置若罔闻的话，那么也就不会激发保护环境的责任感，不知道环境保护的紧迫性，也就不会主动积极参与其中。

公众要通过多种渠道参与环境保护的宣传教育，提高全民族的环境保护意识和主人翁意识，认识到这不仅是政府和企业的责任，也是与每个公民的生活和切身利益息息相关的。在全国上下齐心保护生态环境的背景下，公民可以参与多种形式的环境教育，如展览、讲座和相关电视节目及录像片等。另外，在重要节日或纪念日，如“植树节”“世界环境日”“地球日”，开展有特色有深度的环境教育宣传活动，进一步增加公民的环保忧患意识。

社会环保组织有着广泛的群众基础，在公众中拥有较高的信任度，因此应当充分利用这一优势，为公众参与环境保护提供多样的有效的渠道。然而，目前我国社会环保组织还处于发展初期，规模尚较小，力量不足，制约了我国公众的环境参与。政府应鼓励和支持社会环保组织的发展，建立健全社会环保组织的法律和政策支撑，加强公众参与的组织保障，培育公众参与的社会基础，充分发挥公众参与的重要作用，让更多人参与到环境保护中去。

在社会上倡导绿色文明消费观念，绿色消费又称“可持续消费”，它不仅包括使用绿色产品，还包括物资的回收利用、能源的有效使用、对生态环境和物种的保护等。随着绿色发展理念深入人心，公众在日常生活和工作中逐渐形成环境保护行为，如节水节电、垃圾分类、废物利用等。这种绿色行为使无公害的产品和服务更受市场青睐，从而在无形中促使企业转变生产经营模式。同时，由于社会声誉的日益提高，政府与企业均摒弃一味追求经济利益的原有策略，选择积极履行社会环境责任，有效遏制“政府失灵”和“市场失灵”。

第三节　完善跨区域多元主体环境责任协同机制

健全多元主体环境责任协同机制不仅要在当地政府、企业和公众与社会组织之间等区域内层面实现，还要根据政策导向与各地实际情况，利用其他区域优势弥补本区域短板，完善跨区域的多元主体环境责任协同机制，实现全地域、全方位多元主体环境责任协同。

一、因地制宜，实施区域差异性环境政策

我国是一个资源禀赋丰富但地理分布不均匀的国家，而且地区间发展具有较大差异性，总的来说，东部地区拥有先进的治污技术、丰富的环境治理经验以及充足社会经济资源，但是生态环境资源较为匮乏，而这正是经济发展水平落后的西部地区所拥有的优势。因此，针对多元主体环境责任协同水平的地区差异和协同网络的非均衡性，生态环境保护与治理政策应具有区域差异性。各地区应以保护生态环境和降低能源资源消耗为导向，充分挖掘自身优势，综合利用本地区的区位特征和要素禀赋，结合当地经济与社会发展水平，制定具有地域特色的环境政策。

由于资源禀赋、地理条件和社会历史等多重原因，我国东西部地区的经济社会发展存在明显差距，西部地区的经济发展水平与东部地区相当悬殊，而西部地区拥有相当充足的自然资源，比如土地资源和天然气资源等。在西部大开发背景下，国家政策、法律、财力和物力的巨大支持促进西部地区取得了巨大的成就，对促进地区协调发展，实现中华民族伟大复兴产生了重大影响。然而，西部地区大多地理条件都较差，生态环境脆弱，容易遭到破坏，很容易走上以牺牲环境为代价换取经济发展的不可持续性发展道路。西部地区要想实现可持续发展，在与经济发达地区开展交流合作的同时，必须立足西部地区的实际情况，在经济发展的同时走好生态文明建设之路，保持良好的生态环境，努力探索在经济社会发展过程中开展生态环境治理，实现西部地区社会经济全面协调可持续发展，这将直接影响西部地区的现代化进程。

东部地区在经历改革开放之后几十年的飞速发展后，成为拉动全国经济发展和融入经济全球化洪流的主体力量，与此同时，东部地区的生态环境面临着巨大压力，资源的消耗速度比以往任何时候都快。为了缓解日益严峻的生态环境破坏和资源能源约束加剧问题，一方面，东部地区应加快经济结构优化和产业升级进

程，提高自主创新能力，用技术密集型、资金密集型产业取代传统的劳动密集型、资源和能源密集型产业；另一方面，东部地区应加强与西部地区全方位合作，与西部地区优势互补，在拉动西部地区经济增长的基础上，利用西部地区丰富的自然资源改善东部地区的环境和资源现状，提高东西部合作成效，实现区域协同发展。

二、精准发力，优化区域内和区域间多元主体环境责任协同机制

2015 年，国家发展改革委印发的《发展改革委关于进一步加强区域合作工作的指导意见》指出要推进区域间生态环境保护合作，开展跨行政区的生态环境保护和建设，加强跨行政区自然保护区建设和管理。《中华人民共和国国民经济和社会发展第十四个五年规划和 2035 年远景目标纲要》明确指出要打好污染防治攻坚战，协同推进减污降碳，强化多污染物协同控制和区域协同治理。这为加强生态环境的区域协同治理提供了重要参考。因此，需要发挥区域优势，健全区域协同机制，建立污染防治区域联动机制，开展区域大气污染和江河湖海水环境联防联治，统一规划、统一标准、统一环评、统一监测、统一执法，建立会商机制，创新生态环境的区域治理模式，健全公开透明的生态环境区域治理信息公开制度，建立健全重点生态功能区的生态保护补偿机制，加大地区间横向生态保护补偿力度，探索完善区域合作利益分配模式，实现区域经济发展与生态环境保护良性互动。

首先，各区域应充分发挥多元主体环境责任协同网络的空间关联性，加强区域内部、不同区域之间的资源流动、技术交流以及治污合作，推动先进环境治理技术持续扩散，形成正向空间溢出效应，进而全面提升自身及其周边地区的环境治理综合水平。比如，多元环境责任协同水平与度数中心度均较低的城市应加强与其他邻接城市的环境治理联系，吸收其成功的管理经验和成熟的治污技术，以此提升自身的多主体环境责任协同水平；中间中心度较低的城市则可以通过跨区域环境治理合作，加强其在社会关联网络中的地位，间接实现环境协同治理；同样，接近中心度较低的城市应加深与其他城市之间的空间协作，从“边缘者”转化为“中心者”。利益是合作的基础，地方政府间环境治理与生态保护合作的基础是对区域共同利益的认同，寻求共同利益是区域合作的起点，地方政府应围绕共同利益达成合作协议，最终形成各区域对环境问题的共同治理，实现区域环境利益的公平正义。

其次，区域之间应充分结合邻接效应和区位关系，高效利用“经纪人”板块

的传导作用、“净溢出”和“双向溢出”板块的溢出作用，优化和调整多元主体环境责任协同空间关联网络格局。具体而言，率先建立生态环境区域防治协作机制的“溢出”地区已具有一定的成功经验与失败教训。各地区应积极引导这些地区与“主受益”的西部地区之间开展环境协同治理合作交流，协助多元主体环境责任协同滞后的地区吸收中心城市的溢出效应，通过协同效应形成稳定的区域间多主体环境责任系统机制。比如，京津冀地区、长三角地区、粤港澳地区等除了自身要不断提高治污技术水平，加强各种要素尤其是资源的流动，更要主动帮助环境治理落后地区提升现代化环境治理水平，加快这些地区产业的转型升级步伐，促进经济社会的繁荣发展。

总而言之，各地区除了因地制宜制定环境政策之外，应积极引导区域之间的要素交流和治理合作，优化空间关联网络结构，从而构建一种中心城市联动边缘城市、领先地区带动滞后地区的跨区域多元主体环境责任协同机制。

第四节　完善纵向干预下多元主体环境责任协同机制

当下，丰富的环境政策“工具库”为我国政府解决环境问题提供了多种思路和多样选择，在政府主导的现代环境治理体系中，面对与多元主体环境责任协同不相容问题时，强化约束的命令控制型环境政策不但有利于约束地方政府行为，防止地方政府以经济增长为代价牺牲生态环境，而且为多主体环境责任协同提供外驱动力，避免政企合谋。鉴于中央环保督察对增强地方环保执法刚性约束具有显著的效力，且中央环保督察对企业环境治理行为的影响更多的是“惩戒效应”而不是“激励效应”，命令控制型的环境政策对实现多主体环境责任协同具有重要意义。更进一步的分析，来自中央政府的纵向干预能够更有效地督促各个主体履行环境责任，从而优化多元主体环境责任协同机制。

一、优化中央环保督察机制

2015 年 7 月，中央全面深化改革领导小组第十四次会议通过了《环境保护督察方案（试行）》，环境保护督察工作机制初步建立。截至 2022 年 5 月，中央环保督察组已在全国多省份开展了首轮中央环保督察、中央环保督察“回头看”及第二轮环保督察，范围涵盖所有省份。中央环保督察作为典型的命令控制型环境政策，能够有效地约束地方政府的环境行为，有助于改变地方政府“唯 GDP

论”的传统晋升机制，从而使得保护生态环境在地方政府的事务中的重要性得以提升。目前，中央环保督察还处于起步阶段，为了进一步完善中国的环保督察制度和环境管理体制，需要对中央环保督察机制进行优化。

首先，我国不同地区的生态环境状况、地理位置特点、经济社会发展等存在较大差异。若对所有地区实行统一的督察标准，不仅可能导致矫枉过正的现象，而且可能造成人力、财力、物力的浪费以及督察效率低下。因此，环保督察应该精准定位，根据环境污染程度、财政结构、城市级别等具体情况划分重点督察区域，依据区域的污染状况、治理难度、气候条件等制定灵活的督察策略，调整各地统一督察的时限。比如，增加地区边界等污染较严重区域的督察力度；北方地区在冬季会通过燃烧煤炭提供集体供暖，有必要在冬季对南北方地区采取差异性的督察措施。

其次，环保督察应监督地方政府环境政策执行的合法性、合规性，对污染企业采取分类措施，严禁“一刀切”。迫于中央环保督察组的“威严”，地方政府只能接受督察组要求的整改，而当整改不利于地方经济发展时，当地政府就很有可能消极对待，或者直接采取“一刀切”的应对措施，因此，中央环保督察组和地方政府之间就难以形成有效协同。为了解决这一难题，首先，应完善环保督察相关的法律，为环保督察提供实践操作上的具体指导和规定，同时对地方政府官员和环保部门官员的行为也进行法律上的规定。其次，充分利用公众的力量，赋予公众和社会组织更多的参与权，形成网络化的监督模式，从而弥补中央环保督察组不能随时、全面督察地方政府和企业的缺陷。

二、激发企业履行环境责任的主动性

当前，我国企业应对环境规制大都采取“反应型”的环境治理行为，根据政府不同的环境政策制定不同的公司战略，形成“上有政策，下有对策”的局面。在中央政府压力的传导下，地方政府强化对企业的环境执法可以收获立竿见影的治理效果。虽然这样从表面上来看在一定程度上说明企业与政府的环境行为保持一致，但是生态环境保护具有长期性、常态化、规范性的特点，从长远来看，增强企业环境治理的主体性，除了强化环境执法外，还需综合运用多种手段，为企业的“前瞻型”环境治理行为提供内在激励。因此，应发挥企业在环境治理中的主体作用，多措并举，引导企业的环境治理行为从“反应型”向“前瞻型”转变。

要转变企业的发展理念。企业作为现代化环境治理体系的主体，在自身发展过程中要坚持创新、协调、绿色、开放、共享的新发展理念。通过出色履行企业环境责任，践行积极主动作为的企业环境行为，打造企业优质形象，提高企业竞争力。另外，在经济新常态背景下，优化企业产业结构，促进产业绿色转型升级，推广发展绿色循环经济和低碳经济，提高资源综合利用率，使我国的企业朝着低碳化、绿色化发展。

同时，政府应继续大力发展绿色金融体系。资金不足是企业绿色低碳转型升级最主要的障碍。政府除了要加大财政支持力度外，还应充分发挥社会资金的活力，引导社会市场资本流入绿色环保项目，从而间接推动低碳可持续行业发展。企业为了获得绿色资金支持，也会激发出生产过程清洁化、产品绿色低碳化改造的动力。

三、发挥公众与社会组织参与履行环境责任的热情

在环境治理体系中，中央政府的纵向干预一般作用于地方政府及地方企业，对于存在生态环境污染的地区，中央环保督察组会强制性命令当地政府和企业制定整改措施。但是，在中央环保督察组结束督察后，地方政府和企业有可能重走“老路子”，或者采取更加具有隐蔽性的非清洁生产。为了提高中央纵向干预的有效性，应充分发挥公众参与环境治理的积极性与可行性，完善公众参与环境保护的制度建设。引导公众积极参与环境治理，可以从提高公众参与防污治污的意愿与能力两方面着手。

一方面，政府应加强相关环境维权制度建设，对公众的环境维权诉求给予积极反馈，提高公众通过各种渠道参与环境维权的心理预期。目前在我国的法律体系中，宪法、环保法和各个单行法等都提到了公众参与环境保护，为公众及社会组织介入环保工作提供了一定的指导。但是我国尚缺乏有关环境保护公众参与的具有主要参考价值的法律法规，因此应进一步完善公众参与环保的制度规程，鼓励和引导公众多层次。多样化地参与环境保护，对公众参与制度作出具体的规定，这也是从根本上保障公众参与环境维权的合理性和合法性。

另一方面，通过受理信访与网络举报、进行信息公开、开展实地走访等增强公众参与环境治理的可及性，降低公众参与环境治理的成本。当前，公众参与环境治理程度不高、积极性不强的一个重要原因就是参与渠道不够丰富，因此，有必要拓宽公众参与环境治理渠道，提高公众参与环境治理渠道的畅通性。首要任务是规范公众参与的渠道，要保障各个群体，尤其是弱势群体诉求表达的可及性，使环境决策更民主化、科学化。另外，鼓励民间环保组织的成立和运作。公众与政府之间的一个重要桥梁就是社会环保组织，政府应加大对社会环保组织的支持力度，通过允许环保组织派代表参加政府组织的环保相关听证会、旁听立法机构关于环境问题讨论的会议，增加公众参与生态治理的参与度，提高公众与社

会组织的积极性。同时，政府也应对社会环保组织加大资金投入力度，提高环保组织的参与能力。

第五节　完善立法、执法、司法、守法协同机制

法律是“国之权衡也，时之准绳也”。构建政府环境责任与企业环境责任协同机制的一个重要任务就在于构建完善的中国特色社会主义生态环境保护法律体系。我国应以习近平生态文明建设思想为理论指导和行动指南，深化环境司法改革，健全环境保护法律体系，增强立法的系统性、整体性、协同性，强化政府环境执法，倒逼企业积极治污，引导公众环境参与，进而全方位建立科学立法、严格执法、公正司法、全民守法协同机制。

一、完善环境保护法律体系

我国现有环境保护法律体系以宪法作为依据和指导原则，以《中华人民共和国环境保护法》作为基本法，主要针对生态修复、环境治理和资源保护等方面，较少涉及具体的环保措施和部门规定。鉴于此，为全方位构建环境协同治理体系，应进一步细化各环境要素的单行法，强化各个环境单行法之间的衔接，并且加强与其他部门法之间的协调。目前，我国的环境保护单行法主要有三大类：自然资源保护法，如《森林法》《草原法》；污染防治法，如《水污染防治法》《大气污染防治法》；其他单行法，如《环境影响评价法》《循环经济促进法》。每个单行法都针对某一具体环境领域制定了相关标准，专门对某种环境要素或环境资源开发、利用、保护、改善及管理的某个方面的问题做出规定。但是环境和资源问题大都具有联系性，一般需要参考多种单行法，如黄河流域的生态环境问题涉及水污染和土地污染问题等，草原破坏问题需要同时参考《草原法》和《土地污染防治法》等。因此，为了提高解决多样化生态环境问题的能力，须加强各个单行法之间的联系与衔接，统一规定、统一执法、统一监管。同时，加强各个环境相关执法部门的协调，避免重复执法或互相推诿等低效率执法行为。

在此基础上，为提高法律法规的可操作性，还应针对各种环境污染问题提出指导性的具体方案与措施。比如，我国农村生态环境问题具有污染来源复杂性和污染成因普遍性等特点，其主要原因在于法律法规关于农村生态环境问题方面还

较为匮乏，并且农民的环境保护法律意识普遍不高。因此，为了推动农村生态环境保护法律建设，提高环保法律法规在农村地区的可操作性，需要进一步完善农村地区污染防治法律体系，增大资金和技术投入，通过采取丰富多彩的宣传方式提高农民对环境问题的重视，引导形成全民参与环境保护的局面。而在处理环境诉讼相关问题时，应通过细化诉讼程序、确立举证标准、成立调解机制等措施，完善环境公益诉讼立法，切实保障环境司法的高效性和公正性，进而推动多元环境责任协同发展。

二、完善跨部门治理的法律协调机制

作为我国环境保护司法和执法部门，人民法院、人民检察院和环保行政部门各自执行着各自的权责，在法律赋予的权力下审判、处理环境和资源问题。然而，在生态环境问题资源消耗问题日益多样化和复杂化的背景下，各部门机构应通过制定跨部门沟通协调制度，有效推动公正环境司法与行政严格执法联动机制的构建，彻底遏制环境污染行为。比如，宜昌市在2014年印发了《市中级人民法院市人民检察院市公安局市环境保护局关于加强协作配合依法打击环境违法犯罪行为的通知》，旨在加强行政机关与司法机关间的沟通、协调和配合，依法惩治环境污染及环境监管失职犯罪行为；永康市人民法院在2022年“世界环境日”联合永康市人民检察院、金华市生态环境局永康分局开展了环境保护行政非诉案件专项执行行动。

为维护社会公平正义，各地区应大力推动环境司法专门化和检察环境公益诉讼制度，积极支持公众与社会组织以法律手段维护公平利益，保障公众监督的有法可依，并且以环境司法改革先行者指引后来者，全面深化环境司法改革创新。比如，各地区应努力建立起专业化的审判团队，定期举办环境科学和环境法律方面的培训活动，同时积极引进各界环境法学专业人才；建立畅通无阻的社会监督渠道，零距离用心倾听民意，充分保障民众的环境权力，以便于及时发现并解决环境污染问题；通过促进多部门单位联动交流来提升环境司法案件的审判质量，构成生态保护整体合力，加强环境保护执法中的薄弱环节，更好地推动环境司法专门化。在司法执法联动下，企业应主动降污减排，实现绿色转型，避免行政与司法的双重处罚。

三、从法律上确保公众与社会组织具有履行环境责任的能力

公众与社会组织应通过绿色消费、低碳出行、垃圾减量等环保行为，积极践

行绿色理念，自觉履行环保责任。社会组织作为环境公益诉讼的重要参与者，应加强与地方政府、企业、司法机关和环境执法机关合作，不仅要大力宣传绿色低碳知识，传播青山绿水理念，而且要取长补短，合理降低环境参与成本。然而，目前我国的社会环保组织力量有限，公益诉讼能力不足，业务活动范围小，主要针对的是一些简单的环境保护行为，这与我国社会环保组织尚不发达密切相关。因此，应赋予社会组织更多法律权力与职能，加大资金投入，扩展社会组织资金来源渠道。同时，通过完善企业环境信息公开制度缓解社会环保组织在公益诉讼中的信息不对称问题。

当前，公众“事不关己、高高挂起”的环境理念造成环境维权意识薄弱。为此，应通过各种媒介宣传环境法制，以通俗易懂的形式传递给每一个公民。在此过程中，社会组织恰好是连接地方政府与公众之间的一座桥梁，能及时掌握环境污染情况，弥补政府的滞后性。因此，应加强社会环保组织与公众之间的联系，使环保组织更好地为公众“发声”，扮演好公众的“话筒”角色。此外，社会环保组织应牢记服务于中国的环境保护事业的宗旨，在面对环境问题时，不偏不倚，不偏向任何势力，公正地履行好社会环境责任，这也是通过提高环保组织公信力的方式来获得更大范围的公众支持，从而增大环保组织的话语权。

课题组发表论文

[1] 胡宗义、李好、刘佳琦、何冰洋:《中国地方政府环境责任履行水平测度及其时空演变》，载于《中国人口·资源与环境》2023年第10期。

[2] 刘波、胡宗义、龚志民:《收入机会不平等的再测度——基于马克思分配正义理论的视角》，载于《山西财经大学学报》2023年第8期。

[3] 胡宗义、周积琨、李毅:《“双循环”背景下企业海外关联行为与绿色技术创新》，载于《中国人口·资源与环境》2023年第5期。

[4] 胡宗义、何冰洋、李毅、周积琨:《异质性环境规制与企业环境责任履行》，载于《统计研究》2022年第12期。

[5] 李毅、何冰洋、胡宗义、周积琨:《环保背景高管、权力分布与企业环境责任履行》，载于《中国管理科学》2023年第9期。

[6] 胡宗义、黎晓青、张煌文清、施淑蓉:《多元主体环境责任协同水平的地区差异与动态演进》，载于《湖南大学学报（社会科学版)》2022年第4期。

[7] 胡宗义、何冰洋、李毅:《中国流域水污染协同治理研究》，载于《中国软科学》2022年第5期。

[8] 李毅、胡宗义、周积琨、龚弼邦:《环境司法强化、邻近效应与区域污染治理》，载于《经济评论》2022年第2期。

[9] 胡宗义、刘佳琦、何冰洋、李洪毅:《混合偏差下多水平的均匀列扩展设计》，载于《应用数学学报》2022年第2期。

[10] 胡宗义、周积琨、李毅:《自贸区设立改善了大气环境状况吗?》，载于《中国人口·资源与环境》2022年第2期。

[11] 刘亦文、王宇、胡宗义:《中央环保督察对中国城市空气质量影响的实证研究——基于“环保督查”到“环保督察”制度变迁视角》，载于《中国软科学》2021年第10期。

[12] 胡宗义、张晔、邓晶晶、杨振寰:《环境规制强化的经济增长效应与机制研究》，载于《湖南大学学报（社会科学版)》2021年第5期。

[13] 胡宗义、薛苏亚:《中央环保督察对工业发展质量的影响》，载于《软科学》2022年第1期。

[14] 胡宗义、江冲、李毅:《国家级新区的产业结构转型效应及机制研究》，载于《工业技术经济》2021年第9期。

[15] 李毅、石威正、胡宗义：《基于 CGE 模型的碳税政策双重红利效应研究》，载于《财经理论与实践》2021 年第 4 期。

[16] 刘波、胡宗义、龚志民：《金融结构、研发投入与区域经济高质量发展》，载于《云南社会科学》2021 年第 3 期。

[17] 刘波、胡宗义、龚志民：《农村居民健康差距中的机会不平等——健康指标选择、模型构建与基于 CHARLS 的实证研究》，载于《科学决策》2021 年第 4 期。

[18] 刘波、王修华、胡宗义：《金融素养是否降低了家庭金融脆弱性?》，载于《南方经济》2020 年第 10 期。

[19] 李毅、胡宗义、何冰洋：《环境规制影响绿色经济发展的机制与效应分析》，载于《中国软科学》2020 年第 9 期。

[20] 胡宗义、邱先翼、李毅：《政府补助对可再生能源投资的门槛效应研究》，载于《财经理论与实践》2020 年第 5 期。

[21] 刘波、胡宗义、龚志民：《中国收入差距中的机会不平等再测度——基于“环境－能力－收入”的新思路》，载于《南开经济研究》2020 年第 4 期。

[22] 胡宗义、刘佳琦、何冰洋、施淑蓉：《基于跨国数据的金融发展对绿色能源消费的影响研究》，载于《湖南大学学报（社会科学版）》2020 年第 3 期。

[23] 胡宗义、杨振寰、吴晶：《“一带一路”沿线城市高质量发展变量选择及时空协同》，载于《统计与信息论坛》2020 年第 5 期。

[24] 胡宗义、李毅：《环境信息披露的污染减排效应评估》，载于《统计研究》2020 年第 4 期。

[25] 刘波、胡宗义、龚志民：《中国居民健康差距中的机会不平等》，载于《经济评论》2020 年第 2 期。

[26] 刘亦文、陈亮、李毅、胡宗义：《金融可得性作用于实体经济投资效率提升的实证研究》，载于《中国软科学》2019 年第 11 期。

[27] 胡宗义、张丽娜、李毅：《排污征费对绿色全要素生产率的影响效应研究——基于 GPSM 的政策效应评估》，载于《财经理论与实践》2019 年第 6 期。

[28] 刘波、胡宗义、龚志民：《金融素养、风险偏好与家庭金融资产投资收益》，载于《商学研究》2019 年第 5 期。

[29] 胡宗义、李毅、万闯：《基于贝叶斯 GARCH－Expectile 模型的 VaR 和 ES 风险度量》，载于《数理统计与管理》2020 年第 3 期。

[30] 李毅、胡宗义、刘亦文、唐建阳：《碳强度约束政策对中国城市空气质量的影响》，载于《经济地理》2019 年第 8 期。

[31] 李建军、胡宗义、邓羽佳：《中国对“一带一路”沿线国家直接投资

区位选择——基于制度质量视角的经验研究》，载于《商业研究》2019 年第 8 期。

[32] 胡宗义、张青、李毅：《新阶段扶贫开发对经济包容性增长的影响研究》，载于《华东经济管理》2019 年第 9 期。

[33] 胡宗义、李毅：《金融发展对环境污染的双重效应与门槛特征》，载于《中国软科学》2019 年第 7 期。

[34] 胡宗义、杨振寰：《"联防联控"政策下空气污染治理的效应研究》，载于《工业技术经济》2019 年第 7 期。

[35] 苏静、肖攀、胡宗义：《教育、社会资本与农户家庭多维贫困转化——来自 CFPS 微观面板数据的证据》，载于《教育与经济》2019 年第 2 期。

[36] 胡宗义、李毅、万闯、唐建阳：《基于半参数 CARE 模型的金融市场 VaR 度量》，载于《统计与信息论坛》2019 年第 4 期。

[37] 胡宗义、唐建阳、万闯：《基于半参数模型的风险度量方法及其应用》，载于《统计与决策》2019 年第 5 期。

[38] 胡宗义、郭晓芳：《湖南省县域经济发展的空间关联及溢出效应研究》，载于《湖南师范大学自然科学学报》2019 年第 1 期。

[39] 黄岩渠、胡宗义、喻采平：《改进的 DebtRank 算法与系统重要性、系统脆弱性研究》，载于《系统工程理论与实践》2019 年第 2 期。

[40] 胡宗义、张丽娜、李毅：《基于技术进步的环境回弹效应研究》，载于《工业技术经济》2019 年第 2 期。

[41] Yi Li, Jingjing Deng, Zongyi Hu, Bibang Gong: "Economic Policy Uncertainty, Industrial Intelligence, and Firms' Labour Productivity: Empirical Evidence from China.", *Emerging Markets Finance and Trade*, 2023, 59 (2): 498 - 514.

[42] Xiaoqing Li, Zongyi Hu, Qing Zhang: "Environmental Regulation, Economic Policy Uncertainty, and Green Technology Innovation.", *Clean Technologies and Environmental Policy*, 2021, 23: 2975 - 2988.

[43] Xiaoqing Li, Zongyi Hu: "Interaction Between Economic Growth Energy Consumption and Environmental Pollution.", *International Journal of Environment and Pollution*, 2020, 68 (3 - 4): 162 - 177.

[44] Jianyang Tang, Liwei Tang, Yi Li, Zongyi Hu: "Measuring Eco - Efficiency and Its Convergence: Empirical Analysis from China.", *Energy Efficiency*, 2020, 13: 1075 - 1087.

[45] Yi Li, Zongyi Hu, Jiaqi Liu, Jingjing Deng: "A Note on Regression Kink Model.", Communications in Statistics - Theory and Methods, 2022, 51 (23),

8246 - 8263.

[46] Yi Li, Zongyi Hu: "Bayesian Bent Line Quantile Regression Model.", *Communications in Statistics - Theory and Methods*, 2021, 50 (17): 3972 - 3987.

[47] Zongyi Hu, Jiaqi Liu, Yi Li, Hongyi Li: "Uniform Augmented q - Level Designs.", *Metrika*, 2021, 84: 969 - 995.

[48] Yi Li, Fangyu Ye, Huiming Zhu: "Impact of Interaction Between Corporate Environmental Responsibility and Corporate Financial Performance: The Moderating Effects of Environmental Regulation and Internal Control.", *Applied Economics*, 2024, 56 (29): 3431 - 3444.

参考文献

[1] 埃莉诺·奥斯特罗姆：《公共资源的未来：超越市场失灵和政府管制》，中国人民大学出版社2015年版。

[2] 安孟、张诚：《劳动价格扭曲是否加剧了环境污染》，载于《中国地质大学学报（社会科学版）》2022年第1期，第37~51页。

[3] 安瑶、张林：《环境规制、能源供需结构与工业污染》，载于《环境经济研究》2018年第4期，第126~149页。

[4] 岸本千佳司、彭雪：《日本北九州市的环境政策演变：从克服公害到创建环境首都》，载于《当代经济科学》2010年第6期，第89~97页、第125~126页。

[5] B. 盖伊·彼得斯：《政府未来的治理模式》，中国人民大学出版社2001年版。

[6] 白俊红、聂亮：《环境分权是否真的加剧了雾霾污染?》，载于《中国人口·资源与环境》2017年第12期，第59~69页。

[7] 白列湖：《协同论与管理协同理论》，载于《甘肃社会科学》2007年第5期，第228~230页。

[8] 白平则：《论公司的环境责任》，载于《山西师大学报（社会科学版）》2004年第2期，第30~35页。

[9] 包国宪、曹惠民、王学军：《地方政府绩效研究视角的转变：从管理到治理》，载于《东北大学学报（社会科学版）》2012年第5期，第432~436页。

[10] 包国宪、关斌：《财政压力会降低地方政府环境治理效率吗——一个被调节的中介模型》，载于《中国人口·资源与环境》2019年第4期，第38~48页。

[11] 包群、邵敏、杨大利：《环境管制抑制了污染排放吗?》，载于《经济研究》2013年第12期，第42~54页。

[12] 包智明：《环境问题研究的社会学理论——日本学者的研究》，载于

《学海》2010年，第85～90页。

［13］鲍涵、滕堂伟、胡森林、丁娟：《长三角地区城市绿色创新效率空间分异及影响因素》，载于《长江流域资源与环境》2022年第2期，第273～284页。

［14］鲍健强、苗阳、陈锋：《低碳经济：人类经济发展方式的新变革》，载于《中国工业经济》2008年第4期，第153～160页。

［15］彼得·程：《生态德国》，中国建筑工业出版社2014年版。

［16］毕茜、李虹媛、于连超：《高管环保经历嵌入对企业绿色转型的影响与作用机制》，载于《广东财经大学学报》2019年第5期，第4～21页。

［17］薄文广、徐玮、王军锋：《地方政府竞争与环境规制异质性：逐底竞争还是逐顶竞争?》，载于《中国软科学》2018年第11期，第76～93页。

［18］卜广庆、韩璞庚：《责任政府：基于四维命题的重新审视》，载于《贵州社会科学》2020年第5期，第10～17页。

［19］蔡贵龙、柳建华、马新啸：《非国有股东治理与国企高管薪酬激励》，载于《管理世界》2018年第5期，第137～149页。

［20］蔡岚：《空气污染治理中的政府间关系——以美国加利福尼亚州为例》，载于《中国行政管理》2013年第10期，第96～100页。

［21］蔡守秋：《公众共用物的治理模式》，载于《现代法学》2017年第3期，第3～11页。

［22］蔡守秋：《环境权实践与理论的新发展》，载于《学术月刊》2018年第11期，第89～103页。

［23］蔡守秋：《论政府环境责任的缺陷与健全》，载于《河北法学》2008年第3期，第17～25页。

［24］蔡守秋、张毅：《论公众环境权的非排他性》，载于《吉首大学学报（社会科学版）》2021年第3期，第73～82页。

［25］蔡守秋：《中国环境监测机制的历史、现状和改革》，载于《宏观质量研究》2013年第2期，第4～9页。

［26］蔡乌赶、李青青：《环境规制对企业生态技术创新的双重影响研究》，载于《科研管理》2019年第10期，第87～95页。

［27］操小娟、龙新梅：《从地方分治到协同共治：流域治理的经验及思考——以湘渝黔交界地区清水江水污染治理为例》，载于《广西社会科学》2019年第12期，第54～58页。

［28］曹海林、赖慧苏：《公众环境参与：类型、研究议题及展望》，载于《中国人口·资源与环境》2021年第7期，第116～126页。

［29］曹洪军、陈泽文：《内外环境对企业绿色创新战略的驱动效应——高管

环保意识的调节作用》，载于《南开管理评论》2017 年第 6 期，第 95 ~ 103 页。

［30］曹姣星：《生态环境协同治理的行为逻辑与实现机理》，载于《环境与可持续发展》2015 年第 2 期，第 67 ~ 70 页。

［31］曹卫国：《我国环境正义问题及成因的多维分析》，载于《福州大学学报（哲学社会科学版）》2018 年第 5 期，第 18 ~ 23 页。

［32］曹旭东：《试论民族自治地方司法机关的特殊性》，载于《贵州民族研究》2014 年第 2 期，第 13 ~ 16 页。

［33］曹瑄玮、李瑞丽：《德国钢铁产业发展中的路径依赖与突破：鲁尔区的启示》，载于《中国科技论坛》2007 年第 10 期，第 95 ~ 99 页。

［34］曹雪琴：《协同理论视域下高校研究生创业教育研究》，华南理工大学硕士学位论文，2019 年。

［35］曹伊清、翁静雨：《政府协作治理水污染问题探析》，载于《吉首大学学报（社会科学版）》2017 年第 3 期，第 103 ~ 108 页。

［36］曹颖、曹国志：《中国省级环境绩效评估指标体系的构建》，载于《统计与决策》2012 年第 22 期，第 9 ~ 12 页。

［37］陈斌、余曼：《碳排放规制下不同信息分享模式影响的比较研究》，载于《中国人口·资源与环境》2020 年第 5 期，第 69 ~ 80 页。

［38］陈超凡、王泽、关成华：《国家创新型城市试点政策的绿色创新效应研究：来自 281 个地级市的准实验证据》，载于《北京师范大学学报（社会科学版）》2022 年第 1 期，第 139 ~ 152 页。

［39］陈海波、姜娜娜、刘洁：《新型城镇化试点政策对区域生态环境的影响——基于 PSM ~ DID 的实证检验》，载于《城市问题》2020 年第 8 期，第 33 ~ 41 页。

［40］陈海嵩：《国家环境保护义务的溯源与展开》，载于《法学研究》2014 年第 3 期，第 62 ~ 81 页。

［41］陈海嵩：《环保督察制度法治化：定位、困境及其出路》，载于《法学评论》2017 年第 3 期，第 176 ~ 187 页。

［42］陈洪波：《构建生态经济体系的理论认知与实践路径》，载于《中国特色社会主义研究》2019 年第 4 期，第 55 ~ 62 页。

［43］陈华脉、刘满凤、张承：《中国环境协同治理指标体系构建与协同度测度》，载于《统计与决策》2022 年第 7 期，第 35 ~ 39 页。

［44］陈金钊：《法理学》，北京大学出版社 2002 年版，第 127 ~ 131 页。

［45］陈俊：《论习近平生态文明思想的理论品格》，载于《青海社会科学》2020 年第 6 期，第 85 ~ 93 页。

[46] 陈诗一：《边际减排成本与中国环境税改革》，载于《中国社会科学》2011年第3期，第85~100页。

[47] 陈诗一、陈登科：《雾霾污染、政府治理与经济高质量发展》，载于《经济研究》2018年第2期，第20~34页。

[48] 陈首珠：《十八大以来国家创新驱动发展战略下的生态文明建设研究》，载于《青海社会科学》2017年第5期，第65~70页。

[49] 陈思杭、雷礼、周中林：《环境规制，绿色技术进步与绿色经济发展——基于长江经济带11省市面板数据的实证研究》，载于《科技进步与对策》2022年第10期，第9页。

[50] 陈巍：《国外政府绩效评估助推公共责任机制建设的经验及启示》，载于《湘潭大学学报（哲学社会科学版）》2013年第1期，第26~30页。

[51] 陈晓永、张云：《环境公共产品的政府责任主体地位和边界辨析》，载于《河北经贸大学学报》2015年第2期，第35~39页。

[52] 谌杨：《论中国环境多元共治体系中的制衡逻辑》，载于《中国人口·资源与环境》2020年第6期，第116~125页。

[53] 程晨、李宛蓉、袁媛：《家族企业的文化传承：起源对社会责任履行的影响研究》，载于《管理评论》2021年，第1~13页。

[54] 程广斌、陈曦、蓝庆新：《丝绸之路经济带中国西北地区经济发展与生态环境耦合协调度分析——基于DEA-熵权TOPSIS模型的实证研究》，载于《国际商务（对外经济贸易大学学报）》2018年第5期，第96~106页。

[55] 初钊鹏、卞晨、刘昌新、朱婧：《雾霾污染、规制治理与公众参与的演化仿真研究》，载于《中国人口·资源与环境》2019年第7期，第101~111页。

[56] 崔春：《企业环境责任评价模式与效应研究》，载于《技术经济与管理研究》2018年第8期，第56~60页。

[57] 崔建霞：《论习近平生态文明思想中的公平正义意蕴》，载于《思想理论教育导刊》2020年第12期，第43~49页。

[58] 崔木花：《安徽省产业结构演变的生态环境效应》，载于《经济地理》2020年第8期，第131~137页。

[59] 崔蓉、李国锋：《中国互联网发展水平的地区差距及动态演进：2006~2018》，载于《数量经济技术经济研究》2021年第5期，第3~20页。

[60] 崔维军、孙成、陈光：《距离产生美？政企关系对企业融通创新的影响》，载于《科学学与科学技术管理》2021年第6期，第81~101页。

[61] 崔秀梅、王敬勇、王萌：《环保投资、CEO海外经历与企业价值：增值抑或减值？——基于烙印理论视角的分析》，载于《审计与经济研究》2021年

第 5 期，第 86 ~ 94 页。

[62] 大冢直、张震、李成玲：《日本环境法的理念、原则以及环境权》，载于《求是学刊》2017 年，第 1 ~ 11 页。

[63] 代昀昊：《机构投资者、所有权性质与权益资本成本》，载于《金融研究》2018 年第 9 期，第 143 ~ 159 页。

[64] 戴越：《国际贸易中碳标签制度的影响及对策》，载于《经济纵横》2014 年第 5 期，第 108 ~ 112 页。

[65] 党琼：《中国大城市人口规模与环境污染——基于 19 个城市面板数据的实证分析》，载于《成都航空职业技术学院学报》2020 年第 4 期，第 84 ~ 88 页。

[66] 邓辉、甘天琦、涂正革：《大气环境治理的中国道路——基于中央环保督察制度的探索》，载于《经济学（季刊）》2021 年第 5 期，第 1591 ~ 1614 页。

[67] 邓可祝：《政府环境责任的法律确立与实现——〈环境保护法〉修订案中政府环境责任规范研究》，载于《南京工业大学学报（社会科学版）》2014 年第 3 期，第 23 ~ 34 页。

[68] 邓坤金、李国兴：《简论马克思主义的生态文明观》，载于《哲学研究》2010 年第 5 期，第 23 ~ 27 页。

[69] 邸乘光：《中国共产党与中国特色社会主义制度》，载于《湖南社会科学》2012 年第 4 期，第 39 ~ 43 页。

[70] 丁玉龙、秦尊文：《城市规模与居民健康——基于 CHIP 微观数据的实证分析》，载于《江汉论坛》2020 年第 3 期，第 138 ~ 144 页。

[71] 董战峰、郝春旭、刘倩倩，等：《基于熵权法的中国省级环境绩效指数研究》，载于《环境污染与防治》2016 年第 8 期，第 93 ~ 99 页。

[72] 董直庆、王辉：《环境规制的“本地—邻地”绿色技术进步效应》，载于《中国工业经济》2019 年第 1 期，第 100 ~ 118 页。

[73] 杜欢政、张旭军：《循环经济的理论与实践：近期讨论综述》，载于《统计研究》2006 年，第 63 ~ 67 页。

[74] 杜辉：《资源型城市可持续发展保障的策略转换与制度构造》，载于《中国人口·资源与环境》2013 年第 2 期，第 88 ~ 93 页。

[75] 杜健勋、陈德敏：《环境利益的差异建构与原因阐释——基于我国区域与城乡环境利益分配的基础分析》，载于《华东经济管理》2010 年第 11 期，第 45 ~ 50 页。

[76] 杜健勋：《我国城乡发展差距和环境利益分配异化的结构逻辑及演变》，载于《农业现代化研究》2013 年第 5 期，第 564 ~ 568 页。

[77] 杜龙政、赵云辉、陶克涛，等：《环境规制、治理转型对绿色竞争力

提升的复合效应——基于中国工业的经验证据》，载于《经济研究》2019年第10期，第106～120页。

[78] 杜强：《加快构建生态经济体系让“绿水青山”变“金山银山”》，载于《光明日报》2020年，第5页。

[79] 段梦然、王玉涛、徐瑞遥：《两职分离背景下高管权力差距与投资效率》，载于《管理评论》2021年第8期，第196～210页。

[80] 恩格斯：《自然辩证法》，中共中央编译局译，人民出版社2018年版。

[81] 樊纲、王小鲁、马光荣：《中国市场化进程对经济增长的贡献》，载于《经济研究》2011年第9期，第4～16页。

[82] 樊攀、郎劲松：《媒介化视域下环境维权事件的传播机理研究——基于2007～2016年的环境维权事件的定性比较分析（QCA）》，载于《国际新闻界》2019年第11期，第115～126页。

[83] 范仓海：《中国转型期水环境治理中的政府责任研究》，载于《中国人口·资源与环境》2011年第9期，第1～7页。

[84] 范丹、孙晓婷：《环境规制、绿色技术创新与绿色经济增长》，载于《中国人口·资源与环境》2020年第6期，第105～115页。

[85] 范丹、叶昱圻、王维国：《空气污染治理与公众健康——来自“大气十条”政策的证据》，载于《统计研究》2021年第9期，第60～74页。

[86] 范和生、唐惠敏：《农村环境治理结构的变迁与城乡生态共同体的构建》，载于《内蒙古社会科学（汉文版）》2016年第4期，第149～155页。

[87] 范红丽、王英成、亓锐：《城乡统筹医保与健康实质公平——跨越农村“健康贫困”陷阱》，载于《中国农村经济》2021年第4期，第69～84页。

[88] 范如国：《复杂网络结构范型下的社会治理协同创新》，载于《中国社会科学》2014年第4期，第98～120页、第206页。

[89] 范如国、朱超平、林金钗：《基于复杂网络的中国区域环境治理效率关联性演化分析》，载于《系统工程》2019年第2期，第1～11页。

[90] 范子英、赵仁杰：《法治强化能够促进污染治理吗？——来自环保法庭设立的证据》，载于《经济研究》2019年第3期，第21～37页。

[91] 方红星、张勇、王平：《法制环境、供应链集中度与企业会计信息可比性》，载于《会计研究》2017年第7期，第33～40页、第96页。

[92] 方宏、王益民、孙晨：《CEO权力与国际化速度——TMT风险注意力的中介作用》，载于《管理评论》2021年第9期，第260～273页。

[93] 方黎明、郭静、彭宅文：《环境污染的代价——饮用水污染对居民医疗费用和医保基金支出的影响》，载于《财经研究》2019年第12期，第46～58页。

[94] 方世南：《生态文明与企业的环境责任》，载于《中共云南省委党校学报》2007 年第 6 期，第 73 ~ 76 页。

[95] 费太安：《健康中国，百年求索——党领导下的我国医疗卫生事业发展历程及经验》，载于《管理世界》2021 年第 11 期，第 26 ~ 40 页。

[96] 冯科、吴婕妤：《收入差距与健康公平——基于 2018 年 CFPS 数据的实证研究》，载于《财经科学》2020 年第 10 期，第 121 ~ 132 页。

[97] 冯仕政：《沉默的大多数：差序格局与环境抗争》，载于《中国人民大学学报》2007 年第 1 期，第 122 ~ 132 页。

[98] 弗里德里希·恩格斯：《马克思恩格斯全集（26 卷）》，中央编译局译，人民出版社 2014 年版。

[99] 付成双：《历史学视角下的生态现代化理论》，载于《史学月刊》2018 年第 3 期，第 17 ~ 21 页。

[100] 付达院、刘义圣：《长三角区域生态一体化治理策略研究——基于杭绍甬、苏锡常、广佛肇等城市群的实证测度》，载于《云南财经大学学报》2021 年第 6 期，第 81 ~ 90 页。

[101] 甘昌盛：《我国企业环境绩效评价指标体系的研究现状与建议》，载于《中国人口·资源与环境》2012 年第 S2 期，第 123 ~ 126 页。

[102] 高昊宇、温慧愉：《生态法治对债券融资成本的影响——基于我国环保法庭设立的准自然实验》，载于《金融研究》2021 年第 12 期，第 133 ~ 151 页。

[103] 高科：《1872 ~ 1928 年美国国家公园建设的历史考察》，东北师范大学博士学位论文，2017 年。

[104] 高霞、贺至晗、张福元：《政府补贴、环境规制如何提升区域绿色技术创新水平？——基于组态视角的联动效应研究》，载于《研究与发展管理》2022 年，第 1 ~ 11 页。

[105] 高艺、杨高升、谢秋皓：《异质性环境规制对绿色全要素生产率的影响机制——基于能源消费结构的调节作用》，载于《资源与产业》2020 年第 3 期，第 1 ~ 10 页。

[106] 格里·斯托克：《作为理论的治理：五个论点．国际社会科学杂志（中文版）》1999 年第 1 期，第 19 ~ 30 页。

[107] 葛俊良：《我国地方环境治理中的民主协商机制研究》，浙江大学博士学位论文，2020 年。

[108] 耿云江、王丽琼：《成本粘性、内部控制质量与企业风险——来自中国上市公司的经验证据》，载于《会计研究》2019 年第 5 期，第 75 ~ 81 页。

[109] 公丕祥：《法制现代化的分析工具》，载于《中国法学》2002 年第 5

期，第 26 ~ 48 页。

[110] 宫笠俐：《多中心视角下的日本环境治理模式探析》，载于《经济社会体制比较》2017 年第 5 期，第 116 ~ 125 页。

[111] 龚天平、刘潜：《我国生态治理中的国内环境正义问题》，载于《湖北大学学报（哲学社会科学版）》2019 年第 6 期，第 14 ~ 21 页、第 172 页。

[112] 顾肃：《民主治理中的责任政府理念与问责制》，载于《学术界》2017 年第 7 期，第 70 ~ 78 页。

[113] 关雪凌、丁振辉：《日本产业结构变迁与经济增长》，载于《世界经济研究》2012 年第 7 期，第 80 ~ 89 页。

[114] 关阳：《企业环境责任评价体系及成果应用分析》，载于《中国环境管理》2012 年第 1 期，第 1 ~ 6 页。

[115] 桂黄宝、胡珍、孙璞，等：《中国政府采购政策促进环境质量改善了吗？——基于空间计量的实证评估》，载于《管理评论》2021 年第 2 期，第 311 ~ 322 页。

[116] 郭爱君、张娜：《市场化改革影响绿色发展效率的理论机理与实证检验》，载于《中国人口·资源与环境》2020 年第 8 期，第 118 ~ 127 页。

[117] 郭炳南、王宇、张浩：《数字经济发展改善了城市空气质量吗——基于国家级大数据综合试验区的准自然实验》，载于《广东财经大学学报》2022 年第 1 期，第 58 ~ 74 页。

[118] 郭春娜、于法稳、陈宇游：《生态治理时空演变特征比较研究——基于 2010 ~ 2017 年中国生态治理指数的研究》，载于《青海社会科学》2020 年第 5 期，第 23 ~ 30 页、第 80 页。

[119] 郭峰、王靖一、王芳，等：《测度中国数字普惠金融发展：指数编制与空间特征》，载于《经济学（季刊）》2020 年第 4 期，第 1401 ~ 1418 页。

[120] 郭高晶：《地方政府环境政策对区域生态效率的影响研究》，华东师范大学博士学位论文，2019 年。

[121] 郭净、李鹏燕：《新公共治理视角下基层行政审批机制的多维构建——基于四县区实践的案例分析》，载于《河北大学学报（哲学社会科学版）》2021 年第 3 期，第 122 ~ 130 页。

[122] 郭静、郭莳：《住区环境的功能性设计——新加坡人性化居住环境的启示》，载于《四川建筑》2009 年第 5 期，第 34 ~ 36 页。

[123] 郭烁、张光：《基于协同理论的市域社会治理协作模型》，载于《社会科学家》2021 年第 4 期，第 133 ~ 138 页。

[124] 郭卫香、孙慧：《环境规制、技术创新对全要素碳生产率的影响研究——

基于中国省域的空间面板数据分析》，载于《科技管理研究》2020 年第 23 期，第 239 ~ 247 页。

[125] 郭武：《论环境行政与环境司法联动的中国模式》，载于《法学评论》2017 年第 2 期，第 183 ~ 196 页。

[126] 郭延军：《环境权在我国实在法中的展开方式》，载于《清华法学》2021 年第 1 期，第 163 ~ 180 页。

[127] 郭志全：《生态文明建设中公民生态意识培育多元路径探究》，载于《环境保护》2018 年第 10 期，第 49 ~ 51 页。

[128] 国务院发展研究中心课题组：《生态文明建设科学评价与政府考核体系研究》，中国发展出版社 2014 年版，第 6 页。

[129] 国务院：《国务院关于印发土壤污染防治行动计划的通知》，2016 年。

[130] 哈贝马斯：《在事实与规范之间：关于法律和民主法治国的商谈理论》，三联书店 2014 年版。

[131] 韩超、王震、田蕾：《环境规制驱动减排的机制：污染处理行为与资源再配置效应》，载于《世界经济》2021 年第 8 期，第 82 ~ 105 页。

[132] 韩峰、阳立高：《生产性服务业集聚如何影响制造业结构升级：一个集聚经济与熊彼特内生增长理论的综合框架》，载于《管理世界》2020 年第 2 期，第 72 ~ 94 页、第 219 页。

[133] 韩蕙、刘艳菊、余蔚青：《新加坡固体废物收运系统》，载于《世界环境》2018 年第 5 期，第 51 ~ 54 页。

[134] 何爱平、安梦天：《地方政府竞争、环境规制与绿色发展效率》，载于《中国人口·资源与环境》2019 年第 3 期，第 21 ~ 30 页。

[135] 何枫、刘荣、陈丽莉：《履行环境责任是否会提高企业经济效益？——基于利益相关者视角》，载于《北京理工大学学报（社会科学版）》2020 年第 6 期，第 32 ~ 42 页。

[136] 何昊、黎建新、刘洪深：《企业环境责任活动与消费者评价——行业环境污名的影响》，载于《经济经纬》2017 年第 6 期，第 93 ~ 98 页。

[137] 何慧爽：《我国环境权益不公的现状与解决对策》，载于《中州学刊》2014 年第 12 期，第 41 ~ 45 页。

[138] 何可、张俊飚、张露，等：《人际信任、制度信任与农民环境治理参与意愿——以农业废弃物资源化为例》，载于《管理世界》2015 年第 5 期，第 75 ~ 88 页。

[139] 何奇龙、李琴英、李晶：《污染产业转移下府际间合作治理大气污染的演化博弈分析》，载于《运筹与管理》2020 年第 4 期，第 86 ~ 92 页。

[140] 何顺果：《美国边疆史》，北京大学出版社 1992 年版。

[141] 何顺果：《美国西部开发的历史与经验》，载于《国家行政学院学报》2000 年，第 82 ~ 86 页。

[142] 何雄浪、史世姣：《人口流动、环境规制与城市经济高质量发展》，载于《财经科学》2021 年第 12 期，第 78 ~ 91 页。

[143] 何瑛、于文蕾、杨棉之：《CEO 复合型职业经历、企业风险承担与企业价值》，载于《中国工业经济》2019 年第 9 期，第 155 ~ 173 页。

[144] 和苏超、黄旭、陈青：《管理者环境认知能够提升企业绩效吗——前瞻型环境战略的中介作用与商业环境不确定性的调节作用》，载于《南开管理评论》2016 年第 6 期，第 49 ~ 57 页。

[145] 贺缠生、牛叔文、成升魁：《美国西部发展对中国西部大开发的启示》，载于《资源科学》2005 年第 6 期，第 188 ~ 193 页。

[146] 贺立龙、朱方明、陈中伟：《企业环境责任界定与测评：环境资源配置的视角》，载于《管理世界》2014 年第 3 期，第 180 ~ 181 页。

[147] 赫尔曼·哈肯：《协同学——大自然构成的奥秘》，凌复华译，上海译文出版社 2005 年版。

[148] 黑晓卉：《习近平生态文明思想研究》，西安理工大学博士学位论文，2019 年。

[149] 洪银兴、刘伟、高培勇，等：《“习近平新时代中国特色社会主义经济思想”笔谈》，载于《中国社会科学》2018 年第 9 期，第 4 ~ 73 页、第 204 ~ 205 页。

[150] 侯文蕙：《征服的挽歌：美国环境意识的变迁》，东方出版社 1995 年版，第 66 页。

[151] 胡宝林：《环境行政法》，中国人事出版社 1993 年版，第 2 ~ 29 页。

[152] 胡彬、仲崇阳、王媛媛：《公共服务、人口再配置与城市生产率》，载于《中国人口科学》2022 年第 1 期，第 30 ~ 43 页。

[153] 胡彩娟：《美国排污权交易的演进历程、基本经验及对中国的启示》，载于《经济体制改革》2017 年第 3 期，第 164 ~ 169 页。

[154] 胡长生、胡宇喆：《习近平新时代生态文明观的理论贡献》，载于《求实》2018 年第 6 期，第 4 ~ 20 页。

[155] 胡美娟、李在军、宋伟轩：《中国城市环境规制对 $PM_{2.5}$ 污染的影响效应》，载于《长江流域资源与环境》2021 年第 9 期，第 2166 ~ 2177 页。

[156] 胡珺、宋献中、王红建：《非正式制度、家乡认同与企业环境治理》，载于《管理世界》2017 年第 3 期，第 76 ~ 94 页、第 187 ~ 188 页。

［157］胡乐明、王杰：《非自愿性、非中立性与公共选择——兼论西方公共选择理论的逻辑缺陷》，载于《经济研究》2020 年第 12 期，第 182～199 页。

［158］胡文娟：《碳标签是企业的下一个全球“绿色通行证”》，载于《可持续发展经济导刊》2021 年第 4 期，第 24～26 页。

［159］胡乙：《多元共治环境治理体系下公众参与权研究》，吉林大学博士学位论文，2020 年。

［160］胡艺、张晓卫、李静：《出口贸易、地理特征与空气污染》，载于《中国工业经济》2019 年第 9 期，第 98～116 页。

［161］胡志高、李光勤、曹建华：《环境规制视角下的区域大气污染联合治理——分区方案设计、协同状态评价及影响因素分析》，载于《中国工业经济》2019 年第 5 期，第 24～42 页。

［162］胡宗义、何冰洋、李毅：《中国流域水污染协同治理研究》，载于《中国软科学》2022 年第 5 期，第 66～75 页。

［163］胡宗义、周积琨、李毅：《自贸区设立改善了大气环境状况吗》，载于《中国人口·资源与环境》2022 年第 2 期，第 37～50 页。

［164］郇庆治：《论社会主义生态文明经济》，载于《北京大学学报（哲学社会科学版）》2021 年第 3 期，第 5～14 页。

［165］黄纯纯、周业安：《地方政府竞争理论的起源、发展及其局限》，载于《中国人民大学学报》2011 年第 3 期，第 97～103 页。

［166］黄纪强、祁毓：《环境税能否倒逼产业结构优化与升级？——基于环境“费改税”的准自然实验》，载于《产业经济研究》2022 年第 2 期，第 1～13 页。

［167］黄斯涅：《公共物品自愿缴费机制的实验经济学研究进展》，载于《经济学动态》2015 年第 1 期，第 109～121 页。

［168］黄速建、余菁：《国有企业的性质、目标与社会责任》，载于《中国工业经济》2006 年第 2 期，第 68～76 页。

［169］黄薇、杨杰：《律师对民族地区司法资源配置的影响与贡献》，载于《西北民族大学学报（哲学社会科学版）》2018 年第 5 期，第 128～136 页。

［170］黄锡生、何江：《论我国环境治理中的“政企同责”》，载于《商业研究》2019 年第 8 期，第 143～152 页。

［171］黄锡生：《环境权民法表达的理论重塑》，载于《重庆大学法律评论》2018 年第 1 期，第 117～135 页。

［172］黄贤全、杜洋：《美国的西部开发与环境保护》，载于《西南师范大学学报（人文社会科学版）》2001 年，第 139～144 页。

［173］黄信瑜：《地方政府环保监管责任有效落实的路径分析》，载于《政

法论丛》2017年第3期，第145～152页。

［174］黄懿、李庄、尹福祥，等：《湖南省排污权交易试点工作实践成效与经验探讨》，载于《环境影响评价》2021年第4期，第17～23页。

［175］黄云：《我国环境标志法律制度分析》，载于《湖南大学学报（社会科学版）》2011年第2期，第151～156页。

［176］纪建悦、张懿、任文菡：《环境规制强度与经济增长——基于生产性资本和健康人力资本视角》，载于《中国管理科学》2019年第8期，第57～65页。

［177］季磊、额尔敦套力：《城镇化、环境规制会促进区域技术进步么?》，载于《科学决策》2019年第10期，第54～72页。

［178］季晓佳、陈洪涛、王迪：《媒体报道、政府监管与企业环境信息披露》，载于《中国环境管理》2019年第2期，第44～54页。

［179］冀梦晅：《科技财政支出对省级区域创新绩效影响研究》，载于《青海社会科学》2019年第5期，第125～130页。

［180］贾海洋：《企业环境责任担承的正当性分析》，载于《辽宁大学学报（哲学社会科学版）》2018年第4期，第97～102页。

［181］江山、林超君：《19世纪和20世纪德国鲁尔工业区环境问题与综合治理》，载于《南京林业大学学报（人文社会科学版）》2020年第5期，第81～93页。

［182］姜广省、卢建词、李维安：《绿色投资者发挥作用吗？——来自企业参与绿色治理的经验研究》，载于《金融研究》2021年第5期，第117～134页。

［183］姜磊、柏玲、吴玉鸣：《中国省域经济、资源与环境协调分析——兼论三系统耦合公式及其扩展形式》，载于《自然资源学报》2017年第5期，第788～799页。

［184］姜威、金兆怀：《日本北九州生态经济发展的历史经验及现实启示》，载于《黑龙江社会科学》2016年第6期，第67～70页。

［185］蒋敏娟：《集体主义文化对跨部门协同的影响分析——基于中西方文化比较的视野》，载于《云南社会科学》2016年第4期，第140～144页。

［186］蒋银华：《论司法的功能体系及其优化》，载于《法学论坛》2017年第3期，第74～80页。

［187］景跃进、陈明明、肖滨：《当代中国政府与政治》，中国人民大学出版社2016年版。

［188］景跃进：《当代中国政府与政治》，中国人民大学出版社2016年版，第26～32页。

［189］景跃进：《党、国家与社会：三者维度的关系——从基层实践看中国

政治的特点》，载于《华中师范大学学报（人文社会科学版）》2005 年第 2 期，第 9 ~ 13 页。

[190] 康恒元、刘玉莲、李涛：《黑龙江省重点城市 AQI 指数特征及其与气象要素之关系》，载于《自然资源学报》2017 年第 4 期，第 692 ~ 703 页。

[191] 柯冬兰：《日本九州岛经济起飞的三个阶段》，载于《国际科技交流》1989 年第 9 期，第 35 ~ 37 页。

[192] 柯善咨、赵曜：《产业结构、城市规模与中国城市生产率》，载于《经济研究》2014 年第 4 期，第 76 ~ 88 页。

[193] 孔东民、刘莎莎、王亚男：《市场竞争、产权与政府补贴》，载于《经济研究》2013 年第 2 期，第 55 ~ 67 页。

[194] 孔繁斌：《政治动员的行动逻辑——一个概念模型及其应用》，载于《江苏行政学院学报》2006 年第 5 期，第 79 ~ 84 页。

[195] 孔慧阁、唐伟：《利益相关者视角下环境信息披露质量的影响因素》，载于《管理评论》2016 年第 9 期，第 182 ~ 193 页。

[196] 孔晴：《中国环境质量综合指数的构建及其收敛性研究》，载于《统计与决策》2019 年第 21 期，第 122 ~ 125 页。

[197] 寇丽：《共同但有区别责任原则：演进、属性与功能》，载于《法律科学（西北政法大学学报）》2013 年第 4 期，第 95 ~ 103 页。

[198] 赖先进：《论城市公共危机协同治理能力的构建与优化》，载于《中共浙江省委党校学报》2015 年第 1 期，第 60 ~ 66 页。

[199] 雷汉云、王旭霞：《环境污染、绿色金融与经济高质量发展》，载于《统计与决策》2020 年第 15 期，第 18 ~ 22 页。

[200] 黎文靖、路晓燕：《机构投资者关注企业的环境绩效吗？——来自我国重污染行业上市公司的经验证据》，载于《金融研究》2015 年第 12 期，第 97 ~ 112 页。

[201] 黎元生：《生态产业化经营与生态产品价值实现》，载于《中国特色社会主义研究》2018 年第 4 期，第 84 ~ 90 页。

[202] 李岸、粟亚亚、乔海曙：《中国股票市场国际联动性研究——基于网络分析方法》，载于《数量经济技术经济研究》2016 年第 8 期，第 113 ~ 127 页。

[203] 李百兴、王博、卿小权：《企业社会责任履行、媒体监督与财务绩效研究——基于 A 股重污染行业的经验数据》，载于《会计研究》2018 年第 7 期，第 64 ~ 71 页。

[204] 李碧然：《中国营商政务环境建设中的政府责任研究》，黑龙江省社会科学院硕士学位论文，2020 年。

［205］李冰强：《公共信托理论批判》，中国海洋大学博士学位论文，2012年。

［206］李冬梅、祁春节：《基于“一带一路”背景下绿色贸易壁垒对新疆瓜果出口的影响分析》，载于《中国农业资源与区划》2019年第4期，第85～92页。

［207］李钢、刘鹏：《钢铁行业环境管制标准提升对企业行为与环境绩效的影响》，载于《中国人口·资源与环境》2015年第12期，第8～14页。

［208］李光勤、郭畅、薛青：《中国环境分权对出口贸易的影响——基于地方政府竞争和环境规制的调节效应》，载于《环境经济研究》2020年第4期，第131～151页。

［209］李国刚、康晓风、王光：《“新环保法”对环境监测职责定位的研究思考》，载于《中国环境监测》2014年第3期，第1～3页。

［210］李国平、张文彬：《地方政府环境规制及其波动机理研究——基于最优契约设计视角》，载于《中国人口·资源与环境》2014年第10期，第24～31页。

［211］李海东、王帅、刘阳：《基于灰色关联理论和距离协同模型的区域协同发展评价方法及实证》，载于《系统工程理论与实践》2014年第7期，第1749～1755页。

［212］李虹、邹庆：《环境规制、资源禀赋与城市产业转型研究——基于资源型城市与非资源型城市的对比分析》，载于《经济研究》2018年第11期，第182～198页。

［213］李洪荣：《高校大学生素质教育中低碳环保意识的培养——评〈荒野与美国思想〉》，载于《环境工程》2021年第5期，第271页。

［214］李辉、任晓春：《善治视野下的协同治理研究》，载于《科学与管理》2010年，第55～58页。

［215］李辉、徐美宵、黄雅卓：《如何推开“避害型”府际合作的门？——基于京津冀大气污染联防联控的过程追踪》，载于《公共管理评论》2021年第2期，第47～67页。

［216］李慧、温素彬、焦然：《企业环境行为：言而行，行有报吗？——企业环境文化对财务绩效的影响研究》，载于《管理评论》2021年，第1～17页。

［217］李江龙、徐斌：《“诅咒”还是“福音”：资源丰裕程度如何影响中国绿色经济增长?》，载于《经济研究》2018年第9期，第153～169页。

［218］李敬、陈澍、万广华，等：《中国区域经济增长的空间关联及其解释——基于网络分析方法》，载于《经济研究》2014年第11期，第4～16页。

［219］李乐：《生态治理复杂性研究》，载于《绿色科技》2017年第16期，第90～92页。

［220］李礼、孙翊锋：《生态环境协同治理的应然逻辑、政治博弈与实现机

制》，载于《湘潭大学学报（哲学社会科学版）》2016 年第 3 期，第 24 ~29 页。

[221] 李立青、李燕凌：《企业社会责任研究》，人民出版社 2005 年版。

[222] 李琳莎、王曦：《公共信托理论与我国环保主体的公共信托权利和义务》，载于《上海交通大学学报（哲学社会科学版）》2015 年第 1 期，第 57 ~ 64 页。

[223] 李路曲、赵莉：《论新加坡法制社会建立的途径和原因》，载于《山西大学学报（哲学社会科学版）》2004 年第 6 期，第 9 ~13 页。

[224] 李梦：《美国西部先占水权制度研究》，厦门大学硕士学位论文，2014 年。

[225] 李鹏升、陈艳莹：《环境规制、企业议价能力和绿色全要素生产率》，载于《财贸经济》2019 年第 11 期，第 144 ~160 页。

[226] 李奇伟：《城市中心主义环境立法倾向及其矫正》，载于《求索》2018 年第 6 期，第 123 ~130 页。

[227] 李茜、宋金平、张建辉，等：《中国城市化对环境空气质量影响的演化规律研究》，载于《环境科学学报》2013 年第 9 期，第 2402 ~2411 页。

[228] 李强、刘庆发：《环境法治与环境污染水平——来自长江经济带 108 个城市的例证》，载于《重庆大学学报（社会科学版）》2022 年，第 1 ~14 页。

[229] 李强、王琰：《环境分权、环保约谈与环境污染》，载于《统计研究》2020 年第 6 期，第 66 ~78 页。

[230] 李强、王琰：《环境规制与经济增长质量的 U 型关系：理论机理与实证检验》，载于《江海学刊》2019 年第 4 期，第 102 ~108 页。

[231] 李强：《云南普洱：绿色经济试验田里创多种“脱贫模式”》，载于《中国经济时报》2021 年，第 1 页。

[232] 李青原、肖泽华：《异质性环境规制工具与企业绿色创新激励——来自上市企业绿色专利的证据》，载于《经济研究》2020 年第 9 期，第 192 ~ 208 页。

[233] 李胜、陈晓春：《基于府际博弈的跨行政区流域水污染治理困境分析》，载于《中国人口·资源与环境》2011 年第 12 期，第 104 ~109 页。

[234] 李胜：《跨行政区流域水污染府际博弈研究》，经济科学出版社 2017 年版，第 104 ~106 页。

[235] 李胜兰、初善冰、申晨：《地方政府竞争、环境规制与区域生态效率》，载于《世界经济》2014 年第 4 期，第 88 ~110 页。

[236] 李晟晖：《矿业城市产业转型研究——以德国鲁尔区为例》，载于《中国人口·资源与环境》2003 年第 4 期，第 97 ~100 页。

[237] 李守伟、文世航、王磊、何建敏、龚晨：《多层网络视角下金融机构关联性的演化特征研究》，载于《中国管理科学》2020年第12期，第35~43页。

[238] 李曙华：《从系统论到混沌学》，广西师范大学出版社2002年版。

[239] 李维安、王世权：《利益相关者治理理论研究脉络及其进展探析》，载于《外国经济与管理》2007年第4期，第10~17页。

[240] 李维安、张耀伟、郑敏娜等：《中国上市公司绿色治理及其评价研究》，载于《管理世界》2019年第5期，第126~133页。

[241] 李维明、高世楫：《全面提高资源利用效率，实现绿色发展建设生态文明》，载于《中国发展观察》2020年第23期，第8~11页。

[242] 李炜光、柳妍、唐权：《现代公共治理的路径与选择》，载于《学术界》2020年第1期，第33~44页。

[243] 李文钊：《公共行政的认知选择、公共选择与制度选择——兼论奥斯特罗姆夫妇对公共行政学科的知识贡献》，载于《中国行政管理》2021年第6期，第63~71页。

[244] 李霞、张惠娜：《我国生态正义现状及实现路径》，载于《唐都学刊》2017年第2期，第48~52页。

[245] 李小建、文玉钊、李元征，等：《黄河流域高质量发展：人地协调与空间协调》，载于《经济地理》2020年第4期，第1~10页。

[246] 李小胜、安庆贤：《环境管制成本与环境全要素生产率研究》，载于《世界经济》2012年第12期，第23~40页。

[247] 李晓冬：《公共物品博弈视角下的道德与自然状态》，载于《湖北大学学报（哲学社会科学版)》2019年第4期，第24~30页。

[248] 李旭辉、朱启贵、夏万军，等：《基于五大发展理念的经济社会发展评价体系研究——基于二次加权因子分析法》，载于《数理统计与管理》2019年第3期，第506~518页。

[249] 李雪娇：《绿色发展视域下中国农村生态环境问题的政治经济学研究》，西北大学博士学位论文，2018年。

[250] 李毅、胡宗义、何冰洋：《环境规制影响绿色经济发展的机制与效应分析》，载于《中国软科学》2020年第9期，第26~38页。

[251] 李毅、胡宗义、周积琨，等：《环境司法强化、邻近效应与区域污染治理》，载于《经济评论》2022年第2期，第104~121页。

[252] 李永友、沈坤荣：《我国污染控制政策的减排效果——基于省际工业污染数据的实证分析》，载于《管理世界》2008年第7期，第7~17页。

[253] 李裕瑞、张轩畅、陈秧分，等：《人居环境质量对乡村发展的影

响——基于江苏省村庄抽样调查截面数据的分析》，载于《中国人口·资源与环境》2020年第8期，第158～167页。

［254］李月娥、赵童心、吴雨，等：《环境规制、土地资源错配与环境污染》，载于《统计与决策》2022年第3期，第71～76页。

［255］李哲、王文翰、王遥：《企业环境责任表现与政府补贴获取——基于文本分析的经验证据》，载于《财经研究》2021年，第1～17页。

［256］李哲、王文翰、王遥：《企业环境责任表现与政府补贴获取——基于文本分析的经验证据》，载于《财经研究》2022年第2期，第78～92页、第108页。

［257］李志斌、章铁生：《内部控制、产权性质与社会责任信息披露——来自中国上市公司的经验证据》，载于《会计研究》2017年第10期，第86～92页、第97页。

［258］李挚萍：《论政府环境法律责任——以政府对环境质量负责为基点》，载于《中国地质大学学报（社会科学版）》2008年第2期，第37～41页。

［259］李佐军：《生态文明建设评价与考核的基本思路》，载于《经济纵横》2014年第9期，第18～23页。

［260］连玉君、黎文素、黄必红：《子女外出务工对父母健康和生活满意度影响研究》，载于《经济学（季刊）》2015年第1期，第185～202页。

［261］连玉君、彭方平、苏治：《融资约束与流动性管理行为》，载于《金融研究》2010年第10期，第158～171页。

［262］梁昌一、刘修岩、李松林：《城市空间发展模式与雾霾污染——基于人口密度分布的视角》，载于《经济学动态》2021年第2期，第80～94页。

［263］梁苗：《当代西方生态马克思主义理论评析》，载于《生态经济》2013年第12期，第36～41页。

［264］廖果平、秦剑美：《绿色技术创新能否有效改善环境质量？——基于财政分权的视角》，载于《技术经济》2022年第4期，第17～29页。

［265］廖文龙、董新凯、翁鸣等：《市场型环境规制的经济效应：碳排放交易、绿色创新与绿色经济增长》，载于《中国软科学》2020年第6期，第159～173页。

［266］林莉红：《法社会学视野下的中国公益诉讼》，载于《学习与探索》2008年第1期，第119～125页。

［267］林鹭航、马文怡、张华荣：《新形势下中国经济发展方式转变：机遇、挑战与对策》，载于《亚太经济》2021年第2期，第126～132页。

［268］凌相权：《公民应当享有环境权——关于环境、法律、公民权问题探讨》，载于《湖北环境保护》1981年第1期，第30～32页。

[269] 刘彩云、易承志：《多元主体如何实现协同？——中国区域环境协同治理内在困境分析》，载于《新视野》2020 年第 5 期，第 67 ~ 72 页。

[270] 刘昌黎：《现代日本经济概论》，东北财经大学出版社 2008 年版，第 56 页。

[271] 刘春芳、王佳雪、许晓雨：《基于生态系统服务流视角的生态补偿区域划分与标准核算——以石羊河流域为例》，载于《中国人口·资源与环境》2021 年第 8 期，第 157 ~ 165 页。

[272] 刘翠霞：《面板数据向量自回归模型研究述评》，载于《统计与决策》2021 年第 2 期，第 25 ~ 29 页。

[273] 刘飞、王欣亮：《政府数字化转型与地方治理绩效：治理环境作用下的异质性分析》，载于《中国行政管理》2021 年第 11 期，第 75 ~ 84 页。

[274] 刘福森、曲红梅：《"环境哲学" 的五个问题》，载于《自然辩证法研究》2003 年第 11 期，第 6 ~ 10 页。

[275] 刘海涛、徐艳玲：《全球环境治理与中国角色和贡献》，载于《理论视野》2021 年第 3 期，第 66 ~ 72 页。

[276] 刘海霞、于恬：《群体正义视角下环境正义的核心议题及现实意义》，载于《鄱阳湖学刊》2020 年第 6 期，第 67 ~ 75 页、第 126 页。

[277] 刘海英、修静、张纯洪：《环境治理与经济发展方式转变相互协调机制研究》，载于《环境保护》2015 年第 17 期，第 38 ~ 40 页。

[278] 刘涵：《习近平生态文明思想研究》，湖南师范大学博士学位论文，2019 年。

[279] 刘和旺、刘博涛、郑世林：《环境规制与产业转型升级：基于"十一五"减排政策的 DID 检验》，载于《中国软科学》2019 年第 5 期，第 40 ~ 52 页。

[280] 刘华军、贾文星：《不同空间网络关联情形下中国区域经济增长的收敛检验及协调发展》，载于《南开经济研究》2019 年第 3 期，第 104 ~ 124 页。

[281] 刘华军、刘传明、孙亚男：《中国能源消费的空间关联网络结构特征及其效应研究》，载于《中国工业经济》2015 年第 5 期，第 83 ~ 95 页。

[282] 刘骥、熊彩：《解释政策变通：运动式治理中的条块关系》，载于《公共行政评论》2015 年第 6 期，第 88 ~ 112 页。

[283] 刘佳、宋秋月：《中国旅游产业绿色创新效率的空间网络结构与形成机制》，载于《中国人口·资源与环境》2018 年第 8 期，第 127 ~ 137 页。

[284] 刘金焕、万广华：《环境规制是否抑制了外商直接投资的流入?》，载于《经济与管理研究》2021 年第 11 期，第 20 ~ 34 页。

[285] 刘军强、刘凯、曾益:《医疗费用持续增长机制——基于历史数据和田野资料的分析》,载于《中国社会科学》2015年第8期,第104~125页。

[286] 刘兰秋:《日本野生动物保护立法及启示》,载于《比较法研究》2020年第3期,第189~200页。

[287] 刘满凤、陈梁:《环境信息公开评价的污染减排效应》,载于《中国人口·资源与环境》2020年第10期,第53~63页。

[288] 刘萍:《公司社会责任的重新界定》,载于《法学》2011年第7期,第141~147页。

[289] 刘朔涛:《R&D投入、财政科技支出与河南省区域创新发展研究》,载于《财政经济评论》2016年第1期,第158~173页。

[290] 刘伟、范文雨:《公益诉讼提升了城市的环境治理绩效吗?——基于287个地级市微观数据的实证研究》,载于《上海财经大学学报》2021年第4期,第48~62页。

[291] 刘小林:《日本参与全球治理及其战略意图——以〈京都议定书〉的全球环境治理框架为例》,载于《南开学报(哲学社会科学版)》2012年第3期,第26~33页。

[292] 刘新智、孔芳霞:《长江经济带数字经济发展对城市绿色转型的影响研究——基于"三生"空间的视角》,载于《当代经济管理》2021年第9期,第64~74页。

[293] 刘志坚:《环境监管行政责任设定缺失及其成因分析》,载于《重庆大学学报(社会科学版)》2014年第2期,第105~114页。

[294] 刘作刚、叶如海:《新加坡城市用地容积率分布特征与影响因素研究》,载于《国际城市规划》2022年,第1~19页。

[295] 刘祚昌:《杰斐逊与美国现代化》,载于《历史研究》1994年第2期,第150~161页。

[296] 柳光强、孔高文:《高管经管教育背景与企业内部薪酬差距》,载于《会计研究》2021年第3期,第110~121页。

[297] 龙成志、Jan C B:《国外企业环境责任研究综述》,载于《中国环境管理》2017年第4期,第98~108页。

[298] 龙小宁、万威:《环境规制、企业利润率与合规成本规模异质性》,载于《中国工业经济》2017年第6期,第155~174页。

[299] 龙昀光、潘杰义、冯泰文:《精益生产与企业环境管理对制造业可持续发展绩效的影响研究》,载于《软科学》2018年第4期,第68~71页、第76页。

［300］娄成武、韩坤：《嵌入与重构：中央环保督察对中国环境治理体系的溢出性影响——基于央地关系与政社关系的整体性视角分析》，载于《中国地质大学学报（社会科学版）》2021 年第 5 期，第 58 ~ 69 页。

［301］楼继伟：《1993 年拉开序幕的税制和分税制改革》，载于《财政研究》2022 年第 2 期，第 3 ~ 17 页。

［302］卢洪友、祁毓：《日本的环境治理与政府责任问题研究》，载于《现代日本经济》2013 年第 3 期，第 68 ~ 79 页。

［303］卢洪友、唐飞、许文立：《税收政策能增强企业的环境责任吗——来自我国上市公司的证据》，载于《财贸研究》2017 年第 1 期，第 85 ~ 91 页。

［304］卢凌宇：《公共物品供给与国内冲突的复发》，载于《国际安全研究》2018 年第 4 期，第 33 ~ 63 页。

［305］卢淑华：《城市生态环境问题的社会学研究——本溪市的环境污染与居民的区位分布》，载于《社会学研究》1994 年第 6 期，第 32 ~ 40 页。

［306］卢伟：《发展绿色经济加快转变经济发展方式》，载于《宏观经济管理》2012 年第 2 期，第 27 ~ 29 页。

［307］鲁冰清：《公物理论视域下水资源国家所有权性质研究》，载于《甘肃政法大学学报》2020 年第 6 期，第 43 ~ 52 页。

［308］鲁彦平、肖娜：《略论责任政府及其在我国的实现》，载于《兰州学刊》2003 年第 6 期，第 28 ~ 29 页。

［309］陆安颉：《公众参与对环境治理效果的影响——基于阶梯理论的实证研究》，载于《中国环境管理》2021 年第 4 期，第 119 ~ 127 页。

［310］陆成林：《中央与地方政府之间的事权财权划分》，载于《经济研究参考》2012 年第 54 期，第 16 ~ 17 页。

［311］吕秋瑞、张丹武、刘建钊，等：《新加坡建筑垃圾资源化对我国建立标准化体系的借鉴意义》，载于《中国建材科技》2017 年第 6 期，第 19 ~ 21 页。

［312］吕忠梅：《环境权力与权利的重构——论民法与环境法的沟通和协调》，载于《法律科学（西北政法学院学报）》2000 年第 5 期，第 77 ~ 86 页。

［313］吕忠梅：《环境权入宪的理路与设想》，载于《法学杂志》2018 年第 1 期，第 23 ~ 40 页。

［314］吕忠梅、吴一冉：《中国环境法治七十年：从历史走向未来》，载于《中国法律评论》2019 年第 5 期，第 102 ~ 123 页。

［315］吕忠梅：《习近平法治思想的生态文明法治理论》，载于《中国法学》2021 年第 1 期，第 48 ~ 64 页。

［316］罗静、杨涛华、田玲玲，等：《中部地区公共卫生健康高质量发展研

究》，载于《经济地理》2021 年第 10 期，第 174 ~ 182 页。

[317] 罗开艳、田启波：《政府环境信息公开与居民环境治理参与意愿》，载于《现代经济探讨》2020 年第 7 期，第 33 ~ 43 页。

[318] 罗丽：《日本环境法的历史发展》，载于《北京理工大学学报（社会科学版）》2000 年第 2 期，第 50 ~ 53 页。

[319] 罗丽：《日本土壤环境保护立法研究》，载于《上海大学学报（社会科学版）》2013 年，第 96 ~ 108 页。

[320] 罗良文、马艳芹：《"双碳"目标下环境多元共治的逻辑机制和路径优化》，载于《学习与探索》2022 年第 1 期，第 102 ~ 107 页。

[321] 罗明、范如国、张应青，等：《环境税制下政府与企业环境治理协同行为演化博弈及仿真研究》，载于《技术经济》2019 年第 11 期，第 83 ~ 92 页。

[322] 洛克：《政府论：下篇》，叶启芳、翟菊农译，商务印书馆 1964 年版。

[323] 马波：《论政府环境责任法制化的实现路径》，载于《法学评论》2016 年第 2 期，第 154 ~ 160 页。

[324] 马波：《政府环境责任考核指标体系探析》，载于《河北法学》2014 年第 12 期，第 104 ~ 114 页。

[325] 马国洋、丁超帆：《论城市经济发展对司法发展的影响——基于全国 31 个直辖市和省会城市的调查分析》，载于《城市发展研究》2021 年第 6 期，第 29 ~ 33 页。

[326] 马骏、程常高、唐彦：《基于多主体成本分担博弈的流域生态补偿机制设计》，载于《中国人口·资源与环境》2021 年第 4 期，第 144 ~ 154 页。

[327] 马骏：《经济、社会变迁与国家治理转型：美国进步时代改革》，载于《公共管理研究》2008 年，第 3 ~ 43 页。

[328] 马克思恩格斯全集：第 1 卷，人民出版社 1995 年版。

[329] 马克思恩格斯文集：第 1 卷，人民出版社 2009 年版。

[330] 马万利、梅雪芹：《生态马克思主义述评》，载于《国外理论动态》2009 年第 2 期，第 82 ~ 87 页。

[331] 马文超、唐勇军：《省域环境竞争、环境污染水平与企业环保投资》，载于《会计研究》2018 年第 8 期，第 72 ~ 79 页。

[332] 马燕：《公司的环境保护责任》，载于《现代法学》2003 年第 5 期，第 114 ~ 117 页。

[333] 马跃堃：《环境外交要超越"唯国家利益论"》，载于《公共外交季刊》2016 年第 1 期，第 29 ~ 34 页、第 123 ~ 124 页。

[334] 马允：《美国环境规制中的命令、激励与重构》，载于《中国行政管

理》2017 年第 4 期，第 137 ~ 143 页。

［335］马宗国、赵倩倩、蒋依晓：《国家自主创新示范区绿色高质量发展评价》，载于《中国人口·资源与环境》2022 年第 2 期，第 118 ~ 127 页。

［336］迈克尔·博兰尼：《自由的逻辑》，吉林人民出版社 2002 年版。

［337］［美］曼昆：《经济学原理》第七版，梁小明、梁砾译，北京大学出版社 2015 年版，第 15 ~ 20 页。

［338］毛大庆：《环境政策与绿色计划——新加坡环境管理解析》，载于《生态经济》2006 年第 7 期，第 88 ~ 91 页。

［339］孟晓华、曾赛星、张振波，等：《高管团队特征与企业环境责任——基于制造业上市公司的实证研究》，载于《系统管理学报》2012 年第 6 期，第 825 ~ 834 页。

［340］孟泽茗：《地方政府生态环境损害责任终身追究制度研究》，湘潭大学 2020 年。

［341］密佳音：《基于环境正义导向的政府回应论》，吉林大学博士学位论文，2010 年。

［342］苗力田：《亚里士多德全集》，中国人民大学出版社 2006 年版。

［343］缪勒：《公共选择理论》，中国社会科学出版社 1999 年版，第 15 页。

［344］穆东、杜志平：《资源型区域协同发展评价研究》，载于《中国软科学》2005 年第 5 期，第 106 ~ 113 页。

［345］穆滢潭、袁笛：《医疗治理体系、经济社会资本与居民健康——基于 CGSS2013 数据的实证研究》，载于《公共行政评论》2018 年第 4 期，第 29 ~ 51 页。

［346］聂长飞、简新华：《中国高质量发展的测度及省际现状的分析比较》，载于《数量经济技术经济研究》2020 年第 2 期，第 26 ~ 47 页。

［347］聂嘉琪：《政治关联与企业环境责任：基于我国重污染行业的经验证据》，载于《金融与经济》2018 年第 3 期，第 65 ~ 72 页。

［348］聂丽、张利江：《政府与排污企业在绿色技术创新中的演化博弈分析与仿真》，载于《经济问题》2019 年第 10 期，第 79 ~ 86 页。

［349］欧博文、马俊亚：《威权体制是如何运作的?》，载于《开放时代》2009 年第 12 期，第 56 ~ 60 页。

［350］欧进锋、许抄军、刘雨骐：《基于“五大发展理念”的经济高质量发展水平测度——广东省 21 个地级市的实证分析》，载于《经济地理》2020 年第 6 期，第 77 ~ 86 页。

［351］欧阳斌、袁正、陈静思：《我国城市居民环境意识、环保行为测量及影响因素分析》，载于《经济地理》2015 年第 11 期，第 179 ~ 183 页。

［352］欧阳帆：《中国环境跨域治理研究》，中国政法大学博士学位论文，2011 年。

［353］潘爱玲、刘昕、邱金龙，等：《媒体压力下的绿色并购能否促使重污染企业实现实质性转型》，载于《中国工业经济》2019 年第 2 期，第 174 ~ 192 页。

［354］潘凤湘、蔡守秋：《国外公众共用物理论对我国环境资源治理的启示》，载于《河北法学》2019 年第 11 期，第 83 ~ 105 页。

［355］潘加军：《非正式制度视域下的乡村环境治理路径创新》，载于《求索》2021 年第 5 期，第 170 ~ 181 页。

［356］潘加军、刘焕明：《新时代环境利益冲突协同共治的运行机制与制度保障》，载于《贵州社会科学》2019 年第 12 期，第 11 ~ 17 页。

［357］潘家华：《生态文明建设的理论构建与实践探索》，中国社会科学出版社 2019 年版。

［358］潘文卿：《中国的区域关联与经济增长的空间溢出效应》，载于《经济研究》2012 年第 1 期，第 54 ~ 65 页。

［359］潘旭涛：《中国排名连续 9 年稳步上升》，载于《人民日报海外版》2021 年。

［360］潘岳：《谈谈环境经济政策》，载于《求是》2007 年第 20 期，第 58 ~ 60 页。

［361］彭靓宇、徐鹤：《基于 PSR 模型的区域环境绩效评估研究——以天津市为例》，载于《生态经济（学术版）》2013 年第 1 期，第 358 ~ 362 页。

［362］戚建刚、余海洋：《论作为运动型治理机制之“中央环保督察制度”——兼与陈海嵩教授商榷》，载于《理论探讨》2018 年第 2 期，第 157 ~ 164 页。

［363］齐鲁光、韩传模：《机构投资者持股、高管权力与现金分红研究》，载于《中央财经大学学报》2015 年第 4 期，第 52 ~ 57 页。

［364］钱水苗、沈玮：《论强化政府环境责任》，载于《环境污染与防治》2008 年第 3 期，第 81 ~ 84 页。

［365］钱水苗：《政府环境责任与〈环境保护法〉的修改》，载于《中国地质大学学报（社会科学版）》2008 年第 2 期，第 49 ~ 54 页。

［366］钱忠好、任慧莉：《不同利益集团间环境行为选择博弈分析》，载于《江苏社会科学》2015 年第 4 期，第 41 ~ 49 页。

［367］［美］乔治·恩德勒：《经济伦理学大辞典》，淼洋等译，上海人民出版社 2001 年版，第 324 页。

[368] 秦海旭、刘海滨、谢轶嵩，等：《新加坡环保经验对南京的借鉴》，载于《环境科技》2014 年第 3 期，第 74 ~ 78 页。

[369] 秦鹏、何建祥：《检察环境行政公益诉讼受案范围的实证分析》，载于《浙江工商大学学报》2018 年第 4 期，第 6 ~ 18 页。

[370] 秦书生、王新钰：《中国共产党百年生态文明建设思想的演进历程》，载于《城市与环境研究》2021 年第 2 期，第 33 ~ 46 页。

[371] 秦天、彭珏、邓宗兵：《农业面源污染、环境规制与公民健康》，载于《西南大学学报（社会科学版）》2019 年第 4 期，第 91 ~ 99 页。

[372] 秦天、彭珏、邓宗兵，等：《环境分权、环境规制对农业面源污染的影响》，载于《中国人口·资源与环境》2021 年第 2 期，第 61 ~ 70 页。

[373] 邱金龙、潘爱玲、张国珍：《正式环境规制、非正式环境规制与重污染企业绿色并购》，载于《广东社会科学》2018 年第 2 期，第 51 ~ 59 页。

[374] 全晶晶：《机构投资者持股与企业社会责任信息披露》，载于《经济问题》2022 年第 1 期，第 39 ~ 46 页。

[375] 全球治理委员会：《我们的全球伙伴关系》，牛津大学出版社（中国）1995 年版。

[376] 冉冉：《"压力型体制"下的政治激励与地方环境治理》，载于《经济社会体制比较》2013 年第 3 期，第 111 ~ 118 页。

[377] 任保平、杜宇翔：《黄河流域经济增长 - 产业发展 - 生态环境的耦合协同关系》，载于《中国人口·资源与环境》2021 年第 2 期，第 119 ~ 129 页。

[378] 任敏：《"河长制"：一个中国政府流域治理跨部门协同的样本研究》，载于《北京行政学院学报》2015 年第 3 期，第 25 ~ 31 页。

[379] 任胜钢、胡兴、袁宝龙：《中国制造业环境规制对技术创新影响的阶段性差异与行业异质性研究》，载于《科技进步与对策》2016 年第 12 期，第 59 ~ 66 页。

[380] 任小静、屈小娥：《我国区域生态效率与环境规制工具的选择——基于省际面板数据实证分析》，载于《大连理工大学学报（社会科学版）》2020 年第 1 期，第 28 ~ 36 页。

[381] 任依依：《汇聚"美丽浙江"最强音共建共享社会行动体系——浙江省现代环境宣传教育体系建设初探》，载于《环境保护》2020 年第 10 期，第 35 ~ 38 页。

[382] 日本環境会議：《アジア環境白書 1997/98》，载于《東洋経済新報社》1997 年。

[383] 芮国强、宋典：《信息公开影响政府信任的实证研究》，载于《中国

行政管理》2012 年第 11 期，第 10～17 页。

[384] 芮晓霞、周小亮：《水污染协同治理系统构成与协同度分析——以闽江流域为例》，载于《中国行政管理》2020 年第 11 期，第 76～82 页。

[385] 尚嫣然、温锋华：《新时代产业生态化和生态产业化融合发展框架研究》，载于《城市发展研究》2020 年第 7 期，第 83～89 页。

[386] 邵海琴、王兆峰：《中国交通碳排放效率的空间关联网络结构及其影响因素》，载于《中国人口·资源与环境》2021 年第 4 期，第 32～41 页。

[387] 邵帅、李欣、曹建华：《中国的城市化推进与雾霾治理》，载于《经济研究》2019 年第 2 期，第 148～165 页。

[388] 申娜：《碳标签制度对中国国际贸易的影响与对策研究》，载于《生态经济》2019 年第 5 期，第 21～25 页。

[389] 沈费伟、刘祖云：《农村环境善治的逻辑重塑——基于利益相关者理论的分析》，载于《中国人口·资源与环境》2016 年第 5 期，第 32～38 页。

[390] 沈洪涛、黄楠：《政府、企业与公众：环境共治的经济学分析与机制构建研究》，载于《暨南学报（哲学社会科学版）》2018 年第 1 期，第 18～26 页。

[391] 沈洪涛、伍翕婷、武岳：《国有企业民营化的环境影响研究》，载于《审计与经济研究》2018 年第 5 期，第 78～88 页。

[392] 沈坤荣、金刚、方娴：《环境规制引起了污染就近转移吗?》，载于《经济研究》2017 年第 5 期，第 44～59 页。

[393] 沈坤荣、金刚：《中国地方政府环境治理的政策效应——基于“河长制”演进的研究》，载于《中国社会科学》2018 年第 5 期，第 92～115 页。

[394] 沈满洪：《生态经济学的定义、范畴与规律》，载于《生态经济》2009 年第 1 期，第 42～47 页、第 182 页。

[395] 沈满洪、谢慧明：《跨界流域生态补偿的“新安江模式”及可持续制度安排》，载于《中国人口·资源与环境》2020 年第 9 期，第 156～163 页。

[396] 沈宗灵：《评介哈特〈法律的概念〉一书的“附录”——哈特与德沃金在法学理论上的主要分歧》，载于《法学》1998 年第 10 期，第 8～10 页。

[397] 盛斌、吕越：《外国直接投资对中国环境的影响——来自工业行业面板数据的实证研究》，载于《中国社会科学》2012 年第 5 期，第 54～75 页。

[398] 盛明科、李代明：《生态政绩考核失灵与环保督察——规制地方政府间“共谋”关系的制度改革逻辑》，载于《吉首大学学报（社会科学版）》2018 年第 4 期，第 48～56 页。

[399] 师博、任保平：《中国省际经济高质量发展的测度与分析》，载于《经济问题》2018 年第 4 期，第 1～6 页。

[400] 施建刚、李婕：《基于前景值评价法的上海住房保障政策效应研究》，载于《系统工程理论与实践》2019年第1期，第89~99页。

[401] 史代敏、施晓燕：《绿色金融与经济高质量发展：机理、特征与实证研究》，载于《统计研究》2022年第1期，第31~48页。

[402] 史丹、李少林：《排污权交易制度与能源利用效率——对地级及以上城市的测度与实证》，载于《中国工业经济》2020年第9期，第5~23页。

[403] 史亚东：《公众环境参与的多重理论源流探析与融合》，载于《中国地质大学学报（社会科学版）》2019年第6期，第51~60页。

[404] 世界银行集团、世界卫生组织等：《深化中国医药卫生体制改革：建设基于价值的优质服务提供体系》，载于《世界银行》2016年，前言页。

[405] 司林波、聂晓云、孟卫东：《跨域生态环境协同治理困境成因及路径选择》，载于《生态经济》2018年第1期，第171~175页。

[406] 司林波、裴索亚：《跨行政区生态环境协同治理的绩效问责过程及镜鉴——基于国外典型环境治理事件的比较分析》，载于《河南师范大学学报（哲学社会科学版）》2021年第2期，第16~26页。

[407] 宋皓：《中美两国农业生态补偿法律机制比较及经验借鉴研究》，载于《世界农业》2016年第12期，第116~120页。

[408] 宋丽颖、崔帆：《环境规制、环境污染与居民健康——基于调节效应与空间溢出效应分析》，载于《湘潭大学学报（哲学社会科学版）》2019年第5期，第60~68页。

[409] 宋敏：《日本的自然环境保全法律制度/林业、森林与野生动植物资源保护法制建设研究——2004年中国环境资源法学研讨会（年会）论文集（第三册）》2004年，第75~84页。

[410] 宋爽：《环境规制的空间外溢与中国污染产业投资区位转移》，载于《西部论坛》2019年第2期，第12页。

[411] 宋献中、胡珺：《理论创新与实践引领：习近平生态文明思想研究》，载于《暨南学报（哲学社会科学版）》2018年第1期，第2~17页。

[412] 宋学文：《论责任政府、政府问责制与政府问责机制之间的关系》，载于《贵州社会科学》2016年第3期，第61~65页。

[413] 宋妍、陈赛、张明：《地方政府异质性与区域环境合作治理——基于中国式分权的演化博弈分析》，载于《中国管理科学》2020年第1期，第201~211页。

[414] 宋妍、张明、陈赛：《个体异质性与环境公共物品的私人有效供给》，载于《北京理工大学学报（社会科学版）》2017年第6期，第18~27页。

[415] 宋德勇、张麒：《环境保护与经济高质量发展融合的演进与驱动力》，载于《数量经济技术经济研究》2022 年第 8 期，第 42 ~ 59 页。

[416] 苏明、许文：《中国环境税改革问题研究》，载于《财政研究》2011 年第 2 期，第 2 ~ 12 页。

[417] 苏屹、李丹：《研发投入、创新绩效与经济增长——基于省级面板数据的 PVAR 实证研究》，载于《系统管理学报》2021 年第 4 期，第 763 ~ 770 页。

[418] 随洪光、段鹏飞、高慧伟，等：《金融中介与经济增长质量——基于中国省级样本的经验研究》，载于《经济评论》2017 年第 5 期，第 64 ~ 78 页。

[419] 孙传旺、罗源、姚昕：《交通基础设施与城市空气污染——来自中国的经验证据》，载于《经济研究》2019 年第 8 期，第 136 ~ 151 页。

[420] 孙刚：《污染、环境保护和可持续发展》，载于《世界经济文汇》2004 年第 5 期，第 47 ~ 58 页。

[421] 孙丽文、杜娟：《基于熵权 TOPSIS 法的京津冀生态产业系统发展环境评价研究》，载于《天津大学学报（社会科学版)》2016 年第 5 期，第 412 ~ 417 页。

[422] 孙庆文、韩瑞峰、栾晓慧：《企业真实活动操控度量模型与识别方法研究》，载于《管理学报》2020 年第 5 期，第 773 ~ 780 页。

[423] 孙涛、赵天燕：《企业排污的环境责任测度及其应用研究》，载于《中国人口 · 资源与环境》2014 年第 5 期，第 102 ~ 108 页。

[424] 孙晓华、郑辉、于润群，等：《资源型城市转型升级：压力测算与方向选择》，载于《中国人口 · 资源与环境》2020 年第 4 期，第 54 ~ 62 页。

[425] 孙笑侠、钟瑞庆：《“先发”地区的先行法治化——以浙江省法治发展实践为例》，载于《学习与探索》2010 年第 1 期，第 80 ~ 84 页。

[426] 孙学涛、张丽娟、张广胜：《农民工就业稳定与社会融合：完全理性与有限理性假设的比较》，载于《农业技术经济》2018 年第 11 期，第 44 ~ 55 页。

[427] 孙玉伟：《20 世纪 60 ~ 90 年代美国环境保护运动研究》，山东师范大学硕士学位论文，2013 年。

[428] 孙玥璠、刘雪娜、张永冀，等：《领导干部自然资源资产离任审计与企业环境责任履行》，载于《审计研究》2021 年第 5 期，第 42 ~ 53 页。

[429] 孙岳兵：《结构主义视角下法律功能范畴研究》，载于《求索》2016 年第 1 期，第 28 ~ 31 页。

[430] 锁利铭、李梦雅、阚艳秋：《环境多元主体共治的集体行动、网络结构及其模式演变——基于杭州与合肥都市圈的观察》，载于《甘肃行政学院学

报》2021 年第 1 期，第 60～71 页、第 126 页。

[431] 谭劲松、林雨晨：《机构投资者对信息披露的治理效应——基于机构调研行为的证据》，载于《南开管理评论》2016 年第 5 期，第 115～126 页、第 138 页。

[432] 谭九生：《从管制走向互动治理：我国生态环境治理模式的反思与重构》，载于《湘潭大学学报（哲学社会科学版）》2012 年第 5 期，第 63～67 页。

[433] 谭娟、陈晓春：《基于产业结构视角的政府环境规制对低碳经济影响分析》，载于《经济学家》2011 年第 10 期，第 91～97 页。

[434] 谭爽、张晓彤：《"弱位"何以生"巧劲"？——中国草根 NGO 推进棘手问题治理的行动逻辑研究》，载于《公共管理学报》2021 年第 4 期，第 137～151 页、第 175 页。

[435] 谭晓丽：《公共选择理论视角下居民低碳消费影响因素分析》，载于《商业经济研究》2019 年第 11 期，第 51～53 页。

[436] 汤惠琴、杨敏：《我国农村地区环境污染与治理探析——以江西省丰城市农村为例》，载于《吉首大学学报（社会科学版）》2018 年第 S2 期，第 142～145 页。

[437] 唐杰英：《基于环境规制效应的中日碳排放比较》，载于《日本研究》2017 年第 2 期，第 41～47 页。

[438] 唐柳荷：《当代大学生生态文明意识现状调查报告》，载于《当代教育理论与实践》2015 年第 5 期，第 138～140 页。

[439] 唐瑭：《生态文明视阈下政府环境责任主体的细分与重构》，载于《江西社会科学》2018 年第 7 期，第 172～180 页。

[440] 陶静、胡雪萍：《环境规制对中国经济增长质量的影响研究》，载于《中国人口·资源与环境》2019 年第 6 期，第 85～96 页。

[441] 滕海键：《20 世纪八九十年代美国的环境正义运动》，载于《河南师范大学学报（哲学社会科学版）》2007 年第 6 期，第 143～147 页。

[442] 田虹、姜雨峰：《社会责任履行对企业声誉影响的实证研究——利益相关者压力和道德滑坡的调节效应》，载于《吉林大学社会科学学报》2015 年第 2 期，第 71～79 页、第 173 页。

[443] 田虹、田佳卉：《企业环境责任感知影响员工亲环境行为的双路径机制研究》，载于《经济与管理研究》2021 年第 11 期，第 117～128 页。

[444] 田华文、崔岩：《何为绿色生活？——基于多个政策文本的扎根理论研究》，载于《干旱区资源与环境》2020 年第 1 期，第 12～18 页。

[445] 田勇军：《我国环境公益诉讼原告资格理论基础探析》，载于《公法

研究》2013 年第 1 期，第 218～239 页。

[446] 铁瑛、张明志、陈榕景：《人口结构转型、人口红利演进与出口增长——来自中国城市层面的经验证据》，载于《经济研究》2019 年第 5 期，第 164～180 页。

[447] 童昀、刘海猛、马勇，等：《中国旅游经济对城市绿色发展的影响及空间溢出效应》，载于《地理学报》2021 年第 10 期，第 2504～2521 页。

[448] 托克维尔：《论美国的民主》，商务印书馆 1995 年版。

[449] 万华林、陈信元：《治理环境、企业寻租与交易成本——基于中国上市公司非生产性支出的经验证据》，载于《经济学（季刊）》2010 年第 2 期，第 553～570 页。

[450] 万健琳：《习近平生态治理思想：理论特质、价值指向与形态实质》，载于《中南财经政法大学学报》2018 年第 5 期，第 44～49 页。

[451] 汪劲：《环境法律的理念与价值追求》，法律出版社 2000 年版。

[452] 汪劲：《环境法学（第二版）》，北京大学出版社 2011 年版，第 15 页。

[453] 汪劲：《新〈环保法〉公众参与规定的理解与适用》，载于《环境保护》2014 年第 23 期，第 20～22 页。

[454] 汪明月、李颖明、管开轩：《政府市场规制对企业绿色技术创新决策与绩效的影响》，载于《系统工程理论与实践》2020 年第 5 期，第 1158～1177 页。

[455] 汪涛：《我国东部产业向西转移的承接对策研究》，载于《西南师范大学学报（自然科学版）》2015 年第 6 期，第 91～95 页。

[456] 汪万发、于宏源：《环境外交：全球环境治理的中国角色》，载于《环境与可持续发展》2018 年第 6 期，第 181～184 页。

[457] 汪伟全：《空气污染的跨域合作治理研究——以北京地区为例》，载于《公共管理学报》2014 年第 1 期，第 55～64 页。

[458] 汪伟、王文鹏：《预期寿命、人力资本与提前退休行为》，载于《经济研究》2021 年第 9 期，第 90～106 页。

[459] 汪泽波、王鸿雁：《多中心治理理论视角下京津冀区域环境协同治理探析》，载于《生态经济》2016 年第 6 期，第 157～163 页。

[460] 王爱琴：《西方公共选择理论述评》，载于《齐鲁学刊》2014 年第 5 期，第 103～106 页。

[461] 王班班、莫琼辉、钱浩祺：《地方环境政策创新的扩散模式与实施效果——基于河长制政策扩散的微观实证》，载于《中国工业经济》2020 年第 8 期，第 99～117 页。

[462] 王斌：《环境污染治理与规制博弈研究》，首都经济贸易大学博士学

位论文，2013 年。

[463] 王灿发：《论生态文明建设法律保障体系的构建》，载于《中国法学》2014 年第 3 期，第 34 ~ 53 页。

[464] 王长汶、李云：《日本人的自然观与环境保护》，载于《科技信息（科学教研）》2008 年第 6 期，第 161 页。

[465] 王常凯、巩在武：《"纵横向"拉开档次法中指标规范化方法的修正》，载于《统计与决策》2016 年第 2 期，第 77 ~ 79 页。

[466] 王弟海、崔小勇、龚六堂：《健康在经济增长和经济发展中的作用——基于文献研究的视角》，载于《经济学动态》2015 年第 8 期，第 107 ~ 127 页。

[467] 王帆宇：《生态环境合作治理：生发逻辑、主体权责和实现机制》，载于《中国矿业大学学报（社会科学版）》2021 年第 3 期，第 98 ~ 111 页。

[468] 王广州：《中国人口平均预期寿命预测及其面临的问题研究》，载于《人口与经济》2021 年第 6 期，第 22 ~ 39 页。

[469] 王海林、王晓旭：《企业国际化、信息透明度与内部控制质量——基于制造业上市公司的数据》，载于《审计研究》2018 年第 1 期，第 78 ~ 85 页。

[470] 王宏利、董玟希、周鹏：《跨省流域生态补偿长效机制研究——基于演化博弈的视角》，载于《北京联合大学学报（人文社会科学版）》2021 年第 4 期，第 76 ~ 85 页。

[471] 王洪庆：《人力资本视角下环境规制对经济增长的门槛效应研究》，载于《中国软科学》2016 年第 6 期，第 52 ~ 61 页。

[472] 王鸿儒、陈思丞、孟天广：《高管公职经历、中央环保督察与企业环境绩效——基于 A 省企业层级数据的实证分析》，载于《公共管理学报》2021 年第 1 期，第 114 ~ 125 页、第 173 页。

[473] 王欢明、陈洋愉、李鹏：《基于演化博弈理论的雾霾治理中政府环境规制策略研究》，载于《环境科学研究》2017 年第 4 期，第 621 ~ 627 页。

[474] 王金南、吴悦颖、雷宇，等：《中国排污许可制度改革框架研究》，载于《环境保护》2016 年第 Z1 期，第 10 ~ 16 页。

[475] 王金水、高亚州：《政府治理视角下我国政治沟通问题研究》，载于《党政研究》2021 年第 4 期，第 84 ~ 93 页。

[476] 王景峰、田虹：《"惩恶扬善"与"隐恶扬善"——企业环境社会责任的真实作用》，载于《经济管理》2017 年第 9 期，第 49 ~ 65 页。

[477] 王军锋、关丽斯、董战峰：《日本环境政策评估的体系化建设与实践》，载于《现代日本经济》2016 年第 4 期，第 60 ~ 69 页。

[478] 王丽萍、姚子婷、李创：《环境战略对环境绩效和经济绩效的影响——

基于企业成长性和市场竞争性的调节效应》，载于《资源科学》2021 年第 1 期，第 23 ~ 39 页。

［479］王利华：《略述中国古代的竹笋开发》，载于《中国农史》1993 年第 2 期，第 65 ~ 72 页。

［480］王连芳、梁雨：《基于生态伦理向度的闽西大学生生态意识调查研究》，载于《昭通学院学报》2017 年第 2 期，第 98 ~ 103 页。

［481］王灵波：《公共信托理论在美国自然资源配置中的作用及启示》，载于《苏州大学学报（哲学社会科学版）》2018 年第 1 期，第 56 ~ 66 页。

［482］王灵波：《也论美国公共信托理论的形成与发展》，载于《河北法学》2014 年第 8 期，第 140 ~ 150 页。

［483］王岭、刘相锋、熊艳：《中央环保督察与空气污染治理——基于地级城市微观面板数据的实证分析》，载于《中国工业经济》2019 年第 10 期，第 5 ~ 22 页。

［484］王玲玲、卢晓宁、孙志高：《改进 TOPSIS 方法在大气环境质量评价中的应用》，载于《环境工程》2014 年第 9 期，第 142 ~ 146 页。

［485］王柳：《绩效问责的制度逻辑及实现路径》，载于《中国行政管理》2016 年第 7 期，第 40 ~ 45 页。

［486］王名、蔡志鸿、王春婷：《社会共治：多元主体共同治理的实践探索与制度创新》，载于《中国行政管理》2014 年第 12 期，第 16 ~ 19 页。

［487］王明远：《论我国环境公益诉讼的发展方向：基于行政权与司法权关系理论的分析》，载于《中国法学》2016 年第 1 期，第 49 ~ 68 页。

［488］王浦劬：《论转变政府职能的若干理论问题》，载于《国家行政学院学报》2015 年第 1 期，第 31 ~ 39 页。

［489］王浦劬、臧雷振：《治理理论与实践：经典议题研究新解》，中央编译出版社 2017 年版。

［490］王强、谭忠富、谭清坤，等：《环保督察下的超标排放污染物企业退出机制研究》，载于《管理学报》2019 年第 2 期，第 280 ~ 285 页。

［491］王群：《奥斯特罗姆制度分析与发展框架评介》，载于《经济学动态》2010 年第 4 期，第 137 ~ 142 页。

［492］王蓉娟、吴建祖：《环保约谈制度何以有效？——基于 29 个案例的模糊集定性比较分析》，载于《中国人口·资源与环境》2019 年第 12 期，第 103 ~ 111 页。

［493］王社坤：《环境利用权研究》，中国环境出版社 2013 年版，第 28 ~ 47 页。

[494] 王树义、赵小姣：《长江流域生态环境协商共治模式初探》，载于《中国人口·资源与环境》2019年第8期，第31~39页。

[495] 王韬、张立新：《中美日自然资源管理体制比较研究及其启示》，载于《共享与品质——2018中国城市规划年会论文集（12城乡治理与政策研究）》，2018年，第652~658页。

[496] 王婷、袁增伟：《基于"压力-状态-响应"模型的江苏省环境绩效评估研究》，载于《中国环境管理》2017年第3期，第59~65页。

[497] 王薇：《企业环境责任与政府补助——基于寻租视角的分析》，载于《财经问题研究》2020年第11期，第100~108页。

[498] 王为东、卢娜、张财经：《空间溢出效应视角下低碳技术创新对气候变化的响应》，载于《中国人口·资源与环境》2018年第8期，第22~30页。

[499] 王美香、张永军：《环境监测与环境监察的职能分析》，载于《黑龙江环境通报》2010年第1期，第27~28页。

[500] 王小钢：《环境权研究进路的转向——兼评〈环境权理论的新展开〉》，载于《中国地质大学学报（社会科学版）》2019年第5期，第61~68页。

[501] 王小钢：《生态环境损害赔偿诉讼的公共信托理论阐释——自然资源国家所有和公共信托环境权益的二维构造》，载于《法学论坛》2018年第6期，第32~38页。

[502] 王小鲁、樊纲、余静文：《中国分省份市场化指数报告（2018）》，社会科学文献出版社2019年版，第10~35页。

[503] 王亚飞、陶文清：《低碳城市试点对城市绿色全要素生产率增长的影响及效应》，载于《中国人口·资源与环境》2021年第6期，第78~89页。

[504] 王岩、高鹤：《日本投资环境及中国企业进入策略分析》，载于《对外经贸实务》2013年，第79~81页。

[505] 王雁红：《政府协同治理大气污染政策工具的运用——基于长三角地区三省一市的政策文本分析》，载于《江汉论坛》2020年第4期，第26~32页。

[506] 王耀中、陈洁、彭新宇：《2012~2013年城市化学术研究的国际动态》，载于《经济学动态》2014年第2期，第106~116页。

[507] 王一鸣：《百年大变局、高质量发展与构建新发展格局》，载于《管理世界》2020年第12期，第1~13页。

[508] 王瑛、付艳淙：《改进指标赋权法的水资源承载力动态综合评价》，载于《统计与信息论坛》2022年第7期，第98~107页。

[509] 王涌：《自然资源国家所有权三层结构说》，载于《法学研究》2013年第4期，第48~61页。

[510] 王雨辰:《习近平生态文明思想中的环境正义论与环境民生论及其价值》,载于《探索》2019 年第 4 期,第 42~49 页。

[511] 王玉君、韩冬临:《空气质量、环境污染感知与地方政府环境治理评价》,载于《中国软科学》2019 年第 8 期,第 41~51 页。

[512] 王玉泽、罗能生、周桂凤:《高铁开通是否有利于改善居民健康水平?》,载于《财经研究》2020 年第 9 期,第 92~107 页。

[513] 王育宝、陆扬:《财政分权背景下中国环境治理体系演化博弈研究》,载于《中国人口·资源与环境》2019 年第 6 期,第 107~117 页。

[514] 王云、李延喜、马壮,等:《媒体关注、环境规制与企业环保投资》,载于《南开管理评论》2017 年第 6 期,第 83~94 页。

[515] 王增文、胡国恒:《"补供方"抑或"补需方"?政府医疗投入路径对健康产出的效应分析》,载于《当代财经》2021 年第 11 期,第 41~51 页。

[516] 王喆、周凌一:《京津冀生态环境协同治理研究——基于体制机制视角探讨》,载于《经济与管理研究》2015 年第 7 期,第 68~75 页。

[517] 王芝炜、孙慧:《市场型环境规制对企业绿色技术创新的影响及影响机制》,载于《科技管理研究》2022 年第 8 期,第 208~215 页。

[518] 王治河:《论后现代主义的三种形态》,载于《国外社会科学》1995 年第 1 期,第 41~47 页。

[519] 魏敏、李书昊:《新时代中国经济高质量发展水平的测度研究》,载于《数量经济技术经济研究》2018 年第 11 期,第 3~20 页。

[520] 魏俞满:《我国生态环境多中心治理模式探析》,载于《长春理工大学学报(社会科学版)》2013 年第 9 期,第 17~18 页。

[521] 温茨:《环境正义论》,上海人民出版社 2007 年版。

[522] 温丹丹、解洲胜、鹿腾:《国外工业污染场地土壤修复治理与再利用——以德国鲁尔区为例》,载于《中国国土资源经济》2018 年第 5 期,第 52~58 页。

[523] 温忠麟、张雷、侯杰泰,等:《中介效应检验程序及其应用》,载于《心理学报》2004 年第 5 期,第 614~620 页。

[524] 文传浩、李春艳:《论中国现代化生态经济体系:框架、特征、运行与学术话语》,载于《西部论坛》2020 年第 3 期,第 1~14 页。

[525] 文雯、宋建波:《高管海外背景与企业社会责任》,载于《管理科学》2017 年第 2 期,第 119~131 页。

[526] 文学国:《滥用与规制》,法律出版社 2003 年版,第 4 页。

[527] 翁倩玉:《责任政府视域下的行政问责机制研究》,石河子大学硕士学位论文,2020 年。

[528] 邬彩霞：《中国低碳经济发展的协同效应研究》，载于《管理世界》2021年第8期，第105~117页。

[529] 吴昊、吕晓婷：《经济治理现代化与产业政策转型》，载于《吉林大学社会科学学报》2021年第5期，第19~29页、第235页。

[530] 吴建南、徐萌萌、马艺源：《环保考核、公众参与和治理效果：来自31个省级行政区的证据》，载于《中国行政管理》2016年第9期，第75~81页。

[531] 吴建祖、华欣意：《高管团队注意力与企业绿色创新战略——来自中国制造业上市公司的经验证据》，载于《科学学与科学技术管理》2021年第9期，第122~142页。

[532] 吴舜泽、黄德生、刘智超，等：《中国环境保护与经济发展关系的40年演变》，载于《环境保护》2018年第20期，第14~20页。

[533] 吴卫星：《环境权的中国生成及其在民法典中的展开》，载于《中国地质大学学报（社会科学版）》2018年第6期，第69~80页。

[534] 吴卫星：《环境权理论的新展开》，北京大学出版社2018年版，第199~200页。

[535] 吴卫星：《环境权入宪的比较研究》，载于《法商研究》2017年第4期，第173~181页。

[536] 吴卫星：《生态危机的宪法回应》，载于《法商研究》2006年第5期，第70~74页。

[537] 吴益兵、廖义刚、林波：《社会网络关系与公司审计行为——基于社会网络理论的研究》，载于《厦门大学学报（哲学社会科学版）》2018年第5期，第65~72页。

[538] 武翠芳、姚志春、李玉文，等：《环境公平研究进展综述》，载于《地球科学进展》2009年第11期，第1268~1274页。

[539] 习近平：《决胜全面建成小康社会夺取新时代中国特色社会主义伟大胜利——在中国共产党第十九次全国代表大会上的报告》，人民出版社2017年版。

[540] 习近平：《推动我国生态文明建设迈上新台阶》，载于《求是》2019年第3期，第6~9页。

[541] 习近平：《习近平关于社会主义生态文明建设论述摘编》，中央文献出版社2017年版。

[542] 习近平：《携手构建合作共赢、公平合理的气候变化治理机制》，人民出版社2015年版。

[543] 席鹏辉：《财政激励、环境偏好与垂直式环境管理——纳税大户议价能力的视角》，载于《中国工业经济》2017 年第 11 期，第 100~117 页。

[544] 席鹏辉、梁若冰：《空气污染对地方环保投入的影响——基于多断点回归设计》，载于《统计研究》2015 年第 9 期，第 76~83 页。

[545] 席鹏辉、梁若冰、谢贞发：《税收分成调整、财政压力与工业污染》，载于《世界经济》2017 年第 10 期，第 170~192 页。

[546] 向华：《公共信托原则下的我国环境权制度研究》，载于《商业时代》2012 年第 16 期，第 105~106 页。

[547] 向俊杰：《我国生态文明建设的协同治理体系研究》，吉林大学博士学位论文，2015 年。

[548] 肖攀、苏静、董树军：《跨域生态环境协同治理现状及应对路径研究》，载于《湖南社会科学》2021 年第 5 期，第 92~99 页。

[549] 谢凡、杨兆庆：《环境规制对劳动生产率的影响——基于京津冀面板数据联立方程组模型分析》，载于《西北人口》2015 年第 1 期，第 85~96 页。

[550] 谢庆奎：《中国政府的府际关系研究》，载于《北京大学学报（哲学社会科学版)》2000 年第 1 期，第 26~34 页。

[551] 谢荣辉：《绿色技术进步、正外部性与中国环境污染治理》，载于《管理评论》2021 年第 6 期，第 111~121 页。

[552] 解学梅、朱琪玮：《企业绿色创新实践如何破解“和谐共生”难题?》，载于《管理世界》2021 年第 1 期，第 128~149 页。

[553] 谢众、于净、王帅：《开发区设立能否激励企业绿色创新？——基于不同层级开发区的经验证据》，载于《南京财经大学学报》2022 年第 1 期，第 75~85 页。

[554] 信瑶瑶、唐珏岚：《碳中和目标下的我国绿色金融：政策、实践与挑战》，载于《当代经济管理》2021 年第 10 期，第 91~97 页。

[555] 熊光清、熊健坤：《多中心协同治理模式：一种具备操作性的治理方案》，载于《中国人民大学学报》2018 年第 3 期，第 145~152 页。

[556] 熊艳、李常青、魏志华：《媒体“轰动效应”：传导机制、经济后果与声誉惩戒——基于“霸王事件”的案例研究》，载于《管理世界》2011 年第 10 期，第 125~140 页。

[557] 胥留德、胡晓：《欠发达地区消减环境不公的可行性及其对策分析》，载于《昆明理工大学学报（社会科学版)》2012 年第 1 期，第 1~5 页。

[558] 徐佳、崔静波：《低碳城市和企业绿色技术创新》，载于《中国工业经济》2020 年第 12 期，第 178~196 页。

［559］徐嘉忆、朱源、赵芮、李明君：《构建多元参与的环境治理体系——美国经验与中国借鉴》，载于《世界资源研究》2016 年。

［560］徐娟、马佳骏、邵帅、黎娇龙：《“河长制”能实现地方政府跨域间的协同治理吗——基于“碎片化治理”的视角》，载于《南方经济》2022 年第 4 期，第 50 ~ 74 页。

［561］徐凌：《论生态型责任政府的道德契约之维》，载于《甘肃社会科学》2017 年第 1 期，第 211 ~ 215 页。

［562］徐凌：《生态型责任政府中政治契约的理论溯源》，载于《社会科学家》2016 年第 11 期，第 42 ~ 45 页。

［563］徐宁、张阳、徐向艺：《“能者居之”能够保护子公司中小股东利益吗——母子公司“双向治理”的视角》，载于《中国工业经济》2019 年第 11 期，第 155 ~ 173 页。

［564］徐双敏：《坚持和完善中国特色的问责制度》，载于《学习与实践》2020 年第 3 期，第 18 ~ 27 页。

［565］徐维祥、周建平、刘程军：《数字经济发展对城市碳排放影响的空间效应》，载于《地理研究》2022 年第 1 期，第 111 ~ 129 页。

［566］徐祥民：《地方政府环境质量责任的法理与制度完善》，载于《现代法学》2019 年第 3 期，第 69 ~ 82 页。

［567］徐祥民：《环境质量目标主义：关于环境法直接规制目标的思考》，载于《中国法学》2015 年第 6 期，第 116 ~ 135 页。

［568］徐祥民、凌欣、陈阳：《环境公益诉讼的理论基础探究》，载于《中国人口·资源与环境》2010 年第 1 期，第 149 ~ 155 页。

［569］徐祥民：《论我国环境法中的总行为控制制度》，载于《法学》2015 年第 12 期，第 29 ~ 38 页。

［570］徐新建：《博物馆的人类学——华盛顿“国立美洲印第安人博物馆”考察报告》，载于《文化遗产研究》2012 年，第 79 ~ 109 页。

［571］徐娅、陈红华、余爱华、李政：《基于 TOPSIS 法的土壤重金属污染评价分析》，载于《南京林业大学学报（自然科学版）》2016 年第 6 期，第 199 ~ 202 页。

［572］许继芳：《建设环境友好型社会中的政府环境责任研究》，苏州大学博士学位论文，2010 年。

［573］许玲燕、杜建国、汪文丽：《农村水环境治理行动的演化博弈分析》，载于《中国人口·资源与环境》2017 年第 5 期，第 17 ~ 26 页。

［574］许文博、许恒周：《中央、地方政府与企业低碳协同发展的实现策略——

以京津冀地区为例》，载于《中国人口·资源与环境》2021 年第 12 期，第 23 ~ 34 页。

[575] 许宪春、任雪、常子豪：《大数据与绿色发展》，载于《中国工业经济》2019 年第 4 期，第 5 ~ 22 页。

[576] 薛飞、陈煦：《绿色财政政策的碳减排效应——来自“节能减排财政政策综合示范城市”的证据》，载于《财经研究》2022 年第 7 期，第 79 ~ 93 页。

[577] [英] 亚当·斯密：《国富论·文竹》，中国华侨出版社 2019 年版，第 110 ~ 115 页。

[578] 闫坤、陈秋红：《新时代生态文明建设：学理探讨、理论创新与实现路径》，载于《财贸经济》2018 年第 11 期，第 5 ~ 20 页。

[579] 闫胜利：《我国政府环境保护责任的发展与完善》，载于《社会科学家》2018 年第 6 期，第 105 ~ 111 页。

[580] 闫亭豫：《我国环境治理中协同行动的偏失与匡正》，载于《东北大学学报（社会科学版）》2015 年第 2 期，第 181 ~ 186 页。

[581] 闫文娟、郭树龙、史亚东：《环境规制、产业结构升级与就业效应：线性还是非线性?》，载于《经济科学》2012 年第 6 期，第 23 ~ 32 页。

[582] 颜昌武：《新中国成立 70 年来医疗卫生政策的变迁及其内在逻辑》，载于《行政论坛》2019 年第 5 期，第 31 ~ 37 页。

[583] 颜金：《地方政府环境责任绩效评价指标体系研究》，载于《广西社会科学》2018 年第 12 期，第 160 ~ 165 页。

[584] 颜运秋：《企业环境责任与政府环境责任协同机制研究》，载于《首都师范大学学报（社会科学版）》2019 年第 5 期，第 56 ~ 67 页。

[585] 颜运秋：《生态文明背景下环境司法的几个根本转变》，载于《求索》2020 年第 2 期，第 168 ~ 179 页。

[586] 杨朝霞：《环境权的理论辨析》，载于《环境保护》2015 年第 24 期，第 50 ~ 53 页。

[587] 杨朝霞：《论环境权的性质》，载于《中国法学》2020 年第 2 期，第 280 ~ 303 页。

[588] 杨朝霞：《论环境权的主体——对主流学说的检视和修正》，载于《吉首大学学报（社会科学版）》2020 年第 6 期，第 56 ~ 68 页。

[589] 杨道广、陈汉文、刘启亮：《媒体压力与企业创新》，载于《经济研究》2017 年第 8 期，第 125 ~ 139 页。

[590] 杨帆、王诗宗：《中央与地方政府权力关系探讨——财政激励、绩效考核与政策执行》，载于《公共管理与政策评论》2015 年第 3 期，第 13 ~ 20 页。

[591] 杨广青、杜亚飞、刘韵哲：《企业经营绩效、媒体关注与环境信息披露》，载于《经济管理》2020 年第 3 期，第 55～72 页。

[592] 杨洪刚：《中国环境政策工具的实施效果及其选择研究》，复旦大学博士学位论文，2009 年。

[593] 杨华锋：《论环境协同治理》，南京农业大学博士学位论文，2011 年。

[594] 杨丽琼、马杏、张军莉，等：《环境绩效评估在地方层面的应用——西双版纳案例》，载于《环境与可持续发展》2015 年第 3 期，第 43～47 页。

[595] 杨丽、孙之淳：《基于熵值法的西部新型城镇化发展水平测评》，载于《经济问题》2015 年第 3 期，第 115～119 页。

[596] 杨敏慎、刘晓雨、郭辉：《气候变暖和 CO_2 浓度升高对农作物的影响》，载于《江苏农业学报》2021 年第 1 期，第 246～258 页。

[597] 杨德明、史亚雅：《内部控制质量会影响企业战略行为么？——基于互联网商业模式视角的研究》，载于《会计研究》2018 年第 2 期，第 69～75 页。

[598] 杨目、赵晓、范敏：《罗斯福“新政”：评价及启示》，载于《国际经济评论》1998 年第 4 期，第 14～20 页。

[599] 杨启乐：《当代中国生态文明建设中政府生态环境治理研究》，华东师范大学博士学位论文，2014 年。

[600] 杨美勤、唐鸣：《治理行动体系：生态治理现代化的困境及应对》，载于《学术论坛》2016 年第 10 期，第 31～34 页。

[601] 杨一博、宗刚：《新加坡城市固体废弃物管理的经验》，载于《亚太经济》2012 年第 3 期，第 70～75 页。

[602] 杨应策、俞佳立、夏梦凡：《居民健康水平与医疗卫生资源投入的协调度研究》，载于《统计与决策》2021 年第 11 期，第 53～57 页。

[603] 姚林如、杨海军、王笑：《不同环境规制工具对企业绩效的影响分析》，载于《财经论丛》2017 年第 12 期，第 107～113 页。

[604] 姚修杰：《习近平生态文明思想的理论内涵与时代价值》，载于《理论探讨》2020 年第 2 期，第 33～39 页。

[605] 叶翀、张铃宁轩：《产业结构调整的污染减排空间溢出效应——基于空间杜宾模型的估计》，载于《生态经济》2021 年第 10 期，第 178～184 页。

[606] 叶冬娜：《国家治理体系视域下生态文明制度创新探析》，载于《思想理论教育导刊》2020 年第 6 期，第 85～90 页。

[607] 叶海涛、方正：《国家公园的生态政治哲学研究——基于国家公园的准公共物品属性分析》，载于《东南大学学报（哲学社会科学版）》2019 年第 4 期，第 118～124 页。

[608] 叶俊宇、梅强：《舆论环境影响中小企业社会责任行为的探索性研究——以安全生产为例》，载于《经济管理》2018年第2期，第89~103页。

[609] 叶莉、房颖：《政府环境规制、企业环境治理与银行利率定价——基于演化博弈的理论分析与实证检验》，载于《工业技术经济》2020年第11期，第99~108页。

[610] 叶琴、曾刚、戴劭勍，等：《不同环境规制工具对中国节能减排技术创新的影响——基于285个地级市面板数据》，载于《中国人口·资源与环境》2018年第2期，第115~122页。

[611] 伊藤康：《公害防止協定と日本型政府介入システム》，载于《一橋論叢》1994年，第1135~1150页。

[612] 尹志军：《美国环境法史论》，中国政法大学博士学位论文，2005年。

[613] 尹忠明、胡剑波：《国际贸易中的新课题：碳标签与中国的对策》，载于《经济学家》2011年第7期，第45~53页。

[614] 应千伟、呙昊婧、邓可斌：《媒体关注的市场压力效应及其传导机制》，载于《管理科学学报》2017年第4期，第32~49页。

[615] 游达明、邓亚玲、夏赛莲：《基于竞争视角下央地政府环境规制行为策略研究》，载于《中国人口·资源与环境》2018年第11期，第120~129页。

[616] 于宏源：《全球环境治理转型下的中国环境外交：理念、实践与领导力》，载于《当代世界》2021年第5期，第18~25页。

[617] 余静文、苗艳青：《健康人力资本与中国区域经济增长》，载于《武汉大学学报（哲学社会科学版）》2019年第5期，第161~175页。

[618] 余凌云：《对我国行政问责制度之省思》，载于《法商研究》2013年第3期，第92~100页。

[619] 余振国：《土地利用规划环境影响评价及其经济学分析》，浙江大学博士学位论文，2005年。

[620] 俞雅乖、骆映竹、李倩倩：《激励和约束并重的地方政府环境责任评价：指标体系和案例应用》，载于《西部经济管理论坛》2019年第2期，第15~31页。

[621] 喻包庆：《经济发展方式转变的路径选择：生态文明建设的视角》，载于《理论月刊》2013年第11期，第120~127页。

[622] 袁鹏、彭剑峰、田智勇，等：《加强企业环境风险防范积极应对突发环境事件——山西长治苯胺泄漏事件的启示》，载于《环境保护》2013年第5期，第53~55页。

[623] 原毅军、谢荣辉：《FDI、环境规制与中国工业绿色全要素生产率增

长——基于 Luenberger 指数的实证研究》，载于《国际贸易问题》2015 年第 8 期，第 84～93 页。

［624］岳文泽、钟鹏宇、甄延临，等：《从城乡统筹走向城乡融合：缘起与实践》，载于《苏州大学学报（哲学社会科学版）》2021 年第 4 期，第 52～61 页。

［625］臧家宁：《异质性环境政策工具的环境治理效应研究》，中国科学技术大学博士学位论文，2021 年。

［626］曾冰、郑建锋、邱志萍：《环境政策工具对改善环境质量的作用研究——基于 2001～2012 年中国省际面板数据的分析》，载于《上海经济研究》2016 年第 5 期，第 39～46 页。

［627］曾建平：《企业的环境责任及其道德选择》，载于《中州学刊》2010 年第 3 期，第 53～57 页、第 267 页。

［628］翟华云、刘亚伟：《环境司法专门化促进了企业环境治理吗？——来自专门环境法庭设置的准自然实验》，载于《中国人口·资源与环境》2019 年第 6 期，第 138～147 页。

［629］詹国彬、陈健鹏：《走向环境治理的多元共治模式：现实挑战与路径选择》，载于《政治学研究》2020 年第 2 期，第 65～75 页、第 127 页。

［630］张安军：《环境税征收、社会责任承担与企业绿色创新》，载于《经济理论与经济管理》2022 年第 1 期，第 67～85 页。

［631］张成福：《责任政府论》，载于《中国人民大学学报》2000 年第 2 期，第 75～82 页。

［632］张弛、张兆国、包莉丽：《企业环境责任与财务绩效的交互跨期影响及其作用机理研究》，载于《管理评论》2020 年第 2 期，第 76～89 页。

［633］张萃、伍双霞：《环境责任承担与企业绩效——理论与实证》，载于《工业技术经济》2017 年第 5 期，第 67～75 页。

［634］张登巧：《西部开发中的环境正义问题研究》，载于《吉首大学学报（社会科学版）》2005 年第 1 期，第 22 页。

［635］张冬梅：《日本提高环保社会参与程度的方法及其启发意义——评〈日本近现代环境保护发展史〉》，载于《环境工程》2021 年第 4 期，第 212 页。

［636］张栋、胡文龙、毛新述：《研发背景高管权力与公司创新》，载于《中国工业经济》2021 年第 4 期，第 156～174 页。

［637］张帆、施震凯、武戈：《数字经济与环境规制对绿色全要素生产率的影响》，载于《南京社会科学》2022 年第 6 期，第 12～20 页。

［638］张国兴、邓娜娜、管欣，等：《公众环境监督行为、公众环境参与政策对工业污染治理效率的影响——基于中国省级面板数据的实证分析》，载于

《中国人口·资源与环境》2019 年第 1 期，第 144～151 页。

[639] 张国兴、冯祎琛、王爱玲：《不同类型环境规制对工业企业技术创新的异质性作用研究》，载于《管理评论》2021 年第 1 期，第 92～102 页。

[640] 张国兴、张振华、高杨，等：《环境规制政策与公共健康——基于环境污染的中介效应检验》，载于《系统工程理论与实践》2018 年第 2 期，第 361～373 页。

[641] 张华、魏晓平：《绿色悖论抑或倒逼减排——环境规制对碳排放影响的双重效应》，载于《中国人口·资源与环境》2014 年第 9 期，第 21～29 页。

[642] 张化楠、葛颜祥、接玉梅，等：《生态认知对流域居民生态补偿参与意愿的影响研究——基于大汶河的调查数据》，载于《中国人口·资源与环境》2019 年第 9 期，第 109～116 页。

[643] 张建鹏、陈诗一：《金融发展、环境规制与经济绿色转型》，载于《财经研究》2021 年第 11 期，第 78～93 页。

[644] 张建伟：《关于政府环境责任科学设定的若干思考》，载于《中国人口·资源与环境》2008 年第 1 期，第 193～196 页。

[645] 张建伟：《完善政府环境责任——〈环境保护法〉修改的重点》，载于《贵州社会科学》2008 年第 5 期，第 32～35 页。

[646] 张建伟：《完善政府环境责任问责机制的若干思考》，载于《环境保护》2008 年第 12 期，第 34～37 页。

[647] 张军、吴桂英、张吉鹏：《中国省际物质资本存量估算：1952～2000》，载于《经济研究》2004 年第 10 期，第 35～44 页。

[648] 张坤民、温宗国、彭立颖：《当代中国的环境政策：形成、特点与评价》，载于《中国人口·资源与环境》2007 年第 2 期，第 1～7 页。

[649] 张立承：《我国地方财政体制：制度、效果与调整》，载于《地方财政研究》2008 年第 9 期，第 4～9 页。

[650] 张明明、李焕承、蒋雯，等：《浙江省生态建设环境绩效评估方法初步研究》，载于《中国环境科学》2009 年第 6 期，第 594～599 页。

[651] 张宁：《气候变化或致全球粮食危机》，载于《生态经济》2021 年第 8 期，第 5～8 页。

[652] 张平、张鹏鹏、蔡国庆：《不同类型环境规制对企业技术创新影响比较研究》，载于《中国人口·资源与环境》2016 年第 4 期，第 8～13 页。

[653] 张宿堂、秦杰、陈二厚，等：《引领中国经济巨轮扬帆远航：以习近平同志为总书记的党中央推动经济社会持续健康发展述评》，载于《人民日报》2014 年。

[654] 张同斌、张琦、范庆泉：《政府环境规制下的企业治理动机与公众参与外部性研究》，载于《中国人口·资源与环境》2017年第2期，第36~43页。

[655] 张卫海：《生态治理共同体的建构逻辑与实践理路》，载于《南通大学学报（社会科学版）》2020年第3期，第8~16页。

[656] 张文彬、张理芃、张可云：《中国环境规制强度省际竞争形态及其演变——基于两区制空间Durbin固定效应模型的分析》，载于《管理世界》2010年第12期，第34~44页。

[657] 张贤明：《当代中国问责制度建设及实践的问题与对策》，载于《政治学研究》2012年第1期，第11~27页。

[658] 张贤明：《论政治责任：民主理论的一个视角》，吉林大学出版社2000年版，第53~54页。

[659] 张贤明、田玉麒：《设施布局均等化：基本公共服务体系建设的空间路径》，载于《行政论坛》2016年第6期，第35~41页。

[660] 张晓亮、杨海龙、唐小飞：《CEO学术经历与企业创新》，载于《科研管理》2019年第2期，第154~163页。

[661] 张晓燕：《中国商业银行：统筹发展与安全》，载于《数量经济技术经济研究》2021年第6期，第66~87页。

[662] 张雅丽、黄建昌：《日本、新加坡生态环境政策对我国的启示》，载于《兰州学刊》2008年第2期，第42~44页。

[663] 张义、王爱君、黄寰：《权力协同对中国雾霾防治的影响研究》，载于《经济与管理研究》2019年第12期，第96~113页。

[664] 张颖：《美国环境公共信托理论及环境公益保护机制对我国的启示》，载于《政治与法律》2011年第6期，第112~120页。

[665] 张兆国、张弛、曹丹婷：《企业环境管理体系认证有效吗》，载于《南开管理评论》2019年第4期，第123~134页。

[666] 张震：《宪法上环境权的证成与价值——以各国宪法文本中的环境权条款为分析视角》，载于《法学论坛》2008年第6期，第49~54页。

[667] 张志彬：《公众参与、监管信息公开与城市环境治理——基于35个重点城市的面板数据分析》，载于《财经理论与实践》2021年第1期，第109~116页。

[668] 张治栋、秦淑悦：《环境规制、产业结构调整对绿色发展的空间效应——基于长江经济带城市的实证研究》，载于《现代经济探讨》2018年第11期，第79~86页。

[669] 章楚加：《重大环境行政决策中的公众参与权利实现路径——基于权

能分析视角》，载于《理论月刊》2021 年第 5 期，第 82 ~ 90 页。

[670] 章柯：《美国是如何治理土壤污染的——环保部宣传教育中心主任贾峰谈美国的〈超级基金法〉》，载于《环境教育》2015 年第 6 期，第 9 ~ 10 页。

[671] 章琳一：《高管晋升锦标赛激励与企业社会责任：来自上市公司的证据》，载于《当代财经》2019 年第 10 期，第 130 ~ 140 页。

[672] 赵斌：《人力资本积累与经济增长——基于投资流量效应与老龄化存量效应视角》，载于《广东财经大学学报》2019 年第 1 期，第 14 ~ 24 页。

[673] 赵丹：《碳标签食品生产决策与消费行为研究》，江南大学硕士学位论文，2012 年。

[674] 赵洁敏：《新加坡特色的环境治理模式研究》，湖南大学硕士学位论文，2011 年。

[675] 赵磊、方成：《城旅融合的经济增长空间效应研究——基于空间动态面板数据（SDPD）模型的实证分析》，载于《中国软科学》2021 年第 11 期，第 67 ~ 79 页。

[676] 赵莉、张玲：《媒体关注对企业绿色技术创新的影响：市场化水平的调节作用》，载于《管理评论》2020 年第 9 期，第 132 ~ 141 页。

[677] 赵黎明、陈妍庆：《环境规制、公众参与和企业环境行为——基于演化博弈和省级面板数据的实证分析》，载于《系统工程》2018 年第 7 期，第 55 ~ 65 页。

[678] 赵林、高晓彤、刘焱序，等：《中国包容性绿色效率空间关联网络结构演变特征分析》，载于《经济地理》2021 年第 9 期，第 69 ~ 78 页、第 90 页。

[679] 赵强、孙健：《空气污染对我国居民健康支出的影响研究》，载于《经济经纬》2021 年第 3 期，第 151 ~ 160 页。

[680] 赵涛、张智、梁上坤：《数字经济、创业活跃度与高质量发展——来自中国城市的经验证据》，载于《管理世界》2020 年第 10 期，第 65 ~ 76 页。

[681] 赵万一、朱明月：《公司环境责任担当与公益诉讼》，载于《重庆社会科学》2011 年第 12 期，第 62 ~ 66 页。

[682] 赵霄伟：《地方政府间环境规制竞争策略及其地区增长效应——来自地级市以上城市面板的经验数据》，载于《财贸经济》2014 年第 10 期，第 105 ~ 113 页。

[683] 赵霄伟：《环境规制、环境规制竞争与地区工业经济增长——基于空间 Durbin 面板模型的实证研究》，载于《国际贸易问题》2014 年第 7 期，第 82 ~ 92 页。

[684] 赵雪雁、王伟军、万文玉：《中国居民健康水平的区域差异：2003 ~

2013》，载于《地理学报》2017 年第 4 期，第 685 ~ 698 页。

［685］赵玉杰、师荣光、高怀友，等：《基于 MATLAB6. x 的 BP 人工神经网络的土壤环境质量评价方法研究》，载于《农业环境科学学报》2006 年第 1 期，第 186 ~ 189 页。

［686］赵玉民、朱方明、贺立龙：《环境规制的界定、分类与演进研究》，载于《中国人口 · 资源与环境》2009 年第 6 期，第 85 ~ 90 页。

［687］赵子夜、杨庆、陈坚波：《通才还是专才：CEO 的能力结构和公司创新》，载于《管理世界》2018 年第 2 期，第 123 ~ 143 页。

［688］郑方辉、王正、魏红征：《营商法治环境指数：评价体系与广东实证》，载于《广东社会科学》2019 年第 5 期，第 214 ~ 223 页、第 256 页。

［689］郑飞鸿、李静：《科技型环境规制对资源型城市产业绿色创新的影响——来自长江经济带的例证》，载于《城市问题》2022 年第 2 期，第 35 ~ 45 页。

［690］郑继承：《中国生态扶贫理论与实践研究》，载于《生态经济》2021 年第 8 期，第 193 ~ 199 页。

［691］郑君君、董金辉、任天宇：《基于环境污染第三方治理的随机微分合作博弈》，载于《管理科学学报》2021 年第 7 期，第 76 ~ 93 页。

［692］郑莉莉、刘晨：《新冠肺炎疫情冲击、内部控制质量与企业绩效》，载于《审计研究》2021 年第 5 期，第 120 ~ 128 页。

［693］郑密、吴忠军、侯玉霞：《基于演化博弈的监测—约束—激励系统生态补偿机制研究——以旅游胜地漓江流域为例》，载于《生态经济》2021 年第 3 期，第 161 ~ 170 页。

［694］郑巧、肖文涛：《协同治理：服务型政府的治道逻辑》，载于《中国行政管理》2008 年第 7 期，第 48 ~ 53 页。

［695］郑思齐、万广华、孙伟增、罗党论：《公众诉求与城市环境治理》，载于《管理世界》2013 年第 6 期，第 72 ~ 84 页。

［696］植草益：《微观规制经济学》，朱绍文，译，中国发展出版社 1992 年版，第 22 页。

［697］钟贞山：《生态文明纳入社会主义核心价值体系的路径探索》，载于《江西社会科学》2021 年第 10 期，第 5 ~ 13 页。

［698］仲亚东：《生态文明建设中的政府责任：政治责任与行政责任》，载于《吉首大学学报（社会科学版）》2015 年第 5 期，第 42 ~ 47 页。

［699］周方召、戴亦捷：《环境责任、技术创新与公司绩效——来自中国上市公司的证据》，载于《环境经济研究》2020 年第 1 期，第 36 ~ 55 页。

［700］周方召、潘婉颖、付辉：《上市公司 ESG 责任表现与机构投资者持股

偏好——来自中国A股上市公司的经验证据》，载于《科学决策》2020年第11期，第15~41页。

[701] 周宏春：《以碳中和指标为抓手，协同推进减污降碳工作》，载于《中国发展观察》2021年第1期，第20~24页。

[702] 周宏浩、谷国锋：《资源型城市可持续发展政策的污染减排效应评估——基于PSM-DID自然实验的证据》，载于《干旱区资源与环境》2020年第10期，第50~57页。

[703] 周焕：《财政分权对经济增长和居民健康的影响研究》，科学技术文献出版社2020年版，第74页。

[704] 周景坤：《从城市发展水平与年均降雨量的关系探究我国雾霾污染问题研究——基于2013年73个主要城市截面数据的分析》，载于《干旱区资源与环境》2017年第8期，第94~100页。

[705] 周开国、应千伟、钟畅：《媒体监督能够起到外部治理的作用吗？——来自中国上市公司违规的证据》，载于《金融研究》2016年第6期，第193~206页。

[706] 周楷唐、麻志明、吴联生：《高管学术经历与公司债务融资成本》，载于《经济研究》2017年第7期，第169~183页。

[707] 周黎安：《行政发包制》，载于《社会》2014年第6期，第1~38页。

[708] 周黎安：《中国地方官员的晋升锦标赛模式研究》，载于《经济研究》2007年第7期，第36~50页。

[709] 周绍妮、张秋生、胡立新：《机构投资者持股能提升国企并购绩效吗？——兼论中国机构投资者的异质性》，载于《会计研究》2017年第6期，第67~74页、第97页。

[710] 周卫中、赵金龙：《家族涉入、国际化经营与企业环境责任》，载于《吉林大学社会科学学报》2017年第6期，第84~94页、第205页。

[711] 周伟：《黄河流域生态保护地方政府协同治理的内涵意蕴、应然逻辑及实现机制》，载于《宁夏社会科学》2021年第1期，第128~136页。

[712] 周晓辉、刘莹莹、彭留英：《数字经济发展与绿色全要素生产率提高》，载于《上海经济研究》2021年第12期，第51~63页。

[713] 周雪光、练宏：《中国政府的治理模式：一个“控制权”理论》，载于《社会学研究》2012年第5期，第69~93页、第243页。

[714] 周业安、宋紫峰：《中国地方政府竞争30年》，载于《教学与研究》2009年第11期，第28~36页。

[715] 周沂、郭琪、邹冬寒：《环境规制与企业产品结构优化策略——来自

多产品出口企业的经验证据》，载于《中国工业经济》2022 年第 6 期，第 117 ~ 135 页。

［716］周游、吴钢：《新中国地方财政支出的空间关联及其解释——基于复杂网络分析方法》，载于《统计研究》2021 年第 1 期，第 79 ~ 91 页。

［717］周振超、黄洪凯：《条块关系从合作共治到协作互嵌：基层政府负担的生成及破解》，载于《公共管理与政策评论》2022 年第 1 期，第 20 ~ 33 页。

［718］周振超、张金城：《职责同构下的层层加码——形式主义长期存在的一个解释框架》，载于《理论探讨》2018 年第 4 期，第 28 ~ 33 页。

［719］朱光明、杨继龙：《日本北九州："灰色城市"到"绿色城市"的治理之路》，载于《社会治理》2015 年第 2 期，第 135 ~ 145 页。

［720］朱国华：《我国环境治理中的政府环境责任研究》，南昌大学博士学位论文，2016 年。

［721］朱蕾：《区域经济发展中的政府治理：德国鲁尔区的例子》，载于《Economic, Education and Management (ICEEM 2011 V3)》2011 年，第 305 ~ 308 页。

［722］朱宁、张茂军：《带有能源的随机动态柯布 - 道格拉斯生产函数》，载于《经济数学》2011 年第 3 期，第 28 ~ 32 页。

［723］朱谦：《论环境保护中权力与权利的配置——从环境行政权与公众环境权关系的角度审视》，载于《江海学刊》2002 年第 3 期，第 132 ~ 134 页。

［724］朱炜、孙雨兴、汤倩：《实质性披露还是选择性披露：企业环境表现对环境信息披露质量的影响》，载于《会计研究》2019 年第 3 期，第 10 ~ 17 页。

［725］朱旭峰、王笑歌：《论"环境治理公平"》，载于《中国行政管理》2007 年第 9 期，第 107 ~ 111 页。

［726］朱艳丽：《论环境治理中的政府责任》，载于《西安交通大学学报（社会科学版）》2017 年第 3 期，第 51 ~ 56 页。

［727］竺乾威：《新公共治理：新的治理模式?》，载于《中国行政管理》2016 年第 7 期，第 132 ~ 139 页。

［728］邹薇、宣颖超：《"新农合"、教育程度与农村居民健康的关系研究——基于"中国健康与营养调查"数据的面板分析》，载于《武汉大学学报（哲学社会科学版）》2016 年第 6 期，第 35 ~ 49 页。

［729］Abbas J. Impact of Total Quality Management on Corporate Green Performance Through the Mediating Role of Corporate Social Responsibility. *Journal of Cleaner Production*, 2020 (242): 118458.

［730］Ader C. R. A. Longitudinal Study of Agenda Setting for the Issue of Environmental Pollution. *Journalism & Mass Communication Quarterly*, 1995, 72 (2): 300 - 311.

[731] Adger W. N., Brown K, Fairbrass J., et al. Governance for Sustainability: Towards a "Thick" Analysis of Environmental Decision Making. *Environment and Planning A*, 2003, 35 (6): 1095 - 1110.

[732] Adomako S., Amankwah - Amoah J., Danso A., et al. Chief Executive Officers' Sustainability Orientation and Firm Environmental Performance: Networking and Resource Contingencies. *Business Strategy and the Environment*, 2021, 30 (4): 2184 - 2193.

[733] Adorno T. W. An Introduction to Dialectics. Hoboken: John Wiley & Sons, 2017, 32 - 35.

[734] Ahern K. R., Sosyura D. Who Writes the News? Corporate Press Releases During Merger Negotiations. *The Journal of Finance*, 2014, 69 (1): 241 - 291.

[735] Ahl A., Yarime M., Goto M., Chopra S. S., Kumar N. M., Tanaka K., Sagawa D. Exploring Block Chain for the Energy Transition: Opportunities and Challenges Based on a Asia Study in Japan. *Renewable and Sustainable Energy Reviews*, 2020, 117 (C): 109488.

[736] "Air Quality Plans" San Joaquin Valley Air Pollution Control District. http: //www. valleyair. org/General_info/aboutdist. htm#Mission.

[737] Alchian A. A. *Uncertainty, Evolution, and Economic Theory*. Armen A. Alchian, 1950, 58 (3): 211 - 221.

[738] Alexopoulos I., Kounetas K., Tzelepis D. Environmental and Financial Performance. Isthere a Win-Win or a Win-Loss Situation? Evidence From the Greek Manufacturing. *Journal of Cleaner Production*, 2018 (197): 1275 - 1283.

[739] Alfonso E., Kalenatic D., López C. Modeling the Synergy Level in a Vertical Collaborative Supply Chain Through the IMP Interaction Model and DEA Framework. *Annals of Operations Research*, 2010, 181 (1): 813 - 827.

[740] Ali W., Frynas J. G., Mahmood Z. Determinants of Corporate Social Responsibility (CSR) Disclosure in Developed and Developing Countries: A Literature Review. *Corporate Social Responsibility and Environmental Management*, 2017, 24 (4): 273 - 294.

[741] Anderson K., Blackhurst R. The Greening of World Trade Issues. Harvester Wheatsheaf, 1992.

[742] Anderson M., Banker R., Huang R., et al. Cost Behavior and Funda-

mental Analysis of SG & A Costs. *Journal of Accounting, Auditing & Finance*, 2007, 22 (1): 1-28.

[743] Arimura T., Iwata K. An Evaluation of Japanese Environmental Regulations. Springer Books, 2015.

[744] Aslam S., Elmagrhi M. H., Rehman R. U., et al. Environmental Management Practices and Financial Performance Using Data Envelopment Analysis in Japan: The Mediating Role of Environmental Performance. *Business Strategy and the Environment*, 2021, 30 (4): 1655-1673.

[745] Awaysheh A., Heron R. A., Perry T., et al. On the Relation Between Corporate Social Responsibility and Financial Performance. *Strategic Management Journal*, 2020, 41 (6): 965-987.

[746] Baik B., Brockman P. A., Farber D. B., et al. Managerial Ability and the Quality of Firms' Information Environment. *Journal of Accounting, Auditing & Finance*, 2018, 33 (4): 506-527.

[747] Baik Y., Park Y. R. Managing Legitimacy Through Corporate Community Involvement: The Effects of Subsidiary Ownership and Host Country Experience in China. *Asia Pacific Journal of Management*, 2019, 36 (4): 971-999.

[748] Balakrishnan J., Foroudi P. Does Corporate Reputation Matter? Role of Social Media in Consumer Intention to Purchase Innovative food Product. *Corporate Reputation Review*, 2020, 23 (3): 181-200.

[749] Baloria V. P., Heese J. The Effects of Media Slant on Firm Behavior. *Journal of Financial Economics*, 2018, 129 (1): 184-202.

[750] Beck M. J., Mauldin E G. Who's Really in Charge? Audit Committee Versus CFO Power and Audit Fees. *The Accounting Review*, 2014, 89 (6): 2057-2085.

[751] Beck T., Levine R., Levkov A. Big Bad Banks? The Winners and Losers From Bank Deregulation in the United States. *The Journal of Finance*, 2010, 65 (5): 1637-1667.

[752] Bednar M. K., Boivie S., Prince N. R. Burr Under the Saddle: How Media Coverage Influences Strategic Change. *Organization Science*, 2013, 24 (3): 910-925.

[753] Behrman J. R., Deolalikar J. B. Health and Nutrition/Chenery H., Srinivasan T. N. Handbook of Development Economics. Amsterdam: Elsevier Science North-Holland, 1988.

[754] Bell E., Scott T. A. Common Institutional Design, Divergent Results: A Comparative Case Study of Collaborative Governance Platforms for Regional Water Planning. Environmental Science and Policy, 2020, 111 (C): 63-73.

[755] Berge T. L., Berger A. Do Investor-State Dispute Settlement Sases Influence Domestic Environmental Regulation? The Role of Respondent State Bureaucratic Capacity. *Journal of International Dispute Settlement*, 2021, 12 (1): 1-41.

[756] Berkes F. Devolution of Environment and Resources Governance: Trends and Future. *Environmental Conservation*, 2010, 37 (4): 489-500.

[757] Berkes F. Environmental Governance for the Anthropocene? Social-Ecological Systems, Resilience, and Collaborative Learning. *Sustainability*, 2017, 9 (7): 1232.

[758] Bettencourt L. M. A., Lobo J., Strumsky D. Invention in the City: Increasing Returns to Patenting as a Scaling Function of Metropolitan Size. *Research Policy*, 2007, 36 (1): 107-120.

[759] Biermann F., Pattberg P. Global Environmental Governance: Taking Stock, Moving Forward. *Annual Review of Environment and Resources*, 2008, 33 (1): 277-294.

[760] Bisschop L. Corporate Environmental Responsibility and Criminology. Crime, Law and Social Change, 2010, 53 (4): 349-364.

[761] Blumm M. C., Guthrie R. D. Internationalizing the Public Trust Doctrine: Natural Law and Constitutional and Statutory Approaches to Fulfilling the Saxion Vision. *University of California Davis Law Review*, 2011 (45): 741-808.

[762] Blundell R., Bond S. Initial Conditions and Moment Restrictions in Dynamic Panel Data Models. *Economics Papers*, 1998.

[763] Bodin O. Collaborative Environmental Governance: Achieving Collective Action in Social-Ecological Systems. *Science*, 2017, 357 (6352): eaan1114.

[764] Borsatto J. M. L. S., Amui L. B. L. Green Innovation: Unfolding the Relation With Environmental Regulations and Competitiveness. *Resources, Conservation and Recycling*, 2019 (149): 445-454.

[765] Borsboom D., Deserno M. K., Rhemtulla, M. Network Analysis of Multivariate Data in Psychological Science. *Nature Reviews Methods Primers*, 2021, 1 (1).

[766] Bowen H. R. Social Responsibility of the Business. *New York: Happer & Row*, 1953.

[767] Braam G. J., De Weerd L. U., Hauck M., et al. Determinants of Corpo-

rate Environmental Reporting: The Importance of Environmental Performance and Assurance. *Journal of Cleaner Production*, 2016 (129): 724 - 734.

[768] Breitung J. Nonparametric Tests for Unit Roots and Cointegration. *Journal of Econometrics*, 2002, 10 (2): 343 - 363.

[769] Breton, A. Competitive Governments: An Economic Theory of Politics and Public Finance. *Public Choice*, 1998, 67 (02): 223 - 227.

[770] Broadbent J. Social Movements and Networks: Relational Approaches to Collective Action. *Japanese Environmental Protest*, 2003, 204.

[771] Broadstock D. C., Matousek R., Meyer M., et al. Does Corporate Social Responsibility Impact Firms' Innovation Capacity? The Indirect Link Between Environmental & Socialgovernance Implementation and Innovation Performance. *Journal of Business Research*, 2020 (119): 99 - 110.

[772] Broner F., Bustos P., Carvalho V. M. Sources of Comparative Advantage in Polluting Industries. *National Bureau of Economic Research*, 2012, No. 18337.

[773] Brower J., Kashmiri S., Mahajan V. Signaling Virtue: Does Firm Corporate Social Performance Trajectory Moderate the Social Performance-Financial Performance Relationship? *Journal of Business Research*, 2017 (81): 86 - 95.

[774] Burt R. S. *Structural Holes: The Social Structure of Sompetition.* Harvard University Press, 1995.

[775] Byun S. K., Oh J M. Local Corporate Social Responsibility, Media Coverage, and Shareholder Value. *Journal of Banking & Finance*, 2018 (87): 68 - 86.

[776] Cahan S. F., Chen C., Chen L., et al. Corporate Social Responsibility and Media Coverage. *Journal of Banking & Finance*, 2015 (59): 409 - 422.

[777] Cai H. B., Chen Y. Y., Gong Q. Polluting Thy Neighbor: Unintended Consequences of China's Pollution Reduction Mandates. *Journal of Environmental Economics and Management*, 2016 (76): 86 - 104.

[778] Cai L., Cui J., Jo H. Corporate Environmental Responsibility and Firm Risk. *Journal of Business Ethics*, 2016, 139 (3): 563 - 594.

[779] Cai X. Q., Lu Y., Wu M. Q., Yu L. H. Does Environmental Regulation Drive Away Inbound Foreign Direct Investment? Evidence From a Quasi-Natural Experiment in China. *Journal of Development Economics*, 2016 (123): 73 - 85.

[780] California EPA 2014. Air Resouces Board. 2012 San Francisco Bay Area $PM_{2.5}$ Emission Inventory.

[781] Campa, P. Press and Leaks: Do Newspapers Reduce Toxic Emissions?

Journal of Environmental Economics and Management, 2018 (91): 184 - 202.

[782] Campbell J. L. Why Would Corporations Behave in Socially Responsible Ways? An Institutional Theory of Corporate Social Responsibility. *Academy of Management Review*, 2007, 32 (3): 946 - 967.

[783] Caner M., Hansen B. E. Instrumental Variable Estimation of a Threshold Model. *Econometric Theory*, 2004, 20 (5): 813 - 843.

[784] Cao J., Liang H., Zhan X. Peer Effects of Corporate Social Responsibility. *Management Science*, 2019, 65 (12): 5487 - 5503.

[785] Carol R. The Comedy of the Commons: Custom, Commerce, and Inherently Public Property. *The University of Chicago Law Review*, 1986, 53 (03): 711 - 781.

[786] Carroll A. B. A Three-Dimensional Conceptual Model of Corporate Performance. *Academy of Management Review*, 1979, 4 (4): 497 - 505.

[787] Carroll A. B. The Pyramid of Corporate Social Responsibility: Toward the Moral Management of Organizational Stakeholders. *Business Horizons*, 1991, 34 (4): 39 - 48.

[788] Carroll C. E., McCombs M. Agenda-Setting Effects of Business News on the Public's Images and Opinions About Major Corporations. *Corporate Reputation Review*, 2003, 6 (1): 36 - 46.

[789] Cerniglia F., Longaretti R. Static and Dynamic (in) Efficiency in Public Goods Provision. *Economics Letters*, 2015 (135): 104 - 107.

[790] Cesur R., Tekin E., Ulker A. Can Natural Gas Save Lives? Evidence From the Deployment of a Fuel Delivery System in a Developing Country. *Journal of Health Economics*, 2018 (13): 420 - 427.

[791] Chen C. S., Yu C. C., Hu J. S. Constructing Performance Measurement Indicators to Suggested Corporate Environmental Responsibility Framework. *Technological Forecasting and Social Change*, 2018 (135): 33 - 43.

[792] Chen J., Dong W., Tong J, et al. Corporate Philanthropy and Tunneling: Evidence from China. *Journal of Business Ethics*, 2018, 150 (1): 135 - 157.

[793] Chen K., Guo W., Kang Y., et al. Does Religion Improve Corporate Environmental Responsibility? Evidence from China. *Corporate Social Responsibility and Environmental Management*, 2021, 28 (2): 808 - 818.

[794] Chen K., Lo A. Y. Local Climate Change Governance in China: An Analysis of Social Network and Cross-Sector Collaboration in Capacity Development. *Journal*

of Environmental Policy & Planning, 2021, 23 (1): 48 - 65.

[795] Chen R. C., Hung S. W. Exploring the Impact of Corporate Social Responsibility on Real Earning Management and Discretionary Accruals. *Corporate Social Responsibility and Environmental Management*, 2021, 28 (1): 333 - 351.

[796] Chen X., Zhang J., Zeng H. Is Corporate Environmental Responsibility Synergistic with Governmental Environmental Responsibility? Evidence from China. *Business Strategy and the Environment*, 2020, 29 (8): 3669 - 3686.

[797] Chen Y. Y., Ebenstein A., Greenstone M., Li H. B. *Evidence on the Impact of Sustained Exposure to Air Pollution on Life Expectancy From China's Huai River Policy*. Proceedings of the National Academy of Sciences of the United States of America, 2013, 110 (32): 1 - 6.

[798] Chen Y., Zhang J., Tadikamalla P. R., Gao X. The Relationship Among Government, Enterprise, and Public in Environmental Governance From the Perspective of Multi-Player Evolutionary Game. *International Journal of Environmental Research and Public Health*, 2019, 16 (18): 3351.

[799] Chen Z., Kahn M. E., Liu Y., et al. The Consequences of Spatially Differentiated Water Pollution Regulation in China. *Journal of Environmental Economics and Management*, 2018 (88): 468 - 485.

[800] Choi I. Unit Root Tests for Panel Data. *Journal of International Money and Finance*, 2001, 20 (2): 249 - 272.

[801] Clarkson P. M., Li Y., Richardson G. D., et al. Revisiting the Relation Between Environmental Performance and Environmental Disclosure: An Empirical Analysis. *Accounting, Organizations and Society*, 2008, 33 (4 - 5): 303 - 327.

[802] Cordeiro J. J., Profumo G., Tutore I. Board Gender Diversity and Corporate Environmental Performance: The Moderating Role of Family and Dual-Class Majority Ownership Structures. *Business Strategy and the Environment*, 2020, 29 (3): 1127 - 1144.

[803] Core J. E., Guay W., Larcker D. F. The Power of the Pen and Executive Compensation. *Journal of Financial Economics*, 2008, 88 (1): 1 - 25.

[804] Crosby A. W. Ecological Imperialism: The Biological Expansion of Europe, 900 - 1900. Cambridge University Press, 2004: 95.

[805] Cui H., Leung S. C. M. The long-run Performance of Acquiring Firms in Mergers and Acquisitions: Does Managerial Ability Matter? *Journal of Contemporary Accounting & Economics*, 2020, 16 (1): 100185.

[806] Dagum C. A. New Approach to the Decomposition of the Gini Income Inequality Ratio. *Empirical Economics*, 1997, 22 (4): 515 - 531.

[807] D'Amato A., Falivena C. Corporate Social Responsibility and Firm Value: Do Firm Size and Age Matter? Empirical Evidence From European Listed Companies. *Corporate Social Responsibility and Environmental Management*, 2020, 27 (2): 909 - 924.

[808] Daprile G., Talo C. Measuring Corporate Social Responsibility As a Psychosocial Construct: A New Multidimensional Scale. *Employee Responsibilities and Rights Journal*, 2014, 26 (3): 153 - 175.

[809] Dawkins C., Fraas J. W. Coming Clean: The Impact of Environmental Performance and Visibility on Corporate Climate Change Disclosure. *Journal of Business Ethics*, 2011, 100 (2): 303 - 322.

[810] Deegan C., Gordon B. A Study of the Environmental Disclosure Practices of Australian Corporations. *Accounting and Business Research*, 1996, 26 (3): 187 - 199.

[811] Demerjian P, Lev B, McVay S. Quantifying Managerial Ability: A New Measure and Validity Tests. *Management Science*, 2012, 58 (7): 1229 - 1248.

[812] Deng X., Long X., Schuler D. A., et al. External Corporate Social Responsibility and Labor Productivity: AS - curve Relationship and the Moderating Role of Internal CSR and Government Subsidy. *Corporate Social Responsibility and Environmental Management*, 2020, 27 (1): 393 - 408.

[813] Deschenes O., Greenstone M., Shapiro J. S. Defensive Investments and the Demand for Air Quality: Evidence From the NOx Budget Program. *American Economic Review*, 2017, 107 (10): 2958 - 2989.

[814] DesJardins J. Corporate Environmental Responsibility. *Journal of Business Ethics*, 1998, 17 (8): 825 - 838.

[815] DeVaughn M. L., Leary M. M. Learn by Doing or Learn by Failing? The Paradoxical Effect of Public Policy in Averting the Liability of Newness. *Group & Organization Management*, 2018, 43 (6): 871 - 905.

[816] Devie D., Kamandhanu J., Tarigan J., et al. Do Environmental Performance and Disclosure Bring Financial Outcome? Evidence from Indonesia. *World Review of Science, Technology and Sustainable Development*, 2019, 15 (1): 66 - 86.

[817] Ding D. K., Ferreira C., Wongchoti U. Does it Pay to Be Different? Relative CSR and Its Impact on Firm Value. *International Review of Financial Analysis*, 2016 (47): 86 - 98.

［818］ Donaldson J. F.，Kozoll C. E.，Lam Y. L. Collaborative Program Planning：Principles，Practices & Strategies. *The Canadian Journal of Higher Education*，1999，29（2/3）：201.

［819］ Dorobantu S.，Kaul A.，Zelner B. Nonmarket Strategy Research Through the Lens of New Institutional Economics：An Integrative Review and Future Directions. *Strategic Management Journal*，2017，38（1）：114－140.

［820］ Drempetic S.，Klein C.，Zwergel B. The Influence of Firm Size on the ESG Score：Corporate Sustainability Ratings Under Review. *Journal of Business Ethics*，2020，167（2）：333－360.

［821］ Duanmu J. L.，Bu M.，Pittman R. Does Market Competition Dampen Environmental Performance? Evidence from China. *Strategic Management Journal*，2018，39（11）：3006－3030.

［822］ Duan X.，Dai S.，Yang R.，et al. Environmental Collaborative Governance Degree of Government，Corporation，and public. *Sustainability*，2020，12（3）：1138.

［823］ Duque－Grisales E.，Aguilera－Caracuel J. Environmental，Social and Governance（ESG）Scores and Financial Performance of Multilatinas：Moderating Effects of Geographic International Diversification and Financial Slack. *Journal of Business Ethics*，2021，168（2）：315－334.

［824］ Du X.，Jian W.，Zeng Q.，et al. Corporate Environmental Responsibility in Pollutingindustries：Does Religion Matter? *Journal of Business Ethics*，2014，124（3）：485－507.

［825］ Dyck A.，Morse A.，Zingales，L. Who Blows the Whistle on Corporate Fraud? *The Journal of Finance*，2010，65（6）：2213－2253.

［826］ Dyck A.，Volchkova N.，Zingales L. The Corporate Governance Role of the Media：Evidence from Russia. *The Journal of Finance*，2008，63（3）：1093－1135.

［827］ El Ghoul S.，Guedhami O.，Kim H，et al. Corporate Environmental Responsibility and the Cost of Capital：International Evidence. *Journal of Business Ethics*，2018，149（2）：335－361.

［828］ Elhorst J. P. Spatial Econometrics：from Cross—Sectional Data to Spatial Panels. Berlin：Springer，2014.

［829］ Elhorst J. P. Specification and Estimation of Spatial Panel Data Models. *International Regional Science Review*，2003，26（3）：244－268.

[830] Elkington J. *Cannibals With Forks: The Triple Bottom Line of 21st-century Business*. Oxford: Capstone Publishing, 1997.

[831] Elliott E. D. The Tragi - Comedy of the Commons: Evolutionary Biology, Economics and Environmental Law. *Virginia Environmental Law Journal*, 2001 (20): 17 - 31.

[832] Elmagrhi M. H., Ntim C. G., Elamer A. A., et al. A Study of Environmental Policies and Regulations, Governance Structures, and Environmental Performance: The Role of Female Directors. *Business Strategy and the Environment*, 2019, 28 (1): 206 - 220.

[833] Endo K. Corporate Governance Beyond the Shareholder-Stakeholder Dichotomy: Lessons From Japanese Corporations' Environmental Performance. *Business Strategy and the Environment*, 2020, 29 (4): 1625 - 1633.

[834] Esteban - Sanchez P., De La Cuesta - Gonzalez M., Paredes - Gazquez J. D. Corporate Social Performance and Its Relation With Corporate Financial Performance: International Evidence in the Banking Industry. *Journal of Cleaner Production*, 2017 (162): 1102 - 1110.

[835] Evan, W. M., & Freeman, R. E. (1988). *A Stakeholder Theory of the Modern Corporation: Kantian Capitalism.*

[836] Francis B., Hasan I., Wu Q. Professors in the Boardroom and Their Impact on Corporate Governance and Firm Performance. *Financial Management*, 2015, 44 (3): 547 - 581.

[837] Fraser C. D. On the Provision of Excludable Public Goods. *Journal of Public Economics*, 1996, 60 (1): 111 - 130.

[838] Fredriksson P. G, Millimet D. L. Strategic Interaction and the Determination of Environmental Policy Across US States. *Journal of Urban Economics*, 2002, 51 (1): 101 - 122.

[839] Freeman R. E. Divergent Stakeholder Theory. *Academy of Management Review*, 1999, 24 (2): 233 - 236.

[840] Freeman R. Edward. Strategic Management: A Stakeholder Approach. New York: Cambridge University Press, 2010.

[841] Freudenreich B., Lüdeke - Freund F., Schaltegger S. A. Stakeholder Theory Perspective on Business Models: Value Creation for Sustainability. *Journal of Business Ethics*, 2020, 166 (1): 3 - 18.

[842] Fu J. Y., Geng Y. Y. Public Participation, Regulatory Compliance and

Green Development in China Based on Provincial Panel Data. *Journal of Cleaner Production*, 2019 (230): 1344 - 1353.

[843] Gamache D. L., McNamara G. Responding to Bad Press: How CEO Temporal Focus Influences the Sensitivity to Negative Media Coverage of Acquisitions. *Academy of Management Journal*, 2019, 62 (3): 918 - 943.

[844] Gambeta E., Koka B. R., Hoskisson R. E. Being Too Good for Your Own Good: A Stakeholder Perspective on the Differential Effect of Firm-Employee Relationships on Innovation Search. *Strategic Management Journal*, 2019, 40 (1): 108 - 126.

[845] Gangi F., Daniele L. M., Varrone N. How Do Corporate Environmental Policy and Corporate Reputation Affect Risk-Adjusted Financial Performance? *Business Strategy and the Environment*, 2020, 29 (5): 1975 - 1991.

[846] Gao Y., Wang Y., Zhang M. Who Really Cares About the Environment? CEOs' Military Service Experience and Firms' Investment in Environmental Protection. *Business Ethics: A European Review*, 2021, 30 (1): 4 - 18.

[847] García - Marco T., Zouaghi F., Sánchez M., et al. Do Firms With Different Levels Ofenvironmental Regulatory Pressure Behave Differently Regarding Complementarity Among Innovation Practices? *Business Strategy and the Environment*, 2020, 29 (4): 1684 - 1694.

[848] García - Sánchez I. M., Hussain N., Martínez - Ferrero J. An Empirical Analysis of the Complementarities and Substitutions Between Effects of CEO Ability and Corporate Governance on Socially Responsible Performance. *Journal of Cleaner Production*, 2019 (215): 1288 - 1300.

[849] García - Sánchez I. M., Noguera - Gámez L. Integrated Reporting and Stakeholder Engagement: The Effect on Information Asymmetry. *Corporate Social Responsibility and Environmental Management*, 2017, 24 (5): 395 - 413.

[850] García - Sánchez I. M., Rodríguez - Ariza L., Aibar - Guzmán B, et al. Do Institutional Investors Drive Corporate Transparency Regarding Business Contribution to the Sustainable Development Goals? *Business Strategy and the Environment*, 2020, 29 (5): 2019 - 2036.

[851] Garrett H., John B. Managing the Commons. San Francisco: W. H. *Freeman*, 1977: 38.

[852] Garrett H. The Tragedy of the Commons. *Science*, 1968 (162): 1243 - 1248.

[853] Goodpaster K. E. The Concept of Corporate Responsibility. *Journal of Business Ethics*, 1983, 2 (1): 1-22.

[854] Graafland J. Economic Freedom and Corporate Environmental Responsibility: The Role of Small Government and Freedom From Government Regulation. *Journal of Cleaner Production*, 2019 (218): 250-258.

[855] Graf - Vlachy L, Oliver A G, Banfield R, et al. Media Coverage of Firms: Background, Integration, and Directions for Future Research. *Journal of Management*, 2020, 46 (1): 36-69.

[856] Granovetter M. Economic Action and Social Structure: The Problem of Embeddedness. *American Journal of Sociology*, 1985, 91 (3): 481-510.

[857] Grasso M. Justice in Funding Adaptation Under the International Climate Change Regime. Springer, 2010.

[858] Gray B., Wood D. J. Collaborative Alliances: Moving From Practice to Theory. *The Journal of Applied Behavioral Science*, 1991, 27 (1): 3-22.

[859] Gray R., Javad M., Power D. M., et al. Social and Environmental Disclosure and Corporate Characteristics: A Research Note and Extension. *Journal of Business Finance & Accounting*, 2001, 28 (3-4): 327-356.

[860] Grossman G. M., Helpman E. Growth, Trade, and Inequality. *Econometrica*, 2018, 86 (1): 37-83.

[861] Guan J. X., Li O. Z., Ma J. Managerial Ability and the Shareholder Tax Sensitivity of Dividends. *Journal of Financial and Quantitative Analysis*, 2018, 53 (1): 335-364.

[862] Guan Y., Kang L., Wang Y., Zhang N. N., Ju M. T. Health Loss Attributed to PM2.5 Pollution in China's Cities: Economic Impact, Annual Change and Reduction Potential. *Journal of Cleaner Production*, 2019 (217): 284-294.

[863] Gunningham N. Building Norms From the Grassroots Up: Divestment, Expressive Politics, and Climate Change. *Law & Policy*, 2017, 39 (4): 372-392.

[864] GunninghamN. Environment Law, Regulation and Governance: Shifting Architectures. *Journal of Environmental Law*, 2009, 21 (2): 179-212.

[865] Guo D., Bose S., Alnes K. Employment Implications of Stricter Pollution Regulation in China: Theories and Lessons From the USA. *Environment Development and Sustainability*, 2017 (19): 549-569.

[866] Gupta M. C. The Effect of Size, Growth, and Industry on the Financial Structure of Manufacturing Companies. *The Journal of Finance*, 1969, 24 (3): 517-

529.

[867] Gurun U. G. , Butler A. W. Don't Believe the Hype: Local Media Slant, Local Advertising, and Firm Value. *The Journal of Finance*, 2012, 67 (2): 561 - 598.

[868] Hadlock C. J. , Pierce J. R. New Evidence on Measuring Financial Constraints: Moving Beyond the KZ Index. *Review of Financial Studies*, 2010, 23 (5): 1909 - 1940.

[869] Haider M. , Teodoro M. P. Environmental Federalism in Indian Country: Sovereignty, Primacy, and Environmental Protection. *Policy Studies Journal*, 2020, 49 (3): 887 - 908.

[870] Haider S. , Adil M. H. , Mishra P. P. Corporate Environmental Responsibility, Motivational Factors, and Effectiveness: A Case of Indian Iron and Steel Industry. *Journal of Public Affairs*, 2020, 20 (2): 20 - 32.

[871] Haken H. Synergistics. Self - Organizing Systems. Springer, Boston, MA, 1987: 417 - 434.

[872] Hamamoto M. Environmental Regulation and the Productivity of Japanese Manufacturing Industries. *Resource and Energy Economics*, 2006, 28 (4): 299 - 312.

[873] Hambrick D. C. , Mason P. A. Upper Echelons: The Organization As a Reflection of Its Top Managers. *Academy of Management Review*, 1984, 9 (2): 193 - 206.

[874] Hambrick D. C. Upper Echelons Theory: An Update. *Academy of Management Review*, 2007, 32 (2): 334 - 343.

[875] Han F. , Li J. M. Environmental Protection Tax Effecton Reducing $PM_{2.5}$ Pollution in Chinaand its Influencing Factors. *Polish Journal of Environmental Studies*, 2021, 30 (1): 119 - 130.

[876] Han F. , Xie R. , Lai M. Traffic Density, Congestion Externalities and Urbanization in China, *Spatial Economic Analysis*, 2018, 13 (4): 400 - 421.

[877] Hang M. , Geyer - Klingeberg J. , Rathgeber A. W. It is Merely a Matter of Time: A Meta-Analysis of the Causality Between Environmental Performance and Financialperformance. *Business Strategy and the Environment*, 2019, 28 (2): 257 - 273.

[878] Han H. Singapore, a Garden City: Authoritarian Environmentalism in a Developmental State. *The Journal of Environment and Development*, 2017, 26 (1):

3 – 24.

[879] Han S., Pan Y., Mygrant M., et al. Differentiated Environmental Regulations and Corporate Environmental Responsibility: The Moderating Role of Institutional Environment. *Journal of Cleaner Production*, 2021: 127870.

[880] Hardy C., Phillips N. Strategies of Engagement: Lessons From the Critical Examination of Collaboration and Conflict in an Interorganizational Domain. *Organization Science*, 1998, 9 (2): 217 – 230.

[881] Hassan O. A. The Impact of Voluntary Environmental Disclosure on Firm Value: Does Organizational Visibility Play a Mediation Role? *Business Strategy and the Environment*, 2018, 27 (8): 1569 – 1582.

[882] Hering L., Poncet S. Environmental Policy and Exports: Evidence From Chinese Cities. *Journal of Environmental Economics and Management*, 2014, 68 (2): 296 – 318.

[883] He X. B., Luo Z. J., Zhang J. J. The Impact of Air Pollution on Movie Theater Admissions. *Journal of Environmental Economics and Management*, 2022 (112): 102626.

[884] Heyes A., Kapur S. Community Pressure for Green Behavior. *Journal of Environmental Economics and Management*, 2012, 64 (3): 427 – 441.

[885] Hilson C. Climate Populism, Courts, and Science. *Journal of Environmental Law*, 2019, 31 (3): 395 – 398.

[886] Himmelman A. T. Collaboration for a Change: Definitions, Decision-Making Models, Roles, and Collaboration Process Guide. *Minneapolis: Himmelman Consulting*, 2002.

[887] Hirunyawipada T., Xiong G. Corporate Environmental Commitment and Financial Performance: Moderating Effects of Marketing and Operations Capabilities. *Journal of Business Research*, 2018 (86): 22 – 31.

[888] Holzinger K., Sommerer T. "Race to the Bottom" or "Race to Brussels"? Environmental Competition in Europe. *Journal of Common Market Studies*, 2011, 49 (2): 315 – 339.

[889] Honkonen T. The Common but Differentiated Responsibility Principle in Multilateral Environmental Agreements: Regulatory and Policy Aspects. *Kluwer Law International*, 2009.

[890] Hora M., Subramanian R. Relationship Between Positive Environmental Disclosures and Environmental Performance: An Empirical Investigation of the Green-

washing Sin of the Hidden Trade-off. *Journal of Industrial Ecology*, 2019, 23 (4): 855 - 868.

[891] Hosain S. Does the Compensation Gap Between Executives and Staffs Influence Future Firm Performance? The Moderating Roles of Managerial Power and Overconfidence. *International Journal of Management and Economics*, 2019, 55 (4): 287 - 318.

[892] Hou B. Q., Wang B., Du M. Z., Zhang N. Does the SO2 Emissions Trading Scheme Encourage Green Total Factor Productivity? An Empirical Assessment on China's Cities. *Environmental Science and Pollution Research*, 2020 (27): 6375 - 6388.

[893] Howes M. J., Wortley L., Potts R., et al. Environmental Sustainability: A Case of Policy Implementation Failure? . *Sustainability*, 2017, 9 (2): 165.

[894] Huang S. K. The Impact of CEO Characteristics on Corporate Sustainable Development. *Corporate Social Responsibility and Environmental Management*, 2013, 20 (4): 234 - 244.

[895] Huntington S. P. *The Clash of Civilizations? Culture and Politics*. Palgrave Macmillan, New York, 2000: 99 - 118.

[896] Hu X., Wu N., Chen N. Young People's Behavioral Intentions Towards Low-carbon Travel: Extending the Theory of Planned Behavior. *International Journal of Environmental Research and Public Health*, 2021, 18 (5): 2327.

[897] Im K. S., Pesaran M. H., Shin Y. Testing for Unit Roots in Heterogeneous Panels. *Journal of Econometrics*, 2003, 115 (1): 53 - 74.

[898] Jacka J. K. The Anthropology of Mining: The Social and Environmental Impacts of Resource Extraction in the Mineral Age. *Annual Review of Anthropology*, 2018 (47): 61 - 77.

[899] Jacobs M. The Environment as Stakeholder. *Business Strategy Review*, 1997, 8 (2): 25 - 28.

[900] Jahn J., Brühl R. How Friedman's View on Individual Freedom Relates to Stakeholder Theory and Social Contract Theory. *Journal of Business Ethics*, 2018, 153 (1): 41 - 52.

[901] Jenkins H. M., Yakovleva N. Corporate Social Responsibility in the Mining Industry: Exploring Trends in Social and Environmental Disclosure. *Journal of Cleaner Production*, 2006, 14 (14): 271 - 284.

[902] Jia M., Tong L., Viswanath P. V., et al. Word Power: The Impact of

Negative Media Coverage on Disciplining Corporate Pollution. *Journal of Business Ethics*, 2016, 138 (3): 437 - 458.

[903] Jiang W., Chai H., Shao J, et al. Green Entrepreneurial Orientation for Enhancing Firm Performance: A Dynamic Capability Perspective. *Journal of Cleaner Production*, 2018 (198): 1311 - 1323.

[904] Johansson N., Henriksson M. Circular Economy Running in Circles? A Discourse Analysis of Shifts in Ideas of Circularity in Swedish Environmental Policy. *Sustainable Production and Consumption*, 2020 (23): 148 - 156.

[905] Jo H., Kim H., Park K. Corporate Environmental Responsibility and Firm Performance in the Financial Services Sector. *Journal of Business Ethics*, 2015, 131 (2): 257 - 284.

[906] Johnson R. A., Greening D. W. The Effects of Corporate Governance and Institutional Ownership Types on Corporate Social Performance. *Academy of Management Journal*, 1999, 42 (5): 564 - 576.

[907] Johnson W. E., Schwartz J., Inlow R I. The Criminalization of Environmental Harm: A Study of the Most Serious Environmental Offenses Prosecuted by the U. S. Federal Government, 1985 - 2010. *Environmental Sociology*, 2020, 6 (3): 307 - 321.

[908] Jones T. M., Harrison J. S., Felps W. How Applying Instrumental Stakeholder Theory can Provide Sustainable Competitive Advantage. *Academy of Management Review*, 2018, 43 (3): 371 - 391.

[909] Jordan A. The Rise of "New" Policy Instruments in Comparative Perspective: Has Governance Eclipsed Government? *Political Studies*, 2005, 53 (3): 447 - 496.

[910] Jose A., Lee S. M. Environmental Reporting of Global Corporations: A Content Analysis Based on Website Disclosures. *Journal of Business Ethics*, 2007, 72 (4): 307 - 321.

[911] Kahn A. E. The Economics of Regulation: Principles and Institutions. *Wiley*, 1970: 40.

[912] Kang S. K., Byun H S. Are Corporate Environmental Responsibility Activities an Efficient Investment or an Agency Cost? Evidence From Korea. *Sustainability*, 2020, 12 (9): 3738.

[913] Kanter R. M. Collaborative Advantage: The Art of Alliances. *Harvard Business Review*, 1994 (72): 96 - 108.

[914] Kaplan S. N., Strömberg P. Financial Contracting Theory Meets the Real World: Anempirical Analysis of Venture Capital Contracts. *The Review of Economic Studies*, 2003, 70 (2): 281 - 315.

[915] Karaman A. S., Akman E. Taking-off Corporate Social Responsibility Programs: An AHP Application in Airline Industry. *Journal of Air Transport Management*, 2018 (68): 187 - 197.

[916] Karassin O., Bar - Haim A. How Regulation Effects Corporate Social Responsibility: Corporate Environmental Performance Under Different Regulatory Scenarios. *World Political Science*, 2019, 15 (1): 25 - 53.

[917] Karassin O., Barhaim A. Multilevel Corporate Environmental Responsibility. *Journal of Environmental Management*, 2016 (183): 110 - 120.

[918] Karplus V. J., Zhang J., Zhao J. Navigating and Evaluating the Labyrinth of Environmental Regulation in China. *Review of Environmental Economics and Policy*, 2021, 15 (2): 300 - 322.

[919] Karpoff J. M., Lott J., John R., Wehrly E. W. The Reputational Penalties for Environmental Violations: Empirical Evidence. *The Journal of Law and Economics*, 2005, 48 (2): 653 - 675.

[920] Kasych A., Suler P., Rowland Z. Corporate Environmental Responsibility Through the Prism of Strategic Management. *Sustainability*, 2020, 12 (22): 9589.

[921] Katmon N., Mohamad Z. Z., Norwani N. M., et al. Comprehensive Board Diversity and Quality of Corporate Social Responsibility Disclosure: Evidence From an Emerging Market. *Journal of Business Ethics*, 2019, 157 (2): 447 - 481.

[922] Ke B., Mao X., Wang B., et al. Top Management Team Power in China: Measurement and Validation. *Management Science*, 2021, 67 (10): 6602 - 6627.

[923] Kim H., Park K., Ryu D. Corporate Environmental Responsibility: A Legal Origins Perspective. *Journal of Business Ethics*, 2017, 140 (3): 381 - 402.

[924] Kim Y S, Kim Y, Kim H D. Corporate Social Responsibility and Internal Control Effectiveness. *Asia - Pacific Journal of Financial Studies*, 2017, 46 (2): 341 - 372.

[925] Kitzmueller M., Shimshack J. Economic Perspectives on Corporate Social Responsibility. *Journal of Economic Literature*, 2012, 50 (1): 51 - 84.

[926] Kölbel J. F., Busch T., Jancso L. M. How Media Coverage of Corporate Social Irresponsibility Increases Financial Risk. *Strategic Management Journal*, 2017, 38

(11): 2266 - 2284.

[927] Koebele E. A. Cross-coalition Coordination in Collaborative Environmental Governance Processes. *Policy Studies Journal*, 2020, 48 (3): 727 - 753.

[928] Kong X., Jiang F., Liu X. Strategic Deviance, Diversification and Enterprise Resilience in the Context of COVID - 19: Heterogeneous Effect of Managerial Power. *Emerging Markets Finance and Trade*, 2021, 57 (6): 1547 - 1565.

[929] Konisky D. M. Regulatory Competition and Environmental Enforcement: is There a Race to the Bottom? *American Journal of Political Science*, 2007, 51 (4): 853 - 872.

[930] Kraus S., Rehman S. U., García F. J. S. Corporate Social Responsibility and Environmental Performance: The Mediating Role of Environmental Strategy and Green Innovation . *Technological Forecasting and Social Change*, 2020 (160): 120262.

[931] Kulin J., Sevä J. I. The Role of Government in Protecting the Environment: Quality of Government and the Translation of Normative Views About Government Responsibility Into Spending Preferences. *International Journal of Sociology*, 2019, 49 (2): 110 - 129.

[932] Kumar S., Russell R. R. Technological Change, Technological Catch-up, and Capital Deepening: Relative Contributions to Growth and Convergence. *American Economic Review*, 2002, 92 (3): 527 - 548.

[933] Lawrence T. B., Phillips N., Hardy C. Watching Whale Watching: Exploring the Discursive Foundations of Collaborative Relationships. *The Journal of Applied Behavioral Science*, 1999, 35 (4): 479 - 502.

[934] Lee J. W., Kim Y. M., Kim Y. E. Antecedents of Adopting Corporate Environmental Responsibility and Green Practices. *Journal of Business Ethics*, 2018, 148 (2): 397 - 409.

[935] Lennox C. S., Francis J. R., Wang Z. Selection Models in Accounting Research. *The Accounting Review*, 2012, 87 (2): 589 - 616.

[936] Lesage J. P., Pace R. K. Introduction to Spatial Econometrics. London: Chapman & Amp; Hall/CRC Press, 2009.

[937] Levin A., Lin C. F., Chu C. S. J. Unit Root Tests in Panel Data: Asymptotic and Finite-sample Properties. *Journal of Econometrics*, 2002, 108 (1): 1 - 24.

[938] Li D., Cao C., Zhang L., et al. Effects of Corporate Environmental Re-

sponsibility on Financial Performance: The Moderating Role of Government Regulation and Organizational Slack. *Journal of Cleaner Production*, 2017 (166): 1323 - 1334.

[939] Li J., Fan X., Bai Y., et al. Coordinated Development of Regional Complex System: A Niche-based Study. *Discrete Dynamics in Nature and Society*, 2021, 2021: 9592902.

[940] Lin B., Chen X. Environmental Regulation and Energy-environmental Performance—empirical Evidence from China's Non-ferrous Metals Industry. *Journal of Environmental Management*, 2020, 269: 110722.

[941] Lin W. L., Law S. H., Ho J. A., et al. The Causality Direction of the Corporate Social Responsibility - Corporate Financial Performance Nexus: Application of Panel Vector Autoregression Approach. *The North American Journal of Economics and Finance*, 2019 (48): 401 - 418.

[942] Li R. Q., and Ramanathan R. Exploring the Relationships Between Different Types of Environmental Regulations and Environmental Performance: Evidence from China. *Journal of Cleaner Production*, 2018 (196): 1329 - 1340.

[943] Li S., Liu Y., Purevjav A. O., et al. Does Subway Expansion Improve Air Quality? *Journal of Environmental Economics and Management*, 2019 (96): 213 - 235.

[944] Li S., Xu J. Game Analysis Among the Central Government: Local Governments, and Firms in China's Environmental Pollution Governance. *IOP Conference Series: Earth and Environmental Science*, 2018, 153 (6): 062007 - 062007.

[945] Liu X. B., Anbumozhi V. Determinant Factors of Corporate Environmental Information Disclosure: An Empirical Study of Chinese Listed Companies. *Journal of Cleaner Production*, 2009, 17 (6): 593 - 600.

[946] Liu Y., Failler P., Chen L. Can Mandatory Disclosure Policies Promote Corporate Environmental Responsibility? Quasi-natural Experimental Research on China. *International Journal of Environmental Research and Public Health*, 2021, 18 (11): 6033.

[947] Li W. B., Zhang K. X. Does Air Pollution Crowd out Foreign Direct Investment Inflows? Evidence From a Quasi-natural Experiment in China. *Environmental and Resource Economics*, 2019, 73 (2): 1387 - 1414.

[948] Li Z., Liao G., Albitar K. Does Corporate Environmental Responsibility Engagement Affect Firm Value? The Mediating Role of Corporate Innovation. *Business Strategy and the Environment*, 2020, 29 (3): 1045 - 1055.

[949] Long W., Li S., Wu H., et al. Corporate Social Responsibility and Financial Performance: The Roles of Government Intervention and Market Competition. *Corporate Social Responsibility and Environmental Management*, 2020, 27 (2): 525 – 541.

[950] López – Pérez M. E., Melero I., Javier Sese F. Management for Sustainable Development and Its Impact on Firm Value in the SME Context: Does Size Matter? *Business Strategy and the Environment*, 2017, 26 (7): 985 – 999.

[951] Luo M., Fan R., Zhang Y., Zhu C. Environmental Governance Cooperative Behavior Among Enterprises With Reputation Effect Based on Complex Networks Evolutionary Game Model. *International Journal of Environmental Research and Public Health*, 2020, 17 (5): 1535.

[952] Luo X., Zhang Q., Zhang S. External Financing Demands, Media Attention and the Impression Management of Carbon Information Disclosure. *Carbon Management*, 2021, 12 (3): 235 – 247.

[953] Makni R., Francoeur C., Bellavance F. Causality Between Corporate Social Performance and Financial Performance: Evidence From Canadian Firms. *Journal of Business Ethics*, 2009, 89 (3): 409 – 422.

[954] Mani M., Wheeler D. In Search of Pollution Havens? Dirty Industry in the World Economy, 1960 to 1995. *The Journal of Environment & Development*, 1998, 7 (3): 215 – 247.

[955] Marquis C., Tilcsik A. Imprinting: Toward a Multilevel Theory. *Academy of Management Annals*, 2013, 7 (1): 195 – 245.

[956] Marshall A. *Principles of Economics*. London: Macmillan, 1890.

[957] Masoud N. How to Win the Battle of Ideas in Corporate Social Responsibility: The International Pyramid Model of CSR. *International Journal of Corporate Social Responsibility*, 2017, 2 (1): 1 – 22.

[958] Mattessich P. W., Monsey B. R. Collaboration: What Makes it Work. *A Review of Research Literature on Factors Influencing Successful Collaboration*. Amherst H. Wilder Foundation, 919 Lafond, St. Paul, MN 55104. 1992.

[959] McCombs M. A Look At Agenda-setting: Past, Present and Future. *Journalism Studies*, 2005, 6 (4): 543 – 557.

[960] McIntyre K. B., Schultz C. A. Facilitating Collaboration in Forest Management: Assessing the Benefits of Collaborative Policy Innovations. *Land Use Policy*, 2020, 96 (C): 104683.

[961] McKean M. A. *Environmental Protest and Citizen Politics in Japan.* University of California Press, 2020: 68.

[962] Meng X. H., Zeng S. X., Leung A. W., et al. Relationship Between Top Executives' Characteristics and Corporate Environmental Responsibility: Evidence from China. *Human and Ecological Risk Assessment: An International Journal*, 2015, 21 (2): 466 - 491.

[963] Mitchell Ronald K., Agle Bradley R., Wood Donna J. Toward a Theory of Stakeholder Identification and Salience: Defining the Principle of Who and What Really Counts, 1998: 275 - 314.

[964] Moon J. D., Coleman J. S. The Foundations of Social Theory. *American Political Science Association*, 1990, 85 (1): 263.

[965] Mukhtaruddin M., Ubaidillah U., Dewi K., et al. Good Corporate Governance, Corporatesocial Responsibility, Firm Value, and Financial Performance as Moderating Variable. *Indonesian Journal of Sustainability Accounting and Management*, 2019, 3 (1): 55 - 64.

[966] Nash F. J. *Equilibrium Points in n - Person Games.* Proceedings of the National Academy of Sciences of the United States of America, 1950, 36 (1): 48 - 49.

[967] Nash J. F. Non-cooperative Games. *Annals of Mathematics*, 1951 (54): 286 - 295.

[968] Neely Jr B. H., Lovelace J. B., Cowen A. P., et al. Metacritiques of Upper Echelons Theory: Verdicts and Recommendations for Future Research. *Journal of Management*, 2020, 46 (6): 1029 - 1062.

[969] Newig J., Fritsch O. Environmental Governance: Participatory, Multi-level-and Effective? *Environmental Policy and Governance*, 2009, 19 (3): 197 - 214.

[970] Newman M. E. J. Assortative Mixing in Networks. *Physical Review Letters*, 2002, 89 (20): 208701.

[971] Nie P. Y., Wang C., Meng Y. An Analysis of Environmental Corporate Social Responsibility. *Managerial and Decision Economics*, 2019, 40 (4): 384 - 393.

[972] Nishitani K., Kokubu K. Can Firms Enhance Economic Performance by Contributing to Sustainable Consumption and Production? Analyzing the Patterns of Influence of Environmental Performance in Japanese Manufacturing Firms. *Sustainable Pro-*

duction and Consumption, 2020 (21): 156 - 169.

[973] Nishitani K., Unerman J., Kokubu K. Motivations for Voluntary Corporate Adoption of Integrated Reporting: A Novel Context for Comparing Voluntary Disclosure and Legitimacy Theory. *Journal of Cleaner Production*, 2021 (322): 129027.

[974] Nofsinger J. R., Sulaeman J., Varma A. Institutional Investors and Corporate Social Responsibility. *Journal of Corporate Finance*, 2019 (58): 700 - 725.

[975] Noh M, Johnson K K. Effect of Apparel Brands' Sustainability Efforts on Consumers' Brand Loyalty. *Journal of Global Fashion Marketing*, 2019, 10 (1): 1 - 17.

[976] Ocasio W. Towards an Attention-based View of the Firm. *Strategic Management Journal*, 1997, 18 (S1): 187 - 206.

[977] Ollivier H. North-south Trade and Heterogeneous Damages From Local and Global Pollution. *Environmental and Resource Economics*, 2016, 65 (2): 337 - 355.

[978] Olson M. *The Logic of Collective Action: Public Goods and the Theory of Groups*, Second Printing With a New Preface and Appendix. Harvard University Press, 2009.

[979] Orazalin N., Baydauletov M. Corporate Social Responsibility Strategy and Corporate Environmental and Social Performance: The Moderating Role of Board Gender Diversity. *Corporate Social Responsibility and Environmental Management*, 2020, 27 (4): 1664 - 1676.

[980] Paavola J. Institutions and Environmental Governance: A Reconceptualization. *Ecological Economics*, 2007, 63 (1): 93 - 103.

[981] Paloniemi R, Apostolopoulou E, Cent J, et al. Public Participation and Environmental Justice in Biodiversity Governance in Finland, Greece, Poland and the UK. *Environmental Policy and Governance*, 2015, 25 (5): 330 - 342.

[982] Parsa H. G., Lord K. R., Putrevu S., et al. Corporate Social and Environmental Responsibility in Services: Will Consumers Pay for it? *Journal of Retailing and Consumer Services*, 2015 (22): 250 - 260.

[983] Pathan S., Haq M., Faff R., et al. Institutional Investor Horizon and Bank Risk-taking. *Journal of Corporate Finance*, 2021 (66): 101794.

[984] Peel J. L., Metzger K. B., Klein M., et al. Ambient Air Pollution and Cardiovascular Emergency Department Visits in Potentially Sensitive Groups. *American Journal of Epidemiology*, 2007, 165 (6): 625 - 633.

[985] Peng B., Tu Y., Elahi E., et al. Extended Producer Responsibility and Corporate Performance: Effects of Environmental Regulation and Environmental Strate-

gy. *Journal of Environmental Management*, 2018 (218): 181 - 189.

[986] Peng B., Tu Y., Wei G. Can Environmental Regulations Promote Corporate Environmental Responsibility? Evidence From the Moderated Mediating Effect Model and an Empirical Study in China. *Sustainability*, 2018, 10 (3): 641 - 641.

[987] Percival R. V., Schroeder C. H., Miller AS, et al. 2013. *Environmental Regulation: Law, Science, and Policy (7th Edition)*. Austin: Wolters Kluwer.

[988] Perry M., Sheng T. T. An Overview of Trends Related to Environmental Reporting in Singapore. *Environmental Management and Health*, 1999: 310 - 320.

[989] Peters L. M., Manz C. C. Identifying Antecedents of Virtual Team Collaboration. *Team Performance Management: An International Journal*, 2007.

[990] Petkevich A., Prevost, A. Managerial Ability, Information Quality, and the Design and Pricing of Corporate Debt. *Review of Quantitative Finance and Accounting*, 2018, 51 (4): 1033 - 1069.

[991] Pigou A. C. Some Problems of Foreign Exchange. *The Economic Journal*, 1920, 30 (120): 460 - 472.

[992] Porter M. E., Van Der Linde C. Green and Competitive: Ending the Stalemate. *Harvard Business Review*, 1995, 73 (5): 120 - 134.

[993] Porter M. E., Van Der Linde C. Toward a New Conception of the Environment-competitiveness Relationship. *Journal of Economic Perspectives*, 1995, 9 (4): 97 - 118.

[994] Preston L. E., O'bannon D P. The Corporate Social-financial Performance Relationship: A Typology and Analysis. *Business & Society*, 1997, 36 (4): 419 - 429.

[995] Rahman N., Post C. Measurement Issues in Environmental Corporate Social Responsibility (ECSR): Toward a Transparent, Reliable, and Construct Valid Instrument. *Journal of Business Ethics*, 2012, 105 (3): 307 - 319.

[996] Ramanathan K. V. Toward a Theory of Corporate Social Accounting. *Accounting Review*, 1976, 51 (3): 516 - 528.

[997] Reilly A. H., Larya N. External Communication About Sustainability: Corporate Socialresponsibility Reports and Social Media Activity. *Environmental Communication*, 2018, 12 (5): 621 - 637.

[998] Reinhardt F. L., Stavins R. N. Corporate Social Responsibility, Business Strategy, and the Environment. *Oxford Review of Economic Policy*, 2010, 26 (2): 164 - 181.

[999] Rela I. Z., Awang A. H., Ramli Z., et al. Effects of Environmental Corporate Social Responsibility on Environmental Well-being Perception and the Mediation Role of Community Resilience. *Corporate Social Responsibility and Environmental Management*, 2020, 27 (5): 2176-2187.

[1000] Ren S., He D., Zhang T., et al. Symbolic Reactions or Substantive Pro-environmental Behaviour? An Empirical Study of Corporate Environmental Performance Under the Government's Environmental Subsidy Scheme. *Business Strategy and the Environment*, 2019, 28 (6): 1148-1165.

[1001] Ren S., Wei W., Sun H., et al. Can Mandatory Environmental Information Disclosure Achieve a Win-win for a Firm's Environmental and Economic Performance? *Journal of Cleaner Production*, 2020 (250): 119530.

[1002] Reynaert, M. Abatement Strategies and the Cost of Environmental Regulation: Emission Standards on the European Car Market. *Review of Economic Studies*, 2021, 88 (1): 454-488.

[1003] Rivera J., De Leon P. Chief Executive Officers and Voluntary Environmental Performance: Costa Rica's Certification for Sustainable Tourism. *Policy Sciences*, 2005, 38 (2): 107-127.

[1004] Rondinelli D. A., London T. How Corporations and Environmental Groups Cooperate: Assessing Cross-sector Alliances and Collaborations. *Academy of Management Perspectives*, 2003, 17 (1): 61-76.

[1005] Rosenbaum WA. 2014. Environmental Politics and Policy (9th Edition). Washington, DC: CQ Press.

[1006] Roychowdhury S. Earnings Management Through Real Activities Manipulation. *Journal of Accounting and Economics*, 2006, 42 (3): 335-370.

[1007] Ruepert A., Keizer K., Steg L. The Relationship Between Corporate Environmental Responsibility, Employees' Biospheric Values and Pro-environmental Behaviour at Work. *Journal of Environmental Psychology*, 2017 (54): 65-78.

[1008] San Joaquin Valley. 2012. Executive Summary of San Joaquin Valley Unified Air Pollution Control District.

[1009] Sardianou E. Estimating Energy Conservation Patterns of Greek Households. *Energy Policy*, 2007, 35 (7): 3778-3791.

[1010] Sarfraz M., He B., Shah S. G. M. Elucidating the Effectiveness of Cognitive CEO on Corporate Environmental Performance: The Mediating Role of Corporate Innovation. *Environmental Science and Pollution Research International*, 2020, 27

(36): 45938 - 45948.

[1011] Sax, J. L. The Public Trust Doctrine in Natural Resource Law: Effective Judicial Intervention. *Michigan Law Review*, 1970, 68 (3): 471 - 566.

[1012] Schoon M., Cox M. Collaboration, Adaptation, and Scaling: Perspectives on Environmental Governance for Sustainability. *Sustainability*, 2018, 10 (3): 679.

[1013] Seror N., Portnov B. A. Estimating the Effectiveness of Different Environmental Law Enforcement Policies on Illegal C&D Waste Dumping in Israel. *Waste Management*, 2020, 102 (C): 241 - 248.

[1014] Shahab Y., Ntim C. G., Chen Y., et al. Chief Executive Officer Attributes, Sustainable Performance, Environmental Performance, and Environmental Reporting: New Insights From Upper Echelons Perspective. *Business Strategy and the Environment*, 2020, 29 (1): 1 - 16.

[1015] Shah S. G. M., Sarfraz M, Ivascu L. Assessing the Interrelationship Corporate Environmental Responsibility, Innovative Strategies, Cognitive and Hierarchical CEO: A Stakeholder Theory Perspective. *Corporate Social Responsibility and Environmental Management*, 2021, 28 (1): 457 - 473.

[1016] Sharma S., Vredenburg H. Proactive Corporate Environmental Strategy and the Development of Competitively Valuable Organizational Capabilities. *Strategic Management Journal*, 1998, 19 (8): 729 - 753.

[1017] Sheldon O. The Philosophy of Management. London: Isaac Pitman & Sons Ltd, 1924: 68 - 96.

[1018] Sheldon O. The Philosophy of Management. London: Sir Isaac Pitman and Sons Ltd, 1924, 2 - 10.

[1019] Shih Y. C., Wang Y., Zhong R, et al. Corporate Environmental Responsibility and Default Risk: Evidence From China. *Pacific - Basin Finance Journal*, 2021: 101596.

[1020] Shima K., Fung S. Voluntary Disclosure of Environmental Performance After Regulatory Change: Evidence From the Utility Industry. *Meditari Accountancy Research*, 2019, 27 (2): 287 - 324.

[1021] Shubham, Charan P, Murty L S. Secondary Stakeholder Pressures and Organizational Adoption of Sustainable Operations Practices: The Mediating Role of Primary Stakeholders. *Business Strategy and The Environment*, 2018, 27 (7): 910 - 923.

[1022] Simon H. *Models of Man*. New York: Wiley, 1957: 241 -260.

[1023] Singh S. K., Del Giudice M., Chierici R., et al. Green Innovation and Environmental Performance: The Role of Green Transformational Leadership and Green Human Resource Management. *Technological Forecasting and Social Change*, 2020 (150): 119762.

[1024] Smith J. M., Price R. G. *The Logic of Animal Conflicts. Nature*, 1973 (246): 15 -18.

[1025] Song H., Zhao C., Zeng J. Can Environmental Management Improve Financial Performance: An Empirical Study of A - shares Listed Companies in China. *Journal of Cleaner Production*, 2017 (141): 1051 -1056.

[1026] Song M. L., Zhao X., Shang Y. P. The Impact of Low-carbon City Construction on Ecological Efficiency: Empirical Evidence From Quasi-natural Experiments. *Resource Conservation Recycle*, 2020 (157): 104777.

[1027] Song W. L., Wan K. M. Does CEO Compensation Reflect Managerial Ability or Managerial Power? Evidence From the Compensation of Powerful CEOs. *Journal of Corporate Finance*, 2019 (56): 1 -14.

[1028] Spence D. B. The Shadow of the Rational Polluter: Rethinking the Role of Rational Actor Models in Environmental Law. *California Law Review*, 2001, 89 (4): 917 -918.

[1029] Suchman M. C. Managing Legitimacy: Strategic and Institutional Approaches. *Academy of Management Review*, 1995, 20 (3): 571 -610.

[1030] Sueyoshi T., Goto M. Weak and Strong Disposability vs. Natural and Managerial Disposability in DEA Environmental Assessment: Comparison Between Japanese Electric Power Industry and Manufacturing Industries. *Energy Economics*, 2012, 34 (3): 686 -699.

[1031] Sun X., Zhu B., Zhang S., et al. New Indices System for Quantifying the Nexus Between Economic-social Development, Natural Resources Consumption, and Environmental Pollution in China During 1978 -2018. *Science of The Total Environment*, 2022 (804): 150180.

[1032] Sun Z. W. How Can Technological Innovation Restrain Carbon Intensity? —Research Onthe Intermediary Effect Based on Energy Consumption Structure. *Advances in Environmental Protection*, 2020, 10 (2): 159 -165.

[1033] Tang Z., Tang J. Stakeholder Corporate Social Responsibility Orientation Congruence, Entrepreneurial Orientation and Environmental Performance of Chinese

Small and Medium-sized Enterprises. *British Journal of Management*, 2018, 29 (4): 634 - 651.

[1034] Tasselli S., Kilduff M., Landis B. Personality Change: Implications for Organizational Behavior. *Academy of Management Annals*, 2018, 12 (2): 467 - 493.

[1035] Taylor D. E. The Environment and the People in American Cities, 1600s - 1900s. Duke University Press, 2009: 89.

[1036] The 2012 Lead State Implementation Plan (SIP), http: //www. aqmd. gov/home/library/clean - air - plans/lead - state - implementation - plan, retrieved in 2016.

[1037] Thomas C. S. *The Institutes of Justinian: With English Introduction, Translation, and Notes*. London: Longmans, Green and Co., 1869: 178.

[1038] Tolmie C. R., Lehnert K., Zhao H. Formal and Informal Institutional Pressures on Corporate Social Responsibility: A Cross-country Analysis. *Corporate Social Responsibility and Environmental Management*, 2020, 27 (2): 786 - 802.

[1039] Tran N., Pham B. The Influence of CEO Characteristics on Corporate Environmental Performance of SMEs: Evidence From Vietnamese SMEs. *Management Science Letters*, 2020, 10 (8): 1671 - 1682.

[1040] Tsalis A. T., Nikolaou E. I., Konstantakopoulou F., Zhang Y., Evangelinos I. K. Evaluating the Corporate Environmental Profile by Analyzing Corporate Social Responsibility Reports. *Economic Analysis and Policy*, 2020 (66): 63 - 75.

[1041] Tsendsuren C., Yadav P. L., Han S. H., et al. Influence of Product Market Competition and Managerial Competency on Corporate Environmental Responsibility: Evidence From the US. *Journal of Cleaner Production*, 2021 (304): 127065.

[1042] Tung A., Baird K., Schoch H. The Effectiveness of Using Environmental Performance Measures. *Australasian Journal of Environmental Management*, 2018, 25 (4): 459 - 474.

[1043] Udayasankar K. Corporate Social Responsibility and Firm Size. *Journal of Business Ethics*, 2008, 83 (2): 167 - 175.

[1044] U. S. EPA Region 10. 2016. NPDES Permit Quality Review (PQR) For Oregon UNITED STATES of America, and State of Iowa, ex Rel., Iowa Department of Vangen S, Huxham C. Aiming for Collaborative Advantage: Challenging the Concept of Shared Vision. *Advanced Institute of Management Research Paper*, 2005 (015).

[1045] Vasconcelos A F. Spiritual Development in Organizations: A Religiousbased Approach. *Journal of Business Ethics*, 2010, 93 (4): 607 – 622.

[1046] Wahba H. Does the Market Value Corporate Environmental Responsibility? An Empirical Examination. *Corporate Social Responsibility and Environmental Management*, 2008, 15 (2): 89 – 99.

[1047] Wang A., Hu S., Lin B. Can Environmental Regulation Solve Pollution Problems? Theoretical Model and Empirical Research Based on the Skill Premium. *Energy Economics*, 2021 (94): 105068.

[1048] Wang C., Wu J., Zhang B. Environmental Regulation, Emissions and Productivity: Evidence From Chinese COD – emitting Manufacturers. *Journal of Environmental Economics and Management*, 2018 (92): 54 – 73.

[1049] Wang J., Ye K. Media Coverage and Firm Valuation: Evidence From China. *Journal of Business Ethics*, 2015, 127 (3): 501 – 511.

[1050] Wang K., Zhang X. The Effect of Media Coverage on Disciplining Firms' Pollution Behaviors: Evidence From Chinese Heavy Polluting Listed Companies. *Journal of Cleaner Production*, 2021 (280): 123035.

[1051] Wang S., Wang H., Wang J., et al. Does Environmental Information Disclosure Contribute to Improve Firm Financial Performance? An Examination of the Underlying Mechanism. *Science of the Total Environment*, 2020 (714): 136855.

[1052] Wang Y., Wilson C., Li Y. Gender Attitudes and the Effect of Board Gender Diversity on Corporate Environmental Responsibility. *Emerging Markets Review*, 2021 (47): 100744.

[1053] Wan L., Wang C., Wang S., et al. How can Government Environmental Enforcement and Corporate Environmental Responsibility Consensus Reduce Environmental Emergencies? *Environmental Geochemistry and Health*, 2021: 1 – 14.

[1054] Warziniack T. Efficiency of Public Goods Provision in Space. *Ecological Economics*, 2010, 69 (8): 1723 – 1730.

[1055] Watts D. J. Strogatz S. H. Collective Dynamics of "Small – World" Networks. Nature, 1998, 393 (6684): 440 – 442.

[1056] Wellman B., Berkowitz S. D. *Social Structures: A Network Approach*. Cambridge University Press, 1997.

[1057] White R. Reparative Justice, Environmental Crime and Penalties for the Powerful. Crime, *Law and Social Change*, 2017, 67 (2): 117 – 132.

[1058] Williamson D., Lynchwood G., Ramsay J., et al. Drivers of Environmental Behaviour in Manufacturing SMEs and the Implications for CSR. *Journal of Busi-*

ness Ethics, 2006, 67 (3): 317 - 330.

[1059] Williamson, S. H. What's in the Water? How Media Coverage of Corporate Genx Pollution Shapes Local Understanding of Risk. *Critical Criminology*, 2018, 26 (2): 289 - 305.

[1060] Withisuphakorn P, Jiraporn P. The Effect of Firm Maturity on Corporate Socialresponsibility (CSR): Do Older Firms Invest More in CSR? *Applied Economics Letters*, 2016, 23 (4): 298 - 301.

[1061] WM Hoffman, RE Frederick. Business Ethics: Readings and Cases in Corporate Morality, McGraw Hill, New York, 1993.

[1062] Wong C. W., Miao X., Cui S., et al. Impact of Corporate Environmental Responsibility on Operating Income: Moderating Role of Regional Disparities in China. *Journal of Business Ethics*, 2018, 149 (2): 363 - 382.

[1063] Wu J. N., Xu M. M., Zhang P. The Impacts of Governmental Performance Assessment Policy and Citizen Participation on Improving Environmental Performance Across Chinese Provinces. *Journal of Cleaner Production*, 2018 (184): 227 - 238.

[1064] Xie J., Nozawa W., Yagi M., et al. Do Environmental, Social, and Governance Activities Improve Corporate Financial Performance? *Business Strategy and the Environment*, 2019, 28 (2): 286 - 300.

[1065] Xie R. H., Yuan Y. J., Huang J. J. Different Types of Environmental Regulations and Heterogeneous Influence on "Green" Productivity: Evidence From China. *Ecological Economics*, 2017 (132): 104 - 112.

[1066] Xie Y., Wu D., and Zhu S. Can New Energy Vehicles Subsidy Curb the Urban Air Pollution? Empirical Evidence From Pilot Cities in China. *Science of the Total Environment*, 2021 (754): 142232.

[1067] Xu F., Yang M., Li Q., et al. Long-term Economic Consequences of Corporate Environmental Responsibility: Evidence From Heavily Polluting Listed Companies in China. *Business Strategy and the Environment*, 2020, 29 (6): 2251 - 2264.

[1068] Xu J., Huang D., He Z, Zhu Y. Research on the Structural Features and Influential Factors of the Spatial Network of China's Regional Ecological Efficiency Spillover. *Sustainability*, 2020, 12 (8): 31 - 37.

[1069] Xu J., Wei J., Lu L. Strategic Stakeholder Management, Environmental Corporate Social Responsibility Engagement, and Financial Performance of Stigmatized Firms Derived From Chinese Special Environmental Policy. *Business Strategy and the Environment*, 2019, 28 (6): 1027 – 1044.

[1070] Xu S., Ma P. CEOs' Poverty Experience and Corporate Social Responsibility: Are CEOs Who Have Experienced Poverty More Generous? *Journal of Business Ethics*, 2021: 1 – 30.

[1071] Xu X., Arshad M. A., Mahmood A. Analysis on International Competitiveness of Service Trade in the Guangdong – Hong Kong – Macao Greater Bay Area Based on Using the Entropy and Gray Correlation Methods. *Entropy*, 2021, 23 (10): 1253.

[1072] Xu Z., Hou J. Effects of CEO Overseas Experience on Corporate Social Responsibility: Evidence From Chinese Manufacturing Listed Companies. *Sustainability*, 2021, 13 (10): 5335.

[1073] Yang A., Liu W. Corporate Environmental Responsibility and Global Online Cross-sector Alliance Network: A Cross-national Study. *Environmental Communication*, 2018, 12 (1): 99 – 114.

[1074] Yang D., Wang A. X., Zhou K. Z., et al. Environmental Strategy, Institutional Force, and Innovation Capability: A Managerial Cognition Perspective. *Journal of Business Ethics*, 2019, 159 (4): 1147 – 1161.

[1075] Yang J., Guo H., Liu B., et al. Environmental Regulation and the Pollution Haven Hypothesis: Do Environmental Regulation Measures Matter? *Journal of Cleaner Production*, 2018 (202): 993 – 1000.

[1076] Yang M. Z., Bhatta R. A., Chou S. Y., Hsieh C. I. The Impact of Prenatal Exposure to Power Plant Emissions on Birth Weight: Evidence From a Pennsylvania Power Plant Located Upwind of New Jersey. *Journal of Policy Analysis and Management*, 2017, 36 (3): 557 – 583.

[1077] Youn H., Hua N., Lee S. Does Size Matter? Corporate Social Responsibility and Firm Performance in the Restaurant Industry. *International Journal of Hospitality Management*, 2015 (51): 127 – 134.

[1078] Yu C. C., Chen C. S. From the Actual Practice of Corporate Environmental Strategy to the Creation of a Suggested Framework of Corporate Environmental Responsibility. *Environmental Engineering Science*, 2014, 31 (2): 61 – 70.

[1079] Yu J., Lo C. W. H., Li P. H. Y. Organizational Visibility, Stakeholder Environmental Pressure and Corporate Environmental Responsiveness in China. *Business Strategy and the Environment*, 2017, 26 (3): 371 – 384.

[1080] Zeng Y., Gulzar M. A., Wang Z., et al. The Effect of Expected Financial Performance on Corporate Environmental Responsibility Disclosure: Evidence From China. *Environmental Science and Pollution Research*, 2020, 27 (30): 37946 – 37962.

[1081] Zhang C., Liu Q., Ge G., et al. The Impact of Government Intervention on Corporate Environmental Performance: Evidence From China's National Civilized City Award. *Finance Research Letters*, 2021 (39): 101624.

[1082] Zhang C. Political Connections and Corporate Environmental Responsibility: Adopting or Escaping? *Energy Economics*, 2017 (68): 539 – 547.

[1083] Zhang G., Deng N., Mou H., et al. The Impact of the Policy and Behavior of Public Participation on Environmental Governance Performance: Empirical Analysis Based on Provincial Panel Data in China. *Energy Policy*, 2019, 129 (C): 1347 – 1354.

[1084] Zhang H., Xu T. T., Feng Chao. Does Public Participation Promote Environmental Efficiency? Evidence From a Quasi-natural Experiment of Environmental Information Disclosure in China. *Energy Economics*, 2022 (108): 105871.

[1085] Zhang M., Liu X., Sun X., et al. The Influence of Multiple Environmental Regulations on Haze Pollution: Evidence From China. *Atmospheric Pollution Research*, 2020, 11 (6): 170 – 179.

[1086] Zhang Q., Yu Z., Kong D. The Real Effect of Legal Institutions: Environmental Courts and Firm Environmental Protection Expenditure. *Journal of Environmental Economics and Management*, 2019 (98): 102254.

[1087] Zhang R., Ma W., Liu J. Impact of Government Subsidy on Agricultural Production and Pollution: A Game-theoretic Approach. *Journal of Cleaner Production*, 2021 (285): 124806.

[1088] Zhao X., Wang W., Wan W. Regional Differences in the Health Status of Chinese Residents: 2003 – 2013. *Journal of Geographical Sciences*, 2018, 28 (6): 741 – 758.

[1089] Zhou Q., Zhang X., Shao Q., et al. The Non-linear Effect of Environmental Regulation on Haze Pollution: Empirical Evidence for 277 Chinese Cities During 2002 – 2010. *Journal of Environmental Management*, 2019 (248): 109274.

[1090] Zhou Y., Zhu S. J., He C. F. How do Environmental Regulations Affect Industrial Dynamics? Evidence From China's Pollution-intensive Industries. *Habitat International*, 2017 (60): 10 – 18.

[1091] Zimmerman M. A., Zeitz G. J. Beyond Survival: Achieving New Venture Growth by Building Legitimacy. *Academy of Management Review*, 2002, 27 (3): 414-431.

[1092] Zou H., Xie X., Qi G., et al. The Heterogeneous Relationship Between Board Social Ties and Corporate Environmental Responsibility in an Emerging Economy. *Business Strategy and the Environment*, 2019, 28 (1): 40-52.

调查问卷之一

您好，这是一份有关企业环境责任履行水平与驱动因素的学术性问卷，问卷中所有的题项都是供您选择的项目，它们之间没有“对”“错”之分，也没有所谓的标准答案，您只需在阅读完问卷的所有内容后，根据您所在企业的实际情况，尽可能准确、客观地回答每个问题，不要遗漏任何一题。

本问卷的调查对象包括比较了解企业环境管理情况的管理人员以及长期奉献在企业基层岗位的基层工作人员，请依据贵企业的现实情况，选择您对以下描述与贵企业环境管理实践最接近的符合选项。比如选择“1”表示您所在的企业与此方面的描述相差甚远，选择“2”表示不太符合，选择“3”表示一般符合；依此类推，选择“4”表示比较符合，选择“5”表示您所在企业的情况与此项描述十分相符，请在相应的数字上画“√”。

问卷收集到的所有信息都只用于本文的研究需要，本人承诺不会泄露问卷中的任何信息，请您依据所在企业的实际情况安心填完整份问卷，谢谢您的支持！

（一）环境责任履行

企业为自身的环境行为承担义务，尽量减少资源消耗和污染排放，促进经济与环境协调发展所采取的相关措施。

1 表示与此项完全不符合；2 表示与此项不太相符；3 表示与此项基本相符；4 表示与此项较为相符；5 表示与此项完全相符。（以上解释用于回答下面七项选项）						
“三同时”制度执行情况	在建设项目中防治污染的设施与主体工程同时设计、同时施工、同时投产使用	1	2	3	4	5
环境污染事件应急预案	设立了详细、完善和系统的突发环境污染事件应急预案	1	2	3	4	5

续表

环境表彰和奖励情况	由于环保方面表现优秀，获得过政府的环境表彰或者其他物质性奖励	1	2	3	4	5
员工教育培训	对员工进行相关的环保教育与培训，提高员工清洁生产意识和能力	1	2	3	4	5
战略决策与执行	在战略决策过程当中会积极考虑环境保护因素，并在公司内部设立专门的环境战略执行机构	1	2	3	4	5
绿色生产	致力于开发和探索对环境有益的相关产品和设备设施，或者在生产过程中积极采取减少污染物产出的政策、措施或技术	1	2	3	4	5
绿色办公	在日常办公的过程中会采用绿色办公政策或措施，节约资源、减少浪费	1	2	3	4	5

（二）环境责任驱动因素

引起或能够促进企业履行环境责任的相关因素

1 表示与此项完全不符合；2 表示与此项不太相符；3 表示与此项基本相符；4 表示与此项较为相符；5 表示与此项完全相符。（以上解释用于回答下面八项选项）						
环境法规驱动	环保法律强制约束企业经营过程中实施环境保护	1	2	3	4	5
政府政策扶持驱动	环保法律强制约束企业经营过程中实施环境保护	1	2	3	4	5
媒体关注驱动	媒体压力对企业开展绿色经营活动有重要影响	1	2	3	4	5
市场竞争驱动	绿色市场环境促进本企业实施环境管理，如来自行业、消费者和供应商等的压力	1	2	3	4	5
管理层生态责任驱动	业高管对企业生态责任有很强的敏感意识并积极承诺	1	2	3	4	5
环境管理水平驱动	良好的环境管理水平促进企业的环境管理行为	1	2	3	4	5
企业效益驱动	观的效益促使企业引进环保设计、清洁生产技术，促使企业实施积极的、主动的和前瞻性的环保行为	1	2	3	4	5
企业资源技术驱动	企业拥有丰富的实施环保措施的资源和技术能力	1	2	3	4	5

（三）企业绩效

企业在开展绿色经营管理和环境体制管理后，因资源利用效率的提升、生产经营成本减少，从而在盈利能力和营运能力上取得了能力优势的提升并使企业获得了良好的环境和经济效益。

1 表示无提高或降低；2 表示提高在 1% 以内；3 表示提高在 1% ~5% 以内；4 表示提高在 5% ~10% 以内；5 表示提高在 10% 以上。（以上解释用于回答下面四项选项）						
盈利能力	企业近 5 年的获利能力情况	1	2	3	4	5
营运能力	企业近 5 年的营运能力情况	1	2	3	4	5
偿债能力	企业近 5 年的偿债能力情况	1	2	3	4	5
发展能力	企业近 5 年的实力、规模情况	1	2	3	4	5

（四）公司基本信息

1	公司所在地：		
2	公司从事的行业： （）能源化工业；（）生物制药业；（）造纸业；（）纺织业；（）家具制造业； （）食品饮料业；（）其他（请注明）：		
3	公司性质： （）国有企业；（）国有独资企业；（）股份制企业；（）民营企业；（）合资企业； （）其他（请注明）：		
4	公司成立时间：		
5	公司职员数： （）300 人以下；（）300 ~499 人；（）500 ~999 人；（）1 000 ~1 499 人； （）1 500 ~1 999 人；（）2 000 人以上		
6	企业的年销售收入： （）3 000 万元以下；（）3 000 万 ~9 999 万元；（）10 000 万（1 亿元）~199 999 万元； （）20 000 万（2 亿元）~29 999 万元；（）3 亿元以上		
7	您所在的部门：	职责：	您的联系方式：
8	您对本次调研的意见和建议：		

调查问卷之二

您好，这是一份有关政府环境责任履行水平的学术性问卷，问卷中所有的题项都是供您选择的项目，它们之间没有“对”“错”之分，也没有所谓的标准答案，您只需在阅读完问卷的所有内容后，根据您所在城市的实际情况，尽可能准确、客观地回答每个问题，不要遗漏任何一题。

本问卷涉及政府部门所辖地区开展环保工作的现状和问题，请依据您所居住城市的现实情况，选择您对以下描述最为接近的符号选项。比如选择“1”表示您所在的城市与此方面的描述完全不符合；选择“2”表示不太相符；选择“3”表示基本相符；选择“4”表示较为相符；选择“5”表示您所在的城市情况与此项完全相符，并请在相应的选项上画“√”。

问卷收集到的所有信息都只用于本书的研究需要，本人承诺不会泄露问卷中的任何信息，请您依据实际情况安心填完整份问卷，谢谢您的支持！

（一）个人基本信息

1	您的性别：○男○女
2	您的年龄： ○25岁以下○25~35岁○36~45岁○46~55岁○55岁以上
3	您在政府部门工作的年限：________ ○5年以下○5~15年○16~25年○26~35年○35年以上
4	您所工作的政府部门属于： ○省直机关○市直机关○县直机关○其他________
5	您现阶段的职务级别为： ○省部级 ○市厅级 ○县处级 ○科级 ○无级别

（二）城市基本信息

针对现阶段您所居住城市环境情况，您认为：

1	城市目前所存在的主要环境污染问题： ○空气污染 ○水污染 ○噪声污染 ○土壤污染 ○其他________
2	城市现阶段的环境质量如何： ○优秀○良好○一般○差
3	城市的环境质量与以往五年相比如何： ○较大改善○略有改善○无改善○有些恶化○更为恶化

（三）政府部门的环境责任履行情况

政府部门在开展环境保护工作过程中，分别在环境治理、环境监管和促进公众参与的相对应工作中，所展现出的工作情况，您认为：

1 表示与此项完全不符合；2 表示与此项不太相符；3 表示与此项基本相符；4 表示与此项较为相符；5 表示与此项完全相符。（以上解释用于回答下面的选项）

环境治理情况	1. 政府部门制定环境保护规划的十分合理	1	2	3	4	5
	2. 政府部门发布的环境污染控制相关条例和应对措施已经十分完善	1	2	3	4	5
	3. 政府部门对于突发环境污染的应急预案已经十分完备	1	2	3	4	5
	4. 政府部门对于环保投入的情况十分合理	1	2	3	4	5
环境监管情况	1. 政府部门对于环境监管网格化管理的实行情况十分合理	1	2	3	4	5
	2. 政府部门对于空气、水等环境监测工作执行以及监控预警情况十分完善	1	2	3	4	5
	3. 政府部门对于下级政府的环境监管情况十分及时	1	2	3	4	5
	4. 政府部门对于辖区内企业环境监管和违法企业的处理十分及时	1	2	3	4	5
	5. 政府部门对于辖区内的环境纠纷处理情况十分及时且完备	1	2	3	4	5
	6. 政府部门对于使用媒体报道环境污染情况十分及时	1	2	3	4	5
	7. 政府部门对于辖区内污染防治设施监管的情况十分及时	1	2	3	4	5

续表

促进公众参与情况	1. 政府部门开展环境宣传工作十分及时	1	2	3	4	5
	2. 政府部门处理环境信访问题十分及时	1	2	3	4	5
	3. 政府部门公开环境信息情况十分及时	1	2	3	4	5
	4. 政府部门开展相关环保培训十分及时	1	2	3	4	5
您认为现阶段环境治理仍存在的困难和挑战：						
您对本次调研的意见和建议：						

调查问卷之三

您好，这是一份有关企业环境责任与政府环境责任协同的学术性问卷，问卷中所有的题项都是供您选择的项目，它们之间没有“对”“错”之分，也没有所谓的标准答案，您只需在阅读完问卷的所有内容后，根据您所在单位（或组织）的实际情况，尽可能准确、客观地回答每个问题，不要遗漏任何一题。

结合研究的目的与需要，本问卷的调查对象包括企业人员，政府人员以及公众与社会组织人员，请依据您所掌握的实际情况，选择与您所在的单位（或组织）环境管理实践最接近的符合选项，并在相应的选项上画“√”。

本问卷分由三个部分组成。若您属于公司职员，请完成第一部分问卷；若您属于政府人员，请完成第二部分问卷；若您属于公众或社会组织人员，请完成第三部分问卷。

本课题组承诺问卷收集到的所有信息都只用于本研究的需要，不会泄露问卷中的任何信息，请您依据所在单位（或组织）的实际情况准确填完整份问卷，谢谢您的支持！

第一部分：企业环境责任履行

（1）您的职位是？

A. 高级管理人员　B. 中级管理人员　C. 普通员工

（2）您的年龄是？

A. 22～28　B. 29～35　C. 36～45　D. 45岁以上

（3）您所在公司的所属行业？

A. 能源化工业　B. 生物制药业　C. 造纸业　D. 纺织业

E. 家具制造业；　F. 食品饮料业　G. 其他（请注明）

（4）您所在公司的性质？

A. 国有企业　B. 国有独资企业　C. 股份制企业　D. 民营企业

E. 合资企业　　F. 其他（请注明）

（5）您所在的公司制定了较为完备的突发性环境事件应急预案？

A. 有制定　　B. 未制定　　C. 不清楚

（6）您所在的公司在执行国家和地方污染物排放标准的同时，遵守分解落实到本单位的重点污染物排放总量控制指标？

A. 有遵守　　B. 未遵守　　C. 不清楚

（7）您所在的公司有进行绿色技术研发与专利申请，申请环境标志认定？

A. 有　　B. 没有　　C. 不清楚

（8）如果贵公司的合作商有通过环保资质认证，如 ISO14001 认证，您或者您公司会优先考虑吗？

A. 会　　B. 不会　　C. 不确定

（9）您公司或者您个人觉得使用绿色材料或天然材质产品重要吗？

A. 重要　　B. 不重要　　C. 不确定

（10）您公司在日常办公的过程中会采用绿色办公政策或措施，节约能源、减少浪费？

A. 非常符合　　B. 比较符合　　C. 不太符合　　D. 不清楚

（11）您公司建立了环境保护责任制度，明确单位负责人和相关人员的责任？

A. 符合　　B. 不符合　　C. 不清楚

（12）您公司积极采用资源利用率高、污染物排放量少的工艺、设备等？

A. 非常符合　　B. 比较符合　　C. 不太符合　　D. 不清楚

（13）您公司采取了自主减排措施，达到了超低排放？

A. 非常符合　　B. 比较符合　　C. 不太符合　　D. 不清楚

（14）您认为政府和公众在环境保护中应当承担哪些责任，请简要说明？

第二部分：政府环境责任履行

（1）您所在政府部门的属于？

A. 省直机关　　B. 市值机关　　C. 县直机关　　D. 其他

（2）您的年龄是？

A. 22～28　　B. 29～35　　C. 36～45　　D. 45 岁以上

（3）您现阶段的行政级别？

A. 省部级　　B. 市厅级　　C. 县处级　　D. 科级

E. 无级别

（4）您所在的地方政府是否重视环境污染治理投资？

A. 非常重视　　B. 比较重视　　C. 不太重视　　D. 不清楚

(5) 您所在的地方政府是否定期开展污染源监督性监测?

A. 是　　B. 否　　C. 不清楚

(6) 您所在的地方政府是否有公开污染源监管信息?

A. 是　　B. 否　　C. 不清楚

(7) 您觉得政府在促进本地发展过程中，哪些方面是首要考量 (可多选)?

A. 经济发展　　B. 社会民生

C. 公共服务　　D. 其他 (请注明)

(8) 您所在的地方政府组织宣传环保活动的频率?

A. 一个月一次　　B. 三个月一次

C. 半年一次　　D. 一年一次及以下

(9) 您所在的地方政府主要通过说明渠道发布环境信息 (可多选)?

A. 电视、广播等　　B. 微博、微信公众号等网络媒体

C. 报刊　　D. 新闻发布会

E. 以上皆有

(10) 您认为制约本市环境治理的主要问题有哪些 (可多选)?

A. 居民环保意识薄弱　　B. 环保资金缺乏

C. 管理制度存在缺陷　　D. 缺乏专业的环保人员

(11) 您所在的城市采取了哪些类型的环境治理措施 (可多选)?

A. 行政命令型　　B. 市场激励性　　C. 自发型　　D. 以上皆有

(12) 您所在的地方政府建立了环境保护责任制度，明确单位负责人和相关人员的责任?

A. 符合　　B. 不符合　　C. 不清楚

(13) 您所在城市的政府对辖区内企业开展环境检查的频率?

A. 一个月一次　　B. 三个月一次　　C. 半年一次　　D. 一年一次及以上

(14) 您认为政府在对企业进行环境监管时的主要难点在于?

A. 资金不足　　B. 缺乏专业人士　　C. 信息弱势　　D. 激励不足

(15) 您认为企业和公众在环境保护中应当承担哪些责任，请简要说明?

第三部分：公众与社会组织环境责任履行

(1) 您的居住地:

(2) 您的年龄是?

A. 0~18　　B. 19~29　　C. 30~49　　D. 49岁以上

(3) 您所在的组织类型?

A. 社会团体　　B. 民办非企业单位

C. 基金会　　D. 无

(4) 您觉得本地的环境质量如何?

A. 很好　　B. 较好　　C. 一般　　D. 不好

E. 很差

(5) 您觉得本地的企业对环境的污染程度如何?

A. 严重污染　　B. 污染较轻　　C. 基本无污染　　D. 与我无关

(6) 您认为当前面临的环境污染的主要问题有哪些?

A. 水污染　　B. 大气污染

C. 植被破坏　　D. 固体废弃物污染

E. 其他各种污染

(7) 您觉得政府及企业在环境保护方面做得怎么样?

A. 做得很好　　B. 做得还行　　C. 有待改进　　D. 不好

(8) 您认为治理环境污染的主力军是谁?

A. 政府　　B. 群众　　C. 民间机构　　D. 企业

(9) 您愿意每周采取一次步行或公共交通出行以来减少尾气排放吗?

A. 很愿意　　B. 愿意　　C. 一般　　D. 不太愿意

E. 不愿意

(10) 您愿意使用清洁过滤后的中水吗?

A. 十分愿意　　B. 愿意　　C. 不清楚　　D. 不愿意

E. 十分不愿意

(11) 您认为应当建立怎样的投资方式加强环保和节能工作?

A. 建立以政府投入为主的机制　　B. 建立以企业投入为主的机制

C. 建立企业投入为主，政府适当支持、投资方式多样的多元投入机制

(12) 您参与过政府部门组织的环保活动吗?

A. 经常参与　　B. 偶尔参与　　C. 没参与过

(13) 如果邀请您对政府的环境保护工作进行监督，您愿意吗?

A. 愿意　　B. 无所谓　　C. 不愿意

(14) 面对环境污染事件，您会主动进行举报吗?

A. 会　　B. 不确定　　C. 不会

(15) 您是通过什么渠道获得有关环境保护的信息的(可多选)?

A. 电视、广播　　B. 政府部门的宣传工作

C. 报纸杂志　　D. 工作单位的普及教育活动

E. 亲友、同事

(16) 您认为政府和企业在环境保护中应当承担哪些责任，请简要说明?

后　记

本书是教育部哲学社会科学研究重大课题攻关项目“企业环境责任与政府环境责任协同机制研究”（批准号：19JZD024）的主要研究成果，研究团队还得到国家社科基金重大项目“新发展格局下我国制造业高端嵌入全球价值链研究”（项目号22&ZD100）、国家自然科学基金面上项目“基于市场的政策工具对能源-经济-环境系统的影响机理及基于MBIs-CGE模型的政策评估研究”（项目号71774053）、湖南省自然科学基金青年项目“减污降碳协同视角下市场型环境政策的成本效益与优化选择”（项目号2023JJ40453）以及其他省、部和企业委托的重大课题的大力支持。在此，衷心感谢教育部、全国哲学社会科学工作办公室、国家自然科学基金委员会以及其他省、部相关科研管理部门和有关企业对团队科研工作的大力支持。在研究过程中，参考了大量的国内外有关研究成果，衷心感谢所有参考文献的作者！衷心感谢经济科学出版社为本书的出版进行的精心细致的修订与整理。

胡宗义教授主持了与本书相关的课题研究工作，提出了本书中的主要思想和学术观点，制定了本书的详细大纲，组织了本书的撰写、改写、整理和定稿过程。参加相关课题研究和书稿整理工作的还有李毅、黎晓青、周积琨、刘佳琦、何冰洋、张青、李好、许和连、祝树金、刘亦文、杨晨、项從、胡人婧、王弘毅、乔弘宇等。衷心感谢湖南大学、湖南师范大学、湖南工商大学、湖南省社会科学院、湖南省统计局等单位！衷心感谢朱慧明教授、罗能生教授、乔海曙教授、晏艳阳教授、王修华教授等专家学者对本书的写作提出的宝贵意见与建议！

企业环境责任与政府环境责任协同是完善现代化环境治理体系的必然要求，也是实现生态环境共建、共治、共享的必由之路。该研究需要长期的积累与深入探究，作者水平有限，定有不足之处，恳请读者不吝赐教。

教育部哲学社會科学研究重大課題攻関項目

成果出版列表

序号	书　名	首席专家
1	《马克思主义基础理论若干重大问题研究》	陈先达
2	《马克思主义理论学科体系建构与建设研究》	张雷声
3	《马克思主义整体性研究》	逄锦聚
4	《改革开放以来马克思主义在中国的发展》	顾钰民
5	《新时期　新探索　新征程 ——当代资本主义国家共产党的理论与实践研究》	聂运麟
6	《坚持马克思主义在意识形态领域指导地位研究》	陈先达
7	《当代资本主义新变化的批判性解读》	唐正东
8	《当代中国人精神生活研究》	童世骏
9	《弘扬与培育民族精神研究》	杨叔子
10	《当代科学哲学的发展趋势》	郭贵春
11	《服务型政府建设规律研究》	朱光磊
12	《地方政府改革与深化行政管理体制改革研究》	沈荣华
13	《面向知识表示与推理的自然语言逻辑》	鞠实儿
14	《当代宗教冲突与对话研究》	张志刚
15	《马克思主义文艺理论中国化研究》	朱立元
16	《历史题材文学创作重大问题研究》	童庆炳
17	《现代中西高校公共艺术教育比较研究》	曾繁仁
18	《西方文论中国化与中国文论建设》	王一川
19	《中华民族音乐文化的国际传播与推广》	王耀华
20	《楚地出土戰國簡册［十四種］》	陈　伟
21	《近代中国的知识与制度转型》	桑　兵
22	《中国抗战在世界反法西斯战争中的历史地位》	胡德坤
23	《近代以来日本对华认识及其行动选择研究》	杨栋梁
24	《京津冀都市圈的崛起与中国经济发展》	周立群
25	《金融市场全球化下的中国监管体系研究》	曹凤岐
26	《中国市场经济发展研究》	刘　伟
27	《全球经济调整中的中国经济增长与宏观调控体系研究》	黄　达
28	《中国特大都市圈与世界制造业中心研究》	李廉水

序号	书 名	首席专家
29	《中国产业竞争力研究》	赵彦云
30	《东北老工业基地资源型城市发展可持续产业问题研究》	宋冬林
31	《转型时期消费需求升级与产业发展研究》	臧旭恒
32	《中国金融国际化中的风险防范与金融安全研究》	刘锡良
33	《全球新型金融危机与中国的外汇储备战略》	陈雨露
34	《全球金融危机与新常态下的中国产业发展》	段文斌
35	《中国民营经济制度创新与发展》	李维安
36	《中国现代服务经济理论与发展战略研究》	陈 宪
37	《中国转型期的社会风险及公共危机管理研究》	丁烈云
38	《人文社会科学研究成果评价体系研究》	刘大椿
39	《中国工业化、城镇化进程中的农村土地问题研究》	曲福田
40	《中国农村社区建设研究》	项继权
41	《东北老工业基地改造与振兴研究》	程 伟
42	《全面建设小康社会进程中的我国就业发展战略研究》	曾湘泉
43	《自主创新战略与国际竞争力研究》	吴贵生
44	《转轨经济中的反行政性垄断与促进竞争政策研究》	于良春
45	《面向公共服务的电子政务管理体系研究》	孙宝文
46	《产权理论比较与中国产权制度变革》	黄少安
47	《中国企业集团成长与重组研究》	蓝海林
48	《我国资源、环境、人口与经济承载能力研究》	邱 东
49	《“病有所医”——目标、路径与战略选择》	高建民
50	《税收对国民收入分配调控作用研究》	郭庆旺
51	《多党合作与中国共产党执政能力建设研究》	周淑真
52	《规范收入分配秩序研究》	杨灿明
53	《中国社会转型中的政府治理模式研究》	娄成武
54	《中国加入区域经济一体化研究》	黄卫平
55	《金融体制改革和货币问题研究》	王广谦
56	《人民币均衡汇率问题研究》	姜波克
57	《我国土地制度与社会经济协调发展研究》	黄祖辉
58	《南水北调工程与中部地区经济社会可持续发展研究》	杨云彦
59	《产业集聚与区域经济协调发展研究》	王 珺

序号	书　名	首席专家
60	《我国货币政策体系与传导机制研究》	刘　伟
61	《我国民法典体系问题研究》	王利明
62	《中国司法制度的基础理论问题研究》	陈光中
63	《多元化纠纷解决机制与和谐社会的构建》	范　愉
64	《中国和平发展的重大前沿国际法律问题研究》	曾令良
65	《中国法制现代化的理论与实践》	徐显明
66	《农村土地问题立法研究》	陈小君
67	《知识产权制度变革与发展研究》	吴汉东
68	《中国能源安全若干法律与政策问题研究》	黄　进
69	《城乡统筹视角下我国城乡双向商贸流通体系研究》	任保平
70	《产权强度、土地流转与农民权益保护》	罗必良
71	《我国建设用地总量控制与差别化管理政策研究》	欧名豪
72	《矿产资源有偿使用制度与生态补偿机制》	李国平
73	《巨灾风险管理制度创新研究》	卓　志
74	《国有资产法律保护机制研究》	李曙光
75	《中国与全球油气资源重点区域合作研究》	王　震
76	《可持续发展的中国新型农村社会养老保险制度研究》	邓大松
77	《农民工权益保护理论与实践研究》	刘林平
78	《大学生就业创业教育研究》	杨晓慧
79	《新能源与可再生能源法律与政策研究》	李艳芳
80	《中国海外投资的风险防范与管控体系研究》	陈菲琼
81	《生活质量的指标构建与现状评价》	周长城
82	《中国公民人文素质研究》	石亚军
83	《城市化进程中的重大社会问题及其对策研究》	李　强
84	《中国农村与农民问题前沿研究》	徐　勇
85	《西部开发中的人口流动与族际交往研究》	马　戎
86	《现代农业发展战略研究》	周应恒
87	《综合交通运输体系研究——认知与建构》	荣朝和
88	《中国独生子女问题研究》	风笑天
89	《我国粮食安全保障体系研究》	胡小平
90	《我国食品安全风险防控研究》	王　硕

序号	书　名	首席专家
91	《城市新移民问题及其对策研究》	周大鸣
92	《新农村建设与城镇化推进中农村教育布局调整研究》	史宁中
93	《农村公共产品供给与农村和谐社会建设》	王国华
94	《中国大城市户籍制度改革研究》	彭希哲
95	《国家惠农政策的成效评价与完善研究》	邓大才
96	《以民主促进和谐——和谐社会构建中的基层民主政治建设研究》	徐　勇
97	《城市文化与国家治理——当代中国城市建设理论内涵与发展模式建构》	皇甫晓涛
98	《中国边疆治理研究》	周　平
99	《边疆多民族地区构建社会主义和谐社会研究》	张先亮
100	《新疆民族文化、民族心理与社会长治久安》	高静文
101	《中国大众媒介的传播效果与公信力研究》	喻国明
102	《媒介素养：理念、认知、参与》	陆　晔
103	《创新型国家的知识信息服务体系研究》	胡昌平
104	《数字信息资源规划、管理与利用研究》	马费成
105	《新闻传媒发展与建构和谐社会关系研究》	罗以澄
106	《数字传播技术与媒体产业发展研究》	黄升民
107	《互联网等新媒体对社会舆论影响与利用研究》	谢新洲
108	《网络舆论监测与安全研究》	黄永林
109	《中国文化产业发展战略论》	胡惠林
110	《20 世纪中国古代文化经典在域外的传播与影响研究》	张西平
111	《国际传播的理论、现状和发展趋势研究》	吴　飞
112	《教育投入、资源配置与人力资本收益》	闵维方
113	《创新人才与教育创新研究》	林崇德
114	《中国农村教育发展指标体系研究》	袁桂林
115	《高校思想政治理论课程建设研究》	顾海良
116	《网络思想政治教育研究》	张再兴
117	《高校招生考试制度改革研究》	刘海峰
118	《基础教育改革与中国教育学理论重建研究》	叶　澜
119	《我国研究生教育结构调整问题研究》	袁本涛 王传毅
120	《公共财政框架下公共教育财政制度研究》	王善迈

序号	书名	首席专家
121	《农民工子女问题研究》	袁振国
122	《当代大学生诚信制度建设及加强大学生思想政治工作研究》	黄蓉生
123	《从失衡走向平衡：素质教育课程评价体系研究》	钟启泉 崔允漷
124	《构建城乡一体化的教育体制机制研究》	李　玲
125	《高校思想政治理论课教育教学质量监测体系研究》	张耀灿
126	《处境不利儿童的心理发展现状与教育对策研究》	申继亮
127	《学习过程与机制研究》	莫　雷
128	《青少年心理健康素质调查研究》	沈德立
129	《灾后中小学生心理疏导研究》	林崇德
130	《民族地区教育优先发展研究》	张诗亚
131	《WTO 主要成员贸易政策体系与对策研究》	张汉林
132	《中国和平发展的国际环境分析》	叶自成
133	《冷战时期美国重大外交政策案例研究》	沈志华
134	《新时期中非合作关系研究》	刘鸿武
135	《我国的地缘政治及其战略研究》	倪世雄
136	《中国海洋发展战略研究》	徐祥民
137	《深化医药卫生体制改革研究》	孟庆跃
138	《华侨华人在中国软实力建设中的作用研究》	黄　平
139	《我国地方法制建设理论与实践研究》	葛洪义
140	《城市化理论重构与城市化战略研究》	张鸿雁
141	《境外宗教渗透论》	段德智
142	《中部崛起过程中的新型工业化研究》	陈晓红
143	《农村社会保障制度研究》	赵　曼
144	《中国艺术学学科体系建设研究》	黄会林
145	《人工耳蜗术后儿童康复教育的原理与方法》	黄昭鸣
146	《我国少数民族音乐资源的保护与开发研究》	樊祖荫
147	《中国道德文化的传统理念与现代践行研究》	李建华
148	《低碳经济转型下的中国排放权交易体系》	齐绍洲
149	《中国东北亚战略与政策研究》	刘清才
150	《促进经济发展方式转变的地方财税体制改革研究》	钟晓敏
151	《中国—东盟区域经济一体化》	范祚军

序号	书　名	首席专家
152	《非传统安全合作与中俄关系》	冯绍雷
153	《外资并购与我国产业安全研究》	李善民
154	《近代汉字术语的生成演变与中西日文化互动研究》	冯天瑜
155	《新时期加强社会组织建设研究》	李友梅
156	《民办学校分类管理政策研究》	周海涛
157	《我国城市住房制度改革研究》	高　波
158	《新媒体环境下的危机传播及舆论引导研究》	喻国明
159	《法治国家建设中的司法判例制度研究》	何家弘
160	《中国女性高层次人才发展规律及发展对策研究》	佟　新
161	《国际金融中心法制环境研究》	周仲飞
162	《居民收入占国民收入比重统计指标体系研究》	刘　扬
163	《中国历代边疆治理研究》	程妮娜
164	《性别视角下的中国文学与文化》	乔以钢
165	《我国公共财政风险评估及其防范对策研究》	吴俊培
166	《中国历代民歌史论》	陈书录
167	《大学生村官成长成才机制研究》	马抗美
168	《完善学校突发事件应急管理机制研究》	马怀德
169	《秦简牍整理与研究》	陈　伟
170	《出土简帛与古史再建》	李学勤
171	《民间借贷与非法集资风险防范的法律机制研究》	岳彩申
172	《新时期社会治安防控体系建设研究》	宫志刚
173	《加快发展我国生产服务业研究》	李江帆
174	《基本公共服务均等化研究》	张贤明
175	《职业教育质量评价体系研究》	周志刚
176	《中国大学校长管理专业化研究》	宣　勇
177	《“两型社会”建设标准及指标体系研究》	陈晓红
178	《中国与中亚地区国家关系研究》	潘志平
179	《保障我国海上通道安全研究》	吕　靖
180	《世界主要国家安全体制机制研究》	刘胜湘
181	《中国流动人口的城市逐梦》	杨菊华
182	《建设人口均衡型社会研究》	刘渝琳
183	《农产品流通体系建设的机制创新与政策体系研究》	夏春玉

序号	书　名	首席专家
184	《区域经济一体化中府际合作的法律问题研究》	石佑启
185	《城乡劳动力平等就业研究》	姚先国
186	《20世纪朱子学研究精华集成——从学术思想史的视角》	乐爱国
187	《拔尖创新人才成长规律与培养模式研究》	林崇德
188	《生态文明制度建设研究》	陈晓红
189	《我国城镇住房保障体系及运行机制研究》	虞晓芬
190	《中国战略性新兴产业国际化战略研究》	汪　涛
191	《证据科学论纲》	张保生
192	《要素成本上升背景下我国外贸中长期发展趋势研究》	黄建忠
193	《中国历代长城研究》	段清波
194	《当代技术哲学的发展趋势研究》	吴国林
195	《20世纪中国社会思潮研究》	高瑞泉
196	《中国社会保障制度整合与体系完善重大问题研究》	丁建定
197	《民族地区特殊类型贫困与反贫困研究》	李俊杰
198	《扩大消费需求的长效机制研究》	臧旭恒
199	《我国土地出让制度改革及收益共享机制研究》	石晓平
200	《高等学校分类体系及其设置标准研究》	史秋衡
201	《全面加强学校德育体系建设研究》	杜时忠
202	《生态环境公益诉讼机制研究》	颜运秋
203	《科学研究与高等教育深度融合的知识创新体系建设研究》	杜德斌
204	《女性高层次人才成长规律与发展对策研究》	罗瑾琏
205	《岳麓秦简与秦代法律制度研究》	陈松长
206	《民办教育分类管理政策实施跟踪与评估研究》	周海涛
207	《建立城乡统一的建设用地市场研究》	张安录
208	《迈向高质量发展的经济结构转变研究》	郭熙保
209	《中国社会福利理论与制度构建——以适度普惠社会福利制度为例》	彭华民
210	《提高教育系统廉政文化建设实效性和针对性研究》	罗国振
211	《毒品成瘾及其复吸行为——心理学的研究视角》	沈模卫
212	《英语世界的中国文学译介与研究》	曹顺庆
213	《建立公开规范的住房公积金制度研究》	王先柱

序号	书　名	首席专家
214	《现代归纳逻辑理论及其应用研究》	何向东
215	《时代变迁、技术扩散与教育变革：信息化教育的理论与实践探索》	杨　浩
216	《城镇化进程中新生代农民工职业教育与社会融合问题研究》	褚宏启 薛二勇
217	《我国先进制造业发展战略研究》	唐晓华
218	《融合与修正：跨文化交流的逻辑与认知研究》	鞠实儿
219	《中国新生代农民工收入状况与消费行为研究》	金晓彤
220	《高校少数民族应用型人才培养模式综合改革研究》	张学敏
221	《中国的立法体制研究》	陈　俊
222	《教师社会经济地位问题：现实与选择》	劳凯声
223	《中国现代职业教育质量保障体系研究》	赵志群
224	《欧洲农村城镇化进程及其借鉴意义》	刘景华
225	《国际金融危机后全球需求结构变化及其对中国的影响》	陈万灵
226	《创新法治人才培养机制》	杜承铭
227	《法治中国建设背景下警察权研究》	余凌云
228	《高校财务管理创新与财务风险防范机制研究》	徐明稚
229	《义务教育学校布局问题研究》	雷万鹏
230	《高校党员领导干部清正、党政领导班子清廉的长效机制研究》	汪　曣
231	《二十国集团与全球经济治理研究》	黄茂兴
232	《高校内部权力运行制约与监督体系研究》	张德祥
233	《职业教育办学模式改革研究》	石伟平
234	《职业教育现代学徒制理论研究与实践探索》	徐国庆
235	《全球化背景下国际秩序重构与中国国家安全战略研究》	张汉林
236	《进一步扩大服务业开放的模式和路径研究》	申明浩
237	《自然资源管理体制研究》	宋马林
238	《高考改革试点方案跟踪与评估研究》	钟秉林
239	《全面提高党的建设科学化水平》	齐卫平
240	《“绿色化”的重大意义及实现途径研究》	张俊飚
241	《利率市场化背景下的金融风险研究》	田利辉
242	《经济全球化背景下中国反垄断战略研究》	王先林

序号	书　名	首席专家
243	《中华文化的跨文化阐释与对外传播研究》	李庆本
244	《世界一流大学和一流学科评价体系与推进战略》	王战军
245	《新常态下中国经济运行机制的变革与中国宏观调控模式重构研究》	袁晓玲
246	《推进21世纪海上丝绸之路建设研究》	梁　颖
247	《现代大学治理结构中的纪律建设、德治礼序和权力配置协调机制研究》	周作宇
248	《渐进式延迟退休政策的社会经济效应研究》	席　恒
249	《经济发展新常态下我国货币政策体系建设研究》	潘　敏
250	《推动智库建设健康发展研究》	李　刚
251	《农业转移人口市民化转型：理论与中国经验》	潘泽泉
252	《电子商务发展趋势及对国内外贸易发展的影响机制研究》	孙宝文
253	《创新专业学位研究生培养模式研究》	贺克斌
254	《医患信任关系建设的社会心理机制研究》	汪新建
255	《司法管理体制改革基础理论研究》	徐汉明
256	《建构立体形式反腐败体系研究》	徐玉生
257	《重大突发事件社会舆情演化规律及应对策略研究》	傅昌波
258	《中国社会需求变化与学位授予体系发展前瞻研究》	姚　云
259	《非营利性民办学校办学模式创新研究》	周海涛
260	《基于“零废弃”的城市生活垃圾管理政策研究》	褚祝杰
261	《城镇化背景下我国义务教育改革和发展机制研究》	邬志辉
262	《中国满族语言文字保护抢救口述史》	刘厚生
263	《构建公平合理的国际气候治理体系研究》	薄　燕
264	《新时代治国理政方略研究》	刘焕明
265	《新时代高校党的领导体制机制研究》	黄建军
266	《东亚国家语言中汉字词汇使用现状研究》	施建军
267	《中国传统道德文化的现代阐释和实践路径研究》	吴根友
268	《创新社会治理体制与社会和谐稳定长效机制研究》	金太军
269	《文艺评论价值体系的理论建设与实践研究》	刘俐俐
270	《新形势下弘扬爱国主义重大理论和现实问题研究》	王泽应

序号	书　名	首席专家
271	《我国高校“双一流”建设推进机制与成效评估研究》	刘念才
272	《中国特色社会主义监督体系的理论与实践》	过　勇
273	《中国软实力建设与发展战略》	骆郁廷
274	《坚持和加强党的全面领导研究》	张世飞
275	《面向 2035 我国高校哲学社会科学整体发展战略研究》	任少波
276	《中国古代曲乐乐谱今译》	刘崇德
277	《民营企业参与“一带一路”国际产能合作战略研究》	陈衍泰
278	《网络空间全球治理体系的建构》	崔保国
279	《汉语国际教育视野下的中国文化教材与数据库建设研究》	于小植
280	《新型政商关系研究》	陈寿灿
281	《完善社会救助制度研究》	慈勤英
282	《太行山和吕梁山抗战文献整理与研究》	岳谦厚
283	《清代稀见科举文献研究》	陈维昭
284	《协同创新的理论、机制与政策研究》	朱桂龙
285	《数据驱动的公共安全风险治理》	沙勇忠
286	《黔西北濒危彝族钞本文献整理和研究》	张学立
287	《我国高素质幼儿园园长队伍建设研究》	缴润凯
288	《我国债券市场建立市场化法制化风险防范体系研究》	冯　果
289	《流动人口管理和服务对策研究》	关信平
290	《企业环境责任与政府环境责任协同机制研究》	胡宗义
	……